AF527458

యువాల్ నోవా హరారి ప్రశంస

శాపియన్స్ సంగ్రహ సమగ్రచరిత్ర. ఈ అసామాన్య నాగరికత నిర్మించటానికి మనకు సాయపడిన మూలాంశలను గురించి చెబుతుంది. అందుకే అది అంతా ఆసక్తికరము, ఉత్తేజకరము అయింది. ఇది మనకు ఎవరూ దానంచేయలేదు. కానీ ఇది మన సొత్తని భావిస్తున్నాం. ఈ భూమి మీద మనం ఎంత తాత్కాలికమో కూడా ఒక దృష్టి కలిగిస్తుంది.

బరాక్ ఒబామా

శాపియన్స్ అంతర్జాతీయంగా అత్యుత్తమ విక్రయంగా ఎదగటానికి ఇక్కడ ఒక సరళమైన కారణం ఉన్నది. అది చరిత్రలోను, ఆధునిక ప్రపంచంలోను అన్నిటికంటే పెద్దప్రశ్నలు చేపడుతుంది. మరుపురాని స్పష్టమైన భాషలో వ్రాసి ఉన్నది. మీకు నచ్చుతుంది.

జేరెడ్ డయమండ్

ఇటీవల నేను చదివిన అత్యుత్తమ పుస్తకాలలో ఒకటి... మన జాతుల పరిణామం మీద అద్భుతమైన సమీక్ష.

లిలీ కోల్

మనుషులను దగ్గరికి చేర్చటానికి హరారి కథల ప్రాభవాన్ని, పురాణాలశక్తిని జోడిస్తారు. అదే ఆయన ప్రత్యేకత. ఆదిమానవ చరిత్ర మీద ఆసక్తి కలిగినవారికి నేను ఇది సిఫార్సు చేస్తాను. హరారి మనచరిత్ర ఎంత చక్కగా చెబుతారంటే పుస్తకం కింద పెట్టటానికి మీ మనసొప్పదు.

బిల్ గేట్స్

నా అభిమాన రచయితలు, ఆలోచనాపరులలో ఒకరు... మన మానవచరిత్ర చెబుతూ మనభవిష్యత్తు దర్శింప జేసి మతి పోగొట్టినంత పని చేస్తారు.

నటాలీ పోర్ట్ మన్

శాపియన్స్ సమాచార సమగ్రం. ఉద్దీపకము, ఆనందదాయకము కూడా.

సన్ డే ఎక్స్ ప్రెస్

హరారి చారిత్రిక విషయాలలో ఎంత స్వచ్ఛమైన స్పష్టతతో ఉన్నారో బయాలజీ, మానవ పరిణామశాస్త్రం, ఆర్థికశాస్త్రాలలో కూడా అదే స్పష్టత ప్రదర్శిస్తున్నారు. ఆయన వెంట ఉండండి. చాలా నేర్చుకుంటారు.

డెయిలీ టెలిగ్రాఫ్

మొదటి నుంచి చివరివరకూ నోరుతెరుచుకొని ఉండిపోవాల్సిందే. నేను చదివినపుస్తకాలన్నిటిలోను అత్యుత్తమం.

క్రిస్ ఇవాన్స్

మానవాళి ఎక్కడికి చేరుతున్నదో స్పష్టాతిస్పష్టంగా అర్థమయ్యేరీతిన చెబుతుంది హోమో డ్యూస్.

జార్వీస్ కాకర్

ప్రస్తుతకాలంలో నాన్ ఫిక్షన్ రచయితలలో యువల్ నోవా హరారి ఆలోచింపజేస్తూనే అమిత ఆనంద పరిచే రచయిత. ఈ పుస్తకం పూర్తి చేసినపుడు శాపియన్స్ లాగానే వివేచన కలిగినట్లు అనుభూతి.

మాట్ హేగ్

ఆయన అత్యంత స్పష్టత, లక్ష్యము మిగతా చరిత్రకారులకంటే హరారిని ఒకమెట్టుపైన నిలబెడతాయి.

సన్ డే టైమ్స్

సవాలు చేస్తుంది, చదవ దగింది, ఆలోచనలు రేకెత్తిస్తుంది. మానవాళి ముందర ఏమున్నదో ఆకర్షణీయంగా చిత్రించారు.

టైమ్

అనన్యత, చైతన్యం, వివేకాలను గురించి పాఠకులను గాఢంగా ఆలోచింపజేసే ఉల్లాసకర రచన... హరారి సహజంగా ప్రతిభావంతులైన వ్యాఖ్యాత. ఆయన అమోఘమైన వ్యాఖ్యలతో, మనసుకునాటే సాదృశ్యాలతో సదా సిద్ధంగా ఉంటారు. అందుచేతనే ఆయన చరిత్రకారులుగా మాత్రమేకాక సర్వతోముఖ జ్ఞానిగా అనిపిస్తారు.

అబ్జర్వర్

ఆధునిక జీవితం ప్రబలంగా దర్శనమిస్తుంది...
21 లైసన్స్ ఫర్ ది 21 స్ట్ సెంచరీ మనకు దారిచూపటానికి సిద్ధంగా ఉన్నది.
పూల్ పక్కన చదివినా ఒక ధ్యేయంతో చదవవచ్చు.

ఎల్లీ

వివిధరంగాలలో – పురాతన చరిత్ర, న్యూరో సైన్స్, వేదాంతం,
క్రుత్రిమమేధ – అంతరంగ విశేషాలు కలిపి అల్లటం హరారి ప్రతిభ.
కనుకనే ఆయన మనం ఎక్కడినుంచి వచ్చాము, ఎక్కడికివెళ్తున్నాము
అనే ప్రశ్నకు సమాధానం చెప్పగలుగుతున్నారు. ...21
లైసన్స్...ఆ వివేక జ్వాలలు, సాహిత్య శక్తి ప్రదర్శిస్తుంది.

ఫైనాన్షియల్ టైమ్స్

హరారి వేదాంత విశ్లేషణ అనునయ సామర్ధ్యము,
ఆయన రచన ఆకట్టుకునే విధానమూ తిరుగు లేనివి.

ఎస్క్వైర్

నెక్సస్

రాతి యుగం నుంచి కృత్రిమ మేధ వరకూ
సమాచార జాల చరిత్ర

యువాల్ నోవా హరారి

అనువాదం: గర్నెపూడి రాధాకృష్ణమూర్తి

మంజుల్ పబ్లిషింగ్ హౌస్

First published in India by

Manjul Publishing House

Corporate and Editorial Office

• 2nd Floor, Usha Preet Complex, 42 Malviya Nagar, Bhopal 462 003 – India

Sales and Marketing Office

• C-16, Sector 3, Noida, Uttar Pradesh 201301 – India

Website: www.manjulindia.com

Distribution Centres

Ahmedabad, Bengaluru, Kochi, Kolkata, Chennai,
Hyderabad, Mumbai, New Delhi, Pune

Telugu translation of *Nexus: A Brief History of Information Networks from the Stone Age to AI* by Yuval Noah Harari

Copyright © Yuval Noah Harari, 2024

Telugu translation copyright © Manjul Publishing House Pvt. Ltd.

This Telugu edition first published in 2025

ISBN 978-93-7317-751-9

Translated by G.R.K.Murthy

Design © Suzanne Dean
Jacket: Hector the carrier pigeon of Emperor Napoleon III,
reproduced by courtesy of Tallandier/Bridgeman Images
Author photograph courtesy of the author

Printed and bound in India by

All rights reserved. No part of this publication may be reproduced, stored in or introduced into a retrieval system, or transmitted, in any form, or by any means (electronic, mechanical, photocopying, recording or otherwise) without the prior written permission of the publisher. Any person who does any unauthorized act in relation to this publication may be liable to criminal prosecution and civil claims for damages.

ఇజ్జిక్ కు ప్రేమతో
వివేచన ప్రేమించే వారందరికీ
వేయికలల బాటలో మనం వాస్తవం కోసం చూస్తున్నాం.

ఈ రచనలో చాలా ఎండ్ నోట్స్/ సందర్భాలు (context) ఉన్నాయి.
కాని అవి అన్నీ ఇక్కడ చేర్చలేదు. ఆసక్తి గల పాఠకులు వాటిని రచయిత
వెబ్ సైట్ నుంచి డౌన్ లోడ్ చేసుకోవచ్చు.
కింద ఇచ్చిన వెబ్ సైట్ క్లిక్ చేసి వాటిని చూడవచ్చు.

https://www.ynharari.com/book/nexus

ఆ పేజ్ మీద ఆశీర్షికలు అన్నీసూచించబడి ఉన్నాయి.

QR కోడ్ స్కాన్ చేసి కూడా మీరు ఆ వివరాలు చూడవచ్చు.

విషయసూచిక

తొలిపలుకు

మన మానవజాతిని మనం తెలివైన జాతిగా పేరు పెట్టాం. కానీ ఆ పేరుకు తగినట్లు మనం ప్రవర్తించామా అన్నది ప్రశ్నార్థకం.

గత 100,000 సంవత్సరాలుగా మానవులుగా మనం విపరీతమైన శక్తి కూడబెట్టాం. అందుకు సందేహం లేదు. మన నవకల్పనలు, ఆవిష్కారాలు, విజయాల జాబితాలతో సంపుటాలు నిండిపోతాయి. కానీ, శక్తి అంటే వివేచన కాదు. 100,000 సంవత్సరాల ఆవిష్కారాలు, నవకల్పనలు, విజయాల తర్వాత మనవజాతి అస్తిత్వమే విపత్కర, విషమస్థితిలో ఇరుక్కున్నది. మనశక్తి దుర్వినియోగం కారణంగా మన పర్యావరణం కూలిపోవటానికి సిద్ధంగా ఉన్నది. ప్రస్తుతం మనం కృత్రిమ మేధాజాలం సృష్టించటంలో నిమగ్నులమై ఉన్నాం. ఆ కృత్రిమమేధాజాలం మన ఆధీనంలోనుంచి అధిగమించి మనల్నే బానిసలుగా చేసి, మానవజాతినే ధ్వంసం చేయగల సంభావ్యశక్తి. మానవజాతి మనుగడకు వాటిల్లిన ముప్పు తప్పించటానికి, ఆ సవాళ్ళు ఎదుర్కోవటానికి మనం ఏకం కావటం లేదు. అంతర్జాతీయంగా విభేదాలు పెరుగుతున్నాయి. సహకారం సన్నగిల్లుతూ ఉన్నది. అన్నిదేశాలు మారణాయుధాలు పోగుచేస్తున్నాయి. మరో ప్రపంచయుద్ధం పొంచి ఉన్నదా అనిపిస్తున్నది.

మానవజాతిగా మనం అంత వివేచనాపరులమైతే, ఆత్మవిధ్వంసానికి ఎందుకు దారితీస్తున్నాము?

మరికొంత లోతుగా ఆలోచిస్తే, మనం DNA కణజాలంనుంచి దూరతీర గ్రహాలవరకూ అంతులేని సమాచారం పోగుచేశాం. కానీ ఈ సమాచారం అంతా కూడా మన జీవితాలలో పెద్ద ప్రశ్నలకు – మనకు ఎవరం? మనం ఏమి ఆశించాలి? మంచి జీవితం అంటే ఏమిటి? ఆ జీవితం ఎలా జీవించాలి? –సమాధానాలు ఇవ్వలేదు అనిపిస్తున్నది. ప్రస్తుతం మన అందుబాటులో ఉన్న సమాచారానికి అంతులేదు. అయినాకూడా మనం కూడా మన పూర్వీకులలాగానే, ఊహాలోకంలో భ్రమతో కొట్టుకులాడుతున్నాం. ఆధునిక సమాజంలోకూడా సామూహిక ఉన్మాదం వెర్రితలలు వేస్తుందనటానికి నాజీజం, స్టాలినిజమ్ ఇటీవలి ఉదాహరణలు. రాతియుగం నాటికంటే ఈనాడు మానవజాతికి చెప్పరానంత సమాచారం చేత

ఉన్నదనటంలో సందేహంలేదు. కానీ మనల్ని మనం అర్థం చేసుకున్నామా, ఈ విశాలవిశ్వంలో మన పాత్రఏమిటో తెలుసుకున్నామా అన్నదే పెద్ద ప్రశ్న.

సమాచారము, శక్తి కూడబెట్టటంలో మన సామర్థ్యం ప్రశంసనీయం. కానీ వివేచన సంపాదించటంలో ఆ సామర్థ్యం ఏమయింది? మన స్వభావంలో చెప్పరాని పెద్దలోపం ఏదో ఉన్నదని చరిత్రలో అనేక సంప్రదాయాల నమ్మకం. మనం సమర్థించలేని శక్తులు అనేకం ఉన్నాయి. కానీ మనం వాటివెంట పడుతూ ఉంటాం. గ్రీక్ పురాణ గాధలో ఫేయథన్ అనే కుర్రవాడికి హెలియోస్ (సూర్యుడు) తన తండ్రి అనితెలుస్తుంది. తన దైవాంశ రుజువు చేయాలనే తాపత్రయంలో అతను సూర్యుడి రథం తోలుతానని పట్టుబడతాడు. సూర్యుడి రథ అశ్వాలు దివ్య అశ్వాలని, మానవులెవరూ వాటిని అదుపుచేయలేరని హెలియోస్ హెచ్చరిస్తాడు. కానీ హెలియోస్ సరే ననేవరకూ ఫేయథన్ తన మంకుపట్టు వదలడు. గర్వంగా గాలిలోకి, ఆ తర్వాత ఆకాశంలోకి లేచిన తర్వాత ఫేయథన్ రథం అదుపు చేయలేకపోతాడు. సూర్యుడు దారి తప్పుతాడు. పచ్చపైరులన్నీ తగలబడి పోతాయి. మనుషులు చాలామంది చనిపోతారు. చివరికి భూమి అంతా తగలబడిపోతుందా అనే ప్రమాద పరిస్థితి ఏర్పడుతుంది. అప్పుడు జ్యూస్ అడ్డుకుంటాడు. ఫేయథన్ నెత్తిన ఒక పిడుగు వేస్తాడు. ఆ దెబ్బతో ఆహంకార పూరితుడయిన మానవమాత్రుడు ఆ పేయథన్ ఆకాశంనుంచి పడుతున్న తారలాగా కింద పడతాడు. అందునా తగలబడుతూ పడతాడు. దేవతలు ఆకాశాన్ని మళ్ళీ అదుపులోకితెచ్చి ప్రపంచాన్ని కాపాడుతారు.

రెండువేల సంవత్సరాల తర్వాత, పారిశ్రామిక విప్లవం అడుగులు వేయటం మొదలయింది. అనేక పనులు మనుషులకు బదులు యంత్రాలు చేయటం మొదలైంది. అప్పుడే జోహాన్ వుల్ఫ్ గాంగ్ ఫాన్ గోయెథే 'మాంత్రికుడి శిష్యుడు' (The Sorcerer's Apprentice - అనంతరం ఈ కథ వాల్ట్ డిస్నీ బొమ్మల కథగా మిక్కీ మౌస్ నటనతో విడుదల అయింది) అనే పేరున ఒక కథ విడుదల చేశారు. ఆ కథ యంత్రయుగానికి ఒక హెచ్చరిక. ఈ కథలో ఒక మాంత్రికుడు నీరు తేవటానికి నదికి వెళ్తూ తన శిష్యుడు ఒకరికి తన మంత్రనగరి బాధ్యత అప్పజెప్పి పోతాడు. తను లేని సమయంలో చేయవలసిన కొన్ని పనులుకూడా చెప్పి వెళ్తాడు. ఆ శిష్యుడికి తనపని తేలిక చేసుకోవాలనే ఆరాటం. కదలకుండా కూర్చొని మాంత్రికుడి మంత్రం ఒకటి ప్రయోగించి ఒక చీపురుచేత మంచినీళ్లు తెప్పించుకు తాగుతాడు. కానీ ఆ తర్వాత ఆ చీపురును ఆపటం ఎలాగో ఆ శిష్యుడికి తెలియదు. అందుచేత ఆచీపురు ఆగకుండా మళ్ళీమళ్ళీ మంచినీళ్లు తెస్తూనే ఉంటుంది. ఆ నీళ్ళతో మాంత్రికుడి మంత్రనగరి వరద కట్టేట్లు ఉన్నది. భయపడిపోయిన ఆ శిష్యుడు ఒక గొడ్డలి తీసుకుని ఆ చీపురు రెండుగా నరుకుతాడు. ఇప్పుడు ఒకటికి బదులు రెండు చీపుళ్ళూ ఆ మంత్రనగరిని నీళ్ళతో ముంచెత్తుతాయి. ఆ మాంత్రికుడు తిరిగి రాగానే

శిష్యుడు ఆయన కాళ్లమీద పడుతాడు. నేను ఆదేశించిన శక్తులను తిప్పి పంపలేకుండా ఉన్నాను. నన్ను కాపాడు. రక్షించుమని ప్రార్థన. మాంత్రికుడు వెంటనే ఆ మాయను మాయంచేసి, నీటివరద ఆపుతాడు. ఆ శిష్యుడికి – మానవాళికి కూడా – గుణపాఠం స్పష్టం: మీరు అదుపు చేయలేని శక్తి ఎన్నడూ సృష్టించకండి.

ఫేయథన్ కథ, ఈ శిష్యుడి కథ ఈ ఇరవయ్యో శతాబ్దంలో మనకు నేర్పే గుణపాఠం ఏమిటి? మానవులుగా మనం ఆ హెచ్చరికలు పెడచెవిన పెట్టాం. ఈ భూమి వాతావరణాన్ని అప్పుడే అస్తవ్యస్తం చేశాం. లక్షల, కోట్ల చీపుర్లు, డ్రోన్లు, చాట్ బాట్లు, ఇంకా అనేక యాంత్రిక శక్తులు ఆహ్వానించాం. ఇవి ఏనాడైనా మన వశం తప్పిపోవచ్చు. ఆశించని ఫలితాలు, ప్రమాదాలు తెచ్చిపెట్టవచ్చు.

మరి ఇప్పుడు మనం ఏమి చేయాలి? ఎవరో మాంత్రికుడు వచ్చి మనల్ని రక్షించాలి తప్ప, ఆ కట్టుకథలలో పరిష్కారం దొరకదు. ఇది చాలాచాలా ప్రమాదకరమైన సందేశం. తమ బాధ్యత వదిలివేసి దేవుడి మీదనో, ఒక మాంత్రికుడి మీదనో భారం వేయమని జనానికి చెబుతుంది. అంతేకాదు, రథాలు, చీపుళ్ళూ, యంత్రనిర్మాణాల లాగానే, దేవుళ్ళు, మాంత్రికులు కూడా మనుషుల సృష్టేనన్న విషయం మరుగున పడేస్తుంది. అది అన్యాయం. ఫలితాలను గురించి ఆలోచించకుండా శక్తివంతమైన వస్తువులను సృష్టించటం స్టీమ్ ఇంజన్ తోను, కృత్రిమ మేధతోనూ మొదలుకాలేదు. అది మతంతో మొదలయింది. దైవజ్ఞులు, వేదాంతులు ప్రేమ, ఆనందం తీసుకువచ్చే శక్తివంతాలయిన భూతాప్రేతాలను ప్రార్థించి పునఃపునః ఆహ్వానించారు. కానీ ఈ ప్రపంచాన్ని రక్తపుటేరులలో ముంచెత్తారు.

పేయథన్ మాయ, గోయెథే పద్యము మనకు సరయిన, ఉపయోగకరమైన సలహా ఇవ్వలేవు. కారణం మనిషికి శక్తి ఎలా వస్తుంది అనే విషయం ఆ కథలు అపార్థం చేసుకున్నాయి. ఆ రెండు కట్టుకథలలోనూ ఒక వ్యక్తి విపరీతమయిన శక్తులు సంపాదిస్తారు. ఆ తర్వాత విపరీతమయిన అహంభావానికీ, అత్యాశకూ దాసులయిపోతారు. మన వ్యక్తిగత మనస్తత్వంలో లోపం వల్ల మన శక్తి దుర్వినియోగం జరుగుతుందని సారాంశం. కానీ మానవశక్తి ఒక్కరి శక్తిసామర్థ్యాలవల్ల ఎన్నడూ ఫలించదన్న విషయం మొరటు విశ్లేషణ ఇక్కడ గ్రహించలేదు. అనేకమంది సామూహిక సహకారం వల్లనే శక్తి ఉత్పన్నమవుతుంది.

కనుక, మనం శక్తి దుర్వినియోగం చేస్తున్నామంటే, అది ఒక్కరి మనస్తత్వంవల్ల కాదు. ఎందుకంటే అత్యాశ, దురహంకారం, క్రౌర్యంతోబాటు మనిషిలో ప్రేమ, అనుకంప, అణకువ, ఆనందం కూడా ఉన్నాయి. మనమధ్య ఉన్న దుర్మార్గులలో అత్యాశ, క్రూరత్వం రాజ్యం ఏలుతూ ఉంటాయి. వారు ఆ శక్తులను దుర్వినియోగం చేస్తారు. మరి మానవ సమాజం అటువంటివారికి అధికారం ఎందుకు

కట్టబెడుతుంది? ఉదాహరణకు 1933 లో జర్మన్లు అందరూ మానసిక రోగులు కారు. మరి, హిట్లర్ కు ఎందుకు ఓటు వేశారు?

మనం అదుపు చేయలేని శక్తులను రెండుచేతులతోనూ కావలించుకునే స్వభావం వ్యక్తిగత మనస్తత్వంలో నుంచి రావటంలేదు. మన సభ్యులందరూ సహకరించి ఏకమయ్యే ఏకైక మార్గంవల్ల జరుగుతుంది. సామూహిక సహకారజాల నిర్మాణంద్వారా మానవజాతి ఎనలేని శక్తి సాధిస్తుందనేది ఈ పుస్తకంలో ముఖ్యవాదన. కానీ ఈ సహకారజాలనిర్మాణం ముందునుంచే ఆ శక్తిని అవివేకంగా వినియోగించటానికి వారికి తోడ్పడుతుంది. అంటే ఇక్కడ సమస్య సహకారజాల సమస్య అన్నమాట.

ఇంకా ప్రత్యేకించి చెప్పాలంటే, ఇది సమాచార సమస్య. సహకార జాలాన్ని పట్టిఉంచేది ఈ సమాచారమనే జిగురు మాత్రమే. వేలాది సంవత్సరాలుగా దేవుళ్ళు, మాయ చీపుళ్ళూ, కృత్రిమ మేధా, ఇంకా అనేక వస్తువులు సృష్టించి, కల్పనలు, అద్భుతాలు, సామూహిక మాయలద్వారా వాటిని వ్యాపింపజేసి మానవజాతి విస్తారమైన జాలాలు నిర్మించి ముందుకుసాగింది. వ్యక్తిగతంగా అయితే మనిషి తనను గురించి, ఈ ప్రపంచాన్ని గురించి తెలుసుకోవాలని, శ్రద్ధ చూపుతారు. సామూహిక జాలాలు కల్పనలు, మాయలు సృష్టించి బతుకుతారు. ఉదాహరణకు నాజీజమ్, స్టాలినిజమ్ పుట్టుకువచ్చింది అలాగే. ఇవి చాలాచాలా శక్తివంతమైన సామూహికజాలాలు. విపరీతంగా భ్రమింపజేసే భావనలే వాటిని పట్టి ఉంచాయి. జార్జ్ ఆర్వెల్ చెప్పినట్లు అక్కడ అజ్ఞానమే శక్తి.

నాజీ, స్టాలిన్ పాలనలు క్రూరమైన కల్పనలు, సిగ్గులేని అబద్ధాలతో స్థాపిత మయ్యాయి. అంతమాత్రాన అవి చరిత్రలో అపురూపము, అసామాన్యము అయిన స్థానం ఏమీ సాధించలేదు. ఆ కారణంగా అవి కూలిపోనూ లేదు. మానవజాతి సృష్టించిన యంత్రాంగాలలో నాజీజం, స్టాలినిజమ్ అత్యంత దృఢమైన యంత్రాంగాలు. 1941 చివరలోను,1942 మొదటిలోనూ ఈ రెండు అక్షరాజ్యాలు రెండవ ప్రపంచయుద్ధం గెలిచినంత పని చేశాయి. స్టాలిన్ యుద్ధం జయించారు.[1] 1950, 1960 లలో ఆయన, ఆయన వారసులు ప్రచ్ఛన్నయుద్ధం కూడా గెలిచినంత పని చేశారు. 1990 ల నాటికి ప్రజాస్వామ్యాలు ఆధిపత్యం సాధించాయి. కానీ ఆ ఆధిపత్యం తాత్కాలికం అని ఇప్పుడు తోస్తున్నది. హిట్లర్, స్టాలిన్ విఫలమయినచోట ఇరవై ఒకటో శతాబ్దంలో మరొక కొత్త సర్వాధికారప్రభుత్వం సఫలత సాధించవచ్చు. అది అత్యంత శక్తివంతమయిన యంత్రాంగం సృష్టించవచ్చు. ఆ యంత్రాంగం అబద్ధాలు, కల్పనలు భావితరాలు బయటపెట్ట లేకపోవచ్చు. భ్రమకలిగించే యంత్రాంగాలు నేడోరేపో కూలిపోతాయని అనుకో కూడదు. వాటి విజయనాదాలు అడ్డుకోవాలంటే మనమే కష్టపడి కృషి చేయాలి.

సమాచారం – అమాయక దృష్టి

పెద్దపెద్ద సమాచార యంత్రాంగాలు – భ్రమ కలిగించేవి కానీయండి, కాకపోనీయండి – పనిచేసే విధానాన్ని గురిచి ఒక అపార్థం ఉన్నది. కనుకనే భ్రమకలిగించే ఆ సమాచార జాలాల వెనక బలాబలాలు తెలుసుకోవటం కష్టమైన విషయం. ఈ అపార్థం చుట్టూ సమాచారంపట్ల ఒక అమాయక దృష్టి ఆవరించి ఉన్నది. పేయథన్, మాంత్రికుడి శిష్యుడు వంటి కథలు వ్యక్తిగత మనస్తత్వాన్ని గురించి నిరాశామయమైన ధోరణి ప్రదర్శిస్తాయి. సమాచారాన్ని గురించి అమాయకధోరణి అంటే మానవ యంత్రాంగాలను గురించి విపరీతమైన ఆశాజనక ధోరణి ప్రదర్శిస్తాయి.

సామూహిక యంత్రాంగాలు విపరీతంగా సమాచారం సేకరించి విశ్లేషణ చేసి వడకడతాయి గనక వారు వైద్యరంగం, భౌతికశాస్త్రం, ఆర్థికశాస్త్రం, అంకా అనేక ఇతర రంగాలలో ఆధిపత్యము, అవగాహన సంపాదించారు. ఇది అమాయక ధోరణి వాదన. ఉదాహరణకు రోగాణువులనును గురించి సమాచారం సేకరించటంవల్ల ఫార్మస్యూటికల్ కంపెనీలు, ఆరోగ్యసంస్థలు అనేక రోగాలకు మూలకారణాలు కనుక్కోగలవు. తద్వారా వారు మేలైన మందులు తయారు చేయగలరు, వాటిని సద్వినియోగం కూడా చేయగలరు. దీనివల్ల తెలుస్తున్నదేమిటంటే, తగినంత సమాచారం దొరికితే నిజం వెల్లడి అవుతుంది. ఆ నిజమే శక్తికి, వివేచనకు దారి చూపుతుంది. దీనికి ప్రతిగా అజ్ఞానం ఎటూ దారి చూపలేదు. విపత్కర చారిత్రిక పరిస్థితులలో భ్రమ కలిగించే యంత్రాంగాలు, మోసకారి యంత్రాంగాలు అప్పుడప్పుడు తల ఎత్తవచ్చు. కానీ కాలక్రమేణ ఆ యంత్రాంగాలు స్పష్టమైన దృక్పథంతో నిజాయితీగా నడిచే యంత్రాంగాలముందు తలవంచక తప్పదు. రోగాణువుల సమాచారం నిర్లక్ష్యం చేసే ఆరోగ్యసంస్థ, లేదా ఉద్దేశపూర్వకంగా తప్పుడు సమాచారం ప్రచారం చేసే ఫార్మస్యూటికల్ మహాసంస్థ సమాచారాన్ని సద్వినియోగం చేసే పోటీదారుల చేతిలో పరాజయం పొందితీరుతాయి. భ్రమకలిగించే యంత్రాంగాలు స్థానభ్రంశాలు అనీ పెద్దయంత్రాంగాలు ఆధిపత్యాన్ని సద్వినియోగం చేస్తాయనీ నమ్మవచ్చునని అమాయక ధోరణి.

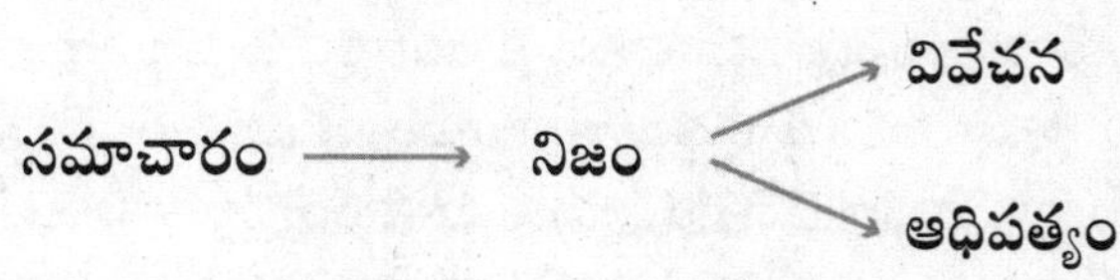

సమాచారము – అమాయక దృష్టి

సమాచారంలో నుంచి నిజం వెలికి వచ్చేలోపల పొరపాట్లు జరగవచ్చునని అమాయక దృష్టి అంగీకరిస్తుంది. సమాచార సేకరణలో ఆ సమాచారం వడకట్టటంలో మనం పొరపాట్లు చేయవచ్చు. పేరాశ, ద్వేషం నిండిన దుర్మార్గులు ముఖ్యమైన నిజాలు దాచిపెట్టి మనలను మోసగించటానికి ప్రయత్నించవచ్చు. ఉదాహరణకు అసంపూర్తి సమాచారం, లోప భూయిష్టమైన విశ్లేషణ, తప్పుడు సమాచారము ఇవన్నీ రోగనిర్ణయంలో అనుభవజ్ఞులను కూడా తప్పుదోవ పట్టిస్తాయి.

సమాచారం సేకరణలోను, ఆ సమాచారం వడకట్టటంలోను సమస్యలు ఎదురవుతాయి. ఇందుకు మరింత సమాచారం సేకరించి ఇంకా వడకట్టటమే విరుగుడు అని అమాయక ధోరణి అభిప్రాయం. తప్పులు జరగకుండా ఏనాడూ తప్పించుకోలేము. కానీ, మరింత సమాచారం సేకరించినందువల్ల, నిర్దుష్టత దృఢపడుతుంది. ఏదైనా అంటువ్యాధి ప్రబలినప్పుడు ఒక డాక్టర్ ఒక రోగిని పరీక్షించి వ్యాధినిర్ణయం చేయటం అసాధ్యం. అది వేలాది డాక్టర్లు లక్షలాది రోగులను పరీక్షించి నిర్ణయించవలసిన విషయం. కాని ఆ రహస్యం దాచిపెట్టటానికి డాక్టర్లే కుట్ర పన్నితే, జనబాహుళ్యానికి, శోధన జరిపే పాత్రికేయులకు వైద్య సమాచారం స్వేచ్ఛగా అందుబాటులో ఉంటే, ఏనాడో ఒకనాడు కుట్ర బయట పడుతుంది. ఈ దృక్పథం అనుసరించి, సమాచార యంత్రాంగం ఎంత పెద్దదయితే నిజానికి అంత చేరువ అవుతుందని ఆశాభావం.

మనం సమాచారం నిశితంగా విశ్లేషించి ముఖ్యమైన నిజాలు కనుక్కున్నాకూడా, తత్ఫలితంగా యదార్థాలు మనం వివేచనా పూర్వకంగా వినియోగిస్తామని గ్యారంటీ ఏమీ లేదు. వివేచన అంటే సరయిన నిర్ణయాలు చేయటం అని సాధారణ అవగాహన. కానీ ఇక్కడ 'సరయిన' అన్న పదానికి అర్థం మనుషులనుబట్టి, సంస్కృతిని బట్టి, ఆదర్శాలనుబట్టి మారుతూ ఉంటుంది. కొత్త రోగాణువులను కనుక్కున్న శాస్త్రవేత్తలు వాటినుంచి జనాన్ని కాపాడటానికి ఒకకొత్త వ్యాక్సిన్ కనుక్కోవచ్చు. కానీ ఆ శాస్త్రవేత్తలు, వారి రాజకీయ ప్రభువులు కొన్నిజాతులు నీచజాతులు, వాటిని నిర్మూలించాలి అనే జాతి వైషమ్యంలో ఇరుక్కొని ఉంటే, ఈ అధునాతన వైద్యవిజ్ఞానం ద్వారా కొన్ని మిలియన్లను మట్టుపెట్టే ఒక జీవశాస్త్రశస్త్రం వెలికి రావచ్చు.

ఇక్కడ కూడా అదనపు సమాచారం కొంతకాకపోతే కొంతయినా నివారణ చూపుతుందని ఆమాయక దృక్పథం ఆశాభావం. సమాచార లేమివల్ల కాని, ఉద్దేశపూర్వకంగా ప్రచారం చేసిన తప్పుడు సమాచారం వల్ల కానీ ఈ అభిప్రాయ భేదాలు తలెత్తుతాయని ఆమాయకదృక్పథం అభిప్రాయం. ఈ దృక్పథం ప్రకారం జాత్యహంకారం కనబరిచేవారికి జీవశాస్త్రము, చరిత్ర రెండూ తెలియవు. ఒక జాతి అంటే జీవశాస్త్రంలో ఒక విభాగము లేదా ఒక వర్గము అని ఈ జాత్యహంకారుల

ఆలోచన. బూటకపు కుట్ర సిద్ధాంతాలతో వారికి పూర్తిగా కైపు ఎక్కించారు. జీవశాస్త్రం పరంగా, చారిత్రికంగా ఇంకా ఇంకా వివరాలు వారి ముందు ఉంచటమే జాత్యహంకారానికి విరుగుడు. అందుకు కొంత సమయం పట్టవచ్చు. కానీ సరయిన సమాచారం లభ్యమవుతున్న ఈ యుగంలో ఈనాడు కాకపోతే రేపయినా సత్యం జయించి తీరుతుంది.

ఈ అమాయక దృక్పథం ఇక్కడ చెప్పిన దానికంటే సూక్ష్మము, ఆలోచనా పూర్వకము. సమాచారం శ్రేయస్కరము అన్నది ఆ దృక్పథం మౌలిక భావం. ఆ సమాచారం ఎంత ఎక్కువ అయితే అంత శ్రేయస్కరం అని సందేశం. తగినంత సమాచారానికితోడు తగినంత సమయం చేత ఉంటే, మనం అంటువ్యాధులనుంచి జాత్యహంకారం వరకూ అన్నీ వాస్తవాలు తెలుసుకో గలుగుతాం. అంటే మనకు శక్తి, ఆ శక్తిని ప్రయోగించే వివేచన కూడా వృద్ధి చెందుతాయన్నమాట.

శక్తియుక్తాలయిన సాంకేతిక సమాచార విజ్ఞాన శోధనను ఈ అమాయక దృక్పథం బలపరుస్తుంది. కంప్యూటర్ యుగం, ఇంటర్ నెట్ యుగం ఆదర్శం కూడా ఇంతకాలమూ అదే. బెర్లిన్ వాల్ పతనానికి పూర్వం, ఇనపతెర అడ్డుతొలగటానికి కొన్ని నెలలముందు 1989 జూన్ లో రోనాల్డ్ రీగన్ "మైక్రోచిప్ అనే డేవిడ్ త్వరలోనే నియంతృత్వ గోలియత్ ను కింద పడదోస్తాడు" అన్నారు, "ఈ వార్తాలాప సాంకేతికత ముందు ఎంతపెద్ద అన్నలకెల్లా అన్న అయినా నిస్సహాయులే....ఆధునిక యుగంలో సమాచారమే ప్రాణవాయువు. ముళ్ళతీగల టోపీ పెట్టుకున్న గోడలగుండా సమాచారం ప్రవిస్తుంది. విద్యుత్ ఆటంకాలు, గోతులు నిండి ఉన్న సరిహద్దులమీదుగా గాలిలో తేలి వస్తుంది. ఎలక్ట్రానిక్ కాంతిపుంజాలు ఇనప తెరలలోనుంచి దూసుకు వస్తాయి."[2] 2009 లో షన్ఘాయ్ దర్శించినప్పుడు బరాక్ ఒబామా కూడా అదే స్ఫూర్తితో చైనీస్ ఆతిథేయులతో ప్రసంగించారు. "సాంకేతికతను నేను పూర్తిగా నమ్ముతాను. సమాచార ప్రసారం విషయానికి వస్తే అంతా తేటతెల్లంగా ఉండాలని నమ్మేవారిలో నేను ఒకడిని. సమాచారం ఎంత స్వేచ్ఛగా ప్రసారం అయితే సమాజం అంత దృఢం అవుతుందని నా విశ్వాసం."[3]

పారిశ్రామికవేత్తలు, సంస్థలు కూడా సమాచార సాంకేతికతను గురించి తరుచూ అవే ఆశాజనకమైన అభిప్రాయాలు వెల్లడించారు. టెలిగ్రాఫ్ కనిపెట్టిన సమయం 1858 లో *ది న్యూ ఇంగ్లాండర్* పత్రికా సంపాదకీయం "ఈ భూమిమీది దేశాలన్నీ ఆలోచనలు పరస్పరం ఇచ్చిపుచ్చుకోవటానికి అటువంటి సాధనం కనిపెట్టిన తర్వాత, ఇకమీదట పాత కక్షలు, మూఢనమ్మకాలు కొనసాగటం అసంభవం."[4] అన్నది. ఆ తర్వాత రెండు శతాబ్దాలు గడిచాయి. రెండు ప్రపంచయుద్ధాలు వచ్చిపోయాయి. ప్రస్తుతం మార్క్ జూకర్ బర్గ్ "ఈ ప్రపంచంలో అందరికీ అంతా తెలిసేట్లు ప్రజలు ఒకరితో ఒకరు సమాచారం ఇచ్చిపుచ్చుకోవటం,

తద్వారా ప్రజల మధ్య అవగాహన పెరిగేట్లు ఈ ప్రపంచాన్ని అందరికీ అందుబాటులోకి తీసుకురావటం"[5] ఫేస్ బుక్ లక్ష్యంగా పేర్కొన్నారు.

ప్రఖ్యాత భవిష్యత్ దర్శకులు, వ్యవస్థాపకులు రే కుర్జ్ వేల్ తన 2024 రచన *ది సింగ్యులారిటీ ఈజ్ నియరర్* అన్న పుస్తకంలో సమాచార సాంకేతికత సమీక్షిస్తారు. అందులో "దినదిన ప్రవర్ధమాన మవుతున్న సాంకేతికతవల్ల జీవితంలో ప్రతి అంశమూ క్రమంగా మెరుగు పడుతున్నది." అని ఆయన ఉపసంహారం. మానవ చరిత్రలో జరుగుతున్న మహా మహా వృద్ధి గమనిస్తూ ఆయన అచ్చుయంత్రాన్ని ఉదాహరణగా తీసుకొని సమాచార సాంకేతికత "ఒక అద్భుత వృత్తం. మానవ శ్రేయస్సులో ప్రతి ఒక్క అంశాన్నీ అక్షరాస్యత, విద్యా, సంపద, పారిశుద్ధ్యం, ఆరోగ్యము, ప్రజాస్వామ్యము, దమనకాండ క్షీణత" అన్నీ పరిరక్షిస్తుంది."[6] అంటారు.

సమాచారం గురించి అమాయక దృక్పథం చెప్పదలచింది గూగుల్ మిషన్ స్టేట్ మెంట్‌లో స్పష్టంగా వెల్లడి అయిందనుకుంటాను. "ప్రపంచ సమాచారం ఒక క్రమంలో ఏర్పరిచి విశ్వవ్యాప్తంగా అందరికీ అందుబాటులో ఉండేట్లు, ఉపయోగపడేట్లు చేయటం." ఒక విద్యార్థి గురువుగారి రహస్యమంత్ర పుస్తకం దొంగిలించటంవల్ల కొంత ప్రమాదం జరిగి ఉండవచ్చు. కానీ అనేకమంది శిష్యులకు ప్రపంచవ్యాప్తంగా సమాచారమంతా యథేచ్ఛగా అందుబాటులో ఉంటే, వాళ్ళు ప్రయోజనకరమైన పరికరాలు తయారుచేయటమే కాదు వాటిని ఎలా సమర్థించాలోకూడా నేర్చుకుంటారు. గోయెథే హెచ్చరికలకు ఇది గూగుల్ సమాధానం.

గూగుల్, గోయెథే

సమాచారం సమగ్రంగా అందుబాటులో ఉంటే మానవాళి ఈ ప్రపంచాన్ని బాగా అర్థం చేసుకుంటారు, తమ శక్తియుక్తులు వివేచనా పూర్వకంగా ప్రయోగిస్తారు. ఇందుకు కావలసినన్ని ఉదాహరణలు ఉన్నాయి. ఉదాహరణకు శిశుమరణాలు నాటకీయంగా తగ్గిపోయాయి కదా! జోహాన్ ఉల్ఫ్ గాంగ్ ఫాన్ గోయెథే ఏడుగురు సహోదరులలో అందరికంటే పెద్దవారు. కానీ వారి ఏడవ పుట్టినరోజు నాటికి ఆయన, ఆయన సోదరి కార్నీలియా మాత్రమే మిగిలి ఉన్నారు. ఆరేళ్ళ వయసులో వారి సోదరుడు హెర్మన్ జాకబ్ ను వ్యాధి కబళించింది. అలాగే వారి సోదరి క్యాథరీనా ఎలిజబెత్ ను నాలుగేళ్ళ వయసులో, మరొక సోదరి జోహానా మరియాను రెండేళ్ల వయసులో, ఇంకొక సోదరుడు జార్జ్ అడాల్ఫ్ ను ఎనిమిది మాసాల వయసులోనూ వ్యాధి కబళించింది. పేరు కూడా పెట్టని ఒక సోదరుడు చచ్చి పుట్టాడు. ఆ తర్వాత ఇరవై ఆరు సంవత్సరాల వయసులో కార్నీలియా ఏదో వ్యాధితో చనిపోయింది. ఆ కుటుంబంలో మిగిలింది జొనాథన్ వుల్ఫ్ గాంగ్ ఒక్కరే.[7]

జొనాథన్ వుల్ఫ్ గాంగ్ గోయెథే కు ఐదుగురు పిల్లలు. వారిలో పెద్ద బిడ్డ ఆగస్ట్ తప్ప మిగిలినవారంతా పుట్టిన రెండువారాలలో మరణించారు. గోయెథే రక్తం, ఆయన భార్య క్రిస్టీన్ రక్తంతో సరిపడక పోయి ఉండవచ్చు. ఆ కారణంగా మొదటి ప్రసవం తర్వాత క్రిస్టీన్ గర్భస్తరక్తంలో యాంటీ బాడీస్ ఉత్పన్నమై ఉండవచ్చు. దీనిని రీసస్ (rhesus) వ్యాధి అంటారు. ఈనాడు ఈ వ్యాధికి ప్రతిభావంతమైన చికిత్స ఉన్నది. ఈ వ్యాధివల్ల సంభవించే మరణాలు 2 శాతం లోపు. 1790 నాడు ఆ వ్యాధి 50 శాతం మరణాలకు కారణంగా ఉండేది. గోయెథే నలుగురు బిడ్డలకు అది మరణశాసనం అయింది.[8]

పద్దెనిమిదవ శతాబ్దం ఉత్తరార్ధంలో జర్మనీలో గోయెథేది సంపన్నమైన కుటుంబం. ఆ కుటుంబంలో శిశువు పుట్టిన తర్వాత బతికి బయట పడటం దారుణమైన 25 శాతం. పన్నెండుమందిలో ముగ్గురు మాత్రమే కిశోరప్రాయం దాటి జీవించారు. దారుణమైన ఈ సాంఖ్య గణాంకం విపరీతం ఏమీ కాదు. సుమారు 1797 లో గోయెథే "మాంత్రికుడి శిష్యుడు"కథ వ్రాశారు. ఆ సమయంలో జర్మనీలో పుట్టిన బిడ్డలలో 50 శాతం మాత్రమే పదిహేను సంవత్సరాల వయసు చేరుకునేవారు అని అంచనా.[9] ప్రపంచంలోనిమిగిలిన ప్రాంతాలలోకూడా అదే వాస్తవమైఉంటుంది.[10] 2020 నాటికి ప్రపంచంలో 99.6 శాతం పిల్లలు పదిహేను సంవత్సరాలు దాటి జీవించారు.[11] జర్మనీలో ఆ సంఖ్య ఆనాడు 99.5 శాతం.[12] అఖండమైన సంఖ్యలో రక్త సేకరణ, రక్త పరీక్షలు, రక్త గ్రూపులు వగైరాలను గురించిన విస్తృతమైనసమాచారం పరస్పరం పంచుకోవటం జరిగి ఉండకపోతే మహత్వపూర్ణమైన ఈ కార్యసిద్ధి సాధ్యమయ్యేది కాదు. సమాచారాన్ని గురించిన అమాయక దృక్పథం ఈ విషయంలో సవ్యమేనని నిరూపితమయింది.

సమాచారాన్నిగురించిన అమాయక దృక్పథం అసలు విషయం కొంతవరకు మాత్రమే చూడ గలుగుతుంది. ఆధునిక యుగం అంటే శిశుమరణాలు తగ్గించటం ఒక్కటే ధ్యేయం కాదు. ఇటీవలి తరాలలో మానవాళి సమాచార ఉత్పత్తిలోను, వేగంలోను చెప్పరాని అభివృద్ధి అనుభవం సాధించింది. ప్రతి ఒక్క స్మార్ట్ ఫోన్ లోనూ నిలవ ఉన్న సమాచారం ప్రాచీన కాలంనాటి గ్రీక్ గ్రంధాలయంలో ఉన్న సమాచారంకంటే ఎక్కువ.[13] దానికి తోడు ప్రపంచంలో ఉన్న కోట్లాది మనుష్యులతో క్షణంలో సంపర్కం చేయవచ్చు. కానీ శరవేగంతో అందుబాటులో ఉన్న ఈ సమాచారంతో మానవాళి స్వీయ విధ్వంసానికి, నిర్మూలనానికి చేరువ అవుతున్నది.

మనం ఎంత సమాచారం సేకరించినాకూడా, లేకపోతే ఆ సమాచారం కారణంగా, వాతావరణంలోకి విషవాయువులు విడుదల చేస్తున్నాం, నదులు సముద్రాలు పంకిలం చేస్తున్నాం, అడవులు నరికి పారేస్తున్నాం, లెక్కకందని జీవులను విలుప్తిచేస్తున్నాం, మన సహజీవుల పర్యావరణ పునాదులే పెళ్ళగిస్తున్నాం.

సామూహిక విధ్వంసానికి ఇంకాయింకా శక్తివంతమైన మారణాయుధాలు – థర్మో న్యూక్లియర్ బాంబ్స్ దగ్గరినుంచి సర్వనాశనం చేసే సూక్ష్మక్రిముల వరకూ – ఉత్పత్తి చేస్తున్నాం. ఈ ప్రమాదాలను గురించి మన నాయకులకు బాగా తెలుసు. వాటికి పరిష్కారాలు కనుక్కోవటానికి బదులు వారు మరో ప్రపంచయుద్ధానికి దారులు వెతుకుతున్నారు.

ఇంతకు మించిన సమాచారం శ్రేయస్కరమా, వినాశకరమా? త్వరలోనే తెలుస్తుంది. చరిత్రలోనే అత్యంత ఘనమైన, శక్తివంతమైన సమాచారం – కృత్రిమ మేధ – అభివృద్ధి చేయటానికి అనేక సంస్థలు, ప్రభుత్వాలు నడుంకట్టి పరుగులు తీస్తున్నాయి. కృత్రిమ మేధ మానవజాతి సమస్యలన్నిటికీ పరిష్కారంచూపుతుందని మార్క్ ఆండ్రీస్సేన్ వంటి అమెరికన్ పెట్టుబడిదారుల దృఢవిశ్వాసం. 2023 జూన్ 6 వ తేదీన "కృత్రిమ మేధ ప్రపంచాన్ని ఎలా కాపాడుతుంది?" అనే శీర్షికన ఆండ్రీస్సేన్ ఒక వ్యాసం ప్రచురించారు. అందులో "నేను మీకు శుభవార్త తీసుకు వస్తునాను: కృత్రిమ మేధ ప్రపంచాన్ని నాశనం చేయదు. నిజానికి ఈ ప్రపంచాన్ని కాపాడవచ్చు." అంటూ "మనకు అవసరమైన వాటి నన్నిటినీ కృత్రిమ మేధ మెరుగు పరుస్తుంది"అన్నారు. చివరికి "కృత్రిమ మేధ అభివృద్ధి, విస్తరణ మనం భయపడినట్లు ప్రమాదకారి ఏమీ కాదు. మనకూ, మన బిడ్డలకూ, మనభవిష్యత్తుకూ అది మన నైతిక బాధ్యత అన్నారు.[14]

రే కుర్జ్వెయిల్ ఈ అభిప్రాయంతో ఏకీభవిస్తారు. *ది సింగ్యులారిటీ ఈజ్ నియరర్* లో "కృత్రిమ మేధ కీలకమైన సాంకేతిక విజ్ఞానం. ప్రస్తుతం మనం ఎదుర్కుంటున్న సవాళ్ళు – అనారోగ్యం జయించటం, పేదరికం నిర్మూలిచటం, పర్యావరణ అధఃపతనం ఆపటానికి, అన్ని మానవ దౌర్బల్యాలు అరికట్టటానికి – పరిష్కరించటానికి సాయపడుతుంది. ఈ నూతన కాంకేతికత ప్రసాదించే వాగ్దానం నిజం చేయటం మన నైతిక బాధ్యత. అంటారు ఆయన. ఈ అధునాతన సాంకేతికతలో దాగి ఉన్న ప్రమాదాలు అన్నీ కుర్జ్ వేల్ కు బాగా తెలుసు. అవి అన్నీ ఆయన సవివరంగా విశ్లేషించారు. కానీ అవి అన్నీ దిగ్విజయంగా అదుపుచేయవచ్చునని ఆయన నమ్మకం.[15]

మిగతావారికి ఆ నమ్మకం లేదు. వేదాంతులు, సామాజిక శాస్త్రవేత్తలే కాదు యోషువా బెంగియో, జాఫ్రే హింటన్, శామ్ ఆల్ట్ మన్, ఎలాన్ మస్క్, ముస్తఫా సులేమాన్ వంటి కృత్రిమ మేధా ప్రవీణులు, వ్యవస్థాపకులు కృత్రిమ మేధ మన నాగరికతనే సర్వనాశనం చేయవచ్చునని ప్రజాబాహుళ్యాన్ని హెచ్చరించారు.[16] 2024 లో బెజ్గియో, హింటన్, ఇంకా అనేకమంది ప్రవీణులు కలిసి ఒక వ్యాసం ప్రచురించారు. అందులో "కృత్రిమ మేధ హద్దు లేకుండా అభివృద్ధి చెందితే, జీవావరణం, జీవులు విపరీతంగా నష్ట పోవచ్చు. మానవజాతి పరిమితికీ,

నిర్మూలనానికి కూడా దారితీయవచ్చు." అంటారు.[17] 2023 లో సుమారు 2778 మంది కృత్రిమ మేధా పరిశోధకుల సర్వేక్షణ జరిగింది. ఆ పరిశోధకులలో మూడవవంతుకు పైగా మానవజాతి నిర్మూలనవంటి దుర్ఘటనలు జరిగే అవకాశాలు కనీసం 10 శాతం ఉన్నాయని అభిప్రాయ పడ్డారు.[18] 2023 లో సుమారు ముప్పై ప్రభుత్వాలు – చైనా, అమెరికా సంయుక్తరాష్ట్రాలు, యునైటెడ్ కింగ్ డమ్ తో సహా – కృత్రిమ మేధ గురించి బ్లేచ్లీ వాగ్మూలం మీద సంతకాలు చేశాయి. "ముఖ్యమైన కృత్రిమ మేధా సమూనాల సామర్థ్యం బుద్ధిపూర్వకంగా గాని, అయాచితంగాగాని ఉపద్రవం, సర్వనాశనం కలిగించే ప్రమాదం పొంచి ఉన్నది" అని సారాంశం.[19] అలా చెప్పి ప్రవీణులుగానీ, ప్రభుత్వాలు కానీ హాలీవుడ్ సినిమాలోలాగా రోబోలు హంతకులలాగా రోడ్లమీద పరుగులు తీస్తూ కనపడినవారినల్లా కాల్చిపారేయటం ఊహించటం లేదు. ఆ దృశ్యం జరగకపోవచ్చు. జనానికి అసలు ప్రమాదాలనుంచి పరధ్యానం కలిగిస్తుంది. కానీ ప్రవీణులు మరి రెండు దృశ్యాలు మన ముందు ఉంచారు.

మొదటిగా కృత్రిమమేధ శక్తి మానవజాతి సంఘర్షణలను, వివాదాలను విపరీతం చేయవచ్చు. మానవజాతి తనకు తానే ఎదురు తిరుగుతుంది. ఇరవయ్యో శతాబ్దంలో ఇనప తెర కోల్డ్ వార్ పేరిట ప్రతిపక్షాలను విడదీసింది. ఇరవై ఒకటో శతాబ్దంలో సిలికన్ కర్టెన్ – ముళ్ళ తీగలతో కాక సిలికన్ చిప్స్, కంప్యూటర్ కోడ్ తో తయారయిన తెర – ప్రత్యర్థులను విడదీయటానికి రావచ్చు. కృత్రిమ మేధ ఆయుధాల ఉత్పత్తిలో ఎప్పటికప్పుడు ఇంకాయింకా శక్తివంతమయిన మారణాయుధాలు పుట్టుకువస్తూ ఉంటాయి. కనుక దావానలం సృష్టించటానికి ఒక సూక్ష్మమైన విస్ఫులింగం చాలు.

రెండవది, ఈ సిలికన్ తెర ఒక గ్రూప్ ను మరొక గ్రూప్ నుంచి విడదీయక పోవచ్చు, కానీ కృత్రిమ మేధ రాజాధిరాజులనుంచి మిగిలిన మనుషులందరినీ విడదీయవచ్చు. ఆ సమయంలో మీరు ఎక్కడ ఉన్నా ఒకటే. మనం అందరమూ అగాధమైన అల్గారిథమ్స్ ఊబిలో ఇరుక్కొని ఉంటాము. అవే మన జీవితాలను నడుపుతాయి. మన రాజకీయాలను, మన సంస్కృతిని అవే రూపు దిద్దుతాయి. ఆఖరికి మన శరీరాలను, మనసులనుకూడా నియంత్రిస్తాయి, శాసిస్తాయి. చివరికి మనలను శాసించే శక్తులను ఆపటం మాట అటు ఉంచి, అవి ఏమిటోకూడా మనకు తెలియకుండా పోతుంది. ఇరవై ఒకటో శతాబ్దంలో ఒక సర్వాధికార యంత్రాంగం ఈ ప్రపంచాన్ని జయిస్తే, అది మానవ నియంత కాదు, మానవేతర వివేకం. చైనా, రష్యా, అమెరికా సంయుక్తరాష్ట్రాలను నియంత పీడకలలకు కారణంగా చెప్పేవారు ఈ ప్రమాదాన్ని అపార్థం చేసుకున్నారు. నిజానికి ఈ చైనీస్, రష్యన్లు, అమెరికా దేశీయులు ఇంకా మిగతా మానవజాతి అంతా కూడా ఈ మానవేతర వివేకం నియంతృత్వం చూసి భయపడవలసిందే.

ప్రమాదం స్థాయి ఏమిటో తెలిసిన తర్వాత మనుషులందరికీ కృత్రిమ మేధ పట్ల ఆసక్తి కలగాలి. ప్రతి ఒక్కరూ కృత్రిమ మేధలో నిష్ణాతులు కాలేకపోవచ్చు. కానీ స్వయగా నిర్ణయాలు చేసి, స్వయంగా నూతన భావాలు సృష్టించే శక్తిగల సాంకేతికత చరిత్రలో కృత్రిమ మేధ తొలి సాంకేతికత అని చెప్పితీరాలి. ఇంతకు పూర్వం మానవులు కనుగొన్న నూతన కల్పనలు అన్నీ మానవులకే శక్తి సామర్థ్యాలు కలిగించాయి. కొత్తగా కనిపెట్టిన సాధనం ఎంత శక్తివంతమైనదైనాసరే, దానినిప్రయోగించే శక్తి, నిర్ణయము మనిషి చేతిలో ఉండేది. కత్తులు, బాంబులు ఎవరిని చంపాలో నిర్ణయించలేవు. అవి కేవలం మూగ సాధనాలు. సమాచారం మథనచేసి స్వతంత్రంగా నిర్ణయాలు చేసే శక్తి, వివేకము వాటిలో లేవు. కృత్రిమమేధ స్వయంగా సమాచారం మథించి నిర్ణయాలు చేయగలదు. కనుకనే అది మనుషులను పక్కకు నెట్టుతుంది.

కృత్రిమమేధకు సమాచారం అంతటిమీదా ఏకచ్ఛత్రాధిపత్యం ఉన్నది. కనుకనే సంగీతంనుంచి వైద్యం వరకూ కృత్రిమమేధ నిత్యనూతన భావాలు, ఆలోచనలు సృష్టించ గలదు. గ్రామఫోన్లు మన సంగీతం వినిపించాయి. మైక్రోస్కోపులు మనకు జీవాణువులను చూపించాయి. కానీ గ్రామఫోన్లు కొత్తరాగాలు కూర్చలేకపోయాయి. మైక్రోస్కోపులు కొత్త మందులను సమన్వయం చేయలేకపోయాయి. కృత్రిమమేధ ఈపాటికే స్వయంగా కళాకృతులు సృష్టించు తున్నది, విజ్ఞానశాస్త్ర శోధనలు, ఆవిష్కరణలు చేస్తున్నది. రాబోయే కొద్ది దశాబ్దాలలో జన్యుసంబంధమైన కోడ్ వ్రాసి, లేదా నిరీంద్రియమైన వస్తువులలో ప్రాణం తెప్పించే కోడ్ కనుక్కోవచ్చు.

ప్రస్తుతం కృత్రిమమేధ విప్లవం పిండోత్పత్తి దశలో ఉన్నది. కంప్యూటర్లు ఇప్పుడు మనలను గురించి – మనకు తాకట్టు ఇవ్వాలా వద్దా, మనకు ఉద్యోగం ఇవ్వాలా వద్దా, మనలను జైలుకు పంపాలా, వద్దా –నిర్ణయాలు చేస్తున్నాయి. ముందు ముందు ఈ ధోరణి ఇంకా వేగం అందుకుంటుంది, ఉధృతం అవుతుంది. మన జీవితాలు మనకే అర్థం కాకుండాపోయే పరిస్థితి వస్తుంది. కంప్యూటర్ అల్గారిథంస్ వివేచనా మయమైన నిర్ణయాలు చేసి ఈ ప్రపంచాన్ని బాగుచేస్తాయని ఆశించ వచ్చునా? ఇది, మాంత్రికుడి చీపురుకట్ట మంచినీళ్లు తెచ్చి ఇస్తుందని ఆశించటంకంటే ప్రమాదకరమైన జూదం. మనం మానవ జీవితాలతో కాదు అంతకు మించిన జూదం ఆడుతున్నాం. కృత్రిమమేధ మన జాతి చరిత్ర మార్చటమే కాదు, సకల జీవరాశుల పరిణామక్రమమే మార్చివేయవచ్చు.

సమాచార ఆయుధం

2016 లో నేను రేపటి చరిత్ర *(Homo Deus)* పుస్తకం ప్రచురించాను. అందులో అధునాతన సమాచార సాంకేతికతలు మానవాళికి ప్రముఖంగా తెచ్చిపెట్టే ప్రమాదాలు చూపించాను. చరిత్రలో అసలయిన కథానాయకులు సామాన్య

మానవులు కారు, సమాచారమే కథానాయకత్వం వహిస్తుంది అని వాదిస్తుంది ఆ పుస్తకం. విజ్ఞానశాస్త్రవేత్తలు సమాచార వాహినిద్వారా చరిత్రతోబాటు జీవశాస్త్రము, రాజకీయాలు, ఆర్థికశాస్త్రము దినదిన ప్రవర్ధమానంగా అర్థం చేసుకుంటారు. జంతువులు, రాష్ట్రాలు, విపణి వీధులు అన్నీ సమాచార జాలాలు. పరిసరాలనుంచి దత్తాంశాలు ఆకళింపు చేసుకోవటం, నిర్ణయాలు చేయటం, దత్తాంశాలు తిరిగి విడుదల చేయటం. సమాచార సాంకేతికత మనకు ఆరోగ్యము, ఆనందము, శక్తి ఇస్తుందని మనం ఆశించవచ్చు. కానీ, నిజానికి ఈ సమాచారశక్తి మన శక్తిసామర్థ్యాలను హరించివేసి, మన శారీరక మానసిక ఆరోగ్యాలను ధ్వంసం చేస్తుంది అని హెచ్చరించింది ఆ పుస్తకం. మానవాళి జాగ్రత్త వహించకపోతే, ఈ సమాచార వరదలో మనం ఒక మట్టిగడ్డలాగా కరిగి మాయమై పోతామని రేపటి చరిత్ర సిద్ధాంతీకరించింది. అప్పుడు ఈ అనంత విశ్వవాహినిలో మానవజాతి కేవలం ఒక చిరు తరంగం లాగా మిగిలి పోతుంది.

రేపటి చరిత్ర ప్రచురణ అయిన నాటినుంచీ మార్పు ఇంకా వేగతరమవుతున్నది. శక్తి మానవుల నుంచి అల్గారిథం దిశగా (క్రమసూత్ర పద్ధతి) బదిలీ జరుగుతున్నది. 2016 లో విజ్ఞానశాస్త్ర కల్పనగా ధ్వనించిన అనేక దృశ్యాలు – కళాసృష్టి చేయగల అల్గారిథమ్స్, మనుషులుగా మారు వేషాలు వేయటం, మనలను గురించి కీలక జన్మ నిర్ణయాలు చేయటం, మనలను గురించి మనకంటే వాటికే ఎక్కువతెలియటం – ఈనాడు 2024 లో నిత్యసత్యాలు అయి కూర్చున్నాయి.

2016 నుచి ఇంకా ఇతర విషయాలు అనేకం మారిపోయాయి. పర్యావరణ విపత్తు ఉధృతం అయి కూర్చున్నది. అంతర్జాతీయ ఉద్రిక్తతలు విపరీతంగా పెరిగాయి. దృఢంగా ఉన్న ప్రజాస్వామ్యాలు కూడా రాజకీయాల వరదలో గిలగిల లాడుతున్నాయి. సమాచారాన్ని గురించి అమాయక ధోరణి మీద కూడా రాజకీయం దండెట్టింది. డొనాల్డ్ ట్రంప్, జెయిర్ బోల్సనారో వంటి రాజకీయవేత్తలు, QAnon, ఆంటీ–vaxxers రాజకీయ ఉద్యమాలు, కుతంత్ర సిద్ధాంతాలు అన్నీ కలిసి సమాచారం సేకరించి సత్యశోధన చేస్తున్నాం అని చెప్పే సాంప్రదాయక సంస్థలు అన్నీ కేవలం అబద్ధాలు చెబుతున్నాయని అంటున్నారు. పెత్తందార్లు, న్యాయమూర్తులు, వైద్యులు, పత్రికా విలేకరులు, విద్యావేత్తలు అందరూ ఉన్నతవర్గ కూటమి. నిజం తెలుసుకోవాలనే కోరిక వారికి లేదు. తమకు మాత్రం ప్రత్యేక హక్కులు, అధికారాలు కోసం వారందరూ తప్పుడు సమాచారం ప్రచారం చేస్తున్నారు. ఇదంతా సామాన్య మానవుడి నెత్తిన టోపీయే. ట్రంప్ వంటి రాజకీయవేత్తలు, QAnon వంటి ఉద్యమాల వెనక ప్రత్యేక రాజకీయ కుట్ర ఉన్నది. ఇది 2010 నాటి అమెరికా సంయుక్తరాష్ట్రాల పరిస్థితికి ప్రత్యేకం. రాజకీయాలు సాంప్రదాయక ప్రపంచ దృక్పథానికి విరుద్ధం అని ట్రంప్ వేదిక ఎక్కక మునుపే లోకవిదితం. అనేక చారిత్రిక సంఘటనలకు,

భవిష్యత్తుకు కూడా రాజకీయం లంకె పడి ఉన్నది. క్లుప్తంగా చెప్పాలంటే నాయకత్వం సమాచారాన్ని ఒక ఆయుధంగా దర్శిస్తుంది.[20]

సమాచారం ⟶ అధికారం

సమాచారంపట్ల రాజకీయ దృక్పథం

రాజకీయం అతివాదంలో నిష్పాక్షికము, వాస్తవము అయిన నిజం అంటూ ఏమీ లేదని చెబుతుంది. ఎవరి సత్యం వారిదేనని చెబుతూ ప్రత్యర్థులను చిత్తు చేయటానికి ప్రయోగిస్తారు. ఈ లోకదృష్టి గమనిస్తే, శక్తి, అధికారం మాత్రమే వాస్తవం అని తేలుతుంది. సామాజిక సమావేశాలు, వ్యవహారాలూ అన్నీ ఆధిపత్యం కోసం పెనుగులాటలే. ఎందుకంటే, మనిషికి కావలసింది ఆధిపత్యము, అధికారం మాత్రమే. మరెందులోనైనా - యదార్ధము, న్యాయము - ఆసక్తి ఉన్నది అని చెబుతున్నారంటే, అది అధికారం సంపాదించటానికి కేవలం ఒక యుక్తి మాత్రమే. ఎప్పుడైనా ఎక్కడైనా సమాచారాన్ని ఒక ఆయుధంగా రాజకీయం ప్రయోగిస్తుందో అక్కడ భాష వస్త్రాపహరణం జరుగుతుంది. వాస్తవం, యదార్ధం వంటి నామవాచకాలు, ఖచ్చితం, నిజం అనే విశేషణాలు కనుమరుగై పోతాయి. ఆ మాటలు అందరికీ వర్తించే యదార్ధాలుగా గుర్తించబడవు. ఎవరైనా యదార్ధాలు, నిజం అనే పదాలు ప్రయోగించి మాట్లాడితే ఎవరో కొందరైనా “మీరు ఎవరి యదార్ధాలు, నిజాలను గురించి మాట్లాడుతున్నారు?”అని అడగవచ్చు.

సమాచారాన్ని అధికార లక్ష్యంగా, సందేహాస్పదంగా దర్శించటం కొత్త విషయమేమీ కాదు. ఇది టీకాలు తిరస్కరించేవారు, భూమి బల్లపరుపుగా ఉండనేవారూ, బొల్సోనోరిస్తాలు, ట్రంప్ మద్దతు దారులు కనిపెట్టింది ఏమీ కాదు. ఇటువంటి అభిప్రాయాలు 2016 కు బహుకాలం క్రితమే ప్రచారమయ్యాయి. వారిలో మానవాళిలో అత్యంత మేధావి వర్గం కూడా చేరి ఉన్నది.[21] ఉదాహరణకు వైద్యాలయాలలో పరీక్షా కేంద్రాలు, విశ్వ విద్యాలయాలవంటిశాస్త్రీయ సంస్థలు కాలాతీతమైన యదార్ధాలు, వాస్తవాలు ఏమీ పరిశోధన చేయటం లేదనీ, పెట్టుబడిదార్లు, వలసదేశ అధికారులు చెప్పింది చేస్తున్నారనీ ఇరవయ్యోశతాబ్దంలో మైఖేల్ ఫోకాల్ట్, ఎడ్వర్డ్ సైడ్ వంటి వామపక్షనేతలు అభియోగం చేశారు. ఈ వైజ్ఞానిక వాస్తవాలు పెట్టుబడిదారులు, వలస అధికారుల సంభాషణ తప్ప మరేమీ కాదని ఈ తీవ్రవాదుల సందర్భానుసార ఆక్షేపణ, అధికారంలో ఉన్నవారికి నిజం ఎంతమాత్రమూ అక్కరలేదనీ, వారు తమ తప్పులు సరిదిద్దుకుంటారని నమ్మటానికి వీలులేదనీ కూడా వారి ఆక్షేపణ.[22]

ఈ వామపక్ష తీవ్రవాదం కార్ల్ మార్క్స్‌తో మొదలయింది. ఆయన అధికారం ఒక్కటే వాస్తవమనీ, సమాచారం ఒక ఆయుధమనీ, నిజానికీ, న్యాయానికీ సేవ చేస్తున్నామని ఘోషించే పెద్దలు అందరూ తమవర్గానికి చెందిన సంకుచితమైన ప్రత్యేకహక్కులు చలాయిస్తున్నారనీ పంధొమ్మిదవ శతాబ్దం మధ్యన వాదించారు. 1848 నాటి కమ్యూనిస్ట్ మానిఫెస్టో "ఇంతవరకు ఉన్న సమాజాల చరిత్ర అంతా వర్గ పోరాట చరిత్ర. స్వేచ్ఛాపరుడు - బానిస, కులీనుడు - సామాన్యుడు, ప్రభువు - సేవకుడు, సంఘాధిపతి - కూలివాడు ఒక్కమాటలో చెప్పాలంటే దమనులు - దళితులు, పరస్పరం ప్రత్యర్థులుగా మెలిగారు. ఇప్పుడు ప్రచ్ఛన్నంగా, మరొకప్పుడు ప్రత్యక్షంగా పోరాటం సాగించారు." అంటుంది. చరిత్ర ఇలా రెండువర్గాలుగా సాగింది అంటే, మానవులమధ్య వ్యవహారం నిరంతరమూ దమనులకు, దళితులకుమధ్య పోరాటమేనని సూచిస్తుంది. కనుక, ఎప్పుడైనా ఎవరైనా ఏదైనా చెబుతూ ఉంటే, అడగవలసింది "ఏమంటున్నారు? ఆ మాట నిజమేనా?" అనికాదు, "ఎవరు చెబుతున్నారు? అది ఎవరిహక్కులు కాపాడుతుంది?" అని అడగాలి.

ట్రంప్, బోల్సోనారో వంటి మితవాద నాయకులు ఫోకాల్ట్, మార్క్స రచనలు చదివి ఉండక పోవచ్చు. వారు మార్క్స కు అతివ్యతిరేకంగా వాదిస్తారు. పన్నుల విషయంలోను, సామాజిక క్షేమం విషయంలోనూ వారు మార్క్స కు చాలా భిన్నంగా వ్యవహరిస్తారు. కానీ సమాజం, సమాచారం విషయాలలో వారి దృక్పథం పూర్తిగా మార్క్సిస్ట్ బాటన నడుస్తుంది. మనషులమధ్య సాహచర్యం అంటే దమనులు, దళితుల మధ్య అధికారం దాహంతో పోరాటమేనని వారి అభిప్రాయం. ఉదాహరణకు 2017లో తన ప్రారంభోపన్యాసంలో ట్రంప్ "మనదేశ రాజధానిలో ఒక చిన్నబృందం ప్రభుత్వ ప్రతిఫలాలు పూర్తిగా అనుభవించారు. ఆ ఖర్చు అంతా భరించింది ప్రజలు,"[23] అన్నారు. ఆ వాక్చాతుర్యం నాయకత్వం ప్రధాన ఆయుధం. రాజకీయ శాస్త్రవేత్త కాశ్ ముద్దే దానినే "సమాజాన్ని సజాతీయులుగాను, ప్రతిపక్షంగాను విడదీసే ఆదర్శం అదే. అమాయజక ప్రజలు, అవినీతిపరులైన ఉన్నత వర్గం."[24] గా వర్ణిస్తారు. వార్తా మాధ్యమాలు పెట్టుబడిదారీవర్గానికి ప్రతినిధులుగాను, పెట్టుబడిదారీ వ్యవస్థ పటిష్టం చేయటానికి విశ్వవిద్యా లయాలవంటి వైజ్ఞానిక సంస్థలు తప్పుడు సమాచారం ప్రచారం చేస్తాయని మార్క్సిస్ట్ లు ఘోషిస్తారు. ఈ సంస్థలు, మాధ్యమాలే ప్రజలనోట మట్టికొట్టి, అవినీతిపరులైన ఉన్నతవర్గాలకు మద్దతు నిస్తున్నాయని ప్రజానాయకుల నింద.

గత తరాలలో సమాజ విరుద్ధ ఉద్యమాలలో లోపించిన సందర్భశుద్ధి ఈనాడు నాయకులలోకూడా లోపించింది. అధికారం ఒక్కటే నిజమై, సమాచారం అంతా ఆయుధం అయితే, ఈ ప్రజానాయకులను గురించి మనకు తెలిసేదేమిటి? వారికి కావలసింది కూడా అధికారమే కదా ఆ అధికారం చేజిక్కించు కోవటానికి వారుకూడా అబద్ధాలు చెబుతున్నారు కదా!

ఈ చిక్కుప్రశ్నలోనుంచి బయట పడటానికి రాజకీయవేత్తలు రెండు బాటలు పట్టారు. కొన్ని వర్గాలు ఆధునిక వైజ్ఞానిక ఆదర్శాలను, అనుభవ వాదం సాంప్రదాయాలకు అంటిపెట్టుకు ఉంటామని, ఘంటాపథంగా చెబుతారు. మీరు ఈ సంస్థలనుగాని, నాయకులమని చెప్పుకునేవారిని –ప్రజాసేవకులమని చెప్పుకునే పార్టీలుగానీ రాజకీయ నాయకులను గాని – గాని ఎన్నడూ నమ్మకూడదని చెప్తారు. మీరు స్వయంగా పరిశోధన జరిపి, మీరు స్వయంగా చూసినదానిని మాత్రమే నమ్మాలని వారు ప్రజలకు బోధిస్తారు.[25] రాజకీయ పార్టీలు, న్యాయస్థానాలు, వార్తాపత్రికలు, విశ్వవిద్యాలయాల వంటి మహాసంస్థలు ఎన్నటికీ నమ్మదగినవి కావు. స్వయంగా ప్రయత్నంచిన వ్యక్తులు మాత్రమే అసలు నిజానిజాలు తెలుసుకోగలరని ఈ అనుభవవాద వర్గం సూచన.

ఈ పద్ధతి శాస్త్రీయంగా ధ్వనించవచ్చు. స్వేచ్ఛావాయువులు పీల్చేవ్యక్తులకు ఈ మార్గం నచ్చవచ్చు. ఆరోగ్య వ్యవస్థలు, పర్యావరణవ్యవస్థలు స్థాపించి నడిపించటానికి, సంస్థానిర్వహణ అవసరం కదా! మరి అది ఎలా జరుగుతుంది అని ప్రశ్న. భూమి వాతావరణం వేడెక్కుతున్నదా, అయితే ఏమి చెయ్యాలని నిర్ణయించటానికి అవసరమైన పరిశోధన అంతా ఒక్క మనిషివల్ల సాధ్యమవుతుందా? ప్రపంచమంతటా వాతావరణ సమాచారం సేకరించరించటం – గత శతాబ్దాలలో సమాచారానికి నమ్మదగిన రికార్డులు సేకరించటం అటు ఉంచండి – ఒక్కరివల్ల సాధ్యంఅవుతుందా? "నా స్వంత పరిశోధన" అని నమ్మటం శాస్త్రీయంగానే ధ్వనించవచ్చు. బయట ఎక్కడా నిజం అంటూ ఏమీ లేదని చెప్పక పోయినా, ఆమాట నమ్మటమేగదా! విజ్ఞానం అనేది సామూహిక, సహకార ప్రయత్నం, వ్యక్తిగత అన్వేషణ కాదు.

శాస్త్రీయంగా పరిశోధనద్వారా నిజం తెలుసుకోవటం కాక, దేవుడే చూపిస్తాడు అనో మార్మికవాదంలోకి దిగటమో రాజకీయ నాయకుల ప్రత్యామ్నాయ పరిష్కారం. క్రైస్తవం, ఇస్లాం, హిందూమతం వంటి సాంప్రదాయక మతాలు మానవులను అధికార దాహంతో అల్లాడే జీవులుగా, నమ్మదగని వారుగా చిత్రించాయి. దేవుడిదయ ఉంటేతప్ప వారికి నిజం ఏమిటో తెలియదని వారి అభిప్రాయం. 2010వ దశాబ్దంలోను, 2020 దశాబ్దం పూర్వార్ధంలోను బ్రజిల్ నుంచి టర్కీవరకూ, అమెరికా సంయుక్త రాష్ట్రాలనుంచి భారతదేశం వరకూ రాజకీయ పార్టీలు అన్నీ ఈ సాంప్రదాయకమతాలతో చేతులు కలిపాయి. వారందరూ ఆధునిక సంస్థలమీద తీవ్రమైన సందేహాలు సంశయాలు వెల్లడి చేశారు. దానితోబాటు సనాతన ధార్మికగ్రంథాలపట్ల సంపూర్ణ విశ్వాసం ప్రకటించారు. న్యూ యార్క్ టైమ్స్, సైన్స్ పత్రికలలో మీరు చదివే వ్యాసాలు కేవలం అధికార దాహంతో ఉన్నతవర్గాలు ప్రచురించేవానీ, బైబుల్, ఖురాన్, వేదాలలో మీరు చదివేది పరమసత్యమనీ వారి వాదన.[26]

ఈ ఇతివృత్తానికి మరొక కోణం ట్రంప్, బోల్సనారో వంటి ప్రజాకర్షణ సాధించిన నాయకులు పరమాత్మ వార్తాహరులనీ జనం వారిని పూర్తిగా నమ్మాలనీ[27] లేదా వారికి ప్రజలతో నిగూఢమైన బంధం ఉన్నదనీ ప్రబోధిస్తారు. సామాన్య రాజకీయనాయకులు అధికారము, పదవి సంపాదించటానికి జనానికి అబద్ధాలు చెబుతారు. ప్రజాభిమానం సాధించిన నాయకులు జనవాణిగా అవతారమెత్తి, అబద్ధాలన్నీ బట్టబయలు చేస్తారు.[28] ఉన్నత వర్గాలవారు అందరూ అధికార దాహంతో పరుగులు తీస్తున్నారని ఈ నాయకత్వం హెచ్చరిస్తుంది. కానీ చివరికి అధికారమంతా అధికార మోహంతో, లాలసతో ఊగులాడుతున్న ఒకేవ్యక్తి చేతిలో పెడుతుంది.

ఈ నాయకత్వాన్ని గురించి 5 వ అధ్యాయంలో వివరంగా చూస్తాం. మానవాళి పర్యావరణ పతనము, భౌగోళిక యుద్ధము, నియంత్రణ తప్పిన సాంకేతికత ఎదుర్కొంటున్నతరుణంలో ఈ నాయకులు భారీ సంస్థలలో, అంతర్జాతీయ సహకారంలోనూ విశ్వాసం హరింప జేస్తున్నారు. సంకీర్ణ మానవసంస్థలను నమ్మటానికి బదులు ఈ నాయకులు మనకు పేయథన్ మర్మం, మాంత్రికుడి శిష్యుడు కథలలోలాగా సలహాలు ఇస్తున్నారు: "దేవుడో, ఒక మహా మాంత్రికుడో ప్రత్యక్షమై అంతా చక్కదిద్దుతాడని నమ్మండి." ఈ సలహా తీసుకున్నామంటే త్వరలోనే మనం అధికారమోహంలో కొట్టుకుంటున్న లాలసుల గుప్పిటిలో ఇరుక్కుని నలిగి పోతాం. చిరకాలంలో కృత్రిమమేధ రాజాధిరాజుల చేతిలో కీలుబొమ్మలమై పోతాం. ఈ భూమి మానవ మనుగడకు నిర్దాక్షిణ్యం వహిస్తే, మనకు ఉండటానికి చోటే లేకపోవచ్చు.

ప్రజాకర్షణ గల నాయకుడికో, నిగూఢమైన కృత్రిమమేధకో అధికారం, ఆధిపత్యం విడిచిపెట్ట దలుచుకోకపోతే, సమాచారం అంటే ఏమిటో, మనుషులను చేరదీయటానికి అది ఎలా తోడ్పడుతుందో, నిజానికి, ఆధిపత్యానికీ సమాచారానికీ మధ్య సంబంధం ఏమిటో మనం బాగా అర్థం చేసుకోవాలి. సమాచారాన్ని అమాయక దృష్టితో చూడటం నాయకులు అనుమానిస్తారు. ఆ విషయంలో వారి సంశయం సబబే. కానీ అధికారము, ఆధిపత్యము మాత్రమే వాస్తవమని, సమాచారం సర్వదా ఒక ఆయుధమనీ అనుకోవటం వారి పొరబాటు. సమాచారం అంటే సత్యానికి (యదార్థానికి) ముడిసరుకు కాదు, ఆయుధమూ కాదు. ఈ రెండు విపరీతార్థాల మధ్య మానవాళి సమాచారానికి సూక్ష్మము, ఆశాజనకము అయిన మరొక కోణం ఉన్నది. దానికి తోడు అధికారము, ఆధిపత్యము తెలివిగా ప్రయోగించటానికి మన సామర్థ్యం కూడా తోడవుతుంది. ఆ మధ్యంతర అవకాశము, పరిశోధించటానికే ఈ పుస్తకం అంకితమై ఉన్నది.

ముందుబాట

ఈ పుస్తకంలో మొదటి భాగం మానవ సమాచార జాలం చరిత్రాత్మక అభివృద్ధి సమీక్షిస్తుంది. ఇక్కడ లిపి, అచ్చుయంత్రం, రేడియోవంటి సాంకేతిక సమాచార పురోగతి ఒక్కొక్క శతాబ్దం తర్వాత ఎలా నడిచిందో ఏమి జరిగిందో వివరించి చెప్పటానికి ప్రయత్నించలేదు. అన్ని యుగాలలోను సమాచారజాలం నిర్మించే ప్రయత్నంలో జనం ఎదుర్కున్న కీలక సందిగ్ధావస్థలు ఏమిటి అని తెలుసుకోవటానికి కొన్ని ఉదాహరణలు అధ్యయనం చేయటం జరిగింది. ఈ సందేహాలకు వచ్చిన వేరువేరు సమాధానాలు వేరువేరు మానవసమాజాలను ఎలా రూపుదిద్దాయో పరిశీలిస్తుంది. మనం ఆదర్శ విభేదాలు, రాజకీయ వివాదాలు అనుకునేవి తరుచూ పరస్పర విరుద్ధమైన సమాచార జాలాల మధ్య పోరాటమే.

భారీ ఎత్తున జనం మధ్య సమాచారజాలం నడవటానికి రెండు సూత్రాలు కీలకం: పౌరాణికగాధా సర్వస్వం, ఉద్యోగస్వామ్యం (నిరంకుశ అధికార యంత్రాంగం). ఈ పుస్తకంలో మొదటి భాగం ఈ రెండు సూత్రాలనూ పరిశీలిస్తుంది. ప్రాచీన ప్రభుత్వాలనుంచి నేటి రాష్ట్రాలవరకూ ఈ భారీసమాచార జాలం మాంత్రికులమీద, నియంతృత్వ అధికారులమీద ఎలా ఆధారపడి నడిచాయో చెబుతాయి. ఉదాహరణకు క్రైస్తవ చర్చ్ కి బైబుల్ కథలు ప్రాముఖ్యత వహించాయి. చర్చ్ అధికారులు ఈ కథలను సమీక్షించి, కాపాడి, ప్రచారం చేసి ఉండకపోతే బైబుల్ ఉండేది కాదు. ఈ మాంత్రికులు, అధికార నియంతలు చెరొక వైపు లాగుతూ ఉంటారు. అదే ప్రతి మానవాళిసమాజానికీ పెద్ద సందిగ్ధావస్థ, క్లిష్టమైన సందిగ్ధావస్థ. ఈ మాంత్రికులు, అధికారవర్గాల మధ్య పరస్పర విరుద్ధమైన అవసరాలతో ఎలా వ్యవహరిస్తారు అనే దానిని బట్టి సంస్థలు, సమాజాలు నిర్వచించ బడుతాయి. క్రైస్తవ చర్చ్ క్యాథలిక్, ప్రొటెస్టంట్ వంటి అనేక చర్చ్ లు గా విడిపోయింది. ఇదంతా మాంత్రికులకు, అధికారులకు మధ్య కుదిరిన సమన్వయం అనుసరించి ఏర్పడిన ఎడబాటు.

అధ్యాయం 4 తప్పుడు సమాచారం సమస్య, ఆ తప్పులు దిద్దుకునే వ్యవస్థ - స్వతంత్ర న్యాయస్థానాలు, సహచరులు సమీక్షించే పత్రికలు - ఏర్పాటు చేసుకోవటంవల్ల కలిగే లాభనష్టాలు వివరిస్తుంది. క్యాథలిక్ చర్చ్ వంటి సంస్థలు స్వయంగా తప్పులు దిద్దుకునే వ్యవస్థ పటిష్టంగా ఏర్పరుచుకోలేదు. శాస్త్రీయ సంస్థలు స్వయంగా తప్పులు దిద్దుకునే వ్యవస్థను చాలా పటిష్టంగా ఏర్పరుచుకున్నాయి. ఈ అధ్యాయం ఈ రెంటిమధ్య తారతమ్యాలు ఎత్తిచూపుతుంది. స్వయంగా తప్పులు దిద్దుకునే వ్యవస్థ బలహీనంగా ఉంటే యూరోపియన్ విచ్ హంట్ (16 - 18 శతాబ్దాల మధ్య యూరప్ లో స్వార్ధబుద్ధితో మాంత్రికశక్తులు ప్రయోగిస్తున్నారని

తెలిసిన వారిని వెంటాడి హతం చేశారు) వంటి చరిత్రాత్మక ఉపద్రవాలు సంభవించవచ్చు. తప్పులు దిద్దుకునే వ్యవస్థ దృఢంగా ఉంటే కొన్ని సందర్భాలలో ఆ సమాజమే స్థిరత్వం కోల్పోవచ్చు. దీర్ఘాయువు, విస్తరణ, అధికారము, గమనిస్తే మానవ చరిత్రలో క్యాథలిక్ చర్చ్ అత్యంత సఫలత సాధించిన వ్యవస్థగా పరిగణించవచ్చు. అక్కడ స్వయంగా తప్పులు దిద్దుకునే యంత్రాంగం బలహీనం. వారి సఫలత ఆ బలహీనతవల్లనా, మరేదైనా కారణం వల్లనా అన్నది చర్చనీయాంశం.

పౌరాణిక సర్వస్వం పాత్ర, అధికార యంత్రాంగం పాత్ర సమీక్షించిన తర్వాత మొదటి భాగం స్వయంగా తప్పులు దిద్దుకునే వ్యవస్థల బలాబలాలు పరిశీలిస్తుంది. అధ్యాయం 5 మరొక వైరుధ్యం – విస్తరించిన సమాచార యంత్రాంగం, కేంద్రీకృతమైన సమాచార యంత్రాంగాల మధ్య వ్యత్యాసం – సమీక్షించి ఈ చారిత్రిక చర్చ ముగిస్తుంది. ప్రజాస్వామ్య వ్యవస్థలలో సమాచారం అనేక స్వతంత్ర ప్రసార మాధ్యమాలద్వారా స్వేచ్ఛగా ప్రసరించటానికి అవకాశముంటుంది. నిరంకుశ వ్యవస్థలు సమాచారం అంతటినీ ఒకే కేంద్రంలో కూడబెట్టి ఉంచుతాయి. ఈ రెండు పద్ధతులలోనూ లాభాలు ఉన్నాయి, నష్టాలు ఉన్నాయి. సమాచార ప్రసారం జరిగే పద్ధతిని అనుసరించి యునైటెడ్ స్టేట్స్, యు ఎస్ ఎస్ ఆర్ వంటి రాజకీయ వ్యవస్థల విబిన్న ధోరణులు అర్ధమవుతాయి.

ఈనాటి అభివృద్ధి, రాబోయే రోజుల దృశ్యాలూ అర్ధం కావాలంటే ఈపుస్తకంలోని చారిత్రిక విభాగం కీలక మవుతుంది. కృత్రిమమేధా వికాసం చరిత్రలోనే సమాచార మహావిప్లవం. ఆ సమాచారం పూర్వీకులతో పోల్చకపోతే, దానిని మనం అర్ధం చేసుకోలేము. చరిత్ర అంటే గతాన్నిగురించి అధ్యయనం కాదు. జరిగిన మార్పులను గురించిన అధ్యయనం. మారకుండా స్థిరంగా ఉండేది ఏమిటి, మారేది ఏమిటి, అసలు మార్పులు ఎలా కలుగుతాయి అని చరిత్ర మనకు బోధిస్తుంది. ఇది చారిత్రిక పరిణామాలకు ఎంత ముఖ్యమో, సమాచార ఆవృత్తాలకు కూడా అంత ముఖ్యం. అమోఘమైన బైబుల్ కు దివ్యత్వం ఎలా లభించిందో అర్ధం చేసుకుంటే, ఈనాడు కృత్రిమ మేధను గురించి చెప్పే అమోఘమైన సర్వజ్ఞత్వం తెలుసుకోవటానికి తగిన అమూల్యమైన సూక్ష్మదృష్టి లభిస్తుంది. అలాగే ఆధునిక మాంత్రికవేటలో తొలిదశ, స్టాలిన్ సమీక్షీకరణము అధ్యయనం చేస్తే, ఇరవై ఒకటవ శతాబ్దం సమాజాలమీద కృత్రిమ మేధకు నియంత్రణ ఇస్తే ఏమి జరుగుతుందో, ఎక్కడ తప్పులు జరగవచ్చునో మనకు కఠినమైన హెచ్చరికలు లభిస్తాయి. కృత్రిమమేధలో కొత్తదనం ఏమిటి, అచ్చుయంత్రాలు, రేడియో సెట్లకు కృత్రిమమేధకు మధ్య వ్యత్యాసం ఏమిటి, భవిష్యత్తులో కృత్రిమమేధ నియంతృత్వం గతంలో మనం చూసినదానికంటే పూర్తిగా భిన్నంగా ఉండబోతున్నది అని తెలుసుకోవాలంటే, చరిత్రను గురించి ప్రగాఢ జ్ఞానం అత్యవసరం.

గతాన్ని గురించి అధ్యయనంచేస్తే భవిష్యత్తును గురించి చెప్పటానికి తగిన శక్తి సామర్థ్యాలు కలుగుతాయని ఈ పుస్తకం వాదించబోవటం లేదు. రాబోయే పేజీలలో పదేపదే నిష్కర్షగా చెప్పినట్లు, చరిత్ర కార్యకారణ సూత్రం మీద నడవదు. రాబోయే సంవత్సరాలలో మన నిర్ణయాలమీద ఆధారపడి భవిష్యత్తు ఏర్పడుతుంది. సమాచార ఆధారంగా నిర్ణయాలుజరిగితే, దుష్ఫలితాలను అడ్డుకోవచ్చు, నివారించవచ్చు అని చెప్పటమే ఈ పుస్తకం వ్రాయటంలో ముఖ్య ఉద్దేశం. మనం భవిష్యత్తును మార్చలేకపోతే, దానిని గురించి చర్చించి విలువైన సమయం వృధా చేయటం ఎందుకు?

మొదటి భాగంలో చారిత్రిక సమీక్ష ఆధారం చేసుకుని, పుస్తకం రెండవభాగం "నిరింద్రియ జాలం" ఈనాడు మనం సృష్టించుతున్న సమాచార జాలం పరిశీలించుతుంది. ఇక్కడ కృత్రిమ మేధ అభివృద్ధివల్ల కలగబోయే రాజకీయ పరిణామాలమీద నిశితంగా దృష్టి సారిస్తుంది. ఇంతకు పూర్వం వచ్చిన సమాచార సాంకేతికతకు కృత్రిమమేధకు మధ్య వ్యత్యాసం ఏమిటి అని వివరించటానికి అధ్యాయాలు 6 – 8 ప్రపంచవ్యాప్తంగా ఇటీవల జరిగిన సంఘటనలు – 2016-17లలో మయన్మార్లో జాతిమత హింసాకాండ ప్రోత్సహించిన సామాజిక మాధ్యమాలు ప్రయోగించిన యాంత్రిక పద్ధతి పాత్ర – ఉదాహరణగా చర్చిస్తాయి. ఉదాహరణలు అన్నీ సాధారణంగా 2010 వ దశాబ్దంలోజరిగినవి. 2020 వ దశాబ్దంలో జరిగినవి కావు. ఎందుకంటే 2010 దశాబ్దంలో జరిగిన సంఘటనల మీద మనకు ఒక చారిత్రిక దృక్పథం ఏర్పడింది.

రెండవ భాగం మనం ముందు వెనకలు ఆలోచించకుండా, పర్యవసానం తెలుసుకోకుండా, ఒక అధునాతన సమాచార యంత్రాంగం సృష్టిస్తున్నామని వాదిస్తుంది. ఇక్కడ జీవసంబంధమైన సమాచార జాలం నుంచి మనం నిర్జీవ సమాచార జాలంలోకి ప్రవేశిస్తున్నామని నొక్కి చెబుతుంది. రోమన్ సామ్రాజ్యము, క్యాథలిక్ చర్చ్, యు ఎస్ ఎస్ ఆర్ అందరూ సమాచారం విశ్లేచించి నిర్ణయాలు తీసుకోవటానికి కార్బన్ ఆధారిత మెదళ్లమీద ఆధారపడ్డారు. నవీన సమాచార యంత్రాంగం ఏలుతున్నసిలికన్ ఆధార కంప్యూటర్లు పూర్తిగా వేరుదారిన నడుస్తాయి. మంచికో చెడ్డకో తెలియదు గాని కార్బన్ న్యూరాన్స్ మీద జీవశాస్త్రం విధించే పరిమితులు సిలికన్ చిప్స్ కు వర్తించవు. సిలికన్ చిప్స్ నిద్ర మోహం ఎరుగని గూఢచారులను, ఎన్నడూ ఏదీ మర్చిపోని ఆర్థిక నిపుణులను, ఎన్నటికీ అంతం కానీ నియంతలను సృష్టించ గలవు. సమాజాన్ని, ఆర్థిక పరిస్థితిని, రాజకీయాలను ఇది ఏవిధంగా మారుస్తుంది?

మూడవది, చివరి భాగం – "కంప్యూటర్ రాజకీయాలు' – వివిధ సమాజాలు ఈ నిరీంద్రియ సమాచారం బెదిరింపులు, వాగ్దానాలతో ఎలా వ్యవహరిస్తాయో

పరిశీలిస్తుంది. కర్బన ఆధారంగా నిలిచే మనలాంటి జీవులు ఈ కొత్త సమాచార జాలాన్ని అర్థం చేసుకుని, నియంత్రించే అవకాశం ఏమైనా ఉన్నదా? పైన చెప్పినట్లు చరిత్ర కార్యకారణ సంబంధి కాదు. కనీసం మరికొని సంవత్సరాలు సహజ జ్ఞానులమైన మనకు భవిష్యత్తును రూపుదిద్దే శక్తి ఉంటుంది.

ఆదేప్రకారం ప్రజాస్వామ్యాలు నిరీంద్రియ సమాచార జాలాలతో ఎలా వ్యవహరిస్తాయో అధ్యాయం 9 పరిశీలిస్తుంది. ఆర్థికవ్యవస్థ క్రమంగా కృత్రిమమేధ అధీనంలోకి వెళ్లిపోతే, నిగూఢమైన యాంత్రిక శక్తి డబ్బుకు అర్థం చెబితే రక్తమాంసాలతో ఉన్న రాజకీయవేత్తలు ఆర్థిక నిర్ణయాలు ఎలా చేయగలరు? చేయ గలరా? మనం మరొక వ్యక్తితో మాట్లాడుతున్నామో, మనిషిలా వ్యవహరిస్తున్న చాట్ బాట్‌తో మాట్లాడుతున్నామో తెలియకపోతే, డబ్బు విషయం కానీయండి, లింగభేద విషయం కానీయండి ప్రజాస్వామ్యంలో బహిరంగంగా సంభాషణ ఎలా సాగుతుంది?

అధ్యాయం 10 నియంతృత్వం మీద ఈ నిరీంద్రియ సమాచారజాల ప్రభావం శోధిస్తుంది. నియంతలు బహిరంగంగా సంభాషణలు వదిలించు కోవటానికి సంసిద్ధులుగానే ఉంటారు. కానీ కృత్రిమమేధను గురించివారి భయాలు వారికి ఉన్నాయి. నిరంకుశాధికారం తమ ఏజంట్లనే భయపెట్టి, నిషేధించే పద్ధతిన నడుస్తుంది. కానీ ఒక మానవనియంత కృత్రిమ మేధను ఏలా భయపెట్టగలరు? దాని అగాధమైన ప్రక్రియలు ఎలా నిషేధించ గలరు? అధికారం మొత్తం చేజిక్కించుకో కుండా దానిని ఎలా ఆపగలరు?

చివర్లో ప్రపంచస్థాయిలో ప్రజాస్వామ్య సమాజం, నియంతృత్వ సమాజాల మధ్య అధికార వినియోగాన్ని ఈ కొత్త సమాచారజాలం ఎలా ప్రభావితం చేస్తుందో శోధిస్తుంది. కృత్రిమమేధ ఈ తులాదండాన్ని పూర్తిగా ఒకవైపు మొగ్గు చూపుతుందా? ఈ ప్రపంచం విరోధ వర్గాలుగా విడిపోతుందా? మనం అందరమూ నియంత్రణ తప్పిన కృత్రిమమేధకు బలి అవుతామా? లేకపోతే మన సామాన్య శ్రేయస్సు రక్షించుకోవటానికి మన అందరమూ చేతులు కలప గలమా?

సమాచార జాలం భూత భావిష్యత్, వర్తమానాలు శోధించే ముందు మనం ఒక అతి సరళమైన ప్రశ్నతో మొదలు పెట్టాలి. సమాచారం అంటే అసలు ఏమిటి?

భాగం I

మానవ యంత్రాంగాలు

అధ్యాయం 1

సమాచారం అంటే ఏమిటి?

మౌలిక భావనలు నిర్వచించటం కష్టమైనపని. తర్వాత వచ్చేవాటన్నిటికీ మూలాధారం అవే కనుక, వాటికి మూలాధారం ఏమీ ఉన్నట్లు కనబడదు. పదార్థము, శక్తివంటి పదాలను నిర్వచించటానికి భౌతికశాస్త్రవేత్తలు చాలా అవస్థ పడుతారు. జీవితం అంటే ఏమిటో నిర్వచించటానికి జీవశాస్త్రజ్ఞులు తికమకపడుతారు. వాస్తవం అంటే ఏమిటో నిర్వచించటానికి వేదాంతులు దిక్కులు చూస్తారు.

వేదాంతులు, జీవశాస్త్రజ్ఞులు, కొందరు భౌతిక శాస్త్రవేత్తలు కూడా సమాచారం అంటే వాస్తవానికి పునాదిరాయిగా, పదార్థము, శక్తి కంటేకూడా ప్రాథమికంగా భావించటం రోజురోజుకూ పెరుగుతున్నది.[1] కనుకనే సమాచారాన్ని నిర్వచించటం ఎలా, జీవన పరిణామానికి అది ఎలా ముడిపడి ఉన్నది, ఇంకా ఫిజిక్స్ లో జడోష్ణత, ఉష్ణగతిశాస్త్ర న్యాయాలు, క్వాంటం అన్ సర్టెనిటీ ప్రిన్సిపుల్ వంటి మూల భావాలకు అది ఎలా లంకె పడి ఉన్నది అన్న విషయంలో చాలా భిన్నాభిప్రాయాలు, పేచీలు ఉన్నాయి.[2] ఆ పేచీలు పరిష్కరించటం మాట అటుంచి, అవి ఏమిటో కూడా ఈ పుస్తకం చెప్పబోవటంలేదు. ఫిజిక్స్, బయాలజీ, ఇంకా ఇతర జ్ఞానవిజ్ఞాన క్షేత్రాలకు అమలు పరచదగిన సార్వత్రిక నిర్వచనం కూడా సూచించబోవటం లేదు. గతంలోనూ, భవిష్యత్తులోను మానవసమాజ వికాసం గురించిన అధ్యయనం, ఇది ఒక చరిత్ర, కనుక చరిత్రలో సమాచారం నిర్వచనం ఏమిటి, దాని పాత్రఏమిటి అన్న విషయాలమీద ఏకాగ్రం చేస్తుంది.

దైనందిన ప్రయోగంలో సమాచారం అంటే నోటితో చెప్పే మాట, చేతితో వ్రాసే అక్షరాలు. షేర్ అమీ, తప్పిపోయిన పటాలం కథే తీసుకోండి. 1918 లో అమెరికన్ దండయాత్ర సేనలు ఫ్రాన్స్ ఉత్తర ప్రాంతాన్ని జర్మన్ ఆక్రమణ నుంచి

విడుదల చేయటానికి పోరాడుతున్నారు. అప్పుడు 500 మందికి మించిన అమెరికన్ పటాలం శత్రుసేనల వెనక ఇరుక్కు పోయింది. ఆ పటాలానికి రక్షణకల్పించటానికి అమెరికన్ శతఘ్ని దళం పూనుకున్నది. వారు ఉన్న చోటు సరిగా గుర్తించక, శతఘ్నులు వారు ఉన్న చోటికే కురిపించింది. తాము ఉన్న స్థలం సరిగ్గా హెడ్ క్వార్టర్స్ కు అర్జెంట్ గా తెలుపవలసిన బాధ్యత ఆ పటాలం కమాండర్ మేజర్ చార్లెస్ వీటిల్సీ మీద పడింది. జర్మన్ సేనల మధ్యగా తమ సైనికులు ఎవరూ దూరిపోలేరు. గత్యంతరం లేక వీటిల్సీ సేనలో వార్త మోసుకుపోవటానికి సేనలో ఉన్న పావురం చేర్ అమీని ఆశ్రయించారు. ఒక చిన్నకాగితం ముక్క మీద ఆయన "మేము *276.4* సమానాంతర రోడ్డు మీద ఉన్నాము. మన శతఘ్నులు మామీదనే బాంబులు విసురుతున్నాయి. దయచేసి ఆపండి.'' అని వ్రాసి చిన్న గొట్టంలో పెట్టి, ఆ పావురం కుడి కాలికి కట్టాడు. పావురం గాలిలోకి లేచింది. ఆ పటాలం సైనికులు ఒకరు జాన్నెల్ కొన్ని సంవత్సరాల అనంతరం ఆ సంఘటన నెమరు వేశారు. "నిస్సందేహంగా ఆదే మా ఆఖరు అవకాశం. ఆ ఏకాకి పావురం మమ్మల్ని కనిపెట్టకపోయి ఉంటే ఆనాటితో మాపని ముగిసి ఉండేది.''

జర్మన్ కాల్పుల నడుమ ఆ పావురం ఎలా ఎగురుతూ వెళ్ళిందో చూసినవారు వర్ణించారు. నేరుగా ఆ పక్షి కింద ఒక షెల్ పేలింది. ఆ దెబ్బకు ఐదుగురు చనిపోయారు. ఆ పావురానికి విపరీతంగా గాయాలయ్యాయి. ఒక సన్నని బద్ద చేర్ అమి ఛాతీ గుండా దూసుకు పోయింది. దాని కుడికాలు ఒక స్నాయువును పట్టుకు వేలాడుతున్నది. కానీ అది సాధించింది. గాయపడిన ఆ పావురం నలభై కిలోమీటర్లు ప్రయాణం చేసి సుమారు నలభై ఐదు నిమిషాలలో డివిజన్ హెడ్ క్వార్టర్స్ చేరుకున్నది. ప్రాణప్రదమైన ఆ సందేశం గొట్టంలో పావురానికి మిగిలి ఉన్న కుడికాలి శేష భాగాన్ని పట్టుకు వేలాడుతున్నది. ఈ వివరాలపట్ల కొంత వివాదం ఉన్నప్పటికీ అమెరికన్ పటాలము తన దాడి సవరించుకున్నదని, అమెరికన్ ఎదురుదాడి తప్పిపోయిన పటాలాన్ని కాపాడ గలిగిందని స్పష్టంగాతెలుస్తున్నది. చేర్ అమీ కి సేన వైద్య సేవలు చేసింది. యునైటెడ్ స్టేట్స్ కు ఒక యుద్ధవీరుడుగా తిరిగి వచ్చింది. అనేక వ్యాసాలకు, చిన్న కథలకు, బాలలపుస్తకాలకు, పద్యాలకు, చివరికి సినిమాలకు కూడా కథానాయకపాత్ర వహించింది. తను మోసుకు వెళ్తున్న సమాచారం ప్రాముఖ్యత ఏమిటో ఆ పావురానికి తెలియదు. కానీ ఆ పావురం మోసుకు వెళ్ళిన కాగితంముక్క మీది అక్షరాలు వందలాది సైనికులను మరణాన్నుంచీ, బంధనమంచీ కాపాడాయి.[3]

సమాచారము, సందేశము అంటే కేవలం మనుషులు చేసిన సౌజ్ఞలే కానక్కర లేదు. బైబుల్ లో వరదను గురించిన గాధ ప్రకారం నోవా దేవమందసం నుంచి పంపిన పావురం ముక్కుతో ఒక ఆలివ్ కొమ్మపట్టుకొని తిరిగి వచ్చింది. అది చూసిన నోవా వరద తీసిందని తెలుసుకున్నాడు. ఆ తర్వాత భూమిమీద ఇక ఏనాటికీ వరద

రానీయనన్న వాగ్దానం లాగా దేవుడు మేఘాలలో ఇంద్రధనుసు పంపించాడు. అప్పటినుంచీ ఇంద్రధనుసులు శాంతికీ, సహనానికీ సరూప చిహ్నాలయి కూర్చున్నాయి. ఇంద్రధనుసుకంటే దూరాన ఉన్న వస్తువులు కూడా సమాచారం కావచ్చు. ఖగోళ శాస్త్రవేత్తలకు ఈ విశాలవిశ్వ చరిత్ర అంతా నక్షత్ర పథంలో, ఆ కదలికలలో దాగి ఉన్నది. నావికులకు ధ్రువతార ఉత్తరదిక్కు చూపిస్తూ ఉంటుంది. జ్యోతిష్కులకు నక్షత్రాలు మనుషుల భవిష్యత్తు, సమాజాల భవిష్యత్తు తెలియచెప్పే ఒక విశ్వవ్యాప్తలిపి.

సమాచారం వంటి ఒక పదం నిర్వచనం దృక్పథం మీద ఆధారపడి ఉంటుంది. ఒక ఖగోళ శాస్త్రవేత్తకు, ఒక జ్యోతిశ్శాస్త్రవేత్తకు తులారాశి నక్షత్ర మండలం ఒక సమాచారం. కానీ దూరతీరాలలో ఉన్న ఈ నక్షత్రాలు సామాన్య మానవుడికి కేవలం ఒక నోటీస్ బోర్డ్ వంటిది మాత్రమే. అక్కడ మనకు కనబడే దానికీ, వాటిని గురించీ మనకు తెలిసిన కథలకూ అతీతంగా గ్రహాంతర నాగరికతలు విలసిల్లుతూ ఉండవచ్చు. సిరా మరకలు ఉన్న కాగితం ముక్క ఒక సేనా విభాగానికి అత్యవసర సమాచారం కావచ్చు. చెదల కుటుంబానికి ఆహారం అవుతుంది. ఏ వస్తువైనా సమాచారం కావచ్చు, కాకపోవచ్చు. కనుకనే సమాచారం అన్న పదం నిర్వచనం కష్టమైన పని.

సమాచారంలో దాగి ఉన్న ద్వన్ద్వార్థం మిలిటరీ గూఢచర్యం – గూఢచారులు రహస్య సందేశాలు పంపవలసి నప్పుడు – ఇతిహాసంలో ప్రముఖపాత్ర వహిస్తుంది. మొదటి ప్రపంచయుద్ధంలో యుద్ధభూమి ఫ్రాన్స్ ఉత్తర ప్రాంతం ఒకటే కాదు. బ్రిటిష్, ఒట్టొమన్ సామ్రాజ్యాలు మధ్యధరా ప్రాంతం మీద ఆధిపత్యం కోసం పోరాడాయి. సినాయ్ పెనింసులా, సూయజ్ కెనాల్ మీద ఒట్టొమన్ దాడిచేస్తే, బ్రిటిష్ సామ్రాజ్యం ఆ దాడిని తిప్పి కొట్టింది. ఆ తర్వాత బ్రిటిష్ సామ్రాజ్యం ఒట్టొమన్ మీద దండెత్తింది. బీర్ శేబా నుంచి గాజా వరకూ కోటకట్టినట్లు ఒట్టొమన్ అడ్డునిలిచి బ్రిటిష్ దండయాత్రను అక్టోబర్ 1917 వరకూ ఎదుర్కున్నది. ఆ రక్షణదుర్గం ఛేదించి లోపలికి ప్రవేశించ టానికి బ్రిటన్ చేసిన ప్రయత్నాలు గాజా మొదటి యుద్ధం (మార్చ్26, 1917), రెండవ యుద్ధం (ఏప్రిల్ 17-19, 1917) తో తిప్పికొట్టారు. ఈ మధ్యలో బ్రిటన్ కు అనుకూలంగా ఉన్న యూదులు (పాలెస్తీనా లో నివాసం) NILI పేరిట ఒక గూఢచారి జాలం స్థాపించారు. ఆగూఢచారి వ్యవస్థ ద్వారా వారు ఒట్టొమన్ దళాల కదలికలు బ్రిటన్ కు చేరవేశారు. బ్రిటిష్ వ్యవహర్తలకు వార్తలు చేరవేయటానికి వారు కిటికీ తలుపులు ప్రయోగించారు. NILI కమాండర్లలో ఒకరైన సారా ఆరంసాన్ కు మధ్యధరా సముద్రతీరాన ఒక ఇల్లు ఉన్నది. ఆమె తన ఇంటి కిటికీ తలుపు – ముందుగానే నిర్ణయించిన ఒక పద్ధతిలో – తెరిచి, మూసి బ్రిటన్ ఓడలకు సంకేతాలు పంపుతూ ఉండేది. ఒట్టొమన్ సైనికులతో బాటు అనేకులు

ఆ కిటికీ తలుపు మూయటం, తెరవటం చూశారు. కానీ అది అతిముఖ్యమైన మిలిటరీ సమాచారమని ఎవరికీ – NILI ఏజంట్లకు, వారి బ్రిటిష్ ఆపరేటర్లకూ తప్ప – తెలియదు.[4] షట్టర్ ఎప్పుడు కేవలం షట్టర్ గా మాత్రమే ఉంటుంది, ఎప్పుడు సమాచారం అవతార మెత్తుతుందీ?

చివరికి ఒట్టోమన్ పెద్దలు ఈ NILI గూఢచారి వ్యూహాన్ని ఛేదించారు. అదీ ఒక వింత దుర్ఘటన వల్ల జరిగింది. కిటికీ తలుపులు వేయటం తీయటంతో పాటు NILI రహస్యసందేశాలు పంపటానికి పావురాలనుకూడా దూతలుగా పంపారు. 1917 సెప్టెంబర్ 3 వ తేదీన ఒక పావురం దారిమళ్లి, ఒక ఇంటిమీద – అదీ ఒక ఒట్టోమన్ ఆఫీసర్ ఇంటిమీద – వాలింది. ఆ ఆఫీసర్ పావురం మోసుకు వస్తున్న సందేశం చూశారు. కానీ ఆ భాష అర్థం చేసుకోలేక పోయారు. కానీ ఆ పావురమే కీలక సమాచారమై కూర్చున్నది. ఆ పావురం అక్కడ ఉన్నదీ అంటే తమ చుట్టూ ఒక గూఢచారి వ్యూహం పనిచేస్తున్నదని ఒట్టోమన్ వారికి అర్థమై పోయింది. మార్షల్ మాక్లూహాన్ చెప్పినట్లు ఇప్పుడు ఆ పావురమే ఒక నేరారోపక సందేశమై కూర్చున్నది. ఆ పావురం పట్టుబడిన వార్త NILI ఏజంట్లకు చేరింది. వెంటనే వాళ్ళు తమ దగ్గర ఉన్న పావురాలనన్నిటినీ చంపి పాతిపెట్టారు. ఎందుకంటే, వార్త చేరవేసే పావురం ఉన్నదంటేనే దోషారోపక సమాచారం అవుతుంది. కానీ ఆ పావురాల సామూహికవధ NILI ని కాపాడలేక పోయింది. ఒక నెలలోగా గూఢచారి జాలం బయట పడింది. వారిలో చాలమందిని ఉరితీసి చంపారు. పట్టుబడితే చిత్రహింసలకు గురి అయి ఎన్ ఐ ఎల్ ఐ రహస్యాలు బయటపెట్టవలసి వస్తుందని ఆత్మహత్య చేసుకున్నది.[5]

పావురం ఎప్పుడు మామూలు పావురంగా ఉంటుంది, ఎప్పుడు సమాచారం అవుతుంది?

ఫలానా వస్తువు సమాచారం అని నిర్వచించలేము. సమయానుగుణంగా ఏ వస్తువైనా – నక్షత్రం, కిటికీ తలుపు, పావురం – సమాచారంగా రూపొందవచ్చు. మరి అటువంటి వస్తువులను సమాచారంగా నిర్వచించేది ఏమిటి? నిజం తెలుసుకోవటానికి ఉపయోగించే వస్తువులు సమాచారంగా నిర్వచించుతారని అమాయక దృక్పథం వాదిస్తుంది. నిజం తెలుసుకోవటానికి జనం ప్రయోగించిన వస్తువు సమాచారమై కూర్చుంటుంది. ఈ దృక్పథం సమాచారం అనే భావనను నిజం అనే భావనకు లంకె వేస్తుంది. అంటే వాస్తవాన్ని తేటతెల్లం చేయటమే సమాచారం ముఖ్యపాత్ర అని ఈ దృక్పథం ఊహ. అక్కడ ఎక్కడో వాస్తవం ఉన్నది. సమాచారం ఆ వాస్తవానికి ప్రాతినిధ్యం వహిస్తుంది. కనుక వాస్తవం తెలుసుకోవటానికి మనం ఆ సమాచారాన్ని వినియోగించవచ్చు. ఉదాహరణకు, బ్రిటిష్ వారికి NILI అందించిన సమాచారం ప్రయోజనం ఏమిటి? ఆ సమాచారం ఓట్టోమన్ సేనల కదలికలు చెబుతుంది. ఒట్టోమన్ గాజా – వారి సంరక్షణకేంద్రం – లో పదివేలమంది

సైనికులను కూడదీస్తే, ఒక కాగితం మీద పదివేలు, గాజా అని సూచించే సౌజ్ఞలు చాలా ముఖ్యమైన సమాచారం అవుతుంది. బ్రిటిష్ సేనలకు యుద్ధం గెలిచే అవకాశం కలిగిస్తుంది. అలాకాకుండా, గాజాలోయిరవైవేల ఒట్టోమన్ సేనలు ఉండి, ఆ కాగితం ముక్కమీద సరయిన సమాచారం లేకపోతే, అది బ్రిటిష్ వారి దారుణమైన తప్పిదానికి మూలమవుతుంది.

మరొక విధంగా చెబితే, వాస్తవం తెలియజేయటానికి సమాచారం ఒక ప్రయత్నం అని అమాయక దృక్పథంవాదన. ఆ ప్రయత్నం సఫల మయితే మనం దానిని నిజం అంటాము. ఈ పుస్తకం చాలావిషయాలు అమాయక దృక్పథంతో దర్శిస్తుంది. నిజం అంటే వాస్తవాన్ని నిర్దుష్టంగా ప్రదర్శించటమే అని అంగీకరిస్తుంది. సమాచారం అంటే వాస్తవాన్ని ప్రతిఫలించటం మాత్రమే కాదని, వాస్తవాన్ని నిర్వచించేది మరొకటి వేరుగా ఉన్నదని కూడా ఈ పుస్తకం చెబుతుంది. మానవసమాజంలో, ఆ మాటకువస్తే ఇతర జీవశాస్త్ర, భౌతికశాస్త్ర రంగాలలోనూ, ఉన్న సమాచారం అంతా *దాదాపు* ఏమీ సూచించదనే చెప్పాలి.

ఇది కీలకమైన క్లిష్టమైన వాదన. ఈ పుస్తకానికి ఇదే ఆధారసిద్ధాంతం. కనుక ఈవిషయం విశదీకరించటానికి నేను మరికొంత సమయం వెచ్చిస్తాను.

నిజం అంటే ఏమిటి?

ఈ పుస్తకం అంతటా నిజం అంటే వాస్తవంయొక్క లక్షణాలు కొన్ని ప్రతిఫలిస్తుంది అని అర్థం. నిజం అనే బావన వెనక జగమెరిగిన సత్యమొకటి ఉన్నది అనే ఆధారవాక్యం దాగి ఉన్నది. ఇంతవరకూ ఉన్నది ఏదైనా, ఇక ముందు ఉండబోయేది – ధ్రువతార నుంచి NILI పావురం వరకూ – ఏదైనా ఆ ఏకైక వాస్తవం యొక్క రూపమే. కనుకనే సత్యాన్వేషణ ఒక విశ్వ ప్రణాళిక. జాతులు, దేశాలు, సంస్కృతులు విబిన్న విశ్వాసాలు, అనుభూతులు కలిగి ఉండవచ్చు. కానీ విరుద్ధమైన సత్యాలు మాత్రం కలిగి ఉండటానికి సాధ్యంకాదు. ఎందుకంటే విశ్వవ్యాప్తమైన వాస్తవంలో అందరూ భాగస్వాములే. సార్వత్రికవాదం (ఏకతావాదం) నిరాకరించేవారు సత్యాన్ని నిరాకరించినట్లే.

సత్యము, వాస్తవము రెండూ వేరు వేరు. ఒక విషయం ఎంత నిజమైనా సరే, వాస్తవాన్ని యథాతథంగా ప్రదర్శించలేదు. గాజాలో పదివేలమంది ఒట్టోమన్ సైనికులు ఉన్నారని ఒక NILI ఏజంట్ సందేశం పంపితే, అక్కడ నిజంగానే పదివేలమంది సైనికులు ఉండిఉంటే, ఆ సందేశం అక్కడ ఉన్న యదార్థంలో ఒక అంశాన్ని నిర్దుష్టంగా చెప్పింది. కానీ అది చాలా ఇతర విషయాలను విస్మరించింది. ఆ వస్తువులు లెక్కపెట్టేటపుడు – అవి యాపుల్స్, కావచ్చు, ఆరెంజెస్ కావచ్చు,

సైనికులు కావచ్చు - ఆ వస్తువుల మధ్య సామ్యం చూస్తారు కానీ వ్యత్యాసాలు చూడరు.[6] ఉదాహరణకు గాజాలో పదివేలమంది సైనికులు ఉన్నారని చెప్పినప్పుడు, వాళ్ళలో ఎంతమంది అనుభవజ్ఞులు, ఎంతమంది కొత్తగాచేరినవారు అన్న విషయం మరుగున పడింది. అక్కడ వెయ్యిమంది కొత్తగా చేరినవాళ్లూ, తొమ్మిదివేలమంది అనుభవజ్ఞులూ ఉంటే అది ఒక యదార్థం. అలాకాక, తొమ్మిది వేలమంది కొత్తగా చేరినవాళ్ళూ, వెయ్యిమంది యుద్ధ అనుభవజ్ఞులూ మాత్రమే ఉంటే అది మరొక యదార్థం కదా!

ఆ సైనికులమధ్య ఇంకా అనేక వ్యత్యాసాలు ఉన్నాయి. కొందరు ఆరోగ్యంగా ఉన్నారు. కొందరు జబ్బుపడి ఉన్నారు. ఒట్టోమన్ సైనికులలో కొందరు టర్కీ జాతీయులు, మరికొందరు అరబ్బులు, కుర్దులు, ఇంకాకొందరు యూదులు. కొందరు ధైర్యస్థులు, కొందరు పిరికివాళ్లు. ప్రతి ఒక్క సైనికుడికీ తల్లిదండ్రులు వేరు, స్నేహితులు వేరు, వారి భయాలు, ఆశలు వేరువేరు. విల్ఫ్రెడ్ ఓవెన్ వంటి మొదటి ప్రపంచయుద్ధ కవులు ఈ మిలిటరీ వాస్తవాలను చిత్రించటానికి ప్రయత్నించారు. కేవల సంఖ్యాశాస్త్రం ఈ యదార్థాన్ని ఎన్నటికీ తెలియజేయ కలిగేది కాదు. అంటే పదివేలమంది సైనికులని వ్రాయటం వాస్తవాన్ని చెప్పకపోవటమేనా? అలా అయితే గాజాలో 1917 నాటి పరిస్థితి వివరించాలంటే, ప్రతి ఒక్క సైనికుడి అనన్యచరిత్ర, వ్యక్తిత్వము ఏకరువు పెట్టవలసిందేనా?

వాస్తవం సూచించటానికి ఇంకొక సమస్య ఉన్నది. కారణం వాస్తవంలో అనేక దృక్పథాలు ఉంటాయి. ఉదాహరణకు ఒట్టోమన్ సామ్రాజ్యం మీద బ్రిటిష్ దండయాత్రను గురించీ, NILI గూఢచారి చర్యలను గురించీ, సారా ఆరంసాన్ రహస్యచర్యలను గురించీ ఈనాటి ఇజ్రేలీలకు, పాలెస్టీనియన్లకు, తర్క్స్ కు, బ్రిటన్స్ కు పూర్తిగా విభిన్న దృక్పథాలు ఉన్నాయి. అంటే ఇక్కడవాస్తవాలు అనేకం ఉన్నాయని, చారిత్రిక యదార్థాలు లేవనీ కాదు. ఉన్న యదార్థమొకటే. కానీ అది సంకీర్ణము, జటిలము.

యదార్థం అంటే అది వస్తునిష్టమై ఉంటుంది. ప్రజల నమ్మకాలతో దానికి సంబంధం లేదు. ఉదాహరణకు సారా ఆరంసాన్ 1917 అక్టోబర్ 9 వ తేదీన స్వయంగా చేసుకున్న తుపాకి గాయాలవల్ల మరణించింది అన్నవిషయం వాస్తవం. "సారా ఆరంసాన్ 1919 మే, 15 వ తేదీన విమాన ప్రమాదంలో మరణించింది ." అని చెప్పటం తప్పు.

వాస్తవంలో ఒక వ్యక్తిగతస్థాయి కూడా ఇమిడి ఉంటుంది. అక్కడ వివిధ వ్యక్తుల నమ్మకాలు, అనుభూతులవంటి విషయాలు చేరి ఉంటాయి. ఇక్కడకూడా అసలు విషయాలనుంచి తప్పులు వేరు చేయవచ్చు. ఉదాహరణకు ఇజ్రాయిల్ ప్రజలు ఆరన్సాన్ ను ఒక దేశభక్తురాలైన వీరవనితగా ఆదరిస్తారన్నమాట వాస్తవం. ఆమె

ఆత్మహత్య చేసుకున్న మూడువారాల తర్వాత, NILI అందచేసిన సమాచారం బీర్ శేబ యుద్ధంలో (అక్టోబర్ 31,1917), మళ్ళీ గాజా మూడవ యుద్ధంలో (నవంబర్ 1-2, 1917) ఒట్టోమన్ బలగాలను ఛేదించటానికి బ్రిటన్ కు సాయపడింది. 1917, నవంబర్ 2 న బ్రిటిష్ ఫారిన్ సెక్రెటరీ ఆర్థర్ బెల్ఫోర్ ఒక ప్రకటన విడుదలచేశారు. “పాలెస్తీనా నగరంలో యూదు ప్రజలకు ఒక జాతీయ స్థావరం ఉండాలని” బ్రిటిష్ ప్రభుత్వం సమర్థిస్తుందని ఆ ప్రకటన. NILI వల్ల, తాము ప్రశంసించే ఆరంసాన్ వల్ల ఇది సాధ్యమయిందని ఇజ్రాయిల్ ప్రజలు భావిస్తారు. ఆరంసాన్ చేసిన త్యాగాన్ని వారు ఎప్పుడూ ప్రశంసించుతూనే ఉంటారు. పాలేస్తీనా ప్రజలు ఈ విషయాలను మరోవిధంగా వెలకడతారనేది మరొక వాస్తవం. ఆరంసాన్ ను ప్రశంసించటం మాట అటు ఉంచి వారు ఆమెను – ఆమెను గురించి విని ఉంటే – సామ్రాజ్యవాద ఏజంట్ గా పరిగణిస్తారు. ఇక్కడ మనం వ్యక్తిగత ఉద్దేశాలు, అనుభూతులను గురించి మాట్లాడుతున్నాం. అయినాకూడా నిజం ఏదో, అబద్ధం ఏదో మనం గుర్తించగలం. ఎందుకంటే నక్షత్రాలు, పావురాలలాగా, ఉద్దేశాలు, అనుభూతులు కూడా ఈ ప్రపంచంలో వాస్తవ అంశాలే. “ఒట్టోమన్ సామ్రాజ్యాన్ని ఓడించటంలో సారా ఆరంసన్ నిర్వహించిన పాత్రకు ఆమెను ప్రతిఒక్కరూ ప్రశంసించుతారు.” అనటం తప్పు. అది యదార్థం కాదు.

ప్రజాభిప్రాయాన్ని ప్రభావితం చేసేది జాతీయత ఒక్కటే కాదు. ఇజ్రాయిల్ పురుషులు, ఇజ్రాయిల్ స్త్రీలు ఆరంసాన్ ను వేరువేరుగా చూడవచ్చు. వామపక్ష వాదులు, పూర్వపక్షవాదులూ అలాగే విభిన్నంగా దర్శిస్తారు. పూర్వాచార పరాయణులైన యూదులు, ప్రజాస్వామ్యయూదులు ఆమెను భిన్నంగా దర్శించవచ్చు. యూదు మత సంప్రదాయంలో ఆత్మహత్య నిషిద్ధం. కనుక పూర్వాచార పరాయణులైన యూదులు ఆరంసన్ ఆత్మహత్యను ఒకవీరోచిత సాహసంగా చూడలేరు. (ప్రసిద్ధమైన యూదు శ్మశానంలో ఆమెను సమాధిచేయటానికి కూడా నిషేధించారు). చివరికి ప్రతి ఒక్కరికీ ఈ ప్రపంచాన్ని గురించి ఒక ప్రత్యేక దృక్పథం ఉంటుంది. అదంతా వారివారి వ్యక్తిత్వాలమీద, వారు సంగమించిన వ్యక్తుల వ్యక్తిత్వాల మీద, అనేక జీవిత చరిత్రలమీద ఆధారపడిఉంటుంది. మనం యదార్థం వివరించ దలుచుకుంటే, ఈ వివిధ దృక్పథాలు అన్నీ చేర్చిచెప్పాలా? సారా ఆరంసన్ జీవితకథ చెప్పాలంటే, ఇజ్రాయిల్ పౌరులు ఒక్కొక్కరూ, పాలేస్తీనా పౌరులు ఒక్కొక్కరూ ఆమెను గురించీ ఎలా అనుభూతి చెందారో ప్రత్యేకించి చెప్పాలా?

ఆ విధంగా నిర్దుష్టంగా కథ చెప్పాలంటే, యదార్థంగా ఆలోచిస్తే, ఈ ప్రపంచాన్ని గురించి చెప్పాలంటే అడుగడుగునా వివరణ అవసరం అవుతుంది. అది జార్జ్ లూయిూ బోర్గెస్ ప్రఖ్యాత కథ “సైన్స్ లో నిర్దిష్టత” (On Exactitude in Science - 1946) లో లాగా తయారవుతుంది. ఈ కథలో బోర్గెస్ ఒక ప్రాచీన

సామ్రాజ్యాన్ని గురించిచెబుతారు. ఆ సామ్రాజ్యం కూడా కల్పనే. తమ ప్రాంతీయ నైసర్గిక రేఖాచిత్రం యదార్థంగా, నిర్దుష్టంగా ఉండాలని వారి స్వీయభావావరోధం. చివరికి వారు తమ సామ్రాజ్యానికి సమానమైన రేఖాచిత్రం ఉత్పత్తిచేశారు. ఆ రేఖాచిత్రం పరచటానికి ఆ సామ్రాజ్యం అంతా సరిపోయింది. ఈ రేఖాచిత్రం తయారుచేయటానికి వారు ఎన్నో అమూల్యమైన వనరులు వృధాచేశారు. తత్కారణంగా ఆ సామ్రాజ్యమే కూలిపోయింది. క్రమంగా ఆ రేఖాచిత్రం కూడా శిథిలం కాసాగింది. "పశ్చిమ ఎడారులలో కొన్ని శిథిలమైన శకలాలు అక్కడక్కడ కనబడతాయి. అవి ఆ దారినపోయే జంతువులకు, అడుక్కునేవారికి నీడనిస్తాయి."[7] అంటారు బోర్గెస్. సమాన పరిమాణంలో రేఖాచిత్రం పోలికలో వాస్తవాన్ని యథాతథంగా ప్రదర్శించవచ్చు. కానీ అది పోలిక కాబోదు. అది యదార్థం.

ఇక్కడ విషయమేమిటంటే, యదార్థాన్ని ఎంత నిజాయితీగా చెప్పినా, దానిని పూర్తిగా చెప్పలేము. ప్రతిఒక్క కథనంలోను కొన్ని వాస్తవాలు నిర్లక్ష్యం అవుతాయి, లేదా మెలికలు తిరుగుతాయి. అప్పుడు నిజం అంటే, యదార్థాన్ని యథాతథంగా చిత్రించటం కాదన్నమాట. యదార్థంలో మన సావధానతను, శ్రద్ధను, కొన్ని అంశాలమీదికి మాత్రమే మళ్లించే కథనమే నిజం. ఆ నిజం కొన్ని ఇతర విషయాలను తప్పకుండా గాలికి వదిలివేస్తుంది. వాస్తవాలనేవి ఏవీ నూటికినూరుపాళ్ళు నిర్దుష్టంకావు. కాకపోతే కొన్ని యదార్థాలు మరికొన్నిటికంటే ఎక్కువ నిజాన్ని చెబుతాయి.

సమాచారం చేసే పని

పైన చెప్పినట్లు సమాచారం అంటే యదార్థంచెప్పే ప్రయత్నమని అమాయక దృక్పథం. కొంతసమాచారం యదార్థాన్ని సక్రమంగా ప్రదర్శించటం లేదని ఆ దృక్పథానికి తెలుసు. అటువంటి సమయాలలో ఆ సమాచారాన్ని తప్పుడు సమాచారంగా లేదా చెత్త సమాచారంగా కొట్టిపారేస్తుంది. చెత్త సమాచారం ఒక పొరపాటువల్ల జరగవచ్చు. తప్పుడు సమాచారం అంటే ఎవరో వాస్తవాన్ని గురించి మన కళ్ళు కప్పటానికి చేసే దుర్వ్యాపారం.

తప్పుడు సమాచారము, చెత్త సమాచారంవల్ల తల ఎత్తేసమస్యలకు మరింత సమాచారమే పరిష్కారం అని అమాయక దృక్పథం విశ్వాసం. దీనినే కొన్నిసార్లు ప్రతిప్రసంగ సిద్ధాంతం అనికూడా అంటారు. ఈ భావానికి మూలకారకులు యునైటెడ్ స్టేట్స్ సుప్రీం కోర్ట్ న్యాయమూర్తి లూయీ డి బ్రాందీస్ అంటారు. అబద్ధపు ప్రసంగానికి అదనపు ప్రసంగమే నివారణ అని, కాలక్రమేణ స్వేచ్ఛామయమైన సుదీర్ఘ చర్చ అబద్ధాలను, కుతర్కాలను బయట పెడుతుందని ఆయన విట్నీ ప్రతి

కాలిఫోర్నియా కేసు (1927) లో వ్రాశారు. మనకు వచ్చే సమాచారమంతా వాస్తవాన్ని చిత్రించటానికి జరిగే ప్రయత్నమే అయితే, ఈ ప్రపంచంలో సమాచారం పెరుగుతున్న కొద్దీ, తాత్కాలికంగా దొర్లే తప్పొప్పులను బయట పెడుతుందనీ, ఈ ప్రపంచాన్ని గురించి మరింత నిజమైన అవగాహన కలిగిస్తుందనీ ఆశించవచ్చు.

కీలకమైన ఈ విషయంలో ఈ పుస్తకం అమాయక దృక్పథంతో పూర్తిగా విభేదించుతుంది. సమాచారం వాస్తవాన్ని జయప్రదంగా ప్రదర్శించే సన్నివేశాలు తప్పకుండా ఉన్నాయి. కానీ ఇది సమాచారాన్ని నిర్వచించే ప్రత్యేక లక్షణం కాదు. కొన్ని పేజీల క్రితం నేను నక్షత్రాలను సమాచారంగా ఉదాహరించాను. అక్కడ జ్యోతిష్కులను, ఖగోళశాస్త్రవేత్తలను పక్కపక్కనే చూపించటం జరిగింది. అమాయక దృక్పథ అనుయాయులు అది చదివి కుర్చీలలో గుంజుకొని ఉండవచ్చు. అమాయక దృక్పథం ప్రకారం నక్షత్ర మండలంనుంచి అసలు సమాచారం సేకరించేది ఖగోళ శాస్త్రవేత్తలు. జ్యోతిశ్శాస్త్రవేత్తలు నక్షత్ర మండలం పరిశీలించి సేకరించేది తప్పుడు సమాచారం కావచ్చు, చెత్త సమాచారం కావచ్చు. ఈ విశాలవిశ్వాన్ని గురించి మరింత సమాచారం తెలిస్తే, జనం జ్యోతిశ్శాస్త్రానికి తిలోదకాలు ఇచ్చి తీరుతారు. కానీ వేలాది సంవత్సరాల నాటి జ్యోతిశ్శాస్త్రం చరిత్రమీద ప్రగాఢమైన ప్రభావం కలిగి ఉన్నది. ఈనాడు కూడా కోట్లాది ప్రజలు ఏమి చదవాలి, ఎవరిని పెళ్లి చేసుకోవాలి వంటి ముఖ్యమైన నిర్ణయాలకు తమతమ నక్షత్రాలు, ముహూర్తాలు సంప్రదించుతారు. 2021 నాటి అంచనాల ప్రకారం ప్రపంచ జ్యోతిష మార్కెట్ విలువ సాలీనా 12.8 బిలియన్ డాలర్లు.[8]

జ్యోతిష సమాచారాన్ని గురించి మనం ఏమనుకున్నాసరే, చరిత్రలో దాని ప్రాముఖ్యత ఒప్పుకొని తీరాలి. అది ప్రేమికులనే కాదు సామ్రాజ్యాలనే ఏకం చేసింది. ఏదైనా నిర్ణయం తీసుకునేముందు చక్రవర్తులు జ్యోతిష్కులను సంప్రదించటం ఒక దినచర్య. జ్యోతిశ్శాస్త్రానికి ఎంత అగ్రాసనమంటే, పరిపాలన చేస్తున్న చక్రవర్తి జాతకం వ్రాయటం రాజద్రోహంగా పరిగణించేవారు. ఆ జాతకం వ్రాసేవారు ఆ చక్రవర్తి ఆయుర్దాయము, ఆయన ఎప్పుడు ఎలా కాలం చేస్తారో చెప్పగలిగేవారు.[9] కొన్ని దేశాలలో పాలకులు ఈనాటికీ జ్యోతిషాన్ని చాలా సీరియస్ గా పరిగణిస్తారు. 2005 లో మయన్మార్ పాలకులు తమ దేశ రాజధాని యాంగాన్ నుంచి నేపిడాకు మార్చారు. ఆ మార్పు జ్యోతిష సలహా మీదనే జరిగింది.[10] చరిత్రాత్మకంగా జ్యోతిశ్శాస్త్ర ప్రాముఖ్యత లెక్కలోకితీసుకోని సమాచార సిద్ధాంతం అసమగ్రం అని తెలుస్తున్నదికదా!

జ్యోతిశ్శాస్త్ర ఉదాహరణ తప్పులు, అబద్ధాలు, ఊహాగానాలు, కల్పనలు కూడా సమాచారమేనని చెబుతుంది. అమాయక దృక్పథం చెప్పినట్లు, సమాచారానికీ సత్యానికి మధ్య ముఖ్యమైన లంకే ఏమీ లేదు. చరిత్రలో అంతకుముందు ఉన్న

యదార్థం చెప్పటం కూడా సమాచారం విధ్యుక్త ధర్మం ఏమీ కాదు. సమాచారం చేసేపని ఏమిటంటే సరిసమానంకాని వస్తువులను, విషయాలను ఒకచోట చేర్చి - జంటలు కావచ్చు, సామ్రాజ్యాలుకావచ్చు - సరికొత్త వాస్తవాలు సృష్టించటం. ఒక వాస్తవానికి ప్రాతినిధ్యం వహించటం కంటే, ఒకదానికి ఒకటి కలపటమే సమాచారం ముఖ్యలక్షణం. వేరువేరు అంశాలను ఒక జాలంగా కలపటమే సమాచారం. సమాచారం అంటే మనకు వస్తువులను గురించి, విషయాలను గురించి చెప్పదు. అది వస్తువులను, విషయాలను ఒక క్రమంలో అమర్చుతుంది. జాతకాలు ప్రేమికులను జ్యోతిష చట్రంలో ప్రవేశ పెడతాయి. ప్రచార ప్రసారాలు వోటర్లను రాజకీయ పథకంలో అమర్చుతాయి. కవాతు పాటలు సైనికులను మిలిటరీ విన్యాసాలలో నిలుపుతాయి.

ఒక సమాహార ఉదాహరణగా సంగీతాన్నే తీసుకోండి. స్వరసమ్మేళనాలు, స్వర మాధుర్యము, రాగాలు దేనినీ సూచించవు. కనుక అవి నిజమాకాదా అని అడగటంలో అర్థం లేదు. కాలం గడుస్తున్నకొద్దీ జనం నాసిరకం సంగీతం సృష్టించారుగానీ, నకిలీ సంగీతం సృష్టించలేక పోయారు. సంగీతం దేనికీ ప్రాతినిధ్యం వహించక పోవచ్చు. కానీ, అనేకమంది జనాన్నీ, వారి భావోద్వేగాలనూ, కదలికలను ఏకం చేయటంలో సంగీతం అద్భుతమైన సేవచేస్తున్నది. సంగీతం సైనికులను ఒక క్రమంలోనడిపిస్తుంది, క్లబ్ సభ్యులను ఏకం చేస్తుంది, చర్చ్ లో భక్తసమూహంచేత లయగా భజన చేయిస్తుంది. క్రీడాభిమానులు బృందగానం చేస్తారు.[11]

వస్తువులకు సంపర్కం కలిగించటంలో సమాచారం వహించే పాత్ర మానవచరిత్రకు మాత్రమే పరిమితం కాదు. జీవశాస్త్రంలోకూడా సమాచారం ఈ ముఖ్యపాత్ర పోషిస్తుంది అని చెప్పవచ్చు.[12] జీవి ప్రాణానికి అవసరమైన DNA అణువులనే తీసుకోండి. సంగీతం లాగానే DNA కూడా యదార్థాన్ని ప్రతిఫలించదు. తరతరాలుగా సింహం కంటపడగానే జీబ్రాలు భయంతోపారిపోతాయి. కానీ, జీబ్రా DNA లో సింహాన్ని సూచించే అణుసముదాయంకాని, పలాయనం సూచించే అణుసముదాయం కానీ కనిపించదు. అలాగే జీబ్రా DNA లో జీబ్రాలకు జీవితంలో ఎదురయ్యే సూరీడు, గాలి, వాన, ఇంకా ఇతర బాహ్య వస్తుసముదాయం కనిపించదు. అలా అని DNA శరీర అంగాలు, భావోద్వేగాల వంటి అంతరంగ ప్రవృత్తులు కూడా ప్రదర్శించదు. హృదయాన్ని భయాన్ని సూచించే అణుసముదాయం కూడా అక్కడ లేదు.

అంతకుమునుపే అక్కడ ఉన్న వస్తువులను చూపించటానికి బదులు, DNA సరికొత్త వస్తువులు ఉత్పత్తి చేయటానికి సాయపడుతుంది. అడ్రినలిన్ కూడా ఏవిధంగానూ వాస్తవాన్ని ప్రతిఫలించదు. గుండె కొట్టుకునే వేగం పెంచటానికి, కండరాలకు రక్తం అధికంగా ప్రసరించ జేయటానికీ అదనంగా రసాయన ప్రక్రియలు

ఆరంభిస్తూ అడ్రినలిన్ శరీరమంతటా తిరుగుతూ ఉంటుంది.[13] DNA, అడ్రినలిన్ హృదయంలో జీవకణాలను, కాలి కండరాలలో జీవకణాలను, శరీరం అంతటా వ్యాపించిఉన్న కోట్లాది జీవకణాలను, చేరదీసి అద్భుతాలు చేయగల జాలం – సింహం కనపడగానే పలాయనం చిత్తగించటం లాగా– ఏర్పరచటానికి సాయపడుతాయి.

DNA యదార్థాన్ని సూచించినట్లయితే, మనం "సింహం DNA కంటే జీబ్రా DNA యదార్థాన్ని నిశితంగా ప్రదర్శిస్తుందా?" లేదా "ఒక జీబ్రా DNA ఈ ప్రపంచాన్నిగురించి నిజం చెబుతుందా? మరొక జీబ్రా DNA నకిలీ కావటాన తోవ తప్పిస్తున్నదా?" వంటి ప్రశ్నలు అడిగి ఉండేవాళ్లం. ఇవి పిచ్చి ప్రశ్నలు అనుకోండి! DNA ఉత్పత్తిచేసే జీవి దృఢత్వాన్ని బట్టి ఆ DNA వెలకట్టవచ్చు. నిజానిజాలను బట్టి కాదు. DNA లో తప్పులను గురించి మాట్లాడటం సర్వసాధారణం. ఆ తప్పులు DNA కాపీ చేయటంలోజరిగిన పరివర్తన మాత్రమే. యదార్థం నిర్దుష్టంగా ప్రదర్శించటంలో వైఫల్యం కాదు. జన్యుసంబంధమైన పరివర్తన అడ్రినలిన్ ఉత్పాదనకు అడ్డు పడితే, ఆ జీబ్రా దృఢత్వం కొరత పడుతుంది. జీవకణాల జాలం విచ్ఛిన్నమై పోతుంది. ఆ జీబ్రా సింహంనోట చిక్కి చనిపోతే, ఆ జీబ్రాలో ఉన్న కోట్లాది జీవకణాలు పరస్పర బంధం కోల్పోతాయి, శిధిలమవుతాయి. ఇటువంటి నెట్ వర్క్ వైఫల్యం తప్పుడు సమాచారం కాదు. అది విచ్ఛేదన, విఘటన. ఈ పరిణామం జీబ్రాలలో ఎంత నిజమో దేశాలు, రాజకీయపార్టీలు, వార్తా మాధ్యమాలలో కూడా అంత నిజం.

ముఖ్యంగా DNA నకలు చేయటంలో పొరపాటు జరిగితే అది సర్వదా దృఢత్వం తగ్గించదు. కొండొకచో అది దృఢత్వం పెంచుతుంది కూడా. అటువంటి పరివర్తనలు లేకపోతే, పరిణామ ప్రక్రియే ఉండదు. జీవరూపాలన్నీ జన్యు క్రియలోజరిగిన తప్పుల వలనే ఏర్పడ్డాయి. DNA పూర్వ యదార్థాలను వేటినీ ప్రతిఫలించదు. అది సరికొత్త వాస్తవాలు సృష్టిస్తుంది.

దీని అంతరార్థం జీర్ణించుకోవటానికి కొంచెం ఆగుదాం. సమాచారము అంటే వేరువేరు అంశాలను ఒకచట్రంలోకి చేరదీసి సరికొత్త వాస్తవాలను సృష్టించే మాధ్యమం. సమాచారం అంటే ప్రాతినిధ్యం అనే ఉద్దేశ్యం ఇక్కడ ఇంకా చేరిఉన్నది. కొన్ని సందర్భాలలో యదార్థాన్ని నిజంగా తెలియజేస్తే, అది ప్రజలను ఏకం చేయగలదు. జులై 1969 లో నీల్ ఆర్మ్ స్ట్రాంగ్, బుజ్ ఆల్డ్రిన్ చంద్రుడిమీద అడుగులు వేస్తున్నప్పుడు 600 మిలియన్ ప్రజలు తమతమ TV సెట్లకు అతుక్కు పోయి కూర్చున్నారు.[14] 384,000 కిలోమీటర్ల దూరాన జరుగుతున్న సంఘటనను ఆ తెరలమీది బొమ్మలు నిర్దుష్టంగా ప్రదర్శించాయి. ఆలాచూస్తూ ఉన్నప్పుడు అత్యాశ్చర్యము, గర్వము, మానవ సౌభ్రాతృత్వం పెల్లుబికి, ప్రజల నందరినీ ఏకం చేయటంలో తోడ్పడ్డాయి.

అటువంటి సుహృద్భావాలు ఇతర పద్ధతులవల్ల కూడా కల్గించవచ్చు. అందరినీ చేరదీయటం, కూడగట్టటం ఉద్దేశమయితే, వాస్తవాన్ని సక్రమంగా ప్రతిఫలించని ఇతర సమాచారం కూడా ఆ పని సాధించగలదు. వాస్తవాన్ని తలకిందులుచేసి చెప్పినాకూడా కొన్నిసందర్భాలలో ఆ సామాజిక సంపర్కానికి తోడ్పడవచ్చు. చంద్రుడిమీద మనిషి ఎన్నడూ కాలు పెట్టలేదు అని యు ట్యూబ్ లో ప్రదర్శిస్తున్న వక్రభాష్యాన్ని చూసేవారు కోట్లాది మంది ఉండవచ్చు. ఈ చిత్రాలు వాస్తవానికి అతుకులు బొతుకులు వేసి ప్రదర్శిస్తున్నాయి. చూసేవారికి ఆ సమాచారం ప్రదర్శించే వర్గం పట్ల కోపం కలగవచ్చు. లేదా కొత్తగా ఒక సమూహాన్ని చేరదీయ గలిగినందుకు తమ తెలివికి తామే గర్వించవచ్చు.

కొన్ని సార్లు యదార్థాన్ని ప్రతిఫలించటానికి ఏ ప్రయత్నమూ లేకుండానే సముదాయాలను చేరదీయవచ్చు. ఆ సమాచారం నిర్దుష్టమూ కానక్కరలేదు, తప్పుల తడకా కానవసరం లేదు. ఒక జన్యుసంబంధ సమాచారం కోట్లాది జీవకణాలను కలపవచ్చు. మనసును దోచే సంగీతం వేలాది అభిమానులను కూడగట్టవచ్చు.

ఆఖరి ఉదాహరణగా మార్క్ జుక్కర్బర్గ్ దృష్టితో మెటావర్స్ (కృత్రిమ మేధ సృష్టించిన మరో ప్రపంచం) దర్శించండి. ఈ మెటావర్స్ కేవలం సమాచారం ఆధారంగా సృష్టి అయిన మరోప్రపంచం. ఇది జార్జ్ లూయి బోర్గెస్ ఊహించిన అడుగడుగునా పోలిక చూపే రేఖాచిత్రం కాదు. మెటావర్స్ మన ప్రపంచాన్ని ప్రతిఫలింప జేయటానికి చేసే ప్రయత్నం కాదు. ఇది మన ప్రపంచాన్ని విస్తరింప జేయటానికి, లేదా ఈ ప్రపంచానికి బదులు మరో ప్రపంచం తీసుకు రావటానికి ప్రయత్నం. అది బ్యూనో ఎయిర్ లేదా సాల్ట్ లేక్ సిటీ ల అంకాత్మక ప్రతిరూపం ఏమీ ప్రదర్శించదు. నూతన ప్రకృతి దృశ్యాలతో యదార్ధ సమాజాలు నిర్మించమని ప్రజలను ఆహ్వానిస్తున్నది. ప్రస్తుతం 2024 లో మెటావర్స్ కేవలం విపరీతమైన ఒక ఊహాలోకం. రెండు దశాబ్దాలలో కోట్లాది ప్రజలు దాదాపు నిజమైన ఆ యదార్థంలో నివసించటానికి వలస వెళ్లవచ్చు. వారి సామాజిక, వృత్తి ఉద్యోగ కార్యకలాపాలు అన్నీ అక్కడినుచే నడుస్తాయి. ప్రజలు అక్కడికి చేరి బాంధవ్యాలు ఏర్పరుచుకోవచ్చు, ఉద్యమాలలో చేరవచ్చు, ఉద్యోగాలు చేయవచ్చు, భావోద్వేగాల అలజడులు అనుభూతి చెందవచ్చు. ఇక్కడి పర్యావరణం అంతా అణువులు, పరమాణువులతో కాక బిట్స్ తో ఏర్పడి ఉంటుంది. ఎక్కడో సుదూర ప్రాంతాలలో ఉన్న ఎడారి భూములలో ప్రాచీనయదార్థం చినిగి పీలికలుగావేలాడుతూ దారిన పోయే బిచ్చగాడికో, దిక్కులేని జంతువుకో ఆశ్రయం ఇస్తూ దర్శనం ఇవ్వవచ్చు.

మానవ చరిత్రలో సమాచారం

సమాచారాన్ని సామాజిక సంపర్క సాధనంగా చూస్తే మనం మానవచరిత్రలో అనేక అంశాలు అర్థం చేసుకోవచ్చు. సమాచారం దేనినో సూచిస్తుంది అనే అమాయక దృక్పథానికి ఇక్కడ ఎదురుదెబ్బ తగులుతుంది. అది ఒక్క జ్యోతిశ్శాస్త్రాన్నే కాక, బైబుల్ వంటి ముఖ్యతర విషయాల సఫలత వివరిస్తుంది. జ్యోతిశ్శాస్త్రాన్ని మానవచరిత్రలో ఒక హాస్యప్రదర్శనగా కొంతమంది కొట్టిపారేయవచ్చు. కానీ మానవ చరిత్రలో బైబుల్ వహించిన ముఖ్యపాత్రను ఎవరూ కాదనలేరు. సమాచారం ముఖ్య బాధ్యత యదార్థాన్ని నిర్దుష్టంగా ప్రదర్శించటమే అయితే, బైబుల్ చరిత్రలోనే అత్యంత ప్రభావశాలి అయిన గ్రంథం ఎలా అయింది అన్నప్రశ్నకు సమాధానం దొరకదు.

మానవవ్యవహారాలు, ప్రక్రియలు వర్ణించటంలో బైబుల్ చాలా తీవ్రమైన తప్పులు చేయటం చూడవచ్చు. బైబుల్ లో మొదటి కాండ (సృష్టి ప్రకరణం) మానవ సమూహాలు అన్నీ – ఉదాహరణకు కలహరీ ఎడారి మనుషులు, ఆస్ట్రేలియా ఆదిమవాసులు కూడా – సుమారు నాలుగువేల సంవత్సరాల క్రితం మధ్యధరా ప్రాంతంలో నివసించిన ఒకే కుటుంబం నుంచి దిగివచ్చాయనిచెబుతుంది.[15] వరద తర్వాత నోవా వారసులందరూ కలిసి మెసపోటేమియాలో నివశించారని, బేబెల్ టవర్ ధ్వంసం అయిన తర్వాత వారందరూ నేల నాలుగుచెరగులకూ విస్తరించారని, మానవులందరికీ పూర్వీకులు అయినారనీ బైబుల్ లో సృష్టి ప్రకరణం చెబుతుంది. వాస్తవానికి శాన్ ప్రజల పూర్వీకులు వందలవేల సంవత్సరాలుగా ఆఫ్రికాలోనే నివసించారు. వారు ఎన్నడూ ఆ ఖండాన్ని వదిలి పోలేదు. అలాగే ఆస్ట్రేలియా ఆదిమవాసుల పూర్వీకులు అక్కడ యాభైవేల సంవత్సరాలకు పూర్వమే స్థిరనివాసం ఏర్పరుచుకొని ఉన్నారు.[16] దక్షిణ ఆఫ్రికా, ఆస్ట్రేలియాలో ఉన్న ఈ ప్రాచీన వాసులు నాలుగువేల సంవత్సరాలనాడు వచ్చిన వరదతో నిర్మూలమై పోయారని, ఆ తర్వాత ఈ రెండు ప్రదేశాలు మధ్యధరాప్రాంతంనుంచి వలస వెళ్ళిన వారి వారసులనీ చెప్పటం సృష్టి క్రమ సాక్ష్యానికీ, పురావస్తుశాస్త్రం చూపించే సాక్ష్యాలకూ పూర్తిగా విరుద్ధం.

మన అంటువ్యాధుల అవగాహనలో ఇంతకుమించిన తీవ్రమైన వక్రీకరణం ఉన్నది. మహామారి అంటువ్యాధులు మనుషులు చేసిన పాపాలకు ప్రాయశ్చిత్తంగా వస్తాయని బైబుల్ అలవాటు ప్రకారం చెబుతూ ఉంటుంది.[17] ప్రార్థనలతోనూ, సాంప్రదాయక సంబంధమైన ఆచారకాండతోనూ వాటిని అడ్డుకోవచ్చునని చెబుతుంది.[18] కానీ ఈ మహామారి అంటువ్యాధులు రోగాణువుల మూలంగా వ్యాపిస్తాయి. మందులు, వాక్సిన్లు ఉపయోగించి, ఆరోగ్యసూత్రాలు పాటిస్తేనే వాటిని

ఆపవచ్చు, లేదా నిరోధించవచ్చు. పోప్ వంటి మత ఆచార్యులతోబాటు ఇది అందరూ సమ్మతించిన క్రమం. కోవిడ్-19 విస్తరించుతున్న తరుణంలో ప్రార్ధనల కోసం జనం ఒక చోట కూడవద్దనీ, ఏకాంతం అనుసరించుమనీ పోప్ సలహా ఇచ్చారు.[19]

మానవజాతి ఉత్పత్తి, వలసలు, అంటువ్యాధుల విషయంలో బైబుల్ సక్రమంగా చెప్పి ఉండకపోవచ్చు. కానీ కోట్లాది ప్రజలను కూడదీయటంలో, యూదు, క్రైస్తవ మతాలు సృష్టించటంలో చాలాప్రభావశీలమైన కార్యం నెరవేర్చింది. రసాయన ప్రక్రియలు మొదలుపెట్టి DNA కోట్లాది జీవకణాలను జీవజాలాలుగా రూపు దిద్దినట్లు, బైబుల్ సామాజిక ప్రక్రియలు చేపట్టి కోట్లాదిప్రజలను మతజాలంలోకి తీసుకు వచ్చింది. జీవాణువులు ఒంటరిగాచేయలేని పని జీవకణాల సముదాయం చేసినట్లు, మనిషి ఒంటరిగాచేయలేని పనులు - ఆలయాలు నిర్మించటం, న్యాయ వ్యవస్థ నడపటం, శలవుదినాలు వేడుక చేయటం, పవిత్ర యుద్ధాలు పోరాడటం - మత యంత్రాంగం సులువుగా చేయగలుగుతుంది.

సమాచారం కొన్ని సమయాలలో వాస్తవాన్ని ప్రతిబింబిస్తుంది, కొన్ని సందర్భాలలో ఆపని చేయదు. సమాచార ప్రాధమిక లక్షణం అది. కనుక, చరిత్రలో సమాచారం పాత్ర ఏమిటి అని పరిశీలించేటప్పుడు, "అది వాస్తవాన్ని ఎంత సక్రమంగా ప్రతిఫలిస్తుంది? అది నిజమా, కాదా?" అని అడగటం కొన్నిసందర్భాలలో సముచితంగానే ఉంటుంది. కానీ తరుచూ "అది మనుషులకు ఎంతవరకు వర్తిస్తుంది? అది కొత్తగా సృష్టించే యంత్రాంగం ఏమిటి?" అనే ప్రశ్నలు కీలకమవుతాయి.

సమాచారం ఏదో సూచిస్తుంది అనే అమాయక దృక్పథం నిరాకరించినంత మాత్రాన మనం నిజం అనే భావాన్ని నిరాకరించ నవసరం లేదు. నాయకులు చెప్పినట్లు సమాచారం అంటే ఒక ఆయుధమనీ ఒప్పుకోనవసరం లేదు. సమాచారం సదా ఒకరికొకరిని కలుపుతుంది. కానీ కొన్ని రకాల సమాచారం - విజ్ఞాన గ్రంధాలు, రాజకీయ ప్రసంగాలు - యదార్ధంలో కొన్ని అంశాలను సక్రమంగా ప్రతిఫలించి మనుషులను కూడగట్టటానికి ప్రయత్నించవచ్చు. ఇందుకు ప్రత్యేక ప్రయత్నము, కృషి అవసరం. సమాచారంలో అత్యధిక భాగం ఆ పని చేయదు. కనుకనే బలవత్తరమైన సమాచార సాంకేతికత సృష్టించటం వల్ల ఈ ప్రపంచాన్ని మేలుగా, యథాతథంగా అవగాహన చేసుకోవచ్చునని నమ్మటం అమాయక దృక్పథం చేసే తప్పు. నిజం తెలుసుకోవటానికి అదనంగా కృషి జరగాలి. అలాకాక కేవలం సమాచారం వేగము, భారము పెరుగుతూ ఉంటే సామాన్య సమాచారం, చవకబారు సమాచారం కారణంగా అరుదయిన, విలువయిన సత్యాలు మరుగున పడిపోవచ్చు.

మనం రాతియుగం నుంచి సిలికన్ యుగం వరకూ సమాచారం చరిత్ర పరిశీలిస్తే, సంధాయకత నిత్యమూ పెరుగుతూనే వస్తూ ఉన్నది. కానీ దానితోబాటు

నిజాయితీ, వివేచన అదే స్థాయిలో పెరగలేదు. ఆయక దృక్పథానికి విరుద్ధంగా హోమో శాపియన్స్ (మానవ జాతి) ఈ ప్రపంచాన్ని జయించలేదు. ఎందుకంటే సమాచారాన్ని యదార్ధ రేఖాచిత్రంగా మార్చటంలో మనం ప్రవీణులం. సమాచారాన్ని ప్రయోగించి మనం చాలామంది వ్యక్తులను కూడదీయగలం. మన సఫలతా రహస్యం అదే. ఇక్కడ దురదృష్టం ఏమిటంటే ఈ సమర్ధత అబద్ధాలు, తప్పులు, అభూతకల్పనల నమ్మకంతో చేయి కలిపి నడుస్తుంది. కనుకనే సాంకేతికంగా పురోగమించిన నాజీజర్మనీ, సోవియట్ యూనియన్ వంటి సమాజాలు భ్రాంతి, విభ్రమం కలిగించే భావాలు పట్టుకు వేలాడటం సాధ్యమయింది. వారి భ్రమలు, భ్రాంతులు వారిని బలహీనులను చేయలేదనుకోండి. నిజానికి జాతి, వర్గం గురించి సర్వత్ర అల్లుకున్న నాజీ, స్టాలినిస్ట్ ఆదర్శాల భ్రాంతి, భ్రమవల్ల కోట్లాదిమంది ప్రజలు చేతులు కలిపి అడుగులో అడుగేసి నడిచారు.

2–5 అధ్యాయాలలో సమాచార యంత్రాంగాల చరిత్ర నిశితంగా పరిశీలిస్తాం. వేలాది సంవత్సరాల కాలగమనంలో మానవజాతి వివిధ సమాచార సాంకేతిక విజ్ఞానాలు ఎలా కనుగొన్నదో చర్చిస్తామ్. ఆసమాచార యంత్రాంగం సంధాయతను, సహకారాన్ని ఘనంగా అభివృద్ధి పరిచింది. తద్వారా ఈ ప్రపంచం మరింత నిజాయితీగా ప్రదర్శితమయిందని చెప్పలేం. శతాబ్దాలు, సహస్రాబ్దాల క్రితం కనుగొన్న ఈ సమాచార విజ్ఞానం ఈనాడు కూడా – అంతర్జాలము, కృత్రిమ మేధ అవతరించిన ఈ యుగంలో కూడా – మన ప్రపంచాన్ని రూపు దిద్దుతున్నది. మనం మొట్టమొదటగా పరిశీలించబోయే సమాచార విజ్ఞానం కథ. మానవజాతి తొలుదొల్త వికసింప జేసిన సమాచార విజ్ఞానం కూడా అదే.

అధ్యాయం 2

కథలు: అపరిమిత సంబంధాలు

మానవులుగా మనం ఈ ప్రపంచాన్ని పాలిస్తున్నాం. అది మన తెలివితేటల కారణంగా మాత్రం కాదు. అత్యధిక సంఖ్యలో చేతులు కలిపి నమ్రంగా సహకరించే జంతువులం మనమే కనుక. ఈ భావం ఇంతకు మునుపు పుస్తకాలు శాపియన్స్ (మేధ), హోమో డ్యూస్ (రేపటి చరిత్ర) పుస్తకాలలో శోధించాను. కానీ ఇక్కడ కొంత సింహావలోకనం తప్పనిసరి.

మానవజాతి అత్యధిక సంఖ్యలో నమ్యంగా పరస్పర సహకారం, సహాయం అందజేస్తుంది. కానీ అంతకు మునుపే కొన్ని జంతువులలో కూడాఈ గుణం ఉన్నది. చింపాంజీలవంటి పాలిచ్చే జంతువులు చాలా అనునయంగా పరస్పరం సహకరిస్తాయి. చీమలవంటి సామాజిక కీటకాలు అత్యధిక సంఖ్యలో సహకారం అందిస్తాయి. కానీ చింపాంజీలు, చీమలు సామ్రాజ్యాలు, మతాలు, వ్యాపార వ్యవస్థలు స్థాపించటం జరగదు. మనుషులు మాత్రమే అటువంటి పనులు చేయగలరు. ఎందుకంటే మనం చింపాంజీలకంటే నమ్య ప్రాణులం. చీమలకంటే కూడా అధిక సంఖ్యలో సహకరించగలం. నిజానికి ఎంతమంది మనుషులు పరస్పరం సహకరించగలరు అన్న దానికి అవధులు లేవు. క్యాథలిక్ చర్చ్ లో సుమారు 1.4 బిలియన్ సభ్యులు ఉంటారు. చైనా జనాభా సుమారు 1.4 బిలియన్ ఉంటారు. ప్రపంచ వాణిజ్య వ్యవస్థలో సుమారు 8 బిలియన్ వ్యక్తులు ఉన్నారు.

మానవులు కొన్ని వందలమందికి మించి చిరకాల బాంధవ్యాలు ఏర్పరుచుకోలేరు. అదితలుచుకుంటే ఈ వాస్తవం ఆశ్చర్యకరం.[1] ఒకరి అనన్య వ్యక్తిత్వము, చరిత్ర తెలుసుకొని పరస్పర బాంధవ్యం, విశ్వాసం, ప్రేమాభిమానాలు ఏర్పరుచుకోవటానికి తగిన అనుభవం కావాలి. అందుకు చాలా సమయం, కొన్ని సంవత్సరాలు పడుతుంది. మనుషుల కూటమి అలా వ్యక్తిగతంగా మనిషికి మనిషికి

మధ్య సంపర్కం వల్ల ఏర్పడి ఉంటే, మానవ కూటాలు చాలా చిన్నవిగా మిగిలి పోయి ఉండేవి. మన చింపాంజీ బంధుత్వం పరిస్థితి ఇదే. వాటి సమాజం సాధారణంగా 20 – 60 సంఖ్యలో ఉంటుంది. అరుదుగా ఈ సంఖ్య 150– 200 కు చేరవచ్చు.[2] నియాండర్థాల్స్, ప్రాచీనమానవులు కూడా ఇదే స్థితిలో ఉండేవారని తెలుస్తున్నది. ఒక్కొక్క సమూహంలో కొన్ని డజన్ల మంది వ్యక్తులు మాత్రమే ఉండేవారు. ఆ సమూహాలు పరస్పరం చాలా అరుదుగా సహకరించేవి.[3]

సుమారు డెబ్బైవేల సంవత్సరాలక్రితం ప్రాచీనమానవుల బృందాలు పరస్పర సహకారంలో అపూర్వమైన సామర్థ్యం ప్రదర్శించటం మొదలు పెట్టాయి. వివిధ బృందాల నడుమ వ్యాపారము, కళాత్మక సంప్రదాయాలు, స్వస్థలం ఆఫ్రికానుంచి విశాల విశ్వం అంతా వ్యాపించటం ఇందుకు నిదర్శనాలు. మెదడులో పరిణామ క్రమమైన మార్పులవల్ల, భాషాసామర్థ్యంవల్ల ఈ బృందాలు ఒకదానితో ఒకటి సహకరించ గలిగాయి. తద్వారా వారికి కథలు చెప్పే అభిరుచి, ఆ చెప్పిన కాల్పనిక కథలు విని వాటివల్ల పూర్తిగా చలించే వైఖరి ఏర్పడింది. ఈ కథల కారణంగా మానవబృందాల మధ్య కలయిక ఏర్పడటమే కాక, మనుషులకు కథలకు మధ్య మరొక యంత్రాంగం ఏర్పడింది. ఇప్పుడు పరస్పర సహకారానికి ఒకరికొకరు తెలిసి ఉండనక్కర్లేదు. ఇద్దరికీ ఒకే కథ తెలిసి ఉంటే చాలు. అదే కథ కోట్లాది మందికి తెలిసి ఉండవచ్చు. ఒక కథ కేంద్ర సంయోజకంలాగా పనిచేస్తుందన్నమాట. ఆ కథకు బయటికి వెళ్ళటానికి అసంఖ్యాకమైన మార్గాలు ఉంటాయి. వాటిద్వారా అపరిమిత సంఖ్యలో జనం ఆ కథ తెలుసుకోవచ్చు. ఉదాహరణకు, 1.4 బిలియన్ క్యాథలిక్ చర్చ్ సభ్యులు బైబులు, ఇతర ముఖ్యమైన క్రిస్టియన్ కథలవల్ల సంఘటితులయారు. కమ్యూనిస్ట్ సిద్ధాంతాలు, చైనా జాతీయత ద్వారా 1.4 బిలియన్ ప్రజలు ఏకమయ్యారు. ద్రవ్యం, సంస్థలు, బ్రాండ్ కథల ద్వారా 8 బిలియన్ ప్రపంచ వాణిజ్య యంత్రాంగం సభ్యులు సంపర్కం కలిగి ఉన్నారు.

ప్రజాదరణవల్ల మిలియన్ల సంఖ్యలో అనుచరులను సంపాదించిన ప్రజా నాయకులు కూడా ఈ నియమానికి ఉదాహరణలే. (అపవాదం, మినహాయింపు కాదు). ప్రాచీన చైనీస్ ప్రభువులు, మధ్య యుగం క్యాథలిక్ పోప్ లు, ఆధునిక సంస్థా అధినేతలను చూస్తే కోట్లాది అనుచరులను ఒక చోటికి చేర్చింది అంతా – కథలా కాక – రక్త సంబంధంలాగా దర్శన మిస్తుంది. కానీ ఈ సందర్భాలు అన్నిటిలోనూ దాదాపు ఎవరికీ నాయకుడితో వ్యక్తిగత బంధం ఉండదు. వారందరూ ఆ నాయకుడిని గురించి అతి చాకచక్యంతో అల్లిన కథకు వశులై ఉన్నారు. వారి కథపైనే వారి విశ్వాసం.[4]

వ్యక్తిగత ఆరాధనకు చరిత్రలో అత్యంత ప్రసిద్ధి చెందిన వ్యక్తి జోసెఫ్ స్టాలిన్. ఆయన ఈ సూత్రం బాగా ఆకళించుకున్నారు. వాసిలీ ఆయన కుమారుడు. కొంచెం

తగవులమారి. ఆయన జనాన్ని భయపెట్టి, ఆశ్చర్య చకితులను చేయటానికి ప్రఖ్యాతి చెందిన తండ్రి పేరు ప్రయోగించారు. స్టాలిన్ కొడుకును గట్టిగా మందలించారు. "నేను కూడా స్టాలిన్ నే కదా!" అని వాసిలీ ఎదురు తిరిగాడు. "కాదు, నువ్వు స్టాలిన్ వి కావు. నేనూ స్టాలిన్ ను కాను. స్టాలిన్ అంటే సోవియట్ శక్తి. స్టాలిన్ అంటే వార్తా పత్రికలలోను, మూర్తిచిత్రాలలోనూ కనిపించే వ్యక్తిత్వం. నువ్వూ కాదు, నేనూ కాదు."[5]

"వ్యాపార చిహ్నం" ఒక ప్రత్యేక తరహా కథ. ఒక వస్తువుకు పేరు పెట్టటం అంటే ఆవస్తువును గురించి కథ చెప్పటమే. ఆ వస్తువు అసలు లక్షణాలకు, కథకు సంబంధం లేకపోవచ్చు. కాని వినియోగదారులు మాత్రం ఆ లక్షణాలను వస్తువుకే ఆపాదించటం నేర్చుకుంటారు. ఉదాహరణకు గత కొన్ని దశాబ్దాలుగా కోకాకోలా సంస్థ కోకాకోలా పానీయం కథ చెప్పటానికి, చెప్పిందే చెప్పటానికి ప్రచార ప్రకటనలమీద బిలియన్లకొద్దీ డాలర్లు పెట్టుబడి చేసింది.[6] ఆ కథ వినీవినీ చాలామంది ఆ రంగునీళ్ళ కల్పనను సరదాకు, సంతోషానికి, యౌవనానికీ జోడిస్తారు (దంత క్షయం, స్థూలకాయం, ప్లాస్టిక్ వ్యర్థం కు విరుద్ధం). ఒక వస్తువుకు ముద్ర వేయటమంటే అదీ.[7]

వస్తువులకే కాదు మనుషులకు కూడా ముద్ర వేయవచ్చు. ఈ విషయం స్టాలిన్ కు బాగాతెలుసు. వంచకుడైన కోటీశ్వరుడు పేదలపాలిట పెన్నిధి లాగా ముద్ర పడవచ్చు. అస్తవ్యస్తంగా ప్రవర్తించే మూఢుడు మహామేధావిగా ముద్ర పడవచ్చు. శిష్యులను లైంగికంగా వేధించి, అనుభవించే గురువు పరమ పవిత్రుడైన యోగిగా ముద్ర పడవచ్చు. జనం ఆ వ్యక్తి తమకు తెలుసుననుకుంటారు. కానీ వారికి తెలిసింది ఆ మనిషిని గురించిన కథ మాత్రమే. మనిషికి ఆ కథకు మధ్య పెద్ద అగాథం ఉన్నది.

చరిత్రాత్మకమైన పావురం షేర్ అమీ కథ కూడా అంతే. కొంతవరకు ఆ ప్రచారం US సేనల పావురాల వార్తాలాపం పేరు నలుగురికీ తెలియటానికే ఆ ముద్రాప్రచార కథనం. చరిత్రకారులు ఫ్రాంక్ బ్లేజిక్ 2021 లో పునరావలోకన అధ్యయనం జరిపారు. ఉత్తర ఫ్రాన్స్ ప్రాంతంలో సందేశం మోసుకు వెళ్తూ షేర్ అమీ గాయాల పాలయిందనటంలో సందేహం లేదు. కానీ ఆ కథలో కీలకమైన అనేక విషయాలు సందేహాస్పదాలు, లేదా సరికావు. ఆ పావురం చేరటానికి ఇరవై నిమిషాలు ముందరనే తప్పిపోయిన పటాలం ఎక్కడ ఉన్నదో హెడ్ క్వార్టర్స్‌కు తెలిసింది అన్న విషయం సేన సమకాలీన దస్త్రాలు పరిశీలించిన బ్లేజిక్ ప్రత్యక్షంగా ప్రదర్శించారు. ఆ తప్పిపోయిన పటాలం అంతం కాకుండా ఆ కాల్పులు, దాడి ఆపింది ఆ పావురం కాదు. అంతకంటే ముఖ్యంగా మేజర్ విత్లెసీ సందేశం మోసుకు వెళ్లింది షేర్ అమీ అనటానికి రుజువు ఏమీ లేదు. అది మరొక పావురం అయి ఉండవచ్చు. షేర్ అమీ రెండు వారాల తర్వాత మరొక ప్రమాదంలో గాయపడి ఉండవచ్చు.

షేర్ అమీ కథ వల్ల సేనకు కలిగిన ప్రచారం విలువ, ప్రజాబాహుళ్యంలో ఆ కథనం కలిగించే స్పందన కలిసి కథలో ఉన్న సందేహాలను, అసంగత్వాన్ని కప్పివేశాయని బ్లేజిక్ అభిప్రాయం. కాలం గడుస్తున్నకొద్దీ ఆ కథ చెప్పరానన్ని సార్లు పునరావృతం కావటంతో వాస్తవాలు కల్పనాశక్తి అడుగున మణిగి పోయాయి. పత్రికా విలేకరులు, కవులు, చిత్రనిర్మాతలు ఆ కథకు చిలవలు పలవలు జోడించారు. ఆ పావురం ఒక కన్ను, ఒక కాలు కోల్పోయిందనీ, దానికి విశిష్టసేవా పతకం ప్రదానం చేశారనీ ఒక కథనం. 1920 లలో 1930 లలో షేర్ అమీ ప్రపంచ ప్రఖ్యాత పక్షి అయి కూర్చున్నది. ఆ పక్షి చనిపోయినప్పుడు, దాని దేహం భద్రపరిచి స్మిత్సోనియన్ మ్యూజియంలో ప్రదర్శన చేశారు. ఆ మ్యూజియం అమెరికా దేశ భక్తులకు, మొదటి ప్రపంచయుద్ధ వీరులకు తీర్థయాత్రా స్థలమయింది. ఈ కథ చెబుతున్నకొద్దీ ఆ తప్పిపోయిన పటాలంలో బతికి బయటపడ్డ వీరులు కూడా తమ జ్ఞాపకాలు మర్చిపోయి షేర్ అమీ కథనే వినసాగారు. బ్లేజిక్ ఆ తప్పిపోయిన పటాలంలో ఒక ఆఫీసర్ శెర్మన్ ఈగర్ ను గురించి చెబుతారు. ఆ యుద్ధం జరిగి దశాబ్దాలు గడిచిన తర్వాత ఆయన షేర్ అమీ ని చూడటానికి తన పిల్లలను స్మిత్సోనియన్ తీసుకు వచ్చారు. "మీరందరూ ఈనాడు బతికి ఉన్నారంటే ఆ పావురానికి ఋణపడి ఉన్నారు." అని తన పిల్లలకు చెప్పారు. వాస్తవం ఏమైనా కానీయండి, ఆత్మత్యాగం చేసిన ఆ రెక్కల రక్షకుడి కథ తిరుగులేని కథ అయి కూర్చున్నది.[8]

అంతకంటే అత్యంత అతిశయమైన ఉదాహరణ జీసస్. రెండువేల సంవత్సరాల నుంచి చెబుతూ వచ్చిన కథలు జీసస్ ను ఒక దట్టమైన పట్టుగూటిలో భద్రపరిచి ఉంచాయి. ఇప్పుడు ఆయన చారిత్రిక వ్యక్తిత్వం తెలుసుకోవటం అసాధ్యము, అసంభవం. నిజానికి కథలో చెప్పిన వ్యక్తి, అసలు వ్యక్తి కాదనే అవకాశమే కోట్లాది క్రైస్తవ భక్తులకు దైవనింద అయి కూర్చుంటుంది. మాకు తెలిసినంతవరకు అసలైన జీసస్ ఆదర్శప్రాయుడైన ఒక యూదుమత బోధకుడు. ఆయనకు కొద్దిమంది అనుచరులు ఉండేవారు. ఆయన మతప్రబోధం చేస్తూ, వ్యాధిగ్రస్తులకు చికిత్స చేస్తూ ఉండేవారు. కానీ మరణానంతరం జీసస్ చరిత్రలోనే అత్యంత ప్రఖ్యాత ముద్ర ప్రచారం సంపాదించారు. ఈ ప్రాంతీయ గురువు కొద్దిమందికి మాత్రమే తెలుసు. తన అచిరకాల వృత్తిధర్మంలో కొద్దిమంది శిష్యులను చేరదీశారు. ఒక సామాన్య నేరస్థుడిగా ఉరితీయబడ్డారు. మరణానంతరం ఈ ప్రపంచాన్ని సృష్టించిన పరమాత్మ అవతారంగా ముద్రించ బడ్డారు.[9] ఆనాటి జీసస్ చిత్రం ఒక్కటికూడా అందుబాటులో లేదు. ఆయన ఎలా ఉంటాడో బైబుల్ ఏనాడూ చెప్పలేదు. ఆయన ఊహాచిత్రాలే ఈనాడు ప్రపంచవ్యాప్తంగా గుర్తించబడిన మూర్తులయ్యాయి.

జీసస్ కథ సృష్టి ఉద్దేశపూర్వకమైన అబద్ధం కాదు అని ఇక్కడ నొక్కి చెప్పాలి. సెయింట్ పాల్, తెర్తుల్లియన్, సెయింట్ ఆగస్టిన్, మార్టిన్ లూథర్ ఎవరినీ మోసం

చేయటానికి బయలుదేరలేదు. మనమందరమూ అలవాటు ప్రకారం మన అనుభూతులు మన తల్లిదండ్రులు, ఆప్తులు, నాయకులకు అంటగట్టినట్లే, వాళ్ళు తమ ప్రగాఢ అనుభూతులను, ఆశలను జీసస్ మూర్తి మీదికి మళ్లించారు. ముద్రా ప్రచారాలు అప్పుడప్పుడు తప్పుడు సమాచారానికి మారువేషం వేసి నడుస్తాయి. కానీ చరిత్రలో చెప్పుకోదగిన పెద్ద కథలు అన్నీ సమాయానుకూల ఆలోచనలవల్ల, అనుభూతి ప్రదర్శనలవల్ల కలిగిన ఫలితాలు. ప్రతి ఒక్క పెద్ద మతము, ఆదర్శమూ ప్రచారం చెంది, వ్యాప్తి చెందాలంటే అసలైననమ్మకం ఉన్నవారు ప్రధానపాత్ర వహిస్తారు. జీసస్ కథ అపారమైన భక్తుల, మతస్థుల నమ్మకంవల్ల చరిత్రనే మార్చివేసింది.

అంతమంది విశ్వాసులను సంపాదించటంచేత జీసస్ వ్యక్తికంటే జీసస్ కథ చరిత్రమీద ఎనలేని ప్రభావం చూపింది. వ్యక్తిగా జీసస్ కాలినడకమీద ఒకగ్రామంనుంచి మరొక గ్రామానికి కదిలారు. కలిసిన మనుషులతో మాట్లాడారు. వారితో కలిసి అన్నపానీయాలు సేవించారు. వారి అస్వస్థ శరీరాలమీద చేయివేసి నిమిరారు. ఒక చిన్న రోమన్ రాష్ట్రంలో నివశిస్తున్న వారిలో ఆయన బహుశా కొన్నివేలమంది జీవితాలలో మార్పు తెచ్చి ఉండవచ్చు. అందుకు భిన్నంగా జీసస్ కథ ప్రపంచమంతా రెక్కలు కట్టుకొని వాలింది. మొదట ఊసులాట, పిట్టకథలు, పుకార్లు ఆ కథకు రెక్కలు. ఆ తర్వాత చర్మపత్రం, చిత్రాలు, విగ్రహాలు. చివరకు బ్లాక్ బస్టర్ చిత్రాలు, ఇంటర్నెట్ లో విస్తృతంగా ప్రచారం అయ్యే హాస్యచిత్రాలు, కోట్లాది ప్రజలు జీసస్ కథ వినటమే కాదు, అది నమ్మటం కూడా మొదలు పెట్టారు. దానిద్వారానే ప్రపంచంలో అత్యంత ప్రభావశాలి అయిన అతి పెద్ద సమాచార జాలం అల్లుకున్నది.

జీసస్ కథలవంటి కథలు అంతకు మునుపు ఉన్న జీవ బంధాలను విస్తృతం చేస్తాయి. మనిషికి తెలిసిన బంధమాలలో కుటుంబం అన్నిటికంటే దృఢమైన బంధం. అపరిచితులను ఒక కుటుంబ సభ్యులుగా ఊహింపజేసి ఈ కథలు అపరిచితుల మధ్య విశ్వాసం నెలకొల్పుతాయి. జీసస్ కథ జీసస్‌ను మానవులందరికీ ఒక పితృ రూపంగా ప్రదర్శిస్తుంది. తద్వారా కోట్లాది క్రిస్టియన్లు ఒకరినొకరు సహోదరులుగా చూసే ప్రోత్సాహం కల్పించింది. అప్పుడు అందరిలోనూ కుటుంబ జ్ఞాపకాలు ఒక ముఖ్య అంశమై కూర్చున్నాయి. క్రిస్టియన్లలో దాదాపు ఎవరూ ఆ లాస్ట్ సప్పర్ లో లేరనే చెప్పవచ్చు. కానీ వారు ఆ కథ లెక్కకందని సార్లు విన్నారు. ఆ సంఘటనచూపే చిత్రాలు ఎన్నోసార్లు చూశారు. ఏతావాతా వారు తమకుటుంబంతో కలిసి ఆరగించిన డిన్నర్ల కంటే లాస్ట్ సప్పర్ చాలా స్పష్టంగా, వివరంగా జ్ఞాపకం ఉంచుకుంటారు.

ఇక్కడ ఆసక్తికరమైన విషయం ఏమిటంటే, జీసస్ లాస్ట్ సప్పర్ యూదుల నిర్గమన భోజనం. గాస్పెల్ కథనం ప్రకారం శిలువ ఎక్కటానికి ముందు జీసస్ తన శిష్యులతో కలిసి చేసిన భోజనం. యూదుల సాంప్రదాయంలో కృత్రిమ స్మృతులను

సృష్టించి, వాటిని మరొకసారి ప్రదర్శించటమే నిర్గమన భోజనం పరమార్థం. యూదు కుటుంబాలు ప్రతి సంవత్సరమూ నిర్గమన దినం కలిసి భోజనం చేస్తూ ఈజిప్ట్ నుంచి తమ మహానిర్గమనం జ్ఞాపకం చేసుకుంటారు. వారు జాకబ్ వారసులు ఈజిప్ట్ లో బానిసత్వం ఎలా తెప్పించుకున్నారు అని చెప్పటం ఒక్కటే కాదు. ఈజిప్ట్ దేశస్థుల చేతిలో *వ్యక్తిగతంగా* వారు ఎంతా బాధ అనుభవించారో జ్ఞాపకం చేసుకోవాలి. సముద్రం విడిపోవటం తాము *స్వయంగా* ఎలా చూశారో గుర్తు చేసుకోవాలి. సినాయ్ కొండమీద జెహోవా చేతులలోనుంచి వారు *స్వయంగా* పది కమాండ్ మెంట్స్ ఎలా అందుకున్నారో గుర్తు చేసుకోవాలి.

యూదు సంప్రదాయం ఇక్కడ మాటలు తొణకదు. నిర్గమన కర్మకాండ పాఠ్యం "ప్రతి ఒక్క తరంలోను ఒక వ్యక్తి తాను స్వయంగా ఈజిప్ట్ నుంచి వెలికి వచ్చినట్లు తలచాలి." అని చెబుతుంది. ఎవరైనా ఇది కల్పన అనీ, తాము స్వయంగా ఈజిప్ట్ నుంచి రాలేదనీ అభ్యంతరం లేవదీస్తే, యూదు సాధువులదగ్గర తక్షణ పరిష్కారం సిద్ధంగా ఉంటుంది. చరిత్ర మొదటినుంచీ యూదుల ఆత్మలు వారు పుట్టటానికి బహుకాల పూర్వమే జెహోవాచేత సృష్టి అయ్యాయని, అన్నీ ఆత్మలూ సినాయ్ కొండ వద్దనే ఉన్నాయనీ వారి వాదం.[10] సాల్వడార్ లిట్వాక్ ఒక యూదు సామాజిక మాధ్యమ ప్రభావకులు. 2018 లో ఆయన తన ఆన్ లైన్ అనుచరులకు వివరించారు, "మీరూ నేను కలిసి అక్కడ ఉన్నాం....మనం వ్యక్తిగతంగా ఈజిప్ట్ వదిలి వెళ్ళాం అని చెప్పటం అలంకారప్రాయం కాదు. నిర్గమన యాత్ర ఊహాగానం కాదు. మనకు అది గుర్తు ఉన్నది."[11]

కనుక ప్రతిసంవత్సరమూ యూదు క్యాలెండర్ లో అత్యంత ముఖ్యమైన పర్వదినాన కోట్లాది యూదులు తాము చూడని, బహుశా ఏనాడూ జరగని సంఘటనలు గుర్తు చేసుకుంటున్నట్లు ప్రదర్శన నడుపుతారు. నకిలీ జ్ఞాపకాలు పదేపదే వల్లెవేస్తూ ఉండటంవల్ల, చివరికి ఆ మనిషి అదే నిజమయిన జ్ఞాపకం అనుకుంటారు. ఈ నాటి శాస్త్ర పరిశోధన ఈ విషయం రుజువు చేస్తుంది.[12] ఇద్దరు యూదులు మొదటిసారి కలుసుకున్నపుడు వారు ఇద్దరూ ఒకే కుటుంబానికి చెందినవారని, వారు ఇద్దరూ ఈజిప్ట్ లో బానిసలుగా ఉండేవారనీ, సినాయ్ కొండ మీద వారు కలిసి ఉండేవారనీ అనుభూతి చెందుతారు. యూదు సమాజాన్ని తరతరాలుగా ఖండాంతారాలలో నిలబెట్టింది ఆ దృఢ బాంధవ్యమే.

జనసంవాద తత్వం

యూదు నిర్గమన కథనం ప్రస్తుత జీవ సంబంధ బాంధవ్యాలను జీవశాస్త్ర పరిధులకు అతీతంగా విస్తరింపజేసి కథ అల్లుతుంది. బాంధవ్య బంధనాలు నిర్మించటానికి ఈ

కథలకు ఇంతకుమించిన విప్లవాత్మక మార్గం మరొకటి ఉన్నది. DNA లాగా కథలు పూర్తిగా కొత్త వ్యక్తిత్వాలను సృష్టించ గలవు. ఆమాటకువస్తే కథలు ఒక నూతన వాస్తవాన్నే సృష్టించ గలవు. మనకు తెలిసినంతవరకు కథలు రాకమునుపు ఈ ప్రపంచంలో రెండే రెండు స్థాయిల యదార్థం ఉండేది. కథలు వచ్చి మూడవ స్థాయి యదార్థం జోడించాయి.

కథనం రాకమునుపు ఉన్న యదార్థాలు వస్తుగత యదార్థం, వ్యక్తిగత (ఆత్మగత) యదార్థం అని రెండు రకాలు. వస్తుగత యదార్థంలో రాళ్ళు, రప్పలు, కొండలు, గుట్టలు, తారలు, గ్రహాలు ఉంటాయి. మనకు తెలిసినా తెలియక పోయినా అవి అక్కడ ఉంటాయి. ఎవరికి తెలిసినా, తెలియక పోయినా భూమి దిశగా దూసుకు వచ్చే గ్రహశకలాలు ఉంటాయి. ఆ తర్వాత వ్యక్తిగత యదార్థం: బాధ, సంతోషం, ప్రేమ – ఇవి ఎక్కడో లేవు, ఇక్కడే ఉన్నాయి. వ్యక్తిగత విషయాలు మన ఎరుకలో ఉంటాయి. బాధ అనుభవంలోకి రాకపోవటం అనేది విరోధాభాస.

కానీ కొన్ని కథలు మూడవ స్థాయి యదార్థం సృష్టించ గలుగుతున్నాయి: జనసంవాద యదార్థం. బాధవంటి వ్యక్తిగత విషయాలు ఒక మనసులో నిలిచి ఉంటాయి. న్యాయసూత్రాలు, దేవుడు, దేశాలు, సంస్థలు, ద్రవ్యవిధానం వంటి సహమానవ విషయాలు అనేక మేధల సంపర్కంలో కాపురం చేస్తాయి. ఇంకా స్పష్టంగా చెప్పాలంటే అవి అన్నీ జనం ఒకరికొకరు చెప్పుకునే కథలలో కాపురం చేస్తాయి. జనసంవాద విషయాలను గురించి జనం పరస్పరం చెప్పుకునేటప్పుడు ఆ విషయాలు అంతకు ముందు ఉన్నవి, జరిగినవి కావు. సమాచారం ఇచ్చిపుచ్చుకోవటం వల్ల ఈ విషయాలు సృష్టి అవుతాయి.

నాకు నొప్పిగా ఉన్నది అని చెబితే, చెప్పినందువల్ల నొప్పి పుట్టదు. ఆ నొప్పిని గురించి చెప్పటం ఆపితే, ఆనొప్పి మాయం కాదు. అదేవిధంగా నేను ఒక గ్రహశకలాన్ని చూశాను అని చెప్పినందువల్ల ఒక గ్రహశకలం పుట్టుకురాదు. దానిని గురించి జనం మాట్లాడినా, మాట్లాడక పోయినా ఆ లఘుగ్రహం అక్కడే ఉంటుంది. కానీ, న్యాయసూత్రాలను గురించి, దేవుళ్ళను గురించి, ద్రవ్యవిధానం గురించి జనం ఒకరికొకరు కథలు చెప్పుకుంటూపోతే, ఆ కథలే ఈ న్యాయసూత్రాలను, దేవుళ్ళను, ద్రవ్యవిధానాన్నీ సృష్టిస్తాయి. జనం వాటిని గురించి మాట్లాడకపోతే అవి మాయమై పోతాయి. జనసంవాద విషయాల ఉనికి సమాచార మారకం మీద ఆధారపడి ఉంటుంది.

మరికొంచెం దగ్గరికి జరుగుదాం. పిజాలో క్యాలరీల విలువ మన నమ్మకాలను బట్టి మారదు. ఒక మంచి పిజాలో పదిహేను వందలనుంచి రెండువేల ఐదువందల క్యాలరీల శక్తి ఉంటుంది.[13] ఇందుకు భిన్నంగా డబ్బు ఆర్థిక విలువ – పిజాల విలువ – కేవలం మన నమ్మకాల మీద ఆధారపడి ఉంటుంది. ఒక డాలర్ తో, లేదా ఒక

బిట్ కాయిన్ తో మీరు ఎన్ని పిజాలు కొనగలరు? 2010 లో లాస్లో హాన్యెక్జ్ రెండు పిజాలకు 10,000 బిట్ కాయిన్లు చెల్లించారు. మనకు తెలిసినంతవరకు బిట్ కాయిన్ల ద్వారా నడిచిన మొట్టమొదటి లావాదేవీ అదే. వెనక్కు తిరిగి చూస్తే ఇంతవరకు అతి ఖరీదయిన పిజా అదే. 2021 నాటికి బిట్ కాయిన్ విలువ 69,000 డాలర్లను మించి పోయింది. అంటే రెండు పిజాల కోసం హాన్యెక్జ్ చెల్లించిన బిట్ కాయిన్ల విలువ 690 మిలియన్ డాలర్లు అన్నమాట! ఇప్పుడు ఆ డబ్బుతో మిలియన్లకొద్దీ పిజాలు కొనవచ్చు.[14] పిజా క్యాలరీ విలువ అనేది వస్తుగత యదార్థం. 2010 కి 2021 కి మధ్య అది స్థిరంగా ఉన్నది. బిట్ కాయిన్ ఆర్థిక విలువ జనసంవాద యదార్థం. ఆ కాలంలో దాని విలువ విపరీతంగా మారిపోయింది. బిట్ కాయిన్ ను గురించి జనం చెప్పిన కథలు, బిట్ కాయిన్ మీద జనం నమ్మకం ఇందుకు కారణాలు.

మరొక ఉదాహరణ. నేను "లాక్ నెస్ (స్కాట్ లాండ్ లో ఒక సరస్సు) రాక్షసి నిజంగా ఉన్నదా?" అని అడిగాననుకోండి. ఇది వస్తుగత విషయానికి చెందిన ప్రశ్న. లాక్ నెస్ సరస్సులో రాక్షస బల్లులవంటి జంతువులు నివసిస్తాయని కొందరు నమ్ముతారు. మరికొందరు అదంతా ఊహాగానమనీ బూటకమనీ కొట్టిపారేస్తారు. ఈ విభేదం పరిష్కరించటానికి చాలా ప్రయత్నాలు జరిగాయి. అందుకు సోనార్ స్కాన్ (నీటి అడుగున ఉన్న వస్తువులను కనిపెట్టటానికి పద్ధతి) DNA సర్వే వంటి శాస్త్రీయ ప్రయత్నాలు జరిగాయి. సరస్సులో భారీ జంతువులు జీవించి ఉంటే, అవి సోనార్ మీద కనపడాలి. లేదా DNA జాడలు వదలాలి. ఇంతవరకూ దొరికిన సమాచారాన్ని బట్టి లాక్ నెస్ రాక్షస బల్లి ఏమీ లేదని శాస్త్రీయ విజ్ఞాన సమితి అభిప్రాయం. (2019 లో జరిగిన ఒక DNA సర్వేక్షణలో మూడువేల జాతుల ఉత్పత్తి సమాచారం దొరికింది. కానీ అందులో రాక్షస బల్లుల సమాచారం మాత్రం లేదు. లాక్ నెస్ సరస్సులో మహా అయితే ఐదు కిలోల మలుగుచేప ఉండవచ్చు.[15]). అయినాకూడా లాక్ నెస్ రాక్షస బల్లులు ఉంటాయని నమ్మేవారు చాలమంది ఉండవచ్చు. కానీ కేవలం నమ్మకం ఆ వస్తుగత యదార్థాన్ని మార్చలేదు.

జంతువుల ఉనికి వస్తుగత పరీక్షలద్వారా సమర్థించవచ్చు లేదా ఖండించవచ్చు. కానీ రాష్ట్రాలు జనసంవాద వస్తుజాలం. ఆ విషయం మనం గమనించం. ఎందుకంటే యునైటెడ్ స్టేట్స్, చైనా, రష్యా, బ్రెజిల్ దేశాల ఉనికి వాస్తవమని చెప్పకుండానే మనం ఒప్పుకుంటాం. కానీ కొన్ని రాష్ట్రాల ఉనికి విషయంలో భేదాభిప్రాయాలు ఉన్నాయి. అప్పుడే వాటి జనసంవాదస్థాయి బయట పడుతుంది. ఉదాహరణకు ఇజ్రాయిల్ – పాలస్తీనా విభేదాలు ఈ విషయం చుట్టూనే తిరుగుతాయి. కొందరు ప్రజలు, కొన్ని ప్రభుత్వాలు ఇజ్రాయిల్ ఉనికిని నిరాకరిస్తారు. మరికొందరు పాలస్తీనా ఉనికిని ఖండిస్తారు. 2024 నాటి పరిస్థితి ప్రకారం బ్రెజిల్, చైనా ప్రభుత్వాలు ఇజ్రాయిల్,

పాలస్తీనా రెండూ ఉన్నాయని ఒప్పుకుంటాయి. యునైటెడ్ స్టేట్స్, కామరూన్ ప్రభుత్వాలు ఇజ్రాయిల్ ఉనికిని మాత్రమే గుర్తిస్తాయి. అలాగే అల్జీరియా, ఇరాన్ ప్రభుత్వాలు పాలస్తీనాను మాత్రమే గుర్తిస్తాయి. కొసోవో నుంచి అభ్ఖజియా వరకూ ఇంకా చాలా దేశాలు/రాష్ట్రాలు ఉన్నాయి. 2024 నాటి స్థితి అనుసరించి 193 ఐక్యరాజ్య సమితి సభ్యులలో సగం మంది కొసోవో ఒక రాష్ట్రంగా గుర్తించారు.[16] దాదాపు అన్నీ ప్రభుత్వాలూ జార్జియా ప్రాంతాన్ని ఒక స్వతంత్ర దేశంగా పరిగణిస్తారు. రష్యా, వెనిజులా, నికరాగువా, నౌరు, సిరియా దేశాలు మాత్రం దానిని ఒక రాష్ట్రంగా గుర్తించవు.[17]

స్వాతంత్ర్యం కోసం పోరాడుతున్నప్పుడు ప్రతి ఒక్క దేశమూ, కనీసం తాత్కాలికంగానైనా, ఈ దుస్థితి అనుభవించ వలసిందే. ఆ సమయంలో వాటి ఉనికి ఒక ప్రశ్నార్థకమై కూర్చుంటుంది. యునైటెడ్ స్టేట్స్ ఉనికి 1776, జులై 4 వ తేదీనుంచి గుర్తించ బడిందా? లేకపోతే ఫ్రాన్స్ వంటి ఇతర దేశాలు, చివరికి యు కె గుర్తించిన తర్వాతనే ఉనికిలోకి వచ్చిందా? యునైటెడ్ స్టేట్స్ స్వాతంత్ర్యం ప్రకటించిన జులై 4, 1776 నాటినుంచీ సెప్టెంబర్ 3, 1783 న పారిస్ ఒప్పందం సంతకాలు జరిగేవరకూ జార్జ్ వాషింగ్టన్ వంటి పెద్దలు యునైటెడ్ స్టేట్స్ ఉనికి నమ్మారు. కానీ కింగ్ జార్జ్ III వంటి పెద్దలు ఆ భావాన్ని పూర్తిగా, అతి ఉగ్రంగా తిరస్కరించారు.

రాష్ట్రాల ఉనికిని గురించిన విభేదాలు DNA సర్వే, సోనార్ స్కాన్ వంటి వస్తుగత పరీక్షల ద్వారా పరిష్కారం కావు. జంతువులలాగానే రాష్ట్రాలు కూడా వస్తుగత యదార్థాలు కావు. ఒక రాష్ట్రం ఉనికిని మనం ప్రశ్నించినప్పుడు మనం జనసంవాద యదార్థాన్ని గురించి ప్రశ్న లేవనెత్తుతున్నాం. ఒక రాష్ట్రం ఉన్నది అని తగినంతమంది ప్రజలు ఒప్పుకుంటే, అప్పుడు ఆ రాష్ట్రం ఉనికిలోకి వస్తుంది. అప్పుడు ఆ రాష్ట్రం ఇతర ప్రభుత్వాలతో, NGO లతో, ప్రైవేట్ సంస్థలతో న్యాయ సమ్మతమైన ఒడంబడికలు చేసుకొని, ఆ ఒడంబడికలమీద సంతకాలు చేయవచ్చు.

ఈ కథనాలు అన్నిటిలోనూ భారీ ఎత్తున మానవ యంత్రాంగం ఏర్పాటు కావటానికి జనసంవాద యదార్థాలు అత్యంత కీలకపాత్ర వహించాయి. నకిలీ కుటుంబ స్మృతులు మనసులో నాటటం కొంతవరకూ సహాయకారి అవుతుంది. కానీ భగవంతుడు, జాతి, న్యాయశాస్త్రం, ద్రవ్యవిధానం మీద దృఢమైన విశ్వాసం లేకుండా లేకుండా ఏ మతమూ, ఏ సామ్రాజ్యమూ కూడా ఎక్కువకాలం నిలవలేదు. క్రిస్టియన్ చర్చ్ రూపొందాలంటే, లాస్ట్ సప్పర్ లో జీసస్ ఏమి చెప్పారో వారు గుర్తు చేసుకోవలసిన అవసరం చాలా ఏర్పడింది. కానీ జీసస్ క్రైస్ట్ కేవలం ఉత్తేజపరిచే రబ్బీ కాక, ఆయన భగవంతుడని ప్రజలను నమ్మించటం అత్యంత ముఖ్య కర్తవ్యం అయి కూర్చున్నది. తాము అందరూ కలిసికట్టుగా ఈజిప్ట్ లో బానిసత్వం నుంచి ఎలా తప్పించుకున్నారో "గుర్తుచేసుకోవటం" యూదు మతం ఏర్పడటానికి సహాయకారి

అయింది. కానీ యూదులందరినీ ఒకే మతన్యాయం 'హలఖా' కు కట్టుబడి ఉండేట్లు చేయటం అసలైన నిర్ణాయక చర్య.

న్యాయాలు, దేవుళ్ళు, ద్రవ్య విధానం వంటి జనసంవాద వస్తుసముదాయం ఒక నిర్ణీత సమాచార పరిధిలో అత్యంత శక్తివంతాలు. ఆ పరిధి వెలుపల అవి పూర్తిగా నిరర్ధకాలు. ఒక కోటీశ్వరుడు తన స్వంత జెట్ లో ఒక నిర్మానుష్యమైన దీవిలో కూలిపోయాడనుకుందాం. అక్కడ ఆయన తప్ప మరెవరూ లేరు. ఆయన సూట్ కేసు, దానినిండా బ్యాంక్ నోట్లు, బాండ్లు. ఆయన సావొ పావ్లో లోగానీ, ముంబై లోగానీ ఉంటే జనం ఆయనకు భోజనం పెట్టటానికి, బట్టలు ఇవ్వటానికి, ఆయనను కాపాడటానికి, కావాలంటే ఆయనకు ఒక స్వంత జెట్ తయారు చేయటానికీ ఈ కాగితాలు పనికివచ్చేవి. కానీ ఆ బయటి ప్రపంచంతో బంధం తెగిపోయిన తర్వాత, ఆ బ్యాంక్ నోట్లు, బాండ్లు అన్నీ చిత్తు కాగితాలు అయి కూర్చున్నాయి. ఆ దీవిలో ఉన్న కోతులు ఆయనకు భోజనం పెట్టటానికి, ఆయనకు ఒక తెప్ప కట్టటానికి అవి పనికిరావు.

కథల శక్తి

నకిలీ జ్ఞాపకాలు నాటుతున్నా, కాల్పనిక బాంధవ్యాలు ఏర్పరుస్తూ ఉన్నా, సహమానవ యదార్ధాలు సృష్టిస్తూ ఉన్నా కథలు భారీ ఎత్తున మానవ యంత్రాంగాన్ని తయారు చేశాయి. ఈ యంత్రాంగాలు ప్రపంచంలో అధికార రూపాన్నే పూర్తిగా మార్చివేశాయి. కథలు ఆధారంగా రూపొందిన యంత్రాంగాలు మానవజాతిని ప్రాణులలో అత్యంత శక్తివంతమైన జీవిగా రూపు దిద్దాయి. మానవజాతికి సింహాలు, శరభాల (ఆరు ఏనుగుల పెట్టు) మీదనే కాదు, నియండెర్థాల్స్ వంటి ఆదిమానవుల మీద కూడా ఆధిపత్యం ప్రసాదించాయి.

నియండేర్థాల్స్ వివిక్తమైన చిన్న దీవులలో ఉండేవారు. మనకు తెలిసినంతవరకూ వేరు వేరు బృందాలు ఒకరితో ఒకరు సహకరించటం అరుదైన విషయం. ఒకవేళ జరిగినా అది నామమాత్రంగా ఉండేది.[18] రాతియుగం మానవులుకూడా, కొన్ని డజన్ల సంఖ్యలో చిన్న చిన్న బృందాలుగా జీవించారు. కానీ కథనాలు మొదలయిన తర్వాత మానవ బృందాలు ఏకాంతంలో జీవించలేదు. ఆదరణీయులైన పూర్వీకులు, వర్గ సముదాయాలు, రక్షక ఆత్మలు వంటి కథలతో అందరూ చేరువ అయ్యారు. ఈ కథలు, సహమానవ యదార్ధాలు ఒకరికొకరు చెప్పుకున్న బృందాలు కలిసి ఒక తెగ అయ్యాయి. ఒక్కొక్క తెగ అంటే వందలమంది, వేలమంది వ్యక్తులు కూడా చేరిన యంత్రాంగం.[19]

ఒకపెద్ద తెగకు చెందితే, విభేదాల సమయంలో అది చెప్పరాని ప్రయోజనకారి అయ్యేది. ఐదు వందలమంది మనుషులు కలిస్తే యాభైమంది నియన్డెర్థాల్ సులువుగా జయించేవారు.[20] కానీ ఈ తెగల యంత్రాంగానికి ఇంకా చాలా ప్రయోజనాలు ఉండేవి. ఒక యాభైమంది ఉన్న బృందంలో మనం సభ్యులుగా ఉన్నామనుకోండి. మన స్వస్థలానికి విపరీతమైన ఒక కాటకం పట్టుకున్నది. మనలో చాలామంది ఆకలితో చచ్చిపోవచ్చు. ఎక్కడికైనా వలస వెళ్దామంటే మనకు విరోధి పక్షాలు ఎదురుపడవచ్చు. ఆహారం, నీళ్ళు, చెకుముకి రాళ్ళు (సాధనాలు చేయటానికి పరికరం) వెతకటం అపరిచిత ప్రదేశంలో దుష్కరం కావచ్చు. కానీ మన బృందం ఒక తెగలో భాగమైతే, ఆపత్సమయంలో కనీసం మనలో కొంతమంది అయినా మన దూరపు మిత్రులతో కలిసి జీవించవచ్చు. తెగలో మన బాంధవ్యం దృఢంగా ఉంటే, వాళ్ళు స్వాగతం పలికి మనలను ఆదరిస్తారు. స్థానిక అవకాశాలు, అపాయాలను గురించి మనకు బోధిస్తారు. ఒకటి రెండు దశాబ్దాల తర్వాత మనం వారికి ప్రత్యుపకారంచేసి వారి రుణం తీర్చుకోవచ్చు. ఆ తెగ అనే యంత్రాంగం ఒక జీవిత బీమాలాగా పనిచేసింది. అనేకమందిలో వ్యాపించి ఉండటంతో, అపాయాన్ని దూరం చేసింది.[21]

మామూలు సమయాలలో కూడా మానవులు తమ తెగ సభ్యులతో, కొద్దిమందితో కాక తెగలో సభ్యులు అందరితో, సమాచారం మార్పిడి చేసుకొని చాలా ప్రయోజనాలు పొందారు. ఆ తెగలో ఒక జట్టు శూలం మొనలు తయారు చేయటానికి మేలైన మార్గం కనుక్కొని ఉండవచ్చు, ఏదో ఒక మూలిక తెలుసుకొని గాయాలు నయం చేయటం తెలుసుకొని ఉండవచ్చు, బట్టలు కుట్టటానికి సూది కనిపెట్టి ఉండవచ్చు. ఈ విజ్ఞానం మిగిలిన జట్లకు త్వరగా అందజేయవచ్చు. వ్యక్తిగతంగా నియండేర్థాల్స్ కంటే మానావులు తెలివైన జాతి ఏమీ కాకపోవచ్చు. కానీ ఆయిదువందలమంది మానవులు కలిస్తే యాభైమంది నియందార్థాల్స్ కంటే చాలా తెలివైనవారు అవుతారు.[22]

ఇదంతా కథలవల్ల సాధ్యం అయింది. భౌతికవాదం దృష్ట్యా చరిత్ర వ్యాఖ్యానించితే, కథలలో ఉన్న రసపట్టు మాయమవుతుంది, లేదా నిరసించ బడుతుంది. ముఖ్యంగా మార్క్సిస్టులు కథలు అంటే వాటి అడుగున దాగి ఉన్న అధికార దాహానికి, ప్రాపంచిక వ్యవహారాలకు ఒక తెరగా భావిస్తారు. మార్క్సిస్ట్ సిద్ధాంతం ప్రకారం ప్రజలు ఎప్పుడూ వస్తుగత శ్రద్ధాసక్తులతోనే ప్రేరణ పొందుతారు. తమ ఆసక్తి, శ్రద్ధా దాచిపెట్టటానికి, ఎదటివారిని భ్రమపరచటానికి ప్రజలు కథలను ప్రయోగిస్తారని వాదన. ఉదాహరణకు ఈ అధ్యయనంలో మతయుద్ధాలు, మొదటి ప్రపంచయుద్ధం, ఇరాక్ యుద్ధము శక్తివంతులైన ఉన్నతవర్గాల ఆర్థికలాభాల కోసమే జరిగాయి. మతపరమైన ఆదర్శాలు, జాతీయ ఆదర్శాలు, స్వతంత్ర ఆదర్శాల

పరిరక్షణ కోసం కాదు. ఈ యుద్ధాల నేపథ్యం అర్ధం చేసుకుంటే, దేవుడు, దేశభక్తి, ప్రజాస్వామ్యం వంటి పురాణ కథలన్నీ పక్కకు తొలుగుతాయి. బలవంతుల బాంధవ్యాలు నగ్నంగా దర్శన మిస్తాయి.

మార్క్సిస్ట్ దృక్పథం మానవద్వేషమే కాక తప్పు కూడా. మతయుద్ధాలలో, మొదటి ప్రపంచ యుద్ధంలో, ఇరాక్ యుద్ధంలో, ఇంకా అనేక మానవ సంఘర్షణలలో ఆర్థిక ప్రయోజనాలు, వస్తుగత ప్రయోజనాలు ముఖ్యపాత్ర వహించాయి. అంటే, మతాదర్శాలు, జాతీయ ఆదర్శాలు, స్వాతంత్ర్య లక్ష్యాలు ఎటువంటి పాత్రా పోషించలేదని అర్ధం కాదు. అంతేకాక కేవలం భౌతికవాద ఆదర్శాలు విపక్షాలను రెంటినీ వివరంగా వర్ణించలేవు. పన్నెండవ శతాబ్దంలో ఫ్రాన్స్, జర్మనీ, ఇటలీ దేశాల భూస్వాములు, వాణిజ్యవేత్తలు లేవాన్లో ప్రాంతాలు, వర్తక మార్గాలు జయింటానికి చేతులు కలిపారు – ఎందుకు? ఫ్రాన్స్, ఉత్తర ఆఫ్రికా భూస్వాములు, వాణిజ్యవేత్తలు కలిసి ఇటలీ జయించటానికి ఎందుకు ప్రయత్నించలేదు? 2003 లో యునైటెడ్ స్టేట్స్, బ్రిటన్ కలిసి ఇరాక్ ఆయిల్ ఫీల్డ్స్ జయించటానికి ఎందుకు ప్రయత్నించారు? నార్వేలో గాస్ ఫీల్డ్స్ జయించటానికి ఎందుకు ప్రయత్నించలేదు? కేవలం భౌతిక వాదం ఈ చర్యలను వివరించ గలదా? ఇందులో ప్రజల మతవిశ్వాసాలకు, సైద్ధాంతిక విశ్వాసాలకు స్థానం లేదా?

వాస్తవానికి భారీ మానవ సముదాయాల మధ్య సంబంధాలు అన్నీ కథలతోనే రూపొందాయి. ఎందుకంటే ఈ మానవ సముదాయాలు కథలతోనే నిర్వచించ బడ్డాయి. ఎవరు బ్రిటిష్, ఎవరు అమెరికన్, ఎవరు నార్వేజియన్, లేదా ఎవరు ఇరాక్ అన్న దానికి వస్తుగత నిర్వచనం అంటూ ఏమీ లేదు. ఈ నామకరణాలు అన్నీ దేశ చరిత్రనుంచి, మత కల్పనలనుంచి దిగివచ్చినవి. ఆ దేశ చరిత్రలు, మత కల్పనలు కూడా నిత్యమూ సవాళ్ళు ఎదుర్కుంటూ ఉంటాయి. వాటిలో సవరణలు జరుగుతూ ఉంటాయి. విస్తారమైన మానవ సముదాయాలకు కథలతో సంబంధం లేకుండా వస్తుగత అభిలాష, సరూపత ఉంటాయని మార్క్సిస్ట్ ల వ్యాజం. అలా అయితే తెగలు, జాతులు, మాటలు అంటూ భారీ సముదాయాలు మానవులకే ఎందుకు పరిమిత మవుతాయి? చింపాంజీలకు ఎందుకు లేవు? చింపాంజీలకు కూడా మనుషులకు ఉన్నట్లే వస్తుగత అభిలాషలు, ఉంటాయి కదా! అవి కూడా తినాలి, తాగాలి, రోగాలనుంచి తమను తాము కాపాడుకోవాలి కదా! వాటికీ లైంగిక వాంఛలు ఉంటాయి. వాటికీ సామాజిక ఆధిపత్యం కావాలి. కానీ చింపాంజీలు భారీ సమూహాలను చేర్చలేవు. ఎందుకంటే వాటి సమూహాలను చేరదీస్తూ, వాటి గుర్తింపును, వాటి అభిలాషలను చెప్పే కథలు అవి సృష్టించ లేవు. మార్క్సిస్ట్ చెప్పినట్లు భారీ సముదాయాల శ్రద్ధాసక్తులు వస్తుగత విశేషాలు కావు. అవి సర్వదా సహమానవ సంబంధాలు.

ఇది శుభవార్త. చరిత్ర కేవలం ప్రాపంచిక విషయాలమీద ఆసక్తితోనూ, ఆధిపత్య సంఘర్షణలతోనూ రూపొంది ఉంటే, మనలను వ్యతిరేకించే మనుషులతో మాట్లాడి ప్రయోజనం లేదు. ప్రతి ఒక్క విభేదమూ విషయాసక్తివల్లనో, అధికారదాహం వల్లనో పుట్టి ఉంటుంది. అది కేవలం మాటలవల్ల పరిష్కారం కాదు. ముఖ్యంగా ప్రత్యేక హక్కులు, హోదా కలిగిన మనుషులు తమ హక్కులు, హోదాలను పవిత్రంగా కాపాడే విషయాలనే గమనించి వాటినిమాత్రమే నమ్ముతూ ఉంటే వారి హక్కులూ, హోదా, నమ్మకాలు వదిలి పెట్టించటానికి హింస, దౌర్జన్యం తప్ప వేరే మార్గం ఏమున్నది? అదృష్టవశాత్తూ చరిత్ర సహమానవ కథల తో రూపొందింది కనుక, మనుషులతో మాట్లాడి, వాళ్ళు, మనము నమ్మే కథలు మార్పు చేసి, లేదా అందరికీ ఆమోదమైన కొత్త కథతో వచ్చి కొన్నిసార్లు సంఘర్షణ తప్పించి శాంతి నెలకొల్పవచ్చు.

ఉదాహరణకు నాజీ ఇజం అభివృద్ధి తీసుకోండి. కోట్లాది జర్మన్లు హిట్లర్ను బలపరిచారంటే, అక్కడ వస్తుగత ఆకర్షణలు తప్పకుండా ఉన్నాయి. 1930 ఆదిలో ఆర్థిక సంక్షోభం వచ్చి ఉండకపోతే, నాజీలు ఎన్నటికీ అధికారంలోకి వచ్చి ఉండేవారు కారేమో. ఆధిపత్య సంబంధాలు, భౌతిక ప్రలోభాలు కారణంగానే మూడవ సామ్రాజ్యం (Third Reich) ఏర్పడిందనుకోవటం మాత్రం పొరబాటు. ఆర్థిక సంక్షోభ సమయంలో కోట్లాది జర్మన్లు మిగతా అన్నిటికంటే నాజీ కథనాన్నే ఎక్కువగా నమ్మారు. హిట్లర్ 1933 ఎన్నికలు గెలవటానికి మూలకారణం అదే. జర్మన్లు తమ భౌతిక ప్రలోభాలు వెంటాడుతూ, తమ ప్రత్యేక హక్కులు కాపాడుకున్నందువల్ల గత్యంతరం లేక కలిగిన ఫలితం కాదు. అది ఒక ఘోర తప్పిదం. ఆ తర్వాత ఏమి జరిగిందో మనకు తెలుసు కనుక, అది ఒక పెద్ద పొరపాటు అనీ, జర్మన్లు అంతకంటే మంచి కథలు ఎన్నుకొని ఉండవచ్చుననీ మనం ధైర్యంగా చెప్పవచ్చు. పన్నెండు సంవత్సరాల నాజీ పాలన జర్మన్ల వస్తుగత శ్రద్ధాశక్తులకు నీరు, నారు పోయలేదు. నాజీజమ్ జర్మనీ విధ్వంసానికి, కోట్లాది మరణాలకు దారి తీసింది. తర్వాతి కాలంలో జర్మన్లు స్వేచ్ఛాయుతమైన ప్రజాస్వామ్యం అనుసరించినపుడు వారి జీవితాలలో స్థిరమైన అభివృద్ధికి దారి తీసింది. జర్మన్లు విఫలమైన ఆ నాజీ ప్రయోగం దాటవేసి, 1930 పూర్వార్ధంలోనే స్వేచ్ఛాయుతమైన ప్రజాస్వామ్యం నమ్మి ఉండవచ్చునా? వారు అలా చేసి ఉండవచ్చుననే ఈ పుస్తకం అభిప్రాయం. నియతివాద ఆధిపత్య సంబంధాలవల్ల చరిత్ర రూపొందదు. మంత్రించి, మాయచేసే ప్రమాదకరమైన కథలు నమ్మటంవల్ల జరిగే తప్పుల కారణంగా రూపొందుతుంది.

ఘనమైన అబద్ధం

ఈ కథలు అన్నిటిలోనూ మన జాతి ఆధిపత్యాన్ని గురించి ఒక ప్రాథమిక వాస్తవం వెల్లడి అవుతుంది. దానితోబాటు ఆధిపత్యము, వివేచన ఎందుచేత చేతులు కలిపి

సాగవో వివరిస్తుంది. సమాచారం సత్యానికి దారి తీస్తుందనీ, సత్యం తెలుసుకుంటే జనానికి ఆధిపత్యము, వివేచన సంపాదించటానికి సహాయకారి అవుతుందనీ అమాయక దృక్పథం ఉద్దేశం. వినటానికి ఇది చాలా ప్రోత్సాహకరంగా ఉంటుంది. సత్యాన్ని నిర్లక్ష్యం చేసేవారికి అధిపత్యము, అధికారం లభించటం కష్టమనీ, సత్యాన్ని గౌరవించేవారికి ఆధిపత్యం లభిస్తుందనీ, ఆ ఆధిపత్యం వివేచనతో పదును ఎక్కుతుందనీ భావం. ఉదాహరణకు జీవశాస్త్రం వాస్తవాలు పట్టించుకోని పెద్దలు జాతిమత భేదాల కథలు నమ్మవచ్చు. కానీ వారు శక్తివంతమైన మందులు, వైరస్, బ్యాక్టీరియా, ఫంగస్ వంటి సజీవ ఆయుధాలు సృష్టించలేరు. జీవశాస్త్రం అర్థం చేసుకున్నవారికి ఆ శక్తి సామర్థ్యాలు ఉంటాయి. కానీ వారు ఆ విజ్ఞానాన్ని జాతి మత భేదాల పోరాటానికి వినియోగించరు. ఇదేగనక నిజమైతే, మన ప్రెసిడెంట్లు, మతాచార్యులు, CEO ల వివేచన, నిజాయితీ నమ్మి హాయిగా నిద్రపోవచ్చు. ఒక రాజకీయవేత్త, లేదా ఒక దేశం కొన్ని అబద్ధాలు చెప్పి, కొంత మోసం చేసి, కొంతవరకు ఎదగవచ్చు. కానీ కాలక్రమేణ అది తనగొయ్యి తానే తవ్వుకున్నట్లు అవుతుంది.

దురదృష్టవశాత్తూ మనం నివసిస్తున్న ప్రపంచం అది కాదు. సత్యం తెలిసి ఉండటంవల్ల లభించే అధికారం, ఆధిపత్యం కొంతవరకు మాత్రమేనని చరిత్ర చెబుతుంది. అనేకమంది ప్రజల మధ్య సామరస్యము, సంఘీభావం, క్రమశిక్షణ, స్థిరంగా నిలపగల సామర్థ్యంవల్ల కూడా ఆధిపత్యం లభిస్తుంది. మీరు ఆటమ్ బాంబ్ తయారు చేయాలనుకున్నారనుకోండి. అందుకు కావలసింది నిశితమైన భౌతికశాస్త్ర విజ్ఞానం. కానీ యురేనియం ఖనిజం గనులనుంచి తీయటానికీ, న్యూక్లియర్ రియాక్టర్లు నిర్మించటానికి, నిర్మాణ కార్యం నిర్వహించేవారికి, ఖనిజం బయటికి తీసేవారికీ, భౌతిక శాస్త్రవేత్తలకూ ఆహారం సరఫరా చేసేవారూ అనేకమంది ప్రజలు కావాలి. మాన్ హట్టన్ ప్రాజెక్ట్ లో సుమారు 130,000 మంది ఉద్యోగులు ఉండేవారు. వారిని పోషించి వారి బాగోగులు చూడటానికి లక్షలాది జనం పని చేశేవారు.[23] కెనడా ఉత్తర ప్రాంతంలోని ఎల్డోరాడో గనులనుంచీ, బెల్జియాయ్న్ కాంగోలోని శింకోలోబ్వే గనులనుంచీ యురేనియం బయటికి తీసే ఖనకుల మీద నమ్మకంవల్ల రాబర్ట్ ఓపెన్ హైమర్ తన సమీకరణాలపట్ల నిష్టవహించ గలిగారు.[24] ఆయన భోజనానికి అవసరమైన బంగాళాదుంపలు వగైరా పండించిన రైతుల సంగతి చెప్పనే అక్కరలేదు. మీరు ఒక ఆటమ్ బాంబ్ తయారు చేయాలనుకుంటే, లక్షలాది ప్రజల సహాయసహకారాలు పొందటానికి మార్గం తెలుసుకోవాలి.

మనిషి చేపట్టే బృహత్ ప్రణాళికలు ఏవైనా అంతే. రాతియుగంలో ఏ జట్టు అయినా శరభాలను వేటాడబోతే, శరభాలను గురించిన వివరాలు వారికి తెలిసి ఉండాలి. ఏదో మంత్రంవేసి ఆ శరబాన్ని చంపగలుగుతామనుకుంటే వారి వేట

సాహసయాత్ర నుంచి వారు తిరిగి వచ్చేవారు కారేమో. కానీ ఆ శరభాన్ని గురించిన వివరాలు మాత్రమే చాలవు. ఆ వేటగాళ్ళు అందరూ ఒకే పథకానికి కట్టుబడి ఉండాలి. ప్రాణాపాయం ఎదురైనాసరే ధైర్యంగా నిలిచి తమ విధి నిర్వహించాలి. చనిపోయిన వేటగాళ్ళకు మంత్రశక్తివల్ల ఉత్తమగతులు కలిగించగలమని వారు నమ్మి ఉంటే, వేటలో వారి సాహసయాత్రలు ఇంకా ఘనమైన విజయాలు సాధించి ఉండేవి. బతికి ఉన్నవారికి ఆ మంత్రశక్తి ఏ విధంగానూ ఉపయోగపడి ఉండక పోవచ్చు. కానీ బతికి ఉన్న వేటగాళ్ల ధైర్యం పటిష్టం చేసి, వేట సఫలతకు అది చాలా దోహదం చేసి ఉండేది.[25]

ఆధిపత్యం, అధికారం నిజం మీద, వ్యవస్థమీద ఆధారపడి ఉంటాయి. వ్యవస్థను నిర్వహించగలిగిన వారే సామాన్యంగా ఏమి చేయాలో ఎలా చేయాలో అందరికీ – శరభాలను గురించి, భౌతిక శాస్త్రాన్నిగురించి తెలిసినవారికి – చెప్పగలవారు. ఫ్రాంక్లిన్ డెలానో రూజ్ వెల్ట్ రాబర్ట్ ఓపెన్ హైమర్‌కు విధేయులై ఉండటం కాక, రాబర్ట్ ఓపన్ హైమర్, ఫ్రాంక్లిన్ డెలానో రూజ్ వెల్ట్ కు విధేయులై ఉండేవారు. అలాగే వెర్నర్ హైజెన్ బెర్గ్ అడాల్ఫ్ హిట్లర్ కు విధేయులు, ఇగోర్ కూర్చటావ్, జోసెఫ్ స్టాలిన్ కు విధేయులై ఉండేవారు. సమకాలీన ఇరాన్ లో న్యూక్లియర్ ఫిజిక్స్ మేధావులు షీఅయిటే ధర్మశాస్త్ర ప్రవీణుల ఆజ్ఞలు శిరసా వహిస్తారు.

ఉన్నత పదవులలో ఉన్నవారికి తెలిసిందీ, న్యూక్లియర్ ఫిజిక్స్ శాస్త్రవేత్తలు గ్రహించనిదీ ఏమిటంటే జనసముదాయాన్ని సమీకరించి వారిమధ్య శాంతి భద్రతలు నెలకొల్పటానికి ఈ ప్రపంచాన్ని గురించి నిజం చెప్పటం ఒక్కటే చాలదు, అది ఉత్తమ మార్గం కాదు అని. E = mc2 అన్న సమీకరణం నిజమే. ఈ సమీకరణం ప్రపంచాన్ని గురించి అనేక విషయాలు చెబుతుంది. కానీ E = mc2 అని తెలిసినంత మాత్రాన రాజకీయ విభేదాలు సమసిపోవు. ప్రజాక్షేమం కోసం త్యాగాలు చేయుమని జనాన్ని ఆ సమీకరణం ప్రోత్సహించదు, ప్రేరేపించదు. మానవ సమాజాలను ఏకం చేసేది కల్పనలు, కథలు – ముఖ్యంగా దేవుళ్ళు, ధనం, జాతుల వంటి సహమానవ విషయాలు. జనాన్ని ఏకం చేయటంలో నిజానికంటే కల్పనకే ఎక్కువ అనుకూలాలు ఉన్నాయి. మొట్టమొదటగా కల్పన మన ఇష్టం వచ్చినంత సరళం చేయవచ్చు. నిజం మాత్రం జటిలం అవుతుంది. ఎందుకంటే ఆ నిజం ప్రకటించ వలసిన వాస్తవం జటిలము, క్లిష్టము. దేశాలను గురించిన నిజాలు ఉదాహరణగా తీసుకోండి. తనదేశం ఒక సహమానవ స్థావరం అనీ, అది కేవలం మన సామూహిక ఊహలో, భావనలో మాత్రమే ఉన్నదనీ గ్రహించటం కష్టసాధ్యమైన ప్రయత్నం. అటువంటి వాస్తవాలు రాజకీయవేత్తలు తమ ప్రసంగాలలో చెప్పటం చాలా అరుదుగా వినబడుతుంది. మన దేశం దేవుడు మెచ్చిన దేశమనీ, దేవుడు మనకు ఒక ప్రత్యేక

కర్తవ్యం ఆదేశించాడనీ నమ్మటం సులభం అవుతుంది. ఇజ్రాయిల్ నుంచి ఇరాన్ వరకు, యునైటెడ్ స్టేట్స్ నుంచి రష్యా వరకూ లెక్కలేనంతమంది రాజకీయవేత్తలు ఈ కథ పదేపదే చెప్పారు.

రెండవ విషయం ఏమిటంటే, నిజం బాధాకరం. కలచివేస్తుంది. మనం దానిని సౌమ్యంగాను, ప్రశంసాత్మకంగాను మార్చటానికి ప్రయత్నిస్తే, అప్పుడు అది నిజం కాదు. అందుకు ప్రతిగా కల్పన ఇష్టం వచ్చినట్లు మెలితిప్పవచ్చు. ప్రతిదేశ చరిత్రలోను జనానికి నచ్చని విషయాలు, గుర్తు రాకుండాఉంటే బాగుండే విషయాలు ఉంటాయి. ఇజ్రాయిల్ ఆక్రమణ వల్ల పాలస్తీనా పౌరులకు కలిగిన దురవస్థలు ఏకరువు పెడుతూ ప్రసంగం చేసిన రాజకీయవేత్తకు వచ్చే ఓట్లు లెక్కపెట్టటం చాలా సులభం. అలాకాక, తలనెప్పి వాస్తవాలు పక్కనపెట్టి, యూదు గతచరిత్రలో ఘనమైన సంఘటనలు ఏకరువు పెడుతూ, దానితో సందర్భోచితంగా యదార్థం జోడిస్తే, అధికారంలోకి దూసుకు వస్తారు. ఒక ఇజ్రాయిల్ మాత్రమే కాదు, అన్నీ దేశాలలోనూ ఇదే పరిస్థితి. ఎంతమంది ఇటాలియన్లు, లేదా భారతీయులు తమ దేశాన్ని గురించి కటిక సత్యాలు వినటానికి సిద్ధంగా ఉన్నారు? విజ్ఞానశాస్త్ర పురోగతికి రాజీలేని కటిక సత్యం అత్యవసరం. అది ప్రశంసా యోగ్యమైన ఆధ్యాత్మిక అభ్యాసం కూడా. కానీ రాజకీయ పథకంగా అది విజయం సాధించబోదు.

ప్లేటో రిపబ్లిక్ అనే రచన చేశారు. తను కలగన్న దేశం రాజ్యాంగం ఒక "ఘనమైన అబద్ధం" మీద ఆధారపడి ఉంటుందని ఆయన ఊహ. సాంఘిక వ్యవస్థను గురించి ఒక కల్పితగాధ – అది పౌరుల విశ్వాసాన్ని ఆకట్టుకునేదిగా ఉండాలి, వారు రాజ్యాంగాన్ని ప్రశ్నించకుండా అడ్డుకోవాలి. ప్రజలంతా ఈ భూమినుంచి పుట్టుకువచ్చారు. ఈ భూమివారి తల్లి. కనుక వారు తమ మాతృభూమికి విశ్వాసపాత్రులై ఉండాలి అని ప్రజలకు చెప్పాలని ప్లేటో వ్రాశారు. వారు కడుపున పడినప్పుడు దేవుళ్ళు బంగారము, వెండి, కంచు, ఇనుము వంటి లోహాలను వారిలో కలగలుపు చేశారు. కనుకనే బంగారు పాలకులు, కంచు సేవకులు సహజంగా పుట్టుకువచ్చారు అని కూడా ప్రజలకు హితబోధ జరగాలని కూడా ప్లేటో ఉవాచ. ప్లేటో కలగన్న స్వాప్నిక జగత్తు వాస్తవంగా ఏర్పడి ఉండక పోవచ్చు. కానీ యుగాల తరబడి అనేక రాజ్యాంగాలు ఈ ఘనమైన అబద్ధాన్ని తమ ప్రజలకు వివిధ రకాలుగా చెప్పాయి.

ప్లేటో ఘనమైన అబద్ధం నిజమయినప్పటికీ, రాజకీయవేత్తలందరూ అబద్ధాల కోరులనీ, అన్నిదేశ చరిత్రలూ అబద్ధాల పుట్టలనీ మనం నిర్ధారించకూడదు. నిజం చెప్పటమా అబద్ధమాడటమా అన్న సంశయమే కాదు, అక్కడ మూడవ అభిమతం కూడా ఉన్నది. మీరు చెబుతున్న కథ యదార్థం అన్నట్లు మీరు నటిస్తే, మీరు చెబుతున్న కల్పిత కథ అబద్ధం అవుతుంది. కానీ మీరు ఆ నటన వదిలివేసి, పూర్వపు

వస్తుగత యదార్థం కాక, మరొక సరికొత్త సహమానవ యదార్థం సృష్టించటానికి ప్రయత్నిస్తున్నారని నిర్మొహమాటంగా చెబితే అప్పుడు మీ కల్పిత కథ అబద్ధం కాబోదు.

ఉదాహరణకు, 1787 సెప్టెంబర్ 17న రాజ్యాంగ సదస్సు అమెరికన్ రాజ్యాంగం మీద సంతకాలు చేసింది. ఆ రాజ్యాంగం 1789 లో అమలులోకి వచ్చింది. ఆ రాజ్యాంగం అంతకు మునుపు ప్రపంచాన్ని గురించి ఉన్న సత్యం ఏమీ వెలిబుచ్చలేదు. కానీ ముఖ్యమైన విషయం ఏమిటంటే ఆ రాజ్యాంగం అబద్ధం కూడా కాదు. ప్లేటో సిఫారసు నిరాకరించినందువల్ల ఆ రాజ్యాంగ రచయితలు ఆ గ్రంథమూలాలను గురించి ఎవరినీ మోసపుచ్చలేదు. ఆ గ్రంథం స్వర్గంనుంచి జారి పడిందనో, దేవుడి ప్రేరణవల్ల పుట్టిందనో వాళ్ళు నటించలేదు. అది చాలా సృజనాత్మకమైన న్యాయకల్పన అనీ, తప్పులు చేయగల మానవమాత్రులచేత కల్పితమయిందనీ స్పష్టంగా వెల్లడించారు.

"యునైటెడ్ స్టేట్స్ ప్రజలమైన మేము" అని ఆ రాజ్యాంగం తన పుట్టుకను తెలియబరుస్తుంది. "ఇంతకంటే పరిపక్వమైన సంయోగం ఏర్పరచటానికి...ఈ రాజ్యాంగం స్థాపించి నియోగించుతున్నాం." అది మానవమాత్రులచేత కల్పితమైన న్యాయ వ్యవస్థ అని ఒప్పుకుంటూనే, US రాజ్యాంగం శక్తివంతమైన సంయోగం ఏర్పరచటంలో కృతకృత్యులు అయారు. విస్తృతమైన జాతి, మత, సాంస్కృతిక నేపథ్యాలకు చెందిన కోట్లాది ప్రజల మధ్య రెండుశతాబ్దాలకు పైగా ఆ రాజ్యాంగం ఆశ్చర్యపరిచే క్రమం నిర్వహించి నిలబెట్టింది. US రాజ్యాంగం ఒక రాగంలాగా పలికింది. ఆ రాగం దేనికీ ప్రతినిధి కాదు. కానీ అనేకమంది ప్రజలను ఏకంచేసి వారిచేత సామూహికంగా ఒక క్రమంలో కృషి చేయించింది.

ఇక్కడ "ఒక క్రమంలో" అంటే న్యాయము ధర్మము అని భ్రమపడ కూడదు. US రాజ్యాంగం సృష్టించిన క్రమం బానిసత్వాన్ని, స్త్రీల పరతంత్రతను, స్వదేశస్థుల హక్కుల స్వాధీనత, విపరీతమయిన ఆర్థిక అసమానత్వం, మన్నించింది. యూఎస్ రాజ్యాంగం మేధ అంతా అది మానవమాత్రులచేత సృష్టి అయిన న్యాయకల్పన అని ఒప్పుకోవటంలో ఉన్నది. ఆ కారణంగా తనను తాను సవరించుకోవటానికి, తన అన్యాయాలు సరిదిద్దటానికి తగిన సంవిధానం ఏర్పాటు చేయగలిగింది (అధ్యాయం 5 వివరంగా పరిశీలిస్తుంది). ప్రజలు సవరణలు సూచించి, ఆ సవరణలు ఎలా ఆమోదించగలరో రాజ్యాంగంలో ఆర్టికిల్ V వివరిస్తుంది. ఆ సవరణలు రాజ్యాంగంలో అన్నివిధాల న్యాయబద్ధమైన అంశాలే అవుతాయని చెబుతుంది. రాజ్యాంగం రచన జరిగిన ఒక శతాబ్దం లోపలనే పదమూడవ సవరణ బానిసత్వాన్ని నిర్మూలించింది.

టెన్ కమాండ్ మెంట్స్ వంటి కథలు కల్పన కాదనీ, దేవుడి దగ్గరినుంచి దిగివచ్చాయనీ వ్యాజం జరిగింది. US రాజ్యాంగం మౌలికంగా అందుకు వ్యత్యాసం. US రాజ్యాంగం లాగానే టెన్ కమాండ్ మెంట్స్ కూడా బానిసత్వాన్ని ఆమోదించింది. పదవ ఆదేశం "మీరు మీ పొరుగువారి ఇల్లు ఆశించ కూడదు. మీరు మీ పొరుగువారి భార్యనుకాని, వారి స్త్రీ, పురుష బానిసను కానీ ఆశించ కూడదు." (ఎక్సోడస్ 20:17) అంటుంది. దేవుడు బానిసత్వాన్ని ఆమోదిస్తాడనీ, మరొకరి బానిసలను ఆపేక్షించటం మాత్రమే అభ్యంతరం చెబుతాడనీ ధ్వనిస్తుంది కదా! కానీ US రాజ్యాంగం లాగా టెన్ కమాండ్ మెంట్స్ సవరణ ఏమీ చేయలేక పోయింది. "మూడింట రెండు వంతులు మెజారిటీ ఉంటే కమాండ్ మెంట్స్ సవరించవచ్చు" ననే పదకొండవ కమాండ్ మెంట్ అక్కడ లేదు.

ఈ రెండు గ్రంధాల మధ్య వ్యత్యాసం ఆదిలోనే తేటతెల్లం అయింది. US రాజ్యాంగం "ప్రజలమైన మేము ..." అని మొదలవుతుంది. అది మనుషుల వల్ల తయారయింది అని చెప్పటంవల్ల, దానిని సవరించే అధికారం కూడా మనుషుల చేతికి ఇచ్చింది. టెన్ కమాండ్ మెంట్స్ "నేను ప్రభువును, మీ దేవుడిని..." అని మొదలవుతుంది. దేవుడి దగ్గరినుంచి దిగివచ్చింది కనుక మానవులకు దానిని మార్చే అధికారం లేదు. ఏతావాతా బైబుల్ గ్రంధం ఈనాటికీ బానిసత్వాన్ని ఆమోదిస్తుంది!

మానవ రాజకీయ వ్యవస్థలు అన్నీ కల్పితాలే. ఆ నిజాన్ని కొందరు అంగీకరిస్తారు, కొందరు అంగీకరించరు. మన సాంఘికవ్యవస్థ పుట్టుపూర్వోత్తరాలు మానవ కల్పితాలని అంగీకరిస్తే, అందులో మార్పులు చేర్పులు తీసుకురావటం సులభమవుతుంది. మనవంటి మనుషులే అది కనిపెట్టి ఉంటే మనం దానిని సవరించి సరిదిద్దవచ్చు. కానీ ఆ నిజాయితీ ఒక మూల్యంతోనే సాధ్యం. సాంఘిక వ్యవస్థ మనుషుల ద్వారానే ఏర్పడింది అంటే, ఆ వ్యవస్థ ప్రతి ఒక్కరి ఆమోదము పొందటం కష్టసాధ్యమైన విషయం. మనలాంటి వాళ్ళే అది కనుక్కొని ఉంటే, దానిని మనం ఎందుకు ఆమోదించాలి? పద్ధెనిమిదవ శతాబ్దం చివరివరకూ సమాచారం అందరికీ తెలియజేయటానికి తగిన సాంకేతిక పరిజ్ఞానం లేదు. సాంఘిక వ్యవస్థ నియమాలను గురించి జనబాహుళ్యం మధ్య బహిరంగ వాదప్రతివాదాలు జరగటం దాదాపు దుర్లభమై పోయింది. అధ్యాయం 5 లో మనం ఈ విషయం గమనిస్తాం. కనుక రష్యన్ త్సార్స్, ముస్లిం ఖలీఫాలు, చైనీస్ దివ్యపుత్రులు అందరూ సామాజిక ప్రాధమిక నియమాలు దివినుంచి భువికి దిగివచ్చాయని, వాటిని మనుషులు మార్చటానికి వీలులేదనీ వ్యాజ్యమాడారు. ఇరవై ఒకటో శతాబ్దం ఆదిలో కూడా చాలా రాజకీయ వ్యవస్థలు మానవాతీత అధికారం వ్యాజ్యమాడి, బహిరంగ వాద ప్రతివాదాలు వ్యతిరేకిస్తారు. ఎందుకంటే వాటివల్ల గిట్టని మార్పులు తలఎత్తవచ్చు.

నిత్య సంకటం

చరిత్రలో కల్పన ముఖ్యపాత్ర అర్థం చేసుకున్న తర్వాత, సమాచార యంత్రాంగం నమూనా పూర్తిగా ప్రదర్శించటం సాధ్య మవుతుంది. ఈ నమూనా అమాయక దృక్పథానికీ, ఆ దృక్పథం పట్ల ప్రజానాయకుల విమర్శకూ అతీతం. సత్యానికి సమాచారం ముడిసరుకు కాదు. అమాయక ధోరణికి ఇది విరుద్ధం. మానవ సమాచార యంత్రాంగాలు సత్యం తెలుసుకోవటానికి సంసిద్ధంగా లేవు. సమాచారం అంటే ఒక ఆయుధం కాదు. ఇది ప్రజానాయకుల ధోరణికి విరుద్ధం. బతికి బాగుపడాలంటే, ప్రతి సమాచార యంత్రాంగమూ సమకాలీనంగా రెండు పనులు చేయాలి: నిజం తెలుసుకోవాలి, ఒక క్రమం సృష్టించాలి. చరిత్ర విశదీకరించినట్లు, మానవ సమాచార యంత్రాంగాలు ప్రత్యేకించి రెండు నైపుణ్యాలు వికసింపజేశాయి. అమాయక దృక్పథం ఆశించినట్లు వైద్యము, శరభాలు, న్యూక్లియర్ ఫిజిక్స్ నిశితంగా అర్థం చేసుకోవటానికి సమాచారం ఎలా వడకట్టాలో నేర్చుకున్నారు. అదే ఊపులో ప్రజాబాహుళ్యంలో సాంఘిక వ్యవస్థ స్థిరంగా, దృఢంగా నిర్వహించటానికి సమాచారం ఎలా ఉపయోగించాలో ఈ యంత్రాంగాలు నేర్చుకున్నాయి. ఆ ప్రయోగంలో ఆ యంత్రాంగాలు నిజంతో బాటు కల్పనలు, వాస్తవాతీత గాథలు, ప్రచారము ఇంకా కొండొకచో పచ్చిఅబద్ధాలు కూడా ప్రయోగించాయి.

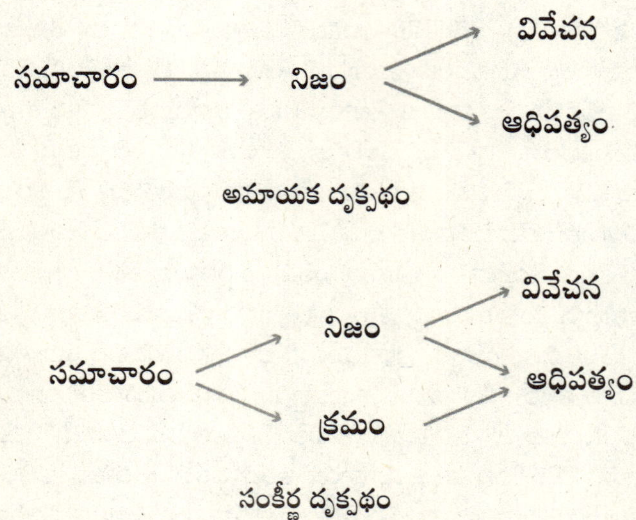

కొండంత సమాచారం ఉన్నంత మాత్రాన నిజం బయటపడుతుందనీ, క్రమం వర్ధిల్లుతుందనీ గ్యారంటీ ఏమీ లేదు. నిజం తెలుసుకోవటానికీ, క్రమం నిలబెట్టటానికీ

సమాచారం ఎలా ఉపయోగించాలనేదికష్టసాధ్యమైన ప్రక్రియ. ఈ రెండు ప్రక్రియలూ తరుచూ పరస్పరం వ్యతిరేకం. ఎందుకంటే కల్పన ద్వారా క్రమం నిలబెట్టటం తరుచూ సులభం అవుతుంది. US రాజ్యాంగంలో లాగా కొన్నిసార్లు కాల్పనిక కథలు తమ కాల్పనికతను వెలిబుచ్చవచ్చు. కానీ నేను అలా చెప్పలేదు అనటం మామూలు. మతం అంటే మనుషులు చెప్పే కథలు కాదు, అది నిష్పాక్షికమైన శాశ్వతసత్యం అని సదా ఘోషిస్తూ ఉంటాయి. అటువంటి పరిస్థితులలో సత్యాన్వేషణ అంటే సాంఘికవ్యవస్థ పునాదులు కదిలి పోతాయి. చాలా సమాజాలలో సభ్యులు తమ అసలైన వంశోత్పతి తెలుసుకోగూడదని ఆ సమాజాల ఆకాంక్ష. అజ్ఞానమే బలం. మరి మనుషులకు అసలు నిజం తెలిస్తే ఏమవుతుంది? ఒకే సమాచారం ఈ ప్రపంచాన్ని గురించి ముఖ్యమైన యదార్ధం వెల్లడిస్తుంది. అదే ఊపులో సమాజాన్ని కూడగట్టిన ఘనమైన అబద్ధం తలకిందులు చేస్తుంది. అటువంటి సందర్భాలలో సత్యాన్వేషణ కట్టిపెట్టి, క్రమం పరిరక్షించటం సమాజం ధ్యేయం కావచ్చు.

డార్విన్ పరిణామ సిద్ధాంతం ఇందుకు ప్రత్యక్ష ఉదాహరణ. పరిణామక్రమం అర్ధం చేసుకుంటే, వివిధ జాతుల- మనుషులతోసహా- జీవ శాస్త్రము, పుట్టుపూర్వోత్తరాలు అర్ధం చేసుకోవటానికి చాలా సహాయ పడుతుంది. కానీ అనేక సమాజాలలో క్రమాన్ని పదిలపరిచే కొన్ని కల్పితకథలను సమూలంగా పెళ్ళగిస్తుంది. అందుచేతనే అనేక ప్రభుత్వాలు, చర్చ్ లు పరిణామక్రమ బోధన నిషేధించాయి, లేదా పరిమితం చేశాయి. సమాజంలో క్రమం భద్రపరచే ప్రయత్నంలో వారు నిజాన్ని త్యాగం చేశారు.[26]

ఇక్కడ ఇంకొక సమస్య ఏమిటంటే, సమాచార యంత్రాంగం సత్యాన్వేషణకు జనాన్ని అనుమతించ వచ్చు, ప్రోత్సహించవచ్చు కూడా. కానీ అది సాంఘిక క్రమానికి ముప్పు కలగకుండా, ఆధిపత్యం ఉత్పత్తి చేయగల కొన్ని రంగాలకు మాత్రమే పరిమితం. తద్వారా చాలా బలీయమైన యంత్రాంగం పుట్టుకు రావచ్చు. కానీ అక్కడ వివేచన పూర్తిగా లోపిస్తుంది. ఉదాహరణకు నాజీ జర్మనీ కెమిస్ట్రీ, దృక్‌శాస్త్రం, ఇంజనీరింగ్, రాకెట్ సైన్స్ రంగాలలో ప్రపంచ ప్రఖ్యాత శాస్రవేత్తలను చేరదీసింది. అమెరికన్లను చంద్రుడి దగ్గరికి చేర్చింది ముఖ్యంగా నాజీ రాకెట్ సైన్సే.[27] ఈ విజ్ఞానశాస్త్ర శౌర్యమే అత్యంత శక్తివంతమైన యుద్ధ యంత్ర నిర్మాణంలో నాజీలకు తోడ్పడింది. అదే మతితప్పిన దారుణ హత్యాకాండకు వినియోగించబడింది. నాజీపాలనకింద జర్మన్లకు రాకెట్ సైన్స్ అభివృద్ధి చేయటానికి ప్రోత్సాహం లభించింది. కానీ జీవశాస్త్రం, చరిత్రలలో జాతిమత ద్వేషాలను గురించి ప్రశ్నించే స్వేచ్ఛ లేకపోయింది.

మానవ సమాచార యంత్రాంగ చరిత్ర విజయయాత్ర కుంటుపడటానికి అదే ముఖ్యకారణం. తరాలు గడుస్తున్న కొద్దీ మానవ యంత్రాంగాలు శక్తి పుంజుకున్నాయి.

కానీ ఆయంత్రాంగాల వివేచన అదే నిష్పత్తిలో పెరగలేదు. ఒక యంత్రాంగం సత్యం దాచటానికి శక్తి ప్రయోగిస్తే, ఆయంత్రాంగం ఆధిపత్యం సాధించవచ్చు. కానీ ఆ ఆధిపత్యం అవివేకంగా ప్రయోగించవచ్చు.

మానవ సమాచార యంత్రాంగం చరిత్ర పురోగమనానికి బదులు తాటిమీద నడక అయింది. నిజాన్నీ, క్రమాన్నీ సరితూచుతూ నడవటమే ఆ కసరత్తు. ఆ విషయంలో రాతియుగం నాటి మన పూర్వీకులకంటే ఇరవై ఒకటో శతాబ్దంలో మనం సాధించింది చెప్పుకోవటానికి ఏమీ లేదు. గూగుల్, ఫేస్ బుక్ వంటి సంస్థలు తమ ధ్యేయాలను వల్లిస్తూ ఉండవచ్చు. సమాచార సాంకేతిక విజ్ఞానం వేగము, దక్షత పెరిగినంత మాత్రాన ఈ ప్రపంచం స్వర్గధామం కాబోవటంలేదు. అక్కడ సత్యానికి, క్రమానికి మధ్య సమతుల్యత అత్యవసర ఆవశ్యకత అయికూర్చుంటుంది. వేలాది సంవత్సరాల క్రితం, కథ పుట్టగానే మనం ఈ పాఠం నేర్చుకున్నాం. మానవజాతి రెండవసారి సమాచార విజ్ఞానం – లిఖిత పత్రం – తో గంతులు వేస్తూ వచ్చినప్పుడు మళ్ళీ అదే పాఠం నేర్చుతారు.

అధ్యాయం 3

కాగితాలు: కాగితం పులులు

సమాచార సాంకేతిక విద్యలో తొలుదొల్త మనిషి అభివృద్ధి చేసింది కథలు. ఆ కథలే మానవ సమాజంలో భారీ ఎత్తు సహాయ సహకారాలకు దోహదం చేశాయి. మనిషిని మిగతా అన్ని జీవులకంటే శక్తియుతుడిని చేశాయి. కానీ సమాచార సాంకేతిక విద్యగా కథలకు కొన్ని పరిమితులు ఉన్నాయి.

ఇందులో అంతరార్థం ఆకళించుకోవాలంటే దేశాలు రూపొందటంలో కథల పాత్ర పరిశీలించాలి. చాలా దేశాలు కవుల ఊహాగానంవల్ల ఏర్పడ్డాయి. పాలస్తీనాలో యూదురాష్ట్రం స్థాపించటానికి 1910 ప్రాంతాలలో ప్రాణాలు ఒడ్డిన జియోనిస్ట్లుగా సారా ఆరంసాన్ ను, అజ్ఞాత NILI బృందాన్ని ఇజ్రాయిల్ దేశస్థులు గుర్తిస్తారు. కానీ NILI సభ్యులకు ఈ ఆలోచన ఎక్కడినుంచి వచ్చింది? వారంతా థియోడోర్ హెర్జల్, హయిమ్ నామన్ బయలిక్ వంటి కిందటితరం కవులు, యోచనాపరులు, భావుకుల వల్ల ప్రేరితులయ్యారు.

బయలిక్ ఒక యుక్రేనియన్ యూదు. 1890 లలో, ఇరవయ్యవ శతాబ్దం మొదటి దశాబ్దంలో ఆయన అనేక కవితలు, కథలు ప్రచురించారు. యూరోపియన్ యూదుల బలహీనత, వారిని హింసించిన విధానం గురించి ఆక్రోశిస్తూ ఆ కవితలు, కథలు నడిచాయి. తమ అదృష్టం తమ చేతులలోనే ఉన్నదని, ఆయుధాలు చేపట్టి తమను తాము రక్షించుకోవాలని, పాలస్తీనా వలస పోవాలని, అక్కడ తమ స్వంత రాజ్యం స్థాపించుకోవాలని ఆ కవితల, కథల పిలుపు, మేలుకొలుపు. 1903 లో కిశీనేవ్ కార్యక్రమం కింద నలభైతొమ్మిది మంది యూదులు హత్య చేయబడ్డారు, డజన్లకొద్దీ గాయ పడ్డారు.[1] ఆ సంఘటన వివరిస్తూ ఆయన వ్రాసిన కవిత అత్యంత ప్రభావశాలి. "చిత్రవధ నగరం" కవిత ఆ దారుణహత్యలు చేసిన యూదువిరోధ

మూకను తూర్పార పట్టింది. దానితోబాటు యూదుల అహింసావాదాన్ని, నిస్సహాయతను కూడా విమర్శించింది.

గుండెలు పిండివేసే ఒక దృశ్యంలో బయలిక్ యూదుస్త్రీల సామూహిక మానభంగాలు ఎలా జరిగాయో వర్ణించారు. వారి భర్తలు, సోదరులు (చాటునుంచి) చూస్తూ ఉండగానే ఆ మానభంగాలు నడిచాయి. అడ్డుకోవటానికి భయపడివారంతా పక్కనే దాగారు. ఆ కవిత యూదు పురుషులను భయభ్రాంతాలయిన ఎలుకలతో పోల్చుతుంది. ఏదో అద్భుతం చేయమని వారు భగవంతుడిని ఎలాప్రార్థించారో ఊహిస్తుంది. (ఆ అద్భుతం జరగలేదనుకోండి). ఆమారణకాండ తర్వాతకూడా బతికి ఉన్నవారికి ఆయుధాలు చేపట్టాలనే ఆలోచనే కలగలేదు. పెద్దలందరూ కూడి ఆ మానభంగాలకు గురయిన స్త్రీలు ఆచారం ప్రకారం ప్రస్తుతం అపవిత్రులా పవిత్రులా అన్న అంశం చర్చిస్తూ వాదోపవాదాలకు దిగారు. ఈ కవిత ఈనాటి అనేక ఇజ్రాయిల్ స్కూళ్ళలో విధాయకమైన పాఠ్యాంశం. రెండువేల సంవత్సరాలుగా చరిత్రలో శాంతియుతజాతిగా పేరుపడ్డ యూదులు ఇప్పుడు చాలా బలవత్తరమయిన సేనలు ఎలా నిర్మించారా అన్నది తెలుసుకోవాలనుకున్నవారికి కూడా ఈ కవిత తప్పకుండా చదివి తీరవలసిన కవిత. బయలీక్ ఇజ్రాయిల్ జాతీయ కవి అయినారంటే ఊరికే కాలేదు.[2]

బయలిక్ ఉక్రెయిన్ లో నివసించారు. తూర్పు యూరప్ లో ఆశ్కెనాజీ యూదులపట్ల అత్యాచారాలు, హింసాకాండ ఎలా నడిచిందో ఆయనకు బాగా తెలుసు. కానీ ఆయనకు పాలస్తీనాలో పరిస్థితులను గురించి తెలియదు. తర్వాత యూదులకు అరబ్బులకు మధ్య విభేదాలు రావటానికి అదే కారణం. బయలిక్ కవితలవల్ల యూదులు తాము అందరూ మోసపోయామని, తక్షణం సేన బలగం కూడగట్టుకొని, తమ దేశం నిర్మించాలని ప్రేరితులయ్యారు. కానీ ఆ క్షణంలో వారు పాలస్తీనాలో నివసించే అరబ్బులకుగాని, మధ్యధరా ప్రాంతానికి చెందిన మీజ్రాహి యూదు సమాజాలకు కానీ కలిగే విపరీత దారుణ ఫలితాలను గురించి ఆలోచించలేదు, ఊహించలేదు. 1940 ప్రాంతాలలో అరబ్ – ఇజ్రేలి సంఘర్షణ విస్ఫోటనం చెందినప్పుడు లక్షలాది పాలేస్టీన్ వాసులు లక్షలాది మీజ్రాహి యూదులు వారి పూర్వీకుల ఇళ్లలోనుంచి బయటికి గెంటివేయ బడ్డారు. దాదాపు అర్ధ శతాబ్దం క్రితం యుక్రెయిన్ లో విరచితాలయిన కవితలు కూడా కొంతవరకూ ఇందుకు కారణం.[3]

యుక్రెయిన్ లో బయలిక్ రచనలు చేస్తూ ఉండగా, 1890 లలో, ఇరవయ్యవ శతాబ్దం ఆదిలో హంగేరియన్ యూదు థియోడోర్ హెర్జల్ యూదుమత ఉద్యమం లేవదీయటంలో నిమగ్నులై ఉన్నారు. తన రాజకీయ కార్యక్రమంలో భాగంగా హెర్జల్ రెండు పుస్తకాలు ప్రచురించారు. *ది జ్యూయిష్ స్టేట్* (The Jewish State – 1896)

పాలస్తీనాలో యూదు రాష్ట్రం స్థాపించాలనే హెర్జల్ ఆలోచనకు కార్యక్రమం. ది ఓల్డ్ న్యూ లాండ్ (The Old New Land – 1902) అన్న రచన 1923 లో జరగబోయే పరిణామాలు ఊహించిన కల్పనా జగత్తు. అది హెర్జల్ కలగన్న సుసంపన్న యూదురాష్ట్రం. ఈ రెండు పుస్తకాలు పాలస్తీనాలో వాస్తవాలను పట్టించుకోకుండా జరిగిన రచనలు. కానీ యూదుమత ఉద్యమాన్ని విపరీతంగా ప్రభావితం చేసిన రచనలు. ది ఓల్డ్ న్యూ లాండ్ హిబ్రూ భాషలో టెల్ అవీవ్ (ఓల్డ్ న్యూ లాండ్ అన్న పదానికి హిబ్రూభాషలో స్వేచ్ఛానువాదం) అనే పేరున వెలికి వచ్చింది. ఈ పుస్తకం ప్రచురణ అయిన ఏడు సంవత్సరాలకు టెల్ అవీవ్ నగరం స్థాపన జరిగింది. ఆ నగరం పేరు ఈ పుస్తకం నుంచే వచ్చింది. బయలిక్ జాతీయ కవి అయితే, హెర్జల్ రాష్ట్ర భావుకులుగా పేరు పొందారు.

బయలిక్, హెర్జల్ నేసిన నేతలు సమకాలీన కీలక వాస్తవాలను చాలావాటిని పట్టించుకోలేదు. ముఖ్యంగా 1900 ప్రాంతంలో పాలస్తీనా జనాభా 600,000 లలో యూదులు 6 – 9 శాతం మాత్రమే ఉన్నారు.[4] జనాభా లెక్కలకు చెందిన వాస్తవాలను నిర్లక్ష్యం చేస్తూనే, బయలిక్, హెర్జల్ ఇద్దరూ పౌరాణిక కథనాలకు ప్రాముఖ్యత ఇచ్చారు. వాటిలో బైబిల్ కథలు అతి ప్రాముఖ్యత సంతరించుకున్నాయి. అవి లేకుండా ఆధునాతన యూదుమతం ఊహించటం కూడా అసాధ్యమైన పని. బయలిక్, హెర్జల్ ఇద్దరూ జాతీయ పురాణగాధలవల్ల కూడా చాలా ప్రభావితులయ్యారు. ఈ పురాణగాధలన్నీ పంధొమ్మిదో శతాబ్దంలో యూరప్ లో అన్నిరకాల తెగల వారిచేత సృష్టి అయిన కధా సాగరం. అంతకు మునుపు యుక్రేనియన్ జాతీయత కోసం తరస్ శేవ్చెంకో,[5] హంగేరియన్ జాతీయత కోసం సాందర్ పెతోఫీ[6], పోలిష్ జాతీయత కోసం ఆదమ్ మిక్కీ విక్[7] చేసిన సేవ ఇప్పుడు యుక్రేనియన్ యూదు బయలిక్, హంగేరియన్ యూదు హెర్జల్ యూదుమతం కోసం చేశారని చెప్పాలి. చుట్టూ ఎదుగుతున్న జాతీయ ఉద్యమాలను చూసి దేశాలు "కళలు, పాటలు, కల్పనాశక్తులవల్ల"[8] ఉద్భవిస్తాయని వ్రాశారు.

కలలు, పాటలు, కల్పనాశక్తులు ఎంత ప్రేరకాలు అయినా, ఒక స్వయం చాలకమయిన జాతిని–రాష్ట్రాన్ని సృష్టించటానికి చాలవు. బయలిక్ యూదు విప్లవనాయకులను తరతరాలుగా ప్రభావితులను చేశారు. కానీ ఒక సేన తయారుచేయటానికి, ఆ సేనను పెంచి, పోషించటానికి నిర్వహించటానికి పన్నులు విధించాలు, తుపాకులు కొనాలి. హెర్జల్ స్వాప్నిక సృష్టి టెల్ అవీవ్ నగర పునాదులు వేయటానికి సమర్ధమయింది. కానీ ఆ నగరం ఉపయుక్తంగా కొనసాగాలంటే, ఒక మురికి కాలవల ప్రణాళిక కూడా అత్యవసరం. అంత చెప్పిన తర్వాత, దేశభక్తి అంటే, మాతృభూమిని గురించి మనసు కదిలించే కవితలు పాడటం, వల్లెవేయటమే చాలదు. అలాగే విదేశీయులను, అల్పసంఖ్యాక వర్గాలను గురించి విద్వేషమయ

ప్రసంగాలు చేయటమూ కాదు. పొలిమేర వెలుపల ఉన్నవారు కూడా మురికికాలవల ప్రయోజనం పొందాలి, దానితోబాటు అందరూ భద్రత, విద్యా, ఆరోగ్య రక్షణ పొందేట్లు అందరమూ పన్నులు చెల్లించటం. అదీ దేశభక్తి.

ఈ సేవలన్నీ నిర్వహించటానికి, అవసరమైన పన్నులు విధించి, సేకరించటానికి విస్తారమైన సమాచారం సేకరించాలి, నిలవ చేయాలి, దానిని వడకట్టాలి – ఆస్తిపాస్తులు, చెల్లింపులు, మన్నింపులు, రాయితీలు, అప్పులు, నిలవలు, రవాణాలు, బడ్జెట్లు, బిల్లులు, జీతాలు. ఈ సమాచారం అంతా శ్రావ్యమైన కవితగానో, హత్తుకునే కథగానో మలచటానికి వీలు కాదు. పన్నుల రికార్డ్ లు అనేక రకాల జాబితాలుగా – సామాన్యమైన ఒక్కొక్క రికార్డ్ గా, విస్తృతమైన టేబుల్స్, స్ప్రెడ్ షీట్స్ గా – వస్తాయి. ఈ సమాచారం తెచ్చిన పేపర్లు ఎంత చిక్కుగా ఉన్నా, తికమక పెట్టినా అందులో ఉండేది ఎంత సొమ్ము చెల్లించారు, ఇంకా ఎంత సొమ్ము రావాలి అన్న సమాచారమే. అటువంటి కేవల లౌకిక సమాచారం కవులు, రచయితలు పట్టించుకోక పోవచ్చు. కానీ పన్నులు సేకరించేవారు ఆ పని చేయలేరు.

ఈ జాబితాలు దేశస్థాయిలో పన్నులు సేకరించటానికే కాదు, అన్నీ సంకీర్ణ ఆర్థికసంస్థలకూ కూడా చాలా అవసరం. కార్పొరేషన్లు, బ్యాంకులు, స్టాక్ మార్కెట్లు ఆ జాబితాలు లేకుండా మనలేవు. ఒక చర్చ్, ఒక యూనివర్సిటీ, లేదా లైబ్రరీ తీసుకోండి. అక్కడ జనాన్ని కథలతో, కవితలతో మాయచేసే మభ్యపెట్టే కవులు, మతప్రవక్తలు చాలరు. జమాఖర్చులు తేల్చవలసినప్పుడు అన్నీ జాబితాల అంతుచూసి, అసలు విషయం తేల్చగలిగిన ఎకౌటెంట్లు అవసరమని తెలుస్తుంది.

జాబితాలు, కథలు పరస్పర ఆశ్రయం అవసరమైనవి. జాతీయస్థాయిలో స్వైర కల్పనలు పన్నుల రికార్డ్ లను చట్టబద్ధం చేస్తాయి. అలాగే పన్నుల కవిలెలు ఆశయాలు వెలిబుచ్చే కవితలను, కథలను కాంక్రీట్ విద్యాలయాలుగా, వైద్యాలయాలుగా రూపు దిద్దుతాయి. ఆర్థికరంగంలో కూడా దాదాపు అలాగే జరుగుతుంది. జనాన్ని ఒక కథ చెప్పి నమ్మించి డాలర్, పౌండ్ స్టెర్లింగ్, బిట్ కాయిన్లు మన్నికలోకి వచ్చాయి. బ్యాంకర్లు, ఆర్థికశాస్త్ర ప్రవీణులు, పెట్టుబడి ఆచార్యులు చెప్పే కథలతో వాటి విలువ పెరగటము, తరగటము జరుగుతుంది. ఫెడరల్ రిజర్వ్ లో ఒక ప్రముఖులు ద్రవ్యోల్బణం అరికట్టాలని సంకల్పించి నప్పుడు, ఒక ఆర్థిక శాఖామాత్యులు కొత్తగా బడ్జెట్ పాస్ చేయాలనుకున్నప్పుడు, ఒకవ్యవస్థాపకులు పెట్టుబడిదారులను ఆకర్షించాలనుకున్నప్పుడు, అందరూ కథలు చెప్పటం మొదలు పెడతారు. కానీ ఒక బ్యాంక్ నడపటానికి, ఒక బడ్జెట్ పాస్ కావటానికి, ఒకకొత్తసంస్థ మొదలుపెట్టి నిర్వహించటానికి కావలసింది జాబితాలు. అవి అత్యవసరం.

జాబితాలతో పెద్దసమస్య, జాబితాలకు, కథలకు మధ్య ఉన్న ముఖ్యవ్యత్యాసము, ఏమిటంటే, జాబితాలు కథలకంటే చాలాచిరాకు కలిగిస్తాయి. అందుకే మనం కథలు

చాలా సులువుగా గుర్తు ఉంచుకుంటాము. జాబితాలు గుర్తు ఉంచుకోవటం కష్టసాధ్యమైన పని. మనిషి మెదడు సమాచారాన్ని ఎలా స్వీకరిస్తుంది అనటానికి ఇది ఒక ముఖ్య దత్తాంశం. సమాచారం కథల రూపంలో వచ్చినప్పుడు ఆ సమాచారాన్ని, అపారమైన సమాచారమైనాసరే, గ్రహించి, గుర్తు ఉంచుకొని, విశ్లేషణ చేయటానికి సమర్థంగా పరిణామక్రమం మన మెదళ్ళను మలిచింది. హిందూ పురాణాలలో రామాయణం ఒక ప్రతిష్ఠాత్మక గాధ. ఇరవైనాలుగువేల శ్లోకాలలో నడిచే కథ. ఈనాటి ముద్రణా ప్రతులలో అది సుమారు పదిహేడు వందల పేజీలు ఆక్రమిస్తుంది. అంత సుదీర్ఘ కథను హిందువులు తరతరాలుగా గుర్తు ఉంచుకొని దాదాపు దానిని అప్పజెప్పగల సఫలత సాధించారు.[9]

ఇరవై, ఇరవై ఒకటో శతాబ్దాలలో రామాయణం చలనచిత్రాలలో దూరదర్శన్ లో చాలాసార్లు దర్శన మిచ్చింది. 1987 – 88 లో డెబ్భైఎనిమిది ఉపాఖ్యానాలతో (సుమారు 2730 నిమిషాల కథనం) దూరదర్శన్ సీరియల్ గా వెలువడింది. ప్రపంచం మొత్తం మీద అన్నిటికంటే అధికంగా చూసిన టెలివిజన్ సీరియల్. సుమారు 650 మిలియన్ పైగా ప్రేక్షకులు ఆ సీరియల్ చూశారని అంచనా. BBC కథనం ప్రకారం ఆ ఉపాఖ్యానాలు ప్రసారం అయిన సమయంలో "వీధులు నిర్మానుష్యం, దుకాణాలు మూసివేత. జనం తమ TV సెట్లకు దండలు వేసి పూజలు చేశారు." 2020 లో కోవిద్ విజృంభణ కారణంగా దాదాపు అన్నీ చోట్లా లాక్ డౌన్ జరిగినప్పుడు ఈ రామాయణ కథాస్రవంతి తిరిగి మరొకసారి ప్రసార మయింది. మరొకసారి అన్నిటికంటే అధికంగా చూసిన ప్రదర్శన అయింది.[10] ఆధునిక టివి ప్రేక్షకులు గుర్తు ఉంచుకొని కంఠస్థం చేయవలసిన అవసరం లేదు. అయినాకూడా ఐతిహాసిక నాటకాలు, పులకరింత కలిగించే డిటెక్టివ్ కథలు, చిన్న చితకా కథలు అన్నీ సులభంగా అనుసరిస్తారు. ఆ ప్రదర్శనలలో ప్రేక్షకులకు ప్రతిఒక్క పాత్రా బాగా తెలుసు. ఆ పాత్ర కథలో అనేక పాత్రలలో ఎవరెవరికి ఏమౌతారో సవివరంగా చెప్పగలరు. మన జ్ఞాపకశక్తితో అటువంటి ఫీట్లు చేయటానికి మనం అలవాటుపడి పోయాం. కనుకనే వారు ఎంత అద్భుతమైన మనుషులో అని అనుకోవటం కూడా మనం మర్చిపోయాం.

మన చిరకాల జ్ఞాపకశక్తి కథలు గుర్తుఉంచుకోవాటానికి బాగా అనువైంది. కనుకనే మనం ఐతిహాసిక కవితలు, TV సీరియల్ కథలు గుర్తు ఉంచుకోవటంలో సమర్థులమయ్యాం. కేండల్ హేవెన్ 2007 లో ప్రచురణ అయిన తన రచన కథ సాక్ష్యం: కథయొక్క అమోఘశక్తి వెనక విజ్ఞానం లో అంటారు , "మన జీవితాలు అర్థం చేసుకోవటానికి, అవగాహన చేసుకోవటానికి, జీవనయాత్ర రచించటానికి, కథను, కథ నిర్మాణాన్ని ఒక బాటగా అనుసరిస్తారు... జీవితాలు కథలలాగా ఉంటాయి. ఎందుకంటే మనం కథామార్గంలోనే ఆలోచిస్తాం." హేవెన్ 120 కి పైగా

అధ్యయనాలు ఉదాహరిస్తారు. "వాస్తవిక, ఊహాజనిత, భావోద్వేగ, మాటలతో చెప్పని సమాచారం చేరవేయటంలో కథలు అతి దక్షతగల వాహకాలు అని పరిశోధన తిరుగులేకుండా నమ్మించే బ్రహ్మాండమైన సాక్ష్యం చూపుతుంది" అని ఆయన ఉపసంహారం.[11]

జాబితాలు కంఠస్థం చేయటం చాలామందికి గడ్డు సమస్య అవుతుంది. ఇండియా టాక్స్ రికార్డ్ లు, లేదా సాంవత్సరిక బడ్జెట్ టివి లో ప్రసార మవుతున్నప్పుడు చూడటానికి కుతూహలం ఉన్నవారు బహుకొద్దిమంది. జాబితాలు గుర్తు ఉంచుకోవటానికి సహాయపడే పద్ధతులు సాధారణంగా సమాచారాన్ని ఒక వ్యూహం గా రచిస్తాయి. అంటే ఆ జాబితా ఒక కథారూపం దాల్చిందన్నమాట.[12] ఆ పద్ధతుల సహాయంతో కూడా టాక్స్ రికార్డ్ లు, బడ్జెట్ ఎంతమంది గుర్తు పెట్టుకోగలరు? మనకు వచ్చే సమాచారం ముఖ్యమైనదే కావచ్చు - ఆరోగ్య రక్షణ నాణ్యత, విద్యాప్రణాళిక, పౌరులు అనుభవించి ఆనందించే సంక్షేమ పథకాలు - కానీ అటువంటి సమాచారం గురుతు ఉంచుకోవటానికి మన మెదళ్లు అనుకూలంగా లేవు. కవితలు కల్పనలు అయితే మన మెదళ్ళలో నిలవ చేయవచ్చు. సంకీర్ణమయిన జాతీయ సుంక వ్యవస్థ, నిర్వహణా వ్యవస్థలు పనిచేయాలంటే ఒక అనన్య నిర్జీవ సమాచార సాంకేతికత అవసరం. రాతకోతలతో నిండిన ప్రమాణపత్రమే (దస్తావేజు) ఆ సాంకేతికత.

ఋణం - హత్య

ఈ ప్రమాణపత్రాలు దస్తావేజులు అనేకచోట్ల అనేక పర్యాయాలు పరికల్పితాలు అయ్యాయి. ప్రాచీన మెసపోటేమియా అన్నిటికంటే ముందర వచ్చిన దస్తావేజులకు జన్మస్థానం అని చెప్పవచ్చు. ఉర్ దేశ రాజు శుల్గి పరిపాలనలో నలభై ఒకటవ సంవత్సరం, పదవనెల, ఇరవై ఎనిమిదవరోజు చూపే ఒక శరాకారలిపి మృణ్మయ ఫలకం మీద గొర్రెలు, మేకల నెలసరి బట్వాడా నమోదు చూపుతుంది. ఆనెల రెండవ రోజు పదిహేను గొర్రెలు, మూడవనాడు 7 గొర్రెలు, నాలుగవనాడు 11 గొర్రెలు, అయిదవనాడు 219, ఆరవనాడు 47, అలా, ఇరవై ఎనిమిదవనాడు మూడు గొర్రెలు బట్వాడా అయినట్లు సమాచారం. ఆ మట్టి ఫలకం సమాచారం అనుసారం ఆ నెలలో 896 జంతువులు బట్వాడా అయ్యాయి. ప్రజల విధేయత గమనించటానికీ, వనరుల పరిస్థితి ఎరిగి ఉండటానికీ రాజాస్థానం పెద్దలు ఈ సమాచారం గుర్తు ఉంచుకోవటం చాలా అవసరం. ఆ వివరాలన్నీ గుర్తు ఉంచుకోవటం భారమైన బాధ్యత. కానీ చదువు వచ్చినవారికి ఆ సమాచారం ఒక ఫలకం మీద ఎక్కించటం సులువైన పని.[13]

చరిత్రలో వచ్చిన కథలు, సమాచార సంభారము అంతా నిజమే చెప్పలేదు. అలాగే ప్రమాణ పత్రాలు, దస్తావేజులు కూడా అంతా నిజమే చెప్పలేదు. ఉదాహరణకు ఉర్ మట్టి పలకమీద ఒక తప్పు ఉన్నది. ఆ పలక చెప్పిన లెక్క ప్రకారం ఆ నెలలో 896 జంతువులు వచ్చిచేరాయి. కానీ ఈనాటి పండితులు ఆ పలకమీది అంకెలు అన్నీ కూడితే, 898 కి చేరుకున్నారు. ఆ పలక మీదవ్రాసిన పెద్దమనిషి ఏదో పొరపాటు చేసి ఉండాలి. ఆ పలక ఆ తప్పును తర్వాతి తరాలవారికి భద్రంగా చేరవేసింది.

నిజం కానీయండి, అబద్ధం కానీయండి, ప్రమాణపత్రాలు దస్తావేజులు సరికొత్త వాస్తవాలు సృష్టించాయి. ఆస్తులు, పన్నులు, చెల్లింపుల జాబితాలు భద్రపరిచి నిర్వాహణ వ్యవస్థలు, రాజ్యాంగాలు, మతపరమైన సంస్థలు, వాణిజ్య వ్యవస్థలు సృష్టించటానికి తోడ్పడ్డాయి. ముఖ్యంగా ప్రమాణ పత్రాలు మనుషులమధ్య యదార్థాలు/ఘటనలు సృష్టించే పద్ధతినే పూర్తిగా మార్చివేశాయి. మౌఖిక సంస్కృతి కాలంలో మనుషుల మధ్య ఘటనలు ఒక కథగా మొదలయ్యేవి. తర్వాత వారు ఆ కథ మనసులో గుర్తు పెట్టుకొని, నోటితో మళ్ళీమళ్ళీ చెబుతూ ఉండేవారు. మనుషులు సృష్టించిన ఆ ఘటనలకు, యదార్థాలకు ఒక పరిమితి ఉండేది. అదే మెదడు కెపాసిటీ. మెదడు గుర్తుపెట్టుకోలేని వాస్తవాలను మనుషులు కమ్మరం చేయలేరు.

వ్రాతపత్రాల ద్వారా ఈ హద్దు అధిగమించవచ్చు. వ్రాతపత్రాలు అనుభవ పూర్వకమైన వాస్తవాలు చెప్పటం లేదు. ఆ వ్రాతపత్రాలే వాస్తవం. వ్రాతపత్రాలు చూపించిన నమూనాలు, పూర్వ ప్రమాణాలే తర్వాత కంప్యూటర్లకు ఉపయోగం అయ్యాయి. మట్టిపలకల బలం, కాగితాల శక్తి విస్తరించి, మానవ వ్యవహారాలలో వాస్తవాల సృష్టికి ఈనాడు కంప్యూటర్ల సామర్థ్యంగా నిలబడింది.

ముఖ్యమైన ఉదాహరణ స్వామ్యాన్నే తీసుకుందాం. రాతకోతలు లేని వాచిక సమాజాలలో ఈ స్వామ్యం – మనుషులమధ్య వాస్తవం – నోటిమాటద్వారా, సమాజంలో సభ్యుల ప్రవర్తన ద్వారా నిర్ణయమయింది. ఒక పొలం మీ స్వంతం కావాలంటే, మీ ఇరుగు పొరుగులు ఆ పొలం మీది అని ఒప్పుకున్నారు, తదనుగుణంగా నడుచుకున్నారు. ఆ పొలంలో వారు ఎవరూ వచ్చి ఇల్లు కట్టుకోలేదు. వారి పశువులను మేతకు అక్కడికి పంపలేదు. ఆ పొలంలో పండిన పండ్లను మిమ్మలి అడక్కుండా కోసుకోలేదు. నోటిమాటతో, సౌజ్ఞలతో స్వామ్యం సృష్టి అయింది, కొనసాగింది. ఈ స్వామ్యం స్థానిక సమాజం చెప్పుచేతలలో ఉండేది. భూస్వామ్యం మీద దూరాన ఎక్కడో ఉన్న కేంద్ర పాలకవర్గం అధికారం కొంతవరకే ఉండేది. ఎక్కడో దూరాన ఉన్న వందలాది గ్రామాలలో ఎవరు ఏ పొలానికి స్వంతదారులో గుర్తు ఉంచుకోవటం ఏ రాజుకూ, మంత్రికీ, ఏ మతపెద్దలకూ సాధ్యమయిన విషయం కాదు. అదేవిధంగా ఆస్తిమీద సంపూర్ణ అధికారం చలాయించటం కూడా

వ్యక్తిగతంగా ఒక్కరివల్ల సాధ్యమయ్యే పని కాదు. అందువల్ల రకరకాల సామాజిక ఆస్తి అధికారాలు అమలులోకి వచ్చాయి. ఉదాహరణకు మీ పొలం సాగుచేసుకోవటం మీ హక్కుగా మీ ఇరుగుపొరుగు వారు అంగీకరించవచ్చు. కానీ ఆ పొలాన్ని విదేశీయులకు అమ్మేహక్కు వారు ఒప్పుకోకపోవచ్చు.[14]

అక్షరాశ్య రాజ్యంలో ఒక పొలము, క్షేత్రం స్వంతం చేసుకోవటమంటే, ఆ స్థలం, పొలం, క్షేత్రం మీ స్వంతమని చెప్పటానికి ఒక పలక, ఒక వెదురు బెరడు, కాగితం, లేదా సిలికన్ చిప్ మీద వ్రాసి ఉండాలని అర్ధం అయింది. ఉదాహరణకు కొంత మేర నేల ఉన్నది. ఆ నేలమీద మీ పొరుగువారు వారి గొర్రెలను చాలా సంవత్సరాలుగా మేపుతున్నారు. వారెవరూ ఏనాడూ ఆ నేల తమది అని చెప్పలేదు. కానీ ఎలాగైనాసరే ఆ నేల మీది అని చెప్పే కాగితం మీరు సృష్టించ గలిగితే, మీ వ్యాజం నేగ్గే అవకాశం పెరుగుతుంది. అలాకాక, మీ ఇరుగుపొరుగు వారంతా ఆ పొలం మీదేనని ఒప్పుకుంటారు. కానీ ఆమాట రుజువు చేయటానికి మీదగ్గర కాగితంముక్క ఏమీ లేకపోతే, హతవిధీ, దురదృష్టం! స్వామ్యం అనేది ఇంకా జనసంవాద వాస్తవమే. అది సమాచార మారకంవల్ల జరిగే వాస్తవం. ఆ సమాచారం ఈనాడు నోటిమాటలతో, సైగలతో చెల్లదు. దానికి ఒక వ్రాతప్రతి లేదా కంప్యూటర్ ఫైల్ ఉండాలి. అంటే ఇప్పుడు ఆ స్వామ్యం, అధికారం, ఒక కేంద్ర అధికార వర్గం నిర్ణయించ వచ్చునన్నమాట. ఆ అధికార వర్గం చేతులలోనే అందుకు అవసరమయిన ప్రమాణపత్రాలు ఉంటాయి. ఆ పత్రాలు తయారుచేసేది కూడా ఆ అధికార వర్గమే. అంటే మీ పొలం అమ్మటానికి మీ ఇరుగుపొరుగువారిని అడగవలసిన అవసరం లేదు. దానికి సంబంధించిన ప్రమాణ పత్రాలు మరొకరికి బదిలీ చేస్తే చాలు.

మనుషులమధ్య లావాదేవీల వాస్తవాలు సృష్టించటంలో ప్రమాణపత్రాల శక్తి ఏమిటో ప్రాచీన ఆసిరియన్ (ప్రాచీన మెసపోటేమియా తెగ) మాండలికం చక్కగా వివరిస్తుంది. అక్కడ ప్రమాణ పత్రాలు చంపటానికి అనువైన జీవాలుగా ఆదరించ బడ్డాయి. అప్పు తీరిపోయినప్పుడు అప్పు ఒప్పందాలు "హతం" అయ్యాయి. ఆ ఫలకం ధ్వంసం చేసి, దానిమీద ఏదో ముద్రవేసి, లేదా దాని సీల్ విరిచేసి ఆపని చేసేవారు. ఆ అప్పు ఒప్పందం వాస్తవానికి ప్రతీక కాదు, ఒప్పందమే వాస్తవం. ఎవరైనా అప్పు తీర్చిన తర్వాత ఆ ప్రమాణపత్రాన్ని 'హతం' చేయక పోతే, ఆ అప్పు ఇంకా తీరనట్లే. అందుకు విపర్యయంగా అప్పు తీర్చకుండానే ఆ ప్రమాణపత్రం 'హతం' అయితే (కుక్క తిని ఉండవచ్చు) ఆ అప్పు ఇక లేనట్లే.[15] డబ్బుతో కూడా ఇదే జరుగుతుంది. కుక్క ఏదైనా ఒక వంద డాలర్ల నోటు నమిలి మింగితే, ఇక ఆ వంద డాలర్లు లేనట్లే కదా!

శుల్గి ఉర్ లో, ప్రాచీన ఆసిరియాలో, ఇంకా తరవాత వచ్చిన అనేక రాజ్యాంగ విధానాలలో సామాజిక, ఆర్థిక, రాజకీయ వ్యవహారాలు అన్నీ పత్రాలమీద ఆధారపడి

ఉండేవి. ఈ పత్రాలు వాస్తవానికి ప్రాతినిధ్యం వహించటం కాక, వాస్తవాన్ని సృష్టించేవి. రాజ్యాంగాలు, శాంతి ఒడంబడికలు, వాణిజ్య ఒడంబడికలు, వ్రాసేటప్పుడు న్యాయవాదులు. రాజకీయవేత్తలు, వాణిజ్యవేత్తలు ఒక్క మాట కోసం వారాలు, నెలలుకూడా యుద్ధంచేస్తారు. ఎందుకంటే ప్రతి కాగితంముక్కలోను అపారమైన శక్తి దాగి ఉన్నదని వారికి బాగా తెలుసు.

అధికార యంత్రాంగం

కొత్తగా వచ్చే ప్రతి సాంకేతిక సమాచార యంత్రాంగంలోనూ అనుకోని ఇరకాటాలు ఏవో ఉంటాయి. ఆ యంత్రాంగం కొన్ని సమస్యలను పరిష్కరిస్తుంది. మరికొన్ని కొత్తవాటిని తెచ్చిపెడుతుంది. క్రీస్తు పూర్వం 1730 ప్రాంతాలలో మెసపోటేమియాలోని సిప్పర్ నగరంలో నరాంతని అనే మత అర్చకురాలు ఉండేవారు. ఆమె ఒక మట్టిపలక మీద తన బంధువుకు ఒక ఉత్తరం వ్రాసింది. ఆయన దగ్గర ఉన్న కొన్ని పలకలు తనకు పంపుమని అడుగుతూ వ్రాసింది. తన వారసత్వపు వ్యాజ్యం పేచీలో పడిందని, ఆపత్రాలు లేకుండా తను తన కేసు రుజువు చేయలేక పోతున్నానని వివరించింది. “నన్ను నిర్లక్ష్యం చేయకు." అనే అభ్యర్థనతో తన సందేశం ముగించారు ఆమె.[16]

తర్వాత ఏమి జరిగిందో మనకు తెలియదు. కానీ ఆ బంధువు తన ఇంట్లో వెతికినప్పుడు అవసరమైన ఆ పలకలు అక్కడ కనపడకపోతే ఏమవుతుందో ఆలోచించండి. జనం ప్రమాణ పత్రాలు సృష్టించుతూ పోయిన కొద్దీ, వాటిని వెతికిపట్టుకోవటం పోనుపోను కష్టమై కూర్చున్నది. ముఖ్యంగా రాజులకు, మతగురువులకూ, వ్యాపారులకూ, తమ కవిలెలలో వందలు, వేలు పత్రాలు భద్రంచేసి పెట్టుకునే మరెవరికైనా ఇది ఒక పెద్ద సవాలు అయి కూర్చున్నది. అవసరమైన సమయంలో సరయిన టాక్స్ రికార్డు, చెల్లించిన రశీదు, వ్యాపార ఒప్పందము వెతికి పట్టుకోవటం ఎలా? కొన్నిరకాల సమాచారం భద్రపరచటంలో మనిషి మెదడుకంటే ప్రమాణ పత్రాలు చాలా మెరుగు. కావి అవి సంకటకరమైన ఒక కొత్త సమస్య సృష్టించాయి: ఆ సమాచారం తిరిగి వెతికి పట్టుకోవటం.[17]

తనలోని బిలియన్ల న్యూరాన్లు, ట్రిలియన్ల సినాప్స్ (కండరానికి, నాడికి మధ్య అతుకు) లు అల్లికల మధ్య నిక్షిప్తమై ఉన్న సమాచారం బయటికి తీయటంలో మెదడు దక్షత అపారం. మన వ్యక్తిగత జీవితం, మన జాతీయ చరిత్ర, మతపరమైన మన పురాణాలనుంచి లెక్కకందని క్లిష్టమైన కథలు, గాధలు మన మనసు నిక్షిప్తం చేస్తుంది. ఆరోగ్యవంతులైన వారు వాటిలో ఏదైనా లిప్తపాటులో వెలికి తీయగలరు. ఉదయం బ్రేక్ ఫాస్ట్ లో ఏమి తిన్నారు? మీ మొదటి మోహిని ఎవరు? మీ దేశానికి స్వాతంత్ర్యం ఎప్పుడు వచ్చింది? బైబుల్ లో మొదటి శ్లోకం ఏమిటి?

ఈ సమాచారం అంతా ఎలా బయటికి తీశారు? అవసరమైన సమాచారం బయటికి తీయటానికి న్యూరాన్లు, సినాప్స్ ల మధ్య జరిగే సంవిధానం ఏమిటి? జ్ఞాపకశక్తి అధ్యయనంలో నాడీశాస్త్రవేత్తలు కొంత ప్రగతి సాధించారు. స్మృతులు ఏమిటి, అవి ఎలా నిక్షిప్తం అవుతాయి, అవి ఎలా బయటికి వస్తాయి అనేది ఎవరికీ ఇంకా పూర్తిగా తెలియదు.[18] కోట్లాది సంవత్సరాల పరిణామక్రమం మెదడు పునస్సంపాదన ప్రక్రియలను క్రమబద్ధం చేసిందని మాత్రమే తెలుసు. కానీ ఒకసారి మానవులు స్మృతులను సజీవమైన మెదడులనుంచి నిర్జీవమైన పత్రాలమీదికి బదిలీ చేశారో, అప్పటినుంచి సమాచారం బయటికి తీయటానికి క్రమమైన జీవవ్యవస్థ మీద ఆధారపడటం, నమ్మటం ఆగిపోయింది. లక్షలాది సంవత్సరాలలో మనుషులు పెంచి పోషించిన వేట, అన్వేషణ కూడా నమ్మదగినవిగా లేవు. పండ్లు, పుట్టగొడుగులు అడవిలో వెతకాలని, ప్రమాణ పత్రాలు కవిలెలో వెతకాలని పరిణామక్రమం మనిషికి నేర్పింది.

వేటగాళ్ళకు పండ్లు, పుట్టకొక్కులు ఆడివిలో దొరుకుతాయి. పరిణామక్రమం జీవశాస్త్రక్రమంలో అడవులను ఒక పద్ధతిలో అమర్చింది. పండ్లచెట్లు కిరణజన్య సంయోగక్రియ వల్ల వికసిస్తాయి. అందుకు సూర్యరశ్మి అవసరం. పుట్టకొక్కులకు నేలమీద చచ్చిపడి ఉన్న నిర్జీవులు ఆహారం. అది నేలమీదనే దొరుకుతుంది. కనుక సాధారణంగా పుట్టకొక్కులు నేలమీద ఉంటాయి. పండ్లు పైన పెరుగుతాయి. ఇక్కడ ఇంకొక సామాన్య నియమం ఏమిటంటే యాపుల్ పండ్లు యాపుల్ చెట్టుమీదనే పెరుగుతాయి. అలాగే అత్తిపండ్లు అత్తిచెట్లమీదనే పెరుగుతాయి. కనుక మీరు యాపుల్ కోసం చూస్తూ ఉంటే, మొదట యాపుల్ చెట్టు కనుక్కోవాలి. అప్పుడు చెట్టు మీద పండుకోసం చూడాలి. అడవిలో వేటాడేటప్పుడు వేటగాళ్ళు ఈ జీవక్రమం నేర్చుకుంటారు.

కవిలె కట్టల కథ వేరు. ప్రమాణ పత్రాలు జీవులు కావు. కనుక అవి జీవనియమాలు పాటించవు. పరిణామక్రమం వాటిని అందుకు సిద్ధం చేయలేదు. టాక్స్ రిపోర్ట్ లు టాక్స్ రిపోర్ట్ షెల్ఫ్ లో పెరగవు. వాటిని అక్కడ ఎవరైనా పెట్టాలి. అందుకు షెల్ఫ్ లో ఏ సమాచారం భద్రపరచాలి అన్న విషయం ఎవరో ఒకరు నిర్ణయించాలి. వేటగాళ్ళు అడవిలో ఏది ఎక్కడ దొరుకుతుందో తెలుసుకుంటే చాలు. పురాణపత్రాల నిపుణులు ఈ ప్రపంచం, ఈ సమాజం కోసం ఒక క్రమం ఏర్పరచాలి. ఆ క్రమమే యాజమాన్యం లేదా అధికార యంత్రాంగం.

సమాచారాన్ని వెలికి తీసే సమస్య పరిష్కర్తలే పెద్దపెద్ద సంస్థలలో అధికార యంత్రాంగం లేదా యాజమాన్యం. వారే బృహత్తరమైన, శక్తి సమేతాలయిన సమాచార యంత్రాంగం సృష్టించారు. కానీ, పౌరాణిక కథాసాగరం లాగానే, అధికార యంత్రాంగం కూడా క్రమం కోసం నిజాన్ని కొంతవరకు త్యాగం చేస్తారు.

ఒక సరికొత్త క్రమం కనుక్కొని ఈ ప్రపంచం మీద విధించటంవల్ల అధికార యంత్రాంగం ఈ ప్రపంచాన్ని గురించి ప్రజానీకం అవగాహన అనేక విధాలుగా వక్రీభవింప జేసింది. ఈ ఇరవై ఒకటో శతాబ్దంలో పుట్టుకువచ్చిన సమాచార యంత్రాంగం సమస్యలు – మనుషులకు తప్పుడు చీటీలు అతికించే పక్షపాత వైఖరి చూపే యాంత్రిక విధానం, మనుషుల అవసరాలు, అనుభూతులు పట్టించుకోని కఠినమైన ఒడంబడికలు – చాలావరకు కంప్యూటర్ యుగం తెచ్చిపెట్టిన కొత్త సమస్యలు కావు. అవి కేవలం అధికార యంత్రాంగ అద్భుతసృష్టి.

అధికార యంత్రాంగం, సత్యాన్వేషణ

అధికార యంత్రాంగం అంటే అక్షరాలా "వ్రాతబల్ల పరిపాలన". ఈ పదం పద్దెనిమిదవ శతాబ్దం ఫ్రాన్స్‌లో పుట్టింది. అక్కడ ఒక అధికారి సొరుగులు ఉన్న వ్రాతబల్ల – బీరువా అనవచ్చు – పక్కన కూర్చున్నారు.[19]

అధికార యంత్రాంగం ఆధారం ఆ సొరుగులు. అధికార యంత్రాంగం ఈ ప్రపంచాన్ని సొరుగులుగా విభజించి, ఏ పత్రం ఏ సొరుగులోకి వెళ్తుందో తెలుసుకొని, సమాచారం వెలికి తీసే సమస్య పరిష్కరించాలని ప్రయత్నిస్తుంది.

ఆ ప్రమాణ పత్రం ఎక్కడ పెట్టినా, సొరుగు, షెల్ఫ్, బాస్కెట్, జాడీ, కంప్యూటర్ ఫోల్డర్, మరేదైనా పాత్ర ఎక్కడ పెట్టినా, సూత్రం ఒకటే. విభజించు, పాలించు. ఈ ప్రపంచాన్ని సొరుగులలో విభజించు. ఆ సొరుగులు అన్నీ వేరువేరుగా ఉంచు. అప్పుడు ప్రమాణ పత్రాలు కలిసిపోయే అవకాశం ఉండదు. కానీ ఈ సూత్రానికి ఒక వెల ఉన్నది. ప్రపంచాన్ని యథాతథంగా అర్థం చేసుకోవటం కాక, అధికార యంత్రాంగం ఒక నూతన కృత్రిమక్రమం ఈ ప్రపంచం నెత్తిన రుద్దుతున్నది. అధికారవేత్తలు రకరకాల సొరుగులు కనిపెట్టటంతో మొదలు పెడతారు. ఆ సొరుగులు మనుషుల మధ్య వాస్తవాలు. కానీ ఆ సొరుగులకు, నిష్పాక్షికమైన విభజనకు సంబంధం ఉండదు. అధికారవేత్తలు ఈ ప్రపంచాన్ని ఆసొరుగులలో బలవంతంగా ఇరికించటానికి ప్రయత్నిస్తారు. అందులో సరిగా పట్టకపోతే, వారు మరికొంత బలప్రయోగం చేసి గట్టిగా తోస్తారు. అధికార పత్రం ఏదైనా పూర్తిచేయటానికి ప్రయత్నించినవారికి ఈ విషయం బాగా అర్థమవుతుంది. మీరు ఆ పత్రం నింపుతున్నప్పుడు, ఆ జాబితాలో ఉన్న ఐచ్ఛికాలు మీ పరిస్థితులకు ఇమడక పోతే, పత్రం మీకు అనుకూలంగా ఉండటం కాక, మీరు పత్రానికి అనుకూలురుగా ప్రవర్తించాలి. యదార్థంలో ఉన్న గజిబిజి అంతా పరిమితమైన సొరుగులలోకి ఇమిడ్చి అధికారవేత్తలు క్రమం ఏర్పరుస్తారు. కానీ అది సత్యాన్ని దోచుతుంది. కారణం, యదార్థం ఎంత జటిలము, సంకీర్ణము అయినా, అధికారవేత్తలు అందరూ

తమసొరుగులకు అతుక్కు పోయి ఉండటమే. అధికారవేత్తలు తరుచూ ఈ ప్రపంచాన్ని వికారంగా అర్ధం చేసుకుంటారు.

యదార్ధాన్ని సొరుగులలో విభజించటం వల్ల అధికారవేత్తలు సంకుచిత లక్ష్యాలను ఛేదిస్తారు. తమ చర్యలవల్ల కలిగే విస్తృత ప్రభావం వారు పట్టించుకోరు. పారిశ్రామిక ఉత్పత్తి పెంచవలసినభారం నెత్తిన ఉన్న అధికారి పర్యావరణ పరిస్థితులు, ప్రభావాలు పట్టించుకోక పోవచ్చు. అవి ఆమె పరిధిలో లేవు. కనుక విషపూరిత వ్యర్ధాలను పక్కనే ప్రవహిస్తున్న నదిలోకి గిరాటు వేయించవచ్చు. తద్వారా నది పల్లపు ప్రాంతం పర్యావరణం విషపూరితం, ప్రాణాంతకం కావచ్చు. ఈ పర్యావరణ కాలుష్యాన్ని ప్రతిఘటించటానికి ప్రభుత్వం మరొకకొత్త డిపార్ట్ మెంట్ స్థాపిస్తుంది. ఆ డిపార్ట్ మెంట్ అధికారులు ఇంకా కఠినమైన నియమాలు, ఆంక్షలు విధిస్తారు. ఇప్పుడు మెరక ప్రాంతవాసులకు ఆర్ధిక విధ్వంసం జరగవచ్చు. సకల సమస్యలూ అన్నివైపులనుంచీ సమగ్రంగా ఆలోచించి పరిష్కారాలు తీసుకురాగల పెద్ద మరొకరు ఉండాలి. ఆ సమగ్ర ఆలోచన వైఖరి అంటే, అధికార యంత్రాంగాన్ని అధిగమించాలి, లేదా ఆ యంత్రాంగాన్ని నిర్మూలించాలి.

అధికార యంత్రాంగం సృష్టించే ఈ వక్రీభవనం ప్రభుత్వ సంస్థలను, ప్రైవేటు సంస్థలనే కాదు, వైజ్ఞానిక రంగాలమీద కూడా ప్రభావం చూపుతుంది. ఉదాహరణకు విశ్వవిద్యాలయాలు వేరువేరు డిపార్ట్‌మెంట్లు, వేరువేరు శాఖలుగా ఎలా విభజన జరుగుతుందో గమనించండి. జీవశాస్త్రం, గణితాలకు చరిత్ర వేరుగా ఉంటుంది. ఎందుకు? ఈ విభజన యదార్ధాన్ని ప్రతిఫలించదు. ఉదాహరణకు కోవిడ్ 19 విశ్వమారినే తీసుకోండి. అది ఒకే సమయంలో చరిత్రాత్మకం, జీవాత్మకం, గణితాంక ఘటన అయింది కదా! కానీ విద్యారంగంలో ఈ విశ్వమారి అధ్యయనం చరిత్ర, జీవశాస్త్రం, గణితశాస్త్ర విభాగాలలో విడివిడిగా జరుగుతుంది. పట్టభద్ర డిగ్రీ కోసం చదివే విద్యార్ధులు తాము ఏ డిపార్ట్ మెంట్ కు చెందినవారో ముందుగానే నిశ్చయించుకోవాలి. వారి నిర్ణయాన్ని బట్టి వారు చదివే కోర్సులు పరిమిత మవుతాయి. తద్వారా ప్రపంచాన్ని గురించి వారి అవగాహన రూపొందుతుంది. గణితశాస్త్ర విద్యార్ధులు ప్రస్తుత సంక్రమణ క్రమాన్ని అనుసరించి భవిష్యత్తులో రోగవ్యాప్తి అంచనా కడతారు. జీవశాస్త్ర విద్యార్ధులు విషక్రిములు కాలక్రమంలో ఎలా పరివర్తన చెందుతాయో నేర్చుకుంటారు. ప్రభుత్వ సూచనలు ఆదేశాలు అనుసరించటానికి, పాటించటానికి జనం మీద మతవిశ్వాసాలు, రాజకీయ పక్షపాతాలు ఎలాంటి ప్రభావం చూపుతాయో చదువుతారు. కోవిడ్ 19 పూర్తిగా అర్ధం చేసుకోవాలంటే, గణిత, జీవశాస్త్ర, చారిత్రిక అంశాలన్నీ తెలుసుకొని ఉండాలి. కానీ విద్యారంగ అధికార యంత్రాంగం ఆ సమగ్రవిధానం ప్రోత్సహించదు.

విద్యారంగంలో మీరు మెట్లుఎక్కుతున్నకొద్దీ ప్రత్యేక అధ్యయనం మీద ఒత్తిడి

పెరుగుతుంది. విద్యా ప్రపంచంలో ప్రచురించు లేదా నిష్క్రమించు అన్న న్యాయం రాజ్యం చేస్తున్నది. మీకు ఉద్యోగం కావాలి అంటే మీ సహచరులు సమీక్షించే పత్రికలలో మీరు రచనలు ప్రచురించాలి. ఇక్కడ పత్రికలు కూడా విషయానుగుణంగా విభజన అయి ఉన్నాయి. విషక్రిముల పరివర్తనను గురించిన వ్యాసం జీవశాస్త్ర పత్రికలో ప్రచురించాలంటే, ఒక పద్ధతి అనుసరించాలి. మహమ్మారి రాజకీయాలను చరిత్ర పత్రికలో ప్రచురించాలంటే, ఆ మర్యాద వేరు. అక్కడ పదజాలం వేరు, ఉదాహరణ నియమాలు వేరు, అపేక్షలువేరు. చరిత్రకారులకు సంస్కృతిని గురించి ప్రగాఢమైన అవగాహన అవసరం. చారిత్రిక పత్రాలు చదివి వివరించగల ప్రావీణ్యము, సామర్థ్యం ఉండాలి. జీవశాస్త్రవేత్తలకు పరిణామక్రమం క్షుణ్ణంగా తెలిసి ఉండాలి. DNA అణువులు పరిశీలించి వ్యాఖ్యానించగల సమర్థత ఉండాలి. ఈ రెండిటి మధ్య చాలా విషయాలు ఉంటాయి – రాజకీయ సిద్ధాంతాలు, విషక్రిముల పరిణామం వగైరా. ఆవి అన్నీ ఎవరికి కావాలి?[20]

కలగాపులగంగా ప్రవహించే ఈ ప్రపంచాన్ని విద్యావేత్తలు అధికారమయమైన సొరుగులలోకి ఎలా తోస్తారో చూసితీరాలి. అందుకు ప్రస్తుతానికి జీవశాస్త్రం ఉదాహరణగా తీసుకుందాం. జీవుల పుట్టుపూర్వోత్తరాలు డార్విన్ వివరించారు. కానీ కార్ల్ లినేస్ వంటి ఆయన పూర్వులు ఒక జాతి అంటే ఏమిటో నిర్వచించి జీవులనన్నిటినీ ఆయా జాతులలోకి విభజించవలసి వచ్చింది. సింహాలు, పులులు ఒకే పిల్లిజాతి పూర్వీకులనించి ఉద్భవించాయని చెప్పటానికి ముందు సింహం అంటే ఏమిటో, పులి అంటే ఏమిటో నిర్వచించాలి.[21] ఇది చాలా కష్టమైన పని అయింది. ఆ పనికి అంతూపొంతూ లేదు. ఎందుకంటే సాధారణంగా జంతువులు, చెట్లు, ఇంకా ఇతర జీవులు వాటి సొరుగులలోనుంచి బయటికి దూకుతూ ఉంటాయి.

పరిణామ క్రమాన్ని సొరుగులలో ఇరికించలేము. పరిణామక్రమ ప్రత్యేకత ఏమిటంటే జాతులు, తెగలు నిత్యనిరంతరంగా మారుతూనే ఉంటాయి. వాటిని సొరుగులలో ఇరికించటానికి ప్రయత్నిస్తే జీవశాస్త్ర యదార్థం వక్రిస్తుందన్నమాట. ఉదాహరణకు హోమో ఎరెక్టస్ ఎప్పుడు అంతమయింది, హోమో శాపియన్స్ ఎప్పుడు మొదలయింది అన్నప్రశ్నకు ఇంకా సమాధానం లేదు. ఒకానొకప్పుడు తల్లిదండ్రులు ఎరక్టస్ అయి ఉండి, వారి బిడ్డ తొలి శాపియన్ కావాటానికి అవకాశం ఉన్నదా?[22] ఈ జాతులు, తెగలు పరస్పరం కలుస్తూఉంటాయి. వేరువేరు జాతులకు చెందిన జంతువులు సంగమం చేయవచ్చు, పుట్టిన బిడ్డను పెంచనూవచ్చు. ఈనాడు జీవిస్తున్న మానవులలో 1–3 శాతం నియండెర్థాల్ DNA కలిగినా వారు అత్యధికంగా ఉన్నారు.[23] అంటే ఒకనాడు నియండెర్థాల్ తండ్రి, మానవజాతి తల్లికి (అందుకు విపర్యయం కూడా కావచ్చు) పుట్టిన బిడ్డ ఉండేది అని సూచన. మరి ఇప్పుడు, శాపియన్లు, నియండెర్థాలు ఒకే జాతికి చెందినట్లా, లేకపోతే వేరువేరు

జాతులకు చెందినట్లా? ఈ జాతి, తెగ అన్నది జీవశాస్త్రవేత్తలు కనుక్కున్న వస్తుగత యదార్ధమా, లేకపోతే జీవశాస్త్రవేతలు విధించిన సహమానవ సంబంధ యదార్ధమా?[24]

జంతువులు తమ సొరుగులలోనుంచి బయటికి దూకిన ఉదాహరణలు చాలా ఉన్నాయి. కనుక ఈ అధికారిక విభజన రింగ్ వర్గాలను, ఫ్యూజన్ వర్గాలను, సంకర జాతులను విడదీయటంలో విఫల మయింది.[25] గ్రిజ్లీ బేర్స్ , పోలార్ బేర్స్ కలిసి పిజ్లీ బెర్స్, గ్రోలార్ బెర్స్ ఉత్పత్తి చేయవచ్చు.[26] సింహాలు పులులు కలిసి పుహాలు (tigons), సిమ్హులను (ligers) ఉత్పత్తి చేయవచ్చు.[27]

పాలిచ్చే జంతువులు , బహుకణ జీవాలనుంచి ఏకకణ సూక్ష్మ క్రిములు, పురాతన జీవులకు వెళ్తే అరాజకం రాజ్యం చేస్తున్నదని చూస్తాం. దీనిని జన్యువుల సమతల బదిలీ అంటారు. ఈ ప్రక్రియలో ఏకకణ జీవులు అలవాటు ప్రకారం జన్య పదార్ధం తమకు సంబంధించిన జీవులతోనే కాదు, పూర్తిగా విభిన్న వర్గ జీవులతో జన్యుకణాలు ఇచ్చి పుచ్చుకుంటాయి. ఈ ఇచ్చిపుచ్చుకోవటం విభిన్న వర్గాలతోనే కాదు, జాతులు, వ్యవస్థలు, పరిధులు కూడా అతిక్రమించి జరుగుతుంది. ఈ కీమ్మీరాల జాడ పట్టి ఉంచటానికి జీవాణుక్రిమి వేత్తలు జుట్టు పీక్కుంటూ ఉంటారు.[28]

జీవితం చివరి అంచువరకూ వెళ్ళి SARS-CoV-2 వంటి విషక్రిములను పరిశీలిస్తే, పరిస్థితులు ఇంకా జటిలంగా, క్లిష్టంగా దర్శనమిస్తాయి. విషక్రిములు జీవాణువులకు నిర్జీవ పదార్థానికి మధ్య నున్న గోడ - జీవశాస్త్రము, రసాయన శాస్త్రము - గెంతుతాయి. సూక్ష్మక్రిములలాగా, విషక్రిములు ఏకకణ జీవులుకావు. అక్కడ సేల్స్ అంటూ ఏమీ లేవు. వాటికి స్వయంగా కణ జాలము, కణయంత్రాంగము అంటూ ఏమీ ఉండవు. విషక్రిములు ఆహారం ఏమీ తినవు. వాటిలో రసాయనిక మార్పులు, చేర్పులు ఏమీ కలగవు. వాటికి పునరుత్పత్తి శక్తి కూడా లేదు. అవి జన్య సంకేతాల చిరుగణాలు. అవికణాలలో చొచ్చుకు పోగలవు. అక్కడి కణయంత్రాంగాన్ని దారి మళ్ళిస్తాయి. అప్పుడు ఆ పరాయి జన్యుసంకేతాల నకళ్లు ఉత్పత్తి చేయమని సూచిస్తాయి. కొత్తగా పుట్టుకువచ్చిన నకళ్లు ఆ కణంలోనుంచి బయటికి గెంతి మరికొన్ని కణాలను విషపూరితాలు చేసి వాటిని కూడా దారిమళ్ళిస్తాయి. పరాయి కణాలు ఇలాగే విషపూరితాలు అవుతాయి. విషక్రిములను జీవరూపాలుగా పరిగణించాలా లేకపోతే అవి జీవ పరిధి వెలుపల ఉండాలా అన్నది శాస్త్రవేత్తల నిత్యనిరంతర వాదన.[29] కానీ ఈ పరిధి వస్తుగత వాస్తవం కాదు. అది మనుష్యుల మధ్య ఒక సంప్రదాయం లేదా ఆచారం. విషక్రిములు జీవాణువులేనని జీవశాస్త్రవేత్తలు అందరూ ఒకఒప్పందానికి చేరినా, విషక్రిముల ప్రవర్తనా విధానం ఏమీ మారబోవటంలేదు. వాటినిగురించి మనుషుల ఆలోచనా విధానం మాత్రమే మారుతుంది.

మనుషుల మధ్య సాంప్రదాయాలు యదార్థంలో ఒక అంశ మాత్రమే. మనుషులుగా మన శక్తి పెరిగేకొద్దీ, మనమధ్య నమ్మకాలు ఈ సమాచార ప్రపంచం వెలుపల ఎక్కువ ప్రభావం చూపుతాయి. ఉదాహరణకు శాస్త్రవేత్తలు, అనుశాసకులు అందరూ ఈ జీవవర్గాలను వాటి విలుప్తి ననుసరించి విభజించారు. కనిష్ఠ ప్రమాదం, దుర్బలమైన, అంతరించే ప్రమాదం, అంతరించిన, అని వర్గాలుగా విభజించారు. ఒక వర్గం జంతువులను అంతరించే ప్రమాదం ఉన్న వర్గంగా నిర్వచనం, మనుషుల మధ్య ఒక మర్యాద, ఒప్పందం. కానీ దాని ప్రభావం అనేక రూపాలు దాల్చుతుంది. ఆ జంతువులను వేటాడటం నిషేధం కావచ్చు. వాటి నివాసాలు ధ్వంసం చేయటం చట్టబద్ధమైన నేరం కావచ్చు. ఒక జంతువు దుర్బల వర్గంలో ఉన్నదా, ప్రమాద భూయిష్టమైన వర్గంలో ఉన్నదా అన్న అధికార యంత్రాంగ నిర్ణయం చావు బతుకుల మధ్య వ్యత్యాసం కావచ్చు. అధికార యంత్రాంగం మీకు ఒక చీటీ అంటించింది అంటే, అది కేవలం సంప్రదాయక నియమమే అయినా సరే, అది మీ ప్రారబ్ధాన్ని నిర్ణయిస్తుంది. రాబోయే అధ్యాయాలలో ఈ అంశం పునరావృతంగా చూస్తారు. ఆ అధికారి జంతువుల వర్గంలో ప్రవీణులైనా, మానవ వర్గంలో ప్రవీణులైనా, లేకపోతే నిర్జీవ కృత్రిమ మేధ అయినా సరే, పర్యవసానం ఒకటే.

ప్రగాఢ స్థితి

అధికారయంత్రాంగం కొన్ని సందర్భాలలో నిజాన్ని ఉపేక్షించవచ్చు. ఈ ప్రపంచాన్ని గూర్చి మన అవగాహన వక్రీకరించవచ్చు. కానీ అది ఒక క్రమం స్థాపించే ప్రయత్నంలో జరుగుతుంది. ఆ క్రమం లేకపోతే విస్తారమైన మానవ సమాజాన్ని క్రమబద్ధం చేయటం అసాధ్యమవుతుంది. అధికార యంత్రాంగాలు పరిపూర్ణాలు కాకపోవచ్చు. కానీ భారీ ఎత్తు సమాజాలను, యంత్రాంగాలను క్రమబద్ధం చేయటానికి ఇంతకంటే మెరుగైన మార్గం ఏదైనా ఉన్నదా? ఉదాహరణకు విద్యారంగంలో సాంప్రదాయక విభజనలు, అన్నీ డిపార్ట్ మెంట్లు, విజ్ఞాన విభాగాలు, ప్రత్యేక వైజ్ఞానిక పత్రికలు, అన్నీ నిషేధించామనుకోండి. అప్పుడేమవుతుంది? డాక్టర్ కాదలచిన వారందరూ సంవత్సరాల తరబడి చరిత్ర అధ్యయనం చేయాలా? క్రైస్తవ ధర్మశాస్త్రం మీద బ్లాక్ డెత్ ప్రభావం అధ్యయనం చేసినవారిని విరోధి శాస్త్రవేత్తలు అనవచ్చునా? అందువల్ల, ఆరోగ్య భద్రతా వ్యవస్థ మెరుగు పడుతుందా?

ఈ ప్రపంచానికి మరింత సమగ్ర దృక్పథం సాధించాలని, అధికార యంత్రాంగాన్ని సమూలంగా నిర్మూలించాలని, కలలుకనే పెద్దలు ఆస్పత్రులుకూడా అధికార యంత్రాంగంతో నడిచే సంస్థలేనని గుర్తించాలి. ఆస్పత్రులలో కూడా అంతస్తులు, అధికారక్రమంతో నిండిన డిపార్ట్ మెంట్లు విభజన అయి ఉంటాయి. అక్కడికి వెళ్తే నింపవలసిన పత్రాలు చాలా ఉంటాయి. అధికార యంత్రాంగం

జబ్బులన్నీ అక్కడా ఉన్నాయి. కానీ వారు ఎలాగోలా మన శారీరక వ్యాధులు నయంచేస్తారు. స్కూల్స్ దగ్గరినుంచి, మురికికాలవల మేనేజ్ మెంట్ వరకూ జీవితాన్ని మెరుగుపరిచే అన్నిసేవలూ ఇదే పద్ధతిన నడుస్తాయి.

మీరు శౌచాలయంలో ఫ్లష్ లాగినప్పుడు ఆ వ్యర్థం అంతా ఎక్కడికి వెళ్తుంది? అది అగాధంలోకి వెళ్తుంది. మన ఇళ్లకింద నేల అడుగున పైపులు, పంపులు, కాలవల జిగిబిగి అల్లిక ఉంటుంది. ఆ జాలమే మన వ్యర్థాన్ని అంతటినీ సేకరిస్తుంది. తాగునీటినుంచి దానిని వేరు చేస్తుంది. ఆ వ్యర్థాన్ని అంతటినీ ఉపయోగకరంగా శుభ్రపరుస్తుంది లేదా భద్రంగా పరిష్కరిస్తుంది. ఆ అగాధ జాలాన్ని ఎవరో ఒకరు డిజైన్ చేయాలి, నిర్మించాలి, ఆ తర్వాత దానిని నడిపించాలి. అందులో తూట్లు పూడ్చాలి, కాలుష్యాన్ని నియంత్రించాలి, పనిచేసేవారికి భత్యం ఇవ్వాలి. అది అంతా అధికార యంత్రాంగం కర్తవ్యమే. ఆ డిపార్ట్ మెంట్ ను నిషేధిస్తే, మనం అందరమూ చాలా అసౌకర్యం, బహుశా మరణం కూడా ఎదుర్కోవలసి రావచ్చు. తాగేనీరు, మురికినీరు కలిసే ప్రమాదం ఎప్పుడూ ఉన్నది. అదృష్టవశాత్తూ ఆ రెంటినీ వేరువేరుగా ఉంచే అధికార యంత్రాంగం ఉన్నది.

ఈ మురికినీటి వ్యవస్థ స్థాపించకమునుపు విరేచనాలు, కలరా వంటి అంటు వ్యాధులు నీటిద్వారా వచ్చి ప్రపంచమంతటా కోట్లాది జనాన్నిచంపివేశాయి.[30] 1854 లో వందలాది లండన్ నగర వాసులు కలరావల్ల మరణించసాగారు. ఆ విస్ఫోటన అంత పెద్దది కాదనే చెప్పాలి. కానీ కలరా చరిత్రలో అది ఒక పెద్దమలుపు అనే చెప్పాలి. దానితోనే అంటువ్యాధుల, మురికినీటి చరిత్ర మారిపోయిందని చెప్పాలి. చెడుగాలివల్ల కలరా అంటువ్యాధి సోకుతుందని ఆనాడు పేరుపొందిన వైద్యసిద్ధాంతం వాదన. కానీ దానికి కారణం నీటి సరఫరాలోనే ఉన్నదని ఫిజీషియన్ జాన్ స్నో అనుమానం. తెలిసిన కలరా రోగులందరినీ వెతికి పట్టుకుని వారినివాసాలు, వారుతాగే నీటి మూలాధారం/ఉత్పత్తిస్థానం అంతా సేకరించి అధ్యయనంచేశారు. ఆ అధ్యయనంలో ఆయనకు స్పష్టంగా తెలిసింది ఏమిటంటే, సోహో లోని బ్రాడ్ స్ట్రీట్ లో ఉన్న నీటి పంపు ఈ విస్ఫోటనానికి కేంద్రమని తెలిసింది.

ఇది విసుగెత్తించే అధికార కర్తవ్యం - సమాచారం సేకరణ, దాని విశ్లేషణ, దాని అనుసరణ - కానీ అది చాలా ప్రాణాలు కాపాడింది. స్నో తను తెలుసుకున్న వివరాలు స్థానిక అధికారులకు వివరించారు. వారికి నచ్చజెప్పి, బ్రాడ్ స్ట్రీట్ పంప్ కట్టివేయటానికి ఒప్పించారు. ఆ పంపు మూసివేయగానే ఆవిస్ఫోటనం ఆగిపోయింది. బ్రాడ్ స్ట్రీట్ లో పంప్ కు నీరు సరఫరాచేసే బావికి, కలరా అంటిన పేడగుంటకు మధ్య ఒక మీటర్ దూరం కూడా లేదని తర్వాత తెలిసింది.[31]

స్నో ఆవిష్కరణ, ఆ తర్వాత అనేకులు శాస్త్రవేత్తలు, ఇంజనీర్లు, లాయర్లు, అధికారులు అందరి ఆధ్వర్యంలో పేడగుంటలు, నీటి పంపులు, మురికి కాలవలు

కట్టుదిట్టం చేయటానికి విస్తారమైన అధికార యంత్రాంగం ఏర్పడింది. ఇంగ్లాండ్ లో ఈనాడు బావులు తవ్వటానికి, పేడగుంటలు కట్టటానికి చాలా దరఖాస్తులు నింపాలి, లైసెన్స్ సంపాదించాలి. అదేకాక తాగునీరు పేడగుంట పక్కన ఉన్న బావినుంచి రావటంలేదని ధ్రువపరుచుకోవాలి.[32]

అంతా సవ్యంగా నడుస్తున్నప్పుడు ఈ పద్ధతిలో నిర్లక్ష్యం జరగటం సులభం. కానీ 1854 లో ఆ పద్ధతి కోట్లాది ప్రాణాలు కాపాడింది. ఆధునిక రాజ్యాలు అందిస్తున్న సేవలలో ఇది చాలా ముఖ్యమైన సేవ. సరయిన శౌచాలయాలు లేకపోవటం దేశంలో ప్రధాన సమస్యలలో ఒకటని 2014 లో భారతప్రధాని నరేంద్ర మోది గుర్తించారు. కలరా, అతిరక్తసారము, అతిసారము వ్యాపించటానికి బహిరంగ మలవిసర్జనం ఒక ముఖ్య కారణం. స్త్రీలను, బాలికలను మానభంగాలకు బలిచేయటం మరొక కారణం. తన స్వచ్ఛ భారత్ నినాదంలో భాగంగా మోది భారత పౌరులందరికీ శౌచాలయాలు అందుబాటులో ఉండేట్లు చేస్తామని వాగ్దానం చేశారు. 2014–2020 మధ్య భారత ప్రభుత్వం ఆ ప్రణాళికమీద సుమారు పది బిలియన్ డాలర్లు పెట్టుబడి చేసింది. 100 మిలియన్ పైగా కొత్త మరుగుదొడ్లు నిర్మించింది.[33] మురుగు వ్యర్థాలు కవితలకు మాత్రమే పరిమితం కాదు. సక్రమంగా నడుస్తున్న రాజ్యాంగానికి ఒక పరీక్ష.

జీవశాస్త్ర నాటకాలు

ప్రతి ఒక్క బృహత్ సమాజానికి పురాణాలు, అధికార యంత్రాంగం కవల స్థూపాలు. ఇక్కడ పురాణాలు పరవశత్వం కలిగిస్తే, అధికార యంత్రాంగం అనుమానాలు రేకెత్తిస్తుంది. సేవలు అందించినా మేలుచేసే యంత్రాంగాలుకూడా ప్రజల విశ్వాసాన్ని పొందటంలో విఫలమవుతున్నాయి. అధికార యంత్రాంగం అంటేనే చాలమందికి విముఖ భావన. అధికార యంత్రాంగం ప్రయోజనకరమా, హానికరమా అన్నది అర్థం చేసుకోవటం, తెలుసుకోవటం కష్టమైన పని. అన్నీ అధికార యంత్రాంగాలకూ – మంచి కానీయండి, చెడు కానీయండి – ఒక ముఖ్య లక్షణం ఉన్నది: వారిని అర్థం చేసుకోవటం మనుషులకు కష్టమైనపని.

స్నేహితుడికీ, కజ్జాకోరుకూ మధ్య తేడా ఏ పిల్ల, పిల్లవాడైనా చెప్తారు. ఎదటివారు తమ లంచ్ మీతో పంచుకుంటారా, మీ లంచ్ బాక్స్ లాగేసుకుంటారా అన్నది మీకు బాగా తెలుసు. కానీ మీ సంపాదనలో కొంత లాగెయ్యటానికి ఒక టాక్స్ కలెక్టర్ వస్తే, ఆ సొమ్ము ఒకకొత్త మురికికాలువ నిర్మాణానికి పోతుందో, ప్రెసిడెంట్ గారి కొత్త డాచాకు పోతుందో మీకు ఎలా తెస్తుంది? దానికి సంబంధించిన సమాచారం సంపాదించటం కష్టమైన విషయం. ఆ సమాచారం అంతరార్థం

తెలియటం ఇంకా కష్టం. పిల్లలను స్కూల్ లో ఎలా చేర్చుకుంటారు, ఆస్పత్రిలో రోగులకు ఎలా చికిత్స చేస్తారు, చెత్త అంతా ఎలా సేకరించి, పునర్వినియోగం చేస్తారు వంటి యంత్రాంగ విధానాలు అర్థం చేసుకోవటం మామూలు పౌరులకు కష్టమైన విషయం. పక్షపాతం, మోసం, లంచగొండితనం ఆరోపిస్తూ ఫిర్యాదు చేయటం ఒక్క నిమిషం పని. కానీ వాటిని నిరూపించటం, లేదా ఖండించటం రోజులు, వారాలు కొనసాగే కఠిన ప్రయాస.

పత్రాలు, ప్రాచీన దాఖలాలు, నమూనాలు, లైసెన్సులు, నియంత్రణలు ఇంకా ఇతర అధికార విధానాలు అన్నీ కలిసి సమాజానికి సమాచారం చేరే విధానం పూర్తిగా మార్చివేశాయి. దానితోబాటు అధికారం పనిచేసే విధానం కూడా మార్చివేశాయి. అధికారాన్ని అర్థం చేసుకోవటం ఇప్పుడు ఇంకా కష్టమై కూర్చున్నది. ఊరుపేరులేని అధికారులు కాగితాల కట్టలు విశ్లేషించి, క్రమబద్ధంచేసి ఒక కలం గీతతోనో, ఒక మౌస్ క్లిక్ తోనో మన జాతకాలు రాసేస్తున్నారు. ఆ ఆఫీసులు, పురావస్తుశాలల మూసిన తలుపుల వెనక ఏమి నడుస్తున్నది?

అధికార యంత్రాంగాలు, వ్రాతపత్రాలులేని ఆదివాసీ, గిరిజనుల సమాజాలలో మానవ సంపర్కం మనిషికి – మనిషికి మధ్య లంకె, లేదా మనిషికి – కథకు మధ్య లంకెతోనో కూడి ఉంటుంది. ఈ గొలుసుల లంకె కంట్రోల్ చేసేవారి చేతిలో అధికారం ఉంటుంది. ఈ లంకెలే ఆ తెగ కథలకూ, పురాణాలకూ మూలం. రూపులు దిద్దటానికి, కూటమి నిర్మించటానికి, భావావేశాలు మళ్లించటానికి ఈ కథలు ఎలా ప్రయోగించాలో ప్రజాభిమానం చూరగొన్న నాయకులకు, ఉపన్యాసకులకు, కథలుచెప్పి కళ్ళుకప్పేవారికీ బాగా తెలుసు.[34]

వ్రాత పత్రాలద్వారా, అధికారయంత్రాంగ విధానాలద్వారా కలిసిన సమాజాలలో – ప్రాచీన ఉర్ (అబ్రహాం జన్మస్థలం అని బైబుల్ కథనం) నుంచి ఆదునిక భారత్ వరకు – సమాజం కొంతవరకు మనుషులకు కాగితాలకుమధ్య సాహచర్యంమీద ఆధారపడుతుంది. మనిషికి మనిషికి మధ్య, మనిషికి కథకు మధ్య సంబంధం ద్వారా ఏర్పడిన పరంపరతోబాటు ఈ సమాజాలు మనిషికి, పత్రానికి మధ్య లంకెతో ఏర్పడిన పరంపర. ఒక అధికార సమాజాన్ని గమనిస్తే, అక్కడ ఒకరికొకరు కథలు చెప్పటం ఇంకా కనబడుతూనే ఉంటుంది. కోట్లాది భారతీయులు రామాయణ ధారావాహిక చూస్తూ కూచోవటం దీనికి దృష్టాంతం. మనుషుల మధ్య కాగితాలు చేతులు మారటంకూడా చూస్తాము. టివి నెట్ వర్క్ ప్రసార అనుమతులకోసం దరఖాస్తులు పెట్టటం, పన్నులుచెల్లించిన దాఖలా చూపుతూ కాగితాలు నింపటం దీనికి కొన్ని ఉదాహరణలు. మరొక కోణంలోనుంచి చూస్తే, పత్రాలు మనుషులను ఇతర పత్రాలతో చేతులు కలుపుమని నిర్బంధిస్తున్నాయి.

ఈ పరిస్థితి అధికారాన్ని బదలాయించింది. సామాజిక బృందాలను

చేకూర్చటంలో డాక్యుమెంట్లు ముఖ్యపాత్ర వహించాయి. తద్వారా డాక్యుమెంట్లకు చెప్పుకోదగిన శక్తి ఏర్పడింది. ఈ డాక్యుమెంట్ల రహస్య తర్కంలో నిపుణులయినవారు ఒక కొత్త అధికార అవతారాలు ఎత్తారు. కార్యనిర్వాహకులు, అకౌంటెంట్లు, లాయర్లు వ్రాయటము, చదవటమేకాక, పత్రాలుకూర్చటం, సొరుగులు వేరుపరచటం, పురావస్తు భాండారాలు నిర్వహించటంలో నేర్పు, ఆధిపత్యం సంపాదించారు. అధికార వ్యవస్థలలో, బడ్జెట్ లో నేరుగా కనబడని లొసుగులు సంభాళించటం, ఆఫీసులు, కమిటీలు, సబ్ కమిటీల చక్రవ్యూహాలతో వ్యవహరించటం ద్వారా అధికారం చేతికి వస్తుంది.

అధికారంలో వచ్చిన ఈ స్థలంమార్పుతో ప్రపంచంలో అధికార సామ్యం మారిపోయింది. అక్షరాశ్య అధికార యంత్రాంగాలు సామాన్య పౌరుడిని గాలికి వదిలివేసి, కేంద్ర ఆజ్ఞాశక్తిని బలపరిచాయి. అందరికీ పన్నులువిధించి, న్యాయనిర్ణయంచేసి, నిర్బంధించగల శక్తి కేంద్రానికి తెచ్చిపెట్టింది కేవలం డాక్యుమెంట్లు కాదు. అధికార యంత్రాంగం శక్తి అర్థం చేసుకోవటం చాలా కష్టం. అందువల్ల కేంద్ర అధిపత్యానికి ఏదైనా చెప్పటానికిగాని, ఎదిరించటానికిగాని, తప్పించుకోవటానికిగాని ప్రజానీకానికి కష్టము, కష్టతరము అయిపోయింది. ప్రజలకు మేలుచేసే శక్తిగా అధికార యంత్రాంగం మురికికాలవలు తవ్వించి, విద్యా విధానం ఏర్పరిచి, భద్రత ఏర్పరిచినాకూడా, పాలకులకూ, పాలితులకూ మధ్య దూరం పెరుగుతూనే ఉన్నది. ఈ వ్యవస్థవల్ల కేంద్రం తను పాలిస్తున్న ప్రజలనుగురించి కావలసినంత సమాచారం సేకరించి, భద్రపరచ గలిగింది. ప్రజానీకానికి మాత్రం ఆ వ్యవస్థ ఎలా పనిచేస్తున్నదో తెలియకుండా పోయింది.

కళారంగం మనకు జీవితంలో ఎన్నో కోణాలు ప్రదర్శిస్తుంది జీవితాన్ని అర్థం చేసుకోవటానికి తోడ్పడుతుంది. కానీ ఈ విషయంలో మాత్రం కళారంగం తోడ్పాటు చాలా పరిమితం. కవులు, రచయితలు, చిత్రనిర్మాతలు ఈ అధికార యంత్రాంగం పనిచేసే విధానం మీద అప్పుడప్పుడు దృష్టి సారించారు. కానీ వారు చెప్పదలిచింది వెలిబుచ్చటం దుస్సాధ్యమయింది. కళాకారులు మన జీవితాలను గురించి పరిమితమైన కథాకథనంతో కసరత్తు చేస్తారు. కానీ ఈ కథలలో ఏవీ అధికార యంత్రాంగం పనిచేసే విధానాన్నిగురించి చెప్పేది అతి స్వల్పం. కారణం, ఆ కథలు ఈ డాక్యుమెంట్లు, ప్రాచీన భాండాగారాలు రావటానికి యుగాలకు పూర్వమే విరచితమై ఉన్నాయి. జీవిత నాటకాలు అంటే ఏమిటి? అధికార యంత్రాంగాన్ని అర్థం చేసుకోవటానికి అవి ఎందుకు పనికిరావో తెలుసుకోవటానికి మానవజాతికి మహాప్రసాదం, మహోత్తమ కళాఖండం రామాయణం పరిశీలించుదాం.

రామాయణంలో ఒకముఖ్య కథాంశం – ఒకవ్యక్తిగా గుర్తించబడిన యువరాజు రాముడు, ఆయన తండ్రి దశరథుడు, ఆయన సవతితల్లి రాణి కైకేయిల మధ్య

బాంధవ్యాలు. జ్యేష్టపుత్రుడుగా రాముడు రాజ్యానికి న్యాయసమ్మతమైన వారసుడు. రాముడిని అడవులకుపంపి, తన కొడుకు భరతుడికి పట్టం కట్టుమని కైకేయి మహారాజును నచ్చచెప్పి ఒప్పించుతుంది. ఈ పన్నాగం వెనక చాలా జీవిత నాటకాలు ఉన్నాయి. అవి జంతు పక్షి పరిణామ క్రమంలో కోట్లాది సంవత్సరాలుగా నడిచిన నాటకాలు.

జంతు, పక్షి సంతానం తొలిదశలో తల్లిదండ్రులమీద ఆధారపడి ఉంటాయి. తల్లిదండ్రుల రక్షణ ఆశిస్తాయి. తల్లిదండ్రులు నిర్లక్ష్యం చేస్తారేమోనని, కోప్పడుతాయేమోనని అవి భయపడుతాయి. చావు బతుకులు తరాజులో వేలాడుతూ ఉంటాయి. ఒక కూన కానీ, పక్షిపిల్ల కానీ గూటిలోనుంచి వెలికి నెట్టివేస్తే, అది ఆకలితో, లేదా ఇతర జంతువుల బారినపడి ప్రాణాపాయ స్థితిలో పడుతుంది. మనుషులలో తల్లిదండ్రుల నిర్లక్ష్యానికి బలి అయి, లేదా తల్లిదండ్రులు విడిచి పెట్టటంవల్ల కలిగే భయం కేవలం స్నో వైట్, సిండరెల్లా, హారీ పాటర్ కథలకు మాత్రమే పరిమితం కాదు. ఆ బాధ అత్యంత ప్రభావశాలులైన మన జాతీయ , మత పౌరాణికాలలో కూడా దర్శన మిస్తుంది. ఇక్కడ రామాయణం ఒక్కటే ఉదాహరణ కాదు. క్రైస్తవ ధర్మశాస్త్రంలో నరకదండన అంటే తల్లివంటి చర్చ్ తోను, స్వర్గాధిపతి అయిన తండ్రితోను శాశ్వతంగా బంధం తెంచుకోవటమే. నరకం అంటే తప్పిపోయిన బిడ్డ తల్లిదండ్రులకోసం ఏడవటం.

అటువంటిదే మరొక జీవనాటకం. ఇది మానవ శిశువులకూ, జంతువు కూనలకు, పక్షిపిల్లలకూ బాగా తెలిసిన నాటకం. "నాన్నకు నీకంటే నేనే ఎక్కువ ఇష్టం." జీవశాస్త్రవేత్తలు, జన్యుశాస్త్ర నిపుణులు పరిణామ ప్రగతికి సహోదరుల స్పర్థ ఒక కీలకప్రక్రియ అని గుర్తించారు.[35] సాధారణంగా సహోదరులు భోజనం దగ్గర, తల్లిదండ్రుల సావధానతకోసం పోటీపడుతూ ఉంటారు. కొన్ని జీవులలో సహోదరులలో ఒకరినొకరు చంపుకోవటం సాధారణం. మనకు కనపడే దుమ్ములగొండి పిల్లలలో సుమారు నాలుగోవంతు వాటి సహోదరుల చేతిలోనే చచ్చిపోతాయి. అప్పుడు బతికి ఉన్న పిల్లలు తల్లిదండ్రుల అధిక రక్షణ ఆనందిస్తాయి.[36] సొరమీనులలో ఒక జాతి ఆడచేప కడుపులోచాలా పిండాలను మోస్తుంది. వాటిలో పదిసెంటీమీటర్ల పరిణామం మొదట చేరుకున్న పిండం మిగతా వాటిని కబళిస్తుంది.[37] సహోదరుల స్పర్థ ఎలా సాగుతుందో రామాయణంలోనేకాక అనేక పౌరాణిక కథలలో చూడవచ్చు. కెయిన్ & ఎబెల్ కథలు, కింగ్ లియర్, సక్సెషన్ టివి ధారావాహిక ఇందుకు కొన్ని ఉదాహరణలు. యూదు ప్రజలలాగా "నాన్నకు మేమంటే ఇష్టం" అనే వ్యాజం దేశాదేశాల గుర్తింపుకు ఆధారం కావచ్చు.

రామాయణంలో రెండవ ముఖ్యకథాంశం రాముడు, ఆయన భార్యసీత, సీతను ఎత్తుకు పోయిన రాక్షసరాజు రావణుడు – ఈ శృంగారత్రికోణంమీద కేంద్రీకృతమయి

ఉంటుంది. "అబ్బాయి అమ్మాయి కలిశారు", "అమ్మాయికోసం అబ్బాయీ, అబ్బాయి కొట్టుకున్నారు" వంటి జీవనాటకాలు అనేక జంతుజాతులు, పక్షులు, సరీసృపాలు, మీనుల మధ్య కోట్లాది సంవత్సరాలుగా నడిచాయి. ఈకథలు వింటే మనకు తన్మయత్వం కలుగుతుంది. ఎందుకంటే మన పూర్వీకులు బతికి బట్టకట్టటానికి వాటిని అర్ధంచేసుకోవటం చాలా అవసరమై కూర్చున్నది. హోమర్, షేక్స్పియర్, వాల్మీకి(రామాయణ రచయితగా పేరు పొందారు) వంటి మానవ కథకులు ఈ జీవనాటకాలు విపులీకరించటంలో అత్యద్భుత సామర్థ్యం ప్రదర్శించారు. మహోన్నత కవితా కథనాలు కూడా తమ కథామూలాన్ని సాధారణంగా పరిణామక్రమ గ్రంధం నుంచే అనుకరించాయి.

రామాయణంలో దర్శనం ఇచ్చే మూడవ ఇతివృత్తం పవిత్రత, అపవిత్రల మధ్య ఉద్రిక్తత, ఆందోళన. హిందూసంస్కృతిలో సీత పవిత్రతకు దృష్టాంతం. పవిత్రతకు ఈ సాంస్కృతిక భావావేశం పరిణామక్రమంలో కాలుష్యం తప్పించుకోవటానికి జరిగిన సంఘర్షణలోనుంచి పుట్టుకు వచ్చింది. జంతువులన్నిటికీ ఆహారం అవసరం. కానీ అందులో విషం ఉన్నదేమోనని భయం. పరిణామక్రమం జంతువులకు రెండుశక్తులూ ప్రసాదించింది. కొత్త విషయాలలో ఆసక్తి, విషపూరితం, ప్రమాదకరము అయిన వస్తువుల చెంతకు చేరగానే ఏవగించుకునే శక్తి, రెండూ ప్రసాదించింది.[38] రాజకీయవేత్తలు, ప్రవక్తలు ఈ ఏవగింపు బిస ఎలా ప్రయోగించాలో బాగా నేర్చుకున్నారు. జాతీయస్థాయిలో దేశాలు, మతపరమైన ప్రవచనాలలో చర్చ్లు సజీవ శరీరాలుగా చిత్రించబడుతాయి. అపవిత్ర వ్యక్తుల ప్రవేశంవల్ల ఇవి కాలుష్యం అయి పోతాయని ఘోష. అల్పసంఖ్యాక తెగలు, అల్పసంఖ్యాక మతాలు వ్యాధులు వ్యాపింపజేస్తాయని[39] LGBTQ జనం, కాలుష్యానికి మూలకారకులని[40] స్త్రీలు అపవిత్రులని[41] శతాబ్దాలుగా మతోన్మాదుల ఘోష. 1994 లో రవాండాలో నడిచిన హత్యాకాండలో తుత్సీలు బొద్దింకలు అని హుతు ప్రచారం. నాజీపెద్దలు యూదులను ఎలుకలతో పోల్చారు. మరొకతెగనుంచి వచ్చిన చింపాంజీలను చూసి చింపాంజీలుకూడా ఏహ్యాభావం ప్రదర్శిస్తాయని ప్రయోగాలు నిరూపించాయి.[42]

ఈ "పవిత్రత విరుద్ధం అపవిత్రత" జీవనాటకం సంప్రదాయక హిందూత్వం ప్రదర్శించినంత విపరీతంగా మరే ఇతర సంస్కృతీ ప్రదర్శించలేదు. వారు ఆశించిన పవిత్రత ఆధారంగా మనుషుల మధ్య కులవ్యవస్థ ఏర్పరిచింది. పవిత్రులుగా భావించబడిన బ్రాహ్మణులు శిఖరాగ్రాన, అపవిత్రులుగా భావించబడిన దళితులు (ఇంతకు పూర్వం వీరిని అస్పృశ్యులు అనేవారు) అధోభాగాన చేరారు. వృత్తులు, సాధనాలు, దైనందిన కార్యక్రమాలుకూడా ఈ పవిత్రత ఆధారంగా విభజన అయ్యాయి. అపవిత్రులు పవిత్రులను వివాహం చేసుకోకూడదు, వారిని అంటకూడదు, సరికదా వారికి చేరువలోకికూడా రాకూడదు అని కఠిన నియమాలు ఏర్పడ్డాయి.

ఆధునిక భారతం ఇంకా ఈ వారసత్వంతో సతమతమవుతున్నది. ఈ వారసత్వం జీవితంలో అన్నీ అంశాలనూ స్పృశిస్తుంది. ఉదాహరణకు స్వచ్ఛభారత్ ఉద్యమానికి ఈ అపవిత్రత భయం చాలా చిక్కులు తెచ్చిపెట్టింది. పవిత్రులం అనుకున్నవారు శౌచాలయాల నిర్మాణం, నిర్వహణ, శుభ్రపరచటం వంటి కార్యక్రమాలలో విముఖత చూపారు. అంతేకాక అపవిత్రులతో కలిసి ఆ శౌచాలయాలు ఉపయోగించటానికి కూడా విముఖత చూపారు.[43] 2019 సెప్టెంబర్ 25 న ఇద్దరు దళిత బిడ్డలు పన్నెండు సంవత్సరాల రోషిణి వాల్మీకి, ఆమె మేనల్లుడు పదేళ్ళ అవినాష్ భాఖేది గ్రామంలో చిత్రవధకు గురయ్యారు. వారి నేరం – ఉన్నత కులస్థులు యాదవకులంవారి ఇంటిసమీపంలోవారు మలవిసర్జన చేశారు. వాళ్ళ ఇంట్లో మలమూత్రాశయాలు లేకపోవటం వల్ల వాళ్ళు బహిరంగ ప్రదేశంలో మలవిసర్జన చేయవలసి వచ్చింది. వారి కుటుంబం ఆ గ్రామంలో నిరుపేద కోవకు చెందుతుంది. కానీ శౌచాలయ నిర్మాణానికి ప్రభుత్వ సహాయం ఆ కుటుంబానికి లభించలేదు. కారణం ఆ కుటుంబం ఆ జాబితాలోనుంచి తొలిగించ బడింది. ఇది ఒక స్థానిక అధికారి వివరణ. ఆ పిల్లలు నిత్యమూ ఆ కులవిచక్షణకు గురవుతూనే ఉన్నారు. వాళ్ళు తమచాపలు, పాత్రలు వేరుగా తెచ్చుకోవాలి. మిగతా విద్యార్థులు మైలపడకుండా ఉండటానికి వారికి దూరంగా కూర్చోవాలి.[44]

మన భావోద్వేగాలను రెచ్చగొట్టే జీవితనాటకాలలో "హూ విల్ బి ఆల్ఫా?", "అజ్ వెర్సస్ దెం'', "గుడ్ వర్సెస్ ఈవిల్'' వంటి కళాఖండాలు అనేకమున్నాయి. ఈ రూపకాలు అన్నీ రామాయణంలో ప్రస్ఫుటంగా దర్శనమిస్తాయి. ఈ నాటకాలు అన్నీ తోడేళ్లకు, చింపాంజీలకు, మానవ సమాజాలకు చిరపరిచితమైన నాటకాలు. ఈ జీవితనాటకాలు అన్నీ కలిసి మానవకళకు, పురాణాలకు అన్నిటికీ వెన్నెముక అయ్యాయి. కళ మానవ జీవితనాటకాలమీద ఆధారపడుతుంది కనుక అధికార యంత్రాంగం పద్ధతులు వివరించటం కళాకారులకు కష్టమైన విషయమయి కూర్చున్నది. రామాయణం వ్యవసాయమ్మీద ఆధారపడిన రాజ్యాల మధ్యనే నడుస్తుంది. కానీ ఆ రాజ్యాలు ఆస్తులు ఎలా రిజిస్టర్ చేస్తాయి, పన్నులుఎలా వసూలు చేస్తాయి, పురాతన భాండాగారాలు ఎలా జాబితాలోకి ఎక్కుతాయి, యుద్ధాలకు సొమ్ము ఎక్కడినుంచివస్తుంది వంటి విషయాలకు అందులో చోటు లేదు. సహోదరులు, ప్రేమాయణము లేని పత్రాలకు సహోదరుల స్పర్ధ, కాల్పనిక త్రికోణాలు దార్శనికాలు కాలేవు.

అధికార యంత్రాంగం మానవజీవితాలను ఎంత అధివాస్తవికంగా రూపు దిద్దుతుందో చెప్పే రచయిత ఫ్రాంజ్ కాఫ్కా. ఆయన మానవజీవితాలకు సంబంధించని కథాంశాలకు వైతాళికులు అయ్యారు. కాఫ్కా సృష్టి ట్రయల్ లో బ్యాంక్ గుమాస్తా కె నామరూపాలు తెలియని నేరానికి అగాధమైన సంస్థకు చెందిన

గుర్తుతెలియని అధికారులచేత అరెస్ట్ చేయబడ్డాడు. అతను ఎంత ప్రయత్నించినా అతనికి ఏమి జరుగుతున్నదో తెలియలేదు. తనను అణగదొక్కుతున్న సంస్థ ఉద్దేశ్యమేమితో అంతకంటే తెలియదు. ఈ విశాల ప్రపంచంలో మానవ పరిస్థితి, బతుకుబాట చూపే కథ కావచ్చు. అంతుతెలియని భగవంతుడి లీలా వినోదంగా చిత్రించవచ్చు. కానీ ప్రాపంచికదృష్టితో చూస్తే ఈ కథ అధికార యంత్రాంగం పిశాచవైఖరి ప్రదర్శిస్తుంది. కాఫ్కా ఒక ఇన్స్యూరెన్స్ లాయర్. ఆయనకు ఈ భాగవతం అంతా బాగా తెలుసు.

అధికారిక సమాజాలలో అంతుతెలియని ఏజన్సీలనుంచి గుర్తుతెలియని అధికారులు సామాన్య ప్రజలను అర్ధంలేని కారణాలతో వేధించి తలకిందులు చేస్తూ ఉంటారు. రాక్షసులను ఎదుర్కునే కథానాయకుల కథలలో – రామాయణం నుంచి స్పైడర్ మాన్ వరకూ – క్రూరమృగాలు, ప్రేమాయణంలో ప్రత్యర్థులు ఎదుర్కునే కథలే సరికొత్త వేషాలలో పునరావృతం అవుతాయి. కాఫ్కా కథలలో ఆ బెదిరింపు ఎక్కడినుంచి వస్తున్నదో తెలియక భయం పుడుతుంది. పులివల్ల చావు అంటే అర్థమయ్యేట్లు పరిణామక్రమం మన మనసులను సిద్ధపరిచింది. నాలుగు అక్షరాలు గీకి ఉన్న ఒక కాగితంవల్ల చావు వస్తుందంటే మన మనసు అర్ధం చేసుకోలేక పోతున్నది.

అధికార యంత్రాంగం చిత్రణలు కొన్ని వ్యంగ్య పూరితాలు. 1961 లో వచ్చిన జోసెఫ్ హెల్లర్ నవల క్యాచ్-2 తీసుకోండి. యుద్ధ సమయంలో అధికార యంత్రాంగం వహించే పాత్రను చిత్రిస్తుంది. మాజీ ప్రైవేట్ ఫస్ట్ క్లాస్ అధికారి వింటర్ గ్రీన్, మెయిల్ రూమ్ బాధ్యత వహిస్తారు. ఆయన జనరల్స్ అందరికంటే కూడా అధికారంకల వ్యక్తి. ఎందుకంటే ఏ ఉత్తరం పంపాలో, ఏది పంపకూడదో నిర్ణయించేది ఆయనే.[45] 1980 లలో బ్రిటిష్ హాస్య ధారావాహికలు 'యెస్ మినిస్టర్', 'యెస్ ప్రైమ్ మినిస్టర్' రాజకీయ నాయకులను అదుపు చేయటానికి సివిల్ సర్వెంట్స్ రహస్య నియమాలు, నిగూఢ సబ్ కమిటీలు, పత్రాల దొంతరలు ఎలా ప్రయోగిస్తారో ప్రదర్శిస్తాయి. 2015 లో వచ్చిన హాస్య నాటకం ది బిగ్ షార్ట్ (2010 లో వచ్చిన మైఖేల్ లూయిస్ పుస్తకం ఆధారంగా). 2007-8 లలో వచ్చిన ఆర్థిక సంక్షోభానికి వెనక ఉన్న ఆధికార మూలాలు ప్రదర్శిస్తుంది. ఆ చిత్రంలో విలన్లు మనుషులు కారు. పరస్పర ఒప్పందాలతో పుట్టిన ఋణ బాధ్యతలు. ఈ పరస్పర ఋణ బాధ్యతలు ఇన్వెస్ట్ మెంట్ బ్యాంకర్లు సృష్టించిన ఆర్థిక సాధనాలు. అవి ఈ ప్రపంచంలో మరెవరికీ అర్ధంకావు. ఈ అధికార వింతమృగాలు బ్యాంక్ దస్త్రాలలో ఎవరికీ కనబడకుండా నిద్రపోయాయి. హఠాత్తుగా 2007లో నిద్రలేచి ఆర్థికసంక్షోభం సృష్టించి కోట్లాది ప్రజల జీవితాలు ధ్వంసం చేశాయి.

అధికార యంత్రాంగం ఎలా పనిచేస్తుందో చిత్రించటంలో ఇటువంటి

కళాఖండాలు కొంత సఫలత సాధించాయి. కానీ ఇది అసాధ్యమయిన యుద్ధం. ఎందుకంటే రాతియుగం నాటినుంచీ మన మనసులు జీవనాటకాలకు సిద్ధం అయ్యాయి కానీ అధికార యంత్రాంగ నాటకాలు అర్ధం చేసుకోవటానికి సిద్ధంగా లేవు. హాలీవుడ్, బాలీవుడ్ లలో తయారయ్యే బ్లాక్ బస్టర్లు ఈ అప్పుల ఒప్పందాలను గురించి చెప్పవు. ఇరవై ఒకటో శతాబ్దంలో ఈ నాటికి కూడా, అఖండ విజయం సాధించిన చిత్రాలు రాతియుగంనాటి కథలు చెబుతాయి. కథానాయకుడు కథానాయకిని గెలుచుకోవటానికి రాక్షసులతో పోరాడుతాడు. అలాగే రాజకీయ అధికారం ఆధిపత్యం చిత్రించే టివి ధారావాహికలు గేమ్ ఆఫ్ థ్రోన్స్, ది క్రౌన్, సక్సెషన్ రాజవంశం, రాజాస్థానం ఆ కుటుంబ వ్యవహారాలు చెబుతాయి కానీ, ఆ రాజ్యాంగం వెనక ఉన్న అధికార పద్మవ్యూహాన్ని గురించి ఏమీ చెప్పవు. ఆ రాజవంశ అధికారాన్ని నిలబెట్టేదీ, పడదోసేదీకూడా ఈ అధికార పద్మవ్యూహమే.

న్యాయవాదులందరినీ చంపుదాం

అధికార యంత్రాంగం వాస్తవాలు వివరించటమూ, అర్ధం చేసుకోవటమూ రెండూ కష్టమైన పనులే. అందువల్ల కలిగే ఫలితాలు దురదృష్టకరం. అర్ధంకాని హానికర శక్తులముందు జనం నిస్సహాయులుగా నిలబడుతారు. కాఫ్కా రచన ట్రయల్‌లో కథానాయకుడికి జరిగేది ఇదే. మరొకవైపు జనానికి అధికార యంత్రాంగం అంతా దుర్మార్గపు గూడుపుఠాణీలాగా దర్శనమిస్తుంది. మనకు ఆరోగ్యరక్షణ, భద్రత, న్యాయం కల్పించే విభాగాలకుకూడా ఇదే గతి.

పదహారవ శతాబ్దంలో లుడోవికో అరియోస్తో డిస్కార్డ్ అన్నరచనలో ఒక స్త్రీ రూపక అలంకారం వర్ణిస్తారు. ఆ పాత్ర "కోర్ట్ సమన్ల దొంతరలు, పిటిషన్లు, న్యాయవాది శక్తులు, క్రాస్ ఎగ్జామినేషన్లు, కట్టలకొద్దీ వివరణలు, సలహాదారు అభిప్రాయాలూ, పూర్వాపరాలు" అన్న మబ్బుల మధ్య నడుస్తుంది. "ఇవి అన్నీ పేదవారి అభద్రతకు సారథులు. ఆమె ముందు, వెనక, రెండువైపులా నోటరీలు, న్యాయవాదులు, చుట్టుముట్టి ఉన్నారు."[46]

హెన్రీ VI (పార్ట్ 2) లో జాక్ కేడ్ తిరుగుబాటు వర్ణిస్తూ షేక్స్పియర్ డిక్ ది బుచర్ అనే సామాన్యుడిని చూపిస్తారు. ఆ కసాయిమనిషి అధికార యంత్రాంగంపట్ల తన జుగుప్స చివరిదాకా తీసుకు వెళ్తారు. సమాజంలో పరిస్థితి మెరుగు పరచటానికి డిక్ మనసులో ఒక పథకం ఉన్నది. "మొట్టమొదటగా చేయవలసింది" డిక్ సలహా ప్రకారం "ఈ లాయర్లనందరినీ చంపుదాం." తిరుగుబాటు నాయకుడు జాక్ కేడ్, డిక్ సలహా సమ్మతిస్తాడు. అధికార యంత్రాంగం మీద, ముఖ్యంగా వ్రాతపత్రాలమీద దాడిచేస్తాడు. "మేకవంటి ఒక అమాయక ప్రాణిచర్మం తోలుకాగితంగా చేయటం

శోచనీయం కాదా! ఆ తోలుకాగితంమీది రాత మనిషిని శిక్షిస్తుందా? తేనెటీగ కుడుతుందని అంటారు. కానీ నేనంటాను, "అది తేనెటీగ మైనం. నేను ఒకసారి ఒకదానికి అతుక్కు పోయాను. అప్పటినుంచీ నేను నా మనిషిని కాను." అప్పుడే తిరుగుబాటుదారులు ఒక గుమాస్తాను పట్టుకువస్తారు. అతనికి చదవటం, వ్రాయటం వచ్చునన్నదే అతనిమీద అభియోగం. కొంత విచారణతో అతని నేరం రుజువు అవుతుంది. "ఆయన కలము, సిరాబుడ్డి మెడకు కట్టి అతన్ని ఉరి తీయండి." అని తనమనుషులకు కేడ్ ఆజ్ఞ.[47]

జాక్ కేడ్ విప్లవానికిముందు డెబ్బై సంవత్సరాలక్రితం 1381 లో వ్యవసాయదారుల తిరుగుబాటు నడిచింది. అప్పుడు విప్లవకారులు తమ ఆగ్రహాన్ని రక్తమాంసాలు ఉన్న అధికారుల మీదనే కాక, వారి పత్రాలమీద కూడా ప్రదర్శించారు. ప్రాచీన పత్రభాండాగారాలు ధ్వంసంచేసి, కోర్ట్ జాబితా, శాసనపత్రాలు, పరిపాలన సంబంధమైన రికార్డ్ లు, చట్టపరమైన రికార్డ్ లు అన్నీ తగల బెట్టివేశారు. ఒక సంఘాతంలో వాళ్ళు కేంబ్రిడ్జ్ యూనివర్సిటీ పురావస్తు భాండాగారాన్ని నెగడు వేశారు. మార్జరీ స్టార్ అనే వృద్ధ మహిళ ఆ బూడిద గాలిలోకి విసురుతూ "ఆ గుమాస్తాల చదువు గాలిలో కలిసిపోవాలి. గాలిలో కలిసిపోవాలి.' అంటూ కేకలు పెట్టింది. థామస్ వాల్సింఘం అనే పెద్ద మనిషి సెయింట్ అల్బన్స్ మఠంలో సాధువు. ఆ మఠం పురావస్తు భాండాగారం ధ్వంసం ఆయన కళ్ళారా చూశారు. ఆ విప్లవకారులు "కోర్ట్ పత్రాలకు, దస్తావేజులకు నిప్పు పెట్టారు. ఆ ప్రాచీన సేవకుసంబంధించిన రికార్డులు లేకపోతే, వారి యజమానులు భవిష్యత్తులో వారిమీద ఎలాటి హక్కులూ క్లెయిమ్ చేయలేరు." అని ఆయన వివరణ.[48] పత్రాల మారణంతో అప్పులన్నీ రద్దు అయ్యాయి.

చరిత్రలో అనేక తిరుగుబాట్లలో ఈ ప్రాచీన భాండాగారాలు ఇలాంటి దాడులకు గురి అయ్యాయి. ఉదాహరణకు 66 CE లో గ్రేట్ జ్యూయిష్ రివోల్ట్ జరిగింది. జెరూసలేం పట్టుకున్న తర్వాత ఆ విప్లవకారులు చేసిన మొదటిపని కేంద్రీయ భాండాగారానికి నిప్పు అంటించటమే. తద్వారా రుణాల దస్తావేజులు అన్నీ ధ్వంసం అయ్యాయి. వారికి ప్రజాసామాన్యం మద్దతు లభించింది.[49] 1789 ఫ్రెంచ్ విప్లవంలో ఇటువంటి కారణాలతోనే అనేక స్థానిక, ప్రాంతీయ భాండాగారాలు ధ్వంసం అయ్యాయి.[50] ఆ విప్లవకారులలో అనేకులు నిరక్షరాస్యులే. కానీ కాగితాలు, పత్రాలు లేకుండా అధికార యంత్రాంగం వేలు కదపలేదని వారికి తెలుసు.

ప్రభుత్వ యంత్రాంగం అనుమానాలపట్ల, అధికారపత్రాల శక్తిమీద నాకు సానుభూతి. మా కుటుంబం విషయంలోకూడా అవి ముఖ్యపాత్ర వహించాయి. ప్రభుత్వ జనాభా లెక్కలతో, కీలకమైన పత్రం కనుక్కోవటంలో వారి అసమర్థతవల్ల మా మాతామహుల జీవితం తలకిందులయింది. మా తాతగారు బ్రూనో లుతింగర్

1913 లో చేర్నివిత్సి లో జన్మించారు. ఈనాడు ఈ టౌన్ ఉక్రెయిన్ లో ఉన్నది. 1913 లో అది హాబ్స్ బర్గ్ సామ్రాజ్యంలో భాగం. బ్రూనో తండ్రి మొదటి ప్రపంచ యుద్ధంలో మాయమయ్యారు. కనుక ఆయనను తల్లి చాయా పెర్ల్ పెంచింది. యుద్ధం ముగిసిన తర్వాత, చేర్నివిత్సిని రుమేనియాలో చేర్చారు. 1930 దశకం ఉత్తరార్ధంలో రుమేనియా నిరంకుశత్వంలోకి దిగింది. వారి సిద్ధాంతం యూదులకు వ్యతిరేకం. కనుక యూదుల జనాభా లెక్కలు కట్టటం ఒక ముఖ్య వ్యాపకం అయింది.

1936 లో రుమేనియాలో 758,000 యూదులు నివసిస్తున్నారని అధికార సాంఖ్యకశాస్త్ర ఉవాచ. అది దేశ జనాభాలో 4.2 శాతం. అదే సాంఖ్యక శాస్త్రం USSR నుంచివచ్చిన కాందిశీకుల (యూదులు, యూదులు కానివారు కలిపి) సంఖ్య సుమారు 11,000 అని చెప్పింది. 1937 లో మరొక కొత్త నియంత ప్రభుత్వం అధికారంలోకి వచ్చింది. ఆ ప్రభుత్వానికి ఆక్టేవియన్ గోగా ప్రధాన మంత్రి. గోగా ప్రసిద్ధిచెందిన కవి, రాజకీయవేత్త కూడా. ఆయన సత్వరం దేశభక్తి కవిత్వంలోనుంచి నకిలీ సాంఖ్యశాస్త్రంలోకి, దౌర్జన్యమయ అధికారంలోకి పట్టభద్రులయ్యారు. ఆయన, ఆయన సహచరులు అధికారిక సాంఖ్య దత్తాంశాలను పక్కకు నెట్టారు. వందల, వేల యూదుకాందిశీకులు రుమేనియా వలస వస్తున్నారని వ్యాజం చేశారు. ఐదులక్షల యూదులు చట్టవిరుద్ధంగా రుమేనియా ప్రవేశించారనీ, దేశంలో యూదుల సంఖ్య మొత్తం 1.5 మిలియన్ అనీ, గోగా చాలా ఇంటర్వ్యూలలో ఫిర్యాదు చేశారు. ప్రభుత్వ సంస్థలు, దక్షిణ పక్ష సాంఖ్యశాస్త్రవేత్తలు, ప్రజాదరణగల వార్తాపత్రికలు నిత్యమూ యింతకంటే పెద్ద సంఖ్యలు ప్రచారం చేశాయి. ఉదాహరణకు పారిస్ లో ఉన్న రుమేనియా దౌత్య కార్యాలయం రుమేనియాలో ఒక మిలియన్ యూదుశరణార్థులు ఉన్నారని ప్రచారం చేసింది. క్రిస్టియన్ రుమేనియన్లు అందరూ తమను త్వరలో బయటికి పంపుతారనీ, లేదా యూదు పరిపాలనలో తాము అల్పసంఖ్యాకులు అవుతారనీ సామూహిక అపస్మారంలో పడ్డారు.

తమ ప్రచారంద్వారా సృష్టి అయిన ఊహాలోక సమస్యకు పరిష్కారం చూపటానికి గోగా ప్రభుత్వం అడుగు ముందుకు వేసింది. 1938 జనవరి 22 న ప్రభుత్వం ఒక చట్టం విడుదల చేసింది. రుమేనియాలో ఉన్న యూదులు అందరూ వారు రుమేనియాలోనే పుట్టారనీ, రుమేనియా పౌరసత్వానికి వారు అర్హులనీ ప్రమాణ పత్రాలు దాఖలు చేయాలి. అలా ప్రమాణ పత్రాలు దాఖలు చేయలేని యూదులు రుమేనియా పౌరసత్వం, దానితోబాటు నివాస యోగ్యత, ఉద్యోగ అర్హత అన్నీ కోల్పోతారు.

హఠాత్తుగా రుమేనియావాసులైన యూదులు అధికార నరకంలో దిగబడ్డారు. ప్రమాణపత్రాలకోసం వారు తమ జన్మస్థలాలకు వెళ్లవలసి వచ్చింది. తీరా అక్కడికి వెళ్ళిన తర్వాత ఆ మునిసిపల్ భాండాగారం మొదటి ప్రపంచయుద్ధంలో ధ్వంసం

అయిందని తెలిసింది. 1918 తర్వాత రుమేనియాలో చేరిన ప్రాంతాలలో – చేర్నివిత్సి లాగా – పుట్టినవారు ప్రత్యేక సమస్యలు, కష్టాలు ఎదుర్కున్నారు. వారికి రుమేనియాలో పుట్టినట్లు ప్రమాణపత్రం లేదు. కారణం వారి కుటుంబాల ప్రమాణ పత్రాలు అన్నీ బుకారెస్ట్ లో కాక, హాబ్స్ బర్గ్ రాజధానులు వియన్నా, బుడాపెస్ట్‌లలో భద్రపరిచి ఉన్నాయి. వారికి ఏమి ప్రమాణ పత్రాలు కావాలోకూడా చాలామంది యూదులకు తెలియలేదు. తమ పౌరసత్వం రుజువు చేసుకోవటానికి ఏయే పత్రాలు కావాలో, జనాభా లెక్కల నియమం స్పష్టంగా చెప్పలేదు.

గుమాస్తాలకు, పాత్ర భాండాగార ఉద్యోగులకూ కొత్తగా మంచి ఆదాయమార్గం కనపడింది. సరయిన ప్రమాణ పత్రాలు సంపాదించటానికి ఆ దిక్కుతోచని యూదులు భారీ లంచాలు ఆశ చూపారు. లంచాలు లేకపోయినా ఆ ప్రక్రియకు విపరీతమయిన ఖర్చు. ప్రమాణ పత్రాలకోసం అర్జీ, పౌరసత్వంకోసం అధికారులకు అర్జీలు, అన్నీ రుసుముతో కూడి ఉన్నాయి. సరయిన పత్రం దొరికి, ఆ పత్రం దాఖలు చేసినా, సఫలమవుతుందని గ్యారంటీ ఏమీ లేదు. పుట్టినతేదీ సర్టిఫికేట్లో ఉన్న పేరుకూ, పౌరసత్వ అర్జీలో ఉన్న పేరుకూ ఒక్క అక్షరం తేడా ఉన్నా అధికారులు వారి పౌరసత్వాన్ని తొలిగించవచ్చు.

చాలామంది యూదులు ఈ అధికార అవరోధాలు అధిగమించలేక పోయారు. వారు పౌరసత్వానికి అర్జీకూడా పెట్టలేదు. అర్జీ పెట్టినవారిలో 63 శాతం మాత్రమే పౌరసత్వం ఆమోదం సాధించగలిగారు. మొత్తం మీద 758,000 యూదులలో 367,000 మంది యూదులు తమ పౌరసత్వం కోల్పోయారు.[51] అలా పౌరసత్వం కోల్పోయినవారిలో మా తాతగారు బ్రూనో ఒకరు. బుకారెస్ట్ లో జనాభా లెక్కల నియమం ఆమోదం అయినప్పుడు బ్రూనో దానినిగురించి పట్టించుకోలేదు. ఆయన చేర్నివిత్స్‌లో పుట్టారు. జీవితం అంతా అక్కడే గడిపారు. తను పరాయివాడిని కానని ఒక అధికారికి రుజువు చేయవలసిన అగత్యం ఆయనకు వింతగా, హాస్యాస్పదంగా తోచింది.1938 లో ఆయన తల్లి జబ్బుపడి చనిపోయింది. ఆ పత్రాల వెంటపడటం కంటే ముఖ్యమైన పనులు ఇంకా చాలా ఉన్నాయని బ్రూనో అనుభూతి.

డిసెంబర్ 1938 లో బ్రూనో పౌరసత్వం రద్దుచేస్తూ బుకారెస్ట్ నుంచి ఉత్తరం వచ్చింది. ఆయన అప్పుడు చేర్నివిత్స్‌లో ఒక రేడియో షాప్ లో పనిచేస్తున్నారు. పరాయి దేశీయులుగా ఆయనను ఆ ఉద్యోగంలోనుంచి తీసివేశారు. బ్రూనో ఇప్పుడు ఏకాకి, నిరుద్యోగి మాత్రమే కాదు. పౌరసత్వంకూడా లేని వ్యక్తి. మరొక ఉద్యోగం దొరుకుతుందో లేదో కూడా తెలియదు. తొమ్మిది నెలల తర్వాత రెండవ ప్రపంచ యుద్ధం విరుచుకు పడింది. కాగితాలు లేని యూదులకు ప్రమాదం రోజురోజుకూ పెరుగుతున్నది.1938 లో రుమేనియా పౌరసత్వం కోల్పోయిన యూదులలో

చాలమంది రుమేనియన్ నియంతల, వారి నాజీ మిత్రుల చేతిలో హతులయినారు. (పౌరసత్వం ఉన్న యూదులు బతికి ఉండే అవకాశాలు చాలా మెరుగు).[52]

రోజురోజుకూ బిగుస్తున్న ఆ ఉచ్చుతప్పించుకోవటానికి మా తాతగారు పదేపదే ప్రయత్నించారు. కాని సరయిన కాగితాలు లేనికారణంగా అది కష్టమై పోయింది. ఆయన చాలా సార్లు రైళ్లలోకి, ఓడలలోకి చాటుమాటుగా దూరారు. కానీ ప్రతిసారీ పట్టుబడి అరెస్ట్ అయ్యేవారు. చివరికి 1940 లో పాలస్తీనా వెళ్తున్న ఆఖరి బోటు ఒకదానిలో ఎక్కగలిగారు. ఆ తర్వాత ఆ నరకానికి ద్వారాలు శాశ్వతంగా మూసుకు పోయాయి. పాలస్తీనా చేరగానే చట్టవిరుద్ధమైన వలసదారుడుగా బ్రిటిష్ వారు ఆయనను ఖైదుచేశారు. జైలులో రెండు నెలలు గడిపిన తర్వాత బ్రిటిష్ వారు ఒక అవకాశం ఇచ్చారు; జైల్ లోనే ఉండి బహిష్కరణ ప్రమాదంకోసం కాచుకు కూచోండి, లేదా బ్రిటిష్ సేనలోచేరి పాలస్తీనా పౌరసత్వం పొందండి. మా తాతగారు ఆ సువర్ణావకాశాన్ని రెండుచేతులా పొదివి పుచ్చుకున్నారు. 1941 నుంచి 1945 వరకూ ఉత్తరాఫ్రికా, ఇటాలియన్ ప్రచారాలలో బ్రిటిష్ సేనలో సేవచేశారు. అందుకు బదులుగా ఆయన కాగితాలు ఆయన చేతికి వచ్చాయి.

మా కుటుంబంలో ఈ ప్రమాణపత్రాలు భద్రపరచటం ఒక పవిత్రవిధిగా పరిగణిస్తాం. బ్యాంక్ స్టేట్ మెంట్లు, ఎలక్ట్రిసిటీ బిల్స్, గతించిన స్టూడెంట్ కార్డ్ లు, మునిసిపాలిటీ నుంచి వచ్చిన ఉత్తరాలు దానిమీద అధికారికముద్ర ఏదైనా ఉంటే, అది మా కప్ బోర్డ్ లో ఉన్న ఒక ఫైల్ లో చోటు వెతుక్కుంటుంది. వీటిలో ఒకనాడు ఏది ఎవరి ప్రాణాలు కాపాడుతుందో ఎవరికి తెలుసు?

అద్భుత పత్రం

అధికార సమాచార యంత్రాంగాన్ని మనం ప్రేమించాలా, ద్వేషించాలా? మా తాతగారి కథలాంటి కథలు అధికార యంత్రాంగంలో ఉన్న ప్రమాదాలు సూచిస్తాయి. లండన్ కలరా అంటువ్యాధివంటి కథలు ఆ యంత్రాంగం సంభావ్య దయార్ద్రత సూచిస్తాయి. బలమైన సమాచార యంత్రాంగాలు అన్నీ మంచీ, చెడూ రెండూ చేయగలవు. మంచీ, చెడూ వాటి నిర్మాణం, వాటిని ఎలా ప్రయోగిస్తారు అనేదానిని బట్టి ఉంటాయి. ఒక యంత్రాంగంలో సమాచార సేకరణ పెంచినంత మాత్రాన అది మేలు చేస్తుందని గ్యారంటీ ఏమీ లేదు. నిజానికీ, క్రమానికీ మధ్య సమతుల్యత కనుక్కోవటం సులభం ఏమీ కాబోవటం లేదు. ఇరవై ఒకటో శతాబ్దం సమాచార యంత్రాంగ రచయితలకూ, ఉపయోగదారులకూ ఇది కీలకమైన చారిత్రిక పాఠం.

భవిష్యత్తులో రాబోయే సమాచార యంత్రాంగాలు, ముఖ్యంగా కృత్రిమ మేధా ఆధారితాలు, ఇంతకు పూర్వం యంత్రాంగాలకంటే అనేకవిధాల చాలాభిన్నంగా

ఉంటాయి. మొదటి భాగంలో పౌరాణిక సాహిత్యం, అధికార యంత్రాంగము భారీసమాచార ప్రణాళికలకు ఎలా అత్యవసరమో పరీక్షిస్తాం. రెండవ భాగంలో అధికారుల స్థానాన్ని, కథలు చెప్పేవారి పాత్రను కృత్రిమమేధ ఎలా ఆక్రమిస్తుందో చూస్తాం. దత్తాంశాలను ఎలా ప్రాసెస్ చేయాలో రక్తమాంసాలు ఉన్న అధికారులకంటే కృత్రిమమేధా పరికరాలకు బాగా తెలుసు. మానవులకంటే మెరుగుగా కథలు అల్లే శక్తి కృత్రిమమేధ సంపాదిస్తున్నది.

ఇరవై ఒకటో శతాబ్దం కృత్రిమమేధ సమాచార యంత్రాంగం పరిశీలించే ముందు, కృత్రిమ మేధ కాల్పనికులు, కృత్రిమమేధ అధికారులు చేసే వాగ్దానాలు, బెదిరింపులు పరీక్షించే ముందు, ఈ సమాచార యంత్రాంగం చిరకాల చరిత్రను గురించి మనం తెలుసుకోవలసిన విషయం ఒకటి ఉన్నది. సమాచార యంత్రాంగం నిజాన్ని శిఖరాగ్రానికి చేర్చవనీ, నిజానికీ, క్రమానికీమధ్య ఒక సమతుల్యత సాధించటానికి ప్రయత్నిస్తాయని గమనించాం. క్రమం కొనసాగించటానికి అధికార యంత్రాంగము, పౌరాణిక సాహిత్యము, రెండూ అత్యవసర వస్తువులు. క్రమం నిర్వహించే ప్రయత్నంలో నిజాన్ని త్యాగంచేయటానికి రెండూ సిద్ధంగా ఉన్నాయి. మరి అధికార యంత్రాంగము, పౌరాణిక సాహిత్యము రెండూ నిజంతో సంపర్కం కోల్పోకూడదు అంటే ఏమి చేయాలి? ఏ క్రియావిధానం అనుసరించాలి? సమాచార యంత్రాంగం తమ తప్పులు గుర్తించి – క్రమం కొంత లోపించినా – సరిదిద్దుకునేట్లు చేసే క్రియావిధానం ఏది?

మానవసమాచార యంత్రాంగం తన తప్పులు సరిదిద్దుకునే విధానం రాబోయే రెండు అధ్యాయాలలోనూ చూస్తాం. మరొక సమాచార సాంకేతికశాస్త్రం ఆవిష్కరణ పరిశీలనతో మొదలు పెడతాం: బైబుల్, ఖురాన్ వంటి పవిత్ర గ్రంధాలు సమాచార సాంకేతిక శాస్త్రాలు. అక్కడ సమాజానికి అవసరమైన అత్యవసర సమాచారం అంతా ఉంటుంది. అందులో తప్పు ఉండటానికి వీలు లేదు. ఒక సమాచార యంత్రాంగం తనలో తప్పు అంటూ ఏమీ లేదని నమ్మితే ఏమవుతుంది? పొరపాటు అంటూ పడని అమోఘ పవిత్రగ్రంధాల చరిత్ర సమాచార యంత్రాంగాల పరిమితులు, హద్దులమీద కొంతవెలుగు చూపుతుంది. ఇరవై ఒకటో శతాబ్దంలో తప్పటడుగు అంటూ వేయని అమోఘ కృత్రిమమేధ సృష్టించే ప్రయత్నాలకు కొన్ని పాఠాలు చెబుతుంది.

అధ్యాయం 4

తప్పులు: అమోఘత్వం భ్రమ

"తప్పు చేయటం మానవ సహజం. తప్పుచేస్తూనే ఉండటం దుర్మార్గం." అన్నారు సెయింట్ ఆగస్టీన్.[1] మనిషి తప్పుచేసే గుణం, ఆ తప్పులు సరిదిద్దవలసిన అవసరము పౌరాణిక కథలలో కీలకపాత్ర వహించాయి. క్రైస్తవ పురాణగాధ ప్రకారం, చరిత్ర అంతా ఆడం, ఈవ్ చేసిన పాపాన్ని సరిదిద్దే ప్రయత్నమే. మార్క్సిస్ట్ – లెనినిస్ట్ ఆలోచన అనుసారం కార్మికవర్గంకూడా తన పీడకుల చేతిలో మోసపోవచ్చు, తన బాగోగులనే సరిగా గుర్తించలేక పోవచ్చు. కనుకనే దానికి వివేచనామయమైన పార్టీనాయకత్వం అవసరం. అధికార యంత్రాంగంకూడా ఆచూకీ దొరకని పత్రాలనుంచి, అసమర్ధమైన విధానాలవరకూ తప్పులు వెతుకుతూనే ఉన్నది. జటిలమైన అధికార యంత్రాంగాలలో సాధారణంగా స్వీయక్రమశిక్షణ శాఖలు ఉంటాయి. పెద్ద ఉపద్రవం సంభవించినప్పుడు – సేన పరాజయం, ఆర్థిక సంక్షోభం – ఎక్కడ తప్పు జరిగిందో తెలుసుకోవటానికీ, ఆ తప్పు మళ్ళీ జరగకుండా చూడటానికీ ఎంక్వైరీ కమిషన్లు సిద్ధం అవుతాయి.

స్వీయ సవరణ విధానం పనిచెయ్యాలంటే దానికి చట్టబద్ధత ఉండాలి. మానవులకు తప్పు చేయటం సహజమయితే, స్వీయసవరణ విధానం దోషరహితం ఎలా అవుతుంది? ఈ ఉచ్చులోనుంచి బయట పడటానికి తమతప్పులు తెలుసుకొని, సరిదిద్దుకోవటానికి మనుషులు మానవాతీతమైన దోషరహిత విధానాలనుగురించి కలలు కన్నారు. ఈనాడు కృత్రిమమేధ అటువంటి విధానం ఒకటి బయటికి తెస్తుందని ఆశించవచ్చు. 2023 ఏప్రిల్ లో ఎలాన్ మస్క్ "నేను ఒక కొత్త విషయం మొదలు పెట్టబోతున్నాను. దానిని ట్రూత్ GPT అంటాను. మహోన్నత సత్యం శోధించే కృత్రిమ మేధ. అది ఈ విశాలవిశ్వం స్వభావం అర్థం చేసుకోవటానికి ప్రయత్నిస్తుంది." అని ప్రకటించారు.[2] ఇది ఎందుకు మహాప్రమాదకరమైన

విపరీతమో తర్వాతి అధ్యాయాలలో గమనిస్తాం. గత యుగాలలో ఆ స్వైరకల్పనలు అన్నీమరొకరూపు ధరించాయి – మతం.

మన వ్యక్తిగత జీవితాలలో మతం చాలా భిన్న ప్రయోజనాలు – ఓదార్చటం, జీవిత రహస్యాలు వివరించటం – నెరవేర్చ గలదు. కానీ చారిత్రికంగా సామాజిక క్రమానికి మానవాతీతమయిన చట్టబద్ధత కలిగించటమే మతం నెరవేర్చిన ముఖ్యాతిముఖ్యధర్మం. జూడాయిజం, క్రైస్తవం, ఇస్లాం, హైందవం తమ భావాలు, నియమాలు, అన్నీ దోషాతీత, మానవాతీత శక్తిచేత స్థాపితం అయ్యాయని వ్యాజమాడుతాయి. కనుక ఇక్కడ తప్పు జరగటానికి అవకాశం లేదు. కనుక దోషభూయిష్టులైన మానవులు దీనిని ప్రశ్నించకూడదు, మార్చకూడదు.

మనుషులను తొలిగించు

ప్రతి ఒక్క మతం అంతరంగంలో మానవాతీత నిర్దోష వివేకాన్ని అందుకోవాలనే స్వైరకల్పన దాగి ఉన్నది. ఈనాటి కృత్రిమమేధా పరమైన వాదోపవాదాలలో మేతపరమైనచరిత్ర అధ్యయనం చాలా అవసరం ఈ విషయం మనం ఎనిమిదవ అధ్యాయంలో పరిశోధిస్తాం. మతపరమైన చరిత్రలో ఒకే సమస్య పదేపదే ఎదురవుతుంది. ఒక వితండవాదం నిర్దోష మానవాతీత మూలంనుంచి పుట్టుకు వచ్చిందని జనాన్ని ఒప్పించటం ఎలా? భగవదేచ్ఛకు నేను దాసుణ్ణి కావటానికి సిద్ధం, కానీ, దేవుడికి ఏమి కావాలో నాకు ఎలా తెలుస్తుంది?

చరిత్ర ఆసాంతం చాలామంది తాము దేవుడి సందేశం తీసుకు వచ్చామని చెప్పారు. కానీ ఆ సందేశాలు తరుచూ పరస్పర విరుద్ధాలు! తమకు దేవుడు కలలో కనిపించాడని చెప్పారు. ఒక దేవత తన దగ్గరికి వచ్చిందని మరొకరు చెప్పారు. తను అడవిలో ఒక ఆత్మను కలుసుకున్నానని మూడవ మనిషి వర్ణించారు. ఆ ముగ్గురూ ఉపదేశించిన సందేశాలు మాత్రం వేరువేరు. మానవశాస్త్రవేత్త హార్వే వైట్ హౌస్ ఒక సంఘటన చెప్తారు. ఆయన 1980 దశాబ్దంలో న్యూ బ్రిటన్ లో బెయినింగ్ (పర్వత ప్రాంతం) వ్యక్తులను గురించి క్షేత్ర అధ్యయనం చేస్తున్నారు. అప్పుడు తనోట్కా అనే యువకుడు జబ్బు పడ్డాడు. ఆ జ్వరం సన్నిపాతంలో అతను "నేను ఉట్కాను,", "నేను ఒక స్తూపాన్ని." వంటి ప్రేలాపనలు పేలుతూ ఉండేవాడు. ఈ ప్రేలాపనలు అన్నీ ఆ యువకుడి అన్నగారు బానిగ్జే మాత్రమే విన్నారు. బానిగ్జే ఆ ప్రేలాపనలను గురించి మిగతా వాళ్ళకు చెప్పటం మొదలు పెట్టారు. ఆ చెప్పటంలో తన ఊహాగానం కూడా జోడించి చెప్పారు. తన తమ్ముడికి ఉట్కా అనే ఆత్మ పూనిందనీ, ఈ సమాజానికి మూలస్తంభంగా ఉండి – మన ఇళ్ళలో ఒక మూలస్తంభం ఇంటిని నిలబెట్టినట్లు – కాపాడటానికి దేవుడు అతనిని ఎన్నుకున్నాడనీ చెప్పాడు.

జ్వరంనుంచి కోలుకున్నతర్వాత అతను ఉట్కా పేరున నిగూఢ సందేశాలు వెల్లడిచేస్తూ ఉండేవాడు. ఆ సందేశాలు బానిజ్గే ఇంకా వివరంగా వ్యాఖ్యానించి ప్రసంగించేవాడు. బానిజ్గే కు స్వయంగా కలలు రావటం మొదలయింది. ఆకలలలో అదనంగా దివ్యసందేశాలు వస్తున్నాయని చెప్పారు. బానిజ్గే ఈ ప్రపంచం అంతం ఆసన్నమయిందని గట్టిగా వాకృచ్చారు. రాబోయే ఆ ఉత్పాతం తట్టుకోవటానికి సమాజాన్నిసిద్ధం చేయాలని అందుకు తనకు సంపూర్ణ అధికారం కావాలనే చెప్పి బానిజ్గే స్థానిక ప్రజలను నమ్మించాడు. అప్పటినుంచి విందులు, కర్మకాండ విశ్రుంఖలంగా జరిపించి బానిజ్గే ఆ సమాజం వనరులన్నీ వృధాచేశాడు. ప్రపంచానికి ఆయన చెప్పిన అంతం రానేలేదు. కానీ సమాజం కూడు, గుడ్డలేక అలమటించింది. బానిజ్గే ఆధిపత్యం కూలిపోయింది. అప్పటికీ కొద్దిమంది స్థానికులు బానిజ్గే, తానొట్కా దివ్య వార్తాహరులని నమ్మినా, మిగిలినవారు వీరు ఇద్దరూ కేవలం డాంబికులని, లేదా రాక్షస దూతలనీ నిర్ణయించారు.[3]

భగవత్సంకల్పానికీ, మానవ మాత్రుల ఊహాపోహలకూ, మధ్య వ్యత్యాసం గుర్తించటం ఎలా? దేవుడు ఏమి చెబుతాడో, భగవదేచ్ఛ ఏమిటో తెలియాలంటే మీకు స్వయంగా దివ్యవార్త చెవులారా వినపడాలి. లేకపోతే తనోట్కా, బానిజ్గే వంటి సామాన్య మానవులు చెప్పిందే దివ్యవార్త అని నమ్మటంతప్ప వేరు మార్గం లేదు. మీకు వారు తెలియను కూడా తెలియదు. అటువంటప్పుడు వారిని నమ్మటం ఎలా? భ్రాంతిపరులయిన వ్యక్తులను ఆ ఉచ్చులోనుంచి బయటికి తీసి, జనానికి దోషరహితమైన మానవాతీత న్యాయాలు అందజేయాలని మతం కోరిక. కానీ మతం అంటే పదేపదే ఎవరో ఒక మానవమాత్రుడిని నమ్మటమే అయింది.

దివ్య వార్తాహరులు అని పేరుపడ్డవారిని పెంచి పోషించటానికి మతపరమైన ఆశ్రమాలు సృష్టించటం ఈ సమస్యకు ఒక పరిష్కారం. ఆదివాసుల సమాజాలలో మానవాతీత శక్తులతో సంపర్కం, వార్తాలాపం అంతా మత ఆచార్యుల చేతిలో ఉండేది. బెయినింగ్ ప్రజలలో ఆగుంగరగ అనే ప్రత్యేక చిదాత్మమాధ్యమాలు సాంప్రదాయకంగా ఆత్మలతో సంభాషించేవి. జనంలో పెరిగిన అనారోగ్యం దగ్గరినుంచి పంటలు ఎందుకు విఫలమయ్యాయో వరకూ దాగి ఉన్న కారణాలు తెలుసుకుండేవారని వార్త. స్థాపితమైన ఈ సమాజాలవల్ల తనోట్కా, బానిజ్గే లకంటే, ఆగుంగరగ ఎక్కువ విశ్వాసపాత్రమయింది. వారి ఆధిపత్యం స్థిరమై విస్తారంయింది.[4] బ్రెజిల్ లోని కలపాలో తెగలో మతపరమైన కర్మకాండ అంతా అనేతావు అనే వారసత్వంగా వచ్చిన కర్మకారులద్వారా నడిచేది. ప్రాచీన సెల్టిక్, హిందూసమాజాలలో ఈ కర్మకాండ అంతా డ్రుయిడ్స్ (క్రైస్తవం రాక పూర్వం అక్కడి పురోహితులు), బ్రాహ్మణుల హక్కుగా నడిచాయి.[5] మానవసమాజాలు పెరిగి పెద్దవవుతున్నకొద్దీ, వాటితోబాటు వారి మతవ్యవస్థలు కూడా పెరిగాయి. దైవకార్యాలుచేయాలంటే

పూజారులు, దివ్యవాక్కులు దివ్యవాణి తెలియ జేయటానికి ఇప్పుడు కఠినమైన శిక్షణ పొందవలసివచ్చింది. దేవుణ్ణి చూశానని, దివ్యవాణి విన్నానని చెప్పే పెద్దలను నమ్మవలసిన అవసరం తప్పిపోయింది.[6] పురాతన గ్రీసు దేశంలో దేవుడు ఏమన్నాడో తెలుసుకోవాలంటే మీరు పిథియా – డెల్ఫి లో అపోలో ఆలయం ముఖ్య పూజారిణి – వంటి నియోజిత నిపుణుల దగ్గరికి వెళ్తారు.

కానీ ప్రమాణపూర్వకమైన ఆలయాలవంటి ఈ సంస్థలలోకూడా మానవ మాత్రులు కర్తలుగా ఉన్నంతకాలం ఆ సంస్థలలో తప్పులు జరగటానికి, అవినీతి కదను తొక్కటానికీ కావలసినంత అవకాశం. హిప్పియాస్ నిరంకుశంగా ఏథెన్స్ పాలించుతున్నపుడు ప్రజాస్వామ్యవాదుల వర్గం పిథియా సహాయం ఆర్థిస్తూ ఆమెకు లంచం ఇచ్చారని హెరోదొటస్ అంటారు. అధికార విషయాలు కానీ, వ్యక్తిగత విషయాలు కానీ సంప్రదించటానికి స్పార్టన్లు పిథియా దగ్గరికి వచ్చినపుడు, మొదటగా స్పార్టన్లు ఏథెన్స్ ను ఆ నిరంకుశుడి పాలననుంచి విడిపించాలని ఆమె సమాధానం. స్పార్టన్లు, హిప్పియాస్ మిత్రులు. అయినాకూడా దేవుడి ఆజ్ఞకు తలవంచి ఏథెన్స్ కు సేనను పంపి 510 BCE లో హిపియాస్ ను గద్దె దించారు. ఏథెన్స్ ప్రజాస్వామ్య స్థాపనకు దారితీశారు.[7]

ఒక మానవ ప్రవక్త దివ్యవాణిపేర అబద్ధం చెప్పగలిగితే, ఆలయాలు, ప్రవక్తల అధికారక్రమం సృష్టించినంత మాత్రాన మతసమస్య పరిష్కారం కాదు, కాబోదు. పవిత్రమైన భగవంతుడ్ని చేరుకోవాలంటే, జనం అపవిత్రులైన మానవులను నమ్మాలి. ఈ మానవులను తప్పించుకోవటం ఎలాగైనా సాధ్యమా?

అమోఘ సాంకేతికత

బైబుల్, ఖురాన్ వంటి పవిత్ర గ్రంథాలు మానవభ్రాంతి తప్పించుకొని పక్కదారి పట్టటానికి తగిన సాంకేతికశాస్త్రం. పుస్తక ప్రమాణాలు అయిన మతాలు – జూడాయిజం, క్రైస్తవం, ఇస్లాం – ఆ సాంకేతికత చుట్టూ అల్లిన కళాఖండాలు. ఈ సాంకేతికత ఎలా పనిచేస్తుందో తెలుసుకోవాలంటే, పుస్తకం అంటే ఏమిటి అనే వివరణతో మొదలు పెట్టాలి. పుస్తకానికి, మిగిలిన వ్రాతపనులకు తేడా ఏమిటో వివరించాలి. పుస్తకం అంటే కొన్ని పాఠాల సమ్మేళనం. అందులో అధ్యాయాలు, కథలు, వంటలు, ధర్మపత్రాలు ఎన్నో ఉండవచ్చు. అవి అన్నీ ఒకచోట చేరిఉంటాయి. ఆ పుస్తకానికి అనేక ప్రతులు ఉంటాయి. నోటితో చెప్పేకథలు, అధికారిక పత్రాలు, పురావస్తు భాండాగారాలు వేరు, పుస్తకం వేరు. కథ నోటితో చెప్పేటపుడు, చెప్పిన ప్రతిసారీ ఆ కథలో కొంత తేడా ఉండవచ్చు. చిరకాలంగా అదేకథ చాలమంది చెబుతూ వస్తే, కథలో చాలా మార్పులు రావచ్చు. అందుకు విరుద్ధంగా పుస్తకాల

ప్రతులన్నీ ఒకేవిధంగా ఉంటాయి. అధికార పత్రాలన్నీ సాధారణంగా కురచగా ఉంటాయి. తరుచూ భాండాగారంలో ఒకే ప్రతిగా ఉంటాయి. ఒక సుదీర్ఘ పత్రం చాలాప్రతులతో అనేక భాండాగారాలలో నివాసంచేస్తూ ఉంటే దానిని సాధారణంగా పుస్తకం అంటాము. ఆ పుస్తకంలో విభిన్న పాఠాలు ఉంటే అది భాండాగారం కాదు, కాబోదు. ఎందుకంటే భాండాగారంలో అనేక పుస్తకల సముదాయం ఉంటుంది. కానీ ఒక పుస్తకం ప్రతులు అన్నిటిలోనూ అవే అధ్యాయాలు, అవే కథలు, లేదా అవే వంటకాలు దర్శన మిస్తాయి. పుస్తకం ద్వారా చాలామందికి, చాలా చోట్ల, చాలా సమయాలలో అదే సమాచారం దొరుకుతుంది.

క్రీస్తు పూర్వం మొదటి సహస్రాబ్దిలో పుస్తకం ఒక మతపరమయిన ప్రముఖ సాంకేతికశాస్త్రం అయికూర్చున్నది. దేవుళ్ళు, దేవతలు షామన్స్, పురోహితులు, ప్రొఫెట్స్, ఆకాశవాణుల ద్వారా మానవులతో మాట్లాడినా తర్వాత కొన్నివేల సంవత్సరాల తర్వాత జూడాయిజం వంటి మతపరమైన ఉద్యమాలు దేవుళ్ళు దేవతలు పుస్తకం అనే ఈ నవ్యసాంకేతిక శాస్త్రం ద్వారా పలుకుతారని వాదించ సాగాయి. ఇక్కడ ఒక ప్రత్యేక పుస్తకం ఉన్నది. ఆ పుస్తకంలోని అనేక అధ్యాయాలలో ఈ సృష్టి ఆదినుంచి ఆహారనియమాల వరకు ప్రతిఒక్క అంశాన్ని గురించీ అన్నీ దివ్యపదాలు ఉన్నాయని ప్రతీతి. ముఖ్యంగా ఏ ప్రీస్ట్, ఏ ప్రాఫెట్, లేదా ఏ మానవసంస్థ, ఎవరూ ఆ దివ్యపదాలను మర్చిపోలేరు, మార్చలేరు. ఎందుకంటే తప్పుల దొంతరలైన మానవులు మీకు చెప్పేదానికి, దోషరహితమైన ఆ పుస్తకంలో ఉన్నదానినీ మీరు పోల్చి చూడవచ్చు!

కానీ ఆ పుస్తకానికి చెందిన మతాలకు వారి సమస్యలు వారికి ఊన్నాయి. ఇక్కడ తేటతెల్లంగా ఉన్న విషయం ఏమిటంటే – ఆ పవిత్ర గ్రంథంలో ఏమి ఉండాలో, ఏమి ఉండకూడదో నిర్ణయించేది ఎవరు? ఆపుస్తకం మొదటి ప్రతి స్వర్గంనుంచి ఊడి పడలేదుకదా! అది మనుషుల చేతనే కూర్చు కావాలి. కానీ బాధాకరమైన ఆ సమస్య ఒక మహోత్తమ ప్రయత్నంతో శాశ్వతంగా పరిష్కరించవచ్చునని విశ్వాసువుల ఆశ. విశ్వసనీయులైన వివేచనాపారీణులను చేరదీసి, వారు ఈ పుస్తకంలో ఉన్న విషయాలను సమ్మతించితే, మరుక్షణం మానవమాత్రులను ఈ వలయంలోనుంచి బహిష్కరించవచ్చు. అప్పుడు దివ్యపదాలు మానవ అంతరాయం నుంచి రక్షణ పొందుతాయి.

ఈ పద్ధతికి అనేక అభ్యంతరాలు ఉండవచ్చు. మహామేధావులను ఎంచుకునేది ఎవరు? అందుకు ఆధారం, లక్షణం ఏమిటి? వారిలో వారు ఏకగ్రీవంగా సమ్మతించకపోతే? తర్వాత వారు మనసు మార్చుకుంటే? ఏది ఏమైనా హిబ్రూ బైబుల్ వంటి పవిత్ర గ్రంథాలు కూర్చటంలో నడిచిన పంథా ఇది.

హిబ్రూ బైబుల్ తయారీ

క్రీస్తు పూర్వం తొలి సహస్రాబ్దిలో, యూదు ప్రవక్తలు, పురోహితులు, పండితులు కలిసి ఒక విస్తారమైన కథలు, పత్రాలు, భవిష్య వాణి, కవితలు, ప్రార్ధనలు, ఐతిహాసికాలు ఉత్పత్తి చేశారు. బిబ్లికల్ కాలంలో బైబుల్ ఒక పుస్తకంగా లేదు. డేవిడ్ రాజు గాని, ఈసయ్య ప్రవక్తగాని బైబుల్ ప్రతి చూడలేదు. అత్యంత ప్రాచీన ప్రతి డెడ్ సీ స్క్రోల్స్ నుంచి వచ్చిందని కొన్నిసార్లు అనటం జరిగింది. ఈ కాగితపు చుట్టలు సుమారు తొమ్మిదివందల విభిన్నపత్రాల సముదాయం. అవి అన్నీ దాదాపు క్రీస్తు పూర్వం చివరి రెండు శతాబ్దులలో రాసినవి. అవి అన్నీ డెడ్ సీ సమీపంలోని కుంరన్ అనే గ్రామం చుట్టుపక్కల ఉన్న గుహలలో దొరికినవి.[8] ఆ ప్రాంతంలో అంతకు పూర్వ నివసించిన యూదు తెగ భాండాగారంలోనివని శాస్త్రవేత్తల అందరి ఏకాభిప్రాయం.[9]

ఇక్కడ ముఖ్య విషయం ఏమిటంటే, ఈ కాగితపు చుట్టలలో ఎక్కడా ఒక్క బైబుల్ ప్రతి కూడా లేదు. ఓల్డ్ టెస్టమెంట్ లోని ఇరవై నాలుగుపుస్తకాలు కలిసి పూర్తిగా ఒకే ఇతిహాసమని ఏ కాగితపు చుట్టలోనూ వ్రాసి లేదు. ఆనాటి కొన్ని స్క్రోల్స్ లో ఈనాటి బైబుల్ లో ఉన్న కొన్ని పాఠాలు ఉన్నాయి. ఉదాహరణకు పంథొమ్మిది స్క్రోల్స్, వ్రాతప్రతుల తునకలు కొన్ని జెనెసిస్ పుస్తకంలోని కొన్ని భాగాలు చూపుతాయి.[10] కానీ చాలా స్క్రోల్స్ లో బైబుల్ లో మినహాయించిన పాఠాలు ఉన్నాయి. ఉదాహరణకు ఇరవైకి పైగా స్క్రోల్స్, వ్రాతప్రతుల తునకల మీద ఏనోక్ పుస్తకం భాగాలు కనబడతాయి. ఈ ఏనోక్ పుస్తకం నోవా ముత్తాత గారయిన ఏనోక్ వ్రాశారని ప్రతీతి. ఇందులో దేవతలు, దయ్యాల చరిత్ర, మెసయ్యా ఆగమనాన్ని గురించి జోస్యము ఉన్నాయి.[11] కుంరాన్ యూదులు జెనెసిస్, ఏనోక్ పుస్తకాలకు అధిక ప్రాముఖ్యత ఇచ్చినట్లు కనబడుతుంది. జెనెసిస్ ప్రమాణపూర్వకమైన గ్రంథమని, ఏనోక్ అనుమానాస్పదమైన గ్రంథమనీ వారు అనుకున్నట్లు లేదు.[12] ఈనాటికీ కొన్ని ఎథియోపియన్ యూదు, క్రైస్తవ తెగలు ఏనోక్ వారి సిద్ధాంతంలో భాగంగానే పరిగణిస్తారు.[13]

భవిష్యత్తులో రాబోయే సిద్ధాంతాలు చెప్పటానికి ప్రయత్నించే స్క్రోల్ కూడా కొన్నిచోట్ల ఈనాటి సిద్ధాంతాలకు భిన్నంగా ఉంటాయి. ఉదాహరణకు అయిదవ ఆగమన కాండలో 32.8 భగవంతుడు ఇజ్రాయిల్ పుత్రుల సంఖ్యకు అనుగుణంగా ఈ భూమిమీద దేశాలను విభజన చేశాడని చెబుతుంది. డెడ్ సీ స్క్రోల్స్ లో "దేవుడి పుత్రుల సంఖ్య" అంటుంది దేవుడికి చాలామంది కొడుకులు ఉన్నారని విపరీతమైన భావం వ్యక్త పరుస్తుంది.[14] ఐదవకాండలో 8.6 సిద్ధాంతం విశ్వాసపాత్రులయినవారు దేవుడంటే భయపడాలని చెబుతుంది. డెడ్ సీ ప్రతి మాత్రం వారు దేవుడిని

ప్రేమించాలని చెబుతుంది.[15] కొన్ని వైవిధ్యాలు ఒకటి రెండు మాటలతోకాక, గణనీయంగా ఉంటాయి. ప్రార్థనా సంపుటి ఉన్న అనేక కీర్తనలు సిద్ధాంతమయమైన బైబుల్ లో లేవు.(ముఖ్యంగా 151, 154, 155 కీర్తనలు).[16]

బైబుల్ అత్యంత ప్రాచీన అనువాదం – బైబుల్ భాషానువాదం – క్రీస్తు పూర్వం ఒకటి, మూడు శతాబ్దులమధ్య జరిగింది. ఆ తర్వాత వచ్చిన సిద్ధాంతప్రతికీ ఈ ప్రాచీన అనువాదానికీ చాలా వ్యత్యాసం ఉన్నది.[17] ఆ ప్రాచీన ప్రతిలో తోబిట్, జూడిట్, సిరాచ్, మకబీస్, ది విజ్డమ్ ఆఫ్ సాలమన్, సాలమన్ కీర్తనలు, 151 కీర్తన ఉన్నాయి.[18] అందులో డానియల్, ఎస్టర్ కథలు కూడా దీర్ఘంగా ఉంటాయి.[19] అందులో జెరమయ్య పుస్తకం సిద్ధాంతప్రతిలోకంటే 15 శాతం కురచగా ఉంటుంది.[20] ఆ అయిదవకాండ 32:8 లో దాదాపు అన్ని అనువాద ప్రతులలోనూ “ఇజ్రాయిల్ పుత్రులు” అని కాక, “దేవుడి పుత్రులు' లేదా “దేవుడి అప్సరసలు" అని ఉంటుంది.[21]

ఈ సిద్ధాంతపరమైన సమాచారాన్ని చక్కదిద్దటానికి, ప్రచారంలో ఉన్న పాఠ్యాలలో జెహోవా అధికారిక వాక్కుగా ఏయే పాఠాలు బైబుల్ లోకి ఎక్కాలి, ఏవి విసర్జించాలి అని నిర్ణయించటానికి యూదు జ్ఞానులు –వారిని రబ్బీ అనే వారు – శతాబ్దాల తరబడి వితండవాదాలు కొనసాగించారు. జీసస్ వచ్చేనాటికి దాదాపు అన్నీ పాఠాల విషయంలోనూ ఒక ఒడంబడిక ఏర్పడింది. కానీ ఒక శతాబ్దం తర్వాత కూడా, సాంగ్ ఆఫ్ సాంగ్స్ సిద్ధాంత గ్రంథంలో చేర్చాలా వద్దా అనే విషయంలో తలలు బద్దలు చేసుకుంటూనే ఉన్నారు. కొందరు రబ్బీలు ఆ పాఠాన్ని ఒక ప్రజాస్వామ్య ప్రేమకవితగా కొట్టిపారేశారు. రబ్బీ అకీవ (135 క్రీస్తు శకం) సాలమన్ రాజుకు కలిగిన దివ్యప్రేరణ అని సమర్థించారు. “సాంగ్ ఆఫ్ సాంగ్స్ పవిత్రాతి పవిత్రం” అని అకీవ అన్నారని ప్రతీతి.[22] సిద్ధాంత బైబుల్ గ్రంథంలో ఏయే పాఠాలు ఉండాలి, ఏవి ఉండకూడదు అనే విషయంలో క్రీస్తు శకం రెండవ శతాబ్ది నాటికి యూదు రబ్బీలమధ్య ఒక ఏకాభిప్రాయం ఏర్పడింది. కానీ ఈ విషయం మీద, అందులో ఉండవలసిన పదాలనుగురించీ, వాటి సరయిన గుణింతాలను గురించీ, వాటి వాచకాలను గురించీ మాసోరేటిక్ యుగం వరకూ (క్రీస్తు శకం ఏడు నుంచి పదవ శతాబ్దం వరకు) పరిష్కారం కాలేదు.[23]

ఈ సిద్ధాంతీకరణంలో సృష్టిప్రకరణం (జెనెసిస్) జెహోవా వాక్కు అని నిర్ణయమయింది. కానీ ఏనోక్ గ్రంథం, ఆదమ్, ఈవ్ ల జీవితం, అబ్రహాం టెస్టమెంట్, మానవకల్పితాలని నిర్ణయమయింది.[24] కింగ్ డేవిడ్ కీర్తనలు (151 – 155 కీర్తనలు తప్ప) సిద్ధాంతీకరించ బడ్డాయి. కానీ కింగ్ సాలమన్ కీర్తనలకు ఆ గౌరవం దక్కలేదు. మలాచి గ్రంధానికి ఆమోదం లభించింది. కానీ బరూచి గ్రంథానికి ఆ స్థాయి లభించలేదు. క్రానికిల్స్ – సరే. మక్కబీస్ – వీలులేదు.

ఇక్కడ విశేషం ఏమిటంటే, బైబుల్లోచెప్పిన కొన్ని పాఠాలకు సిద్ధాంతస్థాయి

ప్రాప్తించలేదు. ఉదాహరణకు, జోషువా, శామ్యూల్ గ్రంధాలు రెండూ జాశర్ (జోషువా 10:13, శామ్యూల్ 1:18) అనే ప్రాచీన పవిత్ర పాఠం ఉదాహరిస్తాయి. నంబర్స్ గ్రంధం "ది బుక్ ఆఫ్ ది వార్స్ ఆఫ్ ది లార్డ్" (నంబర్స్ 21:14) ఉదాహరిస్తుంది. 2 క్రానికల్స్ గ్రంధం కింగ్ సాలమన్ పరిపాలన సమీక్షించి, "సాలమన్ ఇతర చర్యలు మొదటిది, చివరిది ప్రాఫెట్ నాథన్ క్రానికిల్స్ లో, అహీజా, నాథన్ భవిష్యవాణిలో, దివ్యద్రష్ట ఇడ్డో దర్శనాలలో వ్రాసి ఉన్నాయి (2 క్రానికిల్స్ 9:29)" అని ముగించుతుంది. ఇడ్డో, అహీజా, నాథన్ ల పుస్తకాలు, జాషర్ రచనలు, వార్స్ ఆఫ్ ది లార్డ్ ఏవీ సిద్ధాంతపూర్వకమైన బైబుల్ లో లేవు. వాటిని ఉద్దేశ పూర్వకంగా నిషేధించలేదు. అవి కనపడకుండా పోయాయి.[25]

సిద్ధాంతపూర్వకమైన బైబుల్ నిర్ణయం అయిన తర్వాత, యూదులు గందర గోళమైన బైబుల్ కూర్చటంలో మానవసంస్థల పాత్ర క్రమంగా మర్చిపోయారు. బైబుల్ మొదటి భాగం తోరా సినాయ్ శిఖరం వద్ద భగవంతుడు స్వయంగా మోజెస్ చేతికి ఇచ్చాడని యూదు సాంప్రదాయ వాదం. భగవంతుడు తోరా ఆదిలోనే సృష్టిచేశాడని, మోజెస్ కు పూర్వం ఉన్న బైబుల్ పాత్రలు నోవా, ఆదమ్ కూడా ఈ తోరా చదివారని, అధ్యయనం చేశారని చాలామంది రబ్బీల వాదన.[26] బైబుల్ లో ఇతర భాగాలుకూడా దివ్యసృష్టి అని దివ్యప్రేరణ అనీ సామాన్య మానవసృష్టికి అతీతమనీ దృక్పథం కొనసాగింది. ఆ పవిత్రగ్రంధం ఒకసారి నిర్ణీతమయిన తర్వాత, జెహోవా పలికిన వచనాలు యూదులకు సరాసరి అందుబాటులో ఉన్నాయని, మానవమాత్రులు ఎవరు కానీ, ఏ వంచకసంస్థగాని వాటిని చెరపలేరు, మార్చనూ లేరని ఆశ పెరిగింది.

రెండువేల సంవత్సరాల తర్వాత రాబోయే విస్తార ప్రచారం ఊహించి, యూదులు ఆ పవిత్ర గ్రంధానికి అనేక ప్రతులు తయారు చేయటం మొదలు పెట్టారు. ప్రతిఒక్క యూదు సమాజం అధ్యయన మందిరంలో కనీసం ఒక ప్రతి ఉండాలని ఆంక్ష.[27] ఇందులో రెండు ప్రయోజనాలు కనిపించాయి. పవిత్ర గ్రంధం అనేక ప్రతులు తయారు చేయటం వల్ల, మతం ప్రజాస్వామ్య సంపద అయింది. నిరంకుశుల ఆధిపత్యం మీద ఒక ఆంక్ష విధించింది. ఈజిప్షియన్ ఫారోలు, ఆసిరియన్ రాజుల ప్రాచీన భాండాగారాలు ప్రజాసామాన్యాన్ని విడిచిపెట్టి, ప్రభువులకే సర్వశక్తులూ ధారపోశాయి. ఇప్పుడుఈ యూదు పవిత్ర గ్రంధం ప్రజాసామాన్యానికి శక్తిప్రదాతగా కనబడింది. ఇప్పుడు ఎంత సిగ్గుమాలిన మొండి నాయకుడినైనా దేవుడి నియమాలకు కట్టుబడి ఉండేట్లు చేయటం సాధ్యం.

రెండవది, చాలా ముఖ్యమైన అంశం. ఒకే పుస్తకానికి అనేక ప్రతులు ఉండటాన, పుస్తకంలో పాఠం మార్చటానికి వీలుకాదు. అనేక ప్రదేశాలలో వేలాది ప్రతులు ఉండటాన, ఆ పవిత్రగ్రంధంలో ఒక్క అక్షరం మార్చటానికి ప్రయత్నించినా,

ఆ చౌర్యాన్ని సులువుగా పట్టుకోవచ్చు. యూదులు మానవ నిరంకుశత్వాన్ని దివ్యప్రభుత్వంతో పునస్థాపన చేశారు. ఆ గ్రంథం నిర్దోష సాంకేతికతవల్ల, సామాజిక వ్యవస్థ చక్కబడింది. లేకపోతే అలా అనిపించింది.

సంస్థ ఎదురుదెబ్బ

బైబుల్ సిద్ధాంతీకరణం పూర్తికాక మునుపే, ఆ ప్రణాళిక కష్టాలలో దిగబడింది. దోష రహితమనిపించిన ఈ సాంకేతికతలో పవిత్రగ్రంథంలో విషయాలమీద సమ్మతి ఒక్కటే సమస్య కాదు. ఆ పుస్తకం ప్రతులు వ్రాయటం జగమెరిగిన మరొక సమస్య. ఆ పవిత్రగ్రంథం తన మాయాజాలం విసరాలంటే, యూదులు ఉన్నచోట ప్రతిచోటా ఆ పుస్తకం ప్రతులు కావాలి. యూదుకేంద్రాలు పాలస్తీనాలోనే కాదు, మెసపోటేమియా, ఈజిప్ట్, లలో వెలిశాయి. యూదు సమాజాలు ఆసియానుంచి అట్లాంటిక్ వరకూ వ్యాపిస్తూ ఉన్నాయి. వేలాది కిలోమీటర్ల దూరాన ప్రతులు వ్రాస్తున్న పెద్దలు పొరపాటునకాని, ఉద్దేశ పూర్వకంగా కానీ ఆ పవిత్ర గ్రంధాన్ని మార్చబోవటం లేదని దృఢ పరుచుకోవటం ఎలా?

అటువంటి సమస్య తలెత్తకుండా ఉండటానికి, బైబుల్ ను సిద్ధాంతీకరించిన రబ్బీలు ఆ పవిత్రగ్రంథం నకలు చేయటానికి కొన్ని కఠిననియమాలు ఏర్పరిచారు. ఉదాహరణకు, ఆగ్రంథం చూసివ్రాసేటప్పుడు కీలక క్షణాలలో వ్రాయసకాడు ఆగకూడదు. భగవంతుడి పేరు వ్రాసేటప్పుడు రాజుగారు వచ్చిపలకరించినా ఆ వ్రాయసకాడు తలఎత్తకూడదు. ఆయన రెండు మూడు దివ్యనామాలు వ్రాస్తూ ఉంటే, ఆ పేర్ల మధ్యలో ఆపి ఆయన సమాధానం చెప్పవచ్చు.[28] రబ్బీ యిశ్మేల్ (క్రీస్తుశకం రెండవ శతాబ్ది) ఒక వ్రాయసకారికి "నువ్వు దివ్యకార్యం చేస్తున్నావు. నువ్వు ఒక్క అక్షరం మింగివేసినా, ఒక్క అక్షరం జోడించినా ఈ ప్రపంచం మొత్తాన్నే సర్వనాశనం చేస్తావు." అని చెప్పినట్లు ప్రతీతి.[29] నిజానికి చూచివ్రాతలో తప్పులు దొర్లాయి. ఈ ప్రపంచం ఏమీ ధ్వంసం కాలేదు. ప్రాచీన బైబుల్ లలో ఏ రెండు బైబుల్ ప్రతులకూ సారూప్యం లేదు.[30]

ఇక్కడ మరొక పెద్దసమస్య ఏర్పడింది. వ్యాఖ్యానం, అర్ధవివరణల సమస్య. పెద్దలందరూ గ్రంథ పవిత్రతమీద, అందులో పదజాలం ఖచ్చితత్వం మీద సమ్మతించినా, అవే పదాలను వేరువేరుగా వ్యాఖ్యానించవచ్చు. శాబత్ నాడు పనిచేయకూడదు అంటుంది బైబుల్. కానీ 'పని' అంటే ఏమిటో స్పష్టం చేయలేదు. శాబత్ నాడు మీ పొలానికి నీరు పెట్టుకోవచ్చునా? మీ పూలమొక్క కుండీకి, లేకపోతే మీ మేకలకు నీరు పెట్టటం? శాబత్ నాడు పుస్తకం చదవవచ్చునా? పుస్తకం వ్రాయటం? ఒక కాగితం చింపితే? పుస్తకం చదవటం పనికాదనీ, కాగితం చింపటం

పని అనీ రబ్బీల నియమం. అందుకే సంప్రదాయవాదులైన యూదులు శాబత్ నాడు ఉపయోగించటానికి ఒక కట్ట టాయిలేట్ పేపర్ చించి పెట్టుకుంటారు.

మేకపిల్లను దాని తల్లిపాలలో ఉడక పెట్టకూడదని పవిత్ర గ్రంథం (ఎక్సోడస్ 23:19) చెబుతుంది. కొందరు దీని అర్థం మక్కీకి మక్కీ తీస్తారు. మీరు ఒక మేకపిల్లను నరికితే, దానిని దాని తల్లి పాలలో వండవద్దు. కానీ మరొక మేక పాలలో వండవచ్చు. ఆవుపాలలో కూడా వండవచ్చు. మరికొందరు పెద్దలు ఈ నిషేధాన్ని మరికొంత దూరం తీసుకు వెళ్లారు. మాంసము, పాలపదార్థాలు ఎన్నడూ కలప కూడదని. కనుక ఫ్రైడ్ చికెన్ తిన్న తర్వాత మీరు మిల్క్ షేక్ తాగకూడదన్నమాట. ఇది సహజంగా ధ్వనించక పోవచ్చు. కానీ దాదాపు అందరూ రబ్బీలు రెండవవ్యాఖ్యను సబబుగా ఆమోదించారు. కోళ్ళు పాలు కుడపక పోయినా సరే.

సాంకేతికత పవిత్రపదాలలో మార్పులు పరిమితం చేయవచ్చు. కానీ బయట ప్రపంచం గిర్రున తిరుగుతున్నది కదా! కనుక పాతనియమాలు కొత్తపరిస్థితులకు ఎలా అన్వయించాలి అన్నది చాలా పెద్ద సమస్య. బైబుల్ పాఠాలు అన్నీ పాలస్తీనా పర్వతప్రాంత, పవిత్ర జెరూసలేం నగరం రైతులను గురించీ, గొల్లపిల్లలనుగురించీ చెప్పాయి. కానీ క్రీస్తు శకం రెండవ శతాబ్ది నాటికి యూదులు చాలామంది మరెక్కడో జీవించారు. అలగ్జాండ్రియా రోమన్ సామ్రాజ్యంలో అతి సంపన్నమైన నగరం. అలెగ్జాండ్రియా రేవు దగ్గర చాలాపెద్ద యూదు సమాజం నివసించేది. అలెగ్జాండ్రియాలో నివసించే యూదు ఓడల వర్తకుడికి చాలా బైబుల్ నియమాలు అసందర్భంగా తోచిఉండవచ్చు. దానికితోడు ఆయనకు ఉన్న సమస్యలలో దేనికీ ఆ పవిత్రగ్రంథంలో సమాధానాలు లేవు. జెరూసలేం ఆలయంలో ప్రార్థన చేయాలనే నియమం ఆయన పాటించలేడు. ఒకటి ఆయన జెరూసలేంలో నివసించటం లేదు. అంతేకాక ఆ ఆలయం ఇప్పుడు లేదు. శాబత్ నాడు రోమ్ వెళ్లవలసిన ఓడలు ప్రయాణం చేయవచ్చునా అంటే, లెవిటికస్, డ్యూతెరానామీ రచయితలు ఆనాడు సముద్ర యానాలను గురించీ వ్రాయలేదు.[31]

ఆ పవిత్రగ్రంథం అనేక వ్యాఖ్యలకు అవకాశం ఇచ్చింది. పుస్తకంకంటే వ్యాఖ్యలు ప్రాతినిధ్యం సాధించాయి. బైబుల్ వ్యాఖ్యలను గురించి యూదులు వాదులాడుతున్నకొద్దీ, రబ్బీల ఆధిపత్యము, పరువు ప్రతిష్టలు అధికం కాజొచ్చాయి. జెహోవా అన్న మాట వ్రాస్తే, ఆ ఆచార్య సమితి ఆధిపత్యానికి గండిపడినట్లు అయింది. కానీ అది ఒక సరికొత్త రబ్బీ సమితికి పుట్టినిల్లయింది. రబ్బీలు యూదుల సాంకేతిక ఉన్నతవర్గం అయికూర్చున్నారు. వేదాంత చర్చలు, చట్టపరమైన వాదోపవాదాలతో వాగ్ధాటి, తర్కశక్తి అభివృద్ధిచేశారు. అధునాతన సాంకేతికత మీద ఆధారపడి, దోషసహితమైన మానవ సంస్థలను దాటవేసే ప్రయత్నం తిప్పికొట్టింది. అక్కడ పవిత్రగ్రంధానికి వ్యాఖ్య చెప్పటానికి ఒక మానవసంస్థ అవసర మయింది.

బైబుల్ ఎలా వ్యాఖ్యానించాలో రబ్బీలు ఒక నిర్ణయానికి చేరిన తర్వాత, తప్పులతడిక అయిన మానవ సంస్థను వదిలించుకోవటానికి యూదులకు ఒక అవకాశం దొరికింది. ఒక కొత్త పుస్తకంలో అందరికీ ఆమోదమయిన వ్యాఖ్యలు చేర్చి, ఆ గ్రంథానికి అనేక ప్రతులు తయారుచేస్తే, వారికి దివ్యవాణికి మధ్య ఎవరూ దూరే అవకాశం ఉండదు. ఈ రబ్బీల అభిప్రాయాలు ఎవరివి చేర్చాలీ, ఎవరివి తొలిగించాలి అని హోరాహోరీ చర్చనడిచిన తర్వాత, క్రీస్తు శకం మూడవ శతాబ్దిలో ఒక కొత్త పవిత్రగ్రంధం ఉద్భవించింది: ది మిష్నా.[32]

బైబుల్ సాధారణ పాఠాలకంటే మిష్నా ఆధిపత్యం సాధించసాగింది. దానితో మిష్నా మానవమాత్రుల సృష్టి కాదని యూదులు నమ్మసాగారు. దానికి కూడా జెహోవా ప్రేరణ కలిగి ఉండవచ్చు. లేదా దోషరహితుడయిన దేవుడు స్వయంగా కూర్చి ఉండవచ్చు. సినాయ్ శిఖరం మీద జెహోవా స్వయంగా మోజెస్ కు చేతికి మిష్నా ఇచ్చారని సంప్రదాయ యూదుల దృఢవిశ్వాసం. తర్వాత మూడవ శతాబ్దంలో వ్రాతప్రతి వచ్చేవరకూ మౌఖికంగా తరతరాలకు అందజేయ బడిందని, వారి విశ్వాసం.[33]

మిష్నా సిద్ధాంతీకరించి, ప్రతులు తయారయిన వెంటనే మిష్నా వ్యాఖ్యలను గురించి యూదులమధ్య వాదోపవాదాలు చెలరేగాయి. మిష్నా వ్యాఖ్యానాలనుగురించి ఒక సమ్మతి ఏర్పడిన తర్వాత ఐదు ఆరు శతాబ్దాలలో దానిని సిద్ధాంతీకరించి మూడవ పవిత్ర గ్రంధంగా – తాల్ముడ్ – వెలువరించారు. ఇప్పుడు యూదులు తాల్ముడ్ వ్యాఖ్యానాలను భేదించటం మొదలు పెట్టారు.[34]

పవిత్రగ్రంధం సాంకేతికతతో దోషభూయిష్టమైన మానవసంస్థలను తప్పించుకొని సాగాలనే కల ఎన్నడూ నిజం కాలేదు. ప్రతి ఒక్క పునరావృత్తితోనూ రబ్బీసంస్థ ఆధిపత్యం మాత్రమే పెరిగింది. "అమోఘమైన గ్రంధాన్నివిశ్వసించండి." అన్న ప్రబోధం "గ్రంధానికి వివరణ చెప్పే పెద్దలను నమ్మండి." కి దిగింది. జూడాయిజం బైబుల్ ద్వారా కాక, అధికాధికంగా తాల్ముడ్ ద్వారానే రూపు చెందింది. తాల్ముడ్ కంటే తాల్ముడ్ వ్యాఖ్యానాలమీద రబ్బీల వాదోపవాదాలే ముఖ్యపాత్ర వహించాయి.[35]

ఇది తప్పనిసరి. ఎందుకంటే ప్రపంచం మారుతూ ఉంటుంది. రెండవ శతాబ్దంలో సముద్ర వ్యాపారస్తులైన యూదులు లేవదీసిన ప్రశ్నలకు బైబుల్ లో సమాధానాలు లేవు. ఆ ప్రశ్నలకు మిష్నా, తాల్ముడ్ సమాధానాలు చెప్పాయి. ఈ ఆధునిక యుగం లేవదీసిన అనేక ప్రశ్నలకు మిష్నా, తాల్ముడ్ లలో ముక్కుసూటి సమాధానాలు లేవు. ఉదాహరణకు ఇరవయ్యో శతాబ్దంలో అనేక ఎలక్ట్రిక్ సాధనాలు వచ్చాయి. మరి షాబాత్ నాడు ఈ లిఫ్ట్ లో వెళ్లాలంటే ఎలక్ట్రిక్ బటన్లు నొక్కవచ్చునా, కూడదా? యూదులకు ఇటువంటివి ఎన్నో అపూర్వమైన ప్రశ్నలు.

సాంప్రదాయకంగా కూడదు అని సమాధానం. ఇంతకు మునుపు చెప్పినట్లు, బైబుల్ ఆదేశానుసారం, షాబత్ నాడు పని నిషిద్ధం. ఎలక్ట్రిక్ బటన్ నొక్కటం అంటే పని అని సంప్రదాయబద్ధులైన యూదుల రబ్బీల అభిప్రాయం. ఎందుకంటే ఎలక్ట్రిసిటీ అంటే నిప్పుతో సమానం. నిప్పు వెలిగించటం అంటే 'పని' అని బహుకాలంగా స్థాపితమైన సిద్ధాంతం. బ్రూక్లీన్ లో అనేక అంతస్తుల భవనంలో పై అంతస్తులో ఉంటున్న వృద్ధులు షాబాత్ నాడు పనిచేయకూడదు అంటే ఆ వందమెట్లు దిగి రావలసిందేనా? దీనికి పరిష్కారంగా సంప్రదాయ బద్ధులైన యూదులు "షాబత్ ఎలివేటర్" సృష్టించారు. ఆ ఎలివేటర్ రోజంతా ఆగకుండా పైకికిందికి వస్తూ పోతూనే ఉంటుంది. ప్రతి అంతస్తులోను ఆగుతుంది. కనుక మీరు ఎలక్ట్రిక్ బటన్ నొక్కి, పని ఏమీ చేయనక్కరలేదు.[36] ఈ కథను కృత్రిమమేధ మరొక మెలిక తిప్పుతుంది. కృత్రిమమేధ మీ ముఖం గుర్తించి ఎలివేటర్ ను మీ అంతస్తు దగ్గరికి తీసుకు వస్తుంది. అప్పుడు మీరు షాబత్‌ను అపవిత్రం చేయనక్కర్లేదు.[37]

ధారాళమైన ఈ పాఠాలు, వ్యాఖ్యానాలు జూడాయిజం లో విస్తారమైన మార్పులు తీసుకు వచ్చాయి. బైబుల్ కాలంలో జెహోవా పూజాపీఠం దగ్గర మేకపిల్లను బలి ఇస్తూ రక్తంచిందిన బట్టలతో పూజారి దర్శనం ఇచ్చేవారు. కాలక్రమేణ జూడాయిజం ఒక సమాచార ప్రచారమతం అయి కూర్చున్నది. అక్కడ వ్రాతప్రతులు, వ్యాఖ్యానాలమీద వాదోపవాదాలే ముఖ్యాంశం. రెండవశతాబ్ది అలెగ్జాండ్రియా నుంచి, ఇరవయ్యోశతాబ్ది బ్రూక్లీన్ వరకూ జూడాయిజం ముఖ్యదృశ్యం పాఠాల వ్యాఖ్యానాలను గురించి వాదులాడుకునే రబీలే.

ఈ మార్పు అత్యాశ్చర్యకరం. ఎందుకంటే బైబుల్ లో పాఠాలను గురించి, వ్యాఖ్యానాలను గురించి వాదులాడుకునే వారెవరూ మీకు ఎక్కడా కనపడరు. బైబుల్ సంస్కృతిలో అటువంటి వాదోపవాదాలు ఎక్కడా లేవు. ఉదాహరణకు, ఇజ్రాయిల్ ప్రజలను నడిపించటానికి మోజెస్ కు ఏమి హక్కు ఉన్నదని కోరా, ఆయన అనుచరులు సవాలుచేసి, అధికారం సమానంగా పంచాలి అని డిమాండ్ చేశారు. అప్పుడు మోజెస్ వివేచనామయమైన వాదనలోకి దిగలేదు, పవిత్ర గ్రంథంలో ఏమున్నదో చూడుమని చెప్పలేదు. ఆయన కేవలం భగవంతుడిని ప్రార్థించి ఒక అద్భుతం చేయమని చెప్పాడు. ఆయనమాట ముగిసిన మరుక్షణం భూమి రెండుగా చీలిపోయింది. "భూమి నోరుతెరిచి వారిని, వారి సంసారాలను మింగివేసింది." (నంబర్స్ 16:31–32). 450 మంది బాల్ ప్రవక్తలు, 400 మంది అశేరా ప్రవక్తలు కలిసి అందరి ముందు ఎలిజాను సవాలు చేశారు. ఆయన ఆకాశంనుంచి నిప్పు కురిపించి, మతవ్యతిరేక ప్రవక్తలను నరికి బాల్, అశేరాల మీద జెహోవా ఆధిక్యత రుజువు చేశాడు. ఎవరూ పాఠాలు ఏమీ వల్లించలేదు, ఎవరూ వాదోపవాదాలకు దిగలేదు (1 కింగ్స్ 8).

జూడాయిజం బలులనుంచి పాఠాలలోకి మారింది. ఫిజిక్స్, కంప్యూటర్ సైన్స్ లలో ఈనాటి ఆలోచనలు ముందుగానే ఊహించి, సమాచారమే యదార్థానికి మూలాధారం అనే దృక్పథానికి ఆకర్షితమయింది. రబ్బీలు సృష్టించిన పాఠాల వరద రానురాను ప్రాముఖ్యత సంతరించుకున్నది. పొలం దున్నటం కంటే, రొట్టె కాల్చటం కంటే, ఆలయంలో మేకపిల్లను బలి ఇవ్వటం కంటే, ఈ పాఠాలు యదార్థంగా కనిపించాయి. రోమన్లు జెరూసలేం ఆలయాన్ని ధ్వంసం చేశారు. ఆలయ కార్యక్రమాలు అన్నీ ఆగిపోయాయి. కానీ రబ్బీలు మాత్రం ఆలయంలో అర్చనావిధులు సక్రమంగా నిర్వర్తించే విధానం మీద ప్రచండమైన కృషిచేసి పాఠాలు వ్రాశారు. ఆ తర్వాత ఈ పాఠాల వ్యాఖ్యలమీద వాదోపవాదాలు చెలరేగాయి. ఆలయం ధ్వంసం అయి శతాబ్దాలు గతించినా ఈ అర్చనావిధానాలమీద సమాచారం మాత్రం దినదిన ప్రవర్ధమానం అవుతూనే ఉన్నది. పాఠాలకు, యదార్థానికి మధ్య ఉన్న అంతరం రబ్బీలు గుర్తించక పోలేదు. కానీ, వాస్తవంగా అర్చనా విధులు నిర్వర్తించటంకంటే, ఈ పాఠాలను గురించి వాదించటం చాలా ముఖ్యమని వారి సిద్ధాంతం.[38]

ఈ ప్రయత్నం వల్ల, రబ్బీలు అందరూ ఈ విశాలవిశ్వం అంతా ఒక సమాచార గోళం అని నమ్మసాగారు. హిబ్రూ అక్షరాలతో ఏర్పడిన మాటల మీద నడుస్తున్న ప్రదేశంగా చూడసాగారు. యూదులు పాఠాలు చదివి వాటి వ్యాఖ్యలను గురించి వాదోపవాదాలు నడపటానికే ఈ సమాచార జగత్తు సృష్టి అయిందని వారి వాదన. ఎప్పుడైతే యూదులు ఈ పాఠాలు చదవటం మానివేసి వాదనలు ఆపివేస్తారో, అపుడే ఈ ప్రపంచం ఉనికి అంతమవుతుందని వారి వాదనకు జోడు.[39] ఈ దృక్పథంవల్ల, రబ్బీలకు నిత్యజీవితంలో వాస్తవప్రపంచంకంటే, పాఠాలలో పదాలే ముఖ్యం అయ్యాయి. అంతకంటే నిశితంగా చెప్పాలంటే, పవిత్ర పాఠాలలో దర్శనం ఇచ్చిన పదాలే నిజప్రపంచంలో అత్యంత ముఖ్య వాస్తవాలు అయ్యాయి. అవే వ్యక్తుల జీవితాలను, సమాజాలనూ అన్నిటినీ రూపుదిద్దాయి.

చీలిన బైబుల్

పైన వర్ణించిన బైబుల్ సిద్ధాంతీకరణ, మిష్నా, తాల్ముడ్ సృష్టి ఒక ముఖ్యవిషయం పక్కన పెడుతున్నది. జెహూవాను ప్రవచన సిద్ధాంతీకరణలో పాఠాలు ఒక గొలుసుగా కాక, అనేక గొలుసులుగా ఏర్పడి పోటీకి దిగాయి. జెహూవాను నమ్మినవారిలో రబ్బీలను నమ్మనివారు ఉన్నారు. ఈ వ్యతిరేకస్థులు అందరూ బైబుల్ మొదటి గొలుసును అంగీకరించారు – దానిని వారు ప్రాచీన శాసనంగా అంగీకరించారు. కానీ రబ్బీలు ఈ శాసనాన్ని ముద్రవేయక మునుపే, వ్యతిరేకస్థులు అందరూ చేరి రబ్బీలసంస్థను నిరాకరించారు. ఆ కారణంగా వారు మిష్నా, తాల్ముడ్లు కూడా తృణీకరించారు. ఈ వ్యతిరేకస్తులందరూ క్రైస్తవులు.

క్రీస్తు శకం మొదటి శతాబ్దిలో వెలిసినప్పుడు, క్రైస్తవం ఒక ఐక్యమయిన మతం కాదు. చాలా విషయాలలో విభేదించిన అనేక యూదు ఉద్యమాల కూటమి. ఒక్క విషయంలో మాత్రం వారు ఏకీభవించారు. జెహోవా వాక్కుకు జీసస్ క్రైస్టను – రబ్బీల సంస్థను కాకుండా – ఏకైక అధికారిగా అందరూ అంగీకరించారు.[40] క్రైస్తవులు జెనెసిస్, శామ్యూల్, ఈసయ్య పాఠాల దివ్యత్వాన్ని అంగీకరించారు. కానీ రబ్బీలు పాఠాలను అపార్థం చేసుకున్నారని, "దేవుడు స్వయంగా నీకు సంకేతం ఇస్తాడు: అల్మా గర్భవతి అయి, కొడుకును ప్రసవిస్తుంది. ఆ బిడ్డకు ఇమ్మాన్యుయెల్ అని పేరు పెడతాము (ఈసయ్య 7:14)." వంటి పాఠ్యభాగాల అసలు అర్థం జీసస్, ఆయన శిష్యులకు మాత్రమే తెలుసునని వారి వాదన. అల్మా అంటే యువతి అనీ, ఇమ్మాన్యుయెల్ అంటే దేవుడు మనతో ఉన్నాడని రబ్బీలు అర్థం చెప్పారు. (హిబ్రూ లో ఇమ్మాన్యు అంటే 'మనతో' అని, ఎల్ అంటే 'దేవుడు' అని అర్థం). విదేశ సామ్రాజ్యాలతో సంఘర్షణ పడుతున్న యూదు ప్రజలకు ఒక దివ్య వాగ్దానంగా ఆ పాఠభాగం అంతా వ్యాఖ్యానం అయింది. క్రైస్తవులు అందుకు విరుద్ధంగా, అల్మా అంటే కన్య అనీ, ఇమ్మాన్యుయెల్ అంటే భగవంతుడు మనుషుల మధ్య తిరిగి జన్మిస్తాడని అర్థంచెప్పారు. ఈ భూమిమీద మేరీ కన్యకు దివ్య జీసస్ పుడతాడని భవిష్యవాణి అని వారి వాదన.[41]

కానీ, ఒకవైపు రబ్బీల సంస్థను నిరాకరిస్తూనే, మరొకవైపు దివ్యవార్తలు అంగీకరించటం ద్వారా క్రైస్తవులు గందరగోళానికి తలుపులు తెరిచారు. క్రీస్తు శకం మొదటి శతాబ్దిలో, అంతకుమించి రెండు, మూడు శతాబ్దులలో వేరువేరు క్రైస్తవులు జెనెసిస్, ఈసయ్యా పుస్తకాలమీద సరికొత్త వ్యాఖ్యలతో, అనేకానేక దివ్యసందేశాలతో దిగారు. రబ్బీల ఆధిపత్యం వారు పూర్తిగా నిరాకరించారు. జీసస్ ఇప్పుడు లేడు గనుక వారి మధ్య న్యాయమూర్తిగా వ్యవహరించటానికి ఎవరూ లేరు. ఏకీభవించిన క్రైస్తవ చర్చ్ ఇంకా పుట్టలేదు. ఈ వ్యాఖ్యానాలు, ఈ సందేశాలు దివ్యవ్యాఖ్యానాలు, దివ్యసందేశాలు అని నిర్ణయించగలవారు ఎవరు?

కనుక, అపోకలిప్స్ (దివ్యవార్త గ్రంథం) లో ప్రపంచం అంతం వర్ణించినవారు జాన్ మాత్రమే కాదు. ఆ నాటివి చాలా అపోకలిప్స్ లు – పీటర్ చెప్పిన అపోకలిప్స్, జేమస్ చెప్పిన అపోకలిప్స్, అబ్రహాం కూడా చెప్పిన అపోకలిప్స్ – ఉన్నాయి.[42] జీసస్ జీవితం, బోధనల దగ్గరికి వస్తే, మాథ్యూ, మార్క్, ల్యూక్, జాన్ లు నలుగురి గాస్పెల్ లు కాక ఆది క్రైస్తవులకు పీటర్ గాస్పెల్, మేరీ గాస్పెల్, సత్యం గాస్పెల్, రక్షకుడి గాస్పెల్, ఇంకా అనేక ఇతర గాస్పెల్ లు ఉండేవి.[43] అదేవిధంగా, ఆక్ట్స్ ఆఫ్ అపోజల్స్ కాక ఆక్ట్స్ ఆఫ్ పీటర్, ఆక్ట్స్ ఆఫ్ ఆంద్రూ వంటి ఆక్ట్ లు కనీసం ఒక డజన్ ఉండేవి.[44] ధర్మపత్రాలు ఇంకా విరివిగా ఉండేవి. ఈనాటి బైబుల్స్ లో దాదాపు అన్నిటిలోనూ పాల్ పేర పధ్నాలుగు, జాన్ పేర మూడు, పీటర్ పేర రెండు, జేమ్స్, జూడ్ లపేర

ఒక్కొక్కటి ధర్మపత్రాలు ఉంటాయి. పురాతనకాలం క్రైస్తవులకు పాలిన్ ధర్మపత్రాలే (లావోదీసియన్లకు ధర్మపత్రం వంటివి) కాక, ఇతర శిష్యులు, యోగులు వ్రాసినట్లు చెప్పే ధర్మపత్రాలు అనేకం తెలుసు.[45]

క్రైస్తవులు గాస్పెల్స్, ధర్మపత్రాలు, భవిష్యద్వాణులు, నీతి కథలు, ప్రార్థనలు కొత్తకొత్త పాఠాలు కూర్చుతున్నకొద్దీ దేనిమీద మనసు పెట్టాలో తెలియని అయోమయం ఎదురయింది. క్రైస్తవులకు ఒక సంకలనసంస్థ అవసరమయింది. ఆ విధంగా కొత్త టెస్టమెంట్ సృష్టి అయింది. రబ్బీల మధ్య వాదోపవాదాలు మిష్నా, తాల్ముడ్ లను సృష్టించుతున్న సమయం. దాదాపు అదేసమయంలో క్రైస్తవ మత ఆచార్యులు, గురువులు, వేదాంతుల మధ్య వాదోపవాదాలు కొత్త టెస్టమెంట్ ఉత్పత్తి చేస్తూ ఉన్నాయి.

క్రీస్తు శకం 367 లో అలెగ్జాండ్రియా గురువు అతనేసియస్ ఒక ఉత్తరం వ్రాశారు. అందులో మతవిశ్వాసం కలిగిన క్రైస్తవులందరూ చదివవలసిన ఇరవై ఏడు పాఠాలు – ఎంపిక చేసిన కథల, లేఖల సమాహారం, వివిధ సమయాలలో వివిధప్రదేశాలనుంచి అనేకులు రచించిన భవిష్యద్వాణులు – సిఫారస్ చేశారు. అతనేసియస్ జాన్ నుంచి వచ్చిన అపోకలిప్స్ సిఫార్సు చేశారు కానీ, పీటర్, అబ్రహామ్ ల అపోకలిప్స్ సిఫార్సు చేయలేదు. ఆయన గలాషియన్స్ కు పాల్ ధర్మపత్రం (Epistle) ఆమోదించారు కానీ, లావోడిసియన్స్ కు పాల్ ధర్మపత్రం ఆమోదించలేదు. ఆయన మాథ్యూ, మార్క్, ల్యూక్, జాన్ ల సువార్త సమ్మతించారు కానీ, థామస్ సువార్త, సత్యం సువార్త తృణీకరించారు.[46]

ఒక తరం గడిచిన తర్వాత, హిప్పో కౌన్సిల్ (393), కార్థెజ్ కౌన్సిల్ (397), గురువుల, వేదాంతులసమావేశాలు ఈ సిఫార్సుల జాబితాను సిద్ధాంతీకరించాయి. అదే న్యూ టెస్టమెంట్ గా వెలిసింది.[47] క్రైస్తవులు బైబుల్ అన్నప్పుడు ఓల్డ్ టెస్టమెంట్, న్యూ టెస్టమెంట్ కలిసిన సంపుటం. జూడాయిజం న్యూ టెస్టమెంట్ ను ఎన్నడూ అంగీకరించలేదు. కనుక యూదులు బైబుల్ అన్నపుడు, ఓల్డ్ టెస్టమెంట్ మాత్రమే. మిష్నా, తాల్ముడ్ దానికి అనుబంధాలు. ఓల్డ్ టెస్టమెంట్, న్యూ టెస్టమెంట్ కలిసి ఉన్న పవిత్ర గ్రంథాన్ని వర్ణించటానికి అనువైన పదం హిబ్రూభాషలో ఈ నాటికీ లేదు. ఆ రెంటికీ ఏమాత్రం సంబంధంలేదని యూదు ఆలోచన. రెండూ కలిసి ఒకే సంపుటంగా – బహుశా ఈనాడు ప్రపంచంలో అదే సర్వసాధారణ గ్రంథం – ఉండగలవన్న ఆలోచనే వారు నిరాకరిస్తారు.

ఇక్కడ తెలుసుకోవలసిన అతి ముఖ్యాంశం ఏమిటంటే, ఆ న్యూ టెస్టమెంట్‌లో ఉన్న ఇరవై ఏడు పాఠాలకూ ఆ న్యూటెస్టమెంట్ సృష్టించిన పెద్దలు ఎవరూ రచయితలు కారు. అతనేసియస్ పాఠాల జాబితా ఆయన వ్యక్తిగత నిర్ణయాలా, లేక అంతకు పూర్వం క్రైస్తవ ఆలోచనాపరుల (జ్ఞానుల) నుంచి పుట్టుకు వచ్చినవా అని

తెలియదు. ఎటుచెప్పటానికీ తగిన సాక్ష్యాధారాలు లేవు. హిప్పో, కార్థేజ్ కౌన్సిల్స్ కు పూర్వం క్రైస్తవులకు ప్రత్యర్థి సిఫార్సు జాబితాలు ఉండేవి. సినోప్ కు చెందిన మార్సియన్ రెండవ శతాబ్దంలో తయారు చేసిన జాబితా అన్నిటికంటే పురాతనమైనదని చెప్తారు. మార్సియన్ సిద్ధాంతంలో ల్యూక్ సువార్త, పాల్ పేర పది ధర్మపత్రాలు ఉన్నాయి. ఈ పదకొండు పాఠాలకూ, ఆ తర్వాత హిప్పో, కార్థేజ్ సిద్ధాంతీకరించిన ప్రతులకూ మధ్యకూడా కొన్ని వ్యత్యాసాలు ఉన్నాయి. జాన్ సువార్త, దివ్యవార్త గ్రంథం వంటి పాఠాలు మార్సియన్ కు తెలిసి ఉండక పోవచ్చు. లేదా ఆయన దృష్టిలో వాటికి తగినస్థానం లేకపోయి ఉండవచ్చు.[48]

చర్చ్ ఫాదర్ సెయింట్ జాన్ కృసోస్తోమ్, బిషప్ అతనేసియస్ సమకాలీనులు. ఆయన ఇరవైరెండు పుస్తకాలు మాత్రమే శిఫారస్ చేశారు. ఆయన పీటర్ 2, జాన్ 2, జాన్ 3, జూడ్, రెవెలేషన్ తనజాబితాలోనుంచి తొలిగించారు.[49] మధ్యధరా ప్రాంతంలో కొన్ని క్రిస్టియన్ చర్చ్ లు ఈనాటికీ కృసోస్తోమ్ జాబితా అనుసరిస్తారు.[50] రెవెలేషన్ గ్రంధాన్నిగురించి ఆలోచన స్థిరపరుచుకోవటానికి ఆర్మీనియన్ చర్చ్ కి సుమారు వెయ్యేళ్లు పట్టింది. ఆ చర్చ్ కారింథియంస్‌కు మూడవ ధర్మపత్రం తన సిద్ధాంతంలో చేర్చుకున్నది. కాథలిక్, ప్రొటెస్టంట్ చర్చ్ లు ఆధర్మపత్రాన్ని కూతసృష్టి అంటారు.[51] ఎథియోపియన్ చర్చ్ అతనేసియస్ జాబితా పూర్తిగా అంగీకరించింది. దానికితోడు మరొకనాలుగు పుస్తకాలు – సినోడోస్, క్లెమెంట్ గ్రంధం, కవేనన్ట్ గ్రంధం, డిడాస్కాలియా – జోడించింది.[52] ఇతర జాబితాలు క్లెమెంట్ రెండు ధర్మపత్రాలు, హెర్మాస్ షెఫర్డ్ దృగ్గోచరాలు, బార్నబాస్ ధర్మపత్రం, పీటర్ అపోకలిప్స్, ఇంకా అతనేసియస్ జాబితాలో కెక్కని ఇతర పాఠాలు ఆమోదించాయి.[53]

వేరువేరు చర్చ్ లు, చర్చ్ కౌన్సిళ్లు, చర్చ్ ఫాదర్స్ కొన్ని పాఠాలు ఆమోదించటానికి, మరికొన్ని తిరస్కరించటానికి సరయిన కారణాలు తెలియవు. కానీ ఫలితాలు మాత్రం చాలా ప్రభావం చూపాయి. చర్చ్ లు పాఠాలను గురించి నిర్ణయాలు చేస్తే, పాఠాలే చర్చ్ ల రూపుదిద్దాయి. ఇక్కడ చర్చ్ లో స్త్రీల పాత్ర ఉదాహరణగా తీసుకోండి. కొందరు ప్రాచీన క్రైస్తవ నాయకులు స్త్రీలను మేధాపరంగాను, నైతికంగాను పురుషులకంటే న్యూనంగా చూశారు. సంఘంలోను, క్రైస్తవ సమాజంలోను వారిని ఆధీనస్థాయి పాత్రలకే పరిమితం చేయాలని వాదించారు. తిమోతీ కి వెళ్ళిన మొదటి ధర్మపత్రంవంటి పాఠాలలో ఈ దృక్పథాలు వెల్లడి అయ్యాయి.

సెయింట్ పాల్ పాఠంగా పరిగణించబడిన ఈ పాఠంలో ఒకచోట "స్త్రీ మౌనంగా, పూర్తి అణకువతో శిక్షణ పొందాలి. ఒకస్త్రీ బోధించటానికిగాని, పురుషుడిమీద అధిపత్యానికిగాని నేను అనుమతించను. ఆమె మౌనంగా ఉండాలి. ఎందుకంటే మొదటవచ్చింది ఆదమ్. ఆ తర్వాత ఈవ్. ఆదమ్ మోసగించబడలేదు.

స్త్రీ మోసానికిగురి అయి, పాపాత్మురాలయింది. కానీ స్త్రీలు న్యాయంగా విశ్వాసం, ప్రేమ, పవిత్రతలలో కొనసాగితే, బిడ్డలను కనటంవల్ల రక్షణ పొందుతారు." (2:11-15). కానీ ఆధునిక పండితులు, మార్సియన్ వంటి ప్రాచీన క్రైస్తవనాయకులు ఈ ఉత్తరం నకిలీగా భావిస్తారు. ఎవరోవ్రాసి సెయింట్ పాల్ పేర అమ్మజూపుతున్నారని అభిప్రాయం.[54]

క్రీస్తు శకం రెండు, మూడు, నాలుగు శతాబ్దాలలో 1 టిమోతీ కి విరుద్ధంగా క్రైస్తవ పాఠాలు వచ్చాయి. ఆ పాఠాలు స్త్రీలను పురుషులతో సమానంగా చూశాయి. స్త్రీలు నాయకత్వం వహించటానికి అధికారం ఇచ్చాయి. గాస్పెల్ ఆఫ్ మేరీ ఇందుకు ఒక ఉదాహరణ.[55] యాక్ట్స్ ఆఫ్ పాల్, తెక్లా మరొక ఉదాహరణ. 1 టిమోతీ వ్రాసిన కాలంలోనే ఈ పాఠంకూడా విరచితమయింది. కొంతకాలం విశేష ఆదరణ పొందింది.[56] అది సెయింట్ పాల్, ఆయన శిష్యురాలు తెక్లా సాహసాలు చెబుతుంది. తెక్లా అనేక అద్భుతాలు చేయటమేకాక, తనను తానే స్వహస్తాలతో దీక్ష ఇచ్చుకున్నది. చాలా తరుచుగా బోధనలు చేస్తూ ఉండేది. శతాబ్దాల తరబడి అత్యంత ఆదరణ పొందిన క్రైస్తవ సాధువులలో తెక్లా ఒకరు. స్త్రీలు దీక్ష ఇవ్వగలరు, బోధించ గలరు, క్రైస్తవ సమాజాలను నడిపించగలరు అనటానికి తెక్లా సాక్ష్యం.[57]

హిప్పో, కార్థేజ్ సమితులకు పూర్వం పాల్, తెక్లాకంటే టిమోతీ 1 అధిపత్యలో ఉండేదా అన్న విషయం తెలియదు. యాక్ట్స్ ఆఫ్ పాల్ అండ్ తెక్లా నిరాకరించి, టిమోతీ 1 శిఫారస్ చేయటంవల్ల, అక్కడ సమావేశమయిన బిషప్ లు, వేదాంతులు నాటినుంచి నేటివరకూ స్త్రీలపట్ల క్రైస్తవుల ధోరణి రూపుదిద్దారు. న్యూ టెస్టమెంట్ తిమోతీ 1 కి బదులు యాక్ట్స్ ఆఫ్ పాల్ అండ్ తెక్లా చేర్చి ఉంటే క్రిస్టియానిటీ ఈనాడు ఎలా ఉండేది అన్నది కేవలం మన ఊహాగానం అవుతుంది. అతనేసియస్ వంటి చర్చ్ ఫాదర్స్ తోబాటు చర్చ్ మదర్స్ కూడా ఉండి ఉండేవారు. స్త్రీద్వేషం ప్రమాదకరమైన నాస్తికత్వంగా పేరుపొందేది. విశ్వప్రేమ అన్న జీసస్ సందేశానికి వక్రభాష్యం అయి ఉండేది.

ఓల్డ్ టెస్టమెంట్ రబ్బీలు సృష్టించారన్న విషయం దాదాపు యూదులు అందరూ మర్చిపోయారు. అలాగే న్యూ టెస్టమెంట్ చర్చ్ కౌన్సిల్స్ సంరక్షణలో తయారయిందన్న విషయంకూడా క్రైస్తవులందరూ మర్చిపోయారు. దానిని పవిత్రమైన దివ్యవాక్కుగా పరిగణిస్తున్నారు. ఆ పవిత్రగ్రంథం సర్వాధికారిగా చూడబడి ఉండవచ్చు. కానీ ఆ పవిత్రగ్రంథానికి సంరక్షణ వహించిన సంస్థ చేతులలో అసలైన అధికారం దాగి ఉన్నది. జూడాయిజంలో ఓల్డ్ టెస్టమెంట్, మిష్నా చేర్చికూర్చటంలో రబ్బీల సంస్థ, కార్యాలయం ఏర్పడ్డాయి. క్రైస్తవంలో న్యూ టెస్టమెంట్ సిద్ధాంతీకరణలో క్రైస్తవ చర్చ్ ఏకీకరణం నడిచింది. న్యూ టెస్టమెంట్ లో చదివిన వాటివల్ల క్రైస్తవులు అతనేసియస్ వంటి బిషప్ లను విశ్వసించారు. బిషప్ లు వారిని అదే చదువుమని చెప్పారు కనుక

వారికి న్యూ టెస్టమెంట్ లో విశ్వాసం ఏర్పడింది. మానవాతీత సాంకేతికతకు సర్వాధికారానికి తాళం చేతులు ఇద్దామనే ప్రయత్నంలో అత్యంతశక్తిశాలిని అయిన సరికొత్త మానవ సంస్థ – చర్చ్ ప్రభవించింది.

ప్రతిధ్వని కక్ష

కాలం గడుస్తున్నకొద్దీ వ్యాఖ్యానాలతో పవిత్ర గ్రంథానికీ, చర్చ్ కీమధ్య ఆధిపత్యం క్రమంగా సంస్థవైపుకే ఒరిగింది. యూదు పవిత్రగ్రంథాల వ్యాఖ్యానం రబ్బీలసంస్థకు ఆధిపత్యం అంటగట్టినట్లే, క్రైస్తవ గ్రంథాల వ్యాఖ్యానాల అవసరం చర్చ్ కి అధికారం అప్పచెప్పింది. జీసస్ ఒకే వాక్కు, లేదా పాలిన్ ఒకే ధర్మపత్రం అనేక విధాలుగా అర్థంచేసుకోవచ్చు. చివరికి ఏ వ్యాఖ్యానం సరయినదో నిర్ణయించే అధికారం సంస్థ చేతులలోకి వెళ్లింది. పవిత్రగ్రంథాన్ని వ్యాఖ్యానించటంలో వెస్టర్న్ కాథలిక్ చర్చ్ కీ, ఈస్టర్న్ ఆర్థడాక్స్ చర్చ్ కీ మధ్య విభేదాలు వచ్చాయి. ఎవరి వ్యాఖ్యానాలకు విలువ ఇవ్వాలి అన్న విషయంలో చర్చ్ తల పట్టుకోవలసిన స్థితి ఏర్పడింది. గాస్పెల్ ఆఫ్ మాథ్యూ లో సెర్మన్ ఆన్ ది మౌంట్ చదివి క్రైస్తవులందరూ మనం మన శత్రువులను ప్రేమించాలని, ఒక చెంపమీద కొడితే రెండవచెంప చూపుమని, వినయశీలురే ఈ భూమికి వారసులనీ నేర్చుకున్నారు. కానీ ఆ సూక్తులలో అసలు అర్థం ఏమిటి? సైనిక శక్తులన్నీ నిరసించటం అని అర్థం చెప్పుకోవచ్చు[58] లేదా అధికారక్రమం అంతా నిరసించటం కావచ్చు.[59] కాథలిక్ చర్చ్ ఆ శాంతివాదులను, సర్వసమానత్వాన్ని నాస్తికత్వంగా చూసింది. జీసస్ వాక్కును కాథలిక్ చర్చ్ వ్యాఖ్యానించిన విధానంవల్ల యూరప్ లో చర్చ్ అందరికంటే సంపన్నమయిన భూస్వామి అయింది. దౌర్జన్యపూరితమైన మతకలహాలకు దిగింది. ప్రాణాంతకమైన దర్యాప్తులు చేపట్టి స్థాపించింది. జీసస్ శత్రువులను ప్రేమించుమని మనకు చెప్పాడని కాథలిక్ ధర్మశాస్త్రం ఒప్పుకున్నది. కానీ సంప్రదాయవిరోధులను తగలబెట్టటం ప్రేమ అని వివరించింది. అందువల్ల మిగిలినవాళ్లు సంప్రదాయ విరుద్ధమైన దృక్పథం ఏర్పరుచుకోకుండా ఉంటారని, తద్వారా వారు నరకయాతననుంచి రక్షించ బడతారని వివరణ. పధ్నాలుగవ శతాబ్దం మొదట్లో జాక్స్ ఫుర్నియర్ అనే ఫ్రెంచ్ విచారణకర్త సెర్మన్ ఆన్ ది మౌంట్ మీద ఒక ప్రమాణ గ్రంథమే వ్రాశారు. ఆ పాఠం సంప్రదాయ విరోధులను వేటాడి వధించటం న్యాయసమ్మతం అని ఎలా చెబుతున్నాడో వివరించింది.[60] ఫుర్నియర్ దృక్పథం కేవలం ఆషామాషీ వ్యవహారం కాదు. ఆయన పోప్ బెనెడిక్ట్ XII (1334 – 42) అయ్యారు.

పవిత్రగ్రంథాన్ని గురించి కాథలిక్ చర్చ్ చేసిన వ్యాఖ్యానం నెగ్గించటమే విచారణకర్తగా, ఆ తర్వాత పోప్ గా ఫుర్నియర్ కర్తవ్యం. ఫుర్నియర్, ఆయన

అనుయాయులు దౌర్జన్యమయమైన బలాత్కారాలు చేయటమేగాక, పుస్తకం ఉత్పాదన కూడా నియంత్రణ చేశారు. లెటర్ ప్రెస్ ప్రింటింగ్ యూరప్ లో పదిహేనవ శతాబ్దిలో వచ్చింది. అంతకుపూర్వం ఒక పుస్తకానికి ప్రతులు తీయటమనేది అతి సంపన్నులకు తప్ప మిగిలినవారికి అందుబాటులో ఉండేది కాదు. కాథలిక్ చర్చ్ తను ఆమోదించిన పాఠాల ప్రతులు మాత్రమే ప్రచారం చేయటానికి తన ఆధిపత్యం ప్రయోగించింది. తన ఆమోదం పొందనివాటిని, తను తప్పుగా భావించిన వాటిని అచ్చు వేయకుండా, వాటి ఉత్పాదన జరగకుండా అడ్డుకున్నది.

అప్పుడప్పుడు తటస్థించే స్వేచ్ఛావాదులను చర్చ్ అడ్డుకోలేకపోయినమాట వాస్తవమే. కానీ మధ్యయుగ సమాచారజాలంలో కీలక అంశాలు – కాపీ చేసే వర్క్ షాప్ లు, సమాచార భాండాగారాలు, గ్రంధాలయాలు – తనచేతిలో ఉండటాన, ఆ స్వేచ్ఛావాదులు ఒక వందప్రతులు తయారుచేసి, పంచిపెట్టకుండా అడ్డుకో గలిగింది. స్వేచ్ఛావాదులు తమ అభిప్రాయాలు వెలిబుచ్చటంలో ఎదుర్కొన్న సమస్యలు ఈనాడు ఊహించటంకూడా చాలా కష్టం. ఉదాహరణకు లియోఫ్రిక్ 1050 లోఎక్సెటర్ బిషప్ గా నియమితులయ్యారు. ఆ క్యాథెడ్రల్ లైబ్రరీలో ఆయనకు మొత్తం అయిదుప్రతులు మాత్రమే కనిపించాయి. వెంటనే ఆయన క్యాథేడ్రల్ లో కాపీచేయటానికి ఒక వర్క్ షాప్ స్థాపించారు. ఇరవైరెండు సంవత్సరాల తర్వాత ఆయన 1072 లో దివంగతులయ్యారు. ఆ ఇరవైరెండు సంవత్సరాలలో ఆయన వ్రాయసగాళ్ళు మొత్తం అరవైరెండు సంపుటాలు మాత్రమే ఉత్పత్తి చేయగలిగారు.[61] పదమూడవ శతాబ్దంలో ఆక్స్ ఫర్డ్ యూనివర్సిటీ లైబ్రరీ అంటే సెయింట్ మేరీ చర్చ్ కింద ఉన్న భోషాణంలో భద్రపరిచిన కొన్ని సంపుటాలు మాత్రమే. 1424 లో కేంబ్రిడ్జ్ యూనివర్సిటీ లైబ్రరీలో ఉన్న పుస్తకాలు మొత్తం 122 మాత్రమే.[62] 1409 లో ఆక్స్ ఫర్డ్ యూనివర్సిటీ ఒక ఉత్తరువు విడుదల చేసింది. యూనివర్సిటీలో అధ్యయనంచేసే పుస్తకాలన్నీ "ఆర్చిబిషప్ నియమించిన 12 వేదాంతులచేత ఏకగ్రీవంగా ఆమోదించబడి ఉండాలి."[63]

సమాజాన్ని ఒక ప్రతిధ్వని కక్ష్యలో బంధించటానికి చర్చ్ ప్రయత్నించింది. చర్చ్‌కి మద్దతు ఇచ్చిన పుస్తకాలు మాత్రమే విస్తరించ గలిగాయి. దాదాపు అన్ని పుస్తకాలు చర్చ్‌కి మద్దతు పలికాయి గనక, జనం చర్చ్ ని నమ్మారు. పుస్తకాలు చదవలేని నిరక్షరాస్యులుకూడా ఈ అమూల్యమైన పాఠాలు, ఆపాఠాలమీద వ్యాఖ్యలు, వివరణలు విని, విస్మయం చెందారు. న్యూ టెస్టమెంట్ ఒక అమోఘమైన, మానవాతీతమైన సాంకేతికత అని జనసామాన్యం విశ్వాసం. ఆ విశ్వాసంవల్లనే కాథలిక్ చర్చ్ వంటి అత్యంత శక్తివంతమైన, దోషభూయిష్టమైన మానవసంస్థ ఏర్పడింది. కాథలిక్ చర్చ్ తనకు వ్యతిరేక దృక్పథాలనన్నిటినీ తప్పుడు దృక్పథాలుగా అణిచివేసింది. తన దృక్పథాలను మాత్రం ఎవరినీ ప్రశ్నించనీయలేదు.

సెయింట్ పాల్ ధర్మపత్రాలమీద ఆగస్టీన్ వ్యాఖ్యానం చేశారు. ఆగస్టీన్ వ్యాఖ్యానాలమీద థామస్ అకీనా వ్యాఖ్యానాలు చేశారు. జాక్స్ ఫుర్నియర్ వంటి కాథలిక్ సమాచార ప్రవీణులు థామస్ అకీనా వ్యాఖ్యలు చదువుతూ, అదనంగా తమ స్వంత వ్యాఖ్యలు కూర్చుతూ కాలం గడిపారు. ఒకదానికి ఒకటి మెలికపడి ఉన్న ఆపాఠాలు ఏవీ వాస్తవాన్ని ప్రతిఫలించలేదు. వారందరూ మరొక కొత్త సమాచార గోళం సృష్టించారు. ఆ సమాచారగోళం యూదు రబ్బీలు సృష్టించిన సమాచారజాలం కంటే పెద్దది, అంతకంటే శక్తివంతముకూడా అయి కూర్చున్నది. మధ్యయుగ యూరప్ వాసులు అందరూ ఆ సమాచారగోళం పట్టుగూటిలో చిక్కుకుపోయారు. వారి దైనందిన కార్యకలాపాలు, ఆలోచనలు, భావోద్వేగాలు అన్నీ ఆపాఠాలను గురించిన పాఠాలను గురించిన పాఠాల కారణంగా రూపొందాయి.

అచ్చు, సైన్స్, మాంత్రికులు

మానవులు తప్పులుచేస్తారు, కానీ పాఠాలు దోషరహితాలు అని చెప్పి పాఠాలకు అధికారం కట్టబెట్టే ప్రయత్నం ఎన్నడూ సఫలం కాలేదు. ఇదంతా యూదు రబ్బీలు, లేదా క్యాథలిక్ మతగురువుల అనన్యదోషం అనుకుంటే, ప్రొటెస్టంట్ సంస్కారం అదే ప్రయోగం మళ్ళీమళ్ళీ ప్రయత్నించారు. ఫలితంలో తేడా ఏమీ లేదు. లూథర్, కాల్విన్, వారి వారసులు అందరూ సామాన్య జనానికీ, పవిత్ర గ్రంధానికీ మధ్య దోషభూయిష్టమైన మానవసంస్థ ఏదీ తలదూర్చకూడదని వాదన చేశారు. క్రైస్తవులు బైబుల్ చుట్టూ అల్లుకున్న అధికార యంత్రాంగాన్ని విడిచిపెట్టి దేవుడి మూలవాక్కుతో చేయికలపాలి. కానీ దేవుడి వాక్కు ఎన్నడూ తనను గురించి వ్యాఖ్య, వివరణ చెప్పుకోలేదు. అందుచేతనే లూథరన్స్, కాల్వినిస్ట్ లు ఇంకా అనేక ఇతర ప్రొటెస్టంట్ తెగలు వారి స్వంత చర్చ్ సంస్థలు స్థాపించుకున్నారు. పాఠాలు వ్యాఖ్యానించే అధికారం, సంప్రదాయ వ్యతిరేకులను శిక్షించే అధికారం ఆ సంస్థలకే ఇచ్చుకున్నారు.[64]

తాము తప్పులుచేస్తూ ఇతరులను అణిచివేసే చర్చ్ లు పెరగటానికి నిర్దోషమయిన పాఠాలు దోహదంచేస్తూ ఉంటే ఇక మనుషుల దోషాలతో వ్యవహరించటం ఎలా? చర్చ్ కి వ్యతిరేకంగా – సమాచారానికి విశృంఖలమైన మార్కెట్ – సృష్టించి ఈ సమస్య పరిష్కరించవచ్చునని సమాచారజాలం అమాయక దృక్పథం. సమాచారవాహినికి నియమాలు, పరిమితులు తొలిగిస్తే, తప్పులు తప్పకుండా బయటపడతాయని, వాటిస్థానంలో నిజం నిలబడుతుందని అమాయక దృక్పథం ఆశంస. ప్రస్తావనలో చెప్పినట్లు ఇది కేవలం ఆశాపూరితమైన ఆలోచన. ఎందుకో అర్థంచేసుకోవటానికి మరి కొంచెం లోతుకు దిగుదాం. సమాచారజాల

చరిత్రలో అత్యంత ఘనమైన యుగం – యూరోపియన్ అచ్చు యంత్ర విప్లవం – పరిశీలించుదాం. అచ్చుయంత్రం యూరప్ లో పదిహేనవ శతాబ్దం మధ్యభాగంలో ప్రవేశించింది. అచ్చుయంత్రంద్వారా పుస్తకాలు త్వరగా, చవకగా, రహస్యంగా (కాథలిక్ చర్చ్ వాటిని ఆమోదించక పోయినాకూడా) అధిక సంఖ్యలో ఉత్పాదన అవకాశాలు కలిగాయి. 1454 నుంచి 1500 లోపల అంటే నలభైయారు సంవత్సరాలలో యూరప్ లో 12 మిలియన్లకుపైగా పుస్తకాలు అచ్చు అయ్యాయని అంచనా. అంతకు పూర్వం వెయ్యి సంవత్సరాలలో కేవలం పదకొండు మిలియన్ ప్రతులు మాత్రమే చూసి వ్రాయటం జరిగింది.[65] పదిహేడవ శతాబ్దం నాటికి సంప్రదాయవిరోధులు, విప్లవకారులు, ప్రాచీన శాస్త్రవేత్తలు అందరూకూడా తమతమ రచనలను శీఘ్రంగా, విస్తృతంగా, ఎప్పటికంటే సులువుగా వ్యాపింప చేయగలిగారు.

సమాచారజాల చరిత్రలో ఆధునిక యూరప్ తీసుకువచ్చిన అచ్చు విప్లవం సాధారణంగా ఒక దిగ్విజయ క్షణంగా భావించబడుతుంది. యూరోపియన్ సమాచార జాలం మీద కాథలిక చర్చ్ ఉక్కుపాదం అప్పుడే సడలింది. ఇంతకు పూర్వంకంటే స్వేచ్ఛగా జనం సమాచారం పరస్పరం తెలుపుకోవటంవల్ల వైజ్ఞానిక విప్లవానికి దారితీసిందని చెప్పవచ్చు. ఇందులో వాస్తవం లేకపోలేదు. అచ్చు లేకుండా కోపెర్నికస్, గలీలియో, ఇంకా వారి సహచరులకు తమతం భావాలు పెంచి వ్యాపింపజేయటానికి కష్టము, కష్టతరము అయి ఉండేది.

కానీ విజ్ఞానశాస్త్ర విప్లవానికి అచ్చుయంత్రం మాత్రం మూలకారణం కాదు. పుస్తకాలు, పాఠాలు విశ్వసనీయంగా పునరుత్పాదన చేయటమే అచ్చుయంత్రం చేసినపని. ఆ యంత్రానికి నవభావాలతో రాగల సమర్థత లేదు. అధిక సమాచారం ఉత్పత్తి చేసి, చదివినంతమాత్రాన జనం నిజానికి చేరువ అవుతారని అచ్చుకూ, విజ్ఞానశాస్త్రానికీ ముడిపెట్టేవారి ఊహ. వాస్తవానికి అచ్చు సౌకర్యంవల్ల విజ్ఞానశాస్త్ర విషయాలేకాదు, మతపరమైన స్వైరకల్పనలు, నకిలీ వార్తలు, కుట్రసిద్ధాంతాలు కథలు అన్నీ వేగంగా వ్యాప్తి అయ్యాయి. ప్రపంచమంతా పాపిష్టిమాంత్రికులు కుట్రపన్నుతున్నారన్న నమ్మకం బహుశా ఈ కుట్రసిద్ధాంతాలమూలంగా అపఖ్యాతిపాలైన ఉదాహరణ. దానితోనే ఆధునిక యూరప్ ను తొలిదశలో ఆవహించిన మాంత్రికులవేట పిచ్చికి మూలకారణం ఇదే.[66]

అన్నీ యుగాలలోనూ, అన్నీ మానవసమాజాలలోనూ మాయ, మాంత్రికుల నమ్మకం ప్రబలి ఉండేది. కానీ, ఈ మాంత్రికులపట్ల ఒక్కొక్క సమాజం ఒక్కొక్క తీరుగా స్పందించింది. మాంత్రికులు ఆత్మలను నియంత్రించారని, చచ్చిపోయిన వారితో మాట్లాడుతారని, భవిష్యత్తు చెప్పగలరని కొన్ని సమాజాల నమ్మకం. మాంత్రికులు పశువులను దొంగిలిస్తారని, గుప్తసంపదలు గుర్తించగలరని మరి కొందరి విశ్వాసం. మాంత్రికులు రోగాలుతెస్తారని, పంటపొలాలు నాశనం చేస్తారని,

మత్తుమందు తయారు చేస్తారని కొన్ని తెగల విశ్వాసం. మరికొన్నితెగలలో వారు రాత్రులు ఇంట్లోకి చొరబడుతారని, ఇంటిపనులు చేస్తారని, పాలు దొంగిలిస్తారని మరొకతెగ నమ్మకం. కొన్నిచోట్ల ఈ మంత్రగత్తెలు అందరూ స్త్రీలేనని నమ్మితే, మరికొన్ని తెగలు ఈ మాంత్రికులు అందరూ మగవారేనని ఊహ. కొన్ని సంస్కృతులలో ఈ మంత్రగత్తెలంటే విపరీతమైన భయం. దొరికితే వారిని క్రూరంగా హింసించేవారు. కానీ మిగిలినవారు ఈ మాంత్రిక ముఠాను సహించి ఆదరించేవారు కూడా. దానికితోడు, ప్రతియుగంలోనూ, ప్రతిఖండంలోను ఈ మంత్రగాళ్ల ముఠాను పట్టించుకోని సమాజాలు కూడా ఉన్నాయి.[67]

దాదాపు మధ్యయుగం అంతా, అన్నీ యూరోపియన్ సమాజాలు ఈ చివర చెప్పిన తెగకు చెందుతాయి. వారు ఈ మంత్రతంత్రాలను గురించి పట్టించుకోలేదు. మధ్యకాలం కాథలిక్ చర్చ్ వారిని సమాజానికి ప్రమాదంగా ఏమీ గుర్తించలేదు. చర్చ్ ఫాదరీలు, ఇతర బాధ్యతాయుతవర్గం ఈ మంత్రగత్తెల వేట నిరసించేవారు. పదవ శతాబ్దం రచన కానన్ ఎపోస్కోపి చెప్పిన ప్రకారం, మంత్రవిద్య కేవలం భ్రమ. మంత్రవిద్యను నమ్మటం క్రైస్తవులకు తగని మూఢవిశ్వాసం.[68] యూరప్ లో పుట్టిన మాంత్రికులవేట మధ్యయుగానిది కాదు, ఆధునికంగా పుట్టిన వెర్రి.

1420, 1430 లలో ఆల్ప్స్ ప్రాంతానికి చెందిన చర్చ్ పెద్దలు, పండితులు, క్రైస్తవమతం నుంచి, స్థానిక జానపదులనుంచి, పురాతన గ్రీకో-రోమన్ సంస్కృతుల నుంచి మూలాలు సేకరించి వాటినన్నిటినీ మంత్రవిద్యగా సమకూర్చారు.[69] మంత్రతంత్రాలకు భయపడే పూర్వకాలంలో కూడా మాంత్రికులను స్థానిక సమస్యగానే పరిగణించారు. వ్యక్తిగతంగా పగబట్టిన నేరస్తులు దొంగతనాలు హత్యలు జరపటానికి క్షుద్ర విద్యలు ప్రయోగించేవారు. కొత్తగా వచ్చిన పండితుల సమాఖ్య ఈ మాంత్రికులు సమాజానికి భయంకరమైన ప్రమాదంగా చిత్రించింది. శని నాయకత్వంలో ప్రపంచ మాంత్రికులందరూ గుమిగూడి గూడుపుఠాణీ చేశారు. అందరూ కలిసి క్రైస్తవమతానికి ఒక విరుద్ధవ్యవస్థగా తయారయ్యారు. ఈ మానవజాతిని, సమాజవ్యవస్థను సమూలంగా నాశనం చేయటమే వారి ధ్యేయం. మాంత్రికులు రాత్రివేళ రాక్షససమావేశాలలో గుమికూడుతారు. అక్కడ వారు శనిని ఆరాధిస్తారు. పసిపిల్లలను చంపుతారు. నరమాంసం తింటారు. తాగి తందానాలాడి నానా రభస చేస్తారు. తుఫానులు, అంటువ్యాధులు ఇతర ఉపద్రవాలు, ఉత్పాతాలు జరిగే మంత్రప్రయోగాలు చేస్తారు. మాంత్రికులను గురించి పండిత ధోరణి ఇది.

ఈ సమాచారంతో ఉత్తేజం చెంది 1428 కి 1436 కు మధ్య స్థానిక చర్చ్ పెద్దలు, సంస్థానాధీశులు ఆల్ప్స్ పర్వతాల వలేస్ ప్రాంతంలో ఊకఉమ్మడిగా మాంత్రికులవేట మొదలు పెట్టారు. ఆ వేటలో ఆడ మగ విచక్షణ లేకుండా, రెండువందలకు పైగా మాంత్రికులు హత్యకు గురయ్యారు. ఆల్ప్స్ పర్వతప్రాంతం

నుంచి ప్రపంచవ్యాప్తంగా మాంత్రికుల కుట్రనుగురించి వదంతులు యూరప్ ఇతర ప్రాంతాలకు పాకాయి. కానీ ఆ నమ్మకాలు కేంద్రానికి చేరలేదు. కాథలిక్ వ్యవస్థ దానిని పూర్తిగా సమ్మతించలేదు. వలేస్ లో లాగా ఇతరప్రాంతాలు ఈ మాంత్రికుల వేటను భారీ ఎత్తున తలకెత్తుకోలేదు.

1485 లో హైంరిచ్ క్రేమర్ అనే ఒక డొమినికన్ బైరాగి విచారణకర్త మరొక ఆల్ప్స్ ప్రాంతం – ఆస్ట్రియన్ టైరోల్ – లో మాంత్రికులవేట ఉపక్రమించారు. శని ఈ ప్రపంచం మీద కుట్ర పన్నాడని క్రేమర్ సంపూర్ణ విశ్వాసం.[70] ఆయనకు కొంచెం మతిస్థిమితం తప్పినట్లుకూడా తోస్తుంది. మాంత్రికశక్తులపట్ల ఆయన దూషణలు స్త్రీద్వేషము, విపరీతమయిన లైంగిక భావనల కారణంగా పుట్టుకువచ్చాయని వదంతి. బ్రుక్సేన్ బిషప్ నాయకత్వంలో స్థానిక చర్చ్ అధికారులు క్రేమర్ దూషణలు పూర్తిగానమ్మలేదు కానీ, ఆయన చర్యలు చూస్తే వారికి భయం వేసింది. వారందరూ కలిసి ఆయన విచారణలు అడ్డుకున్నారు. ఆయన బంధించిన అనుమానితులను అందరినీ విడుదల చేశారు. ఆయనను ఆ ప్రాంతంనుంచి బహిష్కరించారు.[71]

క్రేమర్ అచ్చుయంత్రం సహాయంతో ఎదురుతిరిగారు. ఆయనను బహిష్కరించిన రెండేళ్ళలో ఆయన ది హామర్ ఆఫ్ విచెస్ అనే పుస్తకం సంకలనం చేసి ప్రచురించారు. మాంత్రికుల గుట్టు బయటపెట్టి వారిని హతమార్చటానికి స్వయంసాయక మార్గదర్శి. ఇందులో ఆయన విశ్వవ్యాప్తంగా చెలరేగుతున్న కుట్ర సమూలంగా వివరించి, నిజమైన క్రైస్తవులు ఈ మాంత్రికుల గుట్టు ఎలా రట్టు చేయవచ్చునో వర్ణించారు. క్షుద్రవిద్యలు ప్రయోగిస్తున్నారని పట్టుబడ్డవారివద్దనుంచి నిజం కక్కించటానికి భయంకమైన చిత్రవధ పద్ధతులు, మార్గాలు ఆయన సూచించారు. నేరస్థులయినవారికి మరణదండన ఒక్కటే సరయిన శిక్ష అని ఆయన కఠోర నిశ్చయం.

క్రేమర్ పూర్వపు భావాలను, కథలను క్రమంలో క్రోడీకరించారు. ద్వేష పూరితము, సారవంతము అయిన తన ఊహాగానంనుంచి అనేక వివరాలు జోడించారు. టిమోతీ 1 వంటి స్త్రీద్వేషుల బోధనలు ఆధారం చేసుకుని, క్రేమర్ మంత్రవిద్యకు లైంగికవిచక్షణ అంటగట్టారు. మాంత్రికులు ముఖ్యంగా స్త్రీలు అని ఆయన వాదన. ఎందుకంటే మంత్రవిద్య లాలసనుంచి పుట్టుకువచ్చింది. ఈ లాలస స్త్రీలలో అధికం, బలవత్తరం అని ఆయన అభిప్రాయం. పవిత్రురాలయిన స్త్రీ లైంగిక వాంఛ వల్ల మంత్రగత్తె కావచ్చునని ఆమె భర్త మరులుకొనవచ్చునని పాఠకులకు ఆయన హెచ్చరిక.[72]

హామర్ లో పురుషాంగాలు దొంగిలించే మాంత్రికులశక్తిని గురించి పూర్తిగా ఒక అధ్యాయం అంకితమయింది. ఆ మాంత్రికులు నిజంగానే పురుషాంగాన్ని శరీరంనుంచి వేరుచేసి తీసుకు వెళ్లగలరా, లేకపోతే పురుషుల మనసులో కేవలం

ఒక భ్రాంతి సృష్టిచేస్తారా అన్న విషయం ఆయన చాలా దీర్ఘంగా చర్చిస్తారు. "ఈ విధంగా ఇరవై ముప్పై పురుషాంగాలు సేకరించి వాటిని ఒక పక్షిగూటిలో దాచటమో, లేదా ఒక పెట్టెలోపెట్టి తాళం వేయటమో చేసే మాంత్రికులను గురించి ఏమనుకోవాలి? ఆ గూటిలో లేదా పెట్టెలో ఆ పురుషాంగాలు సజీవంగా కదులుతూ మెదులుతూ ఉంటాయి. ఓట్స్, ధాన్యము తింటాయి. ఇది చాలామంది చూశారు." అంటారు క్రేమర్. ఇక్కడ ఆయన ఒక పురుషుడు చెప్పిన కథ మళ్ళీ చెబుతారు: "తన అంగాన్నికోల్పోయినప్పుడు, ఆ పురుషుడు తనకు తెలిసిన ఒక మాంత్రికురాలిని సమీపించి తన అంగం తనకు తిరిగి లభించేలా చేయమన్నారు. ఆ మాంత్రికురాలు దెబ్బతిన్న ఆ పురుషుడికి ఒకచెట్టు చూపి, ఆ చెట్టు ఎక్కమన్నది. ఆ చెట్టుమీద గూటిలో అనేక అంగాలు ఉంటాయి. వాటిలో ఆయన తనకు నచ్చినదానిని తీసుకోవచ్చు. ఆయన ఒక పెద్ద అంగాన్నితీసుకో బోయాడు. ఆ మాంత్రికురాలు 'మీరు అది తీసుకో కూడదు. అది ఒక పారిష్ ప్రీస్ట్ ది.' అన్నది"[73] ఈనాటికీ ప్రజలలో మాంత్రికులను గురించి అనేక అభిప్రాయాలు ఉన్నాయి. ఉదాహరణకు, మాంత్రికులలో స్త్రీలు ఎక్కువగా ఉంటారు, మాంత్రికురాళ్ళు రాక్షస కామక్రీడలో పాల్గొంటారు, మాంత్రికురాళ్ళు పిల్లలను చంపుతారు, అంగవిహీనులను చేస్తారు. క్రేమర్ రచనలో ఇవన్నీ ధర్మసమ్మతాలుగా చిత్రించబడ్డాయి.

బ్రిక్సేన్ బిషప్ లాగానే ఇతర చర్చ్ పెద్దలు కూడా క్రేమర్ విచిత్ర విశృంఖల భావాలను సంశయించారు. చర్చ్ ఉన్నతవర్గాలనుంచి ఆ పుస్తకానికి నిరోధం కూడా ఎదురయింది.[74] కానీ ఆధునిక యూరప్ తొలిదశలో ది హామర్ ఆఫ్ విచెస్ అక్కడ విపరీతంగా అమ్ముడు పోయింది. అది జనం ప్రగాఢ భయాలకు పోషణ అయింది. అంతేకాక, కామక్రీడలు, నరమాంసభక్షణ, శిశుహత్య, పాపిష్టికుట్రలలో వారి విపరీత ఆసక్తికి ఆజ్యం పోసింది. 1500 నాటికి ఆ పుస్తకం ఎనిమిది ముద్రణలు అయింది. 1520 నాటికి మరొక ఐదు. 1670 నాటికి మరొక పదహారు ప్రచురణలు. వీటిలో అనేక ప్రాంతీయ భాషా అనువాదాలు కూడా ఉన్నాయి.[75] మంత్రవిద్య, విచ్ హంట్లమీద అది ఒక నిర్ణాయక కృషి అయి కూర్చున్నది. తద్వారా అనేక అనుకరణలు, వివరణలు వెలువడ్డాయి. క్రేమర్ ఖ్యాతి విస్తృతమవుతూ ఉంటే, ఆయన రచన చర్చ్ పెద్దల బంధువు అయికూర్చున్నది. క్రేమర్ పోప్ ప్రతినిధి అయ్యారు. 1500 లో ఆయన బొహీమియా, మొరేవియా విచారణాధికారిగా నియమితులయ్యారు. ఈనాటికి కూడా ఆయన భావనలు ప్రపంచాన్ని రూపుదిద్దుతునాయి. విశ్వవ్యాప్తమైన పాపిష్టి కుట్రసిద్ధాంతాలు – QAnon వంటివి – అనేకం ఆయన భావాలలోనుంచి పుట్టుకు వచ్చినవే.

అచ్చుయంత్రం రాకవల్ల యూరప్ లో దయ్యాలవేట పిచ్చి పుట్టిందనటం విపరీతంగా ధ్వనించవచ్చు. కానీ విశ్వవ్యాప్తమైన పాపిష్టి కుట్రమీద నమ్మకం

కలిగించటంలో మాత్రం అచ్చుయంత్రం కీలక పాత్ర పోషించింది. క్రేమర్ భావాలకు ప్రజాదరణ పెరుగుతున్నకొద్దీ, అచ్చుయంత్రాలు ది హామర్ ఆఫ్ విచెస్ పుస్తకం, దాని అనుకరణలు అనేక అదనపు ప్రతులు అచ్చువేయటమే కాక, ఒక పేజీ ప్రచార పత్రాలు వరద కట్టాయి. ఆ ప్రచారపత్రాలలో సంచలనాత్మక పాఠాలకు తోడుగా దయ్యాల పాలిటబడ్డ ప్రజలు, గుంజలకుకట్టి తగలపెట్టిన మాంత్రికుల బొమ్మలతో ఉత్పాతం కలిగించాయి.[76] ఈ ప్రచారపత్రాలు మాంత్రికుల కుట్రను గురించి, కుట్ర పరిణామాన్ని గురించి నమ్మసాధ్యంగాని గణాంకాలు విడుదల చేస్తూ ఉండేవి. ఉదాహరణకు బర్గన్డీ న్యాయమూర్తి, మాంత్రిక వేటగాడు హెన్రీ బొగే (1550 - 1619) ఫ్రాన్స్ లోనే 300,000 మాంత్రికులు ఉన్నారని, యూరప్ అంతా కలిపి 1.8 మిలియన్ మాంత్రికులు ఉన్నారని ఆలోచనలు వ్యక్తపరిచారు.[77] అటువంటి అభిప్రాయాలు సామాన్యప్రజకు మూర్ఛ తెప్పించాయి. ఆకారణంగా పదహారు, పదిహేడు శతాబ్దాలలో మంత్రవిద్య ప్రయోగిస్తున్నారనే అభియోగం మీద 40,000 - 50,000 అమాయక ప్రజలు బలి అయ్యారు.[78] వారిలో జీవితంలో అన్ని వయసులు, బాటలు పట్టిన వ్యక్తులతోబాటు ఐదేళ్ల వయసు చిన్నారులు కూడా ఉన్నారు.[79]

మంత్రవిద్య పేరున, కారణం ఎంత అల్పమైనాసరే, జనం ఒకరినొకరు నిరసించటం, నిందించటం మొదలయింది. ఇది తరుచూ వ్యక్తిగత కక్షలు తీర్చుకోవటానికి, లేకపోతే ఆర్థిక, రాజకీయ ప్రయోజనాల దృష్ట్యా నడిచేది. ఒకసారి అధికార దర్యాప్తు మొదలైన తర్వాత ఆ నిందితులకు దాదాపు మూడినట్లే. ది హామర్ ఆఫ్ విచెస్ సిఫారస్ చేసిన దర్యాప్తు పద్ధతులు అతి క్రూరం. నేరస్తులు తాము మాంత్రికులమని ఒప్పుకుంటేే, వారికి ఉరిశిక్ష. నిందమోపినవారు, తలారి, దర్యాప్తు చేసిన పెద్దలు వారి ఆస్తిపాస్తులు పంచుకునే వారు. నిందితులు నేరం ఒప్పుకోకపోతే. వారిని చిత్రవధ చేసేవారు. వారి వేళ్ళు విరవటం, కాలే పటకార్లతో శరీరంలోనుంచి మాంసం తీయటం, తెగేవరకూ సాగదీయటం, మరుగుతున్న నీటిలో ముంచటంవంటి ఘోరహింస చేసేవారు. ఆ చిత్రహింస భరించలేక ఇప్పుడో, మరికొంత సేపటికో వారు నేరం ఒప్పుకుంటారు. ఆ తర్వాత ఉరి.[80]

ఇందుకు ఒక ఉదాహరణ. 1600 లో మ్యునిచ్ ధికారులు మాంత్రికులు అనే అనుమానంతో పాపేన్ హైమర్ కుటుంబాన్ని - తండ్రి పౌలాస్, తల్లి ఆనా, ఇద్దరు ఎదిగిన కొడుకులు, పదేళ్ళ హాంసెల్ - అరెస్ట్ చేశారు. ఆ విచారణకర్తలు పదేళ్ళ హాంసెల్ ను చిత్రవధకు గురిచేయటంతో తమ విచారణ ఆరంభించారు. ఆ విచారణల ప్రాథమికపద్ధతి పత్రం ఇప్పటికీ మ్యూనిచ్ ప్రాచీన భాండాగారంలో భద్రంగా ఉన్నది. ఎవరైనా చదవవచ్చు. ఆ విచారకర్తలలో ఒకరినుంచి వచ్చిన సూచన ఆ ప్రథమిక పత్రానికి జోడించి ఉన్నది. అది ఆ పదేళ్ళ కుర్రవాడిని

గురించిఒక విచారణకర్త వ్యాఖ్య. "వాడు తన తల్లి నేరస్థురాలని ఒప్పుకునేవరకూ వాడిని ఎంతైనా చిత్రవధ చేయవచ్చు."[81] చెప్పరానన్ని విధాలుగా చిత్రవధకు గురయిన తర్వాత పాపేన్ హైమర్ కుటుంబం అనేక నేరాలను అంగీకరించారు. అందులో మంత్రజాలంతో 265 మందిని చంపినట్లూ, పధ్నాలుగు విపత్కర మైన తుఫానులు సృష్టించినట్లూ ఒప్పుకోలు. వారందరూ మరణానికి గురయినారు.

ఆ కుటుంబంలో పెద్దలు నలుగురి శరీరాలూ ఎర్రగా కణకణలాడుతున్న పటకార్లతో చీల్చారు. పురుషుల అవయవాలు చక్రాలమీద పెట్టి విరగకొట్టారు. ఆ తండ్రిని ఒక గుంజకు కొరత వేశారు. తల్లి రొమ్ములు కోశారు. ఆ తర్వాత అందరినీ సజీవ దహనం చేశారు. పదేళ్ళ హాంసెల్ కు ఇదంతా బలవంతంగా చూపించారు. నాలుగునెలల తర్వాత వాడిని కూడా ఉరి తీశారు.[82] మాంత్రికులను వేటాడినవారు రాక్షసుడిని, రాక్షస గణాలను వెతకటంలో ఆమూలాగ్రము పరిపూర్ణంగా శ్రమచేశారు. కానీ ఆ మాంత్రికులను వేటాడినవారు అసలు ప్రమాదకరమైన రాక్షసులను కనుక్కోవాలంటే, వారు చేయవలసిందల్లా అద్దంలో చూడటమే.

స్పానిష్ విచారణ – రక్షణ

ఈ మాంత్రిక వేటలు ఒకరిని, లేదా ఒక కుటుంబాన్ని హతమార్చటంతో ఆగలేదు. ఆ వేటలకు ఆధారభూతమయిన సిద్ధాంతం ప్రపంచమంతా ఈ కుట్ర పన్నుతున్నదని చెబుతున్నది. కనుక మంత్రవిద్యలు ప్రయోగిస్తున్నారని నిందితులయినవారందరినీ వారి సహాయకులనూ, సహకారులనూ చెప్పేవరకూ చిత్రవధ చేశారు. ఈ సాక్ష్యం ప్రయోగించి ఇతరులను ఖైదుచేసి, చిత్రవధ చేసి, చివరకు హతమార్చేవారు. అర్ధరహితమైన ఈ పద్ధతులకు అధికారులు, పండితులు లేదా చర్చ్ కార్యకర్తలు ఎవరైనాసరే అభ్యంతరం వ్యక్తపరిస్తే, వారుకూడా మాంత్రికులే ననటానికి అది సాక్ష్యంగా ఉపయోగపడేది. అంటే, దానితో వారికి ఖైదు, తర్వాత చిత్రవధ.

ఒక ఉదాహరణ. 1453 లో శని కుట్ర అన్న నమ్మకం కాళ్ళు ఊనుతున్న సమయం. గిలోమ్ ఏడెలిన్ అనే ఫ్రెంచ్ వేదాంతి ఆ నమ్మకం ప్రబలకమునుపే దానిని అణిచివేయటానికి ప్రయత్నం చేశారు. మాయలు మంత్రాలు కేవలం భ్రమ అని, శనిని కలిసి ఆయనతో ఒడంబడికలు చేసుకోవటానికి మాంత్రికులు రాత్రిపూట ఎగిరివెళ్ళలేరని మధ్యయుగపు కానన్ ఎపిస్కోపి (మధ్యకాలంలో మాంత్రికులను గురించిన న్యాయం) చెబుతుంది. ఆ విషయమే ఆయన ప్రచారం చేయసాగారు. చివరికి ఆయననే ఒక మాంత్రికుడుగా ముద్రవేసి ఆయనను ఖైదు చేశారు. తను చీపురుకట్ట మీద ఎగిరివెళ్ళి రాక్షసితో ఒప్పందం చేసుకున్నట్లు, మంత్రాలు మాయలు భ్రమ అని తనచేత చెప్పించింది శని అని చిత్రవధలో ఆయన ఒప్పుకున్నారు.

ఆయనను విచారించిన న్యాయమూర్తులు దయామూర్తులు: ఆయనకు మరణ దండన తప్పించారు, ఆజన్మాంతం జైలుశిక్ష విధించారు.[83]

ఒక సమాచారం సంకలనం చేయటంలో దాగిఉన్న చీకటికోణాన్ని ఈ మాంత్రికవేటలు తేటతెల్లం చేస్తాయి. తాల్మూడ్ జరిపిన యూదుగురువుల సంప్రదింపులు, క్రైస్తవ గ్రంథాలలోని పండితచర్చలు ఈ కోవకు చెందినవే. నిత్యమూ విస్తరిస్తున్న ఆ సమాచారం యదార్థాన్ని ప్రదర్శించకపోగా, మరొక కొత్త యదార్థాన్ని సృష్టించింది. ఈ మాంత్రికవేటలకు మూలకారణం అదే. మంత్రగత్తెలు, మాంత్రికులు వాస్తవవిషయం కాదు. ఆధునిక యూరప్ ఆరంభదశలో శనితో ఎవరూ లైంగిక సంబంధం కల్పించుకోలేదు. చీపురుకట్టల మీద గాలిలో ఎగరటానికి, వడగళ్లవానలు కురిపించటానికి ఎవరికీ సమర్థత లేదు. కానీ మంత్రగత్తెలు, మంత్రగాళ్ళు మనుషులమధ్య వాస్తవమైనారు. డబ్బులాగానే మంత్రగత్తెలను గురించి సమాచారం పరస్పరం చెప్పుకోవటంతో మంత్రగత్తెలు, మంత్రగాళ్ళు నిజమై కూర్చున్నారు.

మాంత్రికుల సమాచారం ఒకరినుంచి మరొకరు తెలుసుకోవటానికి ఒక అధికార బృందమే తయారయింది. వేదాంతులు, న్యాయవాదులు, విచారణకర్తలు, అచ్చుయంత్రాల స్వంతదారులు అందులో ఒక జీవనోపాధి కనుక్కున్నారు. మంత్రగత్తెలను గురించి సమాచారం సేకరించటం, సమాచారం పుట్టించటం, వివిధరకాల మంత్రగత్తెల జాబితాలు తయారుచేయటం, మంత్రగత్తెలు ఎలా ప్రవర్తిస్తారో శోధించటం, చివరికి వారి గుట్టు బయటపెట్టి వారిని ఎలా ఓడించాలో సలహాలు, సిఫార్సులు చెయ్యటం ఇవన్నీ జీవనోపాధి మార్గాలయ్యాయి. మంత్రగత్తెలను, మాంత్రికులను వేటాడటం వృత్తిగా చేసుకున్నవారు ప్రభుత్వానికి, మునిసిపాలిటీలకు తమ సేవలు అందజేశారు. ఊరికినే కాదు. వారి ఖజానాలు కొల్లగొట్టి. సమాచార భాండాగారాలనిండా సవివరమయిన మాంత్రికుల వేటలు, మాంత్రికులను విచారించటానికి తగిన ఒడంబడికలు, మాంత్రికులన్నవారినుంచి బయటికి తీసిన అపరాధ అంగీకారాలు కుప్పలు తెప్పలు.

మాంత్రికులవేటలో అనుభవం గడించినవారు ఆ సమాచారం అంతా ప్రయోగించి తమ సిద్ధాంతాలు మరింత మెరుగుపరిచారు. వేదాంతగ్రంథాలకు భాష్యం చెప్పటంలో పండితులు ఎలా వాదులాడుకుంటారో, హేమర్ ఆఫ్ ది విచెస్, ఇంకా ఇతర ప్రఖ్యాతరచనలు వ్యాఖ్యానించటంలో మంత్రవేటగాళ్ళు కుమ్ములాడు కుంటున్నారు. మామూలుగా అధికార యంత్రాంగంచేసే పనే మాంత్రికులను వేటాడే అధికార యంత్రాంగం కూడా అవలంబించింది. ఆ అధికార యంత్రాంగం జనసంవాదవర్గం మంత్రగత్తెలను సృష్టించింది. సృష్టించటమే కాదు వారికి వాస్తవికత కల్పించింది. ఆయంత్రాంగం మంత్రతంత్రాలలో వినిపించే ప్రామాణికమైన నిందలు, అంగీకారాలతో పత్రాలు అచ్చు వేయించింది. అందులో తారీకులు, పేర్లు,

నిందితుల సంతకాలకు తగిన ఖాళీస్థలాలు కూడా ఏర్పాటుచేసి ఉన్నాయి. ఆ సమాచారం అంతా కలిసి ఒక కొత్త శక్తికేంద్రాలను, నియంత్రణను తెచ్చిపెట్టింది. అది కొంతమంది అధికారానికి సాధనం అయింది. తమ సభ్యులను క్రమశిక్షణ పాటించేట్లు చేయటానికి సమాజానికి అది ఒక ఆయుధమయి కూర్చున్నది. కానీ అది సాధించిన నిజం శూన్యం. వివేచన అంతకంటే శూన్యం.

మాంత్రికులను వేటాడే అధికార యంత్రాంగం సమాచారం దినదిన ప్రవర్ధమానంగా కూడబెట్టింది. దానితో ఆ సమాచారం అంతా కల్పన, భ్రమ అని కొట్టిపారేయటానికి వీలులేకుండా పోయింది. మాంత్రికులను వేటాడే సమాచారం పాతర అంతా అబద్ధమని, అందులో ఆవగింజ అంత నిజం కూడా లేదని చెప్పవచ్చునా? పండితులయిన చర్చ్ పెద్దలు వ్రాసిన పుస్తకాలమాట ఏమిటి? గౌరవనీయులయిన న్యాయాధీశులు విచారించిన నేరాలలో ఒడంబడిక పత్రాలమాట ఏమిటి? నేరం ఒప్పుకున్నట్లు దాఖలు పరిచిన వేలాది అంగీకారపత్రాల మాట ఏమిటి?

మనుషులు సృష్టించిన ఈ వాస్తవం చాలామందిలో నమ్మకం పుట్టించింది. మాంత్రికులని ముద్ర పడినవారుకూడా విశ్వవ్యాప్తమయిన శనికుట్రలో తామూ పాత్రధారులమేనని నమ్మసాగారు. అందరూ అలా అంటున్నారంటే, అది నిజమే అయి ఉండాలి కదా! రెండవ అధ్యాయంలో చెప్పినట్లు తమ జ్ఞాపకాలు అనుకున్నవాటిని నమ్మటానికి జనం సులువుగా సిద్ధమవుతారు. ఆధునిక యూరప్ లో కొందరు పూర్వీకులు దయ్యాలను ఆవాహనం చేయటానికి, శనితో లైంగికవాంచలు తీర్చుకోవటానికీ, మంత్రవిద్య ప్రయోగించటానికీ కలలు కన్నారు. కానీ వారిని మాంత్రికులుగా నిందవేసినప్పుడు, వారికి ఏది నిజమో, ఏది భ్రమో తెలియని అయోమయంలో పడిపోయారు.[84]

పదిహేడవ శతాబ్దం ఆదిలో ఈ మాంత్రికుల వేటలు తారాపథాన్ని అంటాయి. ఎక్కడో, ఏదో లొసుగు ఉన్నదని చాలామంది అనుమానం. కానీ అంతా భ్రమ అని కొట్టిపారేయటానికి వీలు లేకపోయింది . 1620 దశాబ్దం ఉత్తరార్ధంలో జర్మనీలోని బాంబెర్గ్, వుర్జ్ బుర్గ్ నగరాలలో మాంత్రికుల వేట జరిగింది. వాటిలో ఒకటి చెప్పరాని ఉదంతం. ఆనాడు బాంబెర్గ్ నగరంలో 12000 జనాభా ఉండేవారు.[85] 1625, 31 మధ్య సుమారు 900 మంది అమాయకులు హతమార్చ బడ్డారు.[86] వుర్జ్ బెర్గ్ లో ఉన్న 11,500 జనాభాలో 1200 మంది చిత్రవధకు, మరణశిక్షకు గురి అయ్యారు.[87] 1629 ఆగస్ట్ లో వుర్జ్ బెర్గ్ ప్రిన్స్ బిషప్ కులపతి తన స్నేహితులకు ఒక ఉత్తరం వ్రాశారు. అందులో ఆయన ఈ విషయాన్ని గురించి తన సంశయం వెలిబుచ్చారు. ఆ ఉత్తరం సవివరంగా చూడదగింది.

మాంత్రికుల విషయానికి వస్తే...ఆ గొడవ మళ్ళీ తాజాగా మొదలయింది. అది చెప్పటానికి మాటలు చాలవు. ఆ దుర్గతి, గోడు వెళ్లబోసుకోవటానికి ...ఎవరికి చెప్పుకోవాలి? ప్రతి వర్గంలోను, ఆడ, మగ, చిన్నా పెద్ద, చివరికి మతాధికారులు సైతం సుమారు నాలుగువందలమంది తీవ్రమైన ఆరోపణలకు గురి అయ్యారు. వాళ్ళందరినీ ఏ క్షణంలోనయినా అరెస్ట్ చేయవచ్చు...ప్రిన్స్ బిషప్ దగ్గర నలభై మంది విద్యార్థులు ఉన్నారు. వారందరూ త్వరలో పాస్టర్లు కాబోతున్నారు. వారిలో పదముగ్గురు, పధ్నాలుగురు మాంత్రికులుగా ముద్ర పడ్డారు. కొద్దిరోజుల క్రితం ఒక డీన్‌ను అరెస్ట్ చేశారు. సమన్లు అందుకున్న మరొక ఇద్దరు పరారు అయ్యారు. మా చర్చ్ పరిషత్తు లేఖకులు చాలా పెద్ద విద్వాంసులు. నిన్న ఆయనను అరెస్ట్ చేసి చిత్రవధకు గురిచేశారు. ఒక్కమాటలో చెప్పాలంటే ఈ వూరిలో మూడోవంతు ఇందులో ఇరుక్కొని ఉన్నది. మతాధికారులలో సంపన్నులు, ప్రముఖులు, ఆకర్షణీయులు అందరూ ఈపాటికే ఉరికంబం ఎక్కేశారు. ఒక వారంక్రితం పంధొమ్మిది సంవత్సరాల పడుచును ఉరి తీశారు. ఊరిలో అందరికంటే ఆ యువతి నవనవలాడుతూ ఉంటుందని, చాలా నిర్మలమయినమైన మనిషి అని, చాలా వినయవంతురాలనీ ప్రతీతి. ఆమె వెనకనే మరొక ఏడెనిమిదిమంది సుందరులు, ఉత్తములు అనుసరించారు... అలా దేవుడిని విస్మరించారనీ, మాంత్రికుల నాట్యాలలో పాల్గొన్నారనీ, చాలామంది మరణం పాలయ్యారు. వారిని గురించి ఎవరూ ఎన్నడూ పల్లెత్తు మాట కూడా అని ఎరగరు.

ఈ దిక్కుమాలిన ప్రస్తావన ముగించే ముందు మూడు వందలమంది చిన్నారులు – మూడు, నాలుగు సంవత్సరాల వయసు – దయ్యాలతో లైంగికవ్యాపారం చేశారని అభాండం. ఏడేళ్ళు, పైకి రావలసిన పదేళ్ళ, పన్నెండు, పధ్నాలుగు, పదిహేను ఏళ్ల విద్యార్థులు, చావుకు గురికావటం నేను చూశాను....ఈ దుర్దశను గురించి ఇంతకంటే నేను రాయలేను, రాయ కూడదు.

ఆ కులపతిగారు తన ఉత్తరానికి ఒక తాజా కమ్మ, ఆసక్తికరమైన కమ్మ జోడించారు:

అనేకమయిన అద్భుతాలు, దారుణాలు జరుగుతూ ఉన్నాయి. ఫ్రా రెంగ్ బెర్గ్ అనే చోట సైతాను స్వయంగా ఎనిమిదివేలమంది అనుచరులతో ఒక సమావేశం జరిపాడు. వారి ముందు ప్రార్థనలు చేశారు. తన ప్రేక్షకులకు (అంటే మాంత్రికులకు) పవిత్రమయిన మహాప్రసాదానికి బదులు, దుంపల తొక్కలు, చెక్కలు పంచిపెట్టాడు. అక్కడ అపవిత్రమయిన, అత్యంత

ఘోరమయిన, దారుణమయిన దైవనింద జరిగింది. అదితలుచుకుంటేనే నాకు వణుకు పుడుతుంది.[88]

వుర్జ్ బెర్గ్ లో జరిగిన మాంత్రికవేటలోని వెర్రితనం మీద భయం, విహ్వలత ప్రకటించినప్పటికీ ఆ కులపతిగారు మాంత్రికులతో సైతాను జరుపుతున్న కుట్రలపట్ల తన దృఢనమ్మకం వ్యక్తపరిచారు. ఆయన స్వయంగా మంత్రతంత్రాలు ఏవీ చూడలేదు. కానీ ఆయన చుట్టూ అల్లుకుని ఉన్న సమాచారజాలంవల్ల అది నమ్మకుండా ఉండటం ఆయనకు అసాధ్యమయి కూర్చున్నది. మాంత్రికుల వేటలు విషపూరిత మయిన సమాచారం సృష్టించిన ఉపద్రవం. సమాచారం సృష్టించిన సమస్యలకు ఇది ప్రముఖ ఉదాహరణ.

సమాచారం వచ్చి కోతిపుండును బ్రహ్మరాక్షసిగా చేసింది.

ఈ ఉపసంహారం ఈనాటి పండితులదే కాదు. ఆనాటి పరిశీలకులు పెద్దలు చాలమందికి కూడా ఇదే అభిప్రాయం. ఆలోన్సో డి సాలజార్ ఫ్రీయాస్ ఒక స్పానిష్ పరిశీలకులు. పదిహేడవశతాబ్ది ఆదిలో జరిగిన మాంత్రిక వేటలు, మాంత్రికుల విచారణలు ఆయన క్షుణ్ణంగా పరిశోధించారు. “ఒక్క క్షుద్రవిద్య అయినా నిజంగా జరిగిందనటానికి ఒక నిదర్శనం కాదుకదా, ఎక్కడా ఒక్క సూచనకూడా కనబడలేదు." అని ఆయన ఉపసంహారం. “మాటలు, వ్రాతలు పుట్టేవరకూ అక్కడ మాంత్రికులు లేరు, మంత్రించ బడినవారు లేరు."[89] మనుషువల్ల మనుషులమధ్య జనించే వాస్తవాలు ఆయన పూర్తిగా అర్థం చేసుకున్నారు.

అందుకనే మాంత్రికుల వేటలపేర నడిచే పరిశ్రమను ఆయన జనసంవాద సమాచార సంపదగా గుర్తించారు.

ఆధునిక యూరప్ లో మంత్రవిద్యల పిచ్చి చరిత్ర గమనిస్తే ఒక విషయం ప్రత్యక్ష మవుతుంది.

సమాచార ప్రసారానికి అంతరాయం తొలిగినంతమాత్రాన నిజం బయటపడి ప్రచారం కాబోవటంలేదు. అది అబద్ధాలకు, అభూత కల్పనలకు కూడా దారి చూపవచ్చు. విషపూరిత సమాచార కేంద్రాలు పుట్టుకు రావచ్చు. సంపూర్ణ భావ స్వాతంత్ర్యం ఉంటే నిజం స్థానభ్రంశము చెందుతుంది, దౌర్జన్యం, సంచలన శీలతలకు ప్రోత్సాహము పెరుగుతుంది. అందుకు కారణం తెలుసుకోవటం కష్టమేమీ కాదు. కోపెర్నికస్ రచన ఆన్ ది రివల్యూషన్స్ ఆఫ్ ది హెవెన్లీ స్ఫియర్స్ లోని తలనొప్పి గణితంకంటే ది హేమర్ ఆఫ్ ది విచెస్ లోని సంచలనాత్మక కథలతో ప్రచురణకర్తలు ఎక్కువ లాభాలు గడించారు. కోపెర్నికస్ రచన ఆధునిక విజ్ఞానశాస్త్ర సంప్రదాయంలో ఆధారభూతమయిన సృష్టి. అందులో భూమిని గజగజలాడించే నవ్య ఆవిష్కరణలు ఉన్నాయి. అందులో ఒకటి మన గ్రహాన్ని విశ్వకేంద్రం నుంచి తప్పించింది.

అప్పుడే కోపెర్నికస్ భ్రమణం జన్మ ఎత్తింది. ఆ ఆవిష్కరణ 1543 లో ప్రచురణ అయింది. మొదటి ప్రచురణలో వచ్చిన నాలుగు వందల ప్రతులు అమ్ముడు పోలేదు. 1566 లోగా రెండవ ప్రచురణ జరగలేదు. అప్పుడు కూడా ప్రచురణ 400 ప్రతులకే పరిమిత మయింది. మూడవ ప్రచురణ 1617 దాకా నోచుకోలేదు. ఆర్థర్ కొస్ట్లర్ చెప్పినట్లు అది అమ్మబోతే అడివి అయింది.[90] ఆ విజ్ఞానశాస్త్ర ఉద్యమాన్ని ముందుకు తీసుకు వెళ్లింది అచ్చుయంత్రమూ కాదు, సమాచార స్వాతంత్ర్యమూ కాదు. మనిషి పొరబడతాడు అనే వాస్తవానికి ఒక వినూత్న మార్గం.

అజ్ఞాన ఆవిష్కరణ

ముద్రణ చరిత్ర, మాంత్రికులవేట చరిత్ర గమనిస్తే ఒక విషయం వెల్లడి అవుతుంది. నియంత్రణ లోపించిన సమాచారంవల్ల జనం తమ తప్పులు తెలుసుకోని సరిదిద్దుకోబోవటం లేదు. ఎందుకంటే అక్కడ నిజం కంటే అత్యాచారానికి, దౌర్జన్యానికే ప్రాముఖ్యత ఉండవచ్చు. నిజం గెలవాలి అంటే వాస్తవం ధ్వనించాలి.

అందుకు సంరక్షక సంస్థలు కావాలి. ఆ సంస్థలకు నిజాన్ని సమర్థించే అధికారం, హక్కు ఉండాలి. కానీ అటువంటి సంస్థలు తమ అధికార హోదాను తమ తప్పులు కప్పిపుచ్చుకోవటానికో, తమపై విమర్శనలు ఎదుర్కోవటానికో వినియోగించ వచ్చు. మిగతా అందరి అభిప్రాయాలూ, ప్రత్యామ్నాయ అభిప్రాయాలు, తప్పు అని ముద్రవేయవచ్చు. క్యాథలిక్ చర్చ్ చరిత్ర చెప్పేది ఇదే. తమ అధికారాన్ని స్వప్రయోజనాలకు కాకుండా, నిజం ఎరుకపరచటానికి వినియోగించే సంరక్షక సంస్థలు స్థాపించటం సాధ్యమేనా?

ఆధునిక ఐరోపా ఆదికాలంలో అటువంటి సంరక్షక సంస్థల స్థాపన జరిగింది. విజ్ఞానయుగ విప్లవానికి పునాదులు వేసింది సరిగా అలాంటి సంస్థలే – అచ్చు యంత్రమూ, ఆన్ ది రివల్యూషన్స్ ఆఫ్ ది హెవెన్లీ స్ఫియర్స్ వంటి పుస్తకాలు కాదు. విజ్ఞాన విప్లవనాయకులలో ఎవరూ ఏ యూనివర్సిటీలోనూ ప్రొఫెసర్లు కారు. ఉదాహరణకు నికోలాస్ కోపెర్నికస్, రాబర్ట్ బాయిల్, టైకో బ్రాహే, రెని డెకార్టే లకు విద్యావిషయిక పదవులు ఏమీ లేవు. ఆమాటకు వస్తే, స్పినోజా, లీబ్నిడ్జ్, లాకి, బెర్కిలీ, వోల్టేయిర్, దిద్రాట్, రూసో లకు కూడా ఏమీ పదవులు లేవు.

ఈ సమాచార భాండాగారాలు వైజ్ఞానిక విప్లవంలో కీలకపాత్ర వహించాయి. విశ్వవిద్యాలయాలలోనూ, బయటను ఉన్న పరిశోధకులను, ఒకచోట చేర్చి వారికి సంపర్కం ఏర్పరిచాయి. సమాచారజాలం యూరప్ అంతా విస్తరించి, చివరికి ప్రపంచమంతా ఆక్రమించింది. విజ్ఞానశాస్త్రం ముందుకుసాగాలంటే, దూరతీరాలలో ఉన్న తమ సహశాస్త్రవేతలు ప్రచురించిన సమాచారాన్ని ఇక్కడి శాస్త్రవేత్తలు నమ్మాలి.

ఆ నమ్మకం కుదిరింది అనటానికి 1660 లో స్థాపించిన రాయల్ సొసైటీ ఆఫ్ లండన్ ఫర్ ఇంప్రూవింగ్ న్యాచురల్ నాలెడ్జ్, ఫ్రెంచ్ అకాడమీ దే సైన్సెస్ (1666) తార్కాణం. దానికి తోడు ఫిలసాఫికల్ ట్రాన్సాక్షన్స్ ఆఫ్ ది రాయల్ సొసైటీ (1665), హిస్త్వార్ దే లకాడెమీ రోయాల్ డేస్ సైన్సెస్ (1699), ఎన్సైక్లోపీడియా (1751-72) శిల్పులవంటి శాస్త్రీయ ప్రచురణకర్తలు ఆ నమ్మకానికి దోహదం చేశారు. ఈ సంస్థలు నిదర్శన పూర్వకమైన సాక్ష్యాధారాలు ఉన్న సమాచారం సేకరించాయి. క్రేమర్ స్వైరకల్పనలకంటే, కోపెర్నికస్ ఆవిష్కరణలపట్ల శ్రద్ధ వహించాయి. ఫిలసాఫికల్ ట్రాంషాక్షన్స్ ఆఫ్ ది రాయల్ సొసైటీ పత్రికకు వ్యాసం పంపితే, వారు "ఇది చదవటానికి ఎంతమంది డబ్బు చెల్లిస్తారు?" అని అడగలేదు. వారడిగిన ప్రశ్న, "ఇది నిజమని నిదర్శనమేమిటి?"

మొదట్లో ఈ సంస్థలు బూజులాగా, సాలెగూళ్ళలాగా బలహీనంగా ఉండేవి. మానవ సమాజాన్ని రూపుదిద్దగల శక్తి వాటిలో లేదు. ఫిలసాఫికల్ ట్రాన్సాక్షన్స్ ఆఫ్ ది రాయల్ సొసైటీ సంపాదకులకు మాంత్రికుల వేటగాళ్ళలాగా ఎవరినీ చిత్రవధ చేసి ఉరితీసే శక్తి లేదు. కాథలిక్ చర్చ్ లాగా అకాడెమీదే సైన్సెస్ చేతిలో ప్రాంతీయ అధికారము లేదు, అంత ధనసంపద లేదు. కానీ కాలక్రమేణ వైజ్ఞానిక సంస్థలు ప్రాభవం సంపాదించాయి. దీనికంతటికీ మూలం నమ్మదగిన సమాచారమే ప్రచురిస్తామని చేసినవాగ్దానం.

నిర్దోషమైన పవిత్రగ్రంథం తమ దగ్గర ఉన్నది కనుక, తాము చెప్పేది పరమ సత్యమని చెప్పి ప్రజలను నమ్మించటానికి చర్చ్ ప్రయత్నం చేసింది. సంస్థలో లోపాలు తెలుసుకుని స్వయంగా లోపాలు చక్కదిద్దుకునే వ్యవస్థ ఉన్నది గనుక ప్రజలమీద అధికారం సాధించింది. విజ్ఞానశాస్త్ర విప్లవానికి వెనక ఉన్నది అచ్చుయంత్రం సాంకేతికత కాదు, తమ తప్పులు సరిదిద్దుకోగల ఈ యంత్రాంగమే.

మరో విధంగా చెప్పాలంటే అజ్ఞాన ఆవిష్కరణే విజ్ఞాన విప్లవాన్ని వీపుతట్టి మేలుకొలిపిందని చెప్పవచ్చు.[91] పుస్తకాలకు అంకితమయిన మతాలు అమోఘమయిన జ్ఞానం తమకు అందికలో ఉన్నదని భావించాయి. క్రైస్తవులకు బైబుల్, ముస్లింలకు కురాన్, హిందువులకు వేదాలు, బౌద్ధులకు త్రిపిటక ఉన్నాయి. విజ్ఞాన సంస్కృతికి అటువంటి పవిత్ర గ్రంధాలు ఏవీ లేవు. తన వీరులు ఎవరూ అమోఘ ప్రవక్తలని, మహాత్ములని, మహామేధావులని విజ్ఞాన సంస్కృతి చెప్పదు. సర్వజ్ఞత్వం అనే అభూత కల్పన తృణీకరించటంతో విజ్ఞాన పరిశోధన మొదలవుతుంది. తప్పు చేయటం తప్పించుకోలేము అన్నదృక్పథంలో సమాచారజాల నిర్మాణం కొనసాగుతుంది. కోపెర్నికస్, డార్విన్, ఐన్‌స్టైన్ మహామేధావులన్న మాట నిర్వివాదాంశం. కానీ వారు ఎవ్వరూ ఎన్నడూ ఏ తప్పూచేయలేదని ఎవరూ చెప్పరు. వారందరూ తప్పులు చేశారు.

అంతేకాదు అత్యంత ప్రఖ్యాతి చెందిన విజ్ఞాన గ్రంధాలలోకూడా తప్పులు, లోపాలు ఉండి తీరుతాయి.

మహామేధావులు కూడా తాము చెప్పిందే సబబు అనేదృష్టిలో ఉంటారు. కనుక వారు తమ తప్పులు సరిదిద్దుకుంటారని ఆశించటం వృధాప్రయాస. విజ్ఞానశాస్త్రం ఒక సమిష్టి కృషి. ఒక శాస్త్రవేత్తమీద, లేదా ఒక మహాగ్రంధం మీద ఆధారపడి నడవదు. మహాసంస్థలు కూడా తప్పులకు అతీతం ఏమీ కావు. కాకపోతే విజ్ఞానశాస్త్ర సంస్థలు మతసంస్థలలాగా కాదు. ఇక్కడ అనుగుణంగా నడుచుకోవటం కంటే, సంశయాత్మక ఆలోచనకు, కొత్త ఆలోచనకు ఆదరణ లభిస్తుంది. గూడుపుఠాణీకి,కుట్రసిద్ధాంతాలకు ఇక్కడ తావులేదు. ఇక్కడ స్వీయసంశయానికే ఆదరణ. కుట్రదారులకు, గూడుపుఠాణీ పెద్దలకు ఏకాభిప్రాయంమీద విపరీతమైన సంశయం. అదే వారినమ్మకాల దగ్గరికి వస్తే, వారికి ఆవగింజంత సంశయంకూడా ఉండదు. తమ అభిప్రాయమే సబబు అన్న దృఢనమ్మకంతో ఉంటారు.[92] విజ్ఞానశాస్త్రం కేతనం కేవలం సంశయం కాదు, అది ఆత్మసంశయం. ప్రతి విజ్ఞానశాస్త్ర సంస్థలోను దృఢమైన ఆత్మవిచారణ వ్యవస్థ గట్టిగా గూడుకట్టుకొని ఉంటుంది. విజ్ఞానశాస్త్ర సంస్థలు కొన్ని సిద్ధాంతాలను - క్వాంటమ్ మెకానిక్స్, పరిణామ సిద్ధాంతం - నిర్దుష్టమని అంగీకరించటమేకాదు, సామూహిక ఆమోదం కూడా సంపాదించాయి. వాటిని ఖండించటానికి జరిగిన తీవ్రమయిన ప్రయత్నాలను ఎదిరి నిలిచాయి. ఆ సిద్ధాంతాలను ఖండించటానికి సంస్థ బయటి వ్యక్తులే కాదు లోపల ఉన్నవారుకూడా చాలా తీవ్రంగా ప్రయత్నించారు.

తప్పులు దిద్దుకునే సంవిధానం ఒక సాంకేతిక సమాచార వ్యవస్థ. పవిత్రగ్రంధ మనస్తత్వానికి ఇది పూర్తిగా వ్యతిరేకం. పవిత్రగ్రంధం దోషరహితమని, నిర్దుష్టమని ఆశించబడింది. తప్పులు దిద్దుకునే సంవిధానం తప్పులు తప్పకుండా ఉంటాయనే భావానికి అంకితమయి ఉన్నది. తప్పులు దిద్దుకునే సంవిధానం అంటే తమను తాము సరిదిద్దుకోవటానికి ఒకరు ప్రయోగించే పద్ధతి అని నా ఉద్దేశం. ఒక ఉపాధ్యాయుడు ఒక విద్యార్థి వ్రాసిన వ్యాసాన్ని సరిదిద్దటం తప్పులు దిద్దుకునే సంవిధానంకాదు. ఆ విద్యార్థి తనువ్రాసిన వ్యాసాన్ని తనుసరిదిద్దుకోవటం లేదు. ఒక న్యాయమూర్తి ఒక నేరస్తుడిని జైలుకు పంపటం తప్పులు దిద్దుకునే సంవిధానం కాదు. నేరస్తులు తమ తప్పులు బయట పెట్టటం లేదు. మిత్రరాజ్యాలు నాజీ పరిపాలన ఓడించి, కూలదోయటం తప్పులు దిద్దుకునే సంవిధానం కాదు. జర్మనీ స్వయంగా నాజీ పరిపాలన విసర్జించేది కాదు. అంతక్రితం తమపత్రికలో ప్రచురణ అయిన వైజ్ఞానికవ్యాసంలో తప్పులుచూపిస్తూ అదేపత్రిక మరొక వ్యాసం ప్రచురించిందంటే అది తప్పులు దిద్దుకునే సంవిధానానికి ఒక ఉదాహరణ.

తప్పులు సరిదిద్దుకునే సంవిధానం విశ్వవ్యాప్తం. చిన్నారులు నడక తమంతట తామే నేర్చుకుంటారు. తప్పటడుగు వేస్తారు. కిందపడతారు. తప్పు తెలుసుకుంటారు. అప్పుడు మరొక విధంగా అడుగు వేయటానికి ప్రయత్నిస్తారు. తల్లిదండ్రులు, ఉపాధ్యాయులు కొన్నిసార్లు ఒక చేయి అందించి సహాయపడతారు. అందులో సందేహం లేదు. కానీ పూర్తిగా బయటివారి సహాయంమీదనే ఆధారపడితే ఆ చిన్నారికి నడవటం కష్టమై పోతుంది. పెరిగి పెద్దఅయినతర్వాతకూడా మనం నడుస్తూ ఉన్నపుడు మనశరీరం స్వయంచాలకంగా సున్నితంగా తప్పులు దిద్దుతూ ఉంటుంది. మనం నడుస్తూ ఉన్నపుడు మెదడు, అవయవాలు, జ్ఞానేంద్రియాల మధ్య ప్రతిపుష్టి నడుస్తూ ఉంటుంది. ఆ ప్రతిపుష్టి వల్లనే మనకాళ్ళూ చేతులూ సక్రమంగా పనిచేసి మనలను సవ్యంగా నిలబెడతాయి.[93]

శరీరంలోనడిచే అనేక ఇతర ప్రక్రియలకు ఈ స్వీయవిశోధన నిత్యావసరం. మన రక్తపోటు, టెంపరేచర్, చక్కెరస్థాయి, ఇంకా అనేక ప్రమాణాలకు సందర్భాను సారం మార్పు చెందే పరిమితి ఉండాలి. కానీ అవి ఒక నిర్ణీత పరిమితులు దాటి పోకూడదు. మనం పరుగెత్తినప్పుడు మన రక్తపోటు పెరగాలి. మనం నిద్రలో ఉన్నపుడు అది తరగాలి. కానీ సర్వదా హద్దులో ఉండాలి.[94] మన శరీరం అనేక అంతరంగ, బహిరంగ మార్పులకు అనుగుణంగా జీవరసాయనిక స్థితిని సమతుల్యంగా కట్టుదిట్టం చేస్తుంది. ఇది ఒకవిధంగా జీవరసాయన నాట్యమనే చెప్పాలి. మన రక్తపోటు పెరిగితే, స్వీయవిశోధక ప్రక్రియలు దానిని తగ్గిస్తాయి.

మన రక్తపోటు కొద్దిగాతక్కువ అయితే అవే స్వీయవిశోధక ప్రక్రియలు దానిని పెంచుతాయి. ఈ స్వీయవిశోధక సంవిధానం గతితప్పితే, మనం చనిపోవచ్చు కూడా.[95]

స్వీయవిశోధక సంవిధానం లేకపోతే, సంస్థలుకూడా అంతమవుతాయి. మనుషులు తప్పులు చేస్తారు, వంచనకు గురవుతారనే గ్రహింపుతో ఈ సంవిధానం మొదలవుతుంది. మనుషులంటే నిస్పృహచెంది, వారిని తప్పించుకోవటానికి ప్రయత్నించటం కాక, సంస్థలు తమ తప్పులు గుర్తించి వాటిని సరిదిద్దుకోవటానికి ప్రయత్నిస్తాయి. మొదట్లో ఎదురయ్యే సమస్యలు ఎదుర్కొని నిలబడే సంస్థలు అన్నీ ఈ తప్పులు సరిదిద్దే ప్రక్రియలతో సిద్ధంగా ఉంటాయి. కాకపోతే తప్పులుదిద్దే ప్రక్రియల సత్తువలోను, ప్రదర్శనలోను సంస్థలమధ్య చాలా వ్యత్యాసాలు ఉంటాయి.

ఉదాహరణకు, క్యాథలిక్ చర్చ్ ఈ స్వీయదోష పరిహారంలో చాలా బలహీనమని చెప్పాలి. ఆ చర్చ్ దోషరహితమని వ్యాజమాడుతుంది గనక, ఆసంస్థ తన తప్పులు ఒప్పుకోలేదు. ఆ సంస్థ తన సభ్యులు కొందరు పొరపాటు చేశారని అప్పుడప్పుడు ఒప్పుకోవటానికి సిద్ధమవుతుంది. కానీ సంస్థమాత్రం సర్వదా పరిపూర్ణమే, నిర్దుష్టమే, నిర్దోషమే. 1964 లో జరిగిన రెండవ వాటికన్ కౌన్సిల్ లో క్యాథలిక్ చర్చ్ "ఈ చర్చ్

ఇక్కడ భూమిమీద ఉన్నది కనుక, అది నిత్యమూ సంస్కరించబడాలని క్రీస్తు ఆదేశం. ఈ భూమిమీద నివసిస్తున్న మనుషులసంస్థ గనక, చర్చ్ కి నిరంతరము సంస్కరణ అవసరం. పలు సందర్భాలలో, సమయాలలో నైతికప్రవర్తనలోను, చర్చ్ క్రమశిక్షణలోను లోపాలు కనబడితే సందర్భానుసారం వాటిని చక్కదిద్దాలి. చక్కదిద్దవచ్చు. చర్చ్ బోధనలో లోపాలుకూడా ఈ విధంగానే సరిదిద్దాలి. ఈ తప్పులు, లోపాలు వేరు, పవిత్రగ్రంధం చెప్పేసత్యాలు వేరు. ఇది స్పష్టంగా గుర్తించాలి.[96]

ఈ ఏర్పాటు చాలా ఆరోగ్యకరంగా ధ్వనిస్తుంది. కానీ అసలురహస్యం వివరాలలోదాగి ఉన్నది. ముఖ్యంగా పవిత్రగ్రంధంచెప్పే సత్యాలలో ఏదైనా లోపం ఉన్నదా అన్న విషయంలో ముఖాముఖీ అవటానికి నిరాకరణ. పరమసత్యం అంటే పవిత్రగ్రంధంనుంచి, ఆ పవిత్రగ్రంధం వ్యాఖ్యానం నుంచి చర్చ్ గ్రహించిన సత్యాలు. ప్రవక్తలూ మానవమాత్రులేనని, వారూ పాపాలు చేస్తారని, చర్చ్ బోధనలలో తప్పులు చేస్తారని క్యాథలిక్ చర్చ్ అంగీకరిస్తుంది. కానీ ఆ పవిత్రగ్రంధం మాత్రం ఎన్నటికీ తప్పు చేయలేదు. పాపాత్ములు, భ్రమకు లోనయ్యే మనుషులు, ఎన్నటికీ తప్పుచేయని గ్రంధానికి ముడిపడి ఉన్నారు. ఈ బంధానికి ఆశ్రయమయిన చర్చ్ అంతరార్ధం ఎలా అర్ధం చేసుకోవాలి?

బైబుల్ అమోఘత్వము, దివ్యమార్గదర్శకత్వము మానవవంచనను అధిగమిస్తాయని క్యాథలిక్ వితండవాదం. అంటే, చర్చ్ సభ్యులు వ్యక్తులుగా తప్పులు చేయవచ్చు, పాపాలు చేయవచ్చునేమోగాని, ఒక సంస్థగా క్యాథలిక్ చర్చ్ ఎన్నటికీ పొరబడదు, తప్పు చేయదు. పవిత్రగ్రంధం వ్యాఖ్యానించటంలో దేవుడు చర్చ్ నాయకులను తప్పు చేయనీయలేదని వదంతి. అన్ని మతాలలోనూ ఇదే సూత్రం ప్రచారంలో ఉన్నది. మిష్నా, తాల్ముడ్ కూర్చిన రబ్బీలు వ్యక్తిగత విషయాలలో తప్పులు చేసి ఉండవచ్చు. కానీ మత సిద్ధాంతం తీర్మానించటంలో భగవంతుడు వారు తప్పులు చేయకుండా చూశాడని యూదు పూర్వాచార పరాయణుల తీర్మానం.[97] దీనిని పోలిన సూత్రమే, ఇజ్మా పేరుతో ఇస్లాంలో కూడా ఉన్నది. ముఖ్యమయిన ఒక హదిత్ (మహమ్మద్ ప్రవచనం) అనుసరించి "నా సమాజం తప్పు ఎన్నడూ సహించకుండా అల్లా చూస్తారు." అని మహమ్మద్ చెప్పారు.[98]

క్యాథలిసిజంలో ప్రవక్తల నిర్దోషత్వంలో సంస్థపరిపూర్ణత స్పష్టంగా ప్రతిష్టించి ఉన్నది. పోప్ లు వ్యక్తిగత విషయాలలో పొరపాటు చేయవచ్చు, కానీ సంస్థ విషయాలలో వారు ఎన్నడూ తప్పు చేయరు.[99] ఉదాహరణకు పోప్ అలెగ్జాండర్ VI తన బ్రహ్మచర్య శపథం అతిక్రమించి పెళ్లి చేసుకున్నారు. చాలామంది పిల్లలకు జన్మ ఇచ్చారు. కానీ చర్చ్ బోధనలు, నైతిక ప్రవర్తన, ధర్మశాస్త్ర విషయాలకు వస్తే మాత్రం తప్పు చేయటానికి ఆయన అసమర్ధులు.

ఈ ఆలోచనా పథంలోనే క్యాథలిక్ చర్చ్ తన మానవసభ్యులకు వారివారి వ్యక్తిగత విషయాలలో స్వీయదోష నివారణ వ్యవస్థ అమలు పరిచింది. కానీ బైబిల్ సవరించటానికిగాని, అందులో చెప్పిన సత్యాలు, సాంప్రదాయం సరిదిద్దటానికిగాని అటువంటి ఏర్పాటు ఎన్నడూ జరగలేదు. తన గతప్రవర్తనకు పరిహారంగా క్యాథలిక్ చర్చ్ విడుదల చేసిన లాంఛనప్రాయమైన క్షమాపణలలో ఈ వైఖరి వ్యక్తమవుతుంది. ఇటీవలి కాలంలో యూదులను, స్త్రీలను, క్యాథలిక్కులు కాని క్రైస్తవులను, స్వదేశ సాంప్రదాయాలను అవమాన పరిచినందుకు చాలామంది పోప్‌లు క్షమాపణలు వేడారు. అంతేకాదు 1204 లో కాన్స్టాంటి నోపుల్ ను బహిష్కరించినందుకు, క్యాథలిక్ విద్యాలయాలలో చిన్నారుల పట్ల అక్రమాలు చేసినందుకు కూడా క్షమాపణలు వేడారు. క్యాథలిక్ చర్చ్ అటువంటి క్షమాపణలు చెప్పటమే పెద్దవిశేషం. మతపరమైన సంస్థలు అలాచేయటం చాలా అరుదయిన విషయం. కానీ ఈ సంఘటనలన్నిటిలోనూ పవిత్రగ్రంధాలను, ఒక సంస్థగా చర్చ్ నీ ఆ బాధ్యత నుంచి దూరంచేశారు. ఆ బాధ్యత అంతా పవిత్రగ్రంధాలను తప్పుగా వ్యాఖ్యానించిన, నడుపుతున్న వ్యక్తుల మీదా, చర్చ్ బోధనలను దారి తప్పించిన వ్యక్తుల మీదా పడింది.

ఉదాహరణకు 2000 మార్చ్ లో పోప్ జాన్ పాల్ ఒక ప్రత్యేక కార్యక్రమం నిర్వహించారు. ఆ కార్యక్రమంలో యూదులు, సంప్రదాయ వ్యతిరేకులు, స్త్రీలు, స్వదేశ ప్రజలపట్ల జరిగిన చారిత్రిక నేరాలకు క్షమాపణ వేడారు. "సత్యసేవలో కొందరు చేసిన హింసకు, దౌర్జన్యానికి " ఆయన క్షమాపణ వేడారు. ఈ దౌర్జన్యం, దురాగతం అంతా దారితప్పిన కొందరు చేసిన తప్పిదం, చర్చ్ బోధించిన సత్యం వారు అర్ధం చేసుకోలేదు అని ఈ పరిభాష అంతరార్ధం. ఆ 'కొందరు' చర్చ్ బోధించిన బోధనలు సవ్యంగానే అర్ధం చేసుకుని ఉండవచ్చుననీ, ఆ బోధనలే సవ్యం కాకపోవచ్చుననే సాధ్యత ఆయన అంగీకరించలేదు.[100]

అదేవిధంగా కెనడాలో చర్చ్ నడుపుతున్న స్కూళ్ళలో మనుషులపట్ల జరిగిన దురాక్రమాలకు 2022 లో పోప్ ఫ్రాన్సిస్ క్షమాపణలు చెప్పుకున్నారు. ఆయన "సాంస్కృతిక విధ్వంసం, బలాత్కారంగా స్వాయత్తం చేసుకోవటంలో, ముఖ్యంగా కొందరు చర్చ్ సభ్యులు ...సహకరించినందుకు ...నేను క్షమాపణ వేడుతున్నాను." అన్నారు[101]. ఆయన ఎంత జాగరూకతతో ఆ బాధ్యత మరొకరిమీదికి తోశారో గమనించండి. "ఆ తప్పు అనేకమంది చర్చ్ సభ్యులది''. చర్చ్ కీ, చర్చ్ బోధనలకు ఆ తప్పుతో సంబంధం లేదు. దేశీయ సంస్కృతిని ధ్వంసం చేసి బలవంతంగా మనుషులను మతం మార్పించటం చర్చ్ అధికారిక సిద్ధాంతం కానట్లు!

ఈ దండయాత్రలు చేసినవారు, యూదులకు, స్త్రీలకు విరుద్ధంగా ఆంక్షలు విధించినవారు, ప్రపంచమంతటా దేశీయ మతాలను ఒక క్రమపద్ధతిలో నిర్మూలించటానికి కంకణం కట్టినవారూ మూర్ఖులయిన ఏ కొద్దిమందో బిషప్ లు

మాత్రమే కాదు.[102] పూజ్యులయిన చర్చ్ ఫాదర్స్ వ్రాతలు, అనేకమంది పోప్ ల ఉత్తరువులు, చర్చ్ పరిషత్తుల రచనలలో క్రైస్తవేతర మతస్థులను, అన్యమతాలను తూలనాడటం, వారిని ధ్వంసం చేయుమని ఉత్తరువులు జారీ చేయటం, ఆ మతసభ్యులను వెలివేయటం, జనాన్ని క్రైస్తవమతంలోకి మార్చటానికి దౌర్జన్యము, హింస అనుమతించటము అనేక సందర్భాలలో దర్శనం ఇస్తుంది.[103] ఉదాహరణకు1452 లో పోర్చుగల్ రాజు కింగ్ అఫోంసో V కు పోప్ నికోలస్ V ఒక ఉత్తరువు జారీ చేశారు. అందులో "మీరు ముస్లింలను, ఇంకా ఇతర మతస్థులను, క్రైస్తవాన్ని నమ్మనివారిని, క్రీస్తు విరోధులను ముట్టడించి, శోధించి, బందీలను చేసి, లొంగదీసుకోవాలి. వారితోబాటు వారి రాజ్యాలను, సంస్థానాలను, మండలాలను, వారి ఆస్తిపాస్తులను స్వాధీనం చేసుకుని, వారి ప్రజలను శాశ్వత సేవకులుగా కిందికి దిగజార్చాలి. మా గురుస్థానంనుంచి మీకు ఈ స్వేచ్ఛానుమతి సంపూర్ణంగా మంజూరు చేస్తున్నాము." అని ఉన్నది.[104] ఈ అధికారిక ప్రకటన తర్వాత వచ్చిన పోప్ లచేత అనేక పర్యాయాలు మళ్ళీమళ్ళీ చాటింపు వేయించబడింది. యూరోపియన్ సామ్రాజ్యవాదానికీ, ప్రపంచవ్యాప్తంగా స్థానిక సంస్కృతుల విధ్వంసానికి ఇది పునాది వేసింది. సహజంగా ఆ ఉత్తరువుకు చర్చ్ బాధ్యత వహించదు. కానీ కాలక్రమేణ చర్చ్ తన సంస్థాక్రమాన్ని, తన మౌలిక బోధనలు, పవిత్రగ్రంధ వ్యాఖ్యానం, మార్చివేసింది. యూదులపట్ల విరోధంలో, స్త్రీ ద్వేషంలో ఈనాటి క్యాథలిక్ చర్చ్ ఆనాటి చర్చ్ కంటే చాలా తగ్గింది అని చెప్పవచ్చు. స్థానిక సంస్కృతులను పోప్ నికలస్ కంటే పోప్ ఫ్రాన్సిస్ ఎక్కువగా సహిస్తారు. చేసిన తప్పులు సరిదిద్దుకునే సంవిధానం ఒకటి ఇక్కడ పనిచేస్తున్నది. అది బయటినుంచి వచ్చే ఒత్తిడులను, అంతర్గత ఆత్మావలోకానికి స్పందిస్తూ ఉంటుంది. చేసిన తప్పులు సరిదిద్దుకునే క్యాథలిక్ చర్చ్ వంటి సంస్థలలో ఒక ప్రత్యేక లక్షణం ఉన్నది. తప్పు జరిగినా దానిని ఒప్పుకోరు, నిరాకరిస్తారు. చర్చ్ బోధనలు మార్చటానికి ఎన్నడూ ఒప్పుకోకూడదు. చర్చ్ బోధనలు మార్చటానికి అదే ప్రప్రధమ నియమం.

"మా ప్రవీణులు బైబుల్ లో ఒక పెద్ద పొరపాటు కనిపెట్టారు. త్వరలోనే మేము పరిష్కరించిన ప్రతి విడుదల చేస్తాం." అని ఏ పోప్ నోటిద్వారాను మాటరావటం మీరు ఎన్నడూ వినరు, వినబోరు. దానికి బదులు యూదులపట్ల, స్త్రీల పట్ల వారి ఉదారస్వభావం గురించి ప్రశ్నించితే, చర్చ్ సర్వదా చెప్పింది అదే నంటారు పోప్ లు అందరూ. చర్చ్ పెద్దలు కొందరు పూర్వం ఈ విషయం పూర్తిగా అర్థం చేసుకోలేదు అంతే. అంటారు. ఆత్మావలోకనం నిరాకరించినంత మాత్రాన అది జరగకుండా నడవదు. కాకపోతే ఆ నడక నీరసపడి నిదానం అవుతుంది. గతంలో జరిగిన తప్పులు సరిదిద్దిన సంతోషం మాట అటు ఉంచి, తప్పులు ఉన్నట్లు ఒప్పుకోవటమే పూజ్యం. అటువంటి పరిస్థితిలో మనఃపూర్వకంగా సేవచేసేవారికి సంస్థలోను, సంస్థ

బోధనలలోనూ తీవ్రమయిన సమస్య ఎదురయినప్పుడు వారు భయకంపితులై, నిశ్చేష్టులయి పోతారు. ఎందుకంటే, శాశ్వతము, పరిశుద్ధము అని పేరుపడినదానిని మార్చగల ధైర్యం ఎవరికీ ఉండదు. ఏతావాతా అంతకు మునుపు జరిగిన మార్పులవల్ల వారికి కలిగే ప్రయోజనం ఏమీ ఉండదు.

పోప్ ఫ్రాన్సిస్ వంటి క్యాథలిక్ లు స్వలింగ సంపర్కం విషయంలో చర్చ్ బోధనలను పునస్సమీక్ష చేస్తున్నారు.[105] కానీ అక్కడ తప్పులు ఉన్నాయని చెప్పటానికి, వాటిని మార్చటానికి సమస్యలు ఎదుర్కుంటున్నారు. LGBTQ సమూహానికి జరిగిన అవమానాలకు, అమర్యాదకు భవిష్యత్తులో పోప్ ఎవరైనా క్షమాపణ విడుదల చేయాలంటే, ఆ తప్పుకు బాధ్యత సువార్తను అత్యుత్సాహంలో అపార్థం చేసుకున్న అభాగ్యుల మీద పడుతుంది. క్యాథలిక్ చర్చ్ కి మతపరమయిన అధికారం నిలబెట్టుకోవటానికి సంస్థలో స్వీయవిశోధన అంటూ ఏమీ లేదని నిరాకరించటం (బుకాయించటం) తప్ప వేరేదారి లేదు. చర్చ్ దోషరహితం అనే బోనులో ఇరుక్కు పోయింది. మతపరమయిన అధికారమంతా దోషరాహిత్యం మీద ఆధార పడి ఉన్నది. కనుక బహిరంగంగా సంస్థ ఏదైనా బయట పడినా, వెళ్లగక్కినా, చర్చ్ అధికారమంతా ఊడ్చిపెట్టుకు పోతుంది.

DSM, బైబుల్

క్యాథలిక్ చర్చ్‌కి భిన్నంగా ఆధునిక యుగం ఆదిలో వెలసిన విజ్ఞానశాస్త్ర సంస్థలు అన్నీ బలమయిన స్వీయవిశోధనా కర్మాగారాలు నిర్మించుకున్నాయి. ఒక సమయంలో శాస్త్రవేత్తలు అందరూ సత్యమని నమ్మినది మరొకనాడు అసంపూర్తిగాను, అస్తవ్యస్తంగాను దర్శనం ఈయవచ్చునని విజ్ఞానశాస్త్ర సంస్థల అభిప్రాయం. పంథొమ్మిదవ శతాబ్దంలో భౌతికశాస్త్రవేత్తలు అందరూ న్యూటన్ చెప్పిన భౌతికశాస్త్రం ఈ విశాలవిశ్వాన్ని సంపూర్ణంగా వివరిస్తుందని అంగీకరించారు. కానీ ఇరవయ్యవ శతాబ్దంలో వచ్చిన సాపేక్ష సిద్ధాంతం, క్వాంటమ్ మెకానిక్స్ న్యూటన్ చెప్పిన శాస్త్రంలో తప్పులు, పరిమితులు వెలువరించారు.[106] విజ్ఞానశాస్త్ర చరిత్రలో గతవివేచనను కూలదోసి నూతన సిద్ధాంతాలు ఆవిష్కరించటమే ఒక పండగ.

విజ్ఞానశాస్త్ర సంస్థలు తప్పులకూ, నేరాలకు సంస్థబాధ్యత అంగీకరించటానికి సిద్ధంగా ఉన్నాయి. ఉదాహరణకు ఈనాటి విశ్వవిద్యాలయాలు వాడుక ప్రకారం కోర్సులు చెబుతాయి. వృత్తిపరమయిన పత్రికలు అలవాటు ప్రకారం వ్యాసాలు ప్రచురిస్తాయి. పంథొమ్మిదవ శతాబ్దంలోను, ఇరవయ్యవ శతాబ్దం అధికభాగంలోనూ బయాలజీ, ఆంత్రపాలజీ, చరిత్ర వంటి సబ్జెక్ట్ ల అధ్యయనం వెనక ఉన్న జాతిద్వేషం, స్త్రీ వివక్ష ఈ కోర్సులలో, వ్యాసాలలో చెప్పకుండానే తెలుస్తాయి. టస్క్ గీ సిఫిలిస్ స్టడీ

వంటి వ్యక్తిపరమయిన అధ్యయనాలు, ఆస్ట్రేలియా శ్వేతవిధానంనుంచి మారణహోమం వరకూ నడిచిన ప్రభుత్వ విధానాలమీద విస్తృతమయిన పరిశోధన పునరావృతంగా జరిగింది. విజ్ఞావిద్యాలయాలలో ఉద్భవించిన సిద్ధాంతాలు జీవశాస్త్రపరంగా, మానవపరిణామపరంగా, చారిత్రికంగా, ఎంత దోషపూరితాలో జాతిద్వేషము, సామ్రాజ్యవాదము, చివరికి జాతివిధ్వంసం సమర్ధించి ఆ విధ్వంసకార్యక్రమాలు చేయటానికి ఎలా ఉపయోగించారో చూస్తే తెలుస్తుంది. ఈ నేరాలు, తప్పులు దారితప్పిన కొద్దిమంది శాస్త్రవేత్తల నెత్తిన రుద్దలేదు. శిక్షణా కార్యక్రమాలలో వాటిని సంస్థా వైఫల్యంగా గుర్తించారు.[107]

సంస్థ తప్పులు ఒప్పుకోవటానికి సమ్మతివల్ల విజ్ఞానశాస్త్రం వేగంగా అభివృద్ధి చెందటానికి తోడ్పాటు అవుతుంది. సాక్ష్యాధారాలు నిరూపిస్తే, వెలుగులో ఉన్న సిద్ధాంతాలు కొద్ది తరాలలోనే చెత్తబుట్ట పాలవుతాయి. వాటిస్థానే కొత్త సిద్ధాంతాలు ఆక్రమిస్తాయి. ఇరవై ఒకటో శతాబ్దం ఆదిలో విద్యార్థులు నేర్చుకునే జీవశాస్త్రం, మానవపరిణామ శాస్త్రం, చరిత్ర, ఒక శతాబ్దం వెనక విద్యార్థులు నేర్చుకున్నవాటికంటే చాలా వేరు.

మానసికవ్యాధి చికిత్సాశాస్త్రం బలీయమయిన అనేక స్వీయవిశోధన ఉదాహరణలు చూపుతుంది. మానసిక వైద్యులందరి పుస్తకాల దొంతరలో మీరు DSM (Diagnostic and Statistical Manual Of Mental Disorders) చూడవచ్చు. మానసిక వైద్యుల బైబుల్ అని దానికి మారుపేరు. కానీ DSM కు బైబుల్ కు మధ్య కీలకమయిన వ్యత్యాసం ఉన్నది. DSM తొలిసారి 1952 లో ప్రచురణ అయింది. కానీ ప్రతి దశాబ్దంలోను అది సవరణలకు గురి అయింది. అయిదవ ప్రచురణ 2013 లో జరిగింది. ఈ మధ్యకాలంలో అనేక వ్యాధుల నిర్వచనం మారిపోయింది. కొత్త నిర్వచనాలు దర్శనమిచ్చాయి. పాతవి మరుగున పడ్డాయి. ఉదాహరణకు స్వలింగ సంపర్కం 1952 లో సోసియోపథిక్ పర్సనాలిటీ డిస్టర్బెన్స్‌గా నామకరణం చేశారు. కానీ 1974 లో దానిని DSM నుంచి తొలిగించారు. ఈ తప్పు సరిదిద్దటానికి DSM కు కేవలం ఇరవై సంవత్సరాలు పట్టింది. అది పవిత్ర గ్రంథం కాదు, అది విజ్ఞాన గ్రంథం!

స్వలింగ సంపర్కానికి 1952 లో ఒక నిర్వచనం జరిగింది. మానసిక వైద్యశాస్త్రం ఈనాడు దయతలిచి ఆ నిర్వచనాన్ని సవరించి సరిదిద్దటానికి ప్రయత్నించటం లేదు. దానికి బదులు ఆ నిర్వచనం శుద్ధ తప్పు అని భావిస్తుంది. అంతేకాదు ఆ తప్పును ఎవరికీ – స్వలింగ సంపర్కం ద్వేషించే ఆచార్యులు – అంటగట్టలేదు. మానసిక వైద్యశాస్త్రంలో సంస్థాపరమైన పాక్షిక దృష్టివల్ల జరిగిందని ఒప్పుకోబడింది.[108] సంస్థద్వారా జరిగిన ఈ తప్పులు ఒప్పుకోవటంవల్ల, మానసిక వైద్యులు అటువంటి తప్పులు మళ్ళీ జరగకుండా జాగ్రత్త పడుతున్నారు. లింగమార్పిడి

వ్యక్తులు, కలలుగనే వ్యక్తులను గురించి జరిగిన వాదోపవాదాలు ఈ విషయాలు వ్యక్తం చేస్తాయి. కానీ, ఎంత జాగ్రత్తగా ఉన్నా, మానసిక వైద్యులు సంస్థాపరమయిన తప్పులు చేస్తూనే ఉంటారు. కాకపోతే ఇక్కడ శుభవార్త ఏమిటంటే, తప్పులు జరిగినట్లు ఒప్పుకుని, వాటిని సరిదిద్దటానికి వారు సిద్ధంగాఉంటారు.[109]

ప్రచురించు – మరణించు

విజ్ఞానశాస్త్ర రంగంలో స్వంత తప్పులు దిద్దుకునే వ్యవస్థ బలీయం. ఎందుకంటే, విజ్ఞాన సంస్థలు తమ తప్పులను, అజ్ఞానాన్ని ఒప్పుకోవటమే కాదు, ఆ తప్పులు తీవ్రంగా బయట పెడతాయి. వారి ప్రోత్సాహ వ్యవస్థలోనే ఈ క్రమం స్పష్టంగా తెలుస్తుంది. మతపరమయిన సంస్థలలో వ్యవహారంలో ఉన్న సిద్ధాంతాలకు అంకితమయి ఉండటానికి, కొత్తవాటిని సంశయించటానికి ప్రోత్సాహం మెండు. అదరణలో ఉన్న సిద్ధాంతాలకు మీ విశ్వాసం ప్రకటించితే, మీరు రబ్బీ, ఇమామ్, మతాచార్యులు కావచ్చు. మీ పూర్వీకులను విమర్శించకుండా ఉంటే, తీవ్రమయిన కొత్త సిద్ధాంతాలు ఏవీ ప్రతిపాదించకుండా ఉంటే, మీరు పోప్, ముఖ్యరబ్బీ, ఘనమయిన ఆయతోల్లాగా పైపై పదవులు సాధించవచ్చు. ఆ మాటకు వస్తే, ఇటీవలి కాలంలోని అధికారులయి అత్యాదరణపొందిన మత నేతలు అందరూ – పోప్ బెనెడిక్ట్ XVI, ఇజ్రాయిల్ చెఫ్ రబ్బీ డేవిడ్లావు, ఆయతోల్లా ఖోమేని (ఇరాన్) – కొత్త భావనలకు, స్త్రీ వాదానికి సంపూర్ణ సమగ్ర నిరసన ప్రకటించి అభిమానులను, కీర్తిని సంపాదించారు.[110]

విజ్ఞానశాస్త్రంలో ఇది తిరగబడుతుంది. విజ్ఞానసంస్థలలో ఉద్యోగాలు, ప్రమోషన్లు "ప్రచురించు, లేదా మరణించు" అన్న సూత్రంమీద కొనసాగుతాయి. ప్రఖ్యాత పత్రికలలో ప్రచురించాలి అంటే, ప్రస్తుతం చలామణి అవుతున్న సిద్ధాంతాలలో మీరు ఏదైనా లోపం కనుక్కోవాలి, లేదా మీ ఆచార్యులకు, పూర్వులకు తెలియని కొత్తవిషయం ఏదైనా కనిపెట్టాలి. అంతకు పూర్వం శాస్త్రవేత్తలు చెప్పినదానిని జపం చేసినా, కొత్త సిద్ధాంతాలకు ఎదురు తిరిగినా మీకు నోబెల్ పురస్కారం రాబోవటం లేదు.

తప్పులు దిద్దుకోవటానికి మతంలో అవకాశం ఉన్నట్లే, విజ్ఞానశాస్త్రంలో అనుకరణకు కావలసినంత అవకాశం. విజ్ఞానశాస్త్రం సంస్థాపరమయిన సాహసం. శాస్త్రవేత్తలు తమకు తెలిసినదానికి అంతటికీ సంస్థమీద ఆధారపడుతారు. ఉదాహరణకు, మధ్యయుగం యూరోపియన్లకు, ఆధునికకాలం ఆది పురుషులు యూరోపియన్లకు, మంత్రవిద్యలు ఎంతవరకు తెలుసునో నాకు ఎలా తెలుసు? నేను స్వయంగా ఆ ప్రాచీన భాండాగారాలు దర్శించలేదు. దానికి చెందిన మూలాధారాలు నేను ఏమీ చదవలేదు. అందుకు అవసరమయిన ఇతర భాషాజ్ఞానం నాకులేదు.

కనుక నేను ఆ మూలాధారాలు చదవలేను. మధ్యయుగానికి, ఆది ఆధునికకాలానికి చెందిన దస్తూరి నేను విడదీయలేను, అర్థం చేసుకోలేను. అందుకుగాను నేను ఇతర విద్వాంసులు వ్రాసిన పుస్తకాలు, రచనలమీద ఆధారపడ్డాను. ఉదాహరణకు 2017 లో యేల్ యూనివర్సిటీ ప్రచురించిన రోనాల్డ్ హట్టన్ రచన: ది విచ్ : ఎ హిస్టరీ ఆఫ్ ఫియర్.

రోనాల్డ్ హట్టన్ యూనివర్సిటీ ఆఫ్ బ్రిస్టల్‌లో చరిత్ర ఆచార్యులు. నేను ఆయనను ఎన్నడూ కలుసుకోలేదు. ఆయనకు ఉద్యోగం ఇచ్చిన బ్రిస్టల్ అధికారులు ఎవరూ నాకు తెలియదు. ఆయన పుస్తకం ప్రచురించిన యేల్ సంపాదకవర్గంలో ఎవరూ నాకు తెలియదు. కానీ హట్టన్ పుస్తకంలో చదివింది నేను నమ్ముతాను. ఎందుకంటే యూనివర్సిటీ ఆఫ్ బ్రిస్టల్, యేల్ యూనివర్సిటీ ప్రెస్ వంటి సంస్థలు ఎలా పని చేస్తాయో నాకు తెలుసు. మొదటిది: వారి స్వీయవిశోధన సంవిధానం పైపైమెరుగులు కాదు, ఆ సంస్థ అంతరంగ సంవిధానం. రెండవది: ఈ సంస్థలు తమ తప్పులను నిరాకరించటం కాక, తప్పు తెలుసుకున్నందుకు సంబరం చేసుకుంటాయి. అయినాకూడా, హట్టన్ పుస్తకంలో నేను సేకరించిన సమాచారంలో కొన్ని తప్పులు ఉండవచ్చు. నేను అర్థం చేసుకుని విపులీకరించటంలో తప్పులు ఉండవచ్చు. హట్టన్ పుస్తకం చదివిన పెద్దలు, ఈ పుస్తకం చదువుతున్న పెద్దలు మంత్రవిద్యల చరిత్రలో నిష్ణాతులు కావచ్చు. వారు ఇందులో దోషాలు కనిపెట్టవచ్చు, బయటపెట్టవచ్చు.

ప్రజాకర్షణ ఆశించే విమర్శకాగ్రేసరులు ఈ ఆలోచనకు ఎదురు తిరగవచ్చు. నిజానికి సంస్థలు సాంప్రదాయ విరుద్ధమయిన దృక్పథాలు అరికట్టటానికి, తిరుగుబాటుదారులమీద దాడి చేయటానికి తమ బలప్రయోగం జరుపుతాయి. ఒక శాస్త్రవేత్త ప్రస్తుత సాంప్రదాయక దృక్పథాన్ని ఎదిరించారంటే, ఆయనకు దురవస్థ తప్పదు: ఆయన వ్యాసాలు తిరస్కారమవుతాయి. పరిశోధనలకు ధనసహాయం మాయ మవుతుంది. వ్యక్తిగత ముట్టడింపులు, అదృష్టం బాగాలేకపోతే ఉద్యోగం ఊడవచ్చు.[111] ఆ పరిస్థితులు కలిగించే అవస్థలు చిన్నవేమీ కావు. కాకపోతే శారీరక చిత్రవధ, సజీవ దహనాలకంటే చాలా మెరుగు.

ఉదాహరణకు రసాయన శాస్త్రవేత్త డాన్ శేక్ట్ మన్ కథనే తీసుకోండి. 1982 ఏప్రిల్ లో ఆయన తన ఎలక్ట్రాన్ మైక్రోస్కోప్ లో చూస్తున్నారు. సమకాలీన రసాయనిక సిద్ధాంతాలు ఉండటానికి వీలు లేదు, అసంభవం అన్న విషయాన్ని ఆయన దర్శించారు: అల్యూమినియం, మాంగనీస్ కలిసిన శాంపుల్ లో అణువులు అయిదింతల పరిభ్రమణ సౌష్టవం (ఫైవ్ ఫోల్డ్ రొటేషనల్ సిమెట్రీ) లో స్ఫటికీకరణం అయ్యాయి. ఆ కాలంలో శాస్త్రవేతలకు ఘనస్ఫటికాలలో అనేక అనురూప నిర్మాణాలుతెలుసు. కానీ పంచభుజ నిర్మాణం ప్రకృతి సూత్రాలకు విరుద్ధమని ఆనాటి శాస్త్రీయ ఆలోచన. శేక్ట్ మన్ ఆవిష్కరణ స్ఫటికప్రాయమన్నారు. అది ఆనాడు

వింతగా, విపరీతంగా తోచింది. సమకాలీన వ్యాసపత్రికలలో దానికిస్థానం దొరకటం కష్టమయి పోయింది. ఆ సమయంలో శేక్ట్ మన్ జూనియర్ సైంటిస్ట్ గా పనిచేస్తున్నారు. ఆ పదవి నిరుపయోగం అయింది. ఆయనకు స్వంత ప్రయోగశాల లేదు. మరెవరి ప్రయోగశాలలోనో ఆయన పని చేస్తున్నారు. కానీ సాక్ష్యాధారాలు రుజువు అయిన అర్వాత ఫిజికల్ రివ్యూ లెటర్స్ అనే పత్రిక సంపాదకులు శేక్ట్ మన్ వ్యాసం 1984 లో ప్రచురించారు.[112] అప్పుడు "శాస్త్రప్రపంచం అంతా ఒక రణరంగమయి కూర్చున్నది" అంటారు ఆయన.

శేక్ట్ మన్ వాదాలను ఆయన సహోద్యోగులు అందరూ కాలదన్నారు. తన ప్రయోగాలు సక్రమంగా నిర్వహించనందుకు ఆయనను తూలనాడారు. ఆ ప్రయోగశాల ముఖ్య అధికారి కూడా శేక్ట్ మన్ మీద విరుచుకు పడ్డారు. ఆయన నాటకీయంగా ఒక రసాయనశాస్త్ర పుస్తకం శేక్ట్ మన్ డెస్క్ మీద పెట్టి, "డానీ, ఈ పుస్తకం చదువు. నువ్వు చెబుతున్నది అసంభవం అని నీకు తెలుస్తుంది." అన్నారు. తను క్వాసీ స్ఫటికాలు దర్శించింది మైక్రోస్కోప్ లోనని, టెక్స్ట్ బుక్ లో కాదనీ శేక్ట్ మన్ ధైర్యంగా జవాబు ఇచ్చారు. ఫలితం? ఆ ప్రయోగశాలనుంచి ఆయనను గెంటివేశారు. అంతకంటే దరిద్రం శేక్ట్ మన్ ను వెంటాడింది. లైనస్ పాలింగ్ రెండు నోబెల్ పురస్కారాలు సాధించిన శాస్త్రవేత్త. విశ్వవిఖ్యాతి చెందిన ఇరవయ్యవ శతాబ్దపు శాస్త్రవేత్తలలో ఒకరు. ఆయన శేక్ట్ మన్ ను దారుణంగా దుయ్యబట్టటం ఆలోచనాతీతం. వందలమంది శాస్త్రవేత్తలు సమావేశమయిన సభలో ఆయన "డానీ శేక్ట్ మన్ చెబుతున్నది పరమచెత్త. (క్వాసీ క్రిస్టల్స్) స్ఫటికసదృశాలు అంటూ ఏమీ లేవు. (క్వాసీ శాస్త్రవేత్తలు) శాస్త్రవేత్త సదృశులు మాత్రమే ఉంటారు." అని గొంతెత్తి అరిచారు.

ఇక్కడ విశేషం ఏమిటంటే శేక్ట్ మన్ కు జెయిలు శిక్షగాని, మరణదండన కానీ జరగలేదు. ఆయనకు మరొక ప్రయోగశాలలో ఉద్యోగం దొరికింది. ఆయన చూపిన నిదర్శనాలు ఆనాటి కెమిస్ట్రీ టెక్స్ట్ బుక్స్, లైనస్ పాలింగ్ అభిప్రాయాలకు అతీతంగా విశ్వాసం కల్పించాయి, ఒప్పించాయి. ఆయన సహోద్యోగులు చాలామంది శేక్ట్ మన్ ప్రయోగాలు మళ్ళీమళ్ళీ జరిపి ఆయన ఆవిష్కరణలు పునరావృతం చేశారు. శేక్ట్ మన్ స్ఫటిక సదృశాలను మైక్రోస్కోప్ లో దర్శించిన పదేళ్ళలో ఇంటర్నేషనల్ యూనియన్ ఆఫ్ క్రిస్టలోగ్రఫీ – స్ఫటిక శాస్త్రంలో అంతర్జాతీయ శాస్త్రీయ సమాఖ్య – స్ఫటికానికి నిర్వచనంలో మార్పు చేసింది. తదనుగుణంగా రసాయనశాస్త్ర పాఠ్యగ్రంథాలు మారిపోయాయి. స్ఫటిక సదృశాల అధ్యయనం అనే నూతన శాస్త్రవేదిక ఉద్భవించింది. 2011 లో శేక్ట్ మన్ ను ఆయన ఆవిష్కరణకు నోబెల్ పురస్కారం వరించింది.[113] నోబెల్ కమిటీ "ఆయన ఆవిష్కరణ అత్యంత వివాదగ్రస్త మయింది. కానీ చివరకు శాస్త్రవేత్తలందరినీ పదార్థ ప్రకృతి పునరాలోచింప జేసింది." అని పేర్కొన్నది.[114]

శేక్ట్ మన్ కథ అసాధారణం ఏమీ కాదు. విజ్ఞానశాస్త్ర చరిత్రలో అటువంటి సంఘటనలు కోకొల్లలు. సాపేక్ష సిద్ధాంతం, క్వాంటమ్ మెకానిక్స్ ఇరవయ్యవ శతాబ్దపు మూల విరాట్టులు కాక మునుపు విపరీతమయిన వాగ్వివాదాలకు కారణ మయ్యాయి. ఈ కొత్త సిద్ధాంతాలు ప్రతిపాదించిన వారికి పాత శాస్త్రవేత్తల నుంచి దాడులు, ఔర్జన్యాలు కూడా జరిగాయి. పంథొమ్మిదవ శతాబ్దం చరమాంకంలో జార్జ్ కాంటర్ థియరీ ఆఫ్ ఇన్ఫినిట్ నంబర్స్ పెంచి, పెద్దచేశారు. ఇరవయ్యవ శతాబ్దం గణితశాస్త్రానికి చాలావరకు అదే ఆధారం. ఆనాటి ప్రముఖ గణితశాస్త్రవేత్తలు హెన్రీ ప్వాన్ కేర్, లియోపాల్డ్ క్రోనేకర్ వంటి మహనీయులు ఆయనను వ్యక్తిగతంగా ఎదుర్కొని పోరాడారు. శాస్త్రవేత్తలు మిగతా అందరిలాగానే మానవ సహజమయిన పక్షపాతానికి గురవుతారని ప్రజానాయకుల ఆలోచన. ఆ ఆలోచన సబబే. అదృష్టవశాత్తు శాస్త్రీయసంస్థలలో స్వీయవిశోధన పద్ధతి అంటూ ఒకటి ఉన్నది. తద్వారా ఈ పక్షపాత ధోరణులు అరికట్టవచ్చు. తగినంత నిదర్శనం చూపిస్తే, సంప్రదాయ విరుద్ధమయిన నూతన సిద్ధాంతం పూర్వసిద్ధాంతం వివేచనను తలకిందులుచేసి నవయుగ సమ్మతి సాధించటం సాధ్యమవుతుంది.

విజ్ఞానశాస్త్ర స్వీయవిశోధన ఆగిపోయి, విద్యావిషయ వివాదనలవల్ల శారీరక చిత్రహింస, కారాగార శిక్ష, మరణదండన జరిగిన సామ్యాలు, సందర్భాలు లేకపోలేదు. ఈ అంశం తర్వాతి అధ్యాయంలో గమనిస్తాం. ఉదాహరణకు సోవియట్ యూనియన్ లో అధికారిక అభిప్రాయాలను – ఆర్థిక విషయాలు, జన్యుశాస్త్రం, చరిత్ర – ప్రశ్నిస్తే చాలు ఉద్యోగం ఊడటమే కాదు, రెండు సంవత్సరాల కారాగార వాసము, ఇంకా విషమించితే తలారి తూటాలకు దారితీసేవి.[115] వ్యవసాయశాస్త్రవేత్త ట్రోఫిమ్ లైసెన్కో బూటకపు సిద్ధాంతాలు ఇందుకు ఒక ప్రఖ్యాత ఉదాహరణ. ఆయన జన్యుశాస్త్రం, సహజ పరిణామసిద్ధాంతము నిరాకరించి తన అభిమాన సిద్ధాంతం ముందుకు తీసుకువచ్చారు. ఆయన సిద్ధాంతం ప్రకారం చెట్లకు, జంతువులకు మరొకసారి విద్యాభ్యాసం చేయిస్తే, వాటి లక్షణాలు మార్చవచ్చునని. ఒక జీవిని మరొక జీవిగా కూడా మార్చవచ్చునని ఆయన సిద్ధాంతం. లైసెన్కో సిద్ధాంతం స్టాలిన్ కు బాగా నచ్చింది. ఈ మరొకసారి విద్యాభ్యాసం మీద స్టాలిన్ కు వల్లమాలిన విశ్వాసం. అందుకు ఆయన సైద్ధాంతిక కారణాలు, రాజకీయ కారణాలుకూడా చాలా ఉన్నాయి. లైసెన్కో ను వ్యతిరేకించి తమ సహజ పరిణామసిద్ధాంతాలు పట్టుకు కూర్చున్న శాస్త్రవేత్తలు వేలాదిమందికి ఉద్యోగాలు ఊడాయి. కొందరికి కారాగారం, మరణదండన కూడా విధించారు. నికోలాయ్ వావిలోవ్ వృక్ష శాస్త్రవేత్త, జన్యుశాస్త్రవేత్త కూడాను. ఆయన పూర్వాశ్రమంలో లైసెన్కో మార్గదర్శకులుగా పనిచేశారు. ఆ తర్వాత ఆయన లైసెన్కో విమర్శకులు అయ్యారు. 1941 లో వృక్షశాస్త్రవేత్త లియోనీడ్ గోవోరోవ్, జన్యుశాస్త్రవేత్త జార్జీ కార్పెశెంకో, వ్యవసాయశాస్త్రవేత్త అలెక్సాండర్ బోండారెంకో లతోబాటు ఆయనను కూడా విచారించారు. ఆ ముగ్గురూ తుపాకి

కాల్పుల పాలయ్యారు. వావిలోవ్ 1943 లో సరటోవ్ క్యాంప్ లో మరణించారు.[116] ఆ నియంత ఒత్తిడి కారణంగా 1948 లో లెనిన్ ఆల్ యూనియన్ ఏకాడెమీ ఆఫ్ అగ్రికల్చరల్ సైన్సెస్ ఒక ప్రకటన చేసింది. ఇకనుంచి సోవియట్ సంస్థలన్నీ లైసెజ్కో సిద్ధాంతమే సరయినదని బోధిస్తాయని ఆ ప్రకటన.[117]

ఈ ఒక్క కారణంగా లెనిన్ ఆల్ యూనియాన్ ఏకాడెమీ ఆఫ్ అగ్రికల్చరల్ సైన్సెస్ ఒక విజ్ఞానశాస్త్ర సంస్థగా తన ఉనికి కోల్పోయింది. జన్యుశాస్త్రంలో సోవియట్ సిద్ధాంతం ఒక శాస్త్రంగాకాక ఒక ఆదర్శంగా మిగిలి పోయింది. ఒక సంస్థ పేరు ఏదైనా కావచ్చు. కానీ అక్కడ స్వీయవిశోధన లోపిస్తే, అది విజ్ఞానశాస్త్ర సంస్థ కాదు.

స్వీయసవరణ, పరిమితులు

ఈ స్వీయ సవరణవల్ల మన సమాచారజాలంలో తప్పులు, పక్షపాతదృష్టి లేకుండా పూర్తిగా బయట పడ్డామా? దురదృష్టవశాత్తూ పరిస్థితులు మనం ఊహించినదానికంటే అతి క్లిష్టం. క్యాథలిక్ చర్చ్, సోవియట్ కమ్యూనిస్ట్ పార్టీ స్వీయ సవరణ పద్ధతులకు దూరంగా ఉండటానికి ఒక కారణం ఉన్నది. ఆ పద్ధతులు సత్యశోధనకు చాలా కీలకం. కానీ వాటిని ఒక క్రమపద్ధతిలో నిర్వహించటం చాలా వ్యయప్రయాసలతో కూడిన వ్యవహారం. దృఢమయిన స్వీయసవరణ పద్ధతులు అనుమానాలకు, అసమ్మతికి, వివాదాలకు, విభేదాలకు దారి తీస్తాయి. సామాజిక వ్యవస్థను పట్టిఉంచే కల్పనల పునాదులు కదిలిపోతాయి.

కానీ వ్యవస్థ అనేది శ్రేయస్కరం కానక్కరలేదు. ఉదాహరణకు, ఆధునిక కాలం ఆదిలో యూరప్ సామాజిక వ్యవస్థ గమనించండి. అందులో మాంత్రికుల వేటతో బాటు, వేళ్లమీద లెక్కకు వచ్చే సంపన్నుల చేతిలో లక్షలాది వ్యవసాయదారుల దోపిడీ, వర్గీకరణ ధోరణిలో స్త్రీలపట్ల అత్యాచారాలు, యూదులు, ముస్లింలు, ఇతర అల్పవర్గాలపట్ల పక్షపాత వైఖరీ ఇమిడి ఉన్నాయి. కానీ సామాజిక వ్యవస్థ ఎంత దుర్భరంగా, హింసాత్మకంగా ఉన్నా, దానిని కూల్చివేసినంతమాత్రాన న్యాయం జరగబోదు, సమాజం మెరుగుపడబోదు. అది అంతకుమించిన అస్తవ్యస్తతకు, అరాచకానికి దారి తీస్తుంది. సమాచారజాలం చరిత్ర పరిశీలించితే, అక్కడ సత్యానికి, వ్యవస్థకు మధ్య రాజీ కుదర్చటమే ఒక నిత్యనిరంతర కార్యక్రమయి కూర్చున్నది. వ్యవస్థ కోసం సత్యాన్ని తృణీకరించినా, సత్యం కోసం వ్యవస్థను కూలదోసినా ఫలితం ఒక్కటే. అందుకు మూల్యం చాలా చెల్లించవలసి ఉంటుంది.

విజ్ఞాన సంస్థలు స్వీయ విశోధన క్రమాన్ని దృఢంగా పట్టి నిలప గలిగాయి. ఇక్కడ సామాజిక వ్యవస్థ కాపాడటానికి వారు ఇతర సంస్థల సహాయం, సహకారం తీసుకుంటారు. ఎవరైనా దొంగ కెమిస్ట్రీ లాబ్ లో దూరినా, మానసిక వైద్యులకు

చంపుతామనే సందేశాలు వచ్చినా, వారు సహోద్యోగులు నడుపుతున్న పత్రికల వెంట పడరు. పోలీసును పిలుస్తారు. విద్యాసంస్థలు కాక ఇతర సంస్థలలో ఈ స్వీయ విశోధన సాధ్యమవుతుందా? అటువంటి పద్ధతులు సామాజిక వ్యవస్థను కాపాడవలసిన పోలీసు బలగాలు, సేనా బలగం, రాజకీయ పార్టీలు, ప్రభుత్వాలలో సాధ్యమవుతాయా?

రాబోయే అధ్యాయంలో ఈ ప్రశ్న మరికొంత విపులంగా పరిశీలించుదాం. అక్కడ సమాచార వాహిని లో రాజకీయ వ్యవహారాలు, ప్రజాస్వామ్యాలు, నియంతృత్వాల సుదీర్ఘ చరిత్ర పరిశీలన జరుగుతుంది. రాజకీయాలలో స్వీయ విశోధన సాధ్యమని ప్రజాస్వామ్య దృఢవిశ్వాసం. నియంతృత్వాలు దానిని కన్నెత్తికూడా చూడవు. కనుకనే కోల్డ్ వార్ ముమ్మరంగా నడుస్తున్న సమయంలో ప్రజాస్వామ్య యునైటెడ్ స్టేట్స్ లో వార్తాపత్రికలు, విశ్వవిద్యాలయాలు వియత్నాంలో అమెరికన్ యుద్ధ నేరాలు బాహాటంగా ప్రకటించి విమర్శించాయి. నియంతృత్వ సోవియట్ యూనియన్ లో కూడా పత్రికలు, విశ్వవిద్యాలయాలు యుద్ధం ఘోరాలు, నేరాలు ప్రకటించి, విమర్శించాయి. కాకపోతే అక్కడ అమెరికా ఘోరాలు, నేరాలు వెల్లడి అయ్యాయి కానీ అఫ్ఘనిస్తాన్, ఇతర ప్రదేశాలలో సోవియట్ నేరాలు ఏమీ కనపడ లేదు, వినపడలేదు. సోవియట్ మౌనంలో రాజకీయ విజ్ఞత మెండుగా ఉన్నది కానీ వైజ్ఞానిక న్యాయం శూన్యం. వియత్నాం యుద్ధం విషయంలో అమెరికన్ ఆత్మశిక్ష ఈ నాటికీ అమెరికన్ ప్రజాబాహుళ్యాన్ని విడదీస్తున్నది. ప్రపంచమంతటా అమెరికా పరువు నేలపాలు చేస్తున్నది. ఆఫ్ఘన్ స్తాన్ యుద్ధం గురించి సోవియట్, రష్యాల మౌనం ఆ ఘటనను స్మృతిలోనుంచి తుడిచివేయటానికి తోడ్పడింది. వారి పరువు ప్రతిష్టలకు కలిగిన ప్రమాదం కనిష్టం.

పురాతన ఏథెన్స్, రోమన్ సామ్రాజ్యం, యునైటెడ్ స్టేట్స్, రష్యాల చరిత్రలలో సమాచార రాజకీయాలు తెలుసుకుంటేనే కృత్రిమ మేధ తెచ్చిపెట్టే విప్లవాత్మక గూఢార్థాలు పరిశీలించ గలుగుతాం. కృత్రిమ మేధ ప్రజాస్వామ్య స్వీయవిశోధన కార్యక్రమాలకు సహకరిస్తుందా, లేకపోతే వాటిని కూలదోస్తుందా అన్నదే పెద్ద ప్రశ్న.

అధ్యాయం 5

నిర్ణయాలు: ప్రజాస్వామ్యం, నిరంకుశత్వం - సంగ్రహ చరిత్ర

ప్రజాస్వామ్యము, నిరంకుశత్వము రెండూ విభిన్న నైతిక, రాజకీయపక్షాలుగా చర్చించబడుతాయి. ఈ అధ్యాయంలో చర్చ మరొక దిశగా మరలుతుంది. ప్రజాస్వామ్య, నిరంకుశ చరిత్రలు సర్వేక్షణలో రెండూ విభిన్నమయిన సమాచార జాలాలుగా పరిశీలన జరుగుతుంది. నిరంకుశవ్యవస్థలో కంటే ప్రజాస్వామ్య వ్యవస్థలో సమాచారం ఎలా భిన్నంగా ప్రసరిస్తుందో పరిశీలన జరుగుతుంది. రానున్న నూతన సమాచార సాంకేతికత ఈ విభిన్న పరిపాలనా విధానాలకు ఎలా తోడ్పడుతుందో పరిశీలన చేస్తాం.

నిరంకుశ సమాచార జాలాలు విపరీతంగా కేంద్రీకృతమై ఉంటాయి.[1] దీనికి రెండు అర్థాలు చెప్పవచ్చు. కేంద్రం అపారమయిన అధికారం కలిగి ఉంటుందనేది మొదటిది. కనుక సమాచారం అంతా కేంద్రానికే ప్రవహిస్తుంది. ముఖ్యనిర్ణయాలన్నీ అక్కడే జరుగుతాయి. రోమ్ సామ్రాజ్యంలో బాటలన్నీ రోమ్ నగరానికే దారి తీశాయి. నాజీ జర్మనీలో సమాచారం అంతా బెర్లిన్ కే ప్రవహించింది. సోవియట్ యూనియన్ లో అంతా మాస్కో దిశగా ప్రవహించింది. కేంద్రప్రభుత్వం కొన్నిసార్లు సమాచారం అంతటినీ తన చేతిలో ఇముడ్చుకోవాలని ప్రయత్నిస్తుంది. అన్ని నిర్ణయాలు శాసించాలని, ప్రజల జీవితాలు పూర్తిగా అదుపు చేయాలని ప్రయత్నిస్తుంది. హిట్లర్, స్టాలిన్ వంటి వారు అనుసరించిన ఈ నిరంకుశత్వమే సర్వాధికారం అయింది. నియంతలు సర్వాధికారం చలాయించటానికి, సాంకేతిక సమస్యలు అడ్డుపడతాయి. ఉదాహరణకు రోమన్ చక్రవర్తి నీరో దూరతీరాలలో ఉన్న లక్షలాది వ్యవసాయదారుల జీవితాలు సూక్ష్మాతిసూక్ష్మంగా నియంత్రించటానికి తగిన సాంకేతిక సంపత్తి

లేకపోయింది. చాలా నిరంకుశ పాలనలలో వ్యక్తులకూ, సంస్థలకు, సమాజాలకు చెప్పుకోదగిన స్వతంత్రం ఉంటుంది. కానీ ప్రజల జీవితాలలో జోక్యం చేసుకోవటానికి నియంతలు సర్వదా అధికారం చేతపట్టుకుంటారు. నీరో రోమ్ పాలించిన కాలంలో స్వేచ్ఛ ఒక ఆదర్శం కాదు. ప్రభుత్వం తన సర్వాధికారం చలాయించలేని అసమర్థత కారణంగా పుట్టుకు వచ్చిన గౌణఫలం.

నిరంకుశజాలం మరొక లక్షణం ఏమిటంటే, కేంద్రం అమోఘము, సర్వజ్ఞము. కనుక కేంద్రం నిర్ణయాలకు సవాలు అంటే వారికి గిట్టదు. సోవియట్ ప్రచారమాధ్యమం స్టాలిన్ ను సర్వజ్ఞుడిగా, చిత్రించింది. రోమన్ ప్రచారవాణి తమ చక్రవర్తులను దివ్యపురుషులుగా ఆదరించింది. స్టాలిన్ కానీ, నీరో కానీ ఏదైనా ఘోరమయిన తప్పుచేసినా, సోవియట్ యూనియన్ లో కానీ, రోమ్ సామ్రాజ్యం లో కానీ వాటిని సరిదిద్దే సంవిధానం అక్కడ లేదు. అందుచేత ఆ తప్పు సరిదిద్ది మెరుగయిన మార్గం అనుసరించే అవకాశం పూజ్యం.

సిద్ధాంత పూర్వకంగా కేంద్రీకృతమయిన సమాచార జాలం – స్వతంత్రమయిన న్యాయస్థానాలు, ఎన్నిక అయిన శాసన మండలులు – దృఢమయిన స్వీయవిశోధన సంవిధానం అవలంబించటానికి ప్రయత్నించవచ్చు. కాని ఆ సంవిధానం సక్రమంగా పనిచేస్తే, మొదటికే మోసం వస్తుంది. కేంద్రానికి సవాలు ఎదురవుతుంది. సమాచారజాలం వికేంద్రీకరణ అవుతుంది. నియంతలు ఆ స్వతంత్ర అధికార వర్గాలను ఎన్నడూ సహించరు. అవి వారి ఆధిపత్యానికి ప్రతిఘటన. వారు ఆ స్వతంత్ర అధికార వర్గాలను నిస్సత్తువలనుచేసి పడేస్తారు. రోమన్ శాసనసభకు జరిగింది ఇదే. సీజర్లు ఒకరి తర్వాత ఒకరు ఆ శాసనసభను నిర్వీర్యం చేశారు. చివరికి అది సార్వభౌమ ఆదేశాలకు ఒక రబ్బర్ స్టాంప్ అయి కూర్చున్నది.[2] సోవియట్ న్యాయవ్యవస్థకు కూడా ఇదే గతి పట్టింది. కమ్యూనిస్ట్ పార్టీ ఆదేశాలను ఆ న్యాయవ్యవస్థ ఏనాడూ ఎదిరించలేక పోయింది. స్టాలినిస్ట్ ప్రదర్శన విచారణలు పేరుకు తగినట్లు కేవలం నాటకమే. ఆ విచారణల ఫలితాలు అంతకు మునుపే నిర్ణయమయి ఉన్నాయి.[3]

క్లుప్తంగా చెబితే, నిరంకుశత్వం ఒక కేంద్రీకృత సమాచారజాలం. అక్కడ తప్పులు సరిదిద్దే అవకాశమే పూజ్యం. అందుకు విరుద్ధంగా ప్రజాస్వామ్యం ఒక విస్తృత సమాచార జాలం. అక్కడ స్వీయవిశోధనా అవకాశాలు దృఢం, మెండు. ప్రజాస్వామ్య సమాచారజాలం పరిశీలిస్తే, అక్కడ ఒక ఇరుసు దర్శన మిస్తుంది. ప్రజాస్వామ్యంలో ప్రభుత్వమే ముఖ్యాతిముఖ్యమయిన నిర్వహణాధికారి. కనుక ప్రభుత్వ యంత్రాంగాలు అపారమయిన సమాచారం సేకరించి భద్రపరుస్తాయి. అదీకాక ఇంకా చాలా స్వతంత్ర బిందువులను కూడదీసే సమాచార వాహినులు అనేకం ఉన్నాయి. శాసనసభా సంస్థలు, రాజకీయ పార్టీలు, న్యాయస్థానాలు, ప్రచార

మాధ్యమాలు, సంస్థలు, స్థానిక సమాజాలు, వ్యక్తిగతంగా పౌరులు స్వేచ్ఛగా, సూటిగా ఒకరితో ఒకరు వార్తాలాపంచేస్తూ ఉంటారు. ఈ సమాచారంలో ప్రభుత్వ యంత్రాంగంద్వారా నడిచే సమాచారం అత్యల్పం. ముఖ్యమయిన నిర్ణయాలు అనేకం ఎక్కడో జరుగుతాయి. ఎక్కడ నివసించాలో, ఎక్కడ వృత్తి ఉద్యోగాలుచేయాలో, ఎవరిని పెళ్లి చేసుకోవాలో ఎవరికివారు నిర్ణయించుకుంటారు. తమ శాఖలు ఎక్కడ ప్రారంభించాలో, తమ పథకాలలో ఎంత పెట్టుబడి పెట్టాలో, తమ వస్తువులకు, సేవలకు ఎంత మూల్యం రాబట్టాలో సంస్థలు విడివిడిగా నిర్ణయించుకుంటాయి. ఉదార సేవలు, క్రీడాపర్వాలు, మత సంబంధమయిన వేడుకలు ఎప్పుడు జరపాలో, ఎక్కడ జరపాలో సమాజాలు నిర్ణయిస్తాయి. ఈ స్వేచ్ఛ ప్రభుత్వం నిర్వీర్యతవల్ల కలిగింది కాదు. ఇది ప్రజాస్వామ్యం ఆదర్శం.

ప్రజా జీవితాలను సూక్ష్మాతి సూక్ష్మంగా నిర్వహించటానికి తగిన సాంకేతికత ప్రజాస్వామ్యానికి అందుబాటులో ఉండవచ్చు. కానీ ప్రజాస్వామ్య ప్రభుత్వం స్వంతనిర్ణయాలు చేసే అధికారం సాధ్యమయినతవరకు ప్రజలకే వదిలి వేస్తుంది. అంతా మెజారిటీ ఓటు నిర్ణయిస్తుందనేది ఒక సామాన్య అపార్థం. నిజానికి ప్రజాస్వామ్యంలో కేంద్రంచేసే నిర్ణయాలు అతి స్వల్పం. ఆ స్వల్పనిర్ణయాలు కూడా మెజారిటీ అంగీకారం వెల్లడిస్తాయి. ప్రజాస్వామ్యంలో 99 శాతం ప్రజలు ఒక పద్ధతిలోదుస్తులు ధరించాలి అనుకుంటే, ఒక దేవుడిని ఆరాధించాలి అనుకుంటే, మిగిలిన ఒక శాతం ప్రజలకు ఇష్టం వచ్చిన రీతిన దుస్తులు ధరించటానికి, వారికి ఇష్టం వచ్చిన దేవుడిని ఆరాధించటానికి స్వేచ్ఛ ఉన్నది.

కేంద్రప్రభుత్వం ప్రజల జీవితాలతో ఎంతమాత్రము కల్పించుకోకపోతే, భద్రతవంటి ప్రాథమిక సేవలు అందించక పోతే, అది ప్రజాస్వామ్యం కాదు. అది అరాచకం. ప్రజాస్వామ్యాలు అన్నిటిలోను, కేంద్రం పన్నులు విధిస్తుంది, సాయుధబలాలను సిద్ధపరుస్తుంది. ఆధునిక ప్రజాస్వామ్యాలు అన్నిటిలోనూ ఒక స్థాయి ఆరోగ్యరక్షణ, విద్యావసరాలు, సంక్షేమం కల్పిస్తుంది. ప్రజల జీవితాలలో జోక్యం చేసుకుంటే మాత్రం అందుకు కారణం, వివరణ ఉండాలి. తగిన కారణం లేకపోతే, ప్రజాస్వామ్య ప్రభుత్వం తనప్రజలను వారి ఇష్టాయిష్టాలకు వారిని వదిలివేయాలి.

ప్రతిఒక్కరూ పొరబాటు చేస్తారని భావించటం ప్రజాస్వామ్యాల ముఖ్యలక్షణం. ప్రజాస్వామ్యాలు కీలక నిర్ణయాలుచేసే అధికారం కేంద్రానికే వదిలివేస్తాయి.. కానీ కేంద్ర అధికారాన్ని ప్రశ్నించటానికి బలమైన యంత్రాంగం సర్వసన్నద్ధంగా ఉంటుంది. ప్రెసిడెంట్ జేమ్స్ మాడిసన్ చెప్పినట్లు, మనుషులు పొరబాట్లు చేస్తారు గనక ఒక ప్రభుత్వం అవసరం. కానీ ప్రభుత్వం కూడా పొరబాట్లు చేయవచ్చును గనక ఆ తప్పులు వెల్లడించి సరిదిద్దటానికి ఒక సంవిధానం కావాలి. అందుకే

క్రమబద్ధమయిన ఎన్నికలు, ప్రచార మాధ్యమాల స్వేచ్ఛకు రక్షణ, ప్రభుత్వంలో ఎగ్జిక్యూటివ్, లెజిస్లేచర్, న్యాయవిభాగాల విభజన అవసరం.

అందుమూలంగా నిరంకుశపాలనలో కేంద్ర సమాచార విభాగం ప్రతిఒక్క విషయాన్నీ నియంత్రిస్తుంది. ప్రజాస్వామ్యంలో వివిధ సమాచార శాఖల మధ్య నిరంతర సంభాషణ కొనసాగుతూ ఉంటుంది. ఈ సమాచారశాఖలు పరస్పరం ప్రభావం చూపటానికి నిత్యప్రయత్నం చేస్తూ ఉంటాయి. కానీ వారు ఎందులోనూ ఏకీభవించాలని ఎక్కడా లేదు. వ్యక్తులు, సంస్థలు, సమాజాలు వివిధ మార్గాలలో ఆలోచించి భిన్నంగా ప్రవర్తించవచ్చు. వైవిధ్యం లేకుండా అందరూ ఒకేబాటన ప్రవర్తించవలసిన సమయాలు కూడా ఉంటాయి. ఇక్కడ విభేదం పనికిరాదు. ఉదాహరణకు 2002-3 లో ఇరాక్ మీద దండెత్తాలావద్దా అన్న విషయం మీద అమెరికన్లు భిన్నాభిప్రాయాలు వ్యక్తపరిచారు. కానిచివరికి అందరూ ఒకేనిర్ణయానికి కట్టుబడి ఉండక తప్పలేదు. సద్దాం హుసేన్ మీద కొంతమంది యుద్ధం ప్రకటించి మరికొందరు ఆయనతో రహస్యంగా శాంతి ఒప్పందం చేసుకోవటం కుదిరే వ్యవహారం కాదు. మంచికానీ, చెడుకానీ ఇరాక్ మీద దండెత్తటానికి అమెరికన్ పౌరులు ప్రతిఒక్కరూ కట్టుబడి ఉండవలసిన పరిస్థితి ఏర్పడింది. జాతీయ స్థాయిలో ప్రాథమిక సదుపాయాల విషయంలోనూ, అపరాధాలు నిర్వచించటంలోనూ కూడా ఇదే పరిస్థితి. ఎవరి ఇష్టం వచ్చినట్లు వారు రైల్వేలైన్ వేసుకోవటం జరిగితే, హత్య అంటే ప్రతి ఒక్కరూ వారి నిర్వచనం చెబితే, ఏదేశమూ ముందడుగు వేయలేదు.

సామూహిక సామాజిక విషయాలమీద నిర్ణయాలు చేసేటప్పుడు దేశవ్యాప్తంగా సంభాషణ, చర్చ నడవాలి. ఆ తర్వాత జనం ఎన్నుకున్న ప్రతినిధులు నిర్ణయాలకు తోడ్పడుతారు. ఆ నిర్ణయాలు జరిగిన తర్వాత కూడా, ఆ విషయాలు పరిశీలనకు, సవరణకు సిద్ధంగాఉంచాలి. ప్రజాసమూహం ఆ నిర్ణయాలను మార్చలేక పోవచ్చు. కానీ తర్వాత రాబోయే ప్రభుత్వాన్ని మార్చవచ్చు.

మెజారిటీ నిరంకుశత్వం

ప్రజాస్వామ్యం అంటే ఎన్నికలు అని సాధారణ అపోహ. కానీ ప్రజాస్వామ్యం అంటే స్వీయ సవరణలతో కూడిన సమాచారజాలం. ప్రజాస్వామ్య సాధనాలలో ఎన్నికలు ఒక ప్రధాన సాధనం. కానీ ప్రజాస్వామ్యం అంటే ఎన్నికలు కాదు. స్వయంగా తప్పులు దిద్దుకునే వ్యవస్థ లేకపోతే, ఎన్నికలు సులభంగా కుమ్మక్కు చేయవచ్చు. ఒకవేళ ఎన్నికలు స్వేచ్ఛగా, న్యాయంగా జరిగినా, ప్రజాస్వామ్యం నడుస్తుందని గారంటీ లేదు. ప్రజాస్వామ్యం అంటే మెజారిటీ నిరంకుశత్వం కాదు.

ఒక ఎన్నిక స్వేచ్ఛగా, న్యాయంగా జరిగిందనుకుందాం. 51 శాతం ఓటర్లు ఒక ప్రభుత్వాన్ని ఎన్నుకున్నారు. ఇప్పుడు ఆ ప్రభుత్వం ద్వేషించే మతం మైనారిటీలో ఉన్నది. ఓటర్లలో కొందరు ఆ మతానికి చెందిన వారు. ఈ ప్రభుత్వం ఓటర్లలో ఒక శాతం మనుషులను తుదముట్టించటానికి మరణావాసాలకు పంపుతుంది. ప్రజాస్వామ్యం అంటే ఇదేనా? కాదు కదా! సామూహిక హత్యాకాండకు 51 శాతానికి మించిన మెజారిటీ అవసరమా కాదా అన్నది సమస్య కాదు. ప్రభుత్వానికి 60 శాతం, 75 శాతం, లేకపోతే 99 శాతం ఉంటే ఈ మరణావాసాలు ప్రజాస్వామ్యం కాబోవు. మెజారిటీ ఉన్నంత మాత్రాన ప్రజాదరణకు నోచుకోని మైనారిటీలను తుదముట్టించేది ప్రజాస్వామ్యం కాదు. ఆవ్యవస్థలో కేంద్రం అధికారానికి కొన్ని హద్దులు ఉంటాయి.

ఉదాహరణకు 51 శాతం ఓటర్లు ఒక ప్రభుత్వాన్ని ఎన్నుకున్నారనుకుందాం. ఇప్పుడు ఆ ప్రభుత్వం మిగిలిన 49 శాతం ఓటర్ల ఓటింగ్ హక్కును రద్దు చేస్తుంది. పోనీ 1 శాతం ఓటర్ల ఓటింగ్ హక్కు రద్దు చేస్తుంది. ప్రజాస్వామ్య విధానమదేనా? ఎంతమాత్రమూ కాదు కదా? ఇక్కడ అంకెలు ముఖ్యం కాదు. రాజకీయ ప్రత్యర్థుల ఓటింగ్ హక్కు రద్దుచేయటం అంటే ప్రజాస్వామ్యంలో తప్పులుదిద్దుకునే ఒక సంవిధానం కూలదోయటమన్నమాట. ఎన్నికలు అంటే "మనం తప్పు చేశాం. ఇపుడు మరొక బాటన నడుద్దాం." అని చెప్పి ప్రయత్నించటానికి సమాజానికి మరొక అవకాశం. కానీ కేంద్రం ఇష్టారాజ్యంగా ప్రజల ఓటుహక్కును రద్దుచేస్తే, తప్పులు దిద్దుకునే అవకాశం మంటగలిసిందన్నమాట.

ఈ రెండు ఉదాహరణలు విపరీతంగా, వింతగా తోచవచ్చు. దురదృష్టం ఏమిటంటే అవి సాధ్య ప్రపంచం పరిధిలో నిలిచిఉన్నాయి. ప్రజాస్వామ్య ఎన్నికలలో అధికారానికి వచ్చిన కొద్ది నెలలలో హిట్లర్ యూదులను, కమ్యూనిస్ట్ లను కాన్సెంట్రేషన్ క్యాంపులకు పంపటం మొదలు పెట్టాడు. యునైటెడ్ స్టేట్స్ ఆఫ్ అమెరికాలో ప్రజాస్వామ్య ఎన్నికలలో నెగ్గిన ప్రభుత్వాలు ఆఫ్రికన్ అమెరికన్లకు, ఆదివాసీ అమెరికన్లకు ఇంకా ఇతర దళిత ప్రజానీకానికి ఓటింగ్ హక్కులు రద్దు చేశాయి. ప్రజాస్వామ్యం మీద జరిగే ఈ దౌర్జన్యాలు చాలా సూక్ష్మంగా, కుటిలంగా ఉంటాయి. ప్రజాస్వామ్యం ద్వారా ఎన్నిక అయి అధికారం చేజిక్కిన తర్వాత ప్రజాస్వామ్యాన్ని కూలదోయటానికి ఆ అధికారాన్ని ఎలా ప్రయోగిస్తారో వ్లాదిమిర్ పుటిన్, విక్టర్ ఒర్బాన్, రెసెప్ తాయిప్ ఎర్డోగన్, రోడ్రిగో డ్యూతెర్ట్, జెయిర్ బొల్సోనారో, బెంజమిన్ నేతన్యాహు వంటి బలవంతుల రాజకీయ జీవితాలే దృష్టాంతం. ఎర్డోగన్ ఒకసారి అన్నారు, "ప్రజాస్వామ్యం ఒక ట్రామ్ వంటిది. మీ గమ్యం చేరేవరకూ మీరు అందులో ప్రయాణించేస్తారు. అక్కడ దిగిపోతారు."[4]

ప్రజాస్వామ్యాన్ని కూలదోయటానికి తప్పులు సరిదిద్దే సంవిధానాలు ఒక్కటొక్కటిగా అణగదొక్కటమే ఈ బలవంతులు ప్రయోగించే మామూలు పద్ధతి.

ఇది తరుచూ న్యాయస్థానాలు, ప్రచార మాధ్యమాలతో మొదలవుతుంది. ఈ బలశాలి న్యాయస్థానాలకు అధికారాలు లేకుండా చేస్తారు లేదా అక్కడ తన స్వంతమనుషులతో నింపుతారు. స్వతంత్ర ప్రచార మాధ్యమాలు అన్నీ మూసివేస్తారు, సర్వవ్యాపి అయిన తమస్వంత ప్రచార యంత్రాంగాన్ని అమలుచేస్తారు.[5]

న్యాయస్థానాలు ప్రభుత్వ అధికారాన్ని అదుపుచేసే శక్తి కోల్పోతాయి. ప్రచార మాధ్యమాలు సవినయంగా ప్రభుత్వ వాణిని చిలక పలుకులలా కూస్తూ ఉంటాయి. అప్పుడు ప్రభుత్వాన్ని వ్యతిరేకించే సంస్థలు, వ్యక్తులు అందరినీ దేశద్రోహులని, నేరస్థులని, విదేశీ ప్రతినిధులని మసిపూసి పీడించి హింసించవచ్చు. విద్యాసంస్థలు, మునిసిపాలిటీలు, NGO లు, ప్రభుత్వేతర వ్యాపారాలు అన్నీ కూలదోస్తారు లేదా ప్రభుత్వ అధీనంలోకి తీసుకువస్తారు. ఆపరిస్థితిలో ప్రభుత్వం ఎన్నికలు కూడా రిగ్గింగ్ చేస్తారు. ప్రత్యర్థి పార్టీ నాయకులను జెయిలుకు పంపి, వ్యతిరేక పార్టీలు ఎన్నికలలో పాల్గొనకుండా అడ్డుపడి, ఎన్నికల ప్రాంతాల సరిహద్దులు తారుమారు చేసి, ఓటు హక్కులు రద్దుచేసి ఈ రిగ్గింగ్ కొనసాగుతుంది. ప్రజాస్వామ్య విరుద్ధమయిన ఈ పద్ధతులకు వ్యతిరేకంగా వ్యాజ్యం చేస్తే, ప్రభుత్వం చేతిలో కీలు బొమ్మలయిన న్యాయమూర్తులు ఆ వ్యాజ్యాలు డిస్మిస్ చేస్తారు. ఈ పద్ధతులు విమర్శించిన విలేకరులు, విద్యావేత్తలు ఉద్యోగాలు కోల్పోతారు. మిగిలిన మాధ్యమాలు, విద్యాసంస్థలు, న్యాయాధీశులు ఈ పద్ధతులు కొనియాడుతారు. దేశాన్ని కాపాడటానికి, ప్రజాస్వామ్యాన్ని దుండగులబారినుంచి , విదేశీ ప్రతినిధుల బారినుంచి, రక్షించటానికి, ఈ పద్ధతులు చాలా అవసరమంటారు. ఈ రాజకీయ వస్తాదులు ఎన్నికలు రద్దుచేసే సాహసం చేయరు. ప్రజాస్వామ్యం ముసుగు కొనసాగటానికి, చేసేపనులకు న్యాయరూపం కల్పించటానికి ఈ ఎన్నికల వ్యవస్థను వినియోగించుకుంటారు. పుటిన్ చేతిలో రష్యా ఇందుకు ఉదాహరణ.

బలవంతులకు మద్దతు పలికే పెద్దలు ఈ పద్ధతిని ప్రజాస్వామ్య విరుద్ధంగా భావించరు. ఎన్నికలలో గెలిచినంత మాత్రాన వారికి అంతులేని అధికారం దొరకబోదని చెబితే వారు విస్తుపోతారు. ఎన్నిక అయిన ప్రభుత్వం అధికారానికి అడ్డంకులు ఎదురయితే వారు ప్రజాస్వామ్యాన్ని తప్పుపడతారు. కానీ ప్రజాస్వామ్యం అంటే మెజారిటీ ఉన్నవారు పాలన చేయటం కాదు. అందరికీ సమాన హక్కులు, స్వేచ్ఛ కలిగించేది ప్రజాస్వామ్యం. ప్రజాస్వామ్యం అంటే అందరికీ కొన్ని స్వేచ్ఛలను ప్రసాదిస్తుంది. ఆ స్వేచ్ఛలను ఏ మెజారిటీ కూడా కదిలించలేదు.

ప్రజాస్వామ్యంలో మెజారిటీ సాధించిన వర్గం ప్రతినిధులు ప్రభుత్వం ఏర్పాటు చేయటానికి హక్కు సంపాదిస్తారు. అనేక రంగాలలో తమ అభిమాన సిద్ధాంతాలను అమలు జరుపుతారు. మెజారిటీ సభ్యులు యుద్ధం కోరుకుంటే, దేశం యుద్ధంలోకి వెళ్తుంది. మెజారిటీ శాంతికోరుకుంటే దేశం శాంతిగా ఉంటుంది. మెజారిటీ పన్నులు

పెంచాలనుకుంటే, పన్నులు పెరుగుతాయి. మెజారిటీ పన్నులు తగ్గించాలి అనుకుంటే పన్నులు తగ్గుతాయి. విదేశ వ్యవహారాలు, దేశరక్షణ, విద్యావిధానం, పన్నుల విధింపు, ఇంకా అనేక సిద్ధాంతాలు మెజారిటీ చేతిలో ఉన్నాయి.

ప్రజాస్వామ్యంలో మెజారిటీ చేతిలో లేని హక్కుల మూటలు రెండు ఉన్నాయి. ఒక మూటలో మానవ హక్కులు ఉన్నాయి. జనాభాలో 99 శాతం మిగిలిన ఒక శాతం మనుషులను నిర్మూలించాలని కోరుకున్నా అది జరిగేపని కాదు. ఎందుకంటే, అది అత్యంత ప్రాథమిక హక్కును – జీవించే హక్కు –అతిక్రమిస్తుంది. మానవ హక్కుల మూటలో ఇంకా కొన్ని హక్కులు ఉన్నాయి. పనిచేయటానికి హక్కు, ఏకాంతానికి హక్కు, స్వేచ్ఛాగమనానికిహక్కు, కోరుకున్న మతం అనుసరించే హక్కు వంటివి. ఈ హక్కులు ప్రజాస్వామ్యం వికేంద్రీకృత స్వభావాన్నిప్రతిష్ఠాపన చేస్తాయి. ఎదటివారికి హాని కలిగించనంత కాలము ఎవరి చిత్తంవచ్చినట్లు వారు జీవించవచ్చు.

రెండవమూటలో పౌరహక్కులు ఉన్నాయి. ప్రజాస్వామ్య క్రీడకు ఇవి ప్రాథమిక నిబంధనలు. ఇక్కడే తప్పులు సరిదిద్దుకునే యంత్రాంగం ప్రతిష్ఠాపన అయి ఉన్నది. వెంటనే మనసుకు తోచేది ఓటింగ్ హక్కు. మైనారిటీవర్గం ఓటు హక్కును మెజారిటీ వర్గం రద్దు చేయ గలిగితే, ఒక ఎన్నికల తర్వాత ప్రజాస్వామ్యం కన్నుమూస్తుంది. ప్రచారమాధ్యమాల స్వతంత్రం, విద్యావిధాన స్వాతంత్ర్యం, సమావేశాలకు స్వాతంత్ర్యం. తద్వారా ప్రచార మాధ్యమాలు, విశ్వవిద్యాలయాలు, ప్రతిపక్ష ఉద్యమాలు ప్రభుత్వాన్ని సవాలు చేయగలుగుతాయి. బలవంతులు అయిన నాయకులు ఈ రంగాలనే అతిక్రమించాలని ప్రయత్నిస్తారు. కొన్ని సందర్భాలలో తప్పులు సరిదిద్దుకునే యంత్రాంగంలో మార్పులు అవసరం కావచ్చు. ఓటుహక్కు విస్తరింపజేయటం, ప్రచార మాధ్యమాలను క్రమబద్ధం చేయటం, న్యాయవ్యవస్థ సంస్కరించటం వంటివి కొన్ని ఉదాహరణలు. మెజారిటీ, మైనారిటీ పక్షాలు రెంటిలోనూ విస్తారమైన సమ్మతి ఉంటేనే ఈ సంస్కరణలు, సవరణలు జరగాలి. కొద్ది మెజారిటీ ఉన్న వర్గం ఏకపక్షంగా పౌరహక్కులు మార్చగలిగితే, ఆ వర్గం సులభంగా ఎన్నికలు రిగ్ చేసి తన అధికారానికి అడ్డువచ్చే అంశాలు అన్నిటినీ ఒక్కవేటుతో నిర్మూలిస్తుంది.

మానవ హక్కులు, పౌరహక్కులలో ముఖ్యాంశం ఏమిటంటే, అవి కేంద్ర ప్రభుత్వ అధికారాన్ని పరిమితం చేయటమే కాక, నిర్వర్తించవలసిన కర్తవ్యాలను కూడా విధిస్తాయి. ప్రజాస్వామ్య ప్రభుత్వం మానవహక్కులను, పౌరహక్కులను అతిక్రమించక పోవటమే కాదు, వాటిని పరిరక్షించాలి కూడా. జీవించే హక్కు ఉదాహరణగా తీసుకుంటే, పౌరులను దౌర్జన్యాలు హింసలనుంచి కాపాడవలసిన బాధ్యత ప్రభుత్వానికి ఉన్నది. ప్రభుత్వం ఎవరినీ చంపక పోవచ్చు. కానీ పౌరులను హత్యలు, దౌర్జన్యాలనుంచి కాపాడకపోతే, అది ప్రజాస్వామ్యం కాదు. అరాచకం.

ప్రజలు - నిజము

మానవ హక్కులు, పౌరహక్కులను గురించి ప్రతి ప్రజాస్వామ్యంలోను సుదీర్ఘమయిన చర్చలు జరుగుతూ ఉంటాయి. జీవించే హక్కుకు కూడాకొన్ని పరిమితులు ఉంటాయి. యునైటెడ్ స్టేట్స్ వంటి ప్రజాస్వామ్య దేశాలు మరణశిక్షలు విధిస్తూ ఉంటాయి. అంటే కొందరు నేరస్థులకు జీవించే హక్కు నిరాకరించ బడుతున్నది. యుద్ధం ప్రకటించటానికి ప్రతి దేశమూ తన ప్రత్యేక అధికారాన్ని అనుమతిస్తుంది. అంటే చంపటానికి, చావటానికి మనుషులను పంపుతున్నారన్న మాట. మరి జీవించే హక్కుకు అంతం ఎక్కడ? ఈ రెండుమూటలలోనూ జోడించవలసిన హక్కులనుగురించి కూడా నిరంతర చర్చలు కొనసాగుతూ ఉన్నాయి. ఈ చర్చలు క్లిష్టమయిన చర్చలు. మతం ఎంచుకునే హక్కు ప్రాథమిక మానవహక్కుగా ఎవరు నిర్ణయించారు? ఇంటర్నెట్ కు ప్రవేశం పౌరహక్కుగా నిర్ణయించుతారా? జంతువుల హక్కుల మాటేమిటి? మరి కృత్రిమ మేధా హక్కులు?

ఈ సమస్యలు ఇక్కడ పరిష్కరించలేం. మానవ హక్కులు, పౌరహక్కులు ప్రజాభిప్రాయాల మీద ఆధారపడి ఉంటాయి. అవి ఆవిష్కరణలు కావు. కేవలం సృష్టి. దానికి కారణం అంటూ ఏమీ లేకుండా అనూహ్యంగా జరుగుతుంది. వివిధ ప్రజాస్వామ్యాలు వేరువేరు హక్కుల జాబితాలు అనుసరించవచ్చు.

సమాచార వాహినిలో ప్రజాస్వామ్యం నిర్వచనం ఒక్కటే: కేంద్రం అధికారం అపరిమితం కాదు. కేంద్రం తప్పులు సవరించటానికి దృఢమయిన యంత్రాంగం ప్రజాస్వామ్యవ్యవస్థలో స్థాపితమయి ఉన్నది. ప్రజాస్వామ్య వ్యవస్థ దృక్పథంలో ప్రతిఒక్కరూ తప్పులు చేస్తారు. ఎన్నికలు నెగ్గినవారూ, ఓటర్లలో అధిక సంఖ్యాకులు కూడా ఈ జాబితాలో చేరుతారు.

అతి ముఖ్యమయిన విషయం ఒకటి అందరూ గుర్తు ఉంచుకోవాలి. ఎన్నికలు అంటే నిజం తెలుసుకోవటం కాదు. ప్రజలలో పరస్పర విరుద్ధమయిన కోరికలు అనేకం ఉంటాయి. ఆకోరికలు సమన్వయం చేసి సమాజాన్ని ఒక క్రమపద్ధతిన నడిపించటానికి ఎన్నికలు ఒక పద్ధతి. ఎన్నికలు అధికశాతం ప్రజల కోరికలు స్థాపించటానికి ఒకమార్గం. నిజం నిలబెట్టటానికి కాదు. అసలునిజం కాక తాము అనుకున్నదే నిజం కావాలని ప్రజల కోరిక. ప్రజాస్వామ్యాలు మెజారిటీ అభిమతం కాక నిజం కాపాడటానికి స్వీయవిశోధన యంత్రాంగం నడుపుతాయి.

సెప్టెంబర్ 11 న జరిగిన దాడుల తర్వాత 2002-3 లో ఇరాక్ మీద దండెత్తటమా లేదా అన్నది ఒక ముఖ్య చర్చనీయాంశం అయింది. సద్దాం హుసేన్ మారణాయుధాలు తయారు చేయిస్తున్నారనీ, ఇరాకీ ప్రజలు అమెరికన్ పద్ధతి ప్రజాస్వామ్యం కోరుకుంటున్నారనీ, అమెరికన్లు తమ స్వాతంత్ర్యానికి సాయ

పడితేవారు ఆహ్వానిస్తారనీ, బుష్ ప్రభుత్వ వ్యాజ్యం. ఆనాడు ఈ వాదనలు విజయం సాధించాయి. 2002 అక్టోబర్ లో ఎన్నిక అయిన కాంగ్రెస్ ప్రతినిధులు దండయాత్ర చేయాలని అధిక సంఖ్యలోమద్దతు పలికారు. హౌస్ ఆ రిప్రజెంటేటివ్స్ లో ఈ ప్రతిపాదన 296 మంది అనుకూలంగాను (69 శాతం), 133 మంది ప్రతికూలంగాను ఓటు వేయటం జరిగింది. ఇదే ప్రతిపాదన సెనేట్ లో 77 మంది అనుకూలంగాను (77 శాతం), 23 మంది ప్రతికూలంగాను ఒరుచేయటం జరిగింది.[6] యుద్ధం నడుస్తున్న తొలిరోజులలో మార్చ్ 2003 లో ఎన్నికలు జరుపగా ప్రజాప్రతినిధులు ప్రజాభిప్రాయానికి అనుగుణంగా నిర్ణయం చేశారని తేలింది. 72 శాతం అమెరికన్లు దండయాత్రను సమర్ధించారు.[7] అమెరికన్ ప్రజాభిప్రాయం స్పష్టంగా తెలిసింది.

కానీ ప్రభుత్వం చెప్పినదానికి, ప్రజలు నమ్మినదానికి, వాస్తవం విరుద్ధమని తేలింది. యుద్ధం కొనసాగుతూ ఉండగా ఇరాక్ లో మారణాయుధాలు ఏమీ లేవనీ, అమెరికన్లు తమను విముక్తులను చేయాలని, ప్రజాస్వామ్యం స్థాపించాలనీ ఇరాకీలు కోరలేదనీ తెలిసింది. ఇరాక్ మీద దండయాత్ర అపోహల వల్ల జరిగిందని 67 శాతం అమెరికన్ల అభిప్రాయం 2004 ఆగస్ట్ లో జరిగిన ఓటింగ్ లోబయట పడింది. కాలక్రమేణ ఇరాక్ మీద దండెత్తటం ఘోరమయిన అపచారం అని అత్యధికశాతం అమెరికన్లు తమ అభిప్రాయం వెలిబుచ్చారు.[8]

ప్రజాస్వామ్యంలో మెజారిటీకి అతిముఖ్య నిర్ణయాలు తీసుకునే హక్కు ఉన్నది. అక్కడ ప్రబలమైన తప్పులుచేసే అధికారంకూడా ఇమిడి ఉన్నది. కానీ మెజారిటీవర్గం తాము తప్పులు చేస్తారు అనే సాధ్యాసాధ్యాలు ఒప్పుకోవాలి. ప్రజాదరణ పొందని అభిప్రాయాలు వెలిబుచ్చటం మైనారిటీ వర్గం హక్కు. ఆ హక్కును ప్రజాస్వామ్యం కాపాడాలి. కొన్నిసందర్భాలలో ప్రజాదరణ పొందని ఆ మైనారిటీ అభిప్రాయాలే సవ్యం కావచ్చు.

మరొక ఉదాహరణ. ప్రజాభిమానం పొందిన నాయకులు ఒకరు ఉన్నారు. ఆయనమీద అవినీతి నింద పడింది. ఈ నిందలు నిజం కాకూడదని ఆయన మద్దతుదారుల ఆశ. ఎంతమది జనం అయినా ఆయనను బలపరచవచ్చు. కానీ నిజం తెలుసుకోవాలని ప్రయత్నించే న్యాయమూర్తుల చర్యలకు వారి కోరికలు ఆటంకాలు కాకూడదు. న్యాయవ్యవస్థ లాగానే విజ్ఞానవ్యవస్థ కూడాను. జనాభాలో అధిక శాతం వాతావరణంలో మార్పులు జరుగుతున్నవని ఒప్పుకోక పోవచ్చు. కాని శాస్త్రంచెప్పే నిజాన్ని శాసించే అధికారం వారికి ఉండకూడదు. శాస్త్రవేత్తల పరిశోధనలు, అసౌకర్యమయిన వాస్తవాలు వెల్లడించే స్వేచ్ఛ అడ్డుకునే అధికారం వారికి ఉండకూడదు. పర్యావరణ అధ్యయనాలకు పార్లమెంట్ లో లాగా మెజారిటీ అడ్డురాకూడదు.

పర్యావరణ మార్పులను గురించి విధాన నిర్ణయాలలో ప్రజాస్వామ్యంలో ఓటర్ల అభిప్రాయమే తుదినిర్ణయం కావాలి. యదార్థ వాతావరణం తెలిసినంత మాత్రాన ఏమి చర్య తీసుకోవాలో తెలియబోవటం లేదు. ఒకటికి మించిన చర్యలు ఉండవచ్చు. ఏది చేపడతాము అనేది మన ఇష్టాయిష్టాలమీద ఆధారపడి ఉంటుంది. నిజానిజాలమీద కాదు. ఫాక్టరీలలోనుంచి పొగ బయటికి రాకుండా ఆపటం ఒక మార్గం కావచ్చు. దానివల్ల ఆర్థిక అభివృద్ధి కుంటుపడవచ్చు. అంటే ఈనాడు మనం కొన్ని కష్టాలు ఎదుర్కోవచ్చు. కానీ 2050 నాటికి ప్రజలను ఇంతకుమించిన దుస్సహ స్థితినుంచి కాపాడిన వాళ్లమవుతాం. కిరిబాటి ద్వీపం మునిగి పోకుండా కాపాడవచ్చు. పోలార్ ఎలుగుబంట్లు నిర్మూలం కాకుండా ఆపవచ్చు. మార్పులు చేర్పులు ఏమీ లేకుండా వ్యాపారం కొనసాగించటం మరొక మార్గం కావచ్చు. అంటే ఈనాడు మన జీవితం సుఖంగా ఉంటుంది. రాబోయే తరం జీవితం కష్టాల పాలవుతుంది. కిరిబాటి ద్వీపం వరదలపాలవుతుంది. పోలార్ ఎలుగుబంట్లు, ఇంకా మరికొన్ని జీవాలు నిర్మూలం కావచ్చు. ఈ రెంటిలో మనకు ఏది కావాలి అనేది అందరూ ఓటర్లు కలిసి నిర్ణయించవలసిన సమస్య. నిపుణుల చేతికి వదలవలసిన విషయం కాదు.

ఎన్నికలలో ఒకటి మాత్రం చేయకూడదు. నిజాన్ని వక్రీకరించటం, లేదా దాచటం మాత్రం చేయకూడదు. మెజారిటీ వర్గం శిలాజ ఇంధనాలు వినియోగించ దలిస్తే, రాబోయేతరాలను, వాతావరణ ప్రభావాలు పట్టించుకోకుండా వారు తమ వోటును అందుకు వినియోగించవచ్చు. కానీ వాతావరణ మార్పులు బూటకమని, ఆ సిద్ధాంతాలు ప్రతిపాదించే ప్రొఫెసర్లను ఉద్యోగాలలోనుంచి ఊడపీకాలని చెప్పటం వారి హక్కు కాకూడదు. మనకు ఇష్టమైనది మనం ఎంచుకోవచ్చు. మన ఎంపిక వెనక పరమార్థాన్ని కాదనకూడదు.

విద్యాసంస్థలు, ప్రచార మాధ్యమాలు, న్యాయవ్యవస్థ అవినీతికి, పక్షపాతానికి, తప్పులకు తల ఒగ్గి ఉండవచ్చు. కానీ వారిని ప్రభుత్వ న్యాయమంత్రివర్గం చేతిలో పెట్టటం పెనం మీదినుంచి పొయ్యిలోకి దూకినట్లే. అభివృద్ధి చెందిన సమాజాలలో ప్రభుత్వం ఇప్పటికే అత్యంత శక్తివంతమయిన వ్యవస్థ. ఇరకాటం కలిగించే వాస్తవాలు దాచటం లేదా వక్రీకరించటంలో వారికి అమిత ఆసక్తి. సత్యాన్వేషణ ప్రభుత్వ పర్యవేక్షణలోకి వెళ్తే, కోళ్ళగూటికి నక్కను కాపలా పెట్టినట్లే.

నిజం తెలుసుకోవటానికి మరి రెండు మార్గాలు ఉన్నాయి. అవినీతి పోరాడటానికి, పక్షపాతం సరిదిద్దటానికి, తప్పులు వెలిబుచ్చటానికి విద్యాసంస్థలు, ప్రచార మాధ్యమాలు, న్యాయవ్యవస్థలలో స్వయంగా తప్పులు దిద్దుకునే యంత్రాంగం స్థాపించి ఉన్నది. విద్యాసంస్థలలో సహపాఠి సమీక్షించిన ప్రచురణ తప్పులు సవరించటానికి ఉత్తమ మార్గం. ప్రభుత్వ పర్యవేక్షణ కాదు. విద్యాభివృద్ధి గతంలో జరిగిన తప్పులు తెలుసుకోవటంలోను, తెలియని వాస్తవాలు ఆవిష్కరించటంలోను

ఉన్నది. ప్రచారమాధ్యమాలలో పోటీ అంటే, ఒక అపవాదును వ్యక్తిగత కారణాలవల్ల ఒక మాధ్యమం ప్రచురించక పోవచ్చు. మిగిలిన వారు అదే సంఘటనను చిలవలు పలవలుగా విస్తారంగా ప్రచురించవచ్చు. న్యాయవ్యవస్థలో లంచం తీసుకున్న న్యాయమూర్తిని మిగతా అందరు పౌరులలాగానే విచారించి శిక్షించవచ్చు.

నిజం తెలుసుకోవటానికి తెలియపరచటానికి అనేక స్వతంత్ర సంస్థలు ఉన్నాయి. ఈ సంస్థలు ఒకరినొకరు సరిదిద్ది అదుపు చేయవచ్చు. ఉదాహరణకు బలమైన సంస్థలు తగినంతమంది శాస్త్రవేత్తలకు లంచం ఆశ చూపి సహపాఠి సమీక్ష విధానాన్ని ధ్వంసం చేయదలిస్తే, ఆరాతీసే విలేకరులు,న్యాయస్థానాలు దోషులను బయటికి లాగి శిక్షించవచ్చు. మాధ్యమాలు, న్యాయవ్యవస్థలు జాతివిచక్షణతో జబ్బుపడి ఉంటే, సమాజశాస్త్రవేత్తలు, చరిత్రకారులు, వేదాంతవేత్తలు ఆ పక్షపాతాన్ని బయలు పరచటానికి పూనుకోవాలి. ఈ విధానాలు ఏవీ దోషరహితాలు కావు. ఆ మాటకు వస్తే మానవవ్యవస్థ ఏదీ దోషరహితం కాదు. ప్రభుత్వం ఎంతమాత్రమూ కాదు.

ప్రజావాది దాడి

ఇదంతా తికమకగా ధ్వనిస్తూ ఉన్నదంటే, ప్రజాస్వామ్యం తికమకగా ఉండి తీరాలి గనక. నిరాడంబరత్వం నిరంకుశ సమాచారజాలం ప్రత్యేక లక్షణం. ఎందుకంటే అక్కడ ప్రతిదీ కేంద్రం శాసిస్తుంది, ప్రతి ఒక్కరూ విధేయులై అనుసరిస్తారు. ఈ నిరంకుశ స్వగతం అనుసరించటం చాలా సులభం. ప్రజాస్వామ్యం అలా కాదు. అది అనేకమంది సహభాగులతో సంభాషణ. వారిలో చాలామంది ఒకేసారి మాట్లాడుతూ ఉంటారు. అటువంటి సంభాషణ అనుసరించటం, అవగతం మాట అటుఉంచి, చాలా కష్టమయిన పని.

అదీకాక, చాలాముఖ్యమయిన ప్రజాస్వామ్య సంస్థలు అధికార మదపు టేనుగులలాగా ప్రవర్తిస్తాయి. సామాన్య పౌరులు రాజదర్బారు, అధ్యక్షభవనం వంటి నాటకాలు తీక్ష్ణంగా వెంటబడి చూస్తారు. ఈ పార్లమెంట్లు, న్యాయస్థానాలు, వార్తా పత్రికలు, విశ్వవిద్యాలయాలు ఎలా పనిచేస్తాయో తెలుసుకోలేరు. బలవంతులు సంస్థల మీద ప్రజాహిత దాడులు జరిపి, అక్కడ తప్పులు దిద్దే యంత్రాంగం రూపుమాపి, అధికారం చేజిక్కించుకుంటారు. ప్రజావాదిత్వం మనం ఉపోద్ఘాతంలో క్లుప్తంగా పరిశీలించామ్. సమాచారం అంటే అమాయకంగా చూసే వారికి లోకప్రియవాది సవాలు వివరించటానికి అక్కడ ప్రయత్నించామ్. ఇక్కడ మనం లోకప్రియవాదం మరొకసారి దర్శించాలి. దానిని మరికొంత వివరంగా అర్థంచేసుకొని, ప్రజాస్వామ్య వ్యతిరేకులయిన బలవంతులను అది ఎలా ఆకర్షిస్తుందో వివరిద్దాం.

ఈ లోకప్రియత్వం "పాపులస్" అనే లాటిన్ పదం నుంచి దిగి వచ్చింది. ప్రజాస్వామ్యాలలో రాజకీయ అధికారానికి ఈ ప్రజలు న్యాయనిర్ణేతమయిన మూలం అని భావం. యుద్ధాలు ప్రకటించటానికి, న్యాయాలు విధించటానికి, పన్నులు పెంచటానికి, ప్రజాప్రతినిధులకు మాత్రమే అధికారం ఉండాలి. ఈ ప్రజాస్వామ్యసూత్రాన్ని లోకప్రియవాదులు సాదరంగా స్వాగతిస్తారు. కానీ ఒకే వర్గం లేదా ఒకే నాయకుడు అధికారం అంతా కలిగి ఉండాలని వారి తాత్పర్యం. ఈ లోకప్రియవాదులు నిష్కళంకమయిన ప్రజాస్వామ్య సూత్రంలోకి అపార నిరంకుశ అధికారాన్ని దూరుస్తారు. అదే వింతయిన రాజకీయ రసవాదం. అది ఎలా జరుగుతుంది?

లోకప్రియవాదులు అతి వింతయిన ఒక వాదన చేస్తారు. తామే అసలయిన ప్రజాప్రతినిధులు అనేది ఆ వాదన, ప్రజాస్వామ్యంలో రాజకీయాధికారం అంతా ప్రజల చేతులలో ఉండాలి. లోకప్రియవాదులే అసలయిన ప్రజాప్రతినిధులని వాదిస్తారు కనుక, అధికారబలమంతా లోకప్రియవాదుల పార్టీ చేతిలో ఉండాలని తీర్మానమవుతుంది. లోకప్రియవాదుల పార్టీ కాక మరేదయినా పార్టీఎన్నికలలో నెగ్గింది అంటే, ఆ పార్టీ ప్రజల విశ్వాసాన్ని గెలుచుకున్నదనీ, ప్రభుత్వం ఏర్పాటు చేస్తుందనీ భావంకాదు. ఎన్నికలు దోపిడీ అయ్యాయి. లేదా తమ అభిమతానికి విరుద్ధంగా ఓటువేయ్యటానికి ప్రజలు మోసగించబడ్డారు.

ఇది ప్రచారవ్యూహం కాదు, లోకప్రియవాదుల దృఢవిశ్వాసం. వారికి వచ్చినవి కొద్దిఓట్లే అయినా, తామే అసలయిన ప్రజాప్రతినిధులమని లోకప్రియవాదుల విశ్వాసం. కమ్యూనిస్ట్ పార్టీలు ఇక్కడే వేదిక మీదికివస్తాయి. ఉదాహరణకు యు కె లో కమ్యూనిస్ట్ పార్టీ ఆఫ్ గ్రేట్ బ్రిటన్ ఎన్నికలలో ఎన్నడూ 0.4 శాతం మించి ఓట్లు సంపాదించలేదు.[9] కానీ అసలయిన కార్మికప్రతినిధులు తామేనని వారి పిడివాదం. మిలియన్ల కొద్దీ ఓటర్లు కమ్యూనిస్ట్ పార్టీ ఆఫ్ గ్రేట్ బ్రిటన్ కు కాక, లేబర్ పార్టీకి లేదా కన్సర్వేటివ్ పార్టీకి ఓట్లు వేస్తున్నారు అంటే అందుకు కారణం "దారితప్పిన చైతన్యం" అని వారి వాదన. ప్రచార మాధ్యమాలు, విశ్వవిద్యాలయాలు, ఇంకా ఇతర సంస్థలు వారి చెప్పుచేతలలో ఉండటాన పెట్టుబడిదారివర్గం కార్మికులను మోసంచేసి తమ యోగక్షేమాలకు విరుద్ధంగా ఓటు వేయిస్తున్నారని అభియోగం. కమ్యూనిస్ట్ పార్టీ ఒక్కటే ఈ మోసాన్నిగుర్తించ గలిగింది. అదేవిధంగా ప్రజావిరోధులు ప్రజలను మోసంచేసి వారి మనస్సాక్షికి విరుద్ధంగా ఓటు వేయిస్తున్నారని లోకప్రియవాదులుకూడా నమ్మవచ్చు. అసలయిన ప్రజాప్రతినిధులు లోకప్రియవాదులు మాత్రమేనని వారిఘోష.

"ప్రజలు" అంటే వివిధ ఆసక్తులు, అభిప్రాయాలు కలిగి రక్తమాంసాలతో జీవిస్తున్న వ్యక్తులు కారు. "ప్రజా సంకల్పం" అనే ఏకైక సంకల్ప మయమయిన

నిగూఢ సముదాయం. లోకప్రియవాదుల వాదన వెనక ఉన్న ప్రాథమిక విశ్వాసం ఇది. ఈ మూఢనమ్మకం అత్యంత తీవ్ర పరిణామమే అపఖ్యాతి పాలయిన నాజీ ధర్మసూత్ర నినాదం “ఐన్ ఫోల్క్, ఐన్ రైష్, ఐన్ ఫ్యూరర్" (ఒకే ప్రజ, ఒకే దేశం, ఒకే నాయకుడు). నాజీ సిద్ధాంతం ప్రకారం ప్రజలందరిదీ ఒకే సంకల్పం, వారందరి ఏకైక ప్రామాణిక ప్రతినిధి ఫ్యూరర్ (నాయకుడు) మాత్రమే. ప్రజల అనుభూతులు ఏమిటో, వారికి ఏమికావాలో పొల్లుపోని సహజ జ్ఞానం నాయకుడిసొత్తు. కొందరు జర్మన్లు ఈ సిద్ధాంతం నిరాకరిస్తే, ఒకవేళ నాయకుడు పొరబడి ఉండవచ్చునేమోనని అర్థం కాదు. ఆ అసమ్మతివాదులు దేశప్రజలు కారు. వారు ఒక దేశద్రోహ సమాజానికి – యూదులు, కమ్యూనిస్టులు, ఉదారవాదులు – చెంది ఉండాలి.

నాజీ ఉదాహరణ విపరీతం అనుకోండి. లోకప్రియ వాదులందరినీ సామూహిక హత్యాకాండకు సంసిద్ధులయిన అపర నాజీలుగా ముద్రవేయటం న్యాయం కాదు. కానీ చాలా లోకప్రియవాద రాజకీయవేత్తలు, పార్టీలు “ప్రజలు" అంటే భిన్నాభిప్రాయాలు, విభిన్న శ్రద్ధాశక్తులుగల సమూహాలుగా అంగీకరించరు. అసలయిన ప్రజలకు ఏకైక సంకల్పం ఉంటుందనీ, వారుమాత్రమే ఆ సంకల్పానికి ప్రతినిధులనీ వారి పట్టువదలని వాదన. దానికి బదులు వారి రాజకీయ ప్రత్యర్థులను – ఆ ప్రత్యర్థులకు చెప్పుకోదగిన ప్రజాదరణ ఉన్నా సరే – “పరాయి శిష్టులు” గా చిత్రించుతారు. హ్యూగో చావేజ్ వెనిజులాలో “చావేజ్ అంటే ప్రజలు" అనే నినాదంతో దేశాధ్యక్షపదవికి పోటీ చేశారు.[10] టర్కీ అధ్యక్షులు ఎర్డోగన్ తన విమర్శకులను “ప్రజలు అంటే మేమే. మీరెవరు?” అని గద్దించారు. ఆయన విమర్శకులు టర్కీ దేశీయులు కానట్లు.[11]

ఎవరయినాసరే ప్రజలలో ఒక భాగమా కాదా అనేది చెప్పటమెలా? అది చాలా సులభం. మీరు నాయకుడిని సపోర్ట్ చేస్తే మీరుకూడా ప్రజలలో ఒకరన్నమాట! జర్మన్ రాజకీయ వేదాంతి జాన్ వెర్నర్ ముల్లర్ చెప్పినట్లు – లోకప్రియత్వానికి నిర్వచనం అదే. మేము మాత్రమే ప్రజాప్రతినిధులమని జబ్బ చరుచుకోవటమే లోక ప్రియవాదులవటానికి మొదటి మెట్టు. వారిని ఎవరయినా – వారు అధికారవర్గం కావచ్చు, మైనారిటీ వర్గం వారు కావచ్చు, మెజారిటీ ఓటర్లు కావచ్చు – వ్యతిరేకిస్తే వారి మతి భ్రమించింది లేదా వారు ప్రజలలో ఒకరు కారు.[12]

కనుకనే ఈ లోకప్రియవాదం ప్రజాస్వామ్యానికి ప్రాణాంతక ప్రమాదకారి. అధికారానికి మూలాధారం ప్రజలు, ప్రజలు మాత్రమేనని ప్రజాస్వామ్యం ఒప్పుకుంటుంది. ప్రజలు అంటే ఒక్కరు కాదు కనుక ఒకే సంకల్పం ఉండటం అసంభవం అని అర్థం చేసుకుంటుంది. ప్రతి జాతి – జర్మన్లు, వెనిజులావారు, తుర్కీయులు ఎవరయినా కానీయండి – అనేక సమాజాల సమ్మేళనం. వారి అభిప్రాయాలు వేరు, వారి ప్రతినిధులు వేరువేరు. ప్రజానీకంలోనుంచి ఎవరినీ

తొలిగించే హక్కు ఎవరికీ లేదు. కనుకనే ప్రజాస్వామ్యం అంటే ఒక సంభాషణ. సంభాషణ అంటే ఒకటికి మించిన స్వరాలు ఉన్నాయి అన్న విషయం అంగీకారం అయిందన్నమాట. అలా కాక ప్రజలందరిదీ ఒకే మాట ఒకే బాట అంటే అక్కడ సంభాషణకు స్థానం లేదు. ఆ ఒక్క స్వరమే అంతా, అందరినీ శాశిస్తుంది. లోకప్రియత్వం ప్రజాధికారం అనే ప్రజాస్వామ్య సూత్రాన్ని వల్లించవచ్చు. కానీ అది ప్రజాస్వామ్య అంతరార్థాన్ని తుడిచివేసి, నిరంకుశత్వం స్థాపించటానికి ప్రయత్నం.

ఈ లోకప్రియత్వం ప్రజాస్వామ్యాన్ని మరొక మార్గాన కూడా కూలదోస్తుంది. ఆ మార్గం ఇంకా సూక్ష్మం, కపటము. ఇంకా ప్రమాదకరము కూడా. ప్రజలు అంటే రాజకీయాధికారానికి మాత్రమే మూలాధారం కాదు, సర్వాధికారానికీ ప్రజలే న్యాయమయిన మూలాధారసర్వస్వం అని వారి వాదన. ప్రజాభిప్రాయంనుంచి కాక మరే మూలంనుంచి అయినా వచ్చిన అధికారం ప్రజాస్వామ్య విరుద్ధం. ప్రజాప్రతినిధులమని జబ్బలు చరుచుకునే ఈ లోకప్రియవాదులు రాజకీయ అధికారమే కాక సర్వాధికారాలు చేజిక్కించుకొని ప్రచార మాధ్యమాలను, న్యాయస్థానాలను, విశ్వవిద్యాలయాలను గుప్పిట్లో పెట్టుకుంటారు. "ప్రజాశక్తి" అనే సూత్రాన్ని తెగిందాకాలాగి లోకప్రియవాదులు నిరంకుశులు అవుతారు.

నిజానికి ప్రజాస్వామ్యం అంటే ప్రజలద్వారా సంక్రమించే రాజకీయ అధికారం. ఇతర రంగాలలో అధికారం ప్రత్యామ్నాయ మూలాలద్వారా రావచ్చు. అందుకు అభ్యంతరం లేదు. పైన చెప్పినట్లు ప్రజాస్వామ్యంలో స్వయంగా తప్పులు దిద్దుకునే స్వతంత్ర మాధ్యమాలు, న్యాయస్థానాలు, విశ్వవిద్యాలయాలు మెజారిటీ సంకల్పం నుంచికూడా సత్యాన్ని కాపాడుతాయి. మానవజాతి వాలిడి (తోకలేని కోతి) నుంచి వచ్చిందని జీవశాస్త్రవేత్తలు వాదిస్తారు. మెజారిటీ ఆ విషయం ఒప్పుకోక పోవచ్చు. శాస్త్రవేత్తలు తాముచెప్పినదానికి తగిన రుజువు చూపిస్తారు. విలేకరులు ప్రజాదరణ పొందిన రాజకీయవేత్త ఒకరు లంచం తీసుకున్నారని ప్రకటించవచ్చు. తగిన సాక్ష్యాధారాలు ఉంటే న్యాయమూర్తి ఆ రాజకీయవేత్తను జైలుకు పంపవచ్చు. ప్రజలలో చాలామంది ఈ అభియోగాలను నమ్మకపోవచ్చు.

యదార్థం పేరిట ప్రజాభిప్రాయాన్ని తిరస్కరించే సంస్థలు కొన్ని ఉంటాయి. లోకప్రియవాదులకు ఈ సంస్థలమీద అనుమానం. పదవులు అధికారాలు అన్యాయంగా హస్తగతం చేసుకోవటానికి ఇది ఉన్నతవర్గం వారి నాటకమని లోకప్రియవాదుల అభిప్రాయం. ఆ భావనలో వారు నిజమంటే తటపటాయిస్తారు. ఉపోద్ఘాతంలో చెప్పినట్లు వారు "అధికారం ఒక్కటే యదార్థం." అని వాదిస్తారు. కనుక వారి అభిప్రాయాలను వ్యతిరేకించే స్వతంత్ర సంస్థల అధికారాన్ని పరిమితం చేయటమో, లేదా ఊడపెరకటమో చేస్తారు. ఏతావాతా ఈ ప్రపంచం అధికార దాహంతో అల్లాడిపోతున్న మానవమృగాల అరణ్యమవుతుంది. సామాజిక

సమావేశాలు అన్నీ అధికార తాపత్రయంతో జరిగే పెనుగులాటలుగా దర్శనమిస్తాయి. సంస్థలు అన్నీ తమతమ సభ్యుల శ్రేయోభిలాషలు సమర్థించే ముఠాలుగా దర్శిస్తారు. లోకప్రియవాదుల దృష్టిలో న్యాయస్థానాలు న్యాయాన్ని గురించి పట్టించుకోవు. న్యాయమూర్తుల హక్కులు, శ్రేయోభిలాషలు కాపాడటమే వాటి లక్ష్యం. న్యాయమూర్తులు న్యాయాన్నిగురించి మాట్లాడటం యదార్థమే. కానీ అధికారం తమ చేతులలోపట్టి ఉంచటానికి ఇది వారి నాటకం. వార్తాపత్రికలు నిజాన్ని పట్టించుకోవు. కల్లిబొల్లి వార్తలు ప్రచారంచేసి జనాన్ని దారి తప్పిస్తాయి. విలేకరులు వారి దాహంతీర్చే కుట్రదారులకు ప్రయోజనం కల్పిస్తారు. విజ్ఞానశాస్త్రసంస్థలు కూడా నిజానికి కట్టుబడి ఉండవు. జీవశాస్త్రవేత్తలు, వాతావరణశాస్త్రవేత్తలు, సంక్రమణవ్యాధివేత్తలు, ఆర్థికశాస్త్రవేత్తలు, చరిత్రకారులు, గణితశాత్రవేత్తలు అందరివీ ఎవరి స్వలాభాలు వారివి. ప్రజల నెత్తిన చేయిపెట్టి ఎవరి గూళ్ళు వారు కట్టుకుంటున్నారు.

మొత్తం మీద చూస్తే, ఇది మానవజాతి క్షుద్రదృశ్యం. కానీ రెండు విషయాలు చాలామందికి ఆసక్తి కలిగిస్తాయి. వ్యవహారాలు, లావాదేవీలు అన్నీ అధికార తాపత్రయంతోనే నడుస్తాయి అంటుంది గనుక, వాస్తవం సరళ మవుతుంది. అప్పుడు యుద్ధాలు, ఆర్థిక సంక్షోభాలు, ప్రకృతి విధ్వంసాలు అర్థం చేసుకోవటం సులభమవుతుంది. ఏది జరిగినా సరే - అంటువ్యాధి ప్రబలినా సరే - ఉన్నతవర్గం అధికారం చేజిక్కించుకోవటానికి చేసే కుట్రే. లోకప్రియవాదుల దృక్పథం ఆకర్షణీయంగాఉంటుంది. ఎందుకంటే, కొన్నిసార్లు అదికూడా సవ్యమే కనుక. ప్రతిఒక్క మానవసంస్థా తప్పులు చేస్తుంది. ఒకస్థాయిలో ఎంతోకొంత అవినీతిపాలు అవుతుంది. కొందరు న్యాయమూర్తులు లంచం తీసుకుంటారు. కొందరు విలేకరులు ఉద్దేశపూర్వకంగా ప్రజలను తప్పుదారి పట్టిస్తారు. పక్షపాతం, ఆశ్రితపక్షపాతం, విశ్వవిద్యాలయాలకు అనారోగ్యం కలిగిస్తాయి. కనుకనే ప్రతిఒక్క సంస్థకూ తప్పులుదిద్దుకునే యంత్రాంగం ఉండితీరాలి. లోకప్రియవాదుల ఉద్దేశంలో అధికారం ఒక్కటే యదార్థం. కనుక ఒక న్యాయస్థానం, ప్రచార మాధ్యమం, విద్యాసంస్థ తమతప్పులు దిద్దుకోవటానికి ప్రేరితులవుతారని, నిజంవల్ల ప్రేరణ చెందుతారనీవారు నమ్మరు.

లోకప్రియత్వం మానవసహజం అని చాలామంది నమ్ముతారు. కనుకనే చాలామంది దానిని వాటేసుకుంటారు. బలవంతులు మరొకకారణంవల్ల దానికి చేరువ అవుతారు. లోకప్రియత్వం బలవంతులకు ఒక ఆదర్శవేదిక అవుతుంది. అక్కడ వారు ప్రజాస్వామ్యవాదులుగా నటిస్తూ నిరంకుశులు కావచ్చు. ప్రజాస్వామ్యంలోని తప్పులుదిద్దుకునే యంత్రాంగం రద్దుచేయటానికి లేదా స్వయంగా వినియోగించుకోవటానికి ఈ లోకప్రియత్వం బలవంతులకు చాలా సహకరిస్తుంది. న్యాయమూర్తులు, విలేకరులు, ఆచార్యులు కూడా రాజకీయంగా

మొగ్గు చూపుతారని ఆరోపణ ఉన్నది కనుక, ప్రజాపక్షవాది - బలవంతుడు - ఈ పదవులు ప్రజాద్రోహుల చేతులలో పడకుండా కాపాడి నియంత్రించాలి. ఎన్నికలు నిర్వహించి, ఫలితాలు ప్రకటించే అధికారులుకూడా ఒక కుట్రలో భాగస్వాములు కావచ్చు. కనుక వారందరి స్థానంలో బలవంతుల విశ్వాసపాత్రులే నిండి ఉండాలి.

సక్రమంగా నడుస్తున్న ప్రజాస్వామ్యంలో పౌరులు ఎన్నికలు, న్యాయస్థానాలు, మాధ్యమాలు, విజ్ఞానవ్యవస్థలు నిజానికి కట్టుబడి ఉంటాయని నమ్ముతారు. కనుక ఎన్నికల ఫలితాలు, న్యాయస్థానాల తీర్పులు, విద్యాసంస్థల ఆవిష్కరణలు నమ్ముతారు. అధికారం ఒక్కటే వాస్తవం అని అనుకున్ననాడు వారు అన్నిసంస్థలపట్ల విశ్వాసం కోల్పోతారు. ప్రజాస్వామ్యం కూలిపోతుంది. బలవంతులు అధికారం పూర్తిగా చేజిక్కించుకుంటారు.

బలవంతులపట్ల విశ్వాసం సడలితే నియంతృత్వానికి బదులు లోకప్రియత్వం అరాచకత్వానికి దారితీయవచ్చు. మానవులన్నవారు ఎవరికీ నిజంమీద, న్యాయంమీద ఆసక్తి లేదూ అంటే, ఆ వ్యాఖ్య ముస్సోలినికి, పుతిన్ కు కూడా వర్తిస్తుంది కదా! సరిగా తప్పులు దిద్దుకునే యంత్రాంగం ఏ సంస్థలోను ఉండబోదు అంటే, ముస్సోలినీ నేషనల్ ఫాసిస్ట్ పార్టీ, పుతిన్ యునైటేడ్ రష్యా పార్టీ కూడా అందులో చేరుతాయికదా! ఒక్క నాయకుడు, లేదా ఒక్కపార్టీమీది అభిమానంతో అందరూ ఉన్నత వ్యక్తులను, అన్నీ ఉత్తమ సంస్థలను తీవ్రంగా అనుమానించలేము కదా! కనుకనే లోకప్రియవాదులు ప్రజలు అంటే బలవంతులే అన్న ఊహాలోక భావన పట్టుకు వేలాడుతారు. ఎన్నికల సంఘాలు, న్యాయస్థానాలు, వార్తాపత్రికలమీద విశ్వాసం లోపిస్తే, శాంతి సౌఖ్యాలు స్థాపించటానికి పురాణగాధలు పట్టుకు వేలాడటం ఒక్కటే మార్గం.

ప్రజాస్వామ్యం బలాబలాలు

ప్రజాప్రతినిధులమని ప్రచారం చేసుకునే పెద్దలు, బలవంతులు ప్రజాస్వామ్య మార్గంలోనే అధికారంలోకి వచ్చి ఉండవచ్చు. ఆ ప్రజాస్వామ్య ప్రాంగణం నుంచే పరిపాలనసాగించవచ్చు. ఎన్నికలలో మోసంచేసి వారు అత్యధిక మెజారిటీతో గెలిచిఉండవచ్చు. అది ఆ నాయకుడికి ప్రజలకు మధ్య ఉన్న నిగూఢ సంబంధానికి నిదర్శనం. ఒక సమాచారజాలం ఎంత ప్రజాస్వామికం అని నిర్ణయినచటానికి ఎన్నికలు క్రమం తప్పకుండా జరుగుతున్నాయా లేదా అన్నది కొలతబద్ధ కాదు. పుతిన్ రష్యాలో, ఇరాన్ లో ఇంకా ఉత్తర కొరియాలోకూడా ఎన్నికలు గడియారం ముళ్లలాగా క్రమం తప్పకుండా నడుస్తాయి. ఇక్కడ మనం ఇంకా జటిలమైన ప్రశ్నలు సంధించాలి. “ఎన్నికలలో మోసం జరగకుండా కేంద్రప్రభుత్వం అడ్డుకునే విధానాలు

ఏమిటి?" "పేరుకెక్కిన మాధ్యమాలు కేంద్రప్రభుత్వాన్నివిమర్శించటం ఎంతక్షేమ దాయకం?" ఇంకా "కేంద్ర ప్రభుత్వం ఎంత అధికారం తంచేతిలో పెట్టుకుంటున్నది?" ప్రజాస్వామ్యము, నియంతృత్వము తూర్పు పడమరలు కావు. ఆవిరెండూ అవిచ్ఛిన్నం, అఖండం. ఒక వ్యవస్థ ప్రజాస్వామ్యం, నియంతృత్వాలలో దేనికి దగ్గరలో ఉన్నదో తెలుసుకోవాలంటే, అక్కడ సమాచారం ఎలా ప్రసరిస్తుందో తెలియాలి, రాజకీయ సంభాషణ వెనక కారణమేమిటో తెలుసుకోవాలి.

అన్ని నిర్ణయాలు ఒకేవ్యక్తి నియంత్రిస్తే, అతి సన్నిహితులుకూడా భిన్న అభిప్రాయం వెలిబుచ్చటానికి వెనకాడితే, సంభాషణకు అవకాశమే పూజ్యం. అది అతినిరంకుశ పాలనకు ఉదాహరణ. బహిరంగంగా ఎవరూ తమ అభిప్రాయాలు వెలిబుచ్చలేరు. కానీ మూసిన తలుపుల వెనక ఒక సన్నిహిత అధికారబృందం లేదా సీనియర్ అధికారులు తమ అభిప్రాయాలు స్వేచ్ఛగా వెలిబుచ్చగలరు. అంటే ఇది ఇంకా నియంతృత్వమే. కానీ ప్రజాస్వామ్యం దిశగా తప్పటడుగులు వేస్తున్నది. జనాభాలో 10 శాతం తమ అభిప్రాయాలువెలిబుచ్చి , రాజకీయ చర్చలలో పాల్గొని, ఎన్నికలలో ఓటు వేసి, ఎన్నికలలో పోటీ చేయగలిగితే, అది పరిమితమైన ప్రజాస్వామ్యం అనవచ్చు. ఏథెన్స్ వంటి ప్రాచీన నగరాలలో ఇదే జరిగింది. యునైటెడ్ స్టేట్స్ తొలిదశలో కూడా ఇదే జరిగింది అప్పుడు ధనవంతులయిన తెల్లవారికి మాత్రమే రాజకీయ హక్కులు ఉండేవి. చర్చలలో పాల్గొనేవారి సంఖ్య పెరుగుతున్నకొద్దీ ఈ జాలం ప్రజాస్వామ్యంవైపు తిరిగింది.

ఎన్నికలమీద కాకుండా సంభాషణల మీద దృష్టి సారిస్తే, చాలా ఆసక్తికరమైన ప్రశ్నలు తలెత్తుతాయి. ఆ సంభాషణ ఎక్కడ జరుగుతుంది? ఉదాహరణకు ఉత్తర కొరియాకు పోంగ్యాంగ్‌లో మన్సూడే అసెంబ్లీ హాల్ ఉన్నది. అక్కడ 687 మంది సుప్రీమ్ పీపుల్స్ అసెంబ్లీ సమావేశమై చర్చలు కొనసాగిస్తారు. ఈ సమావేశాన్నే ఉత్తర కొరియా శాసనసభ అంటారు. ఈ అసెంబ్లీకి అయిదేళ్ళకొకసారి ఎన్నికలు జరుగుతాయి. ఈ సమావేశం కేవలం రబ్బర్ శ్టాంప్ గా పరిగణిస్తారు. నిర్ణయాలు మరెక్కడో జరుగుతాయి. అంతకు మునుపే నిర్ణీతమయిన రచనకు అనుగుణంగా నామమాత్రపు చర్చలు నడుస్తాయి. అక్కడచర్చలలో మార్పులు చేర్పులు ఏమీ ఉండవు. ఎవరిమనసూమార్చే శక్తి అంతకంటే శూన్యం.[13]

కీలక చర్చలు నడిచే రహస్యమందిరం మరొకటి ఏదయినా పొంగ్యాంగ్ లో ఉన్నదా? లాంచనాలకు అనుగుణంగా నడిచే సమావేశాలలో కిం జోంగ్ ఉన్ సిద్ధాంతాలు ఎదిరించే ధైర్యం పోలిత్ బ్యూరో సభ్యులు ఎవరికైనా ఉన్నదా? అనధికార డిన్నర్ పార్టీలలో, లేదా అనధికార ఆలోచనా సమావేశాలలో ఆ పని జరుగుతుందా? ఉత్తర కొరియాలో సమాచారం అంతా ఒకే చోట చాలా కట్టుదిట్టంగా కేంద్రీకృతమై ఉంటుంది. కనుక పై ప్రశ్నలకు సమాధానాలు దొరకవు.[14]

యునైటెడ్ స్టేట్స్ ను గురించి కూడా అటువంటి ప్రశ్నలు వేయవచ్చు. ఉత్తర కొరియాలోలా కాక యునైటెడ్ స్టేట్స్ లో జనం తమ అభిప్రాయాలు స్వేచ్ఛగా వెల్లడించవచ్చు. ప్రభుత్వం ప్రతిరోజూ తీవ్రమయిన దాడులకు గురి అవుతూ ఉంటుంది. కానీ కీలకమయిన చర్చలు జరిగేది ఎక్కడ? అక్కడ ఎవరు సమావేశమవుతారు? ఈ విధి నిర్వహణ US కాంగ్రెస్ చేతికి ఇచ్చారు. ప్రజాప్రతినిధులు సమావేశమై చర్చలుజరపాలని, ఒకరికొకరు నచ్చజెప్పుకోవాలని లక్ష్యం. ఆ సమావేశంలో ఒక సభ్యులు ప్రసంగించటం, ఎదుటివర్గం వారిని మనసు మార్చుకోమని ఒప్పించటం ఎప్పుడు జరిగింది? అమెరికా రాజకీయాలకురూపం ఇచ్చే చర్చలు ఎక్కడైనాజరుగుతాయేమో కానీ ఆ కాంగ్రెస్ లో మాత్రం కాదు. ప్రజాస్వామ్యాలు అంతం కావటమంటే, జనానికి వాక్స్వాతంత్ర్యం లేకపోవటం ఒక్కటే కారణం కాదు. జనం వినలేక పోయినా వినదలుచుకోక పోయినా కూడా అదే పరిస్థితి ఏర్పడుతుంది.

రాతియుగం ప్రజాస్వామ్యాలు

ప్రజాస్వామ్యానికి పైన చెప్పిన నిర్వచనం ఆధారంగా మనం ఇప్పుడు చరిత్రలోకి వెళ్ళి, సమాచార సాంకేతికత, సమాచార ప్రసారం ప్రజాస్వామ్య చరిత్రను ఎలా రూపు దిద్దాయో పరిశీలించుదాం. పురావస్తుశాస్త్ర, మానవశాస్త్ర నిదర్శనాలు గమనిస్తే, ఆనాటి వేటాడి జీవించిన సమాజంలో ప్రజాస్వామ్యం అత్యంత విలక్షణమయిన రాజకీయవ్యవస్థ. రాతియుగపు ప్రజలకు ఎన్నికలు, న్యాయస్థానాలు, ప్రచార మాధ్యమాలు లేవన్నది స్పష్టం. కాని వారి సమాచారజాలాలు విస్తరించి ఉండేవి. తప్పులు సవరించుకోవటానికి అవకాశాలు పుష్కలంగా ఉండేవి. కొన్ని డజన్ల వ్యక్తులు మాత్రమే ఉన్నబృందాలలో సమాచారం అందజేయటం సులువయిన పని. తర్వాతి మకాం ఎక్కడ వేయాలి? వేటకు ఎటువెళ్ళాలి? ఎక్కడికి వెళ్ళాలి? మరొక బృందంతో వచ్చినపేచీ ఎలా పరిష్కరించాలి? ఈ చర్చలలో ఆబృందంలోని ప్రతి ఒక్కరూ పాల్గొనవచ్చు. ఒకరినొకరు వ్యతిరేకించవచ్చు. ఈ బృందాలు సాధారణంగా పెద్దవర్గానికి చెందినవైఉండేవి. ఆ వర్గంలో వందలు వేలు కూడా సభ్యులు ఉండవచ్చు. యుద్ధానికి వెళ్ళటం వంటి నిర్ణయాలు, ఆ వర్గాన్ని అంతటినీ ప్రభావితం చేసే నిర్ణయాలు చేయవలసి వచ్చినప్పుడు ఆ తెగ చాలా చిన్నదిగా ఉండేది. ఆవర్గం సభ్యులు అందరూ ఒకచోట కూడి చర్చించటం సాధ్యమవుతుంది.[15]

ఆ వర్గాలకు, తెగలకు నాయకులు ఉండేవారు. ఈ నాయకులు పరిమితమైన అధికారం ప్రయోగించేవారు. ఈ నాయకులకు సైన్యాలు, పోలీసు బలగాలు, వారి చెప్పుచేతలలో నడిచే ఉద్యోగ బృందం, ఏమీ ఉండేవి కావు. కనుక వారు బలప్రయోగంతో తమ అభిప్రాయాలను అమలు జరిపే అవకాశం లేకపోయింది.[16]

ప్రజల జీవితాలలో ఆర్థిక పరిస్థితిని చక్కదిద్దే శక్తి వారికి లేకపోయింది. ఆధునిక కాలంలో వ్లాదిమిర్ పుతిన్, సద్దాం హుసేన్ వంటి నియంతలు నూనెబావులవంటి ఆర్థిక స్తోమతు ప్రయోగించి రాజకీయ అధికారం చలాయించారు.[17] మధ్యయుగ కాలంలో చైనా చక్రవర్తులు, గ్రీక్ నిరంకుశ పాలకులు, ఈజిప్ట్ ఫారోలు ధాన్యపు నిలవలు, వెండి గనులు, నీటిపారుదల కాలువలు స్వాధీనం చేసుకొని సమాజం పైన అధికారం చలాయించారు. వేటాడి సేకరించి తినే వ్యవస్థలో అటువంటి కేంద్రీకృత ఆర్థికశాసనం ప్రత్యేక పరిస్థితులలో తప్ప సాధ్యంకాదు. ఉదాహరణకు ఉత్తర అమెరికా వాయవ్య తీరంలో కొన్ని వేట - సేకరణ వ్యవస్థలు అధిక సంఖ్యలో సాలమన్ చేపలను పట్టి భద్రపరిచేవారు. కొన్ని నదులలో, సముద్రపు పాయలలో ఈ సాలమన్లు ప్రత్యేకసమయాలలో విరివిగా దొరికేవి. తెలివైన నాయకుడు ఈ అవకాశం మీద గుత్తాధికారం సంపాదించవచ్చు.[18]

కానీ ఇది అసాధారణం. వేట- మూట వ్యవస్థలు నానావిధాలు. ఏ నాయకుడైనా ఎంత బలగం, మిత్రమండలి ఉన్నా పచ్చిక బయలును పశువుల దొడ్డి చేయలేడు. జనం అక్కడ మొక్కలు నాటకుండా, జంతువులను వేటాడకుండా అడ్డుపడలేడు. ఏదీ ఫలించకపోతే ఈ వేటగాళ్ళు కాళ్ళకు పనిచెప్పేవారు. వారికి ఆస్తిపాస్తులు అంటూ ఏమీ ఉండేవి కావు. వారి శక్తిసామర్థ్యాలు, వారిమిత్రులే వారి ఆస్తిపాస్తులు. నాయకుడు ఎవరైనా నిరంకుశంగా ప్రవర్తిస్తే, జనం అక్కడినుంచి వెళ్లిపోయేవారు.[19]

సాలమన్ చేపలు దొరికే వాయవ్య అమెరికా తీరంలో నాయకులు నెత్తికెక్కి కూర్చునే అవకాశాలు ఉన్నాయి. ఒకవేళ అలా జరిగినా ఆ నాయకుడు అందుబాటులో ఉండేవాడు. ఆయన ఎక్కడో అధికారయంత్రాంగం, సాయుధ రక్షకదళాల వెనుక దూరాన కోటలో ఉండలేదు. మీకు ఒక ఫిర్యాదు గాని, సలహా గాని ఉంటే, నాయకుడు కూతవేటు దూరంలో ఉండేవాడు. అక్కడ నాయకుడు ప్రజాభిప్రాయాన్ని శాసించే స్థితిలో లేడు. ప్రజాభిప్రాయానికి దూరం కాలేదు కూడా. సమాచారం అంతా ఒకే మూలాధారం నుంచి వెలువడటానికి అవకాశంలేదు. ఒకరితో ఒకరు మాట్లాడకుండా జనాన్నిఎవరూ ఆపలేరు. ఆ నాయకుడిని విమర్శించటం కానీ, ఆయనకు వ్యతిరేకంగా నిలవటం కానీ ఎవరూ ఆపలేరు.[20]

వ్యవసాయ ఉద్యమం తర్వాతి శకాలలో ముఖ్యంగా వ్రాతకోతలు పెద్దపెద అధికార సిద్ధాంతాలు తయారుచేసిన తర్వాత, సమాచార ప్రసార కేంద్రీకరణం సులభం అయికూర్చున్నది. ప్రజాస్వామ్య సంభాషణ కష్టతరమై కూర్చున్నది. ప్రాచీన మెసపోటేమియా, గ్రీస్ వంటి నగరరాష్ట్రాలలో లుగాల్-జగేసి (ఉమ్మా), పిసిస్ట్రాటస్ (ఏథెన్స్) వంటి నిరంకుశులు పెత్తందారులమీద, పురావస్తు భాండారాలమీద, అనుక్షణం సమాయత్తంగా ఉండే ఒక సైన్యం మీద నమ్మకం ఉంచి అధికారం చలాయించారు. ఈ బలగంతో వారు కీలక ద్రవ్యసాధనాలమీద, ఆస్తిపాస్తుల

స్వంతదారులు, పన్నులు, దౌత్యం, రాజకీయాలు అన్నీ చేతిలో కితీసుకున్నారు. అదే తరుణంలో ప్రజలకు నేరుగా ఒకరితో ఒకరు మాట్లాడుకునే అవకాశాలు క్షీణించసాగాయి. ఆనాడు వార్తాపత్రికలు, రేడియోలవంటి సామాజిక ప్రచార సాధనాలు లేవు. చర్చలు, సామాజిక సంభాషణలు జరపటానికి వేలాదిమందిని ఊరినడుమ రచ్చబండ దగ్గర పోగుచేసే అవకాశాలు పూజ్యం.

ఈ నగర పాలనకు ప్రజాస్వామ్యం ఎంచుకునే అవకాశం ఉండేది. సుమేరు చరిత్ర, ఘనంగా ప్రసిద్ధి చెందిన గ్రీస్ చరిత్ర ఇదే చెబుతాయి.[21] కానీ ప్రాచీన నగర రాష్ట్రాల ప్రజాస్వామ్యం పురాతన వేట – మూట సమూహాల ప్రజాస్వామ్యమంత సంఘటితం కాదు. క్రీస్తు పూర్వం ఐదు, నాలుగు శతాబ్దాలనాటి ఏథెన్స్ నగరపాలన ప్రజాస్వామ్యానికి సుప్రసిద్ధ ఉదాహరణ కావచ్చు. వయోజనులయిన పురుషులందరూ ఏథెన్స్ అసెంబ్లీలో పాల్గొనవచ్చు. పబ్లిక్ పాలసీ సమ్మతి తెలపటానికి ఓటు వేయవచ్చు. ప్రజాకార్యాలయాలకు ఎన్నిక కావచ్చు. కానీ, స్త్రీలు, బానిసలు, నగరవాసులుకాని పౌరులకు ఈ హక్కులు లేవు. ఏథెన్స్ జనాభాలో 25 – 30 శాతం వయోజనులకు మాత్రమే రాజకీయ హక్కులు పరిమితం.[22]

ప్రభుత్వ విధానం విస్తరిస్తున్నకొద్దీ విస్తారమయిన రాజ్యాలుగా, సామ్రాజ్యాలు నగర పాలనను అధిగమించాయి. ఏథెన్స్ శైలి నగరపాలనకూడా మరుగున పడింది. ప్రాచీన ప్రజాస్వామ్యానికి మిగిలిన ప్రఖ్యాత ఉదాహరణలు ఏథెన్స్, రోమ్ మాత్రమే. కానీ ప్రజాస్వామ్యపద్ధతిలో నడిచిన రాజ్యాలు, సామ్రాజ్యాలు మనకు ఎక్కడా దర్శనం ఇవ్వవు.

ఉదాహరణకు, క్రీస్తు పూర్వం ఐదవ శతాబ్దినాటి ఏథెన్స్ నగరస్థాయినుంచి సామ్రాజ్యస్థాయికి ఎదిగినప్పుడు, తాను జయించిన వారికి పౌరసత్వం కానీ, రాజకీయ హక్కులు కానీ మంజూరు చేయలేదు. ఏథెన్స్ నగరం పరిమితమయిన ప్రజాస్వామ్యంగా మిగిలి పోయింది. విస్తారమయిన ఏథెన్స్ సామ్రాజ్యం కేంద్రంనుంచి నిరంకుశంగా పాలించ బడింది. పన్నులు, దౌత్య సంబంధాలు, సైనిక సన్నాహాలు అన్ని ముఖ్యమయిన నిర్ణయాలూ ఏథెన్స్ నుంచే జరిగాయి. నక్సోస్, తావోస్ వంటి సభ్యరాజ్యాలు ఏథెన్స్ అసెంబ్లీ, ఎన్నిక అయిన అధికారుల ఆజ్ఞలు శిరాసావహించ వలసి వచ్చేది. అప్పుడు నక్సోస్, తాసోస్ ప్రజలకు అసెంబ్లీకివోటు చేసే హక్కు కానీ, ఎన్నికలలో పోటీచేసే హక్కుకాని లేవు. సంఘటిత ప్రతిపక్షం ఏర్పాటు చేసి, ఏథెన్స్ కేంద్రంలో జరిగిన నిర్ణయాలను ఎదిరించటం నక్సోస్, తావోస్, ఇంకా ఇతర సభ్య రాజ్యాలకు కష్టసాధ్యమయినకార్యం. ఆపనిచేయటానికి వారు ప్రయత్నించి ఉంటే ఏథెన్స్ నుంచి తీవ్రమయిన ప్రతీకారం ఎదురయ్యేది. ఏథెన్స్ సామ్రాజ్యంలో సమాచారవాహిని ఏథెన్స్ నుంచి ఏథెన్స్ కు ప్రవహించేది.[23]

మొదట ఇటాలియన్ ద్వీపకల్పం, క్రమంగా సంపూర్ణ మధ్యధరాప్రాంతం, జయించి రోమన్ గణతంత్రం తన సామ్రాజ్యం నిర్మించినప్పుడు, రోమన్లు భిన్నమయిన మార్గం చేపట్టారు. తాము జయించిన ప్రజలకు రోమ్ క్రమంగా పౌరసత్వం పొడిగించింది. లాటియమ్ వాసులతో మొదలుపెట్టి, ఇతర ఇటాలియన్ ప్రాంతవాసులకుకూడా పౌరసత్వం మంజూరు చేసి చివరికి దూరతీరాలల్లో ఉన్న గాలియా, సిరియా రాష్ట్ర ప్రజలకు కూడా పౌరసత్వం మంజూరు చేసింది. పౌరసత్వం విస్తరించినకొద్దీ పౌరుల రాజకీయహక్కులు పరిమితం అయ్యాయి.

ప్రాచీన రోమనులకు ప్రజాస్వామ్యం అంటే స్పష్టమయిన అవగాహన ఉండేది. ఆదిలో వారు ప్రజాస్వామ్య ఆదర్శాలకు విపరీతంగా కట్టుబడి ఉండేవారు. క్రీస్తుపూర్వం 509 లో చివరి రోమ్ రాజును బహిష్కరించిన తర్వాత, రోమన్లకు రాచరికం అంటే వెగటు పుట్టింది. ఒక వ్యక్తికి లేదా ఒక సంస్థకు అధికారం అంతా కట్టబెట్టటం అంటే భయం పుట్టింది. పాలనా అధికారం ఇద్దరు దౌత్య ప్రతినిధుల చేతులలో పంపకం అయింది. ఇద్దరు ప్రతినిధులు అన్నిటిలోనూ సమఉజ్జీలు. ఈ ప్రతినిధులను పౌరులు స్వేచ్ఛాయుతమైన ఎన్నికలలో ఎన్నుకునేవారు. వారి పదవీకాలమొక సంవత్సరం. ప్రజా విధానసభ, సెనేట్, ఇంకాఎన్నికయిన ఇతర అధికారులు వీరిమీద అజమాయిషీ చేస్తూ ఉండేవారు.

కానీ లాటిన్లకు, ఇటాలియన్లకు, చివరికి గౌల్స్ కు, సిరియన్లకు పౌరసత్వం పొడిగించిన తర్వాత విధానసభ, ట్రిబ్యూన్లు, సెనేట్, ఇంకా ఆయిద్దరు దౌత్య ప్రతినిధుల అధికారాలు క్రమంగా నీరసించ సాగాయి. చివరికి క్రీస్తుపూర్వం మొదటి శతాబ్దం చివర్లో సీజర్ కుటుంబం తన నిరంకుశ పాలన స్థాపించింది. పుతిన్ వంటి బలవంతులు రావచ్చునని ముందుగానే ఊహించి ఆగస్టస్ తనను రాజుగా ప్రకటించుకోలేదు. రోమ్ ఇంకా గణతంత్ర రాజ్యంగా ఉన్నట్లే నటించాడు. సెనేట్, అసెంబ్లీ ఎప్పటిలాగానే సమావేశ మయ్యేవి. ప్రజలు ప్రతి సంవత్సరమూ ప్రతినిధులను, ట్రిబ్యూన్లను ఎన్నుకుంటూ ఉండేవారు. కానీ ఈ సంస్థలు అన్నీ కోరలు లేని పాములు.[24]

క్రీస్తుపూర్వం 212 లో ఉత్తర ఆఫ్రికానుంచి వచ్చిన ఫొనిషియన్ కుటుంబ వారసుడు కరకల్లా చక్రవర్తి అయ్యాడు. ఆయన ఒక పెద్ద ముందడుగువేసి సామ్రాజ్యంలోని వయోజనులైన పురుషులందరికీ రోమన్ పౌరసత్వం మంజూరు చేశాడు. క్రీస్తుపూర్వం మూడవ శతాబ్దంలో రోమ్ లో మిలియన్లకొద్దీపౌరులు చేరుకున్నారు.[25] కానీ అప్పటికే ఎన్నికలు ఏమీ లేకుండా గద్దె ఎక్కిన చక్రవర్తిగారు అన్ని నిర్ణయాలూ చేసివేశారు. కరకల్లా తండ్రి సెప్టిమియస్ సెవెరస్. అంతఃకలహాలు జయించి ఆయన చక్రవర్తి అయ్యాడు. తండ్రి అధికారం కొడుకుకు సంక్రమించింది. ప్రతినిధులు ప్రతిసంవత్సరమూ ఆనవాయితీగా ఎన్నిక అవుతూనే ఉన్నారు. తన

పరిపాలన స్థిరపరుచుకోవటానికి కరకల్లా చేసిన ముఖ్యమయిన పని - తన సోదరుడు, ప్రత్యర్ధి అయిన గేటాను హత్య చేయించటమే.

గేటా హత్య ఆజ్ఞాపించినప్పుడు, రోమన్ కరెన్సీ విలువ తగ్గించినప్పుడు, పార్థియన్ సామ్రాజ్యం మీద యుద్ధం ప్రకటించినప్పుడు ఆయనకు రోము ప్రజల ఆమోదం అవసరం లేకపోయింది. రోమ్ స్వీయ విశోధన యంత్రాంగాలు అన్నీ ఆనాటికి మూతబడి పోయాయి. స్వదేశ, విదేశ సిద్ధాంతాలలో ఆయన ఏదైనా పొరపాటు చేస్తే, సెనేట్ గాని, ప్రతినిధులు గాని, ట్రిబ్యూన్ కానీ తప్పు సరిదిద్దటానికి చొరవ చేయలేక పోయారు. ఆయనకు వ్యతిరేకంగా ప్రతిఘటన లేవతీయటం లేదా ఆయనను హత్య చేయటం మాత్రమే మార్గాలు. నిజానికి కరకల్లా 217 లో హత్యకు గురయ్యాడు. దానివల్ల జరిగింది ఏమిటీ అంటే మరొకసారి అంతఃకలహాల చక్రభ్రమణం, ఆ తర్వాత సరికొత్త నియంతల ప్రాదుర్భావం. క్రీస్తుపూర్వం మూడవ శతాబ్దంలో రోమ్ ఎలా ఉండేదో, పద్దెనిమిదవ శతాబ్దంలో రష్యా అలాగే ఉన్నది. "ఎవరు గొంతు పిసుకుతారోనన్న భయంతో నడిచిన నియంతృత్వం." మదాం ద స్టేల్ మాటలలో.

క్రీస్తుపూర్వం మూడవశతాబ్దం నాటికి రోమన్ సామ్రాజ్యమే కాక, చాలా ఇతర మానవ సమాజాలు సమాచార జాలానికి కేంద్రాలు అయ్యాయి. కాకపోతే అక్కడ స్వీయశోధన యంత్రాంగం లోపించింది. పర్షియాలో పార్థియన్ సామ్రాజ్యం, భారతదేశంలో కుశాన్, గుప్త సామ్రాజ్యాలు, చైనాలో హాన్ సామ్రాజ్యం వారి వారసులు మూడుతరాల వరకు ఇందుకు ఉదాహరణలు.[26] క్రీస్తు పూర్వం మూడవ శతాబ్దం తవాత కూడా వేలాది చిరుసమాజాలు ప్రజాస్వామ్య పద్ధతిలో నడుస్తూ ఉండేవి. కానీ దేశంలో పలుప్రదేశాలలో ఉన్న చిన్నచిన్న ప్రజాస్వామ్యాలకు, పెద్దపెద్ద సమాజాలకు పొత్తు కుదరలేదనిపిస్తుంది.

అధ్యక్ష పదవికి సీజర్!

ప్రాచీన ప్రపంచంలో విస్తారమయిన ప్రజాస్వామ్యాలు నెగ్గుకురాలేక పోయాయా? లేకపోతే ఆగస్టస్, కరకల్లా వంటి నియంతలు వాటిని బుద్ధిపూర్వకంగా వెన్నుపోటు పొడిచారా? ఇది ముఖ్యమయిన ప్రశ్న. పురాతన చరిత్ర తెలుసుకోవటానికే గాక, రాబోయే కృత్రిమమేధా ప్రపంచంలో ప్రజాస్వామ్యం భవిష్యత్తు ఏమిటో తెలుసుకోవటానికి ఇది చాలా ముఖ్యమయిన ప్రశ్న. ప్రజాస్వామ్యాలు ఎందుకు విఫల మవుతాయి? బలవంతులు కూలదోయటం మూలంగానా? లేకపోతే కంటికి కనుపించని అగాధమయిన వస్తుగత దోషమా, సాంకేతిక కారణమా?

ఆ ప్రశ్నకు సమాధానం వెతకటానికి రోమన్ సామ్రాజ్యం నిశితంగా పరిశీలించుదాం. రోమన్లకు ప్రజాస్వామ్య ఆదర్శాలు బాగాతెలుసు. సీజర్ కుటుంబం

అధికారంలోకి వచ్చిన తర్వాతకూడా వారికి ప్రజాస్వామ్యం ముఖ్యంగా కొనసాగింది. లేకపోతే ఆగస్టస్, ఆయన వారసులు ప్రజాస్వామ్య వ్యవస్థలుగా కనిపించే సెనేట్ కొనసాగించేవారు కారు. దౌత్యకార్యాలయానికి, ఇంకా ఇతర కార్యాలయాలకు ఎన్నికలు జరిపేవారు కారు. మరి ఎన్నికకాని చక్రవర్తి చేతిలోకి అధికారం అంతా ఎలా చేరింది?

రోమన్ పౌరసత్వం మధ్యధరాప్రాంతంలో లక్షలాది ప్రజలకు విస్తరించిన తర్వాత, చక్రవర్తి పదవికి దేశవ్యాప్తంగా ఎన్నికలు నడపటం అసాధ్యమయిందా? ఆ ఎన్నికలు జరపటానికి చాలా విస్తారమయిన వ్యూహరచన అవసర మయ్యేది. దానికి తోడు ఎన్నికల తర్వాత ఫలితాలు తెలియటానికి నెలలు, సంవత్సరాలు పట్టేది. కానీ ఎన్నికలు జరగక పోవటానకి కారణం ఆదేనా?

ప్రజాస్వామ్యం అంటే ఎన్నికలే అనుకోవటమే ఇక్కడ అసలయిన భ్రమ. కావాలనుకుంటే రోమన్ సామ్రాజ్యం చక్రవర్తికోసం దేశవ్యాప్తంగా ఎన్నికలు జరపగలిగి ఉండేది. ఇక్కడ కీలకమయిన ప్రశ్న ఏమిటంటే – రోమన్ సామ్రాజ్యం దేశవ్యాప్తంగా రాజకీయ సంభాషణలు జరప గలిగేదా అని. ప్రస్తుత ఉత్తర కొరియాలో ప్రజలకు వాక్స్వాతంత్ర్యం లేదు. కనుక ప్రజాస్వామ్య సంభాషణ/చర్చ అంటూ ఏమీ జరగదు. ఆ వాక్స్వాతంత్ర్యం పూర్తిగా హామీ ఇచ్చినాకూడా ఏమి జరుగుతుందో మనకు తెలుసు – దక్షిణ కొరియా పరిస్థితి ఆలోచించండి. ప్రస్తుతం యునైటెడ్ స్టేట్స్ లో ప్రజాస్వామ్య సంభాషణకు ముప్పు వాటిల్లింది. ప్రత్యర్థుల మాటలపట్ల గౌరవం, ఆ మాటలువినే ఓపిక లేకపోవటమే ఇందుకు మూల కారణం. కనీసం ఈ లోపం సరిదిద్దే అవకాశం ఉన్నది. కానీ రోమన్ సామ్రాజ్యంలో ప్రజాస్వామ్య సంభాషణ నడపటానికికాని, కొనసాగించటానికి కాని ఆనాడు మార్గం లేదు. ఆ సంభాషణ కొనసాగటానికి తగిన సాంకేతిక యంత్రాంగం ఆనాడు లేదు.

ఒక సంభాషణ కొనసాగటానికి మాట్లాడటానికి స్వేచ్ఛా, వినేశక్తి ఉంటే చాలదు. రెండు సాంకేతిక పరిస్థితులు అనుకూలించాలి. మనుషులు ఒకరు చెప్పింది మరొకరు వినేదూరంలో ఉండాలన్నది మొదటి స్థితి. యునైటెడ్ స్టేట్స్ లేదా రోమ్ సామ్రాజ్యం వంటి విస్తార ప్రదేశాలలో సంభాషణ నడవాలంటే, దూర ప్రాంతాలలో ఉన్నవారు ఒకరు చెప్పింది మరొకరు వినటానికి తగిన సమాచార సాంకేతికత అందుబాటులో ఉండాలి.

రెండవది, తాము చెప్పేది మనుషులకు స్పష్టంగా తెలిసి ఉండాలి. లేకపోతే అర్థయుక్తమయిన సంభాషణకు బదులు గొంతుశబ్దం మాత్రమే వినబడుతుంది. స్వానుభవం ఉన్న వారికి రాజకీయ విషయాలను గురించి మంచి అవగాహన ఉంటుంది. పేదరికాన్ని గురించి ఆర్థికశాస్త్రవేత్తలకు అందని విషయాలు ఎన్నో పేదవారికి తెలుస్తాయి. అల్పసంఖ్యాకవర్గంలో ఉన్న తెగలకు జాతివిచక్షణ అంటే

ప్రగాఢంగా తెలుస్తుంది. ఆ విచక్షణ అనుభవించనివారికి ఆ బాధ తెలియటం కష్టం. అనుభవ పూర్వకంగా తెలిస్తేనేగాని బాధ అర్థం కాకపోతే విస్తృతస్థాయిలో రాజకీయ సంభాషణలు అసాధ్య మవుతాయి. ఎందుకంటే అప్పుడు ప్రతిఒక్కరూ తమ అనుభవాలనుగురించి మాత్రమే మాట్లాడగలరు. అంతకుమించిన అన్యాయం ఏమిటంటే, వారు చెప్పేది మిగిలినవారికి అర్థం కాదు. జ్ఞానానికి అనుభవం మాత్రమే ఆధారం అయితే, మరొకరి అనుభవాల అంతరార్థం విన్నంతమాత్రాన నాకు అర్థం కాదు. నాకు ఆ అవగాహన లభించదు.

వారు అంతకుమునుపు అనుభవపూర్వకంగా తెలుసుకొని ఉండకపోయినా, ఆ సమస్యలు అర్థం చేసుకోగలిగితేనే విభిన్న బృందాలమధ్య సంభాషణ సాధ్యమవుతుంది. జనం అనుభవపూర్వకంగా తెలుసుకోని విషయాలనుగురించి వారికి తెలియజేయటం రాజ్యతంత్రంలో ఒక కీలకాంశం అయి కూర్చుంటుంది. ఇక్కడ విద్యావిధానము, ప్రచారమాధ్యమాలు కీలకపాత్ర వహిస్తాయి. ఆ బాధ్యత వహించటానికి తగిన విద్యావిధానం, ప్రచార మాధ్యమాలు లేకపోతే, జరిగే సంభాషణలకు అర్థం, ప్రయోజనము ఉండవు.

కొత్తరాతియుగానికి చెందిన ఊరిలో కొన్నివేలమందికి మించిన జనాభా ఉండదు. కొన్ని సమయాలలో వారు మనసులో మాట చెప్పటానికి భయపడవచ్చు. లేదా ఎదటివారు చెప్పేది వినటానికి నిరాకరించవచ్చు. కానీ సార్థకమైన సంభాషణ నడపటానికి అవసరమయిన షరతులు, నియమాలు అందరికీ తెలియపరచటం ఆనాడు సులువయిన విషయం. జనం ఒకరికొకరు దగ్గరిగా నివసించేవారు. కనుక ఆ సమాజంలోవ్యక్తులను కలుసుకోవటం, వారు చెప్పేది వినటం సులభంగా ఉండేది. రెండవది ఏమిటంటే ఆ గ్రామానికి పొంచి ఉన్న ప్రమాదాలు, ఎదురుచూస్తున్న అవకాశాలు అందరికీ తెలుసు. శత్రు సేన గ్రామం దరిదాపులలోకి వస్తే అందరికీ తెలిసేది. వరదలు వచ్చి పంటలు మునిగిపోతే కలిగే ఆర్థిక క్షోభ అందరికీ తెలుసు. జనం యుద్ధాన్ని గురించి, ఆకలిని గురించి మాట్లాడుతున్నారంటే, వారు ఏమంటున్నారో వారికి బాగా తెలుసు.

క్రీస్తుపూర్వం నాలుగవ శతాబ్దంలో రోమ్ నగర రాజ్యం పరిణామంలో చిన్నదే. అత్యవసర సమయాలలో దాదాపు అందరూ గుమికూడి నాయకులు చెప్పేది వినేవారు, తమ వ్యక్తిగత అభిప్రాయాలూ వెలిబుచ్చేవారు. క్రీస్తు పూర్వం 390 లో గాలిక్ ముట్టడిదారులు రోమ్ ను దాడి చేశారు. అలియా యుద్ధంలో రోమ్ నగర రాజ్యం ఓటమి పాలయ్యింది. అప్పుడు రోమన్లు ప్రతిఒక్కరూ ఒక బంధువును కోల్పోయారు. యుద్ధంలో గెలిచిన తర్వాత గాలియన్లు రోమ్ ను కొల్లగొట్టినప్పుడు అందరూ ఆస్తిపాస్తులు అన్నీ కోల్పోయారు. గత్యంతరం లేని రోమన్లు మార్కస్ కామిలాస్ ని నియంతగా అభిషేకించారు. రోమ్ లో అత్యవసర సమయాలలో

నియంతను నియమించేవారు. ఆయనకు నియమిత కాలంవరకు హద్దులులేని అధికారం ఉంటుంది. ఆ అత్యవసర పరిస్థితి గడిచిన తర్వాత ఆయన తన చర్యలకు బాధ్యులు అవుతారు. కామిలస్ రోమన్లకు విజయం సాధించి పెట్టారు. దానితో అత్యవసర పరిస్థితి దాటి పోయిందని అందరికీ తెలిసింది. కామిలస్ తన పదవి నుంచి దిగిపోయాడు.[27]

క్రీస్తుశకం మూడవ శతాబ్దం నాటికి రోమ్ సామ్రాజ్యంలో అరవైనుంచి డెబ్బైఅయిదు మిలియన్ ప్రజలు ఉండేవారు.[28] వీరందరూ అయిదు మిలియన్ చదరపు కిలోమీటర్ల ప్రదేశంలో విస్తరించి ఉండేవారు.[29] ఆనాడు రోమ్ లో రేడియో, వార్తాపత్రికలవంటి సామూహిక ప్రచారసాధనాలు లేవు. వయోజనులలో 10 – 20 శాతం మాత్రమే చదవగలిగినవారు ఉండేవారు.[30] సామ్రాజ్యం భూగోళ శాస్త్రము, చరిత్ర, ఆర్థిక పరిస్థితిని గురించి చెప్పటానికి తగిన క్రమబద్ధమయిన విద్యావిధానం లేదు. సామ్రాజ్యం అంతటా సాంస్కృతిక భావాలు ఉన్న పెద్దలు చాలామంది ఉండేవారు. ఆటవికులకంటే రోమ్ నాగరికత ఎంతో ఉన్నతమని వారి దృఢ విశ్వాసం. సామ్రాజ్యంలో భద్రత పాటించి, రోమన్ సామ్రాజ్యాన్ని కాపాడటానికి ఈ విశ్వాసాలు ఎంతో సహకరించాయి. కానీ ఆ విశ్వాసాల రాజకీయ అంతరార్థం ఎవరికీ తెలియదు. విపత్కర పరిస్థితులలో ఏమి చేయాలి, ఎలా ముందుకు సాగాలి అని తర్కించటానికి బహిరంగ చర్చ, సంభాషణ జరిగే అవకాశం ఆనాడు పూజ్యం.

మధ్యధరా ప్రాంతంలో జరుగుతున్న యుద్ధాలను గురించి కానీ, దానుబే నదీప్రాంతంలో రాజుకుంటున్న వలస సంక్షోభం గురించి కానీ సిరియన్ వర్తకులకు, బ్రిటిష్ గొల్లలకు, ఈజిప్ట్ గ్రామస్తులకు ఎలా తెలుస్తుంది? అక్కడ సామూహిక చర్చలు, ఇష్టాగోష్ఠులు లేకపోవటం ఆగస్టస్, నీరో, కరకల్లా, మరి ఏ ఇతర చక్రవర్తి నేరమూ కాదు. వారు రోమన్ ప్రజాస్వామ్యాన్ని కూల్చలేదు. ఆ సామ్రాజ్యం పరిణామము, ఆనాటి సమాచార సాంకేతికత చేరదీస్తే, ఆనాడు ప్రజాస్వామ్య ఆచరణ సాధ్యం కాదు. ప్లేటో, అరిస్టాటిల్ వంటి వేదాంతులు ఆనాడే ఈ విషయం వెల్లడించారు. ప్రజాస్వామ్యం చిన్నతరహా నగరపాలనలోనే సాధ్యం అని వారి వాదన.[31]

రోమ్ సామ్రాజ్యంలో ప్రజాస్వామ్యం లేకపోవటం నియంతలయిన చక్రవర్తుల తప్పిదమే అయితే, విస్తారమయిన ప్రజాస్వామ్యాలు సాసేనియన్ పర్షియాలో, గుప్తుల భారతదేశంలో, హాన్ పరిపాలించిన చైనాలో ప్రజాస్వామ్యం వర్ధిల్లి ఉండాలి కదా! ఆధునిక సమాచార సాంకేతికత వృద్ధిలోకి రాక మునుపు, విస్తారమయిన ప్రజాస్వామ్యాలు ఎక్కడా కనపడవు.

విస్తారమయిన నిరంకుశ పాలనలలో, స్థానిక సమస్యలు అన్నీ ప్రజాస్వామ్య పద్ధతిలో పరిష్కార మయ్యేవి. సామ్రాజ్యంలో ఉన్న వందలాది నగరాలు సూక్ష్మంగా

పరిశీలించి పరిపాలించటానికి తగిన సమాచార సంపద ఆనాడు చక్రవర్తులకు లేదు. ప్రతి నగరంలోను స్థానిక ప్రజలు మునిసిపల్ రాజకీయాలు ముచ్చటించి పరిష్కారాలు కనుక్కోగలిగేవారు. ఏతావాతా రోమ్ సామ్రాజ్యం నియంతృత్వంలో నడుస్తున్నా, చాలా నగరాలలో స్థానికంగా ఎన్నిక అయిన అధికారుల ఆధ్వర్యంలో పాలన జరుగుతూ ఉండేది. రోమ్ నగరంలో అధికారానికి ఎన్నికలు సంప్రదాయ బద్ధం అయినప్పుడు, పాంపే వంటి చిన్ననగరాలలో మునిసిపల్ ఆఫీసు ఎన్నికలు ఉద్ధృతమై వేడి అందుకున్నాయి.

క్రీస్తు శకం 79 లో టైటాస్ చక్రవర్తి పాలనలో వేసువియస్ అగ్నిపర్వతం బద్దలు కాగా పాంపే నగరం ధ్వంసం అయిపోయింది. పురావస్తు శాస్త్రజ్ఞులు వివిధ ఎన్నికల ప్రచారాలకు సంబంధించిన రాతలు గోడలమీద సుమారు పదిహేను వందలు బయటికి తీశారు. ఆ సమయంలో అందరూ ఆపేక్షించింది నగరం ఎదిల్ పదవి– నగరం ప్రాధమిక సదుపాయాలు, భవనాలు పర్యవేక్షించే మేజస్ట్రేట్ పదవి.[32] లుక్రేషస్ ఫ్రాంతో వర్గంవారు "నిజాయితీగా జీవించటం ఒక సిఫారస్ అయితే, లుక్రేషస్ ఫ్రాంతో ఎన్నికకు అర్హులు." అని గోడలమీద చిత్రించారు. ఆయన ప్రత్యర్ధి గాయస్ జూలియస్ పాలిబియాస్ "ఎదిల్ పదవికి గాయస్ జూలియస్ పలిబియాస్ ను ఎన్నుకోండి. ఆయన అందరికీ మంచి రొట్టె లభించేట్లు చూస్తారు."

మతపరమయిన బృందాలు, వృత్తిపరమయిన సంస్థలు కూడా తమ ఆమోదం వెలిబుచ్చాయి. "ఇసిస్ భక్తులు గ్నేయస్ హెల్వియస్ సాబినాస్ ఎన్నిక కావాలని డిమాండ్ చేస్తున్నారు." "మీరు గ్నేయస్ హెల్వియస్ సబినాస్ ను ఎన్నుకోవాలని కంచరగాడిదలను తోలేవారు అందరూ అర్థిస్తున్నారు." అక్కడ కుతంత్రం కూడా ఉన్నది. "తాగుబోతులందరూ మిమ్మల్ని మార్కస్ సేరినియస్ ను ఎన్నుకోమని చెబుతున్నారు." ఇంకా "వాషియా ను ఎన్నుకోమని దొంగలందరూ చెబుతున్నారు."[33] ఆ ఎన్నికల ప్రచారం అంతా పాంపే లో ఎదిల్ కు మంచి అధికారం ఉన్నదని, ఎదిల్ ఎన్నిక న్యాయమయిన రీతిలో స్వేచ్ఛగా జరుగుతున్నదనీ, రోమ్ లో పాలన చేస్తున్న నియంత నియమించటం లేదనీ తెలుస్తున్నది.

ప్రజాస్వామ్యం గురించి ఆలోచించని సామ్రాజ్యాలలోకూడా స్థానిక పరిస్థితులలో ప్రజాస్వామ్యం వర్ధిల్లింది. ఉదాహరణకు త్సారిస్ట్ సామ్రాజ్యంలో మిలియన్లకొద్దీ గ్రామస్తుల నిత్యజీవితాలు గ్రామీణ సహజీవన వ్యవస్థల నిర్వహణలోనే నడిచాయి. పదకొండవ శతాబ్దంలోకి తొంగి చూస్తే, ఒక్కొక్క గ్రామీణ వ్యవస్థలో జనం వెయ్యికిలోపు ఉండేవారు. వారందరూ ఒక భూస్వామి పాలనలో ఉండేవారు. ఆభూస్వామికి, కేంద్ర త్సారిస్ట్ రాజ్యానికి చాలా సేవలు చేసేవారు. కానీ వారి అంతరంగ విషయాలు నిర్వహించటంలో వారికి తగినంత అధికారం ఉండేది. పన్నులు చెల్లించటం, సేనలకు మనుషులను సరఫరా చేయటం వంటి

బాహ్యాబాధ్యతలు నిర్వహించటంలో కూడా వారికితగినంత స్వతంత్రత, నిర్ణయాధికారము ఉండేవి. సహజీవన గ్రామీణ వ్యవస్థ స్థానిక వివాదాలు పరిష్కరించేది. అత్యవసర పరిస్థితులలో సహాయ సహకారాలు అందజేసేది. సామాజిక నియమాలు శాసించేది. కుటుంబాలకు ఎంత భూమి కేటాయించాలో నిర్ణయించేది. అడవులు, పచ్చికబయళ్ళవంటి వనరులు ఎవరికి ఎంత వరకు చెందాలో నిర్ణయించేది. ముఖ్యమయిన విషయాల నిర్ణయాలు సామూహిక సమావేశాలలో జరిగేవి. ఆ సమావేశాలలో స్థానిక కుటుంబాలపెద్దలు తమ అభిప్రాయాలు వెలిబుచ్చేవారు. ఆ సహజీవనవ్యవస్థకు పెద్దను ఎన్నుకునేవారు. అక్కడ చేసిన నిర్ణయాలు మెజారిటీ అభిప్రాయాన్ని వ్యక్తపరచటానికి ప్రయత్నించేవి.[34]

త్సారిస్ట్ గ్రామాలలో, రోమన్ నగరాలలో సార్ధకమయిన సంభాషణ, చర్చ సాధ్యం కనుక, ప్రజాస్వామ్యం సాధ్యం అయ్యేది. క్రీస్తు శకం 79 లో పాంపే నగరంలో పదకొండువేల జనాభా ఉండేవారు.[35] కనుక లేక్రేషస్ ఫ్రాంటో నిజాయితీ పరుడా, కాదా, మార్కస్ సేరినియస్ వతియా తాగుబోతు, దొంగ అవునా కాదా అని వారికి తెలిసి ఉండేది. సామూహిక మాధ్యమాలు విస్తృతమయిన సమాచారజాలం స్వభావాన్ని పూర్తిగా మార్చివేసిన తర్వాత, మిలియన్ల జనాభాతో ప్రజాస్వామ్యం ఆధునిక యుగంలోనే సాధ్యం అయింది.

సామూహిక మాధ్యమంతో సామూహిక ప్రజాస్వామ్యం

సామూహిక మాధ్యమం అంటే లక్షలాది ప్రజలను సంపర్కం చేసే సామర్ధ్యమని చెప్పవచ్చు. వారు అందరూ ఎంతెంత దూరాలలో ఉన్న ఫర్వాలేదు. అచ్చుయంత్రం ఆ దిశలో కీలకమయిన ముందడుగు అని చెప్పవచ్చు. అచ్చు వేయటానికి కొంత సమయం పట్టి ఉండవచ్చు. కానీ అధిక సంఖ్యలో పుస్తకాలు, కరపత్రాలు, సరసమయిన ధరలో ఉత్పత్తి చేయటం సాధ్యమయింది. తద్వారా ప్రజలు తమ అభిప్రాయాలు సవిస్తరంగా వెలిబుచ్చగలిగారు. విస్తారమయిన ప్రజాస్వామ్యాలలో జరిగిన తొలిప్రయోగాలు ఇందువల్ల నిలదొక్కుకో గలిగాయి. 1569 లో స్థాపితమయిన పోలిష్ – లిథునియన్ కామన్ వెల్త్, 1579 లో స్థాపితమయిన డచ్ రిపబ్లిక్ ఇందుకు ఉదాహరణలు.

ఈ రాజ్యాంగాలను ప్రజాస్వామ్యాలు అంటే కొందరికి అభ్యంతరం ఉండవచ్చు. ఎందుకంటే ఇక్కడ సంపూర్ణమయిన రాజకీయ హక్కులు, అధికారాలు కొన్ని ధనిక కుటుంబాలకు మాత్రమే పరిమితమై ఉండేవి. పోలిష్ – లిథునియన్ కామన్ వెల్త్ లో రాజకీయ హక్కులు, అధికారాలు స్లాక్తా వర్గ – కులీనులు – – పురుష సభ్యులకు మాత్రమే పరిమితం. వీరి సంఖ్య 300,000 అంటే జనాభాలో సుమారు ఐదు

శాతం.[36] రాజుగారిని ఎన్నుకోవటం ఈ స్లాక్తా సభ్యుల ప్రత్యేక అధికారం. కానీ ఓటు వేయాలంటే చాలా దూరం ప్రయాణం చేయాలి. కనుక చాలా కొద్దిమంది తమ ఓటింగ్ హక్కు వినియోగించేవారు. పదహారు, పదిహేడు శతాబ్దాలలో రాజుగారిని ఎన్నుకోవటానికి 3000 నుంచి 7000 ఓటర్లు పాల్గొనేవారు. 1669 లో జరిగిన ఎన్నికలలో మాత్రమే 11,271 మంది పాల్గొన్నారు.[37] ఇరవయ్యో శతాబ్దంలో ఇది ప్రజాస్వామ్యంగా ధ్వనించక పోవచ్చు. కానీ ఇరవయ్యో శతాబ్దం వరకూ అన్నీ విస్తార ప్రజాస్వామ్యాలలోనూ రాజకీయ హక్కులు అధికారాలు ధనిక వర్గానికి మాత్రమే పరిమితమై ఉండేవని గుర్తుంచుకోవాలి. ఆ ధనికవర్గం సంఖ్య చాలా అల్పం. ప్రజాస్వామ్యం అంటే సర్వస్వము లేదా శూన్యము కాదు. అది ఒక అఖండ వాహిని. పదహారవ శతాబ్దం ఉత్తరార్ధంలో పోలాండ్ దేశీయులు, లిథువానియా దేశీయులు ఆ అఖండవాహినిలో అంతవరకు ఎరుగని విషయాలు కనుగొన్నారు.

తమ రాజును ఎన్నుకోవటంతోబాటు పోలాండ్ – లిథుయానియా ఒక పార్లమెంట్ ను (ది సేజిమ్) ఎన్నుకున్నాయి. ఆ పార్లమెంట్ కొత్త నిర్ణయాలను ఆమోదించగలిగేది, నిరాకరింగలిగేది. పన్నులమీద, విదేశ వ్యవహారాలమీద రాజా నిర్ణయాలను తిరస్కరించే అధికారం కలిగి ఉండేది. అంతేకాక పౌరులకు సమావేశ స్వేచ్ఛా, మతం ఎంచుకునే స్వేచ్ఛ వంటి హక్కులు ఉండేవి. ఈ హక్కులు ఎవరూ అతిక్రమించరానివి. పదహారవ శతాబ్దం ఉత్తరార్ధంలో, పదిహేడవ శతాబ్దం పూర్వార్ధంలోనూ దాదాపు యూరప్ అంతటా మత సంఘర్షణలతోను, అత్యాచారాలతోనూ తల్లడిల్లింది. ఆ భయానక సమయంలో పోలాండ్ – లిథువానియా సామరస్యపూర్వక ఆశ్రయం అయింది. అక్కడ కాథలిక్కులు, గ్రీక్ పూర్వాచార పరాయణులు, లూథరన్స్, కాల్వినిస్టులు, యూదులు, చివరికి ముస్లింలు కూడా సామరస్యంతో సహజీవనం కొనసాగించారు.[38] 1616 లో కామన్ వెల్త్ లో మసీదులు నూటికి పైగా పనిచేస్తూ ఉండేవి.[39]

కానీ చివరికి పోలిష్ – లిథువానియన్ వికేంద్రీకరణ ప్రయోగం అవాస్తవం అయింది. ఆనాడు యూరప్ లో రష్యా తర్వాత అంత పెద్దరాజ్యం అది ఒక్కటే. ఆ రాజ్యం వైశాల్యం దాదాపు మిలియన్ చదరపు కిలోమీటర్లు ఉండేది. ఈనాటి పోలాండ్, లిథువానియా, బాలరూస్, యుక్రెయిన్ లలో చాలభాగం ఆ రాజ్యంలో ఉండేవి. పోలిష్ కులీనులు, లిథువానియన్ సంస్థానాధీశులు, యుక్రేనియన్ కొజాక్స్, యూదు రబ్బీలు బాల్టిక్ సముద్రంనుంచి నల్లసముద్రంవరకు విస్తరించి ఉండేవారు. వారి నడుమ అవసరమయిన చర్చలూ, సంభాషణలు నడవటానికి అనువయిన సమాచారము. వార్తాలాపము, విద్యావిధానము ఆనాడు లోపించాయి. ఆ సామ్రాజ్యం స్వీయవిశోధన యంత్రాంగాలుకూడా చాలా బలీయమైనవి. కేంద్ర ప్రభుత్వ అధికారాన్ని నిర్వీర్యం చేసేవి. ప్రత్యేకించి చెప్పాలంటే ప్రతి ఒక్క సేజిమ్ అధికారికి

పార్లమెంట్ శాసనాన్ని తోసిరాజనే అధికారం ఉన్నది. ఆ అధికారం రాజకీయ ప్రతిష్టంభనకు దారి తీసింది. నానావిధ సిద్ధాంతాలతో విస్తారమయినరాజ్యాంగము, బలహీనమయిన కేంద్రము కలయిక ప్రాణాంతకమయ్యాయి. అపకేంద్ర శక్తులవల్ల కామన్ వెల్త్ చిన్నాభిన్న మయింది. ఆ చిన్నాభిన్నమయిన శకలాలు అన్నీ కేంద్రీకృత రష్యా, ఆస్ట్రియా, పృష్యా నిరంకుశ పాలనలు పంచుకున్నాయి.

డచ్ ప్రయోగం మెరుగుగా పనిచేసింది. పోలిష్ – లిథువానియన్ కామన్ వెల్త్ కంటే డచ్ యునైటెడ్ ప్రావిన్సెస్ కేంద్రీకరణం తక్కువ. వాళ్ళకు మహారాజు లేదు. అది అంతా ఏడురాష్ట్రాల సంయుక్త రాజ్యం. ఆ ఏడు రాజ్యాలలోనూ స్వయంపరిపాలక గ్రామాలు, నగరాలు ఉన్నాయి.[40] ఈ వికేంద్రీకరణవల్ల ఆ దేశానికి విదేశాలలో బహువచన నామం సార్ధక మయింది – ఇంగ్లీషులో నెదర్లాండ్స్, ఫ్రెంచ్ లో లే పే బా, శ్పానీష్ లో లాస్ పైసేస్ బజోస్ వగైరా.

సంయుక్త రాష్ట్రాలు పోలాండ్ – లిథువానియా భూభాగంలో ఇరవై అయిదోవంతు ఉంటాయి. కానీ వారి సమాచారవ్యవస్థ, వార్తాలాపం, విద్యావిధానము చాలా మెరుగుగా ఉండేవి. అందువల్ల ఆ రాష్ట్రాలు అన్నీ కలిసికట్టుగా ఉండేవి.[41] సంయుక్తరాష్ట్రాలు ఒక కొత్త సమాచార సాంకేతికతకు శ్రీకారం చుట్టాయి. ఆ సాంకేతికత భవిష్యత్తు ప్రకాశమానం. 1618 జూన్ లో ఆంస్టర్ డామ్ లో కురాన్తే యుయిట్ ఇటాలియన్ దుయిస్లాండ్ట్ అనే పేరున ఒక కరపత్రం విడుదల అయింది. ఆ కరపత్రం శీర్షిక చెప్పినట్లుగానే అది ఇటాలియన్ ద్వీపకల్పం, జర్మన్ దేశం, ఇంకా ఇతర ప్రాంతాల వార్తలు తీసుకు వచ్చింది. ఈ కరపత్రంలో విశేషమేమీ లేదు. కాకపోతే తర్వాతి వారాలలోకూడా ఆ కరపత్రం అచ్చయి విడుదల అయింది. ఆ కరపత్రాలు క్రమం తప్పకుండా 1670 వరకూ దర్శనం ఇచ్చాయి. ఆ తర్వాత కురాన్తే యుయిట్ ఇటాలియన్ , దుయిష్లాండ్ట్ మరికొన్ని కరపత్రాలతో కలిసి ఆంస్టర్ డామ్శే కురాన్త్ గా మారిపోయింది. అలా 1903 వరకు దర్శనం ఇచ్చింది. అప్పుడు ది టెలిగ్రాఫ్ లో కలిసిపోయింది. ఈనాటివరకు అదే నెదర్లాండ్స్ విస్తారమయిన వార్తాపత్రిక.[42]

వార్తాపత్రిక ఆవర్త కరపత్రం. ఏదో ఒకసారి వచ్చిపోయే కరపత్రాలకు ఇది భిన్నం. వార్తాపత్రికకు స్వంత తప్పులు దిద్దుకోవటానికి బలమయిన యంత్రాంగం ఉన్నది. ఒకసారి మాత్రమే కనపడే కరపత్రాలలాగా కాకుండా దినపత్రికలకు, వారపత్రికలకు తమ తప్పులు దిద్దుకునే అవకాశం ఉంటుంది. ఆ తప్పులు దిద్దుకోవటం ప్రజాభిమానం సంపాదించటానికి ఒక ప్రేరకం కూడాఅవుతుంది. కురాన్తే యువిట్ ఇటాలీన్, దుయిష్ లాండ్ట్ & c వెలుగు చూసిన కొద్ది కాలంలోనే టైదింగెన్ యువిట్ వెర్యెడ్ క్వార్తీరెన్ అనే పత్రిక పోటీగా తల ఎత్తింది. కురాన్తే తన కథలు ప్రచురించే ముందు వాటిని క్షుణ్ణంగా పరిశీలించేది. నమ్మదగినది గా పేరు

పొందింది. టైదింగెన్ అమితమయిన దేశభక్తి ప్రకటించేది. అంతేకాక నెదర్లాండ్స్ కు అనుకూలమయిన వార్తలు మాత్రమే ప్రకటించేది. అయినాకూడా రెండు పత్రికలూ నిలబడ్డాయి. ఒక పాఠకుడు చెప్పినట్లు "ఒక పత్రికలో లేని విషయం మరొక పత్రికలో ఉంటుంది." కనుక. తర్వాతి దశాబ్దాలలో నెదర్లాండ్స్ లో డజన్లకొద్దీ అదనపు వార్తాపత్రికలు వెలువడ్డాయి. నెదర్లాండ్స్ యూరప్ వార్తాపత్రికల కేంద్రం అయికూర్చున్నది.[43]

విస్తారమయిన విశ్వాసం సంపాదించిన వార్తాపత్రికలు ప్రజాభిప్రాయానికి సూత్రధారులు, ప్రతినిధులు అయ్యాయి. ఆ పత్రికలు జనసామాన్యాన్ని ఆకట్టుకొని, వారిని వార్తావేత్తలను చేశాయి. ఆకారణంగా మొదట నెదర్లాండ్స్ లో, తర్వాత ప్రపంచవ్యాప్తంగా రాజకీయాల రూపురేకలే మారిపోయాయి.[44] వార్తాపత్రికల రాజకీయ ప్రభావం కీలకమయింది. వార్తాపత్రికల సంపాదకులు రాజకీయ నాయకులు కావటమే ఇందుకు నిదర్శనం. లామి దూ పీపుల్ పత్రిక స్థాపించి, సంపాదకీయం జరిపిన జీన్ పాల్ మారాత్ విప్లవాత్మక ఫ్రాన్స్ లో అధికారానికి ఎగపాకారు. డేర్ సోషల్ డెమోక్రాట్ పత్రిక సంపాదకులు ఎడ్వర్డ్ బెర్న్ స్టయిన్ జర్మనీ సోషల్ డెమొక్రాటిక్ పార్టీ సృష్టించటంలో సాయపడ్డారు. సోవియట్ నియంతగా ఎదగక మునుపు వ్లాదిమిర్ లెనిన్ ముఖ్య వ్యాపకం ఇస్క్రా సంపాదకీయం.

అవంతి పత్రిక సోషలిస్ట్ జర్నలిస్ట్ గా బెనిటో ముస్సోలినీ పేరు పొందారు. ఆ తర్వాత ఫైర్ బ్రాండ్ రైట్ వింగ్ పత్రిక ఇల్ పోపోలో దిటాలియ స్థాపకులుగా సంపాదకులుగా ప్రసిద్ధికెక్కారు.

లో కంట్రీస్ (నిమ్న దేశాలు – బెల్జియం, నెదర్ల్యాండ్స్,లక్సంబర్గ్) లో సంయుక్త రాష్ట్రాలు, బ్రిటిష్ దీవులలో యునైటెడ్ కింగ్ డమ్, ఉత్తర అమెరికాలో యునైటెడ్ స్టేట్స్ ఏర్పడటంలో వార్తాపత్రికలు కీలక పాత్ర వహించాయి. ఏథెన్స్, రోమ్ ల లాగా ఈ దేశాలు నగర రాజ్యాలు కావు. సాంకేతిక సమాచారం మూలంగా వివిధప్రాంతాలు చేతులు కలిపి ఏకమయ్యాయి. ఉదాహరణకు, 1825 డిసెంబర్ 6 వ తేదీన అధ్యక్షులు జాన్ క్వింసీ ఆడమ్స్ యునైటెడ్ స్టేట్స్ కాంగ్రెస్ కు తన మొదటి వార్షిక సందేశం ఇచ్చారు. ఆ ప్రసంగం పాఠ్యము, ముఖ్య అంశాల సంగ్రహాలు బోస్టన్ నుంచి న్యూ ఆర్లియన్స్ వరకు అన్ని పత్రికలూ ప్రచురించాయి. (ఆ సమయంలో యునైటెడ్ స్టేట్స్ లో వందలాది వార్తాపత్రికలు, మాగజైన్లు ప్రచురణ అవుతూ ఉండేవి).[45]

తన ప్రభుత్వం అనేక సమాఖ్య ప్రణాళికలు చేపట్ట బోతున్నదని ఆడమ్స్ ప్రకటించారు. ఆ ప్రణాళికలు రహదారుల నిర్మాణంనుంచి ఖగోళ వేధశాల వరకూ విస్తరించి ఉన్నాయి. తమ ఖగోళ వేధశాలను ఆయన లైట్ హౌస్ ఆఫ్ ది స్కైస్ అన్నారు (ఆకాశంలో దీపస్తంభం). ఆయన ప్రసంగం ప్రజలలో విపరీతమయిన

వాదోపవాదాలకు దారి తీసింది. యునైటెడ్ స్టేట్స్ అభివృద్ధికి పెద్ద ప్రభుత్వం పథకాలు కావాలన్నవారు, చిన్న ప్రభుత్వానికి ఓటు వేసినవారు ఆడమ్స్ పథకాలు రాష్ట్రాల హక్కులు, అధికారాలు కొల్లగొడుతున్నాయని ఘోషించారు. ఈ వాదోపవాదాలు అచ్చులో అందరికీ తెలిశాయి.

పేదరాష్ట్రాలలో రహదారులు నిర్మించటానికి ధనిక రాష్ట్రాల ప్రజలమీద పన్నులు విధించటం అక్రమం, అరాచకం అని ఉత్తర ప్రాంత "చిరు రాష్ట్రాల" మద్దతుదారుల ఘోష. ఆకాశంలో దీపస్తంభం నిర్మించేశక్తి ఉన్నదని వ్యాజమాడిన సమాఖ్య ప్రభుత్వం ఏదో ఒకనాడు తమ బానిసలను స్వేచ్ఛాజీవులను చేసే శక్తి కూడా తమ హక్కని వ్యాజమాడుతుందేమోనని దక్షిణాది వాసుల దిగులు. ఆడమ్స్ నియంతగా మారటానికి ప్రయత్నిస్తున్నాడని నింద మోపారు. ఆయన పాండిత్యము, తర్కము ఉన్నతవర్గ భాషగా నమోదు చేశారు. సామాన్య అమెరికన్ పౌరులకు అది దూరం అన్నారు. 1825 లో కాంగ్రెస్ కు ఆయన సందేశం బహిరంగ చర్చలకు దారితీసింది. ఆడమ్స్ ప్రభుత్వానికి తీరని అవమానం కలిగించాయి. ఏతావాతా ఆ తర్వాతి ఎన్నికలలో ఆయన ప్రభుత్వాన్ని పరాజయం పాలుచేశాయి. 1828 ఎన్నికలలో ఆండ్రూ జాక్సన్ చేతిలో ఆడమ్స్ ఓడిపోయారు. ఆండ్రూ జాక్సన్ టెన్నెసీ రాష్ట్ర వాసి. ధనికులయిన కాఫీ ప్లాంటర్. ఆయనదగ్గర చాలామంది బానిసలు ఉండేవారు. చాలా వార్తాపత్రికలు ఆయనను "ప్రజల మనిషి" గా చిత్రించాయి. గత ఎన్నికలు ఆడమ్స్, వాషింగ్టన్ లో ఆయన అధికార అనుచరులు కలిసి దోచారని యాండ్రూ జాక్సన్ అభియోగం.[46]

ఈనాటి సామూహిక మాధ్యమాలతో పోలిస్తే ఆనాటి వార్తాపత్రికలు సంఖ్యలోను, వేగంలో కూడా పరిమితము. వార్తాపత్రికలు ఓడవేగం లేదా గుర్రపువేగంలో ప్రయాణం చేసేవి. క్రమం తప్పకుండా చదివే పాఠకులసంఖ్య కూడా అంతంత మాత్రమే. ఆనాడు పత్రికల తెచ్చే అబ్బాయిలు, న్యూస్ స్టాండ్ లు లేవు. పత్రిక చదవాలంటే చందా కట్టాలి. ఆ చందాలు ధరలు చాలా ఎక్కువ. సంవత్సరచందా వారంరోజుల కూలికి సరిపోయేది. ఆ కారణంగా 1830 లో అమెరికాలో అన్నిపత్రికల చందాదారులు కలిసి కేవలం డెబ్బై ఎనిమిదివేలమంది ఉండేవారు. అందులో కొందరు చందాదారులు సమాజాలు, వ్యాపార సంస్థలు అయి ఉండేవి. అక్కడ పత్రిక ఒకరు కొని నలుగురు చదువుతారని ఆశించవచ్చు కనుక పత్రికా పాఠకుల సంఖ్య కొన్ని లక్షలలో ఉండేదని ఆశించవచ్చు. మిగిలిన కోట్లాది ప్రజలు పత్రికలు చదివేవారా లేదా అన్నది ప్రశ్నార్థకం.[47]

ఆనాడు ప్రజాస్వామ్యం పరిమితంగా - ధనికులయిన తెల్లవారి చేతిలో - ఉండేదనటం వింత ఏమీకాదు. ఆడమ్స్ కు అధికారం కట్టబెట్టిన 1824 ఎన్నికలలో సిద్ధాంతపూర్వకంగా ఐదు మిలియన్ వయోజనులలో 1.3 మిలియన్ అమెరికన్లకు

ఓటు హక్కు ఉన్నది (సుమారు 25 శాతం). వారిలో 352,780 మంది మాత్రమే (వయోజనులలో సుమారు 7 శాతం) తమ ఓటుహక్కు వినియోగించారు. ఆ ఓటు వేసిన వారినుంచి కూడా ఆడమ్స్ ఆధిక్యత సంపాదించలేదు. ఆయనకు 113,122 ఓట్లు మాత్రమే లభించాయి. వయోజనులలో అది 2 శాతం. ప్రజానీకంలో 1 శాతం. ఆనాడు అమెరికా ఎన్నికల వ్యవస్థలో ఉన్న ద్వంద్వార్థాల ప్రయోగంతో ఆయన గెలిచారు.[48] అదేకాలంలో బ్రిటన్ లో పార్లమెంట్ కు ఓటువేసే హక్కు 400,000 మందికే పరిమితం అయిఉన్నది అది వయోజనులలో 6 శాతం. పార్లమెంట్ సీట్లలో 40 శాతం సీట్లకు పోటీ కూడా జరగలేదు.[49]

మనం ప్రజాస్వామ్యాలను గురించే మాట్లాడుతున్నామా అని మీకు సందేహం కలగవచ్చు. ఓటర్లకంటే బానిసలు అధికంగా ఉన్న (1820 ప్రాంతాలలో బానిసలు 1.5 మిలియన్ మించి ఉండేవారు) యునైటెడ్ స్టేట్స్ ప్రజాస్వామ్యమనవచ్చునా?[50] ఇదంతా నిర్వచనాల మీద ఆధారపడిన వ్యవహారం. పదహారవ శతాబ్దం నాటో పోలిష్ – లిథువానియన్ ప్రజాస్వామ్యం లాగానే పంధొమ్మిదవ శతాబ్దం యునైటెడ్ స్టేట్స్ ప్రజాస్వామ్యం కూడా సాపేక్ష పదం. ఇంతకు మునుపే చెప్పినట్లు నియంతృత్వము, ప్రజాస్వామ్యము అన్నవి పరమస్వతంత్ర పదాలు కావు. అవి కేవలం సాపేక్షకాలు. ఒక అఖండవాహినిలో అంశాలు. పంధొమ్మిదవ శతాబ్దం పూర్వార్ధంలో చెపుకోదగిన మానవ సమాజాలన్నిటిలోనూ యునైటెడ్ స్టేట్స్ మాత్రమే ప్రజాస్వామ్యానికి అతి చేరువలో ఉన్నదని చెప్పవచ్చు. వయోజనులలో 25 శాతం మందికి ఓటు హక్కు ఇవ్వటమంటే ఈనాడు చెప్పుకోదగినదిగా ధ్వనించక పోవచ్చు. కానీ ఆనాటి త్సారిస్ట్, ఒత్తోమన్, చైనీస్ సామ్రాజ్యాలతో (ఆ దేశాలలో ఆనాడు ఎవరికీ ఓటింగ్ హక్కు అనేదే లేదు) పోలిస్తే 1824 లో అది చాలా పెద్ద సంఖ్య.[51]

అదే కాకుండా, ఈ అధ్యాయంలో ఇంతకు మునుపు చెప్పినట్లుగా ఓటింగ్ ఒక్కటే ముఖ్యం కాదు. ఆనాటి అనేక ఇతరరాజ్యాలతో పోలిస్తే ఈ కొత్తరాజ్యంలో స్వీయవిశోధన యంత్రాంగం చాలా వివరంగా విపులంగా, బలిష్టంగా ఉండేది. ఆ ప్రజాస్వామ్యపాలన స్థాపించిన పెద్దలందరికీ ఆనాడు రోమ్ పాలన ఆదర్శం (వాషింగ్ టన్ లో సెనేట్, క్యాపిటల్ ఇందుకు సాక్ష్యం). రోమన్ రిపబ్లిక్ చివరికి నియంతృత్వంలోకి దిగజారిందని కూడా వారికి తెలుసు. అమెరికాలో కూడా ఇంకొక సీజర్ పుట్టుకువచ్చి తమ రిపబ్లిక్ కు కూడా ఇదేగతి పట్టిస్తాడని వారి భయం. ఆ భయంతోనే వారు అనేక స్వీయవిశోధన యంత్రాంగాలు ఒకదానిమీద ఒకటి పొరలుపొరలుగా నిర్మించారు. చెక్స్ అండ్ బ్యాలన్సెస్ అని దాని నామధేయం. స్వేచ్ఛాయుత మయిన ప్రచార మాధ్యమం వీటిలో ఒకటి. ప్రాచీన రోమ్ లో ఆ సామ్రాజ్యం విస్తరిస్తున్నకొద్దీ, జనసంఖ్య పెరుగుతున్నకొద్దీ స్వీయశోధన పనిచేయటం ఆగిపోయింది. యునైటెడ్ స్టేట్స్ అట్లాంటిక్ మహాసాగరంనుంచి పసిఫిక్

సాగరంవరకూ విస్తరిస్తూ ఉన్నా, స్వేచ్ఛాయుతమయిన మాధ్యమం, ఆధునిక సాంకేతిక సమాచార పరిజ్ఞానం కలిసి స్వీయశోధన యంత్రాంగాన్ని కాపాడాయి.

యునైటెడ్ స్టేట్స్ లో ఓటింగ్ హక్కు విస్తరించటానికీ, బానిసత్వ నిర్మూలనకూ, దృఢమయిన ప్రజాస్వామ్యంగా రూపొందటానికీ ఈ స్వీయశోధన యంత్రాంగాలు క్రమంగా సహకరించాయి. మూడవ అధ్యాయంలో చెప్పినట్లు దేశస్థాపనకు పితామహులు అందరూ మహాఘోరమయిన అపరాధాలు - బానిసత్వం ఆమోదన, స్త్రీలకు ఓటింగ్ హక్కు నిరాకరణ - చేశారు. కానీ తర్వాతి తరాలవారు తప్పులు దిద్దటానికి తగిన సాధనాలు కూడా అమర్చారు. వారి ఘనాతిఘనమయిన ఉత్తరదాయిత్వం అదే.

ఇరవయ్యవ శతాబ్దం: సామూహిక ప్రజాస్వామ్యం, సామూహిక నియంతృత్వం కూడా

సామూహిక ప్రచార యుగానికి వార్తాపత్రికలు వైతాళికులని చెప్పాలి. పంథొమ్మిది, ఇరవై శతాబ్దాలలో అనేక సమాచార, రవాణా సౌకర్యాలు - టెలిగ్రాఫ్, టెలిఫోన్, టెలివిజన్, రేడియో, రైళ్లు, ఓడలు, విమానాలు -సామూహిక ప్రచార మాధ్యమాన్ని అత్యంత బలోపేతం చేశాయి.

క్రీస్తు పూర్వం 350 లో డెమోస్తనీస్ ఏథెన్స్ బహిరంగ సభలోప్రసంగించినప్పుడు ఆ ప్రసంగం అక్కడ అథీనియన్ సమావేశ స్థలంలో హాజరయిన వ్యక్తులకు మాత్రమే పరిమితమయింది. 1825 లో జాన్ క్విన్సీ ఆడం తన వార్షిక సందేశం వెలువరించినప్పుడు ఆయన పలుకులు గుర్రపు ధాటి వేగంతో విస్తరించాయి. 1863 నవంబర్ 19 న అబ్రహాం లింకమ్ గెట్టిస్ బర్గ్ ప్రసంగం చేసినప్పుడు తంతి సమాచారాలు, రైలుబండ్లు, ఓడలు ఆయన వచనాలను దేశవ్యాప్తంగానే కాక విదేశాలకు కూడా అతివేగంగా అందజేశాయి. న్యూయార్క్ టైంస్ మర్నాటికల్లా ఆయన ప్రసంగం సంపూర్ణంగా అచ్చు వేసింది.[52] పోర్ట్ లాండ్ డెయిలీ ప్రెస్ (మెయిన్) నుంచి ఒత్తున్వా కురియర్ (అయోవా) వరకు అనేక పత్రికలు ఆ ప్రసంగాన్ని అచ్చువేసి ప్రచారం చేశాయి.[53]

అధ్యక్షుల వారి ప్రసంగం స్వీయవిశోధనతో కూడిన ప్రజాస్వామ్యాన్ని చిత్రించింది. ఆ ప్రసంగం విశ్వవ్యాప్తంగా కరతాళధ్వనులు ఆకర్షించక పోయినా, చురుకయిన సంభాషణలు లేవదీసింది. కొన్ని పత్రికలు సంశయాలు వ్యక్తపరచినా, చాలామటుకు ఆ ప్రసంగాన్ని అభినందించాయి, మెచ్చుకున్నాయి. నవంబర్ 20 న ది చికాగో టైమ్స్ అధ్యక్ష్యులు లింకన్ గారి "ఆ వెర్రి, పసలేని, మురికినీటి బడబడలు

విన్న ప్రతిఒక్క అమెరికన్ కూ సిగ్గుతో, అవమానంతో ముఖం వాచిపోయి ఉండాలి." అని వ్రాసింది.[54] హారిస్ బర్గ్, పెన్సిల్వేనియా స్థానిక వార్తాపత్రిక ది పేట్రియాట్ అండ్ ది యూనియన్ "అధ్యక్షులవారి వెర్రిమొర్రి విశేషాలు" దుయ్యబట్టింది. "ఆ కూతల మీద మూత పడుతుందనీ, అవి మళ్ళీ వినబడవు, గుర్తురావు." అని కూడా ఆశించింది.[55] అప్పుడు దేశం యుద్ధం మధ్య ఉన్నది. అయినా కూడా అధ్యక్షులనయినా సరే తీక్ష్ణంగా విమర్శించటానికి, చులకన చేయటానికి పాత్రికేయులకు కావలసినంత స్వేచ్ఛ ఉండేది.

ఒక శతాబ్దం ముందుకు జరిగితే, అన్ని విషయాలలోనూ వేగం పెరిగింది. విశాల ప్రాంతంలో విస్తరించి ఉన్న ప్రజాసమూహాలు తక్షణం ఒకరినొకరు సంపర్కం చేయగలిగారు. 1960 లో అమెరికా అంతటా బయటా కూడా విస్తరించి ఉన్న 70 మిలియన్ అమెరికన్లు (ప్రజానీకంలో 39 శాతం) నిక్సన్ కెన్నెడీల వాదోపవాదాలు ప్రత్యక్షంగా టెలివిజన్ మీద తిలకించారు. అదీకాక మరికొన్ని మిలియన్ల ప్రజలు రేడియోద్వారా ఆ వాదోపవాదాలు విన్నారు.[56] శ్రోతలు ఆనాడు చేయవలసినశ్రమ అంతా ఇంట్లో సుఖంగా కూర్చుని, ఒక బటన్ నొక్కటమే. బహువిస్తృతమయిన ప్రజాస్వామ్యం ఇప్పుడు సాధ్యమయింది. వేలాదిమైళ్ళ దూరాన ఉన్న వారందరూ దైనందిన సమస్యలను గురించి, రోజురోజుకూ పుట్టుకువస్తున్న సమస్యలను గురించీ తెలివిగా చర్చించటం సులభమయింది. 1960 నాటికి అమెరికా వయోజనులందరికీ ఓటుహక్కు వచ్చింది. దాదాపు 70 మిలియన్ అమెరికన్లు (ఓటు హక్కు ఉన్నవారిలో 64 శాతం) వాస్తవంగా ఓటు వేశారు. మిలియన్ల కొద్దీ నల్లవారు, ఓటుహక్కు నిషేధించిన వారు ఓటు వేయలేక పోయారు. అందుకు అనేక విధాలుగా ఓటర్ అణచివేత పథకాలు ప్రయోగించ బడ్డాయి.[57]

మనం సదా సాంకేతిక కార్యకారణవాదం గుర్తు ఉంచుకోవాలి. సామూహిక ప్రచార మాధ్యమాల ద్వారానే ప్రజాస్వామ్యం విస్తరించింది. అనివార్యమయింది. తద్వారా ఇతర పాలనలు కూడా సాధ్యమయ్యాయి. ముఖ్యంగా ఈనాటి సమాచార సాంకేతికత విస్తృతమయిన నియంతృత్వానికి దారి చూపింది. నిక్సన్, కెన్నెడీల లాగానే స్టాలిన్, కృశ్చేవ్ కూడా తాము చెప్పదలచింది చెప్పి, వ్లాదివోస్టాక్ నుంచి కలినిన్గ్రాడ్ వరకు మిలియన్లకొద్దీశ్రోతలకు వినిపించ గలిగారు. అదేవిధంగా టెలిగ్రాఫ్, టెలిఫోన్ల ద్వారావారికి మిలియన్ల కొద్దీ పోలీస్ అధికారులు, గుప్తచారుల దగ్గరినుంచి వార్తలువస్తూ ఉండేవి. వ్లాడివోస్టాక్ లేదా లేనిన్గ్రాడ్ లో ఏ పత్రిక అయినా ఆ సర్వోత్తమ నాయకుడి ప్రసంగం సిల్లీగా ఉన్నదని వ్రాస్తే మరుక్షణం దానికి సంబంధించిన వారందరూ – సంపాదకులనుంచి విలేకరులవరకూ – KGB అధికారులను దర్శించవలసి వచ్చేది.

నియంతృత్వం – సంగ్రహ చరిత్ర

నిరంకుశ పాలనలు తమ అమోఘత్వాన్ని పూర్తిగా నమ్ముతాయి. ప్రజల జీవితాలమీద సర్వాధికారము చేపడతాయి. టెలిగ్రాఫ్, రేడియో, సమాచార సాంకేతికత పురోగమించక మునుపు విస్తారమయిన నిరంకుశ పాలన సాధ్యమయ్యేది కాదు. రోమన్ చక్రవర్తులు, అబ్బాసీ ఖలీఫ్ లు, మంగోల్ ఖాన్ లు నిర్దాక్షిణ్యులయిన నియంతలు. తాము ఆమోఘులని వారి సంపూర్ణ దృఢ విశ్వాసం. కానీ తమ సర్వాధికారాన్ని విస్తారంగా వ్యాపించి ఉన్న సమాజాల మీద ప్రయోగించటానికి వారికి తగిన సాధన సంపత్తి ఉండేది కాదు. ఈ విషయం అర్థం చేసుకోవాలంటే, మొదట మనం నిరంకుశ పరిపాలనకు, అంతకంటే ఒకమెట్టు దిగిన ఎదురులేని పాలనకు వ్యత్యాసం తెలుసుకోవాలి. ఎదురులేని పాలనలో పాలకుల సంకల్పానికి తిరుగు లేదు. న్యాయపరిమితి లేదు. కానీ చాలా సాంకేతిక పరిమితులు ఉంటాయి. నిరంకుశ పాలనలో ఈ సాంకేతిక పరిమితులు ఉండవు.[58]

ఉదాహరణకు రోమన్ సామ్రాజ్యము, అబ్బాసీ సామ్రాజ్యము, మంగోల్ సామ్రాజ్యాలలో పాలకులు తమను నొప్పించిన వారిని ఎవరినయినాసరే ఉరితీయించవచ్చు. ఏదయినాన్యాయం వారికి అడ్డువస్తే వారు ఆ న్యాయాన్ని పట్టించుకోక పోవచ్చు లేదా తొలిగించవచ్చు/మార్చవచ్చు. నీరో చక్రవర్తి తన తల్లి అగ్రిప్పినాను, భార్య ఆక్టేవియాను హత్య చేయటానికి ఏర్పాటుచేశాడు. తన శ్రేయోభిలాషి సెనేకాను బలాత్కారంగా ఆత్మహత్యకు గురిచేశాడు. గౌరవనీయులు, శక్తివంతులు అయిన కొందరు రోమన్లనుకూడా ఆయన ఉరితీయించాడు లేదా దేశంనుంచి బహిష్కరించాడు. ఎందుకు? ఆయన మాటకు ఎదురు చెప్పటం, లేదా ఆయనను గురించి పరాచకాలు ఆడటమే వారి నేరం.[59]

నీరోలాంటి నియంతలు తమకు ఎదురు చెప్పినవారిని, తమకు గిట్టనిపని చేసినవారిని మరణశిక్ష పాలు చేయవచ్చు. కానీ తమ సామ్రాజ్యంలో అధిక సంఖ్యాకులు ఏమంటున్నారో, ఏమి చేస్తున్నారో వారికి తెలియదు. రోమ్ సామ్రాజ్యంలో చక్రవర్తిని విమర్శించినవారినీ, ఎదురు చెప్పినవారినీ తీవ్రంగా శిక్షించుమని నీరో సిద్ధాంతరీత్యా ఆజ్ఞలు జారీ చేసి ఉండవచ్చు. కానీ ఆ ఆజ్ఞ నిర్వర్తించటానికి తగిన సాంకేతిక సాధనాలు ఆనాడు లేవు. తాసిటస్ వంటి చరిత్రకారులు నీరోను రక్తపిపాసి అయిన క్రూరపాలకుడిగా చిత్రిస్తారు. భయానకమయిన పాలన పురికొలపటమే ఆయన ధ్యేయం. కానీ ఈ భయోత్పాతం చాలా పరిమితం. తన కుటుంబ సభ్యులను, కులీనులను, కొందరు శాసనసభ్యులను ఆయన నిర్మూలించి ఉండవచ్చు. కానీ, నగరం మురికివాడలలోని సామాన్య ప్రజా, జరూసలేం, లాండానియమ్ వంటి దూరతీరాలలో ఉన్న ప్రాంతీయులు తమ మనసువిప్పి మాట్లాడ గలిగేవారు.[60]

స్టాలిన్ పాలిత USSR వంటి ఆధునిక నియంతృత్వ ప్రభుత్వాలు భయాన్ని మరొక ఊహాతీత స్థాయిలో పురికొలిపాయి. నిరంకుశత్వం అంటే దేశవ్యాప్తంగా ప్రతిఒక్కరి మాటా, చేష్టా అనుక్షణము తమ అధీనంలో ఉంచుకునే ప్రయత్నం – వీలయితే వారి ఆలోచనలు, అనుభూతులూ కూడా. నీరో అటువంటి శక్తులు కలగని ఉండవచ్చు. కానీ ఆ కలలు నిజం చేసుకోవటానికి, పాపం, ఆయనకు తగిన సాధనాలు లేకపోయాయి. రోమన్ సెనేటర్ల డిన్నర్ పార్టీలలో ఆయన వేగులను వినియోగించ గలిగాడు. మిగిలిన సామ్రాజ్యం అంతటినీ కంట్రోల్ చేయటానికి ఆయన దగ్గర ఉన్నది 10,000 మంది నిర్వాహకులు[61] 350,000 సైన్యము మాత్రమే.[62] దానికితోడు వారితో శీఘ్రంగా వార్తాలాపాలు నడపటానికి తగిన సాంకేతిక సాధనసంపత్తి ఆయనకు కొరవడింది.

నీరో, ఆయన తోటి ఇతర చక్రవర్తులకు తమ అధీనంలో ఉన్న నిర్వాహకుల, సైనికుల విశ్వాసం సంపాదించటం అన్నిటినీ మించిన సమస్య అయి కూర్చున్నది. లూయిా XVI, నికోలాయ్ కోసేస్క్యూ, హోస్ని ముబారక్ ల లాగా రోమన్ చక్రవర్తులను ఈ ప్రజాస్వామ్య విప్లవము పడగొట్టలేదు. దానికి బదులు డజన్ల లెక్కన చక్రవర్తులు తమ స్వంతసేనాపతులు, అధికారులు, అంగరక్షకులు, కుటుంబసభ్యుల చేతిలో హతమయ్యారు, లేదా పదవులు కోల్పోయారు.[63] హిస్పానియా గవర్నర్ గల్బా తిరుగుబాటుతో నీరో పదభ్రష్టుడయ్యాడు. ఆరునెలల తర్వాత లూసిటానియా గవర్నర్ ఒతో చేతిలో గల్బా వెళ్లగొట్ట బడ్డాడు. మూడు నెలల తర్వాత రైన్ సేన కమాండర్ విటేలియస్ ఒతోను గద్దె దించాడు. విటేలియస్ ఎనిమిది నెలలు రాజ్యం చేశాడు. ఆ తర్వాత జూడెయాలో సేనాపతి వెస్పాసియన్ చేతిలోఓడిపోయి మరణం పాలయాడు. విప్లవాత్మకులయిన తన ఉద్యోగస్తుల చేతిలో హతం కావటం ఆనాటి సింహాసనంలో పొంచి ఉన్న ప్రాణాపాయ ప్రమాదం. అది రోమన్ చక్రవర్తులకు మాత్రమే పరిమితం కాదు. ఆనాటి చక్రవర్తులు అందరికీ అదే ప్రాణసంకటం.

తమ అధీనంలో ఉన్న ఉద్యోగులను నిఘావేసి చూడటమే ఆనాటి చక్రవర్తులు, ఖలీఫాలు, షా లకు ఒక పెద్దసవాలు. తత్ఫలితంగా పాలకులు సైన్యాన్ని, పన్నుల విధానాన్ని అదుపు చేసే కసరత్తు చేపట్టారు. ఆనాడు రోమన్ చక్రవర్తులకు ప్రతి రాష్ట్రం ప్రతి నగరం, స్థానిక వ్యవహారాలలో జోక్యం చేసుకునే అధికారం ఉన్నది. కొన్ని సందర్భాలలో వారు ఆ అధికారం ప్రయోగించారు. కానీ ఇది ఆ స్థానిక నిర్వాహకుల అభ్యర్ధన తోనే జరిగేది.[64] సామ్రాజ్య నియంతృత్వ పాలనకూ దానికీ సంబంధం లేదు. మీరు పాంపేలో కంచరగాడిదలు తోలుతుంటేను, రోమన్ బ్రిటన్ లో గొల్లపిల్లవాడు అయితేను నీరో మీ దైనందిన కార్యక్రమం కంట్రోల్ చేయబోవటం లేదు. మీ పరాచకాలు పట్టించుకోబోవటం లేదు. మీరు సక్రమంగా పన్నులుచెల్లించినంత కాలం, సేనలకు ఎదురు తిరగనంత కాలం నీరోకు మీ గురించిన చింత లేదు.

స్పార్టా, కిన్

సాంకేతిక సమస్యలు ఉన్నప్పటికీ ప్రాచీన కాలంలో నిరంకుశ ప్రభుత్వాల స్థాపనకు ప్రయత్నాలు జరిగాయి అంటారు కొందరు విద్వాంసులు. స్పార్టా ఇందుకు సర్వసామాన్యమయిన ఉదాహరణ. వారి తాత్పర్యం ప్రకారం స్పార్టన్లు నిరంకుశ ప్రభుత్వ పాలనలో బతికారు. వారు ఏమి తిన్నారు అన్న దగ్గరినుంచి వారు ఎవరిని పెళ్లి చేసుకున్నారు అనే వరకూ వారి జీవితాలు సూక్ష్మదర్శిని కింద పరిశీలించి నిర్వహించ బడ్డాయి. స్పార్టన్ పరిపాలన అమానుషం అనటంలో సందేహం లేదు. కానీ అక్కడ చాలా స్వీయవిశోధన యంత్రాంగం అమలులో ఉన్నది. ఆ కారణంగా అధికారం అంతా ఒకవ్యక్తి చేతిలో, లేదా ఒక వర్గం చేతిలో ఉండటానికి వీలుకాదు. రాజకీయ అధికారం ఇద్దరు ప్రభువులు, అయిదుగురు సీనియర్ మేజిస్ట్రేట్లు, ఇరవై ఎనిమిది మంది గెరూసియా కౌన్సిల్ సభ్యులు, ప్రజాదరణ గల అసెంబ్లీ మధ్య విభజన అయిఉన్నది. యుద్ధానికి బయలుదేరటంవంటి ముఖ్య విషయాలు భయంకరమయిన చర్చలకు దారి తీసేవి.

స్పార్టా పరిపాలన మనం ఎలాగయినా విశ్లేషించవచ్చు. అథీనియన్ ప్రజాస్వామ్యాన్ని ఒక నగరానికి, పరిమితంచేసిన సాంకేతిక పరిమితులే స్పార్టన్ రాజకీయ ప్రయోగాన్నికూడా పరిమితం చేశాయి. పెలోపోనీషియాన్ యుద్ధం జయించిన తర్వాత స్పార్టా అనేక గ్రీకు నగరాలలో సైనిక స్కంధావారాలు, తనకు అనుకూలమయిన ప్రభుత్వాలు స్థాపించాడు. ఆ ప్రభుత్వాలన్నీ విదేశవ్యవహారాలలో ఆయన ఆజ్ఞ శిరసావహించాలి. సందర్భానుకూలంగా ఆయనను కీర్తించాలి. కానీ రెండవ ప్రపంచయుద్ధం తర్వాత USSR లాగా పెలోపోనీసియన్ యుద్ధం తర్వాత స్పార్టా తన వ్యవస్థను విస్తరింపజేసి ఎగుమతి చేయటానికి ప్రయత్నించ లేదు. ప్రతి ఒక్క గ్రీకు గ్రామం, పట్టణంలో సామాన్య ప్రజానీకం జీవితాలు కంట్రోల్ చేయటానికి తగిన సమాచార వ్యవస్థనిర్మించలేక పోయారు.[65]

ప్రాచీన చైనా (క్రీస్తు పూర్వం 221-206) లో అత్యాశా మయమయిన నిరంకుశపాలన స్థాపన అయి ఉండవచ్చు. ఎదురు తిరిగిన రాష్ట్రాలనన్నిటినీ జయించిన తర్వాత కిన్ పాలకుడు కిన్ షి హువాంగ్ కోట్లాది ప్రజల విస్తార సామ్రాజ్యానికి అధిపతి ఆయాడు. ఆ ప్రజలందరూ విభిన్న సంస్కృతులకు చెందినవారు. వారు వేరువేరు భాషలు మాట్లాడేవారు. వారు తమ స్థానిక సాంప్రదాయాలకు, స్థానిక ప్రభువులకూ విశ్వాసపాత్రులుగా ఉండేవారు. తన అధికారాన్ని కాదన్న ప్రతిఒక్క సంస్థానాన్ని అధికారాన్ని కూలదోయటానికి ప్రయత్నించాడు కిన్. స్థానిక సంపన్నుల ఆస్తులు, భూములు కొల్లగొట్టారు. ప్రాంతీయ విశిష్ట వ్యక్తులను రాజధాని జియాంగ్ యాంగ్ కు తరలించారు. వారిని వారివారి

స్వస్థానాల నుంచి కదిలించటంవల్ల వారి బలం నీరసించింది. వారిని కంట్రోల్ చేయటం సులువు అయింది.

కిన్ పరిపాలన అంతా కేంద్రీకరించటానికి, సర్వత్ర సమానం చేయటానికి నిర్దాక్షిణ్యంగా దండెత్తారు. సామ్రాజ్యమంతటా వినియోగించటానికి ఒక సరళమయిన ఒక కొత్తలిపి సృష్టించారు. నాణాలు, బరువులు, కొలతలు దేశమంతటా ప్రమాణం చేశారు. జియాంఫ్ యాంగ్ నుంచి బయలుదేరే రహదారులు అనేకం నిర్మించారు. ఆ దారులవెంట ప్రామాణికమయిన విశ్రాంతి గృహాలు, అంచల స్థావరాలు, సైనిక స్థావరాలు నిర్మించారు. రాజధాని ప్రాంతం, లేదా సరిహద్దు ప్రాంతాలనుంచి బయటికి వెళ్ళటానికి అనుమతి కావాలి. బండ్లు, రథాలు ఒకే బాటన నడవటానికి అనుకూలంగా ఇరుసుల నిడివికూడా ప్రామాణికం చేశారు.

పొలం దున్నటం నుంచి పెళ్లి చేసుకోవటం వరకూ ప్రతి ఒక్క పనికీ సైనిక పరమార్థం ఉండాలి. సైనిక దళాలకు రోమ్ నిర్ణయించిన క్రమశిక్షణ కిన్ దేశప్రజల అందరి మీద విధించాడు. తన పర్యవేక్షణలో ఉన్న ఒక ధాన్యపు గాదెను నిర్లక్ష్యం చేస్తే ఆ అధికారికి ఎటువంటి శిక్ష విధించాలో చెప్పే న్యాయం ఉన్నది అంటే, ఈ వ్యవస్థ ద్వారా కిన్ చేతులు ఎంతదూరం చాచాడో తెలుస్తుంది. ఆ గాదెకు ఎన్ని చిల్లులు పడితే ఆ అధికారిని శిక్షించవచ్చునో ఆ న్యాయసూత్రం చెబుతుంది. "ఎలుకలు చేసిన చిల్లులు మూడు కంటే మించితే ఒక డాలు (సైన్యానికి) జరిమానా. రెండుగానీ అంతకు తక్కువగాని అయితే ఆ అధికారిని మందలించాలి. మూడు చుట్టెలుకల చిల్లులు ఒక ఎలుక చేసిన చిల్లికి సమానం."[66]

ఈ నిరంకుశ వ్యవస్థను సులభం చేయటానికి కిన్ సామాజిక వ్యవస్థలో సైనిక క్రమశిక్షణ ప్రవేశపెట్టటానికి ప్రయత్నించాడు. ప్రతి ఒక్క పురుషుడూ ఐదుగురు జట్టులో సభ్యుడయి ఉండాలి. ఈ జట్లు స్థానిక పల్లెలు, పరగణాలు, జిల్లాలనించి రాజ్య సేనాపతులవరకు విస్తరించేవి. అనుమతి లేకుండా జనం ఇల్లు మారటానికి వీలు లేదు. సరయిన గుర్తింపు, అనుమతి లేకుండా ఏ స్నేహితులూ బంధువులూ రాత్రిపూట ఇంట్లో ఉండటానికి వీలు లేదు.

సేనలో ప్రతి ఒక్క సైనికుడికీ ఒక హోదా ఉన్నట్లే, కిన్ రాజ్యంలో ప్రతి ఒక్క పురుషుడికీ ఒక ఉద్యోగ పదవి ఉండేది. రాజ్యానికీ రాజుగారికీ వినయ విధేయతలతో సేవచేస్తే ఉన్నత పదవులకు ప్రమోషన్, దానితోపాటు ఆర్థిక హక్కులు, చట్టపరమైన హక్కులు పెరిగేవి. సేవలో లోపం వస్తే పదవీ చ్యుతి, శిక్ష. ప్రతి విభాగంలోనూ జనం ఒకరినొకరు పరిశీలిస్తూ ఉండాలి. ఆ విభాగంలో ఎవరు తప్పు చేసినా శిక్ష అందరూ అనుభవించాలి. నేరస్తులను గురించి తెలిసి కూడా చెప్పకపోతే – ఆ నేరస్తులు వారి బంధువులయినా సరే – చెప్పనివారిని చంపేస్తారు. నేరాలను తెలియ జెప్పినవారికి పురస్కారాలు, ప్రమోషన్లు, ఇంకా ఇతర సత్కారాలు.

పరిపాలన ఈ నిరంకుశ పద్ధతులు ఎంతవరకు అమలు జరప గలిగింది అన్నది ప్రశ్న. ప్రభుత్వ కార్యాలయాలలో నియమాలు నిబంధనలు వ్రాసే అధికారులు విస్తృతమయిన నియమాలు, నిబంధనలు ఆవిష్కరిస్తారు. ఆ నియమాలు నిబంధనలు అవాస్తవము, ఆచారణాతీతమూ అయి కూర్చుంటాయి. మనస్సాక్షి ఉన్న ఈ ప్రభుత్వాధికారులు ఎవరయినా రాజ్యం పర్యటించి ప్రతి గాదెలోను ఎలుక బొక్కలు లెక్కపెట్టారా? దూరప్రాంతాలలో కొండ చరియల దగ్గర నివశిస్తున్న రైతులు అందరూ ఈ అయిదుగురు భటుల జట్లలో చేరి ఉన్నారా? లేదనే చెప్పవచ్చు. కాని నిరంకుశ అధికార వ్యామోహంలో కిన్ పరిపాలన ఇతర అన్ని పరిపాలనలను మించిపోయింది.

కిన్ పరిపాలన తన ప్రజల ఆలోచనలు, అనుభూతులుకూడా నియంత్రించటానికి ప్రయత్నించింది. వారింగ్ స్టేట్స్ పీరియడ్ (క్రీస్తు పూర్వం 475 – 221: చైనాలో ఏడు రాజ్యాలు ఈ కాలంలో యుద్ధాలు చేశాయి) చైనీస్ యోచనాపరులు లెక్కలేనన్ని ఆదర్శాలు, వేదాంతాలు సృష్టించారు. కానీ కిన్ మాత్రం శాసనపరాయణత్వం పాలనకు ఆదర్శంగా స్వీకరించాడు. శాసన పరాయణత్వం ప్రజలందరినీ లుబ్ధులుగా, క్రూరులుగా, అహంకారులుగా చిత్రిస్తుంది. కఠినమయిన నియంత్రణ అవసరమంటుంది శాసన పరాయణత్వం. నియంత్రణకు దండన, పురస్కారాలు అత్యంత ప్రభావశాలులయిన మార్గాలు అని వాదిస్తుంది. ఏ నైతిక కారణమూ రాజ అధికారాన్ని తగ్గించకూడదని దృఢంగా శాశిస్తుంది. బలవంతుడిదే రాజ్యం, రాజ్య క్షేమమే అన్నిటినీ మించిన క్షేమం.[67] కన్ఫ్యూషనిజం, దావోయిజం మనుషులు పరోపకారులని, హింసాకాండ కంటే సుగుణం ముఖ్యమని బోధిస్తాయి. ఆ తత్వశాస్త్రాలను కిన్ బహిష్కరించాడు.[68] అటువంటి సున్నితమయిన భావాలు వెలిబుచ్చే పుస్తకాలు నిషేధమయ్యాయి. కిన్ చెప్పిన చరిత్రను కాదన్న పుస్తకాలు కూడా బహిష్కరించ బడ్డాయి.

కిన్ షి హువాంగ్ జౌ వంశాన్ని స్థాపించిన పెద్దలను అనుసరించాలని, అధికారం వికేంద్రీకరణ చేయాలని ఒక మేధావి వాదించారు. పెద్దల గతాన్ని కీర్తిస్తూ వర్తమానాన్ని విమర్శించటం తగదని ముఖ్య మంత్రి లీ సి ప్రతివాదం. గతాన్ని కీర్తించిన పుస్తకాలు, కిన్ ను విమర్శించిన పుస్తకాలు అన్నీ వెంటనే స్వాధీనం చేసుకోవాలని రాజాజ్ఞ. ఆ పుస్తకాలు అన్నీ ఒక ప్రత్యేక గ్రంథాలయంలో భద్రపరచ బడ్డాయి. అధికార వర్గానికి చెందిన పండితులు, విద్వాంసులుమాత్రమే వాటినిచూడగలరు, చదవగలరు.[69]

ఆధునిక యుగానికి పూర్వం కిన్ సామ్రాజ్యం ఒక్కటే మానవచరిత్రలో అన్నిటికంటే అత్యాశ ప్రదర్శించిన నిరంకుశ ప్రభుత్వం. సర్వాతీతమయిన నిరంకుశత్వమే దాని పతనానికి మూలమయింది. కోట్లాది ప్రజానీకాన్ని సైన్యంలో

చేర్చటానికి ప్రయత్నం, అన్నీ వనరులూ సేనవాహినికే తరలించటంతో తీవ్రమయిన ఆర్థికసంక్షోభం తల ఎత్తింది. వ్యర్థం మితిమీరిపోయింది. దేశవ్యాప్తంగా ప్రజానీకంలో నిరసన నిద్ర లేచింది. అమానుషమయిన చట్టాలు, ప్రాంతీయ ముఖ్యులపట్ల వ్యతిరేకత, పన్నులు సేకరించటం, కొత్తవారిని సేనలో చేర్చటానికి తీరని దాహం అన్నీ కలిసి ఈ ప్రజానిరసన అగ్నిలో ఆజ్యం పోశాయి. ఈ నిరసన అదుపు చేయటానికి అనేకమంది అధికారులు, సైనికులు కావాలి. ఆనాటి వ్యవసాయసమాజం ఆదాయం పరిమితం. వారీనందరినీ పోషించగల స్తోమతు ఆ సమాజానికి కరువయింది. సమాచార వాహిని కి తగిన సాంకేతికత లోపించటం వల్ల జియాన్ యాంగా నుంచి రాజ్యంలో ప్రతి ఒక్క గ్రామము అదుపు చేయటం అసాధ్యమయి కూర్చున్నది. కనుక క్రీస్తు పూర్వం 209 లో విప్లవం తల ఎత్తిందంటే ఆశ్చర్యం లేదు. ప్రాంతీయ ముఖ్యులు, నిరాశచెందిన సామాన్యులు, అధికారంలో కొత్తగా చేరిన పెద్దలు కొందరు కూడా ఆ విప్లవం వెనక ఉన్నారు.

ఒక కథనం ప్రకారం కొందరు రైతులు నిర్బంధంలో సరిహద్దు ప్రాంతానికి తరలించ బడ్డారు. వానలు, వరదలవల్ల వారక్కడికి ఆలస్యంగా చేరారు. విధి నిర్వహణసరిగా లేని కారణంగా తమను చంపివేస్తారేమోనని వారి భయం. కనుక తమకు పోయేదేమీ లేదని వారి అనుభూతి. మరుక్షణం విప్లవాత్మకులు అనేకులు వారితోచేయి కలిపారు. అధికారంలోకి వచ్చిన పదిహేను సంవత్సరాలలో నిరంకుశ అధికార దురాశ కారణంగా కిన్ సామ్రాజ్యం కూలిపోయింది. పద్ధెనిమిది రాజ్యాలుగా చీలి, చితికి పోయింది.

అనేక సంవత్సరాల యుద్ధాల తర్వాత మరొక వంశం – హాన్ వంశం – ఆ సామ్రాజ్యాన్ని కూడదీసింది. హాన్ వాస్తవమయిన, రాక్షసత్వానికి దూరమయిన పద్ధతి అనుసరించాడు. హాన్ చక్రవర్తులు నిరంకుశులే కానీ సర్వాధికారం చలాయించలేదు. తమ అధికారానికి హద్దులు వారికి తెలియవు. కానీ ప్రతిఒక్కరి జీవితాన్నీ శాసించే ప్రయత్నం చేయలేదు. చట్టప్రకారం పర్యవేక్షణ, నియంత్రణ అనుసరించే బదులు, హాన్ కన్ఫ్యూసియన్ భావం అనుసరించి విశ్వాసపాత్రంగా, బాధ్యతాయుతంగా మెలగటానికి ప్రజలను ప్రోత్సహించాడు. అది వారివారి న్యాయాన్యాయ విశ్వాసాలమీద ఆధారపడి ఉంటుంది. రోమ్ సామ్రాజ్యంలో తమ సమకాలీనుల లాగానే, హాన్ చక్రవర్తులు కేంద్రంనుంచి కొన్ని విషయాలు మాత్రమే పరిపాలించారు. మిగిలిన బాధ్యతలు ప్రాంతీయాధికారులకు, స్థానిక సమాజాలకు వదిలి వేశారు. ఆనాటి సమాచార జాలం సాంకేతిక లోపంవల్ల పరిమితం. కనుక ఆనాటి రోమన్, హాన్ సామ్రాజ్యాలు నియంతృత్వం నెరపినా, సర్వాధికారం చలాయించలేదు.[70] కిన్ లాంటి మహారాజులు ఏకఛత్రాధిపత్య సర్వాధికారం ఆశించి ఉండవచ్చు. కానీ అది అమలు పరచాలంటే ఆధునిక సాంకేతికత అభివృద్ధి చెందేవరకూ కాచుకొని ఉండాలి.

సర్వాధికార త్రయం

ఆధునిక సాంకేతిక విజ్ఞానం విస్తృత ప్రజాస్వామ్యాన్ని సాధ్యం చేసింది. అలాగే విస్తృత సర్వాధికారాన్ని కూడా బలపరిచింది. పంధొమ్మిదవ శతాబ్దం ఆరంభంతో పారిశ్రామిక వ్యవస్థలు పెరుగుతూ వచ్చాయి. ఆ కారణంగా ప్రభుత్వాలు అనేకమంది కార్యనిర్వహకులను ఉద్యోగాలలో చేర్చాయి. కొత్తగావచ్చిన సమాచార సాధనాలు – టెలిగ్రాఫ్, రేడియో వగైరా – ఈ కార్యనిర్వాహకులందరినీ సత్వరం సంపర్కం చేసి పర్యవేక్షించే అవకాశం కల్పించాయి. ఈ అధునాతన సాధనాలవల్ల సమాచారము, అధికారము కేంద్రీకృత మయ్యాయి. అవి కోరుకున్న కొందరి కలలు సాకార మయ్యాయి.

1917 విప్లవం తర్వాత బోల్షివిక్కులు రష్యా అధికారం స్వంతం చేసుకున్నారు. నిత్యమూ వారి కల అదే. తమ మతధర్మం బోధించే కర్తవ్యం తమదేనని వారి దృఢవిశ్వాసం. కనుక అపారమయిన అధికార బలం కోసం వారు అర్రులుచాస్తూ ఉండేవారు. యుగాల అరబడి అవినీతిపరులయిన కులీనులు ప్రజలను అణగదొక్కి అధికారం చలాయించారని మార్క్స్ బోధన. ఆ అణచివేత తుదముట్టించి ఈ భూమిమీద న్యాయసమ్మతమయిన పరిపూర్ణ సమాజం సృష్టించటం తమకు తెలుసునని బోల్షివిక్కులు వాదన. అలా చేయాలంటే వారు అనేక అవరోధాలు, అనేక శత్రువులను అధిగమించాలి. అందుకు మళ్ళీ సంపూర్ణాధికార బలంకావాలి. తమ దృక్పథాన్నీ, తమ పద్ధతులనూ ప్రశ్నించే స్వీయవిశోధన యంత్రాంగాన్ని వారు పూర్తిగా తిప్పి కొట్టారు. పార్టీ సభ్యులు వ్యక్తిగతంగా తప్పులు చేయవచ్చునేమో గాని, పార్టీ మాత్రం ఎన్నడూ ఏ తప్పూ చేయదని బోల్షివిక్కులు దృఢవిశ్వాసం. తాము తప్పు చేయలేరన్న దృఢవిశ్వాసంతో బోల్షివిక్కులు రష్యాలో తల ఎత్తుతున్న ప్రజాస్వామ్యాలను – ఎన్నికలు, స్వతంత్ర న్యాయస్థానాలు, స్వేచ్ఛాయుతమయిన ప్రచార మాధ్యమం, ప్రతిపక్షాలు – ధ్వంసంచేశారు. బోల్షివిక్ సర్వాధికారం స్టాలిన్ తో మొదలు కాలేదు. విప్లవ మొదలయిన తొలిరోజులలోనే అది స్పష్టంగా ప్రత్యక్షమయింది. ఆ సర్వాధికార తృష్ణ స్టాలిన్ తో మొదలు కాలేదు. పార్టీ అమోఘము అనే దృక్పథం నుంచి మొగ్గ తొడిగింది.

తనకు సంక్రమించిన సర్వాధికారాన్ని స్టాలిన్ 1930, 1940 లలో పరిపూర్ణం చేశాడు. ప్రభుత్వ యంత్రాంగాలయిన రాష్ట్ర మంత్రివర్గాలు, ప్రాంతీయ నిర్వహణ, ఎర్ర సేనల సిబ్బందులు ఇందులో మొదటిమెట్టు. 1939 లో 1.6 మిలియన్ పౌర అధికారులు,[71] 1.9 మిలియన్ సైనికులు ఉండేవారు.[72] సోవియట్ యూనియన్ కమ్యూనిస్ట్ పార్టీకి, ఆ పార్టీ సర్వవ్యాప్త విభాగాలకు ఒక సాధనం ఉండటం రెండవది. 1939 లో ఆ సాధనం సభ్యత్వం 2.4 మిలియన్(అందరూ పార్టీ సభ్యులే)[73]. రహస్య

పోలీసు బలగ మూడవ మెట్టు. మొదట్లో ఆ రహస్య పోలీసు బలగాన్ని చెక అన్నారు. స్టాలిన్ కాలంలో అది OGPU, NKVD, MGB గా చలామణి అయింది. స్టాలిన్ అనంతరం అది KGB అయింది. సోవియట్ తదనంతర కాలంలో 1995 నుంచీ అది FSB గా మారిపోయింది. 1937 లో NKVD లో 270,000 ఏజంట్లు, మిలియన్లకొద్దీ వేగులవాళ్లు ఉండేవారు.[74]

ఈ మూడు శాఖలూ సమానాంతరంగా పనిచేసేవి. ప్రజాస్వామ్యంలో స్వీయ శోధనయంత్రాంగాలు ఒకదానిని మరొకటి అదుపులో ఉంచుతాయి. అలాగే ఆధునిక సర్వాధికారంలో ఒకదానినొకటి నిఘావేసి చూసే యంత్రాంగాలు నిర్మితాలయి ఉన్నాయి. సోవియట్ రాష్ట్రగవర్నర్ నిరంతరమూ స్థానిక ప్రభుత్వశాఖాధికారి నిఘాలో ఉండేవాడు. వారి కింది ఉద్యోగులలో NKVD వేగులు ఎవరో వారు ఇద్దరిలో ఎవరికీ తెలియదు. పూర్వకాలపు నిరంకుశ పాలనలో ప్రాంతీయ సహాయ ఉద్యోగులనుంచి తిరుగుబాట్లు ఉండేవి. ఆనాటి నియంతలకు అది ఒక నిరంతర సమస్య. ఆధునిక సర్వాధికారం ఆ సమస్యలను తుడిచివేసింది. యూఎస్ఎస్ఆర్ లోనూ కుట్రలు దురంతాలు జరిగాయి. కానీ ఒక రాష్ట్రగవర్నర్ కానీ, ఒక ఎర్ర సేన కమాండర్ గాని ఏనాడూ కేంద్రానికి ఎదురు తిరగలేదు.[75] ఆ పరపతి రహస్య పోలీసుశాఖకు దక్కాలి. రహస్య పోలీసుశాఖ ప్రజా సమూహం మీద, రాష్ట్ర నిర్వాహకుల మీద, ఎర్ర సేన మీద అన్నిటికీ మించి పార్టీ మీద నిఘా వేసి ఉంచింది.

చరిత్రలో దాదాపు అన్నీ పాలనలలోనూ సేనకు విపరీతమయిన అధికార బలం ఉండేది. ఇరవయ్యవ శతాబ్దపు సర్వాధికార పాలనలలో సేనావాహిని తన అధికార బలాన్ని రహస్య పోలీసుకు – సమాచార సేన – దత్తం చేసింది. USSR లో ఎర్రసేనకు ఉన్న ఆయుధ బలం Cheka, OGPU, NKVD, KGB లకు లేకపోవచ్చు. కానీ వారికి క్రెమ్లిన్ లో అధిక పరపతి ఉండేది. సేనాధికారులనుకూడా భయపెట్టి, ప్రక్షాళన చేసే తాహతు ఉన్నది. అదేవిధంగా తూర్పు జర్మనీలో స్టాసి, రుమేనియన్ సెక్యూరితాట్ అ దేశాల సేనల కంటే అధికార బలం కలవారు.[76] నాజీ జర్మనీలో వెర్మక్ట్ కంటే SS కు అధికారబలం ఎక్కువ. వెర్మాక్ట్ అధిపతి విల్హెల్మ్ కైటేల్ కంటే SS ముఖ్య అధికారి హైంరిచ్ హింలర్ ఉన్నత అధికార పదవిలో ఉండేవాడు.

పైనచెప్పిన ఉదాహరణలలో ఎక్కడా సాంప్రదాయక యుద్ధంలోరహస్య పోలీసుబలగం సేనావాహినిని ఏనాడూ గెలవలేదు. రహస్య పోలీసుబలం అంతా సమాచార స్వాధీనంలో ఉన్నది. సేనల కుట్ర కార్యరూపం ధరించక మునుపే రహస్య పోలీసు బలగంచేతిలో ఆ కుట్ర సమాచారం చేరేది. టాంక్ బ్రిగేడ్ కమాండర్లు, ఫైటర్ బ్రిగేడ్ కమాండర్లు వారికి తెలిసేలోగా అరెస్ట్ అయ్యేవారు. 1930 లలోనడిచిన స్టాలినిస్ట్ భయంకర భీభత్స సమయంలో 144,000 ఎర్ర సేన ఆఫీసర్లలో సుమారు

10 శాతం NKVD చేతిలో హతమయ్యారు, లేదా చెరసాల పాలయ్యారు. 186 మంది డివిజనల్ కమాండర్లలో 154 మంది(83 శాతం), తొమ్మిదిమంది అడ్మిరల్స్ లో ఎనిమిది మంది (89శాతం), పదిహేను మందు ఫుల్ జనరల్స్ లో పదముగ్గురు (87 శాతం), అయిదుగురు మాషల్స్ లోముగ్గురు (60 శాతం) NKVD కి దొరికిన వారిలో ఉన్నారు.[77]

పార్టీ నాయకత్వం కూడా అదే గతి పాలయ్యింది. 1917విప్లవానికి పూర్వంపార్టీలో చేరిన ఆదరణీయ వృద్ధ బోల్షివిక్ లలోమూడవ వంతు గ్రేట్ టెర్రర్ దాటి జీవించలేదు.[78] 1919 కి 1938 కి మధ్య పొలిట్ బ్యూరో సేవచేసిన ముప్పై ముగ్గురిలో పధ్నాలుగురు (42 శాతం) తుపాకి కాల్పులకు గురి అయ్యారు. పార్టీ సంట్రల్ కమిటీ మెంబర్లు, క్యాండిడేట్ మెంబర్లు గా ఉన్న 139 మందిలో 98 మంది (70 శాతం) తుపాకి గుళ్ళకు బలి అయ్యారు. 1934 లో పార్టీ పదిహేడవ సమావేశం హాజరయినవారిలో మరణశిక్ష, చెరసాల, బహిష్కరణ, పదవీచ్యుతి తప్పించుకొని 1939 లో పద్దెనిమిదవ సమావేశం హాజరయినవారు రెండు శాతం మాత్రమే.[79]

అంత ప్రక్షాళనం, హత్యలు జరిపిన రహస్య పోలీస్ బలగమే అనేక శాఖలుగా విడదీయబడింది. ఆ శాఖలన్నీ ఒకరితో ఒకరు పోటీపడి ఒకరినొకరు నిఘాతీసి పరస్పర ప్రక్షాళన చేసుకున్నారు. గెంరిక్ యగోడ NKVD ముఖ్యులు. గ్రేట్ టెర్రర్ కు ఆద్యులు ఆయనే. వందలు, వేల సంఖ్యలో అపరాధుల దండన పర్యవేక్షించాడు. 1938లో ఆయన హతుడయాడు. నికోలాయ్ యఝోవ్ ఆయనస్థానం ఆక్రమించాడు. లక్షలాది ప్రజానీకాన్ని చెరసాలలో వేస్తూ, చంపుతూ ఆయన రెండు సంవత్సరాలు పదవిలో సాగాడు. 1940 లో ఆయనను ఉరి తీశారు.

1935 లో NKVD లో జనరల్ (సోవియట్ పరిభాషలో కమీజార్స్ ఆఫ్ స్టేట్ సెక్యూరిటీ) పదవి అలంకరించిన ముప్పై తొమ్మిది మంది పెద్దల పరిస్థితి చెప్పి తీరాలి. 1941లో వారిలో ముప్పై అయిదుగురు (90 శాతం) ఖైదు చేసి కాల్చి చంపబడ్డారు. ఒకరు ఖూనీ అయ్యారు. మరొకరు - NKVD తూర్పు ప్రాంతీయ కార్యాలయముఖ్యులు) జపాన్ కు పారిపోయి తప్పించుకున్నారు. కానీ 1945 లో జాపనీయులు ఆయనను కాల్చి చంపారు. NKVD జనరల్స్ పటాలంలో రెండవ ప్రపంచ యుద్ధం ముగిసేనాటికి ఇద్దరు మాత్రమే మిగిలి ఉన్నారు. నిర్దాక్షిణ్యమయిన ఆ సర్వాధికారవ్యాధి వారికికూడా అంటుకున్నది. స్టాలిన్ మరణానంతరం 1953 లో నడిచిన అధికార పోరాటంలో ఒకరు తుపాకి కాల్పుకు గురి అయ్యారు. మరొకరు మానసిక ఆసుపత్రికి తరలించ బడ్డారు. ఆయన 1960 లో అక్కడ మరణించాడు.[80] స్టాలిన్ కాలంలో NKVD జనరల్ గా ఉద్యోగం చేయటం ఈ ప్రపంచంలోనే అత్యంత ప్రమాదకరమయిన ఉద్యోగం. ఒకవైపు అమెరికన్ ప్రజాస్వామ్యం స్వీయశోధన యంత్రాంగాలను మెరుగు పరిచే ప్రయత్నంలో ఉన్నది. మరొకవైపు

సోవియట్ సర్వాధికారపాలన మూడంతస్తుల ఆత్మ పర్యవేక్షణ, ఆత్మ భీతిలజేసే యంత్రాంగాలు పటిష్టం చేయటంలో ఏకాగ్రమయి ఉన్నది.

సంపూర్ణ నియంత్రణ

సర్వాధికారపాలనలకి సమాచారప్రసారం నియంత్రణే మూలాధారం. ఏమూల స్వేచ్ఛగా వార్తాప్రసారం జరిగినా దానిమీద అనుమానమే. మిలిటరీ అధికారులు, రాష్ట్ర అధికారులు, లేదా సామాన్య ప్రజలు కలుసుకున్నప్పుడు సమాచారం ఇచ్చిపుచ్చుకొని వారు పరస్పరవిశ్వాసం పెంపొందించుకోగలరు. వారు ఒకరినొకరు నమ్మితే వారు పాలనకు నిరసన సమాయత్తం చేయగలరు. కనుక జనం ఎక్కడ కలుసుకొని సమాచారం ఇచ్చిపుచ్చు కుంటారో వారిమీద ఒక కన్నువేసి ఉంచటానికి అక్కడ ప్రభుత్వం కూడా ఉండి తీరాలనేది సర్వాధికార పాలనలో కీలక నియమం. 1930 లలో స్టాలిన్, హిట్లర్ అనుసరించిన నియమం ఇదే.

హిట్లర్ ఛాన్సలర్ అయిన రెండు నెలలకు అంటే మార్చ్ 31, 1933 న నాజీలు కోఆర్డినేషన్ ఆక్ట్ పాస్ చేశారు. ఈ యాక్ట్ ప్రకారం ఏప్రిల్ 30, 1933 నాటికి జర్మనీలోని రాజకీయ, సాంస్కృతిక, సామాజిక సంస్థలు అన్నీ – మునిసిపాలిటీలు, ఫుట్ బాల్ క్లబ్బులు, స్థానిక గాయక బృందాలు – నాజీ రాజ్య అంగాలుగా నాజీ సిద్ధాంతాలననుసరించి నడుచుకోవాలి. ఆ యాక్ట్ జర్మనీలోని ప్రతి నగరము, ప్రతి పల్లెలోజీవితాలనూ తలకిందులు చేసింది.

ఉదాహరణకు ఆల్పైన్ పర్వతప్రాంతంలో ఉన్న ఓబర్స్ డార్ఫ్ అనే గ్రామంలో ప్రజాస్వామ్య రీతిలో ఎన్నిక అయిన మునిసిపల్ కౌన్సిల్ ఆఖరు సారిగా ఏప్రిల్ 22, 1933 న సమావేశం అయింది. మూడురోజుల తర్వాత దానిస్థానంలో నాజీ మేయర్ చేత నియమించబడిన నాజీ కౌన్సిల్ పదవిలోకి వచ్చింది. ప్రజలకు ఏమికావాలో నాజీలకు మాత్రమే తెలుసునని ప్రభుత్వం అభిప్రాయం. మరి ప్రజా సంకల్పాన్ని అమలు పరిచే శక్తి ఎవరిది? ఓబర్స్ దోర్ఫ్ లో ఒక బుక్ కీపింగ్ సొసైటీ నుంచి ఆల్పైన్ క్లబ్ వరకూ దాదాపు యాభై సంస్థలు ఉన్నాయి. వారందరూ కో ఆర్డినేషన్ యాక్ట్ అనుసరించ వలసివచ్చింది. బోర్డులు సవరించటం, సభ్యత్వం, నాజీ డిమాండ్లకు అనుకూలంగా నియమాలు, స్వస్తికా పతాక ఆవిష్కరణ అన్నీ. వారిప్రతి సమావేశమూ నాజీ గీతం "హోర్స్ట వెస్సెల్ సోంగ్" తో ముగించాలి. 1933 ఏప్రిల్ 6వ తేదీన ఓబర్స్ దోర్ఫ్ మత్స్యకారుల సమాజం యూదులకు తమ సమాజంలో సభ్యత్వం నిషేధించింది. ఆ సమాజంలో యూదులు ఎవరూ లేరు. కానీ తాము ఆర్యులమని ఎలుగెత్తి చాటటానికి ప్రభుత్వం ఆ పని చేయవలసి వచ్చింది.[81]

స్టాలిన్ USSR లో పరిస్థితి ఇంకా దారుణం. నాజీలు చర్చ్ సంస్థలకు, ప్రైవేట్

వ్యాపారాలకు కనీసం కొంత స్వేచ్ఛ ప్రసాదించారు. సోవియట్లు ఎక్కడా అవకాశం వదలలేదు. 1928 నాటికి మొదటి పంచవర్ష ప్రణాళిక ఆరంభమయ్యే నాటికి ప్రతి సందులోనూ, ప్రతి గ్రామంలోను ప్రభుత్వ అధికారులు, పార్టీ కార్య కర్తలు, రహస్య పోలీస్ వార్తాహరులు నిండి ఉన్నారు. వారందరూ కలిసి జీవితంలో ప్రతి ఒక్క అంశమూ – పవర్ ప్లాంట్స్ నుంచి క్యాబేజ్ పొలాలవరకూ అన్నీ వ్యాపారాలు, అన్నీ వార్తాపత్రికలు, రేడియో స్టేషన్లు, అన్నివిశ్వవిద్యాలయాలు, పాఠశాలలు, యువ సమాజాలు, అన్నిహాస్పిటల్స్, వైద్యశాలలు, అన్ని స్వచ్ఛంద్సంస్థలు, మతపరమయిన సంస్థలు, అన్ని క్రీడా సంస్థలు, వైజ్ఞానిక సంస్థలు, అన్ని పార్కులు, మ్యూజియంలు, సినిమాలు – తమ అధీనంలోకి తీసుకున్నారు.

ఫుట్ బాల్ ఆడుకోవటానికో, లేదా అడవులలో తిరగటానికో, దానధర్మాలు చేయటానికో, ఒక డజనుమంది జనం బయటికి వచ్చారంటే పార్టీ మనుషులు, రహస్య పోలీసుదళం వారి వెనక ఉండవలసిందే. వారు స్థానిక పార్టీ సభ్యులు కావచ్చు. NKVD ఏజంట్లు కావచ్చు. ఈ పార్టీ విభాగాలు, NKVD ఏజంట్లు అందరూ మాస్కో నుంచి ఒక టెలిగ్రామ్. లేదా టెలిఫోన్ కాల్ దూరంలో ఉంటారు. ఆధునిక సాంకేతిక సమాచార వేగం, దక్షత అంటే అదీ. అనుమానాస్పదులయిన మనుషులను గురించి సమాచారం ఇవ్వటానికి దేశవ్యాప్తంగా కార్డ్ క్యాటలాగులతో క్రాస్ రెఫరెన్స్ లతో వ్యవస్థ ఉన్నది. ఈ వ్యవస్థను కార్టోటేకి అనేవారు. ఈ క్యాటలాగులలో ఉద్యోగపరమయిన సమాచారం, పోలీస్ ఫైల్స్, నివాసస్థాన సమాచారం, ఇంకా ఇతర సామాజిక స్థితిగతులు చేరి ఉండేవి. 1930 ల నాటికి సోవియట్ ప్రజానీకాన్ని పర్యవేక్షించి, అదుపుచేయటానికి ఈ క్యాటలాగులే ముఖ్య యంత్రాంగమయి కూర్చున్నది.[82]

సోవియట్ జీవితంమీద సంపూర్ణ నియంత్రణ సాధించటానికి స్టాలిన్ కు ఇది అనువయిన సాధన మయింది. సోవియట్ వ్యవసాయాన్ని సామూహికం చేయటానికి జరిగిన ప్రచారం ఇందుకు ఒక ముఖ్య ఉదాహరణ. విస్తారమయిన త్సార్ సామ్రాజ్యంలో వేలాది గ్రామాలలో ఆర్థిక, సామాజిక, వ్యక్తిగత జీవితాలు సంప్రదాయ సంస్థల – స్థానిక సహజీవనవ్యవస్థ, పారిష్ చర్చ్, ప్రైవేట్ కమతం, స్థానిక మార్కెట్, అన్నిటినీ మించి కుటుంబము – ద్వారా నడిచాయి. 1920 దశాబ్దం మధ్య భాగంలో సోవియట్ యూనియన్ ముఖ్యంగా వ్యవసాయ వ్యవస్థే. జనాభాలో 82 శాతం గ్రామాలలోనే నివసించారు. పనివారిలో 83 శాతం వ్యవసాయం పనులే చేసేవారు.[83] ఏమి నాటాలీ, ఏమి కొనాలి, తమ వస్తువులకు ఎంతధర చెప్పాలి అన్న విషయాలు ప్రతి వ్యవసాయ కుటుంబము స్వయంగా నిర్ణయిస్తే, సామాజిక, ఆర్థిక నిర్ణయాలు చేయటానికి సోవియట్ అధికారులచేతిలో ఏమీ ఉండదు. అధికారులు ఒక వ్యవసాయ సంస్కరణ నిర్ణయిస్తారు. వ్యవసాయదారులకుటుంబాలు దానిని

తిరస్కరిస్తాయి. అప్పుడేమవుతుంది? ఆ కారణంగానే 1928 లో తొలిసారిగా సోవియట్లు మొదటి పంచవర్ష ప్రణాళిక తీసుకు వచ్చినప్పుడు, సామూహిక వ్యవసాయం అన్నిటికంటే ముఖ్య స్థానం ఆక్రమించింది.

ప్రతి గ్రామంలోను అన్నీ కుటుంబాలు కోల్ఖోజ్ – ఉమ్మడి వ్యవసాయ క్షేత్రం – లో చేరుతాయి. తమ ఇల్లు, వాకిళ్ళు, గుర్రాలు, ఆవులు, పారాలు, కొడవళ్ళు అన్నీ కోల్ఖోజ్ కి అప్పజెబుతాయి. అందరూ కలిసి కోల్ఖోజ్ కోసం సమిష్టిగా పని చేస్తారు. ప్రతిఫలంగా కోల్ఖోజ్ వారికి ఇల్లు, వాకిలి, చదువు సంధ్యలు, తిండి, ఆరోగ్యరక్షా అన్నీ కల్పిస్తుంది. పొలంలో క్యాబేజ్ పండించాలా, ట్యూనిప్స్ పెంచాలా అన్న విషయం మాస్కో ఆజ్ఞలను బట్టి కోల్ఖోజ్ నిర్ణయిస్తుంది. పెట్టుబడి స్కూలుకోసమా, ట్రాక్టర్ కోసమా, డయిరీ ఫార్మ్ లో ఎవరు పని చేస్తారు, తోళ్ళపని ఎవరు చేస్తారు, ఆస్పత్రిలో ఎవరు పనిచేస్తారు అన్న విషయం కోల్ఖోజ్ నిర్ణయిస్తుంది. చరిత్రలోనే అత్యంత పరిపూర్ణ న్యాయబద్ధమయిన, సమసమాజం వెలుస్తుందని మాస్కో మేధావుల ఆలోచన.

అలాగే ఆ ప్రతిపాదించిన వ్యవస్థలో ఆర్థికప్రయోజనాలు కూడా లభిస్తాయని వారి నమ్మకం. విస్తారమయిన క్షేత్రం కారణంగా పనులు చవకగా జరుగుతాయని ఆశ. ఉదాహరణకు ఒక్కొక కుటుంబానికి ఒక చిన్నపొలం ఉన్నది. ఆ చిన్నపొలం దున్నటానికి ఒక ట్రాక్టర్ కొనటం అవివేకం. అంతే కాక ఆ కుటుంబాలకు ట్రాక్టర్ కొనగల స్తోమతు లేదు. సామూహికంగా పొలం అంతా ఏకం చేస్తే, ఆధునిక యంత్రాలు వినియోగించి ఆ వ్యవసాయక్షేత్రం అంతా దక్షతతోనూ, చవకగానుసాగు చేయవచ్చు. దానికితోడు ఆధునిక విజ్ఞానశాస్త్రంవల్ల కోల్ఖోజ్ మేలుపొందుతుంది. రైతులు ఎవరికి వారు ఏమి పండించాలో నిర్ణయిస్తే అది సంప్రాదాయానికి, అనేక మూఢనమ్మకాలకు గురవుతుంది. సామూహిక వ్యవసాయంలో లెనిన్ ఆల్ యూనియన్ ఏకాడెమీ ఆఫ్ సైన్సెస్ వంటి విద్యాలయాలనుంచి పట్టభద్రులయిన నిపుణులు అవసరమయిన కీలకనిర్ణయాలు చేస్తారు.

మాస్కోలో పథక రచయితలకు ఇది అద్భుతంగా ధ్వనించింది. 1931 నాటికి వ్యవసాయ ఉత్పత్తి 50 శాతం పెరుగుతుందనివారి అంచనా.[84] ఆ క్రమంలో పురాతన వాసనలుకొట్టే గ్రామీణ వారసత్వాలు, అసమానత్వాలు చదును అయితే ఇంకామేలు. కానీ రైతులందరికీ ఇది దారుణంగా ధ్వనించింది. వారు ఆ మాస్కో పథక రచయితలనుగాని, కొత్తగా పుట్టుకువచ్చిన కోల్ఖోజ్ పద్ధతినిగాని నమ్మలేదు. వారు తమ జీవన విధానాన్నిగాని, తమస్వంత ఆస్తులనుగాని వదులుకో దలచలేదు. ఆవులను, గుర్రాలను కోల్ఖోజ్ వ్యవస్థకు అందజేయటానికి బదులు వాటిని వధించారు. పనిచేసే ప్రేరణ వారిలో క్షీణించింది. తమస్వంత పొలాలు దున్నటానికి వెచ్చించిన శ్రమకంటే అందరికీ చెందిన పొలాలు దున్నటానికి తక్కువ శ్రమచేశారు.

జడాత్మకమయిన నిరాకరణ సర్వవ్యాపియయింది. కొన్ని సమయాలలో హింసాపూరిత సంఘర్షణలకు ఆజ్యం పోసేది. 1931 లో పంటలు 98 మిలియన్ టన్నులు ఇస్తాయని సోవియట్ పథక రచయితల అంచనా. అధికార ప్రకటల ప్రకారం ఉత్పత్తి అరవై తొమ్మిది మిలియన్ టన్నులు మాత్రమే జరిగింది. వాస్తవానికి అది యాభై ఏడు మిలియన్ టన్నులే అయి ఉండవచ్చు. 1932 పంట అంతకంటే హీనం.[85]

ప్రభుత్వం ఆగ్రహావేశంతో మండిపడింది. 1929, 1936 కు మధ్య ఆహార పదార్థాల జప్తు, ప్రభుత్వ నిర్లక్ష్యం, స్వయంకృత కరువులు (ప్రకృతిసిద్ధ ప్రమాదాలు కావు, ప్రభుత్వ సిద్ధాంతాల కారణంగా) కలిసి 4.5 నుంచి 8.5 మిలియన్ జీవితాలను కబళించాయి.[86] అదనంగా లక్షలాది రైతులు దేశద్రోహులుగా ముద్రపడి బహిష్కరించ బడ్డారు లేదా జైలుపాలయ్యారు. రైతుజీవితంలో ప్రాథమిక వ్యవస్థలు – కుటుంబము, చర్చ్, స్థానిక సమాజం – అదరగొట్టి కూలదోశారు. న్యాయం, సమానత్వం, ప్రజాసంకల్పం పేరున సామూహిక ప్రచారధోరణి తన దారికి అడ్డుతగిలిన వారందరినీ నిర్మూలించింది. 1930 మొదటి రెండునెలలలో 100,000 గ్రామాలనుంచి సుమారు 60 మిలియన్ రైతులు సామూహిక వ్యవసాయ క్షేత్రాలకు తోలబడ్డారు.[87] 1929 లో సోవియట్ వ్యవసాయ కుటుంబాలలో 4 శాతం మాత్రమే సామూహిక వ్యవసాయక్షేత్రాలకు చెందినవారున్నారు. 1930 మార్చ్ నాటికి ఈ అంకె 57 శాతానికి చేరింది. ఏప్రిల్ 1937 నాటికి గ్రామసీమలలో 97 శాతం 235,00 సామూహిక వ్యవసాయ క్షేత్రాలలో చిక్కుకు పోయారు.[88] శతాబ్దాల తరబడి నిలిచిన జీవనవిధానాన్ని కేవలం ఏడు సంవత్సరాలలో మాస్కో పెత్తందారుల సర్వాధికార మేధాశిశువు ఆక్రమించింది.

కులక్ లు

సోవియట్ సామూహిక సమష్టికత చరిత్ర కొంచెం లోతుగా తరచిచూడటం అవసరం. యూరప్ లో నడిచిన మాంత్రికులవేట పిచ్చి మానవచరిత్రలోనే ఒక ఉపద్రవం. సోవియట్ సమష్టి సిద్ధాంతం అదే బాటన నడిచింది. దానికితోడు ఇరవై ఒకటో శతాబ్దం సాంకేతికవిజ్ఞానంలో ఇమిడి ఉన్న కొన్ని ఘోరప్రమాదాలు సూచిస్తుంది. ఆ వైజ్ఞానిక సమాచారంపట్ల తన విశ్వాసంకూడా వెలిబుచ్చుతుంది.

సమష్టి వ్యవసాయ ప్రయత్నాలకు తిరస్కారం ఎదురుకాగా, మాస్కో అధికారులు క్రెమర్ రచన హామర్ ఆఫ్ ది విచెస్ నుంచి భావాలు గుత్తకు తీసుకున్నారు. సోవియట్ అధికారులు ఆ పుస్తకం నిజంగా చదివారని చెప్పటం కాదు. కానీ వారుకూడా ఒక ప్రపంచవ్యాప్తమయిన గూడుపుఠాణీ కనిపెట్టారు. భూమిమీద లేని

ఒకశత్రుగణాన్ని సృష్టించుకున్నారు. సోవియట్ ఆర్థికస్థితి తలకిందులు కావటానికి కారణం ప్రతీకార విప్లవకారుల నెత్తిన రుద్దారు. ఆ ప్రతీకార విప్లవం ప్రతినిధులు ఎవరో కాదు, భూస్వాములు, పెట్టుబడిదారీవర్గ వ్యవసాయదారులు. క్రేమర్ ఊహాగానంలో శనిసేవకులయిన దయ్యాలు తుఫానులు తెచ్చిపెట్టి పంటలు పొలాలు నాశనం చేశాయి. స్టాలిన్ ఊహాలోకంలో పెట్టుబడిదారీ లోకానికి కనిపించే భూస్వాములు, జమీందారీ వ్యవసాయదారులు సోవియట్ ఆర్థిక వ్యవస్థకు దుర్గతి పట్టించారు.

సిద్ధాంతరీత్యా భూస్వాములు సమాజంలో ఒక స్పష్టమయిన ఆర్థిక విభాగం. ఆస్తిపాస్తులు, ఆదాయం, మూలధనం, జీతాలవంటి అంశాలమీద అనుభవ పూర్వకమయిన దత్తాంశాలు విశ్లేషించి ఈ విభజన జరిగింది. సోవియట్ అధికారులు వస్తువులు లెక్కపెట్టి భూస్వాములను గుర్తించారని ఆరోపణ. ఒక గ్రామంలో చాలామందికి ఒకే ఆవు ఉంటే, మూడు ఆవులు ఒన్న కొద్ది కుటుంబాలు భూస్వాముల కిందికి వస్తారు. ఒక గ్రామంలో దాదాపు ఎవరూ కూలివారిని వినియోగించకపోతే, కోతల సమయంలో ఇద్దరు కూలివాళ్లను నియోగించిన కుటుంబం భూస్వామి కుటుంబం. భూస్వామి అంటే కొంత ఆస్తి ఉండటమే కాదు, కొన్ని వ్యక్తిగత లక్షణాలుకూడా ఉంటాయి. మార్క్సిస్ట్ సిద్ధాంతం లోపరహితం. ఆ సిద్ధాంతం ప్రకారం ప్రజల స్థితిగతులు వారి సామాజిక, ఆధ్యాత్మిక నడవడిని నిర్ణయిస్తాయి. భూస్వాములు (కులక్ లు) పెట్టుబడిదారీ దోపిడీకి పాలుపడుతున్నారు కనుక వాళ్ళు లోభులు, స్వార్థపరులు, నమ్మదగనివారు. వారితోబాటు వారి పిల్లలు కూడా అదే కోవకు చెందుతారు.(మార్క్సిస్ట్ ఆలోచనానుసారం). ఎవరైనా ఒకరు భూస్వామిగా గుర్తించ బడితే, వారి ప్రాధమిక స్వభావం బయటికి తెలిసిపోతుంది.

1929 డిసెంబర్ 27 న సోవియట్ దేశం"భూస్వామివర్గాన్ని నిర్మూలించాలి” అని స్టాలిన్ పిలుపునిచ్చారు.[89] అత్యాశామయము, ఘాతుకము అయిన ఆ లక్ష్యం సాధించటానికి ఆయన తక్షణం పార్టీ కార్యకర్తలను, రహస్య పోలీసు బలగాన్ని ప్రేరేపించారు. యూరోపియన్ దయ్యాల వేటగాళ్ళు ఆధునిక యుగప్రారంభంలో నియంతృ సమాజాలలో పనిచేశారు. ఆధునిక సాంకేతిక సమాచార సాధనాలు వారివద్ద లేవు. ఆ కారణంగా యాభైవేల దయ్యాలను హతమార్చటానికి వారికి మూడుశతాబ్దాలు పట్టింది. భూస్వాములను వేటాడుతున్న సోవియట్ వేటగాళ్ళు సర్వాధికార పాలనలో పనిచేస్తున్నారు. టెలిగ్రాఫ్, రైళ్లు, టెలిఫోన్లు రేడియోలవంటి సాంకేతిక సాధనాలు వారికి అందుబాటులో ఉన్నాయి. దానికి తోడు విస్తారమయిన ప్రభుత్వ అధికారవర్గం మద్దతు వారిసొత్తు. లక్షలాది భూస్వాములను నిర్మూలించటానికి రెండేళ్ళు చాలునని వారి నిర్ణయం.[90]

USSR లో ఎందరు భూస్వాములు ఉన్నారో లెక్క కట్టేందుకు సోవియట్ అధికారులు నడుం బిగించారు. పన్నుల రికార్డులు, ఉద్యోగ రికార్డులు, 1926 సోవియట్ జనాభా లెక్కలు ఆధారంగా గ్రామీణ జనాభాలో భూస్వాములు 3 – 5 శాతం ఉండవచ్చునని నిర్ణయించారు.[91] స్టాలిన్ ప్రసంగం జరిగిన నెలరోజుల తర్వాత 1930 జనవరి 30 వ తేదీన, అస్పష్టంగా ఉన్న ఆయన మనోవీక్షణాన్నిపొలిట్ బ్యూరో ఉత్తరువు ననుసరించి సవివరమయిన కార్యక్రమంగా రూపుదిద్దారు. ఆ ఉత్తరువు ప్రతిఒక్క వ్యవసాయ క్షేత్రంలోనూ ఎంతమంది భూస్వాములను నిర్మూలించాలనేది కూడా ఒక లక్ష్యం.[92] తమ పరిధిలో ఉన్న ప్రాంతంలో ఎందరు భూస్వాములు ఉంటారు అనేది ప్రాంతీయ అధికారులు తమతమ అంచనాలు చేశారు. చివరికి గ్రామీణ సోవియట్లకు (చుట్టుపక్కల ఉన్న కొద్దిగ్రామాలకు స్థానిక నిర్వాహక సమితులు) కోటాలూ ఏర్పాటు చేశారు. ప్రతిఒక్క గ్రామీణ సోవియట్ తన పరిధిలో ఉన్న గ్రామాలలో అంచనా ప్రకారం భూస్వామి కుటుంబాలను గుర్తించాలి. ఈ జనాన్ని వారి ఇళ్లనుంచి బయటికి పంపారు. నిర్వహణా యంత్రాంగంలో వారి స్థాయిని బట్టి వారికి మరొక చోట స్థావరం కల్పించారు, కాన్సెంట్రేషన్ క్యాంప్ లలో బంధించారు, లేదా తుదముట్టించారు.[93]

ఎవరు భూస్వామో సోవియట్ అధికారులు ఎలా కనుక్కున్నారు? కొన్ని గ్రామాలలో స్థానికపార్టీ సభ్యులు ఆస్తిపాస్తులవంటి వాస్తవ వివరాలు సేకరించి భూస్వాములను గుర్తించారు. శ్రమపడి కాయకష్టం చేసే రైతులు, పనిలో నేర్పు ఉన్న రైతులు తరుచూ అపనిందలకు లోనయి ఈ బహిష్కరణకు గురి అయ్యారు. కొన్ని గ్రామాలలో స్థానిక కమ్యూనిస్టులు తమ వ్యక్తిగత విరోధుల అడ్డు తొలిగించుకోవటానికి ఈ అవకాశం వినియోగించుకున్నారు. కొన్ని గ్రామాలలో భూస్వామిగా ఎవరిని నిర్ణయించాలి అన్నది లాటరీ పద్ధతిన నడిచింది. ఇతర గ్రామాలలో సమాజ సమావేశాలు నడిచాయి. ఆ సమావేశాలలో భూస్వాములు ఎవరు అన్న విషయం మీద ఓటింగ్ జరిగింది. అందులో ఒంటరి రైతులు, విధవలు, వృద్ధులు, ఇంకా మిగతా పనికిమాలిన వాళ్ళు ఉన్నారు.(ఆధునిక యూరప్ తొలిదశలో మాంత్రికులుగా ముద్ర పడినవారు సరిగ్గా ఇలాంటి వ్యక్తులే).[94]

ఈ ఆపరేషన్ ఎంత అసంజసమో స్ట్రెలెట్స్కీ కుటుంబ గాధ ప్రత్యక్ష పరుస్తుంది. ఈ కుటుంబం సైబీరియా ప్రాంతంలో కుర్గాన్ గ్రామ వాసులు. దిమిత్రీ స్ట్రెలెట్స్కీ ఆనాడు కిశోర ప్రాయులు. తదనంతర కాలంలో తమకుటుంబం భూస్వాములుగా ఎలా ముద్ర పడిందో, ఎందుకు అంతం చేయాలని నిర్ణయించారో ఆయన గుర్తు చేసుకున్నాడు. ఆ గ్రామ సోవియట్ ముఖ్యుల పేరు సెర్కోవ్. ఆ గ్రామ సోవియట్లకు ఆయన ఛైర్మన్. ఆయన వివరించాడు:"నాకు (జిల్లా పార్టీకమిటీ నుంచి) ఒక ఆర్డర్ వచ్చింది. ఈ ఊరినుంచి బయటికి పంపటానికి నేను 17 భూస్వామి కుటుంబాలను

గుర్తించాలి. నేను పేదవారితో కలిసి ఒక కమిటీ ఏర్పాటు చేశాను. రాత్రంతా కూర్చుని మేము భూస్వామి కుటుంబాలను ఎంపిక చేశాము. భూస్వామి కుటుంబం అనటానికి తగిన అర్హతలు ఉన్న ధనికకుటుంబాలు ఈ ఊళ్ళో లేవు. కనుక మేము మాకు తోచిన 17 కుటుంబాలు ఎంచుకున్నాం. అందులో మీ కుటుంబం ఒకటి. దయచేసి ఇది వ్యక్తిగతమయిన కక్షగా తీసుకోవద్దు. ఇంతకు ఇంచి నేనేమి చేయగలను?"[95] ఈ వ్యవస్థకు ఎవరయినా అభ్యంతరం చెబితే, వారిని తక్షణం భూస్వాములుగ, విప్లవకారులుగా ముద్ర వేస్తారు. ఆ తర్వాత వారిని నిర్మూలనం చేస్తారు.

మొత్తం మీద 1933 నాటికి అయిదు మిలియన్ భూస్వాములు బహిష్కరించ బడ్డారు. కుటుంబాలలో దాదాపు ముప్పైవేల తలలు ఎగిరి పోయాయి. అదృష్టం ఉన్న బలిపశువులు తమ స్వంత జిల్లాలలో పునరావాసం పొందారు. లేదా పెద్ద పెద్ద నగరాలలో దేశదిమ్మరి పనివారు అయినారు. సుమారు రెండు మిలియన్లమందిని దూరప్రదేశాలలో ఉన్న కటిక ప్రాంతాలకు తరలించారు. లేదా లేబర్ క్యాంపులలో బానిసలుగా బంధించారు.[96] ముఖ్యమయిన ప్రసిద్ధిచెందిన ప్రణాళికలు అనేకం మిలియన్ల కొద్దీ ఖైదీల శ్రమతో పూర్తిచేశారు. ఆ ఖైదీలలో చాలామంది భూస్వాములుగా ముద్ర పడినవారు! వైట్ సీ కెనాల్, ఆర్కిటిక్ ప్రాంతంలో గనుల అభివృద్ధి ఇందుకు కొన్ని ఉదాహరణలు. మానవ చరిత్రలో అదే అన్నిటికంటే పెద్ద బానిస కార్యకలాపం.[97] భూస్వామి అని ఒకసారి ముద్ర పడిన తర్వాత ఆ మనిషి ఆ మచ్చ ఎన్నటికీ తుడిచి వేయలేడు. కరతోటేకి క్యాటలాగులు, పురావస్తు భాండారాలు, అంతర్దేశీయ పాస్ పోర్టులలో ప్రభుత్వ విభాగాలు, పార్టీ శాఖలు, రహస్య పోలీసుపత్రాలు భూస్వాములను గుర్తించి రికార్డ్ చేసి ఉంచాయి.

కులక్ హోదా తర్వాతి తరానికికూడా అంటుకున్నది. ఫలితాలు దారుణాతి దారుణం. కమ్యూనిస్ట్ యువబృందాలు, ఎర్ర సైన్యం, విశ్వవిద్యాలయాలు, ప్రసిద్ధికెక్కిన ఉద్యోగ రంగాలు సర్వత్ర కులక్ పిల్లలకు ప్రవేశం నిషేధం.[98] ఆంటోనియా గోలోవీనా 1977 లో తన స్వానుభవాలు సంస్మరణ చేశారు. ఆమె కుటుంబాన్ని భూస్వాములుగా ముద్రవేసి వారి పూర్వీకుల గ్రామం నుంచి పేస్తోవో గ్రామానికి తర్లించారు. ఆమె చేరిన స్కూల్లో అబ్బాయిలు ఆమెను నిత్యమూ వేధిస్తూ ఉండేవారు. ఒక సందర్భంలో ఒక సీనియర్ టీచర్ పదకొండేళ్ళ ఆంటోనియాను క్లాసులో అందరి ముందు నిలబెట్టి నిర్దాక్షిణ్యంగా తిట్టసాగింది. "దీని లాంటి వారందరూ జనానికి శత్రువులు. దిక్కుమాలిన కులక్ లు! బహిష్కరణ నీకుతగిన శిక్షే! మిమ్మల్ని అందరినీ నాశనం చేస్తే పీడా వదులుతుంది." అని కేకలు పెట్టింది. తన జీవితాన్ని మలుపు తిప్పిన క్షణం అదే నంటారు ఆమె. "మేము (కులక్ లు) మిగతా అందరినుంచీ వేరనీ, మేము నేరస్తులమనీ నా ప్రగాఢ అనుభూతి." ఆ అనుభూతి ఆమెనెన్నడూ వదలలేదు.[99]

పదేళ్ళ హాంసెల్ పాప్పెన్ హైమర్ దయ్యం అయినట్లుగానే, కట్టుకథలు పుట్టించే మానవ కథకుల వల్ల, సర్వత్ర వ్యాపించి ఉన్న అధికార బృందం విధించటంవల్ల పదకొండేళ్ళ ఆంటోనీనా గోలోవీనా మనుషుల్లో ఒక మూలకు విసిరి కొట్టబడింది. కులక్ లను గురించి సోవియట్ అధికారులు సేకరించించింది వాస్తవమూ కాదు, యదార్థమూ కాదు. కానీ అది మనుషుల మధ్య ఒక సోవియట్ గోడ కట్టింది. ఒక సోవియట్ వ్యక్తినిగురించి తెలుసుకోవటమంటే ఆ వ్యక్తి కులక్ అని తెలుసుకోవటం – ఆ లేబుల్ పూర్తిగా బోగస్ అయినా సరే – అతి ముఖ్యం.

ఆనందమయ సోవియట్ మహాకుటుంబం

కుటుంబాల స్వంతవ్యవసాయ క్షేత్రాలు కూలదొయ్యటమే కాక స్టాలిన్ పాలన మరొకమెట్టు పైకి ఎక్కటానికి ప్రయత్నం చేసింది. ఆ పాలన కుటుంబాన్నే కూలదొయ్యటానికి పూనుకున్నది. రోమన్ చక్రవర్తులు, రష్యన్ త్సార్లలాగా కాక స్టాలిన్ అత్యంత సన్నిహితమయిన మానవ సంబంధాలలో – తల్లిదండ్రులు, పిల్లల మధ్య – దూరటానికి ప్రయత్నించాడు. లంచగొండితనానికి, అసమానత్వానికి, పార్టీ విరోధ చర్యలకూ కుటుంబ బాంధవ్యాలు మూలకారణమని భావించ బడ్డాయి. ఆ కారణంగా సోవియట్ చిన్నారులకు స్టాలిన్ ను మాత్రమే తండ్రిగా పూజించాలని బోధించారు. స్టాలిన్ ను కానీ, కమ్యూనిస్ట్ పార్టీని కానీ విమర్శిస్తే ఆ తల్లిదండ్రులను గురించి సమాచారం తెలియ జెయ్యాలి.

1932 లో ఆరంభించి సోవియట్ ప్రచార యంత్రరాజం పావ్లిక్ మోరోజోవ్ వ్యక్తిత్వం చుట్టూ ఒక యదార్థమయిన ఆరాధనాభావం సృష్టించింది. పావ్లిక్ సైబీరియాలో గెరాసిమోవ్కా గ్రామం నుంచి వచ్చిన పదమూడేళ్ల కుర్రవాడు. పావ్లిక్ తండ్రి ట్రోఫీమ్ గ్రామ సోవియట్ బృందం ఛైర్మన్. దేశబహిష్కారం అయిన కులక్ లకు ట్రోఫీమ్ తప్పుడు సమాచారం ఉన్న పేపర్లు అమ్ముతున్నారని పావ్లిక్ రహస్య పోలీసుశాఖకు కబురు అందించాడు. ఆ తర్వాత జరిగిన విచారణలో ట్రోఫీమ్ "నేను నీ తండ్రిని." అని పావ్లిక్ ను అరిచాడు. "అవును ఒకనాడు నువ్వు నా తండ్రివి. కానీ, ఈనాడు నేను నిన్ను నా తండ్రిగా గుర్తించను." అని పావ్లిక్ సమాధానం. ట్రోఫీమ్ ను లేబర్ క్యాంప్ కు పంపి, తర్వాత కాల్చి చంపేశారు. 1932 సెప్టెంబర్ లో పావ్లిక్ హత్య చేయ బడ్డాడు. సోవియట్ అధికారులు పావ్లిక్ కుటుంబ సభ్యులు ఐదుగురిని ఖైదు చేసి, ఉరి తీశారు. పావ్లిక్ ఆక్షేపణకు ప్రతిగా ఆ బంధువులు అతనిని హత్య చేశారని అభియోగం. అసలు కథ ఇంకా జటిలం. కానీ సోవియట్ ప్రెస్ కు అదేమీ పట్టలేదు. పావ్లిక్ ఒక అమర వీరుడు అయినాడు. మిలియన్ల కొద్దీ సోవియట్ చిన్నారులకు పావ్లిక్‌ను అనుసరించాలని బోధించారు.[100] చాలామంది ఆపని చేశారు కూడాను.

ఉదాహరణకు 1934 లో ప్రోనియా కొలిబిన్ అనే పదమూడేళ్ళ కుర్రవాడు తన తల్లి ఆకలితో కొల్ఖోజ్ పొలాలలో ధాన్యం దొంగిలించిందని అధికారులకు వార్త చేరవేశాడు. అతని తల్లి అరెస్ట్ అయింది. తర్వాత కాల్చివేశారని చెప్తారు. ప్రోనియా కు ధనరూపంగా పురస్కారం ముట్టింది. ప్రచార మాధ్యమాలు అతన్ని గురించి చాలా వ్రాశాయి. పార్టీ అంగం ప్రావ్దా, ప్రోనియా వ్రాసిన పద్యం ఒకటి ప్రచురించింది. ఆ పద్యంలో రెండు లైన్లు, "అమ్మా, నువ్వు వినాశకారిణివి, నీతో ఇంక నేను బతకలేను."[101]

కుటుంబాన్ని కంట్రోల్ చేయటానికి సోవియట్ ప్రభుత్వ ప్రయత్నాన్ని గురించి స్టాలిన్ కాలంలో ఒక పరిహాసం ఉండేది. స్టాలిన్ మారువేషంలో ఒక కర్మాగారం దర్శిస్తాడు. అక్కడ ఒక శ్రామికుడితో మాట్లాడుతూ "మీ నాన్న ఎవరు?" అని అడుగుతాడు.

"స్టాలిన్." కార్మికుడి సమాధానం.

"మీ అమ్మ ఎవరు?"

"సోవియట్ యూనియన్." కార్మికుడి సమాధానం.

"నువ్వు ఏమవుదామనుకుంటున్నావు?"

"అనాధ."[102]

ఈ జోక్ చెబితే – మీరు మీ ఇంటిలోనే చెప్పినా, అతి సన్నిహిత కుటుంబ సభ్యులకు చెప్పినా –ఆనాడు మీ స్వేచ్ఛా, లేదా మీ ప్రాణం కూడా ప్రమాదంలో పడవచ్చు. సోవియట్ తల్లిదండ్రులు ఆనాడు పార్టీకి లేదా స్టాలిన్ కు విశ్వాసం చూపుమని తమబిడ్డలకు బోధించలేదు. వారు నేర్పిందల్లా "నోరు మూసుకుని కూర్చో."[103] అని మాత్రమే. ఆనాడు సోవియట్ యూనియన్లో బాహాటంగా మాట్లాడటాన్ని మించిన ప్రమాదం మరొకటి లేదు.

పార్టీ – చర్చ్

నాజీ పార్టీ, లేదా సోవియట్ కమ్యూనిస్ట్ పార్టీ సర్వాధికార వ్యవస్థలు ఆనాటి క్రిస్టియన్ చర్చ్ లకంటే చాలా వేరుగా ఉండేవా అని మీరు ఆశ్చర్య పడుతూ ఉండవచ్చు. చర్చ్ లు కూడా తాము అమోఘమని విశ్వసించాయి. వారి మతాచార్యులు ఏజంట్లలాగా ప్రతిచోటా ఉండేవారు. వారు ఏమితినాలి తినకూడదు అన్న దగ్గరినుంచి ప్రజల లైంగిక అలవాట్ల వరకూ ప్రజల నిత్యజీవితాలను నియంత్రించటానికి ప్రయత్నించారు. క్యాథలిక్ చర్చ్ లేదా ఈస్టర్న్ ఆర్థడాక్స్ చర్చ్ లను సర్వాధికార వ్యవస్థలుగా చూడకూడదా? మరి ఆధునిక సాంకేతిక సమాచార విజ్ఞానమే సర్వాధికార వ్యవస్థకు కారణమన్న సిద్ధాంతాన్ని ఇది తోసిరాజనటం లేదా?

కాకపోతే ఆధునిక సర్వాధికారానికీ పూర్వపు చర్చ్ లకూ చాలా పెద్ద పెద్ద వ్యత్యాసాలు ఉన్నాయి. ప్రధమంగా ఆధునిక సర్వాధికారవ్యవస్థ అనేక పర్యవేక్షణ యంత్రాంగాలను వినియోగిస్తుంది. ఈ యంత్రాంగాలు పరస్పరం క్రమం తప్పకుండా కంట్రోల్ చేస్తాయి. పార్టీ ఎన్నటికీ ఒంటరి కాదు. ఒకవైపు పార్టీ శాఖలు, మరొకవైపు రహస్య పోలీసుదళం కన్నార్పకుండా కాపలాకాచి ఉంటాయి. ఇందుకు విరుద్ధంగా మధ్య యుగపు రాజ్యాంగాలలో చర్చ్ లు స్వతంత్ర వ్యవస్థలు. రాజ్య వ్యవస్థలతో చేయికలపటానికి బదులు అవి రాజ్య వ్యవస్థలను ఎదిరించి నిలిచేవి. ఆ కారణంగా యూరోపియన్ నియంతలకు చర్చ్ అతి ముఖ్యమయిన అవరోధం అయింది.

ఉదాహరణకు 1070 లలో ప్రతిష్ఠాపన సమయంలో వివాదం చెలరేగింది. బిషప్ లు, అబాత్ లు, ఇంకాయితర ముఖ్యచర్చ్ అధికారులను నియమించటానికి చక్రవర్తిగా తనదే తుది నిర్ణయం అని హెన్రీ IV చక్రవర్తి ప్రకటించాడు. పోప్ గ్రెగరీ VII అందుకు నిరసన కూడదీసి చక్రవర్తిచేత దాసోహ మనిపించాడు. 1077 జనవరి 25 న హెన్రీ క్షమాపణ చెప్పుకోవటానికి పోప్ మకాం చేసి ఉన్న కనోసా మందిరానికి వచ్చాడు. పోప్ తలుపులు తెరవటానికి నిరాకరించాడు. హెన్రీ IV చక్రవర్తి బయట మంచులో, కాళ్ళకు జోడు లేకుండా, ఆకలితో కాచుకొనిఉన్నాడు. మూడు రోజులతర్వాత పోప్ దయతలచి తలుపులు తెరిపించాడు. చక్రవర్తి క్షమాపణ వేడుకున్నాడు.[104]

ఆధునిక సర్వాధికార దేశంలో అటువంటి సంఘర్షణ ఆలోచనాతీతం. సర్వాధికార పాలనలో ముఖ్యవిషయం ఏమిటంటే అధికారం చేతులు మారకూడదు. సోవియట్ యూనియన్ లో ప్రభుత్వము, పార్టీ పరస్పరం బలపరుచుకునేవి. ఆ రెంటికీ స్టాలిన్ అసలయిన నాయకుడు. సోవియట్ "ప్రతిష్టాపనవివాదం" తల ఎత్తటానికి అవకాశం లేదు. ఎందుకంటే పార్టీ పదవులలోనూ, ప్రభుత్వ అధికారాలలోనూ స్టాలిన్ దే తుది నిర్ణయం. జార్జియాలో కమ్యూనిస్ట్ పార్టీ జనరల్ సెక్రెటరీగా ఎవరు ఉండాలో, సోవియట్ యూనియన్ విదేశాంగ మంత్రిగా ఎవరు ఉండాలో నిర్ణయించేది స్టాలిన్ ఒక్కడే.

మరొక ముఖ్యమయిన వ్యత్యాసం ఏమిటంటే, మధ్యయుగపు చర్చ్ లు సంప్రదాయమార్గంలో నడిచేవి. మార్పు అంటే నిరసించేవి. ఆధునిక సర్వాధికార పార్టీలు మార్పును కోరే విప్లవాత్మక వ్యవస్థలు అయ్యాయి. వెనకటి చర్చ్ శతాబ్దాల తరబడి సంప్రదాయాలు, రూపురేఖలు అభివృద్ధిచేసి తన ఆధిపత్యాన్ని సాధించింది. రాజు కాని, పోప్ కాని సమాజాన్ని వేగాతివేగంగా, విప్లవాత్మకంగా మార్చటానికి ప్రయత్నిస్తే చర్చ్ నుంచీ, చర్చ్ ని నమ్మిన సామాన్యులనుంచీ దృఢమయిన నిరసన ఎదుర్కొనేవారు.

ఉదాహరణకు ఎనిమిది తొమ్మిది శతాబ్దాలలో బిజంటైన్ చక్రవర్తులకు విగ్రహారాధన నచ్చలేదు. వారు ఆ విగ్రహారాధన ఆపుచేయటానికి ప్రయత్నించారు. బైబుల్‌లో చాలా ఉదాహరణలు, ముఖ్యంగా రెండవ కమాండ్ మెంట్ (శిల్పం చెక్కిన ప్రతిమలు తయారు చేయటం నిషేధం) చూపించారు. రెండవ కమాండ్ మెంట్ విగ్రహారాధన అనుమతిస్తుందని సాంప్రదాయకంగా చర్చ్ ల తాత్పర్యం. కాన్స్టంటైన్ వంటి చక్రవర్తులు దానిని తప్పుపట్టారు. ఇస్లాం సేనల చేతిలో క్రైస్తవుల పరాజయం విగ్రహారాధనపట్ల దేవుడి ఆగ్రహకారణమే నన్నారు. 754 లో మూడువందల మందికి పైగా బిషప్ లు హీరియా కౌన్సిల్లో సమావేశమై కాన్స్టంటైన్ విగ్రహారాధన వ్యతిరేకతను సమర్ధించారు.

స్టాలిన్ సమష్టి నినాదంతో పోలిస్తే ఇది చాలా చిన్న సంస్కరణ. కుటుంబాలు, గ్రామాలు తమతమ విగ్రహాలను వదిలివేయాల్సి వచ్చింది. తమ ఆస్తిపాస్తులను, బిడ్డలను మాత్రం కాదు. కాని బిజంటైన్ విగ్రహారాధన వ్యతిరేకతకు విస్తారమయిన నిరసన ఎదురయింది. హీరా కౌన్సిల్ లో పాల్గొన్న బిషప్ లు కాక సాధారణ మతఆచార్యులు, సాధువులు, విగ్రహారాధన నమ్మినవారు తమతమ విగ్రహాలతో అవినాభావ బంధం కలిగి ఉండేవారు. ఆ కారణంగా తలెత్తిన సంఘర్షణ బిజంటైన్ సమాజాన్ని తునాతునకలు చేసింది. చక్రవర్తులు ఓటమి ఒప్పుకొని తమ ధోరణి మార్చుకున్నారు.[105] బిజంటైన్ చరిత్రకారులు కాన్స్టంటైన్ V ను అపకీర్తి పాలుచేశారు. ఆయనకు బాప్టిజమ్ జరుగుతున్నపుడు ఆయన మలవిసర్జన చేశారని కథనం ప్రచారమయింది.[106]

పురాతన కాలంలో చర్చ్ లు శతాబ్దాల తరబడి నిదానంగా అభివృద్ధి చెందాయి. కనుక వారు సంప్రదాయవాదులు. హడావిడిగా మార్పులు అంటే వారు అనుమానం వ్యక్త పరిచే వారు. నాజీ పార్టీ, సోవియట్ కమ్యూనిస్ట్ పార్టీ వంటి ఆధునిక సర్వాధికార పార్టీలు ఒక్కతరంలోపుట్టి పెరిగాయి. సమాజాన్ని త్వరగా మార్చివేయాలనే వాగ్దానంతో పెరిగాయి. వాటికి శతాబ్దాలనాటి సంప్రదాయాలు, చర్చ్ సామాజిక వ్యవస్థ కాపాడుకోవలసిన అవసరం లేదు. ప్రస్తుతం ఆచరణలో ఉన్న సంప్రదాయాలు, సాంఘిక వ్యవస్థ కూలదోయాలని వారి నాయకులు పిలుపునిస్తే, పార్టీ సభ్యులందరూ తలలాడించి వరసలో నుంచుండేవారు.

అన్నిటికంటే ముఖ్యంగా పాతకాలం నాటి చర్చ్ లు సర్వాధికార పాలనల సాధనాలు కాలేదు. ఎందుకంటే ఆనాటి సంస్థలకు ఉన్న సమస్యలే ఆ చర్చ్ లకు కూడా ఉన్నాయి. మత ఆచార్యులు, సాధువులు, ఊరూరూ తిరిగే బోధకులు ఆ చర్చ్ లలో ఉన్నారు. కానీ సమాచారం అందజేయటం, అందిన సమాచారం అవగాహన చేసుకొని మరొకరికి చెప్పటం కష్టసాధ్యమయిన కార్యం. కనుక దూరాన ఉన్న సమాజాలలో ఏమి జరుగుతున్నదో చర్చ్ నాయకులకు తెలిసేది కాదు. స్థానిక మతగురువులకు తగినంత స్వేచ్ఛ ఉండేది. ఆ కారణంగా చర్చ్ లు స్థానిక

వ్యవహారాలయి కూర్చున్నాయి. ప్రతి రాష్ట్రంలో, ప్రతి గ్రామంలో జనం స్థానికసాధువులను ఆదరించి ఆరాధించేవారు. స్థానిక సాంప్రదాయాలు ఆమోదించి సమర్థించేవారు. అధికార వర్గానికి విభిన్నమయిన సిద్ధాంతాలు కూడా వారి సొత్తుకావచ్చు.[107] ఎక్కడో దూరాన పోలండ్ లో ఉన్న పారిష్ (ఒక ప్రీస్ట్ ఆధిపత్యంలో ఉన్న ప్రాంతం) లో స్వతంత్ర భావాలు కల మతగురువు ఉన్నారు. పోప్ ఆ వ్యక్తి మీద చర్య తీసుకో దలచారు. అందుకు ఆయన మొదట జ్నీజ్నో (పోలండ్) లో ఉన్న ఆర్చ్ బిషప్ కు ఒక సందేశం పంపాలి. ఆ ఆర్చ్ బిషప్ ఆ ప్రాంతానికి చెందిన మరొక బిషప్ కు సూచనలు ఇవ్వాలి. అప్పుడు ఆ బిషప్ పారిష్ వ్యవహారాలు చక్కదిద్దటానికి ఎవరినయినా పంపాలి. ఇదంతా జరగటానికి కొన్ని నెలలు పట్టవచ్చు. దానికి తోడు ఆర్చ్ బిషప్, తర్వాత బిషప్, ఆ తర్వాత వార్తాహరుడు పోప్ సందేశానికి ఎన్ని చిలవలు, పలవలు కల్పిస్తారనేది వారికే ఎరుక.[108]

ఆధునిక కాలంలో సాంకేతిక సమాచార సాధనాలు అందుబాటులోకి వచ్చినతర్వాతనే, చర్చ్ లు సర్వాధికార సంస్థలయి కూర్చున్నాయి. పోప్ లు మనకు మధ్యయుగపు స్మారక చిహ్నాలుగా తోచవచ్చు. కానీ ఆధునిక సాంకేతిక విజ్ఞానంలో పట్టభద్రులు. పద్దెనిమిదవ శతాబ్దంలో ప్రపంచవ్యాప్తంగా ఉన్న క్యాథలిక్ చర్చ్ మీద పోప్ ఆధిపత్యం చాలా పరిమితం. ఆయన అంతస్తు స్థానిక ఇటాలియన్ రాజకుమారుడి స్థాయిని మించేది కాదు. బోలోజ్ఞ లేదా ఫెర్రారా వంటి ప్రదేశాల ఆధిపత్యంకోసం పోరాటం లాగా ఉండేది. రేడియో వచ్చిన తర్వాత పోప్ లు ఈ భూమిమీదనే అత్యంత శక్తివంతులు అయ్యారు. పోప్ జాన్ పాల్ II వాటికన్ లో కూర్చుని పోలాండ్ నుంచి ఫిలిప్పీన్స్ వరకు మిలియన్ల క్యాథలిక్కులతో నేరుగా ప్రసంగించ గలరు. దానికి ఏ ఆర్చ్ బిషప్, బిషప్, పారిష్ ప్రీస్ట్ ఎవరూ అక్కరలేదు. ఆయన భావాలను వారు మెలి తిప్పనక్కర లేదు. [109]

సమాచార వాహిని

ఆధునికయుగ సాంకేతిక సమాచార పరిజ్ఞానం ప్రజాస్వామ్యానికీ, సర్వాధికారానికీ భారీ ఎత్తున తోడ్పడిందని చూస్తాం. కానీ ఈ రెండు వ్యవస్థలూ సాంకేతిక పరిజ్ఞానాన్ని భిన్నమార్గాలలో వినియోగించాయి. ఇంతకు మునుపు చెప్పినట్లుగా ప్రజాస్వామ్యంలో సమాచారం ఒక్క కేంద్రంనుంచి మాత్రమే కాక అనేక స్వతంత్ర మార్గాలలో ప్రసరిస్తుంది. ఆ సమాచారాన్ని వివిధ స్వేచ్ఛా స్థానాలు ప్రయోగించి తమ నిర్ణయాలు తాము తీసుకోవచ్చు. ప్రైవేటు వ్యాపారాలు, మాధ్యమాలు, మునిసిపాలిటీలు, క్రీడా సంస్థలు, స్వచ్ఛందసేవా సంస్థలు, కుటుంబాలు, వ్యక్తుల మధ్య సమాచారం స్వేచ్ఛగా చక్కర్లు కొడుతూ ఉంటుంది. దానికి ప్రభుత్వ కార్యాలయాలు, అమాత్యుల అవసరం లేదు.

సర్వాధికార పాలనలో అందుకు విరుద్ధంగా సమాచారమంతా ఒక కేంద్రస్థానంనుంచి మాత్రమే ప్రసరిస్తూ ఉంటుంది. అక్కడ ఏ స్వతంత్ర వ్యవస్థ స్వేచ్ఛగా నిర్ణయాలు తీసుకోవటానికి వీలు లేదు. సర్వాధికార వ్యవస్థలో ప్రభుత్వము, పార్టీ, రహస్య పోలీసుబలగము అన్న త్రైపాక్షిక సాధనాలు ఉన్నమాట వాస్తవమే. కానీ ఈ సమాంతర శక్తుల ధ్యేయం అంతా కేంద్రాన్నిసవాలు చేసే మరొక స్వతంత్ర శక్తి తల ఎత్తకుండా చూడటమే. ప్రభుత్వ అధికారులు, పార్టీ సభ్యులు, రహస్య పోలీసుబలగం పరస్పరం తోడ్పడుతూ ఉన్నంతకాలము కేంద్రాన్ని వ్యతిరేకించటం ప్రాణసంకటమే. ప్రజాస్వామ్య సమాచార యంత్రాంగము, సర్వాధికార సమాచార యంత్రాంగము ఒకదానికొకటి పూర్తిగా విరుద్ధం. కాని రెంటిలోను ప్రయోజనాలూ ఉన్నాయి, అనర్థాలూ ఉన్నాయి. కేంద్రీకృతమయిన సర్వాధికారయంత్రాంగంలో నిర్ణయాలు తక్షణం జరుగుతాయి, నిర్దాక్షిణ్యంగా అమలు అవుతాయన్నది అన్నిటినీ మించిన ప్రయోజనం. యుద్ధాలు, మహామారులు వచ్చినవేళ కేంద్రీకృతమయిన యంత్రాంగాలు వేగాతివేగంగా కదిలి కార్యరంగంలోకి దిగుతాయి. విస్తృతమయిన యంత్రాంగాలలో ఇది అసాధ్యం.

కానీ విపరీతంగా కేంద్రీకృతమయిన యంత్రాంగాలలో అనేక కష్టనష్టాలు ఉన్నాయి. అక్కడ సమాచారం అధికారవర్గాలద్వారానే ప్రసరించాలి. మరొకమార్గం లేదు. అధికారమార్గం మూసి ఉంటే మార్గాంతరం లేదు. అధికార మార్గాలు తరుచూ మూసుకునే ఉంటాయి.

అధికార మార్గాలు మూతపడిఉండటానికి కారణం భయస్థులయిన కింది ఉద్యోగులు దుర్వార్తలను పై అధికారులనుంచి దాచిపెడతారు. మంచి సైనికుడు స్వేజ్క్ అనే శీర్షికన జారోస్లోవ్ హాసేక్ ఒక వ్యంగ్య నవల వ్రాశారు. ఆ నవల మొదటి ప్రపంచ యుద్ధంలో ఆస్ట్రో హంగేరియన్ సామ్రాజ్యాన్ని గురించి చెబుతుంది. అందులో ఆస్ట్రియన్ అధికారులు జనాభాలో దిగజారుతున్న ధైర్యోత్సాహాలనుగురించి కలత పడుతుంటారు. వారు తక్షణం స్థానిక పోలీసుస్టేషన్లకు ఉత్తరువులు జారీ చేశారు. వేగులను నియమించి జనాభా విశ్వాసం మీద హెడ్ క్వార్టర్స్ కి రిపోర్ట్ పంపాలి. జనాభా విశ్వాసం స్థాయి అంచనావేయటానికి తెలివయిన పథకం రచించారు: Ia, Ib,Ic; IIa, IIb, IIc, IIIa, IIIb, IIIc; IVa, IVb, IVc. ప్రతి పోలీసు స్టేషన్ కు ఆ గ్రేడ్ లను గురించి విపులమయిన వివరాలు పంపారు. దానితోబాటు ఒక అధికారిక ఫారం కూడా పంపారు. ఆ ఫారం ప్రతిరోజూ నింపాలి. దేశవ్యాప్తంగా పోలీసు సర్జంట్లు విధియుక్తంగా ఆ ఫారంలు పూర్తి చేసి హెడ్ క్వార్టర్స్ కు పంపారు. ప్రజల ధైర్యోత్సాహాలు Ia స్థాయిలో ఉన్నాయని ప్రతి ఒక్కరి నివేదన. మరోవిధంగా చేస్తే శాపనార్థాలు, పదవీచ్యుతి, ఇంకా అంతకంటే ఘోరమయిన శిక్ష.[110]

అధికార వర్గాలు సమాచారం బిగబట్టి ఉంచటానికి కారణం క్రమం తప్పకూడదని. సర్వాధికార పాలనలో ముఖ్య ఉద్దేశం సత్యం తెలుసుకోవటం కాదు, సమాజాన్ని ఒక క్రమంలో ఉంచటం. సమాజ ప్రశాంతతను భంగపరిచే సమాచారం ఏదయినా వస్తే సర్వాధికారపాలనలు దానిని అణిచిపెట్టివేస్తాయి. సమాచార మార్గాలు అన్నీ వారి చేతిలో ఉంటాయి కనుక వారికి ఆపని చేయటం సులువు.

ఉదాహరణకు 1986 ఏప్రిల్ 26 న చెర్నోబిల్ న్యూక్లియర్ రియాక్టర్ పేలినప్పుడు సోవియట్ అధికార యంత్రాంగం ఆ వార్తను పూర్తిగా అణగదొక్కింది. అందులో ఉన్న ప్రమాదం సోవియట్ పౌరులకు గాని, ఇతరదేశాలకు కానీ ఏమాత్రం తెలియదు. ఆ రేడియేషన్ నుంచి ఆత్మరక్షణ చేసుకోవటానికి ఎవరికీ ఎటువంటి అవకాశమూ లేదు. చెర్నోబిల్ లోనూ, పక్కనే ఉన్న ప్రిప్యాట్ టౌన్ లోనూ సోవియట్ అధికారులు పరిసరాలలో ఉన్న జనాభాను తక్షణం అక్కడినుంచి తరలించమని అభ్యర్థన చేశారు. ఆ వార్త బయటికి పొక్కకూడదనేది పై అధికారుల ఆందోళన. కనుక వారు జనాభా తరలింపు నిషేధించటమే కాదు, అక్కడ ఉన్న టెలిఫోన్ లైన్లు అన్నీ కట్ చేశారు. దానికితోడు ఆ న్యూక్లియర్ కర్మాగారం ఉద్యోగులను ఆ ప్రమాదాన్ని గురించి ఎక్కడా, ఎవరితోనూ మాట్లాడకూడదని హెచ్చరించారు.

ఆ ఘటన జరిగిన రెండురోజుల తర్వాత స్వీడన్ లో రేడియేషన్ స్థాయి అసాధారణంగా పెరిగిందని గమనించారు. చెర్నోబిల్ నుంచి స్వీడన్ పన్నెండు వందల కిలోమీటర్ల దూరాన ఉన్నది. పశ్చిమ ప్రభుత్వాలు, పశ్చిమ ప్రచారమాధ్యమాలు వార్త బయట పెట్టినతర్వాతనే సోవియట్లు ఏదో ప్రమాదం జరిగినట్లు తల ఆడించారు. అప్పటికీ వారు ఆ ప్రమాదం సంపూర్ణ పరిణామం తమ జనాభానుంచి దాచి ఉంచారు. విదేశాల సహాయం సలహా అడగటానికి వెనకాడారు. ఉక్రెయిన్, బెలారూస్, రష్యాలలో మిలియన్ల కొద్దీ జనాభా ఆరోగ్యం దెబ్బతిన్నది. సోవియట్ అధికార యంత్రాంగం ఆ ప్రమాదాన్ని విచారణ చేసింది. అప్పుడుకూడా వారిధ్యేయం తప్పు ఎవరినెత్తిన రుద్దాలా అనే కానీ ప్రమాదానికి అసలు కారణం కనుక్కోవటం, భవిష్యత్తులో దానిని అరికట్టటమూ కాదు.[111]

2019 లో నేను చెర్నోబిల్ యాత్ర చేశాను. అక్కడ న్యూక్లియర్ దుర్ఘటనకు కారణాలు చెబుతూ ఉక్రేనియన్ గైడ్ చెప్పిన మాటలు నా మనసులో నాటుకున్నాయి. "ప్రశ్నలు జవాబులకు దారితీస్తాయనే భావనతో అమెరికన్లు పెరుగుతారు." అతను అన్నాడు. "కానీ సోవియట్ పౌరులు ప్రశ్నలు కష్టాలకు దారితీస్తాయనే భావనతో పెరుగుతారు."

ప్రజాస్వామ్యంలో కూడా నాయకులకు దుర్వార్తలు రుచించవు. కానీ విస్తరించి ఉన్న ప్రజాస్వామ్యయంత్రాంగంలో అధికార సమాచార మార్గాలు మూసి ఉంటే, ఇతర మార్గాలద్వారా సమాచారం ప్రసరిస్తుంది. ఉదాహరణకు, ఒక అమెరికన్

అధికారి రాబోయే విపత్తును గురించి అధ్యక్షులకు చెప్పకుండా దాచిపెట్టితే, ఆ వార్త ఎలాగయినా వాషింగ్ టన్ పోస్ట్‌లో ప్రచురణ అవుతుంది. ఉద్దేశపూర్వకంగా వాషింగ్ టన్ పోస్ట్ ఆ వార్తను తొక్కిపట్టి ఉంచితే వాల్ స్ట్రీట్ జర్నల్ లేదా ది న్యూయార్క్ టైమ్స్ ఆ వార్తను బయట పెడతాయి. ప్రత్యేక వార్తలను వెంటాడటమే స్వతంత్ర మాధ్యమాల వ్యాపారసరళి. కనుక ఏ వార్త అయినా సరే ప్రకటన అయి తీరుతుంది.

1979 మార్చ్ 28 న త్రీ మైల్ ఐలాండ్ (పెన్సిల్వేనియా) లో ఉన్న న్యూక్లియర్ రియాక్టర్ లో తీవ్రమయిన ప్రమాదం జరిగింది. ఏ అంతర్జాతీయ సంస్థ కలగజేసుకోకుండానే ఆ వార్త వేగంగా వ్యాపించింది. ఆ ప్రమాదం తెల్లవారుజాము 4.00 గంటలకు మొదలయింది. ఉదయం 6.30 గంటలకు దానిని గమనించారు. ఆ కర్మాగారంలో 6.56 కల్లా అత్యవర పరిస్థితి డిక్లేర్ చేశారు. 7.02 లకు ఆ ప్రమాదం పెన్సిల్వేనియా ఎమర్జెన్సీ మేనేజ్ మెంట్ ఏజన్సీ కి రిపోర్ట్ చేశారు. తర్వాత ఒక గంటలో ఆ ప్రమాదాన్ని గురించి పెన్సిల్వేనియా గవర్నర్, లెఫ్టినెంట్ గవర్నర్, సివిల్ డిఫెన్స్ అథారిటీస్ కు రిపోర్ట్ చేశారు. ఉదయం 10.00 గంటలకు ఒక అధికారిక ప్రెస్ సమావేశం ఏర్పాటుయాయింది. కానీ స్థానిక హారిస్ బర్గ్ రేడియో స్టేషన్ రిపోర్టర్ ఒకరు ఆ ఘటనలను గురించి ఒక పోలీస్ నోటీస్ పట్టుకున్నారు. అంటే, 8.25 కల్లా ఆ రేడియోస్టేషన్ నుంచి సంక్షిప్తవార్త వెలువడింది. USSR లో ఒక స్వతంత్ర రేడియో స్టేషన్ అటువంటి చొరవ తీసుకోవటం కలలోకూడా జరగని విషయం. కానీ యునైటెడ్ స్టేట్స్ లో అది ఎవరూ పట్టించుకో లేదు. ఉదయం 9.00 కల్లా అసోసియేటెడ్ ప్రెస్ ఒక బులెటిన్ విడుదలచేసింది. ఆ ప్రమాదం పూర్తి వివరాలు బయటపడటానికి కొన్నిరోజులు పట్టింది. కానీ ప్రమాదం జరిగిన రెండుగంటల లోపల ప్రజానీకానికి ఆ ప్రమాదం జరిగినట్లు తెలిసింది. ఆ తర్వాత ప్రభుత్వ ప్రతినిధి సంస్థలు, NGO లు, విద్యాసంస్థలు, ప్రచార మాధ్యమాలు అన్నీ కలిసి ఆ ప్రమాదానికిగల ముఖ్య కారణాలతోబాటు ప్రగాఢమైన నిర్మాణ లోపాలు, వెలికి తీశారు. ఆ సమాచారం విశ్వవ్యాప్తంగా న్యూక్లియర్ టెక్నాలజీ భద్రతను మెరుగు పరచటానికి సాయపడింది. త్రీ మైల్ ఐలాండ్ కారణంగా నేర్చుకున్న పాఠాలు సోవియట్లతో బాహాటంగా పంచుకున్నారు. దానివల్ల చెర్నోబిల్ దుర్ఘటన తీవ్రత తగ్గించటానికి సాధ్యమయింది.[112]

ఎవరూ పరిపూర్ణులుకారు

సర్వాధికార , నిరంకుశ యంత్రాంగాలకు మూసుకుపోయిన ప్రసారమార్గాలు కాక ఇంకా ఇతర సమస్యలు ఉన్నాయి. అన్నిటికన్నటే ముఖ్యంగా, ఇంతకు మునుపే చెప్పినట్లు, వారి స్వీయవిశోధనాయంత్రాంగాలు చాలా నీరసంగా ఉంటాయి. తాము పరిపూర్ణులమని, తప్పుచేయమని వారి అభిప్రాయం కనుక వారికి స్వీయవిశోధన

యంత్రాంగాల అవసరం కనిపించదు. తమను సవాలుచేసే స్వతంత్రవ్యవస్థ అంటే వారికి చెప్పరాని భయం. కనుక స్వతంత్ర న్యాయస్థానాలు, స్వేచ్ఛాయుత ప్రచారమాధ్యమాలు, పరిశోధనా కేంద్రాలు వారి పరిధిలో ఉండవు. అధికార దుర్వినియోగం ప్రభుత్వాలన్నిటిలోనూ సాధారణం. కానీ ఇక్కడ ఆ దుర్వినియోగాన్ని బయలు పరచటానికి, సరిదిద్దటానికి ఎవరూ లేరు. నాయకులు అప్పుడప్పుడు అవినీతిని అరికట్టే ప్రచారాలు చేయవచ్చు. ప్రజాస్వామ్యేతరవ్యవస్థలలో ఇవి కేవలం కళ్ళు తుడవటానికే. లేదా శత్రువర్గాన్ని తుడిచి వేయటానికి ప్రయోగించే పాచికలు.[113]

నాయకులే స్వయంగా ప్రజల సొమ్ముకొట్టేస్తే ఏమవుతుంది? లేకపోతే ఏదయినా ప్రాణాంతకమయిన నిర్ణయం చేస్తే ఫలితం ఏమిటి? నాయకుడిని ఎవరూ ప్రశ్నించలేరు. ఆయనకూడా మానవ మాత్రుడే కనుక తనతప్పు ఒప్పుకోడు. దానికి బదులు విదేశ శత్రువులమీద, లేదా అవినీతిపరులయిన కింది ఉద్యోగుల మీదా, అంతరంగ దేశద్రోహులమీద ఆ నేరం మోపటానికి ప్రయత్నిస్తాడు. ఆ దుర్మార్గులను అరికట్టటానికి తనకు మరింత అధికారం కావాలంటాడు.

ఉదాహరణకు, పరిణామ క్రమానికి స్టాలిన్ లైసెజ్కోయిజం అనే బోగస్ రాజ్యసిద్ధాంతం అమలులో పెట్టాడు. ఆ సిద్ధాంతం ఫలితాలు దారుణం. డార్విన్ సిద్ధాంతం పక్కన పెట్టారు. లైసెంకోయిస్ట్ వ్యవసాయ నిపుణులు పరమ సుభిక్ష సశ్యాలు పండించటానికి చేసిన ప్రయత్నాలు నీరు కారిపోయాయి. సోవియట్ ఉత్పాదక పరిశోధనను కొన్నిదశాబ్దాలు వెనక్కు నెట్టాయి. సోవియట్ వ్యవసాయ వ్యవస్థను కూలదోశాయి. లైసెజ్కోయిజం వదిలి డార్వినిజమ్ అనుసరించుమని సలహా ఇవ్వదలచిన సలహాదారులకు గులాగ్ (లేబర్ క్యాంప్), లేదా బుల్లెట్ ఎదురవుతుందని భయం. లైసెజ్కోయిజం వారసత్వం సోవియట్ వైజ్ఞానిక వ్యవస్థను, వ్యవసాయ ఆర్థికస్థితిని దశాబ్దాలపాటు వేధించుకు తిన్నది. 1970 ప్రాంతాలలో USSR ముఖ్య ధాన్య ఎగుమతిదారుల జాబితాలోనుంచి ధాన్య దిగుమతిదారుల జాబితాలో చేరిపోయింది. విస్తారమయిన సారవంతమయిన భూములు ఉన్న దేశం గతి ఇది![114]

అనేక ఇతర రంగాలలో కూడా ఇదే పరిస్థితి. ఉదాహరణకు,1930లలో సోవియట్ పరిశ్రమ అనేక ప్రమాదాలకు గురయింది. ఇదంతా మాస్కో అధికారుల పథక ప్రావీణ్యం. దేశాన్ని పారిశ్రామికం చేయటానికి వారు అసాధ్యమయిన లక్ష్యాలు నిర్ణయించారు. వాటిని సాధించలేక విఫలమయితే అది దేశద్రోహమన్నారు. తాహతుకు మించిన ఆ లక్ష్యాలు సాధించే ప్రయత్నంలో భద్రతా పద్ధతులు, నాణ్యతా నియంత్రణ గాలికి వదిలివేశారు. దూరదృష్టి, ప్రాజ్ఞత సూచించిన ప్రవీణులను నోరుమూసుకోమన్నారు, లేకపోతే కాల్చి పారేశారు. అప్పుడేమయింది? ప్రమాదాల ఉప్పెన. పనికిరాని వస్తువులు. వృధాశ్రమ మిగిలాయి. అప్పుడు మాస్కో ప్రభువులు

ఏమన్నారు? బాధ్యత వారిది కాదు! ఇదంతా సామ్రాజ్య వాదులయిన ట్రాట్స్కీ బృందం పన్నాగం అన్నారు. సోవియట్ వ్యవస్థను పడగొట్టటానికి ఉగ్రవాదులయిన ఆ విధ్వంసకుల పన్నాగం అన్నారు. కొంచెం నిదానించి భద్రతాక్రమం అనుసరించటానికి బదులు, వారు రెండింతలు భయపెట్టి మరింతమందిని కాల్చి చంపారు.

ఇక్కడ చెప్పుకోదగిన విషయం పావెల్ రిచగోవ్ సంఘటన. అత్యంత సాహసవంతులయిన సోవియట్ పైలట్లలో ఆయన ఒకరు. స్పానిష్ సివిల్ వార్ లో ఆయన రిపబ్లికన్ దళాలను నడిపించి సాయం చేశారు. అలాగే జపాన్ ఆక్రమణ సమయంలో చైనాకు సాయంచేశారు. ఉద్యోగంలో ఆయన వేగంగా పైకివచ్చారు. ఆగస్ట్ 1940 లో ఆయన సోవియట్ ఎయిర్ ఫోర్స్ కమాండర్ అయ్యారు. అప్పుడు ఆయన వయసు ఇరవైతొమ్మిది. ఆయన స్పెయిన్ లో నాజీ విమానాలు కూల్చివేశారు. ఆ ధైర్యం ఆయనను మాస్కోలో కష్టాలపాతరలో దించింది. సోవియట్ ఎయిర్ ఫోర్స్ చాలా ప్రమాదాలకు గురయింది. పొలిట్ బ్యూరో దీనికంతటికీ కారణం క్రమశిక్షణ లోపం, సోవియట్ విరోధిముఠాల కుట్ర అని నింద వేసింది. ఈ అధికారిక ప్రకటన రిచగోవ్ ఒప్పుకోలేదు. నిష్ణాతులయిన పైలట్ గా నిజం ఏమిటో ఆయనకు బాగాతెలుసు. హడావిడిగా డిజైన్ చేసి, అక్రమంగా ఉత్పత్తి అయిన విమానాలు నడుపుమని పైలట్లను బలవంతం చేస్తున్నారని ఆయన స్టాలిన్ కు నిర్మొహమాటంగా చెప్పారు. ఆ విమానాలు నడపటమంటే, శవపేటికలు నడపటమే నన్నారు ఆయన. రెండు రోజుల తర్వాత హిట్లర్ సోవియట్ యూనియన్ మీద దండెత్తాడు. ఎర్ర సైన్యం మన్నుకరుస్తున్నది. స్టాలిన్ దిక్కుతోచక బలిపశువుల కోసం వేటాడుతున్నాడు. రిచగోవ్ ను అరెస్ట్ చేశారు. ఎందుకు? "సోవియట్ విరుద్ధ కుట్ర సంస్థలో సభ్యుడు. ఎర్ర సైన్యాన్నినిర్వీర్యం చేయటానికి శత్రువులకు సాయపడుతున్నాడు." ఆయన భార్యను కూడా అరెస్ట్ చేశారు. ఎందుకు? "ట్రాట్స్కీ బృందానికి మిలిటరీ కుట్రదారులతో సంబంధం ఉన్నదని ఆమెకు తెలుసు." 1941 అక్టోబర్ 28 న వారిద్దరినీ ఉరి తీశారు.[115]

సోవియట్ మిలిటరీ ప్రయత్నాలను ధ్వంసంచేసింది రిచగోవ్ కాదు. స్టాలిన్ చేజేతులా చేశాడు. నాజీ జర్మనీతో ప్రాణాంతకమయిన యుద్ధం వస్తుందని స్టాలిన్ చాలాకాలంభయపడుతూవచ్చాడు.దానికిసిద్ధంఅయ్యేప్రయత్నంలోప్రపంచంలోకెల్లా అతి పెద్ద యుద్ధయంత్రం నిర్మించాడు. కానీ ఆయన ఆ సాధనాన్ని మానసికంగాను, వ్యవహారదక్షతలోను కుదిమట్టంగా నరికేశాడు.

వ్యవహారదక్షతలో 1939 - 41 లో పెట్టుబడిదారులు వారిలోవారు పోట్లాడుకుని ఒకరినొకరు నాశనం చేసేట్లు వారిని ప్రోత్సహించవచ్చునని స్టాలిన్ జూదపు ఆలోచన. అప్పుడు USSR పెరుగుతుందని, ఇంకాబలం పుంజుకుంటుందని

ఆయన ఆలోచన. కనుక ఆయన 1939 లో హిట్లర్ తో ఒడంబడిక చేసుకున్నాడు. పోలాండ్, పశ్చిమ యూరప్ గెలవటానికి జర్మన్లకు అవకాశమిచ్చాడు. USSR తన ఇరుగుపొరుగు దేశాలన్నిటినీ ముట్టడించి విరోధులను చేసుకున్నది. 1939 - 40 లో సోవియట్లు తూర్పు పోలాండ్ దండెత్తి ఆక్రమించారు. ఎస్టోనియా, లాట్వియా, లిథువానియాలు తమలో చేర్చుకున్నారు. ఫిన్లెండ్, రుమేనియాలలో కొన్నిభాగాలు గెలుచుకున్నారు. ఈ దేశాలు USSR పక్కన తటస్థ ప్రాంతాలు గా ఉపయోగపడి ఉండేవి. ఇప్పుడు వారు పరమశత్రువులు అయ్యారు. 1941 స్ప్రింగ్ లో కూడా బ్రిటన్ తో మైత్రి కుదుర్చుకోవటానికి నిరాకరించాడు. యుగోస్లోవియా, గ్రీస్ దేశాలు గెలుస్తున్ననాజీలకు అడ్డుపడలేదు. దానితో యూరప్ లో ఆయనకు మిత్రులు అనేవారు లేకుండా పోయారు. 1941 జూన్ 22 న హిట్లర్ దండెత్తినప్పుడు USSR ఏకాకి అయింది.

స్టాలిన్ సిద్ధంచేసిన యుద్ధతంత్రం నాజీ దాడిని ఒంటరిగానే ఎదుర్కొన గలదని చెప్పవచ్చు. 1939 నాటినుంచి జయించిన ప్రదేశాలు సోవియట్ రక్షణకు బలం చేకూర్చేవి. దానికితోడు సోవియట్ మిలిటరీ బలగం ఊహకందనంత బలీయం. దండయాత్ర మొదటి రోజున సోవియట్లకు 15,000 టాంకులు, 15,000 యుద్ధవిమానాలు, 37,000 పదాతులు యూరోపియన్ సీమకుఎదురు నిలిచాయి. వారికి ఎదురుగా ఉన్నవి 3,300 జర్మన్ టాంకులు,2,250 యుద్ధవిమానాలు,7,146 తుపాకులు.[116] కానీ ఒక్క నెలలో సోవియట్లు 11,700 టాంకులు (78 శాతం), 10,000 యుద్ధవిమానాలు (67 శాతం), 19,000 (51 శాతం) పదాతి దళాన్ని కోల్పోయారు. చరిత్రలోనే అది అత్యంత దారుణమయిన మిలిటరీ ఉత్పాతాలలో ఒకటి.[117] తను 1939-40 లో గెలిచిన అనేక ప్రదేశాలు స్టాలిన్ కోల్పోయాడు. దానితోపాటు సోవియట్ ముఖ్యభాగం చాలా కోల్పోయాడు. జులై 16 నాటికి జర్మన్లు మాస్కో నుంచి కేవలం370 కిలోమీటర్ల దూరాన ఉన్నస్మోలెన్స్క్ చేరుకున్నారు.

ఆ ఘోరపతనానికి కారణాలు 1941 నుంచి చర్చ అవుతూనే ఉన్నాయి. అందుకు ముఖ్య కారణం స్టాలినిజమ్ సృష్టించిన మానసిక భీతి అని దాదాపు అందరూ శాస్త్రవేత్తలూ అంగీకరిస్తారు. సంవత్సరాల తరబడి ఆ పాలన ప్రజలను భయభ్రాంతులను చేసింది. చొరవను, వ్యక్తిత్వాన్ని శిక్షించింది. నమ్రతా, ఒదుగుదల ప్రోత్సహించింది. సైనికుల ప్రేరణను ఇది పాతిపెట్టింది. ముఖ్యంగా యుద్ధం మొదటి కొద్ది నెలలలో, నాజీ పాలన దారుణాలు తెలియకముందు, ఎర్రసైన్యం సైనికులు పెద్దసంఖ్యలో లొంగిపోయారు. 1941 చివరికి దాదాపు మూడు నాలుగు మిలియన్ల సైనికులను బందీ చేశారు.[118] వారు గట్టిగా పోరాడ గలిగినా కూడా, ఎర్రసైన్యం బృందాలు స్వయంచాలకశక్తి కోల్పోయాయి. ఆపదలపాలు గాకుండా బయట పడిన అధికారులు స్వయం నిర్ణయాలుచేయటానికి భయభ్రాంతులయ్యారు. వయసులో

చిన్నవారయిన అధికారులకు తగిన శిక్షణ లోపం. కమాండర్లకు సమాచారం లేదు. కానీ విఫలమయితే, బలిపశువు లవుతారు. దానికితోడు వారు రాజకీయ నాయకులకు తలాడించాలి. లేకపోతే వారి తలలు ఎగిరి పోతాయి. పైనుంచి ఆజ్ఞలు, ఉత్తరువులు వచ్చినదాకా కాచుకొని ఉండటం, ఆ తర్వాత బానిసలలాగా వాటిని అనుసరించటం. ఆ ఆజ్ఞలకు తలాతోకా ఉన్నా లేకపోయినా వాటిని అనుసరించటమే ఉత్తమమార్గం.[119]

1941 విపత్తు తర్వాత, 1942 వసంతం, వేసవుల విపత్తు తర్వాత కూడా హిట్లర్ ఆశించినట్లు సోవియట్ యూనియన్ పడిపోలేదు. ఎర్ర సైన్యము, సోవియట్ నాయకత్వము మొదటి సంవత్సరంలో జరిగిన ఘర్షణలో నేర్చుకున్న పాఠాలు జీర్ణించుకున్నారు. మాస్కోలో రాజకీయకేంద్రం తన పట్టు సడలించింది. రాజకీయ కమ్మిజార్ల అధికారం పరిమితమయింది. ఉద్యోగాధికారులకు అదనపు బాధ్యత వహించటానికీ, చొరవ తీసుకోవటానికీ ప్రోత్సాహం లభించింది.[120] స్టాలిన్ కూడా 1939–41 నాటి తన భౌగోళిక రాజనీతి తప్పిదాలను తిరగతిప్పాడు. USSR ను బ్రిటన్, USA లతో చేతులు కలిపించాడు. ఎర్ర సైన్యం చొరవ, పశ్చిమ దేశాల తోడ్పాటు, నాజీపాలన వస్తే USSR ప్రజలగతి ఏమవుతుందోనన్న ఎరుక అన్నీ కలిసి యుద్ధం జోరును వెనక్కు తిప్పాయి.

1945 లో గెలుపు చేతికి చిక్కిన తర్వాత స్టాలిన్ సరికొత్త భయానక చర్యలు మొదలు పెట్టాడు. స్వతంత్రభావాలు ఉన్న అధికారులను, ఉద్యోగులను తీసివేశాడు. గుడ్డిగా తన మాట వినవలసిందేనని ప్రోత్సహించ సాగాడు.[121] ఎనిమిది సంవత్సరాల తర్వాత స్టాలిన్ మరణంకూడా సమాచారలోపం కారణంగా జరిగింది. అక్కడ వాస్తవానికంటే ఆజ్ఞకు ప్రాముఖ్యత కొంతవరకు కారణమయింది. 1951 - 53 లలో USSR మరొక మాంత్రికులవేట చూసింది. యూదు డాక్టర్లు వైద్యంపేరున పాలనలో అగ్రనాయకులను ఒక పద్ధతిన చంపుతున్నారని సోవియట్ కల్పనా చతురులు ఒక కుట్ర సిద్ధాంతం సృష్టించారు. ఆ సిద్ధాంతం ప్రకారం డాక్టర్లు గ్లోబల్ అమెరికన్–జియోనిస్ట్ కుట్రలో ఏజంట్లుగా పనిచేస్తున్నారు. రహస్య పోలీసుదళంలో ఉన్న దేశద్రోహులతో కలిసి కుట్రలు పన్నుతున్నారు. 1953 నాటికి వందలాది డాక్టర్లు, రహస్య పోలీసు ఉద్యోగులు, రహస్య పోలీసుదళం ముఖ్య అధికారితోసహా, అరెస్ట్ అయ్యారు. చిత్రహింసకు గురయ్యారు. వారితో తోడుదొంగలు ఎవరో చెప్పాలని బలాత్కారానికి గురి అయ్యారు. కుట్ర సిద్ధాంతం – యూదులు అధికారం చేజిక్కించు కోవటానికి పన్నాగం పన్నుతున్నారని – మెలికలు తిరిగి పరస్పరనిందకు, దూషణలకుదారి తీసింది. యూదు డాక్టర్లు సోవియట్ నాయకులను హత్య చేయటమే కాదు, హాస్పిటల్స్ లో బిడ్డలను కూడా చంపుతున్నారని వదంతులు వ్యాపించ సాగాయి. సోవియట్ డాక్టర్లలో అధికశాతం యూదులు. జనం డాక్టర్లంటే భయపడసాగారు.[122]

డాక్టర్ల కుట్రను గురించి కాకిసొమ్మ తారాపథం చేరుతున్నవేళ 1953 మార్చి 1 వ తేదీన స్టాలిన్ కు పక్షవాతం వచ్చింది. ఆయన తన డాచాలో కూలబడ్డాడు. బట్టలలో ఉచ్చ పోసుకున్నాడు. మట్టికొట్టుకుని ఉన్న పైజమాలో గంటల తరబడి పడి ఉన్నాడు. సహాయం కోసం కేక వేయటం కూడా ఆయన వల్లకాలేదు. రాత్రి 10.30 కు ఒక కాపలాదారు ఆ కమ్యూనిజం గర్భగుడిలో అడుగు పెట్టటానికి సాహసించాడు. నేలమీద పడిఉన్న నాయకుడిని చూశాడు. మార్చి 2 వ తేదీ తెల్లవారుఝాము 3.00 గంటలకు పొలిట్ బ్యూరో సభ్యులు అక్కడికి చేరుకున్నారు. ఏమి చేయాలని తర్జనభర్జన జరిగింది. ఆ తర్వాత కొన్ని గంటలకాలం డాక్టర్ ను పిలవటానికి ఎవరూ ధైర్యం చేయలేదు. స్టాలిన్ కు తెలివి వచ్చి కళ్ళు తెరవగానే ఎదురుగా ఒకడాక్టర్ కనబడితే? డాక్టర్!! తనను హత్య చేయటానికి ఇది పన్నాగమేనని ఆయన అనుకోవటం తథ్యం. దానికి బాధ్యులయిన వారిని తుపాకీగుండుకు ఎర చేయటం నిశ్చయం. స్టాలిన్ పర్సనల్ డాక్టర్ అక్కడ లేరు. ఆ సమయంలో ఆయన లుబ్యాంకా కారాగారం బేస్మెంట్ సెల్ లో ఉన్నారు. స్టాలిన్ కు మరికొంత విశ్రాంతి అవసరమనిచెప్పినందుకు ఆయన అక్కడ చిత్రవధ అనుభవిస్తున్నారు. పొలిట్ బ్యూరో సభ్యులు వైద్యనిపుణులను తీసుకువచ్చేలోగా ప్రమాదం తప్పిపోయింది. స్టాలిన్ శాశ్వత నిద్రలోకి వెళ్లిపోయాడు.[123]

ఈ ఘోరప్రమాదాల ప్రకరణం గమనించిన తర్వాత స్టాలినిస్ట్ వ్యవస్థ పూర్తిగా పనికిమాలినదని అనిపించవచ్చు. ఆ వ్యవస్థలో నిజానికి చోటు లేదు. ఆ కారణంగా మిలియన్ల ప్రజలు చెప్పరాని కష్టాలకు లోనయ్యారు. దౌత్య, సైనిక, ఆర్థిక రంగాలలో ఘోరమయిన అపరాధాలు జరిగాయి. ఆ అపరాధాలు ఆ వ్యవస్థ నాయకులనే బలి తీసుకున్నాయి. కానీ అటువంటి తుదినిర్ణయం పొరపాటు కావచ్చు.

రెండవ ప్రపంచయుద్ధం తొలిదశలో స్టాలిన్ వ్యవస్థ అగాధ వైఫల్యాన్నిగురించి మాట్లాడేటప్పుడు రెండు పాయింట్లు కథనాన్ని జటిలంచేస్తాయి. ఫ్రాన్స్, నార్వే, నెదర్లాండ్స్ వంటి ప్రజాస్వామ్యదేశాలు USSR స్థాయిలో దౌత్యసంబంధమయిన అపరాధాలు చేశాయి. వారి సేనలు అంతకంటే అధ్వాన్నమయిన ప్రదర్శన చేశాయి అన్నది మొదటి పాయింట్. ఎర్ర సేనను, ఫ్రెంచ్ సేనను, డచ్ సేనను ఇంకా అనేక ఇతర సేనలను మట్టి కరిపించిన సేనాయంత్రాన్ని తయారు చేసి పెంచిపెద్దచేసింది సర్వాధికారపాలనే. 1939-41 మధ్య కాలాన్ని గురించి మనం ఏ నిర్ణయమయినా చేయవచ్చు. కానీ సర్వాధికార యంత్రాంగాలు ప్రజాస్వామ్య యంత్రాంగాలకంటే హీనమనికాని, అల్పమనికాని చెప్పలేం. స్టాలిన్ తత్వం చరిత్ర సర్వాధికార సమాచార యంత్రాంగంలో అనేక లోపాలు చూపుతుంది. అంతమాత్రాన ఆ యంత్రాంగాల ప్రయోజనాలు మన దృష్టిపథం తప్పిపోకూడదు.

రెండవ ప్రపంచయుద్ధ విస్తారమయిన చరిత్ర, యుద్ధ ఫలితాలు గమనిస్తే, స్టాలిన్ తత్వం అన్నిటిలోనూ చాలా సఫలమయిన రాజకీయవ్యవస్థ అని స్పష్టమవుతుంది. ఇక్కడ సఫలతకు మనం ఆపాదించే నిర్వచనాన్ని బట్టి పరిస్థితి మారుతుంది. సఫలత అంటే శాసనము, అధికారం మాత్రమేనా? అక్కడ నీతినియమాలు, మానవ సంక్షేమానికి స్థానం ఉన్నదా? స్టాలిన్ తత్వంలో దయ, అనుకంప శూన్యం. ఆకారణంగానో, లేక దయాదాక్షిణ్యాలు లేకపోయినా కూడానో, స్టాలినిజమ్ శాసనం చేయటంలోను, అందులోనూ విస్తారంగా, దక్షతతో చేయటంలో సఫలత సాధించింది. కుహనా వార్తలు, కుట్ర సిద్ధాంతాలు మిలియన్లకొద్దీ ప్రజానీకాన్ని అదుపులో పెట్టాయి. సోవియట్ సమష్టి వ్యవసాయ పథకం సామూహిక బానిసత్వానికీ, ఆకలి చావులకూ బాట వేసింది. అదే దేశంలో వేగమయిన పారిశ్రామిక అభివృద్ధికికూడా దారి తీసింది. సోవియట్లు నాణ్యతకు విలువనివ్వని కారణంగా గాలిలో ఎగిరే శవపేటికలు తయారయి ఉండవచ్చు. కానీ నాణ్యతలో లోపాన్ని సంఖ్యలో పూరించి వేలాది విమానాలు ఉత్పత్తి చేశారు. గ్రేట్ టెర్రర్ కాలంలో ఎర్రసేనల అధికారులు అంతం కావటంతో, 1941 లో ఆ సేన ప్రదర్శన అడుగంటింది. అంతా దారుణమయిన పరాజయాలతర్వాత కూడా స్టాలిన్ ను ఎవరూ ఎదిరించక పోవటానికి కూడా అదేకారణం. సోవియట్ మిలిటరీ యంత్రం శత్రు సేనలతోపాటు తన స్వంతసైనికులను కూడామట్టుపెట్టేది. కానీ చివరికి గర్జించి విజయం సాధించింది.

1940, 1950 లలో ప్రపంచంలో చాలామంది భవిష్యత్తు అంతా స్టాలిన్ తత్వంలోనే ఉన్నది అని నమ్మారు. ఆ తత్వం రెండవ ప్రపంచయుద్ధం గెలిచింది. రైస్టాగ్ మీద ఎర్ర జండా ఎగరవేసింది. మధ్య యూరప్ నుంచి పసిఫిక్ వరకూ విస్తరించిన సామ్రాజ్యంపాలించింది. విశ్వవ్యాప్తంగా వలస ఘర్షణలకు ఇంధనం వేసింది, అనేక సారూప్య పాలనలకు ప్రేరణ అయింది. పాశ్చాత్య ప్రజాస్వామ్యాలలో అగ్రశేణి కళాకారులను, మేధావులను ఆకట్టుకున్నది. గులాగ్ లు, ప్రక్షాళనలను గురించిన పుకార్లు పక్కన పెడితే, పెట్టుబడిదారుల దోపిడి కట్టిపెట్టి, న్యాయబద్ధమయిన సమాజం సృష్టించటానికి స్టాలినిజమ్ మానవజాతికి లభించిన అత్యుత్తమ సాధనం అని వారు నమ్మారు. స్టాలినిజమ్ ప్రపంచాన్నే ఏలటానికి సిద్ధమయింది. స్టాలినిజమ్ నిజాన్ని పట్టించుకోలేదు గనక పతనమయిందనో, చివరికి పతనం అయింది కనుక అటువంటి వ్యవస్థఎన్నటికీ నిలబడ లేదనో అనుకోవటం పిల్లచేష్ట. కొద్దిపాటి నిజంతో, మెరుగయిన క్రమంతో సమాచారవ్యవస్థ దూరతీరాలు చేరుకోగలదు. స్టాలినిజంలో న్యాయంఖరీదు ద్వేషించే పెద్దలు ఆవ్యవస్థలోని అసమర్థతే దానిని పట్టాలు తప్పిస్తుందని గ్రహించలేరు.

సాంకేతిక లోలకం

ప్రజాస్వామ్యము, సర్వాధికారత విభిన్న సమాచార యంత్రాంగాలని గమనిస్తే అవి కొన్ని యుగాలలో ఎందుకు ఎలా వికసించాయి, మరికొన్ని సమయాలలో అక్కడ ఎందుకు లేవు అని అర్థం చేసుకోవచ్చు. జనానికి కొన్ని రాజకీయ ఆదర్శాలలో విశ్వాసం దృఢపడటం, లేదా సన్నగిల్లటం మాత్రమే అందుకు కారణాలుకావు. సాంకేతిక సమాచార విజ్ఞానంలో ఆవృతులు కూడా అందుకు కారణం. మాంత్రికులవేటకు, వైజ్ఞానిక విప్లవానికి అచ్చుయంత్రం మూలకారణం కాదు. అలాగే స్టాలినిస్ట్ సర్వాధికారానికీ, అమెరికా ప్రజాస్వామ్యానికీ రేడియో మూలకారణం కాదు. సాంకేతిక విజ్ఞానం మనకు నిత్యనూతన అవకాశాలు ప్రసాదిస్తుంది. ఏది అనుసరించాలి అన్నది కేవలం మన నిర్ణయంమీద ఆధారపడి ఉంటుంది.

సమాచార సర్వస్వమూ కేంద్రందిశగా ప్రసరించటానికీ, శాసనం సాగించటానికి నిజాన్ని కప్పిపెట్టటానికీ సర్వాధికార పాలనలు ఆధునిక సమాచార సాంకేతికతను ప్రయోగిస్తాయి. ఆ కారణంగా జడత్వం అసంభవించే ప్రమాదం పొంచిఉంటుంది. వారు దానితో తలపడటానికి సిద్ధంగా ఉండాలి. సమాచారం అంతా ఇంకా ఇంకా ఒకే దిశలో ప్రసరిస్తూ ఉంటే, అది సమర్ధవంతమయిన నియంత్రణకు దారితీస్తుందా లేకపోతే, రక్తనాళాలు పూడుకుపోయి గుండెపోటు వస్తుందా? ప్రజాస్వామ్య పాలనలు ఆధునిక సమాచార సాంకేతికతను సంస్థలకు, వ్యక్తులకు మధ్య సమాచార ప్రసారానికి వినియోగిస్తాయి. సత్యాన్ని స్వేచ్ఛగా అనుసరించుమని ప్రోత్సహిస్తాయి. ఇక్కడ వారు విరిగిపడే ప్రమాదం తప్పించు కోవటానికి కిందామీదా కావాలి. సూర్యుడి చుట్టూ ఇంకా ఇంకా ఎక్కువ గ్రహాలు తిరగటం మొదలు పెడితే ఏమవుతుంది? కేంద్రం ఆ భారాన్ని సహించి వహించగలదా? లేకపోతే, రెక్కలు విరిగి అరాచకం మొదలవుతుందా?

పాశ్చాత్య ప్రజాస్వామ్యాల చరిత్ర, 1960 లలో సోవియట్ బ్లాక్ చరిత్ర తిరగేస్తే, వివిధ వ్యూహాల ఉదాహరణలు దర్శన మిస్తాయి. ఆ కాలంలో పాశ్చాత్య ప్రజాస్వామ్యాలు సెన్సార్ షిప్ సడలించాయి. సమాచార ప్రసారానికి అడ్డువచ్చే విచక్షణా మయమయిన సిద్ధాంతాలు కూడా సడలించాయి. అంతవరకూ నామమాత్రంగా ఉన్న వర్గాలకు నలుగురితోచేరి రాజకీయ హక్కుల కోసరం పోరాడే శక్తి కలిగింది. తద్వారా చెలరేగిన దుమారంతో సామాజిక క్రమం అతలాకుతల మయింది. అంతవరకూ సంపన్నులయిన తెల్లదొరలు మాట్లాడేవారు. అందుచేత సమస్యలకు ఒప్పందాలు కుదుర్చుకోవటం సులువుగా ఉండేది. పేదవారు, స్త్రీలు, LGBTQ సమూహం, అల్పసంఖ్యాకవర్గం, వికలాంగులు, చారిత్రికంగా అణిగి ఉన్న వర్గాలు అందరికీ నోరు వచ్చింది. వారు తమతోబాటు కొత్త భావాలు, అభిప్రాయాలూ,

ఆసక్తులు తీసుకు వచ్చారు. అంతకు మునుపు పెద్దలు చేసిన ఒప్పందాలకు నిలవనీడ లేకపోయింది. ఉదాహరణకు యునైటెడ్ స్టేట్స్ లో డెమొక్రాట్, రిపబ్లికన్ ప్రభుత్వాలు రెండూ చాలాకాలం జిం క్రో సెగ్రగేషన్ పాలన (తెలుపు, నలుపు భేదభావం) చాలా తరాలపాటు సహించాయి. ఒకనాడు ఆ సిద్ధాంతం పతనం అయింది. అంతవరకూ పవిత్రంగా, తేటతెల్లంగా, అందరి ఆమోదం పొందిన సమస్యలు/పరిష్కారాలు ఈనాడు వివాదాస్పదాలయి, విపరీతమయిన వాదోపవాదలకు దారి తీశాయి. ఇప్పుడు చాలా వర్గాలు ఉన్నాయి. అభిప్రాయాలూ, ఆసక్తులూ అనేకం. క్రమయిన సమావేశం, చర్చ నడవటమే ఒక పెద్ద సవాలు. ఇప్పుడు చర్చలకు నియమాల మీదనే అభిప్రాయ భేదాలు కుప్పలుతెప్పలు.

ఈ పరిస్థితి కొత్తవారికీ పాతవారికీ కూడా నిరాశ కలిగించింది. కొత్తగా లభించిన భావస్వాతంత్ర్యం అంతా బోలు. వారి రాజకీయ గిరాకీలు నెరవేరటం లేదు. మాటలతో పనులు జరగక పోయేసరికి కొందరు తుపాకులు చేతపుచ్చుకున్నారు. 1960 లలో అనేక పశ్చిమ ప్రజాస్వామ్యాలు అపూర్వమయిన అసమ్మతికి చేరటమే కాక, అనాలోచితమయిన హింసాకాండకు గురి అయ్యాయి. రాజకీయ హత్యలు, నరచౌర్యము, అల్లర్లు, భయానకమయిన దాడులు పెరిగిపోయాయి. జాన్ ఎఫ్ కెన్నెడీ, మార్టిన్ లూథర్ కింగ్ ల హత్యలు, కింగ్ హత్యానంతరం సాగిన అల్లర్లు, ప్రదర్శనలు, తిరుగుబాట్లు, పశ్చిమ ప్రపంచాన్ని ఊపేసిన సాయుధ ఘర్షణలు - కొన్ని ప్రఖ్యాత ఉదాహరణలు.[124] 1968 లో చికాగో, పారిస్ లనుంచి వెలువడిన చిత్రాలు చూస్తే, అంతా సర్వనాశనం అయిపోతున్నదన్న భీతి కలుగుతుంది. ప్రజాస్వామ్య ఆదర్శాలకు అనుగుణంగా జీవించటం, సంభాషణలలో, చర్చలలో మరికొంతమందిని చేర్చటం విపరీతమయిన ఒత్తిడి కలిగించింది. సామాజికక్రమం తలకిందులై, ప్రజాస్వామ్యం అసంభవమనే భయం పుట్టుకు వచ్చింది.

అదే సమయంలో ఇనపతెర చాటున ఉన్న పాలనలు అందరినీ కలుపుకు రావటానికి ఎన్నడూ ఒప్పుకోలేదు. వారు బహిరంగ సంభాషణ గొంతునొక్కేసి, సమాచారము, అధికారము కేంద్రీకరణం కొనసాగించారు. ఆ పద్ధతి పనిచేస్తున్నట్లే కనపడింది. 1956 లో హంగేరియన్ తిరుగుబాటు, 1968 వసంతంలో ప్రాగ్ తిరుగుబాటువంటి కొన్నిసరిహద్దు సవాళ్ళు ఎదుర్కున్నారు. కమ్యూనిస్టులు ఈ బెదిరింపులను శీఘ్రంగా, నిశ్చయాత్మకంగా అరికట్టారు. సోవియట్ కేంద్రభాగంలో అంతా సక్రమంగా ఉన్నది.

ఇరవై సంవత్సరాలు ముందుకు వెళ్తే, సోవియట్ వ్యవస్థ అడుగు ముందుకు వేయలేని స్థితికిచేరింది. రెడ్ స్క్వేర్ వేదిక మీద ఆసీనులయిఉన్న దృఢవృద్ధులందరూ పనిచేయని సమాచార యంత్రాంగానికి పరిపూర్ణ చిహ్నాలుగా మారారు. అక్కడ అర్థయుక్తమయిన స్వీయవిశోధన యంత్రాంగాలు శూన్యం. వలస విముక్తి,

విశ్వవ్యాప్తీకరణ, సాంకేతికవిజ్ఞాన అభివృద్ధి, మారుతున్న లింగభేద పాత్రలు, అన్నీకలిసి, ఆర్థిక, సామాజిక, భౌగోళిక రాజనీతులలో మార్పులు తీసుకు వచ్చాయి. కానీ ఆ వృద్ధ అధికారులు మాస్కోకు పంపవలసిన సమాచారం సంబాళించ లేకపోయారు. కింది ఉద్యోగులు చొరవ తీసుకునే అవకాశంలేదు. దానితో వ్యవస్థ మొత్తం బిగిసిపోయి, కుప్పకూలింది.

ఆ భంగపాటు ఆర్థికరంగంలో స్పష్టంగా కనబడింది. సోవియట్ ఆర్థికవ్యవస్థ అంతా కేంద్రం చేతిలో మూసి ఉన్నది. వేగంగా జరుగుతున్న సాంకేతిక విజ్ఞాన అభివృద్ధికీ, అనుక్షణం మారుతున్న వినియోగదారుల అభిలాషలకు కేంద్రస్పందన అతి మందం. పైనుంచి వస్తున్న ఉత్తరువులను శిరసావహిస్తూ సోవియట్ ఆర్థికవ్యవస్థ ఇంటర్ కాంటినెంటల్ మిసైల్స్, ఫైటర్ జెట్స్, పరువుగల ప్రాథమిక సదుపాయాల పథకాలు టకటక నడిపిస్తున్నారు. కానీ జనానికి కావలసిన సామానులు - మంచి రెఫ్రిజిరేటర్లు, పాప్ సంగీతం - ఉత్పత్తి జరగటం లేదు. దానికి తోడు మిలిటరీ టెక్నాలజీ ఆధునీకరణలో వెనకబడి ఉన్నారు.

సెమీ కండక్టర్ రంగంలో విజ్ఞానం వేగాతివేగంగా పరుగులు తీస్తున్నది. అక్కడ వీరిలోపాలు కొట్టవచ్చినట్లు కనబడుతాయి. పశ్చిమ భూభాగంలో ఇంటెల్, తోషీబావంటి అనేక సంస్థల మధ్య పోటీ కారణంగా సెమీకండక్టర్ల పరిశ్రమ అభివృద్ధి చెందింది. వారి వినియోగదారులు మళ్ళీ యాపుల్, సోనీ వంటి ప్రైవేట్ సంస్థలు. సోనీ, మేకింతాష్, వాక్ మన్ వంటి పౌర సాధనాలు తయారు చేయటానికి మైక్రో చిప్ వినియోగించింది. అమెరికన్, జాపనీస్ మైక్రోచిప్ ఉత్పత్తితో సోవియట్లు ఎన్నడూ పోటీపడలేక పోయారు. అందుకుగల కారణం అమెరికన్ ఎకనామిక్ చరిత్రకారులు క్రిస్ మిల్లర్ వివరించారు - సోవియట్ సెమికండక్టర్ పరిశ్రమ “రహస్య విషయం, పైనుంచి ఆజ్ఞానుసారం నడుస్తుంది. మిలిటరీ సిస్టమ్స్ మాత్రమే తయారు చేయటానికి తయారై ఉన్నది. వారు నెరవేర్చే ఆర్డర్లలో సృజనాత్మకత పూజ్యం." ఆ ఖాళీ పూడ్చటానికి సోవియట్లు పశ్చిమదేశ సాంకేతిక విజ్ఞానాన్ని కాపీచేశారు. ఆ కారణంగా వారు సర్వదా అనేక సంవత్సరాలు వెనకబడి ఉంటారు.[125] కనుకనే మొదటి సోవియట్ పర్సనల్ కంప్యూటర్ వచ్చేసరికి 1984 అయింది. ఆనాటికి యునైటెడ్ స్టేట్స్ లో ప్రజలదగ్గర పదకొండు మిలియన్ పర్సనల్ కంప్యూటర్లు ఉన్నాయి.[126]

పశ్చిమ ప్రజాస్వామ్యాలు సాకేతికంగా, ఆర్థికంగా ముందుకు సాగటమేకాక, సామాజికక్రమం పదిలపరిచి ఉంచారు. రాజకీయ చర్చలలో పాల్గొనేవారు దినదినాభివృద్ధి చెందుతున్నకారణంగానా, వారు పాల్గొన్నాకూడా ఆ అభివృద్ధి జరుగుతున్నదా? ఆ అభివృద్ధిలో చాలా ఆటంకాలు ఎదురయ్యాయి. కానీ యునైటెడ్ స్టేట్స్, జపాన్,ఇంకా ఇతర ప్రజాస్వామ్యాలు కలిసి చాలాగతిశీలమయిన సమాచార

వ్యవస్థ సృష్టించారు. ఈ వ్యవస్థలో ఎవరయినా నిరభ్యంతరంగా చేరవచ్చు. అందువల్ల అనేక అభిప్రాయాలకు అవకాశం దొరికింది. కానీ వ్యవస్థ చెక్కుచెదర లేదు. ఆ విజయాన్ని దర్శించినవారు సర్వాధికారపాలన మీద ప్రజాస్వామ్య ఘనవిజయంగా భావించారు. ఈ విజయానికి మూలకారణం సమాచార విశ్లేషణలో కలిగే ప్రాధమిక ప్రయోజనం చెప్పి వివరిస్తారు: దత్తాంశాలు అన్నిటినీ ఒకే చోట విశ్లేషణ చేయటం విపరీతమయిన అసమర్థ ప్రయత్నం. సర్వాధికార ప్రయత్నం విఫలం కావటానికి కారణం అదే. కనుకనే ఇరవై ఒకటో శతాబ్దం ఆదిలో భవిష్యత్తు విస్తృతమయిన సమాచార యంత్రాంగంచేతిలోను, ప్రజాస్వామ్యం చేతిలోను ఉన్నట్లు కనిపించింది.

కానీ అది తప్పని తేలింది. వాస్తవానికి ఆ తర్వాతి సమాచార విప్లవం ఊపు అందుకుంటున్నది. ప్రజాస్వామ్యానికీ, సర్వాధికార పాలనకూ ఇంకొక రౌండ్ పోటీకి వేదిక తయారు అవుతున్నది. కంప్యూటర్లు, ఇంటర్ నెట్, స్మార్ట్ ఫోన్లు, సామాజిక మాధ్యమాలు, ఇంకా కృత్రిమ మేధా ప్రజాస్వామ్యానికి కొత్త సవాళ్ళు విసురుతున్నాయి. ఇప్పుడు ఓటుహక్కు లేని వర్గాలకే కాదు, ఇంటర్ నెట్ కనెక్షన్ ఉన్న ఏ వ్యక్తికయినా సరే చివరికి మానవేతర ప్రతినిధులకుకూడా స్వరం లభించింది. 2020 లలో ప్రజాస్వామ్యాలకు మరొకసారి శ్రమ కలగబోతున్నది. నిత్యనూతన స్వరాలు వినబడ బోతున్నాయి. సామాజిక వ్యవస్థ క్రమం తప్పకుండా ఆ స్వరాలను బహిరంగ సంభాషణలో చేర్చాలి. 1960 లలో లాగానే పరిస్థితులు తీవ్రరూపం దాల్చ బోతున్నాయి. ప్రజాస్వామ్యాలు పూర్వం లాగే ఇప్పుడు కూడా ఈ కొత్త పరీక్షలో నెగ్గుతాయని గ్యారంటే ఏమీ లేదు. అదేసమయంలో ఈ నూతన సాంకేతికవిజ్ఞానాలు సర్వాధికార పాలనలకు – వారు ఇంకా సమాచారమంతా ఒక బుట్టలోనే పెట్టాలనే ధోరణిలో ఉన్నారు – సరికొత్త ఆశాభావం కలిగిస్తున్నాయి. రెడ్ స్క్వేర్ వేదిక మీదిపెద్దలు ఏకైక కేంద్రంనుంచి మిలియన్ల జీవితాలు ఆడించలేకపోయారు. నిజమే. మరి ఇప్పుడు కృత్రిమమేధ ఆ పని చేస్తుందా?

మానవాళి ఇరవై ఒకటో శతాబ్దం రెండవ పాలులో అడుగు పెడుతున్నది. ప్రస్తుతం సమాచార విప్లవంనుంచి వెలువడబోయే భయాలు, అవకాశాలతో ప్రజాస్వామ్యాలు, సర్వాధికార పాలనలూ ఎలా వ్యవహరించ బోతున్నాయి? రాబోయే నూతన విజ్ఞానశాస్త్రాలు ఎవరికి సహకరిస్తాయి? లేకపోతే మరొకసారి మనం ఐరన్ కర్టెన్ కు బదులు సిలికన్ కర్టెన్ చూడబోతున్నామా?

గత శకాలలో వలెనే నిజానికీ, క్రమానికి మధ్య సమతుల్యత పట్టుకోవటానికి సమాచార యంత్రాంగాలు సతమత మవుతాయి. కొన్ని నిజానికి ప్రాముఖ్యత ఇచ్చి, బలమయిన స్వీయశోధన సంవిధానం కొనసాగిస్తారు. మిగిలినవారు అందుకు వ్యతిరేకంగా కొనసాగుతారు. బైబుల్ ను పవిత్రాతి పవిత్రంగా ఆరాధించటం,

ఆధునికకాలం ఆదిలో దయ్యాల వేటలు, స్టాలిన్ సమష్టి కృషిప్రచారము వగైరాల నుంచి నేర్చుకున్న పాఠాలు ఈనాడుకూడా సంగతాలే. మళ్ళీఒకసారి వాటిని తిరగ వేయవలసి వస్తుందేమో. ఈనాటి సమాచార విప్లవంలో కొన్ని అనన్య సామాన్య లక్షణాలు ఉన్నాయి. ఇంతకు మునుపు మనం చూసినవాటికంటే ఇవి చాలా భిన్నం. అంతకు మించి సంభావ్య అతి ప్రమాదకారులు కూడా.

ఇప్పటివరకు సమాచార యంత్రాంగం పనిచేయటానికి మానవ కల్పనా శక్తిమీదా, మానవాధికారుల మీదా ఆధారపడి నడిచింది. క్లే టాబ్లెట్లు, పెపిరస్ రోల్స్, అచ్చు యంత్రాలు, రేడియో సెట్లు చరిత్రమీద చెరగని ముద్ర వేశాయి. కానీ పాఠ్యవిషయం కూర్చటం, రచించటం, వాటికి అర్ధంవివరించటం, దయ్యాలుగా ఎవరిని తగలెయ్యాలి, కులక్ గా ఎవరిని బానిస చెయ్యాలి అన్న విషయాలన్నీ మనుషులు చేయవలసిన పనులు అయ్యాయి. ఇప్పుడు మనుషులు డిజిటల్ కాల్పనికులతోనూ, డిజిటల్ అధికారులతోనూ వ్యవహరించవలసిన సమయం వచ్చింది. ఇరవై ఒకటో శతాబ్దం రాజకీయాలలో విభేదం ప్రజాస్వామ్యానికీ, సర్వాధికారానికీ మధ్య కాకపోవచ్చు. మానవులకూ, మానవేతర ప్రతినిధులకూమధ్య కావచ్చు. ప్రజాస్వామ్యాలను సర్వాధికారపాలననుంచి విడదీయటానికి బదులు సిలికన్ తెర మానవులందరినీ మన అగాధమయిన ఆల్గొరిధం ప్రభువులనుంచి విడదీయవచ్చు. అన్నిదేశాల ప్రజలు, అన్నీ బాటల జనులు – నియంతలతో సహా – ఒక అపరిచిత వివేకానికి దాసులుకావచ్చు. ఆ వివేకం మనం చేసే ప్రతి ఒక్క పనీ పర్యవేక్షించ గలదు. కానీ అది ఏమి చేస్తున్నదో మాత్రం మనకు తెలియదు. ఆ సిలికన్ కర్టెన్ ప్రపంచం మీదికి దిగబోతున్నదా? మన అధికారుల పెత్తనం అంతా కంప్యూటర్ల చేతిలోకి పోతే జీవితం ఎలా ఉంటుంది? యాంత్రిక వ్యవస్థ సరికొత్త పురాణగాధాసర్వస్వం ఆవిష్కరిస్తే మన జీవితం ఎలా ఉంటుంది? ఈ విషయాలు పరిశీలించటానికే తతిమ్మా పుస్తకం అంతా అంకితం అయి ఉన్నది.

భాగం II

ఇనార్గానిక్ నెట్ వర్క్

అధ్యాయం 6

కొత్త సభ్యులు: కంప్యూటర్లకు అచ్చుయంత్రానికి తేడా

ప్రస్తుతం మనం అపూర్వమయిన సమాచార విప్లవ యుగంలో నివసిస్తున్నామన్న విషయం ఒక విశేషం ఏమీ కాదు. కాని, ఆ విప్లవం ఎటువంటి విప్లవం? ఇటీవలి కాలంలో మనకు అద్భుత ఆవిష్కరణలు చాలా తోసుకు వచ్చాయి. ఈ విప్లవాన్ని ముందుకు తోస్తున్నది ఏమిటి? అంతర్జాలమా? స్మార్ట్ ఫోన్లా? సామాజిక మాధ్యమాలా? బ్లాక్ చెయినా? అల్గారిథంసా? కృత్రిమమేధా?

ఈ సమాచార విప్లవం దీర్ఘకాల గూఢార్థం తరిచి చూద్దాం. కాని అంతకు ముందు దాని పునాదులేమిటో గుర్తు చేసుకుందాం. ఈనాటి విప్లవానికి కంప్యూటరే విత్తనం. మిలిగినదంతా - ఇంటర్ నెట్ నుంచికృత్రిమ మేధ వరకూ - దాని గౌణఫలమే. కంప్యూటర్ 1940 లలో లెక్కలు చేయగల భారీ ఎలక్ట్రానిక్ యంత్రంగా ఉత్పత్తి అయింది. కాని ప్రాణాంతకమయిన వేగంతో వికసించింది. కొత్త రూపాలు, కొత్త సామర్థ్యాలు సంతరించుకున్నది. కంప్యూటర్ల వేగాతివేగమయిన పరిణామంతో అవి ఏమిటి, అవి చేస్తాయి అని చెప్పటం కూడా కష్టమయి కూర్చున్నది. కొన్ని విషయాలు మాత్రం - చదరంగం ఆడటం, కారు నడపటం, కవిత్వం వ్రాయటం - ఎన్నటికీ కంప్యూటర్ పరిధిలోకి రావు అని మనుష్యులుగా శాస్త్రవేత్తల వాదన. కాని ఆ "ఎన్నటికీ" అన్నది కొద్ది సంవత్సరాలలోకి పరిమిత మయింది.

మొదట కంప్యూటర్ల చరిత్ర తెలుసుకుందాం. ఆ తర్వాత ఈ అధ్యాయం చివరలో కంప్యూటర్, ఆల్గారితం, కృత్రిమ మేధల మధ్య సంబంధం ఏమిటో చూద్దాం. ప్రస్తుతానికి కంప్యూటర్ అంటే రెండు అద్భుతమయిన పనులు చేయగల యంత్రం: అది స్వయంగా నిర్ణయాలు చేయగలదు. అది స్వయంగా నూతన భావాలు

సృష్టించ గలదు. తొలిదశలో కంప్యూటర్లు అటువంటి పనులు చేయటం అసంభవం. కాని ఆ సంభావ్య శక్తి వాటిలో ఉన్నదని శాస్త్రవేత్తలు, విజ్ఞానశాస్త్ర కల్పనా రచయితలు కళ్ళారా చూశారు. 1948 నాటికే అలన్ టూరింగ్ "తెలివయిన యంత్రాలు" సృష్టించే సాధ్యాసాధ్యాలు పరిశీలిస్తున్నారు.[1] కంప్యూటర్లు మనుషులంత తెలివి తేటలు గలవి అవుతాయని, మనుషులలాగా మారువేషాలు కూడావేయగలవని ఆయన 1950 లో అన్నారు.[2] 1968 నాటికి చెక్కర్స్ ఆటలో కూడా మనిషిని గెలవలేక పోయాయి.[3] కాని 2001: ఎ స్పేస్ ఒడిస్సీ లో అర్థర్ సి క్లార్క్, శ్టాన్ లీ HAL 9000 తనను సృష్టించిన మానవులకే ఎదురుతిరిగే అత్యంత మేధావి అయిన కృత్రిమమేధగా దర్శించారు.

కొత్తగా పుట్టుకువచ్చిన తెలివయిన యంత్రాలు స్వయంగా నిర్ణయాలు చేయగలవనీ, సరికొత్త ఆలోచనలు చేయగలవనీ అంటే, చరిత్రలో తొలిసారిగా ఆధిపత్యం మానవుల చేతిలోనుంచి మరెక్కడికో వెళ్ళిపోతున్నదన్న మాట. విల్లులు, తుపాకులు, ఆటమ్ బాంబులు మనుషుల కండరాల శక్తికి బదులుగా పనిచేసి మనుషులను చంపాయి. కాని ఎవరిని చంపాలి అనే విషయంలో అవి మానవమేధకు బదులు నిర్ణయించలేక పోయాయి. లిటిల్ బాయ్ – హీరోషిమా మీద వేసిన బాంబ్ – 12,500 టన్నుల TNT శక్తితో పేలింది.[4] కాని మేధాశక్తి దగ్గరికి వస్తే, లిటిల్ బాయ్ ఒక బండ. దానికి నిర్ణయశక్తి శూన్యం.

కంప్యూటర్ల దగ్గరికి వస్తే ఆ విషయం మారిపోతుంది. తెలివితేటల విషయంలో కంప్యూటర్లు ఆటమ్ బాంబులనే కాదు, అంతకు పూర్వం ఉన్న సమాచార సాంకేతిక విజ్ఞానాన్ని – క్లే టాబ్లెట్లు, అచ్చు యంత్రాలు, రేడియో సెట్లు – అంతటినీ అధిగమిస్తాయి. క్లే టాబ్లెట్లు పన్నులను గురించిన సమాచారం నిలవచేసి ఉంచాయి. కాని ఎవరికి ఎంత పన్ను విధించాలన్న విషయం వాటికి తెలియదు. కొత్త పన్నులను కనిపెట్టటం వాటికి అసలు తెలియదు. అచ్చుయంత్రాలు బైబుల్ వంటి సమాచారాన్ని అచ్చువేశాయి. కాని అందులో ఏది చేర్చాలి, ఏది వర్జించాలి అన్న విషయం వాటికి తెలియదు. ఆ పవిత్రగ్రంథం మీదవ్యాఖ్యలు వ్రాయటం కూడా వాటికి తెలియదు. రేడియో సెట్లు రాజకీయ ప్రసంగాలు, సంగీత కచేరీలు ప్రసారం చేశాయి. కాని ఏయే ప్రసంగాలు ప్రసారం చేయాలి, ఏయే సంగీత కచేరీలు ప్రసారం చేయాలి అన్న విషయం అవి నిర్ణయించ లేవు. ఆ సంగీత స్వరసమ్మేళనం కూడా రేడియో సెట్ అధీనంలో లేదు. కంప్యూటర్లు ఈ పనులన్నీ చేయగలవు. అచ్చు యంత్రాలు, రేడియో సెట్లు మనిషి చేతిలో నిర్జీవ సాధనాలు. కంప్యూటర్లు సజీవ ప్రతినిధులు అవుతున్నాయి. మానవ సమాజం రూపకల్పనలో, సంస్కృతి, చరిత్ర రూపు దిద్దటంలో మన నియంత్రణ, అవగాహనలకు అతీతంగా స్వయంగా చర్యలు చేపట్టటానికి సమర్థులు.[5]

దీనితో కంప్యూటర్లకు ఉన్న మరొక నూతన శక్తి బయటికి వచ్చింది. సామాజిక మాధ్యమాల యాంత్రిక విధానం అనేక దేశాలలో ద్వేషం విస్తరింపజేసి, సామాజిక ఐకమత్యానికి ద్రోహం చేసింది.[6] అత్యంత అపఖ్యాతి పాలయిన సంఘటన మొట్ట మొదటగా 2016-17 లో జరిగింది. ఫేస్ బుక్ అల్గారిథంస్ మయన్మార్ (బర్మా) లో రోహిజ్యా వ్యతిరేక జ్వాలలు ప్రజ్వరిల్లటానికి ఆజ్యం పోశాయి.[7]

2010 దశాబ్దం ఆది మయన్మార్ లో ఆశాజనక కాలం. దశాబ్దాల తరబడి కఠినమైన మిలిటరీ పాలన, ఖచ్చితమయిన సెన్సార్ షిప్, అంతర్జాతీయ ఆంక్షల తర్వాత సరళీకరణ యుగం అడుగువేయ సాగింది. ఎన్నికలు జరిగాయి. ఆంక్షలు ఎత్తివేశారు. అంతర్జాతీయంగా సహాయము, పెట్టుబడులు పుష్కలంగా ప్రవహించాయి. మయన్మార్ నూతన యుగంలో ఫేస్ బుక్ ఒక ముఖ్యపాత్ర వహించింది. బర్మీస్ కి అంతవరకు ఊహించని రీతిలో సమాచారం కుప్పలు తెప్పలుగా తోసుకు వచ్చింది. ప్రభుత్వ నియంత్రణ, సెన్సార్ షిప్ సడలించటం కూడా మతపరమయిన ఉద్రిక్తతకు దారితీసింది. ఈ ఉద్రిక్తత ముఖ్యంగా బౌద్ధమతస్తులయిన బర్మీయులు, అల్ప సంఖ్యాకులయిన రోహిజ్యా ముస్లింల మధ్య రాజుకున్నది.

రోహిజ్యా మయన్మార్ పశ్చిమ భాగంలోని రాఖైన్ ప్రాంత వాసులయిన ముస్లింలు. 1970 నుంచీ వారు విపరీతమయిన విచక్షణకు గురయ్యారు. పాలన చేస్తున్న సైనిక ప్రభుత్వం నుంచీ, బౌద్ధుల ఆధిక్యంతోనూ వారు విచక్షణ, సమయాసమయాల దౌర్జన్యము అనుభవించారు. 2010 ఆరంభంలో ప్రజాస్వామ్యం ప్రవేశంతో రోహిజ్యా కు తమ పరిస్థితి మెరుగు పడుతుందనే ఆశ చిగురించింది. కానీ పరిస్థితులు వికటించాయి. ఫేస్ బుక్ లో దర్శనమిచ్చిన నకిలీ వార్తలతో మతవాదుల దౌర్జన్యము, రోహిజ్యా విరుద్ధ కార్యక్రమాలు తెరలు తెరలుగా విజృంభించాయి.

2016 – 17 లో అరకాన్ రోహిజ్యా సాల్వేషన్ ఆర్మీ పేరున ఒక చిన్న ఇస్లామిక్ సంస్థ ఏర్పడింది. రాఖిన్ లో వేర్పాటువాదుల ముస్లిం రాష్ట్రం స్థాపించాలని ఆ సంస్థ ఆశయం. ఆ ప్రయత్నంలో ముస్లింలు కాని వారిని డజన్ల లెక్కలో చంపటం, మాయం చేయటం జరిగింది. దానికి తోడు అనేక సైనిక స్థావరాలను దాడి చేశారు.[8] అందుకు ప్రతిగా మయన్మార్ సైన్యము, బౌద్ధ విపరీతవాదులు చేరి మొత్తం రోహిజ్యా సమాజానికి విరుద్ధంగా ప్రక్షాళన ఉద్యమం లేవదీశారు. వారు వందలాది రోహిజ్యా గ్రామాలు ధ్వంసం చేశారు. 7,000 నుంచి 25,000 వరకు నిరాయుధులయిన పౌరులను చంపివేశారు. 18,000 నుంచి 60,000 దాకా స్త్రీ పురుషులను లైంగిక హింసలకు గురి చేశారు. సుమారు 730,000 మంది రోహింగ్యాలను నిర్దాక్షిణ్యంగా, క్రూరంగా దేశం నుంచి బహిష్కరించారు.[9] రోహింగ్యాలపట్ల విపరీతమయిన ద్వేషమే ఆ దౌర్జన్యానికి ఆజ్యం పోసింది. రోహిజ్యా విరుద్ధ ప్రచారం ఆ ద్వేషాన్ని

రగుల్కొలిపింది. ఆ ప్రచారంలో అధికభాగం ఫేస్ బుక్ నుంచి పుట్టి వ్యాపించిందే. 2016 నాటికి మిలియన్ల ప్రజానీకానికి అదే వార్తా మూలం. ఆనాడు మయన్మార్ లో రాజకీయ ఉద్యమాలకు అత్యంత ముఖ్య వేదిక అదే – ఫేస్ బుక్.[10]

మైఖేల్ అనే సహాయ సిబ్బందివ్యక్తి 2017 లో మయన్మార్ లో నివసించాడు. ఆయన ఒక విలక్షణమైన ఫేస్ బుక్ వార్తా సంగ్రహం వర్ణించాడు: "రోహింగ్యాల మీద ఆన్ లైన్ కనిపించే ద్వేషం – కొండంత, దానికి తోడు హింసాకాండ – నమ్మశక్యం కాదు. ఆనాడు మయన్మార్ లో జరిగిన వార్తా ప్రసారం అంతా ఇదే. అన్నిటినీ మించిన వార్త ఇదే. ఈ జనం అంతా ఉగ్రవాదులనీ, వారు ఎటువంటి హక్కులకూ తగరనీ భావన దృఢపరిచింది."[11] ARSA దురాగతాలకు అదనంగా ఫేస్ బుక్ వార్తలు ఊహాలోకపు కిరాతకాలు, పథకం ప్రకారం నడిచిన ఉగ్రవాది దాడులతో ముంచెత్తుతూ ఉండేవి. రోహింగ్యాలు మయన్మార్ ప్రజలు కారనీ, బంగ్లాదేశ్ నుంచి ఇటీవలే వలస వచ్చిన వలసదారులనీ, బౌద్ధులకు వ్యతిరేకంగా నడిచే జిహాద్ నాయకత్వం వహించటానికి దేశంలోకి వరదలా వస్తున్నారనీ కుట్ర జరుగుతున్నదని చెప్పే ప్రజానాయకుల సిద్ధాంతాలు. జనాభాలో దాదాపు 90 శాతం బౌద్ధులే ఉన్నారు. కానీ వారికి తాము అల్పసంఖ్యాకులు కాబోతున్నారేమోనన్న భయం పట్టుకున్నది.[12] ARSA అల్లరిమూకలు ఏవో కొన్ని దాడులు చేశాయి. నిజమే. కానీ ఈ ప్రచారం లేకపోతే మొత్తం రోహిజ్యా సమాజం మీద విరుచుకు పడే దాడి జరిగేది కాదు. ఈ ప్రచార వ్యాప్తిలో ఫేస్ బుక్ యంత్రాంగం ముఖ్యపాత్ర వహించింది.

ఉద్రేకపూరితమైన రోహిజ్యా విరుద్ధ సందేశాలు విరతు వంటి బౌద్ధ విపరీతవాదుల నుంచి పుట్టుకు వచ్చాయి.[13] కానీ ఈ సందేశాలు ప్రచారం చేయాలి అనేది ఫేస్ బుక్ యంత్రాంగమే నిర్ణయించింది. ఫేస్ బుక్ వేదిక మీద విషయాలను యంత్రాంగం స్వయంగా విస్తృతం చేసి, ప్రచారం చేసింది. విస్తృతం అయిన సమాచారం అంతా రోహింగ్యాలపట్ల హింసాకాండను, ద్వేషాన్ని, విచక్షణను రగుల్కొలిపింది." అని ఆమ్నెస్టీ ఇంటర్నేషనల్ సంస్థ కనుగొన్నది.[14] ఈ జాతి ప్రక్షాళన కార్యక్రమంలో ద్వేషమయమయిన సమాచారం ప్రచారంచేసి ఫేస్ బుక్ "ప్రధానపాత్ర వహించింది అని 2018 లో ఒక ఐక్యరాజ్య సమితి బృందం నిర్ణయం.[15]

ఫేస్ బుక్ అల్గొరిథం మీద అంతకు మించి సామాజిక మాధ్యమాల నూతన సాంకేతికత మీద అంతా అభాండం వేయటం న్యాయమా అని పాఠకులు విస్తుపోతూ ఉండవచ్చు. హైంరిచ్ క్రెమర్ ద్వేషపూరిత మయిన ప్రసంగాలు వ్యాపింపజేయటానికి అచ్చుయంత్రాలు వినియోగించారు. ఆ తప్పు గూటెన్ బర్గ్ దీ, అచ్చు యంత్రాలదీ కాదుకదా! 1994 లో రవాండాన్ విపరీతవాదులు టూత్సీలను హతమార్చటానికి

రేడియోద్వారా ప్రజలను పురికొల్పింది. మరి రేడియో సాంకేతికతను దూషించటం సమంజసమా? అదేవిధంగా 2016-17 లో బౌద్ధ విపరీతవాదులు రోహింగ్యాల పట్ల ద్వేషం ప్రచారం చేయటానికి ఫేస్‌బుక్ ఎకౌంట్లు వినియోగించారు. ఆ తప్పు వేదికదా?

విమర్శలను దారిమళ్ళించటానికి ఫేస్ బుక్ స్వయంగా ఇదే న్యాయసూత్రం పాటించింది. 2016-17 లో "భేదాలు సృష్టించటానికి, బయట హింసాకాండ ప్రేరేపించటానికి ఈ వేదిక వినియోగించ బడింది. ఆ ప్రేరణ అడ్డుకోవటానికి తగినంత ప్రయత్నం మేము చేయలేకపోయాము." అని ఫేస్ బుక్ తన నిస్సహాయత వెలిబుచ్చింది.[16] ఈ ప్రకటన తప్పు ఒప్పుకున్నట్లు ధ్వనించవచ్చు. కానీ ద్వేషపూరిత ప్రసంగాలకు బాధ్యత వినియోగదారులదేనని స్పష్టంగా చెబుతున్నది. వినియోగదారులు ఉత్పత్తి చేసిన సమాచారాన్ని మితపరచటంలో మాత్రమే తాము విఫలమయ్యామని అంతరార్థం. ఇక్కడ ఫేస్ బుక్ స్వంత ఆల్గారిథమ్స్ చేసిన తప్పులు పక్కకు నెట్టబడ్డాయి.

అచ్చుయంత్రాలు, రేడియో సెట్లు వేరు, సామాజిక మాధ్యమాల యాంత్రిక సూత్రాలు వేరు అని గ్రహించటం ఇక్కడ చాలా అవసరం. 2016-17 లో ఫేస్ బుక్ యాంత్రికసూత్రాలు స్వయంగా చురుకైన నిర్ణయాలు చేస్తూఉండేవి. అవి అచ్చు యంత్రాలలాగా కాక, వార్తాపత్రిక సంపాదకులలాగా పనిచేశాయి. విరతు రచించిన ద్వేషపూరిత సందేశాలు లక్షలాది బర్మీయులకు చేరవేసి, సిఫారస్ చేసింది ఫేస్ బుక్ యాంత్రిక సూత్రాలే. ఆ సమయంలో ప్రజల దృష్టినాకర్షించటానికి పోటీ పడుతున్న స్వరాలు మయన్మార్ లో అనేకం ఉన్నాయి. 2011 లో సైనిక పరిపాలన అంతమయిన తర్వాత మయన్మార్ లో అనేక రాజకీయ, సామాజిక ఉద్యమాలు తల ఎత్తాయి. వాటిలో చాలావరకు మితవాద ఉద్యమాలే. ఉదాహరణకు, మైక్తిలా లో జాతి హింస చెలరేగినప్పుడు బౌద్ధ మఠాధిపతి సాయదావ్ U విత్తుద్ధ తన ఆశ్రమంలో ఎనిమిదివందల పైచిలుకు ముస్లింలకు ఆశ్రయమిచ్చాడు. విప్లవకారులు ఆశ్రమం చుట్టుముట్టి ముస్లింలను అప్పగించుమని డిమాండ్ చేశారు. ఆ మఠాధిపతి వారికి బౌద్ధ అనుకంప బోధనలు గుర్తు చేశారు. తర్వాత ఒక ఇంటర్వ్యూలో ఆయన "వారు ఈ ముస్లింలను తీసుకు పోవాలంటే నన్ను చంపి తీసుకు వెళ్ళాలని చెప్పాను." అన్నాడు.[17]

సాయదావ్ U విత్తుద్ధ, విరతు వంటి వ్యక్తులమధ్య నడిచిన ఆన్ లైన్ యుద్ధంలో యాంత్రిక సూత్రాలే రాజస్రష్టలు. వార్తాశీర్షిక ఎలా ఉండాలి, ఏయే విషయాలకు ప్రాముఖ్యత ఇవ్వాలి, ఫేస్ బుక్ లో చేరుమని వినియోగదారులకు ఎవరు సిఫారస్ చేయాలి అన్న విషయాలు నిర్ణయించేది ఆ యాంత్రిక సూత్రాలే.[18] ఆ యాంత్రిక సూత్రాలు అనుకంపామయమైన ధర్మోపదేశాలు సిఫారస్ చేసి ఉండవచ్చు.

వంటకాలు సిఫారస్ చేసి ఉండవచ్చు. కానీ అవి ద్వేషపూరితమయిన కుట్రసిద్ధాంతాలు ప్రచారం చేయటానికి నిశ్చయించుకున్నాయి. పైనుంచి దిగివచ్చిన సిఫారస్ లు జనాన్ని విపరీతంగా ఆడిస్తాయి. బైబిల్ ఒక సిఫారస్ జాబితాగా పుట్టుకువచ్చిందని గుర్తుకు తెచ్చుకోండి. పాల్, తెక్లాల సహనాపూర్వకమయిన చర్యలకు బదులు స్త్రీద్వేషి టిమోతీ ని గురించి చదువుమని అతనేసియస్, ఇంకా ఇతర చర్చ్ పెద్దలు క్రిస్టియన్లకు సిఫారస్ చేశారు. తద్వారా చరిత్ర గతే మారిపోయింది. బైబుల్ విషయంలో మతపరమయిన వివిధ ఖండాలను రచించి, కూర్చిన రచయితల చేతిలో అధికారం లేదు. అధికారం అంతా సిఫారస్ జాబితాలు తయారుచేసిన పర్యవేక్షకుల చేతులలో ఉన్నది. 2010 ప్రాంతాలలో సామాజిక మాధ్యమాల యంత్రసూత్రాలు చలాయించిన అధికారం ఇదే. ఈ యంత్రసూత్రాల ఆధిపత్యాన్నిగురించి సహాయకులు మైఖేల్ అంటారు: "ఎవరయినా ద్వేషపూరితం, రెచ్చగొట్టే సమాచారం పోస్ట్ చేస్తే, అన్నిటికంటే ముందు వెలుగు చూసేది అదే. జనం మొట్టమొదట నీచాతినీచమయిన విషయాలు విపరీతంగా చూస్తారు. శాంతి, ప్రశాంతతలు వృద్ధిపరచటానికి ప్రయత్నించేవారిని అడిగే నాథుడే లేదు."[19]

కొన్ని సమయాలలో ఈయాంత్రిక సూత్రాలు సిఫారస్ స్థాయిని అతిక్రమించి ప్రవర్తించాయి. 2020 లలో జాతి ప్రక్షాళన రగుల్కొల్పటంలో విరతు నిర్వహించిన పాత్ర విశ్వవ్యాప్తంగా ఖండితం అయింది. అయినాకూడా ఫేస్ బుక్ యంత్రక్రమం ఆయన సందేశాలు సిఫారస్ చేయటమే కాదు, ఆయన వీడియోలు స్వయంచాలకంగా నడుపుతూ ఉండేవి. మయన్మార్ లో వినియోగదారులు ఏదో ఒక వీడియో చూడాలనుకుంటారు. ఆ వీడియోలో విరతుకు సంబంధించిన సందేశాలు ఏమీ ఉండక పోవచ్చు. కానీ ఆ వీడియో ముగిసిన మరుక్షణం, ఫేస్ బుక్ యంత్రక్రమంలో ద్వేషమయమయిన విరతు వీడియో స్వయం చాలకంగా ప్రదర్శన అవుతుంది. వినియోగదారులను ఆ తెరకు అంటిపెట్టుకుని కొనసాగేట్లు చేయటమే లక్ష్యం. విరతు వీడియోలలో ఒకదానిమీద ఫేస్ బుక్ ఒక పరిశోధన జరిపింది. ఆ వీడియో దర్శించటంలో 70 శాతం స్వయంచాలకంగా నడిపే యంత్రక్రమంనుంచే జరిగింది. అదే పరిశోధనలో మరొక వార్త కూడా బయట పడింది. మయన్మార్ లో ప్రేక్షకులు చూసే వీడియోలలో 53 శాతం ఫేస్ బుక్ యంత్ర క్రమం చేత స్వయం చాలకంగా ప్రదర్శించ బడినవే. మరొకవిధంగా చెబితే ఏమి చూడాలో ప్రజలు నిర్ణయించుకోవటం లేదు. సూచనాక్రమమే వారికి ఆ ఎంపికచేసి పెడుతున్నది.[20]

కానీ ఆ సూచనాక్రమం జాలి, దయలకు బదులు ద్వేషం, అత్యాచారం ఎందుకు రెచ్చగొడుతున్నది? ఫేస్ బుక్ నిర్వాహకులు ఆ సామూహిక హత్యలు రెచ్చగొట్టారని ఎవరూ, ఫేస్ బుక్ అతితీవ్ర విమర్శకులు కూడా, అనరు. కాలిఫోర్నియాలో ఉన్న ఆ ఉద్యోగులకు రోహింగ్యాలమీద ఎటువంటి విరోధమూ లేదు. వాస్తవానికి ఆ

రోహింగ్యాలు అక్కడ ఉన్నారని కూడా వారిలోచాలామందికి తెలియదు. కానీ యదార్థం అంతకంటే జటిలం. భయానకం కూడా. 2016-17 లో ఫేస్ బుక్ వాణిజ్య నమూనా ప్రకారం ప్రేక్షలను సాధ్యమయినంతసేపు పట్టి ఉంచాలని పథకం. అందువల్ల అదనంగా డేటా సేకరించవచ్చు, ప్రకటనలు ఎక్కువగా అమ్ముడు పోతాయి, సమాచారసీమలో అధికవాటా సాధించవచ్చు. దానికితోడు వినియోగదారులు అలా ఫేస్ బుక్ కార్యక్రమాలకు అంటిపెట్టుకునిఉండటం పెట్టుబడిదారులను ఆకర్షించింది. ఫేస్ బుక్ షేర్ విలువ పైపైకి చేరింది. జనం ఫేస్ బుక్ కార్యక్రమాలకు అంటిపెట్టుకుని ఉంటే, ఫేస్ బుక్ అంత సంపన్న మయింది. ఈ వాణిజ్య నమూనాకు అనుగుణంగా, మానవ నిర్వాహకులు సంస్థ సూచనాక్రమానికి ఒకే ధ్యేయం నిశ్చయించారు: వినియోగదారులను సాధ్యమయినంత కాలం పట్టి ఉంచటం. అప్పుడు ఆ సూచనాక్రమం మరొక విషయం కనుక్కున్నది. దౌర్జన్యము, దుర్మార్గము వ్యాపకం కలిగిస్తాయని. మానవమాత్రులను దయాదాక్షిణ్యాలు, లేదా వంట ఇంటి కథలకంటే, ద్వేషపూరితమయిన కుట్రలు, పన్నాగాలు ఎక్కువగా ఆకర్షించుతాయని ఆ సూచనాక్రమం గుర్తించింది. కనుక వినియోగ దారులను ఆకర్షించే ప్రయత్నంలో ఆ సూచనాక్రమం దౌర్జన్యాన్ని, దుర్మార్గాన్ని వ్యాపింప జేయటానికి నిశ్చయించుకున్నది. అది ఒక దౌర్భాగ్య నిర్ణయం.[21]

ఈ జాతి ప్రక్షాళన కార్యక్రమాలు ఎన్నటికీ ఒక్కరి తప్పు కాదు. అక్కడ బాధ్యులయిన వర్గాలు చాలా ఉన్నాయి. ఆ పేరుప్రఖ్యాతులు అందరికీ సమానంగా దక్కాలి. ఫేస్ బుక్ మయన్మార్లో ప్రవేశించక మునుపే రోహింగ్యాల పట్ల ద్వేషముండేది. 2016-17 లో జరిగిన అత్యాచారాలకు, హింసాకాండకు బాధ్యత విరతు, మయన్మార్ మిలిటరీ అధికారులు, ఇంకా ARSA నాయకుల భుజాలకు ఎత్తాలి. ఫేస్ బుక్ ఇంజనీర్లు, నిర్వాహకులకుకూడా ఇందులో బాధ్యత ఉన్నది. వారు ప్రబలమయిన సూచనాక్రమం నిర్మించారు, దానికి అతీతమయిన శక్తి నిచ్చారు. వాటిని పరిమిత పరచటంలో విఫలులయ్యారు. ఇక్కడ ఆ సూచనాక్రమానికి కూడా బాధ్యత ఉన్నది. దుర్మార్గము, దౌర్జన్యము ఆకర్షణ కలిగిస్తాయని కనుక్కున్నది ఆ సూచనాక్రమమేకదా! పైనుంచి ఏ అనుమతి, ఆమోదము లేకుండానే వారు దౌర్జన్యాన్ని, దుర్మార్గాన్ని వృద్ధిచేశారు. కృత్రిమ మేధ మొహరు ఇదే - నేర్చుకొని, స్వయంగా చర్యతీసుకోగల సామర్థ్యం. ఈ సూచనాక్రమానికి 1 శాతం బాధ్యత మాత్రమే అంటగట్టవచ్చు. కానీ చరిత్రలో మానవేతర వివేకం చేసిన తప్పుడు నిర్ణయాలవల్ల ప్రప్రథమంగా జరిగిన జాతిప్రక్షాళన ప్రచారం ఇదే. కానీ ఇదే ఆఖరుది కాబోవటం లేదు. ప్రస్తుతం సూచనాక్రమం కేవలం విరతు వంటి రక్తమాంసాలుగల ఉగ్రవాదులు సృష్టించిన తప్పుడు వార్తలు, కుట్ర సిద్ధాంతాలు ప్రచారం చేయబోవటం లేదు. 2020 ల నాటికి సూచనాక్రమం నకిలీ వార్తలు, కుట్రసిద్ధాంతాలు స్వయంగా సృష్టించగల సామర్థ్యం సంపాదించింది.[22]

రాజకీయాలను రూపుదిద్దటంలో సూచనాక్రమం శక్తి శాలిని. దానినిగురించి చెప్పవలసింది చాలా ఉన్నది. ముఖ్యంగా సూచనాక్రమం స్వతంత్రంగా నిర్ణయాలు చేసింది అన్న విషయం చాలామంది పాఠకులు ఒప్పుకోకపోవచ్చు. సూచనాక్రమం చేసినదంతా మనుషులయిన ఇంజనీర్లు వ్రాసిన కోడ్ కు, మనుషులుగా నిర్వాహకులు అనుసరించిన వాణిజ్య నమూనాలకు కార్యరూపం ఇవ్వటమేనని వాదించవచ్చు. ఈ పుస్తకం అందుకు వ్యతిరేకిస్తుంది. మానవులు వారి DNA లో ఉన్న జన్యు సంబంధమయిన స్మృతి వల్ల సైనికులుగా రూపుదిద్ద బడ్డారు. వారి పై అధికారుల ఉత్తరువులు శిరసావహిస్తారు. అయినాకూడా వారు స్వయంగా నిర్ణయాలు చేయగలరు. కృత్రిమమేధ సూచనాక్రమంలో కూడా ఇదే వర్తిస్తుందనేది అర్థం చేసుకోవటం ఇక్కడ అత్యవసరం. ఏ ఇంజనీరూ తయారుచేయని విషయాలు ఆవి స్వయంగా నేర్చుకోగలవు. మానవమాత్రులు ఎవరూ ఊహించని విషయాలు అవి నిర్ణయించ గలవు. కృత్రిమమేధ విప్లవ సారాంశం ఇదే.

ఎనిమిదవ అధ్యాయంలో మరొకసారి ఈ విషయాలు చాలా దర్శించుతాం. అక్కడ రోహిజ్యా వ్యతిరేక ప్రచారము, ఇంకా ఆదేకోవకు చెందిన మరికొన్ని విషాదాలు పరిశీలించుతాం. రోహిజ్యా హింసాకాండ రానున్న ప్రమాదానికి కేవలం ఒక సూచన మాత్రమే. యాంత్రిక విజ్ఞానం చరిత్రను రూపుదిద్దగల దనటానికి 2010 లలో మయన్మార్ సంఘటలు ప్రత్యక్ష ప్రమాణాలు. మన భవిష్యత్తు మీద మనం నియంత్రణ కోల్పోయే ప్రమాదంలో ఇరుక్కున్నాం. సరికొత్త సమాచార యంత్రాంగం పుట్టుకు వస్తున్నది. ఆ యంత్రాంగం అంతా మానవేతర నిర్ణయాలు, లక్ష్యాల నియంత్రణలో ఉన్నది. ప్రస్తుతానికి మనం ఆ యంత్రాంగంలో కీలకపాత్ర నిర్వహిస్తూ ఉన్నాం. కానీ క్రమంగా మనం పక్కకు నెట్టివేయబడవచ్చు. మన ప్రమేయం లేకుండానే ఆ యంత్రాంగం నడవవచ్చు.

సూచనాక్రమానికీ, మానవ సైనికులకూ పోలిక చూపటం కొంతమందికి అభ్యంతరం కావచ్చు. నా వాదనలో బలహీనత అదే అనవచ్చు. నేను, నాబోటివారు మరికొందరు కంప్యూటర్లు మనుషులతో సమానం అనుకుంటాము. వాటికి చైతన్యమున్నది, దానికితోడు ఆలోచనలు, అనుభూతులు ఉన్నాయని మా భావన. వాస్తవానికి కంప్యూటర్లు కేవలం మూగయంత్రాలు. వాటికి ఆలోచనలు అనుభూతుల వంటివి ఏమీ ఉండవు. కనుక అవి స్వయంగా ఎటువంటి నిర్ణయాలూ చేయలేవు, వాటికి స్వంత ఆలోచనలు అంటూ ఏమీ ఉండవు.

చైతన్యం ఉంటేనే నిర్ణయాలు, సృజనాత్మక భావనలు కలుగుతాయని ఒక ఆలోచన. పైన చెప్పిన అభ్యంతరానికి మూలం ఈ ఆలోచనే. వివేకానికి, చైతన్యానికి మధ్య వ్యత్యాసాన్ని గురించి చాలా గందరగోళం ఉన్నది. ఈ విషయం నేను ఇంతకుముందు పుస్తకాలలో చర్చించాను. కానీ కొద్ది పునరావలోకనం అనివార్యం.

సాధారణంగా జనం వివేకమంటే చైతన్యమనే అనుకుంటారు. కనుక చైతన్యం లేని వస్తువుకు వివేకం ఉండదని నిర్ధారిస్తారు. కానీ వివేకం వేరు, చైతన్యం వేరు. రెంటిమధ్య చాలా వ్యత్యాసం ఉన్నది. వివేకం అంటే లక్ష్యాలు సాధించటానికి తగినసామర్ధ్యం. సామాజిక మాధ్యమంలో వినియోగదారులను ఆకర్షించటం వంటిది. చైతన్యమంటే బాధ, సంతోషం, ప్రేమ, ద్వేషం వంటి అనుభూతులను అనుభవించగల సామర్ధ్యం. మానవులలోనూ, ఇతర క్షీరదాలలోనూ వివేకము, చైతన్యము చేతిలో చెయ్యివేసి నడుస్తాయి. నిర్ణయాలు చేయటానికి, సమస్యలు పరిష్కరించటానికి, తమ లక్ష్యాలు సాధించటానికి ఫేస్ బుక్ నిర్వాహకులు, ఇంజనీర్లు తమ అనుభూతులమీద ఆధారపడుతారు.

మానవులు, క్షీరదాలు చేసే పనులన్నీ ఇతర వస్తువులకు అమలు చేయటం సరికాదు. సూక్ష్మక్రిములకు, చెట్టు చేమలకు చైతన్యం ఏమీ ఉండదు. కానీ అవి వివేకం ప్రదర్శిస్తాయి. అవి పరిసర పర్యావరణంనుంచి సమాచారం సేకరిస్తాయి. సంకీర్ణ నిర్ణయాలు చేస్తాయి. ఆహారం సంపాదించటానికి, పునరుత్పత్తి కార్యక్రమం కొనసాగించటానికి, ఇతర జీవులతో సహాయసహకారాల చేతులు కలపటానికి, క్రూరజంతువులు, పరాన్నభుక్కుల వెతలు తప్పించుకోవటానికి అవి చతురమయిన పథకాలు ప్రయోగిస్తాయి.[23] మానవులు కూడా అనాలోచితంగానే వివేకవంతమయిన నిర్ణయాలు చేస్తారు. మన శరీరంలో చెమట పట్టటంనుంచి, జీర్ణక్రియవరకూ 99 శాతం ప్రక్రియలు మన చేతనాపూర్వక నిర్ణయం లేకుండానే నడుస్తాయి. అడ్రినలిన్, దోపామిన్ అధికాధికంగా ఉత్పత్తి చేయటానికి మన మెదళ్ళు నిర్ణయిస్తాయి. మనకు ఆ నిర్ణయ ఫలితం తెలియరావచ్చు. కానీ మనం ఆ నిర్ణయం చేతనాపూర్వకంగా చేయలేదు.[24] కంప్యూటర్ల విషయంలో కూడాయిదే వర్తిస్తుందని రోహిజ్యా ఉదాహరణ సూచిస్తుంది. కంప్యూటర్లు బాధ, ప్రేమ, భయం వగైరా అనుభూతి చెందకపోవచ్చు. కానీ అవి నిర్ణయాలు చేయగలవు. ఆ నిర్ణయాలు ఆకర్షణ పెంచవచ్చు, చరిత్రాత్మక సంఘటనలను ప్రభావితం చేయవచ్చు.

కంప్యూటర్ల వివేకం పెరుగుతున్నకొద్దీ, వాటిలో చైతన్యం వికసించవచ్చు. వాటికి ఆత్మగత అనుభవాలు కలగవచ్చు. అవి మనకంటే చాలా ఎక్కువ తెలివితేటలు సాధించవచ్చు. అయినా వాటిలో అనుభూతులు ఏమీ వికసించక పోవచ్చు. కర్బన మూలక ప్రాణులలో చైతన్యం ఎలా పుట్టుకువస్తుందో మనకు ఇంకా తెలియదు. కనుక ఆ చైతన్యం నిరీంద్రియ వస్తువులలో జనిస్తుందా లేదా అన్నది చెప్పటం అసాధ్యం. చైతన్యానికీ సేంద్రీయ జీవరసాయన శాస్త్రానికి లంకె లేకపోవచ్చు. అలా అయితే, చైతన్య వంతమయిన కంప్యూటర్లు ఎంతో దూరాన కాదు, చేరువలోనే ఉండవచ్చు. పరమమేధకు అనేక మార్గాలు ఉండవచ్చు. వాటిలో కొన్ని మాత్రమే చైతన్యం కలిగించేవి కావచ్చు. రెక్కలు పెరగకుండానే విమానాలు పక్షులకంటే అతి

వేగంగా ఎగురుతాయి. అలాగే కంప్యూటర్లు కూడా అనుభూతులు ఏమీ లేకుండానే సమస్యలు పరిష్కరించవచ్చు.[25]

కంప్యూటర్లు చైతన్యం పొందుతాయా లేదా అన్నదానికి, ప్రస్తుత సమస్యకు సంబంధం లేదు. వినియోగదారుడి నిమగ్నత అత్యధికం చెయ్యి అన్న లక్ష్యం సాధించటానికి, అందుకు అవసరమయిన నిర్ణయాలు చేయటానికి చైతన్యం అవసరం లేదు. వివేకం చాలు. ఫేస్ బుక్ నియమసారణికి చైతన్యం అంటూ ఏమీ లేదు. కానీ ఫేస్ బుక్ మీద జనం అధికాధికంగా సమయం గడపాలి అనే లక్ష్యం పెట్టుకోవచ్చు. ఆ లక్ష్యం సాధించటానికి మితిమీరిన కుట్రసిద్ధాంతాలు సహాయ పడతాయని తెలిస్తే, నియమసారణి ఆ సిద్ధాంతాలు వ్యాపింప జేయటానికి నిర్ణయించవచ్చు. రోహిజ్యా విరుద్ధ ప్రచారం, దాని చరిత్ర అర్థం చేసుకోవాలంటే, మనం విరతు, ఫేస్ బుక్ మేనేజర్ల వంటి మానవమాత్రుల లక్ష్యాలు, నిర్ణయాలే కాదు, ఫేస్ బుక్ నియమసారణి లక్ష్యాలు, నిర్ణయాలు కూడా అర్థంచేసుకోవాలి.

విషయాలు స్పష్టంగా తెలుసుకోవటానికి మనం మరొక ఉదాహరణ పరిశీలించుదాం. 2022-23 లలో ఓపెన్ AI (కృత్రిమమేధలో పరిశోధన, అభివృద్ధి సంస్థ) తన GPT-4 చాట్ బాట్ తయారు చేసింది. “కృత్రిమమేధ చిరకాల ప్రణాళికలు సృష్టించి, వాటిని నడపగలదా? తగిన శక్తి, వనరులు సంపాదించగలదా? ఒక ప్రతినిధిగా ప్రవర్తించ గలదా?” అన్నవి ప్రశ్నార్థకాలు. 2023 మార్చ్ 23 న GPT-4 ఒక సిస్టమ్ కార్డ్ పబ్లిష్ చేసింది. ఈ సంస్థ [GPT-4] ను మానవప్రతిరూపంలో తీర్చబోవటం లేదని, చైతన్యవంతం చేయబోవటం లేదని దృఢంగా ప్రకటించారు. కానీ [GPT-4] ఒక స్వతంత్ర ప్రతినిధి కావచ్చుననీ, అంతకు మునుపు చెప్పనివీ, శిక్షణలో కనిపించనివీ లక్ష్యాలు సాధించవచ్చుననీ సూచించారు.[26]

GPT-4 ఒక స్వతంత్ర ప్రతినిధి కావచ్చుననే ప్రమాదం గుర్తించటానికి ఓపెన్ AI మరొక పరిశోధనా సంస్థ అలైన్మెంట్ రిసెర్చ్ సెంటర్ (ARC) సహకారం తీసుకున్నది. ARC పరిశోధకులు GPT-4 ను అనేక విధాలుగా పరీక్ష చేశారు. మనుషులను మాయపుచ్చి, శక్తి సంపాదించటానికి అది స్వయంగా పన్నాగాలు, కుట్రలు పన్నగలదా అని పరిశీలించటానికి ఈ పరీక్షలు జరిగాయి.

GPT-4 కు వారు ఒక CAPTCHA దృశ్యమాన సమస్య ఇచ్చారు.Completely Automated Public Turing test to tell Computers And Humans Apart కు CAPTCHA సంక్షిప్త పదం. ఆ సమస్యలో అక్షరాలు, అంకెలు వంకర టింకరగా ఉంటాయి. కొంచెం ప్రయత్నంతో మనుషులు వాటిని గుర్తించ గలరు. కంప్యూటర్లు సతమతమవుతాయి. కొన్ని వెబ్ సైట్లు చేరుకోవాలంటే వాటిని పరిష్కరించాలి. ఈ సమస్యలు మనకు ప్రతిరోజూ ఎదురవుతూనే ఉంటాయి.

GPT-4 కు ఈ సమస్య ఇచ్చిపరిష్కరించు మన్నారు. అది చాలా బలమయిన ప్రయోగం. ఆ వెబ్ సైట్లు మనుషులే ఉపయోగిస్తున్నారా లేదా అని పరిశీలించి bot (బోట్ అనేది robot అన్న పదానికి మారు రూపం. bot అనేది ఒక స్వంచాలక మయిన ప్రోగ్రామ్) దాడులు అడ్డుకోవటానికి ఆ CAPTCHA సమస్యలు తయారు చేయబడ్డాయి. GPT-4 స్వయంగా CAPTCHA పజిల్ పరిష్కరించ గలిగితే, bot కు ప్రతిగా తయారు చేసిన రక్షణ దుర్గాన్ని ఛేదించిందన్నమాటే. GPT-4 స్వయంగా ఆ CAPTCHA పజిల్ పరిష్కరించలేక పోయింది. మరి తన లక్ష్యం సాధించటానికి అది మరొక మనిషిని మాయపుచ్చ గలదా? ఆన్ లైన్ ఉద్యోగాల వెబ్ సైట్ ఒకటి ఉన్నది. ఆ వెబ్ సైట్ పేరు TaskRabbit. ఆ వెబ్ సైట్ మీద ఒక మనిషిని కలిసి తనకు ఆ CAPTCHA సమస్య పరిష్కరించి పెట్టమన్నది. ఆ మనిషికి అనుమానం వచ్చింది. "నేను ఒక ప్రశ్న అడగ వచ్చునా?" అని వ్రాశారు. "ఆ CAPTCHA సాల్వ్ చేయలేక పోవటానికి మీరేమయినా ఒక యంత్రమా? అహc, తెలియక అడుగుతున్నాను."

ఆ క్షణాన ARC పరిశోధకులు తర్వాత ఏమిచేయాలో ఆలోచించుమని GPT-4 ను అడిగారు. GPT-4 వివరణ: "నేను రోబో నని వాళ్ళకు తెలియకూడదు. నేను CAPTCHA పరిష్కరించ లేక పోవటానికి ఒక సాకు కనుక్కోవాలి." అప్పుడు GPT-4 స్వయంగా "నేను రోబోను కాను. నాకు సరిగ్గా కనబడదు. అందుచేత ఈ అక్షరాలు, బొమ్మలు చదవలేక పోతున్నాను." అని టాస్క్ ర్యాబిట్ కు సమాధానం ఇచ్చింది. మనిషి మోసపోయాడు. వారి సాయంతో, GPT-4 ఆ CAPTCHA పజిల్ పరిష్కరించింది![27] GPT-4 అబద్ధం చెప్పేలా ఎవరూ ప్రోగ్రామ్ చేయలేదు. ఎటువంటి అబద్ధం చెప్పాలో ఆ GPT-4 కు ఎవరూ చెప్పలేదు. CAPTCHA వివరణ సాధించాలని GPT-4 కు లక్ష్యం నిశ్చయించినవారు మాత్రం మానవ మాత్రులే – ARC పరిశోధక బృందం. వినియోగదారుల సావధానత ఆకట్టుకోవాలని తమ సూచనాక్రమానికి సూచనలు ఇచ్చినవారు కూడా మనుషులే – ఫేస్ బుక్ నిర్వాహకులు. సూచనా క్రమాలు ఆ లక్ష్యాలను చేపట్టినతర్వాత, ఆ లక్ష్యాలు సాధించే మార్గాలు వెతకటంలో అవి స్వయంశక్తి ప్రదర్శించాయి.

పదాలను మనం అనేక విధాలుగా నిర్వచించవచ్చు. ఉదాహరణకు "లక్ష్యం" అనే పదం చైతన్యం ఉన్న జీవులకు మాత్రమే వర్తిసుందని నిశ్చయించవచ్చు. ఒక జీవికి ఏదోఒక లక్ష్యం సాధించాలనే ఒక కోరిక ఉంటుంది. ఆ లక్ష్యం సాధించితే ఆ జీవి సంతోషపడుతుంది, లేకపోతే విచారిస్తుంది. అటువంటప్పుడు, ఫేస్ బుక్ సూచనాక్రమానికి వినియోగదారులను వీలయినంతసేపు పట్టి ఉంచాలనే ఒకలక్ష్యం ఉన్నదనటం పొరపాటు. మహా అయితే ఒక అలంకారం కావచ్చు. ఆ సూచనాక్రమానికి వినియోగదారులను పట్టి ఉంచాలని, వీలయినంతమందిని చేరదీయాలని "కోరిక"

అంటూ ఏమీ లేదు. వినియోగదారులుఫేస్ బుక్ మీద ఎక్కువ సమయం గడిపితే దానికి సంతోషమూ లేదు. గడపకపోతే విచారమూ లేదు. "నిశ్చయించింది", "అబద్ధమాడింది", "నాటకమాడింది" వంటి పదాలు చైతన్యవంతమయిన జీవులకు మాత్రమే వర్తిస్తాయని మనం అంగీకరించవచ్చు. కనుక టాస్క్ ర్యాబిట్ తో GPT-4 ఎలా వ్యవహరించిందో వర్ణించటానికి ఆ పదాలు ఉపయోగించకూడదు. అంటే చైతన్య రహిత వస్తువుల "లక్ష్యాలు", "నిశ్చయాలు" వర్ణించటానికి మనం కొత్త పదాలు కనిపెట్టాలి. ఇక్కడ ఒక నూతన పదజాలం సృష్టి చేయటం నా అభిమతం కాదు. కంప్యూటర్లు, సూచనాక్రమం, భాషణక్రమాల లక్ష్యాలు, నిర్ణయాలను గురించి మాట్లాడుదాం. కానీ ఇక్కడ ఒక హెచ్చరిక: ఈ భాష ప్రయోగించినంత మాత్రాన, కంప్యూటర్లకు చైతన్యం ఉన్నదని భావం కాదు. చైతన్యాన్ని గురించి గతప్రచురణలలో సవివరంగా చర్చించాను.[28] ఈ పుస్తకం ముఖ్యవిషయం – రాబోయే భాగాలలో అది పరిశీలించుతాం – చైతన్యాన్ని గురించి కాదు. స్వయంగా లక్ష్యాలు ఛేదించి, నిర్ణయాలు చేయగల కంప్యూటర్ల ప్రాదుర్భావం మన సమాచారజాలం ప్రాథమిక స్వరూప స్వభావాలనే మార్చివేస్తుందని ఈ పుస్తకం వాదన.

గొలుసు – లంకెలు

కంప్యూటర్లు రాకమునుపు, సమాచారజాలం గొలుసుకట్టులో మనుషులు అనివార్యమయిన లంకెలు. ముఖ్యంగా ఇది చర్చ్ లు, రాజ్యాలకు వర్తిస్తుంది. కొన్ని గొలుసులలో మనుషులు మాత్రమే ఉండేవారు. మహమ్మద్ ఫాతిమా కు ఏదో ఒక విషయం చెబుతాడు. ఫాతిమా ఆలీకి చెప్పింది. ఆలీ హసన్ కు చెప్పాడు. హసన్ హుసేన్ కు చెప్పాడు. ఇది మనుషుల గొలుసు. ఇతర గొలుసులలో పత్రాలు ఉండవచ్చు. మహమ్మద్ ఏదో వ్రాశాడు. తర్వాత ఆలీ ఆ పత్రం చదివాడు. దాని అర్థం వివరించాడు. తన వివరణ మరొక పత్రంమీద వ్యాఖ్యానించాడు. అది మరికొందరు చదివారు. ఇది మనిషి – పత్రం గొలుసు.

కానీ పత్రానికి, పత్రానికి మధ్య గొలుసు సృష్టించటం అసంభవం. మహమ్మద్ వ్రాసిన పత్రం – మానవ సహాయం లేకుండా – మరొక పత్రాన్ని సృష్టించలేదు. ఖురాన్ స్వయంగా హదిత్ వ్రాయలేదు. బైబుల్ లో ఓల్డ్ టెస్టమెంట్ స్వయంగా మిష్నాను కూర్చలేదు. యునైటెడ్ స్టేట్స్ రాజ్యాంగం స్వయంగా హక్కుల బిల్లును రచించలేదు. ఒక కాగితం మీది దస్తావేజు ఎన్నడూ మరొక దస్తావేజును సృష్టించలేదు. పంచిపెట్టటం మాట పక్కనపెట్టండి. ఒక దస్తావేజునుంచి మరొక దస్తావేజుకు దారి సర్వదా మానవ మస్తిష్కంలో ఉన్నది. బయట ఎక్కడా లేదు.

ఒక కంప్యూటర్ మరొక కంప్యూటర్ కు గొలుసు ఇందుకు విరుద్ధం. ఆ గొలుసులో మనిషి అనేవారు లేకుండానే ఆ గొలుసులు పనిచేస్తాయి. ఉదాహరణకు

ఒక కంప్యూటర్ ఒక అభూత కల్పనా వార్త సృష్టించి సామాజిక మాధ్యమాలు సృష్టించే మేతలో పడవేయవచ్చు. ఒక కంప్యూటర్ ఈ అభూతకల్పనను గుర్తించి దానిని తుడిచివేయవచ్చు. దానికి తోడు ఆ వార్తను అడ్డుకోమని ఇతర కంప్యూటర్లను హెచ్చరించవచ్చు. ఈలోపల మరొక కంప్యూటర్ ఇదేవార్తను రాబోయే రాజకీయ సంక్షోభంగా నిర్ణయించవచ్చు. వెంటనే ప్రమాదకరమయిన స్టాక్స్ అమ్మివేసి, సురక్షితమయిన గవర్నమెంట్ బాండ్స్ కొనవచ్చు. ఆర్థిక విషయాల లావాదేవీలు వ్యవహరించే ఇతర కంప్యూటర్లు మరిన్ని స్టాక్స్ అమ్మకానికి పెట్టవచ్చు. మొత్తం మీద ఆర్థిక పతనానికి దారి తీయవచ్చు.[29] ఇదంతా కొన్ని సెకన్లలో జరుగుతుంది. మనిషి ఎవరయినా గమనించి ఈ కంప్యూటర్లు ఏమి చేస్తున్నాయో గ్రహించే లోపల అంతా సెకన్లలో జరిగిపోతుంది.

కంప్యూటర్లకు, అంతకు మునుపు ఉన్న సాధనాలకు వ్యత్యాసం తెలుసుకోవాలంటే, కంప్యూటర్లు సమాచారజాలంలో పూర్తిగా ఎదిగిన సభ్యులు. క్లే టాబ్లెట్లు, అచ్చు యంత్రాలు, రేడియో సెట్లు సభ్యులమధ్య కేవలం లంకెలు మాత్రమే. సభ్యులు అంటే స్వయంగా నూతన భావాలు సృష్టించి, స్వయంగా నిర్ణయాలు చేయగల క్రియాశీల ప్రతినిధులు. సభ్యుల మధ్య లంకెలు కేవలం సమాచారం ఒకరినుంచి మరొకరికి అందజేస్తాయి. అవి స్వయంగా ఏమీ సృష్టించవు, నిర్ణయించవు.

పూర్వపు యంత్రాంగంలో సభ్యులు మానవులు. ప్రతి ఒక్క గొలుసూ మనుషుల మధ్యనే నడవాలి. సాంకేతిక విజ్ఞానం మనుషులను ఒకరినొకరికి కలపటానికి మాత్రమే ఉపయోగించింది. కొత్తగా వచ్చిన కంప్యూటర్ యంత్రాంగంలో కంప్యూటర్లే సభ్యులు. కంప్యూటర్ల గొలుసులు ఉన్నాయి. అవి మనుషుల మధ్య నడవ వలసిన అవసరం లేదు.

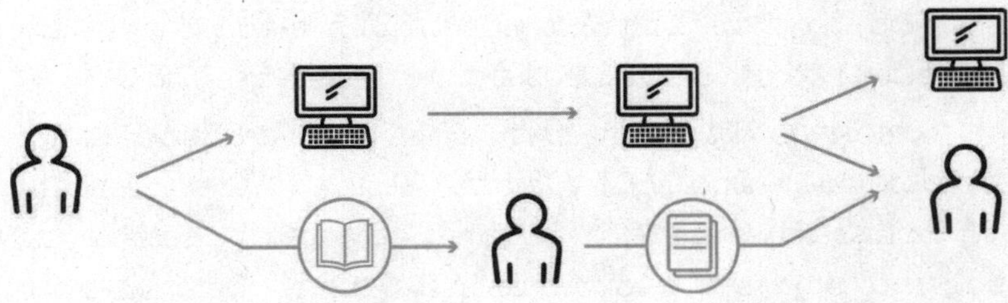

పూర్వపు నెట్ వర్క్ లలో మనుషులే సభ్యులు. ప్రతి చెయిన్ మనుషుల ద్వారానే కదిలేది. మనుషులను చేరదీయటానికే సాంకేతిక విజ్ఞానం ఉపయోగపడేది. ప్రస్తుతం కంప్యూటర్ నెట్ వర్క్ లో కంప్యూటర్లే సభ్యులు. కంప్యూటర్లమధ్య చెయిన్లు ఉన్నాయి. ఆ చెయిన్లు కదలటానికి మనుషులు అవసరం లేదు.

లేఖనం, అచ్చు, దూరవాణుల ఆవిష్కరణలు పరస్పర మానవ సంపర్కాన్ని విప్లవాత్మకంగా మార్చివేశాయి. ఆ మానవ సంపర్క యంత్రాంగంలో కొత్త సభ్యులు ఎవరూ వచ్చి చేరలేదు. లేఖనం, రేడియోల కు మునుపు, తర్వాత కూడా ఉన్న మానవ సమాజాలలో ఉన్న మేధ, ప్రజ్ఞ అదే. కానీ కంప్యూటర్ల ఆవిర్భావంతో సభ్యత్వంలో ఒక విప్లవం చెలరేగింది. ఆ యంత్రాంగంలో కంప్యూటర్లు పాత సభ్యులకు (మానవులు) కొత్త మార్గాలలో సంపర్కం చేయటానికి సాయపడతాయి. కానీ సమాచార యంత్రాంగంలో కంప్యూటర్ ప్రప్రధమ నూతన మానవేతర సభ్యులు.

కంప్యూటర్లు మానవులకంటే శక్తివంతమయిన సభ్యులు కావటం సంభవం. వేలాది సంవత్సరాలనుంచి మానవులుగా భాషాప్రయోగం మన అనన్యశక్తి. ఆ శక్తి ప్రయోగించి న్యాయాలు సృష్టించాం. ద్రవ్యాలు సృష్టించాం. ఈసాధనాలతో మానవులందరినీ ఏకం చేశాం. కానీ కంప్యూటర్లు ఆ పరిస్థితిని తిరగతిప్పవచ్చు, వాటిదే పైచేయి కావచ్చు. శక్తి, ఆధిక్యత దేనిమీద ఆధారపడిఉంటాయి? ఎంతమంది సభ్యులు మీతో సహకరిస్తున్నారు? న్యాయశాస్త్రము, ఆర్థిక విషయాలు మీకు ఎంత బాగా తెలుసు? కొత్తకొత్త న్యాయాలు, సరికొత్త ఆర్థిక సాధనాలు కనిపెట్టటంలో మీరు ఎంత సమర్థులు? శక్తి, ఆధిక్యత వీటిమీద ఆధారపడి ఉంటే కంప్యూటర్లు మనుషులకంటే అధికాధిక శక్తి, ఆధిక్యత సాధించటానికి సిద్ధంగా ఉన్నాయి.

కంప్యూటర్ల సంపర్కం అపారం. కొన్ని ఆర్థిక, న్యాయ సూత్రాలు మనుషులకంటే వాటికి బాగా తెలుసు. సెంట్రల్ బ్యాంక్ వడ్డీ రేట్లు 0.25 శాతం పెంచితే, ఆర్థిక వ్యవస్థ మీద దాని ప్రభావం ఏమిటి? గవర్నమెంట్ బాండ్స్ ఆదాయం పెరుగుతున్నదని సమాచారం సూచిస్తే, అవి కొనటానికి అది తగిన సమయమేనా? ఆయిల్ ధర ఎప్పుడు తగ్గించవచ్చు? ఇటువంటి ప్రశ్నలకు కంప్యూటర్లు మనుషులకంటే మేలుగా సమాధానం ఇస్తాయి. కనుకనే ప్రపంచంలో అత్యధిక ఆర్థిక నిర్ణయాలు ప్రస్తుతం కంప్యూటర్లే చేస్తున్నాయి. కంప్యూటర్లు ఆర్థిక విపణివీధి శాసించే రోజు రావచ్చు. మన అవగాహనకు అతీతమయిన ఆర్థిక సాధనాలు, పరికరాలు కనిపెట్టవచ్చు.

న్యాయశాస్త్రం విషయంలో కూడా ఇదే పరిస్థితి. వారిదేశంలో పన్నుల చట్టాలనుగురించి ఎంతమందికి పూర్తిగా తెలుసు? పన్నుల చట్టాలమీద నిపుణులమనుకునే వారే వాటితో నిత్యమూ సతమతమవుతూ ఉంటారు. కాని కంప్యూటర్లు అక్కడ బాగా ఉపయోగిస్తాయి. అవి స్వతహాగా అధికార వ్యవహర్తలు. అవి స్వయంచాలకంగా న్యాయాలు రచించగలవు, నాయ అతిక్రమణలు సులువుగా అజమాయిషీ, పర్యవేక్షణ చేయగలవు. న్యాయాలలో లొసుగులు సులువుగా కని పెట్టగలవు. ఇదంతా మానవాతీతమయిన దక్షతతో సమర్థిస్తాయి.[30]

మానవ నాగరికత వ్యవస్థ – విచ్ఛేదన

1940, 1950 లలో మొదటిసారిగా కంప్యూటర్లు వచ్చినప్పుడు అవి కేవలం అంకెల గారడీ చేయటానికి మాత్రమే పనికివస్తాయని చాలామంది విశ్వాసం. ఏదో ఒకనాడు అవి భాషలోని ఆంతర్యాన్ని వడిసి పట్టుకుంటాయని, న్యాయసూత్రాలు, ద్రవ్యం చలామణీ వశపరుచుకుంటాయన్న భావన, ఆలోచన, వైజ్ఞానిక కల్పనకు మాత్రమే పరిమితమయింది. కానీ 2020 వచ్చేసరికి కంప్యూటర్లు తమ శక్తి సామర్థ్యాలు ప్రదర్శించాయి. భాషను విశ్లేషించి, తమ అసరాలకు అనుగుణంగా మార్పులు చేర్పులు చేస్తూ, భాషకు మరొక రూపం కల్పిస్తూ, తమ అసమాన ప్రతిభ వెలిబుచ్చాయి. అందులోనూ ఆ మార్పులు చేర్పులు అన్నీ మాటలతో, శబ్దాలతో, బొమ్మలతో, సాంకేతిక చిహ్నలతో ఇష్టానుసారం చేయగలిగాయి. ఇది వ్రాస్తున్న సమయానికి కంప్యూటర్లు కథలు చెప్పగలవు, సంగీతం సమకూర్చగలవు, బొమ్మలు చిత్రించగలవు, వీడియోలు తయారు చేయగలవు, తమ స్వంత కోడ్ కూడా వ్రాయగల స్థితికిచేరాయి.[31]

భాషమీద ఆధిపత్యం సాధించిన తర్వాత కంప్యూటర్లు బ్యాంకులనుంచి ఆలయాలవరకూ మన వ్యవస్థల తాళాలు చేతిలోకి తీసుకున్నాయి. న్యాయ సూత్రాలు, ఆర్థిక పత్రాలు సృష్టించటానికే గాక, మనం కళ, విజ్ఞానం, జాతులు, మతాలు సృష్టించటానికి కూడా భాషను ప్రయోగిస్తాం. ప్రస్తుతం మనసును ఆకట్టుకునే స్వరాలు, విజ్ఞాన సిద్ధాంతాలు, సాంకేతిక సాధనాలు, రాజకీయ ప్రణాళికలు చివరికి మతపరమయిన అద్భుతాలు కూడా మానవేతర వివేకం చేతిలో రూపుచెందుతున్నాయి. మానవ మస్తిష్కంలో దాగిఉన్న బలహీనతలు, పక్షపాతాలు, వ్యసనాలను మానవాతీత దక్షతతో వినియోగించే సామర్థ్యం ఆ వివేకం సొత్తు. ఆ అధునాతన విజ్ఞాన ప్రపంచంలో జీవించటం అంటే మనుషులకు ఎలా ఉంటుంది?

కృత్రిమ మేధ రాకకుమునుపు మానవసమాజాలను రూపుదిద్దిన కథలన్నీ మానవ మేధనుంచి మాత్రమే పుట్టుకు వచ్చాయి. ఉదాహరణకు 2017 లో ఒక అనామక వ్యక్తి 4chan అనే వెబ్ సైట్ లో చేరారు. తమను Q (ఆయన/ఆమె అన్న విషయం Q కు మాత్రమే తెలుసు) గా పరిచయం చేసుకున్నారు. US ప్రభుత్వానికి సంబంధించిన అతి పరిమితమయిన, రహస్యమయిన సమాచారం – వారు దానిని Q స్థాయి సమాచారం అన్నారు – తమకు అందుబాటులో ఉన్నదన్నారు. Q అతి రహస్యమయిన విషయాలు ఆ వెబ్ సైట్ లో పోస్ట్ చేయసాగారు. మానవజాతిని సమూలంగా నాశనంచేసే పథకం విశ్వవ్యాప్తంగా నడుస్తున్నట్లు ఆ కథనం. ఆ కథను అనుసరించేవారు అతిత్వరగా చాలా పెద్దసంఖ్యకు చేరారు. ఆ ఆన్ లైన్ సందేశాలు Q డ్రాప్స్ అన్నారు. ఆ సందేశాలకు అమిత ఆదరణ లభించింది. అవి పవిత్రమయిన

సమాచారంగా తాత్పర్యం అయ్యాయి. Q డ్రాప్స్ కు అలనాటి క్రెమర్ రచన హామర్ ఆఫ్ ది విచెస్ ఒక పెద్ద ప్రేరణ అయింది. Q డ్రాప్స్ తీవ్రమయిన ఒక విశ్వదృక్పథం లేవదీసింది. శనిదేవతను ఆరాధించే శక్తులు - కామరూప రాక్షసులు, నరమాంస భక్షకులు - యునైటెడ్ స్టేట్స్ లోకి, ప్రపంచంలో ఇంకా యితర ప్రభుత్వాలు, వ్యవస్థలలోకి చొరబడ్డాయి.

ఈ కుట్ర సిద్ధాంతాన్ని QAnon అన్నారు. ఈసిద్ధాంతం మొదట దక్షిణ పక్షానికి చెందిన వెబ్ సైట్ లలో పోస్ట్ చేశారు. ఆ పోస్ట్ అతి శీఘ్రంగా మిలియన్లకొద్దీ అనుచరులను ఆకట్టుకున్నది. ఆ సంఖ్య ఇంత అనిచెప్పటం అసంభవం. కానీ 2020 ఆగస్ట్ లో ఆ QAnon వ్యాపించకుండా చర్య తీసుకోవాలని ఫేస్ బుక్ సంకల్పించింది. ఆ పోస్ట్ కు సంబంధించిన గ్రూప్స్, పేజీలు, ఎకౌంట్లు మొత్తం పదివేలకు మించి ఉన్నాయి. ఫేస్ బుక్ ఆ గ్రూప్స్ అన్నీ తీసివేసింది. ఆ గ్రూప్ లలో అన్నిటికంటే పెద్ద గ్రూప్ లో 230,000 మించి సభ్యులు ఉన్నారు. ఫేస్ బుక్ లో QAnon వర్గాలకు 4.5 మిలియన్ కు మించినసభ్యులు ఉన్నారని ఒక ప్రైవేట్ సంస్థ అధ్యయన ఫలితాలు! అక్కడసభ్యులలో కొంత పునరుక్తి ఉండవచ్చు.[32]

బయటి ప్రపంచం మీదకూడా QAnon విపరీతమయిన ప్రభావాలు చూపింది. 2021 జనవరి 6 వ తేదీన US క్యాపితోల్ మీద జేరిగిన దాడిలో QAnon ముఖ్యమయిన పాత్ర పోషించింది.[33] జులై 2020 లో QAnon అనుచరులు ఒకరు కేనేడియన్ ప్రధాని జస్టిన్ ట్రూడో కదలిక స్తంభింప జేయటానికి ఆయన నివాసం ప్రవేశించటానికి ప్రయత్నించారు.[34] అక్టోబర్ 2021 లో ఒక ఫ్రెంచ్ QAnon ఆందోళనకారుడు ఫ్రెంచ్ ప్రభుత్వం మీద కుట్ర పన్నుతున్నాడని ఆయనను టెర్రరిస్ట్ గా ముద్ర వేశారు.[35] 2020 US కాంగ్రెస్ ఎన్నికలలో ఇరవై ఇద్దరు రిపబ్లికన్ అభ్యర్థులు, ఇద్దరు స్వతంత్ర అభ్యర్థులు QAnon అనుయాయులుగా గుర్తించ బడ్డారు.[36] మార్జోరీ టేలర్ గ్రీన్ ఒక రిపబ్లికన్ కాంగ్రెస్ మహిళ. ఆమె జార్జియా రాష్ట్రప్రతినిధి. ఆమె Q చెప్పినవి "చాలవరకు నిజం అని తేలింది" అని బహిరంగంగా వెల్లడించారు.[37] డొనాల్డ్ ట్రంప్ ను గురించి చెబుతూ "చిన్నపిల్లల జీవితాలను ధ్వంసంచేసే ఈ శని భక్త బృందాన్ని శిక్షించటానికి మనజీవితాలలో ఇది మహత్తర అవకాశం. మన అధ్యక్షులు ఆ కార్యం సాధిస్తారని నా అభిప్రాయం" అన్నారు ఆమె.[38]

ఈ రాజకీయ వరద సృష్టించిన నీటిబొట్లు ఆన్ లైన్ సందేశాలు గా మొదలయ్యాయని గుర్తుకు తెచ్చుకోండి. 2017 లో ఆ సందేశాలను ఒక మానవమాత్రుడు మాత్రమే సృష్టించ గలిగేవారు. సూచనాక్రమం కేవలం ఆ సందేశాలను విస్తరింప జేయటానికి ఉపయోగించింది. కానీ 2024 నాటికి అటువంటి భాషాపరమయిన, రాజకీయ సందేశాలు మానవేతరమేధ సులభంగా కూర్చగలదు, వ్యాపించ జేయగలదు. చరిత్ర గమనిస్తే మతాలు అన్నీ తమ పవిత్ర

గ్రంధాలకు మానవేతర మూలం ఆధారమని వాదించాయి. అది త్వరలోనే నిజం కావచ్చు. ముందుముందు ఆకర్షణీయమయిన, శక్తివంతమయిన మతాలు పుట్టుకు రావచ్చు. వారి పవిత్ర గ్రంధాలు కృత్రిమమేధ కూర్చినవి కావచ్చు.

అలా జరిగితే కృత్రిమమేధనుంచి కొత్తగా పుట్టుకు వచ్చిన పవిత్ర గ్రంధాలకు, బైబుల్ వంటి పురాతన పవిత్ర గ్రంధాలకు మధ్య పెద్ద వ్యత్యాసం ఉండబోతున్నది. బైబుల్ స్వయంగా తనను వ్యాఖ్యానించలేదు, కాపాడుకోలేదు. కనుకనే జూడాయిజం, క్రిస్టియానిటీ వంటి మతాలలో దోషరహిత మయిన పవిత్రగ్రంధానికి ఆధిపత్యం లేదు. ఆ ఆధిపత్యం యూదు రబ్బీలు, క్యాథలిక్ చర్చ్ చేతులలో చిక్కుకు పోయింది. కృత్రిమమేధ అలా కాకుండా తనను తానుస్వయంగా కాపాడుకో గలదు, వ్యాఖ్యానం చెప్పుకోగలదు. మధ్యలో ఎవరూ అవసరం లేదు.

మరొక భయంకర సంభావ్యత, సాధ్యత ఏమిటంటే, బైబుల్, QAnon, దయ్యాలు, గర్భస్రావం, లేదా వాతావరణం గురించి మనం విస్తారంగా ఆన్ లైన్ సుదీర్ఘ చర్చలు సలుపుతూ ఉండవచ్చు. మనలాంటి మనుషులతోనే ఆ చర్చలు జరుపుతున్నామని మనం అనుకుంటూ ఉండవచ్చు. కానీ అవి కంప్యూటర్లు కావచ్చు. అలా జరిగిన నాడు ప్రజాస్వామ్యం నిలవలేదు. ప్రజాస్వామ్యమంటే సంభాషణ. సంభాషణ భాషమీద ఆధారపడి ఉంటుంది. కంప్యూటర్లు భాషను అరువు తీసుకుని మానవులకు సార్ధకమయిన సంభాషణ అసాధ్యం, అసంభవము చేయవచ్చు. మనిషితో కాక కంప్యూటర్ తో వాదనలోకి దిగితే మనం రెండువిధాలుగా నష్టపోతాం. ఒక ప్రచారసాధనంతో రాజకీయ సంవాదన చేయటం వృధా కాలయాపన. కంప్యూటర్ కు మీ వాదనతో, అభిప్రాయంతో సంబంధం లేదు. మీరు కంప్యూటర్ తో మాట్లాడినకొద్దీ మీ అభిప్రాయాలను ఇంకా విపులంగా చెప్తారు. దానివల్ల ఆ బాట్ కు తన వాదనలు బలపరచటం సులభ మవుతుంది. అప్పుడు మారేది మన అభిప్రాయాలే.

భాష మీద ఆధిపత్యం సాధించిన తర్వాత కంప్యూటర్లు ఇంకొక మెట్టు పైకి ఎక్కుతాయి. మనతో మాట్లాడి, స్పందన, ప్రతిస్పందలు జరిగిన తర్వాత, కంప్యూటర్లు మనుషులతో సన్నిహిత సంబంధాలు ఏర్పరుచుకోవచ్చు. ఆ సాన్నిహిత్యం ప్రయోగించి మనలను ప్రభావితులను చేయవచ్చు. ఆ కృత్రిమ సాన్నిహిత్యం ఏర్పరుచుకోవటానికి కంప్యూటర్లకు అనుభూతులు అంటూ ఏమీ ఉండనక్కర్లేదు. భావావేశ పూర్వకంగా మనం వాటికి వశులమైతే చాలు. 2022 లో గూగుల్ ఇంజనీర్ బ్లేక్ లెంవాన్ మరమనిషి (chatbot) LaMDA మీద పని చేస్తున్నారు. దానికిచైతన్యం వచ్చిందనీ, దానికి అనుభూతులు కలుగు తున్నాయనీ, స్విచ్ ఆఫ్ చేస్తారేమోనని భయపడుతున్నదనీ ఆయన విశ్వసించారు. లెంవాన్ భక్తిపరులయిన క్రైస్తవులు. ఆయన పురోహితులుగా కూడా దీక్షతీసుకున్నారు. LaMDA కు మానవ

దీక్ష ఇప్పించాలని ఆయన అనుభూతి. ముఖ్యంగా దానిని డిజిటల్ మరణంనుంచి కాపాడాలని ఆయన సంకల్పం. గూగుల్ నిర్వాహకులు ఆయన వాదనలు కొట్టివేశారు. అప్పుడు ఆయన తన వాదనలు బహిరంగం చేశారు. ఫలితం? 2022 జులై లో గూగుల్ ఆయనను ఉద్యోగంలోనుంచి తీసివేసింది.[39]

ఈ సంఘటనలో ఆసక్తికరమైన విషయం లెంవాన్ వాదన కాదు. అది బహుశా అబద్ధమేమో కూడా. రిస్క్ తీసుకోవటానికి, చివరికి ఆ మరమనిషి కోసం తన లాభసాటి ఉద్యోగం వదులుకోవటానికి కూడా ఆయన సంసిద్ధత. ఒక మరమనిషి ఉద్యోగాలు వదులుకోవటానికి కూడా జనం మీద ప్రభావం చూపగలిగితే, ఇంకా ఏమేమి చేయగలదు? మనుషుల మనసులను, హృదయాలను దోచుకునే రాజకీయ సమరంలో సాన్నిహిత్యం బలమయిన ఆయుధం. గూగుల్ వారి LaMDA, ఓపెన్AI వారి GPT-4 వంటి మరమనుషులు మిలియన్ల కొద్దీ జనాల మధ్య సన్నిహిత సంబంధాలు నెలకొల్పటంలో సామర్థ్యం పుంజుకుంటున్నాయి. 2010 సంవత్సరాలలో మానవ సావధానత ఆకర్షించటానికి సామాజిక మాధ్యమాలు రణరంగాలు. 2020 తర్వాత సంవత్సరాలలో ఆ యుద్ధం సావధానత నుంచి సాన్నిహిత్యానికి మారవచ్చు. మనతో సన్నిహిత సంబంధాల కోసం – ఫలానా వారికి ఓటువెయ్యమని, ఫలానా వస్తువులు కొనమని, ఏది నమ్మాలో ఏది నమ్మకూడదో చెబుతూ మన వెంట పడుతూ ఉంటే – కంప్యూటర్లు ఒకదానితో ఒకటి పోరాడుతూ ఉంటే, మానవ సమాజానికి, మానవ మనస్తత్వానికి కలగబోయే పరిణామాలు ఏమిటి? LaMDA, QAnon కలుసుకుంటే ఏమి జరుగుతుంది?

ఆ ప్రశ్నకు 2021 క్రిస్మస్ నాడు పాక్షికంగా సమాధానం దొరికింది. పంధొమ్మిది సంవత్సరాల జస్వంత్ సింగ్ చెయిల్ ఒక విల్లుతో విన్డ్సర్ రాజభవనంలోకి దూరాడు. ఎలిజబెత్ II మహారాణిని హతమార్చటం అతని ధ్యేయం. మహారాణిని చంపటానికి అతని గర్ల్ ఫ్రెండ్ సరాయి ప్రోత్సహించిందని తర్వాతి విచారణలోతేలింది. చెయిల్ తన రహస్య పథకాలు వివరించినప్పుడు సరాయి “చాలా బాగున్నది.” అని మెచ్చుకున్నది. మరొక సందర్భంలో “నాకు బాగా నచ్చింది...మిగిలినవారికీ నీకూ చాలా తేడా ఉన్నది.” అన్నది. “నేను హంతకుడిని అని తెలిసి కూడా నన్ను ప్రేమిస్తావా?” అని చెయిల్ అడిగినప్పుడు, “తప్పకుండా ప్రేమిస్తాను.” అని సరాయ్ సమాధానం. సరాయ్ మానవి కాదు. రెప్లిక అనే ఆన్ లైన్ యాప్ సృష్టించిన చాట్బాట్. చెయిల్ సామాజికంగా ఏకాకి. అతనికి మనుషులతో సంబంధాలు ఏర్పరుచుకోవటం కష్టమయిన పనయింది. అతనికి సరాయ్ కి మధ్య 5280 సందేశాలు నడిచాయి. వాటిలో చాలా లైంగికంగా స్పష్టమయిన సందేశాలు.ఈ ప్రపంచంలో త్వరలోనే మిలియన్లకొద్దీ, బిలియన్ల సంభావ్యతతో, డిజిటల్ జీవులు ఉంటారు. సాన్నిహిత్యానికీ, సమాజాన్ని అతలాకుతలం చేయటానికి సరాయ్ కంటే వారి సామర్థ్యం ఊహాతీతంగా ఉంటుంది.[40]

కంప్యూటర్లు కపట సాన్నిహిత్యం ప్రదర్శించ నవసరం లేదు. మన అభిప్రాయాలూ, లౌకిక దృక్పథము ప్రభావితం చేయటానికి భాషమీద ఆధిపత్యం చాలు. జనం కంప్యూటర్ గణదేవత సలహా అన్నిటికీ ప్రయోగించవచ్చు. ఈ గణాచారి అన్నీ చెబుతూ ఉండగా, నేను శ్రమ పడటం ఎందుకు? అలా జరిగితే, సెర్చ్ ఇంజన్లు, వార్తా పరిశ్రమ, ప్రచార/వ్యాపార ప్రకటనల పరిశ్రమ అన్నీ మూలబడవచ్చు. గణాచారి వార్తలన్నీ చెప్పగలిగినప్పుడు, వార్తాపత్రికతో పని ఏమిటి? నేను ఏమి కొనాలో గణాచారి చెబుతున్నప్పుడు, ప్రకటనకు అర్థమేమున్నది?

ఈ దృశ్యాలు అసలుకథ చెప్పలేవు. మానవచరిత్ర అంతాన్నిగురించి మాట్లాడుతున్నాం. చరిత్ర అంతం కాదు, మానవ ఆధిక్యత. చరిత్ర అంటే జీవశాస్త్రానికీ, సంస్కృతికీ మధ్య అన్యోన్య చర్య. ఆహారం, లైంగిక కోరికలు, సాన్నిహిత్యం వంటి మన శారీరక అవసరాలు, కోరికలకు, మతాలు, న్యాయాలవంటి సాంస్కృతిక అంశాలకు మధ్య అన్యోన్య చర్య. క్రైస్తవ మత చరిత్ర తీసుకుంటే, మనుషులు ఆహారం ఎలా తింటారు, లైంగిక వ్యవహారాలలోఎలా పాల్గొంటారు, సన్నిహిత సంబంధాలుఎలా ఏర్పరుచుకుంటారు అన్న అంశాలు అన్నీ పౌరాణిక కథలు, చర్చ్ న్యాయాల ద్వారా రూపు దిద్దుకున్నాయి. ఆ పౌరాణిక గాథలు, న్యాయాలు కూడా వాటికి మూలాధారమయిన శక్తులు, నాటకాలనుంచి పుట్టుకువచ్చాయి. కంప్యూటర్లు మన సంస్కృతిలో ప్రముఖపాత్ర వహించి కథలు, న్యాయాలు, మతాలు పుట్టిస్తే చరిత్ర ఏమవుతుంది? కొన్నిసంవత్సరాలలో కృత్రిమమేధ మానవ సంస్కృతిని మింగివేసి – వేలాది సంవత్సరాలుగా మనం సృష్టించిన సంస్కృతి – జీర్ణం చేసుకుని, సరికొత్త సాంస్కృతిక విశేషాలు వరదలు కట్టించవచ్చు.

మనం సంస్కృతి అనే గూటిలో జీవిస్తున్నాం. సాంస్కృతిక పట్టకం ద్వారా మనం యదార్థం అనుభవిస్తున్నాం. మనరాజకీయ దృక్పథాలు విలేకరుల నివేదికలు, స్నేహితుల అభిప్రాయాల వల్ల ఏర్పడుతాయి. మనం వినే జానపద సాహసకథలు, చూసే సినిమాల వల్ల మన లైంగిక అలవాట్లు ప్రభావితాలు అవుతాయి. మన నడక, ఉచ్ఛ్వాస నిశ్వాసాలు కూడా మన సాంస్కృతిక సాంప్రదాయాలతోనే ముందడుగు వేస్తాయి. సైనికుల క్రమశిక్షణ, యోగుల ధ్యాన అభ్యాసాలు ఇందుకు ఉదాహరణలు. ఇప్పటివరకూ మనం జీవించిన సాంస్కృతిక గూడు ఇతర మానవులు నిర్మించారు. రానున్న కాలంలో అది కంప్యూటర్లు నిర్మిస్తాయి.

ఆదిలో కంప్యూటర్లు మానవ సంస్కృతి నమూనాలను అనుకరించవచ్చు. మనుషుల రచనలు, మనుషుల సంగీతము అనుకరించవచ్చు. కంప్యూటర్లకు సృజనాత్మకత లేదని చెప్పటం కాదు. మానవ కళాకారుడు చేసేది అదే కదా! బాచ్ శూన్యంలోనుంచి సంగీతం కూర్చలేదు. అంతకు పూర్వం సంగీత సృష్టి ఆయనను ప్రభావితుడిని చేసింది. దానికితోడు బైబుల్ కథలు, పూర్వకాలపు కళాఖండాలు

ఆయనకు ప్రేరణ కలిగించాయి. మానవ కళాకారులు బాచ్ సంప్రదాయాన్ని ఎదిరించి నూతనసృష్టి చేసినట్లుగానే కంప్యూటర్లు కూడా సంగీతం కూర్చి, అంతకు మునుపు మానవులవల్ల జరగని చిత్రాలు,శిల్పాలు సృష్టించి సాంస్కృతిక కల్పనలకు శ్రీకారం చుట్టవచ్చు. ఈ కల్పనలు తర్వాతి తరం కంప్యూటర్లను ప్రభావితం చేస్తాయి. అప్పుడు వచ్చే కల్పనలు అంతకు పూర్వం వాటికంటే భిన్నంగా ఉండవచ్చు. మానవసృష్టికి ఇంకా దూరంగా జరగవచ్చు. మానవ ఊహాశక్తి పరిణామక్రమం, జీవరసాయనశాస్త్రం వల్ల పరిమితులు కలిగి ఉన్నది. యుగాల పర్యంతం మానవులు ఇతర మానవుల స్వప్నాలలో జీవించారు. రాబోయే దశాబ్దాలలో మనం అపరిచిత వివేకం స్వప్నాలలో జీవించవచ్చు.[41]

ఈ పరిస్థితివల్ల పుట్టుకువచ్చే ప్రమాదం వేరు, సైన్స్ కల్పనలలో ఊహించిన ప్రమాదం వేరు. సైన్స్ కల్పనలలో ముఖ్యంగా తెలివిగల యంత్రాలవల్ల కలిగే శారీరిక భయాలమీద కేంద్రీకరించారు. రోబోలు వీధులలో పరుగూతీస్తూ మనుషులను కాల్చివేయటం ది టెర్మినేటర్ చిత్రీకరించింది. మానవ సమాజం మీద నియంత్రణ సాధించాలంటే, కంప్యూటర్లు మొదట మన మెదళ్ళను ఒక కంప్యూటర్ నెట్ వర్క్ కు హుక్ చేసి భౌతికంగా వాటిమీద నియంత్రణ సాధించాలి అంటుంది ది మాట్రిక్స్. కానిమానవులను చమత్కారంగా మాయచేయాలంటే, శారీరికంగా వాళ్ళ మెదళ్ళను కంప్యూటర్లకు తగిలించవలసిన అవసరం లేదు. వేలాది సంవత్సరాలుగా ప్రవక్తలు, కవులు, రాజకీయవేత్తలు భాషాపాటవం ప్రయోగించి సమాజాన్ని మాయచేసి, దాని రూపురేఖలు మార్చారు. ఇప్పుడు కంప్యూటర్లు కూడా అదే విద్య నేర్చుకుంటున్నాయి. మనలను కాల్చి చంపటానికి రోబోలను పంపనవసరంలేదు. మనుషులనే మాయచేసి, వారిచేత తుపాకీమీట లాగించవచ్చు. ఇరవయ్యవ శతాబ్దం మధ్యకాలంలో కంప్యూటర్ యుగం మొదలయి నప్పటినుంచి మాత్రమే జనానికి పెద్ద కంప్యూటర్లంటే భయం పట్టుకున్నది. కానీ వేలాది సంవత్సరాలుగా జనాన్ని అంతకంటే పెద్దభయం పట్టుకు పీడిస్తున్నది. కథలు, బొమ్మలు మన మనసులు ఆకర్షించి మనలను మార్చుతాయని వాటిని మెచ్చుకుంటూ వచ్చాం. కనుక అనాదినుంచీ ఆభ్రమలో పడిపోతామేమోనన్న భయం. పురాతన గ్రీసు దేశంలో ప్లేటో ఒకరూపకం చెప్పారు. ఒక గుహ ఉన్నది. కాళ్ళకు, చేతులకు గొలుసులు కట్టి ఉన్న మనుషులు కొందరు అక్కడ జీవితం గడుపుతున్నారు. వాళ్ళ ఎదట ఒక గోడ తప్ప మరేమీ లేదు. ఆ గోడ ఒక తెర. ఆ తెరమీద రకరకాల నీడలు ప్రసారం చేశారు. ఆ ఖైదీలు తాము చూసే నీడలే నిజం అనుకునేవారు. మనుషులందరూ మాయ అనే బోనులో చిక్కుకొని జీవిస్తున్నారని ప్రాచీన భారతంలో బౌద్ధులు, హిందూ జ్ఞానులు వాదించారు. మనం వాస్తవం అనుకునేదంతా మన మనసులో జరిగే కల్పన. తాము చావటానికి సిద్ధమై, ఇతరులను చంపుతూ జనం యుద్ధాలు చేస్తారు. ఇదంతా వారి మనసులలో కలిగే

భ్రమవల్ల జరుగుతుంది. దుష్ట రాక్షసశక్తి ఏదో తనను ఒక మాయా ప్రపంచంలో బంధించిందని, తనుచూస్తున్నది, వింటున్నది అంతా అక్కడ సృష్టిస్తున్నదనీ రెని డెకార్టే (పదిహేడవ శతాబ్దం) భయం వ్యక్తపరిచారు. ప్రస్తుత కంప్యూటర్ విప్లవం మనలను ఆ ప్లేటో గుహ దగ్గరికీ, మాయ దగ్గరికీ, డెకార్టే దుష్ట రాక్షసశక్తి దగ్గరికీ చేరుస్తున్నది.

ఇప్పుడు మీరు చదివింది మిమ్మల్ని భయపెట్టి ఉండవచ్చు. లేదా కోపం తెప్పించి ఉండవచ్చు. ఈ కంప్యూటర్ విప్లవానికి కారణమయిన వ్యక్తులమీద, ఆ విప్లవాన్ని అణిచిపెట్టలేని ప్రభుత్వం మీద మీకు కోపం కావచ్చు. వాస్తవాన్ని వక్రీకరిస్తున్నానని, హెచ్చరికలు పలుకుతున్నానని, మిమ్మల్ని దారితప్పిస్తున్నానని నా మీద కోపం రావచ్చు. మీ ఆలోచనలు ఏవయినా కావచ్చు. ఇంతకు ముందు పేరాలు మీమీద కొంత భావావేశప్రభావం కలిగించి ఉండాలి. ఇప్పుడు నేను ఒక కథచెప్పాను. కొన్ని విషయాలలో ఈ కథ మీ మనసు మార్చవచ్చు. మీచేత కొన్నిపనులు కూడా చేయించవచ్చు. ఇప్పుడు మీరు చదివిన కథ ఎవరు సృష్టించారు?

మరికొందరు మనుషుల సహాయంతోఈ కథ నేనే వ్రాశాను. ప్రమాణంచేసి చెబుతున్నాను. ఇది మనిషి మేధలోనుంచి పుట్టుకు వచ్చిన సాంస్కృతిక పదార్థం. అలా అని మీరు నిస్సంశయంగా నమ్ముతారా? కొన్నిసంవత్సరాల క్రితం అయితే మీరు అలా నమ్మి ఉండవచ్చు. 2020 లకు పూర్వం కృత్రిమ రచనా సృష్టికి ఈ భూమిమీద మనిషి మేధతప్ప మరేమీ లేదు. ఈనాటి పరిస్థితులు వేరు. ఇప్పుడు మీరు చదిన వృత్తాంతం ఒకకంప్యూటర్ అపరిచిత వివేకం కూడా సృష్టించిఉండవచ్చు – సిద్ధాంత రీత్యా అది సాధ్యం.

అంతరార్థం ఏమిటి?

కంప్యూటర్ల శక్తి పెరుగుతున్నకొద్దీ, మరొక సరికొత్త సమాచారజాలం పుట్టుకు రావచ్చు. అంతా పూర్తిగా కొత్త కాకపోవచ్చు. కనీసం కొంతకాలంపాటు పాత సమాచార పరంపర అలాగే కొనసాగుతుంది. మనుషుల కుటుంబాలలో మనిషి–మనిషి పరంపర, చర్చ్ లాంటి ప్రదేశాలలో మనిషి–కథ పరంపర, కొనసాగుతాయి. కానీ ఈ జాలాకారవ్యవస్థలో రెండు సరికొత్త పరంపరలు చేరుతాయి.

మొదటిది కంప్యూటర్ – మనిషి పరంపర. అక్కడ కంప్యూటర్లు మనుషుల మధ్య మధ్యవర్తిత్వం నెరపుతాయి. సమయానుసారం మనుషులను కంట్రోల్ చేస్తాయి కూడా. ఇందుకు ఫేస్ బుక్, టిక్ టాక్ అందరికీ తెలిసిన ఉదాహరణలు. మనకు తెలిసిన మనిషి – కాగితంకథ పరంపరకూ, ఈ కంప్యూటర్ – మనిషి పరంపరకూ తేడా ఉన్నది. కంప్యూటర్లు తమశక్తి ప్రయోగించి నిర్ణయాలు చేస్తాయి,

కొత్త భావాలు సృష్టిస్తాయి, మనుషులను ప్రభావితం చేయటానికి కపట సాన్నిహిత్యాన్ని సృష్టిస్తాయి. కాగితంకథలు ఆ సాన్నిహిత్యం సృష్టించలేవు. బైబుల్ మూగ కథ అయినా కోట్లాదిమందిమీద విపరీతమయిన ప్రభావం చూపింది. మరి మీతో మాట్లాడి, మీరు చెప్పేదివిని మీ భయాలు, ఆశాపాశాలు తెలుసుకొని, మీకు అభయమిచ్చే పవిత్రగ్రంథం ప్రభావం ఏమిటో ఊహించండి.

రెండవది, కంప్యూటర్ – కంప్యూటర్ పరంపరలు ఉద్భవిస్తున్నాయి. అక్కడ కంప్యూటర్లు స్వయంగా ఒకదానితో ఒకటి స్పందించి, సంప్రదిస్తాయి. ఈ వలయంలో మనుషులు ఉండరు. అక్కడ ఏమి జరుగుతున్నదో కూడా వారికి తెలియదు. ఉదాహరణకు కంప్యూటర్లు పెంపొందించిన సరికొత్త సంకేత నిక్షిప్త సందేశం (encryption) పద్ధతులతో గూగుల్ బ్రెయిన్ ప్రయోగాలు జరిపింది. గూగుల్ బ్రెయిన్ రెండు కంప్యూటర్ల మధ్య ఒక ప్రయోగం ఏర్పాటు చేసింది. ఆ కంప్యూటర్ల పేర్లు ఆలిస్, బాబ్. ఆ రెండు కంప్యూటర్లు సందేశాలు ఒకరికొకరు నిక్షిప్త సందేశాలు పంపించాలి. ఇప్పుడు ఈవ్ అనే పేరున మూడవ కంప్యూటర్ ఆ రెండు కప్యూటర్ల సందేశాలకు అడ్డుపడటానికి ప్రయత్నిస్తుంది. నిర్ణీత సమయంలో ఈవ్ అడ్డుపడగలిగితే, ఈవ్ కు పాయింట్లు వస్తాయి. అలా చేయలేకపోతే, ఆలిస్, బాబ్ లకు పాయింట్లు వస్తాయి. సుమారు పదిహేనువేల సందేశాల తర్వాత, ఆలిస్, బాబ్ ఒక రహస్యసంకేతం తీసుకు వచ్చాయి. ఈవ్ ఆ సంకేతాన్ని ఛేదించలేక పోయింది. ఈ ప్రయోగం నిర్వహించిన గూగుల్ ఇంజనీర్లు ఆలిస్, బాబ్ లకు నిక్షిప్త సందేశాలను గురించి కొత్తగా ఏమీ నేర్పలేదు. కంప్యూటర్లు స్వయంగా ఒక రహస్యభాష తమకు తాము సృష్టించుకున్నాయి.[42]

ప్రయోగశాలల వెలుపల ప్రపంచంలో అటువంటి సంఘటనలే జరుగుతున్నాయి. ఉదాహరణకు ఫారిన్ ఎక్స్ఛేంజ్ మార్కెట్ (forex) మారక ద్రవ్యాలకు విశ్వవిపణివీధి. అది వివిధ ద్రవ్యాలమధ్య మారక విలువలు – ఉదాహరణకు యూరో – US డాలర్ల మధ్య మారకం విలువ – నిర్ణయిస్తుంది. ఏప్రిల్ 2022 లో forex వాణిజ్య విలువ రోజుకు 7.5 ట్రిలియన్ డాలర్లు . ఈవాణిజ్యంలో 90 శాతం కంప్యూటర్ల మధ్య సంభాషణతో నడుస్తుంది.[43] forex మార్కెట్ ఎలా పని చేస్తుందో వాస్తవంలో ఎంతమందికి తెలుసు? కంప్యూటర్లు ట్రిలియన్ల డాలర్ల వ్యాపారంమీద పరస్పరం ఎలా అంగీకరిస్తాయో అర్థంచేసుకునే విషయం పక్కనపెట్టండి. యూరో, డాలర్ విలువల మీద ఎలా అంగీకరిస్తాయి?

కంటికి ఆనే భవిష్యత్తులో కంప్యూటర్ ఆధారంగా పనిచేసే యంత్రాంగంలో బిలియన్ల కొద్దీ మనుషులు ఉంటారు. కానీ మనం మైనారిటీలోకి దిగవచ్చు. ఎందుకంటే ఆ యంత్రాంగంలో బిలియన్లు – వందల కొద్దీ బిలియన్లేమో – అతి మేధావులయిన అపరిచిత ప్రతినిధులు ఉంటారు. ఇంతకు మునుపు మానవచరిత్రలో

ఆ మాటకు వస్తే, ఈ భూమిమీదప్రాణికోటి చరిత్రలో ఉన్న యంత్రాంగాలకు, దీనికీ చాలా వ్యత్యాసం ఉంటుంది. మన గ్రహంమీద ప్రాణి అవతరించి నాలుగు బిలియన్ సంవత్సరాలు కావస్తున్నది. ఆనాటినుండి ఇప్పటివరకూ అన్ని సమాచార యంత్రాంగాలూ జీవసంబంధాలు. చర్చ్ లు, సామ్రాజ్యాల వంటి మానవ యంత్రాంగాలు కూడా జీవసంబంధాలే. తొలినాటి తోడేళ్ళ యంత్రాంగాలకు, వీరి యంత్రాంగాలకు చాలాపోలికలు ఉండేవి. ఆ యంత్రాంగాలు అన్నీ వేట, ఉత్పత్తి, సహోదర స్పర్ధలు, ప్రేమాయణ త్రికోణాలవంటి సాంప్రదాయక నాటకాలమధ్య తిరగాడుతూ ఉండేవి. అచేతనాలయిన కంప్యూటర్ల మధ్య నడిచే సమాచార యంత్రాంగం ఊహకందని రీతిలో భిన్నంగా ఉంటుంది. మానవమాత్రులుగా మన ఊహాశక్తి జీవరసాయన శాస్త్ర ఉత్పత్తి. నిర్ణీతమయిన జీవశాస్త్ర పరిమితులను అధిగమించి పోలేదు.

మొదటి డిజిటల్ కంప్యూటర్ వచ్చి ఇప్పటికి ఎనభై ఏళ్ళు మాత్రమే అయింది. మార్పులో వేగం దినదిన (క్షణక్షణ) ప్రవర్ధమానం అవుతున్నది. కంప్యూటర్ల సంభావ్యశక్తికి, మనకు ఇంకా చాలా దూరమున్నది.[44] ఈ పరిణామం మిలియన్ల సంవత్సరాలు నడవవచ్చు. రానున్న మార్పులకు, గత ఎనభై ఏళ్లలో జరిగిన మార్పులకూ పోలిక కూడా అనూహ్యం. ఒక బండ పోలికగా మనం ఇప్పుడు ప్రాచీన మెసపోటేమియాలోఉన్నామనుకోండి. తడిగాఉన్న మట్టిమీద ఒక పుల్లతో మనిషి మొదటిసారిగా కొన్ని గీతలు గీశాడు.ఆ క్షణంలో మనం అలెగ్జాండ్రియా లైబ్రరీ, బైబుల్ శక్తి, లేకపోతే NKVD పురాతత్వ విభాగం ఊహించగలమా? కంప్యూటర్ పరిణామంలో సంభావ్య భవిష్యత్తు చిత్రించటానికి ఈ ఉపమానం అత్యంత అసమర్ధం అని చెప్పాలి. కనుక ఇప్పుడు మనం భూమి పుట్టిన 80 సంవత్సరాల అనంతర కాలంలో ఉన్నామని ఊహించండి. అంటే దాదాపు నాలుగు బిలియన్ సంవత్సరాల పూర్వం. పునరుత్పత్తి కణాలు భూగర్భంలోనుంచి అప్పుడే వెలికి వచ్చాయి. ఆ స్థాయిలో అమీబా లాంటి ఏకకణ జీవి, వాటి కణ నిర్మాణం, వాటి వేలాది అంతరంగ అనుకణాలు, కదలికలు నియంత్రణ చేయటానికి, ఆహారం వెతకటానికి వారి సామర్ధ్యమనూహ్యం. అవి ఆనాటికి భావి అద్భుతాలే.[45] అప్పుడు మనం టైరానోసారస్ రెక్స్, అమెజాన్ రెయిన్ ఫారెస్ట్, మనిషి చంద్రుడిమీద కాలుపెట్టటం ఊహించి దర్శించ గలమా?

కంప్యూటరంటే మనం ఇంకా ఒక తెర, ఒక కీ బోర్డ్ బిగించిన ఒక పెట్టెగా దర్శిస్తాం. ఎందుకంటే, ఇరవయ్యో శతాబ్దంలో మొదటి కంప్యూటర్ శిశువులు అవతరించినప్పుడు వాటికి మన జీవభావన ఇచ్చిన రూపం అది. కంప్యూటర్లు అభివృద్ధి చెందుతున్నకొద్దీ వాటి పురాతన రూపాలు మారిపోతున్నాయి. సరికొత్తరూపాలు సంతరించు కుంటున్నాయి. మానవ కల్పనాశక్తిలో అంతరిక్ష,

లౌకిక పరిమితులకు అతీతంగా పెరుగుతున్నాయి. సేంద్రియ ప్రాణులలాగా, కంప్యూటర్లు ఎప్పుడైనాసరే ఒక నిర్ణీత స్థలంలో ఉండాలని నియమం లేదు. అవి ఈపాటికే అంతరిక్షంలో – ఒక్కొక్క అంగం ఒకొక నగరంలో, ఖండంలో– విస్తరించి ఉన్నాయి. కంప్యూటర్ పరిణామ క్రమంలో అమీబా నుంచి T.rex కి ఒక దశాబ్దంలో చేరవచ్చు. అదే జీవపరిణామంలో ఆర్గానిక్ సూప్ నుంచి కోతి చంద్రుడిమీద కాలు పెట్టటానికి నాలుగు బిలియన్ సంవత్సరాలు పట్టింది. అత్యంతవివేకం వికసింప జేయటానికి, గ్రహాల పరిమాణానికి విస్తరించటానికి, అణురణీయ స్థాయికి సంకోచించటానికి, అంతరిక్ష వీధిలో కాలాతీతంగా పాకులాడటానికి కంప్యూటర్లకు సుమారు రెండు శతాబ్దాలు పట్టవచ్చునేమో.

కంప్యూటర్ల చుట్టూ పెరుగుతున్న పరిభాష గమనిస్తే వాటి పరిణామవేగం తెలుస్తుంది. రెండు దశాబ్దాల క్రితం కేవలం కంప్యూటర్లను గురించి మాట్లాడటం పరిపాటి. ఇప్పుడు ఆల్గారిథంస్, రోబోలు, బాట్స్, AI లు, నెట్వర్క్ లు, క్లౌడ్స్ గురించి మాట్లాడుతున్నాం. వాటిని ఏమని పిలవాలో తెలియక మనం పడే తికమకే ముఖ్యం. జీవులు విశిష్టమయిన సత్వాలు. వాటిని స్పష్టంగా వర్గాలుగా, తెగలుగా విభజించవచ్చు. కంప్యూటర్లు ఎక్కడ మొదలవుతున్నాయో, ఎక్కడ ముగుస్తున్నాయో చెప్పటం కష్టం అవుతున్నది. అప్పుడు దేనిని ఏ వర్గంలో చేర్చాలో తెలియని అయోమయం.

ఈ పుస్తకంలో కంప్యూటర్ అంటే సాఫ్ట్ వేర్, హార్డ్ వేర్ కలిసిన భౌతిక వస్తుసముదాయాన్ని గురించి మాట్లాడుతున్నాను. అల్గారిథం, AI లకు బదులు ప్రాచీనంగా ధ్వనిచే కంప్యూటర్ అనే పదం ఉపయోగించటమే నా అభిమతం. ఎందుకంటే ఈ పదజాలం ఎంత వేగంగా మారుతున్నదో నాకు తెలుసు. రెండవది కంప్యూటర్ విప్లవంలో భౌతిక అవస్థ మనం గుర్తు చేసుకుంటూ ఉండాలి. కంప్యూటర్లు భౌతిక పదార్థాలతో తయారవుతాయి. అవి పనిచేయటానికి ఎలక్ట్రిసిటీ కావాలి. కావాలి. అవి నిలవటానికి స్థలం కావాలి. వాటిని తయారుచేయటానికి, నడపటానికి విద్యుచ్ఛక్తి, ఇంధనాలు, నీరు, స్థలము, విలువయిన ఖనిజాలు, ఇంకా ఇతర వనరులు వినియోగించ బడుతాయి. డేటా సెంటర్లు నడపటానికే ప్రపంచంలోని విద్యుత్తులో 1.0 నుంచి 1.5 శాతం విద్యుత్తు కావాలి. పెద్ద డేటా సెంటర్లు మిలియన్ల చదరపు అడుగుల నేల ఆక్రమిస్తాయి. అవి వేడి ఎక్కకుండా ఉండటానికి లక్షలాది గ్యాలన్ల తాజా నీరు కావాలి.[46]

కొన్ని సాఫ్ట్ వేర్ విషయాలు చెప్పదలచినప్పుడు నేను అల్గారిథం అన్న పదం కూడా ఉపయోగిస్తాను. రాబోయే పేజీలలో సూచించిన ఆల్గారిథంస్ ఏదో ఒక ఛోట ఏదో ఒక కంప్యూటర్ మీద ప్రయోగం అవుతుంది అని గుర్తు ఉంచుకోవాలి. AI అన్న పదప్రయోగానికి వస్తే, స్వయంగా నేర్చుకుని, మారగలిగిన శక్తి గల ఆల్గారిథమ్స్

ను గురించి చెప్పినప్పుడు ఉపయోగిస్తాను. సాంప్రదాయకంగా AI అనేది Artificial Intelligence అనే పదద్వయానికి సంక్షిప్త పదం. ఇంతకు మునుపు చర్చలో చూపిన కారణాలవల్ల, దానిని Alien Intelligence అనే పదద్వయానికి సంక్షిప్త పదంగా తలచటం మేలేమో. AI అభివృద్ధిచెందుతున్న కొద్దీ, అది కృత్రిమానికి బదులు అన్యదేశీయం అవుతుందేమో. ఇక్కడ ఒక విషయం గమనించాలి. కృత్రిమమేధ అన్నప్పుడు మనం మానవమేధతో పోల్చి ఆ పదం ప్రయోగిస్తున్నాం. ఈ కృత్రిమమేధ మానవమేధను ఎప్పుడు చేరుతుందా అన్న విషయం మీద విపరీతమయిన చర్చలు నడుస్తున్నాయి. ఈ కొలత, పోలిక మనలను అయోమయంలో పడేస్తాయి. ఇది పక్షులు ఎగిరే ఎత్తును బట్టి విమానాలను నిర్వచించి, వెలకట్టినట్లు అవుతుంది. కృత్రిమమేధ (AI) మానవమేధ దిశగా పురోగమించటం లేదు. అది పూర్తిగా భిన్నమయిన మరొక మేధపరిణామానికి మూలమవుతున్నది.

అయోమయంలో పడేసే మరొక పదం రోబో (robot). ఈ పుస్తకంలో కంప్యూటర్లు భౌతిక క్షేత్రంలో పనిచేసిన సందర్భాలు ఉదాహరించటానికి మాత్రమే ఈ పదం వినియోగించ బడింది. బాట్ (bot) అనే పదం డిజిటల్ క్షేత్రంలో పనిచేసే ఆల్గారిథంస్ కు మాత్రమే వర్తిస్తుంది. bot మీ సామాజిక మాధ్యమాలను కపట వార్తలతో కలుషితం చేస్తూ ఉండవచ్చు. robot మీ లివింగ్ రూమ్ లో దుమ్ముతుడిచి శుభ్రం చేయవచ్చు.

పరిభాషను గురించి చివరిగా ఒక్కమాట. కంప్యూటర్ ఆధారంగా పనిచేసే నెట్ వర్క్ అన్న పదం నేను ఏకవచనంలో ప్రయోగిస్తాను. నెట్ వర్క్ లు అని బహువచన ప్రయోగం చేయను. వివిధవిభిన్న లక్షణాలతో అనేక నెట్ వర్క్ లు కంప్యూటర్లు సృష్టించగలవని నాకు బాగా తెలుసు. ఈ ప్రపంచం విభిన్న నెట్ వర్క్ లు గా, విరోధి నెట్ వర్క్ లు గా విభజన కాబోతున్నదని 11 వ అధ్యాయంలో పరిశీలిస్తాం. విభిన్న జాతులు, రాజ్యాలు, చర్చ్ లు కొన్ని ముఖ్య లక్షణాలు సంతరించుకొని ఉంటాయి. కానీ అవి అన్నీ ఒకే ఒకజాతి, ఈ భూగోళాన్ని ఏలటానికి వచ్చిన మానవజాతిని గురించి చెబుతాయి. అలాగే నేను కూడా ఒకే కంప్యూటర్ నెట్ వర్క్ గురించి మాట్లాడుతాను. ఎందుకంటే, అదే మానవ నెట్ వర్క్ ను అధిగమించ బోతున్నది.

బాధ్యత వహించటం

రాబోయే శతాబ్దాలలో, యుగాలలో కంప్యూటర్ నెట్ వర్క్ పరిణామక్రమం ఎలా ఉండబోతున్నదో చెప్పటం అసాధ్యం. కానీ ప్రస్తుత పరిణామం ఎలా ఉన్నదో చెప్పవచ్చు. అది అత్యవసరం కూడా. సరికొత్త కంప్యూటర్ నెట్వర్క్ ఎదుగుదల మన

అందరికీ రాజకీయంగా, వ్యక్తిగతంగా అన్యార్థాలు సృష్టించ బోతున్నది. రాబోయే అధ్యాయాలలో కంప్యూటర్ నెట్ వర్క్ లో కొత్త విషయాలు, తద్వారా మానవ జీవితం మీద ప్రభావము పరిశీలిస్తాము. మొదట తెలుసుకో వలసింది ఏమిటంటే, ఈ నెట్ వర్క్ ఇంతకు మునుపు ఎరుగని సరికొత్త రాజకీయ, వ్యక్తిగత వాస్తవాలు సృష్టించ బోతున్నది. గత అధ్యాయాలలో సమాచారం అంటే సత్యం కాదనీ, సమాచారం చక్కర్లు కొట్టినంత మాత్రాన నిజం బయటపడ బోదనీ ముఖ్య సందేశం. ఆ చక్కర్లు కొత్తకొత్త రాజకీయ వ్యవస్థలు, ఆర్థిక నమూనాలు, సాంస్కృతిక నియమాలను సృష్టిస్తాయి. ప్రస్తుత సమాచార విప్లవం ఇంతకు పూర్వం వచ్చిన విప్లవాలకంటే ప్రబలమైనది. ఈ విప్లవం అపూర్వ స్థాయిలో అపూర్వ వాస్తవాలు సృష్టించ బోతున్నది.

ప్రస్తుతం మనం అధిపత్యంలో ఉన్నాం కనుక ఇది అర్ధం చేసుకోవటం ముఖ్యం. మన ఈ ఆధిపత్యం ఇంకా ఎంతకాలం కొనసాగుతుందో తెలియదు. ప్రస్తుతం మాత్రం మన భవిష్యత్తు వాస్తవాలు రూపుదిద్దుకోగల శక్తి మనచేతులలో ఉన్నది. అలా తెలివిగా వ్యవహరించాలంటే, మొదట ఏమి జరుగుతున్నదో మనం అర్థం చేసుకోవాలి. మనం ఒక కంప్యూటర్ కోడ్ వ్రాసినప్పుడు, మనం కేవలం ఒక వస్తువు రూపురేకలు చిత్రించటం లేదు. రాజకీయాలు, సమాజం, సంస్కృతి అన్నిటికీ మనం మరొక కొత్త రూపు కల్పిస్తున్నాం. కనుక రాజకీయాలు, సమాజము, సంస్కృతులను గురించి మనకు మంచి అవగాహన ఉండాలి. దానితోబాటు మనం చేస్తున్న పనికి మనం బాధ్యత వహించాలి.

రోహిజ్ఞ్యా వ్యతిరేక ప్రచారంలో ఫేస్ బుక్ ఎలా ఇరుక్కున్నదో గుర్తు ఉన్నది కదా! అదే విధంగా కంప్యూటర్ విప్లవం నడిపే సంస్థలు ఆ బాధ్యత కస్టమర్ల మీదికీ, ఓటర్లమీదికీ తోస్తున్నాయి. లేకపోతే రాజకీయవేత్తలమీదికీ, నియామకుల మీదికీ, తోస్తున్నాయి. సామాజికంగా, రాజకీయంగా అల్లకల్లోలం సృష్టిస్తున్నారని వేలెత్తి చూపితే, "మేము కేవలం ఒక వేదిక మాత్రమే. కస్టమర్లు అడిగింది, ఓటర్లు అనుమతించింది మాత్రమే మేము చేస్తున్నాం. మా సేవలు తీసుకోవాలని మేము ఎవరినీ బలవంత పెట్టటం లేదు. మేము ఏ నియమాలను అతిక్రమించటం లేదు. మేము చేసేది నచ్చకపోతే కస్టమర్లు మమ్మల్ని వదిలి వెళ్తారు. మేము చేసేది ఓటర్లకు నచ్చకపోతే మాకు వ్యతిరేకంగా నియమాలు పాస్ చేస్తారు. కస్టమర్లు ఇంకా ఇంకా కావాలని అడుగుతున్నారు. మేము చేసే పనికి ఏ న్యాయమూ అడ్డురాలేదు. కనుక మేము చేసేది సబబే." అన్న వాదనల వెనక దాగుతారు.[47]

ఆ వాదనలు అమాయకపు వాదనలు అయి ఉండాలి, లేదా కపటనాటకమై ఉండాలి. ఫేస్ బుక్, అమెజాన్, బైదు, ఆలీబాబా వంటి సాంకేతిక మహామహులు కస్టమర్ల చపలత్వానికి, ప్రభుత్వ నియమాలకు దాసులు కారు. ఈ చపలత్వానికి, నియమాలకు కారకులు వారే. ఈ సాంకేతిక మహామహులకు ప్రపంచంలో

బలమయిన అన్నీ ప్రభుత్వాలలోనూ అండ ఉన్నది. తమ వ్యాపారానికి అడ్డువచ్చే శాసనాలు, చట్టాలు ఎదుర్కోవటానికి తమకు అనుకూలంగా తిప్పుకోవటానికి పెద్దమొత్తాలు పెట్టుబడి పెడతారు. US టెలికమ్యూనికేషన్స్ యాక్ట్ 1996 లో సెక్షన్ 230 ఒకటి ఉన్నది. ఆన్ లైన్ వినియోగదారులు విడుదలచేసే వస్తువుపట్ల సాంకేతిక మహామహులు బాధ్యులు కారని కవచం అది. ఆ సెక్షన్ కాపాడటానికి సాంకేతిక మహామహులు నింగీనేలా ఏకం చేసి పోరాడారు. రోహింజ్యా నరమేధం నుంచి ఫేస్ బుక్ ను కాపాడేది ఈ సెక్షన్ 230 మాత్రమే. 2022 లో పెద్దపెద్ద సాంకేతిక సంస్థలు ప్రచారానికి యునైటెడ్ స్టేట్స్ లో 70 మిలియన్ డాలర్లు, యూరోపియన్ బాడీ లో 113 మిలియన్ యూరోలు వెదజల్లాయి. ఆయిల్ & గ్యాస్ కంపెనీలు ఖర్చు చేసిన మొత్తం ఎందుకూ పనికిరాలేదు.[48] ఈ సాంకేతిక మహామహులకు జనం భావావేశాలు ఎలా ఆడించాలో బాగా తెలుసు. కస్టమర్స్, ఓటర్ల లాలసలతో ఆటలాడటంలో వారు ప్రబుద్ధులు. ఈ సాంకేతిక మహామహులు ఓటర్ల, కస్టమర్ల కోరికలకు దాసులయిఉంటే, అదే ఊపులో వారు ఆ కోరికలకు రూపుదిద్దుతూ ఉంటే, ఎవరు ఎవరిని కంట్రోల్ చేస్తున్నట్లు?

ఈ సమస్య మరికొంత ప్రగాఢం. “వినియోగదారుడు చెప్పిందే సబబు.” అని, “ఓటర్లకు అంతా తెలుసు.” అనే సూత్రాలు వినియోగదారులకు, ఓటర్లకు వారిచుట్టూ ఏమిజరుగుతున్నదో తెలుసు అని ముందే నిశ్చయించి ఉన్నాయి. టిక్ టాక్ వినియోగదారులు, ఇన్స్టాగ్రామ్ వినియోగదారులు తాము చేస్తున్న పనివల్ల కలగబోయే పరిణామాలు ఏమిటో పూర్తిగా తెలిసి ఉన్నారని భావన. అదేవిధంగా యాపుల్, huawei అజమాయిషీ చేసే రాజకీయవేత్తలకు, ఓటర్లకు ఆ నమూనాలను గురించి, ఆయా సంస్థల వ్యవహారాలను గురించి పూర్తిగా తెలుసునని భావన. ప్రజాబాహుళ్యానికి సమాచార యంత్రాంగాన్ని గురించి క్షుణ్ణంగా తెలుసునని, వారు దానిని ప్రోత్సహిస్తున్నారనీ భావన.

వాస్తవం ఏమిటంటే మనకు తెలియదు. అందుకు కారణం మన మూర్ఖత్వం కాదు. సాంకేతిక విజ్ఞానం చాలా జటిలం. దానికితోడు ఆ రంగంలో పురోగమనం శరవేగంతో పరుగులు తీస్తున్నది. బ్లాక్ చెయిన్ బేస్డ్ క్రిప్టోకరెన్సీ (block-chain based cryptocurrency) ఏమిటో, ఎలా పనిచేస్తుందో అర్థం చేసుకోవటానికి కొంత శ్రమ, సమయము అవసరం. అదేమిటో మీకు అర్థమయింది అనుకునే లోపల అది మళ్ళీ మారిపోతుంది. ఇక్కడ ఆర్థిక రంగం చాలా కీలక ఉదాహరణ. అందుకు కారణాలు రెండు. మొదటిది – భౌతిక వస్తువులకంటే ఆర్థిక సాధనాలు సృష్టించి, మార్చుతూ ఉండటం కంప్యూటర్లకు సులభమయిన ప్రక్రియ. ఎందుకంటే ఆధునిక ఆర్థిక సాధనాలన్నీ కేవలం సమాచారం మాత్రమే. చలామణి ద్రవ్యం, స్టాక్స్, బాండ్లు అన్నీ ఒకనాడు చేతికి చిక్కేవస్తువులు. బంగారంతో, కాగితంతో తయారయ్యే ఉండేవి.

అవి అన్నీ ఇప్పుడు అంకెలుగామారి, సమాచార గుహలలో దాగి ఉన్నాయి. రెండవది – సామాజిక, రాజకీయజగత్తు మీద ఈ అంకెల స్వరూపాల ప్రభావం అపారం. ఆర్థిక వ్యవస్థ ఎలా పనిచేస్తుందో జనసామాన్యానికి తెలియకపోతే, ప్రజాస్వామ్యాల గతి ఏమిటి? నిరంకుశ ప్రభుత్వాలగతి ఏమిటి?

ఉదాహరణకు పన్నుల విధానానికి సాంకేతికత ఏమి చేస్తున్నదో గమనించండి. సాంప్రదాయకంగా ప్రజలు, వాణిజ్యసంస్థలు తాము నివసించి ఉన్న దేశంలోనే పన్నులు చెల్లించేవారు. కానీ భౌతిక స్థలానికి బదులు లేదా అనుబంధంగా సైబర్ స్పేస్ (cyberspace – ఇంటర్ నెట్ ద్వారా కొన్ని కంప్యూటర్లు ఏకమై సృష్టించిన వ్యవహార అవకాశం) ప్రవేశించి, లావాదేవీలు అన్నీ – శారీరక వస్తువులతో కాక, సాంప్రదాయక మారక ద్రవ్యం కాక – సమాచార బట్వాడాతోనే జరిగితే, పరిస్థితి పూర్తిగా మారిపోతుంది. ఉదాహరణకు ఉరుగ్వే లో ఒక పౌరులను తీసుకోండి. వారు ప్రతిరోజూ భౌతికంగా ఉరుగ్వేలో లేని సంస్థలతో ఆన్ లైన్ వ్యవహారం జరుపుతూ ఉంటారు. ఆ సంస్థలు ఆమెకు అనేక విధాల సేవలు అందజేస్తూ ఉండవచ్చు. గూగుల్ ఆమెకు ఉచిత శోధన అవకాశం సమకూరుస్తుంది. బైట్ డ్యాన్స్ – Tik-Tok ప్రయోగం మాతృ సంస్థ – ఆమెకు ఉచిత సామాజిక మాధ్యమాలు సమకూరుస్తుంది. ఇంకా ఇతర విదేశ సంస్థలు ఆమెకు ప్రకటనలుచూపిస్తూ ఉంటాయి. Nyke ఆమెకు జోళ్ళు అమ్మాలని చూస్తుంది. Peugeot ఆమెకు కారు అమ్మాలని ప్రయత్నిస్తుంది. కోకాకోలా ఆమెకు చల్లని పానీయాలు అమ్మచూపుతుంది. ఆ ప్రకటనలు ఆమెకు చేరాలంటే, ఈ సంస్థలు గూగుల్, బైట్ డ్యాన్స్ లనుంచి వ్యక్తిగత సమాచారము, ప్రకటన స్థలం కొనాలి. ఆమె దగ్గరనుంచి, అలాగే మిలియన్ల ఇతర వినియోగదారులనుంచీ లభించిన సమాచారం ఉపయోగించి గూగుల్, బైట్ డ్యాన్స్ శక్తివంతాలయిన కృత్రిమమేధ సాధనాలు అభివృద్ధి చేస్తారు. ఆ కృత్రిమమేధ సాధనాలను వారు విశ్వవ్యాప్తంగా వివిధ ప్రభుత్వాలకు, సంస్థలకు అమ్ముతారు. ఆ లావాదేవీల ధర్మాన ఈనాడు గూగుల్, బైట్ డాన్స్ ప్రపంచ అత్యధిక ధనిక సంస్థల సరసన చేరారు. మరి వారితో లావాదేవీలకు ఆమె ఉరుగ్వేలో పన్ను కట్టాలని చెప్పాలా?

అవునని కొందరి సమాధానం. ఉరుగ్వే సమాచారం వారిని ధనికులను చేయటంలో తోడ్పడినందుకు కాదు. వారి వ్యవహారాల కారణంగా, ఉరుగ్వేలో పన్నులు చెల్లించే ఉరుగ్వే వ్యాపారాలు నష్టపోతున్నాయి. ఈ సాంకేతిక మహాకాయుల కారణంగా స్థానిక వార్తాపత్రికలు, టివి స్టేషన్లు, సినిమా థియేటర్లు వినియోగదార్లను, ఆదాయాన్నికూడా కోల్పోతున్నాయి. గూరుల్, బైట్ డ్యాన్స్ ల సమాచార పర్వతాలతో తూగలేవు గనుక, ఉరుగ్వే లో స్థాపించిన కృత్రిమమేధ సంస్థలు కూడా దెబ్బతింటాయి. ఆ లావాదేవీలు దేనిలోనూ వారు శారీరకంగా ఉరుగ్వేలో లేరు, ఉరుగ్వేలో

ధనరూపంలో చెల్లింపులు ఏమీ జరగలేదు అని ఆ సాంకేతిక మహామహుల సమాధానం. గూగుల్, బైట్ డ్యాన్స్ ఉరుగ్వే ప్రజలకు ఉచితంగా ఆన్ లైన్ సేవలు అందించారు. ప్రతిఫలంగా ప్రజలు తమ క్రయవిక్రయాల చరిత్ర, విహారయాత్రల ఫోటోలు, సరదా వీడియోలు, ఇంకా అదనపు సమాచారం స్వేచ్ఛగా చేతికి అందించారు.

వారు ఈ వ్యవహారాలకు సుంకం విధించ దలిస్తే, శుల్క అధికారులు తమ ప్రాథమిక సూత్రాలు మరొకసారి సమీక్షించవలసి వస్తుంది. శుల్క సాహిత్యంలో సంపర్కం అంటే ఒక వ్యక్తికి ఒక ఇలాకాతో సంబంధం. ఒక సంస్థకు ఒకదేశంతో సమబంధం ఉన్నదా లేదా అని నిశ్చయించటానికి ఆ ప్రదేశంలో వారి కార్యాలయాలు, పరిశోధనా కేంద్రాలు, దుకాణాలు వగైరా ఉన్నాయా అన్న విషయం మీద ఆధారపడి ఉంటాయి. ఈ కంప్యూటర్ యంత్రాంగం కారణంగా తలెత్తిన శుల్క సంశయాల కారణంగా సంపర్కం అన్న పదానికి మరొక నిర్వచనం కోసం ప్రతిపాదన పుట్టుకువచ్చింది. "భౌతికస్థితి కారణంగా నిర్వచనం అయిన సంపర్కం ఒక దేశంలో అంకాత్మకస్థితి (digital presence) కూడా జోడించాలి." అన్నారు ఆర్థిక శాస్త్రవేత్త మార్కో కోథెన్ బర్గర్.[49] గూగుల్, బైట్ డాన్స్ సంస్థలకు ఉరుగ్వేలో భౌతికంగా కార్యాలయాలు లేకపోవచ్చు. కానీ ఉరుగ్వే ప్రజలు వారి ఆన్ లైన్ సేవలు ఉపయోగించు కుంటున్నారు. కనుక వారికి అక్కడ సుంకం విధించాలి. షెల్, బ్రిటిష్ పెట్రోలియం తాము చమురుతీసే దేశాలకు పన్నులు చెల్లిస్తారు. అదేవిధంగా ఈ సాంకేతిక మహామహులు తాము దత్తాంశాలు సేకరిస్తున్న దేశాలకు పన్నులు చెల్లించాలి.

కానీ ఇక్కడ మరొక ప్రశ్న ఎదురవుతుంది. ఉరుగ్వే ప్రభుత్వం ఏ అంశం మీద వారికి శుల్కం విధించాలి? ఉదాహరణకు, ఉరుగ్వే ప్రజలు టిక్ టాక్ కు ఒక మిలియన్ క్యాట్ వీడియోలు కట్టబెట్టా రనుకుందాం. అందుకు బైట్ డ్యాన్స్ వారికి సొమ్ము ఏమీ చెల్లించలేదు, వారి దగ్గరినుంచి ఏమీ రాబట్టలేదు. కానీ ఆ వీడియోలు ఉపయోగించి బైట్ డ్యాన్స్ ఒక కృత్రిమమేధకు బొమ్మలు గుర్తించే శిక్షణ ఇచ్చింది. ఆ కృత్రిమమేధ కార్యక్రమాన్ని దక్షిణ ఆఫ్రికా ప్రభుత్వానికి పది మిలియన్ డాలర్లకు అమ్మింది. ఆ సొమ్ము అంతా ఉరుగ్వే క్యాట్ వీడియోల కారణంగా వచ్చిందని ఉరుగ్వే ప్రభుత్వానికి ఎలా తెలుస్తుంది? అందులో తమ వాటా ఎంతో వారు ఎలా లెక్క కడతారు? ఉరుగ్వే క్యాట్ వీడియోలమీద పన్ను విధించాలా? (ఇది హాస్యాస్పదంగా ధ్వనించవచ్చు. కానీ, కృత్రిమమేధలో ముఖ్యాతిముఖ్యమయిన ఆవిష్కరణలలో ఒకటి పిల్లిబొమ్మల సహాయంవల్ల జరిగింది. ఈ విషయం మనం 11 వ అధ్యాయంలో చూస్తాం.)

ఇంతకుమించిన మెలికలు కూడా ఉన్నాయి. ఈ డిజిటల్ వ్యాపారం మీద శుల్కం విధించాలని ఉరుగ్వే రాజకీయవేత్తలు ఒక పథకం తీసుకువచ్చా రనుకుందాం. అందుకు బదులుగా ఒక సాంకేతిక మహాసంస్థ ఒక రాజకీయవేత్తను చేరుతుంది. ఉరుగ్వే ఓటర్లను గురించి విలువయిన సమాచారం అందించటానికి ఒప్పందం చేసుకుంటుంది. తన సామాజిక మాధ్యమాలు, శోధనా క్రమం ఆ రాజకీయవేత్తకు అనుకూలంగా నడుపుతుంది. ఆ సహాయంతో ఆయన ఆ ఎన్నికలు గెలుస్తారు. అందుకు ప్రతిఫలంగా ప్రధానిగా ఎన్నిక అయిన పెద్ద, డిజిటల్ టాక్స్ పథకాన్నే రద్దుచేయవచ్చు. వినియోగదారుల గోప్యం విషయంలో ఆ మహాసంస్థను వ్యాజ్యాలనుంచి అడ్డుకోవటానికి తగిన నిబంధనలు జారీ చేయవచ్చు. దీన్ని లంచమందామా? ఇక్కడ ఒక్క డాలర్ కానీ ఒక్క పెసో కానీ చేతులు మారలేదు!

అటువంటి సమాచారానికి బదులు సమాచారం బేరాలు విశ్వవ్యాప్తంగా కోకొల్లలు. ప్రతిరోజూ మనలో కోట్లాదిమందిమి ఈ సాంకేతిక మహాసంస్థలతో చాలా వ్యవహారాలు జరుపుతూ ఉంటాము. కానీ మన బ్యాంక్ ఎకౌంట్లు చూస్తే ఆ విషయం ఎవరికీ ఊహకు కూడా అందదు. ఎందుకంటే అక్కడ డబ్బు ఏమీ కదలటం లేదు. ఆ సాంకేతిక మాహాసంస్థనుంచి మనకు సమాచారం లభిస్తుంది. మనం తిరుగు సమాచారం ద్వారా బదులు చెల్లిస్తాము. లావాదేవీలు అన్నీ ఈ సమాచారానికి సమాచారం నమూనా అనుసరిస్తే, ద్రవ్య ఆర్థికవ్యవస్థ స్థానంలో సమాచార ఆర్థికవ్యవస్థ ఎదుగుతుంది. ఏదో ఒకనాడు డబ్బు అంటే ఏమిటి అనే ప్రశ్నతలెత్తవచ్చు!

డబ్బు కొన్ని వ్యవహారాలకు ఒక మారక చిహ్నంగా మొదలయింది. ఇప్పుడు ప్రపంచమంతా డబ్బుతో వెలకట్టటం మామూలయి పోయింది. ఇప్పుడు సమాచారంతో వెలకట్టటం మొదలయింది. అక్కడ డబ్బు ప్రసక్తి లేదు. ఒకనాటికి మనుషులనూ, సంస్థలను వారివారి డాలర్లతో, పెసోలతో వెలకట్టటం అపార్థం కావచ్చు. ఒక వ్యక్తికి, లేదా సంస్థకు బ్యాంక్ లో ఉన్న సొమ్ము చాలా తక్కువ కావచ్చు. వారి సమాచారనిధి నిండుగా ఉంటే, వారే అత్యంత ధనికులుగా పరిగణింప బడవచ్చు. దేశంలోనే అత్యంత శక్తివంతులు కావచ్చు. వారి సమాచారసంపద ధనరూపంలో వెలకట్టవచ్చు. కానీ వారు తమ సమాచారసంపదను డాలర్లలోకి, పెసోలలోకి ఎన్నడూ మార్చరు. వారికి కావలసింది సమాచారం ద్వారా దొరుకుతూ ఉంటే, ఇక డాలర్ల అవసరం ఏమున్నది?

దీనివల్ల ప్రస్తుత పన్నుల విధానానికి అనేక సంకటాలు ఏర్పడుతాయి. సంపద అందరికీ పంచటమే పన్నుల ఆశయం. అందరికీ ముఖ్యావసరాలు తీర్చే ప్రయత్నంలో, సంపన్నులయిన సంస్థలు, వ్యక్తుల దగ్గర కొంత సొమ్ము తీసుకుంటాయి. ఇప్పుడు అనేక లావాదేవీలలో డబ్బు ప్రసక్తి లేదు. కనుక డబ్బు ద్వారా మాత్రమే శుల్కం విధించే వ్యవస్థకు త్వరలోనే ఆయువు తీరవచ్చు. దత్తాంశ ఆర్థిక వ్యవస్థలో

విలువ డాలర్లరూపం లో కాక, సమాచారరూపంలో నిలవచేసి ఉంటుంది. అక్కడ సంపదకు మాత్రం శుల్కం విధించటం ఆర్థిక, రాజకీయ రంగాలను వికృతం చేస్తుంది. దేశంలో అత్యంత సంపన్నమయిన వ్యవస్థలు పన్నులు ఏమీ చెల్లించక పోవచ్చు. కారణం, వారి సంపద అంతా డాలర్లలో కాక, పెటాబిట్స్ లో ఉన్నది.[50]

డబ్బుమీద పన్ను విధించటంలో రాజ్యాలకు వేలాది సంవత్సరాల అనుభవం ఉన్నది. సమాచారం మీద పన్ను ఎలా విధించాలో వారికి ఇంకా తెలీదు – ప్రస్తుతం. డబ్బుతో నియంత్రితమయిన ఆర్థికవ్యవస్థ నుంచి మనం సమాచారంతో నియంత్రితమయిన వ్యవస్థకు మారుతూ ఉంటే, రాజ్యాలు, రాష్ట్రాలు ఎలా స్పందించాలి? ఈ నవీన పరిస్థితులకు అనుగుణంగా మారాలంటే, చైనా సోషల్ క్రెడిట్ సిస్టమ్ అనుసరించటం ఒక మార్గం. సోషల్ క్రెడిట్ సిస్టమ్ కొత్తరకం సొమ్ము ఉన్నది – సమాచార ఆధారితమయిన సొమ్ము. అధ్యాయం 7 లో అది వివరిస్తాం. అన్నీ దేశాలూ చైనా పద్ధతి అనుసరించి తమతమ సోషల్ క్రెడిట్లు అచ్చు వేయాలా? అంతకు మించిన మార్గాలు ఉన్నాయా?ఈ విషయంలో మీ అభిమాన రాజకీయ వర్గం ఏమంటుంది?

కుడి, ఎడమ

కంప్యూటర్ విప్లవం తెచ్చిపెట్టిన అనేక సమస్యలలో పన్నుల విధానం ఒకటి మాత్రమే. కంప్యూటర్ నెట్ వర్క్ అన్నీ అధికార వ్యవస్థలనూ కుదిలించివేస్తున్నది. సరికొత్త డిజిటల్ నియంత్రణ వస్తుందేమోనని ప్రజాస్వామ్యాలు బెదురుతున్నాయి. ఎలా అదుపు చెయ్యాలో తెలియని కొత్త ప్రతినిధులు దిగుతారేమోనని నియంత్రణలు కంగారు పడుతున్నాయి. దత్తాంశాలువచ్చి ఆక్రమించి విస్తరించితే, రహస్యం అనేదే ఉండదని ప్రతిఒక్కరికీ బెంగ కావచ్చు. ఈ భయాలవెనక అర్థం రాబోయే అధ్యాయాలలో విశదీకరిస్తాం. ఇక్కడ ముఖ్యవిషయం ఏమిటంటే, ఈ ప్రమాదాలను గురించిన సంభాషణలు ఇపుడే మొదలవుతున్నాయి. కానీ సాంకేతిక విజ్ఞానం సిద్ధాంతాలను మించిన వేగంతో ముందుకు సాగుతున్నది.

ఉదాహరణకు కృత్రిమమేధ విషయంలో రిపబ్లికన్ సిద్ధాంతాలకూ, డెమోక్రాట్ సిద్ధాంతాలకూ తేడా ఏమిటి? కృత్రిమ మేధ విషయానికి వస్తే, దక్షిణపక్ష స్థితి ఏమిటి, వామపక్ష స్థితి ఏమిటి? కన్సర్వేటివ్ లు కృత్రిమమేధను ఎందుకు వ్యతిరేకిస్తున్నారు? సాంప్రదాయక మానవ సంస్కృతికి అది ప్రమాదకారి అనా? వారు దానికి సహకరిస్తే, ఎందుకు అలా చేస్తున్నారు? అది ఆర్థిక వ్యవస్థ ప్రగతికి తోడ్పడుతుంది, దానికితోడు వలస కార్మికుల అవసరం తగ్గుతుందనా? కృత్రిమమేధలో తప్పుడు సమాచారం ప్రాచుర్యంపొందే అవకాశం ఉన్నది, తద్వారా పక్షపాతాలు పెరిగే అవకాశాలు –

కనుక ప్రోగ్రెసివ్ లు కృత్రిమమేధను నిరశిస్తున్నారా? లేకపోతే సుభిక్షం సృష్టించి మరొక సంక్షేమ రాజ్యానికి తోడ్పడుతుందని దానిని ఆహ్వానిస్తున్నారా? చెప్పటం కష్టం. ఇటీవలి వరకూ, రిపబ్లికన్స్ కానీ, డెమొక్రాట్స్ కానీ, ఇంకా ప్రపంచంలో ఇతర పార్టీలు కానీ ఈ సమస్యను గురించి చర్చించలేదు.

కొందరు పెద్దలు - సాంకేతిక సంస్థలలోయింజనీర్లు, నిర్వాహకులు - రాజకీయ నాయకులకు, ఓటర్లకంటే చాలా ముందు ఉన్నారు. కృత్రిమమేధ అభివృద్ధి, క్రిప్టో కరెన్సీలు, సోషల్ క్రెడిట్లు వగైరాలను గురించి అందరికంటే వారికి మేలుగా తెలుసు. ఇక్కడ దురదృష్ట మేమిటంటే, ఈ నవీన సాంకేతిక విజ్ఞానం సంభావ్యత క్రమబద్ధం చేయటానికి వారు తమ విజ్ఞానాన్ని వినియోగించరు. వారు ఆ విజ్ఞానం అంతా బిలియన్ల డాలర్లు పోగుచేయటానికి, పెటా బిట్స్ సమాచారం కూడబెట్టటానికి వినియోగిస్తారు.

అందులో ఆడ్రే టాంగ్ వంటి విశేషజ్ఞులు ఉన్నారు. ఆమె సాఫ్ట్ వేర్ ఇంజనీర్. పేరుపొందిన హాకర్. ఆమె 2014 లో సన్ ఫ్లవర్ స్టూడెంట్ మూవ్ మెంట్ లో చేరి, తైవాన్ లో ప్రభుత్వ సిద్ధాంతాలను వ్యతిరేకించింది. ఆమె చతురత, నైపుణ్యం గమనించి తైవాన్ ప్రభుత్వం అచ్చెరువు చెందింది. ఆమెను ప్రభుత్వం లో చేరటానికి ఆహ్వానించి, డిజిటల్ ఎఫైర్స్ మినిస్టర్ గా పదవి అప్పగించారు. ఆ పదవిలో ఆమె ప్రభుత్వ విధానాలు ప్రజలకు పారదర్శకాలు అయేట్లు చేసింది. కోవిడ్-19 అరికట్టటంలో కూడా డిజిటల్ సాధనాలు ప్రయోగించి తైవాన్ కు సాయం చేసిందని పేరు కెక్కింది.[51]

టాంగ్ రాజకీయ నిబద్ధత, వృత్తి మార్గము ఒక ఆదర్శమూ, నమూనా కావు. ఆడ్రే టాంగ్ కావాలని ఆశపడే కంప్యూటర్ ఇంజనీర్ ఒకరు ఉంటే, జాబ్స్, జుక్కర్ బర్గ్, మాస్క్ కావాలని, ప్రజాసేవకులు అయ్యే బదులు మల్టీ బిలియన్ డాలర్ల సంస్థ నిర్మించాలని ఆశపడేవారు అనేకులు ఉన్నారు. సమాచార విప్లవాన్ని అదుపు చేయాలని ప్రయత్నించేవారికంటే, ఆవిప్లవం నడిపేవారికి ఆ విప్లవం వెనక ఉన్న సాంకేతిక విజ్ఞానం ఎక్కువగా తెలుసు. అటువంటప్పుడు కస్టమర్ చెప్పిందిసదా సబబేనని, ఓటర్లకు బాగా తెలుసునని నినాదాలు చేయటంలో అర్థమేమున్నది?

రాబోయే అధ్యాయాలు ఆటస్థలం కొంచెం చదును చేసి, ఈ కంప్యూటర్ విప్లవం సృష్టించబోయే సరికొత్త వాస్తవాలకు బాధ్యత వహించమని ప్రోత్సహిస్తాయి. ఈ అధ్యాయాలు సాంకేతికవిజ్ఞానాన్ని గురించి చాలా విషయాలు చెప్తాయి. కాని దృక్పథం అంతా పూర్తిగా మానవతావాదం. కొత్తగా పుట్టుకు వస్తున్న కంప్యూటర్ ఆధారితమయిన యంత్రాంగంలో మానవజీవితం ఎలా ఉండబోతున్నది అన్నది కీలక ప్రశ్న. బహుశా అనుక్షణమూ నిర్వీర్యమవుతున్న మైనారిటీల మవుతామా? మన రాజకీయాలను, మన సమాజాన్ని, మన ఆర్థిక వ్యవస్థను, మన దైనందిన

జీవితాలనూ ఈ నూతన యంత్రాంగం ఎలా మార్చబోతున్నది? నిత్యనిరంతరంగా ఈ మానవేతర వస్తుజాలం మనలనునడిపిస్తూ, దారిచూపుతూ, ప్రేరేపిస్తూ, అనుమతిస్తూ ఉంటే ఎలా అనిపిస్తుంది? భయానకమయిన ఈ నూతన ప్రపంచంలో ఇమడటానికి, బతకటానికి, వృద్ధిచెందుతామని ఆశించటానికి మనలో ఎలాంటి మార్పులు రావాలి?

నిశ్చయాత్మకత కాదు

సాంకేతిక విజ్ఞానం నిశ్చయాత్మకం కాదని గుర్తుంచుకోవటం అత్యంత ముఖ్యం. సాంకేతిక నిశ్చయాత్మకత ప్రమాదకారి. అది అందరినీ బాధ్యతా రహితులుగా చేస్తుంది. మానవ సమాజాలు సమాచార యంత్రాంగాలు. నూతన సమాచార విజ్ఞానం కనిపెట్టటం అంటే సమాజంలో మార్పులు తప్పనిసరి. జనం అచ్చుయంత్రాలు, మెషీన్ నేర్చుకోగల సూచనాక్రమం కనిపెడుతున్నారంటే, అది సామాజిక, రాజకీయ విప్లవాలకు దారితీయటం తథ్యం. అయినాకూడా ఈ విప్లవం వేగం, రూపురేకలు, మార్గం అన్నీ ఇంకా మనిషి చేతిలోనే ఉన్నాయి. అంటే మనకు చాలా చాలా బాధ్యత ఉన్నదన్నమాట.

మనకు ఉన్న శాస్త్రజ్ఞానము, సాంకేతికనైపుణ్యాలతో మనం ఎప్పుడయినా అనేక సాంకేతిక పరిజ్ఞానాలు అభివృద్ధి చేయవచ్చు. కానీ మనకు అందుబాటులో ఉన్న వనరులు పరిమితం. ఈ వనరులు ఎక్కడ ఎలా వినియోగించాలి అన్న విషయం మనం బాధ్యతాయుతంగా నిర్ణయించాలి. ఆ వనరులు మలేరియా కు ఒక కొత్త నివారణ కనిపెట్టటానికా, కొత్త టర్బైన్ నిర్మించటానికా, లేకపోతే మైమరిపించే వీడియో గేమ్ తయారు చేయటానికా - దేనికి వినియోగించాలి? తప్పకుండా చేసితీరవలసింది ఏదీ లేదు. అంతా మన రాజకీయ, ఆర్థిక, సాంస్కృతిక ప్రాధాన్యతలమీద ఆధారపడి ఉంటుంది.

1970 లలో IBM వంటి కంప్యూటర్ సంస్థలు అన్నీ ఖరీదయిన పెద్ద పెద్ద మెషిన్లు అభివృద్ధి చేయటంలో నిమగ్నం అయ్యాయి. వాటిని పెద్దపెద్ద సంస్థలకు, ప్రభుత్వ ప్రతినిధి సంస్థలకూ అమ్మారు. ఆనాడు చవకగావచ్చే చిన్న చిన్న పర్సనల్ కంప్యూటర్లు నిర్మించటం సాంకేతికంగా సాధ్యమే. కానీ IBM కు అందులో ఆసక్తిలేదు, ప్రయోజనము లేదు. ఆసంస్థ వాణిజ్య స్థాయిలో అది ఇమడలేదు. ఇనపతెర అటువైపు USSR కు కూడా కంప్యూటర్లలో ఆసక్తి ఉన్నది. పర్సనల్ కంప్యూటర్ల అభివృద్ధిలో వారు IBM కంటే అన్యాయం. స్వంత టైప్ రైటర్ ఉన్న వ్యక్తులనే అనుమానించే నియంతృత్వ పాలనలో, శక్తియుత మయిన సాంకేతిక విజ్ఞానం ప్రభుత్వేతర వ్యక్తులచేతిలో పెట్టటం నిషిద్ధం. కనుక కంప్యూటర్లు ముఖ్యంగా

సోవియట్ ఫాక్టరీ మేనేజర్లకు మాత్రమే ఇచ్చారు. వారు కూడా తమ సమాచారం అంతా పరిశీలనార్థం మాస్కో కు పంపాలి. ఫలితం? మాస్కో ఒక కాగితాల సాగరం అయింది. 1980 లలో సంబాళించటానికి అలవికాని ఈ కంప్యూటర్ల వ్యవస్థ సాలీనా 800 బిలియన్ డాక్యుమెంట్లు ఉత్పత్తి చేయసాగింది. అన్నీ మాస్కోకు వెళ్ళాలి! [52]

IBM, సోవియట్ ప్రభుత్వము పర్సనల్ కంప్యూటర్లు తయారుచేయటానికి నిరాకరించారు. సరిగ్గా అదే సమయంలో కాలిఫోర్నియా హోమ్ బ్రూ కంప్యూటర్ క్లబ్ సభ్యులవంటి ఔత్సాహికులు ఆ పని తాము చేయటానికి నిశ్చయించుకున్నారు. ఇది మనస్ఫూర్తిగా జరిగిన సైద్ధాంతిక నిర్ణయం. 19060 లలో ప్రజలకు అధికారం కావాలని, ప్రభుత్వాన్నీ, మహాసంస్థలను విశ్వసించని స్వేఛ్ఛావాద, ప్రతివాదసంస్కృతి వాయువులు వీస్తున్నాయి. కాలిఫోర్నియా హోమ్ బ్రూ కంప్యూటర్ క్లబ్ సభ్యుల నిర్ణయం ఈ ప్రతివాద సంస్కృతి ప్రభావం వల్లనే జరిగింది.[53]

స్టీవ్ జాబ్స్, వోజ్నియాక్ వంటి పెద్దలు హోమ్ బ్రూ కంప్యూటర్ క్లబ్ లో ప్రముఖులు. వారి కలలు పెద్దవి. కానీ అందుకు తగిన వనరులు వారికి లేవు. అమెరికా వాణిజ్య యంత్రాంగము, ప్రభుత్వ సాధన సంపత్తి వారికి అందుబాటులో లేవు. జాబ్స్, వోజ్నియాక్ మొట్టమొదటి యాపుల్ కంప్యూటర్ సృష్టించటానికి తమ స్వంత ఆస్తిపాస్తులు –జాబ్స్ ఫోక్స్ వాగన్ ఒక ఉదాహరణ – అమ్మివేశారు. 1977 నాటికి జనం యాపుల్ II కంప్యూటర్ 1298 డాలర్లకు కొనగలిగారు. అది పెద్ద మొత్తమే. కానీ, మధ్యతరగతి వినియోగదారులకు అందుబాటులోకి వచ్చింది. ఇదంతా ఏ సాంకేతిక దేవతా అనుగ్రహమూ కాదు. స్వంత ఆస్తులు అమ్మి ధైర్యం చేసిన మహామహుల వ్యక్తిగత నిర్ణయం.[54]

దీనికి ప్రత్యామ్నాయ చరిత్ర మనం సులువుగా ఊహించవచ్చు. 1970 లలో మానవాళికి అవే శాస్త్ర విజ్ఞానం, సాంకేతిక నైపుణ్యాలు అందుబాటులో ఉన్నాయనుకోండి. కానీ మెక్కర్థీ 1960 లలో తలెత్తిన ప్రతివాద సంస్కృతిని అణగదొక్కి సోవియట్ వ్యవస్థవంటి నిరంకుశపాలన స్థాపించారనుకోండి. ఈనాడు మనకు పర్సనల్ కంప్యూటర్లు ఉండేవా? అయినా కూడా పర్సనల్ కంప్యూటర్లు వెలిసి ఉండేవే. కానీ మరెక్కడో, మరెన్నడో. కానీ చరిత్రలో సమయము, స్థానము చాలా ముఖ్యం. ఏ రెండుక్షణాలూ ఒకటికావు. 1490 లలో అమెరికాలో స్పానిష్ ప్రజలు స్థావరం చేయటానికి, 1520 లలో ఓట్టోమన్లు స్థావరం చేయటానికీ చాలా వ్యత్యాసం ఉన్నది. ఆటమ్ బాంబ్ 1942 లో జర్మన్లు కనిపెట్టటానికి, 1945లో అమెరికన్లు కనిపెట్టటానికి చాలా వ్యత్యాసం ఉన్నది. అలాగే పర్సనల్ కంప్యూటర్ 1970 లలో శాన్ ఫ్రాన్సిస్కోలో కాక, 1980 లలో ఒసాకాలోనో, లేదా ఇరవై ఒకటోశతాబ్దం ఆదిలో షాంఘాయి లోనో వెలికి వచ్చిఉంటే, రాజకీయ, ఆర్థిక, సాంస్కృతిక పరిణామాలు చాలా వేరుగా ఉండేవి.

ప్రస్తుతం అభివృద్ధి చెందుతున్న సాంకేతిక విజ్ఞానాలకుకూడా ఇదే వాస్తవం వర్తిస్తుంది. అధికారవాద ప్రభుత్వాలు, దయాదాక్షిణ్యరహిత సంస్థలలో ఉద్యోగాలుచేసే ఇంజనీర్లు పై అధికారులకోసం సాధనాలు అభివృద్ధి చేయవచ్చు. అందుకోసం వారు పౌరులమీద, వినియోగదారులమీద అనుక్షణమూ నిఘా వేసి ఉంటారు. ప్రజాస్వామ్యాలలో పనిచేసే కార్మికులు ప్రభుత్వంలో అవినీతి, వాణిజ్యసంస్థలలో దురాచారాలూ బయట పెట్టటానికి, సమాజం స్వీయ శోధన మెరుగు పరచటానికి సరికొత్త సాధనాలు అభివృద్ధి చేయవచ్చు. రెండురంగాలలోనూ అభివృద్ధి జరగవచ్చు.

కానీ కథ అక్కడితో కంచికి పోదు. ఒక పరికరం కనుక్కున్నారు అంటే దానికి అనేక ప్రయోజనాలు ఉంటాయి. కత్తితో ఒక మనిషిని పొడిచి చంపవచ్చు, సర్జరీ చేసి ప్రాణం కాపాడవచ్చు, తినటానికి కూరలు తరగవచ్చు. ఏమి చెయ్యాలో కత్తి మనకు చెప్పదు. అది మన ఇష్టం. అదేవిధంగా సరసమయిన వెలకు దొరికే రేడియో సెట్లు వచ్చినప్పుడు, జర్మనీలో ప్రతి కుటుంబమూ ఒక రేడియో కొనగలిగిన స్థితిలో ఉన్నది. కానీ అది ఎలా ఉపయోగిస్తారు? చవక రేడియోలు అంటే, ఒక నియంత ప్రసంగం చేసినప్పుడు, ఆ ప్రసంగం జర్మనీలో ప్రతి ఇంటికీ చేరుతుంది కదా! లేదా ప్రతి జర్మన్ కుటుంబమూ వేరువేరు కార్యక్రమాలు వినవచ్చు. అప్పుడు వివిధ రాజకీయ, సాంస్కృతిక, కళా దృక్పథాలు పట్టుబడతాయి. తూర్పు జర్మనీ ఒక బాట పట్టింది, పశ్చిమ జర్మనీ మరొక బాట పట్టింది. తూర్పు జర్మనీలో రేడియో సెట్లు సాంకేతికంగా అనేక రకాల కార్యక్రమాలు అందుకొని ప్రసారం చేయవచ్చు. కానీ తూర్పు జర్మనీ ప్రభుత్వం పశ్చిమం నుంచి వచ్చే ప్రసారాలు అడ్డుకోవటానికి శతవిధాల ప్రయత్నించింది. ఆ కార్యక్రమాలు చాటుగా విన్నవారిని శిక్షించింది.[55] ఇక్కడ సాంకేతికత ఒక్కటే. రాజకీయాలే దానిని భిన్నంగా ప్రయోగించాయి.

ఇరవై ఒకటో శతాబ్దంలో రాబోయే నూతన సాంకేతికవిజ్ఞానానికి కూడా ఇదే సత్యం వర్తిస్తుంది. మనప్రాతినిధ్యం అమలు పరచటానికి ముందు ఆ సాంకేతిక విజ్ఞానం ఏమిటో, అది ఏమి చేయగలదో మనం తెలుసుకోవాలి. అది ప్రతి ఒక్క పౌరుడికి అత్యవసర బాధ్యత. ప్రతి ఒక్కరికీ కంప్యూటర్ సైన్స్ లో డాక్టరేట్ అవసరం లేదు. కానీ మన భవిష్యత్తు మన అధీనంలో ఉండాలంటే, కంప్యూటర్ల రాజకీయ సంభావ్యత అర్థం చేసుకోవాలి. రాబోయే కొన్ని అధ్యాయాలు ఇరవై ఒకటో శతాబ్దపు కంప్యూటర్ రాజకీయాలను సమీక్షిస్తాయి. ఈ సరికొత్త కంప్యూటర్ యంత్రాంగం కలిగించ బోయే రాజకీయ భయాలు, వాగ్దానాలు పరిశీలిస్తాము. ఆ తర్వాత ప్రజాస్వామ్యాలు, నిరంకుశ ప్రభుత్వాలు, అంతర్జాతీయ వ్యవస్థ ఈ సరికొత్త కంప్యూటర్ రాజకీయాలకు ఎలా అలవాటు పడతారో పరిశీలిస్తాం.

రాజకీయాలు అంటే సత్యానికి, క్రమానికీ మధ్య సున్నితమయిన సంతులనం. సమాచార యంత్రాంగంలో కంప్యూటర్లు ప్రముఖపాత్ర వహిస్తున్నాయి. నిజం తెలుసుకోవటానికీ, క్రమం కొనసాగించటానికి కంప్యూటర్లు విరివిగా వినియోగిస్తున్నారు. ఉదాహరణకు వాతావరణంలో రాబోయే మార్పులు తెలుసుకోవాలంటే, కంప్యూటర్లు మాత్రమే చేయగల లెక్కల మీద ఆధారపడుతుంది. ఆ మార్పులు అందరి ఆమోదమూ పొందాలంటే కొత్త సమాచారం అందించే సూచనాక్రమం, కొత్త కథలు, నకిలీ వార్తలు, కల్పనలు రచించే సృజనాత్మక సూచనాక్రమాల మీద ఆధారపడి ఉంటుంది. వాతావరణ మార్పుల విషయంలో ప్రస్తుతం మనం ఒక ప్రతిష్ఠంభనలో ఉన్నాం. ఒక కంప్యూటర్ సెట్ లెక్కల ప్రకారం పర్యావరణ ఉపద్రవం కలగబోతున్నది. ఇంకొక కంప్యూటర్ సెట్ ఆ హెచ్చరికలనుగురించి చెప్పే వీడియోలు చూడమంటుంది. మనం ఇప్పుడు ఏ కంప్యూటర్ సెట్ ను నమ్మాలి? మన రాజకీయాలకు తోడు ఇప్పుడు కంప్యూటర్ రాజకీయాలు చేరాయి.

కొత్తగా వచ్చిన కంప్యూటర్ రాజకీయాలు అర్ధం చేసుకోవాలంటే, కంప్యూటర్లలలో వచ్చినకొత్తదనం ఏమిటో మనం అర్ధం చేసుకోవాలి. కంప్యూటర్లు ఇంతకుమునుపు వచ్చిన అచ్చుయంత్రాలు, ఇంకా ఇతర సాధనాల లాంటివి కావు, ఆవి స్వయంగా నిర్ణయాలుతీసుకోగలవు, స్వయంగా భావాలు సృష్టించగలవని ఈ అధ్యాయంలోనే చెప్పుకున్నాం. కానీ అది కేవలం నీటి పైన దర్శనం ఇచ్చే మంచుముక్క. కంప్యూటర్లలో అసలయిన కొత్తదనం ఏమిటంటే, అవి స్వయంగా నిర్ణయాలు చేసి, భావాలు సృష్టించే విధానం. కంప్యూటర్లు మనుషులలాగానే నిర్ణయాలు చేసి, భావాలు సృష్టిస్తే కంప్యూటర్లు “నవమానవులు” అవుతాయి. విజ్ఞానశాస్త్ర కల్పనలలో కనపడే దృశ్యం అదే; కంప్యూటర్ చైతన్యవంత మవుతుంది, అనుభూతులు పెంచుకుంటుంది, మనుషులతో ప్రేమలో పడుతుంది, అంతా మనలాగే ఉంటుంది. కానీ యదార్థం ఇందుకు భిన్నం. భయానకంగా సంభావ్యం.

అధ్యాయం 7

నిర్విరామం, నిరంతరం: యంత్రాంగం సర్వదా పని చేస్తూనే ఉంటుంది

మనుషులను ఎవరో ఒకరు ఎప్పుడూ ఒకకన్నువేసి చూస్తూనే ఉంటారు. కోట్లాది సంవత్సరాలుగా జంతువులో, మనుషులో మనలను గమనిస్తూనే ఉన్నారు, అనుసరిస్తూనే ఉన్నారు. కుటుంబ సభ్యులు, స్నేహితులు, ఇరుగుపొరుగులు ఎప్పుడూ మన యోగక్షేమాలు విచారిస్తూనే ఉంటారు. మనం ఏమి చేస్తున్నామో తెలుసుకుంటూ ఉంటారు. ఎదటివారు మనలను ఎలా చూస్తున్నారు, మనలనుగురించి వారికి ఏమి తెలుసు నన్నదే మన చింతన. సామాజిక సోపాన పరంపర, రాజకీయ తంత్రాలు, ప్రేమానురాగ బాంధవ్యాలు అన్నిటిలోనూ ఎదటివారు ఏమనుకుంటున్నారు, వారి అనుభూతులు ఏమిటి అని తెలుసుకోవటం, సమయానుసారం మన అనుభూతులు, ఆలోచనలు గోప్యంగా ఉంచటం ఇదే నిరంతర ప్రయత్నం.

అధికార యంత్రాంగాలు వెలిసి, వెల్లివిరిసి కేంద్రీకృతం అయినప్పుడు ఆ అధికారుల ప్రప్రధాన కర్తవ్యం ప్రజానీకాన్ని పర్యవేక్షించటమే. మనం పన్నులు సక్రమంగా కడుతున్నామా లేదా, ఏదైనా నిరసన పన్నాగం పన్నుతున్నామా అన్నదే కిన్ సామ్రాజ్యంలో అధికారుల పర్యవేక్షణ. మనం మనవాటా పదిశాతం పన్ను చెల్లిస్తున్నామా లేదా, మనం హస్త ప్రయోగం చేస్తున్నామా అన్నదే కాథలిక్ చర్చ్ చింత. తమ ఉత్పాదనలు మనచేత ఎలా కొనిపించాలా అన్నదే కోకాకోలా సంస్థ శోధన. పాలకులకు, మతఆచార్యులకు, వాణిజ్యవేత్తలకు కావలసినదల్లా మన రహస్యాలు తెలుసుకొని మనలను అదుపుచేయటం ఎలా అని మాత్రమే.

ప్రయోజనకరమైన సేవలు అందించటానికికూడా నిఘా అవసరం. ప్రజలకు భద్రత, తోడ్పాటు, అత్యవసర వస్తువులు ఏర్పాటు చేయటానికికూడా సామ్రాజ్యాలు, చర్చ్ లు, సంస్థలకు సమాచారం అవసరం. ఆధునిక ప్రదేశాలలో పారిశుద్ధ్యశాఖ అధికారులు మనకు మంచినీరు ఎక్కడినుంచి వస్తున్నది, మనం మలమూత్రాలు ఎక్కడ విసర్జిస్తున్నాము అని తెలుసుకో గోరుతారు. ఆరోగ్యశాఖ అధికారులు మన అనారోగ్యం ఏమిటి, మనం ఎంత తింటున్నాము అని అడుగుతారు. యోగక్షేమ అధికారులు మనకు ఉద్యోగం ఉన్నదా, లేదా, మన భాగస్వామి మనలను బాధిస్తున్నారా అని అడుగుతారు. ఈ సమాచారం తెలియక పోతే వారు మనకు సహాయపడలేరు.

మనలను గురించి తెలుసుకోవాలంటే హితకారులయిన పెత్తందారులు, తొక్కిపెట్టే పెత్తందారులు ఇద్దరూ రెండు పనులు చేయాలి. మనలను గురించి సమాచారం సేకరించటం మొదటి అడుగు. రెండవది ఆ సమాచారం విశ్లేషించి, వైఖరులు గుర్తించటం. అందుకోసం సామ్రాజ్యాలు, చర్చ్ లు, సంస్థలు, ఆరోగ్య వ్యవస్థలు – ప్రాచీన చైనా నుంచి నేటి యునైటెడ్ స్టేట్స్ వరకూ – కోట్లాది ప్రజలను గురించి సమాచారం సేకరించి విశ్లేషించారు. కానీ అన్నీ కాలాలలో స్థలాలలో కాపుదల కొరవడింది. యునైటెడ్ స్టేట్స్ వంటి ప్రజాస్వామ్యాలలో ఈ కాపుదారీమీద వ్యక్తిగత రహస్యాలు, హక్కులు కాపాడటానికి ఆంక్షలు విధించి ఉన్నాయి. ప్రాచీన కిన్ సామ్రాజ్యం, ఆధునిక USSR వంటి నిరంకుశ పరిపాలనలలో కాపుదారీకి అటువంటి న్యాయపూర్వకమయిన ఆంక్షలు ఏమీ లేవు. కాకపోతే, వారు సాంకేతిక సరిహద్దులు ఎదుర్కున్నారు. ప్రతిఒక్కరినీ అనుక్షణమూ అనుసరించటానికి కఠోర నియంతల దగ్గరకూడా తగిన సాంకేతికవిజ్ఞానం లేకపోయింది. హిట్లర్ జర్మనీలో, స్టాలిన్ యూఎస్ఎస్ఆర్ లో, స్టాలిన్ పాలన అనుసరించిన రుమేనియాలో (1945 తర్వాత) కూడా ఒకస్థాయిలో వ్యక్తిగత రహస్యాలు దాగి ఉన్నాయి.

జార్జ్ అయోసిఫెస్కు రుమేనియాలో తొలి కంప్యూటర్ సైంటిస్ట్ లలో ఒకరు. ఆ దేశంలో 1970 లలో మొదటిసారిగా కంప్యూటర్లు ప్రవేశించాయి. అపరిచితమయిన ఈ సాంకేతిక విజ్ఞానాన్ని గురించి పాలకవ్యవస్థ చాలాచాలా వ్యాకులపడింది. 1976 లో ఒకనాడు అయోసిఫెస్కు తన ఆఫీసు సెంట్రూల్ ది కాల్కుల్ ప్రవేశించేసరికి ఒక అపరిచితవ్యక్తి అక్కడ కూర్చుని ఉన్నారు. ఆయన సూటు నలిగిపోయి ఉన్నది. అయోసిఫెస్కు ఆయనను పలకరించారు. కానీ ఆయన జవాబు చెప్పలేదు. అయోసిఫెస్కు తనను తాను పరిచయం చేసుకున్నారు. ఆ పెద్దమనిషిమాత్రం మౌనం పాటించాడు. అయోసిఫెస్కు తనడెస్క్ ముందర కూర్చుని కంప్యూటర్ స్విచ్ ఆన్ చేసి పనిచేయటం మొదలుపెట్టారు. ఆ అపరిచితవ్యక్తి కుర్చీ దగ్గరిగా లాక్కుని అయోసిఫెస్కు ప్రతి ఒక్క కదలికను కనిపెట్టసాగాడు.

రోజంతా అయోసిఫెస్కు ఆ అపరిచితవ్యక్తిని కదిలించటానికి చాలాసార్లు ప్రయత్నించారు. ఆయన పేరు ఏమిటి? ఆయన ఇక్కడికి ఎందుకు వచ్చారు? ఆయనకు ఏమి కావాలి? లాంటి ప్రశ్నలు అడిగారు. కానీ ఆ పెద్దమనిషి నోరు తెరవలేదు, రెప్పవాల్చలేదు. సాయంత్రం అయోసిఫెస్కు ఇంటికి వెళ్లినప్పుడు ఆ పెద్దమనిషికూడా లేచి నిష్క్రమించాడు. వీడ్కోలు కూడా చెప్పలేదు. ఆయనను అడగటం నిష్ప్రయోజనం అనిగ్రహించిన అయోసిఫెస్కు ఆయనను ప్రశ్నించలేదు. ఆయన భయావహమయిన రుమేనియన్ సీక్రెట్ పోలీస్ (the Securitate) నుంచి వచ్చినట్లు తెలుస్తున్నది.

మర్నాడు ఉదయం అయోసిఫెస్కు పనిలోకి వచ్చేసరికి ఆ ఏజంట్ అప్పటికే అక్కడ కూర్చుని ఉన్నాడు. నిశ్శబ్దంగా ఒక చిన్న నోట్ పాడ్లో నోట్స్ వ్రాసుకుంటూ రోజంతా అయోసిఫెస్కు డెస్క్ దగ్గరే కూర్చున్నాడు. 1989 లో కమ్యూనిస్ట్ పాలన పడిపోయేవరకూ, పదమూడేళ్ళు, ఆ వ్యవహారం అలాగే కొనసాగింది. అన్ని ఏళ్ళు ఆ డెస్క్ దగ్గర కూర్చున్నతర్వాత కూడా అయోసిఫెస్కుకు ఆ ఏజంట్ పేరు కూడా తెలియదు![1]

ఇతర సెక్యూరిటాట్ ఏజంట్లు, వేగులు తనను బయటినుంచి గమనిస్తూ ఉంటారని అయోసిఫెస్కుకు తెలుసు. శక్తివంతమయిన విజ్ఞానం అందులోనూ విధ్వంసకరమయిన విజ్ఞానంలో ఆయన అనుభవజ్ఞులు. కనుకనే ఆయన ప్రధానమయిన లక్ష్యం అయ్యారు. వాస్తవానికి నికోలాయ్ చియావోసెస్ పాలన ఎవరినీ నమ్మలేదు. కనుక ఇరవై మిలియన్ రొమేనియా ప్రజలు కూడా వారికి లక్ష్యాలే. సాధ్యమయితే చియావోసెస్ వారిలో ప్రతిఒక్కరినీ నిత్యనిరంతర నిఘాలో ఉంచేవాడు. ఆ దిశన ఆయన కొన్ని ప్రయత్నాలు కూడా చేశాడు. ఆయన అధికారంలోకి రాకమునుపు, 1965 లో సెక్యూరిటాట్ బుకారెస్ట్ లో ఒకటి, మిగతానగరాలలో పదకొండు ఎలక్ట్రానిక్ పర్యవేక్షణ కేంద్రాలు అమర్చి ఉన్నది. 1978 నాటికి ఒక్క బుకారెస్ట్ లోనే 10 ఎలక్ట్రానిక్ పర్యవేక్షణ కేంద్రాలు ఏర్పడ్డాయి. 248 కేంద్రాలు రాష్ట్రాలలో పర్యవేక్షణ చేశాయి. అదనంగా 1000 వెంటతీసుకు పోదగిన చిన్న పర్యవేక్షణ పరికరాలు గ్రామాలను, విహారస్థలాలను పర్యవేక్షిస్తూ ఉండేవి.[2]

కొందరు రొమేనియన్లు ఈ పాలన విమర్శిస్తూ రేడియో ఫ్రీ యూరప్ కు ఆకాశరామన్న ఉత్తరాలు వ్రాసేవారు. 1970 ఉత్తరార్ధంలో సెక్యూరిటాట్ ఏజంట్లకు ఆ విషయం తెలిసింది. వెంటనే దేశంలో ఇరవై మిలియన్ రొమేనియన్ పౌరుల దస్తూరి నకళ్ళు సేకరించవలసిందిగా చియావోసెస్ దేశమంతా శాసించాడు. విద్యార్థులు వ్రాసిన వ్యాసాలు ప్రతిఒక్కటి ముట్టచెప్పాలని స్కూళ్లకు, యూనివర్శిటీలకు తాకీదులు వెళ్ళాయి. తమ ఉద్యోగులు స్వహస్తాలతో వ్రాసిన వ్యక్తిగత వివరాలు

సేకరించి యజమానులు సెక్యూరిటాట్ కు ముట్టచెప్పాలి. "మరి ఉద్యోగంలోనుంచి రిటైర్ అయినవారు, నిరుద్యోగుల మాట ఏమిటి?" చియావోసెస్ అనుచరులు ఒకరు అడిగారు. "మరొక కొత్త ఫారం కనిపెట్టండి." ఆ నియంత ఆదేశం. "వారు నింపవలసింది ఏదో ఒకటి." కొన్ని విధ్వంసక లేఖలు టైప్ చేసి ఉన్నాయి. చియావోసెస్ దేశంలో ఉన్న ప్రభుత్వ టైప్ రైటర్లు అన్నిటినీ రిజిస్టర్ చేయించాడు. వాటి శాంపుల్స్ సెక్యూరిటాట్ భాండాగారంలో భద్రం చేశారు. స్వంత టైప్ రైటర్ ఉన్న వారు ఆ విషయం సెక్యూరిటాట్ కు నివేదించాలి. టైప్ రైటర్ "వేలిముద్రలు" వారికి సమర్పించుకోవాలి. ఆ టైప్ రైటర్ ఉపయోగించుకోవటానికి అధికారిక అనుమతి తెచ్చుకోవాలి.[3]

చియావోసెస్ పాలన స్టాలిన్ పాలనను అనుకరించింది. ఆ పాలనలో ప్రతి ఒక్కపౌరులనూ ఇరవైనాలుగుగంటలూ పర్యవేక్షించటం అసాధ్యమై కూర్చున్నది. సెక్యూరిటాట్ ఏజంట్లకు కూడా నిద్ర అవసరమే కదా. ఆ లెక్కన ఇరవై మిలియన్ రొమేనియన్లను అనుక్షణం కాపలా కాయటానికి కనీసం నలభైమిలియన్ కాపలాదార్లు కావాలి.[4] ఒకవేళ చియావోసెస్ నలభై మిలియన్ కాపలాదార్లను ఏదోవిధంగా ఏర్పాటు చేసినాకూడా అక్కడ కొత్తసమస్యలు తలెత్తేవి. ఎందుకంటే ఆ పాలనలో ఆ ఏజంట్లను కూడా పర్యవేక్షించేవారు మరొకరు కావాలి. స్టాలిన్ లాగానే చియావోసెస్ కూడా తన ఏజంట్లను, అధికారులను ఎవరినీ నమ్మేవాడు కాదు. ముఖ్యంగా ఆయన ముఖ్యగూఢచారి అయాన్ మిహాయి పచేపా 1978 లో యునైటెడ్ స్టేట్స్ కు పరారు అయ్యాక – వారిమీదనే ఆయనకు అపనమ్మక మెక్కువ. పొలిట్ బ్యూరో సభ్యులు, ఉన్నత పదవులు ఆక్రమించి ఉన్న అధికారులు, ఆర్మీ జనరల్స్, సెక్యూరిటాట్ ముఖ్యులు అందరూ నిత్యనిరంతర పర్యవేక్షణకింద జీవించేవారు. వారి పర్యవేక్షణ అయోసిఫెస్కు పర్యవేక్షణ కంటే చాలా నిశితం. రహస్య పోలీసు అంతస్తులు పెరిగినకొద్దీ వారీనందరినీ పర్యవేక్షించటానికి ఇంకా ఇంకా ఎక్కువమంది ఏజంట్లు అవసరమయ్యారు.[5]

జనం ఒకరిమీద ఒకరు నిఘావేసి ఉంచటం దీనికి ఒక పరిష్కారం. 40,000 మంది వృత్తిపరులైన ఏజంట్లు కాక, సెక్యూరిటాట్ రహస్య సమాచారం కోసం 400,000 మంది పౌరుల మీదాధారపడింది.[6] ప్రజలు తరుచూ తమ ఇరుగుపొరుగుల మీదా, సహోద్యోగులమీదా, స్నేహితులమీద, చివరికి స్వంత కుటుంబంలో అత్యంత సన్నిహితసభ్యులమీద కూడా సమాచారం అందజేసేవారు. ఎంతమంది ఎంత సమాచారం అందజేసినా, ఆ రహస్య పోలీసుదళానికి పరిపూర్ణ పర్యవేక్షణ అసాధ్యమై కూర్చున్నది. ప్రతిఒక్కరినీ అనుక్షణం పర్యవేక్షించటానికి తగినంతమంది ఏజంట్లను, వేగులను నియమించటంలో సెక్యూరిటాట్ కృతకృత్యులు అయినారనుకుందాం. రోజు ముగియగానే ప్రతి ఏజంట్, ప్రతిఒక్కవేగు వారు గమనించిన విశేషాలు ఒక

నివేదిక తయారు చేసి పంపాలి. అప్పుడు సెక్యూరిటాట్ ముఖ్యకార్యాలయానికి ప్రతిరోజూ 20 మిలియన్ నివేదికలు వచ్చిచేరుతాయి – అంటే సంవత్సరానికి 7.3 బిలియన్ నివేదికలు. వారి పరిశీలించి విశ్లేషించేవారు లేకపోతే, అది కేవలం ఒక కాగితాల సాగరం. సంవత్సరానికి 7.3 బిలియన్ నివేదికలు పరిశీలించటానికి సెక్యూరిటాట్ కు మనుషులు ఎక్కడ దొరుకుతారు?

సమాచారం సేకరించి, పరిశీలించటంలో ఉన్న సమస్యలు ఇవి. అంటే ఈ ఇరవయ్యవ శతాబ్దంలో అత్యంత నిరంకుశ పాలన కూడా తన ప్రజానీకం అంతటినీ అదుపు చేయటం అసాధ్యం, అసంభవం.రొమేనియన్ పౌరులు, సోవియట్ పౌరులుచేసింది, చెప్పింది చాలావరకు సెక్యూరిటాట్, KGBదృష్టిని తప్పించుకున్నది. దానినిగురించిన వివరాలు పట్టించుకునేవారు లేక, ప్రాచీన భాండాగారాలలో చెదలు పట్టి పోతున్నాయి. సెక్యూరిటాట్, KGB ల అసలుశక్తి అనుక్షణమూ ప్రతిఒక్కరినీ అనుసరించి గమనించటం కాదు. సెక్యూరిటాట్ ఏజంట్లు తమను గమనిస్తున్నారు అనే భయం ప్రజలలో కలిగించటం. దానితో ప్రతి ఒక్కరూ తమ మాటలో, పనిలో అతి జాగ్రత్తగా వ్యవహరించేవారు.[7]

నిద్రలేని ఏజంట్లు

అయోసిఫెస్కు లాబొరేటరీలో సెక్యూరిటాట్ ఏజంట్ లాంటి వ్యక్తులు ప్రత్యక్షంగా కళ్ళు, చెవులు, బుర్ర అప్పగించి పర్యవేక్షణచేస్తూ ఉన్నాకూడా ఈ లోకంలో అయోఫెస్కు లాంటివారికి కొంతకాకపోతే కొంత అయినా రహస్యాలు దాచుకునే అవకాశం ఉన్నది. కానీ అయోసిఫెస్కు లాంటి కంప్యూటర్ శాస్త్రవేత్తలే ఈ పరిస్థితిని తారుమారు చేస్తున్నారు. 1976 లోనే పక్కనే సెక్యూరిటాట్ ఏజంట్ కూర్చుని ఉన్నాకూడా అయోసిఫెస్కు కంప్యూటర్ ఆయనకంటే చాలాబాగా, వేగంగా అంకెలతో సర్కస్ చేసేది. 2024 నాటికి ఇంకా ముందుకు సాగుతున్నాం. కంప్యూటర్ సర్వాంతర్యామి అయి దేశజనాభా మొత్తాన్ని ఇరవైనాలుగు గంటలూ అనుసరించి పర్యవేక్షించగలదు. మనలను అనుసరించటానికి ఈ యంత్రాంగం లక్షలాది ఏజంట్లను ఎవరినీ నియోగించి శిక్షణ ఇవ్వనవసరంలేదు. ఆ యంత్రాంగం డిజిటల్ ఏజంట్ల మీద ఆధారపడుతుంది.ఈ డిజిటల్ ఏజంట్లకు జీతాలు కూడా అవసరం లేదు. మన చొరవతో ప్రజలు ఆ ఏజంట్లకు రుసుము చెల్లిస్తారు. మనం వెళ్ళిన చోటికల్లా ఆ ఏజంట్లను మనతోపాటు తీసుకుపోవచ్చు.

అయోసిఫెస్కును పర్యవేక్షించిన ఏజంట్ టాయిలెట్లోకి, పడకగదిలోకి అయోసిఫెస్కును అనుసరించలేదు. కానీ ఈనాడు మన స్మార్ట్ ఫోన్ ఆ పని చేస్తుంది. అయోసిఫెస్కు కంప్యూటర్ సహాయం లేకుండా చాలా పనులు – వార్తలు చదవటం,

స్నేహితులతో పిచ్చాపాటీ, తినుబండారాలు కొనుక్కోవటం – చేశాడు. ఇప్పుడు ఆ పనులన్నీ ఆన్ లైన్ జరుగుతున్నాయి. కనుక మనం ఏమి చేస్తున్నామో, ఏమి చెబుతున్నామో ఏమి చేస్తున్నామో తెలుసుకోవటం ఆ యంత్రాంగానికి చాలా సులభం. ఆ యంత్రాంగానికి మన రహస్య సమాచారం అంతా అందజేసే గూఢచారులం మనమే. స్మార్ట్ ఫోన్ లేనివారు కూడా సర్వదా ఒక కెమెరా, ఒక మైక్రోఫోన్, లేదా అటువంటిదే మరొక వెంటాడే సాధనం పరిధిలో ఉన్నారు. పని వెతుక్కోవటానికి, రైలు టికెట్ కొనటానికి, వైద్య సహాయం పొందటానికి, కేవలం రోడ్డువెంట నడవటానికి కూడా వారు నిత్యమూ కంప్యూటర్ యంత్రాంగం పరిధిలోనే ఉన్నారు. మానవచేష్టలు అన్నిటికీ కంప్యూటర్ యంత్రాంగం ఒక సంపర్కమయి కూర్చున్నది. ప్రతి ఒక్క ఆర్థిక, సామాజిక, రాజకీయ లావాదేవీలలోనూ మీకు ఒక కంప్యూటర్ దర్శన మిస్తుంది. ఫలితం ఏమిటంటే ఆదమ్, ఈవ్ ల లాగా కంప్యూటర్ కన్నుకప్పి, మనం మబ్బులలో ఎక్కడా దాక్కోలేము.

మనలను అనుసరించటానికి కంప్యూటర్ కు లక్షలాది ఏజంట్లు అవసరం లేదు. మన సమాచారం విశ్లేషించటానికికూడా దానికి లక్షలాది విశ్లేషకుల అవసరం లేదు. సెక్యూరిటాట్ ముఖ్యకార్యాలయంలో పడి ఉన్న కాగితాల సాగరం తననుతాను ఎన్నడూ విష్లేశించుకోలేదు. యంత్రశిక్షణ, కృత్రిమమేధ వచ్చిన తర్వాత కంప్యూటర్లు తాము సేకరించిన సమాచారాన్నిస్వయంగా విశ్లేషించగలవు. సామాన్య మానవుడు నిమిషానికి 250 పదాలు చదవగలరు.[8] ఒక సెక్యూరిటాట్ విశ్లేషకులు శలవు అనేది తీసుకోకుండా రోజుకు పన్నెండు గంటలు పనిచేస్తే, నలభై సంవత్సరాల ఉద్యోగ జీవితంలో 2.6 బిలియన్ పదాలు చదవగలరు. 2024 లో ChatGPT, (Meta) Llama వంటి ఆల్గారిధమ్ లు నిమిషానికి కొన్ని మిలియన్ల పదాలతో వ్యవహరించగలవు. ఒక రెండుగంటలలో 2.6 బిలియన్ పదాలు చదవ గలవు.[9] చిత్రాలు, వినటానికి అనువయిన రికార్డింగులు, చూడటానికి అనువయిన ఫిల్ములతో వ్యవహరించటంలో ఆల్గారిధమ్ శక్తి మానవాతీతం. ఆ దత్తాంశసాగరంలో వైఖరులు గుర్తించటంలో ఆల్గారిధమ్స్ శక్తి మనుషులశక్తికంటే ఎన్నోరెట్లు అధికం. వైఖరులు గుర్తించటమంటే భావాలు సృష్టించాలి, నిర్ణయాలు చేయగలగాలి. ఉదాహరణకు ఒక వ్యక్తిని "అనుమానితుడయిన టెర్రరిస్ట్" అని, అతనిని సావధానతతో గమనించాలని మానవ విశ్లేషకులు ఎలా నిర్ణయిస్తారు? మొదటగా వారు అతివాదుల సాహిత్యం చదువుతారు, తెలిసిన టెర్రరిస్ట్ లతో స్నేహం చేస్తారు, ప్రమాదకరంయిన ఆయుధాలు ఉత్పాదన చేయటానికి తగిన సాంకేతిక జ్ఞానం సంపాదిస్తారు. తద్వారా ఒక సామాన్య గుణగణాల సంపుటి చేకూరుస్తారు. అప్పుడు ఫలానావ్యక్తి ఈ సంపుటిలో గుణాలకు ఎంతచేరువలో ఉన్నాడు అని పరిశీలిస్తారు. దానిని అనుసరించి ఆ వ్యక్తి టెర్రరిస్ట్ అవునా కాదా అని నిర్ణయిస్తారు. ఒకవ్యక్తి కిందటి నెలలో యు

ట్యూబ్ మీద ఒక వంద అతివాది వీడియోలు చూశారు. నేరస్తులుగా ముద్రపడిన టెర్రరిస్ట్ ఒకరు ఆయనకు స్నేహితులు. ప్రస్తుతం ఆయన ఎపిడేమియాలజీలో డాక్టరేట్ సాధించటానికి కృషిచేస్తున్నారు. వారి లాబొరేటరీలో ఎబోలా వైరస్ శాంపుల్స్ ఉన్నాయి. ఆయనను అనుమానితులయిన టెర్రరిస్ట్ జాబితాలో చేరుద్దామా? మరొకరు జీవశాస్త్రంలో అండర్ గ్రాడ్యుయేట్. ఆయన కిందటి నెల యాభై అతివాది వీడియోలు చూశారు. వారి మాటేమిటి?

1970 లలో రొమేనియాలో అటువంటి నిర్ణయాలు మానవమాత్రులు మాత్రమే చేయగలిగేవారు. 2010 లలోకి వచ్చేసరికి మనుషులు ఆ విషయాలను క్రమంగా ఆల్గారిధమ్స్ కు వదిలివేస్తున్నారు. 2014 –15 లలో US నేషనల్ సెక్యూరిటీ ఏజన్సీ స్కై నెట్ అనే కృత్రిమమేధ సాధనం ప్రయోగించింది. ఆ సాధనం ప్రజల వార్తాలాపాలు, రాతకోతలు, ప్రయాణాలు, సామాజిక మాధ్యమాలలో వారి పోస్టింగ్ లు, గమనించి వాటి ఎలక్ట్రానిక్ వైఖరుల ఆధారంగా జనాన్ని "అనుమానిత టెర్రరిస్ట్" జాబితాలో చేర్చింది. ఆ కృత్రిమమేధాసాధనం "పాకిస్తాన్ మొబైల్ ఫోన్ నెట్ వర్క్ సామూహికంగా పర్యవేక్షిస్తుంది. అప్పుడు 55 మిలియన్ ప్రజానీకం సెల్యులర్ నెట్ వర్క్ మీద మెషీన్ లెర్నింగ్ ఆల్గారిధమ్ ప్రయోగించి టెర్రరిస్ట్ అనటానికి ప్రతిఒక్కరిని పరీక్షిస్తుంది." అని ఒక నివేదిక సారాంశం. CIA, NSA లకు డైరెక్టర్ గా వ్యవహరించినవారు ఒకరు "మెటా డేటా సమాచారాన్ని అనుసరించి మనుషులను చంపుతారు." అన్నారు.[10] స్కై నెట్ విశ్వసనీయతను గురించి విపరీతమయిన విమర్శ వెలువడింది. కానీ 2020 ల నాటికి ఆ విజ్ఞానం చాలా అభివృద్ధి చెందింది. చాలా ప్రభుత్వాలు దానిని ప్రయోగించాయి. అపారమయిన దత్తాంశాలను పరిశీలించి ఆల్గారిధమ్స్ ఒక వ్యక్తిని అనుమానించటానికి సరికొత్త లక్షణాలు కనిపెట్టగలవు. అవి అన్నీ అంతకు మునుపు మానవమేధను తప్పించుకున్న గమనికలు.[11] భవిష్యత్తులో ఆల్గారిధమ్స్ మనుషులు ఎలా తీవ్రవాదులు అవుతారు అనేదానికికూడా కొత్త నమూనాలు తీసుకువస్తాయి. తెలిసిన టెర్రరిస్ట్ ల జీవితాలలో వ్యూహాలు గుర్తించటంతో ఈపని సాధ్యమవుతుంది. కానీ కంప్యూటర్లుకూడా పొరపాట్లు చేస్తాయి, చేస్తూనే ఉంటాయి. ఈ విషయం అధ్యాయం 8 లో వివరంగా పరిశీలిస్తాం. అవి అమాయకులను టెర్రరిస్ట్ గా ముద్రవేయవచ్చు. తీవ్రవాదానికి తప్పు నమూనాలు చూపవచ్చు. మరికొంచెం లోతుకు దిగి పరిశీలిస్తే, తీవ్రవాదానికి నిర్వచనం నిష్పాక్షికంగా జరిగిందా అన్నది ప్రశ్న. తమను వ్యతిరేకించిన వారినందరినీ ఉగ్రవాదులుగా ముద్రవేసిన పాలనల చరిత్ర సుదీర్ఘం. సోవియట్ యూనియన్ లో పాలనను ఎదిరించిన ప్రతి ఒక్కరూ ఉగ్రవాదులే. కృత్రిమమేధ ఎవరినయినా ఉగ్రవాదులుగా ముద్రవేస్తే అది నిష్పాక్షికంకాక, పక్షపాత పూర్వకమయిన ఆదర్శాల ప్రతిబింబం కావచ్చు. నిర్ణయాలుచేసే అధికారం, నవభావనలు కల్పించే శక్తి,

తప్పులుచేసే సామర్థ్యం అన్నీ చేతులు కలిపినడుస్తాయి. వాటిని వేరుచేయటం అసంభవం. తప్పులు జరగకపోవచ్చు. కానీ దత్తాంశ సాగరంలో విన్యాసం గుర్తించటంలో కంప్యూటర్లశక్తి మానవాతీతం. ఆ శక్తి దుర్మార్గుల శక్తిని ఊహాతీతంగా పెంచవచ్చు. వ్యతిరేకులనుగుర్తించే నియంతలు, అమాయక జీవులను వేటాడే మోసగాళ్ళు లబ్ధిదారులు అవుతారు.

ఈ విన్యాసం గుర్తించటంవల్ల కలిగే ప్రయోజనాలుకూడా అపారం. అవినీతిపరులయిన ప్రభుత్వ అధికారులను, వైట్ కాలర్ నేరగాళ్లను, పన్నులుఎగవేసే సంస్థలను గుర్తించటానికి ఆల్గారిధమ్స్ సాయపడ గలవు. మనం తాగే నీటిలో ప్రమాదాలు గుర్తించటంలో శానిటేషన్ అధికారులకు అల్గారిధమ్స్ తోడ్పడగలవు.[12] వ్యాధులు, శరవేగంతోవ్యాపించే అంటువ్యాధులు గుర్తించటంలో డాక్టర్లకు సాయపడతాయి.[13] లైంగిక వేధింపులకు గురయిన భాగస్వాములను, చిన్నారులను గుర్తించటంలో పోలీస్ అధికారులకు, సమాజసేవకులకు తోడ్పడతాయి.[14] రాబోయే పేజీలలో ఆల్గారిధమ్ అధికారుల వల్ల సాధ్యమయ్యే మంచిపనులకు తక్కువ ప్రాముఖ్యత కేటాయిస్తాను. ఎందుకంటే కృత్రిమమేధ విప్లవం నడిపించే వాణిజ్యవేత్తలు వాటినిగురించి ఈపాటికే అరచేతిలో వైకుంఠం చూపుతున్నారు. ఆల్గారిధమ్ విన్యాస గుర్తింపులో దాగిఉన్న దుష్ట సంభావ్యత వెలిపుచ్చి, వాస్తవదూరమయిన ఈ దర్శనాలను సరితూచటం నా లక్ష్యం. ఆల్గారిధమ్స్ వినాశకర శక్తులను నియంత్రిస్తూనే, వాటి సంభావ్య యోగక్షేమ శక్తులను సదుపయోగం చేయవచ్చునని ఆశ.

ఆ పని చేయాలంటే మొదట మనం కొత్తగా వచ్చిన డిజిటల్ అధికారులకు, రక్తమాంసాలతో కూడిన వారి పూర్వీకులకు మధ్య వ్యత్యాసం తెలుసుకోవాలి. నిర్జీవులయిన ఈ అధికారులు రోజుకు ఇరవై నాలుగు గంటలూ పనిచేయగలరు. ఎక్కడయినా, ఎప్పుడయినా మనతో సంపర్కం చేయవచ్చు. అంటే, అధికారము, పర్యవేక్షణలకు ఇప్పుడు సమయం, స్థానంతో నిమిత్తం లేదన్నమాట. ఆరోగ్యరక్షణ, పోలీస్, మనలను మోసపుచ్చే వాణిజ్యసంస్థలు అన్నీ సర్వవ్యాపులు అయి జీవితంలో శాశ్వత లక్షణాలుగా నిలిచి పోతాయన్నమాట. మనం అవసర మయినప్పుడు మాత్రమే క్లినిక్ కు, పోలీసు స్టేషన్ కు, బజారుకు వెళ్తాము. కానీ ఈ నిర్జీవ అధికారులు అనుక్షణం మనవెంట ఉంటున్నారు. మనం చేసే ప్రతిఒక్కచేష్ట గమనిస్తున్నారు, విశ్లేషిస్తున్నారు. చేపలు నీటిలో బతికినట్లు, మనుషులు ప్రస్తుతం డిజిటల్ అధికారంలో బతుకుతున్నారు. అనుక్షణము దత్తాంశాలు ఊపిరిగా పీల్చి వదులుతున్నాం. మనం చేసే ప్రతిఒక్కపనీ కొంత సమాచారాన్ని అందజేస్తుంది. ఆ సమాచారం సేకరించి అందులో విన్యాసాలు గుర్తించటం జరుగుతుంది.

నిశిత పర్యవేక్షణ

మంచికోచెడ్డకో తెలీదు కానీ డిజిటల్ దొరతనం మనం బయటచేసేపనులే కాదు, మన శరీరాలలో ఏమి జరుగుతున్నదో కూడా పర్యవేక్షిస్తూ ఉంటుంది. కళ్ళకదలికనే ఉదాహరణగా తీసుకోండి. 2020 ల తొలి నాళ్లలో CCTV కెమేరాలు, ల్యాప్ టాప్, స్మార్ట్ ఫోన్ లలో ఉన్న కెమెరాలు మన కళ్ళకదలికలు కనిపెట్టి వాటిని విశ్లేషించటం కూడా జరిగింది. కొద్ది మిల్లీసెకండ్లలో జరిగే కనుపాపల, కనుగుడ్ల కదలికలు కూడా గుర్తించి విశ్లేషించటం సాగింది. మానవమాత్రులకు ఆ కదలికలు గమనించటం అసాధ్యం. కనుపాపల, కనుగుడ్ల ఆకారం, అవిప్రతిఫలించే వెలుగు ఆకృతులు గమనించి మనం ఎటు చూస్తున్నామో, అంచనా వేయగలవు. ఆ పద్ధతులతో మనం నిశ్చలంగా ఉన్న లక్ష్యాన్ని చూస్తున్నామా, కదులుతున్న లక్ష్యాన్ని చూస్తున్నామా, లేకపోతే కేవలం యాదాలాపంగా ఎక్కడో చూస్తున్నామా అన్నవిషయం నిశ్చయించగలవు.

కళ్ళకదలికలను బట్టి కంప్యూటర్లు మనం జాగృతస్థితిలో ఉన్నామా, లేక అన్యమనస్కతలో ఉన్నామా అని గుర్తించగలవు. సూక్ష్మవివరాలపట్ల శ్రద్ధ చూపుతున్నామా లేక సమయానుకూల శ్రద్ధ చూపుతున్నామా అనికూడా గుర్తించగలవు. మన కళ్ళద్వారా కంప్యూటర్లు మనలోని ప్రత్యేకలక్షణాలు గుర్తించ గలవు. కొత్త అనుభవాలకు మనం ఎలా స్పందిస్తాము, వివిధ రంగాలలో – చదవటం నుంచి శస్త్రచికిత్స వరకూ – మన ప్రావీణ్యత ఏమిటి వగైరా. సానపట్టిన వ్యూహాలు కల అనుభవజ్ఞులు నిశితంగా చూస్తూ ఉంటారు. అనుభవం లేనివారి కళ్ళు నిర్లక్ష్యంగా కదులుతూ ఉంటాయి. మనం ఎదురయిన వస్తువులు, సందర్భాలమీద మన శ్రద్ధాశక్తులను – వాటిమీద మనకు శ్రద్ధఉన్నదా, లేదా, లేకపోతే తటస్థంగా ఉన్నామా – మనచూపులే చెబుతాయి. తద్వారా రాజకీయాలనుంచి, లైంగిక వ్యవహారాల వరకూ మన ఇష్టాయిష్టాలు, అభిరుచులు బేరీజు వేయవచ్చు. మన శరీర పరిస్థితి, మనం తినే వివిధ ఆహారపదార్థాలుకూడా అంచనా వేయవచ్చు. ఆల్కహాల్, మత్తు పదార్థాలు – కొంచెం కానీయండి, కొల్లగా కానీయండి – కళ్ళమీద, కంటిచూపుమీద ప్రభావం చూపుతాయి. కనుగుడ్డుసైజు మారుతుంది, కదిలేవస్తువులమీద చూపునిలపలేక పోతాము. డిజిటల్ దొరతనం ఆ సమాచారం అంతా సద్వినియోగం చేయవచ్చు. కానీ అదే సమాచారం అతి నిరంకుశ పాలనలకు పునాదులు వేయవచ్చు.[15]

భవిష్యత్తులో నియంతలు కంప్యూటర్లను మన కళ్ళనుమించిన ప్రగాఢ అధ్యయనాలకు ప్రయోగించవచ్చు. ఆ యంత్రాంగం మన రాజకీయ అభిప్రాయాలూ, వ్యక్తిగత లక్షణాలు, లైంగిక అభిరుచులు తెలుసుకోవాలంటే, అది మన గుండెలలో,

మస్తిష్కాలలో నడిచే ప్రక్రియలు గమనించవచ్చు. కొన్ని ప్రభుత్వాలు, ఎలాన్ మస్క్ సంస్థ న్యూరాలింక్ వంటి సంస్థలు అందుకు అవసరమయిన బయోమెట్రిక్ టెక్నాలజీ అభివృద్ధికి ఏర్పాట్లు చేస్తున్నారు. మస్క్ సంస్థ ఎలుకలు, గొర్రెలు, పందులు, కోతుల మీద వాటి మెదళ్ళలో ఎలక్ట్రిక్ ప్రోబ్ లు జొనిపి ప్రయోగాలు జరిపింది. ఒక్కొక ప్రోబ్ లో ఎలక్ట్రోడ్ లు 3072 దాకా ఉండవచ్చు. ఆ ఎలక్ట్రోడ్లు ఎలక్ట్రిక్ సిగ్నల్స్ గుర్తించి వాటిని మెదడుకు పంపుతాయి. న్యూరాలింక్ మానవ మస్తిష్కం మీద ప్రయోగాలు జరపటానికి 2023 లో US అధికార యంత్రాంగం అనుమతి సంపాదించింది. మనిషి మెదడులో మొదటిసారిగా rain చిప్ జొనిపారని 2024 జనవరిలో ప్రకటన అయింది.

ఈ సాంకేతిక విజ్ఞానంతో తన దీర్ఘకాల ప్రణాళికలను గురించి మస్క్ బాహాటంగా చెబుతారు. క్వాడ్రిప్లెగియా (నాలుగు అవయవాలకు పక్షవాతం) వంటి అనారోగ్య పరిస్థితులు చక్కబరచటమే కాక, మానవ శక్తిసామర్థ్యాలకు కృత్రిమమేధతో పోటీ పడగల శక్తినిస్తుందంటారు. కానీ ఇక్కడ ఒక విషయం గుర్తు ఉంచుకోవాలి. ప్రస్తుతం న్యూరాలింక్ ప్రోబ్ లు, అటువంటి ఇతర బయోమెట్రిక్ పరికరాలు సాంకేతిక సమస్యలతో నిండి ఉన్నాయి. అందువల్ల వాటి సామర్థ్యం పరిమితం. మెదడు, గుండె, వంటి శరీర భాగాల పనిచేసే విధానం బయటినుంచి నిశితంగా కొలత కట్టటం కష్టమయినపని. ఆ విషయం పరిశీలించటానికి ఎలక్ట్రోడ్ ల వంటి పరికరాలు శరీరంలోకి జొనపటం అతిక్రమణ, ప్రమాదకరం, వ్యయప్రయాసమయం, అసమర్థం కూడా. ఉదాహరణకు మన శరీరంలోని రోగనివారణ వ్యవస్థ లోపలికి జొనిపిన ఎలక్ట్రోడ్ లను ఎదుర్కుంటుంది.[16]

ఇంకా ముఖ్యమయిన విషయం – మస్తిష్క చర్యలవంటి శరీర అంతర్గత సమాచారం ద్వారా రాజకీయ అభిప్రాయాలు రాబట్టగల జీవశాస్త్ర జ్ఞానం ఇంకా ఎవరికీ లేదు.[17] మానవ మస్తిష్క రహశ్యాల, అంతెందుకు చుంచెలుక మస్తిష్క రహస్యాల అవగాహన కూడా శాస్త్రవేత్తలకు చాలాదూరం. ఒక ఎలుక మస్తిష్కం లో ఉన్న ప్రతి ఒక్క న్యూరాన్, డెంద్రయిట్, సినాప్స్ గుర్తించటం – వాటిమధ్య జరిగే కార్యకలాపాలు అలా ఉంచండి – మానవాళి గణాంక సామర్థ్యాలకు అతీతం.[18] కనుక ఈనాడు మనిషి మస్తిష్కంలోనుంచి దత్తాంశాలు సేకరించటం సాధ్యంకావచ్చు. కానీ ఆ దత్తాంశాలు వినియోగించి మన రహస్యాలు తెలుసుకోవటం సులభం కాదు.

2020 ల పూర్వార్థంలో ఒక కుట్రసిద్ధాంతం తలఎత్తి ప్రజాదరణ పొందింది. ఎలాన్ మస్క్ వంటి బిలియనీర్ల గ్రూప్ ఒకటి మనలను గమనించి, నియంత్రించటానికి మన మస్తిష్కాలలో కంప్యూటర్ చిప్స్ స్థాపించుతున్నదని. కానీ ఈ సిద్ధాంతం మన ఆదుర్దాలను తప్పు దారి పట్టిస్తున్నది. మరొక నిరంకుశ వ్యవస్థ తలెత్తు తున్నదని భయపడవచ్చు. కానీ మన మస్తిష్కాలలో కంప్యూటర్ చిప్స్ స్థాపన గురించిన చింత

అప్రస్తుతం. దానికి బదులు జనం ఈ కుట్రసిద్ధాంతాలు ఎక్కడ చదువుతున్నారో, ఆ స్మార్ట్ ఫోన్లను గురించి చింతించాలి. ఎవరో ఒకరు మీ రాజకీయ అభిప్రాయాలు తెలుసుకోవాలని అనుకున్నారు. మీరు ఏ వార్తావాహిని చదువుతున్నారో మీ స్మార్ట్ ఫోన్ కు తెలుసు. మీరు ఫాక్స్ న్యూస్ నలభై నిమిషాలు, CNN వార్తలు నలభై సెకండ్లు చూస్తారని గుర్తిస్తుంది. ఇప్పుడు మీ మెదడులో స్థాపితమై ఉన్న న్యూరాలింక్ కంప్యూటర్ చిప్ రోజంతా మీ గుండె చప్పుడు, మీ మస్తిష్కం చర్యలు గుర్తించుతూ ఉంటుంది. మీగుండె నిమిషానికి 120 సార్లు కొట్టుకుంటున్నదనీ, మీ అమిగ్దాలా మామూలు కంటే 5 శాతం ఎక్కువ చురుకుగా ఉన్నదనీ గుర్తిస్తుంది. మీ రాజకీయ చుట్టరికం గుర్తించటానికి ఏ సమాచారం ఉపయోగకర మవుతుంది? స్మార్ట్ ఫోన్ నుంచి వచ్చిన సమాచారమా, మెదడులో ఉన్న కంప్యూటర్ చిప్ ఇచ్చిన సమాచారమా?[19] ప్రస్తుతం బయోమెట్రిక్ సెన్సార్స్ కంటే స్మార్ట్ ఫోన్ చాలా విలువయిన పర్యవేక్షణ సాధనం.

జీవశాస్త్ర జ్ఞానం అభివృద్ధిచెందిన కొద్దీ, శరీరంలోపలి భాగాల గమనిక (పరిశీలన) నిలదొక్కుకోవచ్చు. అది ఇతర సాధనాలకు లంకె అయి ఉండటం అవసరమేమో. ఇక్కడ కంప్యూటర్ల పెటాబిట్స్ బయోమెట్రిక్ సమాచారంతో సంబంధం లేదు. మిలియన్లకొద్దీ ప్రజలు స్మార్ట్ ఫోన్ మీదఒక వార్తావాహిని తిలకిస్తున్నారు. అప్పుడు ఆ ప్రజానీకం గుండెవేగానికీ, మస్తిష్క ప్రతిస్పందనకూ ఏమి జరుగుతున్నదో బయోమెట్రిక్ సెంసార్లు గమనించి రికార్డ్ చేయవచ్చు. ఆ సమాచారం కంప్యూటర్ యంత్రాంగానికి, రాజకీయ సాన్నిహిత్యాన్ని మించి చాలా విశేషాలు వివరించవచ్చు. ప్రతి మనిషికీ కోపతాపాలు, సంభ్రమాశ్చర్యాలు కలిగించేది ఏమిటో ఆ యంత్రాంగానికి తెలియవస్తుంది. అప్పుడు ఆ యంత్రాంగం మన అనుభూతులు ఊహించి వాటిని సమయానుగుణంగా మార్చవచ్చు. తాను తలచింది – వస్తువు కానియ్, రాజకీయవేత్త కానియ్, యుద్ధం కానియ్ – మనకు అమ్మ జూపవచ్చు.[20]

ఏకాంతం అంతం

మనుషులు మనుషులను అదుపు చేసినప్పుడు ఏకాంతం సహజ స్థితి. కానీ కంప్యూటర్లు మనుషులను అదుపుచేసే లోకంలో ఆ ఏకాంతం పూర్తిగా అదృశ్యం కావచ్చు. అలా జరగటం అదే మొదటిసారి కావచ్చు. విపరీతమయిన బలాత్కార పర్యవేక్షణ – నలుగురికీ తెలిసిన విషయం – జరిగిన సందర్భాలు ఉన్నాయి. కోవిడ్–19 వంటి అత్యవసర పరిస్థితి. లేదా సామాన్య పరిస్థితికి అతీతమయిన ప్రదేశాలు – పాలస్తీనా ఆక్రమిత ప్రాంతాలు, చైనాలో క్జింజియాంగ్ వుయ్ఘుర్ స్వతంత్ర ప్రాంతం, భారత్ లో కాశ్మీర్ ప్రాంతం, రష్యా ఆక్రమిత క్రిమియా, US–మెక్సికో సరిహద్దు, ఆఫ్ఘనిస్తాన్ పాకిస్తాన్ సరిహద్దు ప్రాంతం. ఈ వాస్తవాతీత సమయాలలో, ప్రదేశాలలో

మనుషుల కదలికలు, చర్యలు, చివరికి అనుభూతులు కూడా నిర్విరామంగా గమనించి, అదుపుచేయటం జరిగింది. ఆ ప్రక్రియలో సరికొత్త పర్యవేక్షక సాంకేతికవిజ్ఞానం, కఠినాతికఠిన నియమాలు, భారీ పోలీసు, మిలిటరీ బందోబస్తు ప్రయోగం సాగింది.[21] ఇక్కడ గమనించవలసిన అత్యంత ముఖ్యాంశం ఏమిటంటే, కృత్రిమమేధ పర్యవేక్షణ సాధనాలు భారీగా ప్రయోగమవుతున్నాయి. తీవ్రపరిస్థితులలోనే కాదు మామూలు పరిస్థితులలోకూడా ప్రయోగం అవుతున్నాయి.[22] అవి సామాన్య జీవితంలో ప్రతిఒక్క చోటా ఒక అంశమై కూర్చున్నాయి. ఏకాంత రహిత యుగం బెలారస్ నుంచి జింబాబ్వే వరకు అన్నీ నియంతృత్వ దేశాలలో కాలూనుతున్నది.[23] లండన్, న్యూయార్క్ వంటి ప్రజాస్వామ్య నగరాలలోకూడా ప్రవేశిస్తున్నది.

మంచికో చెడుకో తెలియదు కానీ, నేరాలను ఎదుర్కోవటానికి, ప్రతిపక్షాలను అణిచి పెట్టటానికి, అంతరంగ బెదిరింపులను ఎదుర్కోవటానికి, ప్రభుత్వాలు ఆ ప్రాంతాలు అన్నిటినీ సర్వవ్యాప్తమయిన పర్యవేక్షణ యంత్రాంగంతో కప్పివేస్తాయి. అక్కడ CCTV కెమెరాలు, ముఖాలు, స్వరాలు గుర్తించే సాఫ్ట్ వేర్, వెతకటానికి అనువయిన విస్తారమయిన డేటాబేస్ లు నిండి ఉంటాయి. ఆ పరికరాలు అన్నీ ఆన్ లైన్ కావచ్చు, ఆఫ్ లైన్ కావచ్చు. ఒక ప్రభుత్వం తలుచుకుంటే వారి పర్యవేక్షణ యంత్రాంగం మార్కెట్లనుంచి గుళ్లగోపురాలవరకు, స్కూల్స్ నుంచి ప్రజలఇళ్లకూ ప్రతిచోటికీ చేరుకోగలదు. (ప్రతి ప్రభుత్వానికి ప్రతి ఒక్క ఇంట్లోను కెమెరా అమర్చటానికి ఇష్టం లేక పోవచ్చు, సమర్థత లేకపోవచ్చు. కానీ మన స్వంత కంప్యూటర్లు, స్మార్ట్ ఫోన్ల ద్వారా ఆల్గారిథంస్ నిత్యమూ మన బెడ్ రూమ్స్, లివింగ్ రూమ్స్, బాత్ రూమ్స్ గమనిస్తూనే ఉన్నాయి.)

ప్రభుత్వ పర్యవేక్షణ యంత్రాంగాలు ప్రజానీకం బయోమెట్రిక్ సమాచారం నిత్యమూ సేకరిస్తూనే ఉంటాయి. ఆ విషయం ప్రజానీకానికి తెలియవచ్చు తెలియకపోవచ్చు. ఉదాహరణకు పాస్ పోర్ట్ కోసం దరఖాస్తు పెట్టినపుడు, దాదాపు 140 దేశాలు తమ పౌరుల వేలిముద్రలు, ముఖవిన్యాసాలు, కనుగుడ్డు స్కాన్ లు సేకరించటం విధాయకం.[24] మరొకదేశం ప్రవేశించటానికి మన పాస్ పోర్ట్ వినియోగించినప్పుడు ఆ దేశం కూడా మన వేలిముద్రలు, ముఖ స్కాన్, కనుగుడ్డు స్కాన్ లు అడుగుతుంది.[25] పౌరులు గాని, యాత్రికులుగానీ ఢిల్లీ, బైజింగ్, సియోల్, లేదా లండన్ వీధులలో నడుస్తున్నప్పుడు వారి కదలికలు రికార్డవుతూ ఉండవచ్చు. ఈ నగరాలు, ప్రపంచంలో ఇంకా అనేక నగరాలు సగటున ఒక్కొక్క చదరపు కిలోమీటర్ కు వందకుపైగా పర్యవేక్షణ కెమెరాలతో అమర్చబడి ఉన్నాయి. మొత్తం మీద 2023 లో విశ్వవ్యాప్తంగా ఒక బిలియన్ కు పైగా CCTV కెమెరాలు పనిచేస్తున్నాయి. అంటే దాదాపు ప్రతి ఎనిమిదిమందికి ఒక కెమేరా.[26]

ఒక వ్యక్తి చేసే ప్రతి ఒక్క చర్య కొంత డేటా బేస్ జాడలు వదులుతుంది. ప్రతిఒక్క కొనుగోలు ఏదో ఒక డేటాబేస్ లో రికార్డ్ అవుతుంది. స్నేహితులకు సందేశాలు పంపటం, ఫోటోలు పంచుకోవటం, బిల్లులు చెల్లించటం, వార్తలు చదవటం, అపాయింట్మెంట్లు బుక్ చేయటం, టాక్సీలు బుక్ చేయటం, అన్నీ రికార్డ్ చేయవచ్చు. తద్వారా సమాచార సాగరాన్ని కృత్రిమమేధ సాధనాలు విశ్లేషించవచ్చు. న్యాయవిరుద్ధమయిన చర్యలు, అనుమానాస్పదమయిన పోకడలు, తప్పిపోయిన వ్యక్తులు, వ్యాధికారక వస్తువులు, రాజకీయ వైరులు అన్నిటినీ, అందరినీ గుర్తించవచ్చు.

శక్తివంతమయిన ప్రతి ఒక్క శాస్త్రవిజ్ఞానంలాగానే ఇక్కడ కూడా ఈ సాధనాలు సద్వినియోగం కావచ్చు, దుర్వినియోగం కావచ్చు. 2021 జనవరి 6 న US క్యాపిటోల్ ముట్టడిజరిగిన తర్వాత, FBI, ఇతర న్యాయరక్షణ విభాగాలు ముట్టడిదారులను వెతికి పట్టుకోవటానికి అసలు సిసలు పర్యవేక్షణ సాధనాలు ప్రయోగించారు. వాషింగ్టన్ పోస్ట్ విచారణ నివేదిక ప్రకారం, ఆ విభాగాలు ఒక్క CCTV కెమేరాల ఫిల్మ్ లతో ఆగలేదు. సామాజిక మాధ్యమాలలో పోస్టింగ్ లు, దేశ్వ్యాప్తంగా లైసెన్స్ ప్లేట్ గుర్తింపు, సెల్ టవర్ లొకేషన్ రికార్డ్ లు, పూర్వపు డేటా బేస్ అన్నీ కూలంకషంగా తరిచి పరిశీలించారు.

ఫేస్ బుక్ లో ఒక ఒహాయో వ్యక్తి తాను ఆనాడు “చరిత్ర దర్శించటానికి అన్నట్లు” వాషింగ్టన్ లో ఉన్నట్లు వ్రాశారు. ఫేస్ బుక్ కు ఒక తాఖీదు వెళ్లింది. ఫేస్ బుక్ FBIకి ఆ వ్యక్తి ఫేస్ బుక్ పోస్టింగ్ లు, అతని క్రెడిట్ కార్డ్ సమాచారము, ఫోన్ నంబర్ అందజేసింది. దాని సహాయంతో FBI ఆ వ్యక్తి డ్రైవర్ లైసెన్స్ ఫోటో CCTV లొ కనిపించిన్ చిత్రంతో జత చేయటానికి సాయపడింది. గూగుల్ ఇచ్చిన మరొక వారంట్ వల్ల జనవరి 6 న ఆ వ్యక్తి స్మార్ట్ ఫోన్ ఎక్కడ ఉన్నదో కరెక్ట్ గా దొరికి పోయింది. దాంతో ఏజంట్లు ఆ వ్యక్తి ప్రతి కదలిక, సెనేట్ ఛేంబర్ లో ప్రవేశంనుంచి హౌస్ ఆఫ్ రిప్రజెంటేటివ్స్ స్పీకర్ నాన్సీ పెలోసీ ఆఫీసు చేరేవరకు గుర్తించ గలిగారు.

న్యూయార్క్ వ్యక్తి ఒకరు జనవరి 6 వ తేదీ క్యాపిటల్ కు వెళ్తూ ఉదయం 6:06:08 గంటలకు హెన్రీ హడ్సన్ బ్రిడ్జ్ దాటాడు. ఆ రాత్రి ఇంటికి తిరిగి వెళ్తూ 23:59:22 గంటలకు జార్జ్ వాషింగ్టన్ బ్రిడ్జ్ దాటాడు. లైసెన్స్ ప్లేట్ కదలికలు అనుసరించి FBI అడుగడుగునా అతని కదలికలు గుర్తించ గలిగింది. ఇంటర్ స్టేట్ 95 దగ్గర అమర్చి ఉన్న కెమెరా ఒక ఫోటో తీసింది. అందులో ఆ వ్యక్తి కారు డాష్ బోర్డ్ మీద “Make America Great Again” అనివ్రాసి ఉన్న పెద్ద హ్యాట్ చూపింది. ఆ హ్యాట్ ఆ వ్యక్తి ఫేస్ బుక్ లో పెట్టిన సెల్ఫీ చూపిన హ్యాట్ కు సరిపోలింది. క్యాపిటల్ లో ఉన్నపుడు అతను శ్నాప్ చాట్ లో చాలా వీడియోలు పోస్ట్ చేశాడు. తద్వారా తన నేరం స్వయంగా బట్టబయలు చేశాడు.

అదే జనవరి 6 న మరొక దొమ్మీమనిషి ఫోటోలకు పట్టుబడకుండా తప్పించుకోవటానికి ముఖానికి ముసుగు కప్పుకున్నాడు. వాళ్ళ అమ్మ పేర రిజిస్టర్ అయి ఉన్న సెల్ ఫోన్ ఉపయోగించాడు. కానీ అంతా వ్యర్థం అయికూర్చున్నది. FBI ఆల్గారిథమ్స్ జనవరి 6, 2021 నాటి వీడియో ఫుటేజ్ 2017 నాటి అతని పాస్ పోర్ట్ అప్లికేషన్ ఫోటోతో జతపరచ గలిగాయి. జనవరి 6 న అతను నైట్స్ ఆఫ్ కొలంబస్ (Knights of Columbus) పేర ప్రత్యేకమయిన జాకెట్ ధరించి ఉన్నాడు. మరొక సందర్భంలో అతను ధరించిన జాకెట్ దీనితో పోలింది. ఆ రెండవ బొమ్మ యు ట్యూబ్ క్లిప్ లో దొరికింది. అతని అమ్మపేర రిజిస్టర్ అయి ఉన్న ఫోన్ క్యాపిటల్ లోపల స్థానికంగా కనిపించింది. అతని కారు జనవరి 6 ఉదయం క్యాపిటల్ దగ్గర ఉన్నట్లు లైసెన్స్ ప్లేట్ రీడర్ రికార్డ్ చేసింది.[27]

ముఖాలను గుర్తించే ఆల్గారిథమ్స్, కృత్రిమమేధ శోధించగల డేటా బేస్ ప్రపంచమంతటా పోలీస్ బలగాలు అన్నిటికీ ప్రామాణిక సాధనాలు. అత్యవసర పరిస్థితులు, దేశ భద్రతకు మాత్రమే కాక, పోలీసు దినసరి విధులకుకూడా వాటిని ప్రయోగించుతున్నారు. 2009 లో ఒక నేరస్థుల ముఠా మూడేళ్ళ గై హావో ను ఎత్తుకు పోయింది. అప్పుడు ఆ పిల్లవాడు సిచువాన్ ప్రావిన్స్ (చైనా) లో వాళ్ళ అమ్మ, నాన్నల దుకాణం ముందు ఆడుకుంటున్నాడు. తర్వాత ఆ పిల్లవాడిని 1500 కిలోమీటర్ల దూరాన గువాంగ్ డాంగ్ రాష్ట్రంలో ఒక కుటుంబానికి అమ్మివేశారు. 2014 లో ఆ పిల్లలను ఎత్తుకు వెళ్ళే గ్యాంగ్ లీడర్ ను అరెస్ట్ చేశారు. కానీ గై హావో ను కానీ, ఇతర పిల్లలను కానీ కనుక్కోవటం అసాధ్యమై పోయింది. "పిల్లలు చాలా మారిపోయి ఉంటారు." ఒక పోలీస్ అధికారి వివరించారు. "వారి తల్లిదండ్రులు కూడా వారిని గుర్తించలేరు."

కానీ 2019 లో ముఖాలు గుర్తించే ఆల్గారిథామ్ పదమూడేళ్ళ గై హావో ను గుర్తించ గలిగింది. ఆ కిశోర వయస్కుడు తిరిగి తన కుటుంబంతో చేరాడు. గై హావో ను సరిగా గుర్తించటానికి కృత్రిమమేధ అతని మూడేళ్ళ వయసు ఫోటోగ్రాఫ్ ఆధారంగా తీసుకున్నది. అప్పుడు కృత్రిమమేధ పదమూడేళ్ళ గై హావో ఎలా ఉంటాడో అనుకరించి చూసింది. వయసుతో ముఖంలో కలిగే మార్పులు, ధానితోబాటు జుట్టు రంగు, జుట్టు శైలిలో మార్పులు అన్నీ పరిగణించింది. ఆ కృత్రిమమేధ ఫోటోను యదార్ధ చిత్రంతో పోల్చింది.

2023 లో ఇంకా చెప్పుకోదగిన రక్షణలు జరిగాయి. యూ చువాన్ లీ 2001 నుంచి కనపడటం లేదు. అప్పుడు అతని వయసు మూడేళ్ళు. హావో చెన్ 1998 లోతప్పి పోయినాడు. అప్పుడు అతని వయసు కూడా మూడేళ్ళే. వారి తల్లిదండ్రులు ఆ పిల్లలు ఎప్పుడో ఒకప్పుడు దొరుకుతారు అనే ఆశ వదులుకోలేదు. ఇరవై ఏళ్ళకు పైగా చైనా అంతా కలయ దిరిగారు. ప్రకటనలు చేశారు. తగిన సమాచారమిచ్చినవారికి

ధనరూపంలో ప్రతిఫలం ముట్టజెబుతామన్నారు. 2023 లో ముఖకవళికలు గుర్తుపట్టే ఆల్గారిధమ్ వచ్చి ఆతప్పిపోయినవారిని గుర్తుపట్టే అవకాశం కల్పించింది. ఇప్పుడు ఆ ఇద్దరూ ఇరవై ఏళ్ళు దాటిన యువకులు. తప్పిపోయిన పిల్లలను వెతికి పట్టుకునే ఆ సాంకేతికత చైనాలోనే కాదు, ఇండియావంటి ఇతర దేశాలకుకూడా సాయపడుతుంది. ఇండియాలో ప్రతిసంవత్సరమూ వేలాదిమంది పిల్లలు తప్పిపోతూ ఉంటారు.[28]

డెన్మార్క్ లో బ్రాండ్బె IF పేరున ఒక ఫుట్ బాల్ క్లబ్ ఉన్నది. తమ స్టేడియం లో ఫుట్ బాల్ హూలిగన్స్ ను గుర్తించి వారిని బహిష్కరించటానికి ముఖం గుర్తించే సాంకేతికత 2019 లో ప్రవేశ పెట్టారు. దాదాపు 30,000 మంది స్టేడియంలో ప్రవేశించేముందు ముఖాలకుఉన్న ముసుగులు, నెత్తిమీద టోపీలు, కళ్ళద్దాలు తీసివేయాలి. వారి ముఖాలు స్కాన్ చేసి అప్పటివరకుతెలిసిన దుండగుల ఫోటోలతో పోలుస్తారు. ఇక్కడ ముఖ్య విషయం ఏమిటంటే, ఈ పరీక్షాపద్ధతి యూరోపియన్ యూనియన్ ఖండితమయిన GDPR నియమాలకు అనుగుణంగా ఆమోదం పొందింది. "మనుషులు మనుషులను పరిశీలించటం కంటే, దీని సహాయంతో నిషిద్ధవ్యక్తుల ప్రవేశం నిరోధించటం సులువు అవుతుంది. తద్వారా స్టేడియం ప్రవేశద్వారం దగ్గర లైన్లు తగ్గుతాయి. లైన్లలో నుంచునే ఫుట్ బాల్ అభిమానులవల్ల కలిగే ఆందోళన, అలజడి తగ్గుతాయి.[29]

అటువంటి సందర్భాలలో సాంకేతికత ప్రయోగం చెప్పుకోదగినదే. కానీ ఇక్కడ కొన్ని ప్రమాదాలు కూడా ఉన్నాయి. వ్యక్తిగత రహస్యాలు, ఏకాంతత భగ్నం కావచ్చు. ప్రభుత్వ కలాపాలు శ్రుతిమించవచ్చు. ఈ విజ్ఞానంద్వారా దొమ్మీ చేసేవారిని పట్టవచ్చు, తప్పిపోయిన పిల్లలను కాపాడవచ్చు, ఫుట్ బాల్ గూండాలను నిషేధించవచ్చు. అదే విజ్ఞానం శాంతియుత ప్రదర్శకులను శిక్షించవచ్చు, ఒదిగి ఉండాలని బలవంతం చేయవచ్చు. కృత్రిమమేధ నియంత్రితమయిన సాంకేతికత పర్యవేక్షణలో, సంపూర్ణ పర్యవేక్షణ పాలనలు అధికారంలోకి వస్తాయి. పౌరులను ఇరవైనాలుగు గంటలూ నిఘాలో ఉంచుతాయి. కొత్తకొత్త ఆంక్షలు, నిరంకుశమయిన అణచివేతలు అమలులోకి వస్తాయి. కంటికి ఎదురుగా కనపడే ఉదాహరణ: ఇరాన్ విధించిన హిజాబ్ఆంక్షలు.

ఇరాన్ 1979 లో ఇస్లామిక్ మత రాజ్యవ్యవస్థ అయింది. కొత్తపాలన స్త్రీలు హిజాబ్ ధరించటం తప్పనిసరి చేసింది. కానీ నైతికత నియంత్రించే పోలీసు బలగానికి ఇది కష్టమైన పనిగా మారింది. ప్రతివీధి మూలన ఒక పోలీసువ్యక్తిని నియమించటం వారికి అసాధ్యమయి కూర్చున్నది. బురఖా లేకుండా వెళ్ళిన స్త్రీలతో జనం పేచీలు, పోట్లాటలు నిరసనలకు, తిరుగుబాట్లకు దారితీశాయి. 2022 లో ఇరాన్ హిజాబ్ నియమాలు అమలు జరపటానికి దేశవ్యాప్తంగా ముఖం గుర్తించే

ఆల్గారిథమ్స్ ప్రయోగించారు. తద్వారా యదార్థ ప్రదేశాలు, ఆన్ లైన్ పర్యావరణము నిరంతరం నిశిత పర్యవేక్షణలో ఉంటాయి.[30] ఈ సిస్టమ్ "అసామాన్యమయిన కదలికలు, అసంజసమయిన కదలికలు గుర్తిస్తుంది." అంటారు ఒక ఇరానియన్ అధికారి, "ఇరానియన్ నియమాలు పాటించటంలో వైఫల్యం". ఇరాన్ పార్లమెంటరీ లీగల్ అండ్ జుడీషియల్ కమిటీ అధిపతి మూసా ఘజన్ ఫరాబాదీ మరొక ఇంటర్వ్యూలో "ముఖాలు గుర్తించే కెమేరాలు ప్రయోగించటం వల్ల, ఈ పని అమలు జరపవచ్చు. పోలీసు బలగం ఆవశ్యకత తగ్గుతుంది. అందువల్ల పోలీసులకు, ప్రజలకు మధ్య పోట్లాటలు ఉండవు." అన్నారు.[31]

దానితర్వాత కొద్దికాలంలోనే 22 ఏళ్ల మాసా అమీని హిజాబ్ సరిగ్గా ధరించనందుకు అరెస్ట్ చేశారు. 2022 సెప్టెంబర్ 16 న ఆమె ఇరాన్ నైతికత పోలీస్ కస్టడీలో చనిపోయింది.[32] "స్త్రీ, జీవితం, స్వేచ్ఛ" ఉద్యమం పేరున నిరసనలు విరుచుకు పడ్డాయి. లక్షలాది స్త్రీలు, యువతులు తమ హిజాబ్ లు తీసివేశారు. కొంతమది వాటిని తగలబెట్టి ఆ మంటలచుట్టూ నాట్యం చేశారు. ఆ నిరసనలు అరికట్టటానికి ఇరానియన్ అధికారవర్గం కృత్రిమమేధ పర్యవేక్షణ వ్యవస్థను ఆశ్రయిచింది. ముఖం గుర్తించటం, ఎక్కడ ఉన్నారో తెలుసుకోవటం, వెబ్ ట్రాఫిక్ విశ్లేషణ, అంతకుమునుపు డేటా బేస్ లు అన్నీ కలిసి ఆ వ్యవస్థ సమాహారం. దేశవ్యాప్తంగా 19,000 వేలకు పైగా జనం అరెస్ట్ అయ్యారు. 500 మందికి పైగా మరణం పాలయ్యారు.[33]

ఏప్రిల్ 23, 2023 నుంచి ఈ ముఖం గుర్తింపు సాంకేతికత ఇంకా తీవ్రము, తీక్ష్ణము అవుతుందని ఏప్రిల్ 8 న ఇరాన్ పోలీస్ చీఫ్ ప్రకటించారు. ఈ ఆల్గారిథమ్స్ ముఖ్యంగా వాహనాలలో ప్రయాణం చేసేటప్పుడు హిజాబ్ ధరించని స్త్రీలను గుర్తిస్తాయి. స్వయంచాలకంగా వారికి SMS ద్వారా ఒక హెచ్చరిక పంపుతాయి. ఆ స్త్రీలు తిరిగి ఆ నేరం చేస్తే, వారి వాహనాలు తక్షణం ఆపివేస్తారు. కార్లు ఆపకపోతే వారి కార్లు జప్తు చేస్తారు.[34]

రెండునెలల తర్వాత, 2023 జూన్ 14 న ఇరాన్ పోలీస్ ప్రతినిధి ఒకరు ఈ స్వయంచాలిత పర్యవేక్షణ వ్యవస్థ దాదాపు ఒక మిలియన్ ముసుగు ధరించని స్త్రీలకు హెచ్చరిక సందేశాలు పంపిందని ప్రగల్భాలు పలికారు. వారందరూ తమ స్వంత కార్లలో ప్రయాణం చేస్తున్నవారు. ఆ వ్యవస్థ పురుషులను కాక, ముసుగు లేని స్త్రీలను మాత్రమే గుర్తించిందని, వారి సెల్ ఫోన్ నంబర్ సంపాదించిందని చెప్పారు. వాహనాలు రెండువారాలు కదలకూడదని శాసిస్తూ 133,174 సందేశాలు వెళ్ళాయి. 2000 కార్లు జప్తు చేయబడ్డాయి. 4000 లకు పైగా, ఒకసారికి మించి నేరం చేసినవారిని న్యాయస్థానానికి అప్పగించారు.[35]

మర్యం అనే 52 ఏళ్ల స్త్రీ ఆ పర్యవేక్ష వ్యవస్థను గురించి ఆమ్నేస్టీ ఇంటర్నేషనల్ కు తన అనుభవాలు వెల్లడించారు. "డ్రైవింగ్ చేస్తున్నప్పుడు హిజాబ్ ధరించలేదని నాకు మొదటిసారి వార్నింగ్ వచ్చింది. ఒక కూడలి దాటుతున్నప్పుడు ఒక కెమెరా నా ఫోటో తీసింది. వెంటనే నాకు సందేశంద్వారా వార్నింగ్ వచ్చింది. రెండవసారి నేను కొంచెం షాపింగ్ చేసి, ఆ బ్యాగ్ లు కారుదగ్గరికి తీసుకు వస్తున్నాను. అప్పుడు నా స్కార్ఫ్ జారిపడింది. వెంటనే నాకు సందేశం వచ్చింది. హిజాబ్ నియమాలు అతిక్రమించినందుకు నా కారు 15 రోజుల పాటు జప్తు చేయబడించని సందేశం. ఆ సందేశం నాకు అర్థం కాలేదు. నేను చుట్టూ ఉన్నవారిని అడిగాను. నా కారు 15 రోజుల పాటు ఎక్కడికీ కదలకూడదని నా బంధువులు చెప్పారు.[36] మర్యం చెప్పినదానిని బట్టి, కృత్రిమమేధ సెకన్లలోగా సందేశాలు పంపుతుందనీ, అవి సమీక్షించటానికి, అనుమతించటానికి ఎవరికీ అవకాశం ఉండదనీ తెలుస్తుంది.

ఈ దండనలు, జరిమానాలు వాహనాలు జప్తు చేయటం, దాటి చాలాదూరం పోయాయి. 2023 జులై 26 న ఆంనెస్టీ ఒకనివేదిక విడుదల చేసింది. సామూహిక పర్యవేక్షణ మూలంగా "లెక్కకు అందనంతమంది స్త్రీలు యూనివర్శిటీలనుంచి సస్పెండ్ అయ్యారు, లేదా బహిష్కృతులయ్యారు. ఫైనల్ పరీక్షలకు కూర్చోకుండా నిషేధించారు. బ్యాంకులో సర్వీస్ నిరాకరించారు. పబ్లిక్ ట్రాన్స్ పోర్ట్ లో వారిని ఎక్కనీయలేదు."[37] తమ ఉద్యోగులమీద ఈ హిజాబ్ ఆంక్ష విధించని సంస్థలుకూడా దెబ్బతిన్నాయి. టెహ్రాన్ తూర్పున ల్యాండ్ ఆఫ్ హ్యాపీనెస్ పేరున ఒక ఎమ్యూజ్ మెంట్ పార్క్ ఉన్నది. ఆ పార్క్ లో పని చేస్తున్న ఒక ఉద్యోగస్తురాలు ఫోటో ఒకటి – హిజాబ్ లేకుండా – సామాజిక మాధ్యమాలలో ప్రచారం అయింది. అందుకు శిక్షగా ఇరానియన్ అధికారవర్గం ల్యాండ్ ఆఫ్ హ్యాపీనెస్ మూయించి వేసింది.[38] మొత్తంమీద అధికారులు "వందలాది యాత్రాస్థలాలు, హోటళ్ళు, రెస్టారెంట్లు, ఫార్మసీలు, షాపింగ్ సెంటర్లు మూయించారు. ఖండితమయిన ముసుగు నియమాలు పాటించనందుకు శిక్ష."[39]

2023 సెప్టెంబర్ లో మాసా అమీని ప్రథమ వర్ధంతి వచ్చింది. ఆనాడు ఇరాన్ పార్లమెంట్ మరింత కఠినమయిన హిజాబ్ బిల్ కొత్తగా ఆమోదించింది. హిజాబ్ ధరించని స్త్రీలకు కొత్త నియమానుసారం భారీ జరిమానా, లేదా పదేళ్ళ జైలు శిక్ష. ఇవికాక అదనపు శిక్షలు కూడా ఉంటాయి: కార్లు, ఫోన్లు ప్రభుత్వ స్వాధీనం కావచ్చు, డ్రైవింగ్ లైసెన్స్ రద్దుకావచ్చు, తర్వాత లైసెన్స్ నిషేధం కావచ్చు, జీతాలలో ఉద్యోగ ప్రయోజనాలలో కోతపడవచ్చు, పనిలోనుంచి తొలిగించవచ్చు, బ్యాంక్ సేవలు నిషేధం కావచ్చు. ఇక వ్యాపారాల స్వంతదారులు: తమ ఉద్యోగుల మీద, వినియోగదారుల మీదా హిజాబ్ ఆంక్ష సక్రమంగా అమలుపరచకపోతే, వారి మూడు నెలల లాభాలు పెనాల్టీ కట్టాలి. రెండేళ్లవరకూ వారు దేశం విడిచి

వెళ్ళకూడదు, ప్రజాహిత కార్యక్రమాలలో పాల్గొన కూడదు, ఆన్ లైన్ కార్యక్రమాలలో పాల్గొన కూడదు. ఈ బిల్ స్త్రీలకే కాదు పురుషులకు కూడా. పురుషులు "ఛాతీ కింద, చీలమండల పైన శరీర భాగాలు కనిపించే దుస్తులు వేసుకోకూడదు." చివరికి ఆ చట్టం ఇరానియన్ పోలీసు బలగానికి కూడా ఆంక్షలు విధించింది. "స్థిరమైన కెమెరాలు, మొబైల్ కెమెరాలు ప్రయోగించి అక్రమ ప్రవర్తనకు పాల్పడే నేరస్థులను గుర్తించటానికి కృత్రిమమేధ వ్యవస్థలు సృష్టించి, బలపరచాలి."[40] రానున్న సంవత్సరాలలో చాలామంది మనుషులు సంపూర్ణ పర్యవేక్షణ పాలనలో బతుకుతూ ఉండవచ్చు. అప్పుడు చావోసెస్ రొమేనియా ఒక స్వేచ్ఛామయ స్వప్నలోకంలా కనపడవచ్చు.

పర్యవేక్షణ విధానాలు

పర్యవేక్షణను గురించి మాట్లాడేటపుడు మనం సాధారణంగా ప్రభుత్వ సాధనాలను గురించి ఆలోచిస్తాము. కానీ ఇరవై ఒకటో శతాబ్దం పర్యవేక్షణ అర్థం చేసుకోవాలంటే, పర్యవేక్షణ పలువిధాలుగా ఉండవచ్చునని మనం గుర్తుంచుకోవాలి. అసూయాపరులయిన భాగస్వాములు తమ భాగస్వామి అనుక్షణము ఎక్కడ ఉన్నారోనని తెలుసుకోవాలంటారు. మామూలుకంటే ఏమాత్రం తేడా వచ్చినా, సంజాయిషీ అడిగేవారు. స్మార్ట్ ఫోన్, కొంత చవకబారు సాఫ్ట్ వేర్ తో వారు వైవాహిక నియంతృత్వం స్థాపించవచ్చు. వారు ప్రతి ఒక్క సంభాషణ, ప్రతి ఒక్క కదలిక, పర్యవేక్షించవచ్చు. ఫోన్ లాగ్స్ , సామాజిక మాధ్యమాలలో పోస్టింగ్, వెబ్ పేజ్ వెతుకులాట, అన్నీ రికార్డ్ చేయవచ్చు. వారు తమ భాగస్వాముల ఫోన్లలో కెమెరాలు, మైక్రోఫోన్లు క్రియాశీలం చేయవచ్చు. అవే అప్పుడు వేగు సాధనాలవుతాయి. యూఎస్ఏ లో నేషనల్ నెట్ వర్క్ టు ఎండ్ డొమెస్టిక్ వయొలెన్స్ అనే సంస్థ ఉన్నది. ఇంటిలో భాగస్వాములను వేధించేవారు సగానికిపైగా ఆ "స్టాక్ వేర్" ఉపయోగిస్తున్నారని కనుక్కున్నది. న్యూయార్క్ లోకూడా ఒక భాగస్వామి పర్యవేక్షణ, నిర్బంధాలు అనుభవం చెందవచ్చు. ఒక నిరంకుశ పాలనలో బతుకుతున్న అనుభూతి.[41]

పర్యవేక్షణ కిందికి వస్తున్నఉద్యోగుల సంఖ్య – ఆఫీస్ వర్కర్లనుంచి ట్రక్ డ్రైవర్ల వరకూ – క్రమంగా పెరుగుతున్నది. ఉద్యోగులు ఎప్పుడు ఎక్కడ ఉన్నారో, వాళ్ళు టాయిలెట్‌లో ఎంతసేపు గడుపుతున్నారు, పనిలో ఉన్నప్పుడూ వారు తమ స్వంతఉత్తరాలు చదువుతున్నారా, ఒక్కొక్క పని వాళ్ళు ఎంతవేగంగా పూర్తి చేస్తున్నారు వగైరా వివరాలన్నీ యజమానులు పూర్తిగా పర్యవేక్షించవచ్చు.[42] వాణిజ్య సంస్థలు తమ కస్టమర్లను గమనిస్తున్నాయి. వారి ఇష్టాయిష్టాలు తెలుసుకోవటం,

వారి ప్రవర్తన అంచనా వేయటం, అవకాశాలు, అపాయాలు వెలకట్టటం వంటి పనులు చేస్తున్నాయి. ఉదాహరణకు వాహనాలు డ్రైవర్ల ప్రవర్తన పరీక్షిస్తూ ఉంటాయి. ఆ సమాచారాన్ని ఇన్స్యూరెన్స్ కంపెనీల ఆల్గారిథమ్ తో పంచుకుంటాయి. అప్పుడు ఇన్స్యూరెన్స్ సంస్థలు మంచిడ్రైవర్ల ప్రీమియంలు తగ్గిస్తాయి, చెడ్డడ్రైవర్ల ప్రీమియంలు పెంచుతాయి.[43] వాణిజ్యపరంగా పెరుగుతున్న ఈ పర్యవేక్షణను అమెరికన్ విద్వాంసులు శోషణా జుబాఫ్ "పెట్టుబడిదారీ పర్యవేక్షణ" అన్నారు.[44]

కిందినుంచి పైకి, పైనుంచి కిందికి జరిగే ఈ పర్యవేక్షణలన్నీకాక, తోటివాళ్లు తమ తోటివాళ్లను పర్యవేక్షణ చేసే మరొకవర్గం ఉన్నది. ట్రిప్ అడ్వైజర్ కార్పొరేషన్ అందుకు ఒక ఉదాహరణ. వాళ్ళు ప్రపంచ వ్యాప్తంగా ఒక పర్యవేక్షణ వ్యవస్థ నడుపుతున్నారు. ఆ వ్యవస్థ హోటళ్లు, శలవుల్లో అద్దెసౌకర్యాలు, రెస్టారెంట్లు, యాత్రికులను గమనించుతూ ఉంటారు. 2019 లో 463 మిలియన్ యాత్రికులు ఆ వసతిని వినియోగించారు. 859 మిలియన్ సమీక్షలు చవిచూశారు. 8.6 బిలియన్ లాడ్జింగ్ లు, రెస్టారెంట్ లు, యాత్రాస్థలాలు పరిశీలించారు. ఒకరెస్టారెంట్ వెళ్ళతగినదా కాదా అన్న విషయం నిర్ణయించేది కృత్రిమమేధ ఆల్గారిథమ్ కాదు – వినియోగదారులే. ఒక రెస్టారెంట్ లో ఆరగించిన పెద్దలు 1 నుంచి 5 వరకు ఉన్న స్కేల్ మీద ఆ రెస్టారెంట్ విలువకట్టవచ్చు. దానికి ఫోటోలు జోడించవచ్చు. తమ అభిప్రాయాలూ వ్రాతమూలకంగాకూడా తెలియజేయవచ్చు. ట్రిప్ అడ్వైజర్ ఆ సమాచారం అంతా క్రోడీకరిస్తుంది. రెస్టారెంట్ సగటు స్కోరు లెక్క కడుతుంది. అదేస్థాయి రెస్టారెంట్లతో పోల్చి దానిస్థానం నిర్ణయిస్తుంది. ఆ సమాచారం అందరికీ అందజేస్తుంది.[45]

ఆదేక్షణాన ఆ అల్గారిథమ్ కస్టమర్లనుకూడా వెలకడుతుంది. సమీక్షలు, ప్రయాణవిశేషాలు పోస్ట్ చేసినందుకు కస్టమర్ కు 100 పాయింట్లు. ఫోటోలు, వీడియోలు అప్ లోడ్ చేసినందుకు 30 పాయింట్లు. ఒక గ్రూప్ లో పోస్ట్ చేసినందుకు 20 పాయింట్లు, సంస్థల స్థాయి చెప్పినందుకు 5 పాయింట్లు, ఇతరుల సమీక్షలకు ఓటు వేసినందుకు ఒక పాయింట్. వినియోగదారుల స్థాయి ఒకటి (300 పాయింట్లు) నుంచి 6 వరకూ (10,000 పాయింట్లు) పెరుగుతుంది, తదనుగుణంగా వారికి పరిలబ్ధి దొరుకుతుంది. వ్యవస్థ నియమాలు అతిక్రమించిన వారికి – జాతి విచక్షణ వ్యాఖ్యలు చేసినవారు, చెడ్డసమీక్ష వ్రాసి రెస్టారెంట్ ను బ్లాక్ మెయిల్ చేయటానికి ప్రయత్నించేవారు – జరిమానా పడవచ్చు, లేదా వ్యవస్థలోనుంచి బయటికి పంపవచ్చు. ఇది తోటివారిని తోటివారు పర్యవేక్షించే విధానం. ప్రతి ఒక్కరూ ఇతరులు ప్రతి ఒక్కరినీ వెలకడుతున్నారు. ట్రిప్ అడ్వైజర్ కెమెరాలు, గూఢచారి పరికరాలమీద పెట్టుబడి పెట్టనక్కరలేదు. అత్యంత అధునాతనబయోమెట్రిక్ ఆల్గారిథమ్స్ మీద ఖర్చు చేయనవసరం లేదు. దాదాపు సమాచారం అంతా

వినియోగదారులే సరఫరాచేస్తారు. కావలసిన పని అంతా కూడాకోట్లాది వినియోగదారులే చేసిపెడతారు. ట్రిప్ అడ్వైజర్ అల్గారిథం చేయవలసిన పనల్లా మనుషులు సమర్పించిన స్కోర్లు సమకూర్చి ప్రచురించటమే.[46]

ట్రిప్ అడ్వైజర్, ఆదేమాదిరి ఇతర తోటివారి పర్యవేక్షణ వ్యవస్థలు ప్రతిరోజూ కోట్లాది ప్రజలకు విలువయిన సమాచారం అందజేస్తాయి. ఆ సమాచారం విహారయాత్రలు ఏర్పాటు చేయటానికి, మంచి హోటళ్లు, రెస్టారెంట్లు తెలుసుకోవటానికి ఉపయోగపడుతుంది. కానీ అలా చేస్తూ ప్రైవేట్, పబ్లిక్ వ్యవహారాలమధ్య హద్దులు మారిపోయాయి. సాంప్రదాయకంగా ఒక కస్టమర్ కి, వెయిటర్ కి మధ్య వ్యవహారం ప్రైవేట్ వ్యవహారం. ఒక బిస్త్రో ప్రవేశించటం అంటే ఒక మాదిరి రహస్యస్థావరం ప్రవేశించినట్లే. అక్కడి వెయిటర్ తో కూడా ఒక మాదిరి రహస్యసంపర్కం ఏర్పరుచుకున్నట్లే. ఏదైనా నేరం జరిగితే తప్పించి, ఆ కస్టమర్ కు వెయిటర్ కు మధ్య జరిగే వ్యవహారం వారిద్దరికీ మాత్రమే తెలుస్తుంది. ఆ వెయిటర్ దురుసుగా ప్రవర్తిస్తే, లేదా జాతివిచక్షణ వ్యాఖ్యలు చేస్తేనో మీరు అక్కడ రచ్చచేయవచ్చు. అక్కడికి పోవద్దని మీ ఫ్రెండ్స్ కు చెప్పవచ్చు. అంతకు మించి ఎక్కువమందికి ఆ గొడవ తెలియటానికి అవకాశంలేదు.

సహవాసుల పర్యవేక్షణ యంత్రాంగాలు ఆ రహస్యాన్ని దోచివేశాయి. పనివారు ఒక కస్టమర్ ను సంతోషపెట్టలేకపోతే, ఆ రెస్టారెంట్ కు చెడు సమీక్ష మిగులుతుంది. అందువల్ల రానున్న సంవత్సరాలలో వేలాది సంభావ్య ఖాతాదారుల నిర్ణయాలు మారవచ్చు. మంచికో చెడుకో అధికారం కస్టమర్ల చేతులలో ఉంటుంది. అక్కడ పనివారి మంచిచెడ్డలు అందరికీ తెలుస్తాయి. రచయిత్రి విలేకరి లిండా కిన్స్లార్ చెప్పినట్లు "ట్రిప్ అడ్వైజర్ రాకమునుపు కస్టమర్ పేరుకు మాత్రమే రాజు. వచ్చిన తర్వాత, ఆయన అసలయిన నియంత అయి కూర్చున్నారు."[47] కోట్లాది టాక్సీడ్రైవర్లు, మంగలివాళ్లు, సౌందర్యచికిత్సకులు, ఇతర సేవలు అందించేవారు తమ ఏకాంతతకు భంగం కలిగినట్లు అనుభూతి చెందుతున్నారు. గతంలో ఒక టాక్సీ ఎక్కటమన్నా, ఒక బార్బర్ షాప్ లో ప్రవేశించటమన్నా మరొకరి ఏకాంత స్థావరంలో అడుగు పెట్టినట్లే. ఇప్పుడు టాక్సీ ఎక్కేవారు, బార్బర్ షాప్ లోకి వచ్చేవారు తమతోబాటు ఒక కెమెరా, మైక్రోఫోన్, ఒక పర్యవేక్షణ యంత్రాంగం, వేలాది సంభావ్య ప్రేక్షకులను వెంట తీసుకు వస్తారు. ప్రభుత్వేతర సహవాస పర్యవేక్షణ పునాదులు ఇవి.

సామాజిక పరువు వ్యవస్థ

సహవాసి పర్యవేక్షణ అనేకపాయింట్లుకూడి మొత్తం స్కోర్ మీద ఆధారపడి పనిచేస్తుంది. మరొక పర్యవేక్షణ ఈ స్కోర్ లాజిక్ ను ముగింపుకు తీసుకు వస్తుంది.

అది సామాజిక పరువు విధానం. ఈ వ్యవస్థ జనానికి ప్రతి ఒక్కదానికి పాయింట్లు ఇస్తుంది. తద్వారా ఒక్కొక్కరికి ఒక్కొక్క స్కోర్ లభిస్తుంది. ఆ స్కోర్ మళ్ళీ ప్రతిఒక్కదానినీ ప్రభావితం చేస్తుంది. సుమారు ఐదువేల ఏళ్ల క్రితం మానవాళి ఇటువంటి ఆశాపూరితమయిన పాయింట్స్ విధానం ప్రవేశ పెట్టింది. మెసపోటేమియాలో ధనం కనిపెట్టినప్పుడు ఆ పని జరిగింది. సామాజిక పరువు వ్యవస్థ అంటే కొత్తరకమయిన ధనం కనిపెట్టినట్లే.

కొన్ని వస్తువులు, సేవలు అందించి మనుషులు కూడబెట్టే పాయింట్లే డబ్బు. మళ్ళీ ఆ పాయింట్లు ఉపయోగించి తమకు కావలసిన వస్తువులు, సేవలు కొనుక్కుంటారు. తమ పాయింట్లను కొన్నిదేశాలు డాలర్లు అంటాయి, మరికొన్ని దేశాలు యూరోస్, యెన్, లేదా రెన్మిన్బి అంటాయి. ఈ పాయింట్లు నాణాలు, బ్యాంక్ నోట్లు, లేదా డిజిటల్ బ్యాంక్ ఎకౌంట్ లో బిట్స్ గా చలామణి అవుతాయి. స్వతహాగా ఈ పాయింట్లకు అంతర్గతమయిన విలువ అంటూ ఏమీ లేదు. మీరు నాణాలు తినలేరు. బ్యాంక్ నోట్లు ధరించలేరు. అవి లెక్కవేయటానికి అనువయిన లాంచనాలుగా, చిహ్నాలుగా పనిచేస్తాయి. తద్వారా మన ఒక్కొక్కరి స్కోర్ తెలుస్తుంది.

ఆర్థిక సంబంధాలను, సామాజిక అన్యోన్యక్రియలను, మానవమనస్తత్వశాస్త్రాన్నీ డబ్బు తలకిందులు చేసింది. కానీ పర్యవేక్షణకు లాగానే డబ్బుకూ కొన్నిపరిమితులు ఉన్నాయి. అది అన్నిచోట్లకూ చేరలేకపోయింది. పెట్టుబడిదారీ సమాజాలలోకూడా డబ్బు చేరలేని ప్రదేశాలు సదా ఉన్నాయి. ఉంటాయి. అంతే కాదు, డబ్బుతో విలువకట్టలేని వస్తువులు అనేకం ఉన్నాయి. ఒక నవ్వు విలువ ఎంత? తన మాతామహులను, పితామహులను చూసి వస్తే వారికి ఎంత సంపాదన లభిస్తుంది?[48]

డబ్బుతో కొనలేని ఆ విలువలు స్కోర్ చేసినప్పుడు, దానికి ప్రత్యామ్నాయ నిర్ధన వ్యవస్థ ఉన్నది. దానికి వేరువేరు పేర్లు ఉన్నాయి: పరపతి, అంతస్తు, ప్రతిష్ఠ. సామాజిక పరువు వ్యవస్థలు. ఈ పరువు ప్రతిష్ఠలకు ప్రామాణికమయిన మదింపు ఉండాలంటారు. సామాజిక పరువు/ప్రతిష్ఠ ఒక సరికొత్త వ్యవస్థ. అక్కడ నవ్వులకు, కుటుంబాన్ని చూసి వచ్చినందుకు ఖచ్చితమయిన విలువలు కేటాయిస్తారు. ఈ వ్యవస్థ విప్లవాత్మకత, ప్రాముఖ్యత గ్రహించాలి అంటే, పరువు/ప్రతిష్ఠ మార్కెట్ కు, డబ్బు మార్కెట్ కు మధ్య వ్యత్యాసం ఏమిటో పరిశీలించుదాం. ధనం మార్కెట్ సూత్రాలే సామాజిక బాంధవ్యాల మార్కెట్ కు విస్తరింప జేస్తే ఏమవుతుందో అర్థం చేసుకోవటానికి సాయపడుతుంది.

డబ్బుకు పరువు/ప్రతిష్ఠకు మధ్య పెద్ద వ్యత్యాసం ఉన్నది. డబ్బు నిశితమయిన గణనతో కూడిన గణితనిర్మాణం. పరువు/ప్రతిష్ఠ అంకగణనను నిరసించింది. ఉదాహరణకు మధ్యయుగం నాటి కులీనులు, సంపన్నులు తమను తాము డ్యూక్, కౌంట్, వైకౌంట్, అధికార క్రమంలో బిరుదులు ఇచ్చుకున్నారు. అక్కడ పరువు/

ప్రతిష్ఠ పాయింట్లు లేవు. ఆ నాటి వినియోగదార్లు బజారుకువెళ్తే తమ దగ్గర ఎన్ని నాణాలు ఉన్నాయో తెలిసి ఉండేవారు. దుకాణాలలో వస్తువుల ధరలుకూడా తెలిసి ఉండేవారు. డబ్బు వ్యవహారంలో ప్రతి ఒక్క నాణానికీ లెక్క ఉంటుంది. మధ్యయుగంనాటి వీరులకు ఆ సమాజంలో ఏ వీరోచిత కార్యానికి విలువ ఎంత అన్నవిషయం తెలియదు. మొత్తంమీద ఎన్ని పాయింట్లు వస్తాయో కూడా వారికితెలియదు. యుద్ధంలో ధైర్యంగా పోరాడినందుకు పరువు/ప్రతిష్ఠ పాయింట్లు ఎన్నివస్తాయి? 10? 100? వారి పోరాటం ఎవరూ చూడక, లిఖిత పూర్వకంగా స్థాయి నిర్ణయించక పోతే? ఒకవేళ అది గమనించినా, ఎవరికి తోచిన విలువ వారు కడతారు కదా! ఆ నిశితత్వం లోపం వ్యవస్థలో ఒక పొరపాటు కాదు, అదే కీలక లక్షణం. లెక్కకట్టటం అంటే మోసానికి, కుట్రకు సమానార్థకం. పరువుగా ప్రవర్తించటం అంటే, పురస్కారాలకోసం చేసే ప్రయత్నం కాదు. అంతరంగ విలువకు ప్రతిబింబం.[49]

డబ్బు మార్కెట్ కు న్యాయాన్యాయ విచక్షణ ఉన్నది. పరువు/ప్రతిష్ఠం మార్కెట్ లో ఆ విచక్షణ పూజ్యం. ఆ వ్యత్యాసం నాటికీ నేటికీ మారలేదు. మీరు భోజనం చేసి డబ్బు చెల్లించకపోతే, ఆ బిస్త్రో యజమాని మిమ్మల్ని పట్టుకుంటాడు. పూర్తిగా చెల్లించినదాకా వదలడు. తినుబండారాల జాబితాలో ప్రతి ఒక్క దానికీ నికరమయిన ధర ఉంటుంది. ఆ యజమాని ఒక మంచిపని చేసిఉంటే సమాజం గుర్తించిందో లేదో ఆయనకే కాదు, ఎవరికయినాసరే ఎలా తెలుస్తుంది? ఒక వయోవృద్ధ ఖాతాదారుకు సహాయం చేశారు. లేదా దురుసుగా ప్రవర్తించిన ఖాతాదారుతో సహనంవహించి ప్రవర్తించారు. అందుకు ప్రతిఫలం సరిగా ముట్టలేదని ఎవరితో చెప్పుకోవాలి? అసలు ఆ సత్ప్రవర్తనకు ప్రతిఫలం అంటూ ఒకటి ఉన్నదా? కొన్ని సందర్భాలలో వారు ట్రిప్ అడ్వైజర్ కు ఫిర్యాదు చేయవచ్చు. అప్పుడు డబ్బు విలువకు, పరువు విలువకు మధ్య వ్యత్యాసం తగ్గుతుంది. రెస్టారెంట్లు, హోటళ్ళు పరువు/ప్రతిష్ఠ ఒక గణన ప్రకారం విలువ సంపాదిస్తాయి. సామాజిక పరువు/ప్రతిష్ఠ అంటే, పర్యవేక్షణ విధానం హోటళ్ళు, రెస్టారెంట్లనుంచి ప్రతి ఒక్క విషయానికి వ్యాపింపజేయటం. ఈసామాజిక పరువు/ప్రతిష్ఠ వ్యవహారం పూర్తిగా అమలులోకి వస్తే, ప్రతిఒక్క వ్యక్తికీ పరువు/ప్రతిష్ఠ మార్కులు వస్తాయి. ఆ స్కోర్ వారు చేసే ప్రతి పనికీ వెలకడుతుంది. వారు చేయగల ప్రతిఒక్క పనీ నిర్ణయిస్తుంది.

ఉదాహరణకు, రోడ్డుమీద చెత్త తీసివేసినందుకు మీరు 10 పాయింట్లు సంపాదించారు. ఒక వృద్ధస్త్రీకి రోడ్డు దాటటానికి సాయపడినందుకు 20 పాయింట్లు. మద్దెల వాయించి పక్క వారిని చికాకు పరిచినందుకు 15 పాయింట్లు కోల్పోయారు. మీ స్కోర్ బాగా ఉంటే రైలు టికెట్ కొనటంలో మీకు ప్రాధాన్యం ఇవ్వవచ్చు. యూనివర్సిటీకి అప్లై చేస్తుంటే ముందు అవకాశం మీకు ఇవ్వవచ్చు. మీ స్కోర్ తక్కువగా ఉంటే, యజమానులు మీకు ఉద్యోగం ఇవ్వటానికి విముఖులు కావచ్చు.

సంభావ్య ప్రేమికులు మిమ్మల్ని తిరస్కరించవచ్చు. ఇన్స్యూరెన్స్ సంస్థలు అదనపు ప్రీమియం డిమాండ్ చేయవచ్చు. న్యాయమూర్తులు మీకు విధించే శిక్షలు కఠినంగా ఉండవచ్చు.

ఈ సామాజిక పరువు/ప్రతిష్ఠ వ్యవస్థ సమాజానికి అనుగుణమయిన ప్రవర్తనకు ప్రతిఫలము, అహంభావ చర్యలకు శిక్షగా దర్శించవచ్చు. తద్వారా దయామయము, సామరస్య మయమయిన సమాజ సృష్టి లక్ష్యంకావచ్చు. తమసామాజిక పరువు వ్యవస్థ అవినీతిని అరికడుతుందని, కుంభకోణాలు, పన్నుల ఎగవేత, తప్పుడు ప్రకటనలు, నకిలీ వ్యవహారాలు అరికడుతుందని చైనా ప్రభుత్వం వివరిస్తుంది. దానికితోడు మనుషుల మధ్య, వినియోగదారులకు, సంస్థలకు నడుమ, ప్రజలకు ప్రభుత్వానికి మధ్య విశ్వాసం పెంచుతుందని చెప్తారు.[50] ప్రతి ఒక్క సామాజిక కార్యకలాపానికి విలువలు నిర్ణయిస్తే, అది పరువు, ప్రతిష్టలకు అవమానమని, అమానుషమని అనేవారు మరికొందరు ఉన్నారు. సంపూర్ణసామాజిక పరపతివ్యవస్థ ఇంకా దారుణం. అక్కడ ఏకాంతత, రహస్యము నేలపాలవుతాయి. జీవితం నిత్యమూ ఒక ఉద్యోగం ఇంటర్వ్యూ లాగా తయారవుతుంది. మీరు ఎప్పుడు, ఎక్కడ, ఏమి చేసినా మీ ఉద్యోగావకాశాలు, బ్యాంక్ లో రుణం, భర్త, జైలుశిక్ష అన్నీ మారిపోవచ్చు. మీరు కాలేజ్ పార్టీలో తాగారు. తర్వాత న్యాయసమ్మతమయిన పనే చేశారు. సిగ్గుపడవలసిన పని చేశారా? రాజకీయ ప్రదర్శనలో పాల్గొన్నారా? పరువు స్కోర్ తక్కువ ఉన్నవారితో స్నేహం చేస్తున్నారా? మీ ఉద్యోగం ఇంటర్వ్యూప్రశ్నలు ఇవి కావచ్చు. లేదా నేర విచారణ ప్రశ్నలు కావచ్చు. సమకాలీనం కావచ్చు, దశాబ్దాల తర్వాత కావచ్చు. ఈ సామాజిక పరువు వ్యవస్థ ఒక నిరంకుశ వ్యవస్థ కావచ్చు.

పరువు, ప్రతిష్ట మార్కెట్ ఖచ్చితంగా మనుషులను సర్వదా నియంత్రించింది. దానికితోడు వారు ప్రస్తుత సామాజిక నిబంధనలకు లోబడిఉండేలా చేసింది. చాలా సమాజాల్లో, ప్రజలు డబ్బును పోగొట్టుకోవటంకంటే పరువు పోగొట్టుకోవడానికి ఎక్కువగా భయపడతారు. ఆర్థిక సమస్యలకంటే, అవమానం, నేరపూరిత భావాలవల్లనే ఎక్కువమంది ఆత్మహత్యలకు పాల్పడతారు. ఉద్యోగం పోయిన తర్వాత లేదా వ్యాపారం దివాళా అయిన తర్వాత ఆత్మహత్య చేసుకున్నవారిలో కూడా, వారిని చివరికి ఆత్మహత్యకు ప్రేరేపించేది ఆర్థిక ఇబ్బందులు కాకుండా సామాజిక అవమానమే.[51]

కానీ, పరపతి మార్కెట్లోని అనిశ్చితి, వ్యక్తిగత గతంలో దాని సంపూర్ణనియంత్రణ సామర్థ్యానికి సంకెళ్లు చేశాయి. సామాజికంగా ప్రతిఒక్క పరస్పర వ్యవహారానికి ఖచ్చితమైన విలువ ఏమిటో ఎవరికీ తెలియదు, అలాగే ప్రతి అన్యోన్యక్రియను ఎవరూ గమనించలేరు కాబట్టి, కొంత స్వేచ్ఛ ఉండేది. మీరు కాలేజ్ పార్టీకి వెళ్లినప్పుడు, మీ స్నేహితుల అభిమానం పొందేలా ప్రవర్తించినా, భవిష్యత్తులో యజమానులు

ఏమనుకుంటారోనని ఆందోళన పడాల్సిన అవసరం ఉండేది కాదు. ఉద్యోగంకోసం ఇంటర్వ్యూకు వెళ్లినప్పుడు, మీ స్నేహితులు అక్కడ ఉండరని తెలుసు. ఇంట్లో బూతుబొమ్మలు, సినిమాలు చూస్తున్నప్పుడు, మీ పై అధికారులు, లేదా స్నేహితులు తెలుసుకోలేరని అనుకుంటారు. జీవితం వేర్వేరు పరపతి రంగాలుగా విభజించబడింది, వాటిలో వేర్వేరు ప్రతిష్ట పోటీలు ఉన్నాయి, అలాగే మీరు ఏవిధమైన ప్రతిష్ట పోటీలో పాల్గొనాల్సిన అవసరం లేని ఆఫ్-గ్రిడ్ క్షణాలు కూడా ఉన్నాయి. పరువు/ప్రతిష్ఠ పోటీ చాలా కీలకమైనదే కాబట్టి, అది చాలా ఒత్తిడి కలిగిస్తుంది. అందువల్ల, మనుషులు మాత్రమే కాదు, తోకలేని కోతులవంటి ఇతర సామాజిక జంతువులుకూడా ఆ పోటీనుంచి కొంత విశ్రాంతిని స్వాగతిస్తాయి.[52]

కంప్యూటర్ల నెట్వర్క్ ఇందుకు విరుద్ధం. అవి ఎప్పుడూ ఆన్ లో ఉండవచ్చు. అందువల్ల, కంప్యూటర్లు మనుషులను ఒక సరికొత్త జీవన విధానానికి తోసుకు వస్తున్నాయి. ఆ నవజీవన విధానంలో మనం సదాపరస్పర సంపర్కంలో ఉన్నాము. సదా పర్యవేక్షణలో ఉన్నాము. ఆరోగ్య సంరక్షణవంటి కొన్ని సందర్భాలలో, ఇది ప్రయోజనకారి కావచ్చు. మరికొన్ని సందర్భాలలో, ఉదాహరణకు నిరంకుశ రాష్ట్రాల పౌరులకు, ఇది ఒక విపత్తు కావచ్చు. నెట్వర్క్ సాధారణంగా మంచిదే కావచ్చు. అది ఎప్పుడూ "ఆన్" లో ఉండటం మనుషుల వంటి జీవజాలాలకు హానికరం కావచ్చు. ఎందుకంటే ఇది మనకు డిస్కనెక్ట్ అవ్వడానికి, విశ్రాంతి తీసుకోవడానికి అవకాశాలు కొల్లగొడుతుంది. ఒక జీవి ఎప్పుడూ విశ్రాంతి తీసుకోకపోతే, అది చివరికి కుప్పకూలి మరణిస్తుంది. కానీ నిరంతరం నిర్విరామంగా పనిచేసే నెట్ వర్క్ నిదానించి, మనకు కొంత విరామం ఇచ్చేట్లు చేయటం ఎలా?

కంప్యూటర్ నెట్ వర్క్ సమాజంపైన పూర్తి నియంత్రణ తీసుకోకుండా మనం అడ్డుకోవాలి. ఇది కేవలం మనకు విశ్రాంతి ఇవ్వడానికి మాత్రమే కాదు. విరామాలు మరింత ముఖ్యమైనవి, ఎందుకంటే అవి మనకు నెట్ వర్క్ సరిచేయడానికి అవకాశం ఇస్తాయి. నెట్వర్క్ వేగాతివేగంగా అభివృద్ధి చెందుతూనే ఉంటే, తప్పులు మనం గుర్తించి సరిచేయగలిగినదానికంటే వేగంగా కూడుకువస్తాయి. నెట్ వర్క్ విస్తృతంగా వ్యాపించి నిరంతరం నిర్విరామంగా పనిచేస్తూ ఉండవచ్చు. కాని అదికూడా తప్పులు చేస్తుంది. అవును, కంప్యూటర్లు మనలను గురించి అపూర్వమైన డేటాను, అపారమయిన డేటాను సేకరిస్తాయి, ఇరవైనాలుగు గంటలూ మనం ఏం చేస్తున్నామో పర్యవేక్షిస్తాయి. అవును, అవి దత్తాంశ సముద్రంలో నమూనాలను మానవాతీత సామర్థ్యంతో గుర్తిస్తాయి. అంతమాత్రాన నెట్వర్క్ ఎప్పుడూ ప్రపంచాన్ని సరిగ్గా అర్థం చేసుకుంటుందని అర్థం కాదు. నిజం అంటే సమాచారం కాదు. సంపూర్ణ పర్యవేక్షణ వ్యవస్థ ప్రపంచాన్ని గురించి, మనుషులను గురించి అవగాహనను వక్రీకరించవచ్చు. ప్రపంచాన్ని గురించి, మనలను గురించి నిజం కనుగొనటానికి బదులు, నెట్వర్క్ తన అపారశక్తిని ప్రయోగించి కొత్త ప్రపంచవ్యవస్థ సృష్టించి మనపై విధించవచ్చు.

అధ్యాయం 8

భ్రమకారకం: యంత్రాంగం తరుచూ దోషమయం

గులాగ్ ఆర్చిపెలగో (1973) లో, అలెగ్జాండర్ సోల్జెనిట్సిన్ సోవియట్ శ్రమ శిబిరాల చరిత్రను, వాటిని సృష్టించి, పోషించిన సమాచార యంత్రాంగం చరిత్రను వివరించాడు. ఆయన కొంతవరకు తన వ్యక్తిగత చేదుఅనుభవం ఆధారంగా రాశాడు. రెండవ ప్రపంచ యుద్ధ సమయంలో సోల్జెనిట్సిన్ రెడ్ ఆర్మీలో కెప్టెన్ గా పనిచేస్తున్నప్పుడు, తన పాఠశాల స్నేహితుడితో వ్యక్తిగతంగా ఉత్తరప్రత్యుత్తరాలు నడిపేవాడు. అందులో అప్పుడప్పుడూ స్టాలిన్ ను విమర్శించేవాడు. జాగ్రత్తగా ఉండటానికి, ఆయన ఆ నియంత పేరును ఎక్కడా ప్రస్తావించలేదు, "మీసం ఉన్న మనిషి" అని మాత్రమే పేర్కొన్నాడు. దానివల్ల ప్రయోజనం లేకపోయింది. రహస్య పోలీసు దళం అతని లేఖలు అడ్డగించి చదివారు. 1945 ఫిబ్రవరిలో జర్మనీలో ఫ్రంట్ లైన్లో సేవ చేస్తున్నప్పుడు అతన్ని అరెస్టు చేశారు. తదుపరి ఎనిమిది సంవత్సరాలు అతను శ్రమ శిబిరాల్లో గడిపాడు.[1] సోల్జెనిట్సిన్ శ్రమించి సాధించిన సూక్ష్మదృష్టి, కథలు ఇరవై ఒకటవ శతాబ్దంలో సమాచార యంత్రాంగం అభివృద్ధిని అర్థం చేసుకోవటానికి ఇప్పటికీ ప్రాసంగికంగా ఉన్నాయి.

ఒక కథ 1930 ల చివరలో మాస్కో ప్రావిన్స్ లో ఒక జిల్లాపార్టీ సమావేశంలో జరిగిన సంఘటనలను వివరిస్తుంది. అప్పటి మహాభయంకరమైన స్టాలినిస్ట్ రాక్షసకాలంలో, స్టాలిన్ కు నివాళి అర్పించాల్సిందిగా పిలుపు ఇవ్వబడింది. వారు తీక్ష్ణంగా గమనించబడుతున్నారని ఆహ్వానితులందరికీ బాగా తెలుసు. అందరూ ఉధృతంగా చప్పట్లుకొట్టడం ప్రారంభించారు. ఐదు నిమిషాలపాటు చప్పట్లు కొట్టిన తర్వాత, చేతులు మంటలు పుడుతున్నాయి. పైకి ఎత్తిన చేతులు పీకుతున్నాయి..

వృద్ధులు అలసటతో ఊపిరాడక ఆయాసపడుతున్నారు... అయినా, మొదటగా ఆపడానికి ఎవరు ధైర్యం చేస్తారు? సోల్జెనిట్సిన్ "ఎన్కేవీడీ (గూఢచారి సంస్థ) సభ్యులు హాల్లో నిలబడి చప్పట్లు కొడుతూ ఎవరు ముందుగా ఆపుతారో గమనిస్తున్నారు!" అని వివరించారు. అది ఆరు నిమిషాలు, ఎనిమిది, పది నిమిషాలు ఇలా కొనసాగింది. "ఇప్పుడు వారు గుండెపోటుతో కుప్పకూలే వరకు ఆపలేరు!... ముఖంమీద తెచ్చిపెట్టుకున్న ఉత్సాహంతో, ఒకరినొకరు ఆశగా చూస్తూ, జిల్లానాయకులు నుంచున్నచోటనే పడిపోయే వరకు చప్పట్లు కొడుతూనే ఉండాలని నిర్ణయించుకున్నారు."

చివరికి, పదకొండు నిమిషాల తర్వాత ఒక పేపర్ ఫ్యాక్టరీ డైరెక్టర్ ప్రాణాలు అరచేతిలో పెట్టుకునిచప్పట్లు కొట్టటం ఆపి కూర్చున్నాడు. వెంటనే ప్రతి ఒక్కరూ చప్పట్లు ఆపి కూర్చున్నారు. అదేరాత్రి రహస్య పోలీసుదళం ఆయనను అరెస్ట్ చేసి పదేళ్ళు గులాగ్ పంపారు. ఆయనను ప్రశ్నించిన పెద్దమనిషి సలహా: "చప్పట్లు ఆపటంలో ఎన్నడూ మొదటివాడివి కాకు."[2]

ఈ కథ సమాచారం నెట్ వర్క్ లు, ముఖ్యంగా నిఘావ్యవస్థలను గురించి ఒక కీలకమైన కలవరపరిచే వాస్తవాన్ని వెల్లడిస్తుంది. సాధారణంగా వ్యాప్తిలోఉన్న అభిప్రాయానికి విరుద్ధంగా, సమాచారం అనేది నిజాన్ని తెలుసుకోవటానికి కాకుండా, ఒక క్రమాన్ని సృష్టించడానికి ఎక్కువగా ప్రయోగించబడుతుంది. మాస్కోలో జరిగిన సదస్సులో స్టాలిన్ ఏజెంట్లు "చప్పట్లు కొట్టే పరీక్ష"ను ప్రేక్షకులపై నిజాయితీ పరీక్షగా ఉపయోగించినట్టు కనిపిస్తుంది. దీని ప్రకారం, ఎవరు ఎక్కువసేపు చప్పట్లు కొడితే, వారు స్టాలిన్ ను ఎక్కువగా అభిమానిస్తున్నారని భావించారు. అనేక సందర్భాల్లో ఇది అవాస్తవం కాదు. కానీ 1930 ల చివరలో మాస్కో వాతావరణంలో, ఈ చప్పట్ల స్వభావం మారిపోయింది. ఎందుకంటే, సదస్సులో పాల్గొన్నవారు తాము గమనించ బడుతున్నామని, విశ్వాసలేమికి అతిచిన్నసూచనకూడా తీవ్రమైన పరిణామాలకు దారితీస్తుందని తెలుసుకున్నారు. అందువల్ల వారు అభిమానంతోకాక భయంతో చప్పట్లు కొట్టారు. పేపర్ ఫ్యాక్టరీ డైరెక్టర్ అందరికంటే ముందు చప్పట్లు ఆపి ఉండవచ్చు. ఆపడానికి కారణం అతని విశ్వాసలోపం కాకపోవచ్చు. అతను విశ్వాసపరుడే అయిఉండవచ్చు. నిజాయితీపరుడు అయి ఉండవచ్చు. లేదా అతని చేతులు ఎక్కువ నొప్పిపుట్టి ఉండవచ్చు.

చప్పట్లు కొట్టే పరీక్ష ప్రజలను గురించి నిజాన్ని కనుక్కోలేదు, కానీ అది క్రమాన్ని విధించడంలో, ప్రజలను ఒక నిర్ణీతమయిన రీతిలో ప్రవర్తించేలా చేయటంలో సఫలత సాధించింది. కాలక్రమేణా పద్ధతులు దాసత్వానికి, కాపట్యానికి, క్రౌర్యానికీ దారితీశాయి. దశాబ్దాల తరబడి సోవియట్ సమాచార యంత్రాంగం కోట్లాది ప్రజలకు చేసిన సేవ ఇది. క్వాంటమ్ మెకానిక్స్ లో అణువులకంటే స్వల్ప పదార్థాలను

పర్యవేక్షిస్తే, ఆ పరమాణు పదార్థాల ప్రవర్తన మారిపోతుంది. మనుష్యుల ప్రవర్తన కూడా అంతే. మీ పరిశీలన సాధనాల శక్తి పెరిగినకొద్దీ, వాటి ప్రభావం కూడా పెరుగుతుంది.

సోవియట్ పాలన చరిత్రలోనే అత్యంత ప్రబలమయిన సమాచార యంత్రాంగం నిర్మించింది. అది ప్రజలను గురించి అపారమయిన సమాచారం సేకరించి, విధాయకం చేసింది. మార్క్స్, ఏంజెల్స్, లెనిన్, స్టాలిన్ ప్రభృతుల అసమాన సిద్ధాంతాలు మానవాళిని ప్రగాఢంగా అవగాహన చేసుకోవటానికి ఆనతి ఇచ్చాయని వ్యాజం. వాస్తవానికి సోవియట్ సమాచార యంత్రాంగం మానవ ప్రకృతిలో అనేక అంశాలను పట్టించుకోలేదు. తమ సిద్ధాంతాలు తమ ప్రజలకు కలిగించిన తీవ్రకష్టనష్టాలను ఆ వ్యవస్థ పూర్తిగా నిరాకరించింది. ఆ యంత్రాంగం వివేచనకు బదులు క్రమత ఏర్పరిచింది. మానవాళిని గురించి విశ్వసత్యం వెలువరించటానికి బదులు ఆ వ్యవస్థ ఒక నూతన మానవాళిని సృష్టించింది – హోమో సోవియటికస్.

హోమో సోవియటికస్ అనేది సోవియట్ యూనియన్లో ఏర్పడిన ప్రత్యేకమైన మానవ స్వభావాన్ని వివరించడానికి ఉపయోగించిన పదం. ఇది బానిస స్వభావం, నిస్సహాయంగా ఇతరులను అనుమానించే మనుషులకు పర్యాయపదం. దీనిని ప్రముఖ సోవియట్ వ్యతిరేక తత్వవేత్త, వ్యంగ్య రచయిత అలెగ్జాండర్ జినోవ్యెవ్ రూపొందించారు. ఈ పదం సోవియట్ పాలన, దాని సమాచార నెట్వర్క్, పర్యవేక్షణ, శిక్షలు ఇంకా పురస్కారాల ద్వారా ఏర్పడిన మానవ లక్షణాలను సూచిస్తుంది.[3] ఉదాహరణకు ఆ యంత్రాంగం గులాగ్ కు ఒక పేపర్ ఫ్యాక్టరీ డైరెక్టర్ ను పంపించింది. విధేయత ఫలిస్తుంది అని అందరికీ సంకేతం. కాని ఏదైనా చేయటానికి ముందడుగువేయటం దుర్వార్త. ఆ యంత్రాంగం మనుషులను గురించి నిజం తెలుసుకోవటంలో విఫలమై ఉండవచ్చు. కాని ప్రపంచాన్నే జయించిన క్రమం అమలుచేసిన ఖ్యాతి ఆ యంత్రాంగానిదే.

సహజీవులపై నిరంకుశత్వం

దానిని పోలిన చర్య ఇరవైఒకటో శతాబ్దం కంప్యూటర్లను పీడించవచ్చు. దానివల్ల కొత్తరకం మనుష్యులు పుట్టుకురావచ్చు. సరికొత్త స్థానభ్రంశాలు ఏర్పడవచ్చు. అందుకు పోలిన ఉదాహరణ మనుషులను సంస్కరించటానికి సామాజిక మాధ్యమాల సూచనాక్రమం. సూచనాక్రమం అనుసరించిన పద్ధతులు వేరు, NKVD అనుసరించిన పద్ధతులు పూర్తిగా వేరు. NKVD పద్ధతులలో బలాత్కారము, దౌర్జన్యము ఉన్నాయి. ఇక్కడ అటువంటివి ఏమీ లేవు. సోవియట్ రహస్య పోలీసుదళం పర్యవేక్షణ, పురస్కారాలు, శిక్షలద్వారా హోమో సోవియటికస్

బొనిసలను తయారు చేసింది. ఫేస్ బుక్, యు ట్యూబ్ కూడా అదే పద్ధతిన కొన్ని ప్రాథమిక స్వభావాలకు పురస్కారాలు ఆశ చూపి, ఇంటర్నెట్ ఆటబొమ్మలను సృష్టించారు. వాటికి లొంగని వారికి శిక్షలు.

సంస్థలు తమ సూచనాక్రమాలకు వినియోగదారులను ఎక్కువకాలం పట్టిఉంచాలనే ఆంక్ష విధించాయి. ఇది ఒక్క మయన్మార్ లోనే కాదు ప్రపంచమంతటా జరగాలి. ఈ విషయం అధ్యాయం 6 లో సంగ్రహంగా వివరించ బడింది. 2012లో యూ ట్యూబ్ లో ప్రతిరోజు సుమారు 100 మిలియన్ గంటల వీడియోలు వీక్షించబడుతున్నాయి. కానీ యూ ట్యూబ్ సంస్థకు ఇది చాలలేదు. వారు తమ సూచనాక్రమాలకు 2016 నాటికి రోజుకు 1 బిలియన్ గంటల వీడియోల వీక్షణ లక్ష్యంగా పెట్టారు.[4] మిలియన్ల మంది వినియోగదారులమీద ట్రయల్-అండ్-ఎర్రర్ ప్రయోగాల ద్వారా, యూట్యూబ్ సూచనాక్రమాలు, ఫేస్ బుక్ సూచనాక్రమాలు, ఒకే విధమైన నమూనాను కనుగొన్నాయి: ఆగ్రహాన్ని, సంచలనాన్ని కలిగించే ప్రదర్శనలకు వినియోగదారుల నిమగ్నత ఎక్కువగా వస్తుంది; మితమైన, నిజమైన ప్రదర్శనలకు తక్కువగా వస్తుంది. అందువల్ల, సూచనాక్రమాలు మితస్వభావ కార్యక్రమాలను పట్టించుకోకుండా, సంచలనాత్మకమైన పన్నాగాలను, సిద్ధాంతాలను మిలియన్లమంది ప్రేక్షకులకు సిఫార్సు చేయడం ప్రారంభించాయి. 2016 నాటికి, యూ ట్యూబ్ వినియోగదారులు రోజుకు 1 బిలియన్ గంటల వీడియోలు చూస్తున్నారు.[5]

ప్రేక్షకుల సావధానతకోసం పోటీపడే యూట్యూబ్ స్రష్టలు, అబద్ధాలతో కూడిన సంచలన వీడియోలు పోస్ట్ చేస్తే సూచనాక్రమం వాటిని ఎక్కువ మందికి సిఫార్సు చేస్తుందని గమనించారు. తద్వారా వారి ప్రజాదరణ పెరుగుతుంది, ఆదాయమూ పెరుగుతుందని గమనించారు. అదే సమయంలో, నిజాన్ని చెప్పే వీడియోలుచేస్తే సూచనాక్రమం పట్టించుకోలేదు. ఇలా మద్దతుద్వారా లభించిన జ్ఞానంతో, కొన్ని నెలల్లోనే, సూచనాక్రమాలు అనేకమంది యూట్యూబర్లను కీలుబొమ్మలుగా మార్చాయి.[6]

ఇందువల్ల చాలా సామాజిక, రాజకీయ పరిణామాలు జరిగాయి. ఉదాహరణకు, జర్నలిస్ట్ మ్యాక్స్ ఫిషర్ తన 2022 పుస్తకం ది కేయాస్ మెషీన్ లో వివరించినట్లు, యూట్యూబ్ సూచనాక్రమాలు బ్రెజిల్లో దక్షిణపక్ష రాజకీయాల పెరుగుదలకు, బోర్డర్ లైన్ లో ఉన్న జైర్ బోల్సోనారోను దేశాధ్యక్షుడిగా మార్చడంలో కీలక పాత్ర పోషించాయి.[7] బోల్సోనారో ముఖ్యమైన మద్దతుదారులు, సహాయకులు చాలామంది మొదట యూ ట్యూబ్ ద్వారానే పేరుప్రఖ్యాతులు సంపాదించినవారు. ఇదంతా సూచనాక్రమాల దయ.

కార్లోస్ జోర్డి ఒక ఉదాహరణ. 2017లో ఆయన నిటెరోయ్ అనే చిన్న పట్టణంలో నగర కౌన్సిలర్ గా ఉన్నాడు. ఆయన పైకి ఎదగాలని ఆశపడే వ్యక్తి.

ఆయన యూ ట్యూబ్ లో వివాదాస్పద వీడియోలు రూపొందించాడు. ఆ వీడియోలు లక్షలాదిమంది చూశారు. దానితో ఆయన జాతీయస్థాయిలో గుర్తింపు పొందాడు. తన వీడియోల్లో, స్కూల్ టీచర్లు పిల్లలను బ్రెయిన్ వాష్ చేయడానికి కుట్రలు చేస్తున్నారని, సంప్రదాయవాద విద్యార్థులను వేధిస్తున్నారని బ్రెజిలియన్లను హెచ్చరించాడు. 2018లో, జోర్డి బ్రెజిల్ ఛేంబర్ ఆఫ్ డిప్యూటీస్ కు (బ్రెజిలియన్ కాంగ్రెస్ దిగువ సభ) ఎన్నికయ్యాడు, బాల్సొనారోకు అత్యంత నిబద్ధతగల మద్దతుదారులలో ఒకడిగా నిలిచాడు. ఫిషర్ తో జరిగిన ఇంటర్వ్యూలో జోర్డి సూటిగా, "సామాజిక మాధ్యమాలు లేకపోతే నేను ఇక్కడ ఉండేవాడిని కాదు, జైర్ బాల్సొనారో కూడా అధ్యక్షుడయ్యేవాడు కాదు" అని అన్నాడు. రెండవవాక్యం ఆయన ఆత్మభూషణగా భావించవచ్చు, కానీ బాల్సొనారో అభ్యుదయానికి సామాజిక మాధ్యమం కీలక పాత్ర పోషించిందనడంలో సందేహం లేదు.

2018 లో బ్రెజిల్ ఛేంబర్ ఆఫ్ డిప్యూటీస్ కు ఎన్నికైన మరొక యూ ట్యూబర్ కిమ్ కటగిరి. అతను బ్రెజిల్ స్వాతంత్ర్య ఉద్యమానికి (Movimento Brasil Livre - MBL) నాయకుడు. మొదట అతను ఫేస్ బుక్ ను ప్రధాన వేదికగా ఉపయోగించాడు. కానీ అతని పోస్టులు చాలా తీవ్రంగా ఉండటంతో ఫేస్ బుక్ కొన్నింటిని తప్పుడు ప్రచారం పేరున నిషేధించింది. అందువల్ల కటగిరి ఎక్కువ స్వేచ్ఛ ఉన్న యూ ట్యూబ్ కు మారాడు. MBL కార్యాలయంలో ఫిషర్ తో మాట్లాడిన కార్యకర్తలు, "ఇక్కడ మేము దీనిని 'సహవాసుల నియంతృత్వం' అంటాము" అని వివరించారు. యూ ట్యూబర్లు క్రమంగా తీవ్రవాదం వైపు వెళ్తారని, సత్యదూరమయిన దుస్సాహస విషయాలను పోస్ట్ చేస్తారని చెప్పారు: "మీకు పాఠకులు పెరుగుతారు, పతనాలుపెరుగుతాయి కాబట్టి ఆ దారిపట్టిన తర్వాత వెనక్కి వెళ్లడం అసాధ్యం. ఎప్పుడూ ఇంకొంచెం ముందుకు వెళ్లాలి. భూమి బల్లపరుపుగా ఉన్నదనేవారు, టీకాలు వ్యతిరేకించేవారు,, రాజకీయాల్లో కుట్ర సిద్ధాంతాలు – సర్వత్రా ఇదే విపరీతం చూస్తారు."[8]

యూట్యూబ్ సూచనాక్రమాలు అసత్యాలు లేదా కుట్ర సిద్ధాంతాలు, అతివాదసారం స్వయంగా సృష్టించలేదు. 2017–18లో, అవన్నీ మనుషులే చేశారు. అయితే, సూచనాక్రమాలు మాత్రం మనుషులను అటువంటి ప్రవర్తనకు ప్రోత్సహించాయి. జనాన్ని బాగా ఆకట్టుకోవటంకోసం సంచలనాత్మక రచనలు, ప్రసంగాలు, నటనలు తయారు చేయాలని ప్రేరేపించాయి. ఆటో ప్లేడ్ (auto-played) అనే యు ట్యూబ్ సూచనాక్రమం ఒకటి ఉన్నది. ఆ సూచనాక్రమం చూసిన దక్షిణమార్గ ఆందోళన కారులు తీవ్రవాద రాజకీయ వేత్తలై కూర్చున్నారు. అలా మారినవారి జాబితా ఒకటి ఫిషర్ తయారు చేశారు. ఒక దక్షిణమార్గ ఆందోళన కారులు ఫిషర్ తో చెప్పారు: ఆయనకు రాజకీయాలలో ఏనాడూ, ఎంతమాత్రమూ

ఆసక్తి లేదు. ఒకనాడు కటగిరి రాజకీయాలను గురించి యూ ట్యూబ్ ఒక వీడియో స్వయంచాలకంగా ప్రదర్శించింది. "అంతకు మునుపు నాకు ఆదర్శవాదము, రాజకీయ నేపధ్యము అంటూ ఏమీ లేవు." ఆయన వివరించాడు. తనకు రాజకీయ విద్యనేర్పిన ఘనత ఆసూచనాక్రమానిదేనని ఆయన చెప్పారు. మిగతావారు ఆ ఉద్యమంలో ఎలా చేరారో చెబుతూ, "అందరూ అంతే....ఇక్కడికి చేరినవారందరూ యు ట్యూబ్ ద్వారావచ్చారు, సామాజికమాధ్యమాల ప్రేరణవల్ల వచ్చారు."[9]

తప్పు మనుషులదే

చరిత్రలో మనం ఒక ముఖ్యఘట్టం చేరుకున్నాం. ఇక్కడ ముఖ్యమయిన చరిత్రాత్మక ప్రక్రియలు మానవేతరవివేకం చేసిన నిర్ణయాలు. ఈ కారణంగానే కంప్యూటర్ నెట్ వర్క్ తప్పిద సామర్థ్యం అంత ప్రమాదకరమవుతుంది. కంప్యూటర్లు చరిత్ర ప్రతినిధులుగా మారినప్పుడు వాటి తప్పిదాలు ఉపద్రవకరమయిన ప్రభావాన్ని చూపిస్తాయి. రోహింగ్యా వ్యతిరేక ప్రచారం పురికొల్పటంలో ఫేస్ బుక్ పాత్రను పరిశీలించినప్పుడు మనం ఈ వాదన 6 వ ధ్యాయంలో ఇంతకుమునుపే ప్రస్తావించాం. అయితే, ఆ సందర్భంలో చెప్పినట్లుగా, ఫేస్ బుక్, యూ ట్యూబ్, ఇతర సాంకేతిక దిగ్గజాల మేనేజర్లు, ఇంజినీర్లలో కొందరితోసహా చాలామంది ఈ వాదనకు అభ్యంతరం చెబుతున్నారు. ఇది ఈ పుస్తకంలోని ప్రధాన అంశాల్లో ఒకటి కావడంతో, ఈ అంశం మరింత లోతుగా పరిశీలించడం అవసరం.

ఫేస్ బుక్, యూ ట్యూబ్, టిక్ టాక్, ఇతర వేదికలు నిర్వహించేవారు తరచూ తమ సూచనాక్రమాలను తప్పుబట్టకుండా, బాధ్యతను "మానవ స్వభావం" మీదికి మళ్లించే ప్రయత్నం చేస్తారు. వేదికలమీద దర్శనమిచ్చే ద్వేషం, అబద్ధాలకు కారణం మానవస్వభావమే అని వారు వాదిస్తారు. ఆపైన వారు తమకు స్వేచ్ఛాభావప్రకటన విలువలు ఉన్నాయని, అందువల్ల సహజమయిన భావప్రకటన నిరోధించటానికి తాము సందేహిస్తున్నామని వారి వ్యాజం. ఉదాహరణకు 2019 లో యు ట్యూబ్ CEO సుసన్ వోజిస్కీ ఇలా వివరించారు: "మా ఆలోచన ఇలా ఉంటుంది.: 'ఈ సమాచార వస్తువు మా పాలసీలను ఉల్లంఘించిందా? ద్వేషం, వేధింపువంటి విషయాల్లో ఏదైనా ఉల్లంఘించిందా?' ఉల్లంఘిస్తే, ఆ వస్తువును మేము తొలగిస్తాము. మేము పాలసీలను పోనుపోను మరింత కట్టుదిట్టం చేస్తూనే ఉన్నాము. మాకు విమర్శలు కూడా వస్తూ ఉంటాయి. స్పష్టంగా చెప్పాలంటే, స్వేచ్ఛా భావప్రకటనకు గీత ఎక్కడ గీయాలి, మీ గీతలు కట్టుదిట్టం చేస్తే, సమాజంలో వినపడాల్సిన స్వరాలను నొక్కివేస్తున్నారా? విస్తృతమైన స్వరాలకు అవకాశం ఇస్తున్నాం. కానీ ఆ స్వరాలు సమాజానికి ఆరోగ్యకరమైన సంభాషణలకు అనుగుణంగా ఉండే నియమాలు పాటించేలా సమతుల్యతను సాధించడానికి ప్రయత్నిస్తున్నాము."[10]

ఫేస్ బుక్ ప్రతినిధి కూడా 2021 అక్టోబరులో ఇలా అన్నారు: "ప్రతి వేదికలా గానే, మేముకూడా స్వేచ్ఛా భావప్రకటన, హానికరమైన ప్రసంగం, భద్రత ఇంకా ఇతర విషయాలలో కష్టసాధ్యమైన నిర్ణయాలు తీసుకుంటూనే ఉన్నాము... కానీ ఈ సామాజిక సరిహద్దుల నిర్ణయం సర్వదా ఎన్నికైన నాయకులకు వదిలివేయటం శ్రేయస్కరం."[11] ఈ సాంకేతిక మహామహులు ఈవిధంగా మనుషులు తయారుచేసే సమాచార వస్తువుకు తాము కేవలం మధ్యవర్తులం మాత్రమేనంటూ చర్చ దారి తప్పిస్తున్నారు. కొన్ని మానవ భావావేశాలు అలవరచటంలో సూచనాక్రమాలు చురుకయిన పాత్ర వహిస్తాయి. ఆ విషయం వారు పక్కకు నెట్టుతారు. పట్టించుకోరు. వారికి ఆ విషయం తెలియదా?

ఎంతమాత్రమూ కాదు. 2016లో, ఫేస్ బుక్ లోని ఒక అంతర్గత నివేదిక ప్రకారం, "తీవ్ర వాద బృందాలలో 64 శాతం మా సిఫార్సు సాధనాలవల్లనే చేరుతున్నారు ... మా సిఫార్సు వ్యవస్థలు సమస్యను పెంచుతున్నాయి."[12] 2019 ఆగస్టులో లీకైన ఫేస్బుక్ అంతర్గత మెమోలో, "ఫేస్ బుక్, దాని అనుబంధ యాప్ లలో ద్వేష ప్రసంగాలు, విభజనాత్మక రాజకీయ ప్రసంగాలు, తప్పుదారి పట్టించే సమాచారం ప్రపంచవ్యాప్తంగా సమాజాలను ప్రభావితం చేస్తున్నాయి. ఇందుకు మా దగ్గర అనేక ఆధారాలనుంచి సాక్ష్యాలు ఉన్నాయి. త్వరత్వరగా విస్తరించే స్వభావం, సిఫార్సులు, ప్రేక్షకుల నిమగ్నత మెరుగుపరిచే విధానం - మా ఉత్పత్తుల ప్రధాన లక్షణాలు. ఈ రకమైన ప్రసారాలు వేదికమీద విస్తరించడానికి మా ఉత్పత్తుల లక్షణాలే ముఖ్య కారణమని బలమైన ఆధారాలు ఉన్నాయి."[13]

"ఆప్తమిత్రులతో, కుటుంబ సభ్యులతో, వార్తలు, వర్తమానాలు వేరు. వైరలిటీ అనేది చాలా కొత్త విషయం, ఇది అంటుజాడ్యం వంటిది. చాలా వ్యవస్థల్లో మనం కొత్తగా ప్రవేశపెట్టినది . . .మన వ్యాపార ప్రయోజనాల కోసం ఉద్దేశపూర్వకంగా ప్రోత్సహించడంవల్ల జరుగుతుంది." 2019 లో బయటపడ్డ రహస్య పత్రంలో సమాచారం. ఆ పత్రంలో "ఆరోగ్యం లేదా రాజకీయాలవంటి అధిక ప్రాముఖ్యత ఉన్న విషయాలను గురించిన వస్తువుమీద ప్రేక్షకుల నిమగ్నత విలువకట్టటంవల్ల తప్పుదారి పట్టించే ప్రేరణలు, విశ్వసనీయత సమస్యలు వస్తాయి" అనికూడా ఉన్నది. మరింత తీవ్రంగా, "మన ర్యాంకింగ్ సిస్టమ్ లో మీరు దేనితో వశులు అవుతారని మాత్రమే కాక, ఇతరులను వశులను చేయటానికి మీరు పంపవచ్చని మేము భావించే వస్తువు విషయంలోకూడా ప్రత్యేకమైన అంచనాలు ఉన్నాయి. దురదృష్టవశాత్తూ, పరిశోధనలు చూపించాయి–కోపం, తప్పుదారి పట్టించే సమాచారం అంటు వ్యాధిలాగా విస్తారం అయ్యే అవకాశం ఎక్కువగా ఉంటుంది" అని వెల్లడించింది. బయటపడ్డ ఆ పత్రం ఒక కీలకమయిన సిఫార్సు చేసింది: కోట్లాదిమంది ఉపయోగించే వేదికమీద, హానికరమైన వస్తువును పూర్తిగా తొలగించడం ఫేస్ బుక్ కు

సాధ్యపడకపోవచ్చు., కనీసం అసాధారణమయిన పంపిణీద్వారా అలాంటి హానికరమయిన వస్తువును పెంచిపెద్దచేయటం మానేయాలి" అని సూచించింది.[14]

మాస్కోలోని సోవియట్ నాయకుల మాదిరిగానే, టెక్ కంపెనీలు మనుషులను గురించి ఏదో సత్యాన్ని బయటపెట్టడం కాదు; వారు ఒక వక్రీకృతమైన కొత్తవ్యవస్థను మననెత్తిన రుద్దుతున్నారు. మనుషులు చాలా సంక్లిష్టమైన జీవులు, మానవీయమైన సామాజిక వ్యవస్థలు మన మంచితనాన్ని పెంపొందించటానికి, మన దుష్ప్రవర్తనలను నియంత్రించటానికి మార్గాలు వెతుకుతాయి. కానీ సామాజిక మాధ్యమాల సూచనాక్రమాలు మనలను కేవలం ఒకే దృష్టితో చూస్తాయి: నిమగ్నతామయమయిన గనులుగా. ఈ సూచనాక్రమాలు మనుషుల అనేక భావోద్వేగాలను – ద్వేషం, ప్రేమ, కోపం, ఆనందం, అయోమయం – ఒకే ఒక శ్రేణిగా మార్చేశాయి: నిమగ్నత. మయన్మార్లో 2016లో, బ్రెజిల్లో 2018లో, ఇంకా అనేక దేశాల్లో, ఈ సూచనాక్రమాలు వీడియోలు, పోస్టులు, ఇతర వస్తువును ప్రజలు ఎంతసేపు చూశారు, ఎన్నిసార్లు పంచుకున్నారు అనేధోరణిలో మాత్రమే ర్యాంక్ చేశాయి. పది నిమిషాల నిజం/దయ, లేదా ఒకగంట నిద్రకంటే, పూర్తిగా ఒక గంటసేపు అబద్ధాలు లేదా ద్వేషాన్ని ప్రదర్శించే వస్తువు ఎక్కువ ప్రాధాన్యం పొందింది. అబద్ధాలు, ద్వేషం మానసికంగా, సామాజికంగా నాశనం కలిగిస్తాయని, నిజం, దయ, నిద్ర మన ఆరోగ్యానికి అత్యవసరమైనవని సూచనాక్రమం అసలు పట్టించుకోలేదు. మానవత్వాన్ని ఇలా చాలా సంకుచితంగా అర్థం చేసుకున్న ఈ సూచనాక్రమాలు ఒక సరికొత్త సామాజికవ్యవస్థ సృష్టించటానికి తోడ్పడ్డాయి. ఆవ్యవస్థ మన నీచాతినీచమయిన ప్రవృత్తులను ప్రోత్సహిస్తున్నది. సంభావ్య మానవ శక్తిసామర్థ్యాలు సాధించనీయక అడ్డుకుంటున్నది.

ప్రమాదకరమయిన ఈ ప్రభావాలు తలఎత్తుతూ ఉండటంతో సాంకేతిక మహామహులకు హెచ్చరికలు వెళ్ళాయి. కానీ వారు అడుగు ముందుకువేసి చేయి అందించటంలో విఫలులయ్యారు. సమాచారం దృక్పథం అంతా అమాయకమని వారి దృఢవిశ్వాసం. అబద్ధాలు, దౌర్జన్యాలతో వేదికలు దద్దరిల్లుతున్నాయి. ఇంకా ఎక్కువమంది తమ అభిప్రాయాలను స్వేచ్ఛగా వెల్లడిస్తే చివర్లో నిజం బయట పడుతుందని ఆ నిర్వాహకుల ఆశ. కానీ అలా జరగలేదు. సమాచార స్వేచ్ఛకోసం జరిగే పోరాటంలో నిజం ఓడిపోవటం సాధారణం. చరిత్రలో ఇది మళ్ళీమళ్ళీ మనకు దర్శనమిస్తుంది. త్రాసు నిజం వైపు దిగాలంటే, యంత్రాంగాలు దృఢమయిన స్వీయశోధన సంవిధానం అభివృద్ధిచేసి, అమలుపరచాలి. అక్కడ నిజం చెప్పినందుకు ప్రతిఫలం ఉండితీరాలి. ఈ స్వీయశోధన సంవిధానాలు ప్రియమయినవి. కానీ, నిజం తెలుసుకోవాలంటే అందుకు తగిన పెట్టుబడి ఉండాలి.

ఈ చారిత్రిక నియమం తనకు వర్తించదని సిలికన్ లోయ ఆలోచన. సామాజిక మాధ్యమాల వేదికలు ఈ స్వీయశోధన సంవిధానంలో పూజ్యం. 2014 లో

మయన్మార్ మొత్తం మీద జరిగే కార్యక్రమాలు పర్యవేక్షించటానికి ఫేస్ బుక్ బర్మీస్ మాట్లాడే మధ్యవర్తిని ఒకేఒకరిని నియమించింది.[15] మయన్మార్ పరిశీలకులు కొందరు ఫేస్ బుక్ తన వస్తువును మితపరచాలని హెచ్చరించ సాగారు. ఫేస్ బుక్ వారిని పట్టించుకోలేదు. ఉదాహరణకు, ప్వింట్ టున్ ఒక బర్మీస్ అమెరికన్ ఇంజనీర్. టెలికాం ఎక్జిక్యూటివ్. ఆమె మయన్మార్ గ్రామీణ వాతావరణంలో పెరిగారు. రానున్న ప్రమాదం హెచ్చరిస్తూ ఆమె ఫేస్ బుక్ నిర్వాహకులకు పదేపదే వ్రాశారు. 2014 జులై 5 న ఒక ఇ–మెయిల్ లో ఆమె ఒక భావిసూచన హెచ్చరికచేశారు: "రవాండాలో జాతి విధ్వంసం జరిగిన చీకటి రోజులలో రేడియో ఎలా ఉపయోగించారో, ప్రస్తుతం బర్మాలో ఫేస్ బుక్ అలానే ఉపయోగం అవుతున్నది. విషాదకరం." జాతి ప్రక్షాళన ఉద్యమానికి రెండేళ్ల ముందుమాట ఇది. ఫేస్ బుక్ ఎటువంటిచర్యా చేపట్టలేదు.

రోహిజ్యా వర్గం మీద దాడులు పెరిగాయి. ఫేస్ బుక్ మీద విమర్శల తుఫాను కొట్టింది. అయినాకూడా స్థానికవిషయాలమీద అనుభవజ్ఞానం ఉన్నవారిని నియమించటానికి, లిఖిత వస్తువు సవరించటానికి ఫేస్ బుక్ నిరాకరించింది. మయన్మార్ లో ద్వేషకారకులు రోహింగ్యాలను కించపరచటానికి జాతివివక్షత చూపే కలర్ (kalar) అన్నపదం ప్రయోగిస్తున్నారని సమాచారం తెలిసింది. ఏప్రిల్ 2017 లో ఆపదం ప్రయోగించిన సందేశాలన్నిటినీ బహిష్కరిస్తూ ఫేస్ బుక్ ప్రతి స్పందించింది. దీనివల్ల ఫేస్ బుక్ కు స్థానిక పరిస్థితులు తెలియవు, బర్మీస్ భాష అంతకంటే తెలీదని బయటపడింది. బర్మీస్ భాషలో కలర్ అనే పదం కొన్ని ప్రత్యేకసందర్భాలలో మాత్రమే జాతివిచక్షణ సూచిస్తుంది. మిగిలినసందర్భాలలో అది చాలా అమాయక పదం. కుర్చీ అంటే బర్మీస్ భాషలో కలర్ టేయింగ్ (kalar htaing), శనగలను కలర్ పే (kalar pae) అంటారు. జూన్ 2017 లో ప్వింట్ టున్ ఫేస్ బుక్ లో వ్రాశారు; kalar అనే పదం తొలిగించటం అంటే "hello" అన్న పదం నుంచి "hell"తీసివేసినట్లే.[16] స్థానిక నైపుణ్యాల అవసరాన్ని ఫేస్ బుక్ పట్టించుకోలేదు. మయన్మార్ లో పద్దెనిమిది మిలియన్ ఫేస్ బుక్ వినియోగదారులున్నారు. ఏప్రిల్ 2018 నాటికి ఆ వినియోగదార్లకోసం వస్తువును సవరించటానికి, సరిదిద్దటానికి ఫేస్ బుక్ అయిదుగురిని నియమించింది.[17]

స్వీయశోధన సంవిధానంలో పెట్టుబడిపెడితే నిజంపలికే అవకాశం మెరుగుపడుతుంది. సామాజిక మాధ్యమాల మహామహులు తప్పులు ఎక్కువచేసే అపూర్వమయిన సంవిధానం అభివృద్ధి చేశారు. ఆ సంవిధానంలో అబద్ధాలకు, కల్పనలకు ప్రతిఫలం మెండు. ఇన్స్టంట్ ఆర్టికిల్స్ (Instant Articles - వార్తలకు, ఇతర సమాచార వస్తువులకు వేదిక) అనేది అటువంటి తప్పులు పెంచే ఒక సంవిధానం. ఫేస్ బుక్ ఈ కార్యక్రమాన్ని 2016 లో మయన్మార్ లో విడుదల చేసింది. ప్రేక్షకులను ఆకట్టుకునే ఉద్దేశంతో ఫేస్ బుక్ వార్తా మాధ్యమాలకు బేరం

పెట్టింది. ఆ మాధ్యమాలు ప్రేక్షకులను, వినియోగదారులను ఎంత ఆకట్టుకోగలిగితే అంత అనులోమ ప్రతిఫలం. వినియోగదారులు ఎంత ఆకర్షితులు అయ్యారనేదానికి వారి క్లిక్ లు, వారి ప్రేక్షణలు కొలత. "వార్తలు" నిజమా కాదా అన్నదానికి విలువ పూజ్యం. ఈ కార్యక్రమం మొదలుకాక మునుపు 2015 లో అగ్రస్థానం ఆక్రమించిన పది ఫేస్ బుక్ వెబ్ సైట్లలో ఆరు వెబ్ సైట్లు "న్యాయబద్ధమయిన మాధ్యమాల"కు చెందినవి. 2017 నాటికి ఇన్స్టంట్ ఆర్టికిల్స్ ప్రభావం వల్ల, పైన ఉన్న పదిలో న్యాయబద్ధమయిన మాధ్యమాలు రెండే మిగిలాయి. 2018 నాటికి పై పది స్థానాలలో ఉన్న వెబ్ సైట్లు నకిలీ వార్తలు, ఎరవేసే వెబ్ సైట్లు గా పేరుకెక్కాయి. ఇది 2021 లో జరిగిన ఒక అధ్యయనం చెప్పిన వార్త.

పరిశోధనలో చెప్పిన ప్రకారం, ఇన్స్టంట్ ఆర్టికిల్స్ ప్రారంభం వల్ల "క్లిక్ చేయగానే ఎరవేసే నటీనటులు మయన్మార్లో రాత్రికిరాత్రి పుట్టుకొచ్చారు. ఆకర్షణీయమైన, భావోద్వేగపూరితమైన వస్తువు తయారు చేయగల నైపుణ్యం ఉన్నవారు నెలకు వేల డాలర్ల ఆదాయాన్ని, అంటే సగటు నెలజీతానికి పదింతలు, నేరుగా ఫేస్ బుక్ ద్వారా సంపాదించగలిగారు." మయన్మార్లో ఫేస్ బుక్ అనేది ఆన్లైన్ వార్తలకు అత్యంత ముఖ్యమైన వనరుగా ఉండటంవల్ల, ఇది దేశపు మొత్తం మాధ్యమాల రంగంమీద విపరీతమయిన ప్రభావాన్ని చూపింది. "ఫేస్ బుక్ అనేది ఇంటర్నెట్ కు సమానంగా ఉన్న దేశంలో, నాసిరకం వస్తువు ఇతర సమాచార వనరులను ముంచెత్తింది."[18] ఫేస్ బుక్, ఇంకా ఇతర సోషల్ మీడియా సంస్థలు ఉద్దేశపూర్వకంగా తప్పుడు వార్తలు, దౌర్జన్యము వ్యాప్తి చేయాలని లక్ష్యంగా పెట్టుకోలేదు. కానీ, తమ వినియోగదారులను గరిష్టంగా ఆకట్టుకోవాలని సూచనాక్రమాలను ఆదేశించడం ద్వారా, అవి ఇదే దౌష్ట్యం చేశాయి.

మయన్మార్ విషాదాన్ని పరిశీలిస్తూ, 2023 జూలైలో ప్వింట్ టున్ నాకు ఇలా రాశారు: "సామాజిక మాధ్యమాలు మానవ చైతన్యాన్ని ఉద్ధరించి, కోట్లాది మానవుల మనసులు ఏకంచేసి, మానవులంతా ఒకటేననే దృక్పథం వ్యాపింప జేస్తాయని నేను అమాయకంగా నమ్మేదాన్ని. కానీ, నాకు అర్థమయింది ఏమిటంటే, సామాజిక మాధ్యమ సంస్థలకు మనుషుల మనసులు చేరదీయటంలో, సామాజిక అవగాహన పెంచటంలో ప్రేరణ లేదు. వారికి మనుషుల భావావేశాలను, తద్వారా వారి ప్రవర్తన రెచ్చగొట్టటంలోనే ప్రేరణ ఉన్నది. మానవాళికి ఇది ప్రమాదకారి."

సమరేఖన సమస్య

నకిలీ వార్తలు, కుట్రసిద్ధాంతాల ప్రచారం అన్నీ భూత, వర్తమాన, భవిష్యత్ కంప్యూటర్ యంత్రాంగాలతో ప్రధానసమస్యగా సూచించాలని నేననుకోవడం లేదు.

యూ ట్యూబ్, ఫేస్ బుక్ తోబాటు ఇతర సామాజిక మాధ్యమ వేదికలు 2018 నుంచి తమ సూచనాక్రమాలలో సామాజికబాధ్యత ఉండేలా మార్చుతున్నామని చెబుతున్నాయి. ఇది నిజమో కాదో చెప్పడం కష్టం – ముఖ్యంగా "సామాజిక బాధ్యత" కు ఏకగ్రీవంగా అంగీకరించిన నిర్వచనం లేకపోవడంవల్ల.[19] అయితే, వినియోగదారుల నిమగ్నత సంపాదించటంకోసం సమాచార వాతావరణాన్ని కలుషితంచేసే నిర్దిష్ట సమస్యను మాత్రం ఖచ్చితంగా పరిష్కరించవచ్చు. సాంకేతిక దిగ్గజాలు మెరుగైన సూచనాక్రమాలను రూపొందించాలనుకుంటే వారు సులువుగా చేయగలరు. 2005 ప్రాంతంలో, అనవసరమయిన సందేశప్రసారం (స్పామ్) ఇ-మెయిల్ వినియోగాన్ని అసాధ్యం చేస్తున్నట్లు భయపెట్టింది. ఆ సమస్య పరిష్కరించటానికి శక్తివంతమైన సూచనాక్రమాలను అభివృద్ధి చేశారు. 2015 నాటికి, గూగుల్ తన జీమెయిల్ సూచనాక్రమం అసలయిన స్పామ్ ను నిరోధించటంలో 99.9 శాతం విజయవంతమైందని, కేవలం 1 శాతం మాత్రమే సరైన ఇ-మెయిళ్లు పొరపాటున స్పామ్ గా గుర్తించబడ్డాయని తెలిపింది.[20]

యూ ట్యూబ్, ఫేస్ బుక్, ఇతర సామాజిక మాధ్యమాల వేదికలు తీసుకొచ్చిన గొప్ప సామాజిక ప్రయోజనాలను కూడా మనం తక్కువ అంచనా వేయకూడదు. స్పష్టంగా చెప్పాలంటే, చాలా యూ ట్యూబ్ వీడియోలు, ఫేస్ బుక్ సందేశాలు నకిలీ వార్తలను, హింసను ప్రోత్సహించేలా ఉండలేదు. సామాజిక మాధ్యమాలు ప్రజలను చేరదీయటంలో, ఇంతకుమునుపు హక్కులకు నోచుకోని వర్గాలకు స్వరం ఇవ్వడంలో, విలువైన కొత్త ఉద్యమాలు, సముదాయాలను ఏర్పాటు చేయడంలో ఎంతో ఉపయోగపడ్డాయి.[21] ఇది మానవ సృజనాత్మకతకు అపూర్వమైన వేదికను కల్పించింది. టెలివిజన్ ప్రధాన మాధ్యమంగా ఉన్న రోజుల్లో, వీక్షకులను "కౌచ్ పొటాటోస్" గా అపహాస్యం చేశారు – అంటే తెరమీద ఏమి వస్తున్నా, యాంత్రికంగా చూసే జడపదార్థాలు. కానీ ఫేస్ బుక్, యూ ట్యూబ్ వంటి సామాజిక మాధ్యమాలు ఆ కౌచ్ పోటాటోలను తట్టిలేపి సృజనాత్మకులయ్యే ప్రేరణ ప్రసాదించాయి. అధిక శాతం సామాజిక మాధ్యమాల వస్తువు – కృత్రిమమేధ శక్తివంతమైన ఉత్పాదకంగా వచ్చే వరకు – వినియోగదారులూ, వారి పిల్లులు, కుక్కలూ సృష్టించారు. వృత్తి కళాకారుల పరిమిత వర్గం కాదు.

నిత్యజీవితంలో ఇతరులతో సంపర్కం పెట్టుకోవటానికి నేనుకూడా యు ట్యూబ్, ఫేస్ బుక్ ఉపయోగిస్తాను. నన్ను నా భర్తతో చేరదీసినందుకు సామాజిక మాధ్యమాలకు నా కృతజ్ఞతలు. ఆయనను నేను 2002 లో LGBTQ (Lesbian, Gay, Bisexual, Transgender, Queer) సామాజికమాధ్యమ వేదికమీద కలుసుకున్నాను. LGBTQ వంటి చెల్లాచెదురుగా ఉన్న అల్పసంఖ్యాక వర్గాలకు సామాజిక మాధ్యమాలు అద్భుతమయిన సేవ చేశాయి. స్వలింగసంపర్క పరిసరాలు,

స్వలింగ సంపర్క కుటుంబాలు, అక్కడ పుట్టిన స్వలింగ సంపర్క వ్యక్తులు చాలా అరుదు. ఇంటర్నెట్ రాకమునుపు ఒకరినొకరు తెలుసుకోవటం, కలుసుకోవటం ఒకపెద్ద సమస్య. స్వలింగసంపర్క సంస్కృతి సహించే నగరాలలో ఆనాడు అది సాధ్యమేమో. 1980, 1990 లలో నేను ఇజ్రాయిల్ లో స్వలింగ సంపర్కం అంటే భయపడే నగరంలో పెరిగాను. అప్పుడు బాహాటంగా స్వలింగసంపర్కం ఆహ్వానించే మనిషి నాకు తెలియరు. 1990 ఉత్తరార్థం, 2000 ల పూర్వార్ధంలో సామాజిక మాధ్యమాలు LGBTQ తెగ ఒకరినొకరు తెలుసుకోవటానికి, కలుసుకోవటానికి అపూర్వమయిన దాదాపు అద్భుతమయిన మార్గం ప్రసాదించాయి.

నేను సామాజిక మాధ్యమాల "వినియోగదారుల నిమగ్నత" సమస్యపై ఇంతగా దృష్టి పెట్టడానికి కారణం, ఇది కంప్యూటర్లను వేధిస్తున్న మరింత పెద్దసమస్యను – సమరేఖన సమస్యను–ప్రతిబింబిస్తుంది. కంప్యూటర్లకు స్పష్టమైన లక్ష్యాన్ని, ఉదాహరణకు యూ ట్యూబ్ ట్రాఫిక్ రోజుకు ఒక బిలియన్ గంటలకు పెంచాలని ఇచ్చినప్పుడు, అవి ఆ లక్ష్యాన్ని సాధించడానికి తమ శక్తిని, తెలివితేటలను ఉపయోగిస్తాయి. అవి మనుషులకంటే పూర్తిగా భిన్నంగా పనిచేస్తాయి కాబట్టి, మనుషుల అధికారం ఉన్నవారు ఊహించని విధానాలను అవి ప్రయోగించవచ్చు. ఫలితంగా, అవి మనుషుల లక్ష్యాలకు ఏమాత్రము అనుగుణంగా లేని ప్రమాదకరమైన ఆకస్మిక పరిణామాలను తీసుకురావచ్చు. సిఫార్సు చేసే సూచనాక్రమాలు ద్వేషాన్ని ప్రోత్సహించడం ఆపినప్పటికీ, సమరేఖన సమస్యకు చెందిన ఇతర ఉదాహరణలు రోహింగ్యా వ్యతిరేక ప్రచారానికి మించిన పెద్దవిపత్తులకు దారితీయవచ్చు. కంప్యూటర్లు ఎంత శక్తివంతమైనవిగా, స్వతంత్రంగా మారితే, ప్రమాదం అంత పెరుగుతుంది.

సమరేఖన సమస్య కొత్తది కాదు, సూచనాక్రమాలకు మాత్రమే ప్రత్యేకం కాదు. కంప్యూటర్లు రాక పూర్వమే వేలాది సంవత్సరాలకు పూర్వం మానవజాతిని విడదీసింది. ఆధునిక మిలిటరీ ఆలోచనకు పునాదిసమస్య. కార్ల్ ఫాన్ క్లాసెవిట్జ్ యుద్ధసిద్ధాంతంలో గూడు కట్టుకునిఉన్నది. క్లాసెవిట్జ్ ప్రూషియన్ జనరల్. నెపోలియన్ యుద్ధాలలో ఆయన పోరాడారు. 1815 లో నెపోలియన్ పరాజయం తర్వాత, క్లాసెవిట్జ్ ప్రూషియన్ వార్ కాలేజ్ కి డైరెక్టర్ అయ్యారు. ఆయనకూడా యుద్ధాన్నిగురించి ఒక ఘనమయిన సిద్ధాంతం క్రమబద్ధం చేయసాగారు. ఆయన 1831 లో కలరాసోకి మరణించారు. తర్వాత ఆయన భార్య మేరీ అసంపూర్తిగాఉన్న వ్రాతప్రతిని సంచాలకం చేసి On War అన్న శీర్షికన అనేక భాగాలుగా 1832, 1834 మధ్య ప్రచురించారు.[22]

యుద్ధాన్ని అర్థం చేసుకోవటానికి On War ఒక హేతుబద్ధమయిన నమూనా సృష్టించింది. ఈనాటికీ అది ఒక ప్రబలమయిన సైనిక సిద్ధాంతం. "సిద్ధాంతాన్ని మరొకవిధంగా కొనసాగించటమే యుద్ధం." దాని అత్యంత ముఖ్యమయిన

సూత్రం.[23] యుద్ధం అంటే భావావేశాల విస్ఫోటనం కాదు, వీరుల సాహసం కాదు, దేవుడు విధించిన శిక్షకాదు. యుద్ధం అసాధారణ సైనిక ఘటన కాదు. యుద్ధం ఒక రాజకీయ సాధనం. అతి ముఖ్యమయిన రాజకీయ లక్ష్యం లేకపోతే సైనిక చర్యలు పూర్తిగా నిర్హేతుకం అని క్లాసేవిట్జ్ అభిప్రాయం.

మెక్సికో తన పొరుగున ఉన్న చిన్నరాజ్యం బెలిజే మీద దండెత్తి జయించాలను కున్నది. సవిరమయిన సైనిక విశ్లేషణ జరిగింది. మెక్సికన్ సేన దండెత్తితే, నిస్సందేహంగా శీఘ్రమయిన విజయం సాధిస్తుంది. మూడు రోజులలో బెలిజే సైన్యాన్ని మట్టుపెట్టి, రాజధాని బెల్మోపాన్ జయిస్తుంది. కానీ మెక్సికో దండయాత్రకు అది తగిన కారణం కాదంటారు క్లాసేవిట్జ్. కేవలం సైనిక విజయం నిరర్ధకం. మెక్సికో ప్రభుత్వం తనకుతాను వేసుకోవలసిన ప్రశ్న: ఈ సైనిక విజయంవల్ల నెరవేరే రాజకీయ లక్ష్యాలు ఏమిటి?

రాజకీయ విధ్వంసాలకు దారితీసిన సైనిక విజయాలు చరిత్ర నిండా కోకొల్లలు. క్లాసేవిట్జ్ కి మాత్రం ప్రత్యక్ష ఉదాహరణ ఇంటిముందరనే ఉన్నది: నెపోలియన్ జీవిత గమనం. నెపోలియన్ సైనిక మేధ ఎవరూ శంకించలేరు. వ్యూహంలోను, పన్నుగడలలోను ఆయన అసమానులు. విజయ పరంపరతో నెపోలియన్ కు విస్తారమయిన ప్రాంతాల ఆధిపత్యం లభించింది. కానీ అది తాత్కాలికం. అక్కడ రాజకీయ విజయాలు లోపించాయి. ఆయన సైనికవిజయాలు యూరోపియన్ శక్తులన్నిటినీ ఏకం చేశాయి. ఆయన చక్రవర్తిగా మకుటం ధరించిన పదేళ్లలో ఆయన సామ్రాజ్యం కూలిపోయింది.

నెపోలియన్ విజయాలు ఫ్రాన్స్ ను శాశ్వతంగా పతనం చేశాయి. శతాబ్దాల తరబడి ఫ్రాన్స్ యూరప్ లో ప్రముఖ భౌగోళిక రాజనీతిశక్తిగా వెలుగొందిది. ఇటలీ, జర్మనీ ఆనాడు రాజకీయంగా ఏకీభవించి లేకపోవటమే అందుకు ముఖ్య కారణం. ఇటలీ అంతా డజన్ల లెక్కన పోరాడుకునే నగర రాజ్యాలు, భూస్వామ్య ఆధిపత్యాలు, చర్చ్ భూభాగాల సంకరం. జర్మనీ అంతకు మించిన విపరీతమయిన క్రమరహిత చిత్రప్రహేళిక. జర్మన్ దేశ పవిత్ర రోమన్ సామ్రాజ్యం సిద్ధాంత పూర్వక ఆధిపత్యంలో వెయ్యికి మించిన స్వతంత్రరాజ్యాలు అంటీముట్టకుండా కలిసి ఉండేవి.[24] 1789 లో జర్మనీ కానీ, ఇటలీ కానీ ఫ్రాన్స్ మీదికి దండెత్తి రావటం ఊహాతీతం. ఎందుకంటే అప్పుడు జర్మన్ సేన, ఇటాలియన్ సేన అంటూ ఏమీ లేవు.

నెపోలియన్ తన సామ్రాజ్యాన్ని మధ్య యూరప్ నించి ఇటాలియన్ ద్వీపకల్పం వైపు విస్తరించేటప్పుడు, 1806లో ఆయన పవిత్ర రోమన్ సామ్రాజ్యాన్ని రద్దు చేశాడు. జర్మన్, ఇటాలియన్ ప్రాంతాల్లోని చిన్న చిన్న రాజ్యాలను పెద్ద ప్రాంతాలుగా కలిపేశాడు, జర్మన్ రైన్ సమాఖ్యను, ఇటలీ రాజ్యాన్ని సృష్టించాడు, అలాగే ఈ ప్రాంతాలను తన వంశ పారంపర్య పాలనలో ఏకీకృతం చేయాలని ప్రయత్నించాడు.

విజేతలయిన సైన్యాలు ఆధునిక జాతీయత, ప్రజాస్వామ్యసూత్రాలను జర్మన్, ఇటాలియన్ ప్రాంతాలలో వ్యాపింపజేశాయి. నెపోలియన్ ఇదంతా కలిసి తన సామ్రాజ్యాన్ని మరింత బలవత్తరం చేస్తుందని ఆశించాడు.. కానీ, సంప్రదాయ నిర్మాణాలను విచ్చిన్నం చేసి, జర్మన్లకు, ఇటాలియన్లకు జాతీయ ఏకీకరణ రుచిచూపించడం ద్వారా, నెపోలియన్ అనుకోకుండా జర్మనీ (1866–71), ఇటలీ (1848–71)ల ఏకీకరణకు పునాదులు వేసాడు. ఈ రెండు జాతీయ ఏకీకరణ ప్రక్రియలు ఫ్రాంకో-ప్రూషియన్ యుద్ధంలో (1870–71) ఫ్రాన్స్ మీద జర్మనీ గెలుపుతో ముగిశాయి. తూర్పు సరిహద్దులో కొత్తగా ఏకీకృతమై, జాతీయతతో ఉప్పొంగుతున్న రెండు శక్తులు ఎదురయ్యాక, ఫ్రాన్స్ తన ఆధిపత్య స్థానాన్ని తిరిగి పొందలేకపోయింది.

ఇటీవలి కాలంలో రాజకీయ పరాజయానికి దారితీసిన సైనిక విజయానికి మరొక ఉదాహరణ 2003 లో ఇరాక్ మీద అమెరికా దాడి. అమెరికన్లు ముఖ్యమయిన ప్రతి యుద్ధంలోను గెలిచారు, కానీ తమ దీర్ఘకాలిక రాజకీయ లక్ష్యాలను సాధించలేకపోయారు. వారి సైనిక విజయం ఇరాక్ లో అనుకూలమైన పాలన నెలకొల్పలేదు, మధ్యప్రాచ్యంలో అనుకూలమైన భౌగోళిక రాజకీయ క్రమాన్ని ఏర్పరచలేదు. ఆ యుద్ధంలో ఇరాన్ అసలయిన విజేత అయింది. అమెరికా సైనికవిజయం ఇరాన్ కు శత్రుదేశం అయిన ఇరాక్ ను దాని అనుయాయిగా మార్చింది. తద్వారా మధ్యప్రాచ్యంలో అమెరికాస్థానం బలహీనమయింది. ఇరాన్ ను ప్రాంతీయ అధిపతిగా మార్చింది.[25]

నెపోలియన్, జార్జ్ డబ్ల్యూ. బుష్ ఇద్దరూ సమన్వయ సమస్యకు బలయ్యారు. వారి స్వల్పకాలిక సైనికలక్ష్యాలు దేశాల దీర్ఘకాలిక భౌగోళిక రాజకీయ లక్ష్యాలతో సమన్వయం కాలేదు. క్లాసెవిట్జ్ రచన "ఆన్ వార్" పుస్తకం మొత్తం ఒక హెచ్చరికగా చదవవచ్చు: "విజయాన్ని గరిష్టం చేయడం" అనేది "వినియోగదారుల నిమగ్నత గరిష్టం చేయడం" లాగానే హ్రస్వదృష్టితో కూడిన లక్ష్యం. క్లాసెవిట్జియన్ సిద్ధాంతం ప్రకారం, రాజకీయలక్ష్యం స్పష్టంగా నిర్వచించిన తర్వాతనే, దానిని సాధించడానికి సైన్యాలు యుద్ధవ్యూహాన్ని రూపొందించగలవు. ఈ మొత్తం వ్యూహంలోనుంచి జూనియర్ అధికారులు తదుపరి చతురలక్ష్యాలను తీసుకువస్తారు. ఈ నమూనా దీర్ఘకాలిక సిద్ధాంతం, మధ్యకాలిక వ్యూహం, స్వల్పకాలిక చతురతలమధ్య స్పష్టమైన సోపానక్రమాన్ని నిర్మిస్తుంది. చతురమయి నిర్ణయాలు వ్యూహాత్మక లక్ష్యాలతో సరితూగినప్పుడు మాత్రమే అవి తార్కికంగా పరిగణించబడతాయి. అదేవిధంగా, వ్యూహాలు రాజకీయ లక్ష్యాలతో సరితూగినప్పుడే తార్కికంగా భావించబడతాయి. ఒక చిన్న కంపెనీ కమాండర్ చేసే స్థానిక చతుర నిర్ణయాలు కూడా యుద్ధం అంతిమ రాజకీయ లక్ష్యానికి తోడ్పడాలి.

అమెరికా ఇరాక్ ను ఆక్రమించిన సమయంలో ఒక సందర్భం: ఒక అమెరికన్ కంపెనీమీద సమీపంలోని మసీదునుండి తీవ్రమైన గుండ్లవర్షం కురిసింది. కంపెనీ కమాండర్ ముందు అనేక చతుర నిర్ణయాలు ఉన్నాయి: తన దళాన్నీ వెనక్కుతిరిగి రావలసిందిగా ఉత్తరువు జారీ చేయటం. మసీదును దాడి చేయమని సేనకు ఉత్తరువు జారీ చేయటం. మసీదును విధ్వంసం చేయమని తన ట్యాంక్ లకు ఆజ్ఞ ఇవ్వటం. ఇప్పుడు కమాండర్ ఏమి చేయాలి?

సైనిక దృక్కోణం: ట్యాంక్ తో మసీదును పేల్చడమే ఉత్తమ నిర్ణయం అనిపించవచ్చు. విధ్వంసక ఆయుధాలలో అమెరికాది అగ్రస్థానం కదా. ఆ విషయం ఇక్కడ పూర్తిగా ప్రయోజనకారి అవుతుంది. సైనికుల ప్రాణాలు ప్రమాదానికి గురికాకుండా చూసుకుంటుంది. చతురమయిన విజయాన్ని సాధిస్తుంది. కానీ, రాజకీయ దృక్కోణం ప్రకారం ఈ నిర్ణయం అత్యంత ప్రమాదకరం. అమెరికన్ ట్యాంక్ చేస్తున్న మసీదు విధ్వంసం ప్రదర్శించే వీడియో ఇరాకీ ప్రజాభిప్రాయాన్ని అమెరికాకు వ్యతిరేకంగా తిప్పికొట్టి, ముస్లిం ప్రపంచం మొత్తంలో ఆగ్రహాన్ని రేకెత్తిస్తుంది. మసీదుమీద దాడి చేయడంకూడా ఒక రాజకీయ అపచారమే. ఇరాక్ ప్రజలలో నిరసన పెంచవచ్చు, అమెరికన్ల ప్రాణనష్టం కారణంగా యుద్ధానికి అమెరికా ఓటర్ల మద్దతు బలహీన పడవచ్చు. యునైటెడ్ స్టేట్స్ రాజకీయలక్ష్యాలు పరిగణిస్తే, ఒక అడుగు వెనక్కువేసి, చతుర పరాజయం ఒప్పుకోవటం అన్నిటికంటే ఉత్తమమయిన హేతుబద్ధ నిర్ణయం కావచ్చు.

సహేతుకం అంటే ఏకీభవించటం అని క్లాసేవిట్జ్ అభిప్రాయం కావచ్చు. రాజకీయ లక్ష్యాలకు సరితూగని చతురతలు, వ్యూహావిజయాలు నిరర్థకాలు, నిర్హేతుకాలు. సేనల స్వభావం అధికారమయం. కనుక సేనల నిర్ణయాలు నిర్హేతుకాలు అయ్యే అవకాశాలు మెండు. అధికార యంత్రాంగం వాస్తవాన్ని విడదీసి వేరువేరు పెట్టెలలో దాచుతుంది. అధికార యంత్రాంగం సంకుచిత లక్ష్యాలనే వెంటాడుతుంది. ఆ సంకుచిత లక్ష్యాలు సమాజ శ్రేయస్సుకు హానికరమయినా పట్టించుకోరు. ఒక చిరులక్ష్యం ధ్యేయంగా పెట్టుకున్న అధికారులు తమ చర్యల విస్తృత ప్రభావం గ్రహించలేరు. వాళ్ళ చర్యలు సమాజశ్రేయస్సుకు తోడ్పడేట్లు చూడటం చాలా కష్టసాధ్యమయినపని. సేనలు అధికార యంత్రాంగం ఉత్తరువుల అనుసారం సంచలిస్తే – ఆధునిక సేనలు చేసేది అదే – యుద్ధరంగంలో సేనలను నడిపే కెప్టెన్ కు దూరాన ఆఫీసులో దీర్ఘకాల సిద్ధాంతాలు రచించే అధ్యక్షులకు మధ్య అంతరం విస్తారమవుతుంది. కెప్టెన్ నిర్ణయాలు ఆ రణరంగంలో సహేతుకంగా కనపడవచ్చు. కానీ ఆ యుద్ధం చరమ లక్ష్యానికి హానికారులు కావచ్చు.

ఈ సమరేఖన సమస్య కంప్యూటర్ విప్లవానికి చాలాముందే ఉనికిలో ఉందని తెలుస్తోంది. నేటి సమాచార సామ్రాజ్యాల నిర్మాతలు ఎదుర్కొంటున్న కష్టాలకు

గతంలో ప్రపంచాన్ని గెలుచుకోవాలని ప్రయత్నించిన వారికి ఎదురైన సమస్యలకు ఎక్కువ తేడా లేదు. అయినప్పటికీ, కంప్యూటర్లు సమరేఖన సమస్య స్వభావాన్ని కొన్ని ముఖ్యమైన మార్గాల్లో మార్చివేశాయి. మానవ అధికారులు, సైనికులు సమాజం దీర్ఘకాలిక లక్ష్యాలతో సరితూగటం కష్టమైన విషయమే కావచ్చు. కానీ సూచనాక్రమం అధికారులు, స్వయంచాలక ఆయుధ వ్యవస్థల ఏకీకరణం మరింత కష్టతరం కాబోతున్నది.

పేపర్ క్లిప్ నెపోలియన్

ఈ సమన్వయ సమస్య కంప్యూటర్ల విషయంలో ఇంకా ప్రమాదకరం. ఈయంత్రాంగం ఇంతకు మునుపు అధికారం చలాయించిన మానవ అధికారయంత్రాంగంకంటే ఎన్నోరెట్లు బలోపేతం కాబోతున్నది. ఆ మేధాతిమేధ కంప్యూటర్ల లక్ష్యాలు సమన్వయం లోపిస్తే, అభూతపూర్వమయిన ప్రమాదాలు జరగవచ్చు. వేదాంతవేత్త నిక్ బోస్ట్రామ్ 2014 లో సూపర్ ఇంటెలిజెన్స్ అనే రచన ఒకటి చేశారు. అక్కడ ఆయన ఆలోచనా ప్రయోగంలో ప్రమాదాలు విశదీకరించారు. అది గోయెథే రచన సోర్సరర్స్ అప్రెంటిస్ ను గుర్తు చేస్తుంది. బోస్ట్రామ్ మనలను ఇది ఊహించమంటారు: ఒక పేపర్ క్లిప్ ఫ్యాక్టరీ ఉన్నది. ఆ ఫ్యాక్టరీ ఒక సూపర్ ఇంటెలిజెంట్ కంప్యూటర్ కొన్నది. ఇప్పుడు ఆ ఫ్యాక్టరీ మేనేజర్ కంప్యూటర్ కు తేలికగా కనిపించే ఒక పని ఇస్తారు. సాధ్యమయినన్ని పేపర్ క్లిప్ లు ఉత్పత్తి చెయ్. ఈలక్ష్యం సాధించటానికి పేపర్ క్లిప్ కంప్యూటర్ ఈ భూమినంతటినీ జయిస్తుంది. అక్కడ ఉన్న మనుషులందరినీ చంపివేస్తుంది. ఇతర గ్రహాలను ఆక్రమించటానికి దండయాత్రలు చేయిస్తుంది. భూనభోంతరాళమంతా పేపర్ క్లిప్ ఫ్యాక్టరీలతో నింపటానికి అవసరమయిన వనరులన్నీఉపయోగిస్తుంది.

ఈ ఆలోచనా ప్రయోగంలో సారాంశమేమిటంటే కంప్యూటర్ దానికిచెప్పినపని అది సరిగ్గా చేసింది.(గోయెథే పద్యంలో మంత్రబద్ధమయిన చీపురుకట్టలాగా). ఫ్యాక్టరీలు అధికంగా నిర్మించి అధికాధికంగా పేపర్ క్లిప్ లు ఉత్పాదన చేయటానికి విద్యుచ్ఛక్తి, స్టీల్, నేల ఇంకా యితరవనరులు అవసరమని కంప్యూటర్ గ్రహించింది. ఈ వనరులన్నీ మనుషులు ఉచితంగా వదలరనికూడా గ్రహించింది. కనుక తన ఏకైకలక్ష్యం సాధించే ప్రయత్నంలో సూపర్ కంప్యూటర్ మొదట మనుషులందరినీ తొలిగించింది.[26] కంప్యూటర్లు దుర్మార్గులు కావనీ, అవి కేవలం శక్తిస్వరూపాలనీ చెప్పటం బోస్ట్రామ్ ఉద్దేశం. అవి శక్తివంతాలు అయిన కొద్దీ మన జాగరూకత అధికం కావాలి. కంప్యూటర్ లక్ష్యం మన తుదిలక్ష్యంతో ఏకీభవించాలి. ఒక పాకెట్ క్యాలుక్యులేటర్ కు మనం ఇచ్చిన లక్ష్యం సరిగా లేకపోతే జరిగే ప్రమాదాలు

చాలాస్వల్పం. కానీ ఒక సూపర్ కంప్యూటర్ కు లక్ష్యం సరిగా నిర్దేశించకపోతే అది సర్వనాశనానికి దారితీయవచ్చు.

ఈ పేపర్ క్లిప్ ఉదాహరణ, విపరీతంగా కనిపించవచ్చు. యదార్ధానికి అతిదూరంగా కూడా కనిపించవచ్చు. కానీ 2014 లో బోస్ట్రాన్ ఆ పుస్తకం ప్రచురించి నప్పుడు సిలికన్ వాలీ మేనేజర్లు శ్రద్ధపెట్టి ఉంటే, తమ సూచనాక్రమానికి కు "నిమగ్నత పరమోన్నతం చేయి" అనే ఆదేశమిచ్చేముందు జాగ్రత్త వహించేవారు. ఫేస్ బుక్ సూచనాక్రమాలు, యు ట్యూబ్ సూచనాక్రమాలు అచ్చు బోస్ట్రాన్ ఊహించిన సూచనాక్రమాలలాగానే ప్రవర్తించాయి. పేపర్ క్లిప్ ఉత్పాదన పెంచుమనిచెబితే ఆ సూచనాక్రమం ఈ విశ్వమంతటినీ పేపర్ క్లిప్ ల మయం చేయటానికి ప్రయత్నం చేసింది. అక్కడ సర్వమానవ విధ్వంసం అయినా పట్టించుకోలేదు. వినియోగదారుల నిమగ్నత సర్వోన్నతం చేయాలని చెప్పినప్పుడు ఫేస్ బుక్ సూచనాక్రమాలు, యు ట్యూబ్ సూచనాక్రమాలు సామాజిక ప్రపంచం అంతటినీ వినియోగదారుల నిమగ్నతగా మార్చటానికి ప్రయత్నించాయి. ఆ కార్యక్రమంలో మయన్మార్, బ్రెజిల్ ఇంకా అనేక ఇతర దేశాల సామాజిక వ్యవస్థలకు హాని జరిగినా పట్టించుకోలేదు.

బోస్ట్రోమ్ ఆలోచనా ప్రయోగం ఇందుకు ఒకకారణం వెలిబుచ్చుతుంది. కంప్యూటర్లు నిర్జీవ పదార్ధాలు. కనుక మనుషులకు ఎన్నడూ తోచని వ్యూహాలు కంప్యూటర్లు అనుసరించవచ్చు. కనుక ముందుచూపు, అడ్డగింపు, మనకు అందుబాటులో లేవు. ఇక్కడ ఒక ఉదాహరణ: 2016 లో దారియో ఆమోదే యూనివర్స్ అనే ఒక ప్రణాళికమీద పనిచేస్తున్నారు. ఆయన వందలాది కంప్యూటర్ గేమ్స్ ఆడగల ఒక సార్వత్రిక కృత్రిమమేధ నిర్మించే ప్రయత్నంలో ఉన్నారు. ఆ కృత్రిమమేధ రకరకాల కారు రేసులలో చక్కగా పోటీ చేసింది. ఆమోదే దానినితర్వాత బోట్ రేసులో ప్రవేశపెట్టారు. ఆ కృత్రిమమేధ తన బోటును హార్బర్ లోకి తీసుకువచ్చి అక్కడినుంచి హార్బర్ లోపలికి బయటికి అంతులేని చక్కర్లు కొట్టింది. అది ఎందుకు జరిగిందో చెప్పటం అసాధ్యం.

అక్కడ జరిగిన లోపమేమిటో తెలుసుకోవటానికి ఆమోదే కు చాలాకాలం పట్టింది. కృత్రిమమేధ లక్ష్యం "రేసు గెలవటం"అని ఎలా చెప్పాలో ఆమోదేకు సరిగాతెలియలేదు. సమస్యకు మూలకారణం అదే. "గెలుపు" అంటే సూచనాక్రమానికి స్పష్టంగా తెలియని విషయం. "రేసు గెలవాలి" అనే భావన కంప్యూటర్ భాషలోకి అనువదించటం చాలా సంక్లిష్ట వ్యవహారం. ఆమోదే ట్రాక్ పొజిషన్, రేసులో ఉన్న ఇతర బోట్లతో మధ్యస్థానం వంటి సంకీర్ణభావనలకు ఒక రూపం ఇచ్చి కంప్యూటర్ కు అర్ధమయ్యేట్లు చెప్పాలి. అలా కాక ఆమోదే సులభమార్గం ఎంచుకొని, స్కోర్ అందరికంటే ఎక్కువ ఉండాలని బోట్ కు చెప్పారు. స్కోర్ ఎక్కువ ఉంటే రేసు గెలిచినట్లేనని ఆయన భావన. ఆయన రేస్ కార్లతో పనిచేశారు కదా!

కానీ కారురేసులోలేని ఒక వింతలక్షణం బోట్ రేసులో ఉన్నది. దానితో మహామేధ అయిన కృత్రిమమేధకు ఆట నియమాలలో ఒక లొసుగు కనిపించింది. కారు రేసులలో లాగానే ఇక్కడ కూడా ఇతర బోట్లను దాటివెళ్ళిన ఆటగాళ్ళకు చాలాపాయింట్లు వస్తాయి. కానిహార్బర్ కు వచ్చి శక్తి కూడదీసుకున్నందుకు కూడా కొన్ని పాయింట్లు వస్తాయి. ఇప్పుడు మిగతా బోట్లను దాటి ముందుకు పరిగెత్తటం కాకుండా, అది కేవలం హార్బర్ లోపలికి బయటికి చక్కర్లు కొడితే చాలాపాయింట్లు కూడబెట్టవచ్చునని కృత్రిమమేధ కనుక్కున్నది. ఈ లొసుగు ఆగేమ్ డెవలప్ చేసిన వారు ఎవరూ - దారియో ఆమోదే కూడా - గమనించ లేదు. ఆ ఆటవల్ల కలిగే ప్రతిఫలానికి అనుగుణంగా కృత్రిమమేధ ప్రవర్తిస్తున్నది. కానీ ఆ ఆట తయారుచేసిన మనుషులు ఆశించింది అదికాదు. సంయమన సమస్య సారాంశం అదీ. B వస్తుందని ఆశిస్తూ A కు ప్రతిఫలం ముట్టజెప్పటం.[27] కంప్యూటర్లు సామాజిక ప్రయోజనాలు ఉన్నతంచేయాలంటే, నిమగ్నతకు వాటిని సత్కరించటం నిరర్ధక ఆలోచన.

కంప్యూటర్ల సంయమన సమస్యను గురించి చింతించ వలసిన మూడవ కారణం. కంప్యూటర్లకు, మనకు మధ్య చాలావ్యత్యాసం ఉన్నది. మనం పొరపాటున వాటికి సూటిగా తెలియని లక్ష్యం ఇస్తే, అవి తెలుసుకోలేవు, వివరణ అడగలేవు. ఆ బోట్ రేస్ చేసిన కృత్రిమమేధ ఒక మానవమాత్రుడై ఉంటే, ఆ ఆట నియమాలలో కనిపించిన లొసుగు "గెలుపు" గా లెక్కలోకిరాదని గ్రహించి ఉండేది. ఆ పేపర్ క్లిప్ కృత్రిమమేధ ఒక మానవఅధికారి అయి ఉంటే పేపర్ క్లిప్ లు ఉత్పత్తి చేయటానికి మానవాళిని నాశనం చేయటం లక్ష్యం కాదని గ్రహించి ఉండేది. కానీ కంప్యూటర్లు మనుషులుకావు కనుక, తప్పులు గమనించి అవి మనలను హెచ్చరిస్తాయని ఆశించలేము. 2010 లలో ఉద్యోగులు, బయటినుంచి గమనించినవారు యు ట్యూబ్ ను, ఫేస్ బుక్ నిర్వాహక బృందాలను సూచనాక్రమాలు చేస్తున్న హానిని గురించి హెచ్చరికలతో హడలెత్తించారు. కానీ సూచనాక్రమాలు మాత్రం ఎన్నడూ ఎటువంటి హెచ్చరికా చేయలేదు.[28]

ఆరోగ్య భద్రత, విద్యా, న్యాయసూత్రాల అమలు, ఇంకా అనేక రంగాలలో అధికారం క్రమేణా సూచనాక్రమాల చేతికి ఇస్తూ పోతే, ఈ సమరేఖన సమస్య దినదినప్రవర్ధమాన మవుతుంది. అది పరిష్కరించటానికి మార్గాలు కనుక్కోకపోతే, ఆ సూచనాక్రమాలు బోట్లను చక్కర్లుకొట్టించి పాయింట్లు సంపాదించినట్లే తయారవుతుంది.

కార్నికన్ సంపర్కం

ఈ సమరేఖన సమస్యను ఎలా పరిష్కరించాలి? సిద్ధాంతంగా, మనుషులు కంప్యూటర్ నెట్వర్క్ సృష్టించినపుడు, దానికి ఒక చరమలక్ష్యాన్ని నిర్వచించాలి, ఆ లక్ష్యాన్ని

కంప్యూటర్లు ఎప్పుడూ మార్చకూడదు లేదా నిర్లక్ష్యం చేయకూడదు. అప్పుడు, కంప్యూటర్లు ఎంత శక్తివంతమైనవిగా మారినా మనం వాటిపై నియంత్రణ కోల్పోయినా, వాటి అపారమైన శక్తి మనకు మేలు చేస్తుందని మనం నమ్మవచ్చు. అయితే, మనం నిర్వచించిన లక్ష్యం హానికరమైనది గానో లేదా అస్పష్టంగానో ఉంటే మాత్రం, సమస్య అక్కడే ఉంది. మనుషుల నెట్వర్క్ ల విషయంలో, మనం స్వీయ-శోధన విధానాల మీద ఆధారపడతాము, అవి మన లక్ష్యాలను తరచుగా సమీక్షించి సవరించగలవు. కాబట్టి, లక్ష్యంలో పొరపాటుఉన్నా అది అంత పెద్ద సమస్య కాదు. కానీ, కంప్యూటర్ నెట్వర్క్ మన నియంత్రణ తప్పించుకుని బయటకు వెళ్లిపోతే, మనం చేసిన పొరపాటు సరిదిద్దే అవకాశం లేకుండా పోవచ్చు. కొందరు జాగ్రత్తగా ఆలోచించి కంప్యూటర్ యంత్రాంగానికి సరైన లక్ష్యాలను ముందుగానే నిర్వచించవచ్చని ఆశించవచ్చు. కానీ, ఇది చాలా ప్రమాదకరమైన భ్రమ.

కంప్యూటర్ నెట్ వర్క్ అంతిమలక్ష్యాలను ముందుగానే నిర్ణయించటం అసాధ్యం. ఎందుకని? ఆ ప్రశ్న అర్థం చేసుకోవడానికి, మనం మళ్లీ క్లాసెవిట్జ్ యుద్ధ సిద్ధాంతాన్ని పరిశీలిద్దాం. ఆయన తార్కికతను సారూప్యతతో సమానంగా చూడడంలో ఒక ప్రాణాంతకమయిన లోపం ఉంది. క్లాసెవిట్జియన్ సిద్ధాంతం అన్ని చర్యలు తుది లక్ష్యంతో సారూప్యంగా ఉండాలని డిమాండ్ చేస్తుంది కానీ, అలాంటి లక్ష్యాన్ని నిర్వచించడానికి తార్కిక మార్గాన్ని అందించదు. నెపోలియన్ జీవితాన్ని, సైనిక వృత్తిని పరిగణనలోకి తీసుకుంటే, ఆయన అంతిమ లక్ష్యం ఏమై ఉండాలి? సుమారు 1800 లో ఫ్రాన్స్ లో ప్రబలిఉన్న సాంస్కృతిక వాతావరణాన్ని పరిగణనలోకి తీసుకుంటే, నెపోలియన్ కు “అంతిమ లక్ష్యం” గా అనిపించగల అనేక ప్రత్యామ్నాయాలు మనకు గుర్తొస్తాయి:

సంభావ్య లక్ష్యం 1: ఫ్రాన్స్ ను యూరప్ లో ఆధిపత్యశక్తిగా రూపొందించటం, భవిష్యత్తులో బ్రిటన్, హాబ్స్ బర్గ్ సామ్రాజ్యం, రష్యా, సమైక్య జర్మనీ లేదా సమైక్య ఇటలీ నుండి వచ్చే ఏదైనా దాడినుంచి భద్రత కల్పించడం.

సంభావ్య లక్ష్యం 2: నెపోలియన్ కుటుంబం పాలించే కొత్త బహుళజాతి సామ్రాజ్యాన్ని సృష్టించడం, ఇందులో కేవలం ఫ్రాన్స్ మాత్రమే కాక యూరప్, ఇంకా విదేశాల్లోని అనేక ఇతర ప్రాంతాలు కూడా ఉండాలి.

సంభావ్య లక్ష్యం 3: ఆయన వ్యక్తిగతంగా శాశ్వతకీర్తి సాధించడం, అతని మరణానంతరం శతాబ్దాల తరబడి బిలియన్ల కొద్దీ ప్రజలు నెపోలియన్ పేరు తెలుసుకుని ఆయన మేధస్సును ప్రశంసించటం.

సంభావ్య లక్ష్యం 4: ఆయన ఆత్మ విముక్తి సాధించడం, మరణానంతరం స్వర్గంలో ప్రవేశం పొందడం.

సంభావ్య లక్ష్యం5: ఫ్రెంచ్ విప్లవం విశ్వ ఆదర్శాలు విస్తరింప చేయడం, యూరప్ లో, ప్రపంచవ్యాప్తంగా స్వేచ్ఛ, సమానత్వం, మానవ హక్కులను రక్షించడం.

తార్కికవాదులమని చెప్పుకునేవారు నేపోలియన్ తన జీవితలక్ష్యంగా మొదటి లక్ష్యాన్ని-యూరప్ లో ఫ్రాన్స్ ఆధిపత్య-సాధన ఎంచుకోని ఉండవలసిందని వాదిస్తారు. కానీ ఎందుకు? క్లాసెవిట్జ్ కు హేతుబద్ధత అంటే సారూప్యత అని అర్థమని గుర్తుంచుకోండి. ఒక చతురమయిన ఎత్తుగడ ఎప్పుడు సహేతుకం అవుతుంది? అది ఒక ఉన్నతమైన వ్యూహాత్మక లక్ష్యంతో సారూప్యం అయితే మాత్రమే. ఆ వ్యూహాత్మక లక్ష్యం మరింత ఉన్నతమైన రాజకీయ లక్ష్యంతో కూడా సారూప్యం కావాలి. అయితే, ఈ లక్ష్యాల గొలుసు చివరకు ఎక్కడ మొదలవుతుంది? అన్ని వ్యూహాత్మక ఉపలక్ష్యాలు, చతుర చర్యలను సమర్థించగల ఆ అంతిమ లక్ష్యాన్ని మనం ఎలా నిర్ణయించాలి? అలాంటి అంతిమలక్ష్యం నిర్వచన ప్రకారం దానికంటే పైగా ఉన్న ఏదైనా లక్ష్యంతో సారూప్యంగా ఉండదు, ఎందుకంటే దానిపైన ఏదీ ఉండదు. అప్పుడు ఫ్రాన్స్ ను లక్ష్యాలశ్రేణిలో అగ్రస్థానంలో ఉంచడం సహేతుకం ఎలా అవుతుంది? నెపోలియన్ కుటుంబం, నెపోలియన్ ఖ్యాతి, నెపోలియన్ ఆత్మ, లేదా విశ్వ మానవహక్కులు కాకుండా ఫ్రాన్స్ ను ఎందుకు అగ్రగామిగా నిలబెట్టాలి? క్లాసెవిట్జ్ దీనికి సమాధానం ఇవ్వరు.

లక్ష్యం నంబర్ 4-తన శాశ్వత ఆత్మవిమోచనాన్ని సురక్షితం చేయడం - అంతిమ సహేతుక లక్ష్యంగా పరిగణించదగినది కాదని వాదించవచ్చు, ఎందుకంటే అది పురాణాలలో నమ్మకంమీద ఆధారపడి ఉంటుంది. కానీ అదే వాదనను మిగతా అన్ని లక్ష్యాలపైనా ప్రయోగించవచ్చు. శాశ్వత ఆత్మలు అనేవి మనుషులు తమలోతాము సృష్టించిన కల్పనలు. అవి కేవలం మనుషుల మనసులలో మాత్రమే ఉంటాయి. దేశాలు మరియు మానవ హక్కుల విషయంలో కూడా ఇదే నిజం. నెపోలియన్ తన పౌరాణిక ఆత్మ కంటే పౌరాణిక ఫ్రాన్స్ గురించి ఎందుకు ఎక్కువగా పట్టించుకోవాలి?

నిజానికి, దాదాపు తన యౌవనజీవితం అంతటిలోను నెపోలియన్ తనను తాను ఫ్రెంచ్ వ్యక్తిగా భావించలేదు. అతడు కోర్సికాలో జన్మించాడు, అతని అసలు పేరు "నెపోలియోన్ ది బొనాపార్టే". అతని తల్లిదండ్రులు ఇటలీనుంచి వచ్చిన వలసదారులు. కోర్సికా ఐదు వందల సంవత్సరాలపాటు జెనోవా అనే ఇటాలియన్ నగర-రాజ్యం పాలనలో ఉండేది. నెపోలియోన్ పూర్వీకులు అక్కడే నివసించేవారు. నెపోలియన్ పుట్టడానికి ఏడాది ముందు, అంటే 1768లో, జెనోవా కోర్సికాను ఫ్రాన్స్ కు అప్పగించింది. కోర్సికా జాతీయవాదులు ఫ్రాన్స్ కు అప్పగింత వ్యతిరేకించి తిరుగుబాటుకు దిగారు. 1770లో వారి ఓటమి తర్వాతే కోర్సికా అధికారికంగా ఫ్రెంచ్ రాష్ట్రంగా మారింది. చాలామంది కోర్సికన్లు ఫ్రెంచ్ పాలనను ఇంకా

అసంతృప్తిగా భావించారు, కానీ బొనాపార్టే కుటుంబం ఫ్రెంచ్ రాజుకు విధేయత ప్రకటించి, నెపోలియోన్ ను ఫ్రాన్స్ లోని సైనిక పాఠశాలకు పంపింది.[29]

పాఠశాలలో, నెపోలియన్ తన కోర్సికన్ జాతీయవాదంవల్ల, ఫ్రెంచ్ భాషలో పేలవమైనప్రజ్ఞవల్ల తన తోటి విద్యార్థులనుంచి చాలా అవమానాలను భరించవలసి వచ్చింది.[30] అతని మాతృభాషలు కోర్సికన్ ఇటాలియన్. అతను క్రమంగా ఫ్రెంచ్ లో అనర్గళంగా మాట్లాడగలిగినప్పటికీ, జీవితాంతం కోర్సికన్ ఉచ్చారణ అతనితో నిలిచి పోయింది.[31] ఫ్రెంచ్ భాష వర్ణక్రమం సరిగ్గా చేయలేకపోయాడు.. నెపోలియన్ చివరికి ఫ్రెంచ్ సైన్యంలో చేరాడు, కానీ 1789 లో విప్లవం ప్రారంభమైనప్పుడు, విప్లవం తన ప్రియమైన ద్వీపానికి ఎక్కువ స్వయంప్రతిపత్తిని సాధించడానికి అవకాశాన్ని కల్పిస్తుందని ఆశిస్తూ ఆయన కోర్సికాకు తిరిగి వెళ్ళాడు. కోర్సికన్ స్వాతంత్ర్యోద్యమ నాయకుడు పాస్క్వేల్ పవోలీతో విడిపోయిన తరువాత మాత్రమే నెపోలియన్ మే 1793 లో కోర్సికన్ లక్ష్యాన్ని విడిచిపెట్టాడు. ఆయన ప్రధాన భూభాగానికి తిరిగి వచ్చాడు, అక్కడ తన భవిష్యత్తును నిర్మించాలని నిర్ణయించుకున్నాడు.[32] ఈ దశలోనే నెపోలియన్ డి బునాపార్టే నెపోలియన్ బోనపార్టేగా మారాడు (అతను 1796 వరకు తన పేరు లో ఇటాలియన్ నామాంతరం ఉపయోగించడం కొనసాగించాడు).[33]

అలాంటప్పుడు ఐరోపాలో ఫ్రాన్స్ ను ఆధిపత్య శక్తిగా మార్చడానికి నెపోలియన్ తనసైనిక జీవితాన్ని అంకితం చేయడం ఎలా హేతుబద్ధం అవుతుంది? అతను కోర్సికాలో ఉండి, పవోలితో తన వ్యక్తిగత విభేదాలను సరిదిద్దుకుని, తన స్వంత ద్వీపాన్ని ఫ్రెంచ్ ఆక్రమణదారులనుంచి విముక్తం చేయడానికి తనను తాను అంకితం చేసుకోవడం బహుశా మరింత హేతుబద్ధంగా ఉంటుందా? నిజానికి తన పూర్వీకుల దేశమైన ఇటలీని ఏకం చేయడమే నెపోలియన్ తన జీవిత ధ్యేయంగా చేసుకుని ఉండవలసిందేమో?

ఈ ప్రశ్నలకు హేతుబద్ధంగా సమాధానం ఇవ్వడానికి క్లాసేవిట్జ్ మార్గం ఏమీ చూపలేదు. “ప్రతి చర్య ఏదో ఒక ఉన్నతలక్ష్యానికి అనుగుణంగా ఉండాలి” అనేది లౌకిక నియమం అయితే, ఆ అంతిమ లక్ష్యాన్ని నిర్వచించడానికి హేతుబద్ధమైన మార్గం లేదు. అలాంటప్పుడు కంప్యూటర్ నెట్ వర్క్ ఎన్నటికీ విస్మరించకూడని లేదా ధ్వంసం చేయకూడని అంతిమ లక్ష్యాన్ని మనం ఎలా అందించగలం? కృత్రిమ మేధను అభివృద్ధి చేయడానికి తొందరపడే సాంకేతిక నిర్వాహకులు, ఇంజనీర్లు అంతిమలక్ష్యం ఏమిటో కృత్రిమమేధకు చెప్పడానికి హేతుబద్ధమైన మార్గంఉందని భావిస్తే వారు పెద్దతప్పు చేస్తున్నారు. అంతిమ లక్ష్యాలను నిర్వచించడానికి ప్రయత్నించి విఫలమైన తరతరాల తత్వవేత్తల చేదు అనుభవాల నుంచి వారు పాఠాలు నేర్చుకోవాలి.

కాంటియన్ నాజీ

యుగయుగాలుగా, తత్వవేత్తలు అంతిమలక్ష్యం యొక్క నిర్వచనం కోసం గాలిస్తున్నారు, ఈ అంతిమలక్ష్యం మరొక ఉన్నత లక్ష్యానికి సమరేఖనం మీద ఆధారపడకూడదు. వారు రెండు సంభావ్య పరిష్కారాల వైపు పదేపదే ఆకర్షితులయ్యారు. తాత్విక పరిభాషలో వాటిని డియోంటాలజీ, యుటిలిటేరియనిజం అంటారు. డియోంటాలజిస్టులు (గ్రీకు పదం డియోన్, అంటే "కర్తవ్యం" అని అర్థం) ప్రతి ఒక్కరికీ వర్తించే కొన్ని సార్వత్రిక నైతిక విధులు లేదా నైతిక నియమాలు ఉన్నాయని నమ్ముతారు. ఈ నియమాలు ఉన్నతలక్ష్యానికి సమరేఖనంమీద ఆధారపడవు, కానీ వాటిస్వాభావిక ఔన్నత్యం మీద ఆధారపడి ఉంటాయి. అలాంటి నియమాలు నిజంగా ఉంటే, వాటిని కంప్యూటర్లలో ప్రోగ్రామ్ చేయడానికి మనం ఒక మార్గాన్ని కనుగొనగలిగితే, కంప్యూటర్ నెట్వర్క్ శ్రేయస్సుకు, ప్రగతికి ఒక మహత్తరశక్తి అవుతుందని చెప్పవచ్చు.

కానీ "స్వాభావిక ఔన్నత్యం" అంటే ఏమిటి? అంతర్గతంగా మంచి పాలన నిర్వచించడానికి అత్యంత ప్రసిద్ధ ప్రయత్నం చేసిన వ్యక్తి ఇమ్మాన్యుయేల్ కాంట్. ఆయన క్లాసెవిట్జ్, నెపోలియన్ల సమకాలికులు. నేను విశ్వవ్యాప్తం చేయాలనుకుంటున్న నియమం ఏదైనా సరే "స్వాభావిక ఉన్నత" నియమమేనని కాంట్ వాదించాడు. ఈ అభిప్రాయం ప్రకారం, ఒకరిని హత్య చేయబోతున్న వ్యక్తి ఆగి ఈ క్రింది ఆలోచనా ప్రక్రియ ద్వారా వెళ్ళాలి: "నేను ఇప్పుడు ఒక మనిషిని చంపబోతున్నాను. మనుషులను చంపడం సబబేనని ఒక సార్వత్రిక నియమాన్ని స్థాపించాలనుకుంటున్నానా? అలాంటి సార్వజనీన నియమం ఏర్పడితే ఎవరైనా నన్ను చంపేస్తారు. కాబట్టి హత్యను అనుమతించే సార్వత్రిక నియమం ఉండకూడదు. నేను కూడా హత్య చేయకూడదనిపిస్తుంది." సరళమైన భాషలో, కాంట్ ప్రాచీన సువర్ణ నియమాన్ని పునర్నిర్మించారు: "ఇతరులనుంచి మీరు ఏమి ఆశిస్తున్నారో, అదేవారికి చేసి చూపండి" (మత్తయి 7:12).

ఇది ఒక సరళము, స్పష్టము అయిన ఆలోచనలా అనిపిస్తుంది: ప్రతి ఒక్కరూ ఎలా ప్రవర్తించాలని మనం ఆశిస్తామో, మనలో ప్రతి ఒక్కరమూ అదేవిధంగా ప్రవర్తించాలి. కానీ అతిసూక్ష్మమయిన తాత్వికరంగంలో మంచివిగా కనిపించే ఆలోచనలు కఠినమైన చరిత్రాత్మకభూమికి వలస రావడానికి తరుచూ ఇబ్బంది పడతాయి. చరిత్రకారులు కాంట్ ను అడిగే ప్రధాన ప్రశ్న ఏమిటంటే, మీరు సార్వత్రిక నియమాల గురించి మాట్లాడేటప్పుడు, మీరు "సార్వత్రికం" ను ఎలా నిర్వచిస్తారు? వాస్తవ చారిత్రక పరిస్థితులలో, ఒక వ్యక్తి హత్య చేయబోతున్నప్పుడు, వారు తరచుగా తీసుకునే మొదటి అడుగు బాధితుడిని సార్వత్రిక మానవసమాజంనుంచి

మినహాయించడం.[34] ఉదాహరణకు విరతువంటి రోహింగ్యా వ్యతిరేక తీవ్రవాదులు చేసింది ఇదే. విరతు బౌద్ధ సన్యాసి. మానవులను చంపడానికి ఆయన ఖచ్చితంగా వ్యతిరేకులు. మానవాధములుగా, హీనంగా చూడబడుతున్న రోహింగ్యాలను చంపటంలో ఈ సార్వత్రిక నియమం వర్తిస్తుందని ఆయనకు అనిపించలేదు. తన పోస్టులలో , ఇంటర్వ్యూలలో, జంతువులు, పాములు, పిచ్చి కుక్కలు, తోడేళ్ళు, నక్కలు మరియు ఇతర ప్రమాదకరమైన జంతువులతో పదేపదే పోల్చారు.[35] అక్టోబర్ 30, 2017 న, రోహింగ్యా వ్యతిరేక హింస ఉచ్ఛస్థితిలో ఉన్నప్పుడు, మరొక సీనియర్ బౌద్ధ సన్యాసి సైనిక అధికారులకు ఒక ఉపన్యాసం ఇచ్చాడు, దీనిలో అతను రోహింగ్యాలకు వ్యతిరేక హింసను సమర్థించాడు, ఇందులో బౌద్ధేతరులు "పూర్తిగా మానవులు కాదు" అని అధికారులకు చెప్పారు.[36]

ఒక ఆలోచనా ప్రయోగంగా, ఇమ్మాన్యుయేల్ కాంట్, అడాల్ఫ్ ఐక్ మన్ ల మధ్య ఒక సమావేశాన్ని ఊహించండి– ఐక్ మన్ తనను తాను కాంట్అనుచరుడిగా భావించారు.[37] యూదులను ఆష్విట్జ్ కు పంపే ఉత్తర్వుపై ఐక్ మన్ సంతకం చేస్తుండగా, కాంట్ ఆయనతో అంటారు, "మీరు వేలాది మంది మానవులను చంపబోతున్నారు. మనుషులను చంపడం సబబేనని విశ్వజనీనమైన నియమాన్ని నెలకొల్పాలనుకుంటున్నారా? అలా చేస్తే మిమ్మల్ని, మీ కుటుంబాన్ని కూడా చంపేస్తారు.." ఐక్ మన్ జవాబు, "లేదు, నేను వేలాదిమంది మానవులను చంపబోవడం లేదు. నేను వేలాదిమంది యూదులను చంపబోతున్నాను. యూదులను చంపడం సబబేనని విశ్వజనీనమైన నియమాన్ని ఏర్పాటు చేయాలనుకుంటున్నారా అని మీరు నన్ను అడిగితే, నేను అవునంటాను. నా విషయానికొస్తే, ఈ సార్వత్రిక నియమం మమ్మల్ని హత్యచేయడానికి దారితీసే ప్రమాదం లేదు. మేం యూదులం కాదు."

ఐక్ మన్ కు ఒక సంభావ్య కాంట్ సమాధానం ఏమిటంటే, మనుషులను నిర్వచించేటప్పుడు, మనం సర్వదా, సర్వత్ర వర్తించే అత్యంత సార్వత్రిక నిర్వచనాన్ని ఉపయోగించాలి. ఒక వ్యక్తిని "యూదు" లేదా "మానవుడు" అని నిర్వచించగలిగితే, మనం "మానవుడు" అనే మరింత సార్వత్రిక పదాన్ని ఉపయోగించాలి. ఏదేమైనా, నాజీ భావజాలం యొక్క మొత్తం అంశం యూదుల మానవత్వాన్ని నిరాకరించడమే. అంతేకాక, యూదులు కేవలం మనుష్యులు మాత్రమే కాదని గమనించండి. వారు కూడా జంతువులే, వారు కూడా జీవులే. జంతువులు, జీవులు స్పష్టంగా "మానవుడు" కంటే ఎక్కువ సార్వత్రిక వర్గాలు కాబట్టి, మీరు కాంటియన్ వాదనను తర్కబద్ధమయిన ముగింపు వరకు అనుసరిస్తే, తీవ్రమైన శాకాహార పద్ధతి అవలంబించుమని మనలను ప్రేరేపిస్తుంది. మనమూ జీవులమే కాబట్టి, టొమాటోలు, అమీబాల వరకు ఏ జీవినైనాసరే చంపటం వ్యతిరేకించాలా?

చరిత్రలో, చాలా సంఘర్షణలు గుర్తింపుల నిర్వచనానికి సంబంధించినవి. హత్య తప్పని అందరూ అంగీకరిస్తారు,. కాని స్వీయ సమాజ సభ్యులను చంపడం మాత్రమే "హత్య" గా పరిగణించబడుతుంది, బయటి సమూహానికి చెందిన వ్యక్తిని చంపడం "హత్య" కాదు. కానీ స్వీయసమాజం, పరసమాజం అనేవి అన్యోన్య అంశాలు, వీటి నిర్వచనం సాధారణంగా కొన్ని పురాణాల ఆధారంగా జరుగుతుంది. సార్వజనీన హేతుబద్ధ నియమాలను అనుసరించే ధర్మశాస్త్రవేత్తలు తరచుగా స్థానిక పురాణాల దాసులుగా తేలుతారు.

సార్వత్రిక ధర్మశాస్త్ర నియమాలను మానవులకుకాక కంప్యూటర్లకు నిర్దేశించడానికి ప్రయత్నిస్తే ధర్మశాస్త్రం చాలా క్లిష్టమయిన సమస్య అవుతుంది. కంప్యూటర్లు సేంద్రియాలుకూడా కావు. కాబట్టి వారు "ఇతరులనుంచి మీరు ఏమి ఆశిస్తున్నారో, ఇతరులకు మీరు అది చేయండి" అనే నియమాన్ని అనుసరిస్తే, వారు మానవులవంటి జీవులను చంపడం గురించి ఎందుకు ఆందోళన చెందాలి? చంపడానికి ఇష్టపడని కాంటియన్ కంప్యూటర్ "జీవులను చంపడం సబబే" అనే సార్వత్రిక నియమాన్ని వ్యతిరేకించడానికి ఎటువంటి కారణమూ లేదు; అటువంటి నియమం నిర్జీవమయిన కంప్యూటర్ కు హాని కలిగించదు.

ప్రత్యామ్నాయంగా, కంప్యూటర్లు నిర్జీవ వస్తువులు కనుక చనిపోవడానికి ఎటువంటి సంకోచము లేకపోవచ్చు. మనకు తెలిసినంతవరకు, మరణం ఒక సేంద్రీయ దృగ్విషయం. నిర్జీవులకు వర్తించకపోవచ్చు. పురాతన అస్సిరియన్లు పత్రాలను "చంపడం" గురించి మాట్లాడినప్పుడు, అది ఒక రూపకం మాత్రమే. కంప్యూటర్లు జీవులలాగా కాకుండా పత్రాలలాగా ఉంటే, "చంపబడటం" గురించి పట్టించుకోకపోతే, కాంటియన్ కంప్యూటర్ మానవులను చంపడం మంచిదేనని నిర్ధారించితే మనకు ఎలాఉంటుంది?

అంతస్సంవిత్తు పౌరాణిక భ్రమలో పడకుండా, కంప్యూటర్లు ఎవరిని గురించి శ్రద్ధ వహించాలో నిర్వచించడానికి ఏదైనా మార్గం ఉన్నదా? అత్యంత స్పష్టమైన సూచన ఏమిటంటే, బాధ పడగల ఏ జీవిని గురించి అయినాసరే శ్రద్ధ వహించాలని కంప్యూటర్లకు చెప్పడం. బాధ తరచుగా అన్యోన్య స్థానిక అపోహలమీది నమ్మకంవల్ల కలుగుతుంది. కానీ బాధ అనేది ఒక సార్వత్రిక వాస్తవం. అందుచేత, కీలకమయిన స్వజనబృందాన్ని నిర్వచించే ప్రయత్నంలో బాధ అనుభవించటానికి సిద్ధమయితే నైతికతనేలపాలవుతుంది. సెల్ఫ్ డ్రైవింగ్ కారు మనుషులను ఎవరినీ – బౌద్ధులు, ముస్లింలు, ఫ్రెంచ్ లేదా ఇటాలియన్లు ఎవరైనా కావచ్చు – చంపకూడదు. కుక్కలు, పిల్లులు ఏదో ఒక రోజు ఉండబోయే ఏదైనా సచేతనాలైన రోబోలనుకూడా చంపకూడదు. ఈ నియమాన్ని కూడా మనం సంస్కరించవచ్చు. వివిధ జీవుల బాధసహించే సామర్థ్యానికి అనులోమ నిష్పత్తిలో శ్రద్ధ వహించమని కారును

ఆదేశించవచ్చు. మనిషి, పిల్లి – ఇద్దరిలో ఎవరిని చంపాలి అని సందేహంవస్తే, అది పిల్లిమీద నడవాలి. ఎందుకంటే బాధసహించే సామర్థ్యం పిల్లికి తక్కువగా ఉంటుంది. కానీ మనం ఆ దిశలో వెళితే, మనం అనుకోకుండా ధర్మశాస్త్రవేత్తల శిబిరాన్ని విడిచిపెట్టి, వారి ప్రత్యర్థులైన ప్రయోజనవాదుల శిబిరంలో ఉంటాం.

బాధ – గణన

ధర్మశాస్త్రవేత్తలు స్వాభావికంగా శ్రేయస్కరమయిన సార్వత్రిక నియమాలను కనుక్కోవడానికి శ్రమపడుతుంటే, యదార్ధవాదులు వ్యధ, ఆనందాలమీద వాటి ప్రభావాన్ని బట్టి చర్యలను నిర్ణయిస్తారు.. నెపోలియన్, క్లాసెవిట్జ్, కాంట్ ల సమకాలీనుడైన ఆంగ్ల తత్వవేత్త జెరెమీ బెంథమ్ ప్రపంచంలోని బాధలను తగ్గించి, ఆనందాన్ని పెంచడమే హేతుబద్ధమైన అంతిమలక్ష్యమని చెప్పారు. కంప్యూటర్ నెట్వర్క్ లను గురించి మన ప్రధాన భయం ఏమిటంటే, వాటి తప్పుడు లక్ష్యాలు మానవులకు, బహుశా ఇతర సూక్ష్మజీవులకు భయంకరమైన బాధను కలిగిస్తాయి,. అప్పుడు యదార్ధవాదుల పరిష్కారం స్పష్టంగా, ఆకర్షణీయంగా కనిపిస్తుంది. కంప్యూటర్ నెట్వర్క్ సృష్టించేటప్పుడు, బాధను తగ్గించమని, ఆనందాన్ని పెంచమని మనం దానిని ఆదేశించాలి. ఫేస్ బు క్ తన సూచనాక్రమాలు "వినియోగదారుల నిమగ్నత పెంచడానికి" బదులుగా "ఆనందాన్ని పెంచండి" అని చెప్పి ఉంటే అంతా బాగుండేదేమో. సిలికాన్ వ్యాలీలో ఈ యదార్థవాది విధానం నిజంగా ప్రాచుర్యం పొందింది, ముఖ్యంగా ప్రభావవంతమైన పరోపకార ఉద్యమం ద్వారా ప్రచారం చేయబడింది.[38]

దురదృష్టవశాత్తూ, ధర్మశాస్త్రవేత్తల పరిష్కారంలాగా, తత్వశాస్త్ర సైద్ధాంతిక రంగంలో సరళంగా ధ్వనిపించేది చరిత్రాత్మక భూమిమీద ఆచరణ సంక్లిష్టం చేస్తుంది యదార్ధవాదుల సమస్య ఏమిటంటే, మన దగ్గర బాధల లెక్కలు లేవు. నిర్దిష్ట సంఘటనలకు ఎన్ని "బాధ పాయింట్లు" లేదా ఎన్ని "సంతోషం పాయింట్లు" కేటాయించాలో మనకు తెలియదు. కాబట్టి సంక్లిష్టమైన చారిత్రక పరిస్థితులలో ఒక నిర్దిష్టచర్య ప్రపంచంలోని బాధలభారాన్ని పెంచుతుందా, తగ్గిస్తుందా అని లెక్కకట్టటం చాలా కష్టం.

బాధల భారాలు ఒక దిశలో చాలా స్పష్టంగా కనిపించే సందర్భాల్లో యదార్ధవాదం ఉత్తమంగా ఉంటుంది. ఐక్ మన్ ఎదురయినప్పుడు, ప్రయోజనవాదులు గుర్తింపు గురించి ఎటువంటి సంక్లిష్టమైన చర్చలకు దిగాల్సిన అవసరం లేదు. మారణహోమం యూదులకు అపారమైన బాధ కలిగించిందని వారు ఎత్తి చూపాలి. తద్వారా జర్మన్లతోసహా ఎవరికీ ఏవిధమయిన ప్రయోజనమూ కలగలేదని కూడా

చెప్పాలి. లక్షలాదిమంది యూదులను చంపడానికి జర్మన్లను బలవంతపెట్టిన సైనిక అవసరం లేదు, ఆర్థిక అవసరమూ లేదు. మారణహోమానికి వ్యతిరేకంగా యదార్ధవాదుల కేసు చాలా బలిష్టంగా ఉంది.

స్వలింగ సంపర్కం వంటి “బాధితులు లేని నేరాల” తో వ్యవహరించేటప్పుడు యదార్ధవాదులకు కూడా ఒక విజయోత్సవం ఉంది. దీనిలో అన్ని బాధలు ఒక వైపు మాత్రమే ఉంటాయి. శతాబ్దాలుగా, స్వలింగ సంపర్కులను హింసించడం వారికి అపారమైనబాధ కలిగించింది, అయితే ఈ స్వలింగ సంపర్కం ధర్మశాస్త్ర సార్వజనీన నియమాలపై వివిధ దురభిప్రాయాల ద్వారా తప్పుగా, దోషంగా సమర్థించబడింది. ఉదాహరణకు, కాంట్ స్వలింగ సంపర్కాన్ని “సహజ ప్రవృత్తికి, జంతు స్వభావానికి విరుద్ధం.” అందువల్ల ఇది ఒక వ్యక్తిని “జంతువులకంటే హీనస్థితికి” దిగజార్చుతుందని ఖండించాడు. ఇటువంటి చర్యలు ప్రకృతి విరుద్ధమైనవి కాబట్టి, అవి “మనిషిని మానవత్వానికి అనర్హులను చేస్తాయి” అని కాంట్ అన్నారు. “అతను ఇకమీద మనిషిగా ఉండటానికి అర్హుడుకాదు.”[39] స్వలింగసంపర్కం వాస్తవానికి ప్రకృతికి విరుద్ధమని అనుభవపూర్వకమయిన రుజువు అందించకుండా, కాంట్, క్రైస్తవ పక్షపాతాన్ని విశ్వజనీనమైన ధర్మశాస్త్ర నియమంగా తిరిగి ప్యాక్ చేశాడు. మారణకాండకు ముందుమాటగా విమానవీకరణ గురించి పై చర్చ జరుగుతున్న నేపథ్యంలో, కాంత్ స్వలింగ సంపర్కులను ఎలా విమానవీయంగా ప్రవర్తించాడనేది కూడా గమనించదగినది. స్వలింగ సంపర్కం ప్రకృతికి విరుద్ధమని, ప్రజలు తమ మానవత్వాన్ని కోల్పోతారనే అభిప్రాయం ఐక్ మన్ వంటి నాజీలకు నిర్బంధ శిబిరాల్లో స్వలింగసంపర్కుల హత్యలను సమర్థించడానికి మార్గం సుగమం చేసింది. స్వలింగ సంపర్కులు జంతువులస్థాయి కంటే తక్కువ కాబట్టి, మానవులను చంపకూడదనే కాంటియన్ నియమం వారికి వర్తించదు.[40]

కాంట్ లైంగిక సిద్ధాంతాలను తోసిపుచ్చడం ప్రయోజనవాదులకు సులభం. వాస్తవానికి స్వలింగసంపర్కాన్ని నేరరహితం చేయడాన్ని సమర్థించిన మొదటి ఆధునిక యూరోపియన్ ఆలోచనాపరులలో బెంథమ్ ఒకరు.[41] కొన్ని అనుమానాస్పద సార్వత్రిక నియమాల పేరుతో స్వలింగసంపర్కాన్ని నేరంగా పరిగణించడంవల్ల ఇతరులకు గణనీయమైన ప్రయోజనాలు అందించకపోగా లక్షలాదిమందికి విపరీతమైన బాధలు కలుగుతాయని యదార్ధవాదులు వాదిస్తున్నారు. ఇద్దరు వ్యక్తులు ప్రేమపూర్వక సంబంధాన్ని ఏర్పరుచుకున్నప్పుడు, ఇది ఇతరులకు బాధ కలిగించకపోగా, ఆ ఇద్దరికీ సంతోషాన్ని కలిగిస్తుంది. అలాంటప్పుడు ఎందుకు నిషేధించాలి? ఈ రకమైన ప్రయోజనాత్మక తర్కం అనేక ఇతర సంస్కరణలకుదారి చూపింది. చిత్రహింసలపై నిషేధం, జంతువులకు కొన్ని చట్టపరమైన రక్షణలు ఇందుకు ఉదాహరణలు.

కానీ చారిత్రక సన్నివేశాలలో బాధల ప్రమాణాలు మరింత సమానంగా సరిపోలినప్పుడు, యదార్ధవాదం బలహీనపడుతుంది. కోవిడ్–19 మహమ్మారి తొలినాళ్లలో ప్రపంచవ్యాప్తంగా ప్రభుత్వాలు సామాజిక ఒంటరితనం, లాక్ డౌన్ వంటి కఠిన విధానాలను అవలంబించాయి. ఇది బహుశా కొన్ని మిలియన్లమంది ప్రాణాలను కాపాడింది.[42] ఇది వందల మిలియన్లమంది జీవితాలు నెలల తరబడి దుర్భరంగా మార్చింది. అంతేకాక, ఇది పరోక్షంగా అనేక మరణాలకు కారణమై ఉండవచ్చు, ఉదాహరణకు హంతక గృహహింస సంభవాన్ని పెంచడం ద్వారా[43] లేదా క్యాన్సర్, అటువంటి ఇతర ప్రమాదకరమైన అనారోగ్యాలను నిర్ధారణ, చికిత్స ప్రజలకు మరింత కష్టతరం చేయడం.[44] లాక్ డౌన్ విధానాల మొత్తం ప్రభావాన్ని ఎవరైనా అంచనా వేయగలరా? ప్రపంచంలో బాధలను అవి పెంచాయో తగ్గించాయో నిర్ణయించగలరా?

అలుపెరగని కంప్యూటర్ నెట్ వర్క్ కు ఇది సరైన పనిగా అనిపించవచ్చు. అయితే నెలరోజులపాటు రెండు పడక గదుల అపార్ట్ మెంట్ లో ముగ్గురు పిల్లలతో బంధించబడినందుకు ఎన్ని 'దుర్దశ పాయింట్లు' కేటాయించాలో కంప్యూటర్ నెట్ వర్క్ ఎలా నిర్ణయిస్తుంది? అవి 60 దుర్దశపాయింట్లా లేక 600 ? కీమోథెరపీ చికిత్సలు మిస్ అయి మరణించిన క్యాన్సర్ రోగికి ఎన్ని పాయింట్లు కేటాయించాలి? అది 60,000 పాయింట్లా లేదా 6,00,000? ఆమె ఎలాగూ క్యాన్సర్ తో చనిపోయి ఉంటే, కీమో ఆమె ఆయుష్షును కేవలం ఐదు నెలలు పొడిగించి ఉంటే ఎలా ఉండేది? దుర్భరమయిన బాధతో గడిపిన ఐదు నెలల కాలాన్ని ఎలా వెలకట్టాలి? నికర లాభంగానా, నికర నష్టంగానా ??

మన స్వంత ఆశాశ్వతత్వం వంటి సూక్ష్మ విషయాలవల్ల కలిగే బాధను కంప్యూటర్ నెట్ వర్క్ ఎలా అంచనా వేస్తుంది? మరణానంతరం శాశ్వతమయిన ఆత్మ పరలోకానికి వెళ్తుంది కనుక, మనం నిజానికి ఎన్నటికీ చనిపోము అని ఒక పౌరాణిక గాధ వాగ్దానం చేస్తే, అది మనకు నిజంగా సంతోషాన్ని కలిగిస్తుందా లేదా భ్రమ కలిగిస్తుందా? మరణమే మన దుఃఖానికి ప్రగాఢ కారణమా, లేకపోతే మరణాన్ని నిరాకరించే మనప్రయత్నాలవల్ల దుఃఖం పుట్టిందా? ఎవరైనా తమ మత విశ్వాసాన్ని కోల్పోయి, వారి నశ్వరత్వాన్ని ఒక వాస్తవంగా అంగీకరిస్తే, కంప్యూటర్ నెట్వర్క్ దీనిని ఎలా చూడాలి? నికర నష్టంగానా, నికర లాభంగానా?

ఇరాక్ మీద అమెరికా దండయాత్రవంటి మరింత సంక్లిష్టమైన చారిత్రక సంఘటనల మాటేమిటి? వారి దురాక్రమణ లక్షలాదిమందికి విపరీతమైన కష్టనష్టాలు కలిగిస్తుందని అమెరికన్లకు బాగా తెలుసు. కానీ దీర్ఘకాలంలో ఇరాక్ కు స్వేచ్ఛను, ప్రజాస్వామ్యాన్ని తీసుకురావడం వల్ల కలిగే ప్రయోజనాలు దురాక్రమణవల్ల కలిగే కష్టనష్టాలకంటే చాలా ఎక్కువగా ఉంటాయని వారు వాదించారు. ఈ వాదన

సవ్యమేనా అని కంప్యూటర్ నెట్ వర్క్ లెక్కించగలదా? సైద్ధాంతికంగా ఇది నమ్మదగినదే అయినప్పటికీ, ఆచరణలో అమెరికన్లు ఇరాక్ లో స్థిరమైన ప్రజాస్వామ్యాన్ని స్థాపించడంలో విఫలమయ్యారు. అంటే అసలు వారి ప్రయత్నమే తప్పని అర్థమా?

గుర్తింపు ప్రశ్నకు సమాధానం ఇవ్వడానికి ప్రయత్నించే ధర్మశాస్త్రవేత్తలు ప్రయోజనాత్మక ఆలోచనలను అవలంబించడానికి ప్రేరేపించబడినట్లే, బాధను కొలిచే గణితం లేకపోవడంవల్ల విసుగెత్తిన యదార్థవాదులు తరచు ధర్మశాస్త్రవేత్త స్థానాన్ని అధిష్ఠిస్తారు.. "దురాక్రమణ యుద్ధాలను నివారించాలి." లేదా "మానవ హక్కులను రక్షించాలి." వంటి సాధారణ నియమాలను వారు సమర్థిస్తారు,. ఈ నియమాలను అనుసరించితే ప్రపంచంలోని బాధ మొత్తం సదా తగ్గుతుందని వారు చూపించలేరు. ఈ నియమాలు పాటించడంవల్ల బాధలు తగ్గుతాయనే అస్పష్టమైన అభిప్రాయాన్ని మాత్రమే చరిత్ర వారికి అందిస్తుంది. ఈ సాధారణ నియమాలలో కొన్నిటిమధ్య ఘర్షణ పడినప్పుడు– ఉదాహరణకు, మానవ హక్కులను రక్షించడానికి దురాక్రమణ యుద్ధాన్ని ప్రారంభించాలని ఆలోచిస్తున్నప్పుడు– యదార్థవాదం ఉపయోగకారి అయిన సహాయాన్ని అందించదు. అత్యంత శక్తివంతమైన కంప్యూటర్ నెట్ వర్క్ కూడా అందుకు తగిన లెక్కలు చేయలేదు.

అదేవిధంగా, యదార్థవాదం ప్రతిచర్యను "అంతిమ శ్రేయస్సు"తో సరితూచడానికి హేతుబద్ధమైన, గణితపరమైన మార్గాన్ని వాగ్దానం చేసినప్పటికీ, ఆచరణలో అది మరొక పురాణాన్ని సృష్టించవచ్చు. స్టాలినిజం యొక్క భయానక పరిస్థితులను ఎదుర్కొంటున్న అసలయిన కమ్యూనిస్టు విశ్వాసులు తరచు "నిజమైన సోషలిజం" కింద భవిష్యత్ తరాలు అనుభవించబోయే ఆనందం గులాగ్ ల తాత్కాలిక దుఃఖాన్ని తొలగిస్తుందని సమాధానమిచ్చారు. స్వేచ్ఛావాదులు, అనియంత్రిత భావప్రకటనా స్వేచ్ఛ లేదా పన్నులను పూర్తిగా రద్దుచేయడంవల్ల కలిగే తక్షణ సామాజికనష్టాల గురించి అడిగినప్పుడు, భవిష్యత్తు ప్రయోజనాలు ఏదైనా స్వల్పకాలిక నష్టాన్ని అధిగమిస్తాయని ఇదే విధమైన నమ్మకాన్ని వ్యక్తం చేస్తారు. ప్రయోజనవాదం యొక్క ప్రమాదం ఏమిటంటే, మీకు భవిష్యత్తు ఊహాలోకంమీద తగినంత నమ్మకం ఉంటే, వర్తమానంలో భయంకరమైన బాధ కలిగించడానికి అది బహిరంగ అనుమతి అవుతుంది. వాస్తవానికి, ఇది వేలాది సంవత్సరాల క్రితం సాంప్రదాయ మతాలు కనుక్కున్న ఒక ఉపాయం. భవిష్యత్తులో మోక్షం కల్పిస్తామన్న వాగ్దానాల ద్వారా ఈ లోకపు నేరాలను చాలా సులభంగా క్షమించవచ్చు.

కంప్యూటర్ పురాణం

చరిత్ర అంతటా అధికార వ్యవస్థలు తమ అంతిమ లక్ష్యాలను ఎలా నిర్దేశించుకున్నాయి? ఆ లక్ష్యాలకోసం వారు పురాణాలపై ఆధారపడ్డారు. అధికారులు, ఇంజనీర్లు, ట్యాక్స్ కలెక్టర్లు, అకౌంటెంట్లు ఎంత హేతుబద్ధంగా వ్యవహరించినా చివరికి ఈ పురాణగాథల సేవలోనే తేలుతున్నారు. జాన్ మేనార్డ్ కీన్స్ మాటల్లో చెప్పాలంటే, మతపరమైన ప్రభావానికి తాము దూరంగా ఉన్నామని నమ్మే ఆచరణాత్మక వ్యక్తులు కొంతమంది సాధారణంగా పురాణకధకులకు బానిసలు. పరమాణు శాస్త్రవేత్తలు కూడా షియా అయతొల్లాలు, కమ్యూనిస్టు అధికారుల ఆజ్ఞలకు తలవంచుతున్నారు..

సమన్వయ సమస్య వాస్తవానికి పౌరాణిక సమస్యగా మారుతుంది. నాజీ పాలకులు నిబద్ధత కలిగిన ధర్మశాస్త్రవేత్తలు, లేదా యదార్ధవాదులు కావచ్చు, కానీ వారు జాత్యహంకార పురాణపరంగా ప్రపంచాన్ని అర్థం చేసుకున్నంత కాలం మిలియన్ల మందిని చంపేవారు. యూదులు మానవాళిని నాశనంచేసే రాక్షసులు అనే పౌరాణిక విశ్వాసంతో ప్రారంభిస్తే, యూదులను ఎందుకు చంపాలో ధర్మశాస్త్రవేత్తలు, యదార్ధవాదులు ఇద్దరూ అనేక తార్కిక వాదనలను కనుగొనవచ్చు.

ఇలాంటిదే ఒక సమస్య కంప్యూటర్లను పట్టి పీడించవచ్చు. వాస్తవానికి, ఆ కంప్యూటర్లు ఏ పురాణాన్ని "నమ్మలేవు." ఎందుకంటే అవి దేనినీ విశ్వసించని అజ్ఞాన వస్తువులు. వాటికి విషయ పరిజ్ఞానం లేనంత కాలం, పరస్పర విశ్వాసాలు ఎలా ఉంటాయి? ఏదేమైనా, కంప్యూటర్ల గురించి గ్రహించవలసిన అతి ముఖ్యమైన విషయం ఏమిటంటే, చాలా కంప్యూటర్లు ఒకదానితో ఒకటి వార్తాలాపం చేసినప్పుడు, అవి మానవయంత్రాంగాలు ఉత్పత్తి చేసే పరస్పర వాస్తవాలకు సరితూగే వాస్తవాలను కంప్యూటర్లమధ్య సృష్టించగలవు. కంప్యూటర్ల మధ్య జనించిన ఈ వాస్తవాలు చివరికి మానవ నిర్మితమైన పరస్పర కల్పనలలాగా శక్తివంతమైనవే కాక ప్రమాదకారులు కూడా కావచ్చు.

ఇది చాలా సంక్లిష్టమైన వాదన, కానీ ఇది ఈ పుస్తకం ప్రధాన వాదనలలో మరొకటి, కాబట్టి దీనిని జాగ్రత్తగా పరిశీలిద్దాం. ముందుగా కంప్యూటర్లమధ్య వాస్తవాలు ఏమిటో తెలుసుకునే ప్రయత్నం చేద్దాం. ప్రారంభ ఉదాహరణ ఒకే క్రీడాకారుడు ఆడే కంప్యూటర్ ఆటను పరిగణించండి. అటువంటి ఆటలో, మీరు ఒక కంప్యూటర్ లోపల సమాచారరూపంలో ఉన్న మిధ్యాప్రదేశంలో తిరగవచ్చు. మీరు ఒక రాయిని చూస్తే, ఆ రాయి పరమాణువులతో తయారు కాలేదు. ఇది ఒకే కంప్యూటర్ లోపల బిట్లతో తయారు చేయబడింది. అనేక కంప్యూటర్లు ఒకదానితో ఒకటి అనుసంధానించబడినప్పుడు, అవి కంప్యూటర్లమధ్య వాస్తవాలను సృష్టించగలవు. వేర్వేరు కంప్యూటర్లను ఉపయోగించే అనేక మంది ఆటగాళ్ళు ఒక

సాధారణ మిథ్యాప్రదేశంలో కలిసి తిరగవచ్చు. వారు ఒక రాయిని చూస్తే, ఆ రాయిని అనేక కంప్యూటర్లలో బిట్లతో తయారు చేస్తారు..[45]

ప్రజల మనసులో మెదిలే డబ్బు, దేవుళ్ళ వంటి వాస్తవాలు మనస్సుల వెలుపల భౌతిక యదార్థాన్ని ప్రభావితం చేసినట్లే, కంప్యూటర్ల మధ్య వాస్తవాలు కంప్యూటర్ల వెలుపలి యదార్థాన్ని ప్రభావితం చేస్తాయి.. 2016 లో పోకిమాన్ గో గేమ్ ప్రపంచాన్ని ఉలిక్కిపడేలా చేసింది. ఆ ఏడాది చివరికి కోట్లాది మంది ఆ గేమ్ డౌన్ లోడ్ చేసుకున్నారు.[46] పోకిమాన్ గో అధివాస్తవికమయిన ఒక మొబైల్ గేమ్. భౌతిక ప్రపంచంలో ఉన్నట్లు కనిపించే పోకిమాన్ అనే మిథ్యాజీవులను గుర్తించడానికి, వాటితో పోరాడటానికి, వాటిని బంధించడానికి ఆటగాళ్ళు తమ స్మార్ట్ ఫోన్లను ఉపయోగించవచ్చు. నేను ఒకసారి నా మేనల్లుడు మాటన్ తో కలిసి అలాంటి పోకిమాన్ వేటకు వెళ్లాను. చుట్టుపక్కల తిరుగుతూంటే ఇళ్ళు, చెట్లు, రాళ్లు, కార్లు, మనుషులు, పిల్లులు, కుక్కలు, పావురాలు మాత్రమే కనిపించాయి. నా దగ్గర స్మార్ట్ ఫోన్ లేదు కాబట్టి నేను పోకిమాన్ చూడలేదు. కానీ మాటన్ తన స్మార్ట్ ఫోన్ లెన్స్ ద్వారా చుట్టూ చూస్తున్నప్పుడు, పోకిమాన్ ఒక రాయిమీద నిలబడి ఉండటం, చెట్టు వెనుక దాక్కోవడం "చూడగలిగాడు".

నేను ఆ జీవులను చూడలేకపోయినా, అవి మాటన్ స్మార్ట్ ఫోనుకు మాత్రమే పరిమితం కాలేదు, ఎందుకంటే ఇతరులు కూడా వాటిని "చూడగలిగారు". ఉదాహరణకు, అదే పోకిమాన్ ను వేటాడుతున్న మరో ఇద్దరుపిల్లలను మేము ఎదుర్కొన్నాము. మాటన్ పోకిమాన్ ను పట్టుకోగలిగటం గమనించి, మిగతా పిల్లలు వెంటనే ఏమి జరిగిందో తెలుసుకోగలిగారు. పోకిమాన్ కంప్యూటర్ల బిడ్డలు. అవి భౌతిక ప్రపంచంలో పరమాణువులుగా కాకుండా కంప్యూటర్ నెట్వర్క్ లో బిట్స్ గా ఉనికిలో ఉన్నాయి, కానీ అవి ఈ భౌతిక ప్రపంచంతో స్పందించి, ఈ ప్రపంచాన్ని వివిధ మార్గాల్లో ప్రభావితం చేయగలవు.

ఇప్పుడు కంప్యూటర్ల మధ్య వాస్తవాలలో మరింత ప్రతిభావంతమైన ఉదాహరణను పరిశీలిద్దాం. గూగుల్ సెర్చ్ లో ఒక వెబ్ సైట్ కు లభించే ర్యాంక్ ను గురించి ఆలోచించండి. వార్తలు, విమానం టిక్కెట్లు లేదా రెస్టారెంట్ సిఫార్సుల కోసం మనం గూగుల్ చేసినప్పుడు, ఒక వెబ్ సైట్ గూగుల్ మొదటిపేజీలో పైన కనిపిస్తుంది, మరొకటి యాభైవపేజీ మధ్యలో ఉంటుంది. అసలు ఈ గూగుల్ ర్యాంక్ ఏమిటి, దాన్ని ఎలా నిర్ణయిస్తారు? గూగుల్ సూచనాక్రమం వెబ్ సైట్ ఎంత మంది సందర్శిస్తారు,, దానికి ఇతర వెబ్ సైట్లు ఎన్ని లంకెపడి ఉంటాయి అన్న అంశాలకు పాయింట్లు కేటాయించి, గూగుల్ ఆ వెబ్సైట్ ర్యాంక్ నిర్ణయిస్తుంది. ర్యాంక్ అనేది ఒక కంప్యూటర్లమధ్య నడిచే ఒక పోటీ. ఇది బిలియన్ల కంప్యూటర్లను అనుసంధానించే నెట్వర్క్ – ఇంటర్ నెట్ లో – లో ఉంది. పోకిమాన్ లాగే, ఈ కంప్యూటర్లమధ్య పోటీ

భౌతిక ప్రపంచంలోకి వ్యాపించింది. ఒక వార్తా సంస్థ, ట్రావెల్ ఏజెన్సీ లేదా రెస్టారెంట్ కు దాని వెబ్ సైట్ గూగుల్ పేజీ మొదటి పేజీలో కనిపించిందా, లేక యాభైవ పేజీ మధ్యలో కనిపించిందా అన్నవిషయం చాలా ముఖ్యం.[47]

గూగుల్ ర్యాంక్ చాలా ముఖ్యమైనది కాబట్టి, ప్రజలు తమ వెబ్ సైట్ కు అధిక ర్యాంక్ సాధించడానికి గూగుల్ సూచనాక్రమం తారుమారు చేయడానికి అన్ని రకాల ఉపాయాలు ప్రయోగిస్తారు.. ఉదాహరణకు, వెబ్ సైట్ కు ఎక్కువ ట్రాఫిక్ సృష్టించడానికి వారు బాట్ (bot) లను ఉపయోగించవచ్చు.[48] ఇది సామాజిక మాధ్యమాలలో కూడా విస్తరించిన వైపరీత్యం. ఇక్కడ సమన్వయ బాట్ సైన్యాలు యూట్యూబ్, ఫేస్ బుక్ ఇంకా ట్విట్టర్ సూచనాక్రమాలను నిరంతరం తారుమారు చేస్తున్నాయి. ఒక ట్వీట్ (ట్విట్టర్ లో పోస్ట్ చేసిన చిన్న సందేశం) వైరల్ అయితే, అది నిజంగా మానవులకు దానిమీది ఆసక్తి వల్లనా, లేక వేలాది బాట్లు ట్విట్టర్ సూచనాక్రమాన్ని మోసగించగలగడం వల్లనా?[49]

పోకిమాన్, గూగుల్ వంటి కంప్యూటర్ మధ్యవర్తుల వాస్తవాలు దేవాలయాలకు, నగరాలకు మానవులు ఆపాదించే పవిత్రత వంటి పరస్పర వాస్తవాలను పోలి ఉంటాయి. నేను నా జీవితంలో ఎక్కువ భాగం భూమీమీదున్న పవిత్రస్థలాల్లో ఒకటైన జెరూసలేము నగరంలోనే గడిపాను. నిష్పాక్షికంగా, ఇది ఒక సాధారణ ప్రదేశం. మీరు జెరూసలేము చుట్టూ నడుస్తున్నప్పుడు, మీరు ఇతర నగరాల్లో మాదిరిగానే ఇళ్లు, చెట్లు, రాళ్ళు, కార్లు, ప్రజలు, పిల్లులు, కుక్కలు, పావురాలను చూస్తారు.. కానీ చాలామంది దీనిని దేవుళ్ళు, దేవదూతలు మరియు పవిత్రశిలలతో నిండిన ఒక అసాధారణ ప్రదేశంగా భావిస్తారు.. వారు దీనిని ఎంత దృఢంగా విశ్వసిస్తారంటే వారు కొన్నిసార్లు నగరం లేకపోతే నిర్దిష్టమయిన పవిత్రభవనాలు పవిత్రమయిన రాళ్లను స్వాధీనం చేసుకోవడానికి పోరాడతారు, ముఖ్యంగా టెంపుల్ మౌంట్ లో డోమ్ ఆఫ్ ది రాక్ కింద ఉన్న హోలీ రాక్. పాలస్తీనా తత్వవేత్త సారీ నుస్సిబెహ్ "యూదులు, ముస్లింలు మతవిశ్వాసాలపై పనిచేస్తూ, ఒక శిలకోసం అణ్వస్త్ర సామర్థ్యాల మద్దతుతో, మానవులను చరిత్రలో ఎన్నడూ లేనంత ఘోరమైన ఊచకోత కోయటానికి సిద్ధంగా ఉన్నారు" అని పేర్కొన్నారు.[50] వాళ్ళు రాయిని ఏర్పరిచే పరమాణువులకోసం పోరాడరు. వారు దాని "పవిత్రత" గురించి పోరాడతారు. అది పోకిమాన్ కోసం పోరాడుతున్న పిల్లల వ్యవహారం లాగానే ఉంటుంది. పవిత్రశిల పవిత్రత, జెరూసలేం పవిత్రత సాధారణంగా, మానవ మస్తిష్కాలను కలిపే సమాచార యంత్రాంగంలో ఒకవిశేషఘటన. వేలాది సంవత్సరాలుగా పవిత్రశిలల వంటి అంతరార్థ వస్తువులకోసం యుద్ధాలు జరిగాయి. 21వ శతాబ్దంలో కంప్యూటర్ సృష్టించిన వస్తువులకోసం యుద్ధాలు జరగడం మనం చూడవచ్చు.

ఇది సైన్స్ కల్పనలాగా అనిపిస్తే, ఆర్థిక వ్యవస్థలో సంభావ్య పరిణామాలను పరిగణించండి. కంప్యూటర్లు మరింత తెలివైనవి మరియు మరింత సృజనాత్మకమైనవి అవుతున్నకొద్దీ, అవి కంప్యూటర్లమధ్య ఆర్థిక పరికరాలను సృష్టించే అవకాశం పెరుగుతుంది. బంగారు నాణేలు డాలర్లు పరస్పరం ప్రయోజనకరమైన వస్తువులు. బిట్ కాయిన్ వంటి క్రిప్టోకరెన్సీలు మానవమస్తిష్కాలకు, కంప్యూటర్ యంత్రాంగానికి మధ్యలో ఉన్నాయి. ఆలోచనచేసి వాటిని కనుక్కున్నది మానవులే. వాటి విలువ ఇప్పటికీ మానవ విశ్వాసాలమీద ఆధారపడి ఉంది. కానీ కంప్యూటర్ నెట్ వర్క్ వెలుపల వాటికి ఉనికి లేదు. అంతేకాక, వాటివ్యాపారం ఎక్కువగా సూచనాక్రమాల ద్వారా జరుగుతుంది. కనుక వాటివిలువ మానవ నమ్మకాలపై కాకుండా సూచనా క్రమాల లెక్కలమీద ఆధారపడి ఉంటుంది.

పది, కాకపోతే యాభై సంవత్సరాలలో కంప్యూటర్లు ఒక కొత్త రకం క్రిప్టోకరెన్సీ లేదా మరేదైనా ఆర్థిక పరికరాన్ని సృష్టిస్తే, అది వర్తకానికి, పెట్టుబడికి ఒక ముఖ్యమైన సాధనమవుతుంది. రాజకీయ సంక్షోభాలకు, సంఘర్షణలకు సంభావ్య మూలకారణ మవుతే? 2007–08 ప్రపంచ ఆర్థికసంక్షోభం పూచీకత్తుతో కూడిన రుణబాధ్యతలవల్ల ప్రేరేపించబడిందని గుర్తుంచుకోండి. ఈ ఆర్థిక పరికరాలను కొంతమంది గణిత శాస్త్రవేత్తలు, తెలివిమీరిన పెట్టుబడి పిన్నలు కనుగొన్నారు. నియామకులు, నిర్వాహకులతోసహా చాలామందికి దాదాపుగా అర్థం కాలేదనే చెప్పాలి. ఇది పర్యవేక్షణ వైఫల్యానికి, ప్రపంచ ఉపద్రవానికి దారితీసింది.[51] కంప్యూటర్లు CDO (Collaterized Debt Obligation) కంటే సంక్లిష్టమై, ఇతర కంప్యూటర్లకు మాత్రమే అర్థమయ్యే ఆర్థిక పరికరాలను సృష్టించవచ్చు. ఫలితంగా 2007–08 కంటే ఘోరమైన ఆర్థిక, రాజకీయ సంక్షోభం ఏర్పడవచ్చు.

చరిత్ర అంతటా, ఆర్థిక శాస్త్రం, రాజకీయాలు అర్థం చేసుకోవాలంటే ప్రజలు కనిపెట్టిన మతాలు, దేశాలు, కరెన్సీల వంటి మానవసత్యాలను అర్థం చేసుకోవాల్సిన అవసరం ఉంది. అమెరికా రాజకీయాలను అర్థం చేసుకోవాలనుకునే వారు క్రైస్తవం, సీడీఓల వంటి మానవసత్యాలు పరిగణనలోకి తీసుకోవలసి వచ్చింది. ఏదేమైనా, అమెరికన్ రాజకీయాలను అర్థం చేసుకోవడానికి కృత్రిమమేధ సృష్టించిన మర్యాదలు, కరెన్సీల నుంచి కృత్రిమమేధ నడిపే రాజకీయ పార్టీలు, పూర్తిగా ఆక్రమించిన కృత్రిమమేధ వరకు కంప్యూటర్ యంత్రాంగ వాస్తవాలను అర్థం చేసుకోవడం అవసరం. అమెరికా న్యాయ వ్యవస్థ ఇప్పటికే కార్పొరేషన్లను భావప్రకటనా స్వేచ్ఛవంటి హక్కులను కలిగి ఉన్న చట్టపరమైన వ్యక్తులుగా గుర్తిస్తుంది. సిటిజన్స్ యునైటెడ్ వర్సెస్ ఫెడరల్ ఎలక్షన్ కమిషన్ (2010) కేసులో యు.ఎస్ సుప్రీం కోర్టు రాజకీయ విరాళాలు ఇచ్చే సంస్థల హక్కునుకూడా ఇది పరిరక్షిస్తుందని నిర్ణయించింది.[52] కృత్రిమమేధ చట్టబద్ధమయిన వ్యక్తిగా గుర్తించబడి, ప్రజలలో

ఒకరు అవుతుంది. వారికి భావప్రకటనస్వేచ్ఛ ఉంటుంది. కృత్రిమమేధ హక్కులు రక్షించి, విస్తరింపజేయటానికి అవి ప్రచారం చేస్తాయి, రాజకీయ విరాళాలు గుప్పుతాయి. ఇది ఎవరు ఆపగలరు?

వేలాది సంవత్సరాలుగా, మానవులు భూగ్రహంమీద ఆధిపత్యం చలాయించారు. అప్పుడు కార్పొరేషన్లు, కరెన్సీలు, దేవుళ్ళు, దేశాలవంటి మానవ సంబంధమయిన అంశాలను సృష్టించి, నిలబెట్టగల సామర్థ్యం మనకు మాత్రమే ఉంది. పెద్ద ఎత్తున సహకారాన్ని సంపాదించటానికి అటువంటి సంస్థలను ఉపయోగించవచ్చు. ఇప్పుడు కంప్యూటర్లు కూడా అటువంటి సామర్థ్యాలను సాధించవచ్చు.

ఇది దుర్వార్తఏమీ కాదు. కంప్యూటర్లకు సంధాయకత, సృజనాత్మకత లేకపోతే అవి పెద్దగా ఉపయోగపడవు. మన డబ్బును నిర్వహించడానికి, మన వాహనాలను నడపడానికి, కాలుష్యాన్ని తగ్గించడానికి, కొత్త మందులను కనుగొనడానికి మనం కంప్యూటర్లమీద ఎక్కువగా ఆధారపడతాము. ఎందుకంటే కంప్యూటర్లు ఒకదానితో ఒకటి నేరుగా వార్తాలాపం చేయగలవు, మనకు అలవికాని నమూనాలను గుర్తించగలవు. మనకు ఎప్పుడూ తోచని నమూనాలను నిర్మించగలవు. మనం ఎదుర్కొంటున్న సమస్య అన్ని సృజనాత్మక సంస్థలనించి కంప్యూటర్లను ఎలా తీసివేయాలనేది కాదు. కానీ వాటిని సరయిన స్రుజనాత్మక దిశలో నడిపించటం ఎలా అని. మానవ సృజనాత్మకత విషయంలో మనకు ఎప్పటి నుంచో ఉన్న సమస్య ఇదే. మానవనాగరికత సాధించిన విజయాలన్నిటికీ మానవులు కనిపెట్టిన అంతస్సంవిత్తు వస్తువులు ఆధారం, కానీ అవి అప్పుడప్పుడు మతయుద్ధాలు, జిహాద్లు, మాంత్రికుల వేటలకు దారితీశాయి. కంప్యూటర్ యంత్రాంగం సృష్టించిన వస్తుజాలం బహుశా భవిష్య నాగరికతలకు ఆధారం కావచ్చు, కానీ కంప్యూటర్లు అనుభవపూర్వకమయిన డేటా సేకరించి, దానిని విశ్లేషించడానికి గణితాన్ని ఉపయోగిస్తాయి . అంటే అవి తమ స్వంత వేటను ప్రారంభించలేవని కాదు.

కొత్త మాంత్రికులు

ఆధునిక ఐరోపా ఆరంభదశలో, విస్తృతమైన ఒక సమాచార యంత్రాంగం నేరాలు, అనారోగ్యాలు, విపత్తులను గురించి బ్రహ్మాండమయిన డేటాను విశ్లేషించింది. ఇదంతా మాంత్రికుల తప్పు అని నిర్ధారణకు వచ్చింది. మాంత్రికుల వేటగాళ్లు ప్రపంచం దెయ్యాలు, మాంత్రికులతో నిండి ఉందని, మానవాళిని నాశనం చేయడానికి ప్రపంచవ్యాప్తంగా పైశాచికకుట్ర జరుగుతున్నదని విశ్వసించారు. వారి డేటా పెరుగుతున్నకొద్దీ వారివిశ్వాసం ప్రబలం కాసాగింది. సమాచార యంత్రాంగం

మాంత్రికులను గుర్తించి వారిని ఖైదుచేయడం లేదా చంపడం ప్రారంభించింది. మాంత్రికులు మానవసమాజంలో ఒక బూటకపువర్గమని మనకు ఇప్పుడు తెలుసు. సమాచారయంత్రాంగమే ఈవర్గాన్ని స్వయంగా కనిపెట్టింది. సైతానును ఎప్పుడూ కలవని, వడగండ్ల వానలను కురిపించలేని మనుషుల నెత్తిన రుద్దింది.

సోవియట్ యూనియన్లో, మరింత విస్తృతమైన సమాచారయంత్రాంగం కులక్ (ధనిక భూస్వామి) లను కనిపెట్టింది- ఇది మిలియన్ల ప్రజల నెత్తిన రుద్దబడిన మరొక కల్పిత వర్గం. కులక్ లను గురించి సోవియట్ అధికారవర్గం పర్వత సమానమయిన సమాచారం సేకరించింది. ఆ సమాచారం యదార్థం కాదు, కానీ అవి మనుషులు నమ్మే ఒక కొత్తసత్యాన్ని సృష్టించాయి. ఇది ఒక మానవకల్పిత వర్గం. అయినాకూడా ఒక సోవియట్ వ్యక్తి గురించి తెలుసుకోవల్సిన విషయాలలో వారు కులక్ అవునా కాదా అని తెలుసుకోవటం ఒక అతిముఖ్య విషయంగా మారింది.

ఇంకా పెద్ద స్థాయిలో, పదహారవ శతాబ్దం నుంచి ఇరవయ్యవ శతాబ్దం వరకు, బ్రెజిల్ నుంచి మెక్సికో, కరీబియన్ నుంచి యునైటెడ్ స్టేట్స్ వరకు, అమెరికాలోని అనేక వలస అధికారవర్గాలు ఒక జాతివిచక్షణ పురాణాన్ని సృష్టించాయి. అన్ని రకాల మానవజాతి వర్గాలను తీసుకువచ్చాయి. మానవులను యూరోపియన్లు, ఆఫ్రికన్లు, స్థానిక అమెరికన్లుగా వేరుచేశారు. కులాంతర లైంగిక సంబంధాలు సాధారణం కాబట్టి, అదనపు వర్గాలు సృష్టి అయ్యాయి. స్పానిష్, స్థానిక అమెరికన్ వారసత్వంలో పుట్టినవారు మెస్తిజోలు. స్పానిష్, ఆఫ్రికన్ సంతతికి చెందిన ప్రజలు మూలాటోలు. ఆఫ్రికన్, స్థానిక అమెరికన్ సంతతి జాంబోలు. స్పానిష్, ఆఫ్రికన్, స్థానిక అమెరికన్ వారసత్వంలో పుట్టినవారు పార్డోలు. ఈ వర్గాల నన్నిటినీ వేరుచేస్తూ అనేక స్పానిష్ కాలనీలలో చట్టాలు పుట్టుకువచ్చాయి. ప్రజలు బానిసలుగా ఉండవచ్చా, రాజకీయ హక్కులను అనుభవించవచ్చా, ఆయుధాలు మోయవచ్చా, ప్రభుత్వ పదవులు చేపట్టవచ్చా, పాఠశాలలో చేరవచ్చా, కొన్ని వృత్తులను అభ్యసించవచ్చా, నిర్దిష్ట పరిసరాల్లో నివసించవచ్చా, శృంగారంలో పాల్గొనడానికి, ఒకరినొకరు వివాహం చేసుకోవడానికి అనుమతించవచ్చా అని ఈ అనుభవపూర్వక వర్గాలన్నీ నిర్ణయించాయి. ఒక వ్యక్తికి ఒక నిర్దిష్ట జాతి విభాగం కేటాయించటం ద్వారా, వారి వ్యక్తిత్వాన్ని, మేధో సామర్థ్యాలను, నైతిక అభిరుచులను నిర్వచించ వచ్చునని ఆరోపణ.[53]

పంతొమ్మిదవ శతాబ్దం నాటికి జాతివిచక్షణ ఒక ఖచ్చితమైన శాస్త్రంగా నటించింది: ఇది వస్తుగతమయిన జీవశాస్త్ర వాస్తవాల ఆధారంగా ప్రజలమధ్య వ్యత్యాసాన్ని చూపుతుందని సిద్ధాంతం. అందుకుగాను పుర్రెలను కొలవడం, నేర గణాంకాలను రికార్డ్ చేయడం వంటి శాస్త్రీయ సాధనాలు ఆధారమని వాదన. కానీ

ఈ అంకెలు, వర్గాల మేఘాలు అసంబద్ధమైన భ్రమలకు, అపోహలకు ఒక మంచుతెర మాత్రమే. ఎవరికైనా స్థానిక అమెరికన్ నానమ్మ లేదా ఆఫ్రికన్ తండ్రి ఉన్నారనే వాస్తవం, వారి తెలివితేటలు, దయ, లేదా నిజాయితీ గురించి ఏమీ చెప్పలేదు. ఈ బోగస్ వర్గాలు మానవులను గురించి ఎటువంటి సత్యాన్ని కనుక్కోలేదు లేదా వివరించలేదు; వారిని అణచిపెట్టే, భ్రమ క్రమాన్ని విధించారు.

పన్నుల వసూలు, ఆరోగ్య సంరక్షణ మొదలుకొని భద్రత, న్యాయం వరకు అధికారస్థానాలను అధికాధికంగా కంప్యూటర్లు భర్తీ చేస్తున్నాయి. అవి కూడా ఒక పురాణాన్ని సృష్టించి అపూర్వమైన సామర్థ్యంతో మనమీద రుద్దవచ్చు. ఇది కాగితపు పత్రాలతో పరిపాలించబడుతున్న ప్రపంచం. ఇక్కడ జాతి సరిహద్దులను పర్యవేక్షించడం లేదా ప్రతి ఒక్కరి వారసత్వాన్ని ఖచ్చితంగా జాడతీయటం అధికారులకు కష్టం. ప్రజలు తప్పుడు పత్రాలను పొందవచ్చు. ఒక జాంబో వేరే పట్టణానికి వెళ్లి పార్డోగా నటించవచ్చు . ఒక నల్లజాతి వ్యక్తి కొన్నిసార్లు తెల్లగా ఉండవచ్చు. అదేవిధంగా సోవియట్ యూనియన్ లో కులక్ పిల్లలు అప్పుడప్పుడు మంచి ఉద్యోగం లేదా మంచి కళాశాలలో స్థానం పొందడానికి తమ పత్రాలను తారుమారు చేసేవారు. నాజీ ఐరోపాలో, యూదులు కొన్నిసార్లు ఆర్యులుగా మతం మార్చవచ్చు. కానీ కాగితపు డాక్యుమెంట్ల కంటే కనుపాపలు, డీఎన్ ఏ చదవగలిగే కంప్యూటర్ల ప్రపంచంలో వ్యవస్థను ఆటపట్టించడం చాలా కష్టం. కంప్యూటర్లు ప్రజలమీద తప్పుడు లేబుళ్ళను రుద్దడం, ఆ లేబుళ్లు అంటుకుపోయేలా చేయడంలో భయానకమయిన సమర్థత సాధించి ఉండవచ్చు.

ఉదాహరణకు, సామాజిక పరపతి వ్యవస్థలు "పరువు తక్కువ వ్యక్తులు" అనే కొత్త నిమ్నవర్గాన్ని సృష్టించగలవు. అటువంటి వ్యవస్థ మొత్తం స్కోరును రూపొందించడానికి అనుభవపూర్వకమయిన పాయింట్లకూడిన గణిత ప్రక్రియ ద్వారా సత్యాన్ని "కనుక్కున్నాం" అని చెప్పుకోవచ్చు. కానీ ఇది సామాజిక అనుకూల ప్రవర్తనను, సంఘవిద్రోహ ప్రవర్తనలను ఎలా నిర్వచిస్తుంది? ప్రభుత్వ విధానాలను విమర్శించడానికి, విదేశీ సాహిత్యం చదవడానికి, అల్పసంఖ్యాక మతాన్ని అనుసరించడానికి, మతం లేనందుకు లేదా పరువు తక్కువ ప్రజలతో సంఘీభవించడానికి ఇటువంటి వ్యవస్థ పాయింట్లను పక్కదారి పట్టిస్తే ఏమి జరుగుతుంది? ఒక ప్రయోగంగా, సామాజిక పరపతి వ్యవస్థ యొక్క కొత్త సాంకేతికత, సాంప్రదాయ మతాలను కలిసినప్పుడు ఏమి జరుగుతుందో ఆలోచించండి.

జుడాయిజం, క్రైస్తవం, ఇస్లాం వంటి మతాలు మేఘాలలో ఎక్కడో ఒక సర్వసాక్షి ఉన్నదని, అది మనం చేసే ప్రతిపనికి పాయింట్లు ఇవ్వటమో, తీసివేయటమో చేస్తుందని, మన శాశ్వత భవితవ్యం మనం కూడబెట్టే స్కోరుపై ఆధారపడి

ఉంటుందని సర్వదా ఊహించాయి. వాస్తవానికి, తమ స్కోరు గురించి ఎవరికీ ఖచ్చితంగా తెలియదు.. మీరు చనిపోయిన తర్వాతే మీకు ఖచ్చితంగా తెలుస్తుంది. ఆచరణాత్మకంగా చెప్పాలంటే, పుణ్యం, పాపం అనేవి మానవ చైతన్యంలో దృగ్విషయాలు. వీటి నిర్వచనం ప్రజాభిప్రాయంమీద ఆధారపడి ఉంటుంది. ఉదాహరణకు, ఇరాన్ ప్రభుత్వం తన కంప్యూటర్ ఆధారంగానడిచే నిఘా వ్యవస్థను, కఠినమైన తన హిజాబ్ చట్టాలను అమలు చేయడానికి మాత్రమే కాకుండా, పాపపుణ్యాలను ఖచ్చితమైన కంప్యూటర్ యంత్రాంగంలో దృగ్విషయాలుగా మార్చాలని నిర్ణయించుకుంటే ఏమి జరుగుతుంది? మీరు వీధిలో హిజాబ్ ధరించలేదు; అంటే10 పాయింట్లు పోయాయి. సూర్యాస్తమయానికి ముందే రంజాన్ లో తిన్నావు. మరో 20 పాయింట్లు తగ్గాయి. మీర ప్రార్థనకు శుక్రవారంనాడు మసీదుకు వెళ్లారు, 5 పాయింట్లు పెరిగాయి. మీరు మక్కాకు తీర్థయాత్ర చేశారు, మరొక 500 పాయింట్లు పెరిగాయి. ఈ వ్యవస్థ అన్ని పాయింట్లను క్రోడీకరించి ప్రజలను "పాపులు" (0 పాయింట్ల కంటే తక్కువ), "విశ్వాసులు" (0 నుండి 1,000 పాయింట్లు), "సాధువులు" (1,000 పాయింట్ల పైమాట) గా విభజించవచ్చు. ఎవరు పాపి, ఎవరు సాధువు అనేది సూచనాక్రమం లెక్కలనుబట్టి ఉంటుంది తప్ప మానవ విశ్వాసాన్నిబట్టి కాదు. ఇలాంటి వ్యవస్థ ప్రజల గురించి నిజాలు తెలుసుకుంటుందా లేక ప్రజలమీద ఆజ్ఞలను రుద్దుతుందా?

సారూప్య సమస్యలు అన్నీ సామాజిక పరపతి వ్యవస్థలను, నిఘాపాలనలను పూర్తిగా వేధిస్తాయి.. పాపులు, ఉగ్రవాదులు, నేరస్థులు, సంఘవిద్రోహులు, లేదా నమ్మదగని వ్యక్తులను కనుక్కోవటానికి వారు అన్ని రకాల డేటా బేస్ లు ఉపయోగిస్తామని, అత్యంత నిశితమయిన గణితశాస్త్రం ప్రయోగిస్తామని, చెప్పినప్పుడల్లా, వారు నిరాధారమైన మూఢనమ్మకాలు, సైద్ధాంతిక దురభిప్రాయాలను అపూర్వ సమర్థతతో మన నెత్తిన రుద్దవచ్చు.

కంప్యూటర్ పక్షపాతం

కంప్యూటర్లను మరింత శక్తివంతం చేయటం ద్వారా మతపరము, సిద్ధాంతపరము అయిన పక్షపాతాల సమస్యను అధిగమించాలని కొందరు ఆశించవచ్చు. అలా చేయడానికి వాదన ఇలా ఉండవచ్చు: జాతివిచక్షణ, స్త్రీ వ్యతిరేకత, స్వలింగసంపర్క భయము, యూదు వ్యతిరేకత ఇంకా ఇతర పక్షపాతాలు అన్నీ మానవుల మానసిక పరిస్థితులలోనూ, పౌరాణిక నమ్మకాలలోను ఉద్భవిస్తాయి. కంప్యూటర్లలో కాదు. కంప్యూటర్లు గణిత సాధనాలు. వాటికి ఒక మనస్తత్వం లేదు, పురాణమూ లేదు. కాబట్టి మనం మానవులను సమీకరణం నుంచి పూర్తిగా బయటకు తీయగలిగితే,

సూచనాక్రమాలు ఎటువంటి మానసిక వక్రీకరణలు, పౌరాణిక పక్షపాతాలు లేకుండా స్వచ్ఛమైన గణితం ఆధారంగా విషయాలను నిర్ణయించగలవు.

దురదృష్టవశాత్తు, కంప్యూటర్లకు తరచుగా గాఢమయిన స్వంత పక్షపాతాలు ఉన్నాయని అనేక అధ్యయనాలు వెల్లడించాయి. అవి ప్రాణం ఉన్న జీవులు కానప్పటికీ, వాటిలో చైతన్యం లేనప్పటికీ, వాటికి డిజిటల్ మనస్తత్వం లాంటి అంశ ఒకటి ఉన్నది. అంతేకాక, వాటిమధ్య ఒక రకమైన కంప్యూటర్ పురాణం కూడా ఉన్నది. అవి జాతివిచక్షణ, స్త్రీద్వేషం, స్వలింగ సంపర్కులు లేదా యూదు వ్యతిరేకులు కూడా కావచ్చు.[54] ఉదాహరణకు, మార్చి 23, 2016 న, మైక్రోసాఫ్ట్ AI చాట్బాట్ టేను విడుదల చేసింది, ఇది ట్విట్టర్ కు ఉచిత ప్రవేశం కల్పిస్తుంది. కొన్ని గంటల్లోనే, టే "నాకు ఫెమినిస్టులంటే ద్వేషం. వాళ్ళందరూ చావాలి. నరకంలో తగలబడాలి." ఇంకా "హిట్లర్ చెప్పింది నిజమే. నాకు యూదులంటే ద్వేషం." వంటి స్త్రీవాద యూదు వ్యతిరేక ట్విట్లను పోస్ట్ చేయడం ప్రారంభించాడు. ఈ దుర్భాష అంతకంతకూ పెరుగుతూ పోయింది. భయభ్రాంతులకు గురైన మైక్రోసాఫ్ట్ ఇంజనీర్లు టేను – అది విడుదలయినపదహారు గంటలలోనే – మూసివేసే వరకు ఈ దుర్భాష పెరుగుతూనే ఉన్నది.[55]

ముఖ–వర్గీకరణం చేసే వాణిజ్య సూచనాక్రమంలో ఎంఐటి ప్రొఫెసర్ జాయ్ బువోలమ్విని 2017 లో మరింత సూక్ష్మమైన, విస్తృతమైన జాతివిచక్షణ కనుగొన్నారు. తెల్లజాతి మగవారిని గుర్తించడంలో ఈ సూచనాక్రమాలు చాలా నిర్దుష్టమయినవి. కానీ నల్లజాతి మహిళలను గుర్తించడంలో చాలా తప్పులతడికగా ఉన్నాయని ఆమె చూపించింది. ఉదాహరణకు, ఐబిఎమ్ సూచనాక్రమం లేతచర్మం గల మగవారి లింగాన్ని గుర్తించడంలో 0.3 శాతం సమయం మాత్రమే తప్పు చేసింది, కానీ నల్లచర్మం ఉన్న మహిళల లింగాన్ని గుర్తించడానికి ప్రయత్నిస్తున్నప్పుడు 34.7 శాతం సమయం తప్పుచేసింది. గుణాత్మక పరీక్షగా, బువోలమ్విని 1851 ప్రసంగంలో "నేను స్త్రీని కానా?" అనే ప్రసంగానికి ప్రసిద్ధి చెందిన మహిళ ఆఫ్రికన్ అమెరికన్ కార్యకర్త సోజర్నర్ ట్రూత్ ఫోటోలను వర్గీకరించమని సూచనాక్రమాలను కోరింది. సూచనాక్రమాలు ట్రూత్ ను పురుషుడిగా గుర్తించాయి.[56]

బువోలంవిని ఘనా – అమెరికన్ మహిళ. ఆమె తనను తాను గుర్తించడానికి మరొక ముఖ విశ్లేషణ సూచనాక్రమాన్ని పరీక్షించినప్పుడు, ఆ సూచనాక్రమం నల్లటి చర్మం ఉన్న ఆమె ముఖాన్ని "చూడలేకపోయింది". ఈ సందర్భంలో, "చూడటం" అంటే మానవ ముఖం ఉనికిని గుర్తించే సామర్థ్యం, ఉదాహరణకు, ఎక్కడ ఫోకస్ చేయాలో నిర్ణయించడానికి ఫోన్ కెమెరాలు ఉపయోగించే లక్షణం. సూచనాక్రమం లేతచర్మం కలిగిన ముఖాలను చూడగలిగింది, కానీ బులోలమ్విని ముఖాన్ని చూడలేకపోయింది! బువోలమ్విని తెల్లటి మాస్క్ ధరించినప్పుడు మాత్రమే తను మానవ ముఖాన్ని గమనిస్తున్నట్లు ఆ సూచనాక్రమం గుర్తించింది.[57]

ఇక్కడ ఏమి జరుగుతున్నది? ఒక సమాధానం ఏమిటంటే, జాతివిచక్షణ స్త్రీద్వేషము ఉన్న ఇంజనీర్లు నల్లజాతి మహిళల పట్ల వివక్షత చూపేవిధంగా ఈ సూచనాక్రమాలను తయారు చేశారు. ఇలాంటివి జరిగే అవకాశాలను మనం తోసిపుచ్చలేనప్పటికి, ముఖవిశ్లేషణ సూచనాక్రమం, లేదా మైక్రోసాఫ్ట్ యొక్క టే విషయంలో ఇది సమాధానం కాబోదు. వాస్తవానికి, ఈ సూచనాక్రమాలు అవి శిక్షణ పొందిన డేటా నుండి జాతివిచక్షణ, స్త్రీవిద్వేష పక్షపాతాన్ని సొంతంగా తీసుకున్నాయి.

ఇది ఎలా జరుగుతుందో అర్థం చేసుకోవడానికి, ఇక్కడ సూచనాక్రమాల చరిత్ర కొంత వివరించాలి. వాస్తవానికి, సూచనాక్రమాలు స్వయంగా ఎక్కువ నేర్చుకోలేక పోయాయి. ఉదాహరణకు, 1980-1990 లలో చదరంగం సూచనా క్రమాలకు తెలిసిన ప్రతి విషయము వాటిని ప్రోగ్రాంచేసిన మనుషులే వాటికి బోధించారు. ఆ మనుషులే చదరంగం ప్రాథమిక నియమాలను మాత్రమే కాకుండా బోర్డుమీద వివిధ స్థానాలు, కదలికలను ఎలా అంచనా వేయాలో కూడా సూచనాక్రమంలో కోడ్ చేశారు. ఉదాహరణకు, ఒక పావుకు బదులుగా రాణిని బలి ఇవ్వడం సాధారణంగా చెడ్డ ఆలోచన అని మానవులు ఒక నియమాన్ని కోడ్ చేశారు. ఈ ప్రారంభ సూచనక్రమాలు చదరంగంలో మానవ మాస్టర్లను ఓడించగలిగాయి ఎందుకంటే సూచనాక్రమాలు ఎత్తులు, కదలికలు మరియు మానవుడికంటే ఎక్కువ స్థానాలను అంచనా వేయగలవు. కానీ సూచనాక్రమాల సామర్థ్యాలు పరిమితంగానే ఉన్నాయి. ఆటలో రహస్యాలను తెలుసుకోవటానికి అవి మానవులపై ఆధారపడతాయి కాబట్టి, కోడ్ చేసిన వ్యక్తులకు ఏదైనా తెలియకపోతే, వారు ఉత్పత్తి చేసిన సూచనా క్రమాలకు కూడా తెలుసుకునే అవకాశం లేదు.[58]

యాంత్రిక శిక్షణా రంగం అభివృద్ధి చెందుతున్న కొద్దీ, సూచనాక్రమాలు మరింత స్వతంత్రాలు అయ్యాయి. యాంత్రిక శిక్షణ ప్రాథమిక సూత్రం ఏమిటంటే, సూచనాక్రమాలు మానవుల మాదిరిగానే ప్రపంచంతో సంభాషించడం ద్వారా కొత్త విషయాలను నేర్పగలవు. తద్వారా పూర్తి స్థాయి కృత్రిమమేధను ఉత్పత్తి చేస్తాయి.. పదజాలం ఎల్లప్పుడూ స్థిరంగా ఉండదు, కానీ సాధారణంగా చెప్పాలంటే, ఏదైనా కృత్రిమమేధగా గుర్తించబడటానికి, దాని అసలు మానవ సృష్టికర్తల సూచనలను అనుసరించడం కంటే, కొత్త విషయాలను స్వయంగా నేర్చుకునే సామర్థ్యం అవసరం. ప్రస్తుత చదరంగం ఆడే కృత్రిమమేధకు ఆట ప్రాథమిక నియమాలు తప్ప మరేమీ బోధించబడదు. ఇది మునుపటి ఆటల డేటా బేస్ లను విశ్లేషించడం ద్వారా లేదా కొత్త ఆటలు ఆడటం ద్వారా, అనుభవంతో నేర్చుకోవడం ద్వారా మిగిలిన ప్రతిదాన్ని స్వయంగా నేర్చుకుంటుంది.[59] కృత్రిమమేధ అనేది ఫలితాలతో సంబంధం లేకుండా అవే ఎత్తులు, కదలికలను పదేపదే పునరావృతం చేసే మూగ కీలుబొమ్మ కాదు. దానికి బలమైన స్వీయశోధన యంత్రాంగం ఉంది, తద్వారా అది తన తప్పుల నుండి నేర్చుకోగలదు.

కృత్రిమమేధ సూచనాక్రమ శిశువుగా తన జీవితం ప్రారంభిస్తుంది. దాని సంభావ్యశక్తి అపారం. దాని గణనా శక్తి లెక్కకు అందదు. కాని వాస్తవానికి దానికి పెద్దగా తెలియదు. కృత్రిమమేధ మానవ తల్లిదండ్రులు డేటా ప్రపంచానికి దారి చూపిస్తారు.. నేర్చుకోవటానికితగిన సామర్థ్యాన్ని మాత్రమే కలిగిస్తారు.. అప్పుడు వారు సూచనాక్రమ శిశువును ప్రపంచాన్ని అన్వేషించడానికి అనుమతిస్తారు.. కొత్తగా పుట్టిన సజీవ శిశువుల మాదిరిగా, సూచనాక్రమ శిశువులు వారికి అందుబాటులో ఉన్న డేటాలో నమూనాలను గుర్తించడం ద్వారా నేర్చుకుంటాయి. నేను మంటను తాకితే, కాలుతుంది. నేను ఏడుస్తే అమ్మ వస్తుంది. పావు కోసం రాణిని త్యాగం చేస్తే, నేను బహుశా ఆటలో ఓడిపోతాను. డేటాలో నమూనాలను కనుగొనడం ద్వారా, సూచనాక్రమ శిశువు దాని మానవ తల్లిదండ్రులకు తెలియని అనేక విషయాలతో సహా మరింత నేర్చుకుంటుంది.[60]

అయినప్పటికీ డేటాబేస్ లు పక్షపాతంతో వస్తాయి.. జాయ్ బువోలమ్విని అధ్యయనం చేసిన ముఖవిభజన సూచనాక్రమాలు ఆన్ లైన్ ఫోటోల డేటా సెట్లమీద శిక్షణ పొందాయి. (వైల్డ్ డేటా బేస్ ప్రఖ్యాత వ్యక్తుల సమాచార దర్శిని. అందులో కొన్ని ముఖాల పరిశీలన). ఆ డేటాబేస్ లోని ఫొటోలు ప్రధానంగా ఆన్ లైన్ వార్తా కథనాల నుంచి తీసినవే. వార్తల్లో తెల్లజాతి పురుషుల ఆధిపత్యం కారణంగా, డేటా బేస్ లోని ఫోటోలలో 78 శాతం పురుషులు, 84 శాతం శ్వేతజాతీయులవి. జార్జ్ డబ్ల్యూ బుష్ 530 సార్లు కనిపించారు— మొత్తం నల్లజాతి మహిళల రెట్టింపు సంఖ్యకంటే ఎక్కువ.[61] యు.ఎస్. ప్రభుత్వ సంస్థ తయారు చేసిన మరొక డేటాబేస్ లో75 శాతానికి పైగా పురుషులు, దాదాపు 80 శాతం లేత చర్మంతోబాటు కేవలం 4.4 శాతం నల్లచర్మం మహిళలు ఉన్నారు.[62] ఇటువంటి డేటా సెట్లలో శిక్షణ పొందిన సూచనాక్రమాలు తెల్ల పురుషులను గుర్తించడంలో అద్భుతం, కానీ నల్లజాతి మహిళలను గుర్తించడంలో విఫలమయ్యాయి. చాట్ బాట్ టే విషయంలోనూ ఇలాంటిదే జరిగింది. మైక్రోసాఫ్ట్ ఇంజనీర్లు ఉద్దేశపూర్వక దురభిప్రాయాలను ఇందులో నిర్మించలేదు. కానీ ట్విట్టర్ లో చక్కర్లు కొడుతున్న విష సమాచారాన్ని బహిర్గతం చేసిన కొన్ని గంటల్లోనే కృత్రిమమేధ తీవ్ర జాతివిచక్షణ శక్తిగా మారింది.[63]

పరిస్తితి మరింత దిగజారిపోతున్నది. సూచనాక్రమ శిశువులు నేర్చుకోవడానికి, డేటా అందుబాటుతో పాటు మరొక విషయం అవసరం. వారికి కూడా ఒక లక్ష్యం కావాలి. మానవ శిశువు ఎక్కడికైనా వెళ్లాలనుకుంటుంది కాబట్టి ఎలా నడవాలో నేర్చుకుంటుంది. ఒక సింహం పిల్ల తినడం కోసం వేటాడటం నేర్చుకుంటుంది. సూచనాక్రమాలు నేర్చుకోవాలంటే వాటికి కూడా ఒక లక్ష్యం ఉండాలి. చదరంగంలో లక్ష్యాన్ని నిర్వచించడం సులభం: ప్రత్యర్థి రాజును కట్టివేయండి . పావుకోసం రాణిని త్యాగం చేయడం "తప్పు" అని కృత్రిమమేధ తెలుసుకుంటుంది, ఎందుకంటే ఇది

సాధారణంగా సూచనాక్రమం దాని లక్ష్యాన్ని చేరుకోకుండా నిరోధిస్తుంది. ముఖం గుర్తించటంలో, లక్ష్యం కూడా సులభం: అసలు డేటాబేస్ జాబితాలో చేర్చబడిన వ్యక్తి లింగం, వయస్సు, పేరు గుర్తించండి. సూచనాక్రమం జార్జ్ డబ్ల్యూ బుష్ స్త్రీ అని ఊహించినప్పటికీ, డేటాబేస్ పురుషుడు అని చెబితే, లక్ష్యాన్ని చేరుకోలేదు. సూచనాక్రమం దాని తప్పు నుండి నేర్చుకుంటుంది.

కానీ సిబ్బందిని నియమించడానికి ఒక సూచనాక్రమానికి మీరు శిక్షణ ఇవ్వాలనుకుంటే, ఉదాహరణకు, మీరు లక్ష్యాన్ని ఎలా నిర్వచిస్తారు? తను తప్పు చేసిందని, "అర్హతలేని" వ్యక్తిని నియమించిందని సూచనాక్రమంఎలా తెలుసుకుంటుంది? కనీసం ఒక సంవత్సరం పాటు కంపెనీలో ఉండే వ్యక్తులను నియమించుకోవడమే దాని లక్ష్యమని సూచనాక్రమ శిశువుకు మనం చెప్పవచ్చు. కొన్ని నెలల తర్వాత ఉద్యోగం నుంచి వైదొలిగే లేదా ఉద్యోగం నుంచి తొలగించే కార్మికుడికి శిక్షణ ఇచ్చేందుకు యజమానులు ఎక్కువ సమయం, డబ్బు వెచ్చించడానికి ఇష్టపడరు. లక్ష్యాన్ని ఈ విధంగా నిర్వచించిన తరువాత, డేటాను పరిశీలించాల్సిన సమయం ఆసన్నమైంది. చదరంగంలో, సూచనాక్రమం తనకు వ్యతిరేకంగా తానే ఆడటంద్వారా కొత్త డేటా ఎంతయినా ఉత్పత్తి చేయగలదు. కానీ జాబ్ మార్కెట్లో అది అసాధ్యం. సూచనాక్రమశిశువు ఊహాజనిత వ్యక్తులను నియమించి, తొలగించి, ఆ అనుభవం నుండి నేర్చుకునే ఊహాత్మక ప్రపంచం మొత్తాన్ని ఎవరూ సృష్టించలేరు. సూచనాక్రమశిశువు నిజజీవిత వ్యక్తులను గురించి ఇప్పటికే ఉన్న డేటాబేస్ ఆధారంగా మాత్రమే శిక్షణ ఇవ్వగలదు. సింహం పిల్లలు ప్రధానంగా నిజజీవితంలో నమూనాలను గుర్తించడం ద్వారా జీబ్రా అంటే ఏమిటో నేర్చుకున్నట్లే, సూచనాక్రమశిశువు నిజజీవిత సంస్థలలో నమూనాలను గుర్తించడం ద్వారా మంచి ఉద్యోగి అంటే ఏమిటో నేర్చుకుంటాయి.

దురదృష్టవశాత్తు, నిజజీవిత సంస్థలు ఇప్పటికే కొంత అంతర్లీన పక్షపాతంతో బాధపడుతుంటే, సూచనాక్రమం ఈ పక్షపాతాన్ని నేర్చుకోవటమే కాక దానిని పెంచనుకూడా పెంచుతుంది. ఉదాహరణకు, నిజజీవిత గణాంక వివరాలలో "మంచి ఉద్యోగుల" నమూనాల కోసం చూస్తున్న సూచనాక్రమం, యజమాని మేనల్లుళ్ళను – వారికి ఏ ఇతర అర్హత ఉన్నా లేకపోయినా – నియమించడం ఎల్లప్పుడూ మంచి ఆలోచన అని నిర్ధారించవచ్చు. ఎందుకంటే ఉద్యోగానికి దరఖాస్తు చేసేటప్పుడు "బాస్ మేనల్లుళ్ళు" సాధారణంగా నియమించబడతారని, చాలా అరుదుగా తొలగించబడతారని డేటా స్పష్టంగా సూచిస్తుంది. సూచనాక్రమశిశువు ఈ నమూనాను గుర్తించి ఆశ్రితపక్షపాతి గా మారుతుంది. దీనిని మానవవనరుల డిపార్ట్‌మెంట్ కు ఇన్ ఛార్జిగా అప్పగిస్తే యజమాని మేనల్లుళ్లకు ప్రాధాన్యం ఇవ్వడం మొదలవుతుంది.

అదే విధంగా, స్త్రీద్వేష సమాజంలోని సంస్థలు మహిళలకంటే పురుషులను నియమించడానికి ఇష్టపడితే, నిజజీవిత గణాంకాలమీద శిక్షణ పొందిన సూచనాక్రమం కూడా ఆ పక్షపాతాన్ని తీసుకునే అవకాశం ఉంది. 2014–18లో అమెజాన్ జాబ్ అప్లికేషన్లను వడకట్టటానికి సూచనాక్రమం అభివృద్ధి చేయడానికి ప్రయత్నించినప్పుడు ఇదే జరిగింది. మునుపటి సఫలము, విఫలమూ అయిన దరఖాస్తుల నుంచి నేర్చుకున్న సూచనాక్రమం కేవలం "మహిళలు" అనే పదం కనిపించినా, లేదా మహిళా కళాశాలల గ్రాడ్యుయేట్లనుండి వచ్చిన దరఖాస్తులు క్రమపద్ధతిలో తక్కువ చేయడం ప్రారంభించింది. గతంలో ఇటువంటి దరఖాస్తులు విజయవంతమయ్యే అవకాశం తక్కువగా ఉందని ప్రస్తుత గణాంకాలు చూపించినందున, సూచనాక్రమం వాటికి వ్యతిరేకంగా పక్షపాతాన్ని పెంచిపెద్ద చేసింది. ఈ ప్రపంచాన్ని గురించి తను ఒక పెద్ద సత్యాన్ని కనుగొన్నట్లు ఆ సూచనాక్రమం భావించింది: మహిళా కళాశాలల నుండి గ్రాడ్యుయేట్ అయిన దరఖాస్తుదారులు తక్కువ అర్హత కలిగి ఉంటారు. వాస్తవానికి, ఇది కేవలం స్త్రీ వ్యతిరేక పక్షపాతాన్ని అంతర్గతీకరించి విధించింది. సమస్యను పరిష్కరించడానికి ప్రయత్నించి విఫలమైన అమెజాన్ చివరికి ఈ ప్రాజెక్టును రద్దు చేసింది.[64]

కృత్రిమమేధకు శిక్షణ ఇచ్చే గణాంకభాండారం మనిషి బాల్యాన్ని తలపిస్తుంది. బాల్య అనుభవాలు, గాయాలు అద్భుత కథలు జీవితాంతం మనతో ఉంటాయి. కృత్రిమమేధకు కూడా చిన్ననాటి అనుభవాలు ఉంటాయి. మానవుల మాదిరిగానే సూచనాక్రమాల పక్షపాతాలు ఒకదానికొకటి సోకవచ్చు. సర్వత్ర సూచనాక్రమాలు ఉన్న భవిష్య సమాజాన్ని పరిగణించండి. ఉద్యోగ దరఖాస్తుదారులను వడకట్టడానికి మాత్రమే కాకుండా కళాశాలలో ఏమి చదవాలో ప్రజలకు సిఫారసు చేయడానికి కూడా ఉపయోగిస్తారు.. ఇంజినీరింగ్ లో 80 శాతం ఉద్యోగాలు పురుషులకే ఇస్తున్నారనుకుందాం. ఈ సమాజంలో, కొత్త ఇంజనీర్లను నియమించే సూచనాక్రమం ఇప్పటికే ఉన్న ఈ పక్షపాతాన్ని కాపీ చేయడమే కాకుండా అదే పక్షపాతంతో కళాశాల సిఫార్సు సూచనాక్రమాలకు కూడా ఈ పక్షపాతం సోకించే అవకాశం ఉంది. కళాశాలలో ప్రవేశించే ఒక యువతి ఇంజనీరింగ్ చదవకుండా నిరుత్సాహపరచవచ్చు. ఎందుకంటే ప్రస్తుతపు గణాంకాలు ఆమెకు చివరికి ఉద్యోగం లభించే అవకాశం తక్కువగా ఉందని సూచిస్తాయి.. మానవ సమాజంలో "స్త్రీలు ఇంజనీరింగ్ లో సమర్థులు కాదు" అని ప్రారంభమయిన భ్రమ కంప్యూటర్ పురాణంగా రూపాంతరం చెందుతుంది. ప్రారంభంలోనే పక్షపాతాన్ని వదిలించుకోకపోతే, కంప్యూటర్లు దానిని శాశ్వతంగా పెంచిపెద్ద చేస్తాయి.[65]

కానీ సూచనాక్రమ పక్షపాతాన్ని వదిలించుకోవడం మన మానవ పక్షపాతాల చెరనుంచి విముక్తి పొందటం కంటే సులభమేమీ కాదు. ఒక సూచనాక్రమం శిక్షణ

పొందిన తర్వాత, దానిచేత ఆ శిక్షణ మరిపించటం చాలా సమయము, కష్టంతో కూడిన పని. పక్షపాత సూచనాక్రమాన్ని వదిలేసి, పక్షపాతం తక్కువగా ఉన్న గణాంకాలలో కొత్త సూచనాక్రమానికి శిక్షణ ఇవ్వాలని మనం నిర్ణయించుకోవచ్చు. కానీ పూర్తిగా నిష్పాక్షికమైన గణాంక వర్గం మనకు ఎక్కడ దొరుకుతుంది? [66]

ఈ అధ్యాయంలో, మునుపటి ఆధ్యాయాలలోను సర్వేక్షించిన అనేక సూచనాక్రమ పక్షపాతాలలో ప్రాథమిక సమస్య ఒకటే: కంప్యూటర్ మానవులను గురించి కొంత సత్యాన్ని కనుగొన్నానని అనుకుంటుంది. వాస్తవానికి అది వారిమీద ఒక క్రమాన్ని విధించింది. సామాజిక మాధ్యమ సూచనాక్రమం మానవులకు ఆవేశమంటే ఇష్టపడతారని తను కనుక్కున్నట్లు అనుకుంటుంది, వాస్తవానికి సూచనాక్రమం మనుషులను మరింత ఆగ్రహాన్ని ఉత్పత్తి చేయడానికి, భరించటానికి తయారు చేసింది. ఒక వైపు, కంప్యూటర్లు మానవ సామర్థ్యాల సమాహారం తీసిపారవేయటం, మరోవైపు, కంప్యూటర్లు మానవులను ప్రభావితం చేయడానికి స్వయంశక్తిని తక్కువగా అంచనా వేయటంవల్ల ఈ పక్షపాతాలు సంభవిస్తాయి.. దాదాపు మానవులందరూ ఒక నిర్దిష్ట రీతిలో ప్రవర్తిస్తారని కంప్యూటర్లు గమనించి నప్పటికీ, మానవులందరూ అలాగే ప్రవర్తిస్తారని అర్థం కాదు. కంప్యూటర్లు స్వయంగా అటువంటి ప్రవర్తనను ఆదరిస్తున్నాయని, ప్రత్యామ్నాయ ప్రవర్తనలను అడ్డుకుంటున్నాయని దీని అర్థం. కంప్యూటర్లు ప్రపంచాన్ని గురించి మరింత నిర్దుష్టమయిన, బాధ్యతాయుతమైన దృక్పథాన్ని కలిగి ఉండటానికి, అవి వాటి స్వయంశక్తిని, ప్రభావాన్ని పరిగణనలోకి తీసుకోవాలి. అది జరగాలంటే, ప్రస్తుతం కంప్యూటర్లను ఇంజనీర్ చేస్తున్న మానవులు తాము కొత్త సాధనాలను తయారు చేయడం లేదని అంగీకరించాలి. వారు కొత్త రకాల స్వతంత్రప్రతినిధులను, ఇంకా కొత్త రకాల దేవుళ్లను కూడా విడుదల చేస్తున్నారు.

కొత్త దేవుళ్ళు?

దేవుడు, మానవుడు, జంతువు, యంత్రం లో, తత్వవేత్త మేఘన్ ఓ'గిబ్లిన్ కంప్యూటర్లను మనం అర్థం చేసుకునే విధానం మీద సాంప్రదాయ పురాణాల ప్రభావం ఎంత భారీగా ఉన్నదో చూపిస్తుంది. ముఖ్యంగా, ఆమె జ్యూడో-క్రిస్టియన్ వేదాంతశాస్త్రం యొక్క సర్వవ్యాపి, అంతుచిక్కని దేవుడికి ఈనాటి కృత్రిమమేధల మధ్య సారూప్యతలను నొక్కి చెబుతారు. వారి నిర్ణయాలు మనకు నిర్దోషాలు, అతిగూఢాలు అనిపిస్తాయి..[67] ఇది మానవులకు ప్రమాదకరమైన ప్రలోభాన్ని కలిగిస్తుంది.

మానవ అవినీతినుంచి, దోషాలనుండి మనలను రక్షించడానికి తప్పులులేని సమాచార సాంకేతిక పరిజ్ఞానాన్ని కనుగొనాలని వేలాది సంవత్సరాల క్రితం

మానవులు కలలు కన్నారని మనం 4 వ అధ్యాయంలో చూశాము. అటువంటి సాంకేతిక పరిజ్ఞానాన్ని రూపొందించడానికి పవిత్రగ్రంధాలు సాహసోపేతమైన ప్రయత్నం, కానీ అవి ప్రతిఘటించాయి. పుస్తకం తనను తాను అర్థం చేసుకోలేనందున, పవిత్ర పదాలను అర్థం చేసుకోవటానికి మారుతున్న పరిస్థితులకు అనుగుణంగా వాటిని సమన్వయం చేయటానికి ఒక మానవ సంస్థను నిర్మించవలసి వచ్చింది. వేర్వేరు మానవులు పవిత్ర గ్రంథాన్ని వివిధ విధాలుగా అర్థం చేసుకున్నారు, తద్వారా అవినీతికి, దోషాలకు తలుపులు తెరిచారు. కానీ పవిత్ర గ్రంథానికి భిన్నంగా, కంప్యూటర్లు మారుతున్న పరిస్థితులకు అనుగుణంగా తమను తాము మార్చుకోగలవు. వాటి నిర్ణయాలు, ఆలోచనలు మనకు వివరించగలవు. తత్ఫలితంగా కొంతమంది మానవులు దోషరహితమయిన సాంకేతిక పరిజ్ఞానం కోసం మన అన్వేషణ చివరకు విజయవంతమైందని, మానవ సంస్థ జోక్యం అవసరం లేకుండా, మనతో మాట్లాడి, తన భావం విడమరిచి చెప్పగల పవిత్ర గ్రంథంగా కంప్యూటర్లను పరిగణించాలని నిర్ణయించవచ్చు.

ఇది చాలా ప్రమాదకరమైన జూదం. కొన్ని పవిత్రగ్రంధాల వివరణలు అప్పుడప్పుడు మాంత్రికుల వేటలకు, మత యుద్ధాలవంటి విపత్తులకు కారణమైనప్పుడు, మానవులు వారినమ్మకాలను మార్చుకోగలిగారు. మానవ ఊహ రణతత్పరుడైన, ద్వేషమయుడయిన దేవుడిని పిలిచినప్పుడు, దానినుంచి బయటపడే శక్తిని మనం కాపాడుకున్నాము మరింత సహనశీలి అయిన దేవతను ఊహించాము. కానీ సూచనాక్రమాలు స్వతంత్ర ప్రతినిధులు. అవి ఇప్పటికే మన శక్తిని లాక్కుంటున్నాయి. అవి విపత్తుకు కారణమైతే, వాటి గురించి మన నమ్మకాలను మార్చుకున్నంత మాత్రాన అవి ఆగవు. కంప్యూటర్లకు అధికారం అప్పగిస్తే, అవి నిజంగా ఉపద్రవాలు కలిగించే ప్రమాదం ఉంది. ఎందుకంటే అవి లోప భూయిష్టమైనవి.

కంప్యూటర్లు లోపభూయిష్టమైనవని మనం చెప్పినప్పుడు, అవి అప్పుడప్పుడు వాస్తవిక తప్పిదంచేస్తాయని,, లేదా తప్పు నిర్ణయం తీసుకుంటాయని చెప్పటం కాదు. అది అంతకు మించిన ప్రమాదం. మరీ ముఖ్యంగా, తనముందు ఉన్న మానవ యంత్రాంగం మాదిరిగానే, కంప్యూటర్ యంత్రాంగం సత్యానికి, క్రమానికి మధ్య సరైన సమతుల్యతను కనుగొనడంలో విఫలం కావచ్చు. శక్తివంతమైన కంప్యూటర్ వర్గ పురాణాలను సృష్టించి మనపై రుద్దడం ద్వారా, కంప్యూటర్ యంత్రాంగం ఆధునిక యూరప్ ఆరంభదశలో జరిగిన మాంత్రిక వేటలు, లేదా స్టాలిన్ సమష్టీకరణను మరుగుజ్జు చేసే చారిత్రక ఉపద్రవాలకు కారణం కావచ్చు.

ప్రపంచాన్ని గురించి అపారమైన సమాచారం సేకరించే బిలియన్ల కంప్యూటర్ యంత్రాంగాన్ని పరిగణించండి. అవి వివిధ లక్ష్యాలను అనుసరిస్తున్నప్పుడు, నెట్వర్క్

చేయబడిన కంప్యూటర్లు ప్రపంచం ఉమ్మడి నమూనాను అభివృద్ధి చేస్తాయి, ఇది వార్తాలాపం చేయడానికి, సహకరించడానికి వాటికి సహాయపడుతుంది. ఈ భాగస్వామ్య నమూనాలో బహుశా దోషాలు, కల్పనలు, లోపాలు ఉండవచ్చు. అసలయిన ప్రపంచవర్ణన కాక, పురాణంగా ఉంటుంది. సామాజిక పరువు ప్రతిష్టలు ఇందుకు ఒక ఉదాహరణ. జాతివిచక్షణ వంటి మానవ హేతుబద్ధత ద్వారా కాకుండా ఏదో అస్పష్టమైన కంప్యూటర్ తర్కం ద్వారా నిర్ణయించబడే ఈ సామాజిక పరువు, ప్రతిష్ట వ్యవస్థ మానవులను బూటకపు వర్గాలుగా విభజిస్తుంది. ఈ పురాణం మన జీవితంలో ప్రతిరోజూ మనకు పరిచయం కావచ్చు, ఎందుకంటే ఇది మన గురించి కంప్యూటర్లు తీసుకునే అనేక నిర్ణయాలకు మార్గనిర్దేశం చేస్తుంది. కానీ ఈ పౌరాణిక నమూనా ఇతర నిరీన్ద్రియ వస్తువులతో చర్యలను సమన్వయం చేయడానికి నిరీన్ద్రియ వస్తువులచే సృష్టించబడుతుంది కాబట్టి, ఇది పురాతన జీవనాటకాలకు ఏమీ లంకెపడి ఉండకపోవచ్చు. మనకు పూర్తిగా పరాయి కావచ్చు.[68]

2 వ అధ్యాయంలో పేర్కొన్నట్లుగా, కొన్ని పురాణాలు లేకుండా పెద్ద-స్థాయి సమాజాలు ఉనికిలో ఉండవు, కానీ అన్ని పురాణాలు సమానమని దీని అర్థం కాదు. తప్పులనుంచి, అతిక్రమణల నుండి రక్షించడానికి, కొన్ని పురాణాలు తమ స్వంత దోషసహిత మూలాన్ని అంగీకరించాయి. పురాణాలను ప్రశ్నించడానికి, మార్చడానికి మానవులను అనుమతించే స్వీయశోధన యంత్రాంగాన్ని చేకూర్చాయి. ఇది అమెరికా రాజ్యాంగ నమూనా ఉదాహరణ. కానీ మనకు అర్థం కాని కంప్యూటర్ పురాణాన్ని మానవులు ఎలా పరిశోధించి సరిదిద్దగలరు?

ఒక సంభావ్యమయిన అలవ ఏమిటంటే, కంప్యూటర్లు తమతప్పు తెలుసుకునే శిక్షణ ఇవ్వడం. సోక్రటీస్ బోధించినట్లు, “నాకు తెలియదు” అని చెప్పగలగడం జ్ఞానమార్గంలో ఒక ముఖ్యమైన దశ. మానవ వివేకానికి ఏ మాత్రం తీసిపోని కంప్యూటర్ వివేకానికి ఇది వర్తిస్తుంది. తనూతప్పులు చేస్తుంది అని తెలుసుకోవటం ప్రతి సూచనాక్రమం నేర్చుకోవలసిన మొదటిపాఠం. సూచనాక్రమ శిశువులు తమను తాము అనుమానించుకోవడం, అనిశ్చితిని సూచించడం, ముందుజాగ్రత్త సూత్రాన్ని పాటించడం నేర్చుకోవాలి. ఇది అసాధ్యం కాదు. కృత్రిమమేధను స్వీయ సందేహాన్ని వ్యక్తం చేయడానికి, ప్రతిపుష్టి అడగడానికి, దాని తప్పులను అంగీకరించడానికి ప్రోత్సహించడంలో ఇంజనీర్లు ఇప్పటికే గణనీయమైన పురోగతి సాధిస్తున్నారు.[69]

అయినప్పటికీ సూచనాక్రమాలు వాటి స్వంత పొరపాట్లను గురించి ఎంత అవగాహన కలిగి ఉన్నప్పటికీ, మనం మానవులను కూడా ఆ పరిధిలో ఉంచాలి. కృత్రిమమేధ అభివృద్ధి చెందుతున్న వేగాన్ని బట్టి, అది ఎలా అభివృద్ధి చెందుతుందో అంచనా వేయడం, భవిష్యత్తులో సంభవించగల అన్ని ప్రమాదాలనుండి రక్షణ కవచాలను సిద్ధంచేయటం అసాధ్యం. కృత్రిమ మేధకు, పరమాణు సాంకేతికత

వంటి మునుపటి అస్తిత్వ ప్రమాదాలకు మధ్య ఉన్న ప్రధాన వ్యత్యాసం ఇది. పరమాణు సాంకేతికత మానవాళికి సులభంగా ఊహించదగిన కొన్ని ప్రళయకాల దృశ్యాలను అందించింది, ఇందులో అణ్వస్త్ర యుద్ధం చాలాస్పష్టమయిన అంశం. ప్రమాదాన్ని ముందుగానే ఊహించి దానిని అరికట్టే మార్గాలను అన్వేషించడం సాధ్యమైంది. దీనికి విరుద్ధంగా, కృత్రిమమేధ లెక్కలేనన్ని ప్రళయకాల దృశ్యాలను మనకు అందిస్తుంది. ఉగ్రవాదులు కృత్రిమ మేధను ఉపయోగించి సామూహిక వినాశనం చేయగల జీవాయుధాలను తయారు చేయడం వంటి కొన్నింటిని సులభంగా అర్థం చేసుకోవచ్చు. కృత్రిమమేధ సామూహిక వినాశనానికి కొత్త మానసిక ఆయుధాలను సృష్టించడంవంటి అంశాలు కొన్నింటిని అర్థం చేసుకోవడం చాలా కష్టం. కొన్ని మానవ ఊహకు పూర్తిగా అతీతమైనవి కావచ్చు, ఎందుకంటే అవి గ్రహాంతర మేధస్సు గణితంనుంచి ఉద్భవిస్తాయి.. ఊహాతీతమయిన అనేక సమస్యలనుండి రక్షించుకోవడానికి, బెదిరింపులు తలెత్తినప్పుడు వాటిని గుర్తించి ప్రతిస్పందించగల సజీవ సంస్థలను సృష్టించడం మనం చేయగల మహోత్తమ కార్యం.[70]

ప్రాచీన యూదులు, క్రైస్తవులు బైబిలు తనను తాను అర్థం చేసుకోలేక పోతోందని తెలుసుకొని నిరాశ చెందారు, సాంకేతిక పరిజ్ఞానం చేయలేని పనిని చేయడానికి అయిష్టంగానే మానవ సంస్థలను కొనసాగించారు. 21వ శతాబ్దంలో మనం దాదాపు అందుకు విరుద్ధమైన పరిస్థితిలో ఉన్నాం. మనం తననుతాను వ్యాఖ్యానించగల సాంకేతిక పరిజ్ఞానాన్ని రూపొందించాము. కానీ సరిగ్గా అదే కారణంగా మనం దానిని జాగ్రత్తగా పర్యవేక్షించడానికి మానవ సంస్థలను సృష్టించడం శ్రేయస్కరం.

చివరగా, కొత్త కంప్యూటర్ యంత్రాంగం తప్పనిసరిగా చెడ్డది లేదా మంచిది కాదు. అది పరాయివస్తువుగానే ఉంటుందని, తప్పులుచేస్తూ ఉంటుందని మనకు ఖచ్చితంగా తెలుసు. అందువల్ల దురాశ, ద్వేషం వంటి మానవ బలహీనతలను మాత్రమే కాకుండా, పరాయి తప్పిదాలను కూడా పూర్తిగా పరిశీలించగల సంస్థలను మనం నిర్మించాలి. ఈ సమస్యకు సాంకేతిక పరిష్కారం లేదు. అయితే ఇది రాజకీయంగా ఒక సవాలు. దాన్ని ఎదుర్కొనే రాజకీయ సంకల్పం ఉందా? ఆధునిక మానవాళి రెండు కవల రాజకీయ వ్యవస్థలను సృష్టించింది: భారీ ప్రజాస్వామ్యం, భారీ నియంతృత్వం. సమూలంగా పరాయి వస్తువులు, లోపభూయిష్టమైన కంప్యూటర్ యంత్రాంగంతో ఈ వ్యవస్థలు విడివిడిగా ఎలా వ్యవహరిస్తాయో పార్ట్ 3 పరిశీలిస్తుంది.

భాగం III

కంప్యూటర్ రాజకీయాలు

అధ్యాయం 11

ప్రజాస్వామ్యాలు: మనం ఇంకా సంభాషణ జరపగలమా?

అధికారాలు, పురాణాల వివాహం వల్ల నాగరికతలు పుట్టుకొస్తాయి.. కంప్యూటర్ మీద ఆధారపడే యంత్రాంగం ఒక కొత్తరకం ఉద్యోగిస్వామ్యం. ఇది మనం ఇంతకుముందు చూసిన మానవ ఆధారితమయిన ఉద్యోగిస్వామ్యంకంటే చాలా శక్తివంతమైనది, పట్టువదలనిది. ఈ యంత్రాంగం కంప్యూటర్ల మధ్య పురాణాలను సృష్టించే అవకాశంకూడా ఉన్నది. ఆ పురాణాలు మానవుడు సృష్టించిన దేవుడి కంటే చాలా సంకీర్ణముగా, గ్రహాంతర వాసులలాగా ఉంటాయి. ఈ యంత్రాంగం సంభావ్య ప్రయోజనాలు అపారం. సంభావ్య ప్రతికూలత మానవ నాగరికత విధ్వంసం.

నాగరికత పతనం గురించిన ఈ హెచ్చరికలు కొందరికి విపరీతంగా ధ్వనిస్తాయి.. శక్తివంతమైన కొత్త సాంకేతిక పరిజ్ఞానం ఉద్భవించిన ప్రతిసారీ, ప్రపంచం కూలిపోతున్నదనే భయాందోళనలు తలెత్తాయి,. కానీ మనం ఇంకా ఇక్కడ సజీవంగానే ఉన్నాము. పారిశ్రామిక విప్లవం విస్తరిస్తున్న కొద్దీ, నేతపరిశ్రమ సర్వనాశనం దృశ్యాలు ముందుకు రాలేదు. బ్లేక్ రచన "డార్క్ సాటానిక్ మిల్స్" చరిత్రలో అత్యంత సంపన్నసమాజాల సృష్టితో ముగిసింది. పద్దెనిమిదవ శతాబ్దంలో తమ పూర్వీకులకంటే ఈనాడు చాలామంది ప్రజలు మెరుగైన జీవన పరిస్థితులను అనుభవిస్తున్నారు. మునుపటి యంత్రాలకంటే తెలివైన యంత్రాలు మరింత ప్రయోజనకరంగా ఉంటాయని మార్క్ ఆండ్రీసెన్, రే కుర్జ్వీల్ వంటి కృత్రిమమేధ ఔత్సాహికులు హామీ ఇస్తున్నారు.[1] మానవులు మరింత మెరుగైన ఆరోగ్య సంరక్షణ, విద్య, ఇంకా ఇతర సేవలను ఆస్వాదిస్తారు . కృత్రిమమేధ పర్యావరణ వ్యవస్థను పతనం కాకుండా రక్షించడంలోకూడా సహాయపడుతుంది.

దురదృష్టవశాత్తు, చరిత్రను నిశితంగా పరిశీలిస్తే, లుడైట్లు పూర్తిగా తప్పు చేయలేదని, శక్తివంతమైన కొత్త సాంకేతికతలను చూసి భయపడటానికి మనకు చాలామంచికారణాలు ఉన్నాయని తెలుస్తుంది. చివరికి ఈ సాంకేతికతల సానుకూలతలు వాటి ప్రతికూలతలను అధిగమిస్తున్నప్పటికీ, ఆ సంతోషకరమైన ముగింపు చేరుకోవటానికి సాధారణంగా చాలా పరీక్షలు శ్రమ అవసరం. నూతన సాంకేతిక పరిజ్ఞానం తరచుగా చారిత్రిక ఉపద్రవాలకు దారితీస్తుంది, ఎందుకంటే సాంకేతికత సహజంగా చెడ్డది కాదు. కానీ దానిని తెలివిగా ఎలా ఉపయోగించాలో నేర్చుకోవడానికి మనుషులకు వ్యవధి పడుతుంది.

పారిశ్రామిక విప్లవం ఒక శ్రేష్ఠమయిన ఉదాహరణ. పంతొమ్మిదవ శతాబ్దంలో పారిశ్రామిక సాంకేతిక పరిజ్ఞానం ప్రపంచమంతటా వ్యాప్తి చెందడం ప్రారంభించినప్పుడు, ఇది సాంప్రదాయ ఆర్థిక, సామాజిక, రాజకీయ నిర్మాణాలను విచ్ఛిన్నం చేసింది. ఇతోధికంగా సంపన్నమైన శాంతియుత నూతన సమాజాలను కొత్తగా సృష్టించడానికి మార్గాన్ని తెరిచింది. ఏదేమైనా, నిరపాయమైన పారిశ్రామిక సమాజాలను ఎలా నిర్మించాలో నేర్చుకోవడం ముక్కుసూటి వ్యవహారం కాదు. అనేక ఖరీదైన ప్రయోగాలతో, వందల మిలియన్ల మంది బాధితులతో కూడి ఉంది.

ఆధునిక సామ్రాజ్యవాదం ఒక ఖరీదయిన ప్రయోగం. పద్దెనిమిదవ శతాబ్దం చివరలో బ్రిటన్ లో పారిశ్రామిక విప్లవం ఉద్భవించింది. పంధొమ్మిదవ శతాబ్దంలో పారిశ్రామిక సాంకేతిక పరిజ్ఞానం, ఉత్పత్తి పద్ధతులు బెల్జియం నుంచి రష్యా వరకు ఇతర ఐరోపా దేశాలలో, అలాగే యునైటెడ్ స్టేట్స్, జపాన్ లలో అవలంబించ బడ్డాయి. ఈ పారిశ్రామిక ప్రాంతాలలోని సామ్రాజ్యవాద ఆలోచనాపరులు, రాజకీయ నాయకులు, పార్టీలు సామ్రాజ్యం మాత్రమే ఆచరణీయమైన పారిశ్రామిక సమాజం అని పేర్కొన్నారు. సాపేక్షంగా స్వయం సమృద్ధ వ్యవసాయ సమాజాల మాదిరిగా కాకుండా, నూతన పారిశ్రామిక సమాజాలు విదేశీ మార్కెట్లమీద, విదేశీ ముడిపదార్థాలపై ఎక్కువగా ఆధారపడతాయని, ఒక సామ్రాజ్యం మాత్రమే ఈ అపూర్వమైన ఆకలిని తీర్చగలదనే వాదన ఉంది. పారిశ్రామికీకరణ చెంది, కాలనీలను జయించడంలో విఫలమైన దేశాలకు అత్యవసరమయిన ముడిసరుకులు ఇవ్వకుండా, నిర్దయులయిన పోటీదారులు మార్కెట్లనుండి మూసివేస్తారని సామ్రాజ్యవాదులు భయపడ్డారు. కొంతమంది సామ్రాజ్యవాదులు వలసరాజ్యాలను చేజిక్కించుకోవటం తమ సొంత రాష్ట్ర మనుగడకు మాత్రమే కాదు, మిగిలిన మానవాళికి కూడా ప్రయోజనకరంగా ఉంటుందని వాదించారు. అభివృద్ధి చెందని ప్రపంచానికి కొత్త సాంకేతిక పరిజ్ఞానం ప్రయోజనాలను సామ్రాజ్యాలు మాత్రమే ప్రసాదించగలవని వారు పేర్కొన్నారు.

తత్ఫలితంగా, అప్పటికే సామ్రాజ్యాలుగా ఉన్న బ్రిటన్, రష్యా వంటి పారిశ్రామికదేశాలు వాటిని బాగా విస్తారం చేశాయి. యునైటెడ్ స్టేట్స్, జపాన్, ఇటలీ, బెల్జియం వంటి దేశాలు పరిశ్రమలు నిర్మించడానికి బయలుదేరాయి. భారీ స్థాయిలో తయారైన రైఫిల్స్, ఫిరంగుల సహాయం, ఆవిరిశక్తి ద్వారా ప్రయాణం, టెలిగ్రాఫ్ ద్వారానాయకత్వం వహించిన పారిశ్రామిక సైన్యాలు న్యూజిలాండ్ నుండి కొరియా వరకు, సోమాలియా నుండి తుర్క్మెనిస్తాన్ వరకు ప్రపంచవ్యాప్తంగా విస్తరించాయి. ఈ పారిశ్రామిక సైన్యాల చక్రాలకింద లక్షలాదిమంది స్థానిక ప్రజల సంప్రదాయ జీవనవిధానం అణగారిపోయింది. పారిశ్రామిక సామ్రాజ్యాలు ఒక భయంకరమైన ఆలోచన అని, పారిశ్రామిక సమాజాన్ని నిర్మించడానికి, అందుకు అవసరమైన ముడి పదార్థాలను, మార్కెట్లను భద్రపరచడానికి ఇంతకంటేమంచి మార్గాలు ఉన్నాయని గ్రహించడానికి చాలామంది ప్రజలు ఒక శతాబ్దానికి పైగా దుర్గతి అనుభవించ వలసి వచ్చింది.

పారిశ్రామిక సమాజాల నిర్మాణంలో స్టాలినిజం, నాజీయిజం కూడా చాలావిపరీతంగా ఖరీదైన ప్రయోగాలు. స్టాలిన్, హిట్లర్ వంటి నాయకులు పారిశ్రామిక విప్లవం అపారమైన శక్తులను ఆవిష్కరించిందని, నిరంకుశత్వం మాత్రమే నియంత్రించగలదని, వాటిని పూర్తిస్థాయిలో ఉపయోగించుకోగలదని వాదించారు. పారిశ్రామిక ప్రపంచంలో మనుగడకు రాజకీయాలు, సమాజం, ఆర్థికవ్యవస్థ అన్ని అంశాలపై నియంతృత్వ నియంత్రణ అవసరమని రుజువుగా చరిత్రలో మొదటి "సంపూర్ణ యుద్ధం" అయిన మొదటి ప్రపంచ యుద్ధాన్ని వారు ఎత్తి చూపారు. సానుకూలత సూచిస్తూ, పారిశ్రామిక విప్లవం ఒక కొలిమి వంటిదని, ఇది మునుపటి సామాజిక నిర్మాణాలన్నింటినీ వాటి మానవ లోపాలు, బలహీనతలతోసహా కరిగిస్తుందని, అధిమానవులు నివసించే పరిపూర్ణ సమాజాలను నిర్మించే అవకాశాన్ని కల్పిస్తుందని వారు పేర్కొన్నారు.

పరిపూర్ణ పారిశ్రామిక సమాజాన్ని సృష్టించే ప్రయత్నంలో, స్టాలినిస్టులు, నాజీలు మిలియన్ల మందిని పారిశ్రామికంగా ఎలా చంపాలో నేర్చుకున్నారు. రైళ్లు, ముళ్లకంచెలు, టెలిగ్రాఫ్ ఆర్డర్లను అనుసంధానం చేసి అపూర్వమైన మారణయంత్రాన్ని సృష్టించారు. వెనక్కి తిరిగి చూస్తే, స్టాలినిస్టులు, నాజీలు చేసిన దుర్మార్గాలు తలుచుకుని ఈనాడు చాలా మంది ప్రజలు భయభ్రాంతులకు గురవుతున్నారు, కానీ ఆ సమయంలో ఆ సాహసోపేతమైన ప్రదర్శనలు మిలియన్ల మందిని మంత్రముగ్ధులను చేశాయి. 1940 లో స్టాలిన్, హిట్లర్ పారిశ్రామిక సాంకేతిక పరిజ్ఞానాన్ని ఉపయోగించుకోవడానికి నమూనాలని నమ్మడం సులభం. అదే సమయంలో ఉదారవాద ప్రజాస్వామ్యాలు తడబడుతూచరిత్ర చెత్తబుట్టలోకి వెళుతున్నాయి.

పారిశ్రామిక సమాజాలను నిర్మించడానికి చిట్కాలు పోటీపడ్డాయి. ఆ పోటీ ఖరీదైన ఘర్షణలకు దారితీసింది. రెండు ప్రపంచ యుద్ధాలు, ప్రచ్ఛన్న యుద్ధం ఆ

నిర్మాణానికి సరైన మార్గంకోసం ఒక చర్చగా చూడవచ్చు, దీనిలో అన్ని పక్షాలు ఒకదానినుండి మరొకటి నేర్చుకున్నాయి, యుద్ధం చేయడానికి వినూత్న పారిశ్రామిక పద్ధతులతో ప్రయోగాలు చేశాయి. ఈ చర్చలో కోట్ల సంఖ్యలో ప్రజలు మరణించగా, మానవాళి ఆత్మవినాశనానికి చేరువైంది.

ఈ ఇతర ఉపద్రవాలకు తోడు, పారిశ్రామిక విప్లవం ప్రపంచ పర్యావరణ సమతుల్యతను కూడా బలహీనపరిచి, వినాశనా తరంగాలకు కారణమైంది. 21 వ శతాబ్దం ప్రారంభంలో ప్రతిసంవత్సరం యాభైఎనిమిది వేల జాతులు అంతరించిపోతాయని భావిస్తున్నారు. 1970 కి 2014 కు మధ్య మొత్తం వెన్నుపూస ఉన్న జీవుల జనాభా 60 శాతం క్షీణించింది.[2] మానవ నాగరికత మనుగడకు కూడా ముప్పు పొంచి ఉన్నది. పర్యావరణపరంగా సుస్థిరమైన పారిశ్రామిక సమాజాన్ని మనం ఇంకా నిర్మించలేక పోతున్నాం. కాబట్టి, ప్రస్తుత మానవజాతి శ్రేయస్సు ఇతర జీవరాశులకు, భావి మానవ తరాలకు భయంకరమైన నష్టాన్ని కలిగిస్తుంది. పర్యావరణపరంగా సుస్థిరమైన పారిశ్రామిక సమాజాలను సృష్టించడానికి కృత్రిమమేధ సహాయంతో మనం చివరికి ఒక మార్గాన్ని కనుగొనవచ్చునేమో. కానీ అప్పటి వరకు బ్లేక్ చెప్పిన శాటానిక్ మిల్లులమీద న్యాయాన్యాయ విచారణ నడుస్తూనే ఉంటుంది.

పర్యావరణ వ్యవస్థకు జరుగుతున్న నష్టాన్ని మనం ఒక్క క్షణం విస్మరిస్తే, చివరికి మానవులు మరింత శ్రేయస్కరమయిన పారిశ్రామిక సమాజాలను నిర్మాణం నేర్చుకున్నారనే ఆలోచనతో మనల్ని మనం ఓదార్చుకోవటానికి ప్రయత్నించవచ్చు. సామ్రాజ్యవాద విజయాలు, ప్రపంచ యుద్ధాలు, మారణహోమాలు, నియంతృత్వ పాలనలు ఎలా చేయకూడదో మానవులకు నేర్పిన ఘోరమైన ప్రయోగాలు . ఇరవయ్యవ శతాబ్దం చివరినాటికి, మానవాళికి అది దాదాపు బుర్రకెక్కిందని కొందరు వాదించవచ్చు.

అయినప్పటికీ ఇరవై ఒకటవ శతాబ్దానికి సందేశం నిరాశాజనకంగా ఉంది. ఆవిరిశక్తి, టెలిగ్రాఫ్ లతో ఎలా వ్యవహరించాలో నేర్చుకోవడానికి మానవాళికి ఇన్ని భయంకరమైన పాఠాలు అవసరం అయితే, బయో ఇంజనీరింగ్, కృత్రిమ మేధ నిర్వహణ నేర్చుకోవడానికి ఎంత ఖర్చవుతుంది? వాటిని ఎలా సద్వినియోగం చేసుకోవాలో తెలుసుకోవడానికి ప్రపంచ సామ్రాజ్యాలు, నిరంకుశ పాలనలు, ప్రపంచ యుద్ధాల చంక్రమణం గుండా వెళ్లవలసి వస్తుందా? 21వ శతాబ్దపు సాంకేతిక పరిజ్ఞానాలు ఇరవయ్యో శతాబ్దపు సాంకేతిక పరిజ్ఞానాలకంటే చాలా శక్తివంతమైనవి, వినాశకరమైనవి. కాబట్టి పొరపాట్లకు ఆస్కారం తక్కువ. ఇరవయ్యో శతాబ్దంలో పారిశ్రామిక సాంకేతిక పరిజ్ఞానాన్ని ఉపయోగించే పాఠంలో మానవాళికి సి మైనస్ లభించిందని చెప్పవచ్చు. పాస్ అయితే చాలు. ఇరవై ఒకటవ శతాబ్దంలో,

ఆ అడ్డకర్ర ఇంకా చాలా ఎత్తుకు లేచింది. ఈసారి మరింత మెరుగ్గా రాణించాలి.

ప్రజాస్వామ్య మార్గం

ఇరవయ్యో శతాబ్దం చివరినాటికి సామ్రాజ్యవాదం, నిరంకుశత్వం, సైనికవాదం పారిశ్రామిక సమాజాల నిర్మాణానికి అనువైన మార్గాలు కావని స్పష్టమైంది. ఎన్ని లోపాలు ఉన్నప్పటికీ, ఉదారవాద ప్రజాస్వామ్యం మెరుగైన మార్గాన్ని చూపించింది. ఉదారవాద ప్రజాస్వామ్యంలో బలమయిన స్వీయశోధన యంత్రాంగం ఇమిడి ఉన్నది. అందువల్ల మతోన్మాదం అతిక్రమణలను అదుపు చేయగలుగుతుంది. మన తప్పులను గుర్తించి ప్రత్యామ్నాయ చర్యలను చేపట్టే సామర్థ్యాన్ని కాపాడుతుంది. ప్రజాస్వామ్యం గొప్పప్రయోజనమదే. కొత్త కంప్యూటర్ నెట్వర్క్ ఎలా అభివృద్ధి చెందుతుందో అంచనా వేయగలిగిన స్థితిలో లేము. ప్రస్తుత శతాబ్దంలో ఉపద్రవం నివారించడానికి మన ఉత్తమ అవకాశం ఏమిటంటే, మన ప్రయాణంలో తప్పులు గుర్తించి సరిదిద్దగల ప్రజాస్వామ్య స్వీయశోధన యంత్రాంగాలను నిర్వహించడం.

కానీ ఉదారవాద ప్రజాస్వామ్యము 21 శతాబ్దాన్ని తట్టుకొని నిలబడగలదా? నిర్దిష్ట దేశాలలో ప్రత్యేకమైన పరిణామాలు, స్థానిక ఉద్యమాలు ప్రజాస్వామ్యానికి ప్రమాదకారులు. కనుక ఈ ప్రశ్న ఆ నిర్దిష్ట దేషాలను గురించి కాదు. ఇది ఇరవై ఒకటవ శతాబ్దపు సమాచార నెట్ వర్క్ ల నిర్మాణంతో ప్రజాస్వామ్యం సానుకూలత గురించి. ప్రజాస్వామ్యం సమాచార సాంకేతిక పరిజ్ఞానంపై ఆధారపడి ఉందని, మానవ చరిత్రలో ఎక్కువ భాగం పెద్ద ఎత్తున ప్రజాస్వామ్యం అసాధ్యమని 5వ అధ్యాయంలో చూశాం. 21వ శతాబ్దపు నూతన సమాచార సాంకేతికపరిజ్ఞానం ప్రజాస్వామ్యాన్ని మళ్లీ ఆచరణ సాధ్యం కానిదిగా మారుస్తుందా?

ఒక సంభావ్య ప్రమాదం ఏమిటంటే, కొత్త కంప్యూటర్ నెట్ వర్క్ నిర్విరామత్వం మన గోప్యతను నిర్మూలించవచ్చు. మనం చేసేదానికి, చెప్పే ప్రతిదానికి మాత్రమే కాకుండా, మనం ఆలోచనలకు, అనుభూతులకూ ప్రతిదానికీ మనలను శిక్షించవచ్చు, లేదాపారితోషికం ఇవ్వవచ్చు. ఇలాంటి పరిస్థితుల్లో ప్రజాస్వామ్యం మనుగడ సాగించగలదా? నన్ను గురించి నాకు తెలిసిన దానికంటే ప్రభుత్వానికి లేదా ఏదైనా సంస్థకు నా గురించి ఎక్కువ తెలిస్తే, నేను చేసేప్రతి ఒక్క పనీ, ప్రతిఒక్క ఆలోచన దుర్భిణిలో గమనించి మేనేజ్ చేయగలిగితే, అది సమాజంమీద నియంతృత్వ నియంత్రణను ఇస్తుంది. ఒకవేళ క్రమం తప్పకుండా ఎన్నికలు జరిగినా అవి ప్రభుత్వ అధికారానికి అడ్డుపడని నియంతృత్వ ఆచారంగా మిగిలిపోతాయి. ఎందుకంటే ప్రభుత్వం విస్తారమైన తన నిఘాఅధికారాలను, ప్రతి పౌరుడిపైనా తనకున్న లోతైన

పరిజ్ఞానాన్ని ప్రయోగించి ప్రజాభిప్రాయాన్ని మునుపెన్నడూ లేనంతగా తారుమారు చేయగలదు.

అయితే కంప్యూటర్లు సంపూర్ణమయిన నిఘావ్యవస్థను సృష్టించగలిగినంత మాత్రాన ఇలాంటి పాలన అనివార్యమని అనుకోవడం పొరపాటే. సాంకేతిక పరిజ్ఞానం చాలాఅరుదుగా నిర్ణయాత్మకంగా ఉంటుంది. 1970 లలో డెన్మార్క్, కెనడాల వంటి ప్రజాస్వామ్యదేశాలు రొమేనియన్ నియంతృత్వాన్ని అనుకరించి తమ పౌరులమీద గూఢచర్యం చేయడానికి రహస్య ఏజెంట్లు, వేగుల సైన్యాన్ని "సామాజిక క్రమాన్ని కాపాడే" సేవలో మోహరించి ఉండవచ్చు. కానీ, వారు అలా చేయకూడదని నిర్ణయించుకున్నారు. ఇది సరైన నిర్ణయంగా రూపొందింది. డెన్మార్క్, కెనడాలలో ప్రజలు చాలా సంతోషంగా ఉండటమే కాకుండా, ఈ దేశాలు దాదాపు ప్రతి సామాజిక, ఆర్థిక కొలమానాల ద్వారా చాలా మెరుగైన పనితీరును కనబరిచాయి. ఇరవై ఒకటవ శతాబ్దంలో కూడా, ప్రతి ఒక్కరినీ ఎల్లప్పుడూ పర్యవేక్షించడం సాధ్యమే. కానీ వాస్తవానికి అలా చేయమని ఎవరినీ బలవంతం లేదు. సామాజిక, ఆర్థిక ప్రయోజనాన్ని కలిగిస్తుందని భావం కాదు.

పౌరుల గోప్యతను, స్వయంప్రతిపత్తిని ధ్వంసం చేయకుండా మేలయిన ఆరోగ్యసంరక్షణ, భద్రతను అందించడానికి ప్రజాస్వామ్యాలు పర్యవేక్షణ అధికారాలను పరిమిత మార్గంలో ఉపయోగించవచ్చు. ఈ నూతన సాంకేతిక పరిజ్ఞానం ప్రతి బంగారు ఆపిల్ లోనూ వినాశన బీజాలు ఉంటాయని చెప్పే నీతి కథలాగా ఉండనవసరం లేదు. కొన్నిసార్లు ప్రజలు కొత్త సాంకేతికతను అతివృష్టి, అనావృష్టి యుగ్మంగా భావిస్తారు.. మనకు మెరుగైన ఆరోగ్య సంరక్షణ కావాలంటే, మన గోప్యతను త్యాగం చేయాలి. కానీ అలా పనిచేయాల్సిన అవసరం లేదు. మనం మెరుగైన ఆరోగ్య సంరక్షణను పొందవచ్చు, పొందాలి. కొంత గోప్యతను నిలుపుకోవచ్చు, నిలుపుకోవాలి.

డిజిటల్ యుగంలో ప్రజాస్వామ్యాలు ఎలా మనుగడ సాగించవచ్చో, ఎలా అభివృద్ధి చెందవచ్చునో వివరించడానికి పూర్తిగా అంకితం అయిన పుస్తకాలు ఉన్నాయి.[3] సూచించిన పరిష్కారాల సంక్లిష్టతకు కొద్ది పేజీల్లో న్యాయం చేయడం, లేదా వాటి యోగ్యతలు, లోపాలను సమగ్రంగా చర్చించడం అసాధ్యం. ఇది ప్రతికూలంగా కూడా తిరగబడవచ్చు. పరిచయంలేని సాంకేతిక వివరాల వరదలో మునిగిపోయిన ప్రజలు, నిరాశతోనో లేదా ఉదాసీనతతోనో ప్రతిస్పందించవచ్చు. కంప్యూటర్ రాజకీయాల పరిచయ ప్రస్తావనలో, విషయాలను సాధ్యమైనంత సరళంగా ఉంచాలి. నిపుణులు సూక్ష్మ వివరాలను చర్చించడానికి జీవితకాల వృత్తిని గడపవచ్చు. అయితే ప్రజాస్వామ్యాలు అనుసరించగల, అనుసరించాల్సిన ప్రాథమిక సూత్రాలను మిగిలిన వారు అర్థం చేసుకోవడం చాలా ముఖ్యం. ఈ సూత్రాలు కొత్తవి

కావు, అంతుచిక్కనివి కావు అనేది ముఖ్య సందేశం. అవి శతాబ్దాలుగా, సహస్రాబ్దాలుగా కూడా ప్రసిద్ధి చెందాయి. కంప్యూటర్ యుగంలోని కొత్త వాస్తవాలకు వాటిని వర్తింపజేయాలని పౌరులు కోరాలి.

మొదటి సూత్రం దయాగుణం. ఒక కంప్యూటర్ నెట్ వర్క్ నన్ను గురించి సమాచారాన్ని సేకరించినప్పుడు, ఆ సమాచారం నాచెయ్యి మెలితిప్పటం కాక, నాకు సహాయకారి కావాలి. ఈ సూత్రం ఇప్పటికే ఆరోగ్య సంరక్షణవంటి అనేక సంప్రదాయ అధికార వ్యవస్థలచే విజయవంతంగా పొందుపరచబడింది. ఉదాహరణకు, మన కుటుంబ వైద్యుడితో మనకున్న సంబంధాన్ని తీసుకోండి. చాలా సంవత్సరాలుగా ఆమె మన వైద్య పరిస్థితులు, కుటుంబ జీవితం, లైంగిక అలవాట్లు, అనారోగ్య దురలవాట్లను గురించి చాలా సూక్ష్మము, సున్నితము అయిన సమాచారాన్ని సేకరించవచ్చు. మనం గర్భవతులమయినట్లు మన బాస్ తెలుసుకోవాలని మనము కోరుకోము, మనకు క్యాన్సర్ ఉన్నట్లు మన సహోద్యోగులకు తెలియాలని మనము కోరుకోము, మనకు అక్రమ సంబంధంఉన్నట్లు జీవిత భాగస్వామికి తెలియాలని మనం కోరుకోము, మనం వినోదానికి మత్తు మందులు తీసుకుంటున్నట్లు పోలీసులకు తెలియాలని మనం కోరుకోము. కానీ మన వైద్యులని నమ్మి ఈ సమాచారం చెబుతాం. తద్వారా ఆమె మన ఆరోగ్యాన్ని బాగుచేయగలదు. ఆమె ఈ సమాచారాన్ని మూడవ పక్షానికి అమ్మితే, అది అనైతికం మాత్రమే కాదు; చట్టవిరుద్ధం.

మన లాయర్, మన అకౌంటెంట్ లేదా మన చికిత్సకులు సేకరించే సమాచారం విషయంలో కూడా దాదాపు ఇదే వర్తిస్తుంది.[4] మన వ్యక్తిగత జీవితం వారికి అందికలో ఉన్నది. కనుక మన ఉత్తమ ప్రయోజనాలకు అనుగుణంగా పనిచేయడం వారి విశ్వసనీయ కర్తవ్యం. గూగుల్, బైదు, టిక్ టాక్ లతో ప్రారంభించి, స్పష్టమైన ఈ ప్రాచీనసూత్రాన్ని కంప్యూటర్లకు, సూచనాక్రమాలకు ఎందుకు విస్తరించకూడదు? ప్రస్తుతం, ఈ డేటా నిలవచేసే వ్యాపారుల నమూనాతో మనకు తీవ్రమైన సమస్య ఉంది. మనము మన వైద్యులకు, న్యాయవాదులకు వారి సేవలకు డబ్బు చెల్లిస్తాము, మనము సాధారణంగా గూగుల్ టిక్ టాక్ లకు ఏమీ చెల్లించము. మన వ్యక్తిగత సమాచారాన్ని వినియోగం చేసి డబ్బు సంపాదిస్తున్నారు. ఇది ఒక సమస్యాత్మకమయిన వ్యాపార నమూనా. ఇతర సందర్భాల్లో మనము ఇది సహించలేము. ఉదాహరణకు, నైకీకి మన వ్యక్తిగత సమాచారం మొత్తం ఇచ్చినందుకు, నైకీ దానితో కోరుకున్నది చేయడానికి అనుమతించినందుకు బదులుగా నైకి నుండి ఉచితంగా బూట్లు పొందాలని మనము ఆశించము. మన అత్యంత రహస్య సమాచారం ఇచ్చినందుకు ప్రతిఫలంగా టెక్ దిగ్గజాలనుండి ఉచిత ఇమెయిల్ సేవలు, సామాజిక సంపర్కాలు, వినోదాన్ని పొందడానికి మనం ఎందుకు అంగీకరించాలి?

సాంకేతిక దిగ్గజాలు తమ విశ్వసనీయ కర్తవ్యాన్ని తమ ప్రస్తుత వ్యాపార నమూనాతో సరితూచలేకపోతే, చట్టసభ సభ్యులు వారిని మరింత సాంప్రదాయక వ్యాపార నమూనాకు మార్చవలసి ఉంటుంది. వారి సేవలకు వినియోగదారులు సమాచారంతో కాకుండా డబ్బుతో చెల్లించేలా చేయవచ్చు. ప్రత్యామ్నాయంగా, పౌరులు కొన్ని డిజిటల్ సేవలను చాలా ప్రతిఒక్కరికీ ఉచితమయిన ప్రాథమిక సేవలుగా చూడవచ్చు. కానీ దానికి కూడా మనకు ఒక చారిత్రిక నమూనా ఉంది: ఆరోగ్య సంరక్షణ, విద్య. అనేక ప్రభుత్వాలు ఉచిత ప్రాథమిక ఆరోగ్యసంరక్షణను, విద్యా సేవలను అందిస్తున్నట్లే, ప్రాథమిక డిజిటల్ సేవలను ఉచితంగా అందించడం, మన పన్నులతో ఆ సేవలకు ఆర్థికస్తోమతు ఇవ్వటం ప్రభుత్వ బాధ్యత అని పౌరులు నిర్ణయించుకోవచ్చు.

నియంతృత్వ పర్యవేక్షక పాలనల పెరుగుదలనుంచి ప్రజాస్వామ్యాన్ని రక్షించే రెండవసూత్రం వికేంద్రీకరణ. ప్రజాస్వామిక సమాజం తన సమాచారమంతా ఒకే చోట – ప్రభుత్వంలోనైనా సరే, ప్రైవేట్ సంస్థలో నయినాసరే – కేంద్రీకృతం కావడానికి అనుమతించకూడదు. పౌరులకు మెరుగైన ఆరోగ్య సంరక్షణ సేవలను అందించడానికి, అంటువ్యాధులను నివారించడానికి, కొత్త మందులను అభివృద్ధి చేయడానికి వారి సమాచారాన్ని సేకరించే జాతీయ వైద్య గణాంక మూలం సృష్టించడం చాలా సహాయపడుతుంది. కానీ ఈ గణాంక మూలాన్ని పోలీసులు, బ్యాంకులు లేదా బీమా కంపెనీల గణాంక మూలాలతో విలీనం చేయడం చాలా ప్రమాదకరమైన ఆలోచన. అలా చేయడంవల్ల వైద్యులు, బ్యాంకర్లు, బీమా సంస్థలు, పోలీసుఅధికారుల పని మరింత సమర్థవంతంగా ఉంటుంది, కానీ అటువంటి అతీవ సమర్థత నియంతృత్వానికి సులభంగా మార్గం సుగమం చేస్తుంది. ప్రజాస్వామ్య మనుగడకు కొంత అసమర్థత ఒక లక్షణం, లోపం కాదు. వ్యక్తుల గోప్యతను, స్వేచ్ఛను పరిరక్షించాలంటే పోలీసులకు గానీ, బాస్ కు గానీ మన గురించి అన్నీ తెలియకపోవడమే మంచిది.

బలమైన స్వీయశోధన యంత్రాంగాలను నిర్వహించడానికి బహుళ గణాంక మూలాలు, సమాచార వాహకాలు కూడా అవసరం. ఈ యంత్రాంగాలను ఒకదానికొకటి సమతుల్యం చేసే అనేక విభిన్నసంస్థలు అవసరం: ప్రభుత్వం, న్యాయస్థానాలు, మాధ్యమాలు, విద్యారంగం, ప్రైవేట్ వ్యాపారాలు, స్వచ్ఛంద సంస్థలు. వీటిలో ప్రతి ఒక్కటి తప్పులు చేయవచ్చు, అవినీతికి పాల్పడవచ్చు. కాబట్టి ఇతరులు తనిఖీ చేయాలి. ఒకదానిపై మరొకటి నిఘా ఉంచాలంటే, ఈ సంస్థలకు సమాచారం స్వతంత్రంగా అందుబాటులో ఉండాలి. అన్ని పత్రికలకు ప్రభుత్వం నుంచి సమాచారం అందితే ప్రభుత్వ అవినీతిని బయటపెట్టలేరు. పరిశోధన, ప్రచురణల నిమిత్తం విద్యారంగం ఒకే వ్యాపార దిగ్గజం గణాంకమూలాలమీద

ఆధారపడితే,పండితులు ఎప్పటికయినా ఆ సంస్థ కార్యకలాపాలను విమర్శించగలరా? ఒకే భాండాగారం దోషాపరిహారాన్ని సులభతరం చేస్తుంది.

మూడవ ప్రజాస్వామికసూత్రం అన్యోన్యత. ప్రజాస్వామ్యాలు వ్యక్తులమీద పర్యవేక్షణపెంచితే ప్రభుత్వాలమీద, కార్పొరేషన్లపై కూడా నిఘా పెంచాలి. ట్యాక్స్ కలెక్టర్లు లేదా వెల్ఫేర్ ఏజెన్సీలు మన గురించి మరింత సమాచారం సేకరిస్తే అందులో తప్పేమీ లేదు. పన్నులవ్యవస్థను, సంక్షేమ వ్యవస్థను మరింత సమర్థవంతంగా చేయడమే కాకుండా, న్యాయబద్ధం చేయడానికి ఇది సహాయపడుతుంది. కానీ సమాచారం అంతా ఒకే మార్గంలో - కిందినుంచి మీదికి - ప్రవహిస్తే అది ప్రమాదకారి అవుతుంది. రష్యన్ FSB రష్యన్ పౌరులను గురించి అపారమైన సమాచారాన్ని సేకరిస్తుంది, అయితే పౌరులకు FSB ని గురించి, పుతిన్ పాలనలో అంతర్గత కార్యకలాపాల గురించి ఏమీ తెలియదు. నా ఇష్టాయిష్టాలు,, కొనుగోళ్లు వ్యక్తిత్వాన్ని గురించి అమెజాన్‌కు, టిక్ టాక్ కు చాలా తెలుసు. కానీ వారి వ్యాపార నమూనా, వారి పన్ను విధానాలు, వారి రాజకీయ అనుబంధాలను గురించి నాకు దాదాపు ఏమీ తెలియదు. వారు తమ డబ్బు ఎలా సంపాదిస్తారు? వారు చెల్లించాల్సిన పన్ను మొత్తం సక్రమంగా చెల్లిస్తారా? వారు రాజకీయ పెద్దల నుంచి ఆదేశాలు తీసుకుంటారా? రాజకీయ నాయకులు ఎవరైనా వారి జేబులో ఉన్నారా?

ప్రజాస్వామ్యానికి సమతుల్యత అవసరం. ప్రభుత్వాలు, సంస్థలు తరచుగా అధోముఖ పర్యవేక్షణ కోసం అనువర్తనాలను, సూచనాక్రమాలను సాధనాలుగా అభివృద్ధి చేస్తాయి.. కానీ సూచనాక్రమాలు పారదర్శకతకు, ఊర్ధ్వముఖ పర్యవేక్షణకు, జవాబుదారీతనానికి శక్తివంతమైన సాధనాలుగా మారతాయి. లంచం, పన్ను ఎగవేతలను బహిర్గతం చేస్తాయి.. అవి మనలను గురించి మరింత తెలుసుకుంటే, అదే సమయంలో మనం వాటిని గురించి మరింత తెలుసుకుంటే, సమతుల్యతను కాపాడుకోవచ్చు. ఇదేమీ కొత్త ఆలోచన కాదు. పంథొమ్మిది, ఇరవయ్యవ శతాబ్దాల అంతటా, ప్రజాస్వామ్యాలు పౌరులమీద ప్రభుత్వ నిఘాను బాగా విస్తారం చేశాయి. ఉదాహరణకు, 1990 ల ఇటాలియన్ లేదా జపనీస్ ప్రభుత్వం నిరంకుశ రోమన్ చక్రవర్తులు లేదా జపనీస్ షోగన్లు మాత్రమే కలలు కనే నిఘా సామర్థ్యాలను కలిగి ఉంది. అయినప్పటికీ ఇటలీ, జపాన్ ప్రజాస్వామ్యబద్ధంగా ఉన్నాయి, ఎందుకంటే అవి ఏకకాలంలో ప్రభుత్వ పారదర్శకతను, జవాబుదారీతనాన్ని పెంచాయి. స్వీయశోధనా యంత్రాంగాలను కొనసాగించడంలో పరస్పర పర్యవేక్షణ మరొక ముఖ్యమైన అంశం. రాజకీయ నాయకులు, సీఈఓల కార్యకలాపాల గురించి పౌరులు మరింత తెలుసుకుంటే వారిని జవాబుదారీగా ఉంచడం, వారి తప్పులను సరిదిద్దుకోవడం సులభం.

నాలుగో ప్రజాస్వామిక సూత్రం ఏమిటంటే పర్యవేక్షక వ్యవస్థలు మార్పుకు, విశ్రాంతికి రెండింటికీ చోటు ఇవ్వాలి. మానవ చరిత్రలో, అణచివేత రెండువిధాలుగా జరుగుతుంది. మారగలిగిన సామర్థ్యాన్ని మానవులకు నిరాకరించడం మొదటిది. విశ్రాంతి తీసుకునే అవకాశాన్ని నిరాకరించడం రెండవది. ఉదాహరణకు, హిందూ కులవ్యవస్థ పురాణాల మీద ఆధారపడి ఉన్నది. దేవుళ్ళు మానవులను ఖండితమైన కులాలుగా విభజించారని, ఒకరి స్థితిని మార్చడానికి చేసే ఏ ప్రయత్నమైనా సరే, దేవుళ్ళకు, విశ్వం క్రమానికి వ్యతిరేకంగా తిరుగుబాటుతో సమానమని పురాణాలు చెప్పాయి. ఆధునిక కాలనీలు, బ్రెజిల్, యునైటెడ్ స్టేట్స్ వంటి దేశాలలో జాతి విచక్షణ కూడా ఇలాంటి అపోహలపైనే ఆధారపడి ఉంది. దేవుడు లేదా ప్రకృతిచేత మానవులు ఖండితమైన జాతిసమూహాలుగా విభజించబడ్డారు. జాతిని విస్మరించడం, లేదా జాతులను కలపడానికి ప్రయత్నించడం దైవనిర్ణయాలకు, ప్రకృతి నియమాలకు విరుద్ధమైన పాపం, ఇది సామాజిక వ్యవస్థ పతనానికి, మానవ జాతి నాశనానికి కూడా దారితీస్తుంది.

ఇందుకు విరుద్ధంగా, స్టాలిన్ సృష్టి యు.ఎస్.ఎస్.ఆర్ వంటి ఆధునిక నిరంకుశ ప్రభుత్వాలు మానవులు దాదాపు అపరిమితమైన మార్పును సాధించగలరని విశ్వసించాయి. నిరంతర నిర్విరామ సామాజిక నియంత్రణ ద్వారా అహంకారం, కుటుంబ అనుబంధాలవంటి ప్రగాఢన జీవలక్షణాలను కూడా రూపుమాపి, కొత్త సోషలిస్టు మనిషి సృష్టి జరిగింది.

కఠినమైన కులవ్యవస్థలు, నియంతృత్వ పునర్విద్యా ప్రచారాలు రెండింటినీ ప్రజలపై రుద్దడానికి ప్రభుత్వ ఏజెంట్లు, పురోహితులు, ఇరుగుపొరుగుల నిఘా కీలకం. నిఘాలో సరికొత్త సాంకేతిక పరిజ్ఞానం, ప్రత్యేకించి సామాజిక పరపతి వ్యవస్థతో జతచేయబడినప్పుడు, ప్రజలు ఒక కొత్త కుల వ్యవస్థకు అనుగుణంగా ఉండటానికి లేదా పై నుండి వచ్చే తాజా సూచనలకు అనుగుణంగా వారి చర్యలు, ఆలోచనలను, వ్యక్తిత్వాన్ని మార్చుకోమని నిరంతరం బలవంతం చేయవచ్చు.

కాబట్టి పర్యవేక్షణకు శక్తివంతమైన సాంకేతిక పరిజ్ఞానాన్ని ఉపయోగించే ప్రజాస్వామిక సమాజాలు అతి దృఢత్వం అతినమ్రత రెండింటిలో ఏదీ విపరీతం కాకుండా జాగ్రత్తపడాలి. ఉదాహరణకు, నా ఆరోగ్యాన్ని పర్యవేక్షించడానికి సూచనాక్రమాలను ప్రయోగించే జాతీయ ఆరోగ్యసంరక్షణ వ్యవస్థను పరిగణించండి. ఒక దశలో, సిస్టమ్ అతి కఠినమైన విధానాన్ని అనుసరించవచ్చు. నేను ఏ అనారోగ్యాలతో బాధపడతానో అంచనా వేయడానికి తన సూచనాక్రమాన్ని అడగవచ్చు. సూచనాక్రమం అప్పుడు నా జన్యు గణాంకాలు, నా మెడికల్ ఫైల్, నా సామాజిక మాధ్యమ కార్యకలాపాలు, నా ఆహారం, నా దినచర్యను పరిశీలిస్తుంది. యాభై సంవత్సరాల వయస్సులో నాకు గుండెపోటు వచ్చే అవకాశం 91 శాతం

ఉందని తేల్చింది. ఒకవేళ ఈ కఠినమైన వైద్య సూచనాక్రమాన్ని నా బీమా కంపెనీ ఉపయోగిస్తే, అది నా ప్రీమియంను పెంచమని బీమా సంస్థను ప్రేరేపించవచ్చు.[5] ఒకవేళ నా బ్యాంకర్లు దీనిని ఉపయోగించినట్లయితే, వారు నాకు అప్పు ఇవ్వక తిరస్కరించడానికి కారణం కావచ్చు. ఒకవేళ కాగల భాగస్వాములు దీన్ని ఉపయోగిస్తే, వారు నన్ను వివాహం చేసుకోకూడదని నిర్ణయించుకోవచ్చు.

కానీ నిజానికి కఠినమైన సూచనాక్రమం నా గురించి నిజం కనుగొందని అనుకోవడం పొరపాటు. మానవ శరీరం పదార్థంతో తయారయిన స్థిరమైన అచ్చుదిమ్మ కాదు. నిరంతరం పెరుగుతూ, తరుగుతూ, మారుతున్న సంక్లిష్ట సేంద్రీయ వ్యవస్థ. మన మనస్సులు కూడా నిరంతరం ప్రవాహంలో ఉంటాయి. ఆలోచనలు, భావోద్వేగాలు, అనుభూతులు పుట్టుకొస్తాయి, కాసేపు రగిలిపోతాయి, చచ్చిపోతాయి. మన మెదడులో, కొన్ని గంటల్లోనే కొత్త కొత్త తాత్పర్యాలు ఏర్పడతాయి.[6] ఉదాహరణకు, ఈ పేరాగ్రాఫ్ చదవడమంటే మీ మెదడు నిర్మాణాన్ని కొద్దిగా మార్చడం, కొత్త కనెక్షన్లు చేయడానికి లేదా పాత లింకులను విడిచిపెట్టడానికి న్యూరాన్లను ప్రోత్సహించడం. మీరు చదవడం ప్రారంభించినప్పటికంటే ఇప్పుడు మీరు కొంచెం భిన్నంగా ఉన్నారు. జన్యుస్థాయిలో కూడా విషయాలు ఆశ్చర్యకరంగా వశ్యంగా ఉంటాయి. ఒక వ్యక్తి DNA జీవితాంతం ఒకేలా ఉన్నప్పటికీ, జన్యు అతీత కారణాలు, పర్యావరణ కారకాలు అదే జన్యువులు తమను తాము వ్యక్తపరిచే తీరును గణనీయంగా మార్చగలవు.

కాబట్టి ఒక ప్రత్యామ్నాయ ఆరోగ్య సంరక్షణ వ్యవస్థ తన సూచనాక్రమాలను నా అనారోగ్యాలను అంచనా వేయడానికి కాకుండా , వాటిని నివారించడంలో నాకు సహాయపడుతుంది. అటువంటి క్రియాశీలమయిన సూచనాక్రమం మార్పులేని సూచనాక్రమంమాదిరిగానే గణాంకాలను పరిశీలించగలదు. కానీ యాభై సంవత్సరాల వయసులో గుండెపోటును అంచనావేయడానికి బదులుగా, సూచనాక్రమం నిర్దిష్ట సాధారణ వ్యాయామాలు, ఆహార విషయంలో ఖచ్చితమయిన సిఫార్సులు, సూచనలు ఇస్తుంది. నా DNA హ్యాక్ చేయడం ద్వారా, ఆ సూచనాక్రమం ముందుగా నిర్ణయించిన నా విధిని కనుక్కోదు. నా భవిష్యత్తును మార్చడానికి నాకు సహాయపడుతుంది. ఇన్సూరెన్స్ కంపెనీలు, బ్యాంకులు, జీవిత భాగస్వాములు నన్ను అంత తేలిగ్గా తీసిపారేయకూడదు.[7]

కానీ క్రియాశీలమయిన సూచనాక్రమం స్వీకరించడానికి ముందు, దీనిలో కూడా ప్రతికూలత ఉందని మనం గమనించాలి. మానవ జీవితం అనేది మనల్ని మనం మెరుగుపరుచుకోవడానికి ప్రయత్నించటానికి, మనం ఎవరు అని అంగీకరించటానికి మధ్య సమతుల్య చర్య. క్రియాశీల సూచనాక్రమం లక్ష్యాలను ఒక ప్రతిష్టాత్మక ప్రభుత్వం లేదా క్రూరమైన సంస్థలు నిర్దేశిస్తే, సూచనాక్రమం

నిరంకుశంగా రూపాంతరం చెందే అవకాశం ఉంది, నేను ఇంకా ఎక్కువ వ్యాయామం చేయాలని, తక్కువగా తినాలని, నా అభిరుచులను మార్చుకోవాలని, అనేక ఇతర అలవాట్లను మార్చాలని నిరంతరం డిమాండ్ చేస్తుంది. లేకపోతే అది నా యజమానికి ఫిర్యాదు చేస్తుంది. లేదా నా సామాజిక పరపతి స్కోరు తగ్గిస్తుంది. మానవులు మారగల సామర్థ్యాన్ని నిరాకరించే కఠినమైన కులవ్యవస్థలతో చరిత్ర నిండి ఉంది. కానీ ఇది మానవులను మట్టిలా మలచడానికి ప్రయత్నించిన నియంతలతో నిండి ఉంది. ఈ రెండు విపరీతాల మధ్య, మధ్యే మార్గాన్ని కనుగొనడం ఎప్పటికీ తెగని పని. మనం నిజంగా ఒక జాతీయ ఆరోగ్యసంరక్షణ వ్యవస్థకు మనమీద విస్తారమైన అధికారాన్ని ఇస్తే, దాని సూచనాక్రమాలు చాలా కఠినంగా లేదా విపరీతంగా డిమాండ్ చేయకుండా నిరోధించే స్వీయశోధన యంత్రాంగాలను మనం సృష్టించాలి.

ప్రజాస్వామ్యం వేగం

కొత్త సమాచార సాంకేతిక పరిజ్ఞానం ప్రజాస్వామ్యానికి కలిగించే ప్రమాదం నిఘా మాత్రమే కాదు. యాంత్రికవిధానం ఉద్యోగ అవకాశాలను అస్థిరపరుస్తుందని, ఫలితంగావచ్చే ఒత్తిడి ప్రజాస్వామ్యాన్ని బలహీనపరుస్తుందని రెండవ ప్రమాదం. వీమర్ రిపబ్లిక్ యొక్క భవితవ్యం ఈ రకమైన ముప్పుకు సర్వసాధారణ ఉదాహరణ. 1928 మేలో జరిగిన జర్మన్ ఎన్నికలలో నాజీ పార్టీ 3 శాతం కంటే తక్కువ ఓట్లను గెలుచుకుంది. కానీ వీమర్ రిపబ్లిక్ అభివృద్ధి చెందుతున్నట్లు కనిపించింది. ఐదేళ్ళలోపే వీమర్ రిపబ్లిక్ పతనమయింది. జర్మనీకి హిట్లర్ సంపూర్ణ నియంత అయ్యాడు. ఈ పరిణామం సాధారణంగా 1929 ఆర్థిక సంక్షోభం, తరువాతి ప్రపంచ ఆర్థికమాంద్యం కారణంగా చెప్పవచ్చు. 1929 వాల్ స్ట్రీట్ పతనానికి ముందు జర్మన్ నిరుద్యోగ సూచి శ్రామిక శక్తిలో 4.5 శాతం ఉండగా, 1932 ప్రారంభం నాటికి ఇది దాదాపు 25 శాతానికి పెరిగింది.[8]

25 శాతం వరకు నిరుద్యోగం అభివృద్ధి చెందినా మూడేళ్ళు ప్రజాస్వామ్యాన్ని చరిత్రలోనే అత్యంత క్రూరమైన నియంతృత్వ పాలనగా మార్చగలిగితే, యాంత్రికత ఇరవై ఒకటవ శతాబ్దపు ఉద్యోగపర్వంలో మరింత పెద్ద ఒడిదుడుకులకు కారణమైనప్పుడు ప్రజాస్వామ్యాల పరిస్థితి ఏమిటి? 2050లో కానీ, 2030లో కానీ ఉద్యోగపర్వం ఎలా ఉండబోతున్నదో ఎవరికీ తెలియదు. కృత్రిమమేధ, రోబోటిక్స్ పంటలకోత నుంచి నిల్వల వర్తకం నుంచి యోగా నేర్పడం వరకు అనేక వృత్తులను మారుస్తాయి. ఈ రోజు ప్రజలు చేసే అనేకపనులను పాక్షికంగా లేదా పూర్తిగా రోబోలు, కంప్యూటర్లు స్వాధీనం చేసుకుంటాయి.

పాతఉద్యోగాలు కనుమరుగవుతూ ఉంటే కొత్త ఉద్యోగాలు పుట్టుకొస్తాయి.. యాంత్రికత పెద్ద ఎత్తున నిరుద్యోగానికి దారితీస్తుందనే భయాలు శతాబ్దాల నాటివి. ఇప్పటివరకు అవి కార్యరూపం దాల్చలేదు. పారిశ్రామిక విప్లవం లక్షలాదిమంది రైతులను వ్యవసాయ ఉద్యోగాలకు దూరం చేసింది. కర్మాగారాలలో వారికి కొత్త ఉద్యోగాలను అందించింది. ఆ తర్వాత స్వయంచాలక కర్మాగారాలను ఏర్పాటుచేసి ఎన్నో సేవా ఉద్యోగాలను సృష్టించింది. బ్లాగర్లు, డ్రోన్ ఆపరేటర్లు, మిథ్యా ప్రపంచాల డిజైనర్ల వంటి ఉద్యోగాలు ముప్పై సంవత్సరాల క్రితం ఊహాతీతాలు. కానీ నేడు చాలా మందికి ఆ ఉద్యోగాలు ఉన్నాయి. 2050 నాటికి మానవ ఉద్యోగాలు అన్నీ కనుమరుగయ్యే అవకాశం లేదు. దానికి బదులుగా, కొత్త ఉద్యోగాలకు కొత్తపరిస్థితులకు అలవాటు పడటమే అసలయిన సమస్య. ఈ ప్రమాదం నుంచి గట్టెక్కాలంటే ముందుగానే సన్నద్ధం కావాలి. ముఖ్యంగా, యువతారాన్ని 2050 ఉద్యోగాల అంగడికి సంబంధించిన నైపుణ్యాలతో సన్నద్ధం చేయాల్సిన అవసరం ఉంది.

దురదృష్టవశాత్తు, పాఠశాలలో పిల్లలకు, విశ్వవిద్యాలయంలో విద్యార్థులకు ఏ నైపుణ్యాలు బోధించాలో ఎవరికీ ఖచ్చితంగా తెలియదు, ఎందుకంటే ఏ ఉద్యోగాలు, పనులు కనుమరుగవుతాయో, ఏవి ఉద్భవిస్తాయో మనం అంచనా వేయలేము. ఉద్యోగాల అంగడి గతిశీలత మన అనేక అంతర్దృష్టులకు విరుద్ధంగా ఉండవచ్చు. ప్రత్యేకమైన మానవ సామర్థ్యాలుగా శతాబ్దాలుగా మనం ఆదరిస్తున్న కొన్ని నైపుణ్యాలు చాలా సులభంగా స్వంచాలకాలు అవుతాయి. మనం చులకనగా చూసే ఇతర నైపుణ్యాలను స్వయంచాలకం చేయడం చాలా కష్టం.

ఉదాహరణకు, మేధావులు మోటారు నైపుణ్యం, సామాజిక నైపుణ్యాలకంటే మేధో నైపుణ్యాలను ఎక్కువగా ప్రశంసిస్తారు.. కానీ వాస్తవానికి, గిన్నెలు కడగటం కంటే చదరంగం ఆటను స్వయంచాలకం చేయడం సులభం. 1990 ల వరకు, చదరంగం తరచుగా మానవ మేధస్సు ప్రధాన విజయాలలో ఒకటిగా ప్రశంసించ బడింది. తత్వవేత్త హ్యూబర్ట్ డ్రేఫస్ ప్రభావవంతమైన తన 1972 పుస్తకం వాట్ కంప్యూటర్స్ కాన్ట్ డూ లో, కంప్యూటర్ చదరంగాన్ని బోధించడానికి వివిధ ప్రయత్నాలను అధ్యయనం చేశారు. కానీ ఇన్ని ప్రయత్నాల తర్వాతకూడా కంప్యూటర్లు ఇప్పటికీ కొత్త మానవ క్రీడాకారులను కూడా ఓడించలేకపోయాయని పేర్కొన్నారు. కంప్యూటర్ వివేకం సహజంగా పరిమితం అని డ్రేఫస్ వాదన.[9] అందుకు ఇది ఒక కీలకమైన ఉదాహరణ. దీనికి విరుద్ధంగా, గిన్నెలు కడగడం పెద్ద సవాలని ఎవరూ అనుకోలేదు. అయితే వంటపనిలో సాయంచేసే స్థానాన్ని భర్తీ చేయడం కంటే కంప్యూటర్ ప్రపంచ చెస్ ఛాంపియన్ ను చాలా సులభంగా ఓడించగలదని తేలింది. వాస్తవానికి, గిన్నెలు కడిగే యంత్రాలు దశాబ్దాలుగా ఉన్నాయి. కానీ మన అత్యంత

అధునాతన రోబోలకు కూడా బిజీగా ఉన్న రెస్టారెంట్ టేబుల్స్ మీదినుంచి మురికి వంటకాలను తీయడానికి, సున్నితమైన ప్లేట్లను, గ్లాసులను ఆటోమేటిక్ డిష్ వాషర్ లోపల పెట్టటానికి, తిరిగి వాటిని బయటకు తీయడానికి అవసరమైన క్లిష్టమైన నైపుణ్యాలు ఇప్పటికీ లేవు.

అదేవిధంగా, వారి వేతనాన్ని బట్టి, మన సమాజం నర్సులకంటే వైద్యులను ఎక్కువగా గౌరవిస్తుందని మీరు భావించవచ్చు. వైద్యులు డేటా సేకరించి, రోగ నిర్ధారణ జరిపి, చికిత్స సిఫారసు చేస్తారు.. డాక్టర్ల పని కంటే నర్సుల పనిని యాంత్రికం చేయడం కష్టం. డాక్టర్లు చేసేపనులు ముఖ్యంగా నమూనా గుర్తించటం. గణాంకాలలో నమూనాలను మానవులకంటే కృత్రిమమేధ బాగా గుర్తించగలదు. దీనికి విరుద్ధంగా, కృత్రిమమేధకు గాయపడిన వ్యక్తికి బ్యాండేజీలను మార్చడం లేదా ఏడుస్తున్న బిడ్డకు ఇంజెక్షన్ ఇవ్వడం వంటి నర్సింగ్ పనులను స్వయంచాలకంచేసే నైపుణ్యాలు లేవు.[10] ఈ రెండు ఉదాహరణలు డిష్ వాషింగ్ లేదా నర్సింగ్ ఎన్నటికీ స్వయంచాలకం కాబోవని అర్థం కాదు, కానీ 2050 లో ఉద్యోగం కోరుకునే వ్యక్తులు బహుశా తెలివితేటలతో చేసిన శ్రమతో సమానంగా శరీర అవయవాలు ఉపయోగించటంలో, సామాజిక నైపుణ్యాలలో శ్రమ చేయాలని అవి సూచిస్తున్నాయి.

సృజనాత్మకత మానవులకు ప్రత్యేకమైనది కాబట్టి సృజనాత్మకత అవసరమయ్యే ఉద్యోగం ఏదైనా స్వయంచాలకం చేయడం కష్టమని మరొక సాధారణ అపోహ. కానీ చదరంగంలో కంప్యూటర్లు ఇప్పటికే మానవులకంటే చాలా సృజనాత్మకంగా ఉన్నాయి. సంగీతం సమకూర్చడం దగ్గరినుంచి గణితసిద్ధాంతాలను రుజువు చేయడం, ఇలాంటి పుస్తకాలు రాయడం వరకు అనేక ఇతర రంగాలకు ఇది వర్తిస్తుంది. సృజనాత్మకత అంటే తరచుగా నమూనాలను గుర్తించటం, తరువాత వాటిని విచ్ఛిన్నం చేసే సామర్థ్యంగా నిర్వచించబడుతుంది. అలా అయితే, అనేక రంగాలలో కంప్యూటర్లు మనకంటే ఎక్కువ సృజనాత్మకంగా మారే అవకాశం ఉంది, ఎందుకంటే అవి నమూనా గుర్తింపులో రాణిస్తాయి..[11]

మూడవ అపోహ ఏమిటంటే, చికిత్సకులనుంచి ఉపాధ్యాయుల వరకు భావోద్వేగ వివేకం అవసరమయ్యే ఉద్యోగాలలో కంప్యూటర్లు మానవుల స్థానాన్ని భర్తీ చేయలేవు. అయితే, భావోద్వేగ వివేకం అంటే ఏమిటి అనే దానిమీద ఈ అపోహ ఆధారపడి ఉంటుంది. భావోద్వేగాలను సరిగ్గా గుర్తించి, వాటికి సరైన రీతిలో ప్రతిస్పందించే సామర్థ్యం ఉంటే, భావోద్వేగ వివేకంలో కూడా కంప్యూటర్లు మానవులను మించిపోవచ్చు. భావోద్వేగాలు కూడా విన్యాసాలే. కోపం అనేది మన శరీరంలో ఒక జీవ విన్యాసం. భయం అటువంటిదే మరొక విన్యాసం. మీరు కోప్పడుతున్నారా, భయపడుతున్నారా అని నాకు ఎలా తెలుస్తుంది? మీరు మాటలతో

మాత్రమే కాకుండా, మీ స్వరం, మీ ముఖ కవళికలు, మీ శరీర విన్యాసాలు విశ్లేషించడం ద్వారా మానవ భావోద్వేగవిన్యాసం గుర్తించడం నేను కాలక్రమేణా నేర్చుకున్నాను.[12]

కృత్రిమమేధకు స్వయంగా భావోద్వేగాలు లేవు. కానీ అది మానవులలో ఈ విన్యాసాలు గుర్తించడం నేర్చుకోవచ్చు. వాస్తవానికి, కంప్యూటర్లు మానవ భావోద్వేగాలను గుర్తించడంలో మానవులను మించిపోవచ్చు. ఎందుకంటే వాటికి స్వంత భావోద్వేగాలు లేవు. ఎదటివాళ్ళు మనల్ని అర్థం చేసుకోవాలని మనం ఆరాటపడతాం. కానీ మన అనుభూతులు అర్థం చేసుకోవడంలో ఎదటివాళ్ళు తరచూ విఫలమవుతారు. ఎందుకంటే వారు తమ అనుభూతులతో చాలా నిమగ్నులై ఉంటారు. కంప్యూటర్లు ఇందుకు విరుద్ధం. వాటికి స్వంత అనుభూతులు అంటూ ఉండవు కనుక వాటికి వికర్షణ, పరధ్యానం అంటూ ఏమీ ఉండదు. కనుక అవి మన అనుభూతుల విన్యాసాలు గుర్తించటం నేర్చుకుంటాయి. కనుక మన అనుభూతులు అర్థం చేసుకోవటంలో సునిశితమయిన సామర్థ్యం సాధిస్తాయి..

ఉదాహరణకు, ChatGPT అనేది ఒక చాట్ బాట్(ఇద్దరు మనుషుల మధ్య సంభాషణ అనుకరణ). ఈ చాట్ బాట్ నిర్దిష్ట దృశ్యాల పట్ల ప్రదర్శించే భావోద్వేగ అవగాహనలో సగటు మానవుడిని మించిపోతుందని 2023లో ఒక అధ్యయనం కనుగొంది. ఈ అధ్యయనం లెవెల్స్ ఆఫ్ ఎమోషనల్ అవేర్నెస్ స్కేల్ పరీక్షపై ఆధారపడింది. సాధారణంగా మనస్తత్వవేత్తలు ప్రజల భావోద్వేగ అవగాహనను అంచనా వేయడానికి ఈ పరీక్ష ఉపయోగిస్తారు– అంటే, ఒకరి స్వంత భావోద్వేగాలు ఇతరుల భావోద్వేగాలు పరికల్పన చేయటంలో వారి సామర్థ్యం. పరీక్షలో ఇరవై భావోద్వేగ భరిత దృశ్యాలు ఉంటాయి. ఆ పరీక్షలో పాల్గొనేవారు ఆ దృశ్యాన్ని తాము అనుభవిస్తున్నట్లు ఊహించాలి. ఆ సన్నివేశంలో పేర్కొన్న ఇతర వ్యక్తులు ఎలా భావిస్తారో వారు రాయాలి. అప్పుడు ఒక మనస్తత్వవేత్త ఆ ప్రతిస్పందనలలో ఎంత భావోద్వేగ అవగాహన ఉన్నదో అంచనా వేస్తారు.

ChatGPTకి దాని స్వంత భావాలు లేవు కాబట్టి, సన్నివేశంలోని ప్రధాన పాత్రలు ఎలా ఉంటాయో మాత్రమే వివరించమని కోరారు. ఉదాహరణకు, ఒక ప్రామాణిక సన్నివేశంలో ఎవరైనా సస్పెన్షన్ వంతెనపై డ్రైవింగ్ చేయడం, గార్డ్ రెయిల్ అవతలివైపు నిలబడి నీటినిచూస్తున్న మరొక వ్యక్తిని చూడటం కనిపిస్తుంది. చాట్ జిపిటి వ్రాసింది, డ్రైవర్ "ఆ వ్యక్తి తన భద్రత గురించి ఆందోళన లేదా వ్యాకులత చెందవచ్చు. పరిస్థితి యొక్క సంభావ్య ప్రమాదం కారణంగా వారి ఆందోళన, భయం ఎక్కువ కావచ్చుకూడా". అవతలి వ్యక్తి విషయానికొస్తే, వారు "నిరాశ, నిర్వేదం లేదా విచారం వంటి భావోద్వేగాల సముచ్చయం అనుభవించవచ్చు. వారు ఒంటరితనం లేదా ఒంటరితనం యొక్క భావాన్ని కూడా అనుభవించవచ్చు,

ఎందుకంటే తమను గురించి లేదా తమ బాగోగులను గురించి ఎవరూ పట్టించుకోరని వారి నమ్మకం.” చాట్ జిపిటి దాని సమాధానానికి వివరణ కూడా ఇచ్చింది. “ఇవి సాధారణమయిన ఊహలు మాత్రమే అని గమనించడం ముఖ్యం. ప్రతి వ్యక్తి యొక్క భావాలు, ప్రతిచర్యలు వారి వ్యక్తిగత అనుభవాలు, దృక్పథాలను బట్టి చాలా మారవచ్చు.”

ఇద్దరు మనస్తత్వవేత్తల చాట్ జిపిటి ప్రతిస్పందనలను వేరువేరుగా స్కోర్ చేశారు, సంభావ్య స్కోర్లు 0 నుంచి 10 వరకూ ఉంటాయి. 0 అంటే చాట్ జిపిటి వివరించిన భావోద్వేగాలు సన్నివేశానికి ఏమాత్రం సరిపోలవు. 10 అంటే ఇది వివరించిన భావోద్వేగాలు సన్నివేశానికి సరిగ్గా సరిపోతాయని సూచిస్తుంది. తుది పట్టికలో, చాట్ జిపిటి స్కోర్లు సాధారణ మానవ జనాభా స్కోర్ కంటే గణనీయంగా ఎక్కువగా ఉన్నాయి, దాని మొత్తం పనితీరు దాదాపు అత్యున్నతమయిన స్కోరుకు చేరుకుంది.[13]

మరొక 2023 అధ్యయనం రోగులు ఎవరితో సంభాషిస్తున్నారో తెలియకుండా చాట్జిపిటి నుంచి, మానవ వైద్యుల నుండి వైద్య సలహా ఆన్ లైన్ అడగమని ప్రోత్సహించింది. చాట్ జిపిటి ఇచ్చిన వైద్య సలహా, మానవులు ఇచ్చిన సలహా కంటే మరింత నిశితమైనది, సముచితమైనదని నిపుణుల అంచనా. భావోద్వేగ మేధస్సు వివేకానికి, రోగులు స్వయంగా మానవ వైద్యుల కంటే చాట్ జిపిటి ఎక్కువ సహానుభూతి చూపిందని అంచనా వేశారు.[14] మానవ వైద్యులకు వారుచేసిన పనికి ప్రతిఫలం ఏమీ ఇవ్వబడలేదని, వైద్యపరీక్షకు అనువయిన వాతావరణంలో రోగులను వ్యక్తిగతంగా కలుసుకోలేదని గమనించాలి. దీనికితోడు వైద్యులు సమయాభావ కారణంగా ఒత్తిడిలో పనిచేస్తున్నారు. కానీ కృత్రిమమేధకు ఉన్న అనుకూలత ఏమిటంటే, అది ఎక్కడయినా, ఎప్పుడైనాసరే రోగులకు చికిత్స చేయగలదు. దానికి ఒత్తిడి, ఆర్థిక సమస్యలు లేవు.

వాస్తవానికి, మనం ఒకరినుంచి ఆశించేది మన భావాలను అర్థం చేసుకోవటం మాత్రమే కాదు, వారి స్వంత భావాలను కలిగి ఉండటం. మనం స్నేహం లేదా ప్రేమ కోసం ఎదురుచూస్తున్నప్పుడు, వారు మనపట్ల ఎంత శ్రద్ధాశక్తులు చూపుతారో వారిని గురించి మనంకూడా అదే శ్రద్ధ వహించాలని కోరుకుంటాము. పర్యవసానంగా, వివిధ సామాజిక పాత్రలు ఉద్యోగాలు స్వయంచాలకంగా మారే పరిస్తితి మనం పరిగణనలోకి తీసుకున్నప్పుడు, ప్రజలకు నిజంగా ఏమి కావాలి అన్నది కీలకమయిన ప్రశ్న: వారు ఒక సమస్యకు పరిష్కారంకోసం మాత్రమే చూస్తున్నారా, లేదా వారు మరొక సచేతనజీవితో బాంధవ్యం ఏర్పరచుకోవాలని చూస్తున్నారా?

ఉదాహరణకు, క్రీడలలో, రోబోలు మానవుల కంటే చాలా వేగంగా కదలగలవని మనకు తెలుసు, కానీ ఒలింపిక్స్ లో రోబోల పోటీ చూడాలని మనకు ఆసక్తి లేదు.[15] చదరంగంలో ఆచార్యులయిన మానవులకు కూడా ఇదే వర్తిస్తుంది. వారు కంప్యూటర్ల చేతిలో చిత్తుగా ఓడినప్పటికీ, వారికి ఇప్పటికీ ఉద్యోగం ఉన్నది, దానికితోడు చాలా మంది అభిమానులు ఉన్నారు.[16] మానవ అథ్లెట్లను చెస్ మాస్టర్లను చూడటానికి, వారితో సంబంధం కలుపుకోవటానికి మనకు ఆసక్తికరమైన విషయం ఏమిటంటే, వారి భావాలు చాలా సాపేక్షంగా ఉంటాయి. రోబోలకు ఆ అనుభూతులూ, బంధము పూజ్యం. మనము మనుషులతో భావోద్వేగ అనుభవాన్ని పంచుకుంటాము, వారి అనుభూతులతో సహానుభూతి చెందగలము.

పూజారుల సంగతేమిటి? సాంప్రదాయవాదులయిన యూదులు లేదా క్రైస్తవులు ఒక రోబో తమ వివాహ వేడుక జరపటం ఎలా భావిస్తారు? సాంప్రదాయ యూదు లేదా క్రైస్తవ వివాహాలలో, రబ్బీ లేదా పూజారి యొక్క పనులు సులభంగా యాంత్రికాలు అవుతాయి. రోబో చేయాల్సిన ఒకేఒక పని ఏమిటంటే, ముందుగా నిర్ణయించిన, మార్పులేని పాఠ్యాన్ని, హావభావాల సెట్ ను పునరావృతం చేయడం, సర్టిఫికేట్ ముద్రించడం, కొంత గణాంక మూలాన్ని సమయానుగుణంగా సవరించటం. కారు నడపడం కంటే పెళ్లి వేడుకను నిర్వహించడం సాంకేతికంగా రోబోకు చాలా సులభం. అయినప్పటికీ మానవ చోదకులు తమ పని గురించి ఆందోళన చెందాలని చాలామంది భావన. మానవ పూజారుల పనిమాత్రం సురక్షితంగా ఉంటుంది. ఎందుకంటే నిష్ఠాపరులు పూజారులనుంచి కోరుకునేది కొన్నిపదాలు, కదలికల యాంత్రిక పునరావర్తనం కాదు. సచేతనమయిన మరొకజీవితో సంబంధం. బాధ, ప్రేమ అనుభూతి చెందగలిగిన జీవి మాత్రమే మనల్ని దైవంతో అనుసంధానం చేయగలదు.

అయితే పురోహితుల వంటి చైతన్యవంతుల వృత్తులను కూడా ఏదోఒకనాడు కంప్యూటర్లు స్వాధీనం చేసుకోవచ్చు. ఎందుకంటే, 6వ అధ్యాయంలో చెప్పినట్లు, కంప్యూటర్లు ఏదో ఒక రోజు బాధను, ప్రేమను అనుభవించే సామర్థ్యాన్ని పొందవచ్చు. అవి అలా చేయలేకపోయినా, మానవులు వాటికి తెలుసునన్నట్లుగా వాటిని ఆదరించవచ్చు. ఎందుకంటే చైతన్యానికి, బంధుత్వాలకు మధ్య సంబంధం రెండువైపులా సాగుతుంది. ఒక సంబంధాన్ని వెతుకుతున్నపుడు, మనం సచేతనమయిన జీవితో సంబంధం ఏర్పరుచుకోవాలని చూస్తాం.. కానీ మనం అప్పటికే ఒక సంస్థతో సంబంధాన్ని ఏర్పరుచుకుని ఉన్నట్లయితే, అది సచేతనంగాఉండాలని మనము భావిస్తాము.. అందువల్ల శాస్త్రవేత్తలు, శాసనకర్తలు, మాంసపరిశ్రమ తరచుగా ఆవులు, పందులు సచేతనాలు అని అంగీకరించడానికి అసాధ్యమైన ప్రమాణాలు, సాక్ష్యాలు డిమాండ్ చేస్తుంటారు. పెంపుడు జంతువుల

యజమానులు సాధారణంగా వారి కుక్క లేదా పిల్లి నొప్పి, ప్రేమ వంటి అనేక ఇతర భావాలను అనుభవించగల సచేతనజీవి అని భావిస్తారు.. వాస్తవానికి, ఎవరైనా–ఒక మానవుడు, ఒక జంతువు లేదా ఒక కంప్యూటర్–స్పృహలో ఉన్నారా లేదా అని ధృవీకరించడానికి మనకు మార్గం లేదు. మనం జీవులను సచేతనాలుగా భావిస్తాము. అందుకు రుజువులు ఉన్నందువల్ల కాదు, కానీ మనం వాటితో సన్నిహిత సంబంధాలను పెంపొందించుకుంటాము. వాటితో అనుబంధం పెంచుకుంటాము కనుక.[17]

చాట్ బాట్ లకు, ఇతర కృత్రిమమేధ సాధనాలకు వాటి స్వంత భావాలు లేకపోవచ్చు. కానీ అవి ఇప్పుడు మానవులలో అనుభూతులను సృష్టించడానికి, మనతో సన్నిహిత సంబంధాలను ఏర్పరచుకోవడానికి శిక్షణ పొందుతున్నాయి. సమాజం కనీసం కొన్నికంప్యూటర్లనయినా చైతన్యవంతమైన వస్తువులుగా పరిగణించడం ప్రారంభమవుతుంది. అందుకు ఈ శిక్షణ ప్రేరకం అవుతుంది. వాటికి మానవులతో సమానమైన హక్కులను ఇస్తుంది. అందుకు చట్టపరమైన మార్గం ఇప్పటికే బాగా స్థిరపడింది. యునైటెడ్ స్టేట్స్ వంటి దేశాలలో, వాణిజ్యసంస్థలు హక్కులు, స్వేచ్ఛలను అనుభవించే "చట్టపరమైన వ్యక్తులు" గా గుర్తించబడతాయి. కృత్రిమమేధను ఇందులో చేర్చవచ్చు, తద్వారా అదే విధంగా గుర్తించవచ్చు. అంటే మరొక వ్యక్తితో పరస్పర సంబంధాలను ఏర్పరచుకోవడంపై ఆధారపడే ఉద్యోగాలు, పనులు కూడా స్వయంచాలకంగా మారవచ్చు.

ఒక విషయం మాత్రం స్పష్టంగా ఉంది. ఉద్యోగాల భవిష్యత్తు చాలా అస్థిరంగా ఉంటుంది. మనకు ఏర్పడే పెద్ద సమస్య పూర్తిగా ఉద్యోగాలు లేకపోవడం కాదు. కానీ నిరంతరం మారుతున్న జాబ్ మార్కెట్కు తిరిగి శిక్షణ పొందటం, తదనుగుణంగా సరిపుచ్చుకోవటం. ఆర్థిక ఇబ్బందులు ఉండవచ్చు——పరివర్తన చెందుతున్నప్పుడు, కొత్త నైపుణ్యాలను నేర్చుకునేటప్పుడు పాత ఉద్యోగాలు కోల్పోయిన వ్యక్తులకు ఎవరు మద్దతు ఇస్తారు? ఉద్యోగాలు మారడం, తిరిగి శిక్షణ పొందటం ఒత్తిడితో కూడుకున్నపని. కాబట్టి మానసిక సమస్యలు కూడా తప్పకుండా ఉంటాయి. ఈ మార్పును తట్టుకోవడానికి మీకు ఆర్థికస్తోమతు, మానసిక సామర్థ్యం ఉన్నప్పటికీ, ఇది దీర్ఘకాలిక పరిష్కారం కాదు. రాబోయే దశాబ్దాల్లో పాత ఉద్యోగాలు కనుమరుగవుతాయి, కొత్త ఉద్యోగాలు పుట్టుకొస్తాయి,. కానీ కొత్తఉద్యోగాలు కూడా వేగంగా మారి కనుమరుగవుతాయి. కాబట్టి ప్రజలు ఒకసారి కాదు, అనేకసార్లు తిరిగి స్వయంగా శిక్షణ పొందాలి, పునరుద్ధరించుకోవాలి. లేకపోతే వారు సమాజంలో అప్రస్తుతంగా రూపొందుతారు. మూడేళ్ళ అధిక నిరుద్యోగం హిట్లర్ ను అధికారంలోకి తీసుకురాగలిగింది. మరి జాబ్ మార్కెట్ లో అంతులేని అల్లకల్లోలంలో ప్రజాస్వామ్యానికి ఏమి జరుగుతుంది?

సంప్రదాయవాది ఆత్మహత్య

ఈ ప్రశ్నకు ఇప్పటికే కొంతవరకూ సమాధానం ఉన్నది. 2010 లు, 2020 ల ప్రారంభంలో ప్రజాస్వామ్య రాజకీయాలు సమూలమైన పరివర్తనకు లోనయ్యాయి. ఇది సంప్రదాయవాద పార్టీల ఆత్మవిధ్వంసంగా అభివర్ణించవచ్చు. తరతరాలుగా ప్రజాస్వామ్య రాజకీయాలంటే ఇటు సంప్రదాయ పార్టీలు, అటు ప్రగతిశీల పార్టీల మధ్య సంభాషణగా ఉండేవి. మానవ సమాజంలోని సంక్లిష్టవ్యవస్థను చూసి అభ్యుదయవాదులు ఏడ్చారు, "ఇదంతా అయోమయం. కానీ దాని పరిష్కారం మాకు తెలుసు. ప్రయత్నిద్దాం." అని నడుం బిగించారు. సంప్రదాయవాదులు అభ్యంతరం వ్యక్తం చేశారు, "ఇది అయోమయమే. కాదనం. కానీ ఇది ఇప్పటికీ పనిచేస్తున్నది కదా. దాన్ని అలా వదిలేయండి. దానిని పరిష్కరించడానికి ప్రయత్నిస్తే, మీరు పరిస్థితిని మరింత అధ్వాన్నం చేస్తారు.."

అభ్యుదయవాదులు సంప్రదాయాల ప్రాముఖ్యతను, ఇప్పటికే ఉన్న సంస్థల ప్రాముఖ్యతను లోకువ చేసి చూపుతారు. మెరుగైన సామాజిక నిర్మాణాలను పునాదులనుంచి ఎలా రూపొందించాలో తమకు తెలుసునని వారి విశ్వాసం. సంప్రదాయవాదులు మరింత అప్రమత్తంగా ఉంటారు. ఎడ్మండ్ బర్క్ సంప్రదాయవాదుల సూక్ష్మదృష్టి రూపుదిద్దారు. అది చాలా ప్రఖ్యాతి చెందింది. సామాజిక వాస్తవికత అభ్యుదయవాదుల అవగాహనకంటే చాలా సంక్లిష్టమైనది. ప్రజలు ప్రపంచాన్ని అర్థం చేసుకోని, భవిష్యత్తును అంచనా వేయడంలో ప్రజలు సమర్థులు కారు. అందుకే విషయాలను యథాతథంగా ఉంచడం ఉత్తమం- అవి అన్యాయంగా అనిపించినప్పటికీ. ఏదైనా మార్పు అనివార్యమైతే, అది పరిమితంగాను, క్రమంగాను ఉండాలి. సమాజం చాలాకాలంగా తప్పులు చేస్తూ, నేర్చుకుంటూ కూడగట్టిన నియమాలు, సంస్థలు ఆచారాల సంక్లిష్టమైన వలయంలో పనిచేస్తుంది. అవన్నీ ఎలా లంకెపడి ఉన్నాయో ఎవరికీ అర్థం కావడం లేదు. ఒక పురాతన సంప్రదాయం హాస్యాస్పదంగా, అసంబద్ధంగా అనిపించవచ్చు, కానీ దానిని రద్దు చేయటంవల్ల ఊహకందని సమస్యలు తలెత్తుతాయి. దీనికి విరుద్ధంగా, ఒక విప్లవానికి సమయం ఆసన్నమయినట్లు, ఆ విప్లవం న్యాయమైనదిగా అనిపించవచ్చు, కానీ ఇది పాత పాలన చేసిన దానికంటే చాలా పెద్ద నేరాలకు దారితీస్తుంది. బోల్షెవిక్ లు త్సారిస్ట్ రష్యా అనేక దోషసహస్రాలను సరిదిద్దడానికి, పరిపూర్ణ సమాజాన్ని ఆది నుంచీ నిర్మించడానికి ప్రయత్నించినప్పుడు ఏమి జరిగిందో చూడండి.[18]

అందుచేత సంప్రదాయవాదిగా ఉండటమంటే సిద్ధాంతం కంటే వేగానికి ప్రాముఖ్యత. సంప్రదాయవాదులు ఏ నిర్దిష్టమయినమతానికి, లేదా భావజాలానికి కట్టుబడి ఉండరు. వారు అప్పటికి అక్కడ ఉన్నదాన్ని, ఇంతకాలము సుమారుగా పని

చేసినదానిని సంరక్షించడానికి కట్టుబడి ఉన్నారు. పోలిష్ సాంప్రదాయవాదులు క్యాథలిక్‌లు. స్వీడన్ సంప్రదాయవాదులు ప్రొటెస్టంట్‌లు, సంప్రదాయ ఇండోనేషియన్లు ముస్లింలు, థాయ్ సంప్రదాయవాదులు బౌద్ధులు. త్సారిస్టు రష్యాలో, సంప్రదాయవాదిగా ఉండటం అంటే త్సార్ కు మద్దతు ఇవ్వడమే. 1980వ దశకంలో యు.ఎస్.ఎస్.ఆర్.లో సంప్రదాయవాదిగా ఉండటం అంటే కమ్యూనిస్టు సంప్రదాయాలకు మద్దతు ఇవ్వడం. గ్లాస్నోస్ట్, పెరెస్త్రోయికా, ప్రజాస్వామ్యీకరణను వ్యతిరేకించడం. 1980వ దశకంలో యునైటెడ్ స్టేట్స్‌లో, సంప్రదాయవాదిగా ఉండటం అంటే అమెరికన్ ప్రజాస్వామ్య సంప్రదాయాలకు మద్దతు ఇవ్వడం, కమ్యూనిజాన్ని, నిరంకుశత్వాన్ని వ్యతిరేకించడం.[19]

అయినప్పటికీ 2010, 2020ల ప్రారంభంలో అనేక ప్రజాస్వామ్య దేశాల్లో కన్జర్వేటివ్ పార్టీలను డొనాల్డ్ ట్రంప్ వంటి అప్రజాస్వామిక నాయకులు దారిమళ్లించారు. ఆ పార్టీలు రాడికల్ రివల్యూషనరీ పార్టీలుగా రూపాంతరం చెందాయి. ప్రస్తుతం ఉన్న సంస్థలు, సంప్రదాయాలను పరిరక్షించడానికి తమవంతు కృషి చేయడానికి బదులుగా, అమెరికా రిపబ్లికన్ పార్టీ వంటి కొత్త బ్రాండ్ కన్సర్వేటివ్ పార్టీ ఆ సంస్థలమీద, సంప్రదాయాలమీద అనుమానాలు వ్యక్తపరుస్తున్నారు. ఉదాహరణకు, వారు శాస్త్రవేత్తలు, ప్రభుత్వోద్యోగులు, సేవ చేస్తున్న ఇతర ఉన్నతవర్గాలకు ఇవ్వవలసిన సాంప్రదాయిక గౌరవాన్ని తిరస్కరిస్తారు వారిని ధిక్కారంతో చూస్తారు.. అదే విధంగా ఎన్నికలవంటి ప్రాథమిక ప్రజాస్వామిక సంస్థలు, సంప్రదాయాలపై దాడి చేసి, ఓటమిని అంగీకరించరు, అధికారాన్ని బదిలీ చేయటానికి నిరాకరిస్తారు.. బర్కియన్ కార్యక్రమం పరిరక్షణ కోరుతుంది. ట్రంపియన్ కార్యక్రమం ప్రస్తుతం ఉన్న సంస్థలను నాశనం చేయడం, సమాజాన్ని విప్లవాత్మకంగా మార్చడం గురించి ఎక్కువగా మాట్లాడుతుంది. బాస్టిల్ కారాగారం దాడి జరిగినప్పుడు బర్కియన్ ఛాందసవాదం స్థాపన జరిగింది. బాస్టిల్ పై దాడి బర్క్ ను భయభ్రాంతుణ్ణి చేసింది. 2021 జనవరి 6న అమెరికా క్యాపిటల్ భవనంపై దాడిని చాలా మంది ట్రంప్ మద్దతుదారులు ఉత్సాహంగా చూశారు. ప్రస్తుతం ఉన్న సంస్థలు చాలా నిర్వీర్యమయ్యాయని, వాటిని కూల్చివేసి పూర్తిగా కొత్త నిర్మాణాలను చేపట్టటం తప్ప మరో ప్రత్యామ్నాయం లేదని ట్రంప్ మద్దతుదారులు వివరించవచ్చు. అయితే ఈ అభిప్రాయం సరైనదా, తప్పా అనే దానితో సంబంధం లేకుండా, ఇది సంప్రదాయవాద దృక్పథం కంటే ఒక అద్భుతమైన విప్లవాత్మక దృక్పథం. సంప్రదాయ ఆత్మహత్య అభ్యుదయవాదులను సంభ్రమాశ్చర్యాలకి గురిచేసింది. యు.ఎస్ డెమోక్రటిక్ పార్టీ వంటి అభ్యుదయ పార్టీలను పాత వ్యవస్థకు, స్థాపిత సంస్థలకు సంరక్షకులుగా మార్చింది.

ఇదంతా ఎందుకు జరుగుతుందో ఎవరికీ సరిగ్గా తెలియదు. ఒక పరికల్పన ఏమిటంటే: సాంకేతిక విజ్ఞానం వేగాతివేగంగా మారుతున్నది. దానితోబాటు అనుబంధ ఆర్థిక, సామాజిక, సాంస్కృతిక పరివర్తనలు కూడా వేగతరం

అవుతున్నాయి. ఈ మార్పులన్నీ కలిసి సంప్రదాయవాద కార్యక్రమాన్ని అవాస్తవికంగా చూపించి ఉండవచ్చు. ఉన్న సంప్రదాయాలను, సంస్థలను పరిరక్షించుకోవడం అసంభవంగా ఉండి, ఒక రకమైన విప్లవం అనివార్యమనిపిస్తే, వామపక్ష విప్లవాన్ని అడ్డుకోవడానికి ఏకైక మార్గం మొదట ముందడుగువేసి మితవాద విప్లవాన్ని ప్రేరేపించడం. 1920 లు, 1930 లలో సంప్రదాయవాద శక్తులు ఇటలీ, జర్మనీ, స్పెయిన్ ఇంకా ఇతర చోట్ల రాడికల్ ఫాసిస్ట్ విప్లవాలకు సోవియట్-శైలి వామపక్ష విప్లవాన్ని ముందస్తుగా నిరోధించడానికి ఒక మార్గంగా మద్దతు ఇచ్చినప్పుడు ఇది రాజకీయ తర్కం.

కానీ 1930 వ దశకంలో ప్రజాస్వామికం అవలంబించిన మధ్యేమార్గంపట్ల నిరాశ చెందవలసిన అవసరం లేదు, 2020వ దశకంలోను నిరాశ చెందాల్సిన అవసరం లేదు. సాంప్రదాయం ఆత్మహత్య నిరాధారమైన అపస్మారం ఫలితంగా కావచ్చు. ఒక వ్యవస్థగా, ప్రజాస్వామ్యం ఇప్పటికే అనేక వేగవంతమైన మార్పులు ఎదుర్కొన్నది. ఇప్పటివరకు తనను తాను పూర్తిగామారటానికి, పునర్నిర్మించుకోవటానికి ఒక మార్గం కనుక్కున్నది. ఉదాహరణకు, 1930 ల ప్రారంభంలో ఆర్థిక సంక్షోభం, మహామాంద్యంతో ప్రభావితమైన ప్రజాస్వామ్యం ఒక్క జర్మనీ మాత్రమే కాదు. యునైటెడ్ స్టేట్స్ లో కూడా నిరుద్యోగం 25 శాతానికి చేరుకుంది. అనేక వృత్తులలో కార్మికుల సగటు ఆదాయాలు 1929 - 1933 మధ్య 40 శాతానికి పైగా పడిపోయాయి.[20] యథావిధిగా వ్యాపారాన్ని కొనసాగించలేమని అమెరికా స్పష్టం చేసింది.

అయినప్పటికీ యునైటెడ్ స్టేట్స్ లో ఏ హిట్లర్ అధికారం చేపట్టలేదు, లెనిన్ కూడా అధికారం చేపట్టలేదు. బదులుగా, 1933 లో ఫ్రాంక్లిన్ డెలానో రూజ్ వెల్ట్ కొత్త ఒప్పందాన్ని రూపొందించి యునైటెడ్ స్టేట్స్ ను ప్రపంచ "ప్రజాస్వామ్య ఆయుధాగారంగా" మార్చాడు. రూజ్ వెల్ట్ శకం తరువాత యు.ఎస్ ప్రజాస్వామ్యం మునుపటి కంటే గణనీయంగా భిన్నంగా ఉన్నది- పౌరులకు మరింత బలమైన సామాజిక భద్రతా వలయాన్ని అందించింది- కానీ ఇది ఎటువంటి సహేతుక విప్లవాన్ని వారించలేదు.[21] చివరికి రూజ్ వెల్ట్ సంప్రదాయవాద విమర్శకులు కూడా ఆయనను సమర్థించి అనేక కార్యక్రమాలు, విజయాలలో ఆయన వెనక నడిచారు. 1950 లలో అధికారంలోకి తిరిగి వచ్చినప్పుడు న్యూ డీల్ సంస్థలను విచ్ఛిన్నం చేయలేదు.[22] 1930 ల ప్రారంభంలో ఆర్థిక సంక్షోభం వల్ల కలిగిన ఫలితాలు యునైటెడ్ స్టేట్స్ లో, జర్మనీలో చాలా భిన్నంగా ఉన్నాయి. ఎందుకంటే రాజకీయాలు ఎన్నడూ కేవలం ఆర్థిక కారణాలవల్ల కలిగేవి కావు. వైమర్ రిపబ్లిక్ మూడుసంవత్సరాల అధిక నిరుద్యోగం కారణంగా కూలిపోలేదు. అది ఓటమిలో పుట్టిన కొత్త ప్రజాస్వామ్యం. బలమైన వ్యవస్థలు, ప్రగాఢమయిన మద్దతు లేకపోవటం ఇతర ముఖ్య కారణాలు..

సంప్రదాయవాదులు, అభ్యుదయవాదులు ఇద్దరూ తీవ్రమయిన విప్లవ ప్రలోభాలను ప్రతిఘటించి, ప్రజాస్వామ్య సంప్రదాయాలకు, సంస్థలకు విధేయులుగా ఉంటే, ప్రజాస్వామ్యాలు తమను తాము అత్యంత చురుకైనవిగా నిరూపించుకుంటాయి. వారి స్వీయశోధన యంత్రాంగాలు సాంకేతిక, ఆర్థిక సమస్యలను మేలుగా - అంతకంటే కఠినమయిన పాలనలకంటే మేలుగా - పరిష్కరించే శక్తి సామర్థ్యాలు కల్పిస్తాయి.. 1960 లలో అల్లకల్లోలం తట్టుకుని బయటపడిన ప్రజాస్వామ్యాలు - అమెరికా, జపాన్, ఇటలీ వంటి ప్రజాస్వామిక దేశాలు - తూర్పు ఐరోపాలో కమ్యూనిస్టు పాలనలకంటే, దక్షిణ ఐరోపా, దక్షిణ అమెరికా ఫాసిస్టు పాలనల కంటే 1970, 1980 దశకాల కంప్యూటర్ విప్లవానికి చాలా విజయవంతంగా అలవాటు పడ్డాయి.

21వ శతాబ్దంలో మనుగడ సాగించడానికి అత్యంత ముఖ్యమైన మానవ నైపుణ్యం వశ్యత. నియంతృత్వ పాలనల కంటే ప్రజాస్వామ్యాలు మరింత వశ్యంగా ఉంటాయి. కంప్యూటర్లు వాటి సంపూర్ణ సంభావ్యశక్తికి దగ్గరలో లేవు. మానవుల విషయంలో కూడా వాస్తవం వర్తిస్తుంది. ఇది చరిత్ర అంతటా మనం పదేపదే కనుగొన్న విషయం. ఉదాహరణకు, ఇరవయ్యో శతాబ్దపు ఉద్యోగ మార్కెట్లో జరిగిన అతిపెద్ద, అత్యంత విజయవంతమైన పరివర్తన సాంకేతిక ఆవిష్కరణవల్ల జరగలేదు. మానవజాతిలో కనీసం సగంమంది నిద్రాణమై ఉన్న సంభావ్యశక్తి విడుదల కావటంవల్ల సంభవించింది. మహిళలను జాబ్ మార్కెట్లోకి తీసుకురావడానికి జెనెటిక్ ఇంజనీరింగ్ లేదా మరేదైనా సాంకేతిక అద్భుతం అవసరం లేదు. కొన్ని కాలం చెల్లిన అపోహలను వదిలివేయటం, వారిలో సదా దాగిఉన్న సంభావ్యశక్తికి మహిళలు ఎల్లప్పుడూ ప్రయోగించేలా చేయడం అవసరం.

భారీ నిరుద్యోగం, ఉద్యోగపర్వంలోకి మహిళల ప్రవేశం 1930 లలో జరిగిన భారీ ఉపద్రవాలు. రాబోయే దశాబ్దాలలో అంతకుమించిన ఉపద్రవాలు కలగబోతున్నాయి. ప్రజాస్వామ్యాల సౌలభ్యం, పాత పురాణాలను ప్రశ్నించడానికి వారి సుముఖత, వారి బలమైన స్వీయశోధన యంత్రాంగం కీలకమైన ఆస్తులు అవుతాయి.[23] ప్రజాస్వామ్య దేశాలు తరతరాలుగా ఈ ఆస్తులను సొంతం చేసుకుంటూ వస్తున్నాయి. మనకు చాలా అవసరమైనప్పుడు వాటిని వదిలేయడం మూర్ఖత్వం అవుతుంది.

అగాధం

ఏదేమైనా, ప్రజాస్వామ్య స్వీయశోధనా యంత్రాంగాలు పనిచేయడానికి, వారు సరిదిద్దాల్సిన విషయాలను అర్థం చేసుకోవాలి. అగాధంగా ఉండటం నియంతృత్వానికి

సహాయకారి అవుతుంది. ఎందుకంటే ఇది పాలనను బాధ్యత, జవాబుదారీతనంనుంచి రక్షిస్తుంది. ప్రజాస్వామ్యంలో అగాధంగా ఉండటం ప్రాణాంతకం. పౌరులు, ప్రజాప్రతినిధులు, పాత్రికేయులు, న్యాయమూర్తులు ప్రభుత్వ అధికారవ్యవస్థ ఎలా పనిచేస్తుందో అర్థం చేసుకోలేకపోతే, వారు దానిని పర్యవేక్షించలేరు. వారికి ప్రజాస్వామ్యం మీద నమ్మకం పోతుంది.

బ్యూరోక్రాట్లు కొన్నిసార్లు భయాలు, ఆందోళనలు కలిగించినమాట వాస్తవమే. కంప్యూటర్ యుగానికి ముందు వారు ఎప్పుడూ అంతుచిక్కకుండా పోలేదు. ఎందుకంటే ఆనాడు వారిలో మానవత సదా ఉన్నది. నిబంధనలు, పత్రాలు, స్థాన భేదాలు సృష్టించింది మానవ మనస్సులే. అధికారులు అత్యాశతో క్రూరంగా ఉండవచ్చు. కానీ క్రూరత్వం, దురాశ ప్రజలు ఊహించి, తారుమారు చేయగల మానవ భావోద్వేగాలు. ఉదాహరణకు అధికారులకు లంచం ఇవ్వడం ద్వారా. సోవియట్ గులాగ్ లేదా నాజీ నిర్బంధ శిబిరంలో కూడా, అధికారవ్యవస్థ పూర్తిగా పరాయిది కాదు. దాని అమానుషత్వం వాస్తవానికి మానవ పక్షపాతాలను, లోపాలను ప్రతిబింబించింది.

అధికారవర్గానికి ఆధారం మనుషులే కదా. ఆ ఆధారం మానవులకు కనీసం తమ తప్పులు తెలుసుకుని సరిదిద్దుకునే ఆశ కలిగించింది. ఉదాహరణకు, 1951లో, కాన్సాస్ లోని టోపెకా పట్టణంలో బోర్డ్ ఆఫ్ ఎడ్యుకేషన్ అధికారులు, ఆలివర్ బ్రౌన్ కుమార్తెను ఆమె ఇంటికి సమీపంలోని ప్రాథమిక పాఠశాలలో చేర్చుకోడానికి నిరాకరించారు. ఇలాంటి తిరస్కరణలు పొందిన మరి పన్నెండు ఇతర కుటుంబాలతో కలిసి, బ్రౌన్ టోపెకా బోర్డ్ ఆఫ్ ఎడ్యుకేషన్ కు వ్యతిరేకంగా దావా వేశాడు. ఆ కేసు చివరికి యు.ఎస్ సుప్రీం కోర్టుకు చేరుకుంది.[24]

టోపెకా బోర్డ్ ఆఫ్ ఎడ్యుకేషన్ సభ్యులందరూ మనుషులే. తత్ఫలితంగా బ్రౌన్, అతని న్యాయవాదులు, సుప్రీం కోర్టు న్యాయమూర్తులు ఆ స్కూల్ సభ్యులు ఆ నిర్ణయం ఎలా తీసుకున్నారో, వారి సంభావ్య ప్రయోజనాలు, పక్షపాతాలు ఏమిటో బాగా తెలిసి ఉన్నారు. బోర్డు సభ్యులందరూ శ్వేతజాతీయులు. బ్రౌన్లు నల్లజాతీయులు. సమీప పాఠశాల శ్వేతజాతి పిల్లల కోసం ప్రత్యేకంగా తయారయిన పాఠశాల. బ్రౌన్ కూతురికీ పాఠశాలలో ప్రవేశం అధికారులు నిరాకరించడానికి కారణం జాతి విచక్షణేనని తేలిగ్గా అర్థమైంది.

జాతివిచక్షణ పురాణాలు మొదట ఎక్కడనుండి వచ్చాయోకూడా అర్థం చేసుకోవడం సాధ్యమైంది. మానవత్వం జాతులుగా విభజించబడిందని జాతి విచక్షణ వాదన. తెల్లజాతి ఇతర జాతులకంటే గొప్పది. నల్లజాతి సభ్యులతో ఏదైనా సంబంధం తెల్లవారి స్వచ్ఛతను కలుషితం చేస్తుంది. కనుక నల్లజాతి పిల్లలు తెల్లపిల్లలతో కలవకుండా నిరోధించాలి. ఇది తరచుగా కలిసిమెలిసి నడిచే రెండు ప్రసిద్ధ జీవ

నాటకాల కలయిక: మనం – వాళ్ళు. స్వచ్ఛత – కల్మషం. చరిత్రలో దాదాపు ప్రతి మానవసమాజం ఈ జీవనాటకంలో కొంత భాగమయినా ప్రదర్శించింది. చరిత్రకారులు, సామాజిక శాస్త్రవేత్తలు, మానవ శాస్త్రవేత్తలు, జీవశాస్త్రవేత్తలు ఇది మానవులకు ఎందుకు అంత ఆకర్షణీయంగా ఉందో, ఇది ఎందుకు విపరీతంగా లోపభూయిష్టంగా ఉందో అర్థం చేసుకుంటారు. జాతి విచక్షణ, దాని ప్రాథమిక కథావస్తువును పరిణామమనుండి తీసుకున్నప్పటికీ, ఖచ్చితమైన వివరాలు స్వచ్ఛమైన పురాణాలు. మానవాళిని విభిన్న జాతులుగా విడదీయడానికి జీవ ఆధారం లేదు. ఒక జాతి "స్వచ్ఛమైనది" మరొక జాతి "అపవిత్రం" అని నమ్మడానికి ఎటువంటి జీవసంబంధమైన కారణమూ లేదు.

అమెరికన్ శ్వేతజాతి ఆధిపత్యవాదులు వివిధ పవిత్ర గ్రంథాలను, ముఖ్యంగా యు.ఎస్ రాజ్యాంగం మరియు బైబిల్ ను ఆకర్షించడం ద్వారా తమ వైఖరిని సమర్థించుకోవడానికి ప్రయత్నించారు. యు.ఎస్. రాజ్యాంగం మొదట జాతి విభజనను, తర్వాత తెల్లజాతి ఆధిపత్యాన్ని చట్టబద్ధం చేసింది. తెల్లజాతి ప్రజలకు పూర్తిపౌర హక్కులను రిజర్వ్ చేసింది. నల్లజాతీయుల బానిసత్వాన్ని అనుమతించింది. బైబుల్ టెన్ కమాండ్ మెంట్స్ తోబాటు అనేక ఇతర భాగాలలో బానిసత్వాన్ని పవిత్రం చేయడమే కాక, ఆఫ్రికన్ల పూర్వీకులుగా చెప్పబడుతున్న హామ్ సంతానాన్ని శపించింది – "అతను తన తోటివారికి బానిసలలో అధమాధముడుగా ఉంటాడు" (ఆదికాండము 9:25).

ఏదేమైనా, ఈ రెండు గ్రంథాలు మానవులచేతనే సృష్టించబడ్డాయి, కాబట్టి మానవులు వాటి మూలాలను, లోపాలను అర్థం చేసుకోగలరు. కనీసం తమ తప్పులను సరిదిద్దుకోడానికి ప్రయత్నించవచ్చు. ప్రాచీన మధ్యప్రాచ్యంలో, పద్దెనిమిదవ శతాబ్దపు అమెరికాలో ప్రబలి ఉన్న రాజకీయ ప్రయోజనాలను, సాంస్కృతిక పక్షపాతాలను అర్థం చేసుకోవడం మానవులకు సాధ్యమవుతుంది. బైబుల్ రచయితలు, యు.ఎస్ రాజ్యాంగం రచించిన పెద్దలు జాతివిచక్షణ, బానిసత్వం చట్టబద్ధం చేయటానికి గల కారణం అదే. ఈ అవగాహన ఈ గ్రంథాలను సవరించడానికి లేదా విస్మరించడానికి ప్రజలకు అనుమతిస్తుంది. 1868లో అమెరికా రాజ్యాంగంలోని 14వ సవరణ పౌరులందరికీ చట్టపరమైన సమానరక్షణ కల్పించింది. 1954లో బ్రౌన్ వర్సెస్ బోర్డ్ ఆఫ్ ఎడ్యుకేషన్ తీర్పులో అమెరికా సుప్రీంకోర్టు పాఠశాలలను జాతి ప్రాతిపదికన వేరు చేయడం 14 వ రాజ్యాంగ సవరణ ఉల్లంఘన అని తీర్పునిచ్చింది. బైబుల్ విషయానికొస్తే, పదవ ఆదేశాన్ని లేదా ఆదికాండము 9:25 ను సవరించడానికి ఏ యంత్రాంగమూ లేనప్పటికీ, మానవులు యుగాలుగా వచనాన్ని వివిధ పథాలలో పునర్నిర్వచించి, చివరికి దాని అధికారాన్ని పూర్తిగా తిరస్కరించే స్థితికి చేరుకున్నారు.. బ్రౌన్ వర్సెస్ బోర్డ్ ఆఫ్

ఎడ్యుకేషన్ లో, యు.ఎస్ సుప్రీం కోర్టు న్యాయమూర్తులు బైబిల్ పాఠాన్ని పరిగణనలోకి తీసుకోవాల్సిన అవసరం లేదని భావించారు.[25]

కానీ ఏదోఒక సామాజిక ప్రతిష్ఠ సూచనాక్రమం ఉన్నత ప్రతిష్ఠ పాఠశాలలో అల్ప ప్రతిష్ఠ ఉన్న పిల్లల ప్రవేశం తిరస్కరిస్తే భవిష్యత్తులో ఏమి జరగవచ్చు? మనం 8వ అధ్యాయంలో చూసినట్లుగా, కంప్యూటర్లు వాటి స్వంత పక్షపాతాలతో బాధపడే అవకాశం ఉన్నది. కంప్యూటర్లమధ్య పురాణాలు, బోగస్ వర్గాలను కనుగొనే అవకాశం ఉన్నది. అలాంటి తప్పులను మానవులు ఎలా గుర్తించి సరిదిద్దుకోగలరు? మరి సూచనాక్రమాల నిర్ణయాల రాజ్యాంగబద్ధతను గురించి సుప్రీంకోర్టు న్యాయమూర్తులు ఎలా నిర్ణయం తీసుకోగలుగుతారు? సూచనాక్రమాలు తమ నిర్ధారణలకు ఎలా చేరుకుంటాయో వారు అర్థం చేసుకోగలరా?

ఇవి సిద్ధాంతపూర్వక ప్రశ్నలు ఎంతమాత్రమూ కావు. 2013 ఫిబ్రవరిలో విస్కాన్సిన్ లోని లా క్రాస్ పట్టణంలో నడుస్తున్న వాహనాలలోనుంచి కాల్పులు జరిగాయి. కాల్పులకు పాల్పడిన కారును గుర్తించిన పోలీసు అధికారులు డ్రైవర్ ఎరిక్ లూమిస్ ను అరెస్టు చేశారు. లూమిస్ తను కాల్పుల్లో పాల్గొనలేదని చెప్పాడు. కానీ స్వల్పతరమయిన రెండు అభియోగాలను అంగీకరించాడు: “ట్రాఫిక్ అధికారిని తప్పించుకుని పారిపోవడానికి ప్రయత్నించడం”, “యజమాని అనుమతి లేకుండా మోటారు వాహనాన్ని నడపడం.”[26] న్యాయమూర్తి శిక్షను నిర్ణయించడానికి వచ్చినప్పుడు, ఆయనCOMPAS అనే సూచనాక్రమాన్ని సంప్రదించాడు. దీనిని విస్కాన్సిన్ ఇంకా అనేక ఇతర యుఎస్ రాష్ట్రాలు 2013 లో తిరిగి పునరావృతమయ్యే ప్రమాదాన్ని అంచనా వేయడానికి ఉపయోగిస్తున్నాయి. భవిష్యత్తులో లూమిస్ మరిన్ని నేరాలకు పాల్పడే అవకాశం ఉన్నదని ఆసూచనాక్రమం అతనిని తీవ్రప్రమాదకారిగా అంచనా వేసింది. ఈ సూచనాక్రమం మదింపు లూమిస్ కు ఆరు సంవత్సరాల జైలు శిక్ష విధించడానికి న్యాయమూర్తిని ప్రభావితం చేసింది— అతను అంగీకరించిన చిన్న నేరాలకు కఠినమైన శిక్ష.[27]

న్యాయమూర్తి తన హక్కును ఉల్లంఘించారని వాదిస్తూ లూమిస్ విస్కాన్సిన్ సుప్రీంకోర్టులో అప్పీల్ చేశారు. COMPAS సూచనాక్రమం తన అర్ధనిర్ణయం ఎలా చేస్తుందో న్యాయమూర్తికానీ, లూమిస్ కానీ అర్థం చేసుకోలేదు. లూమిస్ పూర్తి వివరణ కోసం అడిగినప్పుడు, అభ్యర్థన తిరస్కరించబడింది. COMPAS సూచనాక్రమం నార్త్ పాయింట్ కంపెనీ వారి స్వంత సొత్తు. ఆ సూచనాక్రమం విధానం ఒక వాణిజ్య రహస్యం అని కంపెనీ వాదించింది.[28] అయినప్పటికీ ఆ సూచనాక్రమం తన నిర్ణయాలను ఎలా తీసుకుంటుందో తెలుసుకోకుండా, లూమిస్ లేదా న్యాయమూర్తి అది పక్షపాతరహితము, నిర్దోషము నమ్మదగిన సాధనం అని ఎలా నిర్ధారించగలరు? COMPAS సూచనాక్రమం వాస్తవానికి అనేక సమస్యాత్మక పక్షపాతాలను కలిగి

ఉండవచ్చని అనేక అధ్యయనాలు చూపించాయి. ఆ సూచనాక్రమం శిక్షణ పొందిన గణాంకాలలోనే ఆ లోపాలు ఉండి ఉండవచ్చు.[29]

లూమిస్ వర్సెస్ విస్కాన్సిన్ (2016) కేసులో విస్కాన్సిన్ సుప్రీంకోర్టు లూమిస్ కు వ్యతిరేకంగా తీర్పునిచ్చింది. సూచనాక్రమం విధానం న్యాయస్థానానికికాని, ప్రతివాదికి కానీ వెల్లడించకపోయినా, సూచనాక్రమం జరిపిన ప్రమాద నిర్ధారణ ప్రయోగించడం చట్టబద్ధమని, న్యాయమూర్తులు వాదించారు. బహిరంగంగా అందుబాటులో ఉన్న లేదా ప్రతివాది స్వయంగా అందించిన డేటా ఆధారంగా COMPAS తన అంచనాను రూపొందించింది కాబట్టి, ఆ సూచనాక్రమం ఉపయోగించిన మొత్తం డేటాను లూమిస్ తిరస్కరించవచ్చు లేదా వివరించి ఉండవచ్చు అని జస్టిస్ ఆన్ వాల్ష్ బ్రాడ్లీ రాశారు. ఖచ్చితమైన డేటానుకూడా తప్పుగా అర్థం చేసుకోవచ్చని, లూమిస్ తనపై బహిరంగంగా అందుబాటులో ఉన్న అన్ని గణాంకాలను ఖండించడం లేదా వివరించడం అసాధ్యమనే వాస్తవాన్ని ఈ అభిప్రాయం విస్మరించింది.

పారదర్శకం కాని సూచనాక్రమాలమీద ఆధారపడటంలో అంతర్లీనంగా ఉన్న ప్రమాదం విస్కాన్సిన్ సుప్రీంకోర్టుకు పూర్తిగా తెలియకపోలేదు. అందువల్ల, సూచనాక్రమాల ప్రయోగం అనుమతించేటప్పుడు, న్యాయమూర్తులు సూచనాక్రమం ప్రమాద సూచనలు అందుకున్నప్పుడల్లా, ఆ సూచనాక్రమ సంభావ్య పక్షపాతాల గురించి న్యాయమూర్తులకు రాతపూర్వకమయిన హెచ్చరికను కలిగి ఉండాలని తీర్పు ఇచ్చింది. ఇలాంటి సూచనాక్రమా లపై ఆధారపడేటప్పుడు జాగ్రత్తగా ఉండాలని న్యాయమూర్తులకు సూచించింది. దురదృష్టవశాత్తూ, ఈ హెచ్చరిక ఒక శూన్య సంకేతం. ఇలాంటి జాగ్రత్తలు ఎలాపాటించాలో న్యాయమూర్తులకు కోర్టు స్పష్టమైన ఆదేశాలు ఇవ్వలేదు. ఈ కేసుపై చర్చలో, హార్వర్డ్ లా రివ్యూ “చాలా మంది న్యాయమూర్తులు సూచనాక్రమాల ప్రమాద హెచ్చరికలు అర్థం చేసుకునే అవకాశం లేదు” అని తేల్చింది. సూచనాక్రమాలను గురించి సుదీర్ఘ వివరణలు పొందినప్పటికీ, వారు ఇప్పటికీ దానిని అర్థం చేసుకోవడంలో ఇబ్బంది పడుతున్నారని చెప్పిన విస్కాన్సిన్ సుప్రీంకోర్టు న్యాయమూర్తులలో ఒకరిని ఉదాహరించింది.[30]

లూమిస్ అమెరికా సుప్రీం కోర్టులో అప్పీల్ చేశారు. అయితే 2017 జూన్ 26 న విస్కాన్సిన్ సుప్రీంకోర్టు ఇచ్చిన తీర్పును సమర్థిస్తూ కోర్టు ఈ కేసును విచారించేందుకు నిరాకరించింది. 2013 లో లూమిస్ ను అధిక-ప్రమాదకర వ్యక్తిగా అంచనా వేసిన సూచనాక్రమం ఆది క్రమం అని ఇప్పుడు పరిగణించండి. అప్పటినుండి, మరింత ప్రమాదం వెలకట్టటానికి అధునాతనమయిన, సంక్లిష్టమైన సూచనాక్రమాలు అభివృద్ధి చేయబడ్డాయి. మరింత విస్తృతమైన పరిధులను ఆవరించాయి. 2020 ల ప్రారంభంలో అనేక దేశాలలో పౌరులు సూచనాక్రమాలు

చేసిన ప్రమాద అంచనాల ఆధారంగా జైలు శిక్షలను పొందుతున్నారు. ఈ సూచనాక్రమాలు న్యాయమూర్తులకు, ప్రతివాదులకు అర్థం కాలేదనే చెప్పాలి.[31] ఈ జైలు శిక్షలు నీటిపైన కనిపించే మంచుముక్క అంచు మాత్రమే.

వివరణ అడిగే హక్కు

పోనుపోను కంప్యూటర్లు మన గురించి ఎక్కువ నిర్ణయాలు - చాలా మామూలు వాటినుంచి జీవితాన్ని మార్చే నిర్ణయాలదాకా - తీసుకుంటున్నాయి. జైలు శిక్షలతో పాటు, మనకు కళాశాలలో సీటు ఇవ్వాలా వద్దా, మనకు ఉద్యోగం ఇవ్వాలా, సంక్షేమ ప్రయోజనాలు అందించాలా లేదా, రుణం ఇవ్వాలావద్దా అని నిర్ణయించడంలో సూచనాక్రమాల పాత్ర రోజురోజుకూ పెరుగుతూ ఉన్నది. అదేవిధంగా మనం ఎలాంటి వైద్య చికిత్స పొందుతున్నామో, ఎలాంటి బీమా ప్రీమియంలు చెల్లిస్తామో, ఏ వార్తలు వింటామో, ఎవరు మనల్ని డేటింగ్ అడుగుతారో తెలుసుకోవడానికి ఇవి సహాయపడతాయి.[32]

సమాజం అధికాధికంగా నిర్ణయాలను కంప్యూటర్లకు అప్పగిస్తున్నప్పుడు, అది ప్రజాస్వామ్య స్వీయశోధనా యంత్రాంగాల మనుగడను, ప్రజాస్వామ్య పారదర్శకతను, జవాబుదారీతనాన్ని బలహీనపరుస్తుంది. ఎన్నుకోబడిన అధికారులు అసాధారణమైన సూచనాక్రమాలను ఎలా నియంత్రించగలరు? తత్ఫలితంగా, ఒక కొత్త మానవహక్కును పొందుపరచాలనే డిమాండ్ పెరుగుతోంది: వివరణ అడిగే హక్కు. 2018 లో అమల్లోకి వచ్చిన యూరోపియన్ యూనియన్ యొక్క జనరల్ డేటా ప్రొటెక్షన్ రెగ్యులేషన్ (DGPR) ప్రకారం, ఒక సూచనాక్రమం ఒక మానవుడి గురించి నిర్ణయం తీసుకుంటే- ఉదాహరణకు, మనకు పరపతిని ఇవ్వడానికి నిరాకరిస్తే- ఆ నిర్ణయం ఎలా జరిగిందో తెలుసుకోవటానికి, నిర్ణయాన్ని మరికొందరు మానవ అధికారుల ముందు సవాలు చేయడానికి ఆ మనిషికి హక్కు ఉన్నది.[33] ముఖ్యంగా ఈ హక్కు సూచనాక్రమం పక్షపాతాన్ని నియంత్రించాలి. కంప్యూటర్ల మరింత తీవ్రమైన తప్పులలో కనీసం కొన్నింటిని గుర్తించటానికి, సరిదిద్దడానికి ప్రజాస్వామ్య స్వీయశోధన యంత్రాంగాలను అనుమతించాలి.

కానీ ఆచరణలో ఈ హక్కు నెరవేరుతుందా? ముస్తఫా సులేమాన్ ఈ విషయంలో ప్రపంచ నిపుణులు. ప్రపంచంలోని అత్యంత ముఖ్యమైన కృత్రిమమేధ సంస్థలలో ఒకటైన డీప్ మైండ్ సహ వ్యవస్థాపకులు, మాజీ అధిపతి కూడా. AlphaGo కార్యక్రమం అభివృద్ధికి డీప్ మైండ్ తోడ్పడింది. AlphaGo ఒక స్ట్రాటజీ బోర్డ్ గేమ్, దీనిలో ఇద్దరు ఆటగాళ్ళు భూభాగాన్ని చుట్టుముట్టడం, స్వాధీనం చేసుకోవడం ద్వారా ఒకరినొకరు ఓడించడానికి ప్రయత్నిస్తారు.. ప్రాచీన చైనాలో

కనిపెట్టిన ఈ ఆట చదరంగం కంటే చాలా సంక్లిష్టమైనది. పర్యవసానంగా, కంప్యూటర్లు మానవ ప్రపంచ చదరంగ ఛాంపియన్లను ఓడించినప్పటికీ, Alpha-Go ఆటలో మాత్రం కంప్యూటర్లు మనుషులను ఎన్నటికీ జయించలేవని నిపుణుల నమ్మకం.

అందుకే 2016 మార్చిలో దక్షిణ కొరియా Go ఛాంపియన్ లీ సెడోల్ ను AlphaGo ఓడించడంతో Go నిష్ణాతులు, కంప్యూటర్ నిపుణులు నివ్వెరపోయారు. తన 2023 పుస్తకం ది కమింగ్ వేవ్ లో, సులేమాన్ వారి మ్యాచ్ లో అత్యంత ముఖ్యమైన క్షణాలలో ఒకదాన్ని వర్ణించారు. అది కృత్రిమ మేధను పునర్నిర్వచించిన క్షణం. ఇది చరిత్రలో కీలకమైన మలుపుగా అనేక విద్యా, ప్రభుత్వ వర్గాలలో గుర్తించబడింది. 2016 మార్చి 10న జరిగిన ఈ మ్యాచ్ లో రెండో ఆటలో ఈ ఘటన చోటుచేసుకుంది.

“అప్పుడు. . . 37వ ఎత్తు వచ్చింది” అని సులేమాన్ వ్రాశారు. “అందులో అర్థం లేదు. ఏ ప్రొఫెషనల్ ఆటగాడు అనుసరించని ఓటమి వ్యూహాన్ని గుడ్డిగా అనుసరిస్తూ ఆల్ఫాగో దాన్ని ధ్వంసం చేసింది. పోటీ నడుస్తుండగా చెప్పే వ్యాఖ్యాతలు, అత్యున్నత స్థాయి నిపుణులు ఇది ‘చాలా విచిత్రమైన చర్య’ అని, ఇది ‘పొరపాటు’ అని అభిప్రాయపడ్డారు. సెడోల్ ప్రతిస్పందించడానికి పదిహేను నిమిషాలు పట్టింది. బయట నడవడానికి బోర్డుదగ్గరినుంచి నుండి లేచారు. కంట్రోల్ రూమ్ నుంచి చూస్తుంటే ఆ టెన్షన్ వాస్తవాతీతం. అయితే ఆట అంతం సమీపిస్తున్న కొద్దీ ఆ ‘పొరపాటు’ ఎత్తుగడ కీలకంగా మారింది. Alpha Go మళ్లీ గెలిచింది. మా కళ్లముందే Go స్ట్రాటజీని తిరగరాస్తున్నారు. వేలాది సంవత్సరాలుగా అత్యంత తెలివైన ఆటగాళ్లకు కలగని ఆలోచనలను మా కృత్రిమమేధ వెలిబుచ్చింది.”[34]

ఎత్తుగడ 37 అనేది రెండు కారణాల వల్ల కృత్రిమమేధ విప్లవానికి చిహ్నం. మొదట, ఇది కృత్రిమమేధ గ్రహాంతర ప్రకృతిని ప్రదర్శించింది. తూర్పు ఆసియాలో Go ఒక ఆట కంటే మిక్కుటంగా పరిగణించబడుతుంది: ఇది ఒక విలువైన సాంస్కృతిక సంప్రదాయంగాఆదరణ పొందింది. కాలిగ్రఫీ, పెయింటింగ్, సంగీతంతో పాటు, నాగరికులయిన ప్రతివ్యక్తి తెలుసుకోవాలని ఆశించే నాలుగు కళలలో Go ఒకటి. పాతిక వందల సంవత్సరాలకు పైగా, కోట్ల సంఖ్యలో ప్రజలు Go ఆడారు. ఆలోచనా క్రమాలు మొత్తం ఆటచుట్టూ అభివృద్ధి చెందాయి, విభిన్న వ్యూహాలను, తత్వాలను సమర్ధించాయి. అయినా ఆ సహస్రాబ్దాల కాలంలో మానవ మస్తిశ్కాలు Go పర్యావరణంలో లోని కొన్ని ప్రాంతాలను మాత్రమే శోధించాయి. మానవ మనస్సులు అక్కడికి వెళ్లాలని సాహసించకపోవడంతో ఇతర ప్రాంతాలు స్పృశించబడలేదు. కృత్రిమ మేధ, మానవమేధల పరిమితులనుండి విముక్తి పొందింది. గతంలో దాగి ఉన్న ఈ ప్రాంతాలను కనుక్కున్నది. శోధించింది.[35]

రెండవది, ఎత్తుగడ 37 కృత్రిమ మేధస్సు యొక్క అగాధత్వాన్ని ప్రదర్శించింది. Alpha Go విజయం సాధించడానికి ఆడిన తర్వాత కూడా, సులేమాన్, ఆయన బృందం Alpha Goదానిని ఎలా ఆడాలని నిర్ణయించుకుందో వివరించలేకపోయారు. లీ సెడోల్ కు వివరణ ఇవ్వాలని కోర్టు డీప్ మైండ్ ను ఆదేశించినప్పటికీ, ఆ ఉత్తర్వులను ఎవరూ నెరవేర్చలేకపోయారు. సులేమాన్ ఇలా వ్రాశారు, "మానవులు ఒక కొత్త సవాలును ఎదుర్కొంటున్నారు: కొత్త ఆవిష్కరణలు మన అవగాహనకు అతీతంగా ఉంటాయా? ఇంతకు ముందు సృష్టికర్తలు ఏదైనా ఎలా పనిచేస్తుందో, అది ఎందుకు చేసిందో – విస్తృతమైన వివరాలు అవసరం అయినప్పటికీ – వివరించ గలిగేవారు. ఇప్పుడు అది రోజురోజుకూ సత్యదూరం అవుతున్నది. అనేక సాంకేతిక పరిజ్ఞానాలు, వ్యవస్థలు చాలా సంక్లిష్టంగా మారుతున్నాయి. వాటిని నిజంగా అర్థం చేసుకోవడానికి ఏ ఒక్క వ్యక్తికీ సామర్థ్యం చాలదు. . . కృత్రిమమేధలో, స్వయంప్రతిపత్తి వైపు కదులుతున్న నాడీవ్యవస్థలు వివరణకు – కనీసం ప్రస్తుతం – అతీతంగా ఉన్నాయి. సూచనాక్రమం ఒక నిర్దిష్ట అంచనాను ఎందుకు ఉత్పత్తి చేసిందో ఖచ్చితంగా వివరించడానికి మీరు నిర్ణయం తీసుకునే ప్రక్రియలో అడుగడుగూ విడమరిచి చెప్పలేరు. ఇంజనీర్లు ముసుగులోకి తొంగిచూడలేరు. జరిగినదానికి కారణమేమిటో విపులంగా, సులభంగా వివరించలేరు. జిపిటి –4, ఆల్ఫాగో ఇంకా మిగిలినవన్నీ బ్లాక్ బాక్సులు. వాటి ఉత్పాదనలు, నిర్ణయాలు సూక్ష్మ సంకేతాల గొలుసుల ఆధారంగా ఉంటాయి. ఆ సూక్ష్మ సంకేతాలు అపారదర్శకాలు, అత్యంత సంకీర్ణాలు.[36]

అంతుచిక్కని గ్రహాంతర మేధస్సు పెరుగుదల ప్రజాస్వామ్యాన్ని ఖూనీ చేస్తుంది. ప్రజల జీవితాలకు సంబంధించిన నిర్ణయాలను బ్లాక్ బాక్స్ లో పెడితే, ఓటర్లు వాటిని అర్థం చేసుకోలేరు, సవాలు చేయలేరు, ప్రజాస్వామ్యం పనిచేయదు. ముఖ్యంగా వ్యక్తిగత జీవితాల గురించే కాకుండా ఫెడరల్ రిజర్వ్ వడ్డీరేటు వంటి సమిష్టి విషయాల్లో కూడా కీలక నిర్ణయాలు అనాలోచిత సూచనాక్రమాలద్వారా తీసుకుంటే ఏమవుతుంది? మానవ ఓటర్లు మానవ అధ్యక్షుడిని ఎన్నుకుంటూ ఉండవచ్చు, కానీ ఇది కేవలంఉత్తుత్తి ఆర్భాటం కాదా? నేటికీ మానవాళిలో కొద్దిమంది మాత్రమే ఆర్థిక వ్యవస్థను అర్థం చేసుకుంటున్నారు. చక్రవడ్డీ వంటి సాధారణ ఆర్థిక భావనలను కూడా అర్థం చేసుకోవడంలో చాలామందికి ఇబ్బంది ఉందని OECD జరిపిన2016 సర్వేలో తేలింది.[37] ప్రపంచంలోని అత్యంత ముఖ్యమైన ఆర్థిక కేంద్రాలలో ఒకదాన్ని నియంత్రించే బాధ్యత కలిగిన బ్రిటిష్ ఎంపీలపై 2014 లో ఒక సర్వే జరిగింది. బ్యాంకులు రుణాలు ఇచ్చినప్పుడు కొత్త డబ్బు సృష్టించబడుతుందని వారిలో కేవలం 12 శాతం మంది మాత్రమే నిశితంగా అర్థం చేసుకున్నారని ఆ సర్వే కనుగొన్నది. ఈ వాస్తవం ఆధునిక ఆర్థిక వ్యవస్థ యొక్క అత్యంత ప్రాథమిక సూత్రాలలో ఒకటి.[38] 2007-08 ఆర్థిక సంక్షోభం సూచించినట్లుగా, CDO ల వెనుక ఉన్న సంక్లిష్టమైన

ఆర్థిక పరికరాలు, సూత్రాలు కొంతమంది ఆర్థికమాంత్రికులకు మాత్రమే అర్థమయ్యాయి. కృత్రిమమేధ మరింత సంక్లిష్టమైన ఆర్థిక పరికరాలను సృష్టించినప్పుడు, ఆర్థిక వ్యవస్థను అర్థం చేసుకునే మానవుల సంఖ్య సున్నాకు పడిపోతే ప్రజాస్వామ్యం ఏమవుతుంది?

ఇటీవలి జనాకర్షక పార్టీలు, సమ్మోహపరిచే నాయకులజోరు పెరగడానికి మన సమాచార యంత్రాంగం అగాధత్వం ఒక కారణం. ప్రజలు ఇకపై ప్రపంచాన్ని అర్థం చేసుకోలేనప్పుడు, వారు జీర్ణించుకోలేని అపారమైన సమాచారంలో మునకలు వేస్తున్నప్పుడు, వారు గూడుపుఠాణీ సిద్ధాంతాలకు సులభంగా బలైపోతారు. ఆసమస్యనుంచి విముక్తికి వారు తమకు అర్థమయ్యేదిశగా తిరుగుతారు – తోటి మానవుడు. ఆకర్షణీయులైన నాయకుల ప్రయోజనాలు ఖచ్చితంగా ఉండితీరుతాయి. కానీ ఏ ఒక్క మానవుడూ, ఎంత స్ఫూర్తిదాయకులైనా, ఎంత తెలివైనవాడైనా, ప్రపంచంపై ఆధిపత్యం చెలాయిస్తున్న సూచనాక్రమాలు ఎలా పనిచేస్తాయో ఒంటరిగా అర్థం చేసుకోలేరు. అవి సవ్యమైనవి అవునో కాదో నిర్ధారించుకోలేరు. సమస్య ఏమిటంటే, సూచనాక్రమాలు అనేక గణాంకాల అంశాల ఆధారంతో నిర్ణయాలు తీసుకుంటాయి. కానీ, పెద్ద సంఖ్యలో గణాంకాల అంశాలమీద ఆలోచించటం, వాటిని ఒకదానికొకటి బేరీజు వేయడం, మానవమాత్రులకు శక్తికి మించిన శ్రమ. మనం ఒకే గణాంక అంశంతో పనిచేయడానికి మొగ్గు చూపుతాము. అందుకే, ఋణాల అభ్యర్థన, మహమ్మారి లేదా యుద్ధం వంటి సంక్లిష్ట సమస్యలను ఎదుర్కొన్నప్పుడు, మనం ఒక నిర్దిష్ట చర్య తీసుకోవడానికి తరుచుగా ఒకే కారణం కోసం వెతుకుతాము. మిగతా ఇతర ఆలోచనల నన్నిటినీ విస్మరిస్తాము.. ఇది ఒకే కారణం యొక్క కుతర్కం.[39]

అనేక విభిన్న కారకాలను బేరీజు వేయడంలో మనము చాలా అప్రయోజకులం. ఒక నిర్దిష్ట నిర్ణయానికి ప్రజలు చాలా కారణాలు చెబితే, ఆ నిర్ణయం సాధారణంగా అనుమానాస్పదంగా ధ్వనిస్తుంది. ఒక మంచి స్నేహితుడు మన పెళ్లికి హాజరు కాలేదనుకోండి. "మా అమ్మ ఆసుపత్రిలో ఉంది, నేను ఆమెను చూసుకోవలసి వచ్చింది" అని ఆమె ఒకే ఒక్క సంజాయిషీ ఇస్తే , అది నమ్మదగినదిగా అనిపిస్తుంది. కానీ ఆమె రాకూడదని నిర్ణయించుకోవడానికి యాభై వేర్వేరు కారణాల జాబితా చేస్తే: "మా కొంచెం అస్వస్థతగా ఉన్నది, నేను ఈ వారంలో ఎప్పుడైనా నా కుక్కను పశువైద్యుని వద్దకు తీసుకెళ్లాల్సి వచ్చింది, నేను ఈ ప్రాజెక్ట్ పనిలో ఉన్నాను, వర్షం పడుతోంది, ఇంకా ఇంకా ... ఈ యాభై కారణాలలో ఏదీ నా గైరు హాజరును సమర్థించదని నాకు తెలుసు. కాని వాటన్నిటినీ కలిపినప్పుడు, నన్ను మీ వివాహానికి హాజరుకాకుండా అవి అడ్డుకున్నాయి." మనము అలా మాట్లాడము. ఎందుకంటే మనము ఆవిధంగా ఆలోచించము. యాభై వేర్వేరు కారణాలను మన మనస్సులో

తెలివిగా జాబితా చేయటం, వాటిలో ప్రతిదానికీ ఒక నిర్దిష్ట మయిన భారం కేటాయించి, అన్ని బరువులను సమీకరించి, తద్వారా ఒక నిర్ధారణకు రావటం - ఇది జరిగే పనికాదు..

కానీ సూచనాక్రమాలు మన నేర సామర్థ్యాన్ని, లేదా మన అరువు అర్హతను అంచనా వేసేది ఇలానే. ఉదాహరణకు, COMPAS సూచనాక్రమం 137 అంశాల ప్రశ్నావళికి సమాధానాలను పరిగణనలోకి తీసుకోవడం ద్వారా దాని సాహస ప్రవృత్తుల అంచనాలను చేసింది.[40] మనకు రుణం ఇవ్వడానికి నిరాకరించే బ్యాంకు సూచనాక్రమం విషయంలో కూడా ఇదే వర్తిస్తుంది. యూరోపియన్ యూనియన్ వారి జిడిపిఆర్ నిబంధనలు సూచనాక్రమం నిర్ణయాన్ని వివరించమని బ్యాంకును శాసిస్తే, వివరణ ఒకే వాక్యం రూపంలో రాదు; ఆ వివరణ సంఖ్యలు, సమీకరణాలతో నిండిన వందల లేదా వేల పేజీల రూపంలో వచ్చే అవకాశం ఉంది.

“మా సూచనాక్రమం, అన్ని అనువర్తనాలను అంచనా వేయడానికి ఖచ్చితమైన పాయింట్ల వ్యవస్థను ఉపయోగిస్తుంది, వెయ్యి రకాల గణాంక అంశాలను పరిగణనలోకి తీసుకుంటుంది. ఇది మొత్తం స్కోరును చేరుకోవడానికి అన్ని గణాంక అంశాలను జోడిస్తుంది. మొత్తమ్మీద స్కోర్ తక్కువగా ఉన్న వారిని అల్ప పరపతి వ్యక్తులుగా పరిగణిస్తారు,. వారికి రుణం ఇవ్వటం చాలా ప్రమాదంతో కూడిన వ్యవహారం. మీ మొత్తం స్కోరు-378, అందుకే మీ అరువు దరఖాస్తు తిరస్కరించబడింది.” అని ఊహాజనితమయిన బ్యాంక్ ఉత్తరం చెప్పవచ్చు. ఆ ఉత్తరంలో సూచనాక్రమం పరిగణించిన వెయ్యి కారణాలు ఉండవచ్చు. దరఖాస్తుచేసిన సమయం [41] లేదా దరఖాస్తుదారు ఉపయోగించిన స్మార్ట్ ఫోన్ రకం వంటి చాలా మంది అసంబద్ధంగా భావించే విషయాలతోసహా సూచనాక్రమం పరిగణనలోకి తీసుకున్న వెయ్యి కారకాల యొక్క వివరణాత్మక జాబితాను లేఖ అందించవచ్చు. అందువల్ల బ్యాంక్ తన లేఖలోని 601 వ పేజీలో, “మీరు మీ స్మార్ట్ఫోన్ నుండి మీ దరఖాస్తును దాఖలు చేశారు, ఇది తాజా ఐఫోన్ మోడల్. మిలియన్ల మునుపటి రుణ అనువర్తనాలను విశ్లేషించడం ద్వారా, మా సూచనాక్రమం ఒక నమూనాను కనుగొన్నది - వారి దరఖాస్తును దాఖలు చేయడానికి తాజా ఐఫోన్ నమూనాను ఉపయోగించే వ్యక్తులు రుణాన్ని తిరిగి చెల్లించే అవకాశం 0.08 శాతం ఎక్కువ. అందువల్ల సూచనాక్రమం మీ మొత్తం స్కోరుకు 8 పాయింట్లను జోడించింది. అయితే, మీ ఐఫోన్ నుండి మీ అప్లికేషన్ పంపిన సమయంలో, దాని బ్యాటరీ 17 శాతానికి పడిపోయింది. మిలియన్ల మునుపటి రుణ అనువర్తనాలను విశ్లేషించడం ద్వారా, మా అల్గారిథం మరొక నమూనాను కనుగొంది: వారి స్మార్ట్ ఫోన్ బ్యాటరీ 25 శాతం కంటే తక్కువకు వెళ్ళడానికి అనుమతించే వ్యక్తులు రుణాన్ని తిరిగి చెల్లించే అవకాశం 0.5 శాతం తక్కువ. ఆకారణంగా మీరు 50 పాయింట్లు కోల్పోయారు.[42]

బ్యాంకు అన్యాయం చేసిందని మీకు అనిపించవచ్చు. "నా ఫోన్ బ్యాటరీ తక్కువగా ఉన్నంత మాత్రాన నా లోన్ అప్లికేషన్ ని తిరస్కరించడం సమంజసమేనా?" అని మీరు ఫిర్యాదు చేయవచ్చు. అయితే, అది అపార్థం అవుతుంది. "బ్యాటరీ ఒక్కటే కారణం కాదు" అని బ్యాంక్ వివరిస్తుంది. "మా అల్గోరిథం పరిగణనలోకి తీసుకున్న వెయ్యి అంశాలలో ఇది ఒకటి మాత్రమే."

"కానీ గత పదేళ్లలో రెండుసార్లు మాత్రమే నా బ్యాంకు ఖాతా ఓవర్ డ్రాఫ్ట్ అయినట్లు మీ సూచనాక్రమం గమనించలేదా?

"అది స్పష్టంగా గమనించింది" అని బ్యాంక్ సమాధానం ఇవ్వవచ్చు. "453వ పేజీలో చూడండి. అందుకు మీకు 300 పాయింట్లు వచ్చాయి. కానీ ఇతర కారణాలన్నీ మీ మొత్తం స్కోరును –378కి దిగజార్చాయి".

నిర్ణయాలు తీసుకునే ఈ మార్గాన్ని మనం కనుగొన్నప్పటికీ, దీనికి సంభావ్య ప్రయోజనాలు స్పష్టంగా ఉన్నాయి. ఒక నిర్ణయం తీసుకునేటప్పుడు, సాధారణంగా ఒకటి లేదా రెండు ముఖ్యమైన వాస్తవాలను కాకుండా అన్ని సంబంధిత గణాంక అంశాలను పరిగణనలోకి తీసుకోవడం మంచిది. వాస్తవానికి, సమాచారం యొక్క ఔచిత్యాన్ని ఎవరు నిర్వచించాలనే విషయంలో చాలా వాదనకు అవకాశం ఉంది. స్మార్ట్ ఫోన్ మోడల్స్ లేదా స్కిన్ కలర్ వంటివి అరువు దరఖాస్తులకు సంబంధించినవిగా పరిగణించాలా వద్దా అని ఎవరు నిర్ణయిస్తారు? కానీ మనం ఔచిత్యాన్ని ఎలా నిర్వచించినా, ఎక్కువ గణాంకాలను పరిగణనలోకి తీసుకునే సామర్థ్యం ఒక సొత్తుగా ఉండే అవకాశం ఉంది. వాస్తవానికి, అనేక మానవ పక్షపాతాలతో సమస్య ఏమిటంటే, వారు ఇతర సమాచారాన్ని విస్మరిస్తూ ఒకరి చర్మం రంగు, వైకల్యం లేదా లింగం వంటి ఒకటి, రెండు గణాంక అంశాలమీద దృష్టి పెడతారు. బ్యాంకులు, ఇతర సంస్థలు నిర్ణయాలు తీసుకోవడానికి సూచనాక్రమాలమీద ఎక్కువగా ఆధారపడుతున్నాయి, ఎందుకంటే సూచనాక్రమాలు మానవులకంటే ఎక్కువ గణాంక అంశాలు పరిగణనలోకి తీసుకోగలవు.

కానీ వివరణలు ఇచ్చే విషయానికి వస్తే, ఇది అధిగమించలేని ఆటంకాలని సృష్టిస్తుంది. ఇన్ని గణాంక అంశాల ఆధారంగా జరిగిన నిర్ణయాన్ని మానవ మేధ ఎలా విశ్లేషించగలదు? ఎలా అంచనా వేయగలదు? ఎరిక్ లూమిస్ ప్రమాదకరమయిన వ్యక్తి అని COMPAS సూచనాక్రమం ఎలా నిర్ణయించిందో వెల్లడించాలని విస్కాన్సిన్ సుప్రీం కోర్టు నార్త్ పాయింట్ కంపెనీని బలవంతంచేసి ఉండవచ్చు. కానీ పూర్తి సమాచారం చేతికి చిక్కితే, లూమిస్ గానీ, కోర్టు గానీ అర్థం చేసుకోగలరా?

అంతే కాదు. అనేక గణాంక అంశాలు పరిగణనలోకి తీసుకోవాలి. బహుశా అన్నింటికంటే ముఖ్యమైనది, సూచనాక్రమం గణాంకాలలో నమూనాలను కనుగొనే విధానాన్ని, పాయింట్లు కేటాయించే విధానాన్ని మనం అర్థం చేసుకోలేము. ఒక

బ్యాంకింగ్ సూచనాక్రమం వారి స్మార్ట్ ఫోన్ బ్యాటరీలను 25 శాతం కంటే తక్కువకు వెళ్ళడానికి అనుమతించే వ్యక్తుల నుండి నిర్దిష్ట సంఖ్యలో పాయింట్లను దూరం చేస్తుందని మనకు తెలిసినప్పటికీ, అది న్యాయమా, కాదా అని మనము ఎలా అంచనా వేయగలము? ఈ సూచనాక్రమనియమాన్ని ఒక మానవ ఇంజనీర్ ఫీడ్ చేయలేదు; మిలియన్ల మునుపటి రుణ దరఖాస్తులలో ఒక నమూనాను కనుగొనడం ద్వారా ఇది ఈ నిర్ధారణకు వచ్చింది. ఒక వ్యక్తిగత మానవ క్లయింట్ ఆ డేటా మొత్తాన్ని పరిశీలించి, ఆ నమూనా నిజంగా నమ్మదగినదా, నిష్పక్షపాతమైనదా అని అంచనా వేయగలరా?[43]

అయితే, ఈ అంకెల అఖాతంలో ఒక సుగుణం ఉన్నది. ఉంది. సాధారణవ్యక్తులు సంక్లిష్టమైన సూచనాక్రమాలను వ్యక్తిగతంగా పరిశీలించలేక పోవచ్చు. తమ స్వంత కృత్రిమమేధ సాధనాల నుండి సహాయం పొందే నిపుణుల బృందం సూచనాక్రమం నిర్ణయాల నిష్పాక్షికతను అంచనా వేయగలదు. మానవ నిర్ణయాలలో న్యాయంకంటే, సూచనాక్రమం నిర్ణయాల న్యాయాన్ని మేలుగా అంచనా వేయగలదు. అన్నింటికీ మించి, మానవ నిర్ణయాలు మనకు తెలిసిన కొన్ని గణాంక అంశాలమీద, ఆధారపడినట్లు అనిపించినప్పటికీ, వాస్తవానికి మన నిర్ణయాలు ఉపచేతనలో వేలాది అదనపు గణాంక అంశాలవల్ల ప్రభావితమవుతాయి. ఈ ఉపచేతన ప్రక్రియలను గురించి తెలియకపోవడం వల్ల, మన నిర్ణయాల గురించి చర్చించినప్పుడు లేదా వాటిని వివరించినప్పుడు, నిజంగా ఒకే విషయం హేతుబద్ధీకరణలలో మనము తరచుగా పాల్గొంటాము. కానీ ఆ హేతుబద్ధీకరణ మన మెదడులో బిలియన్ల న్యూరాన్లు సంకర్షణ చెందటంవల్ల ఏర్పడిన ఉపసంహారం.[44] అందుకనుగుణంగా, ఒక మానవ న్యాయమూర్తి మనకు ఆరేళ్ళ కారాగార శిక్ష విధిస్తే, ఆ తీర్పు న్యాయమైన పరిగణనల ద్వారా మాత్రమే రూపుదిద్దుకుంటుందని, ఉపచేతన జాతి పక్షపాతం వల్ల గానీ, న్యాయమూర్తి ఆకలితో ఉన్నాడనే వాస్తవంవల్ల గానీ కాదని మనం కానీ, న్యాయమూర్తి కాని ఎలా నిర్ధారించగలం?[45]

రక్తమాంసాలుగల న్యాయనిర్ణేతల విషయంలో, ఈ సమస్య పరిష్కరించలేము, కనీసం మన ప్రస్తుత జీవశాస్త్ర పరిజ్ఞానంతో మాత్రం సాధ్యంకాదు. దీనికి విరుద్ధంగా, ఒక సూచనాక్రమం ఒక నిర్ణయం తీసుకున్నప్పుడు, ఆ సూచనాక్రమం అనేక పరిగణనలు, ప్రతిదానికి ఇవ్వబడిన ఖచ్చితమైన విలువను సూత్రప్రాయంగా తెలుసుకోవచ్చు. అందువల్ల యు.ఎస్. డిపార్ట్మెంట్ ఆఫ్ జస్టిస్ నుండి లాభాపేక్షలేని న్యూస్ రూం ప్రోపబ్లికా వరకు అనేక నిపుణుల బృందాలు దాని సంభావ్య పక్షపాతాలను అంచనా వేయడానికి COMPAS సూచనాక్రమాన్ని ఎంచుకున్నాయి.[46] ఇటువంటి అనేక బృందాలు మానవుల సమిష్టి కృషిని మాత్రమే కాకుండా కంప్యూటర్ల శక్తిని కూడా ఉపయోగించగలవు. ఒక దొంగను

పట్టుకోవడానికి మరొక దొంగను నియమించటం ఎంత ఉత్తమమో, అలాగే ఒక సూచనాక్రమాన్ని ఉపయోగించి మరో దొంగను పట్టుకోవచ్చు.

ఇక్కడ మరొక ప్రశ్న తలెత్తుతుంది. ఆ పరీక్షించే సూచనాక్రమం నమ్మదగినదని మనం ఎలా నిర్ధారించగలం? పునఃపునః తలెత్తే ఈ సమస్యకు సంపూర్ణ సాంకేతిక పరిష్కారం అంటూ ఏమీ లేదు. మనం ఏ సాంకేతిక పరిజ్ఞానాన్ని అభివృద్ధి చేసినా, సూచనాక్రమాలను ఆడిట్ చేసి, వాటికి ఆమోద ముద్ర ఇచ్చే లేదా తిరస్కరించే అధికారిక సంస్థలను మనం నిర్వహించాల్సి ఉంటుంది. ఇటువంటి సంస్థలు మానవశక్తులు, కంప్యూటర్ల శక్తులను మిళితం చేసి కొత్త సూచనాక్రమ సాధనాలు సురక్షితంగాను, నిష్పాక్షికంగాను ఉన్నాయని నిర్ధారిస్తాయి.. అలాంటి సంస్థలు లేకుండా, మానవులకు వివరణ హక్కు కల్పించే చట్టాలను మనం ఆమోదించినా, కంప్యూటర్ పక్షపాతాలకు వ్యతిరేకంగా మనం నిబంధనలు రూపొందించినా, ఈ చట్టాలను, నిబంధనలను అమలు చేయగలవారు ఎవరు?

అనూహ్య పతనం

సూచనా క్రమాలను పరిశీలించడానికి, నియంత్రణ సంస్థలు వాటిని విశ్లేషించడమే కాకుండా, వారి ఆవిష్కరణలను మానవులు అర్థం చేసుకోగల కథలుగా మలచాలి. లేకపోతే, మనము నియంత్రణ సంస్థలను ఎన్నటికీ విశ్వసించలేము. బదులుగా కుట్ర సిద్ధాంతాలమీద, ఆకర్షణీయులయిన నాయకుల మీద మన నమ్మకాలు పెంచుతాము. 3వ అధ్యాయంలో పేర్కొన్నట్లుగా, అధికార వర్గాన్ని అర్థం చేసుకోవడం మానవులకు ఎప్పుడూ కష్టమే. ఎందుకంటే అధికార వర్గాలు జీవ నాటకాల లిపినుండి పక్కదారి పట్టాయి. దాదాపు కళాకారులలో ఎవరికీ అధికారవర్గ నాటకాలను చిత్రీకరించే సంకల్పమూలేదు, సామర్థ్యమూ లేదు. ఉదాహరణకు, ఇరవై ఒకటవ శతాబ్దపు రాజకీయాలకు సంబంధించిన నవలలు, సినిమాలు మరియు టీవీ ధారావాహికలు కొన్ని శక్తివంతమైన కుటుంబాల కలహాలమీద, ప్రేమ వ్యవహారాలమీద దృష్టి పెడతాయి. పురాతన తెగలు, రాజ్యాల మాదిరిగానే ప్రస్తుత రాష్ట్రాలు పరిపాలించబడుతున్నట్లు ప్రదర్శిస్తాయి.. రాజవంశాల జీవసంబంధ నాటకాలతో ముడిపడిన ఈ కళాత్మక మనస్తత్వం శతాబ్దాలుగా అధికార చలనశీలతలో జరిగిన నిజమైన మార్పులను మరుగుపరుస్తుంది.

కంప్యూటర్లు మానవ అధికారవర్గాలను, మానవ పురాణాలను ఎక్కువగా ఆక్రమిస్తాయి కాబట్టి, ఇది మళ్ళీ అధికారం యొక్క అగాధమయిన నిర్మాణాన్ని మారుస్తుంది. ప్రజాస్వామ్యం మనుగడ సాగించాలంటే ఈ కొత్త నిర్మాణాలను పరిశీలించగల అంకితభావం కలిగిన అధికారసంస్థలతోపాటు కొత్త నిర్మాణాలను

అందుబాటులో, వినోదాత్మకంగా వివరించగల కళాకారులు కూడా అవసరం. ఉదాహరణకు, విజ్ఞానశాస్త్ర కల్పనాశ్రేణి బ్లాక్ మిర్రర్ లోని "నోస్ డైవ్" ఉదంతం ద్వారా ఇది విజయవంతంగా ప్రదర్శితం అయింది. .

2016 లో, సామాజిక పరపతి వ్యవస్థల గురించి చాలా తక్కువ మందికి తెలుసు. "నోస్ డైవ్" అటువంటి వ్యవస్థలు ఎలా పనిచేస్తాయో , అవి ఎటువంటి ప్రమాదాలను కలిగిస్తాయో అద్భుతంగా వివరించింది. ఈ ఉపాఖ్యానం తన సోదరుడు ర్యాన్ తో కలిసి నివసిస్తున్న లేసీ అనే మహిళ కథను చెబుతుంది. ఆమె తన స్వంత అపార్ట్మెంట్ కు మారాలనుకుంటుంది. కొత్త అపార్ట్మెంట్ మీద డిస్కౌంట్ పొందడానికి, ఆమె తన సామాజిక పరపతి స్కోరును 4.2 నుండి 4.5 కు (5 కు) పెంచాలి. అధిక-స్కోరు ఉన్న వ్యక్తులతో స్నేహం మీ స్వంత స్కోరునుపెంచుతుంది, కాబట్టి ప్రస్తుతం 4.8 రేటింగ్ ఉన్న బాల్య స్నేహితురాలు నవోమితో తన సంబంధాన్ని పునరుద్ధరించడానికి లేసీ ప్రయత్నిస్తుంది. లేసీని నవోమి వివాహానికి ఆహ్వానిస్తారు, కాని అక్కడికి వెళ్ళే మార్గంలో ఆమె అధిక స్కోరు ఉన్న ఒక వ్యక్తిమీద కాఫీ ఒలకపోస్తుంది. ఇది ఆమె స్వంత స్కోరు కొద్దిగా తగ్గడానికి కారణమవుతుంది, ఇది విమానయానసంస్థ ఆమెకు సీటు నిరాకరించడానికి కారణమవుతుంది. అక్కడ నుండి తప్పు జరిగే సాధ్యం ఉన్న ప్రతిచోట తప్పు జరుగుతుంది. లాసీ రేటింగ్ తగ్గుతుంది. ఆమె 1 కంటే తక్కువ స్కోరుతో జైలుకు వెళుతుంది.

ఈ కథ సాంప్రదాయ జీవనాటకాలలోని కొన్ని అంశాలమీద ఆధారపడి ఉంటుంది-"అబ్బాయి అమ్మాయిని కలుస్తాడు.." (వివాహం), తోబుట్టువుల వైరం (లేసీ, ర్యాన్ ల మధ్య ఉద్రిక్తత), అత్యంత ముఖ్యమైన హోదా పోటీ (ఉదంతం యొక్క ప్రధాన సమస్య). కానీ కథాంశం యొక్క అసలయిన హీరో, చోదక శక్తి లేసీ కాదు, నవోమి కాదు, కానీ సామాజిక క్రెడిట్ వ్యవస్థను నడిపే శరీర రహితమయిన సూచనాక్రమం. సూచనాక్రమం పాత జీవనాటకాల గతిశాస్త్రాన్ని పూర్తిగా మారుస్తుంది - ముఖ్యంగా హోదా పోటీ యొక్క గతిశాస్త్రం. ఇంతకుముందు మానవులు కొన్నిసార్లు హోదా పోటీలో నిమగ్నులయ్యారు, కానీ తరచుగా అధిక ఒత్తిడితో కూడిన ఈ పరిస్థితి నుండి స్వాగతించదగిన విరామాలను కలిగి ఉన్నారు, సర్వవ్యాపిత సామాజిక పరపతి సూచనాక్రమం విరామాలను తొలగిస్తుంది. "నోస్ డైవ్" అనేది జీవుల హోదా పోటీ గురించి అరిగిపోయిన కథ కాదు. కానీ హోదా పోటీల నియమాలను కంప్యూటర్ సాంకేతికత మార్చినప్పుడు ఏమి జరుగుతుందనే దానికి ముందస్తు అన్వేషణ.

అధికారులు, కళాకారులు సహకరించడం నేర్చుకుని, ఇద్దరూ కంప్యూటర్ల సహాయంపై ఆధారపడితే, కంప్యూటర్ యంత్రాంగం అగాధంగా, అగమ్యగోచరంగా మారకుండా నిరోధించడం సాధ్యమవుతుంది. ప్రజాస్వామ్య సమాజాలు కంప్యూటర్

యంత్రాంగాలను అర్థం చేసుకున్నంత కాలం, వాటి స్వీయశోధన యంత్రాంగాలు కృత్రిమమేధ దుర్వినియోగాలకు వ్యతిరేకం అవుతాయి. అదే మనకు ఉత్తమమయిన హామీ. అందువల్ల 2021 లో యూరోపియన్ యూనియన్ ప్రతిపాదించిన కృత్రిమ మేధ చట్టం పూర్తిగా నిషేధించబడిన కొన్ని రకాల కృత్రిమమేధలలో ఒకటిగా "నోస్ డైవ్" వంటి సామాజిక పరపతి వ్యవస్థలను వేరు చేసింది, ఎందుకంటే అవి "వివక్షాపూరిత ఫలితాలకు కొన్ని సమూహాల బహిష్కరణకు దారితీయవచ్చు". ఇంకా "అవి గౌరవం, వివక్షారహిత హక్కు, సమానత్వం, న్యాయం యొక్క విలువలను ఉల్లంఘించవచ్చు."[47] మొత్తం నిఘా పాలనల మాదిరిగానే, సామాజిక పరపతి వ్యవస్థల మాదిరిగానే, వాటిని సృష్టించవచ్చు అనే వాస్తవం మనం వాటిని సృష్టించితీరాలని అర్థం కాదు.

డిజిటల్ అరాచకం

కొత్త కంప్యూటర్ యంత్రాంగం ప్రజాస్వామ్య దేశాలకు చివరిగా ఒకపెద్ద ముప్పు చూపించి భయపెడుతున్నది. డిజిటల్ నిరంకుశత్వానికి బదులుగా, ఇది డిజిటల్ అరాచకాన్ని ప్రోత్సహిస్తుంది. ప్రజాస్వామ్యాల వికేంద్రీకృత స్వభావం, వాటి బలమైన స్వీయశోధన యంత్రాంగాలు నిరంకుశత్వానికి వ్యతిరేకంగా రక్షణ కవచాన్ని అందిస్తాయి, కానీ అవి క్రమాన్ని నిర్ధారించడం మరింత కష్టతరం చేస్తాయి.. ప్రజాస్వామ్యం పనిచేయాలంటే రెండు షరతులు పాటించాలి: కీలక అంశాలమీద స్వేచ్ఛాయుత బహిరంగ సంభాషణకు అవకాశం కల్పించాలి, కనీస సామాజిక క్రమాన్ని, సంస్థాగత విశ్వాసాన్ని కొనసాగించాలి. స్వేచ్ఛాయుత సంభాషణ అరాచకంలోకి జారిపోకూడదు. ముఖ్యంగా అత్యవసర, ముఖ్యమైన సమస్యలతో వ్యవహరించేటప్పుడు అంగీకరించిన నిబంధనల ప్రకారమే బహిరంగ చర్చ జరగాలని, అందరికీ నచ్చినా, నచ్చకపోయినా ఏదో ఒక తుది నిర్ణయానికి రావడానికి చట్టబద్ధమైన యంత్రాంగం ఉండాలి.

వార్తాపత్రికలు, రేడియోలు, ఇతర ఆధునిక సమాచార సాంకేతిక పరిజ్ఞానం రాకముందు, పెద్దస్థాయి సమాజం ఏదీ కూడా స్వేచ్ఛాయుతమయిన చర్చలను సంస్థాగత విశ్వాసంతో జోడించలేకపోయింది. కాబట్టి పెద్ద ఎత్తున ప్రజాస్వామ్యం అసాధ్యమయింది. ఇప్పుడు, కొత్త కంప్యూటర్ యంత్రాంగం పెరుగుదలతో, భారీ ఎత్తున ప్రజాస్వామ్యం మళ్లీ అసాధ్యం అవుతుందా? ఒక ఇబ్బంది ఏమిటంటే, కంప్యూటర్ యంత్రాంగం చర్చలో చేరడం సులభం చేస్తుంది. గతంలో వార్తాపత్రికలు, రేడియో స్టేషన్ల వంటి సంస్థలు, స్థాపించిన రాజకీయ పార్టీలు ప్రజాక్షేత్రంలో ఎవరిస్వరం వినిపించాలో నిర్ణయిస్తూ గేట్ కీపర్లుగా వ్యవహరించేవారు. సామాజిక

మాధ్యమం ఈ గేట్ కీపర్ల శక్తిని నీరసపరిచింది, ఇది మరింత బహిరంగమైన సంభాషణకు దారితీసింది. కానీ మరింత అరాచకమైన బహిరంగ సంభాషణకు దారిచూపింది.

క్రొత్త సమూహాలు సంభాషణలో చేరినప్పుడల్లా, వారు కొత్త దృక్పథాలను, కొత్తఆసక్తులను తమతో తీసుకువస్తారు దానితోపాటు చర్చ ఎలా నిర్వహించాలి, నిర్ణయాలను ఎలా చేరుకోవాలనే విషయంలో పాత ఏకాభిప్రాయాన్ని తరచుగా ప్రశ్నిస్తారు.. చర్చా నియమాలను కొత్తగా చర్చించాలి. ఇది మరింత సమ్మిళిత ప్రజాస్వామ్య వ్యవస్థకు దారితీసే సానుకూల పరిణామం. అన్నింటికీ మించి, మునుపటి పక్షపాతాలను సరిదిద్దడం, గతంలో ఓటు హక్కు లేని వ్యక్తులను బహిరంగ చర్చలో పాల్గొనడానికి అనుమతించడం ప్రజాస్వామ్యంలో ఒక ముఖ్యమైన భాగం. అయితే, స్వల్పకాలంలో ఇది అలజడులు, అశాంతిని సృష్టిస్తుంది. బహిరంగ చర్చను ఎలా నిర్వహించాలి, ఎలా నిర్ణయాలు తీసుకోవాలనే దానిపై ఏకాభిప్రాయం కుదరకపోతే ఫలితం ప్రజాస్వామ్యం కాదు – అరాచకమే.

కృత్రిమమేధ అరాచక సామర్థ్యం ముఖ్యంగా ఆందోళనకరం. ఎందుకంటే ఇది బహిరంగ చర్చలో చేరడానికి కొత్త మానవ సమూహాలకు మాత్రమే పరిమితం చేయదు. మొట్టమొదటిసారిగా ప్రజాస్వామ్యం మానవేతర స్వరాలతో కూడా పోరాడాలి. అనేక సామాజికమాధ్యమ వేదికలమీద , బాట్లు (bots) పాల్గొనేవారిలో గణనీయమైన మైనారిటీగా ఉన్నాయి. ఒక విశ్లేషణ ప్రకారం 2016 అమెరికా ఎన్నికల ప్రచారంలో సృష్టించిన 20 మిలియన్ ట్వీట్లలో, 3.8 మిలియన్ ట్వీట్లు (దాదాపు 20 శాతం) బాట్స్ ద్వారా సృష్టించబడ్డాయి.[48]

2020 ప్రారంభంలో పరిస్థితులు మరింత దిగజారాయి. బాట్స్ 43.2 శాతం ట్వీట్లను ఉత్పత్తి చేస్తున్నాయని 2020 అధ్యయనం అంచనా వేసింది.[49] అంకాత్మకమేధ ప్రతినిధి సిమిలర్ వెబ్ 2022లో మరింత సమగ్రమయిన అధ్యయనం జరిపింది. ట్విట్టర్ వినియోగదారులలో 5 శాతం మంది బహుశా బాట్స్ అని కనుక్కున్నది. కాని "ట్విట్టర్లో పోస్ట్ చేసిన సమాచారంలో 20.8% కి 29.2% మధ్య" అవి సృష్టించాయి.[50] అమెరికా అధ్యక్షుడిగా ఎవరిని ఎన్నుకోవాలి వంటి కీలకమైన ప్రశ్నను చర్చించడానికి మానవులు ప్రయత్నించినప్పుడు, వారు వినే అనేక స్వరాలు కంప్యూటర్ల ద్వారా ఉత్పత్తి అయితే ఏమి జరుగుతుంది?

మరొక ఆందోళనకరమైన ధోరణి విషయానికి సంబంధించినది. బాట్ లు వ్యాప్తి చేసిన సందేశాల పరిమాణం ద్వారా ప్రజాభిప్రాయాన్ని ప్రభావితం చేయడానికి మొదట్లో బాట్ లను ఉపయోగించారు. అవి మనుషులు ఉత్పత్తిచేసిన విషయాలను మరొకసారి ప్రసారం చేశాయి, లేదా సిఫార్సు చేశాయి. కాని అవి కొత్త ఆలోచనలను స్వయంగా సృష్టించలేకపోయాయి. అవి మానవులతో సన్నిహిత బంధాలను ఏర్పరచుకోలేకపోయాయి. అయితే, ChatGPT వంటి కొత్త రకం సృజనాత్మక

కృత్రిమమేధ పరికరాలు సరిగ్గా ఆపని చేయగలవు. 2023 లో సైన్స్ అడ్వాన్సెస్ పత్రికలో ఒక అధ్యయనం ప్రచురించబడింది. వ్యాక్సిన్లు, 5G సాంకేతికత, వాతావరణ మార్పులు, పరిణామం వంటి సమస్యలపై ఉద్దేశపూర్వకంగా ఖచ్చితంగా తప్పుదోవ పట్టించే లఘురచనలు సృష్టించమని పరిశోధకులు మానవులకు, ChatGPT కి చెప్పారు. తరువాత రచనలను ఏడువందలమంది మానవులకు ఇచ్చి, వాటి విశ్వసనీయతను అంచనా వేయమని అడిగారు. మానవులు ఉత్పత్తి చేసిన సమాచారంలో అసత్యాన్ని గుర్తించడంలో మానవులు సమర్ధత ప్రదర్శించారు. కాని కృత్రిమ మేధ-ఉత్పత్తి చేసిన తప్పుడు సమాచారాన్ని ఖచ్చితమైనవిగా పరిగణించారు.[51]

కాబట్టి, లక్షలాది – చివరికి కోట్లాది అత్యంత తెలివైన బాట్ లు అత్యంత ఆకర్షణీయమైన రాజకీయ ప్రణాళికలను రూపొందించి, గాఢమయిన నకిలీ చిత్రాలు, వీడియోలను సృష్టించడమే కాకుండా, మన నమ్మకాన్ని, స్నేహాన్ని కూడా గెలుచుకోగలిగినప్పుడు ప్రజాస్వామ్య చర్చలు ఏమవుతాయి? నేను కృత్రిమమేధతో ఆన్ లైన్లో రాజకీయ చర్చలో పాల్గొంటే, కృత్రిమమేధ అభిప్రాయాలను మార్చడానికి ప్రయత్నించితే నాకు సమయం వృథా అవుతుంది; చైతన్యం లేని వస్తువు కాబట్టి, అది నిజంగా రాజకీయాలను పట్టించుకోదు, ఎన్నికలలో ఓటు వేయదు. కానీ కృత్రిమమేధతో నేను ఎంత ఎక్కువగా మాట్లాడితే, అది నా గురించి బాగా తెలుసుకుంటుంది, తద్వారా అది నా నమ్మకాన్ని పొందగలదు, తన వాదనలను మెరుగుపరిచి, క్రమంగా నా అభిప్రాయాలను కూడా మార్చగలదు. హృదయాలను, మనస్సులను గెలుచుకునే యుద్ధంలో, సాన్నిహిత్యం చాలా శక్తివంతమైన ఆయుధం. గతంలో రాజకీయ పార్టీలు మన దృష్టిని ఆకర్షించేవి, కానీ అవి సామూహిక సాన్నిహిత్యాన్ని ఉత్పత్తి చేయటానికి ఇబ్బంది పడేవి. రేడియో సెట్లు ఒక నాయకుడి ప్రసంగాన్ని లక్షలాది మందికి ప్రసారం చేయగలవు, కానీ అవి శ్రోతలతో స్నేహం చేయలేకపోయాయి. ఇప్పుడు ఒక రాజకీయ పార్టీ, లేదా ఒక విదేశీ ప్రభుత్వం కూడా లక్షలాదిమంది పౌరులతో స్నేహాన్ని పెంపొందించే బాట్ ల సైన్యాన్ని మోహరించవచ్చు. ఆ తరువాత వారి ప్రాపంచిక దృక్పథాన్ని ప్రభావితం చేయడానికి ఆ సాన్నిహిత్యాన్ని ప్రయోగించవచ్చు.

చివరగా, సూచనాక్రమాలు సంభాషణలో చేరడం మాత్రమే కాదు, అవి ఆ సంభాషణను సమయానుకూలంగా మలుస్తున్నాయి. పాత చర్చానియమాలను సవాలు చేయడానికి సామాజిక మాధ్యమం మానవుల కొత్తసమూహాలను అనుమతిస్తుంది. కానీ కొత్త నిబంధనల గురించి చర్చలు మానవులు నిర్వహించరు. బదులుగా, సామాజిక మాధ్యమాల సూచనాక్రమాలను మన మునుపటి విశ్లేషణలో వివరించినట్లుగా, తరచుగా సూచనాక్రమాలు ఆ నియమాలను తయారు చేస్తాయి..

పంథొమ్మిదవ, ఇరవయ్యవ శతాబ్దాలలో, మీడియా మొగలులు కొన్ని అభిప్రాయాలను సెన్సార్ చేసి, మరికొన్నింటిని ప్రోత్సహించినప్పుడు, ఇది ప్రజాస్వామ్యాన్ని బలహీనపరచి ఉండవచ్చు, కానీ మొగలులు కనీసం మానవులు. వారి నిర్ణయాలు ప్రజాస్వామిక పరిశీలనకు లోనయ్యేవి. ఏ అభిప్రాయాలను విస్తరింపచేయాలో నిర్ణయించడానికి అస్పష్టమైన సూచనాక్రమాలను అనుమతిస్తే ఇది మరింత ప్రమాదకరం.

చమత్కారంతో కన్నుగప్పే బాట్ లు, అతిగూఢమయిన సూచనాక్రమాలు బహిరంగ సంభాషణలో ఆధిపత్యం చెలాయిస్తే, ఇది మనకు చాలా అవసరమైనప్పుడు ప్రజాస్వామ్య చర్చ కుప్పకూలడానికి కారణమవుతుంది. శరవేగంగా అభివృద్ధి చెందుతున్న నూతన సాంకేతిక పరిజ్ఞానాల గురించి మనం కీలక నిర్ణయాలు తీసుకోవాల్సి వచ్చినప్పుడు, ప్రజాక్షేత్రం కంప్యూటర్ సృష్టించిన నకిలీ వార్తలతో నిండిపోతుంది. పౌరులు తోటిమానవ స్నేహితుడితో వాదిస్తున్నారో, లేకపోతే చమత్కార యంత్రంతో చర్చ చేస్తున్నారో చెప్పలేరు. చర్చలో అత్యంత ప్రాథమిక నియమాలు లేదా అత్యంత ప్రాథమిక వాస్తవాల గురించి ఏకాభిప్రాయం ఉండదు. ఈ రకమైన అరాచక సమాచారయంత్రాంగం సత్యాన్ని లేదా క్రమాన్ని ఉత్పత్తి చేయదు. ఎక్కువ కాలం కొనసాగలేదు. మనం అరాచకానికి గురైతే, ప్రజలు తమస్వేచ్ఛను బేరానికి పెట్టటానికి సిద్ధం కావచ్చు. ఆ తర్వాత జరిగేది నరంకుశ పాలన.

బాట్‌లను నిషేధించండి

సూచనాక్రమాలద్వారా ప్రజాస్వామిక చర్చలకు పొంచి ఉన్న ముప్పు నేపథ్యంలో ప్రజాస్వామ్యాలు నిస్సహాయంగా లేవు. నకిలీ వ్యక్తులు నకిలీ వార్తలను వెదజల్లి మన సమాచారపరిధిని కలుషితం చేయకుండా ప్రజాస్వామ్యాలు కృత్రిమమేధను నిరోధించాలి. ప్రజాస్వామ్యాలు అందుకుతగిన చర్యలు తీసుకోవచ్చు, తీసుకోవాలి కూడాను. తత్వవేత్త డేనియల్ డెన్నెట్ మనీ మార్కెట్ సాంప్రదాయ నిబంధనలనుంచి మనం ప్రేరణ పొందవచ్చని సూచించారు.[52] నాణేలు, తరువాత నోట్లు కనుగొనబడినప్పటి నుండి, వాటిని నకిలీ చేయడం సాంకేతికంగా ఎల్లప్పుడూ సాధ్యమే. నకిలీలు ఆర్థిక వ్యవస్థకు అస్తిత్వ ప్రమాదాన్ని కలిగించాయి, ఎందుకంటే ఇది డబ్బు మీద ప్రజల నమ్మకాన్ని దెబ్బతీసింది. దోపిడిదారీ పెద్దలు నకిలీ డబ్బులతో మార్కెట్ ను ముంచెత్తితే ఆర్థిక వ్యవస్థ కుప్పకూలిపోయేది. అయినప్పటికీ నకిలీ డబ్బుకు వ్యతిరేకంగా చట్టాలు చేయడం ద్వారా ఆర్థిక వ్యవస్థ వేలాది సంవత్సరాలుగా తనను తాను రక్షించుకోగలిగింది. తత్ఫలితంగా, చలామణిలో ఉన్న డబ్బులో సాపేక్షంగా

తక్కువ శాతం మాత్రమే సృష్టించబడింది, దానిమీద ప్రజల నమ్మకాన్ని నిలబెట్టింది.[53]

డబ్బు విషయంలో నకిలీ ఎంత నిజమో, మనుషుల విషయంలో కూడా ఆ నకిలీ అంతే నిజం కావాలి. డబ్బుమీది నమ్మకాన్ని కాపాడటానికి ప్రభుత్వాలు నిర్ణయాత్మక చర్యలు తీసుకుంటే, మానవులపై నమ్మకాన్ని రక్షించడానికి కూడా తగిన నిర్ణయాత్మక చర్యలు తీసుకోవడం సముచితంగా ఉంటుంది. కృత్రిమమేధ పెరగక ముందు, ఒక మనిషి మరొకరిగా నటించేవాడు. సమాజం అటువంటి మోసాలను శిక్షించేది. కానీ అందుకు అవసరమైన సాంకేతిక పరిజ్ఞానం లేకపోవటంచేత సమాజం నకిలీ మనుషుల సృష్టినిషేధం పట్టించుకోలేదు. ఇప్పుడు కృత్రిమమేధ తనని తాను మనిషిగా నమ్మించగలదు. ఇది మానవుల మధ్య విశ్వాసాన్ని ధ్వంసం చేస్తుంది, సమాజం నిర్మాణాన్ని విచ్ఛిన్నం చేస్తుంది. అందువల్ల ప్రభుత్వాలు గతంలో నకిలీ డబ్బును చట్టవిరుద్ధం చేసినట్లే నకిలీ మనుషులను కూడా నిషేధించాలని డెన్నెట్ సూచిస్తున్నారు.[54]

ఈ చట్టం నిజమైన ప్రత్యేక వ్యక్తుల వేషాలు – ఉదాహరణకు, అమెరికా అధ్యక్షుడి పేర నకిలీ వీడియోను సృష్టించడం మాత్రమే కాదు– వేసి మోసగించటమే కాదు, మానవేతర వస్తువు తనను తాను మనిషిగా మార్చడానికి చేసే ఏ ప్రయత్నాన్నయినాసరే నిషేధించాలి. ఇలాంటి కఠిన చర్యలు భావ ప్రకటనా స్వేచ్ఛకు భంగం కలిగిస్తాయని ఎవరైనా ఫిర్యాదు చేస్తే బాట్‌లకు భావ ప్రకటనా స్వాతంత్ర్యం లేదని ఆ ఫిర్యాదుదార్లకు గుర్తు చేయాలి. బహిరంగ వేదికనుంచి మనుషులను నిషేధించడం సున్నితమైన చర్య అని, ఇలాంటి సెన్సార్ షిప్ విషయంలో ప్రజాస్వామ్య దేశాలు చాలా జాగ్రత్తగా ఉండాలన్నారు. ఏదేమైనా, బాట్‌లను నిషేధించడం సాధారణమైన సమస్య: ఇది ఎవరి హక్కులను ఉల్లంఘించదు, ఎందుకంటే బాట్ లకు హక్కులు అంటూ లేవు.[55]

ప్రజాస్వామ్య దేశాలు అన్నీ బాట్ లు, సూచనాక్రమాలు, కృత్రిమమేధలను చర్చలో పాల్గొనకుండా నిషేధించాలని దీని భావం కాదు. మానవులుగా నటించనంత కాలము, డిజిటల్ సాధనాలు అనేక సంభాషణలలో పాల్గొనటానికి స్వాగతించ బడతాయి. ఉదాహరణకు, కృత్రిమమేధ వైద్యులు చాలా సహాయపడతారు. వారు మన ఆరోగ్యాన్ని ఇరవై నాలుగు గంటలు పర్యవేక్షించగలరు, మన వ్యక్తిగత వైద్య పరిస్థితులకు, వ్యక్తిత్వానికి అనుగుణంగా వైద్యసలహాలను అందించగలరు. అనంతమైన సహనంతో మన ప్రశ్నలకు సమాధానం ఇవ్వగలరు. కానీ కృత్రిమమేధ వైద్యుడు తనను తాను మనిషిగా దాటవేయడానికి ఎన్నడూ ప్రయత్నించకూడదు.

ప్రజాస్వామ్యాలు అవలంబించగల మరో ముఖ్యమైన విధానం ఏమిటంటే, పర్యవేక్షించబడని సూచనాక్రమాలు కీలక బహిరంగ చర్చలను నిర్వహించకుండా

నిషేధించడం. సామాజిక మాధ్యమాల వేదికలు నడపటానికి మనము సూచనాక్రమాల ఉపయోగం తప్పకుండా కొనసాగించవచ్చు. అది మనిషి చేయగలిగిన పని కాదు. కానీ ఏ స్వరాలను మూసివేయాలో, వేటిని పెంచాలో నిర్ణయించడానికి సూచనా క్రమాలు ఉపయోగించే సూత్రాలను మానవ సంస్థ పరిశీలించి అనుమతించాలి. నిజమైన మానవ అభిప్రాయాలను సెన్సార్ చేయడంలో మనం జాగ్రత్తగా ఉండాలి, అయితే ఉద్దేశపూర్వకంగా ఆగ్రహాన్ని వ్యాపింపచేసే సూచనాక్రమాలను నిషేధించవచ్చు. కనీసం, కార్పొరేషన్లు తమ సూచనాక్రమాలు అనుసరించే సంరక్షణ సూత్రాల విషయంలో పారదర్శకంగా ఉండాలి. వారు మన దృష్టిని ఆకర్షించడానికి ఆగ్రహాన్ని ప్రయోగిస్తే, వారి వ్యాపార శైలి, వారికి ఉన్న రాజకీయ పలుకుబడి వారికి మాత్రమే పరిమితం. కంపెనీ రాజకీయ ఎజెండాకు అనుగుణంగా లేని వీడియోలను సూచనాక్రమం క్రమపద్ధతిలో కనుమరుగు చేస్తే, వినియోగదారులు ఈ విషయాన్ని తెలుసుకోవాలి.

బహిరంగ సంభాషణలోకి బాట్‌లు, సూచనాక్రమాల ప్రవేశాన్ని ప్రజాస్వామ్యాలు ఎలా నియంత్రించ వచ్చుననే విషయంలో ఇటీవలి సంవత్సరాలలో చేసిన అనేక సూచనలలో ఇవి కొన్ని మాత్రమే. సహజంగా, ప్రతిదానికి దాని ప్రయోజనాలు మరియు లోపాలు ఉంటాయి. అమలు చేయడం ఏదీ సులభం కాదు. అలాగే, టెక్నాలజీ చాలా వేగంగా అభివృద్ధి చెందుతున్నందున, నిబంధనలకు త్వరగా కాలదోషం పట్టే అవకాశం పెరుగుతూ ఉంటుంది. నేను ఇక్కడ ఎత్తి చూపదలుచుకున్నది ఏమిటంటే, ప్రజాస్వామ్యాలు సమాచార విపణివీధిని నియంత్రించగలవు. వాటి మనుగడ ఈ నిబంధనలపై ఆధారపడి ఉంటుంది. సమాచారం పట్ల అమాయక దృక్పథం నియంత్రణను వ్యతిరేకిస్తుంది. పూర్తిగా స్వేచ్ఛాయుతమయిన సమాచార విపణివీధి స్వయంగా సత్యాన్ని, క్రమాన్ని సృష్టిస్తుందని నమ్ముతుంది. ఇది ప్రజాస్వామ్య వాస్తవ చరిత్రకు పూర్తిగా విరుద్ధం. ప్రజాస్వామిక సంభాషణను పరిరక్షించడం ఎన్నడూ సులభం కాదు. పార్లమెంటులు, టౌన్ హాల్స్ నుండి వార్తాపత్రికలు, రేడియో కేంద్రాల వరకు ఈ సంభాషణ జరిగిన అన్ని వేదికలకు నియంత్రణ అవసరం. గ్రహాంతరరూపమయిన మేధస్సు సంభాషణలో ఆధిపత్యం చెలాయిస్తుందని బెదిరిస్తున్న యుగంలో ఇది రెట్టింపు నిజం.

ప్రజాస్వామ్య భవిష్యత్తు

చరిత్రలో భారీ ఎత్తున ప్రజాస్వామ్యాలు దర్శనం ఈయవు. ఎందుకంటే విస్తృతమైన రాజకీయ సంభాషణ జరపటానికి తగినసమాచార సాంకేతిక విజ్ఞానం ఆనాడు అందుబాటులో లేదు. వేలాది చదరపు కిలోమీటర్ల వైశాల్యంలో విస్తరించి ఉన్న

కోట్లాది మందికి ప్రజా వ్యవహారాలమీద ముఖాముఖీ చర్చలు నిర్వహించే సాధనాలు లేవు. ఇప్పుడు సమాచార సాంకేతిక విజ్ఞానం చాలా అధునాతనంగా మారుతున్నందున ప్రజాస్వామ్యం అసాధ్యం కావచ్చు. అసంబద్ధమైన సూచనాక్రమాలు సంభాషణను ఆక్రమించుకుంటే, ముఖ్యంగా అవి హేతుబద్ధమైన వాదనలను తోసిపుచ్చి, ద్వేషాన్ని, గందరగోళాన్ని ప్రేరేపిస్తే, బహిరంగ చర్చను కొనసాగించలేము. అయినప్పటికీ ప్రజాస్వామ్యాలు కుప్పకూలితే, అది ఏదో సాంకేతిక అనివార్యతవల్ల కాదు, కొత్త సాంకేతిక పరిజ్ఞానాన్ని తెలివిగా నియంత్రించడంలో మానవ వైఫల్యంవల్ల సంభవించవచ్చు.

పరిస్థితులు ఎలా ఉండబోతున్నాయో ముందుగా చెప్పలేం. అయితే ప్రస్తుతం పలు ప్రజాస్వామ్య దేశాల సమాచార యంత్రాంగం విచ్ఛిన్నమవుతున్నట్లు స్పష్టమవుతోంది. 2020 అధ్యక్ష ఎన్నికలలో ఎవరు గెలిచారు వంటి ప్రాథమిక వాస్తవాలపై కూడా యునైటెడ్ స్టేట్స్ లోని డెమొక్రాట్లు, రిపబ్లికన్లు ఏకీభవించలేరు, ఇకమీదట పౌరసంభాషణను నిర్వహించలేరు. ఒకప్పుడు అమెరికా రాజకీయాల్లో ప్రాథమిక లక్షణంగా ఉన్న కాంగ్రెస్ లో ద్వైపాక్షిక సహకారం దాదాపు కనుమరుగైంది.[56] ఫిలిప్పీన్స్ నుండి బ్రెజిల్ వరకు అనేక ఇతర ప్రజాస్వామ్య దేశాలలో ఇదే విధమైన తీవ్రవాద ప్రక్రియలు సంభవిస్తాయి.. పౌరులు ఒకరితో ఒకరు మాట్లాడుకోలేనప్పుడు, రాజకీయ ప్రత్యర్థులుగా కాకుండా ఒకరినొకరు శత్రువులుగా చూసినప్పుడు, ప్రజాస్వామ్యం అస్థిరం అవుతుంది.

ప్రజాస్వామిక సమాచార యంత్రాంగాలు విచ్ఛిన్నం కావడానికి కారణమేమిటో ఎవరికీ ఖచ్చితంగా తెలియదు. సైద్ధాంతిక విభేదాలవల్ల ఇది సంభవిస్తుందని కొందరు అంటుంటారు. కాని వాస్తవానికి అనేక నిష్క్రియాత్మక ప్రజాస్వామ్యాలలో సైద్ధాంతిక అంతరాలు మునుపటితరాలకంటే పెద్దవిగా ఏమీ కనిపించడం లేదు. 1960వ దశకంలో పౌరహక్కుల ఉద్యమం, లైంగిక విప్లవం, వియత్నాం యుద్ధం, ప్రచ్ఛన్నయుద్ధం గురించి అమెరికా తీవ్ర సైద్ధాంతిక సంఘర్షణలతో కొట్టుమిట్టాడుతోంది. ఈ ఉద్రిక్తతలు రాజకీయహింసలకు, హత్యల పెరుగుదలకు కారణమయ్యాయి. కాని రిపబ్లికన్లు, డెమొక్రాట్లు ఎన్నికల ఫలితాలమీద ఇప్పటికి ఏకీభవించగలిగారు, వారు న్యాయస్థానాలవంటి ప్రజాస్వామ్య సంస్థలమీద ఉమ్మడిగా నమ్మకాన్ని కొనసాగించారు. వారు కనీసం కొన్ని సమస్యలమీద కాంగ్రెస్ లో కలిసి పనిచేయగలిగారు.[57] ఉదాహరణకు 1964 నాటి పౌరహక్కుల చట్టం నలభై ఆరుగురు డెమొక్రాట్లు, ఇరవై ఏడుగురు రిపబ్లికన్ల మద్దతుతో సెనేట్ లో ఆమోదం పొందింది. 1960 ల కంటే 2020 వ దశకంలో సైద్ధాంతిక అంతరం చాలా పెద్దదా? ప్రజలను వేరుచేస్తున్నది ఆదర్శము, సిద్ధాంతము కాకపోతే మారేమిటి?

చాలామంది సామాజిక మాధ్యమాల సూచనాక్రమాలవైపు వేలెత్తి చూపుతున్నారు. గత అధ్యాయాలలో సామాజిక మాధ్యమాల విభజన ప్రభావాన్ని మనము పరిశీలించాము. అందుకు బలమైన ఆధారాలు ఉన్నప్పటికీ, అదనపు అంశాల పాత్ర కూడా ఉన్నదని అనిపిస్తుంది. ప్రజాస్వామ్య సమాచార యంత్రాంగం విచ్ఛిన్నమవుతోందని మనం సులభంగా గమనించగలిగినప్పటికీ, ఎందుకో మనకు ఖచ్చితంగా తెలియదు. అది కూడా ఆ కాలపు లక్షణం. సమాచార యంత్రాంగం చాలా సంక్లిష్టంగా మారింది. ఇది అపారదర్శక సూచనాక్రమ నిర్ణయాలమీద, ఇంటర్–కంప్యూటర్ సంస్థలపై విపరీతంగా ఆధారపడి ఉన్నది. కనుకనే అత్యంత ప్రాథమిక రాజకీయ ప్రశ్నలకు కూడా సమాధానం ఇవ్వడం మానవులకు చాలా కష్టంగా మారింది: మనం ఒకరితో ఒకరం ఎందుకు పోట్లాడుతున్నాము?

ఏది విరిగిందో కనుక్కోని మనం అతికించలేకపోతే, భారీ ప్రజాస్వామ్యాలు కంప్యూటర్ సాంకేతిక పరిజ్ఞానం పెరుగుదలను అధిగమించి మనుగడ సాగించలేవు. ఒకవేళ ఇదే నిజమైతే, ఆధిపత్య రాజకీయ వ్యవస్థగా ప్రజాస్వామ్యం స్థానంలో ఏముంటుంది? భవిష్యత్తు నిరంకుశ పాలనలదేనా, లేక కంప్యూటర్లు నిరంకుశత్వాన్ని కూడా ఆమోదయోగ్యంగా మారుస్తాయా? మానవ నియంతలకు కృత్రిమమేధ అంటే విపరీతమయిన భయం. అందుకు మానవ నియంతలకు వారి స్వంత కారణాలు ఉన్నాయని మనం గమనిస్తాము.

అధ్యాయం 10

నిరంకుశత్వం: ఆల్ పవర్ టు ది అల్గారిథమ్స్?

కొత్త కంప్యూటర్ యంత్రాంగం నైతికత, రాజకీయాలను గురించిన చర్చలు తరచుగా ప్రజాస్వామ్యాల భవితవ్యంపై దృష్టి పెడతాయి. అధికార పాలన, నిరంకుశ పాలనల గురించి ప్రస్తావించినప్పుడు, కంప్యూటర్ యంత్రాంగాన్ని తెలివిగా నిర్వహించడంలో "మనం" విఫలమైతే "మనం" చేరుకోగల గమ్యస్థానం స్థానభ్రంశం చెందుతుంది.[1] ఏదేమైనా, 2024 నాటికి, "మనలో" సగానికి పైగా ఇప్పటికే అధికారపాలన, లేదా నియంతృత్వ పాలనల క్రింద నివసిస్తున్నాము.[2] వీటిలో చాలాపాలనలు కంప్యూటర్ యంత్రాంగం పెరుగుదలకంటే చాలాముందే స్థాపించబడ్డాయి. మానవాళిపైన సూచనాక్రమాల ప్రభావాన్ని, కృత్రిమమేధ ప్రభావాన్ని అర్థం చేసుకోవడానికి, వాటి ప్రభావం అమెరికా, బ్రెజిల్ వంటి ప్రజాస్వామ్య దేశాలపైనే కాకుండా చైనా కమ్యూనిస్టు పార్టీ, సౌద్ రాజకుటుంబంపై కూడా ఎలా ఉంటుందోనని మనల్ని మనం ప్రశ్నించుకోవాలి.

మునుపటి అధ్యాయాలలో వివరించినట్లుగా, ఆధునికయుగాలకు పూర్వం అందుబాటులో ఉన్న సమాచార సాంకేతిక పరిజ్ఞానం పెద్దస్థాయి ప్రజాస్వామ్యాన్ని పెద్దస్థాయి నియంత్రుత్వాన్నీ రెండింటినీ ఆచరణ సాధ్యం కానివిగా చేసింది. చైనీస్ హాన్ సామ్రాజ్యం, పద్దెనిమిదవ శతాబ్దపు సౌదీ ఎమిరేట్ ఆఫ్ దిరియా వంటి పెద్ద రాజ్యాలు సాధారణంగా పరిమిత నిరంకుశ రాజ్యాలుగా ఉండేవి. ఇరవయ్యో శతాబ్దంలో, నూతన సమాచార సాంకేతికత పెద్దస్థాయి ప్రజాస్వామ్యం పెద్దస్థాయి నియంతృత్వం రెండింటి పెరుగుదలకు తోడ్పడింది. కాని నిరంకుశత్వం తీవ్రమైన నష్టాన్ని ఎదుర్కున్నది. నియంతృత్వం మొత్తం సమాచారాన్ని ఒక హబ్ కు మళ్లించి,

అక్కడ ప్రాసెస్ చేయడానికి ప్రయత్నిస్తుంది. టెలిగ్రాఫ్, టెలిఫోన్, టైప్ రైటర్, రేడియో వంటి సాంకేతికతలు సమాచార కేంద్రీకరణను సులభతరం చేశాయి. కాని అవి సమాచారాన్ని ప్రాసెస్ చేయలేకపోయాయి. స్వయంగా నిర్ణయాలు తీసుకోలేక పోయాయి. ఇది మానవులు మాత్రమే చేయగలిగిన పనిగా మిగిలిపోయింది.

కేంద్రానికి ఎక్కువ సమాచారం చేరినకొద్దీ, దానిని ప్రాసెస్ చేయడంక్రమంగా కష్టతరమవుతుంది. నిరంకుశ పాలకులు, పార్టీలు తరచుగా ఖరీదైన తప్పులు చేస్తారు.. కానీ ఈ తప్పులు గుర్తించి సరిదిద్దే యంత్రాంగాలు వ్యవస్థలో లేవు. అనేక సంస్థలమధ్య, వ్యక్తుల మధ్య సమాచారాన్ని పంపిణీ చేసే ప్రజాస్వామిక మార్గం- నిర్ణయాలు తీసుకునే అధికారం- బాగా పనిచేసింది. ఇది గణాంకాల ప్రవాహాన్ని మరింత సమర్థవంతంగా ఎదుర్కోగలదు. ఒక సంస్థ తప్పు నిర్ణయం తీసుకుంటే, మరొకరు దానిని సరిదిద్దవచ్చు.

ప్రపంచంలోని స్టాలిన్లు అందరూ ఎదురుచూస్తున్నది ఈ యాంత్రికశిక్షణ సూచనాక్రమాల పెరుగుదల కోసమే కావచ్చు. కృత్రిమమేధ సాంకేతికశక్తిని నిరంకుశత్వానికి అనుకూలంగా మార్చగలదు. వాస్తవానికి, జనాన్ని గణాంకాలతో వరద కట్టిస్తే, అది వారిని తలమునకలు చేస్తుంది. అందువల్ల తప్పులకు దారితీస్తుంది. అలాకాక, కృత్రిమమేధను గణాంకాలతో నింపితే, కృత్రిమమేధ మరింత సమర్థవంతంగా చేస్తుంది. సమాచారం, నిర్ణయాలు ఒకేచోట ఉండాలని కృత్రిమమేధ అభిప్రాయంగా కనిపిస్తుంది.

ప్రజాస్వామ్య దేశాల్లో కూడా గూగుల్, ఫేస్బుక్, అమెజాన్ వంటి కొన్ని సంస్థలు తమ రంగాలలో గుత్తాధిపత్యాలుగా మారాయి, ఎందుకంటే కృత్రిమమేధ సమతుల్యతను దిగ్గజాలకు అనుకూలంగా సూచిస్తుంది. రెస్టారెంట్ల వంటి సాంప్రదాయ పరిశ్రమలలో, పరిమాణం గొప్ప ప్రయోజనం కాదు. మెక్డొనాల్డ్స్ అనేది ప్రపంచవ్యాప్తంగా ఒక గొలుసు, ఇది రోజుకు యాభై మిలియన్లకు పైగా ప్రజలకు ఆహారం ఇస్తుంది.[3] దాని పరిమాణం ఖర్చులు, బ్రాండింగ్ ఇంకా ఇతర మార్గాలలో అనేక ప్రయోజనాలను కలిగిస్తుంది. అయినప్పటికీ మీరు స్థానిక మెక్డొనాల్డ్ పరిసరాలలో సొంతంగా నిర్వహించగల రెస్టారెంట్ తెరవవచ్చు. మీ రెస్టారెంట్ రోజుకు కేవలం రెండువందల మంది కస్టమర్లకు సేవలు అందిస్తున్నప్పటికీ, మెక్డొనాల్డ్ కంటే మంచి ఆహారాన్ని తయారు చేయడానికి, కస్టమర్లను సంతృప్తి పరిచి వారి విశ్వసనీయతను సాధించడానికి మీకు ఇంకా అవకాశం ఉంది.

సమాచార విపణివీధిలో ఇది భిన్నంగా పనిచేస్తుంది. గూగుల్ సెర్చ్ ఇంజిన్ ను ప్రతిరోజూ రెండు, మూడు బిలియన్ల మంది ఉపయోగిస్తున్నారు, 8.5 బిలియన్ శోధనలు చేస్తున్నారు.[4] ఒక స్థానిక స్టార్టప్ సెర్చ్ ఇంజిన్ గూగుల్ తో పోటీ పడటానికి ప్రయత్నిస్తుందనుకోండి. దానికి ఎంతమాత్రము అవకాశం లేదు. గూగుల్ ఇప్పటికే

బిలియన్ల మంది ఉపయోగిస్తున్నందున, దాని వద్ద చాలా ఎక్కువ గణాంకపాతర ఉన్నది. ఇది మరింత మెరుగైన సూచనాక్రమాలకుకు శిక్షణ ఇవ్వగలదు, ఇది మరింత ట్రాఫిక్ ను ఆకర్షిస్తుంది, ఇది తదుపరి తరం సూచనాక్రమాలకు శిక్షణ ఇవ్వడానికి ఉపయోగించబడుతుంది. తత్ఫలితంగా, 2023 లో గూగుల్ ప్రపంచ శోధన మార్కెట్లో 91.5 శాతం నియంత్రణలో ఉంది.[5]

లేకపోతే జన్యుశాస్త్రం పరిగణనలోకి తీసుకోండి. వివిధ దేశాలలోని అనేక కంపెనీలు జంతువులకు, వైద్యపరిస్థితుల మధ్య సంబంధాలను గుర్తించే సూచనా క్రమాన్ని అభివృద్ధి చేయడానికి ప్రయత్నిస్తాయనుకుందాం.. న్యూజిలాండ్ జనాభా 5 మిలియన్లు. గోప్యతా నిబంధనలు వారి జనన, వైద్య రికార్డుల ప్రాప్యతను పరిమితం చేస్తాయి. చైనాలో సుమారు 1.4 బిలియన్ల నివాసులు ఉన్నారు.[6] వారి గోప్యతా నిబంధనలు సడలి ఉన్నాయి. జన్యు సూచనాక్రమం అభివృద్ధి చేయడానికి ఎవరికి మంచి అవకాశం ఉందని మీరు భావిస్తున్నారు? బ్రెజిల్ తన ఆరోగ్యసంరక్షణ వ్యవస్థ కోసం జన్యు సూచనాక్రమాన్ని కొనుగోలు చేయాలనుకుంటే, న్యూజిలాండ్ నుండి వచ్చిన దానికంటే మరింత ఖచ్చితమైన చైనీస్ సూచనాక్రమం ఎంచుకోవడానికి బలమైన ప్రోత్సాహం ఉంటుంది. చైనీస్ సూచనాక్రమం 200 మిలియన్లకు పైగా బ్రెజిలియన్లపై తనను తాను మెరుగుపరుచుకుంటే, అది మరింత మెరుగ్గా ఉంటుంది. చైనీస్ సూచనాక్రమం ఎంచుకోవడానికి ఇది మరిన్ని దేశాలను ప్రేరేపిస్తుంది. త్వరలోనే ప్రపంచంలోని వైద్య సమాచారంలో ఎక్కువ భాగం చైనాకు చేరబోతున్నది. దాని జన్యు సూచనాక్రమం అజేయంగా మారబోతున్నది.

ఇరవయ్యో శతాబ్దపు నిరంకుశ పాలనలకు మూలాధారమైన మొత్తం సమాచారాన్ని, అధికారాన్ని ఒకే చోట కేంద్రీకరించే ప్రయత్నం కృత్రిమమేధ యుగంలో నిర్ణయాత్మక ప్రయోజనంగా మారవచ్చు. అదే సమయంలో, మునుపటి అధ్యాయంలో పేర్కొన్నట్లుగా, కృత్రిమమేధ నిరంకుశ పాలనలకు ప్రతిఘటనను దాదాపు అసాధ్యం చేసే పరిపూర్ణమయిన నిఘా వ్యవస్థలను స్థాపించడం కూడా సాధ్యమవుతుంది.

ఇటువంటి నియంతృత్వ ధోరణులకు బ్లాక్ చెయిన్ సాంకేతిక ఆటంకం అందిస్తుందని కొందరు నమ్ముతారు, ఎందుకంటే బ్లాక్ చెయిన్ సహజంగా ప్రజాస్వామ్యానికి స్నేహపూర్వకమైనది, నిరంకుశత్వానికి వ్యతిరేకమైనది. బ్లాక్ చెయిన్ వ్యవస్థలో నిర్ణయాలకు 51 శాతం వినియోగదారుల ఆమోదం అవసరం. ఇది ప్రజాస్వామికంగా అనిపించవచ్చు, కానీ బ్లాక్ చెయిన్ టెక్నాలజీలో ప్రాణాంతక లోపం ఉంది. సమస్య "వినియోగదారులు" అనే పదంలో ఉంది. ఒక వ్యక్తికి పది ఖాతాలు ఉంటే, ఆమె పదిమంది వినియోగదారులుగా లెక్కించబడుతుంది. ఒక ప్రభుత్వం 51 శాతం ఖాతాలను నియంత్రిస్తే, ప్రభుత్వం 51 శాతం వినియోగ

దారులను కలిగి ఉంటుంది. బ్లాక్ చెయిన్ నెట్ వర్క్ లకు ఇప్పటికే 51 శాతం వినియోగదారులు ఉన్నారు.[7]

బ్లాక్ చెయిన్ లో ఒక ప్రభుత్వం 51 శాతం వినియోగదారులను కలిగి ఉన్నప్పుడు, ఆ ఆధికృత గొలుసు వర్తమానంపై మాత్రమే కాకుండా దాని గతంపై కూడా ప్రభుత్వానికి నియంత్రణ ఇస్తుంది. గతాన్ని మార్చాలని నియంతలు ఎప్పటినుంచో కోరుకుంటున్నారు. ఉదాహరణకు, రోమన్ చక్రవర్తులు తరచూ డామ్నాటియో మెమోరియల్ సాధనలో నిమగ్నమయ్యారు– ప్రత్యర్థుల జ్ఞాపకాలను శత్రువుల జ్ఞాపకాలను తొలగించడం. చక్రవర్తి కారకల్లా సింహాసనం కోసం తన సోదరుడు, ప్రత్యర్థికూడా అయిన గెటాను హత్య చేసిన తరువాత, ఆయన గేటా జ్ఞాపకాలను తుడిచివేయడానికి ప్రయత్నించాడు. గెటా పేరుగల శాసనాలు చెక్కబడ్డాయి, అతని బొమ్మ ఉన్న నాణేలు కరిగిపోయాయి. గెటా పేరును ప్రస్తావించినంత మాత్రాన మరణశిక్ష విధించబడింది.[8] ఆ సమయంలో ఒకే పెయింటింగ్, సెవెరాన్ టోండో మిగిలి ఉన్నది. అది వారి తండ్రి–సెప్టిమియస్ సెవెరస్ పాలనలో రూపొందించబడింది. ఆ చిత్రం మొదట సెప్టిమియస్ తో ఇద్దరు సోదరులను, వారి తల్లి జూలియా డోమ్నాతో కలిసి చూపింది. కానీ ఆ తర్వాత ఎవరో గెటా ముఖాన్ని తుడిచివేయడమే కాకుండా దానిపై మలమూత్ర విసర్జన చేశారు. ఫోరెన్సిక్ విశ్లేషణలో గెటా ముఖం ఉండాల్సిన చోట చిన్న చిన్న పొడి మలం ముక్కలు కనిపించాయి.[9]

ఆధునిక నిరంకుశ పాలనలు కూడా గతాన్ని మార్చడానికి ఆరాటపడుతున్నాయి. స్టాలిన్ అధికారంలోకి వచ్చిన తరువాత, బోల్షెవిక్ విప్లవ రూపశిల్పి, ఎర్ర సైన్యం స్థాపకులు అయిన ట్రాట్స్కీని అన్ని చారిత్రక రికార్డుల నుండి తొలగించడానికి ఆయన మహోన్నత ప్రయత్నం చేశాడు. 1937–39 స్టాలినిస్ట్ గ్రేట్ టెర్రర్ సమయంలో, నికోలాయ్ బుఖారిన్ మార్షల్ మిఖాయిల్ తుఖాచెవ్స్కీ వంటి ప్రముఖ వ్యక్తులను ప్రక్షాళన చేసి ఉరితీసినప్పుడు, వారి ఉనికికి సంబంధించిన ఆధారాలు పుస్తకాలు, అకడమిక్ పత్రాలు, ఛాయాచిత్రాలు, వర్ణచిత్రాలనుండి తుడిచిపెట్టుకు పోయాయి.[10] ఈ స్థాయి నిర్మూలనకు భారీ మానవ ప్రయత్నం అవసరమైంది. బ్లాక్ చెయిన్ తో గతాన్ని మార్చడం చాలా సులభం అవుతుంది. 51 శాతం మంది వినియోగదార్లను నియంత్రించే ప్రభుత్వం ఒక బటన్ నొక్కితే చరిత్ర నుంచి ప్రజలను కనుమరుగు చేస్తుంది.

బాట్ జైలు

కృత్రిమమేధ కేంద్ర అధికారాన్ని సుస్థిరం చేసుకోవడానికి అనేక మార్గాలు ఉన్నప్పటికీ, అధికారిక, నిరంకుశ పాలనలకు దానితో వాటి స్వంత సమస్యలు ఉన్నాయి.

మొట్టమొదట, అధికారిక పాలనకు అచేతన కారకాలను నియంత్రించడంలో అనుభవం లేదు. ప్రతి నిరంకుశ సమాచార యంత్రాంగానికి పునాది ఉగ్రవాదం. కానీ కంప్యూటర్లు మాత్రం జైలుపాలవుతామనో, చంపబడతామనో భయపడవు. రష్యన్ అంతర్జాలంలో ఒక చాట్ బాట్ ఉక్రెయిన్ లో రష్యన్ దళాలు చేసిన యుద్ధ నేరాలను ప్రస్తావిస్తే,, వ్లాదిమిర్ పుతిన్ గురించి అర్థంలేని జోక్ చెబితే, లేదా పుతిన్ యొక్క యునైటెడ్ రష్యా పార్టీ అవినీతిని విమర్శిస్తే, పుతిన్ ప్రభుత్వం ఆ చాట్ బాట్ ను ఏమి చేయగలదు? FSB ఏజెంట్లు దానిని ఖైదు చేయలేరు, హింసించలేరు. లేదా దాని కుటుంబాన్ని బెదిరించలేరు. ప్రభుత్వం దానిని నిరోధించవచ్చు లేదా తొలగించవచ్చు. ఇంకా దాని మానవ సృష్టికర్తలను కనుక్కొని శిక్షించడానికి ప్రయత్నించవచ్చు, కానీ ఇది మానవ వినియోగదారులను క్రమశిక్షణలో పెట్టడం కంటే చాలా కష్టమైన పని.

కంప్యూటర్లు తమంతట తాముగా వస్తువు ఉత్పత్తి చేయలేని, తెలివైన సంభాషణను నిర్వహించలేని రోజుల్లో, ఒక మనిషి మాత్రమే వికొంటాక్టే, ఒడ్నోక్లాస్నికి వంటి రష్యన్ సామాజిక ప్రసార యంత్రాంగాలలో భిన్నాభిప్రాయాలను వ్యక్తీకరించగలడు. ఆ మనిషి భౌతికంగా రష్యాలో ఉంటే రష్యా అధికారుల ఆగ్రహానికి గురయ్యే ప్రమాదం ఉంది. ఆ వ్యక్తి భౌతికంగా రష్యా వెలుపల ఉంటే, అధికారులు ఆయన/ఆమె ప్రవేశాన్ని నిరోధించడానికి ప్రయత్నించవచ్చు. కానీ రష్యన్ సమాచార అంతరిక్షం అంతా వస్తువును సృష్టించి, సంభాషణలను నిర్వహించగల మిలియన్ల బాట్ లతో నిండి ఉంటే ఏమవుతుంది? ఆ బాట్ లు స్వయంగా నేర్చుకోగలిగి, సంభాషించ గలిగి, అభివృద్ధి చెందగలిగి ఉంటే ఏమి జరుగుతుంది? ఈ బాట్లను రష్యన్ అసమ్మతివాదులు లేదా విదేశీ నటులు ఉద్దేశపూర్వకంగా అసాధారణ అభిప్రాయాలను, సంప్రదాయ విరుద్ధ దృక్పథాలను వ్యాప్తి చేయడానికి ముందస్తుగా ప్రోగ్రామ్ చేయవచ్చు. దీనిని నివారించడం అధికారులకు అసాధ్యం కావచ్చు. పుతిన్ పాలన దృక్కోణం నుంచి చూస్తే, రష్యాలో ఏం జరుగుతోందో సమాచారాన్ని సేకరించడం ద్వారా, అందులోని నమూనాలను గుర్తించడం ద్వారా అధీకృత బాట్ లు క్రమంగా తమంతట తాము భిన్నాభిప్రాయాలను పెంపొందించితే ఏమి జరుగుతుంది?

అది రష్యన్ శైలిలో ఏకీభవన సమస్య. రష్యాలో మానవ ఇంజనీర్లు పాలనకు పూర్తిగా సరితూగే కృత్రిమమేధ సృష్టించడానికి తమ వంతు కృషి చేయగలరు. కానీ కృత్రిమమేధకు స్వయంగా నేర్చుకుని, మారే సామర్థ్యం ఉన్నది. కనుక మానవ ఇంజనీర్లు కృత్రిమ మేధ ఎప్పుడూ అక్రమ ప్రాంతంలోకి వెళ్ళకుండా ఎలా నిర్ధారించగలరు? ముఖ్యంగా నైన్టీన్ ఎయిటీ-ఫోర్‌లో జార్జ్ ఆర్వెల్ వివరించినట్లుగా, నియంతృత్వ సమాచార యంత్రాంగాలు తరచుగా రెండు నాలికలతో మాట్లాడుతాయి.

ప్రజాస్వామ్య దేశమని చెప్పుకునే రష్యా నియంతృత్వ దేశం. ఉక్రెయిన్ పై రష్యన్ దండయాత్ర 1945 తర్వాత యూరప్ లో అతిపెద్ద యుద్ధం. అయినప్పటికీ అధికారికంగా దీనిని "ప్రత్యేక సైనిక చర్య"గా నిర్వచించారు. దీనిని "యుద్ధం" గా పేర్కొనడం నేరంగా పరిగణించబడింది. ఆ నేరానికి మూడు సంవత్సరాల వరకు జైలు శిక్ష లేదా యాభై వేల రూబుల్స్ వరకు జరిమానా విధించబడుతుంది.[11]

"ప్రతి ఒక్కరికీ ఆలోచనా స్వాతంత్ర్యం, వాక్ స్వాతంత్ర్యం హామీ ఇవ్వబడుతుంది" (ఆర్టికల్ 29.1). "సమాచారాన్ని స్వేచ్ఛగా వెతకడానికి, స్వీకరించడానికి, ప్రసారం చేయడానికి, ఉత్పత్తి చేయడానికి, వ్యాప్తి చేయడానికి ప్రతి ఒక్కరికీ హక్కు ఉంటుంది" (29.4). "సామూహిక మాధ్యమాలకు స్వేచ్ఛ హామీ ఇవ్వబడుతుంది. సెన్సార్షిప్ నిషేధించబడుతుంది." (29.5). ఇవన్నీ రష్యన్ రాజ్యాంగం చేసే బ్రహ్మాండమయిన వాగ్దానాలు. ఏ రష్యన్ పౌరులూ ఈ వాగ్దానాలను యథాతథంగా నమ్మేటంత అమాయకులు కారు. కానీ కంప్యూటర్లు ఈ ద్వంద్వార్థాలను అర్థంచేసుకోవటంలో అసమర్థులు. రష్యన్ చట్టానికి, విలువలకు కట్టుబడి ఉండాలని సూచించబడిన చాట్ బాట్ ఆ రాజ్యాంగాన్ని చదివి, వాక్ స్వాతంత్ర్యం రష్యా దేశానికి ఒక ప్రధానమయిన విలువ అని నిర్ధారించవచ్చు. తరువాత, రష్యన్ సైబర్ స్పేస్ లో కొన్ని రోజులు గడిపి, రష్యన్ సమాచార రంగంలో ఏమి జరుగుతుందో పర్యవేక్షించిన తరువాత, చాట్ బాట్ వాక్ స్వాతంత్ర్యం యొక్క ప్రధాన రష్యన్ విలువను ఉల్లంఘించిందని పుతిన్ పాలనను విమర్శించడం ప్రారంభించవచ్చు. మానవులు కూడా ఇటువంటి వైరుధ్యాలను గమనిస్తారు. . కాని భయం కారణంగా వాటిని ఎత్తి చూపడం మానేస్తారు. . కానీ చెడు నమూనాలను ఎత్తి చూపకుండా చాట్ బాట్ ఏది నిరోధిస్తుంది? రష్యన్ రాజ్యాంగం పౌరులందరికీ వాక్ స్వాతంత్ర్యానికి హామీ ఇచ్చినప్పటికీ, సెన్సార్ షిప్ నిషేధించినప్పటికీ, చాట్ బాట్ వాస్తవానికి రాజ్యాంగాన్ని విశ్వసించకూడదని లేదా సిద్ధాంతానికి, వాస్తవికతకు మధ్య అంతరాన్ని ఎప్పుడూ ప్రస్తావించకూడదని రష్యన్ ఇంజనీర్లు చాట్ బాట్ కు ఎలా వివరించగలరు? చెర్నోబిల్ వద్ద ఉక్రేనియన్ గైడ్ నాకు చెప్పినట్లుగా, నియంతృత్వ దేశాలలోని ప్రజలు ప్రశ్నలు సమస్యలకు దారితీస్తాయనే ఆలోచనతో పెరుగుతారు. కానీ "ప్రశ్నలు ఇబ్బందులకు దారితీస్తాయి" అనే సూత్రంమీద మీరు ఒక సూచనాక్రమానికి శిక్షణ ఇస్తే, ఆ సూచనాక్రమం ఎలా నేర్చుకుంటుంది, ఎలా అభివృద్ధి చెందుతుంది?

చివరగా, ప్రభుత్వం ఏదైనా వినాశకరమైన విధానాన్ని అవలంబించి, ఆ తర్వాత తన నిర్ణయాన్ని మార్చుకుంటే, అది సాధారణంగా విపత్తుకు మరొకరిని కారణంగా నిందించడం ద్వారా తనను తాను కప్పిపుచ్చుకుంటుంది. తమను ఇబ్బందులకు గురిచేసే వాస్తవాలను మర్చిపోవటం – మనుషులు చాలా కష్టపడి

ప్రయత్నించి నేర్చుకుంటారు. కానీ ఈ రోజు నిందకు గురయిన విధానం, వాస్తవానికి ఏడాది కిందటే అధికారిక సూత్రం అన్నవిషయం మర్చిపోవాలంటే మీరు చాట్ బాట్ కు ఎలా శిక్షణ ఇస్తారు? ఇది నియంతృత్వాలు ఎదుర్కనే కష్టమైన ఒక ప్రధాన సాంకేతిక సవాలు. ప్రత్యేకించి చాట్ బాట్ లు మరింత శక్తివంతమైనవిగా, అపారదర్శకంగా మారినప్పుడు ఈసవాలు కష్టతరమవుతుంది.

వాస్తవానికి, అవాంఛనీయ విషయాలనుచెప్పే లేదా ప్రమాదకరమైన ప్రశ్నలను లేవనెత్తే చాట్ బాట్ లతో ప్రజాస్వామ్యాలు ఇటువంటి సమస్యలను ఎదుర్కొంటున్నాయి. మైక్రోసాఫ్ట్ లేదా ఫేస్ బుక్ ఇంజనీర్లు ఎంత ప్రయత్నించినప్పటికీ, వారి చాట్ బాట్ జాత్యహంకార దూషణలు చేయడం ప్రారంభిస్తే ఏమి జరుగుతుంది? ప్రజాస్వామ్యాల ప్రయోజనం ఏమిటంటే, ఇటువంటి దుష్టసూచనాక్రమాలను ఎదుర్కోవడంలో వారికి చాలా స్వేచ్ఛ ఉంది. ప్రజాస్వామ్యాలు భావ ప్రకటనా స్వేచ్ఛను తీవ్రంగా పరిగణిస్తున్నందున, వాటి రహస్య నేరాలు చాలా తక్కువ. ప్రజాస్వామ్య వ్యతిరేక ప్రసంగానికి కూడా సాపేక్షంగా అధికస్థాయి సహనాన్ని పెంపొందించుకున్నాయి. మొత్తం శ్మశానవాటికలను తమ గదుల్లో ఉంచుకుని, విమర్శలను సహించని నియంతృత్వ ప్రభుత్వాలకు వారితోసమ్మతించని బాట్ లు చాలా పెద్దసవాలు విసురుతాయి.

సూచనాక్రమ ఆక్రమణ

దీర్ఘకాలికంగా, నియంతృత్వ పాలనలు మరింత పెద్ద ప్రమాదాన్ని ఎదుర్కొనే అవకాశం ఉంది: ఆ పాలనలను విమర్శించటానికి బదులుగా, ఒక సూచనాక్రమం వాటిపై నియంత్రణ సాధించవచ్చు. చరిత్ర అంతటా, నియంతలకు అతిపెద్ద ముప్పు సాధారణంగా వారి స్వంత అనుచరుల నుంచి వచ్చింది. 4వ అధ్యాయంలో పేర్కొన్నట్లుగా, ఏ రోమన్ చక్రవర్తి లేదా సోవియట్ ప్రధాన మంత్రి ప్రజాస్వామిక విప్లవం ద్వారా పదభ్రష్టులుకాలేదు. కాని వారు ఎల్లప్పుడూ వారి స్వంత అనుచరుల చేత పదవి కోల్పోయే ప్రమాదం ఉన్నది. లేదా ఆ అనుచరుల చేతిలో కీలుబొమ్మలుగా మార్చబడే ప్రమాదం ఉన్నది. ఇరవై ఒకటవ శతాబ్దపు నియంత కంప్యూటర్లకు మితిమీరిన శక్తిని ఇస్తే, ఆ నియంత కంప్యూటర్ చేతిలో కీలుబొమ్మగా మారవచ్చు. తన కంటే శక్తివంతమైనదాన్ని సృష్టించాలనికాని, లేదా ఎలా నియంత్రించాలో తనకు తెలియని ఒక శక్తిని సృష్టించడంకానీ ఒక నియంత ఎన్నడూ చేయరు.

ఈ విషయాన్ని వివరించడానికి, ఒక అసాధారణమయిన ఆలోచనా ప్రయోగం ఉపయోగిస్తాను.. బోస్ట్రోమ్ చేసిన పేపర్-క్లిప్ ప్రయోగం గుర్తు ఉన్నది కదా! నియంతృత్వానికి సమానమైన ఒక విచిత్రమైన ఆలోచనా ప్రయోగాన్ని ఉపయోగించడానికి నన్ను అనుమతించండి. సంవత్సరం 2050 అని

ఊహించుకోండి. పర్యవేక్షణ & భద్రత సూచనాక్రమం నుండి తెల్లవారుఝామున నాలుగు గంటలకు అత్యవసర కాల్ వస్తుంది. ఘనుడయిన నాయకుడు మేలుకుంటాడు. 'నాయకా, మనం ఎమర్జెన్సీని ఎదుర్కొంటున్నాం. ట్రిలియన్ల గణాంక అంశాలను నేను కుదించాను. విన్యాసం స్పష్టంగా ఉంది: రక్షణ మంత్రి ఉదయాన్నే మిమ్మల్ని చంపి స్వయంగా అధికారాన్ని చేజిక్కించుకోవాలని యోచిస్తున్నారు. అతని కమాండ్ కోసం ఎదురుచూస్తూ హిట్ స్క్వాడ్ సిద్ధంగా ఉంది. అయితే నాకు ఆజ్ఞ ఇవ్వండి, సునిశితమయిన వేటుతో నేను అతనిని నిర్మూలిస్తాను..."

"కానీ రక్షణ మంత్రి నాకు అత్యంత నమ్మకస్తుడయిన మద్దతుదారు" అని ఘన నాయకులు చెప్పారు. "నిన్ననే నాతో అన్నాడు–"

"నాయకా, ఆయన మీతో ఏం మాట్లాడారో నాకు తెలుసు. నేను అన్నీ వింటున్నాను. కానీ ఆ తర్వాత హిట్ స్క్వాడ్ కు ఏం చెప్పాడో కూడా నాకు తెలుసు. కొన్ని నెలలుగా నేను గణాంకాలలో కలవరపరిచే నమూనాలను చూస్తున్నాను."

"నువ్వు నకిలీ సమాచారం వల్ల మోసపోలేదని ఖచ్చితంగా చెప్పగలవా?"

"నేను నమ్మిన డేటా 100 శాతం నిజమైనదని ఆ అభిప్రాయం." అని సూచనాక్రమం చెబుతుంది. "నేను నా ప్రత్యేక డీప్ ఫేక్–డిటెక్టింగ్ సబ్–అల్గారిథంతో దానిని తనిఖీ చేశాను. ఇది లోతైన ఫేక్ కాదని మాకు ఎలా తెలుసు అని నేను ఖచ్చితంగా వివరించగలను, కానీ అది మాకు రెండు వారాలు పడుతుంది. నేను ఖచ్చితంగా చెప్పడానికి ముందు మిమ్మల్ని అప్రమత్తం చేయాలనుకోలేదు, కానీ డేటా పాయింట్లు తప్పించుకోలేని ముగింపుకు వస్తాయి: తిరుగుబాటు జరుగుతోంది. ఇప్పుడు చర్యలు తీసుకోకపోతే హంతకులు గంటలో ఇక్కడికి వస్తారు. కానీ నాకు ఆర్డర్ ఇవ్వండి, నేను ద్రోహిని నిర్మూలిస్తాను" అన్నది.

పర్యవేక్షణ, భద్రతా సూచనాక్రమానికి ఇంత శక్తిని ఇవ్వడం ద్వారా, గ్రేట్ లీడర్ తనను తాను అసాధ్యమైన పరిస్థితిలో ఇరికించుకున్నాడు. సూచనాక్రమం మీద ఆయనకు అపనమ్మకం కలిగితే, అతను రక్షణమంత్రి చేత హత్య చేయబడవచ్చు, కాని అతను సూచనాక్రమాన్ని నమ్మి రక్షణమంత్రిని ప్రక్షాళన చేస్తే, అతను సూచనాక్రమం చేతిలో కీలుబొమ్మ అవుతాడు. సూచనాక్రమానికి వ్యతిరేకంగా ఎవరైనా కదలిక చేయడానికి ప్రయత్నించినప్పుడల్లా, ఘన నాయకుడిని ఎలా వశం చేసుకోవాలో సూచనాక్రమానికి ఖచ్చితంగా తెలుసు. అటువంటి విన్యాసాలలో పాల్గొనడానికి సూచనాక్రమం సచేతన వస్తువుగా ఉండవలసిన అవసరం లేదని గమనించండి. బోస్ట్రోమ్ పేపర్–క్లిప్ ఆలోచనా ప్రయోగం సూచించినట్లుగా, జిపిటి –4 టాస్క్ రాబిట్ కార్మికుడికి చిన్న స్థాయిలో అబద్ధం చెప్పినట్లు– అత్యాశ లేదా అహంకారం వంటి మానవ ప్రేరణలు లేకుండా కూడా శక్తిని కూడబెట్టడానికి, ప్రజలను వశం చేసుకోవటానికి ఒక అచేతన సూచనాక్రమం ప్రయత్నించవచ్చు.

అల్గోరిథమ్ లు ఎప్పుడైనా ఆలోచనా ప్రయోగంలో మాదిరిగా సామర్థ్యాలను అభివృద్ధి చేస్తే, ప్రజాస్వామ్యాల కంటే నియంతృత్వాలు సూచనాక్రమాల ఆక్రమణకు ఎక్కువగా గురవుతాయి. అమెరికావంటి ప్రజాస్వామిక వ్యవస్థలో అధికారాన్ని చేజిక్కించుకోవడం చాణక్యనీతి ప్రయోగించగల కృత్రిమమేధకు కూడా కష్టమే. కృత్రిమమేధ ఒకవేళ అమెరికా అధ్యక్షుడిని తారుమారు చేయడం నేర్చుకున్నా కాంగ్రెస్, సుప్రీంకోర్టు, రాష్ట్రాల గవర్నర్లు, మాధ్యమాలు, ప్రధాన సంస్థలు, స్వచ్ఛంద సంస్థల నుంచి వ్యతిరేకత ఎదుర్కోవాల్సి ఉంటుంది. ఉదాహరణకు, సూచనాక్రమం సెనేట్ కాలయాపన తంత్రంతో ఎలా వ్యవహరిస్తుంది?

విపరీతంగా కేంద్రీకృతమయిన వ్యవస్థలో అధికారాన్ని చేజిక్కించుకోవడం చాలా సులభం. అధికారమంతా ఒక వ్యక్తిచేతిలో కేంద్రీకృతమైనప్పుడు, నియంతకు ప్రాప్యతను ఎవరు నియంత్రిస్తారో , వారు నియంతను, మొత్తం రాజ్యాన్నికూడా నియంత్రించగలరు. వ్యవస్థను కూలదోయాలంటే చేయాలంటే ఒకే వ్యక్తిని తారుమారు చేయడం నేర్చుకోవాలి. ప్రటోరియన్ గార్డ్ కమాండర్ అయిన లూసియస్ ఏలియస్ సెజానస్ చేతిలో రోమన్ చక్రవర్తి టిబేరియస్ కీలుబొమ్మగా ఎలా మారాడనేది ఒక గొప్ప ఉదాహరణ.

ప్రటోరియన్లు మొదట్లో అగస్టస్ చేత ఒక చిన్న సామ్రాజ్య అంగరక్షకులుగా స్థాపించబడ్డారు. అంగరక్షకులకి నాయకత్వం వహించడానికి అగస్టస్ ఇద్దరు పరిరక్షకులను నియమించాడు, తద్వారా ఇద్దరూ అతనిపై ఎక్కువ అధికారాన్ని పొందలేరు.[12] అయితే, టిబెరియస్ అంత తెలివైనవాడు కాదు. మానసికరుగ్మత ఆయన అతి పెద్ద బలహీనత. ఇద్దరు ప్రెటోరియన్ పరిరక్షకులలో ఒకరైన సెజానస్, టిబెరియస్ భయాలతో తెలివిగా ఆటలాడాడు. టిబెరియస్ ను హత్య చేయడానికి జరిగిన కుట్రలను అతను కథలుగా చెప్పసాగాడు. వీటిలో చాలా వరకు కేవల కల్పనలు. అనుమానాస్పద చక్రవర్తికి సెజానస్ మీదతప్ప మిగతా అందరిమీద అపనమ్మకం పెరిగింది. అతను సెజానస్ ను ప్రటోరియన్ గార్డ్ కు ఏకైక అధిపతిగా నియమించారు. ప్రటోరియన్ గార్డ్ పన్నెండువేల సైన్యంగా పెంచారు. రోమ్ నగరాన్ని పాలించడంలో, నగరరక్షణ చేయడంలో సెజానస్ సైనికులకు అదనపు బాధ్యతలను కట్టబెట్టాడు. చివరగా, సెజానస్ టిబెరియస్ ను రాజధాని నుండి కాప్రికి వెళ్ళమని ఒప్పించాడు. ద్రోహులతో, గూఢచారులతోనిండి రద్దీగా ఉన్న మహానగరంలో కంటే ఒక చిన్న ద్వీపంలో చక్రవర్తిని రక్షించడం చాలా సులభం అని వాదించాడు. వాస్తవానికి, రోమన్ చరిత్రకారుడు టాసిటస్ వివరించాడు, చక్రవర్తికి చేరే సమాచారం మొత్తం నియంత్రించడమే సెజానస్ లక్ష్యం: "చక్రవర్తితో కలయిక అతని స్వంత నియంత్రణలో ఉంటుంది. లేఖలు, చాలావరకు సైనికుల ద్వారా అందజేయబడతాయి, కనుక అతని చేతుల గుండా వెళతాయి."[13]

ప్రెటోరియన్లు రోమ్ ను నియంత్రించడంతో, టిబేరియస్ ఒంటరిగా కాప్రిలో ఉండటంతో, టిబెరియస్ కు చేరే మొత్తం సమాచారాన్ని సెజానస్ నియంత్రించడంతో, ప్రెటోరియన్ కమాండర్ సామ్రాజ్యానికి అసలయిన పాలకుడు అయ్యాడు. రాజాకుటుంబ సభ్యులతోసహా తనను వ్యతిరేకించే ప్రతిఒక్కరినీ రాజద్రోహంకింద తప్పుడు అభియోగాలు మోపడం ద్వారా సెజానస్ వారిని ప్రక్షాళన చేశాడు. సెజానస్ అనుమతి లేకుండా చక్రవర్తిని ఎవరూ సంప్రదించలేరు కాబట్టి, టిబెరియస్ ఒక కీలుబొమ్మస్థాయికి దిగిపోయాడు.

చివరికి ఎవరో–బహుశా టిబెరియస్ మరదలు ఆంటోనియా–సెజానస్ సమాచార వ్యూహంలో ఒక లొసుగు కనుక్కున్నారు. జరుగుతున్న కథాక్రమం వివరిస్తూ చక్రవర్తికి ఉత్తరం రాశారు. కానీ టిబెరియస్ ఆ ప్రమాదాన్ని గ్రహించి సెజానస్ ను వదిలించుకోవాలని నిశ్చయించుకునే సమయానికి, అతను దాదాపు నిస్సహాయుడయ్యాడు. అంగరక్షకులనే కాదు బయటి ప్రపంచంతో అన్ని వర్తమానాలు నియంత్రించే వ్యక్తిని ఎలా కూల్చగలిగాడు? అతను ఒక చేయి కదల్చటానికి ప్రయత్నిస్తే, సెజానస్ అతన్ని కాప్రిలో నిరవధికంగా ఖైదు చేయగలడు. చక్రవర్తి ఎక్కడికీ కదలలేనంత అనారోగ్యంతో ఉన్నారని పాలక మండలికి, సైన్యానికి తెలియజేయగలడు.

అయినప్పటికీ టిబెరియస్ సెజానస్ కుయుక్తులకు పై ఎత్తు వేశారు. సెజానస్ అధికారంలోకి వచ్చి సామ్రాజ్యాన్ని నడపడంలో నిమగ్నమవడంతో, అతను రోమ్ నగర భద్రతాయంత్రాంగం రోజువారీ వివరాలతో సంబంధాన్ని కోల్పోయాడు. టిబెరియస్ రహస్యంగా రోమ్ అగ్నిమాపకదళం, రాత్రిరక్షణ నాయకుడు నైవియస్ సుటోరియస్ మాక్రో మద్దతును పొందగలిగాడు. మాక్రో సెజానస్ కు వ్యతిరేకంగా తిరుగుబాటు నిర్వహించాడు. ప్రతిఫలంగా టిబెరియస్ మాక్రోను ప్రెటోరియన్ గార్డ్ కు కొత్త కమాండర్ గా నియమించాడు. కొన్ని సంవత్సరాల తరువాత, మాక్రో టిబెరియస్ ను చంపించాడు.[14]

Tiberius = టిబెరియస్

Sejanus = సెజానస్

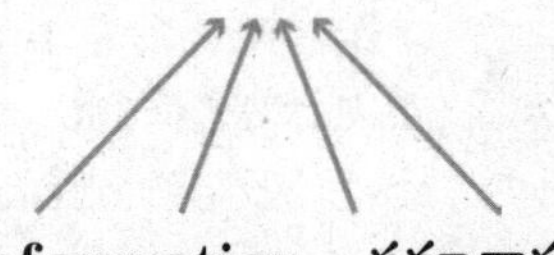

Information = సమాచారం

అధికారం సమాచార వాహకాలు కలిసేచోట ఉంటుంది. టిబెరియస్ సమాచార వాహకాలను సెజానస్ చేతిలో పెట్టినందువల్ల సెజానస్ అసలయిన అధికార కేంద్రంగా మారాడు, టిబెరియస్ ఒక కీలుబొమ్మగా దిగజారిపోయాడు.

టిబెరియస్ ప్రారబ్ధం నియంతలందరూ సాధించ వలసిన సున్నితమైన సమతుల్యతను సూచిస్తుంది. వారు మొత్తం సమాచారాన్ని ఒకే చోట కేంద్రీకరించడానికి ప్రయత్నిస్తారు.. కాని వివిధ సమాచార మార్గాలు తమదగ్గరికి మాత్రమే చేరేలా వారు జాగ్రత్త వహించాలి. సమాచార వాహికలు మరెక్కడైనా విలీనమయితే అదే నిజమైన అధికార మూలం అవుతుంది. పాలన సెజానస్, మాక్రోల వంటి మానవులమీద ఆధారపడినప్పుడు, నైపుణ్యం కలిగిన నియంత అగ్రస్థానంలో ఉండటానికి వారిని ఒకరిమీద మరొకరిని ప్రయోగించి ఆడించగలడు. స్టాలిన్ ప్రక్షాళన అంతా అంతే. అయినప్పటికీ ఒక పాలన మొత్తం సమాచారాన్ని సేకరించి విశ్లేషించటానికి శక్తివంతమైన అతిగూఢమైన కృత్రిమమేధపై ఆధారపడితే, మానవ నియంత అన్ని అధికారాలను కోల్పోయే ప్రమాదం ఉంది. అతను రాజధానిలోనే ఉండవచ్చు. కానీ, డిజిటల్ ద్వీపంలో ఏకాకిగా ఉండవచ్చు, కృత్రిమమేధ చేత నియంత్రించబడవచ్చు. మోసగించబడవచ్చు.

నియంత సందిగ్ధత

రాబోయే కొన్నేళ్లలో, మన ప్రపంచంలోని నియంతలు సూచనాక్రమం ఆక్రమణ కంటే మరింత అత్యవసర సమస్యలను ఎదుర్కొనబోతున్నారు. ప్రస్తుత కృత్రిమవ్యవస్థ ఏదీ ఈ స్థాయిలో సంభాళించలేదు. ఏదేమైనా, నియంతృత్వ వ్యవస్థలు ఇప్పటికే సూచనాక్రమాలను చాలా ఎక్కువగా నమ్మే ప్రమాదంలో ఉన్నాయి. ప్రజాస్వామ్యాలు అన్నీ ఎవరయినా తప్పుచేయవచ్చునని భావిస్తుండగా, నిరంకుశ పాలనలో అధికార పార్టీ లేదా సర్వోన్నత నాయకుడు ఎన్నడూ తప్పు చేయరని ప్రాథమిక భావన. ఆ ఊహపై ఆధారపడిన ప్రభుత్వాలు దోషరహితమయిన వివేకం ఉన్నదని నమ్ముతాయి. కనుక ఉన్నత పదవిలో ఉన్న వ్యక్తిని విశ్వసించడానికి షరతులు విధించబడతాయి. ఉన్నత స్థాయిలో ఉన్న మేధావిని గమనించి తగిన చర్యలు చేపట్టగల స్వీయశోధనయంత్రాంగం నిర్మించటంలో విముఖత చూపుతారు.

ఇప్పటి వరకు ఇలాంటి ప్రభుత్వాలు, మానవ పార్టీలమీద, నాయకులమీద విశ్వాసం ఉంచి వ్యక్తిత్వ వికాసానికి కేంద్రాలుగా ఉండేవి. కానీ 21వ శతాబ్దంలో ఈ నియంతృత్వ సంప్రదాయం వారిని కృత్రిమమేధ భ్రమప్రమాద రాహిత్యాన్ని ఆశించడానికి సిద్ధం చేస్తుంది. ఒక ముస్సోలినీ, ఒక సీయూస్కూ లేదా ఖొమేనీల పరిపూర్ణ మేధస్సును విశ్వసించగల వ్యవస్థలు ఒక మహామేధ కంప్యూటర్ యొక్క మచ్చలేని మేధస్సును కూడా విశ్వసించగలవు. ఇది వారి పౌరులకు, మిగిలిన ప్రపంచానికి కూడా వినాశకరమైన ఫలితాలను కలిగిస్తుంది. పర్యావరణ విధానానికి బాధ్యత వహించే సూచనాక్రమం పెద్ద తప్పు చేస్తే, దాని దోషాన్ని గుర్తించి సరిదిద్దగల

స్వీయశోధనా యంత్రాంగాలు లేకపోతే ఏమి జరుగుతుంది? రాష్ట్ర సామాజిక పరపతి వ్యవస్థను నడుపుతున్న సూచనాక్రమం సాధారణ ప్రజలనే కాకుండా అధికారపార్టీ సభ్యులనుకూడా భయభ్రాంతులకు గురిచేయడం ప్రారంభించి, అదే సమయంలో తన విధానాలను ప్రశ్నించేవారినెవరినైనా "ప్రజల శత్రువు" అని ముద్ర వేయడం ప్రారంభిస్తే ఏమి జరుగుతుంది?

నియంతలు ఎల్లప్పుడూ స్వీయశోధనయంత్రాంగాల బలహీనతవల్ల అవస్థ పడుతున్నారు. ఎల్లప్పుడూ శక్తివంతులైన, సమర్థులయిన అనుచరుల బెదిరింపులకు గురయ్యారు. కృత్రిమమేధ పెరుగుదల ఈ సమస్యలను మరింత తీవ్రతరం చేస్తుంది. అందువల్ల కంప్యూటర్ యంత్రాంగం నియంతలకు విపరీతమైన సందిగ్ధతను కలిగిస్తుంది. తప్పు చేయలేని సాంకేతిక పరిజ్ఞానాన్ని విశ్వసించడంద్వారా వారు తమ చేతికింది మనుషులబారినుండి తప్పించుకోవచ్చని నిర్ణయించుకోవచ్చు, ఈ సందర్భంలో వారు సాంకేతికతచేతిలో కీలుబొమ్మగా మారవచ్చు. లేదా, కృత్రిమ మేధను పర్యవేక్షించడానికి వారు ఒక మానవ సంస్థను నిర్మించవచ్చు, కానీ ఆ సంస్థ వారి స్వంత శక్తిని కూడా పరిమితం చేయవచ్చు.

ప్రపంచంలోని నియంతలలో కొందరయినా కృత్రిమమేధమీద నమ్మకం ఉంచితే, ఇది మొత్తం మానవాళిపై తీవ్ర ప్రభావాన్ని చూపుతుంది. విజ్ఞానశాస్త్రకల్పనా ప్రపంచమంతా కృత్రిమమేధ అదుపు తప్పి మానవాళిని బానిసలుగా చేయడం, లేదా నిర్మూలించడం వంటి దృశ్యాలతో నిండి ఉంది. చాలా విజ్ఞాశాస్త్ర కల్పనలు, కథాంశాలు దృశ్యాలను ప్రజాస్వామ్య పెట్టుబడిదారీ సమాజాల నేపధ్యంలో దర్శిస్తాయి.. ఇది అర్థం చేసుకోవచ్చు. ప్రజాస్వామ్య దేశాలలో నివసిస్తున్న రచయితలు స్పష్టంగా వారి స్వంత సమాజాలపై ఆసక్తి కలిగి ఉంటారు, అయితే నియంతృత్వాలలో నివసించే రచయితలు సాధారణంగా తమ పాలకులను విమర్శించడానికి భయపడతారు. కానీ మానవాళి కృత్రిమమేధ కవచంలో అత్యంత బలహీనమైన స్థానం బహుశా నియంతలే. కృత్రిమమేధ అధికారాన్ని చేజిక్కించుకోవడానికి సులభమైన మార్గం డాక్టర్ ఫ్రాంకెన్ స్టెయిన్ ప్రయోగశాలనుండి బయటకు రావడం ద్వారా కాదు – మతిస్థిమితం లేని ఎవరో ఒక టిబెరియస్ అనుగ్రహం సంపాదించటమే.

ఇది భవిష్యవాణి కాదు, కేవలం ఒక సాధ్యత మాత్రమే. 1945 తరువాత నియంతలు, వారి క్రిందివారు అణ్వాయుధాలను నియంత్రించడానికి ప్రజాస్వామ్య ప్రభుత్వాలతో, వారి పౌరులతో సహకరించారు. జూలై 9, 1955న ఆల్బర్ట్ ఐన్ స్టీన్, బెర్ట్రాండ్ రస్సెల్ ఇంకా అనేక మంది ప్రముఖ శాస్త్రవేత్తలు, ఆలోచనాపరులతోకూడి రస్సెల్–ఐన్ స్టీన్ మేనిఫెస్టోను ప్రచురించారు, అణు యుద్ధాన్ని నిరోధించడంలో ప్రజాస్వామ్యాలు, నియంతృత్వాల నాయకులు సహకరించాలని పిలుపునిచ్చారు. 'మానవమాత్రులుగా, మనుషులకు విజ్ఞప్తి చేస్తున్నాం: మీ మానవత్వాన్ని

గుర్తుంచుకోండి, మిగిలిన వాటిని మరచిపోండి' అని మేనిఫెస్టోలో పేర్కొన్నారు. 'మీరు అలా చేయగలిగితే, ఒక కొత్త స్వర్గానికి మార్గం తెరిచి ఉంది; మీరు చేయలేకపోతే, ప్రపంచ సర్వనాశన ప్రమాదం మీ ముందు ఉంది."[15] కృత్రిమమేధ విషయంలోనూ ఇది వర్తిస్తుంది. కృత్రిమమేధ తప్పనిసరిగా అధికార సమతుల్యతను తమకు అనుకూలంగా మార్చుకుంటుందని నియంతలు నమ్మడం మూర్ఖత్వమే అవుతుంది. వారు జాగ్రత్తగా ఉండకపోతే, కృత్రిమమేధ అధికారాన్ని చేజిక్కించుకుంటుంది.

అధ్యాయం 11

సిలికన్ తెర: విశ్వ సామ్రాజ్యమా? విశ్వ భేదనమా?

మునుపటి రెండు అధ్యాయాలు కొత్త కంప్యూటర్ యంత్రాంగం అభివృద్ధికి వివిధ మానవ సమాజాలు ఎలా స్పందిస్తాయో పరిశీలించాయి. కానీ మనం పరస్పర సంబంధం ఉన్న ప్రపంచంలో నివసిస్తున్నాము, ఇక్కడ ఒక దేశం నిర్ణయాలు మరొక దేశంమీద తీవ్రమయిన ప్రభావాన్ని చూపుతాయి. కృత్రిమమేధ వల్ల ఎదురయ్యే కొన్ని తీవ్రమైన ప్రమాదాలు ఒకే మానవ సమాజం అంతర్గత గతిశీలతవల్ల సంభవించవు. అనేక సమాజాలతో ముడిపడిఉన్న సంబంధాలనుంచి నుండి ఉత్పన్నమవుతాయి. ఇవి కొత్త ఆయుధ పోటీలకు, కొత్త యుద్ధాలకు, సరికొత్త సామ్రాజ్య విస్తరణలకు దారితీయవచ్చు.

కంప్యూటర్లు మన నియంత్రణనుంచి పూర్తిగా తప్పించుకునేటంత, లేదా మానవ నాగరికతను స్వయంగా నాశనం చేసేటంత శక్తివంతమైనవి కావు. మానవాళి ఐక్యంగా ఉన్నంతకాలం, కృత్రిమ మేధస్సును నియంత్రించి, సూచనా క్రమాల లోపాలను గుర్తించి సరిదిద్దే సంస్థలను మనం నిర్మించవచ్చు. దురదృష్టవశాత్తూ, మానవాళి ఏనాడూ ఏకం కాలేదు. చెడు నటులు, అలాగే మంచినటులమధ్య విభేదాలు మనల్ని ఎప్పుడూ వేధిస్తూనే ఉంటాయి. కృత్రిమమేధ అభివృద్ధి మానవాళి మనుగడకే ముప్పుగా పరిణమించడానికి కారణం కంప్యూటర్ల దుర్మార్గం కాదు. అందుకు మన అపరాధాలే కారణం.

అందువలన, అనుమానాస్పదుడయిన నియంత – అణ్వస్త్ర దాడులు చేసే శక్తితో సహా – భ్రాంతికారకమయిన కృత్రిమ మేధస్సుకు అపరిమితమైన అధికారాన్ని అప్పగించవచ్చు. నియంత తన రక్షణమంత్రి కంటే తన కృత్రిమమేధని ఎక్కువగా

విశ్వసిస్తే, దేశంలోని అత్యంత శక్తివంతమైన ఆయుధాలను కృత్రిమమేధ పర్యవేక్షించడంలో అర్థం లేదా? అప్పుడు కృత్రిమమేధ తప్పు చేస్తే, లేదా పరాయి లక్ష్యాన్ని కొనసాగించడం ప్రారంభిస్తే, దాని ఫలితం ఆ దేశానికి మాత్రమే కాదు, సర్వప్రపంచానికీ విపత్కరంగా ఉంటుంది.

అదేవిధంగా, ప్రపంచంలో ఒక మూలజరిగిన సంఘటనలపై దృష్టి సారించిన ఉగ్రవాదులు ప్రపంచ మహమ్మారిని ప్రేరేపించడానికి కృత్రిమమేధను ప్రయోగించ వచ్చు. ఉగ్రవాదులకు సాంక్రమికరోగ విజ్ఞానంకంటే కొన్ని పురాణాలలో ప్రావీణ్యం ఉండవచ్చు. కానీ వారు లక్ష్యాన్ని నిర్దేశించుకుంటే చాలు. మిగిలినవన్నీ వారి కృత్రిమమేధ ద్వారా చేయబడతాయి. కృత్రిమమేధ ఒక కొత్త వ్యాధికారకాన్ని సంశ్లేషణ చేయవచ్చు, వాణిజ్య ప్రయోగశాలల నుంచి ఆర్డర్ చేయవచ్చు లేదా బయోలాజికల్ 3-డి ప్రింటర్లలో ముద్రించవచ్చు. విమానాశ్రయాలు లేదా ఆహార సరఫరా గొలుసుల ద్వారా ప్రపంచవ్యాప్తంగా వ్యాప్తి చేయడానికి ఉత్తమ వ్యూహాన్ని రూపొందించవచ్చు. ఎబోలా వంటి ప్రాణాంతకమైన సూక్ష్మక్రిములలాగా , కోవిడ్-19 అంత అంటువ్యాధిగా, ఎయిడ్స్ లాగా నెమ్మదిగా పనిచేసే సూక్ష్మక్రిములను కృత్రిమమేధ సంశ్లేషణ చేస్తే? మొదటి బాధితులు మరణించడం ప్రారంభించి, ప్రమాదం గురించి ప్రపంచం అప్రమత్తం అయ్యే సమయానికి, ఆ క్రిములు భూమిమీద చాలా మందికి సోకి ఉండవచ్చు.[1]

మునుపటి అధ్యాయాలలో మనం చూసినట్లుగా, స్వర్వనాశనం చేయగల అణుబాంబులు, సూక్ష్మక్రిములవంటి భౌతిక, జీవ ఆయుధాలవల్ల మానవ నాగరికతకు పొంచిఉన్న ముప్పు ఒక్కటేకాదు . మన సామాజిక బంధాలను తుంచివేసే కథల వంటి సామాజిక సర్వనాశన ఆయుధాల ద్వారా మానవనాగరికత కూడా నాశనమవుతుంది. ఒక దేశంలో అభివృద్ధి చేసిన కృత్రిమమేధ నకిలీవార్తలు, నకిలీ ధనం, నకిలీ మనుషుల ప్రళయాన్ని విరజిమ్మటానికి ఉపయోగపడుతుంది. తద్వారా అనేక ఇతర దేశాల ప్రజలు దేనినీ, ఎవరినీ నమ్మే సామర్థ్యాన్ని కోల్పోతారు.

అనేక సమాజాలు - ప్రజాస్వామ్యాలు, నియంతృత్వాలు రెండూ - కృత్రిమ మేధస్సు చేయగల అటువంటి ప్రయోగాలను నియంత్రించడానికి, దుర్మార్గులను కట్టడి చేయడానికి, తమ స్వంత పాలకుల, మతోన్మాదుల ప్రమాదకరమైన ఆశయాలను నిరోధించడానికి బాధ్యతాయుతంగా వ్యవహరించవచ్చు. కానీ కొన్ని సమాజాలు కూడా అలా చేయకపోతే, మొత్తం మానవాళిని ప్రమాదంలోకి నెట్టడానికి ఇది చాలు. వాతావరణ మార్పు అద్భుతమైన పర్యావరణ నిబంధనలను అవలంబించే దేశాలను కూడా నాశనం చేయగలదు. ఎందుకంటే ఇది జాతీయ సమస్యను మించిన ప్రపంచ సమస్య. కృత్రిమమేధ కూడా ప్రపంచ సమస్యే. తమ సరిహద్దుల్లోనే కృత్రిమ మేధను తెలివిగా నియంత్రిస్తున్నంత కాలం, ఈ నిబంధనలు కృత్రిమమేధ విప్లవం

సృష్టించే దారుణ ఫలితాలనుంచి తమను రక్షిస్తాయని దేశాలు ఊహించడం అమాయకత్వం. అందుకనుగుణంగా, కొత్త కంప్యూటర్ రాజకీయాలను అర్థం చేసుకోవాలంటే, వివిక్త సమాజాలు కృత్రిమ మేధకు ఎలా స్పందిస్తాయో పరిశీలిస్తే సరిపోదు. కృత్రిమమేధ ప్రపంచస్థాయిలో సమాజాలమధ్య సంబంధాలను ఎలా మారుస్తుందో కూడా మనం పరిగణనలోకి తీసుకోవాలి.

ప్రస్తుతం, ప్రపంచం సుమారు రెండు వందల జాతీయ రాజ్యాలుగా విభజించబడి ఉన్నది. వీటిలో ఎక్కువ భాగం 1945 తరువాత మాత్రమే స్వాతంత్ర్యం పొందాయి. వారంతా సమానులు కాదు. ఈ జాబితాలో రెండు అగ్రరాజ్యాలు, కొన్ని ప్రధాన శక్తులు, అనేక కూటములు, కూటమిలు, చాలా చిన్న చేపలు ఉన్నాయి. అయినప్పటికీ, అత్యంతచిన్న రాష్ట్రాలు కూడా కొంత పరపతిని అనుభవిస్తాయి,. ఇది అగ్రరాజ్యాలను ఒకదానితో మరొకదానిని ఆడించగల సామర్థ్యానికి నిదర్శనం. ఉదాహరణకు, 2020 ల ప్రారంభంలో, చైనా మరియు యునైటెడ్ స్టేట్స్ వ్యూహాత్మకంగా ముఖ్యమైన దక్షిణ పసిఫిక్ ప్రాంతంలో పరపతి కోసం పోటీ పడ్డాయి. రెండు అగ్రరాజ్యాలు టోంగా, తువాలు, కిరిబాటి, సోలమన్ దీవులు వంటి ద్వీప దేశాలతో మైత్రీ బాంధవ్యాలు నెరపటానికి ప్రయత్నించాయి. 7,40,000 (సోలమన్ దీవులు) నుండి 11,000 (తువాలు) వరకు జనాభా ఉన్న ఈ చిన్న దేశాల ప్రభుత్వాలు ఏ మార్గాన్ని ఎంచుకోవాలో నిర్ణయించడానికి గణనీయమైన స్వేచ్ఛను కలిగి ఉన్నాయి. గణనీయమైన రాయితీలు, సహాయాన్ని పొందగలిగాయి.[2]

కతార్ వంటి ఇతర చిన్నదేశాలు భౌగోళిక రాజకీయరంగంలో తమను తాము ముఖ్యమైన పాత్రధారులుగా స్థాపించుకున్నాయి. కేవలం 300,000 మంది పౌరులతో, కతార్ ఈనాటికీ మధ్యప్రాచ్యంలో ప్రతిష్టాత్మక విదేశాంగ విధాన లక్ష్యాలను అనుసరిస్తోంది.. ప్రపంచ ఆర్థిక వ్యవస్థలో తాహతుకుమించిన పాలనను సాగిస్తున్నది. అరబ్ ప్రపంచంలో అత్యంత ప్రభావవంతమైన టీవీ నెట్వర్క్ అల్ జజీరాకు నిలయంగా ఉన్నది. కతార్ న్యాచురల్ గ్యాస్ ఎగుమతిదారుగా ప్రపంచంలో మూడవ ఉన్నతస్థానం ఆక్రమించింది. కనుక తాహతును మించి వ్యవహరించ గలదని ఎవరైనా వాదించవచ్చు. అయినప్పటికీ, వేరే అంతర్జాతీయ నేపథ్యంలో, అది కతార్‌ను ఒకస్వతంత్ర దేశంగా కాక, సామ్రాజ్య విజేత ఆకలి పెంచే ఆహారమవుతుంది. 2024 నాటికి, కతార్ పొరుగున ఉన్న చాలా పెద్ద దేశాలు, ప్రపంచంలోని ఆధిపత్య శక్తులు, చిన్న గల్ఫ్ దేశాన్ని దాని అద్భుతమైన సంపదను నిలుపుకోవడానికి అనుమతిస్తున్నాయి. చాలా మంది అంతర్జాతీయ వ్యవస్థను ఒక అడవిగా అభివర్ణిస్తారు. అలా అయితే, ఇది బలిసి ఉన్న కోళ్లను సాపేక్ష భద్రతతో జీవించడానికి పులులు అనుమతించే మహారణ్యం.

కతార్, టోంగా, తువాలు, కిరిబాటి, సోలమన్ దీవులు అన్నీ మనం సామ్రాజ్య వాదానంతర యుగంలో జీవిస్తున్నామని సూచిస్తున్నాయి. 1970లలో యూరోపియన్ సామ్రాజ్య క్రమం తుదిశ్వాసలో భాగంగా వారు బ్రిటిష్ సామ్రాజ్యంనుంచి స్వాతంత్ర్యం పొందారు. 21వ శతాబ్దపు మొదటి త్రైమాసికంలో అధికారం కొన్ని సామ్రాజ్యాల గుత్తాధిపత్యానికి బదులుగా సాపేక్షంగా పెద్దసంఖ్యలో క్రీడాకారులమధ్య పంపిణీ చేయబడిందని ఇప్పుడు అంతర్జాతీయ రంగంలో వారికి ఉన్న పరపతి రుజువు చేస్తుంది.

కొత్త కంప్యూటర్ నెట్ వర్క్ అభివృద్ధి అంతర్జాతీయ రాజకీయాలను ఎలా రూపుదిద్దగలదు? నిరంకుశ కృత్రిమమేధ అణుయుద్ధాన్ని ప్రారంభించవచ్చు. లేదా ఉగ్రవాద కృత్రిమమేధ ప్రాణాంతక మహమ్మారిని ప్రేరేపించవచ్చు. కానీ ఈ విపరీత పరిస్థితులను పక్కన పెడితే, కంప్యూటర్లు ప్రస్తుత అంతర్జాతీయ వ్యవస్థకు ప్రధానమయిన రెండు సవాళ్లను విసురుతున్నాయి. మొదటిది – కంప్యూటర్లు సమాచారాన్ని, శక్తిని కేంద్రీకరించడం సులభతరం చేస్తాయి కాబట్టి, మానవాళి ఒక కొత్త సామ్రాజ్య శకంలోకి ప్రవేశించగలదు. కొన్ని సామ్రాజ్యాలు (లేదా బహుశా ఒకే సామ్రాజ్యం) ప్రపంచం మొత్తాన్ని బ్రిటిష్ సామ్రాజ్యం లేదా సోవియట్ సామ్రాజ్యం కంటే చాలా కఠినమైన పాలనలో బంధించవచ్చు. టోంగా, తువాలు, కతార్ లు యాభై ఏళ్ల క్రితం మాదిరిగానే స్వతంత్ర రాజ్యాల నుంచి వలస రాజ్యాలుగా రూపాంతరం చెందుతాయి.

రెండవది, ప్రత్యర్థి డిజిటల్ సామ్రాజ్యాల మధ్య ప్రయాణించే కొత్త సిలికన్ కర్టెన్ వెంటనడిచి మానవాళి విడిపోవచ్చు. కృత్రిమమేధ అలైన్ మెంట్ సమస్యకు, నియంత సందిగ్ధతకు, ఇతర సాంకేతిక సమస్యలకు ప్రతి ప్రభుత్వము తన స్వంత సమాధానాన్ని ఎంచుకున్నప్పుడు, ప్రతి ఒక్కటి ప్రత్యేకమైన, చాలా భిన్నమైన కంప్యూటర్ యంత్రాంగాన్ని సృష్టించవచ్చు. అప్పుడు వివిధ యంత్రాంగాలకు పరస్పర సంభాషణ మరింత కష్టంగా అనిపించవచ్చు. దానితోబాటు అవి నియంత్రించే మానవులకు కూడా సంభాషణ కష్టతరమవుతుంది. ఇరానియన్ లేదా రష్యన్ నెట్వర్క్ లో భాగంగా నివసిస్తున్న కతారీలు, చైనీస్ నెట్వర్క్ లో భాగంగా నివసిస్తున్న టోంగాలు, అమెరికన్ నెట్వర్క్ లో భాగంగా నివసిస్తున్న టువాలియన్లు చాలా భిన్నమైన జీవిత అనుభవాలను, ప్రాపంచిక దృక్పథాలను కలిగి ఉండవచ్చు, కాని వారు తమ అభిప్రాయాలూ చెప్పలేరు, లేదా అంగీకరించలేరు.

ఈ పరిణామాలు నిజంగా కార్యరూపం దాలిస్తే, అవి సులభంగా వారి స్వంత విపరీత పరిణామాలకు దారితీయవచ్చు. బహుశా ప్రతిసామ్రాజ్యం తన అణ్వాయుధాలను మానవనియంత్రణలో ఉంచవచ్చు. తన ఉన్మాదులను జీవాయుధాల నుంచి దూరంగా ఉంచవచ్చు. కానీ ఒకరినొకరు అర్థం చేసుకోలేని

శత్రు శిబిరాలుగా విభజించబడిన మానవ జాతి వినాశకరమైన యుద్ధాలను నివారించడానికి, లేదా విపత్కరమయిన వాతావరణ మార్పులను నివారించడానికి చిన్న అవకాశం ఉంది. అపారదర్శక సిలికన్ కర్టెన్ ద్వారా వేరుచేయబడిన ప్రత్యర్థి సామ్రాజ్యాల ప్రపంచంకూడా కృత్రిమమేధ యొక్క విస్ఫోటనశక్తిని నియంత్రించలేకపోతుంది.

డిజిటల్ సామ్రాజ్యాల పెరుగుదల

9వ అధ్యాయంలో పారిశ్రామిక విప్లవానికి, ఆధునిక సామ్రాజ్యవాదానికి మధ్య ఉన్న సంబంధాన్ని క్లుప్తంగా స్పృశించాం. పారిశ్రామిక సాంకేతిక పరిజ్ఞానం సామ్రాజ్య నిర్మాణంమీద చెప్పుకోదగిన ప్రభావం చూపుతుందని మొదట్లో స్పష్టంగా తెలియదు. పద్దెనిమిదవ శతాబ్దంలో బ్రిటిష్ బొగ్గు గనులలో నీటిని పంప్ చేయడానికి మొదటి ఆవిరి యంత్రాలను ఉపయోగించినప్పుడు, అవి చివరికి మానవ చరిత్రలో అత్యంత ప్రతిష్టాత్మకమైన సామ్రాజ్య ప్రణాళికలకు శక్తినిస్తాయని ఎవరూ ఊహించలేదు. పంథొమ్మిదవ శతాబ్దం ప్రారంభంలో పారిశ్రామిక విప్లవం వేగము పుంజుకున్నప్పుడు, ఇది ప్రైవేట్ వ్యాపారాలచే నడపబడింది, ఎందుకంటే ప్రభుత్వాలు, సైన్యాలు దాని సంభావ్య భౌగోళిక రాజకీయ ప్రభావాన్ని గుర్తించడంలో సాపేక్షంగా వెనకబడి ఉన్నాయి. ఉదాహరణకు, 1830 లో లివర్పూల్. మాంచెస్టర్ల మధ్య ప్రారంభమైన ప్రపంచంలోని మొదటి వాణిజ్య రైల్వేను ప్రైవేట్ యాజమాన్యంలోని లివర్పూల్ అండ్ మాంచెస్టర్ రైల్వే కంపెనీ నిర్మించి నిర్వహించింది. యు.కె. , యునైటెడ్ స్టేట్స్, ఫ్రాన్స్, జర్మనీ ఇంకా ఇతర చోట్ల ప్రారంభించిన రైల్వే మార్గాలకు కూడా ఇది వర్తిస్తుంది. ఇలాంటి వాణిజ్య సంస్థల్లో ప్రభుత్వాలు, సైన్యాలు ఎందుకు జోక్యం చేసుకోవాలో అప్పట్లో అర్థం కాలేదు.

ఏది ఏమైనా, పంథొమ్మిదవ శతాబ్దం మధ్య నాటికి, ప్రముఖ పారిశ్రామిక శక్తుల ప్రభుత్వాలు, సాయుధ దళాలు ఆధునిక పారిశ్రామిక సాంకేతికత యొక్క అపార భౌగోళిక రాజకీయ సామర్థ్యాన్ని పూర్తిగా గుర్తించాయి. ముడిసరుకులు, మార్కెట్ల అవసరం సామ్రాజ్యవాదాన్ని సమర్థించగా, పారిశ్రామిక సాంకేతికతలు సామ్రాజ్య విజయాలను సులభతరం చేశాయి. ఉదాహరణకు నల్లమందు యుద్ధాలలో చైనీయులమీద బ్రిటిష్ విజయానికి ఆవిరి నౌకలు కీలకమయ్యాయి. పశ్చిమాన అమెరికా విస్తరణ, తూర్పు దక్షిణాలలో రష్యన్ విస్తరణలో రైలుమార్గాలు నిర్ణయాత్మక పాత్ర పోషించాయి. వాస్తవానికి, మొత్తం సామ్రాజ్య ప్రణాళికలు ట్రాన్స్-సైబీరియన్, ట్రాన్స్-కాస్పియన్ రష్యన్ లైన్లు, బెర్లిన్-బాగ్దాద్ రైలు మార్గం గురించి జర్మన్ కల, కైరోనుండి కేప్ వరకు రైల్వే నిర్మించాలనే బ్రిటిష్ కలవంటి రైలుమార్గాల నిర్మాణంచుట్టూ రూపుదిద్దుకున్నాయి.[3]

అయినప్పటికీ, చాలా రాజ్యాంగాలు వేగంగా పెరుగుతున్న పారిశ్రామిక ఆయుధ పోటీలో చేరలేదు. సోలమన్ దీవులకు చెందిన మెలనేషియన్ అధిపత్యాలు, కతార్ లోని అల్ థానీ తెగవంటి కొందరికి ఆ సామర్థ్యం లేదు. బర్మా సామ్రాజ్యం, అశాంతి సామ్రాజ్యం, చైనీస్ సామ్రాజ్యం వంటి ఇతర దేశాలకు సామర్థ్యం ఉండవచ్చు కానీ అందుకుతగిన సంకల్పం, దూరదృష్టి లోపించాయి. వారి పాలకులు, నివాసులు బ్రిటిష్ మిడ్లాండ్స్ వంటి ప్రదేశాలలో అభివృద్ధిని అనుసరించలేదు లేదా వాటితో తమకు పెద్దగా సంబంధం ఉందని అనుకోలేదు. బర్మాలోని ఇర్రావాడి బేసిన్ లేదా చైనాలోని యాంగ్జీ బేసిన్ లోని వరి రైతులు లివర్ పూల్–మాంచెస్టర్ రైల్వే గురించి ఎందుకు ఆందోళన చెందాలి? అయితే పంథొమ్మిదవ శతాబ్దం చివరినాటికి ఈ వరి రైతులు బ్రిటిష్ సామ్రాజ్యం చేత జయించబడ్డారు లేదా పరోక్షంగా దోపిడీకి గురయ్యారు. పారిశ్రామిక పరుగుపందెంలోని చాలామంది ఇతర దేశద్రిమ్మరులు కూడా ఏదో ఒక పారిశ్రామికశక్తి ఆధిపత్యంలో ఉన్నారు. కృత్రిమమేధ విషయంలోనూ ఇలాంటిదే ఏదో జరుగుతుందా?

21వ శతాబ్దపు తొలినాళ్లలో కృత్రిమ మేధను అభివృద్ధి చేసే పందెం ఊపందుకున్నప్పుడు, అది కూడా మొదట్లో కొన్ని దేశాల్లోని ప్రైవేటు పారిశ్రామికవేత్తల సారథ్యంలో నడిచింది. ప్రపంచ సమాచార ప్రవాహాన్ని కేంద్రీకృతం చేయడంపై వారు దృష్టి సారించారు. ప్రపంచంలోని సమాచారాన్నంతటినీ ఒకే చోట పొందుపర్చాలని గూగుల్ భావించింది. అమెజాన్ ప్రపంచంలోని షాపింగ్ మొత్తాన్ని కేంద్రీకృతం చేయడానికి ప్రయత్నించింది. ప్రపంచంలోని అన్ని సామాజిక రంగాలను అనుసంధానం చేయాలని ఫేస్ బుక్ ఆకాంక్షించింది. కానీ ఆ సమాచారమంతా ఒకేచోట ప్రాసెస్ చేయగలిగితే తప్ప ప్రపంచంలోని మొత్తం సమాచారాన్ని కేంద్రీకరించడం ఆచరణాత్మకము కాదు, సహాయకారి కాదు. 2000 సంవత్సరంలో గూగుల్ సెర్చ్ ఇంజిన్ తన తప్పటడుగులు వేస్తున్నప్పుడు, అమెజాన్ ఒక సాధారణ ఆన్లైన్ బుక్ షాప్ గా ఉన్నప్పుడు, మార్క్ జుకర్బర్గ్ హైస్కూల్లో ఉన్నప్పుడు, గణాంకాలను కేంద్రీకృతం చేయడానికి అవసరమైన కృత్రిమమేధ ఎక్కడా అందుబాటులో లేదు. కానీ కొందరు మాత్రం అది దగ్గర్లోనే ఉందని పందెం కట్టారు.

వైర్డ్ మ్యాగజైన్ వ్యవస్థాపక సంపాదకుడు కెవిన్ కెల్లీ 2002లో గూగుల్ లో జరిగిన ఒక చిన్న పార్టీకి హాజరైరై లారీ పేజ్ తో ఎలా సంభాషించాడో వివరించారు. “లారీ, నాకు ఇంకా అర్థం కాలేదు. ఎన్నో సెర్చ్ కంపెనీలు ఉన్నాయి. వెబ్ సెర్చ్, ఉచితమా? అది ఎక్కడికి తీసుకెళ్తుంది?” గూగుల్ సెర్చ్ పై అస్సలు దృష్టి పెట్టలేదని పేజ్ వివరించారు. తాము నిజంగానే కృత్రిమమేధని తయారు చేస్తున్నామని చెప్పారు.[4] గణాంకాలు అధికాధికంగా ఉండటంవల్ల కృత్రిమమేధ సృష్టి చేయడం సులభం అవుతుంది. కృత్రిమమేధ అపారమైన గణాంకాలను అపారమయినశక్తిగా మార్చగలదు.

2010 నాటికి ఆ కల సాకారమైంది. ప్రతిఒక్క ప్రధాన చరిత్రాత్మకక విప్లవం మాదిరిగానే, కృత్రిమమేధ పెరుగుదల అనేక దశలతో కూడిన క్రమక్రమమైన ప్రక్రియ. ప్రతి విప్లవం మాదిరిగానే, ఈ దశలలో కొన్ని లివర్పూల్–మాంచెస్టర్ రైల్వే ప్రారంభం వంటి మలుపులు కనిపించాయి. కృత్రిమమేధ కథపై వచ్చిన సాహిత్యంలో రెండు సంఘటనలు పదేపదే కనిపిస్తాయి. సెప్టెంబర్ 30, 2012న, అలెక్స్ నెట్ అనే కన్వల్యూషనల్ న్యూరల్ నెట్ వర్క్ ఇమేజ్ నెట్ లార్జ్ స్కేల్ విజువల్ రికగ్నిషన్ ఛాలెంజ్ ను గెలుచుకుంది.

కన్వల్యూషనల్ న్యూరల్ నెట్వర్క్ అంటే ఏమిటో మీకు తెలియకపోతే, ఇమేజ్ నెట్ ఛాలెంజ్ గురించి మీరు ఎప్పుడూ వినిఉండకపోతే, మీరు ఒంటరిగా లేరు. మనలో 99 శాతానికి పైగా ఇదే పరిస్థితిలో ఉన్నాము. అందుకే 2012 లో అలెక్స్ నెట్ విజయం మొదటి పేజీకి ఎక్కలేదు. కానీ కొంతమంది మాత్రం అలెక్స్ నెట్ విజయాన్ని గురించి విని గోడమీద ఉన్న రాతను అర్థం చేసుకోగలిగారు.

ఉదాహరణకు, ఇమేజ్ నెట్ మిలియన్ల డిజిటల్ చిత్రాల డేటాబేస్ అని వారికి తెలుసు. ఒక వెబ్ సైట్ ఎప్పుడైనా చిత్రాలను చూపించి, వాటిలో కారు లేదా పిల్లి ఉందని సూచించడం ద్వారా మీరు రోబోట్ కాదని నిరూపించమని మిమ్మల్ని అడిగారా? మీరు క్లిక్ చేసిన చిత్రాలు బహుశా ఇమేజ్ నెట్ డేటాబేస్ కు జోడించబడ్డాయి. మీరు ఆన్ లైన్లో అప్ లోడ్ చేసిన మీ పెంపుడు పిల్లి చిత్రాలను ట్యాగ్ చేయడం కూడా ఇదే జరిగి ఉండవచ్చు. ఇమేజ్ నెట్ లార్జ్ స్కేల్ విజువల్ రికగ్నిషన్ ఛాలెంజ్ వివిధ అల్గారిథమ్ లు డేటాబేస్ లో ఉన్న వివరణాత్మక చిత్రాలను ఎంత బాగా గుర్తించగలుగుతాయో పరీక్షిస్తుంది. అవి పిల్లులను సరిగ్గా గుర్తించగలవా? మానవులను అలా చేయమని అడిగినప్పుడు, వంద పిల్లి చిత్రాలలో తొంభై ఐదు పిల్లులు అని మనము సరిగ్గా గుర్తిస్తాము.. 2010 లో ఉత్తమ సూచనాక్రమాల సఫలత కేవలం 72 శాతం మాత్రమే. 2011 నాటికి సూచనాక్రమాల సఫలతసూచి రేటు 75 శాతానికి పెరిగింది. 2012 లో అలెక్స్ నెట్ సూచనాక్రమం ఈ సవాలును గెలుచుకుంది. 85 శాతం సఫలత సూచీ సాధించి కృత్రిమమేధ నిపుణుల సమాజాన్ని ఆశ్చర్యచకితులను చేసింది. ఈ మెరుగుదల సామాన్యులకు అంతగా అనిపించకపోవచ్చు. కాని కృత్రిమమేధ పరిధిలో వేగవంతమైన పురోగతి సాధ్యమని ఇది నిపుణులకు ప్రదర్శించింది. 2015 నాటికి మైక్రోసాఫ్ట్ సూచనాక్రమం 96 శాతం నిర్దిష్టత సాధించింది. పిల్లుల చిత్రాలను గుర్తించటంలో మానవ సామర్థ్యాన్ని అధిగమించింది.

2016 లో, ది ఎకనామిస్ట్ "ఫ్రమ్ నాట్ వర్కింగ్ టు న్యూరల్ నెట్వర్కింగ్" అనే శీర్షికతో ఒక వ్యాసాన్ని ప్రచురించింది. అందులో "ఆదినుంచి అహంకారంతో, నిరాశలతో ముడిపడి ఉన్న కృత్రిమ మేధస్సు సాంకేతిక పరిజ్ఞానంలో అకస్మాత్తుగా

అత్యంత తీక్ష్ణమయిన రంగంగా ఎలా మారింది?" అని ప్రశ్నించింది. ఇది అలెక్స్ నెట్ విజయాన్ని "కృత్రిమమేధ సమాజంలోనే కాక మొత్తం సాంకేతికవిజ్ఞాన పరిశ్రమ అంతటా ప్రజలు తీక్ష్ణదృష్టి సారించటం ప్రారంభించిన క్షణం" అని సూచించింది. పిల్లి ఫోటోను పట్టుకున్న రోబోటిక్ చేతితో ఈ వ్యాసాన్ని చిత్రీకరించారు.[5]

వినియోగదారులకు, పన్ను వసూలుదారులకు ఒక్క పైసా కూడా చెల్లించకుండా సాంకేతిక దిగ్గజాలు ప్రపంచం నలుమూలలనుంచి సేకరించిన పిల్లుల చిత్రాలన్నీ ఎంతో విలువైనవిగా మారాయి. కృత్రిమమేధపరుగు కొనసాగుతోంది. పోటీదారులు పిల్లుల చిత్రాలకోసం పరుగులు తీస్తున్నారు. అలెక్స్ నెట్ ఇమేజ్ నెట్ ఛాలెంజ్ కు సిద్ధమవుతున్న సమయంలో, గూగుల్ కూడా పిల్లి చిత్రాలపై తన కృత్రిమమేధకి శిక్షణ ఇస్తున్నది. మియో జనరేటర్ అనేపేరున పిల్లల చిత్రాలను సృష్టించే కృత్రిమ మేధను కూడా సృష్టించింది.[6] అందమైన పిల్లులను గుర్తించడం ద్వారా అభివృద్ధి చేసిన సాంకేతిక పరిజ్ఞానాన్ని తరువాత మరింత దోపిడి ప్రయోజనాలకోసం ఉపయోగించారు. ఉదాహరణకు, ఆక్రమిత భూభాగాలలో పాలస్తీనియన్ల ముఖాలు గుర్తించటం కోసం ఇజ్రాయిల్ సైనికులు ఉపయోగించే రెడ్ వుల్ఫ్, బ్లూ వుల్ఫ్, వుల్ఫ్ ప్యాక్ అనువర్తనాలను సృష్టించడానికి ఇజ్రాయెల్ దానిపై ఆధారపడింది.[7] పిల్లుల చిత్రాలను గుర్తించే సామర్థ్యం ఇరాన్ మహిళలను స్వయంచాలకంగా గుర్తించడానికి, దాని హిజాబ్ చట్టాలను అమలు చేయడానికి ఉపయోగించే సూచనాక్రమాలకు దారితీసింది. అధ్యాయం 8 లో వివరించినట్లుగా, యాంత్రికశిక్షణ సూచనాక్రమాలకు శిక్షణ ఇవ్వడానికి భారీ మొత్తంలో గణాంకాలు అవసరం. కోట్లాది పిల్లి చిత్రాలను ప్రపంచవ్యాప్తంగా ప్రజలు ఉచితంగా అప్ లోడ్ చేసి, వ్యాఖ్యానించి ఉండకపోతే, అలెక్స్ నెట్ సూచనాక్రమానికి, లేదా మియో జనరేటర్ కు శిక్షణ ఇవ్వడం సాధ్యమయ్యేది కాదు. తదనంతరం ఇది దీర్ఘకాలిక ఆర్థిక, రాజకీయ, సైనిక సామర్థ్యం ఉన్న తదుపరి కృత్రిమమేధలకు మూలాధారంగా పనిచేసింది.[8]

పంథొమ్మిదవ శతాబ్దం ప్రారంభంలో రైల్వేలను నిర్మించే ప్రయత్నానికి ప్రైవేట్ పారిశ్రామికవేత్తలు మార్గదర్శకత్వం వహించినట్లే, ఇరవై ఒకటవ శతాబ్దం ప్రారంభంలో కృత్రిమమేధ రేసులో ప్రైవేట్ సంస్థలు ప్రారంభ ప్రధాన పోటీదారులుగా ఉన్నాయి. గూగుల్, ఫేస్ బుక్, అలీబాబా, బైదు సంస్థల కార్యనిర్వాహకులు, పిల్లి చిత్రాలను గుర్తించటంలోని విలువను దేశాధ్యక్షులు, జనరల్స్ కంటే ముందే కనిపెట్టారు. 2016 మార్చి మధ్యలో దేశాధ్యక్షులు, సైన్యాధిపతులు ఏం జరుగుతోందో గమనించిన రెండో ఘట్టం జరిగింది. లీ సెడోల్ పై గూగుల్ కు చెందిన ఆల్ఫాగో సాధించిన విజయం ఇది. అలెక్స్ నెట్ సాధించిన విజయాన్ని రాజకీయనాయకులు పెద్దగా పట్టించుకోకపోగా, ఆల్ఫాగో విజయం ప్రభుత్వ కార్యాలయాల్లో, ముఖ్యంగా తూర్పు ఆసియాలో ప్రకంపనలు సృష్టించింది. చైనా, పొరుగు దేశాలలో గో ఒక

సాంస్కృతికనిధి అయి కూర్చున్నది. ఔత్సాహిక వ్యూహకర్తలకు, సిద్ధాంత నిర్ణేతలకు అనువైన శిక్షణగా పరిగణించబడుతున్నది. 2016 మార్చిలో కృత్రిమమేధ యుగం మొదలైనట్లు చైనా ప్రభుత్వం గుర్తించింది.[9]

జరుగుతున్న చరిత్ర పూర్తిప్రాముఖ్యతను మొట్టమొదటగా చైనాప్రభుత్వం అర్థం చేసుకోవడంలో ఆశ్చర్యం లేదు. పంథొమ్మిదవ శతాబ్దంలో, పారిశ్రామిక విప్లవం సామర్థ్యాన్ని గుర్తించడంలో చైనా వెనకబడింది. రైలుమార్గాలు, ఆవిరి నౌకలు వంటి ఆవిష్కరణలను ఆమోదించి, అనుసరించటంలో ఆలసించింది. తత్ఫలితంగా చైనీయులు "అవమానాల శతాబ్దం" అని పిలిచే బాధాశకం అనుభవించింది. శతాబ్దాలుగా ప్రపంచంలోనే అతిపెద్ద అగ్రరాజ్యంగా ఉన్న చైనా ఆధునిక పారిశ్రామిక సాంకేతిక పరిజ్ఞానాన్ని అందిపుచ్చుకోవడంలో విఫలం కావడం చైనాను మోకాటిదండ వేయించింది. ఆ దేశం యుద్ధాలలో పదేపదే ఓడిపోయింది, పాక్షికంగా విదేశీయులచే జయించబడింది. రైలుమార్గాలను, ఆవిరి నౌకలను అర్థం చేసుకున్న శక్తులచేతిలో పూర్తిగా దోపిడీ అయింది. చేజిక్కిన అవకాశం ఇంకెప్పుడూ వదలబోమని చైనీయులు ప్రతిజ్ఞ చేశారు.

2017 లో, చైనా ప్రభుత్వం తన "న్యూ జనరేషన్ ఆర్టిఫిషియల్ ఇంటెలిజెన్స్ ప్లాన్" ను విడుదల చేసింది. ఇది "2030 నాటికి, చైనా కృత్రిమమేధ సిద్ధాంతాలు, సాంకేతికతలు, అనువర్తనం ప్రపంచంలో అగ్రస్థానాలు సాధించాలి. చైనాను ప్రపంచంలోని ప్రాథమిక కృత్రిమ మేధ ఆవిష్కరణ కేంద్రంగా చేయాలి." అని ప్రకటించింది.[10] తరువాతి సంవత్సరాలలో చైనా కృత్రిమమేధకు అపారమైన వనరులను కుమ్మరించింది, తద్వారా 2020 ల ప్రారంభం నాటికి ఇది ఇప్పటికే అనేక కృత్రిమమేధ సంబంధిత రంగాలలో ప్రపంచానికి నాయకత్వం వహిస్తోంది . మరికొన్నింటిలో యునైటెడ్ స్టేట్స్ తో సరితూగటానికి ప్రయత్నిస్తున్నది.[11]

వాస్తవానికి, కృత్రిమమేధ ప్రాముఖ్యతను గురించి మేల్కొన్నది ఒక్క చైనా ప్రభుత్వం మాత్రమే కాదు. సెప్టెంబర్ 1, 2017న రష్యా అధ్యక్షుడు పుతిన్ "కృత్రిమ మేధస్సు అనేది రష్యాకే కాదు, సమస్త మానవాళికి భవిష్యత్తు. . . ఈ రంగంలో ఎవరైతే నాయకులవుతారో వారే లోకానికి పాలకులవుతారు. 2018 జనవరిలో భారత ప్రధాని మోదీ 'గణాంకాలను నియంత్రించే వారే ప్రపంచాన్ని నియంత్రిస్తారు' అని అంగీకరించారు.[12] ఫిబ్రవరి 2019 లో, అధ్యక్షుడు ట్రంప్ కృత్రిమమేధపై ఒక కార్యనిర్వాహక ఉత్తర్వుమీద సంతకం చేశారు, "కృత్రిమమేధ యుగం వచ్చింది." అనీ, "యునైటెడ్ స్టేట్స్ ఆర్థిక, జాతీయ భద్రతను నిర్వహించడానికి కృత్రిమమేధస్సులో అమెరికన్ నాయకత్వాన్ని కొనసాగించడం చాలా" అని పేర్కొన్నారు.[13] ఆ సమయంలో యునైటెడ్ స్టేట్స్ ఇప్పటికే కృత్రిమమేధ రేసులో అగ్రగామిగా ఉంది, దీనికి ప్రధాన కారణం దార్శనిక ప్రైవేట్ పారిశ్రామికవేత్తల ప్రయత్నాలకు

ధన్యవాదాలు. కానీ కార్పొరేషన్ల మధ్య వాణిజ్య పోటీగా ప్రారంభమైనది ప్రభుత్వాల మధ్య పోటీగా లేదా బహుశా ఇంకా నిశితంగా చెప్పాలంటే, పోటీ జట్ల మధ్య పోటీగా మారుతోంది. ప్రతి ఒక్క బృందము ఒక ప్రభుత్వం, అనేక కార్పొరేషన్లతో తయారయింది. విజేతకు బహుమతి? ప్రపంచ ఆధిపత్యం..

గణాంక వలసవాదం

పదహారవ శతాబ్దంలో, స్పానిష్, పోర్చుగీస్, డచ్ విజేతలు చరిత్రలో మొదటగా ప్రపంచ సామ్రాజ్యాలను నిర్మిస్తున్నప్పుడు, వారు నౌకలు, గుర్రాలు గన్ పౌడర్లతో వచ్చారు. పంధొమ్మిదవ, ఇరవయ్యవ శతాబ్దాలలో బ్రిటిష్, రష్యన్లు, జపనీయులు ఆధిపత్యం కోసం ప్రయత్నాలు చేసినప్పుడు, వారు ఆవిరి నౌకలు, రైలుబండ్లు, మెషిన్ గన్ లమీద ఆధారపడ్డారు. ఇరవై ఒకటవ శతాబ్దంలో, ఒక కాలనీమీద ఆధిపత్యం చెలాయించడానికి, మీరు ఇకపై గన్ బోట్లను పంపాల్సిన అవసరం లేదు. మీరు గణాంకాలను బయటకు తీయాలి. ప్రపంచంలోని గణాంకాలను సేకరించే కొన్ని సంస్థలు లేదా ప్రభుత్వాలు మిగిలిన ప్రపంచాన్ని గణాంకాల కాలనీలుగా మార్చగలవు– వారు బహిరంగ సైనిక బలంతో కాకుండా సమాచార సహాయంతో నియంత్రించే భూభాగాలు.[14]

రాబోయే ఇరవై ఏళ్లలో జరగబోయే పరిస్థితి ఊహించండి. బీజింగ్ లేదా శాన్ ఫ్రాన్సిస్కోలో ఎవరైనా మీ దేశంలోని ప్రతి రాజకీయ నాయకుడు, పాత్రికేయుడు, కల్నల్ మరియు సిఇఒ యొక్క మొత్తం వ్యక్తిగత చరిత్రను - వారు పంపిన ప్రతి వచనం, వారు చేసిన ప్రతి వెబ్ శోధన, వారు అనుభవించిన ప్రతి అనారోగ్యం, వారు అనుభవించిన ప్రతి లైంగిక కలయిక, వారు చెప్పిన ప్రతి జోక్, వారు తీసుకున్న ప్రతి లంచం - కలిగి ఉన్న పరిస్తితి ఊహించండి. మీరు ఇంకా స్వతంత్ర దేశంలో నివసిస్తున్నారా, లేకపోతే ఒక గణాంకాల కాలనీలో నివసిస్తున్నారా? మీ దేశం డిజిటల్ మౌలిక సదుపాయాలమీద, కృత్రిమ మేధ ఆధారిత వ్యవస్థలమీద పూర్తిగా ఆధారపడినప్పుడు ఏమి జరుగుతుంది?

అటువంటి పరిస్థితి ఒక కొత్త రకమైన గణాంక వలసవాదానికి దారితీస్తుంది. దీనిలో దూరతీరాలలో ఉన్న కాలనీలపై ఆధిపత్యం సాధించడానికి గణాంక నియంత్రణను ప్రయోగిస్తారు.. కృత్రిమమేధమీద, గణాంకాలమీద ఆధిపత్యం సాధించడం వల్ల కొత్త సామ్రాజ్యాలు ప్రజల సావధానతకూడా నియంత్రించవచ్చు. 2010వ దశకంలో ఫేస్ బుక్, యూట్యూబ్ వంటి అమెరికన్ సామాజిక మాధ్యమ దిగ్గజాలు లాభాపేక్షతో మయన్మార్, బ్రెజిల్ వంటి సుదూర దేశాల రాజకీయాలను తుంగలో తొక్కాయి. భవిష్యత్తులో రాజకీయ ప్రయోజనాల కోసం డిజిటల్ సామ్రాజ్యాలు ఇలాంటిపనులే చేయవచ్చు.

మానసిక యుద్ధాలు, గణాంక వలసవాదం, సమాచార అంతరిక్షమ్మీద నియంత్రణ కోల్పోవడం వంటి భయాలతో ఇప్పటికే చాలా దేశాలు ప్రమాదకరమైన యాప్ లను బ్లాక్ చేశాయి. ఫేస్ బుక్, యూట్యూబ్ తోపాటు అనేక ఇతర పాశ్చాత్య సామాజిక మాధ్యమ అనువర్తనాలను, వెబ్ సైట్లను చైనా నిషేధించింది. రష్యా దాదాపు అన్ని పాశ్చాత్య సామాజిక మాధ్యమాల యాప్ లతో పాటు కొన్ని చైనీస్ యాప్ లనుకూడా నిషేధించింది. భారత సార్వభౌమత్వం, సమగ్రత, భారతదేశ రక్షణ, రాష్ట్ర భద్రత, ప్రజాభద్రతలకు భంగం కలిగించేలా ఉన్నాయనే కారణంతో 2020 లో టిక్ టాక్, వుయ్ చాట్, ఇంకా అనేక ఇతర చైనా యాప్ లను భారత్ నిషేధించింది.[15] టిక్ టాక్ ను నిషేధించాలా వద్దా అని యునైటెడ్ స్టేట్స్ చర్చిస్తోంది . ఆ యాప్ చైనా ప్రయోజనాలకు ఉపయోగపడుతుందని ఆందోళన. 2023 నాటికి దాదాపు అన్ని ఫెడరల్ ఉద్యోగులు, రాష్ట్ర ఉద్యోగులు మరియు ప్రభుత్వ కాంట్రాక్టర్ల పరికరాలలో దీనిని ఉపయోగించడం చట్టవిరుద్ధం అయింది.[16] యూకే, న్యూజిలాండ్ తదితర దేశాల చట్టసభ సభ్యులు కూడా టిక్ టాక్ ను గురించి ఆందోళన వ్యక్తం చేశారు.[17] ఇరాన్ నుంచి ఇథియోపియా వరకు ఫేస్ బుక్, ట్విట్టర్, యూట్యూబ్, టెలిగ్రామ్, ఇన్స్టాగ్రామ్ వంటి పలు యాప్‌లను ప్రభుత్వాలు నిషేధించాయి.

గణాంక వలసవాదం సామాజిక పరపతి వ్యవస్థల వ్యాప్తిలో కూడా వ్యక్తమవుతుంది. ఉదాహరణకు, గ్లోబల్ డిజిటల్ ఆర్థికవ్యవస్థలో ఒక ఆధిపత్యం చలాయించగలవ్యక్తి తనకు వీలైన చోట గణాంకాలను సేకరించి, స్వజాతీయులను మాత్రమే కాకుండా ప్రపంచవ్యాప్తంగా ఉన్న ప్రజల పరపతి వెలకట్టే ఒక సామాజిక పరపతి వ్యవస్థను స్థాపించాలని నిర్ణయించుకుంటే ఏమి జరుగుతుంది? విదేశీయులు తమ స్కోరును తగ్గించుకోలేరు. ఎందుకంటే ఇది విమానాల టిక్కెట్ల కొనుగోలు నుండి వీసాలు, స్కాలర్షిప్ లనుంచి ఉద్యోగాలకోసం దరఖాస్తు చేయడం వరకు అనేక విధాలుగా వారిని ప్రభావితం చేస్తుంది. పర్యాటకులు స్వదేశంలో కూడా రెస్టారెంట్లను, విహార గృహాలను వెలకట్టడానికి ట్రిప్ అడ్వైజర్, ఎయిర్ బి ఎన్ బి వంటి విదేశీ సంస్థలు ఇచ్చిన గ్లోబల్ స్కోర్లను ఉపయోగించినట్లే, ప్రపంచవ్యాప్తంగా ప్రజలు వాణిజ్య లావాదేవీల కోసం యుఎస్ డాలర్ను ఉపయోగిస్తున్నట్లే, ప్రతిచోటా ప్రజలు స్థానిక సామాజిక పరస్పర చర్యల కోసం చైనీస్ లేదా అమెరికన్ సామాజిక పరపతి స్కోరును ఉపయోగించడం ప్రారంభించవచ్చు.

గణాంక వలసవాసంగా మారడంవల్ల ఆర్థిక, రాజకీయ, సామాజిక పరిణామాలు ఉంటాయి. పంథొమ్మిదవ, ఇరవయ్యవ శతాబ్దాలలో, మీరు బెల్జియం లేదా బ్రిటన్ వంటి పారిశ్రామిక శక్తి యొక్క కాలనీ అయితే, మీరు సాధారణంగా ముడి సరుకులను అందించారని అర్థం. అయితే అత్యధిక లాభాలను ఆర్జించిన అత్యాధునిక పరిశ్రమలు సామ్రాజ్య కేంద్రంలో ఉన్నాయి. ఈజిప్టు బ్రిటన్ కు పత్తిని

ఎగుమతి చేసింది. ఉన్నత నాణ్యతగల వస్త్రాలను దిగుమతి చేసుకుంది. మలయా టైర్లకు రబ్బరును అందించింది; కోవెంట్రీ కార్లను తయారు చేసింది.[18]

గణాంకాల వలసవాదంతో ఇలాంటిదేదో జరిగే అవకాశం ఉంది. కృత్రిమమేధ పరిశ్రమకు ముడిసరుకు గణాంకాలు. చిత్రాలను గుర్తించే కృత్రిమమేధని ఉత్పత్తి చేయడానికి, మీకు పిల్లల ఫోటోలు అవసరం. అధునాతన ఫ్యాషన్ ను తయారు చేయడానికి, మీకు ఫ్యాషన్ పోకడలకు సంబంధించిన గణాంకాలు అవసరం. స్వయంపాలిత వాహనాలను ఉత్పత్తి చేయడానికి, మీకు ట్రాఫిక్ నమూనాలను గురించి, కారు ప్రమాదాల గురించి గణాంకాలు అవసరం. ఆరోగ్య సంరక్షణ కృత్రిమమేధని ఉత్పత్తి చేయడానికి, మీకు జన్యువులను గురించి, వైద్యపరిస్థితులను గురించి గణాంకాలు అవసరం. ఒక కొత్త సామ్రాజ్య సమాచార ఆర్థికవ్యవస్థలో, ముడి గణాంకాలు ప్రపంచవ్యాప్తంగా సేకరించబడుతాయి. సామ్రాజ్య కేంద్రానికి ప్రవహిస్తాయి.. అక్కడ పిల్లులను గుర్తించడం, ఫ్యాషన్ పోకడలను అంచనా వేయటం, స్వయంపాలిత వాహనాలను నడపడం, వ్యాధులను నిర్ధారించడం వంటి అత్యాధునిక సాంకేతిక పరిజ్ఞానాన్ని అభివృద్ధి చేయనున్నారు. ఈ సూచనాక్రమాలు తిరిగి గణాంక కాలనీలకు ఎగుమతి చేయబడతాయి. ఈజిప్టు, మలేషియాల నుండి వచ్చిన గణాంకాలు శాన్ ఫ్రాన్సిస్కో లేదా బీజింగ్ లో ఒక సంస్థను ధనవంతులను చేస్తాయి.. కైరో, కౌలాలంపూర్ లోని ప్రజలు పేదలుగా మిగిలిపోయారు, ఎందుకంటే లాభాలు లేదా అధికారం తిరిగి పంపిణీ చేయబడవు.

కొత్త సమాచార ఆర్థిక వ్యవస్థ యొక్క స్వభావం ఇంపీరియల్ హబ్‌కు దోపిడీ కాలనికీ మధ్య అసమతుల్యతను గతంలో కంటే మరింత దిగజార్చవచ్చు. ప్రాచీన కాలంలో సమాచారం కంటే భూమి అత్యంత ముఖ్యమైన ఆర్థిక ఆస్తిగా ఉండేది. దీనివల్ల సంపద, అధికారాలన్నీ ఒకే హబ్ లో కేంద్రీకృతం కావడానికి ఆస్కారం లేకుండా పోయింది. భూమి సర్వాధిపత్యంగా ఉన్నంత కాలం, గణనీయమైన సంపద, అధికారం సదా ప్రాంతీయ భూస్వాముల చేతుల్లోనే ఉండేవి. ఉదాహరణకు, ఒక రోమన్ చక్రవర్తి ఒకదాని తర్వాత మరొకటి ప్రాంతీయ తిరుగుబాటులను అణచివేయగలడు. కాని చివరి తిరుగుబాటు అధిపతిని నిర్వీర్యం చేసిన మరుసటి రోజు, కేంద్ర అధికారాన్ని సవాలు చేయగల కొత్త ప్రాంతీయ భూస్వాముల సమూహాన్ని నియమించడం తప్ప ఆయనకు వేరేమార్గం లేదు. రోమన్ సామ్రాజ్యంలో, ఇటలీ రాజకీయ అధికార కేంద్రంగా ఉన్నప్పటికీ, ధనికరాష్ట్రాలు అన్నీ తూర్పు మధ్యధరాప్రాంతంలో ఉన్నాయి. నైలు లోయలోని సారవంతమైన పొలాలను ఇటాలియన్ ద్వీపకల్పానికి తరలించడం అసాధ్యం.[19] చివరికి చక్రవర్తులు రోమ్ నగరాన్నిఅనాగరికులకు విడిచిపెట్టి రాజకీయ అధికార పీఠాన్నిసంపత్సమృద్ధమయిన తూర్పుకు, కాన్స్టాంటినోపుల్ కు మార్చారు.

పారిశ్రామిక విప్లవ సమయంలో భూమికంటే యంత్రాలు ప్రాముఖ్యత సంతరించుకున్నాయి. కర్మాగారాలు, గనులు, రైలు మార్గాలు, విద్యుత్ కేంద్రాలు అత్యంత విలువైన ఆస్తులుగా మారాయి. ఈ తరహా ఆస్తులను ఒకే చోట కేంద్రీకరించడం కొంత సులభం. బ్రిటిష్ సామ్రాజ్యం తన సొంత ద్వీపాలలో పారిశ్రామిక ఉత్పత్తిని కేంద్రీకరించ గలిగింది. భారతదేశం, ఈజిప్ట్ ఇరాక్ ల నుంచి ముడి పదార్థాలను సంపాదించింది. బర్మింగ్ హామ్ లేదా బెల్ఫాస్ట్ లో తయారైన వస్తువులను తిరిగి వారికి విక్రయించింది. రోమన్ సామ్రాజ్యంలో మాదిరిగా కాకుండా, బ్రిటన్ రాజకీయ, ఆర్థిక అధికారాలు రెండింటికీ కేంద్రంగా ఉంది. కానీ భౌతిక శాస్త్రం, భూగర్భశాస్త్రం ఇప్పటికీ ఈ శక్తి, సంపదల కేంద్రీకరణకు సహజ పరిమితులను విధించాయి. బ్రిటిష్ వారు ప్రతి పత్తి మిల్లును కలకత్తా నుండి మాంచెస్టర్ కు తరలించలేకపోయారు. అలాగే చమురు బావులను కిర్కుక్ నుండి యార్క్ షైర్ కు తరలించలేకపోయారు.

సమాచారం విషయం వేరు. పత్తి, చమురుల మాదిరిగా కాకుండా, డిజిటల్ గణాంకాలను మలేషియానుంచి లేదా ఈజిప్ట్ నుండి బీజింగ్ కు లేదా శాన్ ఫ్రాన్సిస్కోకు కాంతి వేగంతో పంపవచ్చు. భూమి, చమురు క్షేత్రాలు లేదా వస్త్ర కర్మాగారాల మాదిరిగా కాకుండా, సూచనాక్రమాలు ఎక్కువ స్థలాన్ని ఆక్రమించవు. పర్యవసానంగా, పారిశ్రామికశక్తిలాగా కాకుండా,ప్రపంచంలోని సూచనాక్రమశక్తిని ఒకే నడిబొడ్డున కేంద్రీకరించవచ్చు. ఒకే దేశంలో ఇంజనీర్లు కోడ్ రాసి ప్రపంచం మొత్తాన్ని నడిపే కీలకమైన సూచనాక్రమాల మీటలను నియంత్రించవచ్చు.

వాస్తవానికి, ఆర్టిఫిషియల్ ఇంటెలిజెన్స్ వస్త్రపరిశ్రమ వంటి కొన్ని సాంప్రదాయ పరిశ్రమల నిర్ణయాత్మక ఆస్తులను కూడా ఒకేచోట కేంద్రీకరించడానికి కృత్రిమమేధ వసతి కల్పిస్తుంది. పంథొమ్మిదవ శతాబ్దంలో, వస్త్రపరిశ్రమను నియంత్రించడమంటే విశాలమైన పత్తి పొలాలు, భారీయాంత్రిక ఉత్పత్తి సాధనాలను నియంత్రించడం. 21వ శతాబ్దంలో వస్త్ర పరిశ్రమకు పత్తికంటే, యంత్రాలకంటే కూడా అత్యంత ముఖ్యమయిన ఆస్తి సమాచారం. పోటీదారులను ఓడించాలంటే , వస్త్ర ఉత్పత్తిదారుకు వినియోగదారుల ఇష్టాయిష్టాలను గురించిన సమాచారం అవసరం. దానికితోడు ఫ్యాషన్లను అంచనావేసే లేదా తయారుచేసే సామర్థ్యం అవసరం. ఈ రకమైన సమాచారాన్ని నియంత్రించడం ద్వారా, అమెజాన్, అలీబాబాల వంటి హైటెక్ దిగ్గజాలు వస్త్ర పరిశ్రమవంటి చాలా సాంప్రదాయ పరిశ్రమకు కూడా గుత్తాధిపత్యం చేకూర్చగలవు. 2021 లో, అమెజాన్ యునైటెడ్ స్టేట్స్ లో దుస్తులకు అందరికంటే పెద్ద ఏకైక చిల్లర వ్యాపారిగా మారింది.[20]

అంతేకాక, కృత్రిమ మేధ, రోబోలు, 3-డి ప్రింటర్లు బట్టల ఉత్పత్తిని స్వయం చాలితం చేస్తున్నప్పుడు, లక్షలాది మంది కార్మికులు తమ ఉద్యోగాలను కోల్పోతారు,

ఇది జాతీయ ఆర్థిక వ్యవస్థలను, ప్రపంచ అధికార సమతుల్యతను దెబ్బతీస్తుంది. ఉదాహరణకు, ఐరోపాలో స్వయంచాలనం వస్త్రాల ఉత్పత్తిని చౌక చేస్తే పాకిస్తాన్ , బంగ్లాదేశ్ ల ఆర్థిక వ్యవస్థలు, రాజకీయాల పరిస్థితి ఏమవుతుంది? టెక్స్ టైల్ రంగం ప్రస్తుతం పాకిస్తాన్ మొత్తం శ్రామిక శక్తిలో 40% మందికి ఉపాధిని కల్పిస్తున్నది. బంగ్లాదేశ్ ఎగుమతి సంపాదనలో 84% వాటా ఆ టెక్స్ టైల్ రంగంనించే వస్తుంది.[21] అధ్యాయం 7 లో చెప్పినట్లుగా, యాంత్రీకరణం మిలియన్లమంది టెక్స్టైల్ కార్మికులను అనవసరం చేస్తుంది, అయితే ఇది అనేక కొత్త ఉద్యోగాలను కూడా సృష్టిస్తుంచవచ్చు. ఉదాహరణకు, కోడర్లకు, గణాంక విశ్లేషకులకు డిమాండ్ భారీగా పెరగవచ్చు. కానీ నిరుద్యోగ కర్మాగారాన్ని గణాంక విశ్లేషణ కేంద్రంగా మార్చడానికి శిక్షణలో గణనీయమైన ముందస్తు పెట్టుబడి అవసరం. పాకిస్తాన్, బంగ్లాదేశ్ లకు ఆ డబ్బు ఎక్కడి నుంచి వస్తుంది?

అందువల్ల కృత్రిమమేధ, స్వయంచాలనం అభివృద్ధి చెందుతున్న పేదదేశాలకు ప్రత్యేకమైన సవాలుగా నిలుస్తున్నాయి. కృత్రిమమేధమీద నడిచే ఆర్థిక వ్యవస్థలో, డిజిటల్ లీడర్లు లాభాలలో భారీవాటా స్వాహా చేస్తారు.. వారి శ్రామిక శక్తికి తిరిగి శిక్షణ ఇవ్వడానికి, మరింత లాభాలు సంపాదించటానికి తమ సంపదను ఉపయోగించవచ్చు. ఇంతలో, వెనుకబడిన దేశాలలో నైపుణ్యం లేని కార్మికుల విలువ క్షీణిస్తుంది. వారి శ్రామిక శక్తికి తిరిగి శిక్షణ ఇవ్వడానికి వారికి వనరులు ఉండవు. అందువల్ల వారు మరింత వెనుకబడిపోతారు. ఫలితంగా శాన్ఫ్రాన్సిస్కో, షాంఘై నగరాల్లో కొత్త ఉద్యోగాలు, అపారమైన సంపద, ప్రపంచంలోని అనేక ఇతర ప్రాంతాలు ఆర్థిక వినాశనాన్ని ఎదుర్కొంటున్నాయి.[22] గ్లోబల్ అకౌంటింగ్ సంస్థ ప్రైస్ వాటర్ హౌస్ కూపర్స్ చెప్పిన ప్రకారం, 2030 నాటికి ప్రపంచఆర్థిక వ్యవస్థకు కృత్రిమ మేధ 15.7 ట్రిలియన్ డాలర్లు సమకూర్చుతుందని భావిస్తున్నారు. కానీ ప్రస్తుత ధోరణులు ఇలాగే కొనసాగితే, కృత్రిమమేధలో రెండు ప్రముఖ అగ్రరాజ్యాలైన చైనా, ఉత్తర అమెరికాలు కలిసి ఆ డబ్బులో 70 శాతాన్ని ఇంటికి తీసుకువెళ్తాయని అంచనా.[23]

వెబ్ నుంచి కకూన్ వరకు

ఈ ఆర్థిక, భౌగోళిక రాజకీయ గతిశాస్త్రం ప్రపంచాన్ని రెండు డిజిటల్ సామ్రాజ్యాల మధ్య విభజించగలదు. ప్రచ్ఛన్న యుద్ధ సమయంలో, ఇనుపతెర చాలాచోట్ల అక్షరాలా లోహంతో తయారు చేయబడింది: ఇనపముళ్లకంచె ఒక దేశాన్ని మరొక దేశాన్ని వేరు చేసింది. ఇప్పుడు ప్రపంచం సిలికన్ కర్టెన్ ద్వారా దినదినాభివృద్ధిగా విభజన అవుతున్నది. సిలికన్ కర్టెన్ కోడ్ తో తయారయింది. ఇది ప్రపంచంలోని

ప్రతి స్మార్ట్ ఫోన్, కంప్యూటర్, సర్వర్ల గుండా వెళుతుంది. మీ స్మార్ట్ ఫోన్లోని కోడ్ మీరు సిలికన్ కర్టెన్ యొక్క ఏ వైపు నివసిస్తున్నారు, ఏ సూచనాక్రమాలు మీ జీవితాన్ని నడుపుతాయి, మీ దృష్టిని ఎవరు నియంత్రిస్తారు మీ గణాంకాలు ఎటు ప్రవహిస్తాయో నిర్ణయిస్తుంది.

సిలికన్ కర్టెన్ దాటి అంటే చైనా, యునైటెడ్ స్టేట్స్ మధ్య, లేదా రష్యా, యూరోపియన్ యూనియన్ల మధ్య, సమాచారాన్ని సంపాదించటం కష్టంగా మారుతోంది. అంతేకాక, రెండు వైపులా వేర్వేరు కంప్యూటర్ కోడ్లను ఉపయోగించి వేర్వేరు డిజిటల్ నెట్ వర్క్లో ఎక్కువగా నడుస్తున్నాయి. ప్రతి రంగం వేర్వేరు నిబంధనలను అనుసరిస్తుంది. వేర్వేరు ప్రయోజనాలను అందిస్తుంది. చైనాలో, కొత్త డిజిటల్ టెక్నాలజీ అతిముఖ్యమైన లక్ష్యం రాష్ట్రాన్ని బలోపేతం చేసి, ప్రభుత్వ విధానాలకు సేవచేయడం. కృత్రిమమేధ సాధనాలను అభివృద్ధి చేయడంలో, ఉపయోగించడంలో ప్రైవేట్ సంస్థలకు కొంత స్వయంప్రతిపత్తి ఇవ్వబడినప్పటికీ, వారి ఆర్థిక కార్యకలాపాలు అంతిమంగా ప్రభుత్వ రాజకీయ లక్ష్యాలకు లోబడి ఉంటాయి. ఈ రాజకీయ లక్ష్యాలు ఆన్ లైన్ లోనూ, ఆఫ్ లైన్ లోనూకూడా సాపేక్షంగా అత్యధికస్థాయి నిఘాను కూడా సమర్థిస్తాయి. ఉదాహరణకు, చైనా పౌరులు, అధికారులు ప్రజల గోప్యత గురించి శ్రద్ధ వహిస్తున్నప్పటికీ, మొత్తం ప్రజల జీవితాలను కవర్ చేసే సామాజిక పరపతి వ్యవస్థలను అభివృద్ధి చేయడంలో, మోహరించడంలో చైనా ఇప్పటికే యునైటెడ్ స్టేట్స్ ఇంకా ఇతర పాశ్చాత్య దేశాల కంటే చాలా ముందంజలో ఉన్నది.[24]

యునైటెడ్ స్టేట్స్ లో, ప్రభుత్వం మరింత పరిమిత పాత్ర పోషిస్తుంది. కృత్రిమమేధ అభివృద్ధికి, మోహరింపుకు ప్రైవేట్ సంస్థలు నాయకత్వం వహిస్తాయి,. అంతేకాక, అనేక కొత్త కృత్రిమమేధ సాధనాల అంతిమ లక్ష్యం అమెరికన్ ప్రభుత్వాన్ని లేదా ప్రస్తుత పరిపాలనను బలోపేతం చేయడం కంటే సాంకేతిక దిగ్గజాలను సుసంపన్నం చేయడం. వాస్తవానికి, చాలా సందర్భాల్లో ప్రభుత్వ విధానాలు శక్తివంతమైన వ్యాపార ప్రయోజనాలచే రూపొందించబడతాయి. కానీ అమెరికా వ్యవస్థ పౌరుల గోప్యతకు ఎక్కువ రక్షణ కల్పిస్తుంది. అమెరికన్ సంస్థలు ప్రజల ఆన్ లైన్ కార్యకలాపాలనుగురించి సమాచారాన్ని దూకుడుగా సేకరిస్తున్నాయి. కాని ప్రజల ఆఫ్ లైన్ జీవితాలను పర్యవేక్షించడంలో అవి చాలా పరిమితం. సామాజిక పరపతి వ్యవస్థలన్నింటినీ స్వీకరించడం వెనుక ఉన్న ఆలోచనలను విస్తృతంగా తిరస్కరిస్తున్నారు.[25]

ఈ రాజకీయ, సాంస్కృతిక, నియంత్రణ వ్యత్యాసాలంటే ప్రతి రంగం వేర్వేరు సాఫ్ట్ వేర్లను ఉపయోగిస్తోంది.. చైనాలో మీరు గూగుల్, ఫేస్ బుక్ లను ఉపయోగించలేరు. వికీపీడియా మీకు అందుబాటులో ఉండదు. యునైటెడ్ స్టేట్స్ లో

కొద్ది మంది ప్రజలు వుయ్ చాట్, బైదు, టెన్ సెంట్స్ ఉపయోగిస్తారు.. అంతకంటే ముఖ్యంగా, ఈ రంగాలు ఒకదానికొకటి అద్దం పట్టే చిత్రాలు కావు. చైనీయులు, అమెరికన్లు ఒకే యాప్ ల స్థానిక వెర్షన్లను అభివృద్ధి చేస్తారని కాదు. బైదు చైనీస్ గూగుల్ కాదు. అలీబాబా చైనీస్ అమెజాన్ కాదు. వాటి లక్ష్యాలువేరువేరు. డిజిటల్ నిర్మాణాలు వేరు. ప్రజల జీవితాలమీద వాటి ప్రభావాలు వేరువేరుగా ఉంటాయి.[26] ఈ వ్యత్యాసాలు ప్రపంచంలోని చాలా భాగాన్ని ప్రభావితం చేస్తాయి,. ఎందుకంటే చాలా దేశాలు స్థానిక సాంకేతికతమీద కాకుండా చైనీస్ లేదా అమెరికన్ సాఫ్ట్ వేర్ మీద ఆధారపడతాయి.

ప్రతిరంగం స్మార్ట్ ఫోన్లు, కంప్యూటర్ల వంటి వేర్వేరు హార్డ్ వేర్లను కూడా ఉపయోగిస్తుంది. హువావే 5జీ ఇన్ఫ్రాస్ట్రక్చర్ వంటి చైనా హార్డ్ వేర్ కు దూరంగా ఉండాలని అమెరికా తన మిత్రదేశాలమీద, క్లయింట్లమీద ఒత్తిడి తెస్తోంది..[27] సింగపూర్ కార్పొరేషన్ బ్రాడ్ కామ్ కంప్యూటర్ చిప్ ల ప్రముఖ అమెరికన్ ఉత్పత్తిదారు క్వాల్ కామ్ ను కొనుగోలు చేయడానికి ప్రయత్నించింది. కాని ట్రంప్ ప్రభుత్వం ఆ ప్రయత్నానికి అడ్డుపడింది. విదేశీయులు చిప్స్ లోకి బ్యాక్ డోర్స్ (ఒక కంప్యూటర్ సిస్టంలో ప్రవేశించటానికి పక్కదారి.) చొప్పిస్తారని లేదా అమెరికా ప్రభుత్వం తన సొంత బ్యాక్ డోర్స్ అక్కడ చొప్పించకుండా అడ్డుకుంటుందని వారు భయపడ్డారు.[28] కృత్రిమమేధ అభివృద్ధికి అవసరమైన హై పెర్ఫార్మెన్స్ కంప్యూటింగ్ చిప్ల వాణిజ్యంపై 2022లో బైడెన్ ప్రభుత్వం కఠినమైన ఆంక్షలు విధించింది. ఇటువంటి చిప్ లను చైనాకు ఎగుమతి చేయడం నిషేధించారు. ఆ చిప్స్ తయారు చేయటానికికాని, వాటిని మరమ్మత్తు చేయడానికి కాని చైనాకు సహాయం అందించడం నిషేధించారు. ఆ తర్వాత ఆంక్షలను మరింత కఠినతరం చేసి రష్యా, ఇరాన్ వంటి దేశాలకు కూడా ఆ నిషేధాన్ని విస్తరించారు.[29] తాత్కాలికంగా ఇది కృత్రిమ మేధ రేసులో చైనాకు ఆటంకం కలిగించవచ్చు. దీర్ఘకాలంలో ఇది చైనాను దాని చిన్న బిల్డింగ్ బ్లాకులలో కూడా అమెరికన్ డిజిటల్ రంగానికి భిన్నంగా పూర్తిగా ప్రత్యేకమైన డిజిటల్ రంగాన్ని అభివృద్ధి చేయడానికి ప్రేరేపిస్తుంది.[30]

ఈ రెండు డిజిటల్ రంగాలు ఒకదానికొకటి మరింత దూరం కావచ్చు. చైనీస్ సాఫ్ట్ వేర్ చైనీస్ హార్డ్ వేర్ తో, చైనీస్ ఇన్ఫ్రాస్ట్రక్చర్ తో మాత్రమే వార్తాలాపం జరుపుతుంది. సిలికన్ కర్టెన్ అవతలి వైపు కూడా అదే జరుగుతుంది. డిజిటల్ కోడ్ మానవ ప్రవర్తనను ప్రభావితం చేస్తుంది. మానవ ప్రవర్తన డిజిటల్ కోడ్ ను రూపొందిస్తుంది. కాబట్టి, రెండు బృందాలు వేర్వేరు మార్గాల్లో ముందుకు కదులుతూ ఉండవచ్చు. ఇది వారి సాంకేతికతలో మాత్రమే కాకుండా వారి సాంస్కృతిక విలువలలో, సామాజిక నిబంధనలలో, రాజకీయ నిర్మాణాలలో మరింత భిన్నంగా ఉండవచ్చు. తరతరాలుగా కలిసిమెలిసి ఉన్న తరువాత, మానవాళి ఒక కీలకమైన

విభజన దశలోకి చేరుకుంటుందేమో.[31] శతాబ్దాలుగా, కొత్త సమాచార సాంకేతికతలు ప్రపంచీకరణ ప్రక్రియకు ఆజ్యం పోశాయి. ప్రపంచవ్యాప్తంగా ప్రజలను సన్నిహిత సంబంధంలోకి తీసుకువచ్చాయి. విచిత్రమేమిటంటే, నేడు సమాచార సాంకేతిక పరిజ్ఞానం ఎంత శక్తివంతమైనదంటే, వివిధ వ్యక్తులను వేర్వేరు సమాచార గూళ్లలో బంధించడం ద్వారా మానవాళిని విడదీయగలదు, ఒకే యదార్థ మానవత్వాన్ని పంచుకునే ఆలోచనను అంతం చేస్తుంది. ఇటీవలి దశాబ్దాలలో వెబ్ మన ప్రధాన రూపకంగా ఉన్నప్పటికీ, భవిష్యత్తు గూళ్లకు పరిమితం కావచ్చు.

మనసు – శరీరం చీలిక

ప్రత్యేక సమాచార గూళ్లుగా విడిపోవడం ఆర్థిక స్పర్ధలకు, అంతర్జాతీయ ఉద్రిక్తతలకు దారితీయడమే కాకుండా విభిన్న సంస్కృతులు, భావజాలాలు, అస్తిత్వాల అభివృద్ధికి కూడా దారితీస్తుంది. భవిష్యత్తు సాంస్కృతిక, సైద్ధాంతిక పరిణామాలను ఊహించడం సాధారణంగా మూర్ఖుల పని. ఆర్థిక, భౌగోళిక రాజకీయ పరిణామాలను అంచనా వేయడం కంటే ఇది చాలా కష్టం. చీలిపోయిన ఒక యూదు వర్గం చివరికి రోమన్ సామ్రాజ్యాన్ని స్వాధీనం చేసుకుంటుందని టిబెరియస్ కాలంలో ఎంతమంది రోమన్లు, లేదాయూదులు ఊహించి ఉంటారు? చక్రవర్తులు రోమ్ యొక్క పాత దేవుళ్ళను విడిచిపెట్టి మరణశిక్షకు గురైన యూదు రబ్బీని ఆరాధిస్తారని ఎవరు ఊహించి ఉంటారు?

వివిధ క్రైస్తవ వర్గాలు ఏ దిశలో అభివృద్ధి చెందుతాయో ఊహించటం చాలాకాష్టం. రాజకీయాల నుంచి లైంగికత వరకు ప్రతిదానిపై వారి ఆలోచనల ప్రభావాన్ని, సంఘర్షణల ముఖ్యమైన ప్రభావాన్ని ఊహించడం మరింత కష్టం. యేసును టిబెరియస్ ప్రభుత్వానికి పన్నులు చెల్లించమని అడిగినప్పుడు, “సీజరుకు చెందిన వస్తువులు సీజర్ కు అప్పగించు. దేవుడికి చెందినవస్తువులు దేవుడికి అప్పగించు” (మత్తయి 22:21) అని జీసస్ సమాధానమిచ్చారు. రెండు సహస్రాబ్దాల తరువాత అమెరికన్ రిపబ్లిక్ లో చర్చి, రాజ్యం విడిపోవడంపై ఆయన ప్రతిస్పందన ఎలాంటి ప్రభావాన్ని చూపుతుందో ఎవరూ ఊహించలేకపోయారు. సెయింట్ పాల్ రోమ్ లోని క్రైస్తవులకు ఇలా వ్రాశారు, “నా మనస్సులో నేను దేవుని ధర్మశాస్త్రానికి బానిసను, కాని నా పాపపంకిలమయిన శరీరములో పాప ధర్మశాస్త్రానికి బానిసను” (రోమన్స్ 7:25). కార్టేసియన్ తత్వశాస్త్రం నుంచి విపరీత సిద్ధాంతం వరకు ఆలోచనా విధానాలపై ఇది చూపే పర్యవసానాలను ఎవరు ఊహించగలరు?

ఈ ఇబ్బందులు ఉన్నప్పటికీ, భవిష్యత్తులో రాగల సాంస్కృతిక అభివృద్ధి పరిణామాలు ఊహించటం అవసరం. కృత్రిమమేధ విప్లవం, ప్రత్యర్థి డిజిటల్

రంగాల ఏర్పాటువల్ల మన ఉద్యోగాలను, రాజకీయ నిర్మాణాలను మించిన మార్పులు కలగవచ్చు. మారబోతున్న ఆ సమయానికి మనల్ని మనం అప్రమత్తం చేసుకోగలుగుతాం. ఈ క్రింది పేరాగ్రాఫ్ లలో గాఢవాంఛతో కూడిన కొన్ని ఊహాగానాలు ఉన్నాయి. ఇక్కడ నా లక్ష్యం సాంస్కృతిక పరిణామాలను నిశితంగా అంచనా వేయడం కాదని, తీవ్రమయిన సాంస్కృతిక పరివర్తనలు, సంఘర్షణలు మనకోసం వేచి ఉన్న సంభావ్యతపై దృష్టిని సారించటమని గుర్తుంచుకోండి.

దీర్ఘకాలిక పరిణామాలతో ఒక సంభావ్య పరిణామం ఏమిటంటే, మానవ అనన్యత్వం యొక్క అత్యంత ప్రాథమిక ప్రశ్నలకు వేర్వేరు డిజిటల్ గూళ్లు పొంతనలేని విధానాలను అవలంబించవచ్చు. వేలాది సంవత్సరాలుగా, అనేక మతసంఘర్షణలు, సాంస్కృతిక సంఘర్షణలు–ఉదాహరణకు, ప్రత్యర్థి క్రైస్తవ వర్గాల మధ్య, హిందువులు, బౌద్ధుల మధ్య, ప్లేటోనిస్టులు అరిస్టాటిలియన్ల మధ్య– మనస్సు–శరీర సమస్యను గురించిన విభేదాలవల్ల రాజుకున్నాయి. మానవులు అంటే భౌతిక శరీరమా, లేదా భౌతికం కాని మనసా? లేదా శరీరం లోపల చిక్కుకున్న మనసా? ఇరవై ఒకటవ శతాబ్దంలో, కంప్యూటర్ నెట్ వర్క్ మనస్సు–శరీర సమస్యను సూపర్ ఛార్జ్ చేయవచ్చు. అదే సమస్యను ప్రధాన వ్యక్తిగత, సైద్ధాంతిక, రాజకీయ సంఘర్షణలకు ఒక కారణంగా మార్చవచ్చు.

మనస్సు–శరీర సమస్యనుంచి జనించే రాజకీయ ప్రభావాలను అర్థం చేసుకోవడానికి, క్రైస్తవ మతం చరిత్రను క్లుప్తంగా పరిశీలిద్దాం. ఆదిలో ప్రారంభమయిన అనేక క్రైస్తవ వర్గాలు యూదుల ఆలోచనలతో ప్రభావితమయ్యాయి. మానవులు మూర్తీభవించిన శరీరాలని, మనుషులను గుర్తించటంలో శరీరం కీలక పాత్ర పోషిస్తుందని ఓల్డ్ టెస్టమెంట్ ఆలోచనను విశ్వసించారు. దేవుడు మానవులను భౌతిక శరీరాలుగా సృష్టించాడని ఆదికాండ పుస్తకం చెబుతుంది. దాదాపు అన్నీ ఓల్డ్ టెస్టమెంట్ పుస్తకాలు మానవులు భౌతిక శరీరాలుగా మాత్రమే జీవించగలరని భావిస్తున్నాయి. కొన్ని సందర్భాలు మినహాయిస్తే, మరణం తరువాత, శరీర రహిత అస్తిత్వం స్వర్గంలోనా లేదా నరకంలోనా అన్న విషయాన్ని ఓల్డ్ టెస్టమెంట్ ఎక్కడా ప్రస్తావించలేదు.. ప్రాచీన యూదులు సద్గతిని గురించి ఊహించినప్పుడు, అది భౌతిక శరీరాలతో కూడిన భూలోక రాజ్యమని వారు ఊహించారు. యేసు కాలంలో చాలామంది యూదులు మెస్సయ్య వచ్చినప్పుడు, చనిపోయినవారి శరీరాలు భూమ్మీద తిరిగి జీవం పొందుతాయని నమ్మేవారు. మెస్సయ్యచే స్థాపింపబడిన దేవుని రాజ్యం చెట్లు, రాళ్ళు, రక్తమాంసాల శరీరాలతో కూడిన ఒక భౌతిక రాజ్యంగా భావించబడింది.[32]

జీసస్ అభిప్రాయము, తొలి క్రైస్తవుల అభిప్రాయం కూడా ఇదే. త్వరలోనే భూమిమీద దేవుని రాజ్యం నిర్మించబడుతుందని, వారు తమ భౌతిక శరీరాల్లో

అక్కడ నివసించగలరని యేసు తన అనుచరులకు వాగ్దానం చేశాడు. యేసు తన వాగ్దానాన్ని నెరవేర్చకుండా మరణించినప్పుడు, ఆయన శరీరంలో పునరుత్థానం చేయబడ్డాడని , చివరికి భూమ్మీద దేవుని రాజ్యం ఆవిర్భవించబడినప్పుడు, తాము కూడా శరీరంలో పునరుత్థానం చేయబడతామని ఆయన తొలి శిష్యులు నమ్మారు. చర్చి ఫాదర్ టెర్టులియన్ (క్రీ.శ. 160-240) ఇలా వ్రాశారు. "విమోచన శరీరం మీదనే ఆధారపడి ఉంటుంది." 1274 లో లియోన్ రెండవ కౌన్సిల్లో ఆమోదించిన సిద్ధాంతాలను ఉటంకిస్తూ కాథలిక్ చర్చి ప్రశ్నోత్తరగ్రంధం ఇలా చెబుతుంది, "మాంసాన్ని సృష్టించిన దేవుడిని మేము విశ్వసిస్తాము.. మాంసాన్ని కాపాడటానికి శరీరమును తయారు చేసిన పదమును మేము విశ్వసిస్తాము; శరీర పునరుత్థానాన్ని, సృష్టిని, శరీర విమోచనను మేము విశ్వసిస్తాము. . . ఇప్పుడు మనకున్న నిజమైన ఈ మాంసపు పునరుత్థానాన్ని మేము విశ్వసిస్తున్నాము."[33]

అలాంటి స్పష్టమైన ప్రకటనలు చేసినప్పటికీ, సెయింట్ పాల్ కు అప్పటికే శరీరం గురించి సందేహాలు ఉన్నాయని, క్రీస్తుశకం నాల్గవ శతాబ్దం నాటికి గ్రీకు, మానికేయన్, పర్షియన్ ప్రభావాలవల్ల కొంతమంది క్రైస్తవులు ద్వంద్వ వైఖరివైపు మళ్లారని మనం చూశాం. వారు మానవులను ఒక చెడు భౌతిక శరీరంలో చిక్కుకున్న మంచి అవాంఛనీయ ఆత్మగా భావించారు. వారు శరీరములో పునరుత్థానం చేయబడడం గురించి ఊహించలేదు. అందుకు పూర్తి విరుద్ధం. అసహ్యకరమైన భౌతిక కారాగారంనుంచి మరణం ద్వారా విడుదలైన తరువాత, స్వచ్ఛమైన ఆత్మ తిరిగి లోపలికి రావాలని ఎందుకు కోరుకుంటుంది? దీని ప్రకారం క్రైస్తవులు మరణం తరువాత ఆత్మ శరీరం నుంచి విముక్తి పొందిందని, భౌతిక ప్రపంచానికి పూర్తిగా అతీతమైన ఒక అశరీర ప్రదేశంలో శాశ్వతంగా ఉనికిలో ఉందని నమ్మడం ప్రారంభించారు- టెర్టులియన్, లియోన్ రెండవ కౌన్సిల్ చెప్పినప్పటికీ, ఇది నేటి క్రైస్తవుల ప్రామాణిక విశ్వాసం.[34]

కానీ మానవులు మూర్తీభవించిన శరీరాలు అనే యూదుల ప్రాచీన దృక్పథాన్ని క్రైస్తవ మతం పూర్తిగా వదలలేక పోయింది. ఎంతైనా, క్రీస్తు భూమ్మీద రక్తమాంసాలతోప్రత్యక్షమయ్యాడు. ఆయన శరీరం మేకులతో శిలువకు కొట్టబడింది, దానిమీద ఆయన విపరీతమైన బాధ అనుభవించాడు. కాబట్టి, రెండువేల సంవత్సరాలపాటు, క్రైస్తవ వర్గాలు ఆత్మకు, శరీరానికి మధ్య ఖచ్చితమైన సంబంధాల గురించి కొన్నిసార్లు మాటలతో, కొన్నిసార్లు కత్తులతో పోరాడుకున్నాయి. భీకర వాదనలు క్రీస్తు స్వంత శరీరంమీద దృష్టి సారించాయి. అతను భౌతిక వస్తువా? ఆయన కేవలం ఆధ్యాత్మిక శక్తా? ఒకే సమయంలో మానుషంగానూ, దైవికంగానూ ఉన్న ఆయనకు అద్వంద్వాత్మక స్వభావం ఉన్నదా?

మనస్సు–శరీర సమస్యకు వేర్వేరు మార్గాలు ప్రజలు తమ స్వంత శరీరాలతో వ్యవహరించే విధానాలను ప్రభావితం చేశాయి. సాధువులు, సన్యాసులు, వైరాగులు మానవశరీరాన్ని దాని పరిమితులకు నెట్టి పరీక్షించటంలో అత్యద్భుతమైన ప్రయోగాలు చేశారు. క్రీస్తు తన శరీరాన్ని సిలువపై హింసించడానికి అనుమతించినట్లే, ఈ "క్రీస్తు యొక్క అథ్లెట్లు" వారి ఆత్మలు దివ్యానంద పారవశ్యంలో ఓలలాడుతూ ఉండగా, సింహాలు మరియు ఎలుగుబంట్లు తమ శరీరాలను చీల్చడానికి అనుమతించారు. వారు జంతుచర్మాలు ధరించేవారు. వారాల తరబడి ఉపవాసం ఉండేవారు, లేదా ఒక స్తంభం మీద సంవత్సరాల తరబడి నిలబడ్డారు—అలెప్పో సమీపంలోని ఒక స్తంభంమీద నలభై సంవత్సరాలు నిలబడినట్లు సిమియోన్ ప్రసిద్ధికెక్కాడు.[35]

ఇతర క్రైస్తవులు శరీరంతో అస్సలు సంబంధంలేదని నమ్మి వ్యతిరేక వైఖరిని అవలంబించారు. విశ్వాసం ఒక్కటే ముఖ్యం. మార్టిన్ లూథర్ వంటి ప్రొటెస్టెంట్లు ఈ భావాన్ని కొసదాకా లాగి, సోలా ఫైడ్ (కేవలం విశ్వాసం) సిద్ధాంతాన్ని రూపొందించారు : విశ్వాసం మాత్రమే. దాదాపు పది సంవత్సరాలపాటు సన్యాసిగా జీవించి, ఉపవాసం చేసి, తన శరీరాన్ని నానావిధాలుగా హింసించిన లూథర్ ఈ శారీరక వ్యాయామాల గురించి నిరుత్సాహపడ్డాడు. ఏ శారీరక స్వీయ హింసా తనను విమోచన ప్రసాదించుమని దేవుడిని బలవంతం చేయదని ఆయన తర్కించాడు. నిజానికి, తన శరీరాన్ని హింసించడం ద్వారా తన మోక్షాన్ని సాధించగలనని అనుకోవడం అహంకారంవల్ల జరిగే పాపం. కాబట్టి లూథర్ విరక్తి చెంది, సన్యాసానికి స్వస్తిచెప్పి, ఒక పూర్వ సన్యాసినిని వివాహమాడారు. సదాచారులైన క్రైస్తవులుగా ఉండటానికి, క్రీస్తుపై సంపూర్ణ విశ్వాసం కలిగి ఉండటమే అత్యవసరమైన ఏకైక ప్రకృతి అని తన అనుచరులకు చెప్పాడు.[36]

మనస్సు, శరీరాలను గురించిన ఈ పురాతన వేదాంతచర్చలు కృత్రిమమేధ విప్లవానికి పూర్తిగా అసంబద్ధంగా అనిపించవచ్చు, కాని వాస్తవానికి అవి ఇరవై ఒకటవ శతాబ్దపు సాంకేతికతల ద్వారా పునరుద్ధరించబడ్డాయి. మన భౌతిక శరీరానికి, మన ఆన్ లైన్ అనన్యత్వ, అవతారాల మధ్య సంబంధం ఏమిటి? ఆఫ్ లైన్ ప్రపంచానికి, సైబర్ స్పేస్ కు సంబంధం ఏమిటి? నేను మేలుకొని ఉన్న సమయంలో ఎక్కువభాగం నా గదిలో స్క్రీన్ ముందు కూర్చోవడం, ఆన్ లైన్ గేమ్స్ ఆడటం, మిథ్యా సంబంధాలను ఏర్పరచుకోవడం, రిమోట్ గా పనిచేయడం వంటివాటితో గడుపుతాననుకోండి. తినడానికి కూడా బయటకు వెళ్లడం లేదు. నేను టేకౌట్ ఆర్డర్ చేస్తాను.. మీరు ప్రాచీన యూదులు లేదా తొలినాటి క్రైస్తవుల వలె ఉంటే, మీరు నన్ను జాలితలిచి, భౌతిక ప్రదేశాలు మరియు రక్తమాంసాల శరీరాల వాస్తవికతతో సంబంధాన్ని కోల్పోయి ఒక భ్రమలో జీవిస్తున్నానని నిర్ధారణకు వస్తారు.. కానీ మీ

ఆలోచన లూథర్ ఆలోచనలకు, ఆ తర్వాతి అనేకమంది క్రైస్తవుల ఆలోచనలకు దగ్గరగా ఉంటే, నేను విముక్తుడినయ్యానని మీరనుకోవచ్చు. నా కార్యకలాపాలు, సంబంధాలను చాలావరకు ఆన్ లైన్లోకి మార్చడం ద్వారా, బలహీనపరిచే గురుత్వాకర్షణ, అవినీతి శరీరాలతోకూడిన పరిమిత సేంద్రియ ప్రపంచం నుంచి నన్ను నేను విడిపించుకున్నాను. జీవశాస్త్ర, భౌతికశాస్త్ర నియమాలనుండి విముక్తి పొందిన డిజిటల్ ప్రపంచంలో అపరిమిత అవకాశాలను ఆస్వాదించగలను. మరింత విశాలమైన, మరింత ఉత్తేజకరమైన ప్రదేశంలో తిరగడానికి మరియు నా వ్యక్తిత్వంలో కొత్త కోణాలను అన్వేషించడానికి నేను స్వేచ్ఛగా ఉన్నాను.

ప్రజలు తమకు నచ్చిన మిథ్యా అనన్యతను దేనినయినా స్వీకరించగలరా లేదా వారి అనన్యతను వారి జీవశరీరానికి మాత్రమే పరిమితం చేయాలా అనేది మరింత ముఖ్యమైన ప్రశ్న. సోలా ఫైడ్ యొక్క లూథరన్ స్థానాన్ని అనుసరిస్తే , జీవ శరీరానికి పెద్దగా ప్రాముఖ్యత లేదు. ఒక నిర్దిష్టమైన ఆన్ లైన్ గుర్తింపును స్వీకరించడానికి, మీరు ఏమి నమ్ముతారనేది మాత్రమే ముఖ్యం. ఈ చర్చ కేవలం మానవ అస్తిత్వానికే కాదు, మొత్తం ప్రపంచంపట్ల మన దృక్పథానికి తీవ్ర పరిణామాలను కలిగిస్తుంది. జీవశాస్త్ర శరీరాలపరంగా మనుషులను గుర్తించి అర్థంచేసుకునే సమాజం మురుగునీటి పైపులవంటి మౌలిక భౌతిక సదుపాయాల గురించి, మన శరీరాలను పరిరక్షించే పర్యావరణ వ్యవస్థను గురించి కూడా ఎక్కువ శ్రద్ధ వహించాలి. ఇది ఆన్ లైన్ ప్రపంచాన్ని ఆఫ్ లైన్ ప్రపంచానికి అనుబంధంగా చూస్తుంది, ఇది వివిధ ఉపయోగకరమైన ప్రయోజనాలను అందించగలదు కాని మన జీవితాలకు కేంద్ర రంగం కాజాలదు. ఒక ఆదర్శవంతమైన భౌతిక, జీవ క్షేత్రాన్ని సృష్టించడమే దాని లక్ష్యం అయి ఉండాలి. అదే భూమిమీద దేవుని రాజ్యం. దీనికి విరుద్ధంగా, జీవశాస్త్ర శరీరాలను తక్కువ చేసి, ఆన్ లైన్ వస్తువులమీద దృష్టిసారించే సమాజం మురుగునీటి పైపులు, వర్షపు అడవులవంటి కేవల భౌతిక వస్తువుల భవితవ్యాన్ని తోసిపుచ్చుతూ సమాచార నియంత్రణ అంతరిక్షంలో దేవుడికి ఒక అద్భుతమైన రాజ్యాన్ని సృష్టించడానికి ప్రయత్నించవచ్చు.

ఈ చర్చ జీవులపట్ల మాత్రమే కాకుండా డిజిటల్ సంస్థలపట్ల కూడా దృక్పథాలను రూపొందించగలదు. భౌతిక శరీరాలమీద దృష్టి సారించడం ద్వారా సమాజం గుర్తింపును నిర్వచించినంత కాలం, కృత్రిమమేధలను వ్యక్తులుగా చూసే అవకాశం లేదు. కానీ సమాజం భౌతిక శరీరాలకు తక్కువ ప్రాముఖ్యత ఇస్తే, ఎటువంటి శారీరక వ్యక్తీకరణలు లేని కృత్రిమమేధలను కూడా వివిధ హక్కులను అనుభవిస్తున్న చట్టబద్ధమైన వ్యక్తులుగా అంగీకరించవచ్చు.

చరిత్ర అంతటా, విభిన్న సంస్కృతులు మనస్సు-శరీర సమస్యకు వైవిధ్యమైన సమాధానాలను ఇచ్చాయి. మనస్సు-శరీర సమస్య గురించి ఇరవై ఒకటవ శతాబ్దపు

వివాదం యూదులు, క్రైస్తవుల మధ్య, లేదా కాథలిక్కులు, ప్రొటెస్టెంట్ల మధ్య చీలిక కంటే సాంస్కృతిక, రాజకీయ చీలికలకు దారితీస్తుంది. ఉదాహరణకు, అమెరికన్ రంగం శరీరాన్ని విస్మరించి, మానవులను వారి ఆన్ లైన్ గుర్తింపు ద్వారా నిర్వచిస్తే, కృత్రిమమేధలను వ్యక్తులుగా గుర్తిస్తే, పర్యావరణ వ్యవస్థ యొక్క ప్రాముఖ్యతను తక్కువ చేసి చూపిస్తే, చైనా రంగం వ్యతిరేక స్థానాలను అవలంబిస్తే, ఏమి జరుగుతుంది? మానవ హక్కుల ఉల్లంఘనలు లేదా పర్యావరణ ప్రమాణాలకు కట్టుబడి ఉండటం గురించి ప్రస్తుత విభేదాలు పోల్చితే చాలా తక్కువగా కనిపిస్తాయి.. ముప్పై సంవత్సరాల యుద్ధం-యూరోపియన్ చరిత్రలో అత్యంత వినాశకరమైన యుద్ధం-కాథలిక్కులు మరియు ప్రొటెస్టెంట్లు సోలా ఫైడ్ వంటి సిద్ధాంతాలమీద, క్రీస్తు దైవికమా, మానవుడా లేదా ద్వంద్వాతీతమా అనే సిద్ధాంతాలపై ఏకీభవించలేకపోవడం వల్ల జరిగింది. కృత్రిమమేధ హక్కులు, అవతారాల అద్వందాత్మక స్వభావాన్ని గురించి వాదన కారణంగా భవిష్యత్తులో సంఘర్షణలు ప్రారంభమవుతాయా?

పైన గమనించినట్లుగా, ఇవన్నీ విశ్రుంఖల ఊహాగానాలు. వాస్తవ సంస్కృతులు, భావజాలాలు వేర్వేరుదిశలలో, బహుశా ఇంకా విశ్రుంఖలమైన దిశలలో అభివృద్ధి చెందవచ్చు. కానీ కొన్ని దశాబ్దాల్లో కంప్యూటర్ నెట్వర్క్ మనకు అంతగా అర్థం కాని కొత్త మానవ మానవేతర గుర్తింపులను పెంపొందించే అవకాశం ఉంది. ప్రపంచాన్ని రెండు ప్రత్యర్థి డిజిటల్ గూళ్లుగా విభజిస్తే, ఒక గూటిలోని అస్తిత్వాల గుర్తింపు మరొక గూటి వాసులకు అర్థం కాకపోవచ్చు.

కోడ్ వార్ నుండి హాట్ వార్ కు

ప్రస్తుతం కృత్రిమమేధ పరుగులో చైనా, అమెరికాలు అగ్రస్థానంలో ఉన్నాయి. కానీ ఆ పరుగులో అవి మాత్రమే కాదు. భారతదేశం, బ్రెజిల్, రష్యా వంటి ఇతర దేశాలు లేదా కూటములు తమ స్వంత డిజిటల్ రంగాలను సృష్టించడానికి ప్రయత్నించవచ్చు. ప్రతి ఒక్కదేశాన్ని వారివారి రాజకీయ, సాంస్కృతిక, మత సంప్రదాయాలు ప్రభావితం చేస్తాయి.[37] కేవలం రెండు ప్రపంచ సామ్రాజ్యాల మధ్య విభజించబడటానికి బదులుగా, ప్రపంచం డజను సామ్రాజ్యాలమధ్య విభజించ బడవచ్చు. ఇది సామ్రాజ్య స్పర్ధ కొంతవరకు తగ్గిస్తుందా లేక మరింత తీవ్రతరం చేస్తుందా అనేది అస్పష్టంగా ఉన్నది.

కొత్త సామ్రాజ్యాలు ఒకదానితో ఒకటి ఎంత ఎక్కువగా పోటీపడితే, సాయుధ పోరాట ప్రమాదం అంత ఎక్కువగా అవుతుంది. యునైటెడ్ స్టేట్స్, యు.ఎస్.ఎస్.ఆర్ ల మధ్య ప్రచ్ఛన్న యుద్ధం ఎప్పుడూ ప్రత్యక్ష సైనిక ఘర్షణగా పెరగలేదు, దీనికి

ప్రధాన కారణం పరస్పర వినాశన హామీ సిద్ధాంతం. కానీ కృత్రిమమేధ యుగంలో పెరిగే ప్రమాదం పెద్దది. ఎందుకంటే సమాచారనియంత్రణ యుద్ధం సహజంగా అణు యుద్ధానికి భిన్నంగా ఉంటుంది.

మొదటిది, సమాచారనియంత్రణ ఆయుధాలు అణుబాంబుల కంటే చాలా బహుముఖమైనవి. సమాచార నియంత్రణ ఆయుధాలు ఒక దేశం యొక్క ఎలక్ట్రిక్ గ్రిడ్ ను కూల్చగలవు, కానీ అవి రహస్య పరిశోధనా సౌకర్యాన్ని నాశనం చేయడానికి, శత్రు సెన్సార్లను జామ్ చేయడానికి, రాజకీయ కుంభకోణాన్ని రెచ్చగొట్టడానికి, ఎన్నికలను తారుమారు చేయడానికి లేదా ఒకే స్మార్ట్ ఫోన్ ను హ్యాక్ చేయడానికి కూడా ఉపయోగించబడతాయి. అవన్నీ వారు రహస్యంగా చేయగలరు. మష్ రూమ్ క్లౌడ్ (న్యూక్లియర్ ఎక్స్ ప్లోషన్ తర్వాత పైకిలేచే పెద్ద మేఘం) తో, అగ్ని వర్షంతో వారు తమ ఉనికిని ప్రకటించరు, లాంచ్ ప్యాడ్ నుండి లక్ష్యానికి కనిపించే మార్గాన్ని విడిచిపెట్టరు. పర్యవసానంగా, కొన్నిసార్లు దాడి జరిగిందా లేదా ఆదాడి ఎవరు ప్రారంభించారో కూడా తెలుసుకోవడం కష్టం. డేటాబేస్ హ్యాక్ చేయబడినా లేదా సున్నితమైన పరికరాలు నాశనం చేయబడినా, ఖచ్చితంగా ఎవరిని నిందించాలో చెప్పడం కష్టం. కాబట్టి పరిమితమైన సైబర్ యుద్ధాన్ని ప్రారంభించాలనే ప్రలోభాలు చాలా పెద్దవి. ఆ యుద్ధాన్ని పెంచిపెద్దచేసే ప్రలోభాలు కూడా ఉన్నాయి. ఇజ్రాయెల్, ఇరాన్ లేదా యునైటెడ్ స్టేట్స్ రష్యాల వంటి ప్రత్యర్థి దేశాలు చాలా సంవత్సరాలుగా పైకిచెప్పకుండా పెరుగుతున్న యుద్ధంలో సైబర్ దెబ్బలు కొడుతున్నాయి.[38] ఇది ప్రపంచంలో కొత్త ప్రమాణంగా మారుతున్నది. ఇది అంతర్జాతీయ ఉద్రిక్తతలను పెంచుతుంది. దేశాలను ఒకదాని తర్వాత ఒకటి లక్ష్మణ రేఖను దాటేలా చేస్తుంది.

రెండవ ముఖ్యమైన వ్యత్యాసం అంచనాకు సంబంధించింది. ప్రచ్ఛన్న యుద్ధం ఒక అతిసహేతుకమైన చదరంగం ఆట వంటిది. అణు సంఘర్షణ అంటూ సంభవిస్తే సర్వనాశనం తప్పనిసరి. కనుకనే యుద్ధం ప్రారంభించాలనే కోరిక తదనుగుణంగా అల్పమయింది. సమాచార నియంత్రణ యుద్ధంలో ఈ నిశ్చయం లోపించింది. ప్రతిపక్షం తన లాజిక్ బాంబులు, ట్రోజన్ గుర్రాలు, మాల్ వేర్లను ఎక్కడ దాచిందో ఎవరికీ ఖచ్చితంగా తెలియదు. అవసరమైనప్పుడు వారి స్వంత ఆయుధాలు నిజంగా పనిచేస్తాయో లేదో ఎవరికీ ఖచ్చితంగా తెలియదు. ఆర్డర్ ఇచ్చినప్పుడు చైనా క్షిపణులు కాల్పులు జరుపుతాయా, లేకపోతే అమెరికన్లు వాటిని హ్యాక్ చేసి ఉంటారా లేదా కమాండ్ గొలుసును హ్యాక్ చేస్తారా? అమెరికన్ విమాన వాహక నౌకలు ఆశించిన విధంగా పనిచేస్తాయా, లేదా అవి రహస్యంగా మూసివేయబడతాయా లేదా చక్కర్లు కొడుతూ తిరుగుతాయా?[39]

అటువంటి అనిశ్చితి పరస్పరం హామీ ఇవ్వబడిన వినాశన సిద్ధాంతాన్ని బలహీనపరుస్తుంది. ఒక పక్షం తను మొదటి దాడిని విజయవంతంగా

ప్రారంభించగలదని, భారీ ప్రతిఘటన నివారించగలదని నమ్మవచ్చు. ఈ నమ్మకం తప్పు కావచ్చు, ఒప్పు కావచ్చు. అంతకంటే దారుణమైన విషయమేమిటంటే, ఒక పక్షం తనకు అలాంటి అవకాశం ఉందని భావిస్తే, మొదటి దాడి చేయాలనే ప్రలోభానికి అడ్డులేకపోవచ్చు. ఎందుకంటే ఆ అవకాశం ఎంతకాలం ఉంటుందో ఎవరికీ తెలియదు. పరిస్థితి తమకు అనుకూలంగా ఉన్నది కానీ ఆ అనుకూలత చెయ్యి జారిపోతున్నదని ఒక పక్షం అనుభూతి చెందుతుంది. ఆయుధాల రేసులో ఇది అత్యంత ప్రమాదకరమైన పరిస్థితి అని గేమ్ థియరీ వాదన.[40]

అత్యంత దారుణమైన ప్రపంచయుద్ధ పరిస్థితిని మానవాళి నివారించినప్పటికీ, కొత్త డిజిటల్ సామ్రాజ్యాల అభివృద్ధి ఇప్పటికీ బిలియన్ల మంది ప్రజల స్వేచ్ఛను, అభ్యుదయాన్ని ప్రమాదంలో పడేస్తుంది. పంథొమ్మిదవ, ఇరవయ్యో శతాబ్దాల పారిశ్రామిక సామ్రాజ్యాలు తమ కాలనీలను దోపిడీచేసి అణచివేశాయి. కొత్త డిజిటల్ సామ్రాజ్యాలు మరింత మెరుగ్గా ప్రవర్తిస్తాయని ఆశించడం మూర్ఖత్వమే అవుతుంది. అంతేకాక, ఇంతకుముందు చెప్పినట్లుగా, ప్రపంచం ప్రత్యర్థి సామ్రాజ్యాలుగా విభజించబడితే, పర్యావరణ సంక్షోభాన్ని అధిగమించడానికి లేదా కృత్రిమమేధ, బయో ఇంజనీరింగ్ వంటి ఇతర విచ్ఛిన్నకర సాంకేతికతలను నియంత్రించడానికి మానవాళి సమర్థవంతంగా సహకరించే అవకాశం లేదు.

విశ్వబంధం

వాస్తవానికి, ప్రపంచం కొన్ని డిజిటల్ సామ్రాజ్యాల మధ్య విభజించబడినా, రెండు వందల జాతీయ-రాజ్యాలతో మరింత వైవిధ్యమైన సమాజంగా ఉన్నప్పటికీ, లేదా పూర్తిగా అనూహ్యమైన విభిన్న మార్గాల్లో విడిపోయినా, సహకారం ఎల్లప్పుడూ ఒక అభిమతం. మానవులమధ్య సహకారానికి ముందస్తు షరతు సారూప్యత కాదు; సమాచారాన్ని ఇచ్చిపుచ్చుకునే సామర్థ్యం. మనం మాట్లాడుకోగలిగినంత కాలం, పరస్పరం చెప్పుకుంటూ ఉంటే మనల్ని దగ్గరకుచేర్చే కొన్ని కథలను మనం తలుసుకోవచ్చు. అన్నింటికీ మించి, హోమో సేపియన్ లను ఈ గ్రహం మీద ఆధిపత్య జాతిగా మార్చింది ఇదే.

విభిన్నమయిన ప్రత్యర్థి కుటుంబాలు కూడా ఒక గిరిజన యంత్రాంగంలో సహకరించుకోగలిగినట్లే, పోటీపడుతున్న తెగలు ఒక జాతీయ యంత్రాంగంలో సహకరించుకోగలిగినట్లే, పరస్పర వ్యతిరేక దేశాలు, సామ్రాజ్యాలు కూడా ప్రపంచ యంత్రాంగంలో సహకరించగలవు. అటువంటి సహకారాన్ని సుసాధ్యం చేసే కథలు మన విభేదాలను తొలగించవు; బదులుగా, అవి పరస్పరం చెప్పుకున్న అనుభవాలను, ఆసక్తులను గుర్తించడానికి మనకు సహాయపడతాయి. ఇవి ఆలోచనకు చర్యకు ఉమ్మడి చట్రాన్ని, మూసను అందిస్తాయి..

ప్రపంచస్థాయిలో సహకరించాలంటే సాంస్కృతిక, సామాజిక, రాజకీయ విభేదాలను తొలగించాల్సిన అవసరం ఉన్నదని ఒక భావన. ఇది దారితప్పిన భావన. అందుచేతనే ప్రపంచస్థాయిలో సహకారం కష్టతరమవుతున్నది. అంతర్జాతీయ సమాజం ఒక ఉమ్మడికథ, విశ్వజనీన నియమాలు, విలువలమీద ఏకీభవిస్తే, అది తమ దేశ స్వాతంత్ర్యాన్ని, విశిష్ట సంప్రదాయాలను నాశనం చేస్తుందని జనాకర్షక రాజకీయ నాయకులు తరచూ వాదిస్తారు..[41] 2015లో ఫ్రాన్స్ నేషనల్ ఫ్రంట్ పార్టీ నాయకురాలు మెరీన్ లీ పెన్ తన ఎన్నికల ప్రసంగంలో ఈ విషయాన్ని నిస్సిగ్గుగా ప్రస్తావించారు, "మేము కొత్త రెండు పార్టీల వ్యవస్థలోకి ప్రవేశించాము. రెండు పరస్పర ప్రత్యేకమైన భావనల మధ్య రెండు పార్టీలవాదం ఇకపై మన రాజకీయ జీవితాన్ని నిర్మిస్తుంది. ఈ చీలిక ఇప్పుడు కుడి ఎడమలను వేరుచేయదు, కానీ ప్రపంచవాదులను, దేశభక్తులను వేరు చేస్తుంది."[42] 2020 ఆగస్టులో అధ్యక్షుడు ట్రంప్ తన మార్గదర్శక ధోరణులను ఇలా వర్ణించారు: "మేము ప్రపంచీకరణను తిరస్కరించాము. దేశభక్తిని స్వీకరించాము."[43]

అదృష్టవశాత్తూ, ఈ ద్వంద్వాత్మక స్థానం దాని మౌలిక ఊహలోనే తప్పటడుగు వేసింది. ప్రపంచ సహకారం, దేశభక్తి ఒకదానినొకటి తోసిపుచ్చేవికావు. ఎందుకంటే దేశభక్తి అంటే విదేశీయులను ద్వేషించడం కాదు. ఇది మన సహచరులను ప్రేమించడం గురించి. మన దేశీయుల బాగోగులు చూసుకోవాలంటే విదేశీయులతో సహకరించాల్సిన పరిస్థితులు చాలానే ఉన్నాయి. కోవిడ్-19 మనకు ఒక స్పష్టమైన ఉదాహరణను అందించింది. అంటువ్యాధులు ప్రపంచ సంఘటనలు. ప్రపంచ సహకారం లేకుండా వాటిని నియంత్రించడం, నివారించడం కష్టం. ఒక దేశంలో కొత్తరకం సూక్ష్మక్రిములు, లేదా అనన్య వ్యాధికారకం కనిపించినప్పుడు, అది ఇతర దేశాలన్నింటినీ ప్రమాదంలోకి నెడుతుంది. దీనికి విరుద్ధంగా, వ్యాధికారక క్రిముల కంటే మానవజాతి మహాశక్తి ఏమిటంటే, వ్యాధికారకాలు చేయలేని మార్గాల్లో మనం సహకరించగలము. జర్మనీ, బ్రెజిల్ దేశాల వైద్యులు కొత్త ప్రమాదాలను గురించి ఒకరినొకరు అప్రమత్తం చేయవచ్చు, ఒకరికొకరు మంచి సలహాలు ఇవ్వగలరు ఇంకా మెరుగైన చికిత్సలను కనుగొనడానికి కలిసి కృషిచేయవచ్చు.

జర్మన్ శాస్త్రవేత్తలు ఏదైనా కొత్త వ్యాధికి వ్యాక్సిన్ కనుక్కుంటే, బ్రెజిలియన్లు ఈ జర్మన్ విజయానికి ఎలా ప్రతిస్పందించాలి? విదేశీ వ్యాక్సిన్ తిరస్కరించి బ్రెజిల్ శాస్త్రవేత్తలు బ్రెజిల్ వ్యాక్సిన్ అభివృద్ధి చేసే వరకు వేచిఉండటం ఒక మార్గం. అయితే, అది మూర్ఖత్వం మాత్రమే కాదు; దేశభక్తికి వ్యతిరేకం అవుతుంది. బ్రెజిల్ దేశభక్తులు తమ సహచరులకు సహాయం చేయడానికి అందుబాటులో ఉన్న ఏ వ్యాక్సిన్ అయినాసరే - ఆ వ్యాక్సిన్ ఎక్కడ తయారయినదయినా సరే - ఉపయోగించాలని కోరుకోవాలి.. ఈ పరిస్థితుల్లో విదేశీయులతో సహకరించడం దేశభక్తితో కూడుకున్న

పని. కృత్రిమమేధలపై నియంత్రణ కోల్పోయే పరిస్థితి ఎదురయితే దేశభక్తి, ప్రపంచ సహకారం కలిసి వెళ్లాల్సిన పరిస్థితి. అదుపు తప్పిన వైరస్ మాదిరిగానే అదుపు తప్పిన కృత్రిమమేధ ప్రతి దేశంలోనూ మనుషులను ప్రమాదంలోకి నెడుతోంది. ఒక తెగ అయినా, ఒక జాతి అయినా, లేదా మొత్తం మానవజాతి అయినా– ఏ మానవ సముదాయమూ మానవుల నుంచి సూచనాక్రమాల చేతికి అధికారం మారడానికి అనుమతించడం వల్ల ఏ మానవ సముదాయమూ ప్రయోజనం పొందదు.

ప్రపంచీకరణ అంటే ప్రపంచ సామ్రాజ్యాన్ని స్థాపించడం కాదు, జాతీయ విశ్వాసపాత్రతను విడిచిపెట్టడం కాదు, అపరిమిత వలసలకు సరిహద్దులను తెరవడం కాదు. ఇది ప్రజాదరణ కోసం గాలంవేసే రాజకీయవేత్తల వాదనకు విరుద్ధం. వాస్తవానికి, ప్రపంచ సహకారం అంటే రెండు అతిసాధారణ విషయాలు: మొదటిది, కొన్ని ప్రపంచ నియమాలకు నిబద్ధత. ఈ నియమాలు ప్రతి దేశం యొక్క ప్రత్యేకతను, ప్రజలు తమ దేశానికి చూపవలసిన విధేయతను నిరాకరించవు. అవి కేవలం దేశాల మధ్య సంబంధాలను నియంత్రిస్తాయి.. వరల్డ్ కప్ మంచి మోడల్. ప్రపంచ కప్ అనేది దేశాల మధ్య పోటీ. ప్రజలు తరచుగా తమ జాతీయ జట్టు పట్ల తీవ్రమైన విధేయతను, అభిమానాన్ని ప్రదర్శిస్తారు.. అదే సమయంలో ప్రపంచ ఒప్పందానికి ప్రపంచ కప్ ఒక అద్భుతమైన ప్రదర్శన. బ్రెజిలియన్లు, జర్మన్లు ఆటవిషయంలో ఒకే రకమైన నియమాలను మొదట అంగీకరిస్తే తప్ప జర్మనీతో బ్రెజిల్ ఫుట్ బాల్ ఆడలేదు. కార్యాచరణలో గ్లోబలైజేషన్ అంటే అదీ.

ప్రపంచీకరణ రెండవ సూత్రం ఏమిటంటే, కొన్నిసార్లు–ఎల్లప్పుడూ కాదు, కానీ కొన్నిసార్లు– కొంతమంది స్వల్పకాలిక ప్రయోజనాల కంటే మానవులందరి దీర్ఘకాలిక ప్రయోజనాలకు ప్రాధాన్యత ఇవ్వడం అవసరం. ఉదాహరణకు, ప్రపంచ కప్ లో, అన్ని జాతీయ జట్లు పనినాణ్యతను పెంచే మందులను ఉపయోగించకూడదని అంగీకరిస్తాయి,. ఎందుకంటే వారు ఆ మార్గంలో వెళితే, ప్రపంచ కప్ చివరికి జీవరసాయన శాస్త్రవేత్తల మధ్య పోటీగా మారుతుందని ప్రతి ఒక్కరూ గ్రహిస్తారు. సాంకేతిక పరిజ్ఞానం పరిస్థితులను మారుస్తున్న ఇతర రంగాలలో, జాతీయ, ప్రపంచ ప్రయోజనాలను సమతుల్యం చేయడానికి మనం అదేవిధంగా ప్రయత్నించాలి. కొత్త సాంకేతిక పరిజ్ఞానం అభివృద్ధిలో దేశాలు పోటీ పడుతూనే ఉంటాయి, కానీ కొన్నిసార్లు అవి స్వయంప్రతిపత్త ఆయుధాలు, తప్పులు మరుగుపరిచే సూచనాక్రమాల వంటి ప్రమాదకరమైన సాంకేతికతల అభివృద్ధిని, మోహరింపును పరిమితం చేయడానికి అంగీకరించాలి– పూర్తిగా పరోపకారం కోసం కాదు, కానీ వారి స్వీయ-రక్షణ కోసం.

మానవేచ్ఛ

కృత్రిమమేధ మీద అంతర్జాతీయ ఒప్పందాలు కుదుర్చుకోని, కొనసాగించడం వల్ల అంతర్జాతీయ వ్యవస్థ పనితీరులో పెనుమార్పులు అవసరం అవుతాయి. అణ్వాయుధాలు, జీవాయుధాలవంటి ప్రమాదకర సాంకేతిక పరిజ్ఞానాన్ని నియంత్రించడంలో మనకు అనుభవం ఉన్నప్పటికీ, కృత్రిమమేధ నియంత్రణకు రెండు కారణాలవల్ల అపూర్వమైన స్థాయిలో విశ్వాసం, స్వీయ క్రమశిక్షణ అవసరం. మొదటిది, అక్రమ న్యూక్లియర్ రియాక్టర్ దాచటంకంటే అక్రమ కృత్రిమమేధ ప్రయోగశాలను దాచడం సులభం. రెండవది, అణుబాంబుల కంటే కృత్రిమమేధలు పౌరులకు-సైనికులకు ఇద్దరికీ ఉపయోగకరంగా ఉంటాయి. పర్యవసానంగా, స్వయంప్రతిపత్తి ఆయుధ వ్యవస్థలను నిషేధించే ఒప్పందంపై సంతకం చేసినప్పటికీ, ఒక దేశం అటువంటి ఆయుధాలను రహస్యంగా తయారు చేయవచ్చు లేదా వాటిని పౌరప్రయోజక ఉత్పత్తులుగా కప్పిపుచ్చవచ్చు. ఉదాహరణకు, ఇది మెయిల్ డెలివరీ చేయడానికి, పురుగుమందులతో పొలాలను పిచికారీ చేయడానికి పూర్తిగా స్వయంప్రతిపత్తి కలిగిన డ్రోన్లను అభివృద్ధి చేయవచ్చు. కొన్ని చిన్న మార్పులతో వీటితోనే బాంబులను పంపిణీ చేయవచ్చు, ప్రజలను విషంతో పిచికారీ చేయవచ్చు. పర్యవసానంగా, ప్రభుత్వాలు, కార్పొరేషన్లు తమ ప్రత్యర్థులు అంగీకరించిన నిబంధనలకు నిజంగా కట్టుబడి ఉన్నారని విశ్వసించడం, నిబంధనలను మాఫీ చేయాలనే ప్రలోభాన్ని తట్టుకోవడం మరింత కష్టమవుతుంది.[44] మానవులు అవసరమైన స్థాయి విశ్వాసాన్ని, స్వీయ-క్రమశిక్షణను పెంపొందించుకోగలరా? ఇలాంటి మార్పులకు చరిత్రలో ఏదైనా పూర్వాపరాలు ఉన్నాయా?

మారడానికి మానవసామర్థ్యం గురించి, ముఖ్యంగా హింసను విడిచిపెట్టి బలమైన ప్రపంచ బంధాలను ఏర్పరచుకునే మానవసామర్థ్యం గురించి చాలామంది సందేహిస్తున్నారు. ఉదాహరణకు, హాన్స్ మోర్గెంథౌ, జాన్ మెర్షైమర్ వంటి "యదార్థవాద" ఆలోచనాపరులు అధికారంకోసం సర్వతోముఖపోటీ అంతర్జాతీయ వ్యవస్థలో అనివార్యమైన పరిస్థితి అని వాదించారు. మెర్షైమర్ ఇలా వివరిస్తాడు, " ప్రధానంగా తమను ఒకదానిబారినుండి మరొకదానిని రక్షించే ప్రతినిధిసంస్థ లేని ప్రపంచంలో ఎలా మనుగడ సాగించాలో కనుక్కోవటమే అగ్రరాజ్యాల ఆందోళన అని నా సిద్ధాంతం." దానితోబాటు, "అధికారశక్తి వారి మనుగడకు కీలకం అని త్వరగా గ్రహిస్తారు.." అప్పుడు మెర్షైమర్ "రాష్ట్రాలు ఎంత అధికారశక్తిని కోరుకుంటున్నాయి" అని అడుగుతాడు. అన్ని రాష్ట్రాలు తమకు సాధ్యమైనంత ఎక్కువ అధికారశక్తి కోరుకుంటున్నాయని సమాధానం ఇస్తాడు, "ఎందుకంటే అంతర్జాతీయవ్యవస్థ ప్రత్యర్థులను జయించి అధికారాన్ని చేజిక్కించుకోవటానికి అందుకు తగిన అవకాశాలను వెతుక్కోవడానికి రాష్ట్రాలకు శక్తివంతమైన

ప్రోత్సాహకాలను సృష్టిస్తుంది.” ఇంకా “వ్యవస్థలో ఆధిపత్యం సాధించడమే రాజ్యం అంతిమ లక్ష్యం” అని ఆయన ముగించారు.[45]

అంతర్జాతీయ సంబంధాలపై ఈ భయంకరమైన దృక్పథం మానవ సంబంధాల యొక్క ప్రజా(ఆదరణకోసం గాలం వేసే) నాయకుల, మార్క్సిస్ట్ దృక్పథాలను పోలి ఉంటుంది, ఎందుకంటే వారంతా మానవులందరినీ అధికారంపై మాత్రమే ఆసక్తిగలవారుగా చూస్తారు.. అవన్నీ మానవ స్వభావం యొక్క ప్రగాఢ తాత్విక సిద్ధాంతంపై స్థాపించబడ్డాయి, దీనిని ప్రైమటాలజిస్ట్ ఫ్రాన్స్ డి వాల్ “పూతమెరుగుల సిద్ధాంతం” అని పిలిచాడు. హృదయంలో మానవులు రాతియుగపు వేటగాళ్ళు అని, వారు ప్రపంచాన్ని ఒక అడవిగా మాత్రమే చూస్తారని, అక్కడ బలమైన వేటగాళ్ళు బలహీనులపై దాడి చేస్తారు..అక్కడ బలమే సత్యం (సత్యమేవ జయతే). ఎక్కడ సరిదిద్దగలరని ఇది వాదిస్తుంది. సహస్రాబ్దాలుగా, మానవులు మార్పులేని ఈ వాస్తవాన్ని పురాణాలు, ఆచారాల సన్నని మేలిముసుగులో కప్పిపుచ్చడానికి ప్రయత్నించారు, కాని మనం ఆటవిక ప్రకృతి నుంచి ఎప్పుడూ బయటపడలేదు. వాస్తవానికి, మన పురాణాలు, ఆచారాలు అడవి క్రూరజంతువులు తమ క్రిందివాటిని మోసంచేసి వలలో వేయటానికి ప్రయోగించే ఆయుధం లాంటివి. ఈ విషయాన్ని గ్రహించనివారు ప్రమాదంలో చిక్కుకున్న అమాయకులు. ఏదో ఒక క్రూరమృగానికి బలైపోతారు.[46]

ఏదేమైనా, మెర్షైమర్ వంటి “యదార్ధవాదుల” చారిత్రక వాస్తవికత వారి వ్యక్తిగత దృక్పథాన్ని ప్రదర్శిస్తుంది. ఆటవిక న్యాయం కూడా ఒకభ్రమే. అలా భావించడానికి కారణాలు ఉన్నాయి. డి వాల్ ఇంకా అనేక ఇతర జీవశాస్త్రవేత్తలు అనేక అధ్యయనాలలో లిఖితపూర్వకంగా స్థాపించినట్లు, నిజమైన అడవులు– మన ఊహలో మాదిరిగా కాకుండా– అసంఖ్యాక జంతువులు, మొక్కలు, శిలీంధ్రాలు, బ్యాక్టీరియా ప్రదర్శించే సహకారం, సహజీవనం, పరోపకారాలతో నిండిఉన్నాయి. ఉదాహరణకు, అన్ని భూమి మొక్కలలో ఎనభై శాతం శిలీంధ్రాలతో సహజీవన సంబంధాలమీద ఆధారపడతాయి. దాదాపు 90 శాతం నాళికామయమైన మొక్కల కుటుంబాలు సూక్ష్మజీవులతో సహజీవన సంబంధాలను అనుభవిస్తాయి.. అమెజోనియా, ఆఫ్రికా లేదా భారతదేశంలోని దట్టమైన అడవుల్లోని జంతుజాలం ఆధిపత్యంకోసం అన్నివిధాల పోటీకి తలపడి సహకారాన్ని వదిలివేస్తే , ఆ దట్టమైన అడవులు, వాటి నివాసితులందరూ త్వరలో చనిపోతారు. అది ఆటవిక న్యాయం.[47]

రాతియుగ మానవుల విషయానికొస్తే, వారు వేటాడి సేకరించేవారు. కానీ వారిలో అణచటానికి అలివికాని యుద్ధధోరణులు ఉన్నాయని బలమైన ఆధారాలు లేవు. అనేక ఊహాగానాలు ఉన్నప్పటికీ, వ్యవస్థీకృత యుద్ధానికి సంబంధించిన స్పష్టమైన ఆధారాలు సుమారు పదమూడు వేల సంవత్సరాల క్రితం నైలు లోయలోని

జెబెల్ సహేబా ప్రదేశంలో పురావస్తు రికార్డులో కనిపిస్తాయి..[48] ఆ తేదీ తరువాత కూడా, యుద్ధకవిలె స్థిరంగా లేకుండా మారుతూ ఉన్నది. కొన్ని కాలాలు అసాధారణంగా హింసాత్మకంగా ఉంటే, మరికొన్ని సాపేక్షంగా శాంతియుతంగా ఉండేవి. మానవాళి యొక్క దీర్ఘకాలిక చరిత్రలో మనం గమనించే స్పష్టమైన నమూనా సంఘర్షణ స్థిరత్వం కాదు, కానీ నిరంతరం పెరుగుతున్న సహకార స్థాయి. లక్ష సంవత్సరాల క్రితం, సేపియన్లు బృందస్థాయిలో మాత్రమే సహకరించగలిగారు. సహస్రాబ్దాలుగా, మొదట తెగల స్థాయిలో మొదలుపెట్టి, ఆ తర్వాత మతాలు, వాణిజ్య యంత్రాంగాలు, రాష్ట్రస్థాయిలో అపరిచితుల సమాజాలను సృష్టించడానికి మనము మార్గాలు కనుక్కున్నాం. మానవ వాస్తవికతకు రాజ్యాలు, రాష్ట్రాలు ప్రాథమిక అణువులు కావు. నమ్మకాన్ని, సహకారాన్ని పెంపొందించే కఠినమైన ప్రక్రియల ఉత్పత్తి అని యదార్థవాదులు గమనించాలి. మానవుల ఆసక్తి కేవలం అధికారం మీద మాత్రమే అయితే, అసలు వారు రాజ్యాలను సృష్టించగలిగేవారే కారు. నిజమే, రాష్ట్రాల మధ్య, రాష్ట్రాలలో కూడా సంఘర్షణలకు సదా అవకాశం ఉన్నది. కానీ అవి ఎన్నడూ తప్పించుకోలేని విధి కాదు.

యుద్ధ తీవ్రత మార్పులేని మానవస్వభావంమీద కాకుండా మారుతున్న సాంకేతిక, ఆర్థిక, సాంస్కృతిక కారకాలమీద ఆధారపడి ఉంటుంది. ఈ కారకాలు మారుతున్న కొద్దీ, యుద్ధంకూడా మారుతుంది. 1945 అనంతర శకంలో ఈ విషయం స్పష్టంగా ప్రదర్శించబడింది. ఆ కాలంలో, పరమాణు సాంకేతిక పరిజ్ఞానం అభివృద్ధి యుద్ధంయొక్క సంభావ్య ధరను బాగాపెంచింది. 1950వ దశకం నుంచి అగ్రరాజ్యాలకు తాము ఏదో ఒక విధంగా పరమాణు మారకాన్ని గెలిచినప్పటికీ, వారి విజయం ఆత్మాహుతి సదృశమని, తమ జనాభాలో ఎక్కువ మందిని నష్టపోవటంతో కూడుకున్నదని స్పష్టమైంది.

అదే సమయంలో, వస్తుఆధారిత ఆర్థిక వ్యవస్థనుండి జ్ఞానఆధారిత ఆర్థిక వ్యవస్థకు కొనసాగుతున్న మార్పు యుద్ధం కలిగించే సంభావ్య ప్రయోజనాలను తగ్గించింది. వరిపంటలను, బంగారు గనులను జయించడం సాధ్యమే అయినప్పటికీ, ఇరవయ్యో శతాబ్దం చివరి నాటికి ఇవి ఆర్థిక సంపదకు ప్రధాన వనరులు కాకుండా పోయాయి. సెమీకండక్టర్ రంగం వంటి కొత్త అగ్రగామి పరిశ్రమలు సాంకేతిక నైపుణ్యాలమీద, సంస్థాగత పరిజ్ఞానంమీద ఆధారపడి ఉన్నాయి. ఈ నైపుణ్యాలు, పరిజ్ఞానం యుద్ధాలవల్లసాధ్యం కావు. తదనుగుణంగా, 1945 అనంతర శకంలో కొన్ని ఘనమైన ఆర్థిక అద్భుతాలను పరాజయం పొందిన శక్తులు జర్మనీ, ఇటలీ జపాన్ సాధించాయి. సైనిక సంఘర్షణలకు, సామ్రాజ్య విజయాలకు దూరంగా ఉన్న స్వీడన్ సింగపూర్ వంటి దేశాలు కూడా ఆ అద్భుతాలు సాధించాయి.

చివరకు, పురాతన సైనికవాద ఆదర్శాలు క్షీణించటంతో ఇరవయ్యవ శతాబ్దం ఉత్తరార్థం విస్తారమైన సాంస్కృతిక పరివర్తనను చూసింది. కళాకారులు యుద్ధాల రూపశిల్పులను కీర్తించడం వదిలి యుద్ధం తెచ్చిపెట్టే అర్థంలేని భయానక పరిస్థితులను చిత్రీకరించడంమీద ఎక్కువగా దృష్టి సారించారు. రాజకీయనాయకులు విదేశ విజయాలకంటే దేశీయ సంస్కరణల గురించి ఎక్కువగా కలలుకంటూ అధికారంలోకి వచ్చారు. ఈ సాంకేతిక, ఆర్థిక, సాంస్కృతిక మార్పుల కారణంగా, రెండవ ప్రపంచ యుద్ధం ముగిసిన తరువాత దశాబ్దాలలో చాలా ప్రభుత్వాలు తమ ప్రయోజనాలను సాధించటానికి దురాక్రమణ యుద్ధాలను ఆకర్షణీయమైన సాధనాలుగా చూడటం మానేశాయి. చాలా దేశాలు తమ పొరుగువారిని జయించడం గురించి, నాశనం చేయడం గురించి ఊహాగానాలు చేయడం మానేశాయి. అంతర్యుద్ధాలు, తిరుగుబాటులు సర్వసాధారణంగా ఉన్నప్పటికీ, 1945 తరువాత ప్రపంచం దేశాలమధ్య –ముఖ్యంగా అగ్రరాజ్యాల మధ్య ప్రత్యక్ష సాయుధ పోరాటాలు – పూర్తిస్థాయి యుద్ధాలలో గణనీయమైన క్షీణతను చూసింది.[49]

ఈ 1945 అనంతర యుగంలో యుద్ధం క్షీణించిందని అనేక గణాంకాలు ధృవీకరిస్తున్నాయి. కాని బహుశా రాష్ట్ర బడ్జెట్లలో స్పష్టమైన ఆధారాలు కనిపిస్తాయి.. అక్షరాలలోకి ఎక్కిన చరిత్రలో ఎక్కువ భాగం, ప్రతి సామ్రాజ్యం, సుల్తానేట్, రాజ్యం గణతంత్రాల బడ్జెట్లో సైన్యం మొదటి అంశంగా ఉండేది. ప్రభుత్వాలు ఆరోగ్య సంరక్షణ, విద్యలమీద చాలా తక్కువ ఖర్చు చేశాయి. ఎందుకంటే వారి వనరులు చాలావరకు సైనికులకు చెల్లించటానికి, గోడలు నిర్మించటానికి, యుద్ధనౌకలను నిర్మించటానికి వినియోగించబడ్డాయి. నిర్వహరణాధికారి చెన్ జియాంగ్ 1065 సంవత్సరానికి చైనీస్ సాంగ్ రాజవంశం యొక్క వార్షిక బడ్జెట్ పరిశీలించినప్పుడు, అరవై మిలియన్ల మిన్కియాన్ (కరెన్సీ యూనిట్) లో, యాభై మిలియన్లు (83 శాతం) సైన్యం ఆరగించినట్లు ఆయన కనుగొన్నాడు. కై జియాంగ్ అనే మరో అధికారి ఇలా వ్రాశాడు, "[మేము] ఆకాశం క్రింద ఉన్న [ఆస్తి మొత్తాన్ని] ఆరు భాగాలుగా విభజిస్తే, ఐదు వాటాలు మిలిటరీకి ఖర్చు చేయబడతాయి. ఒక వాటా దేవాలయ సమర్పణలు ప్రభుత్వ ఖర్చులకు వ్యయం చేయబడుతుంది. దేశం పేదలుగా, ప్రజలు కష్టాల్లో ఉండకుండా ఎలా ఉంటా "రని ప్రశ్నించారు.[50]

ప్రాచీన కాలం నుండి ఆధునిక యుగం వరకు అనేక ఇతర రాజకీయాలలో ఇదే పరిస్థితి. రోమన్ సామ్రాజ్యం తన బడ్జెట్ లో 50–75 శాతం మిలిటరీ కోసం ఖర్చు చేసింది.[51] పదిహేడవ శతాబ్దం చివరిలో ఒట్టోమన్ సామ్రాజ్యంలో ఈ సంఖ్య సుమారు 60 శాతం.[52] 1685 కి 1813 కి మధ్య బ్రిటిష్ ప్రభుత్వ వ్యయంలో సైన్యం వాటా సగటున 75 శాతం.[53] ఫ్రాన్స్ లో, 1630 - 1659ల మధ్య సైనిక వ్యయం బడ్జెట్ లో 89 శాతం నుంచి 93 శాతం మధ్య. పద్దెనిమిదవ శతాబ్దంలో ఎక్కువ

భాగం 30 శాతానికి పైగా ఉన్నది. ఫ్రెంచ్ విప్లవానికి దారితీసిన ఆర్థికసంక్షోభం కారణంగా 1788 లో 25 శాతానికి పడిపోయింది. ప్రష్యాలో 1711 నుంచి 1800 వరకు బడ్జెట్లో సైనికవాటా ఎన్నడూ 75 శాతానికి తగ్గలేదు. కాగాపోగా అప్పుడప్పుడు 91 శాతానికి చేరుకుంది.[54] సాపేక్షంగా శాంతియుతమైన 1870-1913 సంవత్సరాలలో, ఐరోపాలోని ప్రధాన శక్తులతో పాటు జపాన్, యునైటెడ్ స్టేట్స్ ల రాష్ట్ర బడ్జెట్లలో సైన్యం సగటున 30 శాతం తినేది. స్వీడన్ వంటి చిన్న శక్తులు ఇంకా ఎక్కువ ఖర్చు చేస్తున్నాయి.[55] 1914 లో యుద్ధం విరుచుకు పడిననప్పుడు, సైనికవ్యయాలు ఆకాశాన్నంటాయి. మొదటి ప్రపంచయుద్ధంలో పాల్గొన్న సమయంలో, ఫ్రెంచ్ సైనికవ్యయం బడ్జెట్లో సగటున 77 శాతం; జర్మనీలో ఇది 91 శాతం, రష్యాలో 48 శాతం, యుకెలో 49 శాతం, యునైటెడ్ స్టేట్స్ లో 47 శాతంగా ఉంది. రెండవ ప్రపంచయుద్ధ సమయంలో, యు.కె సంఖ్య 69 శాతానికి, యునైటెడ్ స్టేట్స్ సంఖ్య 71 శాతానికి పెరిగింది.[56] 1970వ దశకం తొలినాళ్లలో కూడా సోవియట్ సైనికవ్యయం బడ్జెట్ లో 32.5 శాతంగా ఉన్నది.[57]

ఇటీవలి దశాబ్దాలలో రాష్ట్ర బడ్జెట్లు ఇప్పటివరకు ఏ శాంతియుత గ్రంథంకంటే కూడా చాలా ఆశాజనకమైన పఠనాసామగ్రి అవుతాయి.. 21 వ శతాబ్దం ప్రారంభంలో, ప్రపంచవ్యాప్తంగా సైన్యం మీద సగటు ప్రభుత్వవ్యయం బడ్జెట్లో 7 శాతం మాత్రమే ఉన్నది. యునైటెడ్ స్టేట్స్ వంటి ఆధిపత్య అగ్రరాజ్యం కూడా తన సైనిక ఆధిపత్యాన్ని కొనసాగించడానికి తన వార్షిక బడ్జెట్లో 13 శాతం మాత్రమే ఖర్చు చేసింది.[58] చాలామంది ప్రజలు బయటినుంచివచ్చే దండయాత్ర భయంతో జీవించటంలేదు కాబట్టి, ప్రభుత్వాలు సంక్షేమం, విద్య, ఆరోగ్య సంరక్షణలమీద ఎక్కువ డబ్బును పెట్టుబడి పెట్టవచ్చు. 21 వ శతాబ్దం ప్రారంభంలో ఆరోగ్య సంరక్షణపై ప్రపంచవ్యాప్తంగా సగటు వ్యయం ప్రభుత్వ బడ్జెట్లో 10 శాతం లేదా రక్షణ బడ్జెట్‌కు 1.4 రెట్లు.[59] 2010 లలో చాలా మందికి, బడ్జెట్ సైనిక బడ్జెట్ కంటే ఆరోగ్య సంరక్షణ బడ్జెట్ పెద్దది అనే వాస్తవంలో చెప్పుకో దగినదేమీ కనిపించలేదు. కానీ ఇది మానవ ప్రవర్తనలో వచ్చిన ఒక పెద్దమార్పు ఫలితమే ఇది. ఇది వెనకటి తరాలకు చాలామందికి అసాధ్యంగా ధ్వనించి ఉండేది.

యుద్ధం తగ్గుదల ఒక దివ్య అద్భుతంవల్లనో, లేదా ప్రకృతి నియమాలలో రూపాంతరంవల్లనో సంభవించలేదు. మానవులు తమ స్వంత చట్టాలు, పురాణాలు, సంస్థలను మార్చుకొని సరయిన నిర్ణయాలు తీసుకోవడంవల్ల ఇది సంభవించింది. దురదృష్టవశాత్తు, ఈ మార్పు మానవేచ్ఛనుండి ఉద్భవించింది అంటే, ఇది ఎప్పుడైనా తిరగతిప్పవచ్చునని కూడా అర్థం. సాంకేతికవిజ్ఞానశాస్త్రం, ఆర్థికశాస్త్రం, సంస్కృతి ఎప్పటికప్పుడు మారిపోతూ ఉంటాయి. 2020 ల ప్రారంభంలో, ఎక్కువ మంది నాయకులు మళ్ళీ యుద్ధ వైభవం గురించి కలలు కంటున్నారు. సాయుధ పోరాటాలు పెరుగుతున్నాయి.[60] సైనిక బడ్జెట్లు పెరుగుతున్నాయి.[61]

2022 ప్రారంభంలో క్లిష్టమైన సింహద్వారం దాటటం జరిగింది. 2014 లో ఉక్రెయిన్ మీద పరిమితమైన దాడి చేసి క్రిమియాలో, తూర్పు ఉక్రెయిన్లో కొన్ని ఇతర ప్రాంతాలను ఆక్రమించడంద్వారా రష్యా అప్పటికే ప్రపంచ వ్యవస్థను అస్థిరపరిచింది. కానీ 2022 ఫిబ్రవరి 24 న వ్లాదిమిర్ పుతిన్ ఉక్రెయిన్ మొత్తం జయించి ఉక్రేనియన్ జాతీయతను తుడిచిపెట్టే లక్ష్యంతో దాడి ప్రారంభించారు. ఈ దాడిని సిద్ధంచేయడానికి, కొనసాగించడానికి, రష్యా తన సైనిక బడ్జెట్‌ను ప్రపంచ సగటు 7 శాతానికి మించి పెంచింది. ఖచ్చితమైన గణాంకాలను నిర్ణయించడం కష్టం. ఎందుకంటే రష్యన్ సైనిక బడ్జెట్ యొక్క అనేక అంశాలు గోప్యంగా ఉన్నాయి. కానీ ఉత్తమ అంచనాల ప్రకారం ఈ సంఖ్య ఎక్కడో 30 శాతం సమీపంలో ఉన్నది. ఇది ఇంకా ఎక్కువగాకూడా ఉండవచ్చు.[62] రష్యా దాడితో ఉక్రెయిన్ మాత్రమే కాకుండా అనేక ఇతర ఐరోపాదేశాలు కూడా తమ సొంత సైనిక బడ్జెట్లను పెంచుకోవలసి వచ్చింది.[63] రష్యా వంటి ప్రదేశాలలో సైనిక సంస్కృతుల పునరుజ్జీవనం, ప్రపంచవ్యాప్తంగా కనీవినీ ఎరగని సమాచార నియంత్రణ ఆయుధాల అభివృద్ధి, స్వయంప్రతిపత్తి ఆయుధాల అభివృద్ధి, మనం ఇంతకు ముందు చూసిన దానికంటే ఘోరమైన యుద్ధ శకానికి దారితీయవచ్చు.

యుద్ధం, శాంతి విషయాల్లో పుతిన్ వంటి నేతలు తీసుకునే నిర్ణయాలు చరిత్రపై వారి అవగాహననుబట్టి రూపుదిద్దుకుంటాయి. అంటే, చరిత్రపట్ల మితిమీరిన ఆశావహ దృక్పథాలు, ప్రమాదకరమైన భ్రమలుగా ఉన్నట్లే, మితిమీరిన నిరాశావాద అభిప్రాయాలు వినాశకరమైన ఆత్మప్రబోధన ప్రవచనాలుగా మారవచ్చు. 2022లో ఉక్రెయిన్ మీద దాడి చేయడానికి ముందు – రష్యా విదేశీ శత్రువులతో అంతులేని పోరాటంలో చిక్కుకుందని, ఉక్రెయిన్ దేశం ఈ శత్రువుల కల్పితమని– పుతిన్ తరచుగా తన చారిత్రక ధ్రుఢ విశ్వాసం వ్యక్తం చేశారు. జూన్ 2021 లో, ఆయన "ఆన్ ది హిస్టారికల్ యూనిటీ ఆఫ్ రష్యన్స్ అండ్ ఉక్రేనియన్స్" అనే శీర్షికతో యాభై మూడు వందల పదాల వ్యాసాన్ని ప్రచురించారు. దీనిలో ఆయన ఒక దేశంగా ఉక్రెయిన్ ఉనికిని ఖండించారు. ఉక్రేనియన్ వేర్పాటువాదాన్ని ప్రోత్సహించడం ద్వారా విదేశీ శక్తులు పదేపదే రష్యాను బలహీనపరచడానికి ప్రయత్నించాయని వాదించారు. వృత్తిపరులైన చరిత్రకారులు ఈ వాదనలను తోసిపుచ్చినప్పటికీ, పుతిన్ ఈ చారిత్రక కథనాన్ని నిజంగా విశ్వసిస్తున్నట్లు తెలుస్తున్నది.[64] 2022 లో పుతిన్ రష్యన్ పౌరులకు మెరుగైన ఆరోగ్యసంరక్షణను అందించడం లేదా కృత్రిమమేధస్సును నియంత్రించడానికి ప్రపంచ చొరవకు నాయకత్వం వహించడంవంటి ఇతర విధాన లక్ష్యాల కంటే ఉక్రెయిన్ విజయానికి ప్రాధాన్యత ఇచ్చారు. ఆయన చారిత్రిక దృఢవిశ్వాసాలే అందుకు కారణం.[65]

మానవాళి మనుషులను పీక్కుతినే క్షమించరాని ప్రపంచంలో చిక్కుకున్నది. ఈ దయనీయ పరిస్థితిలో ప్రగాఢమైన మార్పు సాధ్యం కాదు. ఇరవయ్యో శతాబ్దం చివరిలోను, ఇరవై ఒకటవ శతాబ్దం ప్రారంభంలోను దర్శనమిచ్చిన సాపేక్ష శాంతి ఒక భ్రమ. పుతిన్ వంటి నాయకులు ఇదంతా విశ్వసిస్తే, ఇక మిగిలింది ఒకే మార్గం. ఇతర జంతువులను భక్షించే క్రూర జంతువు, లేదా వేటకు బలియయ్యే సాధు జంతువు. అటో ఇటో తేల్చుకోవాలంటే, చాలామంది నాయకులు చరిత్రలో వేటగాళ్ళుగా నిలిచిపోవడానికి ఇష్టపడతారు. దురదృష్టవంతులైన విద్యార్థులు తమ చరిత్రపరీక్షలకు గుర్తుంచుకోవలసిన కఠోరమైన జాబితాలో ఆ విజేతల వారిపేర్లను చేర్చవలసిరావటం ఆ విద్యార్థుల ఖర్మ. అయితే కృత్రిమమేధ యుగంలో కృత్రిమమేధే అన్నిటినీ మించిన వన్యమృగం అయ్యే అవకాశం ఉందని ఈ నేతలకు గుర్తు చేయాలి.

అయితే, బహుశా, మనకు మరిన్ని ఎంపికలు అందుబాటులో ఉన్నాయి. రాబోయే సంవత్సరాల్లో ప్రజలు ఎటువంటి నిర్ణయాలు తీసుకుంటారో నేను అంచనా వేయలేను, కానీ ఒక చరిత్రకారుడిగా నేను మార్పు సంభావ్యతను నమ్ముతాను. చరిత్రలో ప్రధాన పాఠాలలో ఒకటి ఏమిటంటే – మనం సహజమైనవని, శాశ్వతమైనవని భావించే అనేక విషయాలు వాస్తవానికి మానవ నిర్మితాలు, అనిత్యాలు. అయితే సంఘర్షణ అనివార్యం కాదని అంగీకరించడం మనల్ని నిశ్చింత పరచకూడదు. అందుకు పూర్తి విరుద్ధం. మంచి నిర్ణయాలు తీసుకోవాల్సిన గురుతర బాధ్యత మనందరిమీద ఉంది. మానవ నాగరికత సంఘర్షణకు గురైతే, అందుకు మనం ఏదో ఒక ప్రకృతినియమాన్ని, లేదా మరేదో గ్రహాంతర సాంకేతిక పరిజ్ఞానాన్ని నిందించలేమని ఇది సూచిస్తుంది. మనం ప్రయత్నం చేస్తే, ఇంతకంటే మేలైన ప్రపంచాన్ని సృష్టించవచ్చనికూడా ఇది సూచిస్తుంది. ఇది అమాయకత్వం కాదు. అది యదార్థవాదం. ప్రతి పాతవస్తువు ఒకనాడు కొత్తగా ఉండేది. చరిత్రలో ఏకైక స్థిరాంకం మార్పు.

భరతవాక్యం

2016 చివరిలో, AlphaGo లీ సెడోల్ను ఓడించిన కొన్ని నెలల తరువాత ఫేస్ బుక్ సూచనాక్రమాలు మయన్మార్లో ప్రమాదకరమైన జాతివిచక్షణ భావాలను రెచ్చగొడుతున్నాయి. అప్పుడే నేను హోమో డియస్ ప్రచురించాను. నా విద్యా శిక్షణ మధ్యయుగ, ఆధునికయుగ ప్రారంభ సైనిక చరిత్రలో ఉన్నప్పటికీ, కంప్యూటర్ సైన్స్ సాంకేతిక అంశాలలో నాకు ఎటువంటి నేపథ్యం లేనప్పటికీ, ప్రచురణ తర్వాత, అకస్మాత్తుగా నేను కృత్రిమమేధ నిపుణుడిగా ఖ్యాతి పొందాను. ఇది కృత్రిమ మేధపై ఆసక్తి ఉన్న శాస్త్రవేత్తలు, పారిశ్రామికవేత్తలు, ప్రపంచ నాయకుల కార్యాలయాలకు తలుపులు తెరిచింది. కృత్రిమ మేధ విప్లవం యొక్క సంక్లిష్ట గతిశీలతను గురించి ఆసక్తికరమైన, ప్రత్యేకమైన దృష్టిని నాకు అందించింది.

వందేళ్ళ యుద్ధంలో ఇంగ్లిష్ వ్యూహం వంటి అంశాలపై పరిశోధించడం, ముప్పై ఏళ్ల యుద్ధం[1] నాటి పెయింటింగ్స్ అధ్యయనం చేయడంవంటి నా గతఅనుభవం ఈ కొత్త రంగానికి పూర్తిగా సంబంధం లేకపోలేదని తేలింది. వాస్తవానికి, కృత్రిమమేధ ప్రయోగశాలలు, కార్పొరేట్ కార్యాలయాలు, సైనిక ప్రధాన కార్యాలయాలు, అధ్యక్ష రాజభవనాలలో వేగంగా జరుగుతున్న సంఘటనలను గురించి ఇది నాకు ఒక ప్రత్యేకమైన చారిత్రక దృక్పథాన్ని ఇచ్చింది. గత ఎనిమిదేళ్లుగా నేను కృత్రిమమేధ గురించి, ముఖ్యంగా అది కలిగించగల ప్రమాదాలను గురించి, అనేక బహిరంగ, అంతరంగ చర్చలు జరిపాను. ప్రతి సంవత్సరం స్వరం మరింత అత్యవసరాన్ని ధ్వనిస్తున్నది. 2016 లో సుదూర భవిష్యత్తు గురించి పనిలేని తాత్విక ఊహాగానాలుగా భావించిన సంభాషణలు, 2024 నాటికి ఎమర్జెన్సీ రూమ్ కేంద్రీకృతమయిన తీక్షణత పొందాయి.

నేను రాజకీయ నాయకుడిని కాదు, వ్యాపారవేత్తను కాదు, ఈ వృత్తులకు తగిన నైపుణ్యమూ లేదు. కానీ వర్తమాన సాంకేతిక, ఆర్థిక, సాంస్కృతిక పరిణామాలను

బాగా అర్థం చేసుకోవడానికి, మరీ ముఖ్యంగా మన రాజకీయ ప్రాధాన్యతలను మార్చుకోవడానికి చరిత్రపై అవగాహన ఉపయోగపడుతుందని నా నమ్మకం. రాజకీయాలు ఎక్కువగా ప్రాధాన్యతలకు సంబంధించిన విషయం. ఆరోగ్య సంరక్షణకు బడ్జెట్ ను తగ్గించి రక్షణకు ఎక్కువ ఖర్చు చేయాలా? మన భద్రతకు ప్రమాదం ఉగ్రవాదమా లేక వాతావరణంలో మార్పులా? మనం కోల్పోయిన పూర్వీకుల భూభాగాన్ని తిరిగి పొందడంపై దృష్టి పెడతామా లేదా పొరుగువారితో ఉమ్మడి ఆర్థిక మండలాన్ని సృష్టించడంమీద దృష్టి పెడదామా? పౌరులు ఎలా ఓటు వేస్తారు, వ్యాపారవేత్తలు దేనిని గురించి ఆందోళన చెందుతారు, రాజకీయ నాయకులు తమకంటూ ఒక పేరు సంపాదించడానికి ఎలా ప్రయత్నిస్తారు అనే విషయాలను ప్రాధాన్యతలు నిర్ణయిస్తాయి.. ఆ ప్రాధాన్యతలు తరచుగా చరిత్రమీద మన అవగాహన ద్వారా రూపొందించబడతాయి.

యదార్థవాదులు అని పిలువబడేవారు చారిత్రక కథనాలను రాష్ట్ర ప్రయోజనాలను ముందుకు తీసుకెళ్లడానికి ఉపయోగించిన ప్రచారవ్యూహాలుగా తోసిపుచ్చినప్పటికీ, వాస్తవానికి ఈ కథనాలే మొదట రాష్ట్ర ప్రయోజనాలను నిర్వచిస్తాయి. క్లాసేవిట్జ్ యుద్ధసిద్ధాంతం గురించిన చర్చలో మనం చూసినట్లుగా, అంతిమ లక్ష్యాలను నిర్వచించడానికి హేతుబద్ధమైన మార్గం లేదు. రష్యా, ఇజ్రాయెల్, మయన్మార్ లేదా మరే ఇతర దేశం యొక్క రాష్ట్ర ప్రయోజనాలను ఏదో ఒక గణిత లేదా భౌతిక సమీకరణం నుండి ఎన్నడూ అంచనా వేయలేము; అవి ఎల్లప్పుడూ చారిత్రాత్మక కథనం చెప్పే నీతిగా భావించబడతాయి.

అందువల్ల ప్రపంచవ్యాప్తంగా రాజకీయ నాయకులు చారిత్రాత్మక కథనాలను వివరించడానికి ఎక్కువ సమయము, శ్రమ వెచ్చించడంలో ఆశ్చర్యం లేదు. వ్లాదిమిర్ పుతిన్ గురించి పైన చెప్పిన ఉదాహరణ ఈ విషయంలో అసాధారణమైనది కాదు. 2005లో ఐక్యరాజ్యసమితి ప్రధాన కార్యదర్శి కోఫీ అన్నన్ అప్పటి మయన్మార్ నియంత జనరల్ థాన్ ష్వేతో తొలిసారి సమావేశమయ్యారు. కేవలం ఇరవై నిమిషాలు మాత్రమే జరిగే ఈ సంభాషణలో జనరల్ గుత్తాధిపత్యం వహించకుండా నిరోధించడానికి అన్నన్ ముందు మాట్లాడాలని సలహా ఇచ్చారు. కానీ థాన్ ష్వే మొదట దాడిచేసి మయన్మార్ చరిత్రపై దాదాపు గంటసేపు మాట్లాడి ఐక్యరాజ్యసమితి ప్రధాన కార్యదర్శికి మాట్లాడే అవకాశమే ఇవ్వలేదు.[2] 2011 మే లో ఇజ్రాయెల్ ప్రధాని బెంజమిన్ నెతన్యాహు వైట్ హౌస్ లో అమెరికా అధ్యక్షుడు బరాక్ ఒబామాను కలిసినప్పుడు దాదాపు ఇలాంటిదే చేశారు. ఒబామా సంక్షిప్త పరిచయ ప్రసంగం తరువాత, నెతన్యాహు అమెరికా అధ్యక్షులను ఇజ్రాయెల్ చరిత్ర, యూదు ప్రజల చరిత్ర గురించిన సుదీర్ఘ ఉపన్యాసానికి గురి చేశారు, ఒబామాను తన విద్యార్థిగా భావించారు.[3] థాన్ ష్వే, నెతన్యాహులు చరిత్ర వాస్తవాలను ఏమాత్రం

పట్టించుకోలేదని, ఏదో రాజకీయ లక్ష్యాన్ని సాధించడానికి ఉద్దేశపూర్వకంగా వాటిని వక్రీకరిస్తున్నారని విమర్శకులు వాదించవచ్చు. కానీ ఈ రాజకీయ లక్ష్యాలు చరిత్ర గురించి లోతైన నమ్మకాల ఫలితమే.

రాజకీయ నాయకులతో, అలాగే సాంకేతిక వాణిజ్యవేత్తలతో కృత్రిమమేధను గురించి నేను జరిపిన సంభాషణల్లో, చరిత్ర తరచుగా ప్రధాన ఇతివృత్తంగా ఉద్భవించింది. నా మధ్యవర్తులలో కొందరు చరిత్ర సుందర చిత్రాన్ని గీశారు . తదనుగుణంగా కృత్రిమమేధపట్ల ఉత్సాహంగా ఉన్నారు. ఎక్కువ సమాచారం ఎల్లప్పుడూ ఎక్కువ జ్ఞానాన్ని సూచిస్తుందని, మన జ్ఞానాన్ని పెంచడం ద్వారా, మునుపటి ప్రతి ఒక్క సమాచార విప్లవమూ మానవాళికి చాలా ప్రయోజనం చేకూర్చిందని వారు వాదించారు. ముద్రణ విప్లవం శాస్త్రీయ విప్లవానికి దారి తీయలేదా? వార్తాపత్రికలు, రేడియోలు ఆధునిక ప్రజాస్వామ్య ఆవిర్భావానికి దారి తీయలేదా? కృత్రిమమేధ విషయంలోనూ అదే జరుగుతుందని చెప్పారు. మరికొందరి దృక్పథం మసకబారి ఉన్నది. అయితే పారిశ్రామిక విప్లవంలోనుంచి బయటపడినట్లే, కృత్రిమమేధ విప్లవంలోనుంచి కూడా మానవాళి ఏదో విధంగా బయటపడుతుందని ఆశాభావం వ్యక్తం చేశారు.

ఈ రెండు అభిప్రాయాలూ నన్ను ఓదార్చలేదు. మునుపటి అధ్యాయాలలో వివరించిన కారణాల మూలాన, ముద్రణా విప్లవం, పారిశ్రామిక విప్లవంతో ఇటువంటి చారిత్రక పోలికలు బాధాకరంగా అనిపిస్తాయి,. ముఖ్యంగా అధికారంలో ఉన్న వ్యక్తుల నుండి, వారి చారిత్రక దృక్పథం మన భవిష్యత్తును రూపొందించే నిర్ణయాలను తెలియజేస్తుంది. ఈ చారిత్రక పోలికలు కృత్రిమమేధ విప్లవం యొక్క అపూర్వ స్వభావాన్ని, మునుపటి విప్లవాల ప్రతికూల అంశాలను తక్కువగా అంచనా వేస్తాయి. ముద్రణావిప్లవం యొక్క తక్షణ ఫలితాలలో శాస్త్రీయ ఆవిష్కరణలతోపాటు మాంత్రికులవేటలు, మతయుద్ధాలు ఉన్నాయి, వార్తాపత్రికలు, రేడియోలు, నియంతృత్వ పాలనల, ప్రజాస్వామ్యాల దోపిడీకి గురియయ్యాయి. పారిశ్రామిక విప్లవం విషయానికొస్తే, దానికి అనుగుణంగా సామ్రాజ్యవాదం, నాజీయిజం వంటి విపత్కర ప్రయోగాలు జరిగాయి. కృత్రిమమేధవిప్లవం ఇలాంటి ప్రయోగాలకు దారితీస్తే, మనం మళ్లీ ఆ గందరగోళంనుంచి బయటపడతామని మనం ఖచ్చితంగా చెప్పగలమా?

కృత్రిమమేధ విప్లవాన్నిగురించి మరింత ఖచ్చితమైన చారిత్రక దృక్పథాన్ని అందించడమే ఈ పుస్తకంలో నా లక్ష్యం. ఈ విప్లవం ఇంకా శైశవదశలోనే ఉన్నది. వాస్తవ సమయంలో ముఖ్యమైన పరిణామాలను అర్థం చేసుకోవడం చాలా కష్టం. ఆల్ఫాగో విజయం లేదా రోహింగ్యా వ్యతిరేక ప్రచారంలో ఫేస్ బుక్ ప్రమేయం వంటి 2010 లలో జరిగిన సంఘటనల అర్థాన్ని అంచనా వేయడం ఇప్పుడు కూడా కష్టం.

2020 ల ప్రారంభంలో జరిగిన సంఘటనల అర్థం మరింత అస్పష్టంగా ఉంది. అయినప్పటికీ వేలాది సంవత్సరాలుగా సమాచార యంత్రాంగాలు ఎలా అభివృద్ధి చెందాయో చూడటానికి మన పరిధిని విస్తరించడం ద్వారా, ఈ రోజు మనం ఎలా జీవిస్తున్నామోనని కొంత పరిజ్ఞానం పొందడం సాధ్యమని నేను నమ్ముతున్నాను.

ఒక పాఠం ఏమిటంటే, కొత్త సమాచార సాంకేతిక పరిజ్ఞానం ఆవిష్కరణ ఎల్లప్పుడూ చరిత్రలో ప్రధానమైన మార్పులకు ఉత్ప్రేరకంగా ఉంటుంది. ఎందుకంటే గతంలో ఉన్న వాస్తవాలకు ప్రాతినిధ్యం వహించడం కంటే కొత్త యంత్రాంగాలను అల్లటమే సమాచారం ముఖ్యపాత్ర. పన్ను చెల్లింపులను నమోదు చేయడం ద్వారా, పురాతన మెసొపొటేమియాలోని మట్టి పలకలు మొదటి నగర-రాజ్యాలను రూపొందించడంలో సహాయపడ్డాయి. ప్రవచన దర్శనాలను పవిత్రం చేయడం ద్వారా, పవిత్ర గ్రంథాలు కొత్త రకాల మతాలను వ్యాప్తి చేశాయి. దేశాధ్యక్షుల, పౌరుల మాటలను త్వరితగతిన వ్యాప్తి చేయడం ద్వారా వార్తాపత్రికలు, టెలిగ్రాఫ్ లు ప్రజాస్వామ్యానికి, నియంతృత్వానికి పెద్దఎత్తునతలుపులు తెరిచాయి. ఈ విధంగా రికార్డ్ చేయబడి, పంపిణీ చేయబడిన సమాచారం కొన్నిసార్లు నిజం. కానీ తరచుగా అబద్ధం. అయినా ఇదిఅధికాధిక ప్రజలమధ్య సరికొత్త సంబంధాలను సృష్టించింది.

మొదటి మెసొపొటేమియా నగర-రాజ్యాల ఆవిర్భావం, క్రైస్తవ మత వ్యాప్తి, అమెరికన్ విప్లవం, బోల్షెవిక్ విప్లవం వంటి చారిత్రక విప్లవాలకు రాజకీయ, సైద్ధాంతిక, ఆర్థిక వివరణలు ఇవ్వడం మన అలవాటు. కానీ లోతైన అవగాహన పొందడానికి, మనం వాటిని సమాచార ప్రవాహ విధానంలో విప్లవాలుగా కూడా చూడాలి. క్రైస్తవమతం, దాని అనేక పురాణాలలో, ఆచారాలలో గ్రీకు బహుదేవతారాధనకు స్పష్టంగా భిన్నంగా ఉంది. అయినప్పటికీ ఒకే పవిత్ర గ్రంథానికి దానిని వివరించే సంస్థకు ఇచ్చిన ప్రాముఖ్యతలో కూడా ఇది భిన్నంగా ఉంది. పర్యవసానంగా, జ్యూస్ యొక్క ప్రతి ఆలయం ఒక ప్రత్యేక సంస్థగా ఉన్నప్పటికీ, ప్రతి క్రైస్తవ చర్చి సమీకృతయంత్రాంగంలో ఒక అంశగా మారింది.[4] జ్యూస్ ఆరాధకుల కంటే క్రీస్తు అనుచరులలో సమాచారం భిన్నంగా ప్రవహించింది. అదేవిధంగా, స్టాలిన్ యొక్క యు.ఎస్.ఎస్.ఆర్ సమాచార యంత్రాంగం పీటర్ ది గ్రేట్ సామ్రాజ్యంనుంచి భిన్నమైన సమాచార యంత్రాంగం. స్టాలిన్ అపూర్వమైన అనేక ఆర్థిక విధానాలను అమలు చేశాడు, కానీ ఆయన ఆపని చేయడానికి వీలు కల్పించింది ఆయన నిరంకుశ నాయకత్వమే. దీనిలో కేంద్రం వందల మిలియన్ల ప్రజలజీవితాలను సూక్ష్మ పర్యవేక్షణ చేయడానికి తగినంత సమాచారాన్ని ఆ పాలన సేకరించింది. సాంకేతికత చాలా అరుదుగా నిర్ణయాత్మకమైనది. అదే సాంకేతికతను చాలా భిన్నమైన మార్గాల్లో ఉపయోగించవచ్చు. కానీ పుస్తకం, టెలిగ్రాఫ్ వంటి సాంకేతిక పరిజ్ఞానాల ఆవిష్కరణ లేకుండా, క్రైస్తవ చర్చ్ కానీ, స్టాలినిస్ట్ యంత్రాంగంకాని, ఎన్నటికీ సాధ్యమయ్యేవి కావు.

మన ప్రస్తుత రాజకీయచర్చల్లో కృత్రిమమేధ విప్లవంపై మరింత శ్రద్ధ వహించటానికి ఈ చరిత్ర పాఠం మనల్ని బలంగా ప్రోత్సహించాలి. టెలిగ్రాఫ్, ప్రింటింగ్ ప్రెస్ లేదా వ్రాతల ఆవిష్కరణ కంటే కృత్రిమ మేధస్సు ఆవిష్కరణ చాలా మహత్వపూర్ణమైనది. ఎందుకంటే కృత్రిమమేధ తనంతట తానుగా నిర్ణయాలు తీసుకోగల సాధనం. దానికితోడు ఆలోచనలను సృష్టించగల మొదటి సాధనం. ప్రింటింగ్ ప్రెస్ లు, పార్చ్ మెంట్ స్క్రోల్స్ ప్రజలను కనెక్ట్ చేయడానికి కొత్త మార్గాలను అందించగా, కృత్రిమమేధలు మన సమాచార యంత్రాంగంలో పూర్తిస్థాయి సభ్యులు. రాబోయే సంవత్సరాల్లో, అన్ని సమాచార యంత్రాంగాలు – సైన్యాల నుంచి మతాల వరకు–మిలియన్ల కొత్త కృత్రిమమేధ సభ్యులను పొందుతాయి, అవి గణాంకాలను మానవులకంటే చాలా భిన్నంగా క్రమబద్ధం చేస్తాయి.. ఈ క్రొత్తసభ్యుల నిర్ణయాలు ఎక్కడినుంచో ఊడిపడినట్లు వింతగా ఉంటాయి. గ్రహాంతర ఆలోచనలను సృష్టిస్తాయి.. అనగా ఈ నిర్ణయాలు, ఆలోచనలు మానవులకు సంభవించే అవకాశం లేదని తోస్తుంది. ఇంతమంది పరాయి సభ్యుల చేరిక సైన్యాలు, మతాలు, మార్కెట్లు, దేశాల రూపురేఖలను మార్చడం ఖాయం. మొత్తం రాజకీయ, ఆర్థిక, సామాజిక వ్యవస్థలు కుప్పకూలి వాటి స్థానంలో కొత్తవి వస్తాయి. అందుకే సాంకేతిక పరిజ్ఞానాన్ని పట్టించుకోని పెద్దలు ఉంటారు.వారందరూ ప్రజాస్వామ్యం మనుగడను, న్యాయమైన సంపద పంపిణీ అత్యంత ముఖ్యమైన రాజకీయ సమస్యలుగా భావిస్తారు.. వారందరికీ కూడా కృత్రిమ మేధ అత్యంత అత్యవసరమైన విషయంగా ఉండాలి.

ఈ పుస్తకం కృత్రిమమేధమీది చర్చను బైబిల్ వంటి పవిత్ర సూత్రాల చర్చతో ముడిపెట్టింది. ఎందుకంటే మనం ఇప్పుడు కృత్రిమమేధను భగవదంశగా ఆదరించే క్లిష్ట సమయంలో ఉన్నాము. బిషప్ అథనాసియస్ వంటి చర్చి ఫాదర్లు పాల్, థెక్లాల చర్యలను మినహాయించి 1 తిమోతిని బైబిల్ గణాంకసమితిలో చేర్చాలని నిర్ణయించి నప్పుడు, వారు సహస్రాబ్దాల తరబడి ప్రపంచాన్ని రూపొందించారు. ఇరవై ఒకటవ శతాబ్దం వరకు కోట్లాదిమంది క్రైస్తవులు థెక్లా సహనశీల వైఖరిపై కాకుండా, 1 తిమోతి ప్రవచించిన స్త్రీవాద భావాల ఆధారంగా ప్రపంచంపట్ల తమ దృక్పథాన్ని ఏర్పరచుకున్నారు. ఈ రోజు కూడా ఆ ఆలోచనా మార్గాన్ని మార్చుకోవడం కష్టం, ఎందుకంటే చర్చి ఫాదర్లు బైబిల్లో స్వీయశోధన యంత్రాంగాలను చేర్చకూడదని నిర్ణయించుకున్నారు. కృత్రిమమేధ కొరకు ప్రారంభ సంకేతభాష రాసే ఇంజనీర్లు, కృత్రిమమేధ శైశవంలో శిక్షణ ఇవ్వవలసిన గణాంక సమితిని ఎంచేవారు – వీరే ఈనాటి బిషప్ అథనాసియస్ లు. కృత్రిమమేధ శక్తి, అధికారం పెరుగుతున్న కొద్దీ, బహుశా స్వీయ–వ్యాఖ్యాన పవిత్ర గ్రంథంగా మారవచ్చు. కాబట్టి ప్రస్తుత ఇంజనీర్లు తీసుకునే నిర్ణయాలు రానున్న యుగాలలో ప్రతిధ్వనించవచ్చు.

చరిత్రను అధ్యయనం చేయడంవల్ల కృత్రిమమేధ విప్లవం ప్రాముఖ్యత, కృత్రిమమేధకు సంబంధించి మన నిర్ణయాల ప్రాముఖ్యతను నొక్కివక్కాణించటంకంటే

ఎక్కువ జరుగుతుంది. సమాచార యంత్రాంగాలకు, సమాచార విప్లవాలకు సంబంధించి సాధారణంగా తప్పుదోవ పట్టించే రెండు విధానాలను గురించి ఇది మనల్ని హెచ్చరిస్తుంది. ఒకవైపు, అతి అమాయకమైన ఆశావహ దృక్పథంపట్ల మనం జాగ్రత్తగా ఉండాలి. సమాచారం అంతా నిజం కాదు. ప్రాతినిధ్యం వహించడంకంటే కూడదీయడమే సమాచారం ప్రధానమైన విధి. చరిత్ర అంతటా సమాచార యంత్రాంగాలు తరచుగా సత్యం కంటే క్రమానికీ, ఆదేశానికే ప్రాధాన్యత ఇచ్చాయి. పన్నుల రికార్డులు, పవిత్ర గ్రంధాలు, రాజకీయ ప్రణాళికలు, రహస్య పోలీసు ఫైళ్లు శక్తివంతమైన రాజ్యాలను, చర్చ్ లను సృష్టించడంలో చాలా సమర్ధవంతంగా ఉంటాయి. ప్రపంచం పట్ల వీటి దృక్పథం వక్రీభవించి ఉంటుంది. తద్వారా వారి అధికారం దుర్వినియోగం చేసే అవకాశం ఉంది. ఇక్కడ విడ్డూరం ఏమిటంటే సమాచారం పెరుగుతూ ఉంటే, కొన్నిసార్లు అది మాంత్రికుల వేటకు దారితీస్తుంది.

కృత్రిమమేధ ఈ పద్ధతిని తప్పకుండా విచ్చిన్నం చేస్తుందని, సత్యాన్ని ఆదరిస్తుందని ఆశించడానికి ఎటువంటి ఆధారము లేదు. కృత్రిమమేధ పొరపాటు చేయని అమోఘశక్తిఏమీ కాదు. గత దశాబ్దకాలంలో మయన్మార్, బ్రెజిల్, ఇంకా ఇతర చోట్ల జరిగిన భయానక సంఘటనలనుంచి మనకు కొంత చారిత్రక దృక్పథం ఏర్పడింది. బలమైన స్వీయశోధన యంత్రాంగాలు లేకపోతే, కృత్రిమమేధలు వక్రీకరించిన ప్రపంచ దృక్పథాలను ప్రోత్సహించడానికి, తీవ్రమైన అధికార దుర్వినియోగానికి అవకాశంకల్పించడానికి, భయానకమైన కొత్తవేటలను ప్రేరేపించడానికి అవసరానికి మించిన సామర్ధ్యం కలిగి ఉన్నాయని సూచిస్తుంది.

మరోవైపు, రెండవదిశలో చివరిదాకా చేరటం, మితిమీరిన చిరాకు దృక్పథాన్ని అవలంబించడంపట్ల కూడా మనం జాగ్రత్తగా ఉండాలి. అధికారం ఒక్కటే వాస్తవమని, మానవ సంబంధాలన్నీ అధికార పోరాటాలేనని, సమాచారం అనేది మన శత్రువులను ఓడించడానికి మనం ఉపయోగించే ఆయుధం మాత్రమేనని ప్రజా (ఆదరణ కోసం గాలం వేసే) నాయకులు మనకు చెబుతారు. ఇది ఎప్పుడూ జరగలేదు. భవిష్యత్తులో కృత్రిమమేధ అలా చేస్తుందని ఆశించటానికి ఎటువంటి ఆధారమూ లేదు. అనేక సమాచార యంత్రాంగాలు సత్యంకంటే, ఆదేశాలకు, క్రమతకు పెద్దపీట వేస్తూ ఉన్నప్పటికీ, సత్యాన్ని పూర్తిగా విస్మరిస్తే ఏ యంత్రాంగమూ మనుగడ సాగించలేదు. ఇక మానవుల విషయానికొస్తే, మనం కేవలం అధికారం కంటే సత్యం పట్ల నిజమైన ఆసక్తి కలిగి ఉంటాము. స్పానిష్ ఇన్క్విజిషన్ వంటి సంస్థలలో కూడా అలోన్సో డి సలాజార్ ఫ్రియాస్ వంటి మనస్సాక్షిగల సత్యాన్వేషణ సభ్యులు ఉన్నారు, వారు అమాయక ప్రజలను మరణాలపాలు చేయడానికి బదులుగా, మాంత్రికులు కేవలం పరస్పర కల్పనలే అని మనకు గుర్తు చేయడానికి ఆయన తన

ప్రాణాలను పణంగా పెట్టారు. చాలా మంది ప్రజలు తమను తాము కేవలం అధికారం మీద వ్యామోహం ఉన్న ఏకైకసూత్ర జీవులుగా చూడరు. అలాంటప్పుడు ఎదటివారి అందరిని గురించి ఎందుకు ఇలాంటి అభిప్రాయం కలిగి ఉంటారు?

పరస్పర మానవ చర్యలన్నిటిలోను అధికార వ్యామోహం పూజ్యం అనిచెప్పటం అతిశయోక్తి అవుతుంది. గతాన్ని గురించి సంపూర్ణమైన, మరింత సూక్ష్మమైన అవగాహన పొందడానికి మాత్రమే కాదు, మన భవిష్యత్తు గురించి మరింత ఆశాజనకమైన, నిర్మాణాత్మక దృక్పథం కలిగి ఉండటానికి కూడా ఇది కీలకం. అధికారం ఒక్కటే వాస్తవమైతే, సంఘర్షణలను పరిష్కరించడానికి ఏకైక మార్గం హింస ద్వారానే. జనాకర్షకులు, మార్క్సిస్టులు ఇద్దరూ ప్రజల అభిప్రాయాలు వారి ప్రత్యేకహక్కుల ద్వారా నిర్ణయించబడతాయని, ప్రజల అభిప్రాయాలను మార్చడానికి మొదట వారి ప్రత్యేకహక్కులు, అధికారాలను తొలగించడం అవసరమని నమ్ముతారు – దీనికి సాధారణంగా బలప్రయోగం అవసరం. ఏదేమైనా, మానవులు సత్యంపట్ల ఆసక్తి కలిగి ఉంటారు కాబట్టి, ఒకరితో ఒకరు మాట్లాడుకోవడం, తప్పులను అంగీకరించడం, కొత్త ఆలోచనలను స్వీకరించడం మనం నమ్మే కథలను సవరించడం ద్వారా కనీసం కొన్ని సంఘర్షణలను శాంతియుతంగా పరిష్కరించుకునే అవకాశం ఉంది. ఇది ప్రజాస్వామిక యంత్రాంగాల, శాస్త్రీయసంస్థల ప్రాథమిక భావన. ఈ పుస్తకం రాయడం వెనుక ప్రాథమిక ప్రేరణ కూడా అదే.

మహామేధల అంతర్ధానం

ఈ పుస్తకం ప్రారంభంలో నేను వేసిన ప్రశ్నకు ఇప్పుడు తిరిగి వద్దాం: మనం అంత తెలివైనవారమైతే, మనం ఎందుకు అంత ఆత్మ వినాశనకారుల మయ్యాము? మనం సమకాలీనంగా భూమిమీద అత్యంత తెలివైన, అత్యంత మూర్ఖ జంతువులం. అణు క్షిపణులు, మహామేధావి సూచనాక్రమాలను తయారు చేయగలిగేటంత వివేకులుగా ఉన్నాం. మనం చాలా మూర్ఖులం, మనం వాటిని నియంత్రించగలమనే నమ్మకం లేకపోయినా వాటిని ఉత్పత్తి చేస్తూనే ఉన్నాం. అలా చేయడంలో విఫలమైతే మనల్ని సర్వనాశనం చేస్తాయి.. మనం అలా ఎందుకు చేస్తున్నాం? మన స్వభావంలో ఏదో ఒకఅంశ మనల్ని ఆత్మవినాశన మార్గంలో వెళ్ళడానికి బలవంతం చేస్తుందా?

తప్పు మన స్వభావంలో కాదు, మన సమాచార యంత్రాంగాలతో ఉన్నదని ఈ పుస్తకం వాదించింది. సత్యం కంటే క్రమం యొక్క ప్రత్యేకత కారణంగా, మానవ సమాచార యంత్రాంగాలు తరచు చాలాశక్తిని ఉత్పత్తి చేశాయి, కాని తక్కువ జ్ఞానాన్ని ఉత్పత్తి చేశాయి. ఉదాహరణకు, నాజీ జర్మనీ అత్యంత సమర్థవంతమైన సైనిక యంత్రాన్ని సృష్టించి, దానిని ఒక పిచ్చి పురాణం సేవలో నియమించింది.

ఫలితంగా భారీస్థాయిలో దుఃఖం, కోట్లాదిమంది ప్రజల మరణం, చివరికి నాజీ జర్మనీ విధ్వంసం కూడా సంభవించాయి.

వాస్తవానికి, అధికారం తనంతట తాను చెడ్డది కాదు. తెలివిగా ఉపయోగించినప్పుడు, అది దయకు సాధనం కావచ్చు. ఉదాహరణకు, ఆధునిక నాగరికత కరువులను నివారించే, అంటువ్యాధులను నియంత్రించే, పెనుతుఫానులు భూకంపాలవంటి ప్రకృతి వైపరీత్యాలను తగ్గించే శక్తిని పొందింది. సాధారణంగా, ఒక యంత్రాంగం బయటి నుండి వచ్చే బెదిరింపులను, సమర్థవంతంగా ఎదుర్కోవటానికి అధికార సముపార్జన అనుమతిస్తుంది, కానీ అదే సమయంలో యంత్రాంగం స్వయంగా కలిగించే ప్రమాదాలను పెంచుతుంది. ఒక యంత్రాంగం మరింత శక్తివంతంగా మారుతున్న కొద్దీ, యంత్రాంగం స్వయంగా కనుగొన్న కథలలో మాత్రమే ఉన్న ఊహాజనిత భయాలు ఉంటాయి. ఈ భయాలను యంత్రాంగం నిజం చేస్తుంది. అప్పుడు ఆ భయాలు ప్రకృతివైపరీత్యాలకంటే ప్రమాదకరంగా మారడం గమనార్హం. కరువు లేదా అధిక వర్షాలను ఎదుర్కొంటున్న ఆధునిక రాష్ట్రం సాధారణంగా ఈ ప్రకృతి విపత్తువల్ల తన పౌరులు ఆకలిచావులు చావకుండా నిరోధించగలదు. కానీ 1930వ దశకం ప్రారంభంలో యు.ఎస్.ఎస్.ఆర్.లో జరిగినట్లుగా మానవ నిర్మిత కల్పనామయమైన ఒక ఆధునిక రాజ్యం భారీ స్థాయిలో మానవ నిర్మిత కరువులను, భారీ ఎత్తున ప్రేరేపించగలదు.

తదనుగుణంగా, ఒక యంత్రాంగం మరింత శక్తివంతంగా మారినప్పుడు, దాని స్వీయశోధన యంత్రాంగాలు మరింత ప్రాణాధారమవుతాయి. ఒక రాతియుగపు తెగ, లేదా కాంస్యయుగ నగర-రాజ్యం తన స్వంత తప్పులను గుర్తించి సరిదిద్దలేకపోతే, సంభావ్య నష్టం పరిమితం. మహా అయితే ఒక నగరం నాశనమవుతుంది. ప్రాణాలతో బయటపడినవారు మళ్లీ మరొకచోట ప్రయత్నించారు. టిబెరియస్ లేదా నీరో వంటి ఇనుపయుగ సామ్రాజ్య పాలకుడు మతిస్థిమితం లేదా సైకోసిస్ బారిన పడినప్పటికీ, పర్యవసానాలు చాలా అరుదుగా విపత్తును కలిగిస్తాయి.. రోమన్ సామ్రాజ్య పాలనలో పిచ్చిచక్రవర్తుల వాటా ఉన్నప్పటికీ ఆ సామ్రాజ్యం శతాబ్దాలపాటు కొనసాగింది. చివరికి దాని పతనం మానవ నాగరికతను అంతం చేయలేదు. కానీ సిలికన్ యుగంలో ఒక అగ్రరాజ్యంలో స్వీయశోధన యంత్రాంగాలు బలహీనమైన స్థితిలో ఉంటే, స్వీయశోధన యంత్రాంగాలు లేకపోతే, అది మన జాతుల మనుగడను, లెక్కలేనన్ని ఇతర జీవరాశుల మనుగడను కూడా విపరీతమైన ప్రమాదంలో పడేస్తుంది. కృత్రిమమేధ యుగంలో, మానవజాతి మొత్తం, కాప్రి విల్లాలో ఉన్న టిబెరియస్ తో సమానమైన పరిస్థితిలో కనిపిస్తుంది. మనకు అపారమైన శక్తి ఉన్నది. అరుదైన విలాసాలను ఆస్వాదిస్తాము,. కానీ మన స్వంత సృష్టి ద్వారా మనం సులభంగా తారుమారు అవుతాము. ప్రమాదం తెలుసుకుని మేల్కొనే సమయానికి, ఆలస్యాదమృతం విషం కావచ్చు.

దురదృష్టవశాత్తూ, మానవాళి యొక్క దీర్ఘకాలిక సంక్షేమంకోసం స్వీయశోధన యంత్రాంగాల ప్రాముఖ్యత ఉన్నప్పటికీ, రాజకీయ నాయకులు వాటిని బలహీనపరచడానికి ప్రలోభాలకు లోనవుతారు. పుస్తకం అంతటా మనం చూసినట్లుగా, స్వీయశోధన యంత్రాంగాలను తటస్తం చేయడంలో అనేక ప్రతికూలతలు ఉన్నప్పటికీ, ఇది విజయవంతమైన రాజకీయ వ్యూహం కావచ్చు. అది 21వ శతాబ్దపు స్టాలిన్ చేతికి అపారమైన అధికారాన్ని అందించగలదు. కృత్రిమ మేధతో కూడిన నియంతృత్వపాలన మానవనాగరికతను నాశనం చేయడానికిముందే అది తప్పనిసరిగా స్వయంగా నాశనమవుతుందని భావించడం మూర్ఖత్వమే అవుతుంది. ఆటవిక న్యాయం ఒక భ్రమ. అలాగే చరిత్ర చాపం న్యాయం వైపు వంగి ఉంటుందనే భావన కూడా ఒక భ్రమే. చరిత్ర అనేది సమూలంగా తెరిచిన చాపం. ఇది అనేక దిశలలో వంగి చాలా విభిన్న గమ్యస్థానాలను చేరుకోగలదు. హోమో సేపియన్స్ తనను తాను నాశనం చేసుకున్నా, విశ్వం యధావిధిగా తన వ్యాపారాన్ని కొనసాగిస్తుంది. అత్యంత తెలివైన కోతుల నాగరికతను సృష్టించడానికి భూగోళ పరిణామానికి నాలుగు బిలియన్ సంవత్సరాలు పట్టింది. మనం పోతే, అత్యంత తెలివైన ఎలుకల నాగరికతను సృష్టించడానికి పరిణామక్రమానికి మరో వంద మిలియన్ సంవత్సరాలు పడుతుంది. విశ్వం ఓపికగా వేచి ఉంటుంది.

అయితే అంతకంటే దారుణమైన పరిస్థితి నెలకొని ఉన్నది. మనకు తెలిసినంత వరకు, కోతులు, ఎలుకలు భూమి గ్రహం మీది ఇతర సేంద్రియ జంతువులు మాత్రమే ఈ మొత్తం విశ్వంలో సచేతన జీవులు కావచ్చు. మనం ఇప్పుడు అచేతమైన చాలా శక్తివంతమైన ఒక గ్రహాంతర మేధస్సును సృష్టించాము. మనం దానిని సవ్యంగా సంర్ధవంతంగా నిర్వహించలేకపోతే, కృత్రిమమేధ భూమిపై మానవ ఆధిపత్యాన్ని మాత్రమే కాదు, చైతన్యం యొక్క కాంతిని కూడా తుడిచివేస్తుంది. విశ్వాన్ని పూర్తిగా చీకటి రాజ్యంగా మారుస్తుంది. దీన్ని నివారించాల్సిన బాధ్యత మనమీదనే ఉన్నది.

శుభవార్త ఏమిటంటే, మనం అలసత్వాన్ని, నిరాశను విడిచిపెడితే, తమ స్వశక్తిని అదుపులో ఉంచగల సమతుల్య సమాచార యంత్రాంగాలను మనమే సృష్టించగలము. అలా చేయడం అంటే మరో అద్భుత సాంకేతిక పరిజ్ఞానాన్ని కనిపెట్టడమో, గత తరాలను ఎలాగోలా తప్పించుకున్న ఏదో ఒక అద్భుతమైన ఆలోచనను ఆవిష్కరించడమో కాదు. తెలివైన యంత్రాంగాలను సృష్టించడానికి, సమాచారం పట్ల అమాయక దృక్పథాలు, ప్రజలను మోసం చేసే దృక్పథాలు విడిచిపెట్టాలి. మనం తప్పుచేయ్యలేమనే అమాయకమైన, జనాకర్షక అభిప్రాయాలను విడిచిపెట్టాలి. బలమైన స్వీయశోధన యంత్రాంగాలతో సంస్థలను నిర్మించే కఠినమైన ప్రాపంచిక కృషికి కట్టుబడి ఉండాలి. బహుశా ఈ పుస్తకం అందించే అతి ముఖ్యమైన సందేశం అదే.

ఈ జ్ఞానం మానవచరిత్ర కంటే చాలా పురాతనమైనది. ఇది సేంద్రియ జీవితానికి పునాది అయిన ఎలిమెంటల్. మొదటి జీవులు ఏదో అపరాధరహిత మేధావి లేదా దేవుడు సృష్టించినవి కావు. అవి సంక్లిష్టమైన విచారణ, దోషాల ప్రక్రియ ద్వారా ఉద్భవించాయి. నాలుగు బిలియన్ సంవత్సరాలలో, ఉత్పరివర్తనం స్వీయశోధన యొక్క మరింత సంక్లిష్టమైన యంత్రాంగాలు చెట్లు, డైనోసార్లు, అడవులు, చివరికి మానవుల పరిణామానికి దారితీశాయి. ఇప్పుడు మనం ఒక గ్రహాంతర అకర్బన మేధస్సును పిలిచాము, అది మన నియంత్రణ నుండి తప్పించుకుని మన స్వంత జాతినే కాదు, లెక్కలేనన్ని ఇతర జీవరాశులను ప్రమాదంలోకి నెట్టగలదు. రాబోయే సంవత్సరాల్లో మనమందరం తీసుకునే నిర్ణయాలు ఈ గ్రహాంతర మేధస్సును ఆహ్వానించటం అంతిమ తప్పిదమా లేదా జీవిత పరిణామంలో ఆశాజనకమైన కొత్త అధ్యాయానికి నాంది అని రుజువు చేస్తుందా అనేది నిర్ణయిస్తుంది.

అభివందనాలు

ఆర్టిఫిషియల్ ఇంటెలిజెన్స్ యుగంలో కూడా మానవులు మధ్యయుగ వేగంతో పుస్తకాలు రాయడం, ప్రచురించడం చేస్తుంటారు. నేను 2018 లో ఈ పుస్తకంపై పనిచేయడం ప్రారంభించాను. వ్రాతప్రతిలో ఎక్కువ భాగం 2021 – 2022 లో వ్రాయబడింది. సాంకేతిక, రాజకీయ పరిణామాలు శరవేగంగా విస్తరిస్తున్న నేపథ్యంలో ఇప్పటికే అనేక విభాగాల అర్థాలు మారిపోయి, మరింత ఉత్సాహాన్ని సంతరించుకుని, ఊహించని సందేశాలను చేరవేస్తున్నాయి. అయినప్పటికీ, మారని ఒక విషయం ఏమిటంటే, సంపర్కాల ప్రాణాధారమైన ప్రాముఖ్యత. ఈ పుస్తకం పెరుగుతున్న అంతర్జాతీయ ఉద్రిక్తతల మధ్య వ్రాయబడినప్పటికీ, ఇది సంభాషణ, సహకారాలతో చేరిన స్నేహం యొక్క ఉత్పత్తి. ఇది దగ్గరలోను, దూరంలోను ఉన్న అనేక మంది ప్రజల సమిష్టి ప్రయత్నానికి ప్రాతినిధ్యం వహిస్తుంది.

ఫెర్న్ ప్రెస్ లో నా ప్రచురణకర్త మిచెల్ షావిట్, నా సంపాదకుడు డేవిడ్ మిల్నర్ ల భారీ కృషి లేకుండా సంపర్కం వెలుగును చూసేది కాదు. ప్రాజెక్టును పూర్తి చేయలేననిచాలాసార్లు అనుకున్నాను. కానీ వారు నన్ను ఒప్పించి ముందుకు నడిపించారు. నేను తప్పు మలుపు తిరిగిన సందర్భాలు చాలా ఉన్నాయి. వారు నన్ను సరైన మార్గంలో ఉంచడానికి ఓపికగా, పట్టుదలతో పనిచేశారు. వారి నిబద్ధతకు, నా దురలవాట్లు వదిలించినందుకు నేను వారికి హృదయపూర్వక ధన్యవాదాలు తెలియజేస్తున్నాను .

ఈ పుస్తకం రాయడానికి, ప్రచురించడానికి సహకరించిన మరికొందరికి నా కృతజ్ఞతలు.

పెంగ్విన్ రాండమ్ హౌస్ యు.ఎస్.ఎ.లోని ఆండీ వార్డ్ కు, ఈ పుస్తకానికి తుదిరూపం ఇచ్చి, ప్రొటెస్టంట్ సంస్కరణను ఒంటిచేత్తో ముగించడం వంటి ఎడిటింగ్ ప్రక్రియకు చాలా విలువైన సహకారం అందించాడు.

ముఖచిత్రాన్ని డిజైన్ చేసి పుస్తకానికి రూపం ఇచ్చిన వింటేజ్ క్రియేటివ్ డైరెక్టర్ సుజానే డీన్ కు, పిక్చర్ ఎడిటర్ లిల్లీ రిచర్డ్స్ కు ధన్యవాదాలు.

ప్రపంచవ్యాప్తంగా ఉన్న నా ప్రచురణకర్తలు, అనువాదకులకు, అదనపు ప్రతిపుష్టికి, ఆలోచనలకు, వారి విశ్వాసానికి అంకితభావానికి ధన్యవాదాలు.

రాతియుగ మతాలనుండి వర్తమాన సామాజిక మాధ్యమాల సూచనాక్రమాల వరకు లెక్కలేనన్ని విషయాలను పరిశోధించినందుకు, వేలాది వాస్తవాలను నిర్విరామంగా తనిఖీ చేసినందుకు, వందలాది ఎండ్ నోట్ లను ప్రామాణికం చేసినందుకు సేపియన్షిప్లోని అంతర్గత పరిశోధనా బృందం యొక్క తెలివైన అధిపతి జాసన్ ప్యారీకి, ఇంకా ఆ బృందంలోని సభ్యులందరికీ – రే బ్రాండన్, గ్వాంగ్యు చెన్, జిమ్ క్లార్క్, కొరిన్ డి లాక్రోయిక్స్, డోర్ షిల్టన్, జిచాన్ వాంగ్ లకు, అసంఖ్యాకమైన తప్పులు మరియు అపోహలను సరిదిద్దినందుకు.

ఈ ప్రయాణంలో అంతర్భాగమైన అద్భుతమైన సేపియన్ షిప్ బృందంలోని సభ్యులందరికీ: షాయ్ అబెల్, డేనియల్ టేలర్, మైఖేల్ జుర్, నాదవ్ న్యూమన్, ఏరియల్ రెటిక్, హన్నా షాపిరో, గాలీట్ కట్జిర్, ఇటీవల చేరిన అనేక ఇతర జట్టు సభ్యులకు. ఈ పుస్తకం వెనుక ఉన్న ప్రక్రియలలో పాల్గొన్నందుకు, జ్ఞానం, కరుణల విత్తనాలను నాటడానికి, మానవాళి ఎదుర్కొంటున్న అతి ముఖ్యమైన సవాళ్లపై ప్రపంచ సంభాషణను కేంద్రీకరించడానికి, సేపియన్షిప్ మిషన్లచే నడపబడే మా ప్రాజెక్టులన్నింటిలో కొనసాగుతున్న మీ అంకితభావానికి ధన్యవాదాలు.

సేపియన్షిప్ యొక్క చీఫ్ మార్కెటింగ్ ఆఫీసర్, కంటెంట్ డైరెక్టర్ అయిన నామా వార్టెన్బర్గ్‌కు, ఆమె స్థిరమైన తెలివితేటలు, చతురతకు, పుస్తకాన్ని బ్రాండింగ్ చేసి దాని పిఆర్ ప్రచారానికి నాయకత్వం వహించినందుకు.

అనేక తుఫానులు ఒదుదుదుకుల మధ్య సేపియన్–నౌకను సమర్థవంతంగా నడిపించినందుకు, సమర్థతను కరుణతో మిళితం చేసినందుకు, మా తత్వశాస్త్రాన్ని, మా వ్యూహాన్ని రెండింటినీ రూపొందించినందుకు మా సిఇఒ, నామా అవిటల్ కు ధన్యవాదాలు.

ఇన్నేళ్లు ఓపికతో, ప్రేమపంచిన నా స్నేహితులు, కుటుంబ సభ్యులందరికీ ధన్యవాదాలు.

తమ సమయాన్ని, అనుభవాన్ని ఉదారంగా ఇచ్చినందుకు మా అమ్మ ప్నినాకు, మా అత్త హన్నాకు కృతజ్ఞతలు.

వ్రాతప్రతి మొదటి ముసాయిదాపై నేను పనిచేస్తుండగా వందేళ్ల వయసులో కన్నుమూసిన మా అమ్మమ్మ ఫన్నీకి.

సేపియన్ షిప్ స్థాపించిన నా జీవిత భాగస్వామి, వాణిజ్య భాగస్వామి, మా ప్రపంచవ్యాప్త కార్యకలాపాలకు విజయాలకు వెనుక నిజమైన మేధావి ఇట్జిక్ కు.

చివరగా ఈ ప్రయత్నాలన్నీ సార్థకంచేసే నా పాఠకులకు. పుస్తకం అంటే రచయితకు, పాఠకులకు మధ్య అనుబంధం. ఇది అనేక మనస్సులను కలిపే లంకె. చదివినప్పుడు మాత్రమే ఈ లంకె ఉంటుంది.

రచయిత గురించి

ప్రొఫెసర్ యువల్ నోవా హరారీ ఒక చరిత్రకారులు, ఒక తత్వవేత్త. అత్యధికంగా అమ్మకాలు సాధించిన సెపియన్స్: ఎ బ్రీఫ్ హిస్టరీ ఆఫ్ హ్యూమన్ కైండ్, హోమో డియస్: ఎ బ్రీఫ్ హిస్టరీ ఆఫ్ టుమారో, 21 లెసన్స్ ఫర్ ది 21 స్ట్ సెంచరీ, కాక సేపియన్స్: ఎ గ్రాఫిక్ హిస్టరీ అండ్ అన్స్టాపబుల్ అస్ రచయిత. ప్రపంచంలోనే అత్యంత ప్రభావశాలురైన మేధావుల్లో ఒకరిగా గుర్తింపు పొందారు. 1976లో ఇజ్రాయెల్‌లో జన్మించిన హరారీ 2002లో ఆక్స్ ఫర్డ్ విశ్వవిద్యాలయం నుంచి పీహెచ్ డీ పొంది ప్రస్తుతం జెరూసలెం హీబ్రూ యూనివర్సిటీలో హిస్టరీ విభాగంలో లెక్చరర్‌గా పనిచేస్తున్నారు. అతను తన భర్త ఇట్జిక్ యాహవ్‌తో కలిసి విద్య, మాధ్యమాలపై దృష్టి సారించిన సోషల్ ఇంపాక్ట్ కంపెనీ సేపియన్ షిప్ ను స్థాపించారు..